IDEC 교재개발 시리즈 42

제2판

CMOS 아날로그 집적회로 설계(하)

박 홍 준 지음
포항공과대학교 전자전기공학과

Σ 시그마프레스

CMOS 아날로그 집적회로 설계 (하)

발행일 | 2010년 10월 1일 1쇄 발행

저자 | 박홍준
발행인 | 강학경
발행처 | ㈜시그마프레스
등록번호 | 제10-2642호
주소 | 서울특별시 마포구 성산동 210-13 한성빌딩 5층
전자우편 | sigma@spress.co.kr
홈페이지 | http://www.sigmapress.co.kr
전화 | (02)323-4845~7(영업부), (02)323-0658~9(편집부)
팩스 | (02)323-4197

인쇄 | 해외정판사   제본 | 세림제책

ISBN | 978-89-5832-867-4

＊책값은 뒤표지에 있습니다.

IDEC 교재 시리즈 발간에 부쳐

우리나라의 경제와 산업에 반도체가 큰 비중을 갖기 시작하게 된 것은 1983년 11월 삼성전자가 64K DRAM의 개발을 발표하면서부터이다. 그 후 현대전자, LG(당시 금성반도체)가 마법의 돌, 산업의 쌀 등으로 일컬어지는 반도체 사업에 참여하면서 이 사업은 국가의 앞날을 좌우할 정도의 큰 비중을 갖게 되었다. 적기 투자와 제조 공정 기술 확보를 통하여 우리의 반도체 산업은 짧은 시간에 메모리 칩에 관한 한 세계 정상급의 기술과 공급 능력을 확보하게 되었다.

그러나 비메모리 분야와 이를 이용하는 통신, 가전, 오락, 자동화 등의 시스템 산업 분야에서는 미국, 일본, 유럽은 물론 대만, 싱가포르 등의 동남아 제국에 대해서도 일부 뒤쳐져 있는 형편이다. 정보 전자 산업의 경쟁력이 큰 역할을 하게 될 21세기를 눈앞에 두고 우리들이 풀어야 할 문제는 메모리와 비메모리를 포함하는 전체 시스템과 회로의 설계 및 구현 기술의 향상이다. 특히 우리나라와 같이 부존자원도 빈약하고 강대국의 세력 사이에 외롭게 있는 형편에서는 새 시대의 핵심기술에 대한 제공권 장악은 생존과 번영을 위한 절대 필수 조건인 것이다. 스위스나 이스라엘 같은 작은 나라들이 열강 속에서 번영하는 데는 높은 교육 수준과 하이테크에의 불붙는 집념이 있는 것이다.

정보 기술의 핵심인 반도체 설계 기술의 수준을 우리나라에서도 대폭 향상시키기 위한 방안의 하나로 정부와 기업의 공동 노력에 의하여 1995년 12월에 반도체설계교육센터(IDEC)가 가동되었다. IDEC의 설계 인력 육성 사업에는 설계용 컴퓨터와 CAD tool의 공급, 연간 약 30회 정도의 기술 공개 강좌, 비디오테이프 제작, MPW(Multi-Project Wafer) 제작과 교재 발간 등이 포함되어 있다. 우리나라 글로 된 책은 외국어로 쓰인 책보다 읽는 속도가 2~3배 정도 빠르다. 그러나 외국어 판을 비전문가가 번역해 놓은 어색한 번역서는 오히려 이해에 종종 방해가 된다. IDEC 교재 시리즈는 각 분야의 능력과 열정을 가지신 분들에 의해 집필되었다. 엄정한 심

사를 거쳐 집필자가 선정되었고, 집필된 원고는 여러 번에 걸친 꼼꼼한 감수를 거쳐 이렇게 한국 기술자, 공학도를 위한 책으로 나오게 된 것이다. 우리의 기술이 중요한 여러 분야에서 세계 정상에 우뚝 서려면 우리의 젊은 공학도들이 받는 훈련과 교육이 정확히 필요한 토픽을 다루되, 바닥까지 꿰는 통찰과 깊이가 있도록 더 효율적인 방식으로 바뀌어야 한다. 아무 지식이나 전체로 꿰어지지 않는 지식은 아무리 열심히 외우고 다녀야 쓸 데가 없다.

배우고 가르치는 일은 인류가 있는 한 끊임없이 있을 것이고, 지금 우리나라는 진짜 교육의 개혁을 필요로 하고 있다. 개인의 적성과 세계와 사회 수요보다 피상적인 인기와 유행에 따라, 점수에 따라 전공과 직업을 찾는 우리의 현실은 세계 무대에 내놓을 수 없이 부끄러운 것이다. 필요한 것을 활용할 수 있을 만큼 배우고 응용하여 재미를 느끼고 행복해하는 규모 있는 엔지니어의 배움과 삶의 사이클이 자리 잡게 되기를 바란다. 우리는 매우 열심히 뛰어다니고 얘기하지만 효율이 낮고 혼란스러울 때가 많다. 우리 젊은 공학 기술자들이 미래 사회에 잘 기여하고 세계무대에서 어깨를 겨루며 나가도록 하기 위해서는 좋은 교육과 훈련이 필요하다. 비록 반도체라는 한 분야에 국한되지만 고급 인력 양성을 위한 IDEC 사업의 의미는 매우 크다. IDEC 시리즈의 책들 하나하나에 이러한 의미와 소망이 담겨 있다. 우리의 기술과 사회를 위한 작은 걸음이지만, 21세기를 향한 가장 확실하고 믿음직스런 투자라고 생각된다. 저자들과 함께 기쁨을 나누고 싶다.

1999년 1월
반도체설계교육센터 소장
경종민

머리말(개정판)

IDEC의 후원으로 『CMOS 아날로그 집적회로설계』 상하권을 출판한 지도 11년째 접어들었다. 그동안 우리나라에서 반도체 설계를 전공하시는 분들이 꾸준하게 이 책을 애용해 주시고 격려해 주심을 감사드린다. 이번에 다시 IDEC의 지원으로 이 책의 개정판을 출판하게 되었다. 지난 15년간 우리나라 대학 반도체 설계교육을 위해 헌신적으로 봉사하신 IDEC과 관계자 분들께 감사와 경의를 표한다.

최근 10년 동안 우리나라는 텔레비전, LCD 디스플레이, 휴대폰, 에어컨, 냉장고 등의 전자산업 분야에서 일본과의 경쟁을 물리치고 세계 최고수준에 도달하였다. 반도체 분야는 메모리 분야에서 세계 최고 수준을 계속 유지하고 있고 시스템 IC 분야에서도 미국, 일본, 대만 등과 경쟁하면서 세계 최고 수준을 향해 도약하고 있다. 세계적으로는 반도체 공정기술이 디지털 회로를 중심으로 이미 45nm와 25nm 수준에 거의 도달하였는데, 트랜지스터 레벨 아날로그 회로설계 분야는 메모리 칩 설계, 고속 칩-to-칩 인터페이스 회로, power-management 회로, 저전력 센서인터페이스 회로, 아날로그-디지털 변환기 등을 중심으로 그 수요가 급증하고 있다.

이에 발맞추어 개정판에서는 새로운 기술에 대한 내용을 많이 추가하였다. 기존 판(제1판)에서 발견된 오류를 모두 수정하였고, 추가된 내용으로는 BSIM4 SPICE MOSFET 모델, ESD 회로, EMI 개요, 밴드갭 레퍼런스, LDO regulator, DLL, CDR, 주파수특성(RLC소자특성 포함), 3단 OP 앰프의 주파수보상기법, 차동증폭기와 OP 앰프의 조직적 설계방법, 새로운 OP 앰프 회로와 전하펌프 PLL의 behavior level 시뮬레이션 코드(부록 3) 등이 있다. 또 연습문제에 최근 많이 사용되는 회로를 상당히 추가하였고, 내용을 읽기 쉽도록 청색과 흑색의 2색 인쇄로 출판하였는데 특히 회로 그림은 모두 청색으로 표시하였다.

아날로그 회로설계 과정에서는 간단한 소자모델(레벨 1)을 사용하는 hand analysis와 정규소자모델(BSIM4)을 사용하는 SPICE 시뮬레이션이 필수적으로 요구된다. 이 책의 독자들이 SPICE 시뮬레이션을 쉽게 수행할 수 있도록 시그마스파이스(SIGMA-SPICE)의 주요기능과 사용자 매뉴얼을 추가하였다(상권 부록 1, 2). 시그마스파이스는 U.C.Berkeley SPICE3코드를 기반으로 본 연구실에서 개발한 회로시뮬레이션 프로그램이다. 시그마스파이스는 홈페이지에서 자유로이 다운로드 받을 수 있는데(http://analog.postech.ac.kr Books), 현재 포항공과대학교 전자전기공학과에서 학부 전자회로 및 실험 과목과 대학원 아날로그집적회로 과목에서 학생들이 시그마스파이스 프로그램을 편리하게 잘 사용하고 있다.

수년간의 교정 작업을 주도적으로 도와준 정나영 씨와 권정은 씨께 먼저 감사드린다. 개정판을 내도록 배려해 주신 IDEC 경종민 소장님, 충남대학교 이기준 교수님을 비롯한 IDEC 운영위원 교수님들, 실무를 맡은 IDEC 전항기 씨께 감사드린다. 시그마스파이스를 개발하는 데 기여한 이현배 박사, 김호영 군, 엄지용 군, 이일민 군, Albert Ryu(류병림)와 Brian Lee(이규백)에게 감사드린다. 마지막 교정 및 인덱스(찾아보기) 작업을 도와준 아날로그집적회로연구실의 지도 학생들(강지효, 성기환, 권혜정, 여동희, 신정범, 정해강, 지형준, 이재승, 배준현, 전성환, 김종훈, 송은우, 최영호, 김재환, 이수민)에게도 감사드린다.

이 책의 내용에 관해 의견이 계신 분은 analog@postech.ac.kr로 이메일을 보내 주시기 바랍니다. 아무쪼록 이 책이 대한민국 반도체 산업발전에 조금이라도 밑거름이 될 수 있기를 희망합니다. 감사합니다.

2010년 9월
포항공과대학교 전자전기공학과
저자 박홍준

머리말(1판)

실리콘 CMOS 기술은, 공정이 비교적 간단하고 DC 상태에서의 전력 소모가 극히 작은 장점 때문에, 전 세계적으로 바이폴라 기술을 제치고 현재 제1의 반도체 기술로 정착되었다. 아날로그 회로는 전통적으로 transconductance 값이 큰 바이폴라 공정으로 구현하였으나, DRAM이나 디지털 VLSI 칩들이 거의 모두 CMOS 공정을 사용함에 따라 이들과 같은 칩에 아날로그 회로를 넣기 위해서 아날로그 회로도 CMOS로 구현하게 되었다. 같은 칩상에서 아날로그 기능은 바이폴라로 구현하고 디지털 기능은 CMOS로 구현하는 BICMOS 기술이 지난 10년간 비교적 활발하게 시도되었으나, 공정의 복잡성으로 인해 수율(yield)이 감소하고 또 CMOS 공정에서 최소 선폭(minimum line width)이 감소함에 따라 CMOS 소자의 f_T 값이 BICMOS 공정의 바이폴라 f_T 값보다 커지리라고 예상되므로, 아날로그 기능도 BICMOS 대신에 거의 대부분 CMOS 기술로 구현되는 추세이다. 예를 들어 $0.1\mu m$ 급의 CMOS 기술로는 10GHz까지의 신호 처리도 가능하리라고 예상된다. 그리하여 적어도 가까운 장래에는 아날로그와 디지털 회로를 통틀어 거의 모든 집적회로 칩들이 실리콘 CMOS 기술로 구현되리라고 예상된다.

우리나라의 반도체 산업은 최근 10여 년간 급속한 발전을 이루어 DRAM 생산이 현재 세계 시장의 35%를 차지하는 등 수출 주력 산업으로 자리잡게 되었다. 이 과정에서 공정 기술은 외국산 반도체 제조 장비의 활용으로 세계 최고의 수준에 도달하였다. 집적회로 설계에 있어서는 그동안 꾸준히 양적 성장이 지속되었으나, 시스템 집적회로 칩은 그 품종이 매우 다양하고 DRAM 등의 메모리 칩도 주문형 메모리 개념이 도입되면서 품종이 늘어나고 또 고속 동작 및 저전력 설계 기법이 요구되면서, 집적회로설계 엔지니어 및 시스템 설계 엔지니어에 대한 수요가 계속하여 증대되고 있다. 아날로그 집적회로 설계 기술은 아날로그 회로 설계뿐만 아니라 DRAM을 포함한 디지털 회로 설계에도 기본적으로 필요한 기술이다.

이러한 우리나라 반도체 기술의 발전 추세에 맞추어 저자가 포항공과대학교에서 강의한 강의 노트들을 기본으로 하여 CMOS 아날로그 집적회로 설계 기술에 관해 상하권으로 이 책을 기술하였다. 설계 엔지니어는 설계 지식뿐만 아니라 소자 및 공정에 관한 기초 지식도 필수적으로 습득해야 한다는 취지에서 이 책의 앞부분에 CMOS 소자 및 공정 기술에 관해서 기술하였다. 아직 부족한 부분이 많지만, 대학교 학부 선택과목이나 대학원 교재 또는 실무 설계 엔지니어들의 참고 도서로 활용되기를 기대한다. 부족한 부분에 대해서는 추후 개정판에서 수정하고자 하오니, 이 책의 내용에 관해 의견이 계신 분은 analog@postech.ac.kr로 이메일을 보내 주시면 감사하겠습니다.

이 책을 한 학기 교재로 사용하기에는 분량이 많지만 강의하실 교수님께서 다음 내용을 참작하셔서 취사 선택하여 가르치시기를 추천합니다. 절 제목에 (*)로 표시한 절은 시간이 부족할 경우 강의에서는 다루지 않아도 무방하리라고 생각합니다. 특히 (**)로 표시된 절은 비교적 고급과정이므로 강의에서 다루지 말고 참고 자료로만 활용하기를 추천합니다.

제1장에서는 트랜지스터가 발명된 후 현재의 CMOS 기술이 확립되기까지의 역사와 앞으로 CMOS를 기본으로 하는 SOC(system on chip) 기술로의 발전 전망을 기술하였다. 제2장에서는 MOS 소자 이론을 복습하고 향후 많이 사용하게 될 것으로 예상되는 BSIM3v3 SPICE MOSFET 모델 방정식과 그 유도 과정을 설명하였고, 또 MOSFET의 소자 특성과 회로 특성을 서로 연관시켰다. 제3장에서는 CMOS 공정 순서, 레이아웃, 설계규칙과 기타 설계에 관련된 사항인 latch-up과 전송선 효과 등에 관해 설명하였고, 레이아웃을 실제로 실습할 수 있도록 하기 위해 PC용 레이아웃 tool인 MyCad를 이용한 레이아웃 연습문제를 첨부하였다. 제4장에서는 공통소스, 공통게이트와 공통드레인 등의 단일 트랜지스터 증폭기와 캐스코드 증폭기의 동작 원리에 대하여 설명하였다. 제5장에서는 아날로그 회로의 기본인 차동 증폭기의 동작 원리에 대해 설명하였고, 제6장에서는 피드백 회로의 동작과 노이즈 해석 기법에 관하여 설명하였다. 제7장에서는 피드백 증폭기의 주파수 특성 및 주파수 안정도(frequency stability)에 대해 설명하였다. 제8장에서는 최신 기법을 포함한 각종 전류 바이어스 회로에 대해 설명하였고, 제9장에서는 2-stage OP amp와 folded cascode OP amp를 중심으로 각종 OP amp의 특성에 관해 설명하고, 실제로 OP amp를 설계할 수 있도록 하기 위해, 주어진 OP amp 사양으로부터 트랜지스터의 W/L 값을 정하는 기법을 소개하였다. 제10장에서는 공급전압 선으로부터 유기되는 공통모드 노이즈를 제거하기 위해 비교적 최근부터 많이 쓰이고 있는 완전차동(fully differential) OP amp

와 이에 필요한 공통모드 피드백 회로에 대해 설명하였다. 제11장에서는 스위치드 커패시터 필터(switched-capacitor filter)의 동작 원리, Z-변환과 기타 스위치드 커패시터와 관련된 회로 기법들에 대해 설명하였다. 제12장에서는 각종 PLL(phase-locked loop)의 동작 원리와 해석 방법, 위상 노이즈 특성과 주파수 안정도에 대해 설명하고 DLL(delay-locked loop) 등의 클락 동기 회로에 대해 설명하였다.

지면을 빌려 이 책이 나오기까지 도움 주신 분들께 감사드리고자 한다. 먼저, 저자를 길러 주시고 헌신적으로 교육시켜 주신 아버님과 어머님께 감사드린다. 또 반도체의 길로 이끌어 주신 한국과학기술원의 김충기 교수님과 권영세 교수님, 서울대학교의 민홍식 교수님께 감사드린다. 또 본 교재가 IDEC 교재 개발 시리즈로 출판되도록 지원해 주신 경종민 소장님, 출판 기획 담당 충남대학교 이기준 교수님, IDEC 운영위원 분들께 감사드린다. 집필 과정에서 CMOS 공정 관련 질문에 친절하게 답하여 주신 포항공과대학교 김오현 교수님께 감사드린다.

검수를 맡아 주신 ETRI 송원철 실장님, 인하대학교 윤광섭 교수님과 원광대학교 김시호 교수님께도 감사드린다. 특히 송원철 실장님은 여러 모로 집필을 격려해 주셨고 한 줄 한 줄 자세히 교정해 주시고 제9장에서 OP amp 사양이 주어졌을 때 W/L 값을 결정하는 과정을 추가하도록 제안하셨으며, 윤광섭 교수님은 각 장의 연습문제 및 요약과 제12장에서 DLL 관련 항목을 새로이 추가하고 영어 용어를 가능한 대한전자공학회에서 편찬한 표준 전자공학용어 사전에 나오는 한글 표준 용어로 대체할 것을 제안하셔서 이 제안들을 추후 교정 과정에 수용하였다.

많은 그림을 그리고 타이핑을 해 준 안현숙 씨, 1년 동안 많은 시간을 들여 교정 작업을 도와준 남장진 군과 박원기 군, PLL 교정을 도와준 손영수 군, 교정 및 타이핑을 도와준 정하영 양, 마무리 작업을 도와준 김수은 양, 이정철 군, 장영찬 군, 최석우 군, 표지 사진에 사용된 16비트 시그마-델타 ADC 칩을 설계 제작하고 표지 디자인 초안을 마련해 준 허승찬 군과 그 외 교정 작업에 기여한 포항공과대학교 학생들에게 감사드린다. 끝으로 잘 자라 준 영훈이 지훈이와 이 쌍둥이 형제를 키우느라 애쓰는 아내 이향미에게 감사드린다.

1999년 1월
포항공과대학교 전자전기공학과
저자 박홍준

차 례

머리말

제10장 공통모드 피드백과 완전차동 OP 앰프 ································· 945

부록 3 전하펌프 PLL의 behavior level simulation ·················· 1431

제9장

CMOS OP 앰프

제 9 장　**CMOS OP 앰프**

OP 앰프(operational amplifier: 연산 증폭기)는 입력 단자가 두 개이고 출력 단자가 한 개 또는 두 개인 전압 증폭기로서, 두 입력 단자 전압의 차이 값인 차동 입력전압(differential input voltage)만을 증폭시켜 전압으로 출력시킨다. 그리하여 두 입력 단자 전압의 공통 값인 공통모드(common mode) 전압은 출력으로 나타나지 않고 두 입력 단자 전압의 차이 값인 차동모드(differential mode) 전압만이 증폭되어 출력으로 나타나므로, 두 입력 단자 선에 유기되는 공통모드 노이즈의 영향이 제거된다. 이와 같이 차동모드 입력전압 성분만을 증폭시키고 공통모드 입력전압 성분을 제거하기 위해 OP 앰프의 입력단은 제 5 장에서 설명한 차동증폭기(differential amplifier)로 구성된다. 출력 단자가 한 개인 OP 앰프를 single-ended OP 앰프라고 부르고 출력 단자가 두 개인 OP 앰프를 fully differential OP 앰프라고 부른다. 이 장에서는 single-ended CMOS OP 앰프에 대해서 설명한다.

이상적인 OP 앰프는 신호 주파수(ω)에 무관하게 차동모드 전압이득은 무한대이고 공통모드 전압이득은 0 이고, 입력저항은 무한대이고 출력저항은 0 이라야 한다. 입력저항이 무한대이고 출력저항이 0 이라야 하는 조건은, 전압 증폭기인 OP 앰프가 OP 앰프에 연결되는 입력전압원(input voltage source)의 Thevenin 등가저항과 부하(load)저항이 어떤 값을 가지더라도 입력전압(input voltage)을 최대로 증폭시켜 출력시키기 위해 필요한 조건이다.

실제 CMOS OP 앰프는 이 이상적인 특성에 비교적 가깝지만 몇 가지 점에서는 상당한 차이가 난다. 첫째 트랜지스터 소자의 charge storage(전하 저장) 효과 때문에 신호 주파수가 증가하게 되면 차동모드 전압이득이 감소한다. 또 트랜지스터 소자의 transconductance(g_m) 와 출력저항(r_o) 값이 유한하므로 DC($\omega = 0$)에서도 차동모드 전압이득은 상당히 크지만 유한한 값을 가진다. 공통모드 전압이득은 DC($\omega = 0$)에서는 0 은 아니지만 보통 매우 작은 값을 가지고, 신호 주파수(ω)가 증가하면 공통모드 전압이득도 증가한다. CMOS OP 앰프의 입력 단자는 MOS 트랜지스터의 게이트에 연결되므로 입력저항은 적어도 저주파 신호에 대해서는 거의 무한대 ($> 10^{12} \Omega$)이므로 이상적인 OP 앰프의 특성을 가진다.

이상적인 OP 앰프의 출력저항은 0 이라야 하는 조건은 저항부하(resistive load)를 사용하는 경우에 해당하는 것으로서 부하 저항 값이 매우 작은 경우에도 출력전압을 부하(load)에 잘 전달하기 위해 필요한 조건이다. BJT OP 앰프의 경우에는 보통 저항부하를 구동하므로 OP 앰프의 출력저항 값을 감소시키기 위해 OP 앰프 최종단에는 emitter follower 방식의 출력단(output stage)을 연결시킨다. 그런데 CMOS OP 앰프는, 별개의 칩으로 사용되어 저항부하를 구동하는 경우는 거의 없고 대부분의 경우에 CMOS 집적회로 내부에서 디지털 회로와 혼재되어 도선 커패시턴스 (interconnect capacitance) 등의 capacitive load(용량 부하)를 구동한다. 따라서 capacitive load 를 구동하는 CMOS OP 앰프는 출력저항이 작을 필요가 없으므로, 출력단을 필요로 하지 않는다.

이 장에서는 single-ended CMOS OP 앰프의 대표적인 회로인 2-stage CMOS OP 앰프와 폴디드 캐스코드 CMOS OP 앰프회로에 대해서 기본 동작, CMRR(common mode rejection ratio), PSRR(power supply rejection ratio), 입력 offset 전압, 주파수 특성 (frequency response), 주파수 보상(frequency compensation) 기법, 과도 특성(transient response), slew rate 및 등가입력 노이즈 전압들을 분석하고 SPICE simulation 예제와 layout 과 설계 기법을 소개한다. 또 고속 동작을 위해 slew rate 가 큰 몇 종류의 OP 앰프와 저항부하 구동을 위한 출력단 회로에 대해서 설명한다.

9.1 2-stage CMOS OP 앰프

9.1.1 회로 구성

OP 앰프는 공통모드 입력전압이 출력에 나타나지 않도록 하기 위해 차동 입력단 (differential input stage)을 사용한다. 그런데 그림 9.1.1 에 보인 M1-M5 로 구성된 능동

부하(active load) 차동증폭기의 전압이득은 보통 100 보다 작으므로, 이 차동증폭기 하나로는 OP 앰프 동작에 요구되는 큰 전압이득을 제공하지 못한다.

따라서 입력 차동 증폭단 다음에 M6 의 공통소스(common source) 증폭기를 둘째 단 증폭기로 연결하여 OP 앰프 동작에 요구되는 1000 이상의 전압이득을 얻게 한다. M7 은 M8 과 함께 전류거울 회로를 이루어, 전류원으로 동작하여 공통소스 증폭기 M6 의 능동부하(active load)로 작용한다. 그런데 초단 차동증폭기 출력 노드 V_6 의 전위는 보통 $V_{DS5} = V_{GS4}$ 로 되어 있어서, V_{SS} 에 가깝기 때문에 둘째 단 증폭 소자로 NMOS (M6)를 사용하였다.

그런데 두 개의 증폭단을 사용하기 때문에 pole 의 개수가 많아져서 이 OP 앰프 를 피드백 회로에 사용할 경우 주파수 안정도(frequency stability)가 나빠져서 발진할 수 있기 때문에, 주파수 보상용 커패시터 C_C 와 직렬 저항 R_Z 를 둘째 단 증폭기의 입력과 출력 노드 사이에 연결하여 고주파에서의 전압이득을 줄여서 주파수 안정도 를 좋게 한다. 그런데 C_C 만으로도 주파수 보상이 되지만 직렬 저항 R_Z 를 연결한 것은 제 7 장의 7.3.2 절에서 설명한 대로 양(+)의 실수 zero 를 제거하기 위함이다.

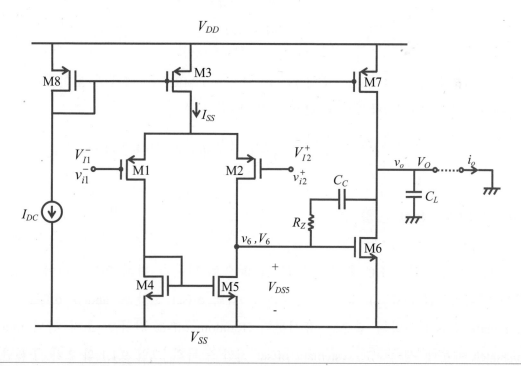

그림 **9.1.1** 2-stage CMOS OP 앰프 회로

9.1.2 저주파 소신호 전압이득

그림 9.1.1 의 회로에서 모든 트랜지스터들이 saturation 영역에서 동작한다고 가정한다. OP 앰프의 전체 차동모드 전압이득 $A_{vd}(=v_o/(v_{i1}-v_{i2}))$ 는, M1-M5 로 구성된 차동증폭기의 차동모드 전압이득 A_{vd1} 과 M6, M7 로 구성된 공통소스 증폭기 전압이득 A_{v2} 의 곱으로 주어진다. $g_{m1}=g_{m2}$, $g_{m4}=g_{m5}$ 이므로 A_{vd1} 과 A_{v2} 는 다음 식으로 주어진다.

$$A_{vd1} = g_{m1} \cdot (r_{o2} \parallel r_{o5}) \tag{9.1.1.a}$$

$$A_{v2} = -g_{m6} \cdot (r_{o6} \parallel r_{o7}) \tag{9.1.1.b}$$

따라서 OP 앰프의 차동모드 전압이득 A_{vd} 는 다음 식으로 주어진다.

$$A_{vd} = A_{vd1} \cdot A_{v2} = -g_{m1} \cdot (r_{o2} \parallel r_{o5}) \cdot g_{m6} \cdot (r_{o6} \parallel r_{o7}) \tag{9.1.2}$$

OP 앰프의 전체 공통모드 전압이득 $A_{vc}\left(= v_o/\{0.5(v_{i1}+v_{i2})\}\right)$ 는 차동증폭기의 공통모드 전압이득 A_{vc1} 과 A_{v2} 의 곱으로 주어진다.

$$A_{vc1} = \frac{-(r_{o2} \parallel r_{o5})}{(2r_{o3}) \cdot (g_{m4} \cdot (r_{o1} \parallel r_{o4}))} \tag{9.1.3}$$

$$A_{vc} = \frac{(r_{o2} \parallel r_{o5})}{(2r_{o3}) \cdot (g_{m4} \cdot (r_{o1} \parallel r_{o4}))} \cdot g_{m6} \cdot (r_{o6} \parallel r_{o7}) \tag{9.1.4}$$

그리하여 그림 9.1.1 의 2-stage CMOS OP 앰프의 CMRR 은 다음에 보인 대로 첫 번째 단 증폭기인 차동증폭기의 CMRR 과 같게 된다.

$$CMRR = \left| \frac{A_{vd}}{A_{vc}} \right| = \left| \frac{A_{vd1}}{A_{vc1}} \right| = (2g_{m1}r_{o3}) \cdot (g_{m4} \cdot (r_{o1} \parallel r_{o4})) \tag{9.1.5}$$

9.1.3 입력 offset 전압

입력 offset 전압은 DC 출력전압 V_O 를 0 으로 만들기 위해 인가되어야 하는 DC 차동 입력전압 $(V_{I1}-V_{I2})$ 값으로 정의된다. 입력 offset 전압은 random offset 전압과 systematic offset 전압의 합으로 표시된다. Random offset 전압은 소자 간의 random mismatch 때문에 생겨나고, systematic offset 전압은 특히 그림 9.1.1 의 2 차 증폭단 트

랜지스터들인 M6 과 M7 의 W/L 값들을 잘못 정하여 생겨난다. 다시 말하면 $M6$ 과 $M7$ 에 흐르는 전류들은 트랜지스터들의 W/L 값 비율에 의해 서로 독립적으로 결정된다. 트랜지스터들의 W/L 값들이 잘못 설계되어 $M6$ 과 $M7$ 에 흐르는 전류값이 서로 다르게 되면 트랜지스터 사이의 random mismatch 가 없더라도 입력 offset 전압이 생겨나는데 이를 systematic 입력 offset 전압이라고 한다.

Systematic 입력 offset 전압

그림 9.1.1 회로에서 $(W/L)_1 = (W/L)_2$, $(W/L)_4 = (W/L)_5$ 가 되게 하고 소자 간의 random mismatch 가 없을 경우 $V_{I1} = V_{I2} = 0$ 으로 했을 때 V_{DS5} 는 V_{GS4} 와 같게 되므로, $V_{GS6} = V_{GS4}$ 가 된다. 모든 트랜지스터들이 saturation 영역에서 동작하고 channel length modulation 현상을 무시했을 때, 동작점에서 $V_{GS6} = V_{GS4}$ 이므로 M6 의 DC 드레인 전류 I_{D6} 은 M4 의 드레인 전류 I_{D4} 와 다음과 같은 관련 식으로 맺어진다.

$$I_{D6} = I_{D4} \cdot \frac{(W/L)_6}{(W/L)_4} \tag{9.1.6}$$

I_{D4} 는 M3 에 흐르는 드레인 전류 I_{D3} 의 절반에 해당하고

$$I_{D3} = I_{DC} \cdot (W/L)_3 / (W/L)_8$$

로 주어지므로 $I_{D4} = (I_{DC}/2) \cdot (W/L)_3 / (W/L)_8$ 이 된다. 이를 식(9.1.6)에 대입하면 I_{D6} 은 다음 식으로 표시된다.

$$I_{D6} = \frac{I_{DC}}{2} \cdot \frac{(W/L)_3 \cdot (W/L)_6}{(W/L)_8 \cdot (W/L)_4} \tag{9.1.7}$$

그리하여 $V_O = 0$ 이 되는 정상 동작 상태에서 $M6$ 에 흐르는 전류는 I_{DC} 와 M3, M8, M4, M6 의 W/L 값에 의해 결정된다. 이 상태에서 $M7$ 에 흐르는 전류는 I_{DC} 와 M7, M8 의 W/L 값에 의해 결정된다. 즉 $M6$ 에 흐르는 전류와 $M7$ 에 흐르는 전류는 서로 독립적으로 결정된다.

$V_{I1} = V_{I2} = 0$ 일 때 $V_O = 0$ 이 되려면 $I_{D7} = I_{D6}$ 의 조건이 만족되어야 한다. I_{D7} 과 I_{D6} 이 서로 다를 경우 systematic 입력 offset 전압이 생겨난다. 위에서 0 전위는 보통 V_{DD} 와 V_{SS} 의 중간 전위인 $(V_{DD} + V_{SS})/2$ 를 나타낸다.

$$I_{D7} = I_{DC} \cdot \frac{(W/L)_7}{(W/L)_8} \tag{9.1.8}$$

로 주어지므로, 식(9.1.7)을 이용하여 $I_{D7} = I_{D6}$ 을 만족시키는 조건을 구하면 다음 식으로 표시된다.

$$\frac{(W/L)_6}{(W/L)_7} = 2 \cdot \frac{(W/L)_4}{(W/L)_3} \tag{9.1.9}$$

식(9.1.9)의 조건이 성립해야 DC 입력전압 $V_{I1} = V_{I2} = 0$ 일 때 DC 출력전압 $V_O = 0$ 이 되어 systematic 입력 offset 전압이 0 이 된다.

위의 조건이 성립하지 않을 경우 I_{D6} 과 I_{D7} 은 서로 같지 않게 되어 V_O 는 V_{SS} 혹은 V_{DD} 쪽으로 치우치게 된다. 이 경우에 V_O 를 0 으로 만들기 위해서는 V_{GS6} 값이 V_{GS4} 값과 달라져야 하는데 이 달라지는 양 ΔV_{GS6} 은 다음과 같이 표시된다.

$$\Delta V_{GS6} = V_{GS6} - V_{GS4} \approx \frac{I_{D7} - I_{D6}}{g_{m6}} \tag{9.1.10}$$

여기서 I_{D6} 과 I_{D7} 은 각각 식(9.1.7)과 식(9.1.8)에 주어졌다.

$(W/L)_1 = (W/L)_2$, $(W/L)_4 = (W/L)_5$ 이므로 초단 차동증폭기의 출력전압을 ΔV_{GS6} 만큼 변화시키기 위해서 차동 입력전압 $(V_{I1} - V_{I2})$ 값은 $\Delta V_{GS6}/A_{vd1}$ 이 되어야 한다. 이 차동 입력전압 값이 systematic 입력 offset 전압인데 식으로 표시하면 다음과 같다.

$$\text{(systematic 입력 offset 전압)} = \frac{I_{D7} - I_{D6}}{g_{m6} \cdot A_{vd1}} = \frac{I_{D7}}{g_{m6} \cdot A_{vd1}} \cdot \left\{ 1 - \frac{1}{2} \cdot \frac{(W/L)_3 \cdot (W/L)_6}{(W/L)_4 \cdot (W/L)_7} \right\}$$

$$= \frac{I_{DC}}{g_{m6} \cdot A_{vd1}} \cdot \frac{(W/L)_7}{(W/L)_8} \cdot \left\{ 1 - \frac{1}{2} \cdot \frac{(W/L)_3 \cdot (W/L)_6}{(W/L)_4 \cdot (W/L)_7} \right\} \tag{9.1.11}$$

Random 입력 offset 전압

식(9.1.9)의 조건이 만족되어 systematic 입력 offset 전압이 0 이 되어도 트랜지스터간의 W/L 과 문턱전압(threshold voltage) V_{TH} 등의 random mismatch 로 인해 입력 offset 전압값(즉, DC 입력전압 V_O 를 0 으로 만들기 위해 인가되어야 하는 DC 차동 입력전압)이 0 이 되지 못하는데 이때의 입력 offset 전압을 random 입력 offset 전압이라고 부른다.

먼저 두 번째 증폭단을 구성하는 M6, M7, M8 로 이루어진 공통소스 증폭기의 random 입력 offset 전압을 구하는 과정을 그림 9.1.2 에 보였다.

트랜지스터 사이의 random mismatch 가 없는 경우 V_{GS6} 과 V_{GS7} 바이어스 전압들이 조정되어 $I_{D6} = I_{D7}$ 이 되고 $V_O = 0$ 이 된다고 가정한다. 이동도 μ_n, μ_p 와 단위 면적당 게이트 커패시턴스 C_{ox} 의 mismatch(부정합) 효과는 무시한다. 또, 모든 트랜지스터들의 channel length modulation 현상도 무시한다. 각 트랜지스터들의 DC 전류들인 I_{D6}, I_{D7}, I_{DC} 들은 다음 식들로 표시된다.

$$I_{D6} = \frac{1}{2} \cdot \mu_n C_{ox} \cdot \left(\frac{W}{L}\right)_6 \cdot (V_{GS6} - V_{THn6})^2 \qquad (9.1.12)$$

$$I_{D7} = \frac{1}{2} \cdot \mu_p C_{ox} \cdot \left(\frac{W}{L}\right)_7 \cdot (V_{GS7} - V_{THp7})^2 \qquad (9.1.13)$$

$$I_{DC} = \frac{1}{2} \cdot \mu_p C_{ox} \cdot \left(\frac{W}{L}\right)_8 \cdot (V_{GS7} - V_{THp8})^2 \qquad (9.1.14)$$

위의 I_{D7} 과 I_{DC} 식으로부터 I_{D7} 을 다음과 같이 I_{DC} 의 식으로 표시할 수 있다.

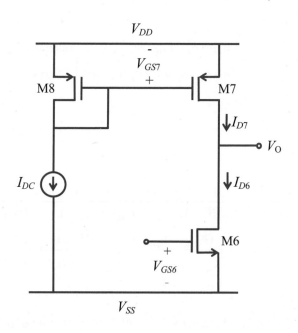

그림 **9.1.2**　둘째 단 증폭기의 입력 offset 전압 계산

$$I_{D7} = I_{DC} \cdot \frac{(W/L)_7}{(W/L)_8} \cdot \frac{(V_{GS7} - V_{THp7})^2}{(V_{GS7} - V_{THp8})^2} \tag{9.1.15}$$

I_{DC} 의 random 변화가 V_{GS6} 과 V_{GS7} 에 같은 비율로 영향을 끼쳐 그 효과가 서로 상쇄되므로 I_{DC} 의 random 변화는 없는 것으로 가정한다. W/L 과 문턱전압 등의 random mismatch 로 인하여 I_{D6} 과 I_{D7} 값도 변하게 되어 미세한 차이지만 서로 다른 값을 가지게 된다. 이 경우 V_O 를 0 으로 만들기 위해서는 V_{GS6} 도 원래의 바이어스(bias) 전압값인 V_{GS4} 에서 조금 변해야 한다. 이 V_{GS6} 값의 차이를 ΔV_{GS6} 이라고 하면

$$\Delta V_{GS6} = \frac{\Delta I_{D7} - \Delta I_{D6}}{g_{m6}} \tag{9.1.16}$$

이 된다. 식(9.1.15)와 식(9.1.12)의 양변에 자연 log 를 취하고 미분하면 다음 식들로 표시된다.

$$\frac{\Delta I_{D7}}{I_{D7}} = \frac{\Delta(W/L)_7}{(W/L)_7} - \frac{\Delta(W/L)_8}{(W/L)_8} - \frac{2\Delta V_{THp7}}{V_{GS7} - V_{THp7}} + \frac{2\Delta V_{THp8}}{V_{GS7} - V_{THp8}} \tag{9.1.17.a}$$

$$\frac{\Delta I_{D6}}{I_{D6}} = \frac{\Delta(W/L)_6}{(W/L)_6} - \frac{2\Delta V_{THn6}}{V_{GS6} - V_{THn6}} \tag{9.1.17.b}$$

위 식들(식(9.1.17.a)와 식(9.1.17.b))에서 I_{D6} 과 I_{D7} 은 mismatch 가 없을 경우의 DC 전류 값으로 $I_{D6} = I_{D7}$ 이다. 따라서 식(9.1.16)과 식(9.1.17.a)와 식(9.1.17.b)를 이용하면 ΔV_{GS6} 은 다음 식으로 표시된다.

$$\begin{aligned}
\Delta V_{GS6} &= \frac{\Delta I_{D7} - \Delta I_{D6}}{g_{m6}} \\
&= \frac{I_{D6}}{g_{m6}} \cdot \left\{ -\frac{\Delta(W/L)_6}{(W/L)_6} + \frac{\Delta(W/L)_7}{(W/L)_7} - \frac{\Delta(W/L)_8}{(W/L)_8} - \frac{2(\Delta V_{THp7} - \Delta V_{THp8})}{(V_{GS7} - V_{THp7})} + \frac{2 \cdot \Delta V_{THn6}}{(V_{GS6} - V_{THn6})} \right\} \\
&= \Delta V_{THn6} + \frac{g_{m7}}{g_{m6}} \cdot (\Delta V_{THp7} - \Delta V_{THp8}) + \frac{(V_{GS6} - V_{THn6})}{2} \cdot \left\{ -\frac{\Delta(W/L)_6}{(W/L)_6} + \frac{\Delta(W/L)_7}{(W/L)_7} - \frac{\Delta(W/L)_8}{(W/L)_8} \right\}
\end{aligned}$$

$$\tag{9.1.18}$$

위 식에서 I_{D6}/g_{m6} 은 $(V_{GS6} - V_{THn6})/2$ 으로 표시하였다. ΔV_{GS6} 을 입력 단자 V_{I1}, V_{I2} 에서의 입력 offset 전압으로 환원하면 M6, M7, M8 의 mismatch 로 인한 입력

offset 전압 V_{os} 는 $V_{os} = \Delta V_{GS6}/A_{vd1}$ 으로 주어진다. 여기서 A_{vd1} 은 초단 차동증폭기만의 차동모드 전압이득이다.

초단 차동증폭기에서의 random mismatch 로 인한 입력 offset 전압은 제 5 장에서 보인 식(5.3.28)로 주어지는데 이 값과 ΔV_{GS6} 으로 인한 입력 offset 전압 $\Delta V_{GS6}/A_{vd1}$ 을 합하여 최종 random 입력 offset 전압 V_{os} 는 다음 식으로 주어진다.

$$V_{os} = \Delta V_{THn1,2} + \Delta V_{THp4,5} \cdot \frac{g_{m4,5}}{g_{m1,2}} + \frac{(V_{GS} - V_{THn})_{1,2}}{2} \cdot \left\{ -\frac{\Delta(W/L)_{1,2}}{(W/L)_{1,2}} + \frac{\Delta(W/L)_{4,5}}{(W/L)_{4,5}} \right\} + \frac{\Delta V_{GS6}}{A_{vd1}}$$

$$(9.1.19)$$

그런데 ΔV_{GS6} 은 식(9.1.18)로 주어지는데 입력 offset 전압 V_{os} 와 비슷한 크기의 값이고 A_{vd1} 은 10 이상의 큰 값(보통 60 정도)을 가지므로 $\Delta V_{GS6}/A_{vd1}$ 항은 첫 번째 증폭단에 의한 V_{os} 성분에 비해 보통 무시된다. 일반적으로 2 단(2-stage) 또는 다단 (multi-stage) 증폭기에서 첫 번째 증폭단의 전압이득이 10 이상이기만 하면 random 입력 offset 전압은 대체로 첫 번째 증폭단에 의해서만 결정된다.

9.1.4 Active 공통모드 입력전압 및 선형 출력전압 범위

Active 공통모드 입력전압 범위(active common mode input voltage range)는 모든 트랜지스터들이 saturation 영역에서 동작하여 차동모드 전압이득은 매우 크고 공통모드 전압이득은 매우 작게 되는 공통모드 입력전압 범위를 말하는데, 그림 9.1.1 회로에서 그 최소값 및 최대값은 다음 식으로 표시된다.

$$\text{최소값} : V_{SS} + V_{THn4} + V_{DSAT4} - \left| V_{THp1} \right| \tag{9.1.20}$$

$$\text{최대값} : V_{DD} - \left| V_{DSAT3} \right| - \left| V_{DSAT1} \right| - \left| V_{THp1} \right| \tag{9.1.21}$$

따라서 이 회로의 active 공통모드 입력전압 범위는 비교적 V_{SS} 쪽으로 편중되어 있는 것을 알 수 있다. 위 식에 나타난 각각의 V_{DSAT} 값들은 다음 식으로 주어진다.

$$\left| V_{DSAT1} \right| = \sqrt{\frac{I_{D3}}{\mu_p C_{ox}(W/L)_1}} = \sqrt{\frac{I_{DC}}{\mu_p C_{ox}} \cdot \frac{(W/L)_3}{(W/L)_8 \cdot (W/L)_1}} \tag{9.1.22.a}$$

$$|V_{DSAT\,3}| = \sqrt{\frac{2I_{D3}}{\mu_p C_{ox} \cdot (W/L)_3}} = \sqrt{\frac{2I_{DC}}{\mu_p C_{ox} \cdot (W/L)_8}} \qquad (9.1.22.b)$$

$$V_{DSAT\,4} = \sqrt{\frac{I_{D3}}{\mu_n C_{ox} \cdot (W/L)_4}} = \sqrt{\frac{I_{DC}}{\mu_n C_{ox}} \cdot \frac{(W/L)_3}{(W/L)_8 \cdot (W/L)_4}} \qquad (9.1.22.c)$$

선형 출력전압 범위(linear output voltage range)란 그림 9.1.1 의 회로에서 모든 트랜지스터들이 saturation 영역에서 동작하여 차동모드 전압이득이 크게 유지되는 출력전압 범위를 나타내는데, 이 선형 출력전압 범위의 최소값과 최대값은 각각 $(V_{SS} + V_{DSAT\,6})$ 과 $(V_{DD} - |V_{DSAT\,7}|)$ 로 주어진다. 여기서 $|V_{DSAT\,7}| = |V_{DSAT\,3}|$ 이고 $V_{DSAT\,6} = V_{DSAT\,4}$ 이다.

9.1.5   Power supply rejection ratio(PSRR) (*)

OP 앰프를 디지털 회로와 함께 같은 집적회로 칩에 위치시킬 경우 디지털 신호가 rising 혹은 falling 하는 순간에 큰 노이즈 전압이 공급전압인 V_{DD} 및 V_{SS} 도선에 유기될 수 있다. OP 앰프는 이와 같은 V_{DD} 와 V_{SS} 에 유기된 노이즈 전압에 무관한 출력전압을 내는 것이 바람직하다. 이 척도를 나타내는 OP 앰프의 특성 파라미터가 PSRR(power supply rejection ratio)인데, 이는 V_{DD} 변동에 대한 $PSRR^+$ 와 V_{SS} 변동에 대한 $PSRR^-$ 로 구분된다. 각각의 정의 식은 제 5 장 5.3.6 절의 식(5.3.30)과 식(5.3.31)에 보였다.

그림 9.1.1 회로에서 바이어스 전류 I_{DC} 가 V_{DD} 및 V_{SS} 에 무관한 DC 값을 가진다고 가정하면 V_{GS7} 은 V_{DD} 및 V_{SS} 의 전압 변동에 무관한 DC 값이 되어 소신호 전압 $v_{gs7} = 0$ 이 된다. 제 5 장 그림 5.3.6 회로는 NMOS 입력 차동증폭기인데 비해 그림 9.1.1 회로는 초단이 PMOS 입력 차동증폭기이므로 $PSRR^+$ 와 $PSRR^-$ 인 경우가 서로 뒤바뀌게 된다.

그림 9.1.1 회로에서 $PSRR^+$ 를 계산하기 위해 저주파에서 V_{SS} 전극에 인가되는 소신호 전압 $v_{ss} = 0$ 이고 V_{DD} 에 인가되는 소신호 전압 v_{dd} 만에 의한 효과를 고려해 본다. 5.3.6 절에서 차동증폭기 회로에서 구한 식(5.3.42)을 이용하면 $v_6 = -A_{vc1} \cdot v_{dd}$ 가 되어 $v_{gs6} = -A_{vc1} \cdot v_{dd}$ 가 된다. 따라서 short circuit output current

i_o 는 다음 식으로 표시된다.

$$i_o = -g_{m6} \cdot v_{gs6} + \frac{v_{dd}}{r_{o7}}$$

그리하여 open circuit output voltage $v_o = i_o \cdot R_o$ 가 되는데 여기서 $R_o = r_{o6} \| r_{o7}$ 이 된다. 따라서 v_o/v_{dd} 는

$$\frac{v_o}{v_{dd}} = \left\{ A_{vc1} \cdot g_{m6} + \frac{1}{r_{o7}} \right\} \cdot (r_{o6} \| r_{o7})$$

$$= \left\{ -\frac{g_{m6} \cdot (r_{o2} \| r_{o5})}{2r_{o3} \cdot g_{m4} \cdot (r_{o1} \| r_{o4})} + \frac{1}{r_{o7}} \right\} \cdot (r_{o6} \| r_{o7}) \tag{9.1.23}$$

이 된다. 따라서 $A_{vd} = g_{m1}(r_{o2} \| r_{o5}) \cdot g_{m6}(r_{o6} \| r_{o7})$ 이므로 $PSRR^+$ 는 다음 식으로 주어져서 매우 큰 값이 됨을 알 수 있다.

$$PSRR^+ = \frac{g_{m1} \cdot (r_{o2} \| r_{o5}) \cdot g_{m6}}{-\dfrac{g_{m6} \cdot (r_{o2} \| r_{o5})}{2r_{o3} \cdot g_{m4} \cdot (r_{o1} \| r_{o4})} + \dfrac{1}{r_{o7}}}$$

$$= \frac{1}{-\dfrac{1}{(CMRR)} + \dfrac{1}{A_{vd}} \cdot \left(\dfrac{r_{o6} \| r_{o7}}{r_{o7}} \right)} \approx 2A_{vd} \tag{9.1.24}$$

$PSRR^-$ 를 계산하기 위해서 $v_{dd} = 0$ 으로 두고 v_{ss} 만에 의한 효과를 고려한다. 초단의 차동증폭기에 대해 고려해 보면 제 5 장의 5.3.6 절 $PSRR^+$ 계산과정에 보인 대로 저주파에서 $v_6 = v_{ss}$ 가 되어 $v_{gs6} = 0$ 이 된다. 따라서 출력전압 v_o 는

$$v_o = \frac{r_{o7}}{r_{o6} + r_{o7}} \cdot v_{ss} = \frac{(r_{o6} \| r_{o7})}{r_{o6}} \cdot v_{ss}$$

가 된다. 그리하여 $PSRR^-$ 는

$$PSRR^- = \frac{A_{vd}}{\left(\dfrac{r_{o6} \| r_{o7}}{r_{o6}} \right)} = A_{vd1} \cdot g_{m6} r_{o6} \approx 2A_{vd} \tag{9.1.25}$$

이 되어 전체 차동모드 전압이득 $A_{vd} (= A_{vd1} \cdot g_{m6}(r_{o6} \| r_{o7}))$ 보다 약간 더 큰 값이 된다.

9.1.6 등가입력 노이즈 전압 (*)

OP 앰프의 등가입력 노이즈 전압(equivalent input noise voltage)은 OP 앰프를 구성하는 각 트랜지스터 소자 노이즈의 영향이 출력전압에 나타나는 효과를 모두 합하여 등가입력전압으로 나타낸 것으로, OP 앰프가 증폭시킬 수 있는 최소 입력전압(minimum detectable signal : MDS)이 된다.

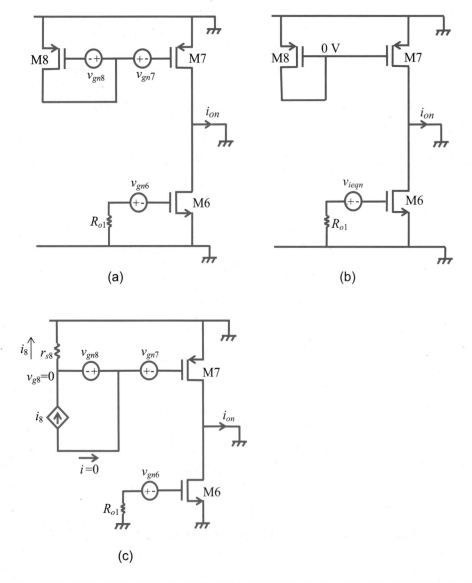

그림 **9.1.3** 둘째 단 증폭기의 등가입력 노이즈 전압 계산

그림 9.1.1 회로에서 초단 차동증폭기의 등가입력 노이즈 전압 분산(variance)인 $\overline{v_{ieqn1}^2}$ 은 제6장의 식(6.2.37)에 보인대로 다음 식으로 주어진다.

$$\overline{v_{ieqn1}^2} = \overline{v_{gn1}^2} + \overline{v_{gn2}^2} + \left(\frac{g_{m5}}{g_{m1}}\right)^2 \cdot \left(\overline{v_{gn4}^2} + \overline{v_{gn5}^2}\right) \tag{9.1.26}$$

둘째 단 증폭기인 공통소스(common source) 증폭기에 의해 M6 의 게이트 노드에서 관찰되는 등가입력 노이즈 전압 v_{ieqn2} 를 계산하기 위한 회로를 그림 9.1.3 에 보였다. 그림 9.1.3(a)는 둘째 단 증폭기에 대한 각 트랜지스터의 등가 게이트 노이즈 전압 v_{gni} 를 이용한 소신호 회로이고 그림 9.1.3(b)는 둘째 단 증폭기의 등가입력 노이즈 전압 v_{ieqn2} 를 이용한 소신호 회로이다. DC 전류원 I_{DC} 의 노이즈 성분을 무시하면 소신호 회로인 그림 9.1.3(c)에서 저주파 소신호 게이트 전류는 0 이므로 $i_8 = 0$ 이 된다. 따라서 $v_{g8} = i_8 \cdot r_{s8} = 0$ 이 되고, $v_{gs7} = -v_{gn7} + v_{gn8}$ 이 되고 $v_{gs6} = v_{gn6}$ 이 된다. 그리하여 short circuit output noise current i_{on} 은 다음 식으로 표시된다.

$$\begin{aligned} i_{on} &= -g_{m6}v_{gs6} - g_{m7}v_{gs7} \\ &= -g_{m6} \cdot v_{gn6} + g_{m7} \cdot (v_{gn7} - v_{gn8}) \end{aligned} \tag{9.1.27}$$

MOSFET 의 등가입력 노이즈 전압 v_{gn6}, v_{gn7} 과 v_{gn8} 은 통계적으로 서로 독립적인 random process 이므로 i_{on} 의 분산(variance)은 다음 식으로 표시된다.

$$\overline{i_{on}^2} = g_{m6}^2 \cdot \overline{v_{gn6}^2} + g_{m7}^2 \cdot (\overline{v_{gn7}^2} + \overline{v_{gn8}^2}) \tag{9.1.28}$$

그림 9.1.3(b)회로에서 output short circuit noise current i_{on} 과 그 분산은 각각 다음 식으로 표시된다.

$$i_{on} = g_{m6} \cdot v_{gs6} = g_{m6} \cdot v_{ieqn2} \tag{9.1.29}$$

$$\overline{i_{on}^2} = g_{m6}^2 \cdot \overline{v_{ieqn2}^2} \tag{9.1.30}$$

식(9.1.28)과 식(9.1.30)의 $\overline{i_{on}^2}$ 값이 서로 같아야 하므로 둘째 단 증폭기의 등가입력 노이즈 전압 분산은 다음 식으로 주어진다.

$$\overline{v_{ieqn2}^2} = \overline{v_{gn6}^2} + \left(\frac{g_{m7}}{g_{m6}}\right)^2 \cdot (\overline{v_{gn7}^2} + \overline{v_{gn8}^2}) \tag{9.1.31}$$

따라서 전체 OP 앰프의 등가입력 노이즈 전압 분산 $\overline{v_{ieqn}^2}$ 은 다음 식으로 주어진다.

$$\overline{v_{ieqn}^2} = \overline{v_{ieqn1}^2} + \frac{\overline{v_{ieqn2}^2}}{(A_{vd1})^2}$$

위 식에서 $\overline{v_{ieqn1}^2}$ 과 $\overline{v_{ieqn2}^2}$ 는 크기가 서로 비슷하고 $A_{vd1} \gg 1$ 이므로, 2-stage OP 앰프의 등가입력 노이즈 전압 $\overline{v_{ieqn}}$ 은 대체로 초단 증폭기의 등가입력 노이즈 전압값과 같게 되어 다음 식으로 주어진다.

$$\overline{v_{ieqn}^2} = \overline{v_{gn1}^2} + \overline{v_{gn2}^2} + \left(\frac{g_{m5}}{g_{m1}}\right)^2 \cdot \left(\overline{v_{gn4}^2} + \overline{v_{gn5}^2}\right) \tag{9.1.32.a}$$

스위치드 커패시터 필터 등의 sampled data system 에서는 제 11 장에서 설명할 thermal noise folding 현상 때문에 flicker noise 보다 thermal noise 가 회로 동작에 더 큰 영향을 주게 된다. 제 6 장의 식(6.2.27)에 주어진 등가 게이트 노이즈 전압 분산인 $|V_{gn}(f)|^2$ 식의 thermal noise 부분을 식(9.1.32.a)에 대입하면 2-stage OP 앰프의 등가입력 thermal noise 분산의 주파수 스펙트럼인 $|V_{ieqn}(f)|^2$ 은 다음 식으로 주어지는데 단위는 V^2/Hz 이다.

$$|V_{ieqn}(f)|^2 = \frac{16}{3} \cdot kT \cdot \frac{1}{g_{m1}} \cdot \left(1 + \frac{g_{m5}}{g_{m1}}\right) \tag{9.1.32.b}$$

9.1.7 주파수 특성

OP 앰프를 구성하는 MOS 트랜지스터 소자들의 전하 저장(charge storage) 효과 때문에 입력 신호 주파수가 증가함에 따라 소신호 전압이득의 크기(magnitude)는 감소하고 위상(phase)도 변하게 된다.

그림 9.1.1 의 OP 앰프 회로에서 v_6 노드와 v_o 노드만이 high impedance 노드이고 이 두 노드를 제외한 다른 노드들은 모두 low impedance 노드들이므로, 각 노드와 ground 사이에 연결된 커패시턴스 값들이 거의 같을 때 비교적 낮은 주파수에서 pole 을 생성시키는 노드들은 v_6 과 v_o 의 high impedance 노드들이다. 따라서 v_6 과 v_o 노드들에 관련된 커패시턴스 성분들만 고려하고 $R_Z = 0$ 일때 그림 9.1.1 의 OP 앰프 회로를 그림 9.1.4 에 보인 소신호 등가회로로 변환시킬 수 있다. 그림 9.1.4 에서

$$G_{m1} = g_{m1} \qquad\qquad R_{o1} = r_{o2} \| r_{o5}$$

$$G_{m2} = g_{m6} \qquad\qquad R_{o2} = r_{o6}\|r_{o7}$$
$$C_1 = C_{db5} + C_{gd5} + C_{db2} + C_{gd2} + C_{gs6} + C_{\text{int}.6}$$

인데 $C_{\text{int}.6}$ 은 v_6 노드의 도선(interconnect)과 기판(substrate) 사이의 커패시턴스 성분이다. C_L 은 C_{db6} 과 C_{db7}, C_{gd7} 과 v_o 노드의 도선 커패시턴스와 OP 앰프가 구동할 회로의 입력 커패시턴스 성분을 포함한다. 또 C_C 는 C_{gd6} 성분을 포함한다. v_6 과 v_o 노드에 각각 KCL을 적용하면 다음 두 식을 얻을 수 있다.

$$G_{m1} \cdot (v_{i2} - v_{i1}) + \left\{ s(C_1 + C_C) + \frac{1}{R_{o1}} \right\} \cdot v_6 - sC_C \cdot v_o = 0 \tag{9.1.33}$$

$$(G_{m2} - sC_C) \cdot v_6 + \left\{ s(C_L + C_C) + \frac{1}{R_{o2}} \right\} \cdot v_o = 0 \tag{9.1.34}$$

위 두 식을 연립하여 v_6 을 제거하고 소신호 차동모드 전압이득 $A_{dv}(s)$ 의 식을 구하면 다음과 같다.

$$A_{dv}(s) = \frac{v_o}{v_{i2} - v_{i1}}$$

$$= \frac{(G_{m1}R_{o1}) \cdot (G_{m2}R_{o2}) \cdot (1 - sC_C/G_{m2})}{\left[\begin{array}{l} 1 + s \cdot \{C_L R_{o2} + C_1 R_{o1} + C_C \cdot (G_{m2}R_{o2}R_{o1} + R_{o1} + R_{o2})\} \\ + s^2 \cdot \{C_1 C_L + (C_1 + C_L)\, C_C\} \cdot R_{o1}R_{o2} \end{array} \right]} \tag{9.1.35}$$

여기서 A_{dv} 는 식(9.1.2)에 주어진 A_{vd} 와는 $A_{dv} = -A_{vd}$ 인 관계에 있다. 따라서 $A_{dv}(s)$ 는 두 개의 pole p_1, p_2 와 한 개의 zero z_1 을 가진다. 그리하여 $A_{dv}(s)$ 를

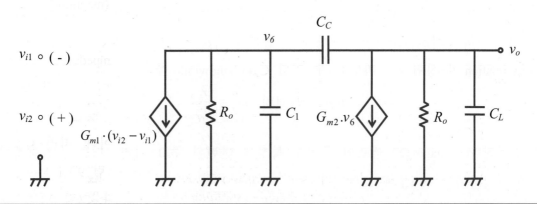

그림 **9.1.4**   2-stage OP 앰프의 소신호 등가회로

DC 소신호 전압이득(low frequency small-signal voltage gain) 값 $A_{dv}(0)$과 p_1, p_2, z_1의 식으로 표시하면 다음과 같다.

$$A_{dv}(s) = \frac{A_{dv}(0) \cdot \left(1 - \dfrac{s}{z_1}\right)}{\left(1 - \dfrac{s}{p_1}\right) \cdot \left(1 - \dfrac{s}{p_2}\right)} \approx \frac{A_{dv}(0) \cdot \left(1 - \dfrac{s}{z_1}\right)}{1 - \dfrac{s}{p_1} + \dfrac{s^2}{p_1 p_2}} \tag{9.1.36}$$

여기서 저주파 소신호 이득 값인 $A_{dv}(0) = (G_{m1}R_{o1}) \cdot (G_{m2}R_{o2})$ 이고, $|p_1| \ll |p_2|$ 라고 가정하여 dominant pole approximation[4,5,8] 인 $(1/p_1) + (1/p_2) \approx 1/p_1$ 의 근사식을 사용하였다. 식(9.1.35)와 식(9.1.36)의 분모 항들을 서로 비교하면 다음과 같이 dominant pole p_1 과 non-dominant pole p_2 의 식을 유도할 수 있다.

$$p_1 = \frac{-1}{C_C \cdot (G_{m2}R_{o2}R_{o1} + R_{o1} + R_{o2}) + C_L R_{o2} + C_1 R_{o1}} \approx \frac{-1}{R_{o1} \cdot G_{m2}R_{o2} \cdot C_C} \tag{9.1.37}$$

$$p_2 = \frac{+1}{p_1 \cdot \left\{ C_C(C_1 + C_L) + C_1 C_L \right\} R_{o1}R_{o2}} = \frac{-G_{m2}C_C}{C_C(C_1 + C_L) + C_1 C_L} \tag{9.1.38}$$

식(9.1.37)에 주어진 p_1 의 정확한 식은 open-circuit time constant 방법을 사용하여도 구할 수 있다.

분자 항을 비교하면 zero 값 z_1 은 다음 식으로 표시된다.

$$z_1 = +\frac{G_{m2}}{C_C}$$

$G_{m2}R_{o2} \gg 1$, $G_{m2} \gg 1/R_{o1}$, $C_L > C_C \gg C_1$ 인 관계가 성립하므로 $p_2 \approx -G_{m2}/C_L$ 이 되어 $|p_1| \ll |p_2| < |z_1|$ 인 관계가 성립한다. $|p_1| \ll |p_2|$ 이므로 dominant pole approximation 이 성립함을 확인할 수 있다. Gain-bandwidth 곱 ω_T 는

$$\omega_T = |A_{dv}(0)| \cdot |p_1| = \frac{G_{m1}}{C_C} \tag{9.1.39}$$

로 주어진다. 2-stage OP 앰프의 주파수 특성에 관련된 주요 파라미터들의 간략화된 식을 정리하여 표 9.1.1 에 보였다.

표 **9.1.1** 2-stage OP 앰프의 주파수 특성 파라미터 식 ($C_L > C_C \gg C_1$ 일 경우)

파라미터	$\left\vert A_{dv}(0) \right\vert$	p_1	p_2	z_1	ω_T
간략화된 식	$G_{m1}R_{o1} \cdot G_{m2}R_{o2}$	$\dfrac{-1}{R_{o1} \cdot G_{m2}R_{o2} \cdot C_C}$	$-\dfrac{G_{m2}}{C_L}$	$+\dfrac{G_{m2}}{C_C}$	$\dfrac{G_{m1}}{C_C}$

보통 $C_L > C_C$ 이므로 $\left\vert p_2 \right\vert < \left\vert z_1 \right\vert$ 인 관계가 성립하고, $(G_{m2}/G_{m1}) > (C_L/C_C)$ 일 경우 $\omega_T < \left\vert p_2 \right\vert < \left\vert z_1 \right\vert$ 이 되고 $1 < (G_{m2}/G_{m1}) < (C_L/C_C)$ 일 경우 $\left\vert p_2 \right\vert < \omega_T < \left\vert z_1 \right\vert$ 이 된다. 보통 $G_{m2} > G_{m1}$ 이고 G_{m2}/G_{m1} 과 C_L/C_C 는 10 이내의 값을 가지므로 $\left\vert p_2 \right\vert$, $\left\vert z_1 \right\vert$, ω_T 들은 비교적 서로 근접한 값들을 가진다.

$$G_{m1} = 1.76 \times 10^{-3}\, Siemens \qquad G_{m2} = 1.94 \times 10^{-3}\, Siemens$$
$$R_{o1} = 64.8K\Omega \qquad R_{o2} = 15.5K\Omega,$$
$$C_L = 10\,pF \qquad C_C = 2\,pF$$

로 주어졌을 경우의 $A_{dv}(j\omega)$ 의 간략화된 Bode plot 을 그림 9.1.5 에 보였다. 여기서 *Siemens* 는 $[A/V]$를 나타내는 단위이다.

$$A_{dv}(0) = 3425(71dB) \qquad p_1 = -257K\,rad/\sec \qquad p_2 = -194M\,rad/\sec$$
$$z_1 = +970M\,rad/\sec \qquad \omega_T = 880M\,rad/\sec$$

로서 $G_{m2}/G_{m1} = 1.1$ 이고 $C_L/C_C = 5$ 이므로 $\left\vert p_2 \right\vert < \omega_T < z_1$ 인 관계가 성립한다. 이 파라미터 값들을 이용한 2-stage OP 앰프의 주파수 특성을 그림 9.1.5 에 보였다.

그림 9.1.5(a)의 magnitude plot 에서 $\left\vert p_1 \right\vert < \omega < \left\vert p_2 \right\vert$ 인 영역에서의 magnitude(크기)는 근사적으로 $A_{dv}(0) \cdot \left\vert p_1 \right\vert / \omega$ 가 되고 $\left\vert p_2 \right\vert < \omega < \left\vert z_1 \right\vert$ 인 영역에서의 magnitude 는 근사적으로 $A_{dv}(0) \cdot \left\vert p_1 \cdot p_2 \right\vert / \omega^2$ 가 된다. 따라서 ω_{0dB} 는 다음과 같이 계산된다.

$$\omega_{0dB} = \sqrt{A_{dv}(0) \cdot \left\vert p_1 \cdot p_2 \right\vert} = 413M\,rad/s$$

$\left\vert p_2 \right\vert > 10 \cdot \left\vert p_1 \right\vert$ 이므로 dominant pole p_1 은 ω_{0dB} 에서의 phase 값에 영향을 미치지 못하게 된다. 그리하여 ω_{0dB} 에서의 phase 값 $ph\{A_{dv}(j\omega_{0dB})\}$는 다음과 같이 주어진다.

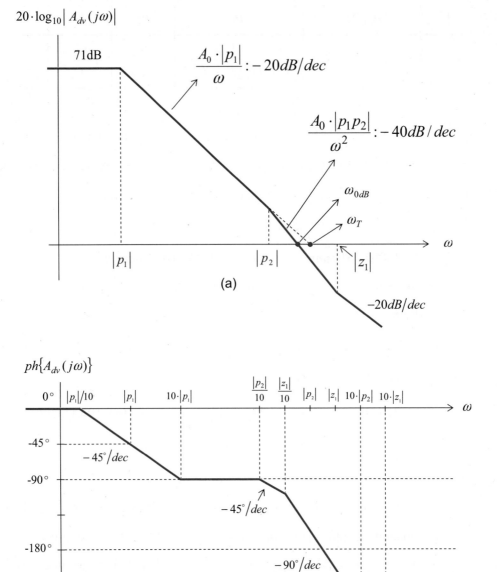

그림 **9.1.5** 2-stage CMOS OP 앰프의 주파수 특성 (C_C 를 사용한 경우)

(a) magnitude Bode plot   (b) phase Bode plot

$$ph\{A_{dv}(j\omega_{0dB})\} = -90° - ph\left(1 - \frac{j\omega_{0dB}}{p_2}\right) + ph\left(1 - \frac{j\omega_{0dB}}{z_1}\right)$$

$$\approx -90° - \tan^{-1}\left(\frac{\omega_{0dB}}{|p_2|}\right) - \tan^{-1}\left(\frac{\omega_{0dB}}{z_1}\right)$$

$$\approx -90° - 45° - 45°\cdot\log_{10}\left(\frac{\omega_{0dB}}{|p_2|}\right) - 45°\cdot\log_{10}\left(\frac{\omega_{0dB}}{0.1z_1}\right)$$

$$= -178° \tag{9.1.40}$$

따라서 피드백 factor $f=1$인 회로에 이 OP 앰프를 사용할 경우의 phase margin(위상 여유) PM은 $+2°$밖에 되지 않는다. 이는 $2pF$인 C_C를 사용하여 pole-splitting 주파수 보상(frequency compensation)을 행하였으나 부하 커패시터 C_L 값이 $10pF$로 너무 커서 $|p_2|$ 값이 비교적 작게 되었기 때문이다. 일반적으로 C_C 값이 일정한 값으로 주어진 경우 C_L 값을 증가시키면 표 9.1.1 에서 알 수 있듯이 $|p_2|$ 값이 감소하기 때문에 phase margin 이 감소하여 주파수 안정도가 나빠진다.

양(+)의 실수(positive real) zero 및 그 대처 방법

Zero 의 발생 원인과 양(+)의 실수 zero 를 제거하기 위한 방법에 관해서는 제 7장의 7.3 절에서 비교적 상세하게 설명하였다. 여기서는 2-stage CMOS OP 앰프와 관련하여 zero 의 발생 원인과 그 대처 방법에 대해 비교적 간략하게 설명한다.

표 9.1.1 에서 zero z_1은 양(+)의 실수값을 가지는데, 이러한 양(+)의 실수 zero 는 $|A_{dv}(j\omega)|$의 크기를 증가시키고, 특히 $ph\{A_{dv}(j\omega)\}$를 더욱 더 음(−)의 값이 되게 하여, phase margin(위상여유)을 감소시켜 주파수 안정도를 나쁘게 한다.

양(+)의 실수 zero 는 그림 9.1.6 에 보인 대로 저주파 전압이득이 음(−)인 둘째 단 증폭기의 입력 단자와 출력 단자 사이에 연결된 주파수 보상(frequency compensation) 커패시터 C_C를 통한 feed-forward 현상 때문에 생겨난다.

Zero $(s=z)$ 주파수에서는 둘째 단 증폭기의 입력전압인 v_{o1} 이 0 이 아니라도 $v_o=0$이 되어 R_{o2}와 C_L에는 전류가 흐르지 않으므로 $i_{C_c}=G_{m2}v_{o1}$이 되어야 한다. $i_{C_c}=sC_c\cdot v_{o1}$이므로 이 두 i_{C_c} 값을 같게 하면 zero 값 $z_1=+G_{m2}/C_C$가 된다.

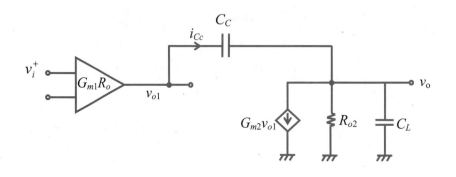

그림 **9.1.6** 양(+)의 실수 zero 의 발생

그림 9.1.6 에 보인 회로에서 dependent current source $G_{m2}v_{o1}$의 방향이 반대가 되면 둘째 단 증폭기의 저주파 소신호 전압이득은 양의 값이 되는데 이 경우에는 음의 실수(negative real) zero 가 발생한다.

그림 9.1.6 회로에서 발생하는 양(+)의 실수 zero 를 제거하기 위한 대표적인 방법 두 가지를 그림 9.1.7 에 보였다. 그림 9.1.7(a)에 보인 대로 source follower 로 된 전압 이득이 1 인 buffer 를 C_C와 직렬로 연결하면 C_C를 통한 피드백 동작은 buffer 가 없을 때와 똑같이 이루어지지만 feed-forward 동작은 이루어지지 않는다. C_C를 통한 피드백 동작이 그대로 이루어지므로 v_{o1} 노드에서 본 C_C의 Miller multiplication 동작은 그대로 이루어진다. 그림 9.1.7(a)에 보인 대로 buffer 입력단 전류는 0 이므로, v_o가 0 이 되기 위해서는 v_{o1}이 0 이 되는 방법밖에 없다. v_{o1}이 0 이 아닐 때 v_o가 0 이 되는 s 값을 zero 라고 정의하므로, 그림 9.1.7(a)의 경우 zero 가 존재하지 않는다. 그림 9.1.7(b)에 보인 대로 $(1/G_{m2})$의 값을 가지는 저항 R_Z를 C_C와 직렬로 연결할 경우 v_{o1}이 0 이 아닐 때 v_o가 0 이 되려면 $s = \infty$가 되어야 한다. 따라서 zero 값이 무한대가 되는데, 이는 zero 가 존재하지 않는 것과 같다.

그런데 그림 9.1.7(b)의 직렬 저항 R_Z 값을 $(1/G_{m2})$보다 크게 하면 음(−)의 실수 zero 가 생겨나는데, 이 zero 는 non-dominant pole 인 음(−)의 실수 pole p_2의 영향을 상쇄시키는 방향으로 작용하여 phase margin 을 증가시키므로 주파수 안정도를 더 좋게 만든다. 이 경우를 그림 9.1.8 에 보였는데 zero 값 z_1은 다음과 같이 구해진다.

$s = z_1$ 일 때 $v_o = 0$ 이 되므로 $i_{C_c} = G_{m2}v_{o1}$ 이 되어야 한다. 또 i_{C_c} 는 R_Z 와 C_C

의 직렬 연결 구조에 흐르는 전류이므로 다음 관계식이 성립한다.

$$i_{C_c} = \frac{v_{o1}}{R_Z + \dfrac{1}{sC_C}} = G_{m2}v_{o1}$$

위 식에 $s = z_1$ 을 대입하면 z_1 은 다음 식으로 주어진다.

$$z_1 = \frac{G_{m2}}{C_C} \cdot \frac{1}{1 - G_{m2} \cdot R_Z} \tag{9.1.41}$$

그리하여 $R_Z > \left(1/G_{m2}\right)$ 일 때 z_1 은 음$(-)$의 실수 zero 가 되어 주파수가 증가함에 따라 phase 를 양$(+)$의 방향으로 변화시켜 phase margin 을 좋게 한다.

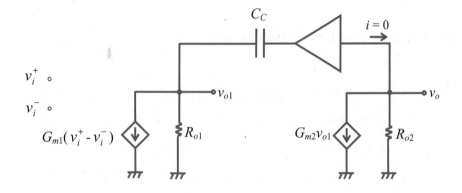

(a) 전압이득이 1인 buffer 를 피드백 path 에 연결

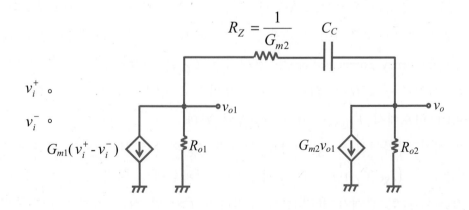

(b) $\left(1/G_{m2}\right)$ 인 저항을 C_C 와 직렬로 연결

그림 **9.1.7** 2-stage CMOS OP 앰프에서 양$(+)$의 실수 zero 를 제거하는 두 가지 방법[1]

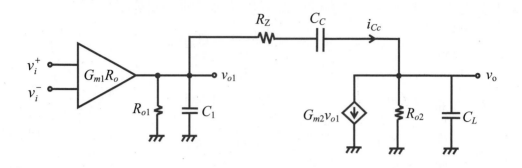

그림 **9.1.8** 2-stage CMOS OP 앰프에서 $R_z > 1/G_{m2}$ 일 경우의 negative real zero 발생

9.1.8 Slew rate 와 full power bandwidth

OP 앰프를 그림 9.1.9 와 같이 unity-gain 피드백 회로에 연결하고 차동 입력전압으로 진폭이 비교적 큰 step 전압 파형을 인가했을 때 출력전압은 차동 입력전압을 따라가지 못하고 시간에 대해 선형적으로 변하게 된다. 이는, $t = 0^+$ 시각에 $v_I(t)$ 는 V 로 변하지만 $v_O(t)$ 는 0 에 머물게 되어, OP 앰프의 (+) 입력 단자 전압은 $+V$ 이고 (−) 입력 단자 전압은 0 이 된다. 전압 V 값이 충분히 크게 되면 그림 9.1.1 회로에서 M2 는 off 되어 M3 에 흐르는 바이어스 전류 I_{SS} 가 모두 M1 쪽으로 흐르게 된다. M4 에도 I_{SS} 의 전류가 흐르므로 M5 에도 전류거울 회로 동작에 의해 I_{SS} 의 전류가 흐르게 된다. M2 는 off 되어 전류가 흐르지 않으므로 M5 에 흐르는 전류 I_{SS} 는 주파수 보상(frequency compensation)용 커패시터 C_C 를 통하여 V_O 노드로부터 공급된다. $t = 0^-$ 시각에는 $v_I^+(t) = v_I^-(t) = v_O(t) = 0$ 이므로, 입력 offset 전압을 $0V$ 라고 할 때 그림 9.1.1 회로에서 $V_{DS5}(t = 0^-) = V_{GS4}$ 가 된다.

$t > 0$ 인 시간 영역에서는 I_{SS} 의 DC 전류가 C_C 와 M5 를 통하여 흐르므로 C_C 양단 전압은 $(I_{SS}/C_C) \cdot t$ 로 시간이 경과함에 따라 증가하게 되고 $V_{DS5}(t > 0) = V_{GS4}$ 인 관계가 유지된다. 그리하여 $t > 0$ 인 시간 영역에서의 출력전압 $v_O(t)$ 는 다음 식으로 표시된다.

$$v_O(t) = (C_C \text{ 양단 전압}) + V_{DS5} + V_{SS} + I_{SS} R_Z = \frac{I_{SS}}{C_C} \cdot t + I_{SS} R_Z + v_O(t = 0)$$

$$= \frac{I_{SS}}{C_C} \cdot t + I_{SS}\, R_Z \tag{9.1.42}$$

$v_O(t)$가 거의 step 전압값 V에 도달하면, 차동 입력전압$(v_I^+ - v_I^- = v_I(t) - v_O(t))$이 충분히 작아져서 두 입력 트랜지스터 M1과 M2가 모두 on 되어 saturation 영역에서 동작하므로, OP 앰프가 선형 동작 영역에 들어가서 소신호 등가회로로 그 동작을 해석할 수 있게 된다.

　출력전압 $v_O(t)$는 시간에 대해 위 식에서 보인 비율보다는 더 빨리 변할 수 없다. 이 출력전압 $v_O(t)$의 시간 t에 대한 최대 변화율을 slew rate 라고 하는데 식 (9.1.42)로부터 slew rate SR은 다음 식으로 구해진다.

$$SR \underset{=}{\Delta} \left.\frac{dv_O}{dt}\right|_{\max} = \frac{I_{SS}}{C_C} \tag{9.1.43}$$

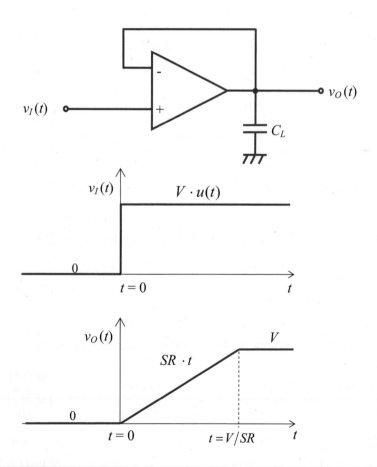

그림 **9.1.9**　OP 앰프의 slew 현상

Slew 현상에 의한 distortion(왜곡) 없이 최대 출력전압 범위로 swing 할 수 있는 sine wave 의 주파수를 full power bandwidth(f_{FPBW})라고 부른다. OP 앰프의 최대 출력전압 범위가 $-V_m$ 에서 $+V_m$ 까지라고 할 때, 이 경우의 출력전압 $v_O(t)$ 는

$$v_O(t) = V_m \cdot \sin(2\pi f_{FPBW} \cdot t)$$

로 주어진다. 시간에 대한 $v_O(t)$ 의 최대 변화율이 slew rate 와 같게 되므로 full power bandwidth f_{FPBW} 는 다음과 같이 주어진다.

$$\left. \frac{dv_O}{dt} \right|_{max} = 2\pi f_{FPBW} \cdot V_m = SR$$

$$f_{FPBW} = \frac{SR}{2\pi V_m} \tag{9.1.44}$$

식(9.1.39)나 표 9.1.1 에 주어진 ω_T 식을 이용하여, slew rate SR 을 ω_T 의 식으로 표시하면 다음과 같이 된다.

$$SR = \omega_T \cdot |V_{GS} - V_{TH}|_{1,2}$$

여기서 $|V_{GS} - V_{TH}|_{1,2}$ 는 DC 동작점에서 입력 트랜지스터 M1 과 M2 의 $|V_{GS} - V_{TH}|$ 값이다. Gain-bandwidth 곱인 ω_T 가 고정된 상황에서는 입력 트랜지스터의 $|V_{GS} - V_{TH}|$ 값을 증가시킬수록 slew rate 가 증가된다.

9.1.9 SPICE simulation 결과

N-well CMOS 공정을 이용한 NMOS 입력 2-stage CMOS OP 앰프의 회로 예를 그림 9.1.10 에 보였다. 이 회로에 사용된 트랜지스터의 W/L 과 바이어스 전류값을 표 9.1.2 에 보였다.

표 **9.1.2** 그림 9.1.10 회로에 사용된 트랜지스터의 W/L 과 바이어스 전류값

트랜지스터	$W(\mu m)$	$L(\mu m)$	$I_D(\mu A)$
M1	120	1.2	100
M2	120	1.2	100
M3	20	1.2	200

M4	20	1.2	100
M5	20	1.2	100
M6	80	1.2	400
M7	40	1.2	400
M8	3	1.2	0
M9	3	1.2	30

여기서

$$\frac{(W/L)_6}{(W/L)_4} = 2 \cdot \frac{(W/L)_7}{(W/L)_3} \tag{9.1.45}$$

이 되어 systematic input offset 전압값이 0 이 됨을 확인할 수 있다. 이 회로의 SPICE netlist 를 그림 9.1.11 에 보였다.

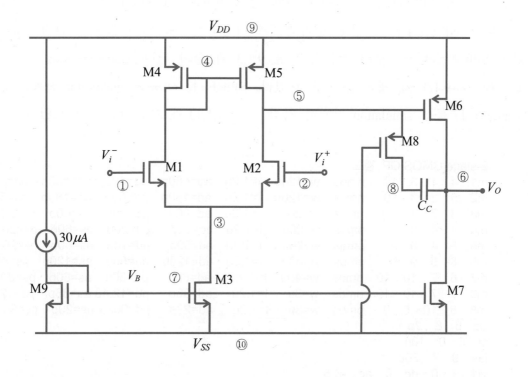

그림 **9.1.10** 2-stage CMOS OP 앰프

이 절에서는, 다음에 보인 세 가지 경우에 대해 2-stage OP 앰프의 open loop 주파수 응답(frequency response)과 이 OP 앰프를 unity-gain 피드백 형태로 연결한 회로의 주파수 응답과 과도 응답(transient response)에 대한 SPICE simulation 결과에 대해 설명한다.

(1) 주파수 보상을 하지 않은 경우

(2) 2pF 의 커패시터 C_C 로만 주파수 보상을 한 경우

(3) 3.1$K\Omega$ 의 R_Z 와 2pF 의 C_C 를 직렬로 연결하여 주파수 보상을 한 경우

2-stage OP 앰프의 open loop 주파수 응답

그림 9.1.10 에 보인 2-stage CMOS OP 앰프회로에 대해 open loop 차동모드 소신호 전압이득의 주파수 응답(frequency response)에 대한 SPICE simulation 을 행한 결과를 보인다. 먼저 .OP card 를 사용하여 구한 동작점(operating point) 정보를 그림 9.1.12 에 보였다. 그림 9.1.4 의 소신호 등가회로에 사용되는 파라미터 값들을 그림 9.1.12 에 보인 SPICE 출력으로부터 추출하면 표 9.1.3 과 같이 된다. Hand analysis 로 계산한 결과를 표 9.1.3 에 계산 값으로 보였다. SPICE 를 이용한 magnitude(진폭) 특성과 phase(위상) 특성 simulation 결과를 각각 그림 9.1.13 과 그림 9.1.14 에 보였다.

```
2-stage CMOS OP 앰프
m1  4  1  3  10   nmos  w=120u  l=1.2u  ad=180p  pd=50u   as=180p  ps=50u
m2  5  2  3  10   nmos  w=120u  l=1.2u  ad=180p  pd=50u   as=180p  ps=50u
m3  3  7  10 10   nmos  w=20u   l=1.2u  ad=60p   pd=20u   as=60p   ps=20u
m4  4  4  9  9    pmos  w=20u   l=1.2u  ad=60p   pd=20u   as=60p   ps=20u
m5  5  4  9  9    pmos  w=20u   l=1.2u  ad=60p   pd=20u   as=60p   ps=20u
m6  6  5  9  9    pmos  w=80u   l=1.2u  ad=120p  pd=50u   as=120p  ps=50u
m7  6  7  10 10   nmos  w=40u   l=1.2u  ad=60p   pd=30u   as=60p   ps=30u
m9  7  7  10 10   nmos  w=3u    l=1.2u  ad=36p   pd=12.4u as=36p   ps=12.4u
m8  8  10 5  9    pmos  w=3u    l=1.2u  ad=20p   pd=9u    as=20p   ps=9u
cc  6  8  2p
cl  6  0  10p
iss 9  7  30u
vi1 1  0  dc  0  ac  -0.5
vi2 2  0  dc  0  ac  0.5
```

```
vdd   9   0   dc   2.5
vss   10  0   dc   -2.5
.ac   dec   10   1k   1giga
.probe   vdb(6)   vp(6)
.op
.model   nmos   nmos   tox=200e-10   uo=500   vto=0.8   gamma=0.8
+ lambda=0.08   cgdo=300p   cgso=300p   cj=2.75e-4   cjsw=1.9e-10
+ ld=0.2u       phi=0.7       pb=0.8       af =1   kf=5e-26   level=1
.model   pmos   pmos   tox=200e-10   uo=200   vto=-0.8   gamma=0.8
+ lambda=0.1   cgdo=300p   cgso=300p   cj=2.75e-4   cjsw=1.9e-10
+ ld=0.2u       phi=0.7       pb=0.8       af=1   kf=1e-26   level=1
.end
```

그림 **9.1.11**   그림 9.1.10 에 보인 2-stage CMOS OP 앰프의 SPICE netlist
(R_Z, C_C 주파수 보상)

Operating point information of 2-stage CMOS OP 앰프 from SPICE

NODE	VOLTAGE	NODE	VOLTAGE	NODE	VOLTAGE	NODE	VOLTAGE
(1)	0.0000	(2)	0.0000	(3)	-1.3511	(4)	1. 24
(5)	1.2473	(6)	.0731	(7)	-1.2889	(8)	1.24
(9)	2.5000	(10)	-2.50000				

```
       VOLTAGE  SOURCE  CURRENTS
         NAME         CURRENT
         vi1          0.000E+00
         vi2          0.000E+00
         vdd          -6.688E-04
         vss          6.688E-04
```

TOTAL POWER DISSIPATION   3.34E-03   WATTS

NAME	m1	m2	m3	m4	m5
MODEL	nmos	nmos	nmos	pmos	pmos
ID	9.95E-05	9.95E-05	1.99E-04	-9.95E-05	-9.95E-05
VGS	1.35E+00	1.35E+00	1.21E+00	-1.25E+00	-1.25E+00
VDS	2.60E+00	2.60E+00	1.15E+00	-1.25E+00	-1.25E+00
VBS	-1.15E+00	-1.15E+00	0.00E+00	0.00E+00	0.00E+00
VTH	1.24E+00	1.24 E+00	8.00 E-01	-8.00E-01	-8.00E-01
VDSAT	1.13E-01	1.13E-01	4.11E-01	-4.53E-01	-4.53-01
GM	1.76E-03	1.76E-03	9.69E-06	4.40E-04	4.40E-04
GDS	6.59E-06	6.59E-06	1.46E-05	8.85E-06	8.85E-06
GMB	5.34E-04	5.34E-04	5.00E-04	2.27E-04	2.27E-04
CBD	2.61E-14	2.61E-14	1.34E-14	1.31E-14	1.31E-14
CBS	3.88E-14	3.88E-14	2.03E-14	2.03E-14	2.03E-14
CGSOV	3.60E-14	3.60E-14	6.00E-15	6.00E-15	6.00E-15

CGDOV	3.60E-14	3.60E-14	6.00E-15	6.00E-15	6.00E-15
CGBOV	0.00E+00	0.00E-00	0.00E+00	0.00E-00	0.00E+00
CGS	1.11E-13	1.11E-13	1.84E-14	1.84E-14	1.84E-14
CGD	0.00E+00	0.00E-00	0.00E+00	0.00E-00	0.00E+00
CGB	0.00E+00	0.00E-00	0.00E+00	0.00E-00	0.00E+00
NAME	m6	m7	m9	m8	
MODEL	pmos	nmos	nmos	pmos	
ID	-4.44E-04	4.40E-04	3.00E-05	-1.89E-20	
VGS	-1.25E+00	1.21E+00	1.21E+00	-3.75E+00	
VDS	-2.43E+00	2.57E+00	1.21E+00	3.94E-09	
VBS	0.00E+00	0.00E+00	0.00E+00	1.25E+00	
VTH	-8.00E-01	8.00E-01	8.00E-01	-1.27E+00	
VDSAT	-4.53E-01	4.11E-01	4.11E-01	-2.48E+00	
GM	1.94E-03	2.14E-01	1.46E-04	5.10E-13	
GDS	3.54E-05	2.92E-05	2.19E-06	3.21E-04	
GMB	1.00E-03	1.10E-03	7.54E-05	1.50E-13	
CBD	2.24E-14	1.16E-14	7.98E-15	4.69E-15	
CBS	4.25E-14	2.22E-14	1.23E-14	4.69E-15	
CGSOV	2.40E-14	1.20E-14	9.00E-16	9.00E-16	
CGDOV	2.40E-14	1.20E-14	9.00E-16	9.00E-16	
CGBOV	0.00E+00	0.00E+00	0.00E+00	0.00E+00	
CGS	7.37E-14	3.68E-14	2.76E-15	2.04E-15	
CGD	0.00E+00	0.00E+00	0.00E+00	2.04E-15	
CGB	0.00E-00	0.00E-00	0.00E-00	0.00E-00	

그림 **9.1.12** 2-stage OP 앰프의 SPICE 로 출력된 동작점 정보(계속)

표 **9.1.3** 그림 9.1.10 에 보인 2-stage CMOS OP 앰프의 소신호 파라미터 값

파라미터	SPICE 결과 값	계산 값	계산 식
G_{m1}	$1.76 \times 10^{-3}\ A/V$	1.61×10^{-3}	$gm(M1)$
G_{m2}	$1.93 \times 10^{-3}\ A/V$	1.66×10^{-3}	$gm(M6)$
R_{o1}	$64.8\ K\Omega$	$55.6K$	$1/\{gds(M2) + gds(M5)\}$
R_{o2}	$15.5\ K\Omega$	$13.9K$	$1/\{gds(M6) + gds(M7)\}$
C_1	$0.18\,pF$		$CGD(M5) + CDB(M5) + CGD(M2)$ $+CDB(M2) + CGS(M6)$ $+CGS(M8) + CSB(M8)$
R_Z	$3.1\ K\Omega$		$1/gds(M8)$
C_L	$10\,pF$		

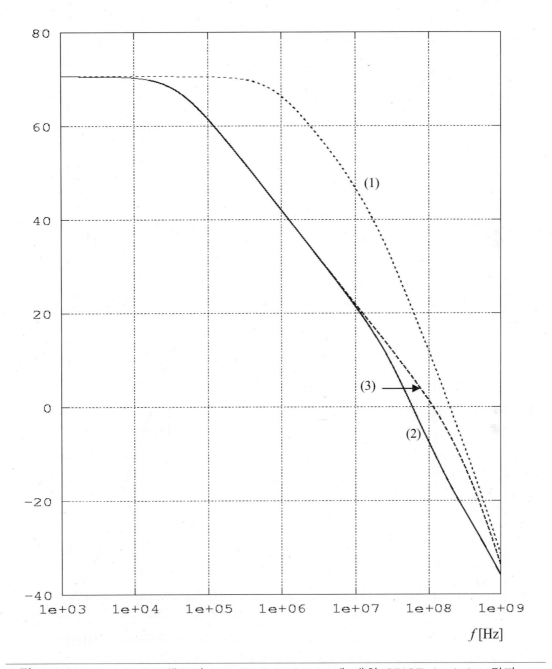

그림 **9.1.13**   2-stage OP 앰프의 magnitude Bode plot 에 대한 SPICE simulation 결과
(1) 주파수 보상을 안한 경우   (2) Cc 로만 주파수 보상을 한 경우
(3) Rz 와 Cc 로 주파수 보상을 한 경우

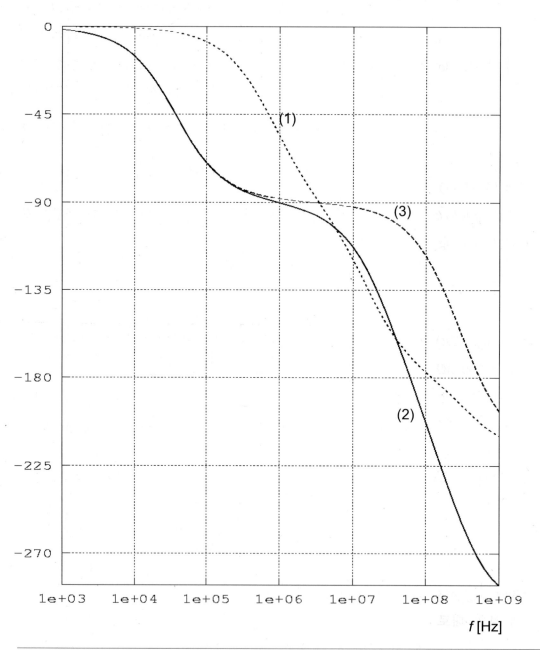

그림 **9.1.14** 2-stage OP 앰프의 phase Bode plot 에 대한 SPICE simulation 결과
(1) 주파수 보상을 안한 경우   (2) Cc 로만 주파수 보상을 한 경우
(3) Rz 와 Cc 로 주파수 보상을 한 경우

(1) 주파수 보상을 하지 않은 경우 (C_C = 0)

먼저 그림 9.1.10 회로에서 M8 과 C_C를 제거한 (1)의 경우에 대해 설명한다. 그림 9.1.4 의 소신호 등가회로에서 DC 차동모드 소신호 전압이득 $A_{dv}(0)$, dominant pole $|p_1|$과 non-dominant pole $|p_2|$는 다음 식들로 계산된다.

$$A_{dv}(0) = G_{m1}R_{o1} \cdot G_{m2}R_{o2} = 3412(70.7dB) \tag{9.1.46}$$

$$|p_1|/2\pi = 1/(2\pi \cdot R_{o2} \cdot C_L) = 1.0\,MHz \tag{9.1.47}$$

$$|p_2|/2\pi = 1/(2\pi \cdot R_{o1} \cdot C_1) = 13.6\,MHz \tag{9.1.48}$$

그림 9.1.13 의 (1) 경우에 대한 SPICE 결과에서 보인 $A_{dv}(0)$, $|p_1|/2\pi$, $|p_2|/2\pi$ 값들인 $71dB$, $740KHz$, $16.5MHz$ 들이 위의 계산 결과와 대체로 일치함을 확인할 수 있다. 전압이득(voltage gain) 크기가 1(0dB)이 되는 주파수 ω_{0dB} 는 다음 식으로 유도된다.

$$\omega_{0dB} = \sqrt{A_o \cdot |p_1| \cdot |p_2|} = \sqrt{\frac{G_{m1} \cdot G_{m2}}{C_1 \cdot C_L}} = 1.37 \times 10^9\,rad/\text{sec} \tag{9.1.49}$$

따라서 $\omega_{0dB}/(2\pi) = 218\,MHz$ 로 계산된다. 이는 그림 9.1.13 의 (1) 경우에서 근사적으로 구한 $200\,MHz$ 와 대체로 일치한다. $ph\{A_{dv}(j\omega_{0dB})\}$는 p_1 과 p_2 의 두 개의 pole 만이 존재할 경우 $\omega_{0dB} > 10 \cdot p_2$ 이므로 $-180°$ 로 계산되는데, 다른 고주파 pole 들이 존재하므로 그림 9.1.14 의 (1) 경우에 대해 보인 대로 $-187°$가 된다. 따라서 이 증폭기를 피드백 factor $f = 1$인 피드백 회로에 사용할 경우 phase margin 이 $-7°$가 되어 음(−)의 값이 되므로 발진하게 된다.

(2) C_C 로만 주파수 보상을 한 경우 (R_Z = 0)

다음에 R_Z (M8) 없이 C_C 만으로 주파수 보상된 (2)의 경우에 대해 알아본다. 표 9.1.1 에 보인 대로 $|p_1|$, $|p_2|$, z_1 은 다음과 같이 계산된다.

$$\frac{|p_1|}{2\pi} = \frac{1}{2\pi \cdot R_{o1} \cdot G_{m2}R_{o2} \cdot C_C} = 41KHz \tag{9.1.50}$$

$$\frac{|p_2|}{2\pi} = \frac{G_{m2}}{2\pi \cdot C_L} = 30.7MHz \tag{9.1.51}$$

$$\frac{z_1}{2\pi} = \frac{G_{m2}}{2\pi \cdot C_C} = 154MHz \tag{9.1.52}$$

위에서 계산된 $|p_1|/2\pi$ 와 $|p_2|/2\pi$ 값을 식(9.1.47)과 식(9.1.48)에 주어진 주파수 보상을 하지 않은 (1) 경우의 값과 비교하면, $|p_1|/2\pi$ 는 1MHz 에서 42KHz 로 많이 감소하였고 $|p_2|/2\pi$ 는 13.6MHz 에서 30.7MHz 로 조금 증가했음을 알 수 있다. 그리하여 주파수 보상용 커패시터 C_C 에 의해 두 pole 의 간격이 벌어지는 pole splitting 주파수 보상 동작을 확인할 수 있다.

그림 9.1.13 의 (2) 경우에 dominant pole $|p_1|/2\pi$ 는 37KHz 로 계산 값 41KHz 보다 약간 작은데 이는 분모의 몇 개 무시된 항 때문에 생겨난 차이다. $|p_2|$ 와 z_1 은 서로 가까이 위치하고 또한 고려되지 않은 고주파 pole 때문에 그림 9.1.13 의 (2) 경우에 그 위치를 구분해 내기가 곤란한데, 위에서 계산된 $|p_2|$ 와 z_1 값을 토대로 하여 관찰해 보면 대체로 일치함을 알 수 있다. SPICE simulation 결과에서 $\omega_{0dB}/2\pi = 59.7MHz$ 였다. ω_{0dB} 에서의 phase 값은 그림 9.1.14 의 (2) 경우로부터 $ph\{A_{dv}(\omega_{0dB})\} = 178.4°$ 로, 피드백 factor f 가 1 인 피드백 회로에 이 OP 앰프를 사용할 경우 phase margin 은 겨우 $+1.6°$ 밖에 안 되어, 발진하지는 않지만, 주파수 특성에서 ω_{0dB} 부근의 주파수에서 peaking 이 심하고 transient 특성에서 과도적인 ringing 현상 때문에 정확한 값으로 settle 될 때까지 많은 시간이 소요된다.

(3) R_Z (M8)와 C_C 를 직렬로 연결하여 주파수 보상을 한 경우

다음에 R_Z (M8)와 C_C 를 직렬로 연결하여 주파수 보상을 한 (3)의 경우에 대해 설명한다. 먼저, R_Z 에 무관하게 p_1, p_2 는 표 9.1.1 에 주어진 식으로 정해진다고 가정하면 다음과 같이 계산된다.

$$\frac{p_1}{2\pi} = \frac{-1}{2\pi \cdot R_{o1} \cdot G_{m2}R_{o2} \cdot C_C} = -41KHz \tag{9.1.53}$$

$$\frac{p_2}{2\pi} = \frac{G_{m2}}{2\pi \cdot C_L} = -30.7MHz \tag{9.1.54}$$

또 식(9.1.41)에 주어진 대로

$$\frac{z_1}{2\pi} = \frac{G_{m2}}{2\pi C_C} \cdot \frac{1}{1 - G_{m2}R_z} = 154MHz \cdot \frac{1}{1 - 1.93 \times 10^{-3} \times 3.1K} = -30.9MHz \quad (9.1.55)$$

로 계산된다. 따라서 음(−)의 실수 pole p_2 와 음(−)의 실수 zero z_1 은 그 값들이 거의 같으므로 그 효과가 서로 상쇄된다. 그리하여 그림 9.1.13 의 (3)에 보인 대로 ω_{0dB} 까지 거의 single pole 특성을 유지하여 $\omega_{0dB} \approx \omega_T = A_{dv}(0) \cdot |p_1|$ 이 된다. 그런데 지금까지 고려하지 않았던 150MHz 정도에 위치한 고주파 pole p_3 에 의하여 ω_{0dB} 값이 약간 줄어들고 $ph\{A_{dv}(\omega_{0dB})\}$ 는 −90°에서 줄어들어 그림 9.1.14 의 (3)에 보인 것처럼 −121°가 된다. 따라서 unity-gain 피드백(피드백 factor $f = 1$) 회로에 이 OP 앰프를 사용할 경우 phase margin 이 +59°가 되어 주파수 특성에서 ω_{0dB} 부근의 peaking 현상이 없고 과도(transient) 특성에서 ringing 현상도 최소화된다. 위와 같이 unity-gain frequency ω_{0dB} 까지 single pole 특성을 유지하면, 제 3 의 pole $|p_3|$ 값이 ω_{0dB} 값보다 같거나 크게 되므로 $ph\{A_{dv}(\omega_{0dB})\}$ 값이 0°에서 −135° 사이에 놓이게 되어 unity-gain 피드백 회로에서 phase margin 이 항상 45°보다 크게 된다. 그림 9.1.13 과 그림 9.1.14 에 보인 세 가지 경우에 대해서 SPICE simulation 결과를 중심으로 각각의 pole, zero 및 unity-gain 피드백($f = 1$)에서의 phase margin 을 정리하면 표 9.1.4 와 같다. pole 과 zero 값을 + 혹은 −로 표시한 것은 각각 양(+)의 실수 (positive real) 또는 음(−)의 실수(negative real) pole 또는 zero 를 나타낸다.

표 **9.1.4** 2-stage CMOS OP 앰프의 주파수 특성의 SPICE simulation 결과

	$\dfrac{p_1}{2\pi}$	$\dfrac{p_2}{2\pi}$	$\dfrac{p_3}{2\pi}$	$\dfrac{z_1}{2\pi}$	$\dfrac{\omega_{0dB}}{2\pi}$	phase margin (f=1)
(1) 주파수 보상 안 함	−740KHz	−16.5MHz	–	–	125MHz	− 7°
(2) C_C 로만 주파수 보상	−37KHz	−30.7MHz	–	+154 MHz	59.7MHz	+1.6°
(3) R_Z, C_C 로 주파수 보상	−37KHz	−30.7MHz	−160MHz	−30.9MHz	115MHz	+ 59°

Unity-gain 피드백 회로의 주파수 특성

2-stage CMOS OP 앰프를 그림 9.1.15 와 같이 피드백 factor f 값이 1 인 unity-gain 피드백 형태로 연결했을 경우에 대하여 주파수 특성(frequency response)을 살펴 본다.

C_C 만으로 주파수 보상을 한 2-stage CMOS OP 앰프 ((2)의 경우)와 R_Z 와 C_C 의 직렬 연결로 주파수 보상을 한 2-stage CMOS OP 앰프 ((3)의 경우)를 그림 9.1.15 의 unity- gain 피드백 회로에 적용했을 때, v_O 의 v_I 에 대한 차동모드 소신호 전압이득 의 진폭 및 위상에 대한 주파수 특성을 SPICE 로 simulation 한 결과를 각각 그림 9.1.16 과 그림 9.1.17 에 보였다.

C_C 만으로 주파수 보상을 한 OP 앰프를 unity-gain 피드백 회로에 사용할 경우 phase margin 이 $+1.6°$ 밖에 되지 않아서, 식(7.2.15)에 $f = 1$ 을 대입하면 다음에 보 인 바와 같이 ω_{0dB} 에서의 magnitude 는 DC 값의 35.8 배나 된다.

$$\left| \frac{A_f(j\omega_{0dB})}{A_f(0)} \right| = \frac{1}{\sqrt{2 \cdot (1 - \cos(PM))}} = \frac{1}{\sqrt{2 \cdot (1 - \cos(1.6°))}} = 35.8(31.1dB) \quad (9.1.56)$$

여기서 $A_f(j\omega)$ 는 피드백 증폭기의 소신호 전압이득으로 식(7.0.1)에 보인 대로 $A_f(j\omega) = A_{vd}(j\omega)/\{1 + f \cdot A_{vd}(j\omega)\}$ 로 주어진다. 그림 9.1.16 에서 C_C 로만 주파수 보상한 (2)의 경우에 대해 $\omega_{peak}/2\pi = 59.5MHz$ 에서 이 peaking 현상을 확인할 수 있다. 그런데 표 9.1.4 에 보인 대로 $\omega_{0dB}/2\pi = 59.7MHz$ 로서, ω_{peak} 와 ω_{0dB} 는 거 의 같은 값을 가지지만 정확하게 일치하지는 않는다.

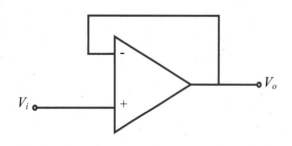

그림 **9.1.15** Unity-gain 피드백 회로

Magnitude
[*dB*]

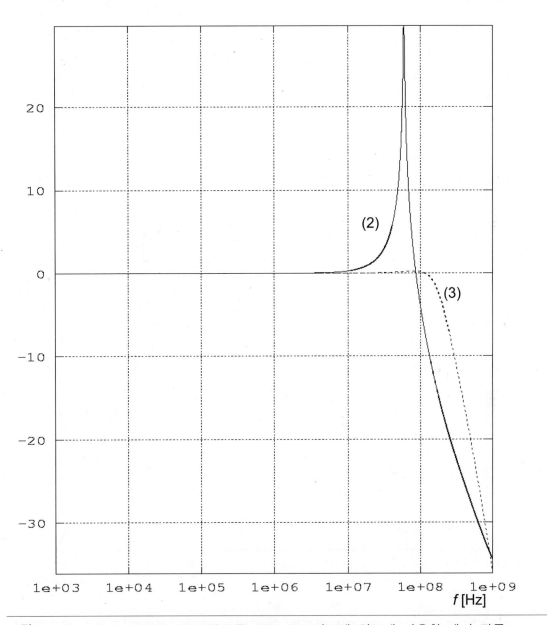

그림 **9.1.16**　2-stage CMOS OP 앰프를 unity-gain 피드백 회로에 사용할 때의 진폭
(magnitude) 특성에 대한 SPICE simulation 결과
(2) Cc 로만 주파수 보상을 한 경우
(3) Rz 와 Cc 의 직렬 연결로 주파수 보상을 한 경우

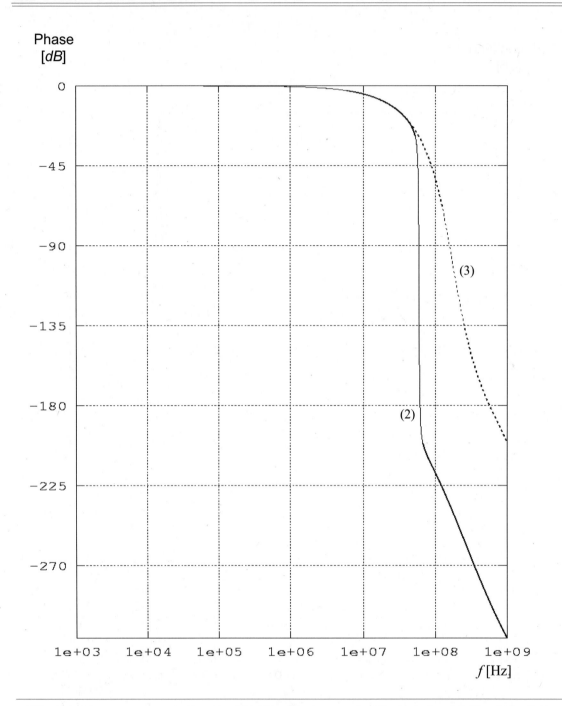

그림 **9.1.17** 2-stage CMOS OP 앰프를 unity-gain 피드백 회로에 사용할 때의 위상 (phase) 특성에 대한 SPICE simulation 결과   (2) Cc 로만 주파수 보상을 한 경우   (3) Rz 와 Cc 의 직렬 연결로 주파수 보상을 한 경우

이와 같이 C_C 만으로 주파수 보상을 했을 경우의 진폭 특성의 peaking 정도는 부하 커패시터 C_L 과 주파수 보상용 커패시터 C_C 의 비율에 따라 달라진다. 이는 표 9.1.1 에 보인 대로 $C_L > C_C$ 인 경우에 non-dominant pole p_2 와 gain-bandwidth 곱인 ω_T 는 각각 다음 식으로 주어지기 때문이다.

$$p_2 = -\frac{G_{m2}}{C_L}$$

$$\omega_T = \frac{G_{m1}}{C_C}$$

여기서 $|A_{dv}(j\omega)| = 1$ 이 되는 ω 값인 ω_{0dB} 는 single-pole 앰프에서는 ω_T 와 같고 2-pole 앰프에서도 보통 ω_T 와 비슷한 값을 가진다. 그리하여 C_C 에 비해 C_L 값이 커질수록, ω_T 와 ω_{0dB} 에 비해 $|p_2|$ 값이 상대적으로 작아지므로 phase margin 이 줄어들어 peaking 현상이 더욱 심화된다. 그림 9.1.13, 그림 9.1.14, 그림 9.1.16 과 그림 9.1.17 에 보인 (2)의 경우에는 $C_C = 2\, pF$, $C_L = 10\, pF$ 로 두었다.

R_Z 와 C_C 의 직렬 연결로 주파수 보상을 한 (3)의 경우에 대해서는, 표 9.1.4 에 보인 대로 unity-gain 피드백 형태에서 phase margin 이 $+59°$ 로서 그림 9.1.16 에 보인 $|A_f(j\omega)|$ 의 주파수 특성이 ω_{0dB} 부근에서 peaking 현상을 나타내지 않고 ω_{0dB} 부근에서 phase 특성도 완만하게 변함을 알 수 있다. 그리하여 C_C 만으로 주파수 보상된 2-stage OP 앰프는 unity-gain 피드백 회로에 사용하면 그림 9.1.16 의 (2)에 보인 대로 어떤 주파수 값에서의 진폭만 선택적으로 크게 증폭시키고 그림 9.1.17 의 (2)에 보인 대로 그 특정 주파수 부근에서 phase 도 너무 급격하게 변화한다. 이는 그 특정 주파수에 대한 공진(resonance) 회로와 유사하게 동작하여 신호를 크게 왜곡(distortion)시키므로, 이런 OP 앰프는 증폭기로 사용하기에 부적합하다.

C_C 도 연결하지 않고 전혀 주파수 보상을 하지 않은 2-stage CMOS OP 앰프를 unity-gain 피드백 회로에 연결하고 주파수 특성을 SPICE simulation 으로 구하면 C_C 만으로 주파수 보상을 한 경우와 유사한 결과를 준다. 그런데 앞에서 보였듯이, 이 경우에는 phase margin 이 $-7°$ 가 되어 이 OP 앰프를 사용한 unity-gain 피드백 회로는 발진(oscillation)하게 되므로 이 회로에는 소신호 주파수 특성의 SPICE simulation 결과가 적용되지 않는다. 다시 말하면 phase margin 이 음수인 회로는 가해진 입력전

제 9 장 CMOS OP 앰프

압과 무관한 주파수와 진폭을 가지는 발진 전압을 출력시킨다. 주파수 특성은 DC 바이어스 전압이 안정된 상태에서 인가된 소신호 사인파 입력전압과 같은 주파수의 소신호 사인파 출력전압에 대해 그 진폭 비율과 위상 차이를 나타내는 것이므로, 발진하는 회로에 대한 주파수 특성의 SPICE simulation 결과는 아무런 의미가 없다. 따라서 전혀 주파수 보상을 하지 않아서 phase margin 이 음수인 (1)의 경우는 그림 9.1.16 이나 그림 9.1.17 에 나타내지 않았다.

OP 앰프의 전압이득이 $A_{dv}(s)$ 일 때, 이 OP 앰프를 unity-gain 피드백 형태로 구성했을 때의(피드백 factor $f=1$) 전압 전달 함수 $A_f(s)$ 는 다음 식으로 주어진다.

$$A_f(s) = \frac{A_{dv}(s)}{1 + A_{dv}(s)} \tag{9.1.57}$$

먼저 R_Z 와 C_C 의 직렬 연결로 주파수 보상을 한 경우 $A_{dv}(s = j\omega)$ 는 그림 9.1.13 과 그림 9.1.14 의 (3)의 경우에 보인 대로 DC 에서 unity-gain frequency ω_{0dB} 까지 single-pole 특성을 유지한다. 따라서 $A_{dv}(s)$ 는 다음 식으로 나타낼 수 있다.

$$A_{dv}(s) = \frac{A_{dv}(0)}{1 - \dfrac{s}{p_1}} \tag{9.1.58}$$

여기서 $A_{dv}(0)$ 은 저주파 소신호 전압이득으로 식(9.1.46)에 주어진 대로 3412 이고, p_1 은 pole 주파수로서 표 9.1.4 에 보인 대로 $-2\pi \times 37 KHz$ 이다. 식(9.1.58)을 식(9.1.57)에 대입하면 unity-gain 피드백 증폭기의 전압이득 $A_f(s)$ 는 다음 식으로 주어진다.

$$A_f(s) = \frac{A_{dv}(0)}{A_{dv}(0) + 1} \cdot \frac{1}{1 - \dfrac{s}{p_1 \cdot (1 + A_{dv}(0))}} \approx \frac{1}{1 + \dfrac{s}{\omega_T}} \tag{9.1.59}$$

여기서 $A_{dv}(0) \gg 1$ 인 사실을 이용하였고, ω_T 는 gain bandwidth 곱으로 다음 식으로 주어진다.

$$\omega_T = -p_1 \cdot A_{dv}(0) \tag{9.1.60}$$

ω_{0dB} 는 $|A_{dv}(j\omega)| = 1$ 인 되는 ω 값으로 정의되는데, single-pole 특성의 경우 $\omega_T = \omega_{0dB}$ 가 된다. 식(9.1.59)에 의하면, $|A_f(j\omega)|$ 는 DC 에서 ω_T 까지는 대체로 전

압이득이 $1(0dB)$이 되고 $\omega > \omega_T$ 인 영역에서는 single-pole roll-off$(-20dB/decade)$ 특성을 가지게 된다. 그림 9.1.16 의 (3) 경우에 보인 $\left| A_f(j\omega) \right|$ 는 DC 에서 대략 ω_T 까지의 주파수 영역에서는 $1(0dB)$이 되고 이보다 큰 주파수 영역에서는 대체로 double-pole roll-off$(-40dB/decade)$ 특성을 가지게 된다. 이와 같이 식(9.1.59)와 그림 9.1.16 과 그림 9.1.17 의 (3) 경우에 보인 $\left| A_f(j\omega) \right|$ 특성이 $\omega < \omega_T$ 인 주파수 영역에서는 서로 일치하고 $\omega > \omega_T$ 인 주파수 영역에서는 차이를 보이는데, 식(9.1.59)에서는 고려하지 않은 고주파 pole p_3 의 영향 때문이다. 식(9.1.60)으로 구한 $\omega_T/2\pi$ 는 $126MHz$ 인데 반해 그림 9.1.16 의 (3) 경우에 $-3dB$ 주파수는 대략 $190MHz$ 로 되어 ω_T 값이 서로 차이가 나는데, 이것도 p_3 의 영향으로 $A_f(s)$ 의 pole 이 complex conjugate pole 로 되었기 때문이다.

C_C 로만 주파수 보상을 한 경우에는, 그림 9.1.13 과 그림 9.1.14 의 (2)의 경우에 보인 대로, $A_{dv}(s)$ 는 2 개의 음(−)의 실수 pole p_1, p_2 와 1 개의 양(+)의 실수 zero z_1 을 가지게 되어 다음 식으로 표시된다.

$$A_{dv}(s) = \frac{A_{dv}(0) \cdot \left(1 - \dfrac{s}{z_1}\right)}{\left(1 - \dfrac{s}{p_1}\right) \cdot \left(1 - \dfrac{s}{p_2}\right)} \tag{9.1.61}$$

p_1, p_2 와 z_1 값들은 표 9.1.4 의 (2) 경우에 보였다. 식(9.1.61)을 식(9.1.57)에 대입하면 unity-gain 피드백 증폭기의 전압 전달 함수 $A_f(s)$ 는 다음 식으로 주어진다.

$$A_f(s) = \frac{A_{dv}(0)}{1 + A_{dv}(0)} \cdot \frac{1 - \dfrac{s}{z_1}}{1 - s \cdot \dfrac{1}{1 + A_{dv}(0)} \cdot \left(\dfrac{1}{p_1} + \dfrac{1}{p_2} + \dfrac{A_{dv}(0)}{z_1}\right) + \dfrac{s^2}{(1 + A_{dv}(0)) \cdot p_1 \cdot p_2}}$$

$$\approx \frac{1 - \dfrac{s}{z_1}}{1 - s \cdot \left\{\dfrac{1}{A_{dv}(0)} \cdot \left(\dfrac{1}{p_1} + \dfrac{1}{p_2}\right) + \dfrac{1}{z_1}\right\} + \dfrac{s^2}{A_{dv}(0) \cdot p_1 \cdot p_2}} \tag{9.1.62}$$

위 식의 근사화 과정에서 $A_{dv}(0) \gg 1$ 인 사실을 이용하였다. 식(9.1.62)를 다음과 같이 공진 주파수 ω_o 와 quality factor Q 를 사용하여 표시할 수 있다.

$$A_f(s) = \frac{1 - \dfrac{s}{z_1}}{1 + \dfrac{s}{\omega_o} \cdot \dfrac{1}{Q} + \dfrac{s^2}{\omega_o^2}} \tag{9.1.63}$$

여기서 ω_o 와 Q 는 각각 다음 식으로 표시된다.

$$\omega_o = \sqrt{A_{dv}(0) \cdot p_1 \cdot p_2} \tag{9.1.64}$$

$$Q = \frac{1}{\dfrac{-p_1 - p_2}{\omega_o} - \dfrac{\omega_o}{z_1}} \tag{9.1.65}$$

앞에서 언급된 대로 p_1 과 p_2 는 음(−)의 실수이고 z_1 은 양(+)의 실수이다. 2-pole 1-zero 증폭기의 ω_o 와 Q 식(식(7.2.21.a), 식(7.2.21.b), p.507)에 $f = 1$ 을 대입하고 $A_{dv}(0) \gg 1$ 인 사실을 이용하여, 식(9.1.64)와 식(9.1.65)에 주어진 ω_o 와 Q 식과 비교하면 ω_o 값은 서로 일치하고 zero 가 존재하지 않을 경우($z_1 = \infty$) Q 값도 서로 일치함을 알 수 있다. 식(9.1.65)에서 보면, 양(+)의 실수 zero z_1 에 의해 Q 값은 zero 가 존재하지 않을 경우($z_1 = \infty$)에 비해 더 증가하게 되어 주파수 안정도를 더 나쁘게 함을 알 수 있다. 이와는 반대로 음(−)의 실수 zero 는, zero 가 존재하지 않을 경우에 비해 Q 값을 더 작게 하므로 주파수 안정도를 향상시킴을 알 수 있다. 실제로 표 9.1.4 의 (2) 경우에 주어진

$$p_1 = -2\pi \times 37 \, KHz$$

$$p_2 = -2\pi \times 30.7 \, MHz$$

$$z_1 = +2\pi \times 154 \, MHz$$

$$A_{dv}(0) = 3412$$

를 식(9.1.64)와 식(9.1.65)에 대입하면

$$\omega_o = 2\pi \times 62.3 \, MHz \tag{9.1.66}$$

$$Q = 11.3 \tag{9.1.67}$$

이 된다. zero 가 존재하지 않을 경우($z_1 = \infty$)에는 $Q = 2.0$ 이므로, 양(+)의 실수 zero z_1 에 의해 Q 값이 크게 증가됨을 확인할 수 있다. 그리하여 Q 값이 크므로 $\left| A_f(j\omega) \right|$ 는 그림 9.1.16 의 (2)의 경우에 보인 SPICE simulation 결과에서 $\omega_{peak} = 2\pi \times 59.5\,MHz$ 에서 다음 식에 보인 큰 peak 를 나타낸다.

$$\left| A_f(j\omega_{peak}) \right| = 35.8 \times \left| A_f(0) \right|$$

식(9.1.66)과 식(9.1.67)에 주어진 ω_o 와 Q 값을 식(7.2.28)와 식(7.2.29)에 대입하면

$$\omega_{peak} \approx \omega_o = 2\pi \times 62\,MHz$$

$$A_f(j\omega_{peak}) \approx Q \cdot \left| A_f(0) \right| = 11.3 \times \left| A_f(0) \right|$$

로 주어지는데 이 값들이 앞에서 주어진 SPICE simulation 결과와 차이가 나는 것은 위의 계산 과정에서는 포함시키지 않았던 고주파 pole(p_3)의 영향 때문으로 추정된다. 그리하여 실제 Q 값은 이 고주파 pole 의 영향으로 11.3 이 아니고 35.8 로 추정된다.

Unity-gain 피드백 회로의 과도 특성(transient step response)

2-stage CMOS OP 앰프를 unity-gain 피드백 회로에 사용했을 경우에 그림 9.1.18 에 보인 대로 입력에 step 전압 파형을 인가하고 출력전압 파형을 SPICE simulation 으로 관찰해 본다. 입력전압의 step 크기를 0.2 *mV* 로 하여 차동 입력전압이 항상 선형 gain 영역에 놓이도록 하여 slew 현상의 영향을 받지 않도록 하였다.

그림 9.1.19(a)는 전혀 주파수 보상을 하지 않은 2-stage OP 앰프를 unity-gain 피드백 회로에 연결한 경우의 step response 에 대한 SPICE simulation 결과이다. 이 경우 phase margin 이 $-7°$로서 예상대로 transient response 에서 sine wave 진폭이 시간이 진행함에 따라 점차 커져서 발진하게 된다. 시간이 약 $100ns$ 이상이 되면 진폭이 약 $-100mV$ 에서 $+120mV$ 사이로 안정되고 이때의 발진 주파수는 약 $127MHz$ 가 되어 그림 9.1.14 의 (1)의 경우에 보인 $\omega_{180°}/2\pi = 125MHz$ 와 거의 같게 됨을 관찰할 수 있다. 이 안정된 발진 주파수 값은 그림 9.1.13 의 (1)의 경우에 보인 $\omega_{0dB}/2\pi =$

$200MHz$ 와는 많은 차이가 있음을 알 수 있다. 발진 초기에는 ω_{0dB} 부근의 주파수로 발진하다가 출력전압의 진폭이 점차 커짐에 따라 비선형 특성으로 인해 전압이득이 감소하여 더 이상 진폭이 증가하지 않고 일정한 진폭에 도달한 시간 영역에서는 $\omega_{180°}$ 와 같아진다.

그림 9.1.19(b)는 C_C 만으로 주파수 보상한 2-stage OP 앰프를 unity-gain 피드백 회로로 연결한 경우의 transient step response 에 대한 SPICE simulation 결과이다. Phase margin 이 $+1.6°$ 밖에 되지 않아서 출력전압이 settling 될 때까지 $1\mu s$ 이상의 시간이 소요된다.

그림 9.1.19(c)는 R_Z 와 C_C 의 직렬 연결로 주파수 보상을 한 경우이다. 대체로 $10ns$ 이내의 시간에 최종 값에 잘 settle 함을 알 수 있다. $t = 0$ 에서 v_O 가 0 이 되지 못하고 $21\mu V$ 정도의 값을 가지는 것은 systematic input offset voltage 가 $21\mu V$ 정도가 됨을 나타낸다. 2-stage OP 앰프를 설계할 때 systematic offset 전압이 0 이 되도록 하였으나 channel length modulation 현상에 의한 current source 에서의 약간의 전류 mismatch 때문에 이 정도의 systematic input offset voltage 가 발생하였다. 이 systematic input offset 전압으로 인하여 최종 전압값도 약 $221\mu V$ 가 되었다. R_Z 와 C_C 의 직렬 연결로 주파수 보상을 한 경우 그림 9.1.15(a)에서 보인 대로 p_2 와 z_1 은 서로 상쇄되고 다른 고주파 pole 이 있지만 대체로 p_1 과 p_3 의 2-pole system 으로

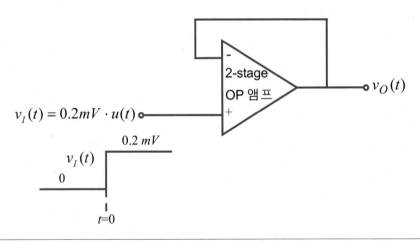

그림 **9.1.18** Unity-gain 피드백 회로에서의 transient step response

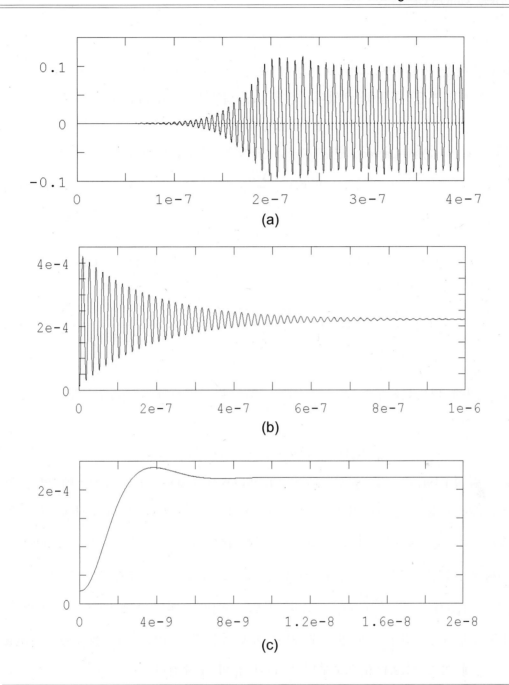

그림 **9.1.19** 그림 9.1.18 회로에 대한 SPICE simulation 결과 (가로축: t 세로축: $v_O(t)$)

(a) 주파수 보상을 하지 않은 경우

(b) C_C 로만 주파수 보상을 한 경우

(c) R_z 과 C_C 로 주파수 보상을 한 경우

동작하게 된다.

Laplace 변환을 이용하여 그림 9.1.19에 보인 step response 출력 $v_O(t)$ 파형을 수식으로 구하는 과정을 다음에 보였다. 먼저 step 입력전압 $v_I(t)$는

$$v_I(t) = \Delta V_I \cdot u(t)$$

로 표시되므로 $v_I(t)$의 Laplace 변환 $V_I(s)$는 다음 식으로 주어진다.

$$V_I(s) = \frac{\Delta V_I}{s} \tag{9.1.68}$$

R_Z와 C_C의 직렬 연결로 주파수 보상된 OP 앰프를 이용한 unity-gain 피드백 회로의 전달 함수 $A_f(s)$는 식(9.1.59)로 주어지므로 출력전압 $v_O(t)$의 Laplace 변환인 $V_O(s)$는 다음 식으로 주어진다.

$$V_O(s) = V_I(s) \cdot A_f(s) = \frac{\Delta V_I}{s} \cdot \frac{1}{1 + \dfrac{s}{\omega_T}} = \Delta V_I \cdot \left(\frac{1}{s} - \frac{1}{s + \omega_T} \right) \tag{9.1.69}$$

위 식의 양변에 역(inverse) Laplace 변환을 취하면 출력전압 $v_O(t)$는 다음 식으로 주어진다.

$$v_O(t) = \Delta V_I \cdot u(t) \cdot (1 - e^{-\omega_T t}) \tag{9.1.70}$$

이 식을 그림 9.1.19(c)와 비교하면, 그림 9.1.19(c)에서의 under-d 앰프 ing 에 의한 약간의 overshoot 현상을 제외하고는 거의 같게 됨을 알 수 있다. 이 overshoot 현상은 식(9.1.59)를 유도할 때 고려하지 않았던 고주파 pole p_3에 의한 $A_f(s)$의 pole 이 크기는 ω_T와 거의 같지만 두 개의 complex conjugate pole 로 되었기 때문이다.

출력전압 $v_O(t)$가 최종 값$(v_O(\infty))$의 $1 \pm \varepsilon$ 이내의 범위에 도달한 후 이 범위 내에 머무르게 되는 경우, 위 범위에 처음 도달하는데 걸리는 시간을 settling time t_s라고 하는데 이는 식(9.1.70)으로부터 다음과 같이 구해진다.

$$t_s = \frac{1}{\omega_T} \cdot \ln\left(\frac{1}{\varepsilon}\right) \tag{9.1.71}$$

$\varepsilon = 0.01\,(1\%)$로 두었을 때 위 식에 식(9.1.60)으로 주어지는 $\omega_T = 2\pi \times 126\,MHz$를

대입하면 $t_s = 8.7\,ns$ 로 주어진다. 이는 그림 9.1.19(c)에서 구한 $9.6\,ns$ 와 비슷한데 SPICE simulation 결과가 약 10% 정도 더 큰 것은 위 식에서는 고려하지 않은 고주파 pole p_3 의 영향 때문이다.

C_C 만으로 주파수 보상된 경우의 unity-gain 피드백 회로의 전달함수 $A_f(s)$ 는 식 (9.1.63)으로 주어지므로 출력전압 $v_O(t)$ 의 Laplace 변환 $V_O(s)$ 는 다음 식으로 주어진다.

$$
\begin{aligned}
V_O(s) &= \frac{\Delta V_I}{s} \cdot \frac{1 - \dfrac{s}{z_1}}{1 + \dfrac{s}{\omega_o} \cdot \dfrac{1}{Q} + \dfrac{s^2}{\omega_o^2}} \\[2em]
&= \Delta V_I \cdot \left(\frac{1}{s} - \frac{\left(\dfrac{\omega_o}{Q} + \dfrac{\omega_o^2}{z_1} \right) + s}{s^2 + s \cdot \dfrac{\omega_o}{Q} + \omega_o^2} \right) \\[2em]
&= \Delta V_I \cdot \left(\frac{1}{s} - \frac{\left(s + \dfrac{\omega_o}{2Q} \right) + \left(\dfrac{\omega_o}{2Q} + \dfrac{\omega_o^2}{z_1} \right)}{\left(s + \dfrac{\omega_o}{2Q} \right)^2 + \omega_o^2 \cdot \left(1 - \dfrac{1}{4Q^2} \right)} \right)
\end{aligned}
\tag{9.1.72}
$$

위 식의 양변에 역 Laplace 변환을 취하면 출력전압 $v_O(t)$ 는 다음 식으로 구해진다.

$$
v_O(t) = \Delta V_I \cdot u(t) \cdot \left(1 - A_m \cdot e^{-\frac{\omega_0}{2Q} \cdot t} \cdot \sin\left(\omega_n t + \phi \right) \right)
\tag{9.1.73}
$$

여기서 ω_n, A_m 과 ϕ 는 다음 식으로 주어진다.

$$
\omega_n = \omega_o \cdot \sqrt{1 - \frac{1}{4Q^2}}
\tag{9.1.74}
$$

$$A_m = \frac{\sqrt{1 + \dfrac{\omega_o}{Qz_1} + \dfrac{\omega_o^2}{z_1^2}}}{\sqrt{1 - \dfrac{1}{4Q^2}}} \tag{9.1.75}$$

$$\phi = \tan^{-1}\left(\frac{\sqrt{1 - \dfrac{1}{4Q^2}}}{\dfrac{1}{2Q} + \dfrac{\omega_o}{z_1}} \right) \tag{9.1.76}$$

식(9.1.73)으로부터 출력전압 $v_O(t)$ 가 최종 값 $(v_O(\infty))$ 의 $1 \pm \varepsilon$ 범위 내로 안정되는 시간인 settling time t_s 는 다음 식으로 주어진다.

$$t_s = \frac{2Q}{\omega_o} \cdot \ln\left(\frac{A_m}{\varepsilon} \right) \tag{9.1.77}$$

SPICE simulation 결과인 그림 9.1.19(b)로부터 $\in = 0.01$ (1%) 일때의 settling time t_s 는 $0.88\,\mu s$ 로 주어진다.

식(9.1.75)와 식(9.1.77)에 $\omega_o = 2\pi \times 62.3\ MHz$, $z_1 = 2\pi \times 154\ MHz$ 와 $Q = 35.8$ 을 대입하면 $A_m = 1.08$ 이 되고 settling time t_s 는 $0.86\ \mu s$ 가 되어 SPICE simulation 결과와 거의 일치한다. 그림 9.1.19(b)에서 ringing 주파수 (ω_n) 는 대체로 $2\pi \times 60\ MHz$ 인데, 이는 식(9.1.74)에 주어진 대로 ω_n 값인 62.3 MHz 와 대체로 일치한다. 그리하여 이 절에 보인 예에서는, C_C 만으로 주파수 보상을 할 경우는 R_Z 와 C_C 의 직렬 연결로 주파수 보상을 하는 경우에 비해 settling time 이 100 배 정도 증가하는데, 이는 식(9.1.65)에 보인 대로 양(+)의 실수(positive real) zero z_1 으로 인해 Q 값이 증가하기 때문이다. 식(9.1.65)에 보인 대로 양(+)의 실수 zero 는 그 값이 작아질수록 Q 값이 증가하고, 식(9.1.75)에 보인 대로 A_m 값이 증가하여 setting time t_s 값이 증가한다.

9.1.10 레이아웃(layout) 기법

그림 9.1.20 에 보인 2-stage CMOS OP 앰프회로에서 모든 트랜지스터들의 drawn

표 **9.1.5** 그림 9.1.20 회로에 사용된 각 트랜지스터의 채널폭(W)

트랜지스터	$W(\mu m)$
M1, M2	120
M3	20
M4, M5	20
M6	80
M7	40
M8	7

(mask dimension) channel length(채널길이)를 $1.2 \mu m$ 으로 했을 때 각 트랜지스터들의 channel width(채널폭) W 는 표 9.1.5 와 같이 정할 수 있다.

그림 9.1.20 에서 보인 2-stage CMOS OP 앰프의 트랜지스터 배치 및 레이아웃을 그림 9.1.21 에 보였다. 입력 트랜지스터 M1 과 M2 의 정합(matching)을 위해 제 3 장의 3.3.2 절에서 설명한 1 차원 공통중심(common centroid) 구조로 레이아웃하였다. M3 과 M7, M4, M5 와 M6 도 1 차원 공통중심 구조로 레이아웃하였다. 또 폴리실리콘

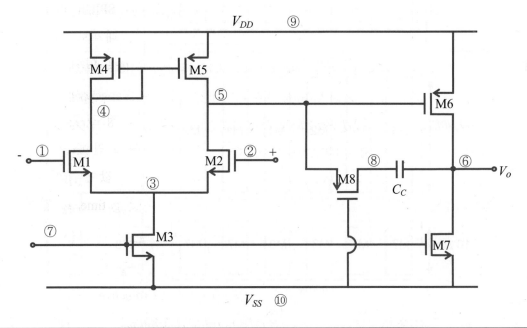

그림 **9.1.20** 2-stage CMOS OP 앰프 회로

게이트의 길이가 너무 길어져서 RC 지연시간이 지나치게 길어지는 것을 막기 위해 단위 트랜지스터의 채널폭(게이트 길이)이 $40\,\mu m$ 을 넘지 않게 한 개의 트랜지스터를 몇 개의 단위 트랜지스터로 분리하였다. 그림 9.1.21(b)에서 보면 모든 도선 (interconnect) 연결은 metal 1 과 poly 로 하였는데, metal 2 가 있는 공정에서는 도선 연결에 융통성이 더 많아진다. $N\,well$ 은 $n\,active$ 와 contact 을 통하여 항상 V_{DD} 전극에 연결하였고, $p\,substrate$ 와는 아무런 전기적 연결을 하지 않았다. 보통의 디지털 MOS 레이아웃에서는 V_{SS} 에 소스 전극이 연결된 NMOS 트랜지스터의 $n\,active$ 소스 확산 (diffusion)과 근접한 거리에 $p\,active$ 확산을 두어 소스와 substrate 를 서로 연결

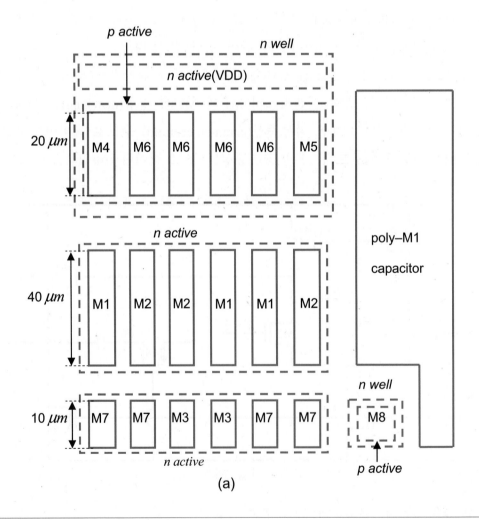

(a)

그림 **9.1.21** 2-stage CMOS OP 앰프 (a) 트랜지스터 배치

시킨다. 그런데 그림 9.1.21 의 회로에서는 substrate 를 직접 소스 전극과 연결시키지 않음으로써 substrate 으로의 노이즈 주입을 방지하였다. Substrate 연결은 소스 전극과 연결되지 않은 별도의 *p active* 영역을 두고 이를 별도의 V_{sub} 핀(pin)에 연결시

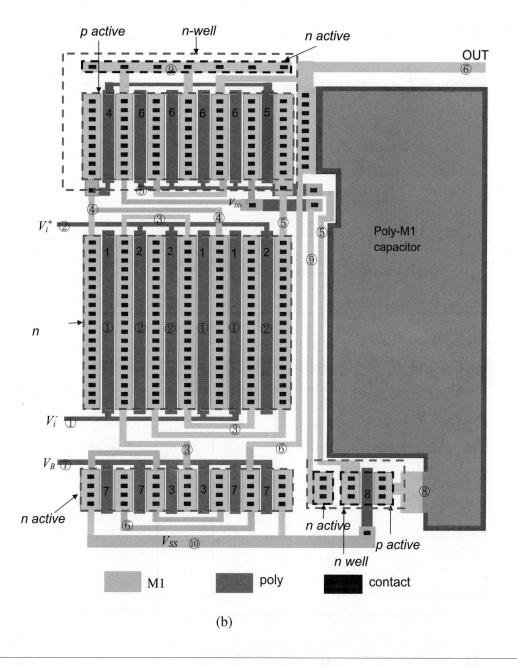

그림 **9.1.21** 2-stage CMOS OP 앰프 (b) layout[2] (계속)

키는데, V_{sub} 핀은 칩(chip) 외부에서 보통 V_{SS} 핀과 같은 전극에 연결한다. Poly-M1 커패시터는 $n\,well$ 위에 위치시키고 이 $n\,well$ 을 잡음이 적은 아날로그 V_{DD} 에 연결 시킴으로써 $p\,substrate$ 에 유기되는 노이즈가 이 커패시터에 coupling 되지 않게 할 수 있다. 그런데 그림 9.1.21 에 보인 레이아웃에서는 이 방식을 사용하지 않고 poly-M1 커패시터를 $p\,substrate$ 위에 위치시켰다.

9.1.11 초단이 캐스코드 증폭기로 된 2-stage CMOS OP 앰프 (*)

그림 9.1.22 는 초단에 캐스코드 증폭기를 연결한 2-stage OP 앰프의 회로이다. 초단 증폭기의 소신호 출력저항 값 R_{o1} 을 증가시켜 초단 증폭기의 저주파 소신호 전

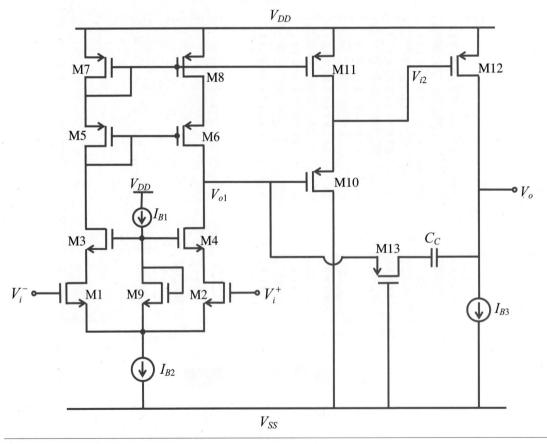

그림 **9.1.22** 초단 캐스코드 2-stage CMOS OP 앰프 회로

압이득을 크게 하였다. M1-M4 의 NMOSFET 들과 M5-M8 의 PMOSFET 들이 캐스코드 형태로 연결되어 있다. MOS 다이오드 구조로 연결된 M9 는 전류원 I_{B1}에 의해 입력 V_i^+, V_i^- 전압 값에 무관한 DC 전압 V_{GS9}를 발생시켜 M3, M4 가 공통게이트 증폭기로 동작하게 한다. M11 은 기본적으로 전류원(current source)으로 동작하여 source follower M10 에 의해 V_{o1} 전압을 level shift 시켜 V_{DD} 에 가까운 V_{i2} 전압을 생성시킨다. M12 는 공통소스(common source) 증폭기로 둘째 단 증폭기를 구성한다. M13 과 C_C 는 주파수 보상(frequency compensation) 회로를 구성한다.

9.1.12　2- stage CMOS OP 앰프의 조직적 설계 방법

지금까지는 트랜지스터의 W 와 L 값이 정해진 경우에 대해서 2-stage OP 앰프의 성능을 해석하는 과정을 보였는데, 이 절에서는 2-stage OP 앰프의 주요 성능이 사양(specification)으로 주어진 경우에 대해서 각 트랜지스터의 W 와 L 값을 결정하는

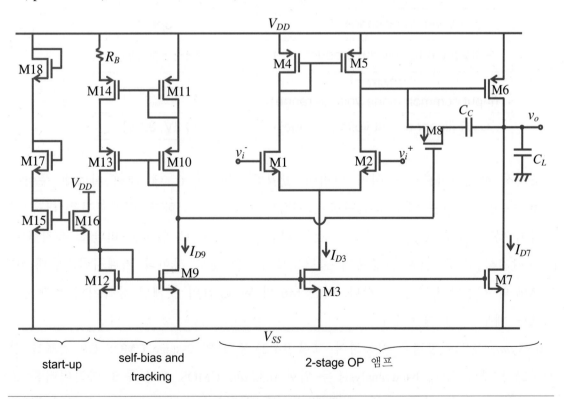

그림 9.1.23 설계 예를 보이기 위한 2-stage OP 앰프 회로

과정에 대해 설명한다.

먼저 그림 9.1.23 에 주어진 2-stage OP 앰프에 대해 요구되는 주요 사양이 표 9.1.6 으로 주어졌다고 한다. 그림 9.1.23 회로는 그림 9.1.10 회로와 거의 같은데, 단지 주파수 보상용 직렬저항 R_Z 로 작용하는 M8 의 게이트 단자가 V_{SS} 에 연결되지 않고 PMOS 다이오드 M10 의 게이트와 드레인의 공통 단자에 연결된 점이 다르다. 그리하여 그림 9.1.10 회로에서는 R_Z 값이 공급전압의 영향을 받지만, 그림 9.1.23 회로에서는 다음에 보인 대로 R_Z 값이 공급전압에 무관하게 정해진다. 이 기법을 tracking compensation 이라고 부른다.

표 **9.1.6** 2-stage CMOS OP 앰프의 주요 사양(specification) 예

Items	Specification
Supply voltage	$V_{DD} = 3.3V$, $V_{SS} = 0V$
DC small-signal voltage gain $A_{dv}(0)$	> 1000
Load capacitance C_L	$3pF$
GBW (gain-bandwidth product ω_T)	$2\pi \times 100MHz$
ICMR (input common mode voltage range)	[1.0V, 2.7V]
OVR (linear output voltage range)	[0.3V, 3.0V]

조직적 설계방법으로는 여러 방법이 있지만, 주어진 C_L 에 대해 사양에 주어진 *GBW* 를 만족시키는 비교적 간단한 설계방법에 대해 논의한다. 설계과정을 더욱 간략하게 하기 위해, C_L, C_C 와 C_1 값을 다음과 같이 서로 일정한 비율로 유지한다. [10] 여기서 C_1 은 첫째단 증폭기 출력노드와 그라운드 사이의 커패시턴스인데, 보통 M6 의 C_{GS} 값인 C_{GS6} 과 같다. 이는 M6 의 W, L 값이 첫째단 증폭기의 트랜지스터보다 매우 크기 때문이다.

$0.35\,\mu m$ CMOS 공정을 이용하여 그림 9.1.23 에 보인 2-stage CMOS OP 앰프를 설계하고자 한다. 먼저 hand analysis 를 위한 $0.35\,\mu m$ CMOS 공정 주요 파라미터를 표 9.1.7 에 보였다. *VTO* 와 *KP* 는 L 에 무관하게 일정하고 *LAMBDA* 는 L 에 반비례한다

고 가정한다.

2-stage OP 앰프의 조직적(systematic) 설계과정을 표 9.1.8 에 보였다.

표 **9.1.7**　0.35 μm CMOS 공정 주요 파라미터(표 5.3.1 과 동일)

	L (um)	VTO (V)	KP (uA/V^2)	LAMBDA (1/V)
NMOS	0.35	0.50	94	0.09
PMOS	0.35	-0.72	48	0.12

표 **9.1.8**　2-stage OP 앰프의 설계과정

Design steps	Design Equations
Determine C_C and $\beta\ (=C_C/C_1)$	$C_L = \alpha \times C_C, \quad C_C = \beta \times C_1, \quad C_1 = k \times W_6,$ (usually α = 2, β = 3, k = 1fF/um @0.35um)
Determine g_{m1}	$GBW = \dfrac{g_{m1}}{C_C}$
Determine g_{m6} (for $PM > 60°$)	$\omega_{ND} = \dfrac{g_{m6}}{C_L} \cdot \dfrac{1}{1+(C_1/C_C)} \quad > \quad 2.15 \cdot GBW$
Determine V_{DSAT}	$V_{DSAT.3} + V_{DSAT.1} + V_{TH.N}$ < ICMR < $V_{DD} - |V_{DSAT.4}| - |V_{TH.P}| + V_{TH.N}$ $V_{DSAT.7}$ < OVR < $V_{DD} - |V_{DSAT.6}|$
Determine Channel Length (L)	DC gain = $\dfrac{1/\lambda_N}{0.5\,V_{DSAT.1}} \cdot \dfrac{1/\lambda_P}{0.5\,V_{DSAT.6}}$ (λ : inversely proportional to channel length)
Determine Channel Width (W)	$W = \dfrac{L}{V_{DSAT}} \cdot \sqrt{\dfrac{2\,I_D}{KP}}$
Determine R_Z $(\omega_z < 0)\ \&\ (\omega_z < -GBW)$ $\omega_z = \dfrac{g_{m6}}{C_C} \cdot \dfrac{1}{1 - g_{m6}R_Z}$	$\dfrac{1}{g_{m6}} < R_Z < \dfrac{1}{g_{m6}} + \dfrac{1}{g_{m1}}$ $R_Z = \sqrt{\dfrac{1}{g_{m6}} \cdot \left(\dfrac{1}{g_{m6}} + \dfrac{1}{g_{m1}} \right)} = \dfrac{1}{g_{m6}} \sqrt{1 + \dfrac{g_{m6}}{g_{m1}}}$

표 9.1.8 의 설계과정에 따라 $\alpha = 2$, $\beta = 3$ 로 잡으면, C_C 는 다음과 같이 정해진다.

$$C_C = \frac{C_L}{\alpha} = \frac{3\,pF}{2} = 1.5\text{pF}$$

다음에 GBW 사양에 따라 g_{m1} 을 결정한다.

$$g_{m1} = GBW \times C_C = 2\pi \times 100\,MHz \times 1.5\,pF = 942\,\mu\,Siemens$$

다음에 phase margin(위상여유)이 $60°$ 이상이어야 한다는 non-dominant pole 사양에 따라 g_{m6} 을 결정한다.

$$g_{m6} \geq 2.15 \cdot GBW \times C_L \cdot \{1 + (C_1 / C_C)\} = 2.15 \times 2\pi \times 100\,MHz \times 3\,pF \times 1.3333 = 5.40$$

$$[\,m\,Siemens\,]$$

입력 공통모드 전압범위(ICMR)와 선형 출력전압범위(OVR)로부터 다음과 같이 V_{DSAT} 값을 결정한다. 이때 M3 과 M7 은 V_{GS} 값이 서로 같으므로 $V_{DSAT}\,(V_{GS} - V_{TH}\,)$ 값도 서로 같아야 한다.

표 **9.1.9** V_{DSAT} 결정

Transistor	M1, M2	M3	M4, M5	M6	M7
V_{DSAT} (V)	0.2	0.3	0.38	0.3	0.3

다음에 트랜지스터 채널길이를 결정하기 위해 $L{=}0.35\,\mu m$ 일 때의 DC 소신호 전압이득을 계산한다.

$$\text{DC gain} = \frac{1/(\lambda_N + \lambda_P)}{0.5\,V_{DSAT.1}} \cdot \frac{1/(\lambda_N + \lambda_P)}{0.5\,V_{DSAT.6}} = \frac{1/(0.09 + 0.12)}{0.5 \times 0.2} \cdot \frac{1/(0.09 + 0.12)}{0.5 \times 0.3} = 1512$$

DC 소신호 전압이득이 사양인 1000 보다는 크지만 3 배 정도의 여유를 두기 위해 채널 길이를 모두 두 배로 하여 $0.70\,\mu m$ 으로 정한다. 이 경우 channel length modulation factor $LAMBDA(\lambda)$ 값이 NMOS 와 PMOS 모두 두 배가 되므로 DC 소신호 전압이득도 두 배가 되어 3024 가 된다.

M1 과 M6 에 대해서는 g_m 과 V_{DSAT} 값이 정해졌으므로 전류를 정할 수 있다. 즉, $g_m = I_D /(0.5\,V_{DSAT})$ 관계식을 이용하면 M1 과 M6 의 전류를 구할 수 있다. 또, M2. M4, M5 의 전류는 M1 의 전류와 같고, M7 의 전류는 M6 의 전류와 같으므로, 모든

트랜지스터의 전류가 정해진다. 이 전류값과 V_{DSAT} 값으로부터 다음 식을 이용하면 각 트랜지스터의 W/L 값이 결정된다.

$$I_D = 0.5 \cdot KP \cdot \frac{W}{L} \cdot (V_{DSAT})^2$$

각 트랜지스터의 I_D, g_m, W 값은 표 9.1.10 과 같다. 계산 편의를 위해, 앞에서 구한 V_{DSAT} 값을 반복하여 표시하였다.

M7 은, I_D가 M6 에 의해 810μA로 정해지고 V_{DSAT} = 0.3V 이므로 W =134.0μm 으로 정해진다. 그런데 이 경우 다음 관계식이 성립하지 않아 약간의 systematic 입력 옵셋전압이 발생한다.

$$\frac{(W/L)_7}{(W/L)_3} = \frac{(W/L)_6}{2 \cdot (W/L)_4} \tag{9.1.78}$$

이는 M5 와 M6 의 V_{DSAT} 값을 서로 다르게 하였기 때문이다. 등가입력 노이즈 전압 과 random 입력 옵셋전압을 감소시키기 위해 M4 와 M5 의 V_{DSAT} 값은 증가시키는 것이 좋고, 전류가 일정할 때 둘째단 증폭기의 g_m 값을 증가시키기 위해서는 M6 의 V_{DSAT} 값을 감소시키는 것이 좋으므로, M5 와 M6 의 V_{DSAT} 값을 같게 만들기가 어렵 기 때문이다. 이 경우 systematic 입력 옵셋전압은 $(V_{DSAT.5} - V_{DSAT.6})/(g_{m1} \cdot (r_{o2} \| r_{o5}))$ 로 주어진다.

표 **9.1.10**　W 결정 (OP 앰프 core, L=0.7um)

Transistor	M1, M2	M3	M4, M5	M6	M7
V_{DSAT} (V)	0.2	0.3	0.38	0.3	0.3
g_m (mS)	0.942	1.256	0.496	5.4	5.4
I_D (uA)	94.2	188.4	94.2	810	810
W (um)	35.1	31.2	19.0	262.5	134.0

이렇게 하여, 비교적 간단하게 2-stage OP 앰프의 core 부분 설계를 완료하였다. Core 부분 전력소모는 $3.3V \times (188.4\mu A + 810\mu A) = 3.29\,mW$ 이다. 1st stage 앰프 출력 단 노드의 커패시턴스인 C_1 은 M6 의 C_{GS} 값인 $(2/3)W_6 L_6 C_{ox}$ 인데, k 는 대체로

$(2/3)L_6 C_{ox}$ 와 같다. $0.35 \, \mu m$ 공정에서 게이트 산화막 두께가 80 Aungstrom 이고 채널 길이 $L_6 = 0.35 \, \mu m$ 인 경우에 $k = 1 \, fF/\mu m$ 이다. 본 설계에서는 $L_6 = 0.7 \, \mu m$ 이므로 $k = 2 \, fF/\mu m$ 이다. 따라서 $C_1 = k \cdot W_6 = 2$ x $262.5 \, fF = 0.53pF$ 로서, $\beta \ (= C_C/C_1)$ 는 2.86 으로 목표치인 3 에 가깝다.

바이어스 회로 설계

다음에 바이어스 회로의 트랜지스터 크기를 정하고자 한다. 이 self 바이어스 회로는 그 전류값이 저항 R_B 에 의해 정해지고 이 전류를 흘리는 모든 트랜지스터의 transconductance 값이 PVT 변동에 무관하게 저항 R_B 에 반비례하는 값으로 정해진다. 먼저 이 바이어스 회로가 M8 의 저항값인 R_Z 를 결정하기 위한 replica 회로로 동작하려면, M8 과 M10 의 V_{GS} 값이 서로 같아야 한다. 이를 위해서는 M6 과 M11 의 V_{GS} 값도 서로 같아야 한다. 따라서 M11 의 V_{DSAT} 값이 M6 의 V_{DSAT} 값인 0.3V 가 되어야 한다. 마찬가지로, M10 과 M8 도 그 V_{DSAT} 값이 서로 같아야 한다. 또 M9 와 M12 의 V_{DSAT} 값은 M7 의 V_{DSAT} 값인 0.3V 와 같다.

표 9.1.8 의 R_Z 식과 표 9.1.10 의 파라미터 값들을 이용하면 R_Z 값은 $R_Z = 481\Omega$ 으로 주어진다. 여기서 $C_1 = 0.53pF$ 를 이용하였다. 이와 같이 공급전압(V_{DD})이 변해도 DC 동작점에서 M8 의 V_{GS} 와 V_{DSAT} 값은 일정하게 유지되므로, R_Z 값을 공급전압변동에 무관하게 일정하게 유지할 수 있다. R_Z 는 M8 의 g_{ds} 값의 역수인데, M8 의 DC V_{DS} 값이 0 이므로 이 g_{ds} 값은 saturation 영역 g_m 값과 같다. R_Z 값을 결정할 때 유의할 점은 다음과 같다, 어떤 R_Z 값에서는 OP 앰프의 주파수 특성은 우수하여 위상마진은 60° 이상이 되어 좋지만 과도특성에서 ringing 등이 발생하여 settling time 이 길어질 수가 있다. 이는 pole-zero doublet 현상으로 pole 과 zero 값이 매우 가까워 주파수 특성에서는 그 효과가 서로 상쇄되어 위상마진이 우수하지만 과도특성에서는 pole 과 zero 의 효과가 각각 따로 나타나기 때문이다[11].

R_B 값을 구하기 위해, 바이어스 회로 자체가 소모하는 전류조건에서 출발한다. OP 앰프 core 의 전류가 1 mA 정도이므로, 바이어스 회로에는 이 전류의 10%인

100 μA 의 전류를 흘리고자 한다. 따라서 바이어스 회로의 각 branch 전류는 50 μA 가 된다. 따라서 제 8 장의 식(8.2.21)에 따라 다음 관계식을 만족시켜야 한다. 그런데 그림 9.1.23 회로에서 M14 의 bulk 노드를 V_{DD} 로 연결할 경우, body effect 로 인해 M14 의 문턱전압이 M11 보다 크게 된다. 이 문턱전압 차이로 인해 전류값이 원래 예상한 식(9.1.79)의 결과와 약 40%까지의 상당한 차이가 발생할 수 있다. 따라서 M14 의 bulk 노드는 반드시 M14 의 source 노드에 연결해야 한다. 여기서 N-well CMOS 공정을 사용한다고 가정하였다.

$$I = \frac{2}{\mu_p \, C_{ox} \cdot R_B^2} \cdot \left\{ \frac{1}{\sqrt{(W/L)_{11}}} - \frac{1}{\sqrt{(W/L)_{14}}} \right\}^2 = 50 \ \mu A \qquad (9.1.79)$$

바이어스 회로의 트랜지스터 채널길이는 core 앰프 회로와 같이 모두 0.7 μm 으로 정한다. 이는 바이어스 회로와 core 앰프회로가 PVT(process supply-voltage temperature) 변동에 무관하게 서로 정확한 replica 회로가 되게 함으로써, M8 에 의한 R_Z 값이 PVT 변동에 무관하게 일정한 값을 가지도록 하기 위함이다. R_B 값을 구하기 위해, 먼저 $(W/L)_{11}$ 과 $(W/L)_{14}$ 값을 구한다. 표 9.1.11 에 바이어스 회로의 트랜지스터 W 값을 결정하는 표를 보였다. 먼저, M11 의 V_{DSAT} 과 I_D 값으로부터 W_{11}=16.2 μm 이 된다. 따라서 W_{14}=4×W_{11}= 64.8 μm 이 된다. 식(9.1.79)으로부터 R_B=3.0 $K\Omega$ 이 된다. M9 와 M12 의 W 값은 V_{DSAT} 과 I_D 값으로부터 8.3 μm 으로 구해진다.

M11 과 M6 은 V_{GS} 값이 서로 같으므로 $V_{DSAT.11}$ 은 $V_{DSAT.6}$ (0.3V)과 같다. 또 $V_{DSAT.10}$=$V_{DSAT.8}$ 인데, 이 값을 최대로 증가시켜 M8 의 게이트 전압을 최대로 낮추는 것이 유리하다. 이는 과도상태에서 1st stage 앰프의 출력노드 전압이 DC 동작점 상태를 벗어나서 V_{SS} 쪽으로 접근하여도 M8 이 여전히 on 되어($|V_{GS.8}|>|V_{TH.P}|$) C_C 에 의한 주파수 보상을 수행할 수 있기 때문이다. $V_{DSAT.10}$ 의 최대값은 다음 식에서 1.26V 로 구해진다.

$$V_{DSAT.11} + |V_{TH.P}| + V_{DSAT.10} + |V_{TH.P}| + V_{DSAT.9} \quad < \quad 3.3$$

여기서 $V_{TH.P}$ 는 PMOS 트랜지스터의 문턱전압으로 $-0.72V$ 이다(표 9.1.7). 그런데 M10 의 body effect 에 의한 문턱전압 증가를 감안하여 전압 마진을 0.5V 로 잡으면

$V_{DSAT.10}$ 은 0.76V 가 된다. M8 과 M10 은 그 V_{GS} 값이 같으므로 $V_{DSAT.8}$ 도 0.76V 가 된다. 이 값들과 $g_{m.8} = 1/R_Z$ 인 사실을 이용하여 표 9.1.11 에서와 같이 바이어스 회로의 트랜지스터 W 값을 구할 수 있다.

Startup 회로는, 평소에 전류소모를 최소화하기 위해, 그 W/L 값을 가능한 작게 한다. M17 과 M18 에 대해, W 값은 0.35 μm 공정의 최소값인 0.6 μm 에 가까운 1.0 μm 으로 하고 채널길이 L 은 가능한 증가시켜 20 μm 으로 정하였다. M15 와 M16 의 W/L 은 둘 다 2 μm /0.35 μm 으로 정하였다.

표 **9.1.11** W 결정 (바이어스 회로, L=0.7um, R_Z=481, R_B=3K)

Transistor	M11	M14	M9, M12	M10, M13	M8
V_{DSAT} (V)	0.3	0.15	0.3	0.76	0.76
g_m (mS)					2.08
I_D (uA)	50	50	50	50	
W (um)	16.2	64.8	8.3	2.5	39.9

표 **9.1.12** 바이어스 회로와 startup 회로의 W 결정

Transistor	M15, M16	M17, M18
W(μm)	2 / 0.35	1.0 / 20

그림 9.1.24 에 설계된 2-stage OP 앰프의 시그마 스파이스(Sigma SPICE) 네트리스트를 보였다. 표 9.1.13 에 표 9.1.6 에 보인 사양값들에 대한 계산값과 시그마스파이스 simluation 결과값을 비교하였다. 여기서, 계산값은 표 9.1.7 의 간략화된 level 1 모델 파라미터를 사용하여 계산하였고, 시그마 스파이스에서는 BSIM4 모델을 사용하였다. 이로 인해 바이어스 전류값에 약 14% 정도의 오차가 발생하였다. AC 주파수특성 시뮬레이션을 위해서는 systematic 입력 옵셋전압 0.746mV 를 v_i^- 입력노드에 인가하였다. Unity-gain 피드백 회로에서 step 입력전압을 100mV 로 하였을 때 0.1% settling time 은 시그마 스파이스에서 22.7ns 로 나왔는데 single-pole 증폭기로 가정한

계산값은 11.5ns 이다. GBW, phase margin 과 settling time 등에서 계산값보다 못한 성능이 나왔는데 이는 계산값에서는 고려하지 못한 트랜지스터의 게이트와 접합 (junction) 커패시턴스 때문으로 추정된다.

표 **9.1.13** 계산값과 시그마스파이스 simulation 값과의 비교

	계산값	시그마 스파이스
ID (M3) [uA]	188	156
ID (M6) [uA]	810	717
GBW [MHz]	100	78
DC gain	3024	5000
ICMR [V]	[1.0, 2.7]	> 1.0
OVR [V]	[0.3, 3.0]	[0.3, 3.0]
Phase Margin	60°	57°
Settling time(0.1%)	11.0 ns (single pole 앰프 가정)	22.7 ns

```
* 2-stage CMOS inverter (Fig. 9.1.20)

 * OP amp core

 * Bulit-in BSIM4 model parameters for a 0.35um process
 .model   n   nmos level=55
 .model   p   pmos level=56

 * 2-stage OP amp
 m1   4   1   3   0    n   w=35.1u l=0.7u as=36.9p ad=36.9p ps=37.2u pd=37.2u
 m2   5   2   3   0    n   w=35.1u l=0.7u as=36.9p ad=36.9p ps=37.2u pd=37.2u
 m3   3   6   0   0    n   w=31.2u l=0.7u as=32.8p ad=32.8p ps=33.3u pd=33.3u
 m4   4   4 15   15   p   w=19.0u l=0.7u as=19.9p ad=19.9p ps=21.1u pd=21.1u
 m5   5   4 15   15   p   w=19.0u l=0.7u as=19.9p ad=19.9p ps=21.1u pd=21.1u
 m6   7   5 16   16   p   w=262.5u l=0.7u as=275.6p ad=275.6p ps=264.6u pd=264.6u
 m7   7   6   0   0    n   w=134.0u l=0.7u as=140.7p ad=140.7p ps=136.1u pd=136.1u
 m8   8   9   5 15   p   w=39.9u l=0.7u as=41.9p ad=41.9p ps=42.0u pd=42.0u
 *RZ   5   8   481
 CC   7   8   1.5p
 CL   7   0   3.0p

 *m999 17 9 17 17   p   w=100u l=0.7u

 * Bias circuit
 m9   9   6   0   0    n   w=8.3u l=0.7u as=8.7p ad=8.7p ps=10.4u pd=10.4u
 m10   9   9 10 17   p   w=2.5u l=0.7u as=2.6p ad=2.6p ps=4.6u pd=4.6u
 m11   10 10 17 17   p   w=16.2u l=0.7u as=17.0p ad=17.0p ps=18.3u pd=18.3u
 m12   6   6   0   0    n   w=8.3u l=0.7u as=8.7p ad=8.7p ps=10.4u pd=10.4u
 m13   6   9 11   17   p   w=2.5u l=0.7u as=2.6p ad=2.6p ps=4.6u pd=4.6u
 m14   11 10 12 12   p   w=64.8u l=0.7u as=68.0p ad=68.0p ps=66.9u pd=66.9u
 *m14   11 10 12 17   p   w=64.8u l=0.7u as=68.0p ad=68.0p ps=66.9u pd=66.9u
 RB     17 12   3.00K

 * start-up circuit
 m15   13 13   0   0    n   w=2u l=0.35u as=2.1p ad=2.1p ps=4.1u pd=4.1u
 m16   18 13   6   0    n   w=2u l=0.35u as=2.1p ad=2.1p ps=4.1u pd=4.1u
 m17   14 14 13   0    n   w=1.0u l=20u as=1.0p ad=1.0p ps=3.1u pd=3.1u
 m18   18 18 14   0    n   w=1.0u l=20u as=1.0p ad=1.0p ps=3.1u pd=3.1u

 vdd1   15   0   dc 3.3
 vdd2   16   0   dc 3.3
 vdd3   17   0   dc 3.3
 vdd4   18   0   dc 3.3
```

그림 **9.1.24** 2-stage OP 앰프 회로(그림 9.1.23)의 시그마 스파이스 netlist (1/2)

```
** DC transfer curve & OVR
*vi1   1   0   dc   1.65
*vi2   2   0   dc   1.65
*.op
*.dc vi1 0 3.3 0.01
*.dc vi1 1.6 1.7 0.0001
*.print dc v(7)

** ICMR(input common mode voltage range)
*vshort   1 2 dc 0
*vi2   2 0 dc 1.65
**RL1 5 0 1000K
*.dc vi2 0 3.3 0.01
*.print dc v(5)

* Determine the systematic offset voltage
*vshort 1 7 dc 0
*Vi2 2 0 dc 1.65
*.op

** Systematic input offset voltage of 0.746mV
**vi1   1 0 dc 1.650746 ac -0.5
**vi2   2 0 dc 1.65 ac +0.5
*vi1   1 0 dc 1.650746
*vi2   2 0 dc 1.65 ac +1.0
*.ac dec 10 1K 1Gig
*.print ac vdb(7) vp(7)
**.noise v(7) vi2
**.print noise onoise inoise

** Transient settling time in unity-gain FB
vshort 1 7 dc 0
vi 2 0 dc 1.65 pulse 1.65 1.75 0 0 0
*vi 2 0 dc 0.4 pulse 0.4 2.9 0 0 0
.tran 10p 100n 0 10p
*.ic v(7)=1.650746
.print tran v(7)
*+ v(9) v(5) v(8) v(3)

.end
```

그림 **9.1.24**   2-stage OP 앰프 회로(그림 9.1.23)의 시그마 스파이스 netlist (2/2)

9.2 1-stage 와 폴디드 캐스코드 CMOS OP 앰프

9.2.1 폴디드 캐스코드 OP 앰프의 회로 및 동작

그림 9.1.22 에 보인 초단 캐스코드 2-stage CMOS OP 앰프회로는 전압이득은 크지만, 초단에서 V_{DD} 와 V_{SS} 사이에 최소 5 개의 트랜지스터가 들어가므로, 이들 각 트랜지스터를 saturation 영역에서 동작시키기 위해 각각의 $|V_{DS}|$ 값이 $|V_{DSAT}|$ 이상의 값을 가져야 하기 때문에 공급전압($V_{DD} - V_{SS}$) 값이 비교적 큰 값을 가져야 한다. 따라서 그림 9.1.22 의 회로는 저전압에서 사용하기가 곤란하다.

이에 반해 폴디드 캐스코드 OP 앰프는 캐스코드(캐스코드) 구조를 사용하지만 V_{DD} 와 V_{SS} 사이에 4 개의 트랜지스터만 들어가게 하여 저전압에서 사용하기가 유리하고, 증폭단이 한 단밖에 없어서 부하 커패시터 C_L 로만 주파수 보상이 가능하므로 별도의 주파수 보상용(frequency compensation) 커패시터를 필요로 하지 않는 장점을 가지고 있다. 폴디드 캐스코드 OP 앰프의 소신호 출력저항은 2-stage OP 앰프보다 훨씬 큰데 커패시터 부하를 구동하는 경우에는 출력저항이 크더라도 문제가 되지 않는다.

그림 9.2.1(a)에 NMOS 입력 폴디드 캐스코드 OP 앰프 회로를 보였다. 그림 9.2.1(b) 회로는 그림 9.2.1(a) 회로에 사용되는 바이어스 회로의 한 예이다. V_{B3} 은 전류원 I_B 와 MOS 다이오드 구조의 M17 에 의하여 정해진다. V_{B2} 는 전류원 I_B, 전류거울을 형성하는 M17 과 M15, MOS 다이오드 구조의 M12 에 의하여 정해진다. V_{B1} 을 얻기 위하여, M13 과 M14 의 W/L 값은 서로 같게 하고 M12 의 W/L 값을 M13 과 M14 의 W/L 값에 비해 (1/5) ~ (1/6) 정도 되게 한다[6]. 이 경우, M13 과 M14 의 $|V_{DSAT}|$ 값을 Δ 라고 하면 M12 의 $|V_{DSAT}|$ 값은 $2\Delta + V_{margin}$ 이 된다. 그리하여

$$V_{B2} = V_{DD} - 2\Delta - V_{margin} - |V_{THp}|$$

가 되고 M13 과 M14 의 negative 피드백 회로 연결에 의해 값으로 안정된다.

$$V_{B1} = V_{DD} - |V_{GS13}| = V_{DD} - \Delta - |V_{THp}|$$

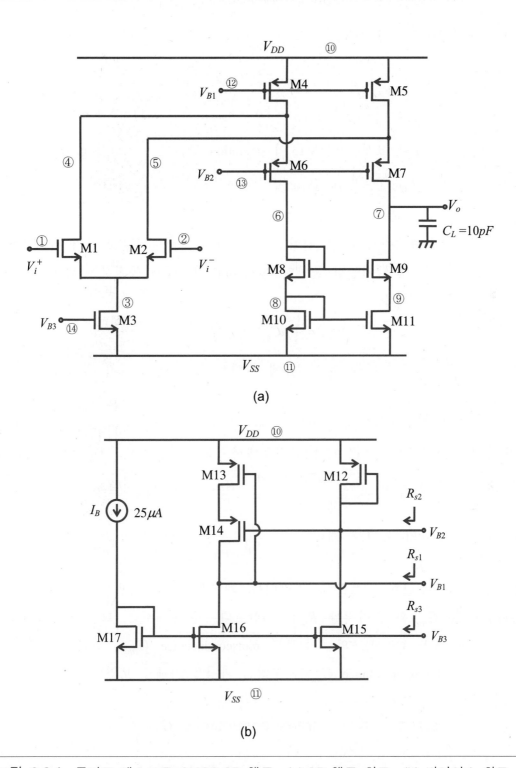

(a)

(b)

그림 **9.2.1** 폴디드 캐스코드 CMOS OP 앰프 (a) OP 앰프 회로 (b) 바이어스 회로

이때 M13 의 $|V_{DS}|$ 값인 $|V_{DS\,13}|$ 은

$$\left|V_{DS\,13}\right| = V_{DD} - \left|V_{GS\,14}\right| - V_{B2}$$

$$= V_{DD} - \left(\Delta + \left|V_{THp}\right|\right) - \left(V_{DD} - 2\Delta - V_{m\,\arg\,in} - \left|V_{THp}\right|\right) = \Delta + V_{m\,\arg\,in}$$

이 되어 $|V_{DSAT\,13}|$ 보다 크게 되어 M13 이 saturation 영역에서 동작하게 된다.

$$\left|V_{DS\,14}\right| = V_{DD} - \left|V_{DS\,13}\right| - V_{B1} = \left|V_{THp}\right| - V_{m\,\arg\,in}$$

이 되는데 보통 $|V_{THp}|$ 는 $|V_{DSAT\,14}| = \Delta$ 보다 훨씬 크므로 M14 도 saturation 영역에서 동작하게 된다. 출력전압 V_o 의 선형 동작 범위를 가능한 증가시키기 위해 M13, M14 의 $|V_{DSAT}|$ 값인 Δ 를 가능한 줄인다. Saturation 영역에서 동작하는 MOS 트랜지스터의 드레인 전류 I_D 는

$$I_D = \frac{1}{2}\mu C_{ox} \cdot \frac{W}{L} \cdot \Delta^2$$

로 주어지므로 주어진 드레인 전류 I_D 에 대해서 Δ 값을 줄이기 위해서는 W/L 값을 증가시키면 된다.

바이어스 전압원은 Thevenin 등가저항 R_s 값이 가능한 작아야 transient settling 시간이 줄어들어 좋은데, 그림 9.2.1(b) 회로에서 V_{B1}, V_{B2} V_{B3} 바이어스 전압원의 Thevenin 등가저항 R_{s1}, R_{s2}, R_{s3} 는 각각 $1/g_{m13}$, $1/g_{m12}$, $1/g_{m17}$ 로 주어진다.

9.2.2 저주파에서의 소신호 해석

저주파에서의 소신호 차동모드 전압이득 계산을 위해 차동모드 short circuit transconductance G_{md} 와 출력저항 R_o 를 계산한다. 이 절에서는, 그림 9.2.1(a)에 보인 폴디드 캐스코드 OP 앰프의 차동모드 transconductance G_{md}, 소신호 출력저항 R_o 와 공통모드 transconductance G_{mc} 를 구하는 과정을 차례로 보였다.

소신호 차동모드 transconductance G_{md} 의 계산

그림 9.2.2 에 그림 9.2.1 에 보인 폴디드 캐스코드 OP 앰프의 차동모드 transconductance

G_{md}를 구하기 위한 소신호 회로를 보였다. 그림 9.2.1(a)의 회로에서, M3, M4, M5 의 V_{GS} 값은 DC 전압값이므로 소신호 v_{gs} 값이 0 이 되어 이들 세 트랜지스터들은 소신호 회로인 그림 9.2.2 에 보인 대로 소신호 출력저항 r_o 로만 표시된다. 노드 ③ 에서 M1 과 M2 쪽으로 바라본 저주파 소신호 등가저항 값은 각각 r_{s1} 과 r_{s2} 가 된다. r_{s1} 과 r_{s2} 는 r_{o3} 보다 매우 작은 값을 가지므로, 차동 입력전압이 인가된 경우 ($v_i^+ = 0.5v_{id}$, $v_i^- = -0.5v_{id}$) M1 과 M2 에 흐르는 소신호 소스 전류는 서로 같은 값 i_d 를 가지게 되는데 i_d 는 다음 식으로 표시된다.

$$i_d = \frac{v_{id}}{r_{s1} + r_{s2}} = \frac{1}{2} g_{m1}v_{id} \qquad (9.2.1)$$

M1 과 M2 의 소신호 소스 전류가 각각 i_d 이므로 M1 과 M2 의 소신호 드레인 전류도 그림 9.2.2 에 표시한 대로 각각 i_d 가 된다. 그림 9.2.2 의 노드 ④에서, M4 쪽으로

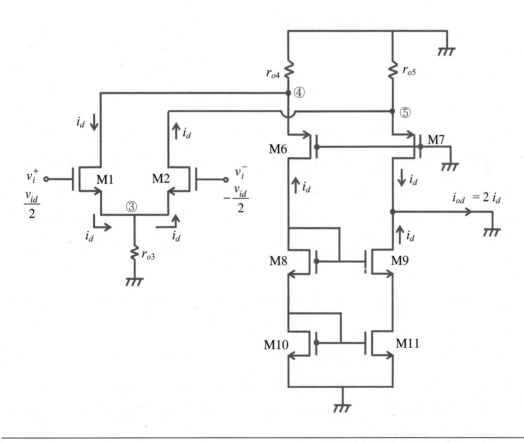

그림 **9.2.2** 차동모드 transconductance G_{md} 계산을 위한 소신호 등가회로

바라본 소신호 저항은 r_{o4} 가 되고, M6 쪽으로 바라본 소신호 저항은 r_{s6} 이 되고, r_{s6} 은 r_{o4} 보다 훨씬 작으므로, M1 의 소신호 드레인 전류 i_d 는 거의 대부분 M6 의 소스 쪽으로 흐르게 된다. 따라서 M6 의 소신호 드레인 전류는 대체로 i_d 가 된다. 마찬가지로 하여 M7 의 소신호 드레인 전류도 그림 9.2.2 에 표시된 대로 i_d 가 된다. M8-M11 의 네 개의 NMOS 트랜지스터로 구성된 캐스코드(캐스코드) 전류원에서, M8 과 M10 에 흐르는 소신호 전류가 i_d 이므로 전류거울(current mirror) 동작에 의해 M9 와 M11 에 흐르는 소신호 전류도 그림 9.2.2 에 표시된 대로 i_d 가 된다. 그리하여 소신호 차동모드 short circuit output current i_{od} 는 $i_{od} = 2 i_d$ 로 주어지고, 소신호 차동모드 transconductance G_{md} 는 다음 식에 보인 대로 g_{m1} 이 된다.

$$G_{md} = \frac{i_{od}}{v_{id}} = \frac{2i_d}{v_{id}} = g_{m1} \qquad (9.2.2)$$

소신호 출력저항 R_o 의 계산

저주파 소신호 차동모드 전압이득 A_{vd} 는

$$A_{vd} = G_{md} \cdot R_o \qquad (9.2.3)$$

로 주어지는데 R_o 는 저주파 소신호 출력저항이다. 여기서 A_{vd} 는 식(9.1.35)에 정의되어 9.1 절에서 사용된 A_{dv} 와는 $A_{vd} = -A_{dv}$ 인 관계를 가진다. R_o 를 계산하기 위해 v_i^+ 와 v_i^- 를 각각 0 으로 두고 출력 노드에 test 전압원 v_x 를 연결한 회로를 그림 9.2.3 에 보였다. M1 과 M2 의 드레인 노드에서 각각 M1 과 M2 쪽으로 바라본 저주파 소신호 저항 값을 각각 R_{o1}, R_{o2} 라고 할 때 R_{o1} 과 R_{o2} 는 제 5 장의 식(5.3.6)에서와 같은 방식으로 하여 다음 식들로 구해진다.

$$R_{o1} = g_{m1}r_{o1} \cdot (r_{s2} \| r_{o3}) + r_{o1} + (r_{s2} \| r_{o3}) \approx g_{m1}r_{o1} \cdot r_{s2} + r_{o1} + r_{s2} \approx 2r_{o1} \quad (9.2.4.a)$$

$$R_{o2} = 2r_{o2} \qquad (9.2.4.b)$$

여기서 $r_{s2} = r_{s1} = 1/g_{m1}$ 과 $r_{s2} << r_{o1}$ 인 사실을 이용하였다. 회로의 대칭성에 의해 $r_{o2} = r_{o1}$ 이므로 $R_{o2} = R_{o1}$ 이 된다. M6, M7, M9 의 드레인 노드에서 각각 M6, M7, M9 쪽으로 바라본 저주파 소신호 저항 값을 각각 R_{o6}, R_{o7}, R_{o9} 이라고 할 때 이 저항 값들은 다음 식들로 구해진다.

$$R_{o6} = g_{m6}r_{o6} \cdot (R_{o1} \| r_{o4}) + r_{o6} + (R_{o1} \| r_{o4}) \approx g_{m6}r_{o6} \cdot (R_{o1} \| r_{o4}) \qquad (9.2.5)$$

$$R_{o7} = g_{m7}r_{o7} \cdot ((2r_{o2}) \| r_{o5}) = R_{o6} \qquad (9.2.6)$$

$$R_{o9} = g_{m9}r_{o9} \cdot r_{o11} + r_{o9} + r_{o11} \approx g_{m9}r_{o9} \cdot r_{o11} \qquad (9.2.7)$$

소신호 test 전압 v_x 로 인하여 M7 에 흐르는 저주파 소신호 전류값은 v_x / R_{o7} 이 되고, 이 전류 가운데 $r_{o5}/(r_{o5} + R_{o2})$ 만큼이 M2 에 흐르게 되고 M2 에 흐르는 전류의 거의 대부분이 M1, M6, M8, M10 으로 흐르게 된다. M8-M11 의 전류거울 회로 동작에 의해 M9 와 M11 에도 M2 에 흐르는 전류와 같은 값의 전류가 흐르게 되어 i_x 성분에 합쳐지게 된다. 즉 M7 에 흐르는 소신호 전류는 v_x / R_{o7} 인데 이 소신호 전류 가운데 $r_{o5}/(r_{o5} + R_{o2})$ 만큼이 M7, M2, M1, M8, M10 과 M11 의 경로를 거쳐 M9 에 흐르게 되어 i_x 성분에 기여하게 된다. 따라서 M7 에 흐르는 소신호 전류로 인한 i_x 성분인 i_{x7} 은 다음 식에 보인 대로 두 전류 성분의 합으로 표시된다.

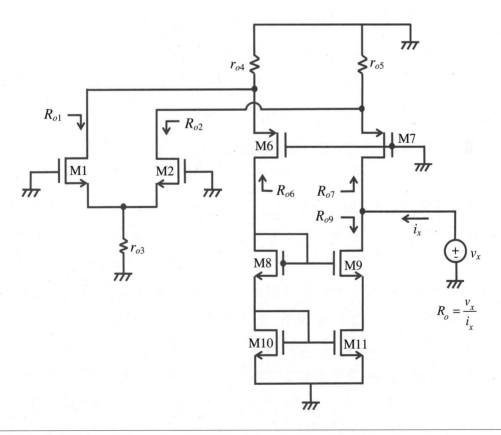

그림 **9.2.3** 소신호 출력저항 R_o 계산을 위한 소신호 등가회로

$$i_{x7} = \frac{v_x}{R_{o7}} \cdot \left(1 + \frac{r_{o5}}{r_{o5} + R_{o2}}\right) = \frac{v_x}{R_{o7}} \cdot \left(1 + \frac{r_{o5}}{r_{o5} + 2r_{o2}}\right) \approx \frac{v_x}{(g_{m7}r_{o7}) \cdot (r_{o2} \| r_{o5})} \qquad (9.2.8)$$

여기서 식(9.2.6)의 결과를 이용하였다. v_x 로 인하여 M9 에 흐르는 저주파 소신호 전류값은 v_x/R_{o9} 으로 주어지는데 저주파에서 게이트 전류는 0 이므로 M8 과 M10 에는 전류가 유기되지 않는다. 따라서 M9 과 M11 의 게이트 전위는 0 이 된다. 따라서 M9 에 흐르는 소신호 전류로 인한 i_x 성분인 i_{x9} 는 다음 식으로 표시된다.

$$i_{x9} = \frac{v_x}{R_{o9}} \approx \frac{v_x}{g_{m9}r_{o9} \cdot r_{o11}} \qquad (9.2.9)$$

따라서 v_x 로 인한 저주파 소신호 전류 i_x 의 최종 값은 식(9.2.8)과 식(9.2.9)를 이용하여 다음 식으로 구해진다.

$$i_x = i_{x7} + i_{x9} = \frac{v_x}{(g_{m7}r_{o7}) \cdot (r_{o2} \| r_{o5})} + \frac{v_x}{g_{m9}r_{o9} \cdot r_{o11}}$$

$$= \frac{v_x}{\left\{ g_{m7}r_{o7} \cdot (r_{o2} \| r_{o5}) \right\} \| \left\{ g_{m9}r_{o9} \cdot r_{o11} \right\}} \qquad (9.2.10)$$

따라서 저주파 소신호 출력저항 R_o 는 다음 식으로 표시된다.

$$R_o = \frac{v_x}{i_x} = \left\{ g_{m7}r_{o7} \cdot (r_{o2} \| r_{o5}) \right\} \| \left\{ g_{m9}r_{o9} \cdot r_{o11} \right\} \qquad (9.2.11)$$

소신호 공통모드 transconductance G_{mc} 의 계산

소신호 공통모드 transconductance G_{mc} 식을 구하기 위해, 입력 노드들에 공통모드 전압($v_i^+ = v_i^- = v_{ic}$)을 인가하고 소신호 short circuit output current i_o 식을 구한다. 그림 9.2.1 의 노드(node) ④에서 M6 쪽으로 바라본 소신호 저항 값을 R_{i6} 이라고 하고 노드 ⑤에서 M7 쪽으로 바라본 소신호 저항 값을 R_{i7} 이라고 할 때, 그림 9.2.1 의 입력단 회로를 그림 9.2.4 에 보인 소신호 등가회로로 변환할 수 있다. 여기서 g_{mb} 효과는 무시하였다. R_{i6} 과 R_{i7} 식을 구하기 위해 먼저 그림 9.2.5 에서 보인 공통게이트(common gate) 증폭기의 소신호 입력저항 R_i 는 제 4 장의 식(4.4.5)에서 g_{mb} 효과는 무시하고 $r_s \ll r_o$ 인 사실을 이용하면 다음 식으로 주어진다[4].

$$R_i = r_s \cdot (1 + \frac{R_L}{r_o}) \tag{9.2.12}$$

식(9.2.12)의 결과를 이용하면 R_{i6} 과 R_{i7} 은 각각 다음 식으로 구해진다.

$$R_{i6} = r_{s6} \cdot \left(1 + \frac{r_{s8} + r_{s10}}{r_{o6}} \right) \tag{9.2.13}$$

$$R_{i7} = r_{s7} \tag{9.2.14}$$

R_{i7} 의 계산에서 M7 의 드레인 노드는 그림 9.2.6 에 보인 대로 ground 로 short 되어 있어서 $R_L = 0$ 인 사실을 이용하였다. 그림 9.2.4 의 소신호 등가회로에서 R_{i6} 에 흐르는 저주파 소신호 전류를 i_6 이라고 하면, 그림 9.2.6 에서 M6 의 소신호 소스 및 드레인 전류값이 i_6 이 된다. 마찬가지로 M7 의 소신호 소스 및 드레인 전류값도 R_{i7} 에 흐르는 전류값인 i_7 과 같게 된다. M8-M11 트랜지스터들로 구성된 전류거울 회로의 동작에 의해 M9 의 소신호 드레인 전류값이 i_6 과 같게 된다. 따라서 소신호 output short circuit current i_{oc} 는 $i_{oc} = i_7 - i_6$ 으로 주어지게 된다.

그림 9.2.4 의 등가회로에서 i_6 과 i_7 을 계산하는 과정을 다음에 보였다. R_{i6} 은 식(9.2.13)에 보인 대로 r_{o1} 이나 r_{o4} 보다 매우 작은 값을 가진다. 노드 ④에는 i_{s1} 의

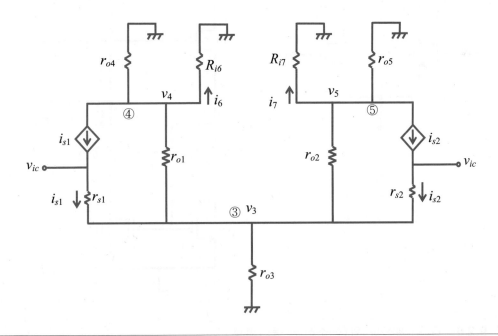

그림 **9.2.4** 폴디드 캐스코드 OP 앰프의 G_{mc} 계산을 위한 입력단의 소신호 등가회로 모델

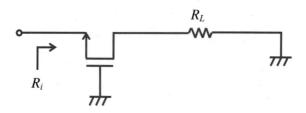

그림 9.2.5 공통게이트(common-gate) 증폭기의 소신호 입력저항 R_i 계산

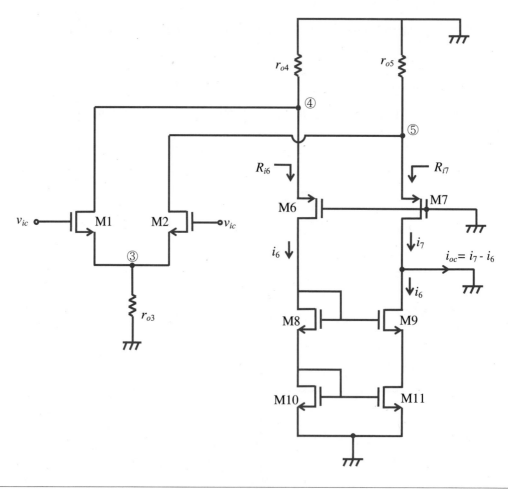

그림 9.2.6 G_{mc} 계산을 위한 소신호 등가회로

전류가 입력되고 노드 ③에는 $i_{s1} + i_{s2}$ 의 전류가 입력된다. Dependent current source i_{s1} 이 v_4 쪽으로 바라본 저항 값은 대체로 $R_{i6}(\approx r_{s6})$ 이 되고, r_{s1} 과 r_{s2} 에 흐르는 전류 i_{s1} 과 i_{s2} 가 v_3 쪽으로 바라본 저항 값은 대체로 $r_{o1} \| r_{o2} \| r_{o3}$ 가 되므로, v_4 는 v_3 보다 매우 작은 값을 가지게 된다. 마찬가지로 하여 R_{i7} 도 r_{o2} 나 r_{o5} 보다 훨씬 더 작은 값을 가지므로 v_5 도 v_3 보다 매우 작은 값을 가지게 된다. 이 관계식들을 식으로 표시하면 다음과 같다.

$$|v_4| \approx |-i_{s1} \cdot R_{i6}| \ll |v_{ic}| \tag{9.2.15.a}$$

$$|v_5| \approx |-i_{s2} \cdot R_{i7}| \ll |v_{ic}| \tag{9.2.15.b}$$

$$v_3 \approx v_{ic} \cdot \frac{2(r_{o1}\|r_{o2}\|r_{o3})}{r_{s1} + 2(r_{o1}\|r_{o2}\|r_{o3})} \approx v_{ic} \tag{9.2.15.c}$$

$v_3 \approx v_{ic}$ 라고 가정하고 그림 9.2.4 회로로부터 i_6 을 계산하는 과정을 그림 9.2.7 에 보였다. 여기서 dependent current source i_{s1} 과 직렬로 연결된 전압원 v_{ic} 는 아무런 역할을 하지 못한다. Norton 형태로 변환된 그림 9.2.7(b)회로에서 두 개의 전류원 i_{s1} 과 v_{ic}/r_{o1} 에 대해 선형 중첩(linear superposition) 원리를 적용하면 i_6 과 i_7 은 다음 식으로 계산된다.

$$i_6 = \frac{(r_{o1}\|r_{o4})}{R_{i6} + (r_{o1}\|r_{o4})} \cdot \left(\frac{v_{ic}}{r_{o1}} - i_{s1} \right) \tag{9.2.16}$$

$$i_7 = \frac{(r_{o2}\|r_{o5})}{R_{i7} + (r_{o2}\|r_{o5})} \cdot \left(\frac{v_{ic}}{r_{o2}} - i_{s2} \right) \tag{9.2.17}$$

$r_{o1} = r_{o2}$, $r_{o4} = r_{o5}$ 이고 $R_{i6} \ll r_{o4}, r_{o1}$ 이고 $R_{i7} \ll r_{o5}, r_{o2}$ 인 사실을 이용하면 각각 r_{s1} 과 r_{s2} 를 통해 흐르는 전류 성분 i_{s1} 과 i_{s2} 는 그림 9.2.8 에 보인 등가회로를 이용하여 계산할 수 있다. $r_{s1} = r_{s2}$ 이므로 $i_{s1} = i_{s2}$ 가 된다. 또 $|v_4| \ll |v_3|$, $|v_5| \ll |v_3|$ 인 사실을 이용하여, $v_4 \approx 0$, $v_5 \approx 0$ 라고 가정하면 i_{s1} 과 i_{s2} 는 다음 식으로 계산된다.

$$
\begin{aligned}
i_{s1} = i_{s2} &= \frac{v_{ic}}{r_{s1} + 2(r_{o1}\|r_{o2}\|r_{o3})} \approx \frac{v_{ic}}{2(r_{o1}\|r_{o2}\|r_{o3})} \\
&= \frac{1}{2} \left(\frac{1}{r_{o1}} + \frac{1}{r_{o2}} + \frac{1}{r_{o3}} \right) \cdot v_{ic} = \left(\frac{1}{r_{o1}} + \frac{1}{2r_{o3}} \right) \cdot v_{ic}
\end{aligned}
\tag{9.2.18}
$$

위 식의 유도과정에서 $r_{s1} \ll r_{o1}, r_{o2}, r_{o3}$ 인 점을 이용하였다. 식(9.2.18)을 식(9.2.16)

과 식(9.2.17)에 대입하면 i_6과 i_7은 다음과 같이 간략화된다.

$$i_6 = -\frac{r_{o1} \| r_{o4}}{R_{i6} + (r_{o1} \| r_{o4})} \cdot \frac{v_{ic}}{2r_{o3}} \approx -\left\{1 - \frac{R_{i6}}{(r_{o1} \| r_{o4})}\right\} \cdot \frac{v_{ic}}{2r_{o3}} \qquad (9.2.19)$$

$$i_7 = -\left\{1 - \frac{R_{i7}}{(r_{o2} \| r_{o5})}\right\} \cdot \frac{v_{ic}}{2r_{o3}} \qquad (9.2.20)$$

위의 관계식들과 그림 9.2.6 에 보인 $i_{oc} = i_7 - i_6$ 의 관계식으로부터 소신호 output

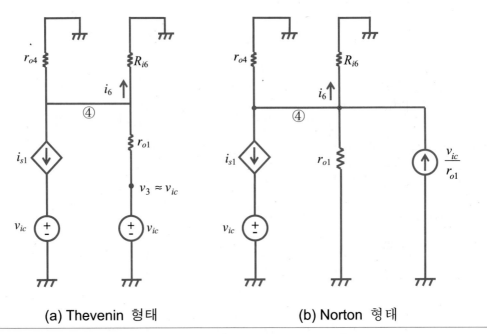

(a) Thevenin 형태   (b) Norton 형태

그림 **9.2.7** i_6 계산을 위한 노드 ④를 중심으로 한 소신호 등가회로

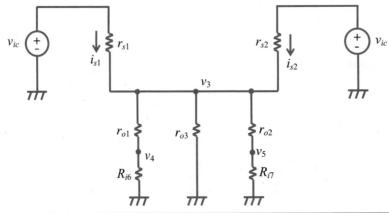

그림 **9.2.8** i_{s1}과 i_{s2} 계산을 위한 노드 ③을 중심으로 한 소신호 등가회로

short circuit current i_{oc} 는 다음과 같이 구해진다.

$$i_{oc} = i_7 - i_6 = -\frac{R_{i6} - R_{i7}}{r_{o1} \| r_{o4}} \cdot \frac{v_{ic}}{2r_{o3}} = -\frac{r_{s6} \cdot (r_{s8} + r_{s10})}{r_{o6}(r_{o1} \| r_{o4})} \cdot \frac{v_{ic}}{2r_{o3}} \quad (9.2.21)$$

위 식의 유도과정에서 식(9.2.13)과 식(9.2.14)의 R_{i6} 과 R_{i7} 식과 $r_{o1} = r_{o2}$, $r_{o4} = r_{o5}$ 인 사실을 이용하였다. 그리하여 저주파 소신호 공통모드 transconductance G_{mc} 는 다음 식으로 주어진다.

$$G_{mc} \triangleq \frac{i_{oc}}{v_{ic}} = -\frac{r_{s8} + r_{s10}}{(g_{m6}r_{o6}) \cdot (r_{o1} \| r_{o4}) \cdot 2r_{o3}} \quad (9.2.22)$$

또 저주파 소신호 공통모드 제거율(common mode rejection ratio) $CMRR$ 값은

$$CMRR \triangleq \left|\frac{A_{vd}}{A_{vc}}\right| = \left|\frac{G_{md}R_o}{G_{mc}R_o}\right| = \left|\frac{G_{md}}{G_{mc}}\right| = 2g_{m1}r_{o3} \cdot g_{m6}r_{o6} \cdot \frac{(r_{o1} \| r_{o4})}{(r_{s8} + r_{s10})} \quad (9.2.23)$$

로 주어진다. 이 식을 식(9.1.5)로 주어진 2-stage CMOS OP 앰프의 CMRR 식과 비교하면, 폴디드 캐스코드 OP 앰프의 CMRR 이 2-stage OP 앰프의 CMRR 보다 공통게이트 증폭기로 동작하는 캐스코드 트랜지스터 M6 의 고유 전압이득(intrinsic voltage gain)인 $g_{m6}r_{o6}$ 배 만큼 더 크다는 것을 알 수 있다. 그런데 지금까지는 트랜지스터들은 모두 matching 되었다고 가정하였는데, 트랜지스터간의 mismatch 때문에 G_{mc} 값은 식(9.2.22)에 주어진 값보다 훨씬 더 크게 된다.

9.2.3 Active 공통모드 입력전압 범위

CMOS OP 앰프회로가 차동모드 소신호 전압이득이 최대가 되고 공통모드 소신호 전압이득이 최소가 되어 OP 앰프로 정상 동작하기 위해서는, 모든 MOS 트랜지스터들이 saturation 영역에서 동작해야 한다. 이를 보장하기 위한 공통모드 입력전압 범위를 active 공통모드 입력전압 범위(active input common mode voltage range: CMR)라고 부른다.

그림 9.2.1 의 회로에서, active 공통모드 입력전압 범위의 최소값과 최대값은 각각 다음 식으로 주어진다.

$$\text{최소값: } V_{SS} + V_{DSAT3} + V_{GS1} = V_{SS} + V_{DSAT3} + V_{DSAT1} + V_{THn1} \quad (9.2.24)$$

$$\text{최대값:} \quad V_{DD} - \left| V_{DSAT\,4} \right| + V_{THn\,1} \qquad\qquad (9.2.25)$$

여기서 $V_{DSAT\,3}$ 과 $\left| V_{DSAT\,4} \right|$ 는 각각 트랜지스터 M3 과 M4 의 saturation 전압으로서

$$V_{DSAT\,3} = V_{B3} - V_{SS} - V_{THn\,3}$$

$$\left| V_{DSAT\,4} \right| = V_{DD} - V_{B1} - \left| V_{THp\,4} \right|$$

로 주어진다. V_{THn1} 과 $V_{THn\,3}$ 은 각각 NMOS 트랜지스터 M1 과 M3 의 문턱전압 (threshold voltage)으로 body effect 에 따라 조금씩 다른 값을 가지게 된다.

MOS 트랜지스터가 saturation 영역에서 동작할 때 V_{DSAT} 값이 작을수록 전압이 득이 커지므로, 보통 $\left| V_{DSAT} \right|$ 값은 문턱전압 값보다 작게 한다. 따라서 이 OP 앰프 의 active 공통모드 입력전압 범위의 최대값은 V_{DD} 보다 크게 된다.

그림 9.2.1 의 OP 앰프에서는 입력 트랜지스터로 M1 과 M2 의 NMOS 트랜지스터 를 사용하였는데, 이 경우 앞에서 보인 대로 active 공통모드 입력전압 범위 값이 V_{SS} 쪽(최소값)에서는 많이 제약되지만 V_{DD} 쪽(최대값)에서는 전혀 제약을 받지 않는다. 그림 9.2.9 에 보인 PMOS 트랜지스터들을 입력단에 사용하는 폴디드 캐스코 드 CMOS OP 앰프에서는 active 공통모드 입력전압 범위 값이 V_{SS} 쪽에서는 전혀

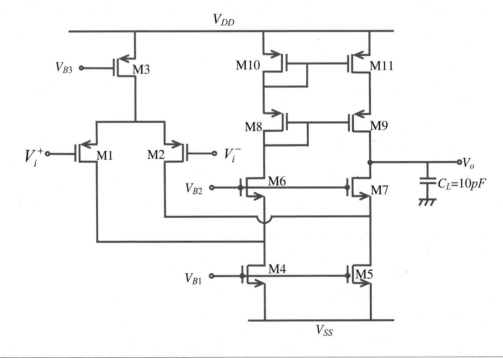

그림 9.2.9 PMOS 트랜지스터(M1, M2)를 입력단에 사용한 폴디드 캐스코드 CMOS OP 앰프

제약을 받지 않고 V_{DD} 쪽에서 많은 제약을 받게 된다. 입력 트랜지스터로 각각 NMOS 와 PMOS 를 사용한 경우에 대한 active 공통모드 입력전압 범위를 그림 9.2.10 에 보였다.

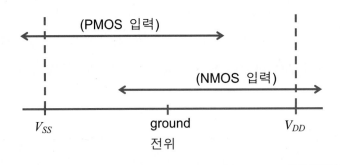

그림 **9.2.10** 입력단에 각각 NMOS 와 PMOS 트랜지스터를 사용한 경우의 active 공통
모드 입력전압 범위(active input common mode voltage range)

Active 공통모드 입력전압 범위가 좁을 경우, OP 앰프를 unity-gain buffer 등의 non-inverting 증폭기 구조로 사용할 때 문제가 되고 inverting 증폭기 구조로 사용할 때는 문제가 되지 않는다. 이는 non-inverting 증폭기 구조에서는 steady state 에서 V_i^+ 노드와 V_i^- 노드의 전압이 V_i^+ 노드에 인가된 입력전압 값과 같게 되어 OP 앰프의 입력 공통모드 전압이 인가된 입력전압 값과 같아지지만, inverting 증폭기 구조에서는 V_i^+ 노드가 V_{DD} 와 V_{SS} 의 중간 값인 ground 에 연결되므로 steady state 에서 OP 앰프의 입력 공통모드 전압이 항상 ground 전압과 같아지기 때문이다. 그리하여 inverting 증폭기 구조에서는 ground 전위가 active 공통모드 입력전압 범위에 포함되기만 하면 active 공통모드 입력전압 범위가 그림 9.2.9 에서처럼 V_{DD} 쪽이나 V_{SS} 쪽에서 제약을 받더라도 문제가 되지 않는다. 아날로그 회로 시스템에서 초단에 non-inverting 증폭기 구조의 일종인 unity-gain 피드백 buffer 를 사용하는 경우가 자주 있는데, 이 경우에는 active 공통모드 입력전압 범위가 V_{SS} 에서 V_{DD} 까지의 모든 범위를 다 포함하는 것이 바람직하다.

그림 9.2.11 에 보인 대로 NMOS 입력단과 PMOS 입력단을 병렬로 사용하면 위 목표를 달성할 수 있다. 그림 9.2.11 의 회로는 출력전압 단자가 2 개인 fully differential OP 앰프인데, 그 자세한 동작은 제 10 장에서 설명한다. 그림 9.2.11 에서

두 개의 V_i^+ 노드들은 서로 연결된 같은 노드를 나타내고 두 개의 V_i^- 노드들도 서로 연결된 같은 노드를 나타낸다.

V_{B1}, V_{B2}, V_{B3}, V_{B4}는 DC 바이어스 전압값들이고, V_{CMFB}는 공통모드 피드백 전압값으로 추후 설명될 공통모드 피드백 회로에 의해 생성되는데 대체로 $(V_o^+ + V_o^-)/2$에 대해 선형적인 관계를 가진다. 이 회로에서는 V_{B1} 자리에 V_{CMFB}를 연결하고 V_{CMFB} 자리에 DC 바이어스 전압을 인가하여도 무방하다.

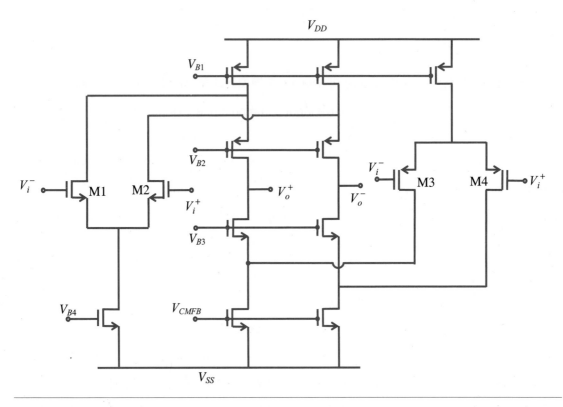

그림 **9.2.11** 선형 공통모드 입력전압 범위가 V_{SS}에서 V_{DD}까지의 모든 범위를 포함하는 fully differential 폴디드 캐스코드 CMOS OP 앰프 회로

9.2.4 선형 출력전압 범위(linear output voltage range)

모든 트랜지스터들이 saturation 영역에서 동작하여 높은 차동모드 소신호 전압이득이 보장되는 출력전압 범위를 선형 출력전압 범위(linear output voltage range)라고

부른다. 그림 9.2.1 에서 보인 NMOS 입력단을 가지는 폴디드 캐스코드 CMOS OP 앰프의 선형 출력전압 범위의 최소값 및 최대값은 다음과 같다.

최소값: $V_{SS} + V_{GS\,11} + V_{GS\,9} - V_{THn\,9}$

$$= V_{SS} + V_{DSAT\,11} + V_{THn\,11} + V_{DSAT\,9} + V_{THn\,9} - V_{THn\,9}$$

$$= V_{SS} + V_{DSAT\,11} + V_{DSAT\,9} + V_{THn\,11} \qquad (9.2.26.a)$$

최대값: $V_{B2} + \left| V_{THp\,7} \right| \qquad\qquad\qquad\qquad\qquad (9.2.26.b)$

식(9.2.26.a)와 식(9.2.26.b)에서 살펴보면 $V_{B2} = V_{DD} - \left| V_{THp6} \right| - \left| V_{DSAT\,4} \right| - \left| V_{DSAT\,6} \right|$ 으로 할 때, 선형 출력전압 범위의 최대값은 $V_{DD} - \left| V_{DSAT\,4} \right| - \left| V_{DSAT\,6} \right|$ 이 되어 별로 제약을 받지 않지만, 최소값은 $V_{THn\,11}$ 항에 의해 큰 제약을 받게 됨을 알 수 있다. 이를 개선하기 위해서는 그림 9.2.1 의 폴디드 캐스코드 CMOS OP 앰프회로에서 M8-M11 로 구성된 전류거울 회로를 그림 8.1.8 에 보인 출력전압 범위를 증가시키는 전류거울 회로로 대체하면 된다. 이 방식의 회로를 그림 9.2.12 에 보였다. 여기서

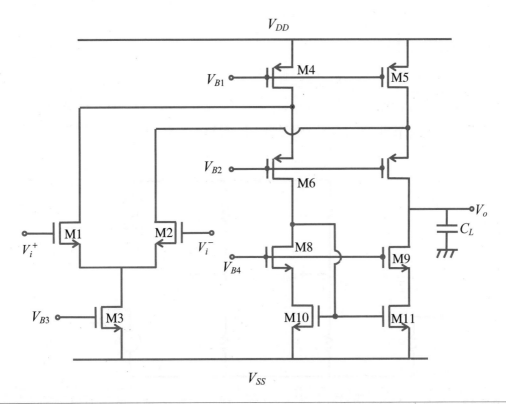

그림 9.2.12 선형 출력전압 범위가 증가된 NMOS 입력 폴디드 캐스코드 CMOS OP 앰프

바이어스 전압 V_{B4} 는 그림 8.1.8 에 보인대로 $V_{B4} = V_{SS} + V_{THn9} + V_{DSAT\,9} + V_{DSAT\,11}$ 로 정한다. 이 경우에 선형 출력전압의 최소값 및 최대값은 다음 식으로 주어진다.

$$\text{최소값: } V_{B4} - V_{THn9} = V_{SS} + V_{DSAT\,9} + V_{DSAT\,11} \tag{9.2.27.a}$$

$$\text{최대값: } V_{B2} + |V_{THp\,7}| = V_{DD} - |V_{DSAT\,4}| - |V_{DSAT\,6}| \tag{9.2.27.b}$$

식(9.2.26.a,b)와 식(9.2.27.a,b)를 서로 비교하면 그림 9.2.1 회로에 비해 그림 9.2.12 회로가, 최대값 쪽은 서로 같지만 최소값 쪽에서 선형 출력전압 범위가 더 커졌음을 알 수 있다.

9.2.5 Power supply rejection ratio (PSRR) (*)

그림 9.2.1 에 주어진 NMOS 입력 폴디드 캐스코드 CMOS OP 앰프의 PSRR (power supply rejection ratio: 공급전압 제거율) 값을 계산하기 위해 먼저 그림 9.2.1(b) 의 바이어스 회로에 대해 바이어스 전압 V_{B1}, V_{B2}, V_{B3} 의 V_{DD} 및 V_{SS} 에 대한 민감도(sensitivity)를 구한다.

DC 전류원 I_B 가 V_{DD} 및 V_{SS} 에 무관한 양이라고 가정하면 소신호 전압 $v_{gs\,15} = v_{gs\,16} = v_{gs\,17} = 0$ 이 된다. 따라서 소신호 등가회로에서 M15 와 M16 은 각각 소신호 출력저항 r_{o15} 와 r_{o16} 으로 대체할 수 있다. 그림 9.2.1(b) 바이어스 회로의

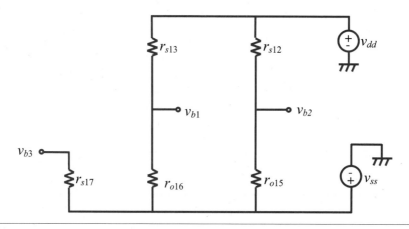

그림 9.2.13 그림 9.2.1(b) 바이어스 회로의 공급전압 의존성 계산용 소신호 등가회로

저주파 소신호 등가회로인 그림 9.2.13 에 보인 대로 V_{B1}, V_{B2} 노드와 바이어스 회로의 V_{DD} 전극 사이의 소신호 저항 값은 각각 r_{s13}, r_{s12} 이고, V_{B3} 노드와 바이어스 회로의 V_{SS} 전극 사이의 소신호 저항 값은 r_{s17} 이다. 그림 9.2.13 의 소신호 등가회로에서 V_{DD} 와 V_{SS} 전극에 각각 소신호 전압 v_{dd} 와 v_{ss} 가 인가되었다고 가정하고 v_{b1}, v_{b2}, v_{b3} 을 구하면 각각 다음 식으로 유도된다.

$$v_{b1} = \frac{r_{o16}}{r_{s13} + r_{o16}} \cdot v_{dd} + \frac{r_{s13}}{r_{s13} + r_{o16}} \cdot v_{ss} \approx v_{dd} \qquad (9.2.28)$$

$$v_{b2} = \frac{r_{o15}}{r_{s12} + r_{o15}} \cdot v_{dd} + \frac{r_{s12}}{r_{s12} + r_{o15}} \cdot v_{ss} \approx v_{dd} \qquad (9.2.29)$$

$$v_{b3} = v_{ss} \qquad (9.2.30)$$

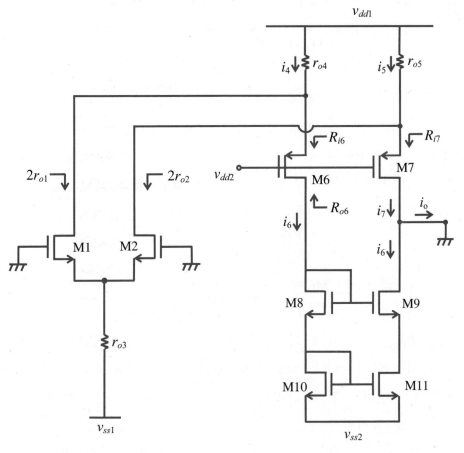

그림 **9.2.14** 그림 9.2.1(a)에 보인 폴디드 캐스코드 CMOS OP 앰프 회로의 PSRR 계산을 위한 소신호 등가회로

위에서 유도된 대로, $v_{b1} = v_{dd}$, $v_{b2} = v_{dd}$, $v_{b3} = v_{ss}$ 라고 가정했을 때 그림 9.2.1(a)의 OP 앰프회로에서 M3, M4, M5 의 소신호 v_{gs} 값들은 모두 0 이므로 M3, M4, M5 트랜지스터들은 그림 9.2.14 에 보인 대로 각각 소신호 저항 r_{o3}, r_{o4}, r_{o5} 로 대체된다. 그림 9.2.14 에서 $v_{dd1} = v_{dd2} = v_{dd}$, $v_{ss1} = v_{ss2} = v_{ss}$ 이지만 linear superposition(선형 중첩) 원리를 적용하기 위해 각각을 분리하였다.

v_{ss1} 만에 의한 i_o 계산

$v_{dd1} = v_{dd2} = v_{ss2} = 0$ 일때 v_{ss1} 만에 의한 저주파 소신호 short circuit output current i_o 의 성분 $i_o(v_{ss1})$ 은 공통모드 transconductance G_{mc} 의 계산 과정과 같이 하여 다음 식으로 주어진다.

$$i_o(v_{ss1}) = -G_{mc} \cdot v_{ss1} \tag{9.2.31}$$

v_{dd1} 만에 의한 i_o 계산

$v_{dd2} = v_{ss1} = v_{ss2} = 0$ 일 때 v_{dd1} 만에 의한 i_o 의 성분인 $i_o(v_{dd1})$ 식을 유도하는 과정을 다음에 보였다. 먼저 M6 의 소스 노드에서 M6 쪽으로 바라본 저항을 R_{i6} 으로 두고, M7 의 소스 노드에서 M7 쪽으로 바라본 저항을 R_{i7} 이라고 둔다. v_{dd1} 에 의해 M4(r_{o4})를 통해 흐르는 전류 i_4 는 다음 식으로 표시된다.

$$i_4 = \frac{v_{dd1}}{r_{o4} + (R_{i6} \| (2r_{o1}))} \approx \frac{v_{dd1}}{r_{o4} + R_{i6}}$$

이 중에서 $2r_{o1}/(2r_{o1} + R_{i6})$ 만이 M6 에 흐르게 되어 M8-M11 의 전류거울 회로에 의해 M6 에 흐르는 전압값이 그대로 i_o 에 전달된다. 한편 M1 에는 r_{o4} 에 흐르는 전류 i_4 의 $R_{i6}/(2r_{o1} + R_{i6})$ 이 흐르게 되고 이 전류의 거의 대부분이 M2 와 M7 을 거쳐 i_o 로 흐르게 되는데 이 전류는 M6 과 M8-M11 의 전류거울 회로를 거쳐 i_o 에 흐르는 전류 방향과는 반대가 된다. 그리하여 r_{o4} 를 통해 흐르는 전류가 i_o 에 기여하는 값은 다음 식으로 표시된다.

$$i_o(r_{o4}) = -\frac{v_{dd1}}{r_{o4} + R_{i6}} \cdot \left(\frac{2r_{o1}}{2r_{o1} + R_{i6}} - \frac{R_{i6}}{2r_{o1} + R_{i6}} \right) = -\frac{v_{dd1}}{r_{o4} + R_{i6}} \cdot \frac{2r_{o1} - R_{i6}}{2r_{o1} + R_{i6}}$$

$$\approx -\frac{v_{dd1}}{r_{o4}} \cdot \left(1 - \frac{R_{i6}}{r_{o4}}\right) \cdot \left(1 - \frac{R_{i6}}{r_{o1}}\right) \approx -\frac{v_{dd1}}{r_{o4}} \cdot \left(1 - \frac{R_{i6}}{r_{o1} \| r_{o4}}\right) \tag{9.2.32}$$

여기서 $R_{i6} \approx r_{s6}$ 이므로 R_{i6} 이 r_{o1} 이나 r_{o4} 보다 훨씬 작다는 사실을 이용하였다. 마찬가지 과정으로 v_{dd1} 에 의해 r_{o5} 를 통해 흐르는 전류가 i_o 에 기여하는 성분인 $i_o(r_{o5})$ 는 다음 식으로 유도된다.

$$i_o(r_{o5}) = \frac{v_{dd1}}{r_{o5}} \cdot \left(1 - \frac{R_{i7}}{r_{o2} \| r_{o5}}\right) \tag{9.2.33}$$

$r_{o4} = r_{o5}$, $r_{o1} = r_{o2}$ 인 사실을 이용하여 v_{dd1} 이 i_o 에 기여하는 성분인 $i_o(v_{dd1})$ 은 다음과 같이 쓸 수 있다.

$$i_o(v_{dd1}) = \frac{v_{dd1}}{r_{o4}} \cdot \frac{R_{i6} - R_{i7}}{r_{o1} \| r_{o4}} \tag{9.2.34}$$

식(9.2.21)에서 보인 대로 공통모드 transconductance G_{mc} 는

$$G_{mc} = -\frac{R_{i6} - R_{i7}}{r_{o1} \| r_{o4}} \cdot \frac{1}{2r_{o3}} \tag{9.2.35}$$

로 주어지므로 위의 $i_o(v_{dd1})$ 식은 다음과 같이 G_{mc} 의 식으로 표시할 수 있다.

$$i_o(v_{dd1}) = -\frac{2r_{o3}}{r_{o4}} \cdot G_{mc} \cdot v_{dd1} \tag{9.2.36}$$

v_{dd2} 만에 의한 i_o 계산

$v_{dd1} = v_{ss1} = v_{ss2} = 0$ 일 때 v_{dd2} 만에 의한 i_o 성분인 $i_o(v_{dd2})$ 는 다음 과정을 거쳐 유도된다. 이를 위해 먼저 i_6 을 계산하기 위한 소신호 등가회로를 그림 9.2.15 에 보였다.

그림 9.2.15 에 보인 등가회로에서 다음에 보인 두 개의 관계식이 성립함을 알 수 있다.

$$i_6 \cdot r_{o4} \| (2r_{o1}) + i_{s6} \cdot r_{s6} = -v_{dd2} \tag{9.2.37}$$

$$(i_6 - i_{s6}) \cdot r_{o6} = -i_6 \cdot r_{o4} \| (2r_{o1}) - i_6 \cdot (r_{s8} + r_{s10}) \tag{9.2.38}$$

여기서 i_6 은 M6, M8, M10 에 흐르는 소신호 전압값이다. 위 두 관계식으로부터 다음과 같이 i_6 식을 유도할 수 있다.

$$i_6 = -\frac{v_{dd2}}{r_{o4} \| (2r_{o1}) + \dfrac{r_{o6} + r_{o4} \| (2r_{o1})}{g_{m6}r_{o6}} + \dfrac{r_{s8} + r_{s10}}{g_{m6}r_{o6}}} \qquad (9.2.39)$$

마찬가지로 하여 M7 에 흐르는 소신호 전류 i_7 은 소신호 출력전압 $v_o = 0$ 인 사실을 이용하여 다음 식으로 구해진다.

$$i_7 = -\frac{v_{dd2}}{r_{o5} \| (2r_{o2}) + \dfrac{r_{o7} + r_{o5} \| (2r_{o2})}{g_{m7}r_{o7}}} \qquad (9.2.40)$$

각 r_o 값들은 서로 비슷한 값을 가지고 $g_m r_o \gg 1$ 인 사실을 이용하면 i_6 과 i_7 은 다음과 같이 근사화된다.

$$i_6 \approx -\frac{v_{dd2}}{r_{o4} \| (2r_{o1})} \cdot \left(1 - \frac{r_{o6} + \{r_{o4} \| (2r_{o1})\}}{g_{m6}r_{o6}\{r_{o4} \| (2r_{o1})\}} - \frac{r_{s8} + r_{s10}}{(g_{m6}r_{o6}) \cdot \{r_{o4} \| (2r_{o1})\}} \right) \qquad (9.2.41)$$

$$i_7 \approx -\frac{v_{dd2}}{r_{o5} \| (2r_{o2})} \cdot \left(1 - \frac{r_{o7} + \{r_{o5} \| (2r_{o2})\}}{g_{m7}r_{o7}\{r_{o5} \| (2r_{o2})\}} \right) \qquad (9.2.42)$$

M6 에 흐르는 소신호 전류 i_6 은 두 가지 경로에 의해 i_o 에 나타나는데, 첫 번째 경로로는 M8-M11 의 전류거울 회로에 의해서 i_6 값이 그대로 i_o 에 나타나게 되고, 두 번째 경로로는 i_6 가운데 $r_{o4}/(r_{o4} + 2r_{o1})$ 만큼이 M1 에 흐르게 되고 M1 에 흐르는 전류의 거의 대부분이 M2, M7 을 거쳐 첫 번째 경로의 전류와 같은 위상으로

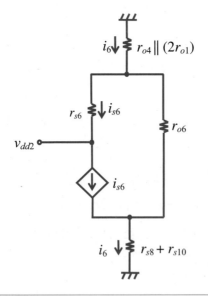

그림 9.2.15 그림 9.2.14 회로에서 v_{dd2} 에 의한 i_6 을 계산하기 위한 소신호 등가회로

i_o 에 합쳐지게 된다.

M7 에 흐르는 소신호 전류 i_7 도 두 가지 경로에 의해 i_o 에 나타나는데, 첫 번째 경로로는 i_7 이 바로 i_o 에 나타나고, 두 번째 경로로는 i_7 가운데 $r_{o5}/(r_{o5}+2r_{o2})$ 가 M2 에 흐르게 되고 M2 에 흐르는 전류의 거의 대부분이 M7, M6 과 M8-M11 의 전류거울 회로를 거쳐 첫 번째 경로의 전류와 같은 위상으로 i_o 에 합쳐지게 된다. 그리하여, $r_{o1}=r_{o2}$, $r_{o4}=r_{o5}$ 인 점을 이용하여 v_{dd2} 만에 의한 i_o 성분인 $i_o(v_{dd2})$ 식은 다음과 같이 구해진다.

$$i_o(v_{dd2}) = (i_7 - i_6) \cdot \left(1 + \frac{r_{o4}}{r_{o4} + 2r_{o1}}\right) \tag{9.2.43}$$

$r_{o1}=r_{o2}$, $r_{o4}=r_{o5}$, $r_{o6}=r_{o7}$, $g_{m6}=g_{m7}$ 인 사실들과 식(9.2.41)과 식(9.2.42)를 이용하면 $i_o(v_{dd2})$ 식은 다음과 같이 유도된다.

$$
\begin{aligned}
i_o(v_{dd2}) &= -\frac{v_{dd2}}{\{r_{o4} \| (2r_{o1})\}^2} \cdot \frac{r_{s8} + r_{s10}}{g_{m6}r_{o6}} \cdot \frac{2(r_{o4} + r_{o1})}{r_{o4} + 2r_{o1}} \\
&= -\frac{r_{s8} + r_{s10}}{g_{m6}r_{o6} \cdot (r_{o1} \| r_{o4})} \cdot \frac{1}{r_{o4} \| (2r_{o1})} \cdot v_{dd2}
\end{aligned}
\tag{9.2.44}
$$

이 식을 식(9.2.22)에 보인 G_{mc} 를 이용하여 표현하면 다음과 같이 된다.

$$i_o(v_{dd2}) = +\frac{2r_{o3}}{(2r_{o1}) \| r_{o4}} \cdot G_{mc} \cdot v_{dd2} \tag{9.2.45}$$

v_{ss2} 만에 의한 i_o 계산

$v_{dd1}=v_{dd2}=v_{ss1}=0$ 일 때 v_{ss2} 만에 의한 i_o 성분인 $i_o(v_{ss2})$ 는 그림 9.2.16 에 보인 소신호 등가회로를 이용하여 다음 과정으로 유도된다. R_{o6} 은 M6 의 드레인 노드에서 M6 쪽으로 바라본 소신호 저항 값으로 다음 식으로 주어진다.

$$R_{o6} = g_{m6}r_{o6} \cdot (2r_{o1} \| r_{o4}) + r_{o6} + (2r_{o1} \| r_{o4}) \approx g_{m6}r_{o6} \cdot (2r_{o1} \| r_{o4}) \tag{9.2.46}$$

그림 9.2.16 에서의 $i_o(v_{ss2})$ 는, M8 과 M10 에 흐르는 전류가 current mirror(전류거울) 동작에 의해 i_o 에 나타나는 성분과 M8 과 M10 에 전류가 흐르지 않아서 M9 와 M11 의 게이트 노드들이 v_{ss2} 전위에 연결되어 M9 와 M11 의 캐스코드(캐스코드) 회로의 출력저항에 의해 i_o 에 나타나는 전류 성분의 합으로 표시된다.

전류거울 동작에 의한 i_o 의 전류 성분은 다음과 같다. $v_{dd1}=v_{dd2}=v_{ss1}=0$ 인

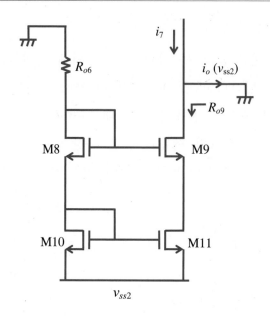

그림 **9.2.16** v_{ss2}에 의한 i_o 성분을 계산하기 위한 소신호 회로

상태에서 M6 에 흐르는 전류는 $v_{ss2}/(R_{o6}+r_{s8}+r_{s10}) \approx v_{ss2}/R_{o6}$ 이 되고 이 전류가 M8-M11 의 전류거울 회로에 의해 M9 에도 같은 양의 전류를 흐르게 하고 M1 에도 이 전류의 $r_{o4}/(r_{o4}+2r_{o1})$ 배의 전류를 흐르게 한다. M1 에 흐르는 전류의 거의 대부분이 M2 에 흐르게 되고 또 M2 에 흐르는 전류의 거의 대부분이 M7 에 흐르게 되어 i_o 로 출력된다. 그리하여 v_{ss2} 만에 의한 i_o 성분인 $i_o(v_{ss2})$ 는 전류거울 동작에 의한 성분과 캐스코드 증폭단의 출력저항에 의한 성분의 합이므로 다음 식으로 표시된다.

$$i_o(v_{ss2}) \approx \frac{v_{ss2}}{R_{o6}} \cdot \left(1 + \frac{r_{o4}}{2r_{o1}+r_{o4}}\right) + \frac{v_{ss2}}{g_{m9}r_{o9} \cdot r_{o11}}$$

$$= \frac{v_{ss2}}{g_{m6}r_{o6} \cdot (r_{o1} \| r_{o4})} + \frac{v_{ss2}}{g_{m9}r_{o9} \cdot r_{o11}} = \frac{v_{ss2}}{R_o} \tag{9.2.47}$$

여기서 식(9.2.11)에 보인 소신호 출력저항 R_o 식을 이용하였다. 위 식에서 첫 번째 항은 전류거울 동작에 의한 $i_o(v_{ss2})$ 성분이고 두 번째 항은 M9, M11 의 캐스코드 회로의 출력저항에 의한 $i_o(v_{ss2})$ 성분이다. 식(9.2.47)을 G_{mc} 로 표시하면 다음과 같이 되어 i_o/v_{ss2} 값이 G_{mc} 값보다 훨씬 크게 됨을 알 수 있다.

$$i_o(v_{ss2}) = -\frac{2r_{o3}}{r_{s8} + r_{s10}} \cdot \left(1 + \frac{g_{m6}r_{o6}}{g_{m9}r_{o9}} \cdot \frac{r_{o1} \| r_{o4}}{r_{o11}}\right) \cdot G_{mc} \cdot v_{ss2} \tag{9.2.48}$$

v_o / v_{dd} 와 v_o / v_{ss} 의 계산

$v_{dd1} = v_{dd2} = v_{dd}$, $v_{ss1} = v_{ss2} = v_{ss}$ 로 두고 선형 중첩(linear superposition) 원리를 이용하여 식(9.2.31), (9.2.36), (9.2.45), (9.2.47)에 주어진 $i_o(v_{dd1})$, $i_o(v_{dd2})$, $i_o(v_{ss1})$, $i_o(v_{ss2})$ 식들을 합하여, 소신호 전압 v_{dd} 와 v_{ss} 로 인한 최종 저주파 소신호 short circuit output current i_o 식을 구하면 다음과 같다.

$$i_o = \frac{r_{o3}}{r_{o1}} \cdot G_{mc} \cdot v_{dd} + \left(-G_{mc} + \frac{1}{R_o}\right) \cdot v_{ss} \approx \frac{r_{o3}}{r_{o1}} \cdot G_{mc} \cdot v_{dd} + \frac{v_{ss}}{R_o} \tag{9.2.49}$$

여기서 G_{mc} 는 저주파 소신호 공통모드 transconductance 로서 음($-$)의 값을 가지는데, $G_{mc} \ll 1/R_o$ 인 근사식을 이용하였다. 소신호 출력전압 v_o 는

$$v_o = i_o \cdot R_o$$

로 주어지므로, 식(9.2.49)를 위 식에 대입하면 v_o 는

$$v_o = \frac{r_{o3}}{r_{o1}} \cdot A_{vc} \cdot v_{dd} + v_{ss} \tag{9.2.50}$$

로 주어진다. 따라서

$$\left.\frac{v_o}{v_{dd}}\right|_{v_{ss}=0} = \frac{r_{o3}}{r_{o1}} \cdot A_{vc} \tag{9.2.51}$$

$$\left.\frac{v_o}{v_{ss}}\right|_{v_{dd}=0} = 1 \tag{9.2.52}$$

로 주어진다. 그리하여 $|v_o/v_{dd}| \ll 1$ 이지만 $v_o/v_{ss} = 1$ 이 된다. $v_o/v_{ss} = 1$ 이 되는 현상은 그림 9.2.14 에 보인 회로에서와 같이 출력 단자 V_O 와 V_{SS} 사이에 전류거울 회로(M8-M11)가 연결된 OP 앰프의 일반적인 현상이다. 제 5 장의 그림 5.3.6 에 보인 능동부하(active load) NMOS 입력 차동증폭기 회로에서도, 출력 단자 V_O 와 V_{DD} 사이에 M4, M5 로 구성된 전류거울 회로가 위치하므로 다음에 보인대로 전압이득 $v_{ovdd}/v_{dd} = 1$ 이 된다.

$$i_{ovdd} = \frac{v_{dd}}{R_o}$$

$$v_{ovdd} = i_{ovdd} \cdot R_o = v_{dd}$$

$$\frac{v_{ovdd}}{v_{dd}} = 1$$

식(9.2.52)에 보인대로, V_O 와 V_{SS} 사이에 전류거울 회로가 위치할 경우 $v_o/v_{ss} = 1$ 이 되는 이유를 보다 정성적으로 설명하면 다음과 같다. 그림 9.2.14 회로에서 v_{ss1} 에 의한 i_o 성분은 식(9.2.31)에 보인 대로 $i_o(v_{ss1}) = -G_{mc} \cdot v_{ss1}$ 이 되고, v_{ss2} 에 의한 i_o 성분은 다음과 같이 계산된다. 먼저 M9 와 M11 의 channel length modulation 현상을 무시했을 때 M8, M9 에 흐르는 소신호 전류는 두 가지 경로를 거쳐 i_o 에 나타난다. 첫 번째 경로는 이 소신호 전류가 M8-M11 의 전류거울 회로 동작에 의해 i_o 에 나타나고, 두 번째 경로는 이 소신호 전류가 M6 을 통과한 후 이 가운데 $r_{o4}/(r_{o4} + 2r_{o1})$ 비율의 전류가 M1, M2, M7 의 경로를 거쳐 첫 번째 경로와 같은 위상으로 i_o 에 나타나게 된다. 그리하여 M8, M10 에 흐르는 소신호 전류는 거의 두 배로 증폭되어 i_o 에 나타나게 된다. 다음에 M9, M11 트랜지스터들의 channel length modulation 효과로 인해 v_{ss2}/R_{o9} 만큼의 소신호 전류가 i_o 에 추가로 나타난다. 여기서 R_{o9} 는 그림 9.2.16 에 보인 대로 V_O 단자에서 M9 쪽으로 바라본 저항이다. 그리하여 이 두 경로의 전류를 합하면 $i_o(v_{ss2})$ 는 식(9.2.47)로 표시된다.

$PSRR^+$ 와 $PSRR^-$ 의 식

차동 입력전압 v_{id} 가 인가된 경우의 저주파 소신호 short circuit output current i_o 는

$$i_o = G_{md} \cdot v_{id}$$

로 주어지는데, G_{md} 는 저주파 소신호 차동모드 transconductance 로서 저주파 공통모드 제거율(common mode rejection ratio)인 $CMRR$ 은

$$CMRR = \left| \frac{A_{vd}}{A_{vc}} \right| = \left| \frac{G_{md} \cdot R_o}{G_{mc} \cdot R_o} \right| = \left| \frac{G_{md}}{G_{mc}} \right| \tag{9.2.53}$$

로 주어진다. 따라서 식(9.2.49)의 i_o 식으로부터 저주파 공급전압 제거율(power supply rejection ratio)인 $PSRR$ 은 다음 식들로 표시된다.

$$PSRR^+ = \left| \frac{G_{md}}{(i_o/v_{dd})} \right| = \frac{r_{o1}}{r_{o3}} \cdot \left| \frac{G_{md}}{G_{mc}} \right| = \frac{r_{o1}}{r_{o3}} \cdot CMRR \qquad (9.2.54)$$

$$PSRR^- = \left| \frac{G_{md}}{i_o/v_{ss}} \right| = G_{md} \cdot R_o = A_{vd} \qquad (9.2.55)$$

여기서 $PSRR^+$ 는 저주파 소신호 차동모드 전압이득 A_{vd} 와 v_o/v_{dd} 의 비율이고 $PSRR^-$ 은 A_{vd} 와 v_o/v_{ss} 의 비율이다. 그런데 위 결과는 바이어스 회로가 완벽하게 동작하여 바이어스 전압의 소신호 성분인 v_{b1}, v_{b2} 와 v_{b3} 이

$$\left. \frac{v_{b1}}{v_{dd}} \right|_{v_{ss}=0} = 1, \qquad \left. \frac{v_{b2}}{v_{dd}} \right|_{v_{ss}=0} = 1, \qquad \left. \frac{v_{b3}}{v_{ss}} \right|_{v_{dd}=0} = 1$$

이라고 가정하여 구한 결과이다. 그런데 특히 v_{dd} 의 경우 바이어스 회로가 완벽하게 동작할 경우 v_o/v_{dd} 값이 $(r_{o3}/r_{o1}) \cdot A_{vc}$ 로서 매우 작은데, 실제로는 v_{b1}/v_{dd} 와 v_{b2}/v_{dd} 값이 각각 1 이 되지 못하고 그림 9.2.13 과 식(9.2.28), (9.2.29)에서 알 수 있듯이 각각 $\{r_{o16}/(r_{o16}+r_{s13})\}$ 과 $\{r_{o15}/(r_{o15}+r_{s12})\}$ 가 되어 1 보다 조금 작아진다. 이중에서 특히 v_{b1} 성분에 의해 M4 와 M5 의 v_{gs} 값이 0 이 아닌 값으로 되어 출력전압 v_o 를 변화시키므로, 이로 인해 $|v_o/v_{dd}|$ 값은 $(r_{o3}/r_{o1}) \cdot |A_{vc}|$ 보다 커지게 되어 $PSRR^+$ 값은 식(9.2.54)에 주어진 값보다는 조금 작아지게 된다.

9.2.6 등가입력 노이즈 전압(equivalent input noise voltage) (*)

그림 9.2.17 의 등가회로를 이용하여 OP 앰프의 등가입력 노이즈 전압 $\overline{v_{ieqn}}$ 을 각 트랜지스터의 등가 게이트 노이즈 전압 $\overline{v_{gni}}(i=1,2,3,\cdots,11)$ 의 식으로 표현하고자 한다. 먼저 지금까지의 노이즈 해석에서처럼, 트랜지스터의 g_{mb} 효과는 무시하고, r_o 를 무한대로 가정한다. 그림 9.2.17(a)와 (b)의 회로에서 각각 output short circuit noise current i_{on} 식을 구한 다음, 그 두 i_{on} 의 분산인 $\overline{i_{on}^2}$ 을 서로 같게 함으로써 등가입력 노이즈 전압 분산 $\overline{v_{ieqn}^2}$ 을 $\overline{v_{gni}^2}$ 과 g_{mi} $(i=1,2,3,\cdots,11)$ 등의 식으로 표시할 수 있다. 여기서 $\overline{v_{gni}^2}$ 은 i 번째 MOSFET 의 등가 게이트 노이즈 전압의 분산이다. 그림 9.2.17(a)에서 각 트랜지스터의 등가 게이트 노이즈 전압 v_{gni} (i=1,2,3.. 11)가 short circuit output noise current i_{on} 에 기여하는 성분을 선형 중첩 원리를

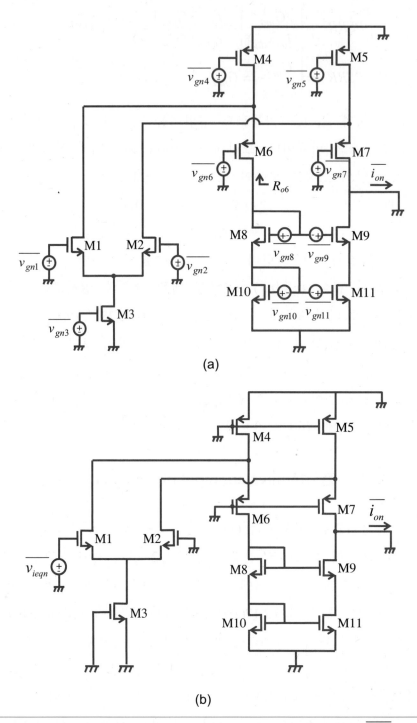

(a)

(b)

그림 **9.2.17** 폴디드 캐스코드 OP 앰프의 등가입력 노이즈 전압 $\overline{v_{ieqn}}$ 을 계산하기 위한 소신호 회로

사용하여 계산할 수 있다. 먼저 M1 과 M2 의 등가 게이트 노이즈 전압인 v_{gn1},
v_{gn2} 에 의한 i_{on} 성분인 $i_{on\,M1}$ 과 $i_{on\,M2}$ 는 각각 다음 식들로 표시된다.

$$i_{on\,M1} = g_{m1} \cdot v_{gn1} \tag{9.2.56}$$

$$i_{on\,M2} = -\,g_{m2} \cdot v_{gn2} = -\,g_{m1} \cdot v_{gn1} \tag{9.2.57}$$

여기서 회로의 대칭성에 의해 $g_{m1} = g_{m2}$, $g_{m4} = g_{m5}$, $g_{m6} = g_{m7}$, $g_{m8} = g_{m9}$,
$g_{m10} = g_{m11}$ 의 관계식들이 성립한다. v_{gn3} 에 의한 소신호 노이즈 전류는 M1 과 M2
의 소스 노드에 공통모드로 입력되기 때문에 서로 상쇄(cancel) 되어 i_{on} 에는 나타
나지 않는다. 따라서

$$i_{on\,M3} = 0 \tag{9.2.58}$$

이 된다. v_{gn4} 에 의한 소신호 노이즈 전류는 모두 M6 으로 흐르게 되고 M8-M11 의
전류거울 회로 동작에 의해 모두 i_{on} 에 나타나게 된다. 따라서 $i_{on\,M4}$ 는 다음 식으
로 표시된다.

$$i_{on\,M4} = g_{m4} \cdot v_{gn4} \tag{9.2.59}$$

v_{gn5} 에 의한 소신호 노이즈 전류는 모두 M7 을 거쳐 i_{on} 에 나타나므로 $i_{on\,M5}$ 는 다
음 식으로 표시된다.

$$i_{on\,M5} = -\,g_{m5} \cdot v_{gn5} = -\,g_{m4} \cdot v_{gn5} \tag{9.2.60}$$

v_{gn6} 에 의한 출력 소신호 노이즈 전류 성분인 $i_{on\,M6}$ 은 $r_o = \infty$ 로 가정하였기 때문에

$$i_{on\,M6} = \frac{v_{gn6}}{r_{s6} + (r_{o4} \| 2r_{o1})} \cdot \left(1 + \frac{r_{o4}}{r_{o4} + 2r_{o1}}\right) \approx 0 \tag{9.2.61}$$

이 된다. 마찬가지로 하여

$$i_{on\,M7} \approx 0 \tag{9.2.62}$$

이 된다.

　v_{gn8} 에 의한 출력 노이즈 전류 성분을 계산하기 위해 그림 9.2.18 의 등가회로를
이용한다. R_{o6} 은 M6 의 드레인 노드에서 M6 쪽으로 바라본 소신호 출력저항으로
대체로 $(g_{m6}r_{o6}) \cdot (r_{o4} \| (2r_{o1}))$ 의 값을 가진다. $r_o = \infty$ 로 가정하였기 때문에 R_{o6} 값
도 무한대가 된다. R_{o6} 값이 무한대이므로 R_{o6} 에 흐르는 전류값도 0 이 된다. 그림
9.2.18 에 표시한 대로 저주파에서 게이트 전류값도 0 이므로 i_{s8} 값이 0 이 된다.

따라서 소신호 저항 r_{s8} 과 r_{s10} 에 흐르는 소신호 전류도 0 이 되므로 r_{s8} 과 r_{s10} 저항 양단의 소신호 전압 차이도 0 이 된다. 따라서 $v_{gs11} = 0$ 이 되고 M9 의 게이트와 ground 사이에 $-v_{gn8}$ 의 전압이 인가되지만 $r_{o11} = \infty$ 이므로 M8 에 의한 출력 노이즈 전류 $i_{on\,M8}$ 은 다음과 같이 표시된다.

$$i_{on\,M8} \approx 0 \tag{9.2.63}$$

그림 9.2.19 는 v_{gn9} 에 의한 i_{on} 성분을 계산하기 위한 등가회로로 R_{o6} 은 무한대이므로 표시하지 않았다. 그림 9.2.18 에서와 마찬가지로 저주파에서 게이트 전류는 0 이므로 r_{s8} 과 r_{s10} 에 흐르는 소신호 전류가 0 이 되어 r_{s8} 과 r_{s10} 저항 양단의 소신호 전압차는 그림 9.2.19 에 표시한 대로 0 이 된다. 따라서 $v_{gs11} = 0$ 이 되고 M9 의 게이트와 ground 사이의 전압차는 v_{gn9} 가 되는데, $r_{o11} = \infty$ 이므로 $i_{on\,M9}$ 는 0 이 된다.

$$i_{on\,M9} = 0 \tag{9.2.64}$$

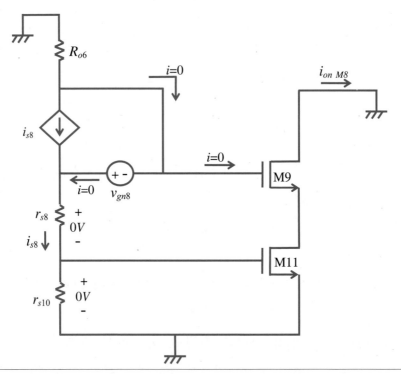

그림 **9.2.18** v_{gn8} 에 의한 출력 noise 전류 계산을 위한 등가회로

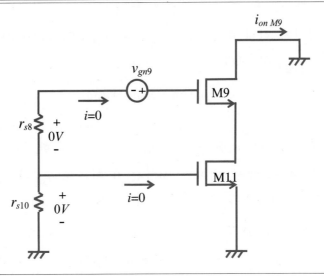

그림 9.2.19 $i_{on\,M9}$ 계산을 위한 소신호 회로

그림 9.2.20 에 v_{gn10} 에 의한 i_{on} 계산을 위한 등가회로를 보였다. 그림에 표시한 대로 저주파에서의 게이트 전류는 0 이므로 i_{s8} 과 i_{s10} 이 0 이 된다. 따라서 r_{s8} 과

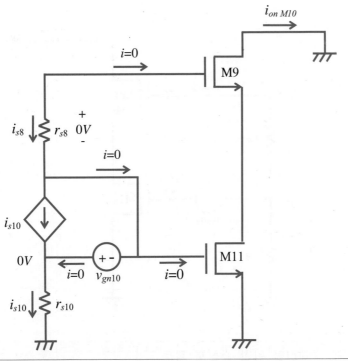

그림 9.2.20 $i_{on\,M10}$ 계산을 위한 소신호 회로

r_{s10} 양단의 전압차가 각각 0 이 되어 $v_{gs11} = -v_{gn10}$ 이 되고 M9 의 게이트와 ground 사이의 전압도 $-v_{gn10}$ 이 된다. $r_{o11} = \infty$ 이므로

$$i_{on\,M10} = g_{m11} \cdot v_{gn10} \tag{9.2.65}$$

으로 주어진다.

그림 9.2.21 에 v_{gn11} 에 의한 i_{on} 성분을 계산하기 위한 등가회로를 보였다. 앞에서와 마찬가지로 저주파에서 게이트 전류는 0 이므로 r_{s8} 과 r_{s10} 저항에서 흐르는 소신호 전류는 0 이 되어 각각의 소신호 전압차는 0 이 된다. 따라서 $v_{gs11} = v_{gn11}$ 이 되고 M9 의 게이트 ground 사이의 전압은 0 이 된다. 그리하여

$$i_{on\,M11} = -g_{m11} \cdot v_{gn11} \tag{9.2.66}$$

지금까지 계산된 v_{gn1}, $v_{gn2}, \cdots,$ v_{gn11} 들에 의한 출력 노이즈 전류 성분 $i_{on\,M1}$, $i_{on\,M2}, \cdots,$ $i_{on\,M11}$ 들을 선형 중첩 원리(linear superposition principle)를 이용하여 서로 더하여 출력 노이즈 전류 i_{on} 의 식을 다음과 같이 구할 수 있다.

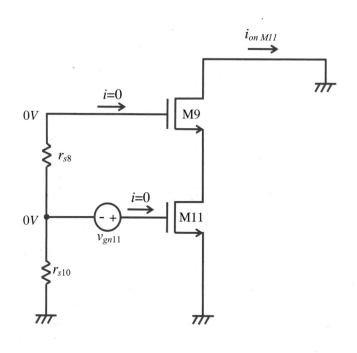

그림 **9.2.21** $i_{on\,M11}$ 계산을 위한 소신호 회로

$$i_{on} = i_{onM1} + i_{onM2} + i_{onM3} + i_{onM4} + i_{onM5} + i_{onM6} + i_{onM7} + i_{onM8} + i_{onM9} + i_{onM10} + i_{onM11}$$

$$= g_{m1} \cdot v_{gn1} - g_{m1} \cdot v_{gn2} + g_{m4} \cdot v_{gn4} - g_{m4} \cdot v_{gn5} + g_{m11} \cdot v_{gn10} - g_{m11} \cdot v_{gn11} \tag{9.2.67}$$

각 트랜지스터들의 등가 게이트 노이즈 전압인 v_{gn1}, $v_{gn2}, \cdots, v_{gn11}$ 들은 통계적으로 서로 독립적인(statistically independent) random process 들이므로 i_{on} 의 분산 (variance)인 $\overline{i_{on}^2}$ 은 다음 식으로 표시된다.

$$\overline{i_{on}^2} = g_{m1}^2 \cdot \left(\overline{v_{gn1}^2} + \overline{v_{gn2}^2} \right) + g_{m4}^2 \cdot \left(\overline{v_{gn4}^2} + \overline{v_{gn5}^2} \right) + g_{m11}^2 \cdot \left(\overline{v_{gn10}^2} + \overline{v_{gn11}^2} \right) \tag{9.2.68}$$

한편, 그림 9.2.17(b)에서 보인 대로 OP 앰프의 등가입력 노이즈 전압 v_{ieqn} 을 M1 의 게이트와 ground 사이에 연결했을 경우의 출력 노이즈 전류 i_{on} 은

$$i_{on} = g_{m1} \cdot v_{ieqn} \tag{9.2.69}$$

이 되므로 i_{on} 의 분산인 $\overline{i_{on}^2}$ 은

$$\overline{i_{on}^2} = g_{m1}^2 \cdot \overline{v_{ieqn}^2} \tag{9.2.70}$$

으로 표시된다. 식(9.2.68)과 식(9.2.70)을 비교하면 $\overline{i_{on}^2}$ 값이 서로 같아야 하므로 OP 앰프의 등가입력 노이즈 전압 분산 $\overline{v_{ieqn}^2}$ 은 다음 식으로 구해진다.

$$\overline{v_{ieqn}^2} = \overline{v_{gn1}^2} + \overline{v_{gn2}^2} + \left(\frac{g_{m4}}{g_{m1}} \right)^2 \cdot \left(\overline{v_{gn4}^2} + \overline{v_{gn5}^2} \right) + \left(\frac{g_{m11}}{g_{m1}} \right)^2 \cdot \left(\overline{v_{gn10}^2} + \overline{v_{gn11}^2} \right) \tag{9.2.71}$$

위 식에서 살펴보면 두 개의 입력 트랜지스터 M1 과 M2 의 등가 게이트 노이즈 전압은 그대로 전체 OP 앰프의 등가입력 노이즈 전압으로 나타나고, V_{DD} 및 V_{SS} 단자에 각각 소스 노드가 연결된 M4, M5, M10, M11 의 등가 게이트 노이즈 전압은 각각의 g_m 과 g_{m1} 의 비율로 곱해져서 OP 앰프 등가입력 노이즈 전압으로 나타남을 알 수 있다. Tail current source 를 형성하는 M3 의 등가 게이트 노이즈 전압은 그 영향이 OP 앰프의 공통모드 제거(common mode rejection) 동작에 의해 상쇄되므로 OP 앰프 등가입력 노이즈 전압으로 나타나지 않는다. 또한 공통게이트 증폭기 형태의 캐스코드 트랜지스터들인 M6, M7, M9 와 MOS 다이오드 형태인 M8 의 등가 게이트 노이즈 전압도 큰 r_o 값 때문에 OP 앰프 등가입력 노이즈 전압에 나타나지 않는다. 식(9.2.71)에서 살펴보면 등가입력 노이즈 전압 분산인 $\overline{v_{ieqn}^2}$ 값을 줄이려면 g_{m4} 와 g_{m11} 값을 g_{m1} 값에 비해 작게 해야 함을 알 수 있다.

9.2.7 주파수 특성 및 주파수 보상

그림 9.2.1 에 보인 폴디드 캐스코드 CMOS OP 앰프 회로에서 high impedance 값을 가지는 노드는 출력 노드밖에 없다. 출력 노드를 제외한 다른 모든 내부 노드들은 그 impedance 값들이 g_m 의 역수인 r_s 정도의 작은 값을 가진다. 따라서 dominant pole 주파수 $|p_1|$ 은 출력 노드의 impedance R_o 와 부하 커패시터 C_L 의 곱으로 주어진다.

$$|p_1| = \frac{1}{R_o \cdot C_L} \tag{9.2.72}$$

Non-dominant pole 주파수 $|p_2|$ 는 C_L 값에는 무관하고 대체로 노드 ④의 impedance r_{s6} 과 노드 ④의 기생(parasitic) 커패시턴스의 곱으로 주어진다.

$$|p_2| \approx \frac{1}{r_{s6} \cdot \left\{ C_{GS\,6} + C_{GSOV\,6} + C_{BS6} + C_{BD1} + C_{GDOV\,4} + C_{BD\,4} + C_{GDOV\,1} \cdot \left(1 + \frac{g_{m6}}{g_{m1}} \right) \right\}} \tag{9.2.73}$$

여기서 $C_{GS\,6}$ 과 $C_{GSOV\,6}$ 은 각각 M6 의 게이트-소스 간의 고유(intrinsic) 게이트 커패시턴스 값과 overlap(중첩) 커패시턴스 값이다. C_{BS} 와 C_{BD} 는 각각 벌크-소스 사이와 벌크-드레인 사이의 접합(junction) 커패시턴스 값이다. M1 의 게이트-드레인 overlap 커패시턴스 값인 $C_{GDOV\,1}$ 에 $(1 + (g_{m6}/g_{m1}))$ 이 곱해진 것은 Miller 현상에 의한 $(1 - (1/A_{v14}))$ 항이 곱해진 것이다. A_{v14} 는 노드 ①과 노드 ④ 사이의 소신호 전압이득으로 차동 입력전압에 대해 다음과 같이 주어진다.

$$A_{v\,14} = \frac{v_4}{v_1} = - \frac{\dfrac{g_{m1}}{2} v_{id} \cdot r_{s6}}{\left(\dfrac{1}{2} v_{id} \right)} = - \frac{g_{m1}}{g_{m6}} \tag{9.2.74}$$

그런데 식(9.2.73)을 이용하여 계산된 non-dominant pole 주파수 $|p_2|$ 값은 실제 값과는 차수(order of magnitude)만 같고 정확하게 일치하지는 않는다. 이는 non-dominant pole 부근의 주파수에서 MOS 다이오드 구조의 impedance 가 순수 저항이 되지 못하고 커패시턴스 성분이 추가되어 나타난 zero 등의 영향으로 추정된다.

차동모드 전압이득(differential mode voltage gain) A_{vd} 의 magnitude Bode plot 을 그림 9.2.22 에 보였다. ω_{0dB} 는 unity-gain frequency 를 나타내고, 이 OP 앰프가 unity-gain 피드백 회로에 사용될 경우의 phase margin 은 대체로 $90° - \tan^{-1}\left(|\omega_{0dB}/p_2|\right)$ 로 주어진다. 그림 9.2.22 에서 A_{vdo} 는 DC($\omega = 0$) 에서의 A_{vd} 값이다.

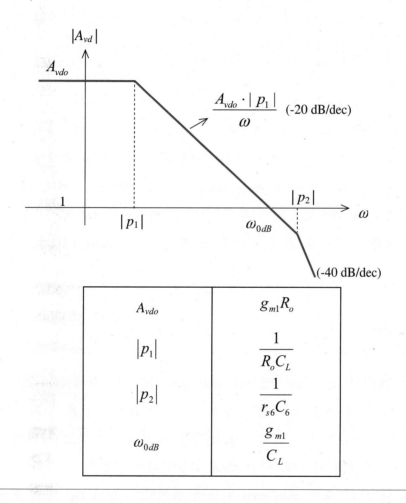

A_{vdo}	$g_{m1}R_o$
$|p_1|$	$\dfrac{1}{R_o C_L}$
$|p_2|$	$\dfrac{1}{r_{s6} C_6}$
ω_{0dB}	$\dfrac{g_{m1}}{C_L}$

그림 **9.2.22** 폴디드 캐스코드 CMOS OP 앰프에서 차동모드 전압이득 A_{vd} 의 magnitude Bode plot 과 관련 파라미터들

주파수 보상(frequency compensation)

증폭기를 피드백 회로에 사용할 경우에 발진하지 않고 안정되게 동작하게 하는

설계 기법을 주파수 보상(frequency compensation) 기법이라고 한다. 이는 고주파에서의 증폭기 이득을 감소시켜 달성된다. 앞에서 설명된 대로 폴디드 캐스코드 CMOS OP 앰프회로에서는 high impedance 노드가 출력 노드 한 개 밖에 없기 때문에 출력 노드와 ground 노드 사이에 커패시터를 연결하여 dominant pole 값을 줄임으로써 주파수 보상을 행할 수 있다. 출력 노드와 ground 노드 사이에는 원래 부하(load) 커패시터가 연결되어 있어서 부하 커패시터의 값만 증가시키면 주파수 보상이 되므로, 2-stage OP 앰프에 비해 주파수 보상 기법이 훨씬 더 간단하다. 2-stage CMOS OP 앰프회로에서는 non-dominant pole 주파수 $|p_2| = G_{m2}/C_L$ 로 주어지므로 부하 커패시터 C_L 값이 증가하면 $|p_2|$ 값이 감소하여 phase margin 이 감소하지만, 폴디드 캐스코드 CMOS OP 앰프 회로에서는 부하 커패시터 C_L 값이 증가할수록 dominant pole 주파수 $|p_1|$ 값이 감소하여 phase margin 이 증가한다. 그런데 저주파 소신호 출력저항 값은 2-stage OP 앰프의 경우가 폴디드 캐스코드 OP 앰프 경우보다 훨씬 작기 때문에, 작은 출력저항 값이 요구되는 회로에는 2-stage OP 앰프를 사용하는 것이 좋다.

9.2.8 Slew rate

그림 9.2.23 에서와 같이 OP 앰프를 unity-gain 피드백 형태로 연결하고 입력인 V_i^+ 노드에 최대 선형 차동 입력전압 값보다 더 큰 step 전압을 인가할 경우 출력 노드 V_o의 전압은 순간적으로 입력 step 전압을 따라가지 못하고 시간에 대해 완만하게 선형적으로 변하게 되는데, 이를 slew 현상이라고 부른다.

그림 9.2.23 에 보인 대로 unity-gain 피드백 형태로 구성된 OP 앰프 회로에 $t=0$ 인 시각에 0 에서 $2V$ 로 변하는 step 입력전압을 인가하면, $t=0^-$ 인 시각에는 V_i^+, V_i^- 와 V_o 노드 전압들은 모두 $0V$ 이고, $t=0^+$ 인 시각에는 V_i^+ 노드 전압은 $2V$ 가 되지만 커패시터 전압은 순간적으로 변하지 못하기 때문에 V_i^- 와 V_o 노드 전압은 여전히 $0V$ 에 머문다. 따라서 $t=0^+$ 인 시각에 V_i^+ 와 V_i^- 노드 사이의 전압인 차동 입력전압은 $2V$ 가 되어 두 개의 입력 트랜지스터들이 모두 on 되는 차동 입력전압

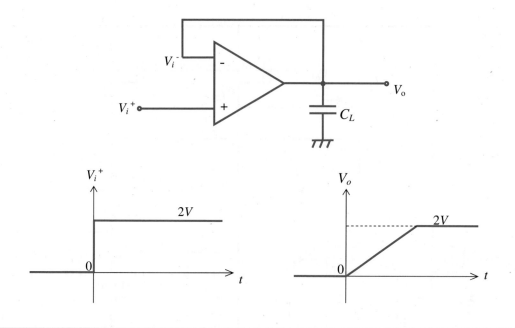

그림 **9.2.23** OP 앰프의 slew 현상

범위인 $\sqrt{2} \cdot (V_{GS} - V_{TH})$ 보다 훨씬 더 커지게 되어 두 개의 입력 트랜지스터 중에 중에서 한 개는 off 된다. 여기서 V_{GS} 와 V_{TH} 는 $V_i^+ = V_i^-$ 인 정상동작 바이어스 점에서의 입력 트랜지스터들에 관련된 양이다.

그림 9.2.23 의 unity gain 피드백 회로에 그림 9.2.1 에 보인 NMOS 입력단을 사용하는 폴디드 캐스코드 OP 앰프를 이용하였다고 가정한다. $t = 0^+$ 인 시각에, 그림 9.2.24 에 보인 대로 $V_i^+ = 2V$, $V_i^- = 0V$ 이므로 M2 트랜지스터는 V_{GS2} 값이 문턱전압(threshold voltage) 값보다 작게 되어 off 되고 M1 트랜지스터의 V_{GS1} 은 선형 차동 입력전압 범위 값을 넘게 되어 M1 이 triode 영역에 들어가서 V_{DS1} 값이 작은 값으로 줄어든다. 보통 등가입력 thermal noise 전류값을 감소시키기 위해 입력 트랜지스터 M1, M2 의 transconductance g_m 값을 가능한 최대로 증가시켜 정상 상태에서의 입력단(M1, M2) 바이어스 전류값($I_{B3}/2$)을 출력단 전류값($I_{B4} - I_{B3}/2$)보다 크게 하므로, 즉 $I_{B3}/2 > (I_{B4} - I_{B3}/2)$ 이고 $I_{B4} - I_{B3}/2 > 0$ 이므로, $I_{B3} > I_{B4} > 0.5 I_{B3}$ 인 관계식이 성립한다. 따라서 M1 과 M3 에는 I_{B3} 의 전류를 흘리지 못하고 이보다 작은 I_{B4} 의 전류를 흘리게 된다. 그리하여 전류원 트랜지스터 M3 도 triode 영역에서

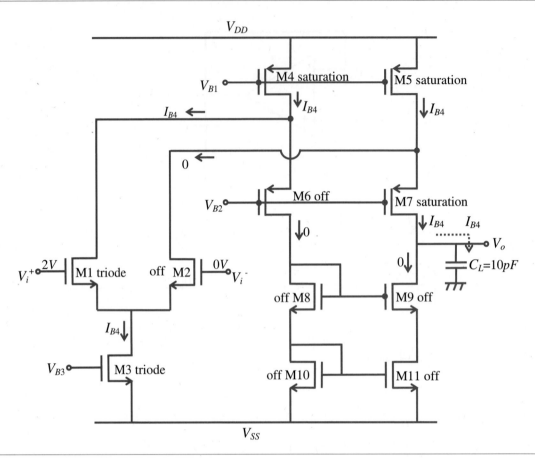

그림 9.2.24 $t = 0^+$ 시각에서의 전류 흐름도(slew 기간)

동작하게 된다. M1 과 M3 이 triode 영역에서 동작하므로 M6 의 소스 전압은 V_{SS} 에 가깝게 되어 M6 이 off 된다. 이는 M4 의 전류 I_{B4} 가 모두 M1 으로 흘러 들어가서 M6 에 흐르는 전류가 0 이 된다는 사실과 일치한다. M6 에 흐르는 전류가 0 이므로 M8-M11 의 전류거울 회로의 동작에 의해 M9 에 흐르는 전류도 0 이 된다. 이때 M8 과 M10 은 off 되므로 이들 게이트와 드레인 전압은 V_{SS} 에 가까운 값이 된다. M2 에 흐르는 전류가 0 이므로 M5 에 흐르는 전류는 모두 M7 로 흐르게 된다. M5 와 M7 은 saturation 영역에서 동작하게 되고 둘 다 I_{B4} 의 전류를 흘리는데 M9 에 흐르는 전류가 0 이므로 I_{B4} 의 전류가 모두 부하 커패시터 C_L 로 흘러 들어가게 된다. 따라서 출력전압 $V_o(t)$ 는

$$V_o(t) = \frac{I_{B4}}{C_L} \cdot t \tag{9.2.75}$$

의 식으로 양(+)의 방향으로 증가하게 된다.

그림 9.2.23 에 보인 unity-gain 피드백 회로에서는 V_o 와 V_i^- 노드들은 서로 연결되어 있어서 항상 $V_i^- = V_o$ 가 되므로 차동 입력전압 $(V_i^+ - V_i^-)$ 값은 시간이 경과함에 따라 점차 감소하게 되는데 이 값이 $\sqrt{2} \cdot (V_{GS1} - V_{THn})$ 값에 도달할 때까지 M2 트랜지스터는 계속 off 되어 있어서 출력전압 V_o 가 식(9.2.75)에 보인 대로 시간 t 에 대해 선형적으로 변하는 slew 현상이 계속된다. 그리하여 출력전압 V_o 가 양 (+)의 방향으로 변하는 최대율인 positive slew rate SR^+ 는 다음 식으로 주어진다.

$$SR^+ \quad \triangleq \quad \left.\frac{dV_o}{dt}\right|_{\max} \quad = \quad \frac{I_{B4}}{C_L} \tag{9.2.76}$$

그림 9.2.23 의 unity-gain 피드백 회로에서 입력전압 V_i^+ 가 $t < 0$ 일때 0V 에 있다가 $t > 0$ 일 때 –2V 로 변할 경우에는, 그림 9.2.24 의 OP 앰프 회로에서 M1 은 off 되고 M2 와 M3 은 triode 영역에서 동작하여 I_{B4} 의 전류를 흘리게 된다. M2 가 triode 영역에서 동작하므로 M7 의 소스 전압을 V_{SS} 가까이로 떨어뜨려서 M7 이 off 되어 M7 에 흐르는 전류는 0 이 된다. M6 과 M8-M11 에 흐르는 전류는 I_{B4} 가 되므로, 부하 커패시터 C_L 로부터 M9 로 I_{B4} 의 전류가 흘러나오게 된다. 따라서 출력전압 V_o 는 다음 식에 따라 음(–)의 방향으로 변하게 된다.

$$V_o = -\frac{I_{B4}}{C_L} \cdot t$$

그리하여 출력전압 V_o 가 음(–)의 방향으로 변하는 최대율인 negative slew rate SR^- 는 다음 식으로 주어진다.

$$SR^- \quad \triangleq \quad -\left.\frac{dV_o}{dt}\right|_{\max} \quad = \quad \frac{I_{B4}}{C_L}$$

그러므로 폴디드 캐스코드 CMOS OP 앰프의 slew rate 은, 출력전압 V_o 가 양(+)의 방향으로 변할 경우와 음(–)의 방향으로 변할 경우 slew rate SR 은 모두 전류원 M4 와 M5 의 전류값 I_{B4} 와 부하 커패시터 C_L 의 비율로 주어진다.

그런데 그림 9.2.23 에 보인 unity-gain 피드백 회로에서 step 입력전압 값이 DC transfer curve (V_o 대 차동 입력전압 곡선)의 선형 영역 값 ($\sqrt{2} \cdot (V_{GS1} - V_{THn})$) 보다 작게 되면 두 개의 입력 트랜지스터들이 모두 항상 on 되어 있으므로 slew 현상이 나타나지 않는다.

Slew rate 를 개선시킨 회로

그림 9.2.1(a)에 보인 폴디드 캐스코드 OP 앰프의 slew rate 을 향상시키고 slew 현상 후 정상 상태로의 복구 시간을 줄이기 위해서, 그림 9.2.25 에 보인 대로 원래의 폴디드 캐스코드 OP 앰프 회로에 MOS 다이오드 구조의 NMOS 트랜지스터 M12 와 M13 을 추가한다[3].

보통 출력전압 범위를 최대로 하기 위해

$$V_{B1} = V_{DD} - \Delta_P - |V_{THp}|$$

$$V_{B2} = V_{DD} - 2\,\Delta_P - |V_{THp}|$$

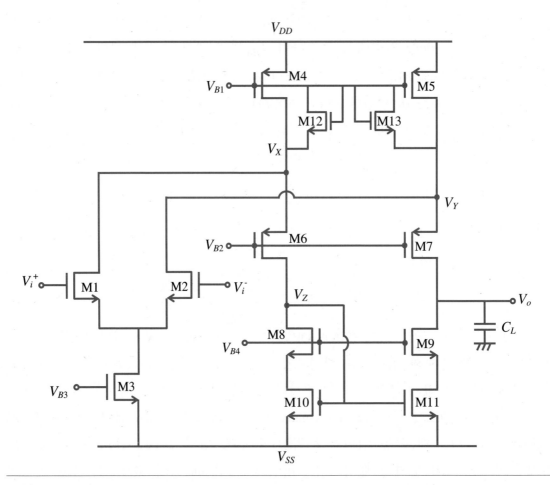

그림 **9.2.25** Slew rate 및 slew 복구 시간을 개선시킨 폴디드 캐스코드 OP 앰프회로

로 되게 설계한다. 여기서 Δ_P 는 M4-M7 PMOS 트랜지스터들의 $|V_{DSAT}|$ 값이다. 따라서, slew 기간이 아닌 정상 상태에서는 $V_X = V_{B2} + |V_{GS6}| = V_{DD} - \Delta_P$ 가 되므로 M12, M13 의 게이트와 소스 사이의 전압 V_{GS12} 는 $V_{GS12} = V_{B1} - V_X = -|V_{THp}|$ 로 주어져서 음($-$)의 값이 되어 V_{THn} 보다 작게 된다. 그리하여 M12 와 M13 은 off 되어 OP 앰프의 동작에 영향을 미치지 않는다.

M12 와 M13 트랜지스터들이 없는 경우, 그림 9.2.23 에 보인 입력 파형이 인가되어 slew 가 일어나는 기간 중에는 M1 이 triode 영역에 들어가서 V_X 전압값이 정상 상태의 전압인 $V_{DD} - \Delta_P$ 에서 V_{SS} 에 가까운 매우 낮은 값으로 떨어지게 되어 slew 기간이 끝난 후 정상 상태로 복구할 때 V_X 가 이 낮은 값에서 $V_{DD} - \Delta_P$ 까지 변하는데 상당한 시간이 소요된다.

M12 와 M13 트랜지스터들을 추가할 경우에는, 그림 9.2.23 에서 보인 입력 파형이 인가되어 slew 가 일어나더라도, M12 가 on 되어 M12 의 NMOS 다이오드에 의해 cl 앰프되어 slew 기간 동안 V_X 값이 약간만 감소하게 되므로 slew 기간 후의 V_X 전압 복구 시간을 크게 단축시킨다. 또 이 경우 M12 에 흐르는 추가 전류로 인해 바이어스 전압 V_{B1} 값이 낮아져서 M5 에 흐르는 전류값이 증가하게 된다. M5 에 흐르는 전류는 모두 M7 을 거쳐 C_L 로 흘러 들어가기 때문에 slew rate 를 증가시키게 된다. 이 시간 구간 동안 M13 은 off 되어 있다. 그리하여 M12 와 M13 이 없는 경우에 비해 slew rate 가 보통 2 배 이상 증가하게 된다. M12 와 M13 은 비교적 작은 W/L 값을 가진다.

M8-M11 로 이루어진 회로는 그림 9.2.1(a)회로의 M8-M11 의 전류거울 회로와 동일한 동작을 하여 M9 의 드레인에서 M9 쪽으로 바라본 소신호 출력저항 값은 두 회로에서 동일하다. 단지, 바이어스 전압 V_{B4} 값을 $V_{SS} + V_{THn} + 2\Delta_N$ 정도로 낮게 하여 출력전압 범위를 증가시켰다. 여기서 Δ_N 는 M8-M11 NMOS 트랜지스터들의 V_{DSAT} 값이다. M8-M11 로 구성된 회로는 그림 8.1.7 에 보인 wide-swing 캐스코드 current source 회로와 같다.

9.2.9 SPICE simulation 결과

그림 9.2.1 에 보인 NMOS 입력단을 사용하는 폴디드 캐스코드 CMOS OP 앰프를 1.2 μm CMOS 공정을 이용하여 설계한 예를 그림 9.2.26 에 보였다. 동작 속도를 빠르게 하기 위해 bias 회로의 M12 트랜지스터를 제외한 모든 트랜지스터들의 drawn channel length L_{drawn} 을 1.2 μm 공정에서 폴리실리콘(poly-silicon) 게이트의 최소 폭인 1.2 μm 으로 하였다. 그런데 여기서는 동작 속도를 증가시키기 위해서 채널 길이를 1.2 μm 공정에서 가능한 최소 길이인 1.2 μm 으로 하였지만, 일반적으로 아날로그 회로에서 트랜지스터의 소신호 출력저항 r_o 값을 증가시키고 hot electron 현상 등에 대한 신뢰도를 향상시키기 위해 채널길이를 공정 가능한 최소 길이보다 대략 20% 내지 50% 정도 크게 하는 것이 바람직하다. 그리하여 1.2 μm 공정에서는 아날로그 회로에 사용되는 트랜지스터의 채널길이는 보통 1.4 μm 내지 1.8 μm 정도로 하는 것이 좋다. 그림 9.2.26 의 괄호 안의 숫자는 채널폭을 μm 단위로 표시한 것이다. M12 는 채널폭이 4 μm 이고 채널길이가 3 μm 이다. 그림 9.2.27 에 DC 전달 특성 곡선(transfer curve)과 차동모드 전압이득 등을 계산하기 위한 SPICE netlist 를 보였다. 그림 9.2.26 에서 원으로 둘러싸인 숫자는 SPICE netlist 의 노드 번호를 나타낸다. SPICE level 1 MOSFET 모델을 사용하였고 hand analysis 결과와 쉽게 비교하기 위해서 body(bulk) effect coefficient 파라미터인 gamma 를 0 으로 두었다. 소스와 드레인 접합(junction)의 측면(lateral) 방향 확산(diffusion) 길이인 LD 파라미터 값이 NMOS 와 PMOS 공통으로 0.2 μm 이기 때문에, drawn 채널길이 L_{drawn} 이 1.2 μm 일 경우 유효 채널길이(effective channel length) L_{eff} 는 $L_{eff} = L_{drawn} - 2LD = 0.8\,\mu m$ 으로 주어진다. 그림 9.2.26 에 SPICE simulation 으로 구한 각 노드의 DC 동작점 전압을 보였다. $V_{DD} = 2.5V$, $V_{SS} = -2.5V$ 이고 $V_i^+ = V_i^- = 0$ 인데도 출력전압 V_o 가 0 이 되지 못하고 $-0.05V$ 가 되었는데, 이는 M8, M10 과 M9, M11 의 전류거울 회로에서 channel length modulation 현상의 영향이 서로 다르게 작용함으로 말미암아 생긴 systematic input offset 때문이다.

표 9.2.1 과 표 9.2.2 에 각각 저주파 소신호 파라미터와 주파수 특성 파라미터에 대해 계산 값과 SPICE simulation 결과를 비교하였다.

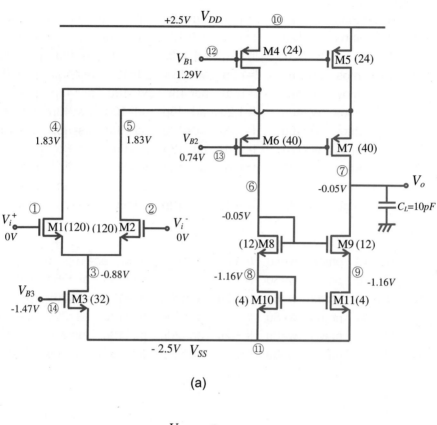

(a)

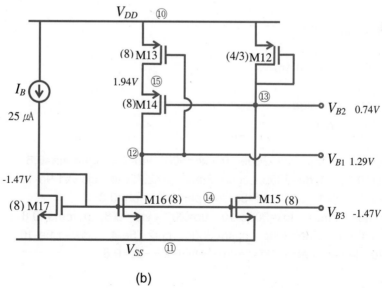

(b)

그림 **9.2.26** 폴디드 캐스코드 CMOS OP 앰프의 회로 예 (a) OP 앰프 회로 (b) bias 회로

Folded cascode CMOS OP amp

```
m1   4   1   3   11    nmos   w=120u   l=1.2u   ad=180p   pd=50u   as=180p   ps=50u
m2   5   2   3   11    nmos   w=120u   l=1.2u   ad=180p   pd=50u   as=180p   ps=50u
m3   3  14  11   11    nmos   w=32u    l=1.2u   ad=48p    pd=10u   as 48p    ps=10u
m4   4  12  10   10    pmos   w=24u    l=1.2u   ad=48p    pd=10u   as=48p    ps=10u
m5   5  12  10   10    pmos   w=24u    l=1.2u   ad=48p    pd=10u   as=48p    ps=10u
m6   6  13   4   10    pmos   w=40u    l=1.2u   ad=48p    pd=10u   as=48p    ps=10u
m7   7  13   5   10    pmos   w=40u    l=1.2u   ad=48p    pd=10u   as=48p    ps=10u
m8   6   6   8   11    nmos   w=12u    l=1.2u   ad=18p    pd=6u    as=18p    ps=6u
m9   7   6   9   11    nmos   w=12u    l=1.2u   ad=18p    pd=6u    as=18p    ps=6u
m10  8   8  11   11    nmos   w=4u     l=1.2u   ad=12p    pd=6u    as=12p    ps=6u
m11  9   8  11   11    nmos   w=4u     l=1.2u   ad=12p    pd=6u    as=12p    ps=6u
cl   7   0  10p
* bias ckt
m12  13  13  10  10    pmos   w=4u   l=3u     ad=10p   pd=9u    as=10p   ps=9u
m13  15  12  10  10    pmos   w=8u   l=1.2u   ad=20p   pd=13u   as=20p   ps=13u
m14  12  13  15  10    pmos   w=8u   l=1.2u   ad=20p   pd=13u   as=20p   ps=13u
m15  13  14  11  11    nmos   w=8u   l=1.2u   ad=20p   pd=13u   as=20p   ps=13u
m16  12  14  11  11    nmos   w=8u   l=1.2u   ad=20p   pd=13u   as=20p   ps=13u
m17  14  14  11  11    nmos   w=8u   l=1.2u   ad=20p   pd=13u   as=20p   ps=13u
iss  10  14  25u
*
vi1  1   0   dc   0   ac   0.5
vi2  2   0   dc   0   ac   -0.5
vdd  10  0   dc   2.5
vss  11  0   dc   -2.5
.dc   vi1   -5m   10m   0.1m
.print   dc   v(7)
.ac   dec   10   1   1giga
.probe   vdb(7)   vp (7)
.op
.model   nmos   nmos   tox=200e-10   uo=500   vto=0.8   gamma=0.8
+   lambda=0.08   cgdo=300p   cgso=300p   cj=2.75e-4   cjsw=1.9e-10
+   ld=0.2u   level=1   af=1   kf=5e-26   phi=0.7   pb=0.8
.model   pmos   pmos   tox=200e-10   uo=200   vto=-0.8   gamma=0.8
+   lambda=0.08   cgdo=300p   cgso=300p   cj=2.75e-4   cjsw=1.9e-10
+   ld=0.2u   level=l   af=1   kf=1e-26   phi=0.7   pb=0.8
.end
```

그림 **9.2.27** 그림 9.2.26(a) (b)에 표시된 폴디드 캐스코드 CMOS OP 앰프와 그 바이어
스 회로의 SPICE netlist

표 **9.2.1** OP 앰프의 주파수 특성 관련 파라미터(부하 커패시터 $C_L = 10pF$)

	식	계산 값	SPICE
Dominant pole freq. [Hz] $\left(\lvert p_1 \rvert / 2\pi \right)$	$\dfrac{1}{2\pi} \cdot \dfrac{1}{R_o C_L}$	3.8KHz	3.7 KHz
non-dominant pole freq. $\left(\lvert p_2 \rvert / 2\pi \right)$ [Hz]	$\dfrac{1}{2\pi \cdot r_{s6} \cdot \left[\begin{array}{l} C_{GS6} + C_{GSOV6} + C_{BS6} \\ + C_{GDOV1} \cdot \left(1 + \dfrac{g_{m6}}{g_{m1}}\right) \\ + C_{BD1} + C_{GDOV4} + C_{BD4} \end{array} \right]}$	478 MHz	336 MHz
Gain-bandwidth 곱 $\left(\omega_T / 2\pi \right)$ [Hz]	$\dfrac{1}{2\pi} \cdot \dfrac{g_{m1}}{C_L}$	20.4 MHz	19.7 MHz
phase margin at unity-gain 피드백	$90° - \tan^{-1} \left\lvert \dfrac{\omega_{0dB}}{p_2} \right\rvert$	88°	87°

표 **9.2.2** 저주파 소신호 OP 앰프 특성 파라미터의 계산 값과 SPICE simulation 결과와의 비교

	식	계산 값	SPICE
G_{md} [Siemens]	g_{m1}	1.28×10^{-3}	1.24×10^{-3}
G_{mc} [Siemens]	$-\dfrac{r_{s8} + r_{s10}}{g_{m6} r_{o6} \cdot (r_{o1} \parallel r_{o4}) \cdot 2 r_{o3}}$	-4.12×10^{-9}	-5.00×10^{-9}
R_o [Ω]	$\{g_{m7} r_{o7} \cdot (r_{o2} \parallel r_{o5})\} \parallel g_{m9} r_{o9} r_{o1}\}$	4.17×10^{6}	4.33×10^{6}
A_{vd} [V/V] ([dB])	$G_{md} \cdot R_o$	5.34×10^{3} (74.6dB)	5.38×10^{3} (74.6dB)
A_{vc} [V/V] ([dB])	$G_{mc} \cdot R_o$	-1.72×10^{-2} (−35.3dB)	-2.17×10^{-2} (−33.3dB)
$\dfrac{\partial V_o}{\partial V_{DD}}$ [V/V]	$\dfrac{r_{o3}}{r_{o1}} \cdot A_{vc}$	-7.98×10^{-3}	4.50×10^{-2} (*)7.57×10^{-4}

$\dfrac{\partial V_o}{\partial V_{SS}}\,[V/V]$	1	1	0.998 (*) 1.02
CMRR [ ]	$\left\|\dfrac{A_{vd}}{A_{vc}}\right\|$	3.11×10^5 $(110dB)$	2.48×10^5 $(108dB)$
$PSRR^+$	$\dfrac{A_{vd}}{\left\|\dfrac{\partial V_o}{\partial V_{DD}}\right\|}$	6.69×10^5 $(117dB)$	1.20×10^5 $(102dB)$
$PSRR^-$	$\dfrac{A_{vd}}{\left\|\dfrac{\partial V_o}{\partial V_{SS}}\right\|}=A_{vd}$	5.34×10^3 $(74.6dB)$	5.38×10^3 $(74.6dB)$

((*) : V_{DD} 와 V_{B1}, V_{DD} 와 V_{B2}, V_{DD} 와 V_{B3} 간에 각각 10^{15} $Farad$ 커패시터를 연결하여 바이어스 회로가 완벽하게 동작하게 한 경우)

9.2.10 폴디드 캐스코드 OP 앰프의 레이아웃 예

그림 9.2.1(a)에 표시한 폴디드 캐스코드 OP 앰프의 레이아웃을 할 경우, 대칭되는 트랜지스터들의 matching(정합)을 위해 가능한 common centroid(공통중심) 구조에 가깝게 그림 9.2.28 과 같이 트랜지스터들을 배치한다. 그림 9.2.29 에 n well CMOS 공정을 이용하여 그림 9.2.28 에 보인 배치대로 한 레이아웃을 보였다. PMOS bulk 노드에 해당하는 n well 은 모두 V_{DD} 에 연결하였으나 NMOS bulk 노드에 해당하는 p substrate 는 V_{SS} 에 연결하지 않았다. 이는 V_{SS} 에 연결된 NMOS 소스 단자들로부터 substrate 에 노이즈가 주입되는 것을 막기 위한 것으로, OP 앰프와 비교적 가까운 위치에 p-active 를 배치하고 그 안에 벌크(bulk) contact 을 내고 이를 칩 내부에서의 V_{SS} 전극과 격리시켜 따로 V_{sub} pad 에 연결한다.

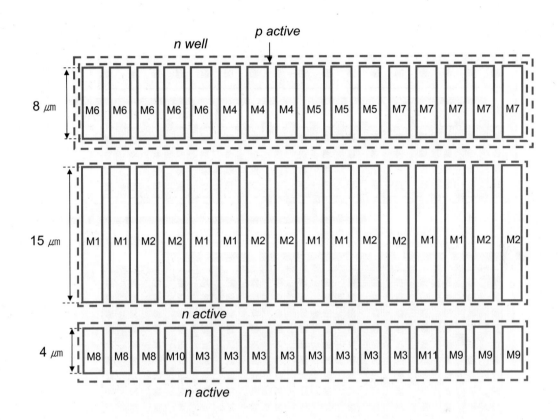

그림 **9.2.28** 그림 9.2.1(a)에 보인 폴디드 캐스코드 CMOS OP 앰프의 트랜지스터 배치

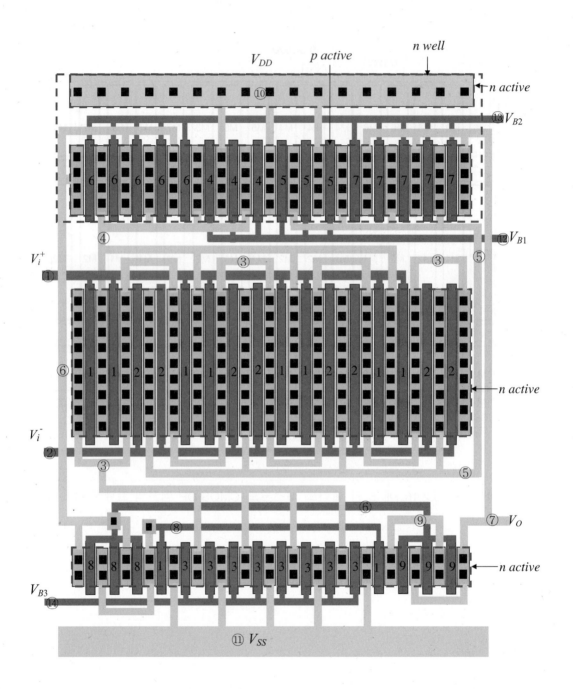

그림 **9.2.29** 폴디드 캐스코드 CMOS OP 앰프의 layout

9.3　Class AB OP 앰프 (*)

앞의 9.1.과 9.2 절에서 언급된 표준 OP 앰프들 (2-stage OP 앰프, 폴디드 캐스코드 OP 앰프)에서는 출력전압의 최대 변화율 $(\max|dV_O/dt|)$인 slew rate 는

　(전류원 전류값) ÷ (부하 커패시터 C_L 혹은 주파수 보상용 커패시터 C_C)

로 주어진다. 고속으로 동작하는 OP 앰프 회로에서는 slew rate 가 커야 하는데, 위에서 언급된 표준 OP 앰프 회로를 사용하여 slew rate 을 증가시키기 위해서는 전류원(current source)의 전류값을 증가시키고 사용된 트랜지스터들의 W/L 값들을 증가시켜야 한다. 따라서 전력소모가 증가하고 칩 면적이 커지는 단점이 있다. Current source 의 전류값을 증가시키지 않고도 큰 slew rate 를 얻을 수 있는 OP 앰프를 통틀어 class AB OP 앰프라고 부른다. 이는 오디오 증폭기 등에서 입력신호가 없는 정상상태(quiescent state)에서의 전류소모가 작지만 신호가 인가되면 전류를 크게 증가시키는 class AB 증폭기와 같은 방식으로 동작하기 때문에 붙여진 이름이다. 몇 가지 대표적인 class AB OP 앰프에 대한 동작 설명을 다음에 보였다.

9.3.1　Class AB 입력단 OP 앰프 (*)

제 5 장의 그림 5.2.1 에 보인 두 개의 소스 노드를 연결하고 이 공통소스 노드에 tail current source 를 연결한 보통의 차동증폭기는, active 차동 입력전압 범위가 $\pm\sqrt{2}\,(V_{GS}-V_{TH})$ 로 제한되어 있다. 즉 차동 입력전압이 이 전압값보다 크게 되면 두 개의 입력 트랜지스터 중에서 하나는 off 되어 차동출력 전류값이 최대 tail current source 값($\pm I_{TAIL}$)으로 고정된다. 즉 차동 입력전압이 증가하여도 전류구동 능력이 제한되어 slew rate 가 얼마 이상 증가하지 못한다. Class AB 증폭기를 사용하면 이러한 제한을 없애고 차동 입력전압이 증가할수록 slew rate 가 증가하게 된다.

그림 9.3.1 에 class AB 입력단을 사용한 OP 앰프 회로를 보였다. 그림 9.3.1(a)의 개념도에서, DC 전압원 V_{GG} 에 의해 M3 의 게이트와 그라운드 사이에 인가되는 전압은 $V_i^- - V_{GG}$ 가 되고, M4 의 게이트와 ground 사이에 인가되는 전압은 $V_i^+ - V_{GG}$ 가 된다. $(W/L)_1 = (W/L)_2 , (W/L)_3 = (W/L)_4 , (W/L)_{10} = B \cdot (W/L)_9 , (W/L)_{12} = B \cdot (W/L)_{11}$

이라고 가정하고, M1, M4, M11 에 흐르는 소신호 전류 $i_{1.4}$ 와 M12 에 흐르는 소신호 전류 i_{12} 는 각각 다음 식으로 표시된다.

$$i_{1.4} = \frac{1}{r_{s1} + r_{s4}} \cdot (v_i^- - v_i^+) \tag{9.3.1}$$

$$i_{12} = B \cdot i_{1.4} = \frac{B}{r_{s1} + r_{s4}} \cdot (v_i^- - v_i^+) \tag{9.3.2}$$

또 M9, M2, M3 에 흐르는 소신호 전류 $i_{2.3}$ 과 M10 에 흐르는 소신호 전류 i_{10} 은 각각 다음 식으로 표시된다.

$$i_{2.3} = \frac{1}{r_{s2} + r_{s3}} \cdot (v_i^+ - v_i^-) \tag{9.3.3}$$

$$i_{10} = B \cdot i_{2.3} = \frac{B}{r_{s2} + r_{s3}} \cdot (v_i^+ - v_i^-) \tag{9.3.4}$$

따라서 저주파 소신호 출력전압 v_o 는 다음 식으로 유도된다.

$$v_o = (i_{10} - i_{12}) \cdot (r_{o10} \| r_{o12}) = 2B \cdot \frac{r_{o10} \| r_{o12}}{r_{s1} + r_{s4}} \cdot (v_i^+ - v_i^-) \tag{9.3.5}$$

그리하여 소신호 입력전압에 대해 원하는 증폭기 동작을 한다는 것을 확인할 수 있다. 부하 커패시터 C_L 의 영향까지를 고려하여 소신호 차동모드 전압이득 $A_{dv}(s)$ 의 식을 구하면 다음과 같다.

$$A_{dv}(s) = \frac{v_o}{v_i^+ - v_i^-} = 2B \cdot \frac{r_{o10} \| r_{o12}}{r_{s1} + r_{s4}} \cdot \frac{1}{1 + s \cdot (r_{o10} \| r_{o12}) \cdot C_L} \tag{9.3.6}$$

그림 9.3.1(a)의 DC 전압원 V_{GG} 는 그림 9.3.1(b)의 회로에서 M5-M8 과 DC 전류원 I_1 을 이용하여 구현하였다. 대칭성을 유지하기 위해 $(W/L)_5 = (W/L)_6$, $(W/L)_7 = (W/L)_8$ 이 되게 설계하였다. 따라서 M5, M6 이 saturation 영역에서 동작하기만 하면 입력전압 (V_i^+, V_i^-) 값들에 무관하게

$$V_{GS5} + |V_{GS7}| = V_{GS6} + |V_{GS8}|$$

$$= V_{THn} + |V_{THp}| + \sqrt{\frac{2 I_1}{\mu_n C_{ox} \cdot (W/L)_5}} + \sqrt{\frac{2 I_1}{\mu_p C_{ox} \cdot (W/L)_7}} \tag{9.3.7}$$

인 관계식이 성립한다. 이 전압값이 그림 9.3.1(a)의 V_{GG} 에 해당한다. 모든 트랜지스터들이 saturation 영역에서 동작하고 차동 입력전압이 $0(V_i^+ = V_i^-)$ 인 DC 동작점에

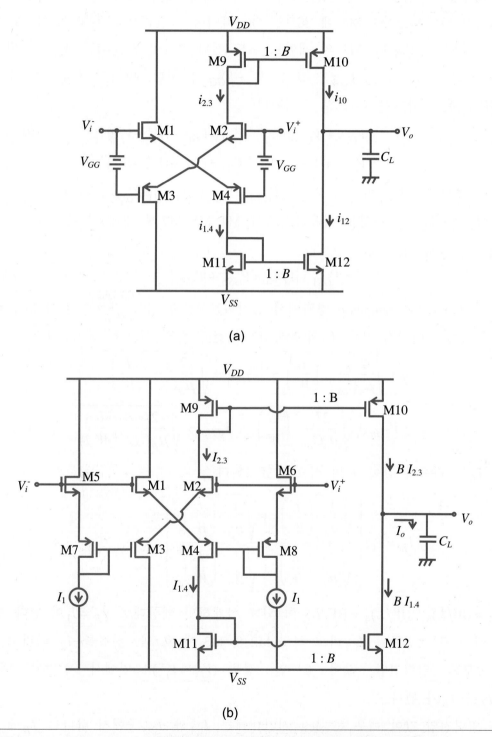

그림 **9.3.1**   Class AB 입력단을 사용한 OP 앰프 회로 (a) 개념도 (b) 회로도

서 M1, M2, M3, M4에 흐르는 DC 바이어스 전류값은 모두 같게 된다. 이 DC 동작점에서 각각 M1, M2, M3, M4에 흐르는 DC 바이어스 전류값을 I_B라고 할 때 I_B는 다음과 같이 유도된다. M3의 게이트 노드 전위 V_{G3}은 $V_{G3} = V_i^- - V_{GG}$가 되고, M4의 게이트 노드 전위 V_{G4}는 $V_{G4} = V_i^+ - V_{GG}$가 된다. 따라서 $V_{GS1} + |V_{GS4}|$와 $V_{GS2} + |V_{GS3}|$은 각각 다음 식으로 표시된다.

$$V_{GS1} + |V_{GS4}| = V_i^- - V_{G4} = V_{GG} - (V_i^+ - V_i^-) \tag{9.3.8.a}$$

$$V_{GS2} + |V_{GS3}| = V_i^+ - V_{G3} = V_{GG} + (V_i^+ - V_i^-) \tag{9.3.8.b}$$

DC 동작점에서 $V_i^+ = V_i^-$이므로 $V_{GS1} + |V_{GS4}| = V_{GS2} + |V_{GS3}| = V_{GG}$가 된다.

$V_{GG} = V_{GS5} + |V_{GS7}|$인 점을 이용하여, M1, M4, M5, M7에 대해 위 관계식을 다시 쓰면 다음과 같이 된다.

$$V_{GS1} + |V_{GS4}| = V_{GS5} + |V_{GS7}| \tag{9.3.9}$$

모든 트랜지스터들이 saturation 영역에서 동작하므로, 위 식을 다음과 같이 M1, M4의 DC 동작점 바이어스 전류 I_B와 M5, M7의 전류 I_1의 식으로 쓸 수 있다.

$$V_{THn} + \sqrt{\frac{2I_B}{\mu_n C_{ox}} \cdot \left(\frac{L}{W}\right)_1} + |V_{THp}| + \sqrt{\frac{2I_B}{\mu_p C_{ox}} \cdot \left(\frac{L}{W}\right)_4}$$
$$= V_{THn} + \sqrt{\frac{2I_1}{\mu_n C_{ox}} \cdot \left(\frac{L}{W}\right)_5} + |V_{THp}| + \sqrt{\frac{2I_1}{\mu_p C_{ox}} \cdot \left(\frac{L}{W}\right)_7} \tag{9.3.10}$$

따라서 I_B는 다음과 같이 I_1의 식으로 표시된다.

$$I_B = I_1 \cdot \left(\frac{\sqrt{\frac{1}{\mu_n} \cdot \left(\frac{L}{W}\right)_5} + \sqrt{\frac{1}{\mu_p} \cdot \left(\frac{L}{W}\right)_7}}{\sqrt{\frac{1}{\mu_n} \cdot \left(\frac{L}{W}\right)_1} + \sqrt{\frac{1}{\mu_p} \cdot \left(\frac{L}{W}\right)_4}} \right)^2 \tag{9.3.11}$$

$(W/L)_1 = (W/L)_5$, $(W/L)_4 = (W/L)_7$이 되게 설계하면 예상대로 $I_B = I_1$이 된다. M1과 M4에 흐르는 전류를 $I_{1.4}$라고 하고 M2와 M3에 흐르는 전류를 $I_{2.3}$이라고 하면 차동모드 입력전압 값이 0인 경우 $(V_i^+ = V_i^-)$ 앞에서 설명된 대로 $I_{1.4} = I_{2.3} = I_B$가 된다.

차동 입력전압 값이 매우 큰 slew 시간대에는 $I_{1.4}$와 $I_{2.3}$ 중에서 하나는 I_B에 비

해 매우 큰 값을 가지고 하나는 거의 0 이 된다. 그림 9.3.1(b)에 표시된 대로, slew 기간 동안 부하 커패시터 C_L 에 흘러 들어가는 전류 I_o 는 $I_o = B \cdot (I_{2.3} - I_{1.4})$ 로 표시되므로 $|I_o|$ 값이 $B \cdot I_B$ 보다 매우 커져서 slew rate 를 증가시키게 된다. 예를 들어 차동모드 입력전압 $(V_i^+ - V_i^-)$ 값이 V_{GG} 보다 더 큰 양(+)의 전압을 가질 경우, 식(9.3.8.a,b)에 보인 대로 $V_{GS1} + |V_{GS4}|$ 는 음(−)의 값이 되고 $V_{GS2} + |V_{GS3}|$ 은 $2 \cdot V_{GG}$ 보다 더 큰 양(+)의 값이 된다. 따라서 $I_{1.4} = 0$ 이 되고 $I_{2.3}$ 은 $4 I_B$ 보다 훨씬 더 큰 값을 가지게 된다. 그리하여 I_o 값은 $4B \cdot I_B$ 보다 훨씬 더 큰 양의 값을 가지게 되어 출력전압 V_o 는 시간에 대해 매우 빠른 속도로 증가하게 된다. 즉, slew rate $\left(\max|dV_o/dt|\right)$ 값이 $4B \cdot I_B/C_L$ 보다 훨씬 더 크게 된다.

그림 9.3.1(b)의 class AB 입력단(M1, M2, M3, M4) 대신에 DC 바이어스 전류가 $4 I_B$ 인 tail current source 를 부착한 표준 차동 증폭단으로 된 입력단을 사용할 경우, 출력전류 $|I_o|$ 의 최대값은 $4B \cdot I_B$ 가 되고 slew rate 는 slew 기간 동안의 차동모드 입력전압 크기$\left(|V_i^+ - V_i^-|\right)$ 에 무관하게 $4B \cdot I_B/C_L$ 로 정해진다. 그런데 그림 9.3.1(b)의 class AB 입력단을 사용할 경우는, 차동모드 입력전압$\left(|V_i^+ - V_i^-|\right)$ 값이 증가함에 따라 $I_{1.4}$ 와 $I_{2.3}$ 중에서 하나는 0 에 머물고 다른 하나는 MOSFET 전류의 V_{GS} 에 대한 제곱 특성 때문에 slew rate 는 거의 $|V_i^+ - V_i^-|$ 의 제곱에 비례하여 증가하게 된다. 따라서 출력전류 $|I_o|$ 와 $|I_o|/C_L$ 로 표시되는 slew rate 도 $|V_i^+ - V_i^-|$ 값이 클 경우, 거의 $|V_i^+ - V_i^-|$ 의 제곱에 비례하는 값들을 가지게 된다.

이를 정량적으로 분석하면 다음과 같다. $I_{1.4}$ 와 $I_{2.3}$ 을 $V_i^+ - V_i^-$ 와 I_B 의 식으로 표시하기 위해, 먼저 V_{GG} 식을 I_B 로 표시한다. $V_i^+ - V_i^- = 0$ 일 경우 $I_{1.4} = I_{2.3} = I_B$ 이므로, V_{GG} 는 $I_{1.4} = I_{2.3} = I_B$ 일 때의 $V_{GS1} + |V_{GS4}|$ 와 같다. 따라서 V_{GG} 는 다음 식으로 구해진다.

$$V_{GG} = V_{THn} + \sqrt{\frac{2I_B}{\mu_n C_{ox}} \cdot \left(\frac{L}{W}\right)_1} + |V_{THp}| + \sqrt{\frac{2I_B}{\mu_p C_{ox}} \cdot \left(\frac{L}{W}\right)_4} \tag{9.3.12}$$

여기서 다음 관계식이 유도된다.

$$\sqrt{\frac{2}{\mu_n C_{ox}} \cdot \left(\frac{L}{W}\right)_1} + \sqrt{\frac{2}{\mu_p C_{ox}} \cdot \left(\frac{L}{W}\right)_4} = \frac{1}{\sqrt{I_B}} \cdot \left(V_{GG} - V_{THn} - |V_{THp}|\right) \tag{9.3.13}$$

$V_i^+ - V_i^- \neq 0$인 일반적인 경우에 대해, 식(9.3.8.a)에서 $V_{GS1} + |V_{GS4}|$를 $I_{1.4}$의 식으로 표시하면 다음과 같이 된다.

$$\sqrt{\frac{2I_{1.4}}{\mu_n C_{ox}} \cdot \left(\frac{L}{W}\right)_1} + \sqrt{\frac{2I_{1.4}}{\mu_p C_{ox}} \cdot \left(\frac{L}{W}\right)_4} + V_{THn} + |V_{THp}| = V_{GG} - \left(V_i^+ - V_i^-\right) \quad (9.3.14)$$

식(9.3.13)을 식(9.3.14)에 대입하면 $I_{1.4}$는 다음 식으로 표시된다.

$$I_{1.4} = I_B \cdot \left(1 - \frac{V_i^+ - V_i^-}{V_{GG} - V_{THn} - |V_{THp}|}\right)^2 \quad (9.3.15)$$

그런데 식(9.3.15)에서 살펴보면, $(V_i^+ - V_i^-) < (V_{GG} - V_{THn} - |V_{THp}|)$일 경우에는 이 조건을 식(9.3.8.a)에 대입하면 $V_{GS1} + |V_{GS4}| > V_{THn} + |V_{THp}|$가 되고 M1과 M4에 흐르는 전류는 $I_{1.4}$로 서로 같으므로 $V_{GS1} > V_{THn}$, $|V_{GS4}| > |V_{THp}|$가 되어 M1, M4에 전류가 흐르게 되고 $(V_i^+ - V_i^-) > (V_{GG} - V_{THn} - |V_{THp}|)$일 경우에는 $V_{GS1} + |V_{GS4}| < V_{THn} + |V_{THp}|$이므로 $V_{GS1} < V_{THn}$, $|V_{GS4}| < |V_{THp}|$가 되어 M1, M4에 전류가 흐르지 못하게 됨을 알 수 있다. 따라서 M1과 M4에 흐르는 전류 $I_{1.4}$는 다음 식으로 표시된다.

(1) $(V_i^+ - V_i^-) < (V_{GG} - V_{THn} - |V_{THp}|)$일 경우

$$I_{1.4} = I_B \cdot \left(1 - \frac{V_i^+ - V_i^-}{V_{GG} - V_{THn} - |V_{THp}|}\right)^2 \quad (9.3.16)$$

(2) $(V_i^+ - V_i^-) \geqq (V_{GG} - V_{THn} - |V_{THp}|)$일 경우

$$I_{1.4} = 0 \quad (9.3.17)$$

식(9.3.8.b)에서 $V_{GS2} + |V_{GS3}|$을 $I_{2.3}$의 식으로 표시하고 위에서와 같은 과정을 거쳐서 $I_{2.3}$식을 구하면 다음과 같이 된다.

(1) $(V_i^+ - V_i^-) < -(V_{GG} - V_{THn} - |V_{THp}|)$일 경우

$$I_{2.3} = 0 \quad (9.3.18)$$

(2) $(V_i^+ - V_i^-) \geqq -(V_{GG} - V_{THn} - |V_{THp}|)$일 경우

$$I_{2.3} = I_B \cdot \left(1 + \frac{V_i^+ - V_i^-}{V_{GG} - V_{THn} - |V_{THp}|}\right)^2 \quad (9.3.19)$$

Slew 기간 동안 부하 커패시터에 흐르는 출력전류 I_o는

$$I_o = B \cdot (I_{2.3} - I_{1.4})$$

로 표시되므로 차동모드 입력전압 $(V_i^+ - V_i^-)$의 각 구간에 대한 I_o 식은 다음과 같이 표시된다.

(1) $(V_i^+ - V_i^-) < -(V_{GG} - V_{THn} - |V_{THp}|)$인 경우

$$I_o = -B \cdot I_B \cdot \left(1 - \frac{V_i^+ - V_i^-}{V_{GG} - V_{THn} - |V_{THp}|}\right)^2 \tag{9.3.20}$$

(2) $-(V_{GG} - V_{THn} - |V_{THp}|) \leqq (V_i^+ - V_i^-) < (V_{GG} - V_{THn} - |V_{THp}|)$인 경우

$$I_o = 4 B \cdot I_B \cdot \frac{V_i^+ - V_i^-}{V_{GG} - V_{THn} - |V_{THp}|} \tag{9.3.21}$$

(3) $(V_i^+ - V_i^-) \geqq (V_{GG} - V_{THn} - |V_{THp}|)$인 경우

$$I_o = B \cdot I_B \cdot \left(1 + \frac{V_i^+ - V_i^-}{V_{GG} - V_{THn} - |V_{THp}|}\right)^2 \tag{9.3.22}$$

정규화 된 차동모드 입력전압 $(V_i^+ - V_i^-)/(V_{GG} - V_{THn} - |V_{THp}|)$에 대해 $I_{1.4}/I_B$, $I_{2.3}/I_B$ 와 $I_o/(B \cdot I_B)$를 스케치하면 그림 9.3.2 와 같이 된다. $V_{GG} - V_{THn} - |V_{THp}|$는 다음 식으로 주어지는데

$$V_{GG} - V_{THn} - |V_{THp}| = V_{GS5} + |V_{GS7}| - V_{THn} - |V_{THp}| = V_{DSAT\,5} + |V_{DSAT\,7}|$$

$$= \sqrt{\frac{2I_1}{\mu_n C_{ox}(W/L)_5}} + \sqrt{\frac{2I_1}{\mu_p C_{ox}(W/L)_7}} \tag{9.3.23}$$

I_1에 비해 $(W/L)_5$와 $(W/L)_7$ 값을 상대적으로 크게 하면 $V_{GG} - V_{THn} - |V_{THp}|$ 값을 작은 값으로 만들 수 있다. 그림 9.3.2 에서 보였듯이 slew 기간 동안에 차동모드 입력전압의 $|V_i^+ - V_i^-|$의 크기가 $V_{GG} - V_{THn} - |V_{THp}|$보다 커지게 되면 $|I_o|$는 $4B \cdot I_B$보다 커지게 되고 대체로 차동모드 입력전압의 제곱에 비례하게 된다. 따라서 slew rate 도 거의 $|V_i^+ - V_i^-|$의 제곱에 비례하게 된다.

Class AB 입력단 회로(그림 9.3.1(b)의 M1-M8) 대신에 바이어스 전류값이 $4I_B$인 tail current source(차동 증폭단의 전류원)가 부착된 표준 차동 증폭단을 사용한 경우

에 대해, 정규화된 차동모드 입력전압 $(V_i^+ - V_i^-)/V_{DSAT}$ 에 대한 출력전류 I_o의 변화를 그림 9.3.3 에 보였다.

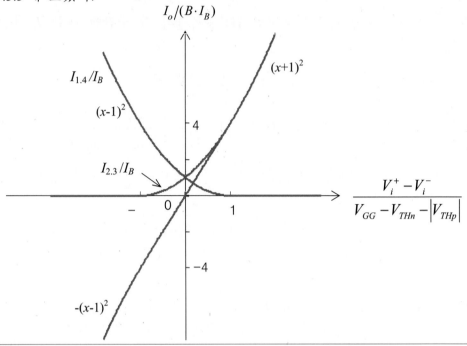

그림 **9.3.2** Class AB 입력단의 차동 입력전압에 대한 전류 특성

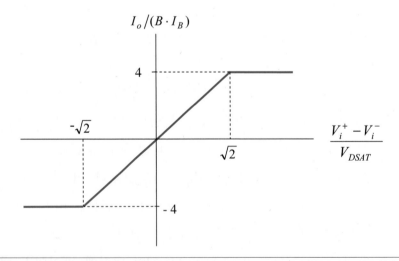

그림 **9.3.3** 표준 차동 증폭단을 사용한 경우의 차동 입력전압에 대한 출력전류 특성 (tail current : $4I_B$)

그림 9.3.3 에서 V_{DSAT} 은 차동 증폭단을 구성하는 두 개의 입력 트랜지스터의 DC 동작점 $(V_i^+ = V_i^-)$ 에서의 V_{DSAT} 값이다. Tail current source 의 전류값을 $4I_B$ 로 한 이유는, class AB 입력단 회로에서 $(W/L)_5 = (W/L)_1$, $(W/L)_7 = (W/L)_3$ 이 되게 하였을 때 M1-M8 을 포함하는 입력단 회로에 흐르는 총 전류값이 $4I_B$ 가 되기 때문에 동작점에서 두 경우의 입력단 회로가 같은 전력을 소모하게 하여 공정한 비교를 하기 위함이다.

표준 차동 증폭단을 채용한 입력단 회로에서는 그림 9.3.3 에 보인 대로 차동모드 입력전압 크기$\left(\left|V_i^+ - V_i^-\right|\right)$가 $\sqrt{2}\,V_{DSAT}$ 보다 클 경우 출력전류 크기 $|I_o|$ 는 차동모드 입력전압 크기에 무관하게 일정한 값$(4B \cdot I_B)$으로 고정된다. 따라서 slew rate 도 차동모드 입력전압 크기에는 무관하게 $4B \cdot I_B / C_L$ 로 정해진다. 이에 반해, class AB 입력단을 사용할 경우에는 $\left|V_i^+ - V_i^-\right|$ 값이 작은 소신호 동작 영역에서는 각 트랜지스터의 바이어스 전류를 비교적 작은 값(I_B)으로 유지하다가, $\left|V_i^+ - V_i^-\right|$ 값이 큰 slew 동작 기간에는 거의 $\left|V_i^+ - V_i^-\right|$ 의 제곱에 비례하는 큰 값의 전류를 흐르게 하여 slew rate 를 증가시키게 된다. 전류가 거의 $\left|V_i^+ - V_i^-\right|$ 의 제곱에 비례하도록 한 것은 MOSFET 가 saturation 영역에 동작할 때 드레인 전류가 $(V_{GS} - V_{TH})^2$ 에 비례하는 성질을 이용하여 달성하였다. 그런데 그림 9.3.1 의 class AB 입력단 회로는 V_{DD} 와 V_{SS} 사이에 최대 네 개의 트랜지스터가 연결되기 때문에 공급전압$(V_{DD} - V_{SS})$이 작을 경우는 사용하기가 어렵다.

9.3.2 Adaptive biasing OP 앰프 (*)

Slew rate 를 증가시키기 위한 또 하나의 방식으로 adaptive biasing 방식이 있다[9]. 이는 입력단의 두 branch 전류의 차이에 비례하는 전류를 입력 차동 증폭단의 tail current source 의 전류에 더해지게 함으로써 positive 피드백 동작을 이용하여 slew rate 를 증가시키는 방식이다. Slew 기간 동안에는 입력 branch 의 두 전류 성분 중에서 하나는 0 이 되므로 두 입력 branch 전류의 차이 값은 크게 되어 tail current source 의 전류값과 같아지게 된다. 그리하여 이 차이 값에 비례하는 전류성분이 tail current source 에 더해져서 tail current source 의 전류값이 증가한다. Tail current source 의 전류값이 증가하면 두 입력 branch 전류값의 차이가 더 증가하게 되고 이로 인해 tail current source 의 전류값은 더욱 증가하는 positive 피드백 동작이 이루어진다. 그리하여 slew 기간 동안에는 tail current source 의 전류값이 매우 크게 증가하게 된다. Slew 기간이 아닌 정상 동작 상태에서는 입력 branch 전류의 차이가 작으므로 tail current source 의 전류값은 비교적 작은 값을 유지하여 전력소모를 줄인다.

그림 9.3.4(a)는 adaptive biasing 회로를 부착할 single-ended 증폭기의 기본 회로이다. 먼저 adaptive biasing 회로를 사용하지 않을 경우의 동작에 대해 설명한다. 차동 모드 입력전압 크기 $\left(\left|V_i^+ - V_i\right|\right)$ 가 동작점 $(V_i^+ = V_i^-)$ 에서

$$\sqrt{2} \cdot (V_{GS1} - V_{THn}) \left(= \sqrt{2I_{BO}/\{\mu_n C_{ox} (W/L)_1\}}\right)$$

보다 작고 모든 트랜지스터들이 saturation 영역에서 동작하는 정상 상태에서는, 그림 9.3.4(a)의 I_1 과 I_2 값이 거의 같은데 단지 channel length modulation 현상에 의해 약 30% 이내의 차이만 가진다. 정상 상태에서 그림 9.3.4(a) 회로의 저주파 소신호 차동모드 전압이득은 $B \cdot g_{m1} \cdot (r_{o6} \| r_{o8})$ 이 된다. 차동모드 입력전압 크기 $\left(\left|V_i^+ - V_i^-\right|\right)$ 가 동작점 $\left|V_i^+ - V_i^-\right|$ 에서

$$\sqrt{2} \cdot (V_{GS1} - V_{THn}) \left(= \sqrt{2I_{BO}/\{\mu_n C_{ox} (W/L)_1\}}\right)$$

보다 큰 slew 기간에는 $I_o = B \cdot (I_2 - I_1)$ 로 표시되는 출력전류 I_o 가 부하 커패시터 C_L 에 흐르게 된다. 예를 들어 V_i^+ 가 V_i^- 에 비해 훨씬 더 큰 양의 값을 가질 때 $I_1 = 0$, $I_2 = I_{BO}$ 가 되므로 slew rate SR 은

$$SR \underset{\Delta}{=} \max\left|\frac{dV_o}{dt}\right| = \frac{I_o}{C_L} = \frac{B \cdot I_{BO}}{C_L}$$

로 주어진다. 그림 9.3.4(a)의 회로에서 C_L 값이 주어졌을 때 slew rate 를 증가시키기 위해서는 B 값을 1 보다 훨씬 크게 증가시키거나 tail current source 의 전류값 I_{BO} 를 증가시켜야 한다. 이 경우 동작점에서의 전력소모가 커지고 칩 면적이 지나치게 증가되는 단점이 있다.

Adaptive biasing OP 앰프 회로에서는 adaptive biasing 회로를 추가하여 동작점

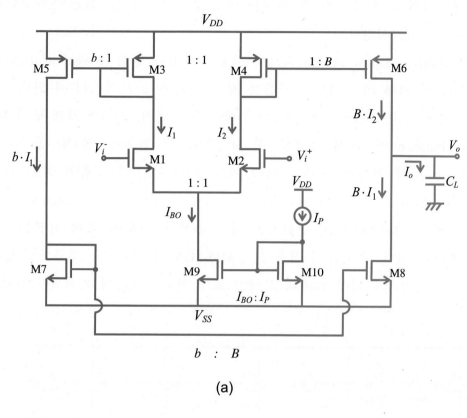

(a)

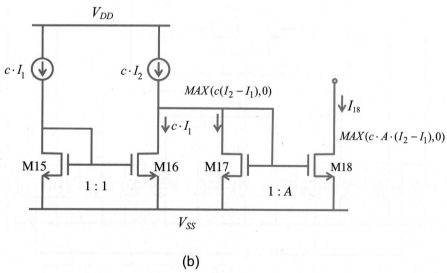

(b)

그림 **9.3.4** (a) Single-ended output 증폭기(기본회로), (b) 전류 뺄셈 회로

$(V_i^+ = V_i^-)$ 에서의 전력 소모와 칩 면적을 별로 증가시키지 않고도(약 20% 이내 증가) slew rate 를 증가시킨다.

그림 9.3.4(b)는 adaptive biasing 회로에 사용되는 전류 뺄셈 (current subtraction) 회로이다. M15 와 M16 의 드레인 노드들에 각각 $c \cdot I_1$ 과 $c \cdot I_2$ 의 전류원 입력을 인가하였다. 여기서, c 는 1 보다 작은 양(+)의 상수이다. 먼저, $I_2 \geq I_1$ 이고 모든 트랜지스터들이 saturation 영역에서 동작할 때, M15-M16 의 전류거울 회로 동작에 의해 M16 에는 $c \cdot I_1$ 의 전류가 흐르고 M17 에는 $c \cdot (I_2 - I_1)$ 의 전류가 흐르게 된다. $I_2 > I_1$ 이므로 M16 은 saturation 영역에서 동작하게 된다. M18 이 saturation 영역에서 동작하기만 하면, M17-M18 의 전류거울 회로 동작에 의해 M18 에 흐르는 전류는 $c \cdot A \cdot (I_2 - I_1)$ 이 된다. $I_2 < I_1$ 인 경우에는, M15-M16 의 전류거울 회로에서 M16 이 triode 영역에 들어가게 되어 M16 의 드레인 노드 전위는 V_{SS} 에 가까워져서 M17 의

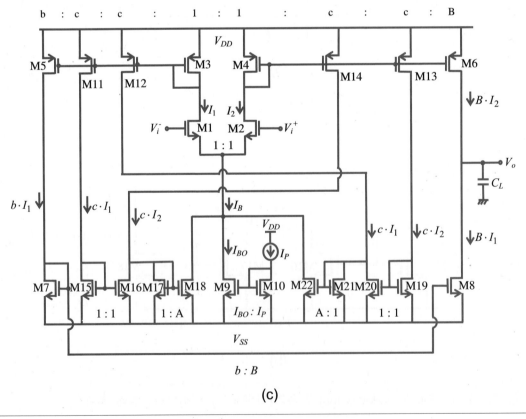

(c)

그림 **9.3.4** (c) Adaptive biasing single-ended output 증폭기 (계속)

V_{GS} 값이 문턱전압(threshold voltage)보다 작게 된다. 그리하여 $c \cdot I_2$ 전류가 모두 M16 으로 흐르게 되고 M17 은 off 되어 M17 에 흐르는 전류는 0 이 된다. 따라서 M17-M18 의 전류거울 회로 동작에 의해 M18 에 흐르는 전류도 0 이 된다. $I_2 \geq I_1$ 인 경우와 $I_2 < I_1$ 인 경우를 조합하면 M18 에 흐르는 전류 I_{18} 은 다음 식으로 표시된다.

$$I_{18} = MAX\{c \cdot A \cdot (I_2 - I_1), 0\}$$

그림 9.3.4(c)는 그림 9.3.4(a)의 single-ended 증폭기 회로에 adaptive biasing 회로를 추가한 회로이다. 두 개의 입력 트랜지스터 M1 과 M2 는 subthreshold 영역에서 동작하고 다른 모든 트랜지스터들은 strong inversion 영역에서 동작하도록 설계한다. M11, M12, M13, M14 트랜지스터들이 모두 saturation 영역에서 동작할 때 이 트랜지스터들에는 그림 9.3.4(c)에 표시된 대로 $c \cdot I_1$ 혹은 $c \cdot I_2$ 의 전류가 흐르게 된다. c 값을 1 보다 작게 한 것은 adaptive biasing 회로로 인한 추가 전력소모를 감소시키기 위함이다. M15-M18 의 전류 뺄셈 회로에 의해 M18 에는 $MAX\{c \cdot A \cdot (I_2 - I_1), 0\}$ 인 전류가 흐르고, M19-M22 의 전류 뺄셈 회로에 의해 M22 에는 $MAX\{c \cdot A \cdot (I_1 - I_2), 0\}$ 인 전류가 흐르게 된다. 그리하여 tail current I_B 는 다음 식으로 표시된다.

$$
\begin{aligned}
I_B &= I_{BO} + MAX\{c \cdot A \cdot (I_1 - I_2), 0\} + MAX\{c \cdot A \cdot (I_2 - I_1), 0\} \\
&= I_{BO} + c \cdot A \cdot |I_1 - I_2|
\end{aligned}
\tag{9.3.24}
$$

Slew 기간 동안에는 입력 트랜지스터 M1 과 M2 중에서 하나가 off 되어, I_1 과 I_2 중에서 하나는 I_B 와 같아지고 하나는 0 이 된다. 따라서 slew 기간 동안에는 $|I_1 - I_2| = I_B$ 가 되므로 이를 식(9.3.24)에 대입하면 tail current I_B 는 다음 식으로 구해진다.

$$I_B = \frac{I_{BO}}{1 - c \cdot A} \tag{9.3.25}$$

따라서 $c \cdot A$ 값을 1 보다 작지만 1 에 가까운 값으로 정하면 slew 기간 동안에 I_B 값이 크게 증가하여 slew rate $(B \cdot I_B / C_L)$ 가 크게 증가한다. 식(9.3.25)는 slew 기간 중에만 성립하는 I_B 식인데, 정상 동작까지를 포함하는 일반적인 경우에 대해 성립하는 I_B 식을 구하는 과정을 다음에 보였다. M1 과 M2 는 subthreshold 영역에서 동작하므로 I_1 과 I_2 는 각각 다음 식으로 표시된다.

$$I_1 = I_S \cdot e^{\frac{V_{GS1} - V_{THn}}{nV_T}} \tag{9.3.26}$$

$$I_2 = I_S \cdot e^{\frac{V_{GS2} - V_{THn}}{nV_T}} \tag{9.3.27}$$

또 $I_1 + I_2 = I_B$ 이고 $V_{GS2} - V_{GS1} = V_i^+ - V_i^- = V_{id}$ 이므로

$$\frac{I_1}{I_2} = e^{\frac{V_{GS1} - V_{GS2}}{nV_T}} = e^{\frac{-V_{id}}{nV_T}} \tag{9.3.28}$$

인 관계식이 성립한다. 위 관계식들로부터 $I_1 - I_2$ 식은 다음과 같이 유도된다.

$$I_1 - I_2 = - I_B \cdot \tanh\left(\frac{V_{id}}{2 \cdot n \cdot V_T}\right) \tag{9.3.29}$$

이 식을 식(9.3.24)에 대입하면

$$I_B = \frac{I_{BO}}{1 - c \cdot A \cdot \left| \tanh\left(\dfrac{V_{id}}{2 \cdot n \cdot V_T}\right) \right|} \tag{9.3.30}$$

가 된다. 이를 그래프로 표시하면 그림 9.3.5 와 같다. 차동모드 입력전압 $|V_{id}|$ 값이 nV_T 보다 훨씬 큰 경우에 $I_B = I_{BO}/(1 - c \cdot A)$ 가 됨을 확인할 수 있다.

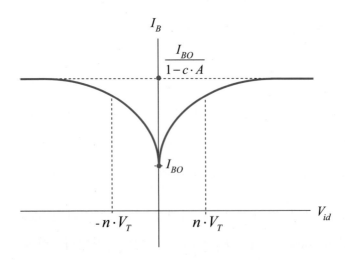

그림 **9.3.5** Adaptive biasing OP 앰프 회로에서 입력 트랜지스터가 subthreshold 영역에서 동작할 때의 차동모드 입력전압 V_{id} 에 대한 tail current I_B 특성

9.3.3　전류 피드백 class AB OP 앰프 (*)

　　그림 9.3.6 에 전류 피드백 형태의 class AB OP 앰프 회로를 보였다[10,12]. 이는 slew 기간 동안 출력 전류를 차동증폭기의 tail current 로 피드백 시킨다는 점에서는 9.3.2 절의 adaptive biasing OP 앰프 회로와 동일하다. 그런데 폴디드 캐스코드(folded cascode) 구조(M1b 와 M4)를 이용하여 전류 피드백을 인가함으로써 adaptive biasing OP 앰프 회로보다 비교적 회로가 간단하다.

　　그림 9.3.6(a) 회로는, 이 OP 앰프의 초단 절반회로(half circuit)로서 NMOS 입력 차동증폭기를 사용하여 $v_i^+ \ll v_i^-$ 인 경우에 출력전류를 증가시켜 slew rate 를 증가시키는 회로이다. $v_i^+ = v_i^-$ 인 정상상태에서는 M1a 와 M1b 에 흐르는 전류가 동일하다. 또 M2b 에 흐르는 전류는 M2a 에 흐르는 전류와 같고 이는 M1a 전류와 같으므로, M2b 에 흐르는 전류와 M1b 에 흐르는 전류의 크기가 서로 같다. 따라서 M4 전류는 I_B 가 되므로 $i_{OUT1} = B \cdot I_B$ 가 되고 초단 차동증폭기의 tail current 는 $2I_B$ 가 된다. $v_i^+ \ll v_i^-$ 인 slew 상태에서는, M1b 가 off 되고 tail current 는 모두 M1a 와 M2a 를 통해서 흐른다. M2a 와 M2b 의 전류거울 동작에 의해 M2b 전류도 tail current 와

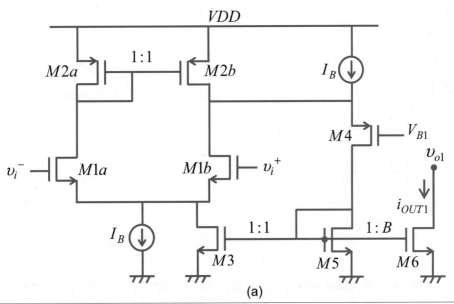

(a)

그림 **9.3.6**　전류 피드백 class AB OP 앰프 (a) 초단부(for $v_i^+ \ll v_i^-$)

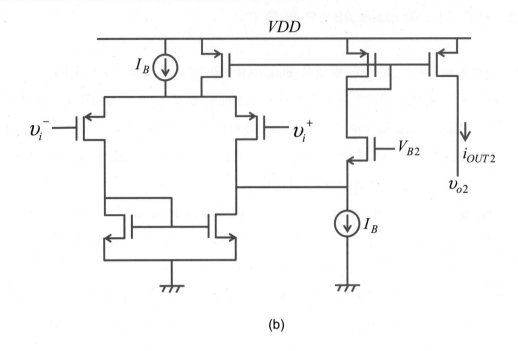

(b)

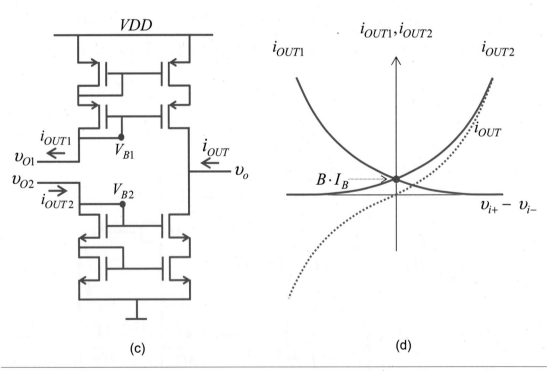

(c)　　　　　　　　　　　　　　　　(d)

그림 **9.3.6** 전류 피드백 class AB OP 앰프 (b) 초단부 (for $v_i^+ \ll v_i^-$) (c) 출력부

(d) 소신호 i_{OUT} vs $(v_i^+ - v_i^-)$ (계속)

같아진다. 따라서 M1b 가 off 이므로 M4 에 흐르는 전류는 tail current 와 I_B 의 합이 된다. 이와 같이 M3, M1a, M2a, M2b, M4 와 M5 로 구성된 루프를 통한 positive 피드 백 동작에 의해, tail current 는 모든 트랜지스터가 saturation 영역에 동작하는 동안은 시간이 흐를수록 계속하여 증가하게 된다. 그런데 $v_i^+ \gg v_i^-$ 인 slew 기간 동안에는 M1a, M2a 와 M2b 가 off 되고 M1b 전류가 tail current I_B 와 같아진다. 따라서 M4 와 M5 도 off 되고 M3 과 M6 도 off 되므로 i_{OUT1}=0 이 된다. 그리하여 그림 9.3.6(a) 회 로는 $v_i^+ \ll v_i^-$ 인 상태에서만 출력전류(i_{OUT1})를 증가시켜 slew rate 를 높이는 역할 을 한다.

$v_i^+ \gg v_i^-$ 인 상태에서도 slew rate 를 높이기 위해 그림 9.3.6(b)에 표시한 PMOS 입력 차동증폭기를 이용한 초단 절반회로를 그림 9.3.6(a) 회로와 병렬로 연결하여 사용한다. 그림 9.3.6(c)는 이 두 초단 회로를 연결하여 캐스코드 증폭단으로 전압이 득을 얻는 출력단 회로이다. 두 개의 다이오드 전압에 해당하는 V_{B1} 과 V_{B2} 를 초단 회로의 캐스코드 트랜지스터의 게이트 바이어스 전압으로 사용함으로써, slew 기간 동안 전류가 많이 흐를 때 V_{B1} 과 V_{B2} 값이 조절되어 캐스코드 트랜지스터(그림 9.3.6(a)의 M4)와 연결된 전류원 트랜지스터가 triode 영역에 들어가는 것을 방지 한다.

그림 9.3.6(d)에 차동 입력전압에 대한 출력전류($i_{OUT} = i_{OUT2} - i_{OUT1}$)의 그래프를 보 였다. 그림 9.3.6 회로를 그림 9.3.4(c) 회로와 비교하면, 대체로 같은 동작을 수행하 지만 트랜지스터 개수가 훨씬 작음을 알 수 있다.

9.3.4 저전압 class AB OP 앰프 1 (*)

그림 9.3.7 에 저전압 class-AB OP 앰프 1 회로와 동작을 보였다[10, 13]. 보통의 2-stage OP 앰프(그림 9.1.1)에서는 출력단의 pull-up 과 pull-down 회로 중에 하나는 전 류원으로 되어 있다. 따라서 두 개의 출력단 트랜지스터에는 신호크기에 무관하게 일정한 값의 전류가 흐른다. 이는 대체로 class-A 출력단에 해당한다. 그림 9.3.7 의 class-AB 출력단 회로는, 두 입력전압(v_i^+, v_i^-)의 차이가 작을 때는 그림 9.3.7(b)에 보 인대로 두 개의 출력단 트랜지스터에 비교적 작은 전류($A \cdot B \cdot I$)가 흐르고, 두 입력 전압의 차이가 클 때는 그림 9.3.7(c)와 (d)에 보인대로 pull-up 과 pull-down 트랜지스

터 중에서 하나는 off 되고 다른 하나는 매우 큰 전류를 흘린다. 그리하여 출력단 커패시터 C_L 에 큰 값의 전류가 흘러서 slew rate 가 크게 증가한다.

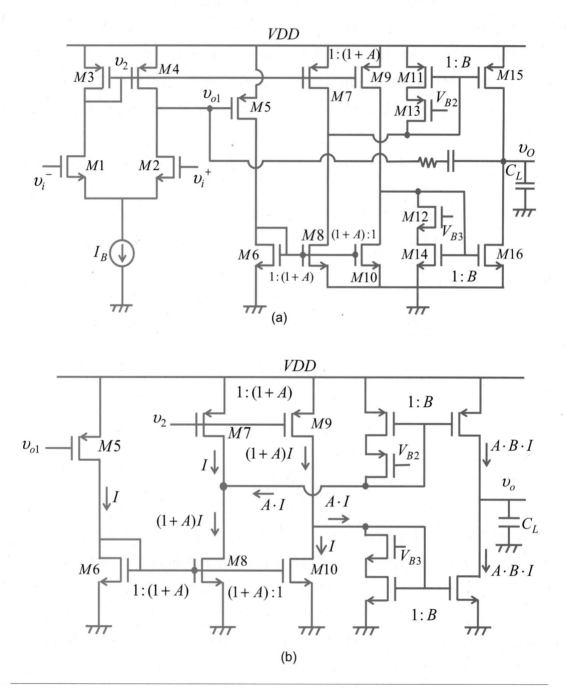

그림 **9.3.7** 저전압 class-AB OP 앰프 1　(a) 회로 (b) $v_{i+} \approx v_{i-}$ 인 경우 (계속)

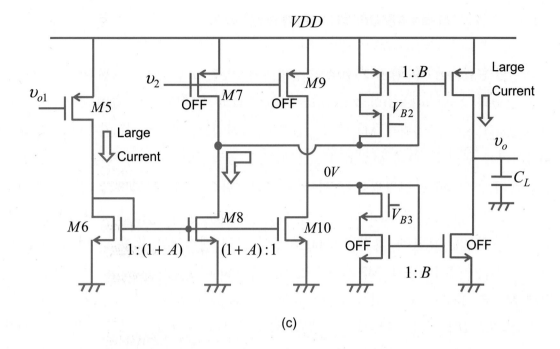

(c)

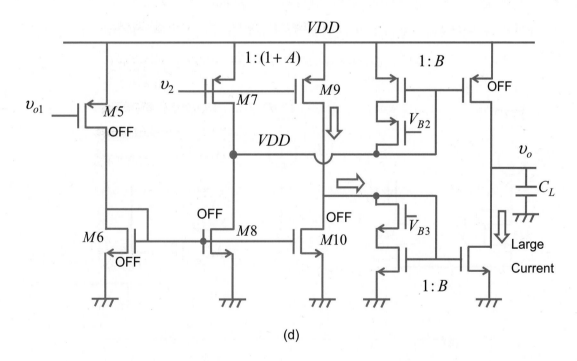

(d)

그림 **9.3.7** 저전압 class-AB OP 앰프 1 (c) $v_{i+} \gg v_{i-}$ 인 경우 (d) $v_{i+} \ll v_{i-}$ 인 경우 (계속)

9.3.5 저전압 class AB OP 앰프 2 (*)

저전압 class-AB OP 앰프 2 회로를 설명하기 전에, 그림 9.3.8 에 전류거울 회로를 먼저 보였다. 그림 9.3.8(a)의 기존 전류거울 회로의 동작은, I_{IN} 값이 증가하면 M3 의 V_{GS} 값(V_{G3})이 증가하여 M4 의 V_{GS} 값을 증가시킴으로써 M4 의 전류인 I_{OUT} 값을 증가시키게 된다. 그런데 M3 의 V_{GS} 값 때문에 공급전압(VDD)이 낮을 경우는 입력 전류원 I_{IN} 의 active 전압범위를 지나치게 제약하는 단점이 있다. 그림 9.3.8(b)에 I_{IN} 의 전압범위를 그림 9.3.8(a)에 비해 V_{THN}(threshold voltage)만큼 증가시킨 저전압 전류거울 회로를 보였다. 그림 9.3.8(a) 회로에 비해 캐스코드 트랜지스터 M2 와 DC 전류원 I_{B1} 이 추가되었다. M2 와 M3 을 둘러싼 shunt 형태의 negative 피드백 동작에 의해 M2 는 일정한 값의 전류 I_{B1}을 흘리고 saturation 영역에서 동작하므로 V_{GS2} 는 일정한 DC 값이 된다. 따라서 V_{3D} 전압은 입력전류 I_{IN} 값에 무관하게 일정한 값을 가지게 된다. 즉, 전류원의 입력 임피던스가 shunt 피드백에 의해 매우 작은 값을 가지게 된다($1/(g_{m2} \cdot g_{m3} r_{o3} \cdot g_{m2} r_{o2})$). 또 V_{3D} 값이 V_{DSAT} 보다 크기만 하면 되므로

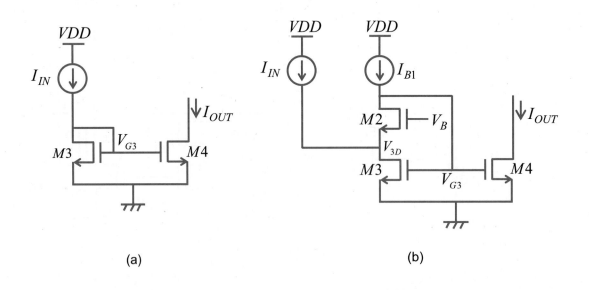

(a)   (b)

그림 **9.3.8** 전류거울 회로 (a) 기존 회로 (b) 저전압 전류거울회로

입력전류 I_{IN} 의 동작전압 범위를 그림 9.3.8(a)의 기존 전류거울 회로보다 V_{THN} 만큼 증가시킨다. 전류거울 동작은 그림 9.3.8(a)와 유사한데, I_{IN} 이 증가하면 V_{G3} 이 증가하여 I_{OUT} 이 증가한다.

그림 9.3.9 에 그림 9.3.8(b)의 저전압 전류거울회로를 이용한 저전압 class-AB OP 앰프 2 회로를 보였다[10, 14]. 그림 9.3.8(b) 회로와 그림 9.3.9(a) 회로는 NMOS 와 PMOS 가 서로 바뀐 점 외에는 서로 같은 회로임을 알 수 있다. 그림 9.3.9 의 M1 은 그림 9.3.8(b)의 입력전류원 I_{IN} 의 역할을 한다. 따라서 전류거울 회로 동작에 의해 출력전류 i_{OUT} 은 M1 전류(i_1)에 비례하게 된다.

그림 9.3.9(a)에 보인 개념도에서 M3 과 M2 를 둘러싼 negative 피드백 동작과 DC 전류원 I_{B1} 에 의해 M2 의 v_{GS} 값은 입력전압(v_i^+, v_i^-) 값에 무관하게 일정한 DC 값 (V_{GS2})이 된다. 따라서 M2 는 source follower 로 동작하게 되어 소신호 전압 v_3 은 v_{i2} 와 같게 된다. $(W/L)_1 = (W/L)_2$ 이므로, $v_i^+ = v_i^-$ 일 경우는 M1 의 전류도 I_{B1} 이 되고, M3 의 전류는 $2I_{B1}$ 이 되어 M4 의 전류는 $B \cdot 2I_{B1}$ 이 된다. 이 경우에 $i_{OUT}=0$ 이 되도록 하기 위해 I_{B2} 를 $B \cdot 2I_{B1}$ 과 같게 한다. $v_i^+ \neq v_i^-$ 일 경우는 선형동작 경우와 slew 동작 경우로 나눌 수 있다. 선형동작 경우는 v_i^+ 과 v_i^- 의 차이가 비교적 작아서 모든 트랜지스터가 saturation 영역에서 동작하는 경우이고, slew 동작 경우에는 v_i^+ 과 v_i^- 의 차이가 매우 커서 일부 트랜지스터가 완전히 off 되어 비선형 동작을 하는 경우이다. 선형동작 경우에는, M2 에는 DC 전류만 흐르므로 소신호 회로에서는 M2 는 open circuit 이 되고 $v_3 = v_i^-$ 가 된다. 따라서 소신호 전류 i_1 은 $-g_{m1}(v_i^+ - v_i^-)$ 가 되고 M3 의 소신호 전류도 i_1 이므로, M4 의 전류는 $B \cdot i_1$ 이 되고 출력전류 i_{OUT} 의 소신호 성분도 $B \cdot i_1$ 이 된다. 따라서 선형동작 경우의 소신호 전압 이득은 $-B \cdot g_{m1} R_{out}$ 이 된다. R_{out} 은 v_{OUT} 노드에서의 소신호 출력저항이다. Slew 동작 경우에는 다시 v_i^+ 이 v_i^- 보다 매우 작은 경우와 매우 큰 경우로 나눌 수 있다. v_i^+ 이 v_i^- 보다 매우 작은 경우는($v_i^+ - v_i^- \ll -|V_{GS2} - V_{THP}|$), $v_{GS1} = v_i^+ - (v_i^- - V_{GS2}) \ll V_{THP}$ 로서 v_{GS1} 은 큰 음($-$)의 값을 가지게 된다. 따라서 M1 에는 $(v_{GS1} - V_{THP})^2$ 에 비례하는 큰 전류가 흐르고 i_{OUT} 도 매우 큰 양($+$)의 값을 가지게 된다. $v_i^+ - v_i^- \gg |V_{GS2} - V_{THP}|$ 일 경우는, M1 이 off 되어 M3 전류는 I_{B1} 이 되므로 i_{OUT} 은 $-B \cdot I_{B1}$ 이

된다. 따라서 그림 9.3.9(a) 회로는 주로 $v_i^+ \ll v_i^-$일 경우에만 동작하여 pull-up slew rate를 크게 증가시키는 회로이다. $v_i^+ \gg v_i^-$일 경우에도 동작하여 pull-down slew rate를 증가시키기 위해, 그림 9.3.9(a)와 같은 회로에서 v_i^+과 v_i^-의 위치를 서로 바꾼 회로를 병렬로 연결한다. 그림 9.3.9(b)에 전체 OP 앰프 회로를 보였다. 그림 9.3.9(a) 회로는 출력 pull-up 전류만 증가시킬 수 있으므로, 그림 9.3.8(b)와 같은 두 개의 저전압 전류거울 회로를 사용하여 출력 pull-down 전류를 증가시킨다. 그리하여 $v_i^+ \gg v_i^-$일 경우는 i_{o1}이 크게 증가하고 $v_i^+ \ll v_i^-$일 경우는 i_{o2}가 크게 증가한다. 이로써 두 경우 모두 slew rate를 크게 증가시킬 수 있다.

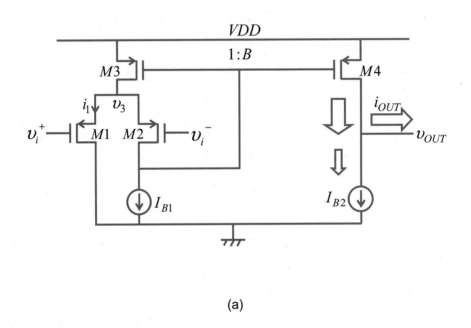

(a)

그림 **9.3.9** 저전압 class-AB OP 앰프 2

(a) 그림 9.3.8(a) 회로를 이용한 차동증폭단

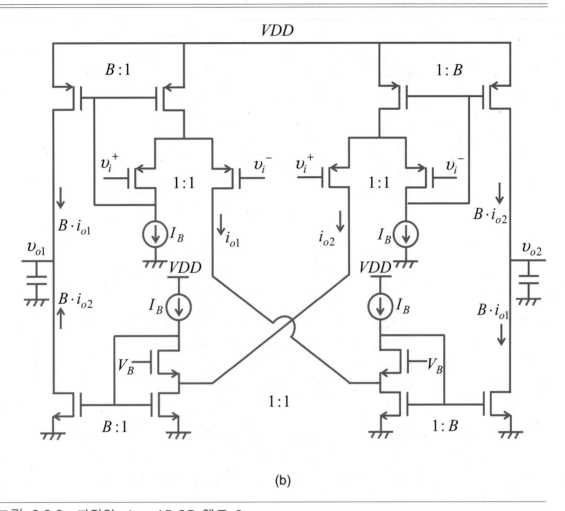

(b)

그림 **9.3.9** 저전압 class-AB OP 앰프 2

(a) 그림 9.3.8(a) 회로를 이용한 차동증폭단 (b) 전체 회로

9.3.6 보다 간단한 class-AB OP 앰프(*)

그림 9.3.1(b) 회로의 입력단과 active load 를 결합한 차동증폭기를 그림 9.3.10(a)
에 보였다. M5, M6, M7, M8 에는 DC 전류 I_B 가 흐르므로 그 v_{GS} 값들이 입력신호
전압에 무관하게 일정한 값을 가진다. 따라서 v_3 과 v_4 는 각각 $v_i^+ - V_{GG}$ 와
$v_i^- - V_{GG}$ 가 된다. 여기서 V_{GG} 는 DC 전압값으로 $V_{GS5} + V_{SG7}$ 에 해당한다. $v_i^+ >> v_i^-$ 인
경우에는 M2, M3, M9, M10 은 off 되고 M1 과 M4 에는 대체로 $(v_i^+ - v_i^-)^2$ 에

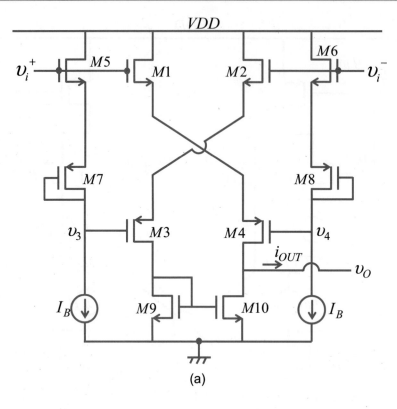

(a)

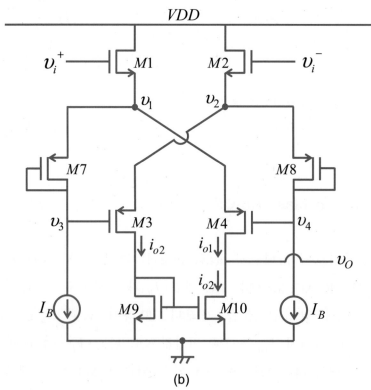

(b)

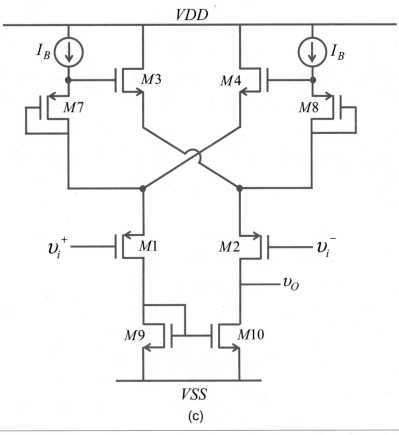

그림 **9.3.10** Non-saturated differential 앰프 [15] (a) class-AB 입력단 차동증폭기
(b) Non-saturated 차동증폭기 1 (c) Non-saturated 차동증폭기 2

비례하는 큰 값의 전류가 흐른다. 따라서 i_{OUT} 은 큰 양(+)의 값이 되어 slew rate 를
증가시킨다.

그림 9.3.10(a) 회로에 비해 회로는 조금 간단하면서도 slew rate 는 비슷한 회로를
그림 9.3.10(b)에 보였다[15]. 이 회로는 그림 9.3.10(a) 회로에 비해 두 개의 트랜지
스터(M5, M6)를 없애고 M7 과 M8 의 소스 노드를 각각 M1 과 M2 의 소스 노드에
연결한 점이 서로 다르다. M7 와 M8 의 PMOS 다이오드에는 DC 바이어스 전류 I_B
가 흐르므로 이 다이오드 전압(V_{SG7} , V_{SG8})은 입력신호(v_i^+ , v_i^-)에 무관한 DC 전압
이 된다. 따라서 소신호 전압 v_3 과 v_4 는 각각 v_1 과 v_2 와 같게 된다. 트랜지스터
의 W/L 값이 좌우가 서로 같도록 설계되었다고 가정한다.(좌우대칭) $v_i^+ = v_i^-$ 인 DC
동작점에서는, 좌우의 전류가 서로 같아져서 $v_1 = v_2$ 가 된다. 따라서 M7 과 M3 은

그 게이트와 소스 전압이 서로 같으므로 M7 과 M3 의 전류 비율은 그 W/L 값의 비율과 같아진다. 마찬가지로 M8 과 M4 의 전류 비율도 그 W/L 값의 비율과 같게 된다. 그리하여 DC 동작점에서 M3 에는 $I_B \cdot (W/L)_3/(W/L)_7$의 전류가 흐르고 M1 에는 $I_B + I_B \cdot (W/L)_3/(W/L)_7$의 전류가 흐른다. v_i^+ 와 v_i^- 의 차이값이 작은 선형동작 영역에서는, 소신호 전압 관계식($v_3 = v_1$, $v_4 = v_2$)을 이용하면 그림 9.3.10(b)의 소신호 등가회로는 그림 9.3.11 과 같게 된다. 이 등가회로를 이용하면 소신호 전압과 전류 및 소신호 전압이득의 식을 다음과 같이 구할 수 있다.

$$v_1 = \frac{(g_{m1}+g_{m4})v_i^+ + g_{m4}v_i^-}{g_{m1}+2g_{m4}} \tag{9.3.31.a}$$

$$v_2 = \frac{g_{m4}v_i^+ + (g_{m1}+g_{m4})v_i^-}{g_{m1}+2g_{m4}} \tag{9.3.31.b}$$

$$i_{o1} = g_{m1}(v_i^+ - v_1) = -\frac{g_{m1}g_{m4}}{g_{m1}+2g_{m4}} \cdot (v_i^+ - v_i^-) \tag{9.3.32.a}$$

$$i_{o2} = g_{m1}(v_i^- - v_2) = \frac{g_{m1}g_{m4}}{g_{m1}+2g_{m4}} \cdot (v_i^+ - v_i^-) \tag{9.3.32.b}$$

$$\frac{v_o}{v_i^+ - v_i^-} = \frac{2g_{m1}g_{m4}}{g_{m1}+2g_{m4}} \cdot R_o \tag{9.3.33}$$

$v_i^+ \gg v_i^-$ 일 경우는, v_1 과 v_3 전압이 동반 증가하여 M3 이 off 되어 $i_{o2} = 0$ 이 되고 M2 과 M8 에는 DC 바이어스 전류인 I_B 만 흐르게 된다. 그림 9.3.10(a) 회로에서는 이 경우 M2 도 off 되는데 그림 9.3.10(b) 회로에서는 M2 는 off 되지 않는다. 따라서 그림 9.3.10(b) 회로의 M2 는 그림 9.3.10(a)의 M2 와 M6 의 역할을 겸하고 있다. 이 경우, M2 와 M8 에 흐르는 전류가 DC 값인 I_B 이므로 $v_4 = v_i^- - V_{GG2}$가 된다, 여기서 V_{GG2} 는 DC 값으로 $V_{GS2} + V_{SG8}$ 과 같다. 따라서 $v_{GS1} + v_{SG4} = v_i^+ - v_4 = (v_i^+ - v_i^-) + V_{GG2}$가 되므로, $v_i^+ \gg v_i^-$ 일 경우는 M1 과 M4 에 흐르는 전류인 i_{o1} 이 대체로 $(v_i^+ - v_i^-)^2$ 에 비례하는 큰 값을 가진다.

그림 9.3.10(b) 회로는 그 active 입력공통전압 범위(ICMR)가 $[V_{SS} + 2V_{TH} + 3V_{DSAT}$, $V_{DD} + V_{TH}]$ 로서 V_{DD} 쪽에 치우쳐 있다. 그림 9.3.10(c) 회로는 M1, M2, M3, M4 의 극성을 서로 바꾸고 active load 를 M1 과 M2 의 드레인 노드 쪽으로 이동함으로써

active ICMR 을 $[V_{SS}+V_{DSAT}, \quad V_{DD}-2V_{TH}-3V_{DSAT}]$ 으로 V_{SS} 쪽으로 치우치게 한 회로이다. 이를 위해 입력신호(v_i^+, v_i^-)가 연결되는 트랜지스터를 NMOS 에서 PMOS 로 바꾸고 상하구조를 뒤집고 전류거울 회로를 구성하는 M9 와 M10 은 뒤집지 않고 그대로 유지하였다. 그림 9.3.10(a), (b), (c) 회로에서는 차동 입력단이 M1 과 M2 로만 구성되는 아니고, M1 과 M4, M2 와 M3 의 NMOS + PMOS 연결구조가 차동 입력단으로 동작함을 알 수 있다. 이는 BJT 741 OP 앰프의 입력단과 같은 방식이다[8].

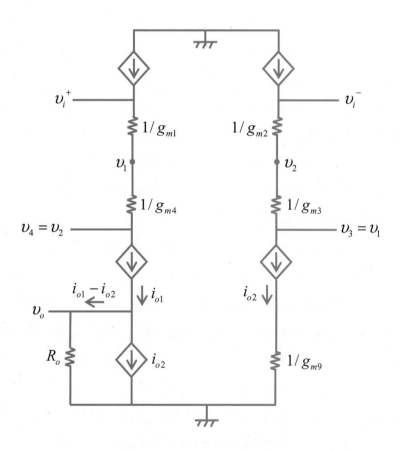

그림 **9.3.11** 그림 9.3.10(b) 회로의 소신호 등가회로

9.4 전류거울 OP 앰프와 operational current 앰프 (*)

9.4.1 전류거울 OP 앰프 회로

초단 차동증폭기에 흐르는 두 branch 의 전류 성분을 전류거울 회로를 이용하여 비교적 큰 출력전류로 증폭시켜 출력단으로 보내는 OP 앰프를 전류거울(current mirror) OP 앰프라고 부른다. 전류거울 OP 앰프는 좌우 대칭성이 우수하여 offset 특성이 좋은데, 그 간단한 형태를 그림 9.3.4(a)에 이미 보였다. 이 회로는 전압이득단이 한 개인 단일 stage OP 앰프로서 2-stage OP 앰프나 folded-캐스코드 OP 앰프에 비해 전압이득은 비교적 작지만 slew rate 가 크고 gain-bandwidth 곱인 ω_T 값이 비교적 큰 장점이 있다. 전압이득을 증가시키기 위해서는 이 전류거울 OP 앰프를 초단 증폭기로 사용하고 그 뒤에 2-stage OP 앰프에서와 같은 둘째 단 증폭기를 추가하여 2-stage OP 앰프 형태로 설계한다.

그림 9.4.1 에 2-stage 전류거울 OP 앰프의 회로를 보였다. 이 OP 앰프는 세 개의 전류거울 회로들 (M5,M7,M8,M10), (M4,M6,M9,M11), (M12-M15)로 이루어져 있는데, 출력단(M9,M11, M13,M15)으로 전달되는 두 개의 전류거울 회로((M4, M6, M9, M11), (M12-M15))에서만 전류값이 1 : K 로 증폭되고 다른 한 개의 전류거울 회로에서는 전류 비율이 1 : 1 로 유지된다. 그림 9.4.1 에서 각 트랜지스터 옆에 적힌 숫자는 $0.8\mu m$ 공정에서 채널길이(L)를 $1.6\mu m$ 으로 정했을 때의 채널폭(W)을 μm 단위로 표시한 것으로, $K = 2$ 로 정하였다. 그림 9.4.1 에서 보면 출력전압 노드 (V_o) 만이 high-impedance 노드이고 그 외의 모든 노드들은 low impedance 노드들이다. 따라서 주파수 보상은 부하 커패시터 C_L 로 이루어진다.

소신호 출력저항 R_o 와 소신호 차동 전압이득 A_{vd} 는 각각

$$R_o = (g_{m11}r_{o11} \cdot r_{o9}) \parallel (g_{m13}r_{o13} \cdot r_{o15}) \tag{9.4.1}$$

$$A_{vd} = K \cdot g_{m1} \cdot R_o \tag{9.4.2}$$

로 주어진다. non-dominant pole 의 영향을 무시할 때 차동 전압이득의 주파수 특성 $A_{vd}(s)$ 는

$$A_{vd}(s) = \frac{K \cdot g_{m1} \cdot R_o}{1 + s \cdot R_o \cdot C_L} \tag{9.4.3}$$

로 주어진다. 따라서 gain-bandwidth 곱 ω_T 는

$$\omega_T = \frac{K \cdot g_{m1}}{C_L} \tag{9.4.4}$$

로 주어져서 2-stage OP 앰프 경우에서의 $\omega_T = g_{m1}/C_L$ 보다 K 배만큼 크다. Non-dominant pole 은 M1 의 드레인 노드, M2 의 드레인 노드와 M10 의 드레인 노드들에 의하여 생겨난다. Open circuit time constant 기법[4,5]에 의하면, 커패시터들과 저항들로 구성된 회로에서의 low pass 특성을 결정짓는 시정수(time constant)는 한 개의 커패시터를 제외한 다른 모든 커패시터 값들을 0 으로 두고(open-circuit) 그 커패시터 양단에 보이는 저항 값(R_i)과 그 커패시터 값(C_i)을 곱하여 시정수($R_i C_i$)를 계산

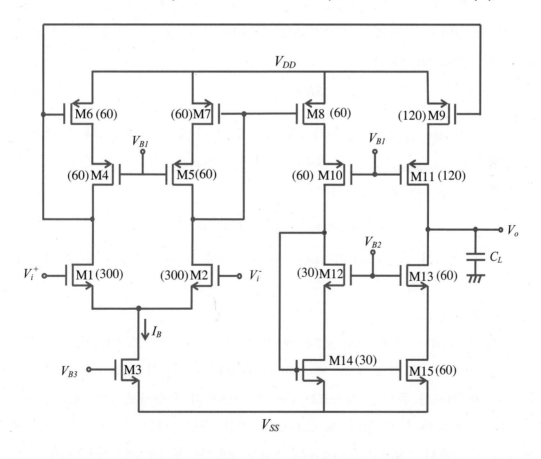

그림 **9.4.1** 전류거울(current mirror) OP 앰프

하고 다른 모든 커패시터들에 대해서도 이 과정을 반복하여 각 커패시터마다 RC 시정수를 계산한다. 그리하여 전체 회로의 시정수(RC)는 다음 식에 보인 대로 각 커패시터에서의 RC 시정수의 합으로 계산된다[4].

$$RC = \sum_i (R_i C_i) \tag{9.4.5}$$

이 open-circuit time constant 기법을 이용하여 current-mirror OP 앰프의 non-dominant pole(ω_{p2})을 계산하면

$$\omega_{p2} = \frac{1}{RC} = \frac{1}{R_1 C_1 + R_2 C_2 + R_{10} C_{10}} \tag{9.4.6}$$

로 표시된다. 여기서 R_1과 C_1은 각각 M1 의 드레인 노드와 그라운드 사이의 소신호 저항 값과 커패시턴스 값으로

$$R_1 = 1/g_{m6}, \quad C_1 = C_{GS6} + C_{GD6} + C_{GS9} + C_{GD9} + C_{DB1} + C_{DB4}$$

로 주어진다. $R_2 C_2$와 $R_{10} C_{10}$은 각각 M2 와 M10 의 드레인 노드에 관련된 RC 시정수들이다. Slew rate SR 은

$$SR = \frac{K \cdot I_B}{C_L} \tag{9.4.7}$$

로 주어져서 2-stage OP 앰프 경우의 $SR = I_B / C_L$보다 K 배 만큼 크다. 동작점에서 전체 전력소모 $P_{dissipation}$은, 그림 9.4.1 회로의 각 branch 에 흐르는 전류값이 각각 $I_B/2$, $I_B/2$, $I_B/2$와 $K \cdot I_B/2$ 이므로,

$$P_{dissipation} = \frac{K+3}{2} \cdot I_B \cdot (V_{DD} - V_{SS}) \tag{9.4.8}$$

로 주어진다. 여기서 I_B는 M3 이 saturation 영역에서 동작할 때 M3 에 흐르는 바이어스 전류이다. 그리하여 slew rate 를 증가시키기 위해 K 값을 증가시키면 전력소모도 증가하게 된다.

이 전류거울 OP 앰프와 그림 9.2.1 에 보인 폴디드 캐스코드 OP 앰프의 성능을 비교하면, 전력소모가 서로 같을 때 gain-bandwidth 곱 ω_T 와 slew rate 측면에서는 전류거울 OP 앰프가 폴디드 캐스코드 OP 앰프보다 더 우수하고 같은 C_L 값에 대한 주파수 안정도와 등가 입력 thermal noise 전압 측면에서는 폴디드 캐스코드 OP 앰프가 더 우수하다. Non-dominant pole 주파수 ω_{p2}는 두 OP 앰프에서 모두

$$\omega_{p2} = \frac{g_m}{(\text{stray capacitance})}$$

형태로 주어지는데, g_m 값은 두 OP 앰프에서 거의 같지만, 기생 커패시턴스 값은 폴디드 캐스코드 OP 앰프에서는 한 개의 NMOS 와 두 개의 PMOS 의 접합(junction) 커패시턴스의 합으로 주어지는 반면에 전류거울 OP 앰프에서는 이 접합 커패시턴스 값에다 한 개 혹은 두 개의 MOS 트랜지스터 게이트 커패시턴스 값이 더해져서 더 커진다. 따라서 전류거울 OP 앰프에서의 non-dominant pole 이 더 작게 되어 폴디드 캐스코드 OP 앰프에 비해 주파수 안정도가 더 나쁘게 된다.

9.4.2 Operational current 앰프 회로

그림 9.4.2 회로와 같이, 전류 입력(i_{IN})을 받아 이를 증폭시켜 전류(i_{OUT})로 출력하는 증폭기를 OCA(operational current 앰프)라고 부른다. M2 와 M4 의 MOS 다이오드

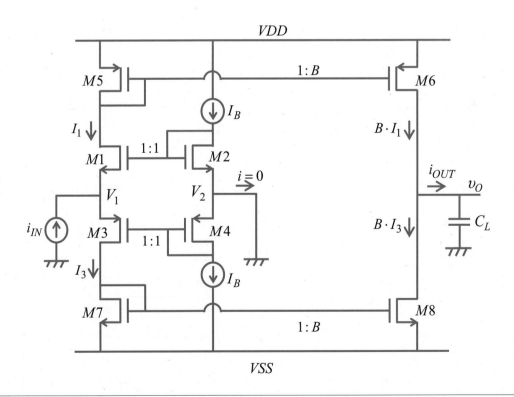

그림 **9.4.2** OCA(operational current 앰프) 회로

에는 일정한 DC 전류 I_B 가 흐르므로 M2 와 M4 의 V_{GS} 는 DC 전압값이 된다. 또 M2 와 M4 의 전류가 I_B 로 서로 동일하므로, V_2 노드에서 그라운드로 흐르는 전류는 0 이 된다. M1, M2, M3, M4 의 V_{GS} 루프에 KVL 을 적용하고, V_1 노드에 KCL 을 적용하면 다음 두 관계식을 구할 수 있다. 여기서 V_{GG} 는 I_B 와 문턱전압에 의해 결정되는 DC 전압이다.

$$V_{GS.1} + V_{SG.3} = V_{GS.2} + V_{SG.4} = V_{GG}$$

$$I_1 + i_{IN} = I_3$$

출력전류 $i_{OUT} = B \cdot (I_1 - I_3)$ 이므로 $i_{OUT} = -B \cdot i_{IN}$ 이 되어 전류이득은 $-B$ 가 된다.

요 약

(1) OP 앰프 : 공통모드 입력전압은 제거하고 차동모드 입력전압만을 증폭시켜 전압으로 출력시키는 전압 증폭기이다.

(2) 2-stage CMOS OP 앰프

① 차동증폭기(differential 앰프 lifier) 다음에 공통소스(common source) 증폭기를 직렬로 연결하여 소신호 전압이득을 증가시키는 구조로 되어 있다.

② 둘째 단 증폭기인 공통 소스 증폭기의 입력 단자와 출력 단자 사이에 주파수 보상용 커패시터 C_C 와 저항 R_Z 를 직렬로 연결하여 pole splitting 주파수 보상을 행하고 양(+)의 실수 zero 를 제거한다.

③ 저주파 소신호 파라미터 (그림 9.1.1 회로)

차동모드 전압이득	A_{vd}	$G_{md}R_o = g_{m1} \cdot (r_{o2} \parallel r_{o5}) \cdot g_{m6} \cdot (r_{o6} \parallel r_{o7})$
출력저항	R_o	$r_{o6} \parallel r_{o7}$
차동모드 transconductance	G_{md}	$g_{m1} \cdot (r_{o2} \parallel r_{o5}) \cdot g_{m6}$
공통모드 transconductance	G_{mc}	$\dfrac{1}{2r_{o3} \cdot g_{m4} \cdot (r_{o1} \parallel r_{o4})} \cdot (r_{o2} \parallel r_{o5}) \cdot g_{m6}$
공통모드 제거율	$CMRR$	$2g_{m1}r_{o3} \cdot g_{m4} \cdot (r_{o1} \parallel r_{o4})$
공급전압 제거율	$PSRR^+$	$PSRR^+ = \dfrac{1}{-\dfrac{1}{CMRR} + \dfrac{1}{A_{vd}} \cdot \dfrac{r_{o6}}{r_{o6} + r_{o7}}}$
	$PSRR^-$	$PSRR^- = A_{vd} \cdot \dfrac{r_{o6} + r_{o7}}{r_{o7}}$
등가입력 노이즈 전압	rms 전압	$\overline{v_{ieqn}} = \sqrt{\overline{v_{gn1}^2} + \overline{v_{gn2}^2} + \left(\dfrac{g_{m5}}{g_{m1}}\right)^2 \cdot \left(\overline{v_{gn4}^2} + \overline{v_{gn5}^2}\right)}$
	등가입력 thermal noise 전압 스펙트럼	$\left| V_{ieqn}(f) \right| = \sqrt{\dfrac{16}{3} \cdot kT \cdot \dfrac{1}{g_{m1}} \cdot \left(1 + \dfrac{g_{m5}}{g_{m1}}\right)} \left[\dfrac{V}{\sqrt{Hz}}\right]$

④ 입력 offset 전압 : 출력 전압 V_o 를 0 이 되도록 하기 위해 가해 주어야 하는 차동

입력 전압값으로, DC 현상이며 systematic 입력 offset 전압과 random 입력 offset 전압의 두 가지 성분의 합이다.

Systematic 입력 offset 전압

$$= \frac{1}{g_{m1} \cdot (r_{o2} \| r_{o5})} \cdot \frac{I_{D6}}{g_{m6}} \cdot \left\{ 1 - \frac{1}{2} \cdot \frac{(W/L)_3 \cdot (W/L)_6}{(W/L)_4 \cdot (W/L)_7} \right\}$$

Random 입력 offset 전압

$$\approx \Delta V_{THn1,2} + \Delta V_{THp4,5} + \frac{(V_{GS} - V_{THn})_{1,2}}{2} \cdot \left\{ -\frac{\Delta(W/L)_{1,2}}{(W/L)_{1,2}} + \frac{\Delta(W/L)_{4,5}}{(W/L)_{4,5}} \right\}$$

⑤ Active 공통모드 입력전압 범위 : OP 앰프에 사용된 모든 트랜지스터들이 saturation 영역에서 동작하여 소신호 공통모드 전압이득이 작은 값으로 유지되는 공통모드 입력전압 범위를 말한다. 입력 트랜지스터 M1 과 M2 가 PMOS 인 그림 9.1.1 회로에 대해서는

$$\text{최소값} : V_{SS} + V_{THn} - |V_{THp}| + V_{DSAT4} = V_{SS} + V_{THn} - |V_{THp}| + \sqrt{\frac{I_{D3}}{\mu_n C_{ox} \cdot (W/L)_4}}$$

$$\text{최대값} : V_{DD} - |V_{THp1}| - |V_{DSAT1}| - |V_{DSAT3}|$$

$$= V_{DD} - |V_{THp1}| - \sqrt{\frac{I_{D3}}{\mu_p C_{ox} \cdot (W/L)_1}} - \sqrt{\frac{2I_{D3}}{\mu_p C_{ox} \cdot (W/L)_3}}$$

의 범위를 가지므로 최대값 쪽에서 비교적 많은 제약을 받게 되고, 입력 트랜지스터가 NMOS 인 OP 앰프에서는 최소값 쪽에서 비교적 많은 제약을 받게 된다.

⑥ 선형 공통모드 출력전압 범위

$$\text{최소값} : V_{SS} + V_{DSAT6}$$

$$\text{최대값} : V_{DD} - |V_{DSAT7}|$$

⑦ 주파수 특성

그림 9.1.4 의 등가회로에 대한 차동모드 소신호 전압이득 $A_{dv}(s)$:

$$A_{dv}(s) = \frac{A_{dv}(0) \cdot \left(1 - \frac{s}{z_1}\right)}{\left(1 - \frac{s}{p_1}\right) \cdot \left(1 - \frac{s}{p_2}\right)}$$

$$(C_L > C_C \gg C_1 \text{ 일 경우})$$

파라미터	$\left| A_{dv}(0) \right|$	p_1	p_2	z_1	ω_T
간략화된 식	$G_{m1}R_{o1} \cdot G_{m2}R_{o2}$	$\dfrac{-1}{R_{o1} \cdot G_{m2}R_{o2} \cdot C_C}$	$-\dfrac{G_{m2}}{C_L}$	$+\dfrac{G_{m2}}{C_C}$	$\dfrac{G_{m1}}{C_C}$

$$\omega_T = A_{dv}(0) \cdot \left| p_1 \right| \quad : \quad \text{gain-bandwidth 곱}$$

$$G_{m1} = g_{m1} \qquad G_{m2} = g_{m6} \qquad R_{o1} = r_{o2} \parallel r_{o5} \qquad R_{o2} = r_{o6} \parallel r_{o7}$$

⑧ 양(+)의 실수(positive real) zero 제거 기법 : zero 는 주파수 보상용 커패시터 C_C 를 통한 feed-forward 현상 때문에 생겨나므로, 그림 9.1.7(a)에 보인 대로 피드백 경로에 unity-gain voltage buffer 를 두어서 feed-back 현상은 허용하되 feed-forward 현상은 제거하여 zero 를 제거하거나, 그림 9.1.7(b)에 보인 대로 C_C 와 직렬로 저항 R_z 를 연결하면 zero z_1 은

$$z_1 = \frac{G_{m2}}{C_C} \cdot \frac{1}{1 - G_{m2} \cdot R_z}$$

로 되어 $R_z > 1/G_{m2}$ 가 되면 주파수 안정도에 오히려 도움을 주는 음(-)의 실수 zero 가 발생하여 R_z 값을 조정하여 z_1 을 non-dominant pole p_2 와 같게 하여 p_2 의 영향을 제거할 수 있다.

⑨ Slew rate $SR = \dfrac{I_{D3}}{C_C}$ $\quad I_{D3}$ 은 초단 차동증폭기의 tail current source 의 전류 값이다.

⑩ Unity-gain 피드백 회로의 주파수 특성

○ C_C 로만 주파수 보상을 한 경우 :

OP 앰프 자체의 차동모드 전압이득 $\quad A_{dv}(s) = \dfrac{A_{dv}(0) \cdot \left(1 - \dfrac{s}{z_1}\right)}{\left(1 - \dfrac{s}{p_1}\right) \cdot \left(1 - \dfrac{s}{p_2}\right)}$

Unity-gain 피드백 회로의 주파수 특성

$$A_f(s) = \frac{A_{dv}(s)}{1 + A_{dv}(s)} = \frac{A_{dv}(0)}{1 + A_{dv}(0)} \cdot \frac{1 - \dfrac{s}{z_1}}{1 + \dfrac{s}{\omega_o} \cdot \dfrac{1}{Q} + \dfrac{s^2}{\omega_o^2}}$$

여기서 $\omega_o = \sqrt{A_{dv}(0) \cdot p_1 p_2}$, $\quad Q = \dfrac{1}{\dfrac{-p_1-p_2}{\omega_o} - \dfrac{\omega_o}{z_1}}$

○ R_z 와 C_C 의 직렬 연결로 주파수 보상을 한 경우

R_z 값을 조정하여 $z_1 = p_2$ 가 되게 하면 OP 앰프 자체의 차동모드 전압이득

$$A_{dv}(s) = \frac{A_{dv}(0)}{1 - \dfrac{s}{p_1}}$$

Unity-gain 피드백 회로의 주파수 특성

$$A_f(s) = \frac{A_{dv}(0)}{1 + A_{dv}(0)} \cdot \frac{1}{1 + \dfrac{s}{\omega_T}} \qquad \text{여기서} \quad \omega_T = |p_1| \cdot (1 + A_{dv}(0))$$

○ Phase margin PM 인 경우의 peaking 정도

$$\frac{A_f(\omega_{0dB})}{A_f(0)} = \frac{1}{\sqrt{2 \cdot (1 - \cos PM)}}$$

여기서 ω_{0dB} 는 loop gain $|fA_{dv}(j\omega)|$ 값이 1 이 되는 주파수이다.

⑪ Unity-gain 피드백 회로의 step 입력전압에 대한 과도 특성 : $(v_I(t) = V_I \cdot u(t))$

○ C_C 로만 주파수 보상을 한 경우

$$v_O(t) = \Delta V_I \cdot u(t) \cdot \left\{ 1 - A_m \cdot e^{-\frac{\omega_0}{2Q} \cdot t} \cdot \sin(\omega_n t + \phi) \right\}$$

여기서 $A_m = \dfrac{\sqrt{1 + \dfrac{\omega_o}{Qz_1} + \dfrac{\omega_o^2}{z_1^2}}}{\sqrt{1 - \dfrac{1}{4Q^2}}}$ $\quad \phi = \tan^{-1}\left(\dfrac{\sqrt{1 - \dfrac{1}{4Q^2}}}{\sqrt{1 + \dfrac{\omega_o}{Qz_1} + \dfrac{\omega_o^2}{z_1^2}}} \right)$ $\quad \omega_n = \omega_o \cdot \sqrt{1 - \dfrac{1}{4Q^2}}$

settling time t_s : 출력전압이 최종 값의 ε 이내에 도달하는 시간

$$t_s = \frac{2Q}{\omega_o} \cdot \ln\left(\frac{A_m}{\varepsilon} \right)$$

○ R_z 와 C_C 의 직렬 연결로 주파수 보상을 한 경우

$$v_O(t) = \Delta V_I \cdot u(t) \cdot (1 - e^{-\omega_T \cdot t})$$

settling time t_s : $t_s = \dfrac{1}{\omega_T} \cdot \ln\left(\dfrac{1}{\varepsilon} \right)$

(3) 폴디드 캐스코드 OP 앰프

① V_{DD} 와 V_{SS} 사이에 네 단의 MOS 트랜지스터를 stack 시켜 공급전압(V_{DD} - V_{SS})이 비교적 작을 때도 동작하게 한 것으로 출력쪽에 캐스코드 단으로 소신호 출력저항 값을 증가시켜 소신호 전압이득을 증가시킨다. High impedance 노드가 출력 노드 한 개 밖에 없기 때문에 출력 노드와 그라운드 사이에 연결되는 부하 커패시터가 주파수 보상을 행하므로, 주파수 보상 기법이 간단하여 2-stage OP 앰프에 비해 설계하기가 쉽다.

② 저주파 소신호 특성 : (그림 9.2.1 회로 : NMOS 입력)

차동모드 전압이득	A_{vd}	$G_{md}R_o = g_{m1} \cdot \left[\{g_{m7}r_{o7} \cdot (r_{o2}\|r_{o5})\} \| \{g_{m9}r_{o9} \cdot r_{o11}\}\right]$
출력저항	R_o	$\{g_{m7}r_{o7} \cdot (r_{o2}\|r_{o5})\} \| \{g_{m9}r_{o9} \cdot r_{o11}\}$
차동모드 transconductance	G_{md}	g_{m1}
공통모드 transconductance	G_{mc}	$-\dfrac{r_{s8} + r_{s10}}{g_{m6}r_{o6} \cdot (r_{o1}\|r_{o4}) \cdot 2r_{o3}}$
공통모드 제거율	$CMRR$	$\left\|\dfrac{G_{md}}{G_{mc}}\right\| = 2g_{m1}r_{o3} \cdot g_{m6}r_{o6} \cdot \dfrac{(r_{o1}\|r_{o4})}{r_{s8} + r_{s10}}$
공급전압 제거율	$PSRR^+$ $PSRR^-$	$\dfrac{r_{o1}}{r_{o3}} \cdot CMRR = \dfrac{r_{o1}}{r_{o3}} \cdot \left\|\dfrac{A_{vd}}{A_{vc}}\right\| = \dfrac{r_{o1}}{r_{o3}} \cdot \dfrac{G_{md}}{G_{mc}}$ $G_{md} \cdot R_o = A_{vd}$ 입력 트랜지스터가 NMOS 이므로 $PSRR^+ \gg PSRR^-$
등가입력 노이즈 전압	rms^2 값(분산) $\overline{v_{ieqn}^2}$	$\overline{v_{gn1}^2} + \overline{v_{gn2}^2} + \left(\dfrac{g_{m4}}{g_{m1}}\right)^2 \cdot \left(\overline{v_{gn4}^2} + \overline{v_{gn5}^2}\right)$ $+ \left(\dfrac{g_{m11}}{g_{m1}}\right)^2 \cdot \left(\overline{v_{gn10}^2} + \overline{v_{gn11}^2}\right)$
	등가입력 thermal noise 전압 스펙트럼 $\left\|V_{ieqn}(f)\right\|$	$\sqrt{\dfrac{16}{3} \cdot kT \cdot \dfrac{1}{g_{m1}} \cdot \left(1 + \dfrac{g_{m4} + g_{m11}}{g_{m1}}\right)} \quad \left[\dfrac{V}{\sqrt{Hz}}\right]$

③ Active 공통모드 입력전압 범위(그림 9.2.1 회로 : NMOS 입력)

최소값 : $V_{SS} + V_{DSAT\,3} + V_{DSAT\,1} + V_{THn\,1}$

최대값 : $V_{DD} - |V_{DSAT\,4}| + V_{THn\,1}$

입력 트랜지스터가 NMOS 이므로 최소값 쪽에서 비교적 큰 제약을 받고 최대값은 V_{DD} 보다 커서 제약을 받지 않는다. 입력 트랜지스터가 PMOS 인 경우에는 최대값 쪽에서 비교적 큰 제약을 받고 최소값은 V_{SS} 보다 작아서 제약을 받지 않는다.

④ 선형 공통모드 출력전압 범위(그림 9.2.1 회로)

최소값 : $V_{SS} + V_{DSAT\,9} + V_{DSAT\,11} + V_{THn\,11}$

최대값 : $V_{DD} - |V_{DSAT\,4}| - |V_{DSAT\,6}|$

M8-M11 의 단순 캐스코드 전류원 회로 때문에 최소값 쪽에서 비교적 큰 제약을 받는다. 이 문제를 해결하기 위해 그림 9.2.12 에 보인 wide-swing 캐스코드 전류원을 사용한다.

⑤ 주파수 특성

◦ 차동모드 전압이득 : $A_{vd}(s) = \dfrac{A_{vd}(0)}{\left(1 - \dfrac{s}{p_1}\right)\left(1 - \dfrac{s}{p_2}\right)}$

$A_{vd}(0) = g_{m1} \cdot R_o$, dominant pole $p_1 = -\dfrac{1}{R_o C_L}$, non-dominant pole $p_2 = -\dfrac{1}{r_{s6} C_6}$,

gain-bandwidth 곱 $\omega_T = \dfrac{g_{m1}}{C_L}$. 여기서 C_6 은 트랜지스터 M6 의 소스 단자와 그라

운드 사이의 유효 기생 커패시턴스(effective stray capacitance) 값이다. (단, $A_{dv}(s) = -A_{vd}(s)$)

⑥ Slew rate SR : (그림 9.2.1 회로)

등가입력 thermal noise 전압을 감소시키기 위해서는 입력 트랜지스터 M1 과 M2 의 transconductance 값을 최대로 해야 하므로, 입력 트랜지스터(M1, M2)에 흐르는 전류 $(0.5\,I_{B3})$ 를 출력 트랜지스터(M6-M11)에 흐르는 전류 $(I_{B4} - 0.5\,I_{B3})$ 보다 크게 해야 한다. 따라서 $I_{B3} > I_{B4} > 0.5\,I_{B3}$ 인 관계가 성립한다.

이 경우의 slew rate SR : $\qquad SR = \dfrac{I_{B4}}{C_L}$

(4) Slew rate 를 개선시킨 회로

① 그림 9.2.25 에서와 같이 NMOS 다이오드 구조의 M12 와 M13 을 그림 9.2.1(a)의 폴

디드 캐스코드 OP 앰프 회로에 추가하면 slew rate 가 보통 2 배 이상 증가한다.

② Class AB 입력간 OP 앰프 : 그림 9.3.1 회로에서와 같이 slew 기간 동안에 입력단 트랜지스터의 바이어스 전류를 정상 상태에서보다 훨씬 더 크게 하면 slew rate 를 크게 증가시킬 수 있다. Slew 기간 동안의 입력단 바이어스 전류는 거의 차동 입력 전압 값의 제곱에 비례한다(그림 9.3.2).

③ Adaptive biasing OP 앰프 : 그림 9.3.4(c)에 보인 대로, 차동 입력단의 두 branch 전류 의 차이 값을 전류 뺄셈 회로로 만들어 낸 후, 이 차이의 절대값에 비례하는 전류 를 차동 입력단의 tail current source 의 전류값에 더해지게 한다. 두 branch 전류의 차 이는 tail current source 의 전류값에 비례하므로, 차동 입력전압 값이 큰 slew 기간에 는 양(+)의 피드백(positive feedback) 동작이 이루어져서 입력 트랜지스터에 흐르는 전류값이 증가하여 slew rate 를 크게 증가시킨다(그림 9.3.5). 이 회로에서 OP 앰프 입력 트랜지스터는 subthreshold 영역에서 동작시킨다. 그런데 이 OP 앰프는 사용된 트랜지스터의 개수가 많으므로 non-dominant pole 주파수가 낮아져서 고속 동작에는 사용하기가 어렵다.

④ 전류거울 OP 앰프 : 그림 9.4.1 에 보인 대로 차동 입력단 회로의 부하 트랜지스터 를 MOS 다이오드 구조로 바꾸고 각각의 MOS 다이오드 회로를 출력측 전류를 증 폭시키는 형태(1:K)로 연결하여 slew-rate SR 과 gain-bandwidth 곱 ω_T 를

$$SR = K \cdot \frac{I_B}{C_L} \qquad \omega_T = K \cdot \frac{g_{m1}}{C_L}$$

로 되게 하여 다른 회로에 비해 대체로 K 배 만큼 증가시킨다. 이 OP 앰프는 high impedance 노드가 출력 노드 밖에 없으므로 단일 stage 증폭기이다.

참 고 문 헌

[1] K.R.Laker, W. Sansen, *Design of Analog Integrated Circuits and Systems*, McGraw-Hill, 1994.

[2] F.Maloberti, "Layout of Analog and Mixed Analog-Digital Circuits", J. Franca, Y. Tsividis Eds, Design of Analog-Digital VLSI Circuits for Telecommunications and Signal Processing, Second Ed., Prentice Hall, 1994.

[3] D.Johns, K.Martin, *Analog Integrated Circuit Design*, John Wiley and Sons, 1997.

[4] Sedra, Smith, *Microelectronic Circuits*, Fourth Edition, Oxford University Press, 1998.

[5] R.Jaeger. *Microelectronic Circuit Design*, McGraw Hill, 1997.

[6] H.S.Lee, "CMOS Operational amplifiers for Low Power/Low Voltage Circuits", Workshop on Low-Power/Low-Voltage IC Design, Lausanne, Switzerland, June 27-July 1, 1994.

[7] P.E.Allen, D.R.Holberg, *CMOS Analog Circuit Design*, Saunders College Publishing.

[8] P.R.Gray, R.G.Meyer, Analysis and Design of Analog Integrated Circuits, 3rd Edition, John Wiley and Sons, 1993.

[9] M.Degrauwe, J.Rijmenants, E.Vittoz, H.DeMan. "Adaptive Biasing CMOS 앰프 lifiers", IEEE JSSC, vol.SC-17, no.3, June 1982, pp.522-528.

[10] W.Sansen, "Analog Design Essentials", Springer, 2006.

[11] B.Y.Kamath, R.G. Meyer, and P.R. Gray, "Relationship between frequency response and settling time of operational amplifiers." *IEEE J. Solid-State Circuits*, vol. SC-9, pp. 347-352, Dec. 1974.

[12] L.Callerwaert, W.Sansen, "Class AB CMOS amplifiers with high efficiency", IEEE JSSC, vol.SC-25, pp.684-691, June 1990.

[13] F.You, S.H.K.Embabi, E.Sanchez-Sinencio, "Low-voltage class AB buffers with quiescent current control", IEEE JSSC, vol.Sc-33, pp.915-920, June 1998.

[14] V.Peluso etal, "A 900mV low-power delta-sigma AD converter with 77dB dynamic range", IEEE JSSC, vol.SC-33, pp.1887-1897, Dec, 1998.

[15] 이방원, Bing J. Sheu, "A high-slew rate CMOS amplifier for analog signal processing", IEEE JSSC, vol.SC-25, pp.885-889, June 1990.

연 습 문 제

9.1 다음 물음에 간략하게 답하시오.

(1) OP 앰프의 slew rate 에 대해 설명하고, 그 발생 원인과, slew rate 를 줄이기 위한 방법을 두 가지 정도 쓰시오.

(2) pole-splitting 주파수 보상 기법에 대해 설명하시오.

9.2 다음은 CMOS OP 앰프의 주파수 보상회로에 대한 개념도 및 small-signal 등가회로이다.

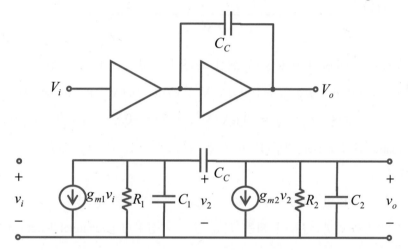

(1) $C_C \gg C_1, C_2$ 라고 가정하여 C_1, C_2 를 무시하고, 전달함수 v_o/v_i 식을 유도하고 dominant pole 및 zero 의 angular frequency 를 계산하시오. 또한 unity voltage-gain angular frequency ω_1 을 계산하시오.

(2) C_1, C_2 까지를 고려하면 non-dominant pole p_2 의 angular frequency 는 다음 식으로 표시된다.

$$p_2 = -\frac{g_{m2}}{C_1 + C_2}$$

BJT OP 앰프에서는 p_2, z(zero)가 큰 문제가 되지 않는데, 유독 MOS OP 앰프에서만 문제가 되는지 그 이유를 쓰시오.

(3) 위의 문제점 중 zero 때문에 생겨나는 문제를 해결하기 위한 두 가지 방법을 제시하고 그 원리를 정성적으로 설명하시오.

9.3

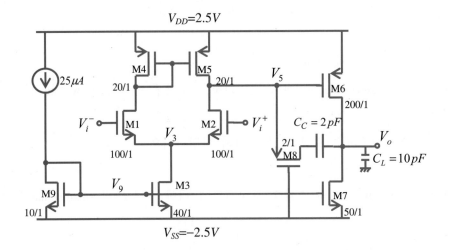

위 회로에서 NMOS 와 PMOS 의 모델 파라미터 값들은 다음과 같다.

$$\text{NMOS}: \mu_n C_{OX} = 100\,\mu\text{A}/\text{V}^2,\ VTO = 0.8\,\text{V},\ \gamma = 0,\ \lambda = 0.1\,\text{V}^{-1}$$

$$\text{PMOS}: \mu_p C_{OX} = 40\,\mu\text{A}/\text{V}^2,\ VTO = -0.8\,\text{V},\ \gamma = 0,\ \lambda = 0.1\,\text{V}^{-1}$$

(1) Systematic 입력 offset 전압($V_o=0$ 으로 만들기 위한 $V_i^+ - V_i^-$ 값)을 구하시오. (부호에 유의)

(2) $V_i^+ = V_i^- = 0V$ 일 때 V_3, V_5, V_9 전압값을 구하시오. (힌트 : V_5 를 구할 때 $V_o = 0V$ 로 가정하고 $I_{D6}=I_{D7}$ 이 되는 V_{GS6} 값을 계산한다.) (channel length modulation 현상 무시)

(3) (1)의 경우에 대해서 다음의 소신호 파라미터 값들을 계산하시오.

g_{m1}, g_{m4}, g_{m6}, r_{o2}, r_{o5}, r_{o6}, r_{o7}, R_{Z8} (R_{Z8} 은 M8 의 소신호 저항 값이다.)

(4) 저주파 소신호 입력 신호에 대해서 차동모드 전압이득 A_{vd}, 공통모드 전압이득 A_{vc} 를 구하시오.

(5) dominant pole $p_1/2\pi$, non-dominant pole $p_2/2\pi$, zero $z/2\pi$ 값을 구하시오. 단 극성에 유의하시오.

(6) slew rate 를 계산하시오.

(7) 이 OP 앰프를 unity-gain 피드백 회로에 사용했을 경우의 phase margin 을 구하시오. 이 때 $p_2=z$ 로 그 영향이 서로 cancel 된다고 가정하시오.

(8) 저주파 소신호 모델을 이용하여 다음 값들을 계산하시오.

$$\frac{\partial V_5}{\partial V_{DD}}, \quad \frac{\partial V_5}{\partial V_{SS}}, \quad \frac{\partial V_o}{\partial V_{DD}}, \quad \frac{\partial V_o}{\partial V_{SS}}$$

(9) 선형 공통모드 입력전압 범위를 구하시오.

(10) 각 트랜지스터의 $(rms\,\Delta V_{TH}) = 0.01\,V$, $(rms\,\Delta(W/L))/(W/L) = 0.1$ 이고, 초단 증폭기 (M1-M5)의 소신호 전압이득이 1 보다 훨씬 크다고 가정하고 random 입력 offset 전압의 *rms* 값을 계산하시오.

(11) 등가 입력 thermal noise 전압 분산의 주파수 spectrum 값을 $[V^2/Hz]$ 단위로 표시하시오.

(12) (5)의 결과와 (4)에서 구한 소신호 DC 전압이득 값을 이용하여 $A_{vd}(s)$의 식을 쓰시오. (7)에서와 같이 $p_2=z$ 로 그 영향이 서로 cancel 된다고 가정하시오.

9.4 문제 9.3 의 OP 앰프를 다음과 같이 unity-gain 피드백 회로로 연결하였다.

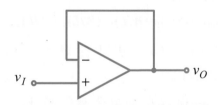

(1) 문제 9.3 의 (12)의 결과를 이용하여 $A_{vf}(s) \equiv \dfrac{V_O(s)}{V_I(s)}$ 의 식을 구하시오.

(2) 입력 전압 $v_I(t) = \Delta V \cdot u(t)$ 이고 $\Delta V <$ (선형 차동 입력 전압 범위)일 때 Laplace 변환을 이용하여 $v_O(t)$ 의 식을 구하고 $v_O(t)$ 의 파형을 스케치 하시오. 단, 입력 offset 전압은 0 이라고 가정하시오.

(3) (2)의 경우에 $v_O(t)$ 의 0.1% settling time 을 구하시오.

9.5 다음은 2-stage CMOS OP 앰프회로이다. MOS 트랜지스터의 문턱전압은 $V_{THn} = 0.8\,V$, $V_{THp} = -0.8\,V$ 이다.

(1) V_{i1}, V_{i2} 가 각각 V_i^+ 인지 V_i^- 인지 밝히시오.

(2) 저주파 차동모드 전압이득 A_{vd}의 식을 g_{mi}와 r_{oi} (i=1,2,...,7)등의 식으로 쓰시오.

(3) 저주파 CMRR 의 식을 g_{mi}, r_{oi} 등의 식으로 쓰시오.

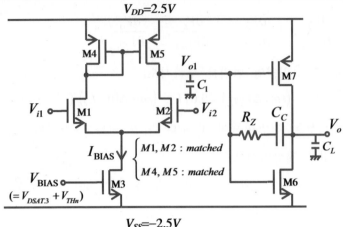

(4) Active 공통모드 입력 전압범위를 쓰시오. 단, V_{DSAT} (NMOS) = $|V_{DSAT}$(PMOS)$|$ = 0.2 V 이다.

(5) Random 입력 offset 전압을 $\Delta V_{THn.1.2}$, $\Delta V_{THp.4.5}$, g_{m1}, g_{m4}, $\Delta(W/L)_{1.2}$, $\Delta(W/L)_{4.5}$ 등의 식으로 쓰시오. 단, first gain stage 만 고려하시오.

(6) $V_{THn1}=V_{THn2}$, $V_{THp1}=V_{THp2}$, $(W/L)_1=(W/L)_2$, $(W/L)_4=(W/L)_5$ 로 M1 과 M2, M4 와 M5 가 완전히 matching 되었고 $V_{i1} = V_{i2} = 0$ 일 때 (4)에서 주어진 V_{DSAT} 과 V_{TH} 값들을 이용하여 V_{o1} 값을 계산하시오.

(7) $\mu_n C_{OX} \cdot (W/L)_6 = \mu_p C_{OX} \cdot (W/L)_7$ 로 되게 했을 때 $V_o = 0$ 이 되기 위한 V_{o1} 값을 쓰시오.

(8) (6)과 (7)의 결과를 이용하여 systematic input offset 전압을 g_{m1}, r_{o2}, r_{o5} 등의 식으로 쓰시오. 단, $V_{i2} = 0$ 인 상태에서 V_o 를 0 으로 만들기 위해 V_{i1} 에 인가해야 하는 전압을 input offset 전압이라고 정의하고, +, – 극성에 유의하시오.

(9) Mi 의 등가 입력 게이트 노이즈 전압을 v_{gni} 라고 할 때, 전체 OP 앰프의 등가 입력 노이즈 전압의 표준 편차 $\overline{v_{ieqn}}$ $[V_{rms}]$ 를 v_{gni}, g_{mi}, r_{oi} 등의 식으로 쓰시오. 단, C_1, C_L, C_C, R_Z의 영향은 무시하고 second gain stage 는 고려하시오.

9.6 문제 9.5 의 2-stage OP 앰프 회로에 대해 다음 물음에 답하시오.

(1) $v_{i1} = v_{i2} = 0$ 일 때 저주파 소신호 이득 v_{o1}/v_{dd} 와 v_{o1}/v_{ss} 가 +1 혹은 $-A_{vc1}$ 중 어느 값과 같은지 밝히시오. 단, A_{vc1} 은 first gain stage 의 공통모드 이득이다.

(2) $v_{o1} = 0$ 일 때 저주파에서 v_o/v_{dd}, v_o/v_{ss} 의 식을 r_{o6}, r_{o7} 등의 식으로 쓰시오.

(3) (1), (2)의 결과를 이용하여 저주파 PSRR⁺와 PSRR⁻의 식을 A_{vd}, CMRR, r_{o6}, r_{o7}, g_{m6}, g_{m7}, A_{vc1} 등의 식으로 쓰시오.

(4) M3에 흐르는 전류를 I_{BIAS}라고 하였을 때 slew rate의 식을 쓰시오. 단, C_1, C_L, R_Z 값들은 0으로 하여 무시하시오.

(5) 전체 OP 앰프의 소신호 등가회로를 다음 그림과 같이 간략화시켰을 때 G_{m1}, R_{o1}, G_{m2}, R_{o2}의 식들을 각각 g_{mi}와 r_{oi} (i=1,2,...,7)의 식으로 표시하시오.

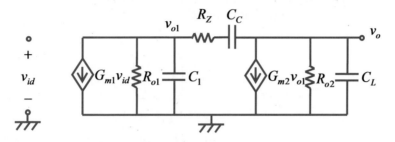

(6) open circuit voltage gain

$$A_{vd}(s) = \frac{v_o(s)}{v_{id}(s)} = +(G_{m1}R_{o1}G_{m2}R_{o2}) \cdot \frac{\left(1 - \dfrac{s}{z_1}\right)}{\left(1 - \dfrac{s}{p_1}\right)\left(1 - \dfrac{s}{p_2}\right)}$$

이고 $|p_1| \ll |p_2|$ 라고 할 때 $C_L > C_C \gg C_1$ 라고 가정하면 p_1, p_2, z_1의 식을 G_{m1}, R_{o1}, G_{m2}, R_{o2}, C_L, C_C, R_Z 등의 식으로 간략화시켜 쓰시오. 단, 극성에 유의하시오.

(7) 위 OP 앰프를 다음의 피드백 회로에 사용할 경우 어떤 피드백 형태인지 밝히시오. (shunt, series 등) 또, 적합한 입력 및 출력 변수의 종류(전류 혹은 전압)를 밝히고 피드백 factor f를 R_A와 R_B 등의 식으로 쓰시오.

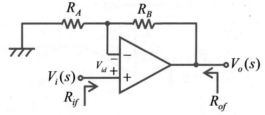

(8) (7)의 OP 앰프를 다음의 Thevenin 등가회로로 변형시킨 후 이 변형된 회로에서 R_A, R_B에 의한 loading만 고려하고 feedback이 제거된 회로를 그리시오. 이때의 R_i, R_o, $A'_v(s) \equiv \dfrac{V_o}{V_i}$ 의 식들을 $R_A, R_B, R_{o2}, A_{vd}(s)$의 식으로 쓰시오.

(9) (7)의 회로의 $R_{if}, R_{of}, A_{vf}(s)$의 식들을 $f, A'_v(s), R_i, R_o$ 등의 식으로 쓰시오.

(10) (6)에서 주어진 $A_{vd}(s)$ 식을 이용하여 $A_{vf}(s)$ 식을

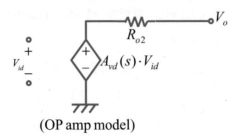

(OP amp model)

$$A_{vf}(s) = \frac{A_{vfo} \cdot \left(1 - \dfrac{s}{z_1}\right)}{1 + \dfrac{s}{\omega_o} \cdot \dfrac{1}{Q} + \left(\dfrac{s}{\omega_o}\right)^2}$$

의 식으로 나타낼 때 ω_o 와 Q 의 식을 f, p_1, p_2, z_1 등의 식으로 쓰시오.

(11) (10)의 Q 식에서 zero z_1 값이 positive real zero 에서 negative real zero 로 바뀔 경우 Q 값이 증가하는지 감소하는지 밝히시오. 또 이 경우 전체 증폭기 회로의 주파수 안정도(frequency stability)는 향상되는지 악화되는지 밝히시오.

9.7 2 개의 negative real pole (p_1, p_2, $|p_1| \ll |p_2|$)을 가지는 2-stage CMOS OP 앰프에서 주파수 보상용 capacitor C_C 값을 조절하여, unity-gain feedback ($f = 1$) 상태에서 phase margin 이 45°가 되도록 하였다.

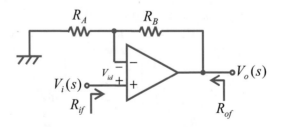

위 회로에서 +1 로 표시한 buffer 회로는 zero 를 제거하기 위한 것이다.

(1) C_C를 G_{m1}, p_2 등의 식으로 표시하시오.

(2) 1st stage 증폭기의 바이어스 전류를 I_{B1} 이라고 할 때 slew rate SR 을 I_{B1}, C_C 등의 식으로 쓰시오.

(3) (1)과 (2)의 결과식을 이용하여 slew rate SR 을 I_{B1}, G_{m1}, p_2 등의 식으로 쓰시오.

(4) 1st stage 증폭기의 transconductance G_{m1} 을 입력 트랜지스터 파라미터들인 $\mu_n C_{OX}$, $(W/L)_1$ 의 식으로 나타내면 $G_{m1} = \sqrt{\mu_n C_{ox}(W/L)_1 \cdot I_{B1}}$ 이 된다. 이를 이용하여 SR 을 p_2, I_B, $\mu_n C_{ox}$, $(W/L)_1$ 의 식으로 표시하시오.

(5) (4)의 결과식을 이용하여 p_2 값이 일정하고 45° phase margin 을 유지하는 상태에서 slew rate 를 증가시키기 위해서 1st stage bias 전류 I_{B1} 과 입력 트랜지스터 size $(W/L)_1$ 값을 증가시켜야 하는지 감소시켜야 하는지 쓰시오.

9.8 다음은 single stage OTA 회로이다.

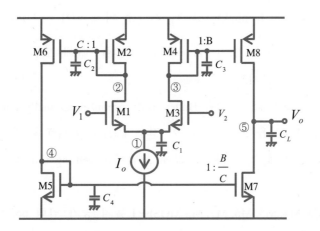

(1) 입력 단자 V_1, V_2 가 (+) 입력 단자인지 (−) 입력 단자인지 밝히시오. 또, 저주파 소신호 출력 전압 V_o 를 V_1, V_2 및 MOSFET 들의 g_m, r_o 값들로 표시하시오.

(2) 소신호 전압이득 전달함수(small-signal voltage gain transfer function)의 dominant pole frequency 의 식을 [rad/sec]로 표시하시오. 각 node 의 gate capacitance, junction capacitance 와 interconnect capacitance 값을 포함하는 total stray capacitance 값을 각각 C_1, C_2, C_3, C_4 로 했을 때 3 개의 non-dominant pole frequency 값들을 [rad/sec] 단위로 표시하시오. 단, $V_1 = -V_2$ 인 차동 입력전압을 가정하시오.

(3) 위의 OTA 를 다음과 같은 negative voltage 피드백 증폭기에 사용했을 때 $V_o(s)/V_i(s)$ 를 $A_{vd}(s)$ 와 β의 식으로 쓰시오. 단, OTA 의 출력저항이 R 보다 훨씬 작다고 가정하시오.

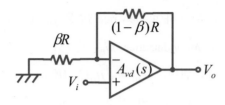

$$A_{vd}(s) = \frac{1}{s\tau_u(1+s\tau_p)} \qquad \text{for } \omega \gg \text{dominant pole frequency}$$

여기서 τ_u 는 gain-bandwidth 곱 ω_T [rad/sec]의 역수이고($\omega_T = A_{vdo}\cdot|p_1|$) τ_p 는 크기가 제일 작은 non-dominant pole frequency [rad/sec]의 역수이다. $A_v(s) = \dfrac{V_o(s)}{V_i(s)}$ 의 pole frequency 값을 β, τ_u, τ_p 의 식으로 쓰시오.

(4) $\beta = 1$ (unity gain feedbak)이고 $\tau_p \ll \dfrac{1}{4}\tau_u$ 이고 $v_i(t) = V\cdot u(t)$ 일 때의 step response $V_o(t)$의 식을 쓰시오. 또 $V_o(t)$ 값이 $V\cdot(1-\varepsilon)$ 값에 도달하는 settling time 의 식을 τ_u 와 ε의 식으로 쓰시오.

(5) $\beta = 1$ 이고 $\tau_p > 1/4\tau_u$ 일 때 Butterworth response(maximally flat response)를 얻기 위한 τ_u 와 τ_p 의 관계식을 쓰시오. 또 이 경우 $V_i(t) = V\cdot u(t)$ 일 때의 step response $V_o(t)$의 식을 쓰시오. 또 V_o 가 $V\cdot(1-\varepsilon)$ 값에 도달하는 settling time 의 식을 τ_p 와 ε의 식으로 쓰시오.

(6) M1, M2, M3, M4, M5, M6, M7, M8 MOSFET 들의 등가 입력 noise 저항 값들이 $R_{N1}, R_{N2},$ $R_{N3}, R_{N4}, R_{N5}, R_{N6}, R_{N7}, R_{N8}$ 일 때 이 OTA 전체의 등가 입력 noise 저항 값 R_N 의 식을 쓰시오. 등가 입력 noise 저항 R_N 은 등가 입력 노이즈 전압 분산 $\overline{v_{ni}^2}$ 의 주파수 스펙트럼 $|V_{ni}(f)|^2$ 으로부터 다음 식으로 정의 된다.

$$|V_{ni}(f)|^2 = 4kTR_N$$

(7) 저항 βR, $(1-\beta)R$ 의 noise 는 무시했을 때 출력전압 V_o 의 RMS noise power $\overline{v_{no}^2}$ 을 $k,$ T, R_N, β, ω_1 의 함수로 유도하시오.

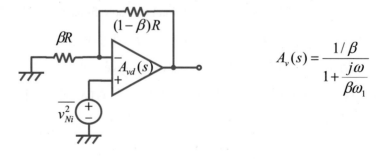

$$A_v(s) = \frac{1/\beta}{1 + \dfrac{j\omega}{\beta\omega_1}}$$

9.9 9.1.12 절에 주어진 2-stage OP 앰프의 사양을 만족시키도록 트랜지스터들의 W 와 L 을 결정하시오. 단 사용된 트랜지스터들의 최소 채널길이는 $1.0 \mu m$ 이고 9.1.12 절에 주어진 step 을 따르시오. 모델 파라미터들은 다음과 같다.

NMOS : tox=200e-10 uo=500 vto=0.8 gamma=0.8 lambda=0.08 ld=0.2u

PMOS : tox=200e-10 uo=200 vto=-0.8 gamma=0.8 lambda=0.1 ld=0.2u

9.10 그림 9.2.26 에 보인 폴디드 캐스코드 OP 앰프 회로와 바이어스 회로에 대해 다음 물음에 답하시오.

(1) 다음에 보인 항목들에 대한 계산 값을 구하시오.

G_{md}, G_{mc}, R_O, A_{vd}, A_{vc}, $\partial V_O / \partial V_{DD}$, $\partial V_O / \partial V_{SS}$, $CMRR$, $PSRR^+$, $PSRR^-$,

dominant pole frequency($p_1 / 2\pi$), non-dominant pole frequency($p_2 / 2\pi$),

unity-gain frequency($\omega_{0dB} / 2\pi$), phase margin, slew rate(SR),

active input common mode voltage range

단, 부하 커패시터는 $C_L = 10 pF$ 으로 가정하고 계산에 요구되는 모델 파라미터 값은 다음을 사용하도록 하시오. 또, 바이어스 전류값은 $20 \mu A$ 로 잡으시오.

NMOS : tox=225e-10 uo=450 vto=0.8 gamma=0.0 lambda=0.08 mj=4.35e-01

+ mjsw=0.344 js=1.0e-05 cgdo=310p cgso=310p cgbo=0

+ cj=5.56e-4 cjsw=3.732e-10 fc=0.5 level=1

PMOS : tox=225e-10 uo=150 vto=-0.8 gamma=0.0 lambda=0.08 mj=4.04e-01

+ mjsw=0.334 js=1.0e-05 cgdo=108p cgso=108p cgbo=0

+ cj=4.486e-4 cjsw=4.57e-10 fc=0.5 level=1

(2) 그림 9.2.26 회로에 대해 SPICE simulation 을 수행하여 (1)에서 계산한 값들을 구하시오. 이때, (1)에서 제시한 모델 파라미터를 이용하시오.

(3) 그림 9.2.26(a) 회로를 MyCAD 등의 layout tool 을 이용하여 레이아웃한 다음, extraction 하여 netlist 를 추출하시오.

(4) (3)에서 추출한 netlist 로 SPICE simulation 을 행하고, 그 결과를 (1), (2)번에서 구한 결과와 비교하시오. 이때 바이어스 회로 부분은 레이아웃하지 않았으므로 (1)에서 사용한 netlist 중 바이어스 회로 관련 부분을 추가하여 simulation 하시오.

(2)번의 schematic data(fold.cir)와 (4)번의 layout data(extract.1)를 이용하여 LVS 를 행하고 원했던 설계 값으로 design 되었는지 여부를 확인하시오.

9.11 모든 트랜지스터들이 saturation 영역에서 동작할 때 소신호 transconductance 값을 g_{m1}, g_{m2} 과 R 등의 식으로 구하시오.

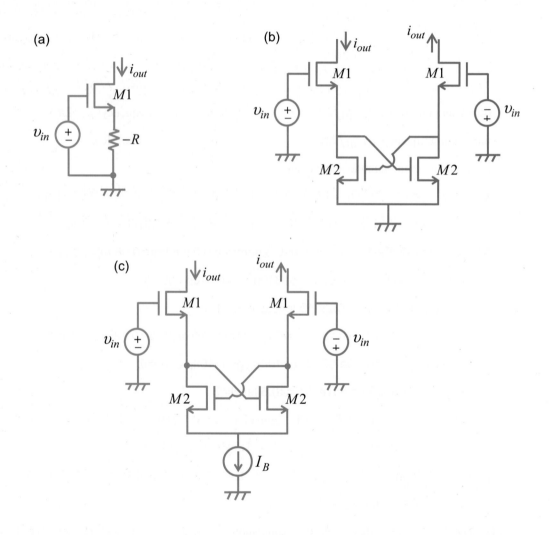

9.12 다음 OP 앰프의 GBW 값을 g_{m1}, g_{m2} 와 C_L 의 식으로 쓰시오. 단, rad/sec 단위로 표시하시오. (참고문헌 Castello, JSSC, June, 1990, pp669-676)

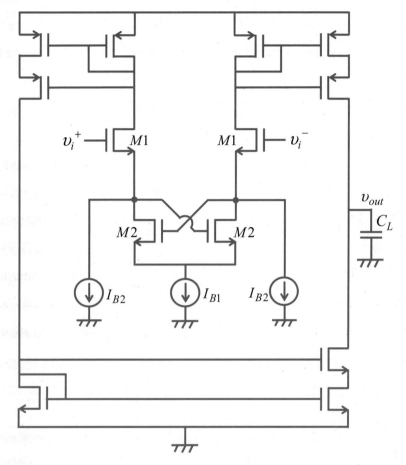

9.13 0.35um 공정(VDD=3.3V)을 이용하여, 2-stage OP 앰프, 폴디드 캐스코드 OP 앰프와 telescopic OP 앰프(모두 single-ended, 모두 NMOS 입력 차동증폭단 사용)를 각각 설계하시오. 설계 목표사양: CL=1pF, GBW > 100MHz, DC gain > 2000, PM > 60 도(unity-gain feedback 경우), ICMR > 1.5V (1.0V for telescopic OP amp), OVR > 1.5V (1.0V for telescopic OP amp)

(1) 2 장의 표 2.5.1 의 모델 파라미터를 이용하여 hand analysis 방식으로 설계하시오.

(2) 시그마 스파이스를 이용하여 시뮬레이션하고(BSIM4 모델 사용, level 55, 56) 목표 사양과 전력소모, sum(Wi x Li), 0.1% settling time(0.1V input step at unity-gain feedback)과 slew rate 에 대해, hand analysis 결과와 SPICE 시뮬레이션 결과를 비교하는 표를 작성하시오. 각 트랜지스터의 Junction capacitance 파라미터는 단 AD=AS=W×1.05 μm, PD=PS=W+2.1 μm 으로 정하시오.

공통모드 피드백과 완전차동 OP 앰프

제 10 장 공통모드 피드백과 완전차동 OP 앰프

제 9 장에서 다룬 OP 앰프는 입력 단자가 두 개이고 출력 단자가 한 개인 single-ended 출력 OP 앰프로서, 출력전압을 출력 단자와 그라운드 사이에서 취한다. 완전차동(fully differential) OP 앰프는 입력 단자도 두 개이고 출력 단자도 두 개인 OP 앰프로서 차동모드 출력전압을 두 출력 단자로부터 취한다.

완전차동 OP 앰프의 장점은, 공통모드 노이즈가 차동 출력전압에 잘 나타나지 않고 single-ended OP 앰프에 비해 출력 신호전압이 2 배가 되고 왜곡율(distortion)이 작다는 점이다. 왜곡율이 작은 이유는, 대칭구조의 완전차동 OP 앰프에서는 짝수 번째 고주파 성분(harmonics)이 차동 출력신호에 나타나지 않기 때문이다. 완전차동 OP 앰프의 단점으로는 DC 동작점을 안정되게 잡기 위해 추가로 CMFB(common mode feedback) 회로를 필요로 하는 점과 서로 matching 된 두 개의 피드백 회로를 필요로 하는 점이다[1]. 아날로그와 디지털 회로를 한 개의 칩에 같이 사용하는 혼성모드(mixed mode) 칩에서는, 디지털 회로에서 생성된 노이즈가 공급전압(V_{DD})이나 그라운드(V_{SS}) 도선을 통하여 아날로그 회로에 공통모드 노이즈로 유기되어 아날로그 회로의 성능을 크게 떨어뜨린다. 이러한 경우 아날로그 회로에서 완전차동 OP 앰프를 사용하면 공통모드인 공급전압 노이즈 영향을 크게 줄일 수 있다. 따라서 최근 혼성모드 칩의 아날로그 회로에서는 single-ended OP 앰프 대신 완전차동 OP 앰프를 주로 사용하고 있다.

그림 10.1.1 에 보인 대로 몇 개의 완전차동 OP 앰프들을 직렬로 연결하여 아날로그 신호 처리를 할 때, 첫째 단 OP 앰프의 출력 단자들로부터 둘째 단 OP 앰프

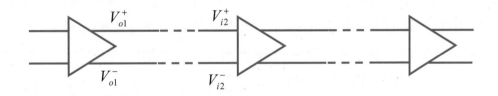

그림 **10.1.1** 완전차동(fully differential) OP 앰프들을 직렬로 연결한 형태

의 입력 단자들까지의 두 경로(V_{o1}^+에서 V_{i2}^+까지, V_{o1}^-에서 V_{i2}^-까지)를 서로 대칭되게 layout 하고, OP 앰프 회로 자체도 대칭되게 layout 하면, 공통모드 노이즈가 차동 출력전압에는 나타나지 않는다.

그런데 기판으로부터 유기되는 노이즈나 스위치의 charge injection error 등은 전압 의존성을 가지므로, layout 이 완벽하게 대칭으로 되어 있다 하더라도 이 전압 의존성 때문에 두 경로에 조금씩 다른 값으로 유기되어 완전차동 OP 앰프로도 노이즈 영향을 완벽하게 제거할 수는 없다.

10.1 공통모드 피드백(common mode feedback: CMFB)

10.1.1 CMFB 회로의 역할

그림 10.1.2 에서 보인 간단한 완전차동(fully differential) CMOS OP 앰프 회로에서 독립적인 두 개의 전압원 V_{B1}과 V_{B2}를 사용하여 바이어스 전압을 인가할 경우, 바이어스 전류 I_{B3}, I_{B4}, I_{B5} 사이에 $I_{B3} = I_{B4} + I_{B5}$ 인 관계식이 정확하게 성립해야만 모든 트랜지스터들이 saturation 영역에서 동작하고 두 개의 출력전압 값(V_o^+와 V_o^-)들도 동작점에서 대체로 $0.5 \cdot (V_{DD} + V_{SS})$ 부근의 값을 가지게 된다. 그런데 이처럼 두 개의 독립적인 바이어스 전압 V_{B1}과 V_{B2}를 인가할 경우, 트랜지스터 사이의 문턱전압(threshold voltage)이나 W/L 값 등의 부정합(mismatch)이나 공정 변화 등으로 인하여, 위의 바이어스 전류 조건을 항상 충족시키는 일은 불가능하다. 그리하여, 보통 V_o^+와 V_o^- 전압은 V_{DD} 혹은 V_{SS} 쪽으로 치우쳐서 일부 트랜지스터들이 triode 영역에서 동작하게 되어 전압이득이 너무 줄어들어 증폭기로 동작하지 않게 된다. 이는 V_{B1}이나 V_{B2} 노드로부터 출력 노드(V_o^+, V_o^-)까지의 소신호 전압이득이 다음 식에 보인 대로 너무 커서 약간의 트랜지스터 부정합이나 공정 변화가 발생하더라도 공통모드 출력전압 값이 크게 변하기 때문이다.

$$\frac{\partial V_o^+}{\partial V_{B1}} = \frac{\partial V_o^-}{\partial V_{B1}} = -\frac{1}{2} \cdot g_{m3} \cdot \left\{ r_{o4} \parallel (g_{m1} r_{o1} \cdot 2 r_{o3}) \right\}$$

$$\frac{\partial V_o^+}{\partial V_{B2}} = \frac{\partial V_o^-}{\partial V_{B2}} = -g_{m4} \cdot r_{o4} \parallel (g_{m1}r_{o1} \cdot 2r_{o3})$$

완전차동 OP 앰프에서 트랜지스터 사이의 부정합이나 공정 변화 등에 무관하게 바이어스 전압을 인가하기 위해서는, 두 출력전압(V_o^+와 V_o^-)을 monitor 하여 그림 10.1.2(b)에 보인 대로 dynamic 하게 바이어스 전압 V_{CMFB}를 생성시키는 회로를 필요로 한다. 이러한 회로를 공통모드 피드백(common mode feedback: CMFB) 회로라고 부른다. 차동모드 입력 신호에 대해서는 V_{CMFB}는 DC 전압이 되어 차동모드 전압 이득 A_{vd}는 CMFB 회로의 영향을 받지 않는다. 공통모드 입력 신호에 대해서는 CMFB 루프의 negative 피드백 작용으로 소신호 공통모드 전압이득 A_{vc}는 CMFB 회로가 없는 경우에 비해 CMFB 회로의 루프이득(loop gain)만큼 감소된다. 따라서

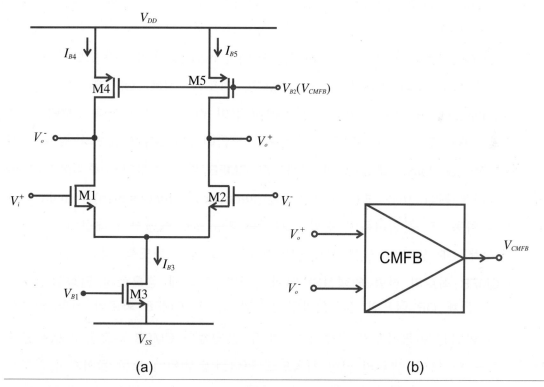

그림 **10.1.2**　(a) 간단한 완전차동(fully differential) CMOS OP 앰프 회로

　　　　　　(b) 공통모드 피드백(common mode feedback) 회로

CMFB 회로는 CMRR 값을 크게 증가시키는 바람직한 역할을 한다. 그림 10.1.2(b)의 CMFB 회로는 V_{CMFB} 단자에 OP 앰프 출력전압인 V_o^+ 와 V_o^- 의 공통모드 전압인 $\left(V_o^+ + V_o^-\right)/2$ 에 대해 선형적으로 변하는 전압이 인가되게 한다. 그림 10.1.2(b)의 CMFB 회로와 캐스코드 증폭단(M4, M5)에 의해 공통모드 출력전압에 대해 negative 피드백 루프가 형성된다. 그리하여 공통모드 출력전압에 대한 negative 피드백 동작에 의해 V_{CMFB} 전압이 자동으로 조절되어 소자 부정합 등의 영향을 받지 않고 공통모드 출력전압 값인 $\left(V_o^+ + V_o^-\right)/2$ 가 항상 $(V_{DD} + V_{SS})/2$ 정도인 기준 전압값 (V_{CMREF}) 으로 유지된다.

CMFB 회로에 요구되는 기능

CMFB(common mode feedback: 공통모드 피드백) 회로에는 다음에 보인 네 개의 기능이 요구된다[1].

① CMFB 회로의 gain-bandwidth 곱(GBW)이 main 증폭기 차동모드 전압이득의 GBW 보다 너무 작으면 CMFB 회로가 전체 OP 앰프의 speed bottleneck 이 되므로 가능한 두 GBW 값이 같도록 해야 한다. CMFB 루프의 GBW 값이 main 증폭기 차동모드 전압이득의 GBW 값보다 훨씬 크게 되면 non-dominant pole 의 영향으로 CMFB 루프 동작이 고주파에서 불안정하게 된다. 이는 보통 주파수 보상(frequency compensation)을 main 증폭기 차동모드 전압이득의 주파수 특성을 기준으로 수행하기 때문이다.

② 전체 OP 앰프의 선형 출력전압 범위가 최대가 되도록 해야 한다. 이는 CMFB 회로의 선형 입력전압 범위를 최대로 되게 함으로써 달성할 수 있다. 전체 OP 앰프의 출력전압인 V_o^+ 와 V_o^- 가 CMFB 회로의 선형 입력전압 범위를 만족시키기 위해서는, 이 두 전압들이 CMFB 회로의 active 공통모드 입력전압 범위와 선형 차동모드 입력전압 범위에 모두 들어가야 한다.

③ 전체 OP 앰프의 active 공통모드 입력전압 범위가 최대가 되도록 한다.

④ CMFB 회로의 DC 출력전압이 소자 부정합(mismatch)이나 온도 변화에 무

관하게 안정된 값을 가지도록 해야 한다.

CMFB 회로는 MOS 차동증폭단을 이용하는 회로, source follower 와 저항 divider 를 이용하는 회로, 스위치드 커패시터를 이용하는 회로의 세 가지로 대별할 수 있다. 그림 10.1.2 에 보인 간단한 OP 앰프 회로에 대해 위의 세 가지 CMFB 방식에 대한 설명을 다음 절들에서 보였다.

10.1.2 MOS 차동증폭단을 이용한 CMFB 회로 1 (*)

그림 10.1.3(b)에 MOS 차동증폭단을 이용한 비교적 간단한 CMFB 회로를 보였다. 그림 10.1.3(a)는 그림 10.1.2(a)와 같은 회로인데, 그림 10.1.3(b)의 CMFB 회로를 적용할 OP 앰프 회로이다. 그림 10.1.3(b)에서 M6 과 M7 은 서로 정합(match)된 트랜

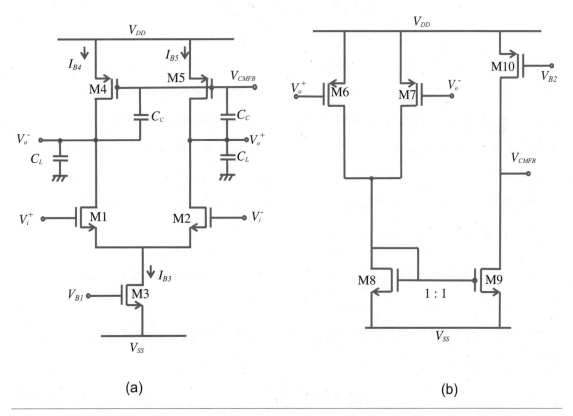

(a)   (b)

그림 **10.1.3** MOS 차동증폭단을 이용한 CMFB 회로 1 (a) OP 앰프 (b) CMFB 회로

지스터 쌍(pair)으로서 M6 과 M7 의 소스 단자에 연결되는 공통모드 rejection 을 위한 tail current source 는 존재하지 않지만 차동증폭기로 동작한다. 모든 트랜지스터들이 saturation 영역에서 동작하고, M8 과 M9 가 서로 정합(match)된 트랜지스터일 때, CMFB 회로의 저주파 소신호 출력전압 v_{CMFB} 값은 다음 식으로 주어진다.

$$v_{CMFB} = + g_{m6} \cdot (r_{o9} \| r_{o10}) \cdot (v_o^+ + v_o^-) \tag{10.1.1}$$

v_{CMFB} 는 소신호 공통모드 출력전압 $0.5 \cdot \{v_o^+ + v_o^-\}$ 와 같은 위상을 가진다. v_{CMFB} 전압이 M4 와 M5 의 게이트에 인가되면 M4 와 M5 가 공통소스 증폭기로 동작하여 v_{CMFB} 와 위상이 반대인 공통모드 출력전압($0.5 \cdot \{v_o^+ + v_o^-\}$)이 발생하게 된다. 그리하여 공통모드 출력전압에 대해 negative 피드백 동작이 이루어져서 공통모드 출력전압이 안정되고 모든 트랜지스터들이 saturation 영역에서 동작하도록 v_{CMFB} 의 바이어스 전압이 정해지게 된다.

소신호 공통모드 전압이득

그림 10.1.3(a), (b) 회로의 공통모드 전압에 대한 소신호 등가회로를 그림 10.1.4 에 보였다. M9 와 M4 는 공통모드 신호에 대해서 2 단(2-stage) 증폭기로 동작한다. 따라서 두 번째 증폭단에서 주파수 보상을 반드시 해야 한다. 주파수 보상은 Miller 커패시터 C_C 또는 C_C 와 R_z 의 직렬 연결 회로를 두 번째 증폭단(M4)의 입력과 출력 단자 사이에 연결하여 수행한다. 그림 10.1.4 의 X 점에서 피드백 루프를 자르고 공통모드 피드백 루프이득(loop gain)을 계산하면 다음 식으로 표시된다.

$$(CMFB \text{ 루프이득}) = \frac{2 g_{m6} \cdot (r_{o9} \| r_{o10}) \cdot (g_{m4} \cdot r_{o4})}{1 + s \cdot (r_{o9} \| r_{o10}) \cdot (g_{m4} \cdot r_{o4}) \cdot (2C_c)} \tag{10.1.2}$$

위 식의 유도 과정에서 $v_{o.cm}$ 노드의 저주파 소신호 impedance 계산 과정에서

$$g_{m1} r_{o1} \cdot r_{o3} \gg 0.5 \cdot r_{o4}$$

인 사실을 이용하였다. 위 식에서 공통모드 루프이득의 gain-bandwidth 곱은 다음 식으로 주어진다.

$$\omega_{T.CMFB} = \frac{g_{m6}}{C_C} \tag{10.1.3}$$

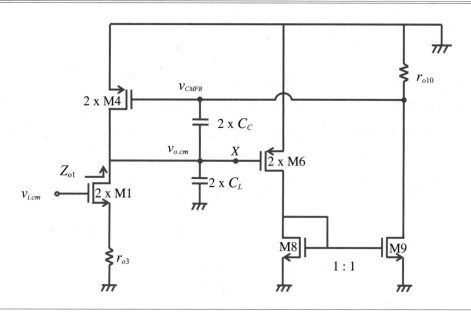

그림 **10.1.4** 그림 10.1.3 (a), (b) 회로의 공통모드 전압에 대한 소신호 회로

그림 10.1.4 회로는 노드 X 에서 shunt 피드백 형태를 이루므로, M1 의 드레인 노드에서 CMFB 회로 쪽으로 바라 본 impedance $Z_{o1}(s)$는 다음 식으로 주어진다.

$$Z_{o1}(s) = \frac{\dfrac{r_{o4}}{2}}{\left\{1 + s \cdot \dfrac{r_{o4}}{2} \cdot (2C_L + 2C_C)\right\} \cdot \left\{1 + (CMFB\ loop\ gain)\right\}}$$

$$\approx \frac{1}{4 \cdot g_{m6} \cdot (r_{o9} \| r_{o10}) \cdot g_{m4}} \cdot \frac{1 + s \cdot (r_{o9} \| r_{o10}) \cdot (g_{m4} r_{o4}) \cdot 2C_C}{1 + s \cdot r_{o4} \cdot (C_L + C_C)} \tag{10.1.4}$$

공통모드 전압이득 $A_{vc}(s) = v_{o.cm}/v_{i.cm}$ 값은

$$A_{vc}(s) = -\frac{Z_{o1}(s)}{\dfrac{r_{s1}}{2} + r_{o3}} \approx -\frac{Z_{o1}(s)}{r_{o3}}$$

$$= -\frac{1}{4 \cdot g_{m6} \cdot (r_{o9} \| r_{o10}) \cdot (g_{m4} r_{o3})} \cdot \frac{1 + s \cdot (r_{o9} \| r_{o10}) \cdot (g_{m4} r_{o4}) \cdot 2C_C}{1 + s \cdot r_{o4} \cdot (C_L + C_C)} \tag{10.1.5}$$

따라서 CMFB 회로 동작에 의해 특히 저주파 소신호 공통모드 전압이득이 많이 감소됨을 알 수 있다. 제 5 장의 그림 5.3.1 에 보인 능동부하(active load) single-ended 차동증폭기의 저주파 소신호 공통모드 전압이득 A_{vc} 는 식(5.3.20)과 식(5.3.9)로부터 다음 식으로 주어진다.

$$A_{vc} = -\frac{1}{2 \cdot (g_{m4} \cdot r_{o3})}$$

위 식을 식(10.1.5)의 DC 게인과 비교하면, CMFB 회로를 사용하는 그림 10.1.3 에 보인 완전차동 OP 앰프의 저주파 소신호 공통모드 전압이득이 single-ended 능동부하 차동증폭기에 비해 CMFB 회로의 전압이득($v_{CMFB} / v_{o.cm} = 2 \cdot g_{m6} \cdot (r_{o9} \| r_{o10})$)만큼 더 작은 것을 알 수 있다. 위의 계산 과정에서 트랜지스터의 게이트 커패시턴스와 소스와 드레인 접합 커패시턴스(junction capacitance) 값들은 C_C 혹은 C_L 에 비해 크기가 작으므로 그 영향을 무시하였다.

소신호 차동모드 전압이득

그림 10.1.3 에 보인 완전차동 CMOS OP 앰프의 차동모드 전압이득 A_{vd} 값을 계산하기 위해 V_i^+ 와 V_i^- 노드에 각각 $+(v_{id}/2)$, $-(v_{id}/2)$인 전압을 인가한다.

입력전압인 V_i^+ 와 V_i^- 의 공통모드 입력전압이 0 이므로 CMFB 회로의 소신호 출력전압인 v_{CMFB} 전압도 0 이 된다. 따라서 그림 10.1.3 회로의 차동모드 전압이득을 계산하기 위한 소신호 등가회로는 그림 10.1.5 와 같게 된다.

먼저 저주파 소신호 출력저항 값을 구하기 위해, $v_{id} = 0$ 으로 두고 v_o^+ 와 v_o^- 노드 사이에 test 전압 v_x 를 연결하고 v_x 에 의해 유기되는 전류 i_x 값을 구하면 다음과 같이 된다.

$$i_x = \frac{v_x}{r_{o4} + r_{o5}} + \frac{v_x}{2r_{o1}} = \frac{v_x}{2r_{o4}} + \frac{v_x}{2r_{o1}} = \frac{v_x}{2 \cdot (r_{o1} \| r_{o4})}$$

따라서 v_o^+ 와 v_o^- 노드 사이의 저주파 소신호 출력저항 값 R_o 는 다음 식으로 표시된다.

$$R_o = 2 \cdot (r_{o1} \| r_{o4}) \tag{10.1.6}$$

식(10.1.6)의 유도 과정에서 M1 의 드레인 노드와 ground 노드 사이의 등가 저항 값이 $2r_{o1}$ 이고 M2 의 드레인 노드와 ground 노드 사이의 등가 저항 값이 $2r_{o2}$ 이고 $r_{o1} = r_{o2}$ 이고 $r_{o4} = r_{o5}$ 인 사실을 이용하였다. 그리하여 소신호 차동모드 전압이득 A_{vd} 는 다음 식으로 유도된다.

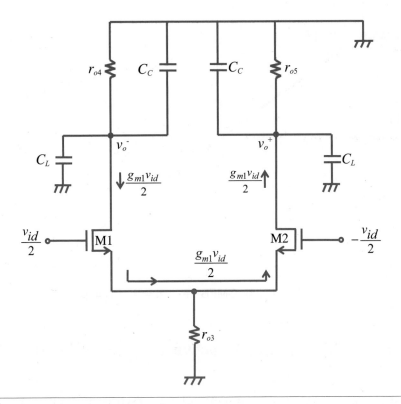

그림 **10.1.5**   그림 10.1.3 회로의 소신호 전압이득을 계산하기 위한 소신호 회로

$$A_{vd} \triangleq \frac{v_o^+ - v_o^-}{v_i^+ - v_i^-} = \frac{g_{m1} \cdot (r_{o1} \| r_{o4})}{1 + s \cdot (r_{o1} \| r_{o4}) \cdot (C_L + C_C)} \qquad (10.1.7.a)$$

따라서 A_{vd} 의 GBW(gain-bandwidth 곱) $\omega_{T.dm}$ 은 다음 식으로 주어진다.

$$\omega_{T.dm} = \frac{g_{m1}}{C_C + C_L} \qquad (10.1.7.b)$$

식(10.1.7.a)로 주어지는 A_{vd} 와 식(10.1.2)로 주어진 CMFB 루프이득의 magnitude Bode plot 을 같은 그래프에 도시하면 그림 10.1.6 과 같이 된다. CMFB 루프이득의 GBW 값인 g_{m6}/C_C 값을 차동모드 전압이득 A_{vd} 의 GBW 값($\omega_{T.dm}$)인 $g_{m1}/(C_L + C_C)$ 과 같거나 이보다 크게 되도록 g_{m1}, g_{m6} 등의 파라미터 값들을 조정함으로써 CMFB 회로가 전체 OP 앰프 동작에서 speed bottleneck 이 되지 않도록 한다.

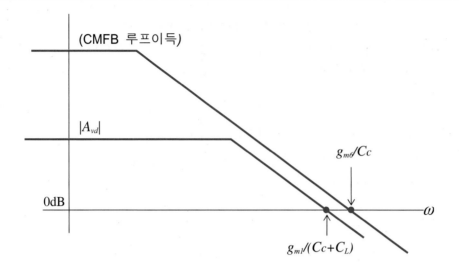

그림 **10.1.6** 그림 10.1.3 회로의 $|A_{vd}|$ 와 CMFB 루프이득의 Bode plot

선형 차동모드 출력전압 범위와 **active** 공통모드 입력전압 범위

전체 OP 앰프의 선형 차동모드 출력전압 범위는 CMFB 회로의 선형 입력전압 범위에 의해 결정된다. 이는 전체 OP 앰프의 출력 노드인 V_o^+ 와 V_o^- 노드가 CMFB 회로의 입력 단자에 연결되어 있기 때문이다. V_o^+ 혹은 V_o^- 전압이 CMFB 회로의 선형 입력전압 범위를 벗어나게 되면 CMFB 회로의 소신호 전압이득이 거의 0 에 가까워지기 때문에 CMFB 루프이득이 감소하게 되고 CMFB 동작이 제대로 이루어지지 않아서 V_{CMFB} 단자에 부적절한 전압이 인가되게 된다. 따라서 main OP 앰프 회로의 일부 트랜지스터들이 triode 혹은 cutoff 영역에 놓이게 되어 전체 OP 앰프의 차동모드 전압이득이 0 이 되거나 매우 줄어들게 된다.

그림 10.1.3(b)와 같이 MOS 차동증폭단을 이용한 CMFB 회로에서 입력전압은 active 공통모드 입력전압 범위와 선형 차동모드 입력전압 범위의 두 가지 조건을 다 만족시켜야 선형 입력전압 범위에 놓이게 된다. 그림 10.1.3(b)에 보인 CMFB 회로의 active 공통모드 입력전압 범위의 최소값과 최대값은 각각

$$\text{최소값} : V_{SS} + V_{DSAT\,8} + V_{THn} - \left| V_{THp} \right| \approx V_{SS} + V_{DSAT\,8}$$

$$\text{최대값} : V_{DD} - \left| V_{THp} \right| - \left| V_{DSAT\,6} \right|$$

으로 주어진다. 그리하여 active 공통모드 입력전압 범위는 대체로 V_{SS} 에서 V_{DD} 까지의 거의 모든 영역을 포함하므로 큰 문제가 되지 않는다. 그런데 M6 과 M7 로 구성된 차동증폭단의 선형 차동모드 입력전압 범위는 $\left|\sqrt{2}\cdot(V_{GS6}-V_{THp})\right|$ 로 제약되는데, 전류 값 I_{D6} 이 일정한 값으로 주어져 있을 경우에 선형 차동모드 입력전압 범위를 넓히기 위해 $\left|V_{GS6}-V_{THp}\right|$ 값을 증가시키면

$$g_{m6} = 2\cdot I_{D6}\big/\left|V_{GS6}-V_{THp}\right|$$

의 관계식에 의해 g_{m6} 값이 감소되므로 CMFB 루프이득의 GBW 값 $\omega_{T.CMFB}\left(=g_{m6}/C_C\right)$ 가 전체 OP 앰프의 차동모드 전압이득 A_{vd} 의 GBW 값 $\omega_{T.dm}(=g_{m1}/(C_C+C_L))$보다 작게 되는 단점이 있다. 선형 차동모드 입력전압 범위를 넓히기 위해 $\left|V_{GS6}-V_{THp}\right|$ 값을 증가시키고 동시에 동작 속도를 크게 하기 위해 g_{m6} 값을 증가시키기 위해서는 I_{D6} 을 크게 해야 하는데, 이 경우 CMFB 회로 자체의 전력 소모가 증가되는 단점이 있다. 따라서 그림 10.1.3(b)에 주어진 CMFB 회로로는 전체 OP 앰프의 출력전압 범위를 크게 하기가 어렵다.

주어진 온도 및 공정 조건에서 V_{CMFB} 전압은 대체로 DC 전압 값으로 주어진다. 그림 10.1.3(b) 회로에서 V_{CMFB} 의 최대값 $V_{CMFB.\max}$ 는

$$V_{CMFB.\max} = V_{B2} + \left|V_{THp}\right|$$

로 주어지므로, 전체 OP 앰프의 active 공통모드 입력전압 범위의 최대값 및 최소값은 각각

$$\text{최대값} \;:\; V_{CMFB.\max} + \left|V_{THp}\right| + V_{THn} = V_{B2} + 2\cdot\left|V_{THp}\right| + V_{THn}$$

$$\text{최소값} \;:\; V_{SS} + V_{DSAT3} + V_{DSAT1} + V_{THn} \approx V_{B1} + V_{DSAT1}$$

으로 주어지는데, 바이어스 전압 V_{B2} 값을 대체로

$$V_{B2} = V_{DD} - \left|V_{THp}\right| - \left|V_{DSAT4}\right|$$

로 되게 하면, 전체 OP 앰프의 active 공통모드 입력전압 범위의 최대값은 거의 V_{DD} 혹은 그 이상까지도 가능하고 최소값은 비교적 큰 제약을 받는다. 그런데 입력 공통모드 전압의 최소값이 비교적 높은 것은 NMOS 입력 단을 사용하는 차동증폭기의 공통적인 성질이고 CMFB 회로 때문에 높아진 것은 아니다. 따라서 이 CMFB 회로는 대체로 전체 OP 앰프의 active 공통모드 입력전압 범위에 제약을 주지 않는다.

따라서 그림 10.1.3(b)의 CMFB 회로는 CMFB 회로의 네 가지 요구 사양 중에서 ①, ③, ④ 번은 대체로 만족시키지만 ② 번에 주어진 요구사항은 잘 만족시키지 못하여, 일반적으로 전체 OP 앰프의 선형 출력전압 범위를 크게 감소시킨다.

10.1.3 MOS 차동증폭단을 이용한 CMFB 회로 2 (*)

그림 10.1.7(a)에 MOS 차동증폭단을 이용한 다른 방식의 완전차동 OP 앰프 회로를 보였다. M1-M5 로 구성된 완전차동증폭단 회로에 M6 과 M7 을 연결하여 CMFB 회로로 사용하였다. 정상 상태에서 M1-M5 트랜지스터들은 saturation 영역에서 동작하고 M6 과 M7 은 triode 영역에서 동작한다. 공통모드 출력전압 값 $0.5 \cdot (V_o^+ + V_o^-)$ 가 증가하면, 공통모드 신호에 대해 M6 과 M7 의 공통소스(common source) 증폭기와 M4, M5 의 공통게이트(common gate) 증폭기의 동작으로 인하여 V_o^+ 와 V_o^- 가 둘 다 같이 감소하게 된다. 그런데 M6 과 M7 트랜지스터들은 triode 영역에서 동작하기 때문에 transconductance g_{m6} 은

$$g_{m6} = \mu_p C_{ox} \cdot \left(\frac{W}{L}\right)_6 \cdot |V_{DS}|$$

로 주어지는데, $|V_{DS}|$ 값이 작기 때문에 g_{m6} 은 매우 작은 값을 가진다. M6 과 M7 의 V_{DS} 값을 증가시켜 M6 과 M7 을 saturation 영역에서 동작하게 하면, 이 V_{DS} 전압 강하로 인해 출력전압 V_o^+ 와 V_o^- 의 최대 전압 swing 값이 지나치게 제약되는 단점이 있다. 이보다 더 문제가 되는 것은 바이어스 전압 V_{B2} 가 M4 와 M5 에 제대로 인가되지 않아서 CMFB 회로가 동작하지 않는다. 이 두 가지 이유 때문에 M6 과 M7 은 saturation 영역에서 동작시키지 못하고 항상 triode 영역에서 동작시킨다.

그림 10.1.7(a) 회로의 소신호 CMFB 루프이득과 소신호 공통모드 전압이득 A_{vc} 를 구하기 위한 공통모드 신호에 대한 소신호 회로를 그림 10.1.7(b)에 보였다. 공통모드 입력전압 $v_{i.cm}$ 값을 0 으로 두고, 그림 10.1.7(b)의 node X 에서 CMFB 루프를 자르고 2 x M6 의 게이트로부터 $v_{o.cm}$ 까지의 소신호 전압이득인 CMFB 루프이득을 계산하면 다음 식으로 유도된다.

$$(CMFB \text{ 루프이득}) = 2g_{m6} \cdot \frac{\dfrac{r_{o6}}{2}}{\dfrac{r_{s4}}{2} + \dfrac{r_{o6}}{2}} \cdot R_o \cdot \frac{1}{1 + s \cdot R_o C_L}$$

$$= 2 \cdot g_{m6} R_o \cdot \frac{r_{o6}}{r_{s4} + r_{o6}} \cdot \frac{1}{1 + s \cdot R_o C_L} \tag{10.1.8}$$

여기서 R_o 는 출력 노드 $v_{o.cm}$ 에서의 저주파 소신호 출력저항 값으로 다음 식으로 표시된다.

$$R_o = \left(2g_{m1} \cdot \frac{r_{o1}}{2} \cdot r_{o3}\right) \middle\| \left(2g_{m4} \cdot \frac{r_{o4}}{2} \cdot \frac{r_{o6}}{2}\right) = \left(g_{m1} r_{o1} \cdot r_{o3}\right) \middle\| \left\{\frac{g_{m4} r_{o4} \cdot r_{o6}}{2}\right\} \approx \frac{g_{m4} r_{o4} \cdot r_{o6}}{2}$$

$$\tag{10.1.9}$$

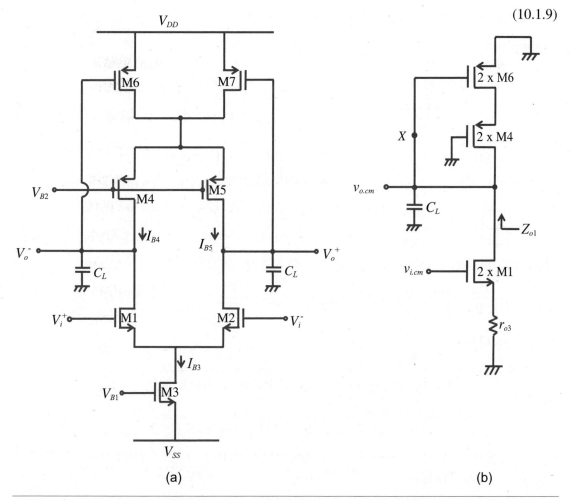

(a) (b)

그림 **10.1.7** (a) MOS 차동증폭단을 이용한 CMFB 회로 2 를 채택한 간단한 OP 앰프 회로
(b) (a)회로의 공통모드 신호에 대한 소신호 회로

M6 은 triode 영역에서 동작하기 때문에 r_{o6} 값이 r_{o3} 보다 훨씬 작다는 사실을 이용하였다. 그리하여 식(10.1.8)로부터 CMFB 루프이득의 GBW(gain bandwidth 곱) 값은

$$GBW(CMFB) = 2 \cdot \frac{g_{m6}}{C_L} \cdot \frac{r_{o6}}{r_{s4} + r_{o6}}$$

으로 주어진다. 위 식의 유도 과정에서 MOS 트랜지스터의 게이트 커패시턴스와 접합 커패시턴스 값들은, 부하 커패시터 C_L 에 비해 그 영향이 작다고 가정하여 무시하였다.

소신호 공통모드 전압이득

그림 10.1.7(b)에서 2 x M1 트랜지스터의 드레인 노드에서 $v_{o.cm}$ 노드 쪽으로 바라본 impedance 값을 $Z_{o1}(s)$ 라고 할 때, 공통모드 전압이득 $A_{vc}(s)$ 의 식은 다음과 같이 표시된다.

$$A_{vc}(s) \triangleq \frac{v_{o.cm}}{v_{i.cm}} = -\frac{Z_{o1}(s)}{\frac{r_{s1}}{2} + r_{o3}} \approx -\frac{Z_{o1}(s)}{r_{o3}} \tag{10.1.10}$$

여기서 2 x M1 트랜지스터의 드레인 노드에서 2 x M1 트랜지스터 쪽으로 바라본 소신호 저항은 $|Z_{o1}(s)|$ 보다 훨씬 크다는 사실을 이용하였다. CMFB 피드백 회로는 $v_{o.cm}$ 노드에서 전압을 sampling 하는 shunt 피드백 형태이므로, $Z_{o1}(s)$ 는 피드백이 제거된 회로의 출력 impedance 값을 (1 + $CMFB$ 루프이득)으로 나눈 값이다. 피드백이 제거된 회로의 출력 impedance 는 다음 식으로 표시된다.

$$(2g_{m4} \cdot \frac{r_{o4}}{2} \cdot \frac{r_{o6}}{2}) \| \frac{1}{sC_L} = (0.5 \cdot g_{m4}r_{o4} \cdot r_{o6}) \| \frac{1}{sC_L} = \frac{0.5 \cdot g_{m4}r_{o4} \cdot r_{o6}}{1 + s \cdot 0.5 \cdot g_{m4} \cdot r_{o4} \cdot r_{o6} \cdot C_L}$$

따라서 $Z_{o1}(s)$ 는 다음 식으로 표시된다.

$$Z_{o1}(s) = \frac{0.5 \cdot g_{m4}r_{o4} \cdot r_{o6}}{1 + s \cdot 0.5 \cdot g_{m4}r_{o4} \cdot r_{o6} \cdot C_L} \cdot \frac{1}{1 + (CMFB\ loop\ gain)}$$

$$\approx \frac{0.5 \cdot g_{m4}r_{o4} \cdot r_{o6}}{1 + s \cdot 0.5 \cdot g_{m4}r_{o4} \cdot r_{o6} \cdot C_L} \cdot \frac{1}{(CMFB\ loop\ gain)} = \frac{r_{s4} + r_{o6}}{2 \cdot g_{m6}r_{o6}} \tag{10.1.11}$$

따라서 소신호 공통모드 전압이득 $A_{vc}(s)$ 식은 식(10.1.11)을 식(10.1.10)에 대입하면 주파수 의존성이 상쇄되어

$$A_{vc}(s) = -\frac{1}{2 \cdot g_{m6}r_{o3}} \cdot \frac{r_{s4} + r_{o6}}{r_{o6}} \tag{10.1.12}$$

가 되어 주파수에 무관하게 작은 값을 가진다는 것을 알 수 있다.

소신호 차동모드 전압이득

그림 10.1.7(a) 회로에서 입력 노드 V_i^+ 와 V_i^- 에 각각 $+0.5 \cdot v_{id}$, $-0.5 \cdot v_{id}$ 의 소신호 차동모드 입력전압을 인가했을 때 소신호 출력전압 V_o^+ 와 V_o^- 도 소신호 공

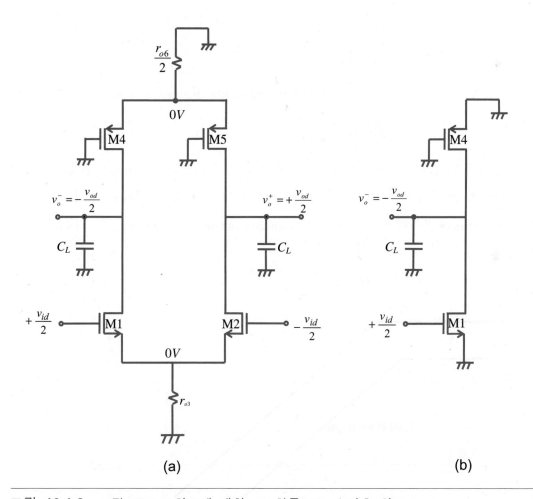

(a)　　　　　　　　　　　　　　　(b)

그림 **10.1.8**　그림 10.1.7 회로에 대한 (a) 차동모드 소신호 회로

　　　　　　(b) 차동모드 half circuit

통모드 전압이 0 인 순수한 소신호 차동모드 전압값을 가지게 된다. V_o^+ 와 V_o^- 전압이 각각 M6 과 M7 의 게이트에 인가되므로, M6 과 M7 의 공통 드레인 노드 전압에는 V_o^+ 와 V_o^- 의 차동모드 전압은 그 영향이 서로 상쇄되고 M6 과 M7 의 게이트에 소신호 전압 0 이 인가된 것과 같은 영향을 주게 된다. 그리하여 그림 10.1.7(a)회로의 차동모드 소신호 등가회로는 그림 10.1.8 과 같이 된다. 또 입력 노드(V_i^+ 와 V_i^-)에 차동모드 전압이 인가되었기 때문에 M1 과 M2 의 공통 소스 노드와 M4 와 M5 의 공통 소스 노드의 소신호 전압값은 대칭성에 의해 $0V$ 가 된다. 따라서 소신호 차동모드 half circuit 은 그림 10.1.8(b)와 같이 된다. 그림 10.1.8(b)회로에서 소신호 차동모드 전압이득 $A_{vd}(s)$ 를 구하면 다음 식으로 표시된다.

$$A_{vd}(s) \triangleq \frac{v_{od}}{v_{id}} = \frac{g_{m1} \cdot (r_{o1} \| r_{o4})}{1 + s \cdot (r_{o1} \| r_{o4}) \cdot C_L} \tag{10.1.13}$$

따라서 차동모드 전압이득 $A_{vd}(s)$ 의 GBW(gain-bandwidth product) 값은 다음과 같다.

$$GBW(A_{vd}) = \frac{g_{m1}}{C_L}$$

소신호 차동모드 전압이득 $A_{vd}(j\omega)$ 와 CMFB 루프이득의 magnitude Bode plot 을 같은 그래프에 스케치하면 그림 10.1.9 와 같이 된다. M1 은 saturation 영역에서 동작하고 M6 은 triode 영역에서 동작하므로 transconductance g_{m1} 과 g_{m6} 은 다음 식들로 표시된다.

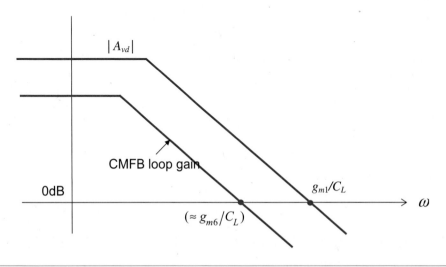

그림 **10.1.9** A_{vd} 와 CMFB loop gain 의 magnitude Bode plot

$$g_{m1} = \mu_n C_{ox} \cdot \left(\frac{W}{L}\right)_1 \cdot (V_{GS1} - V_{THn}) \tag{10.1.14}$$

$$g_{m6} = \mu_p C_{ox} \cdot \left(\frac{W}{L}\right)_6 \cdot |V_{DS6}| \tag{10.1.15}$$

보통 $(W/L)_1 \gg (W/L)_6$ 이고 $|V_{DS6}|$ 값은 작은 값으로 유지해야 되기 때문에 g_{m6} 값은 g_{m1} 값보다 작게 된다. 그리하여 CMFB 루프이득의 GBW 값 $(\approx g_{m6}/C_L)$ 이 차동모드 전압이득 A_{vd} 의 GBW 값 $(= g_{m1}/C_L)$ 보다 훨씬 작게 되어 고속 동작에서 CMFB 루프가 speed bottleneck 을 형성하게 된다. M6 과 M7 로 구성된 CMFB 회로로 인해, 선형 출력전압의 최대값과 active 공통모드 입력전압의 최대값이 각각 $|V_{DS6}|$ 만큼 감소하게 된다. 따라서 선형 출력전압 범위와 active 공통모드 입력전압 범위를 최대로 하기 위해 $|V_{DS6}|$ 값을 가능한 줄여야 한다. 따라서 이 방식의 CMFB 회로는, 10.1.1 절에 보인 CMFB 회로에 요구되는 4 가지 사항 중에서 특히 ① 번에 주어진 GBW 에 대한 요구사항을 만족시키지 못하여, 전체 OP 앰프의 동작 속도를 느리게 한다. 또한 전체 OP 앰프의 차동모드 출력전압 범위도 비교적 큰 제약을 받게 되어 ② 번의 조건도 잘 만족시키지 못한다.

이 방식의 **CMFB** 회로를 이용한 완전차동 폴디드 캐스코드 **OP** 앰프

이 방식의 CMFB 회로(차동증폭단을 이용한 CMFB 회로 2)를 완전차동 폴디드 캐스코드(fully differential folded cascode) OP 앰프에 적용한 예를 그림 10.1.10 에 보였다. M1-M11 의 트랜지스터들이 기본 폴디드 캐스코드 OP 앰프 회로를 구성한다. M6 과 M7 의 게이트 노드들은 공통의 DC 바이어스 전압에 연결하여 보통의 캐스코드 증폭기로 사용할 수도 있으나 각각의 출력저항 값을 높이기 위해 능동 캐스코드(active cascode) 형태로 하였다. 즉, M12 와 M14 는 M6 을 위한 능동 캐스코드 증폭기 회로이고 M13 과 M15 는 M7 을 위한 능동 캐스코드 증폭기 회로이다. M14 와 M15 는 각각 M12 와 M13 의 공통소스 증폭기를 위한 전류원(current source) 부하로 작용한다.

M8 과 M9 의 NMOS 공통게이트 증폭기에 대해서도 능동 캐스코드 회로로 구성

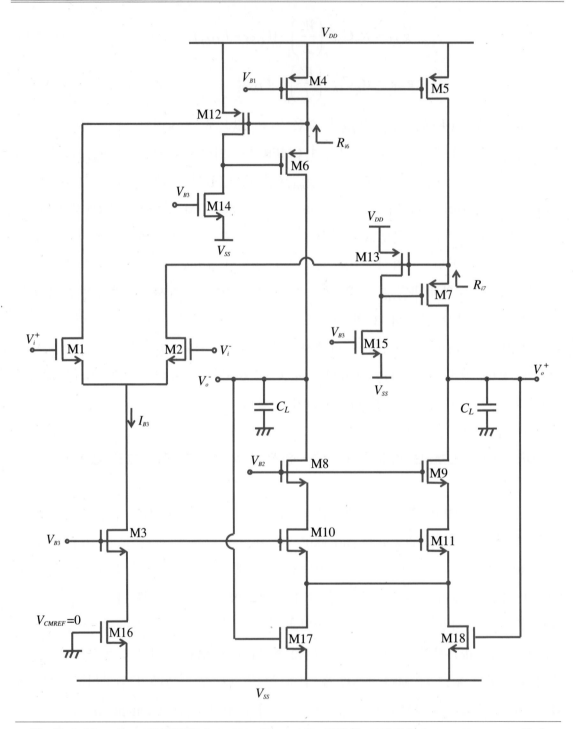

그림 **10.1.10** MOS 차동증폭단 CMFB 회로 2 를 채택한 완전차동(fully differential) 폴디드 캐스코드 OP 앰프

할 수 있으나, PMOS 쪽에 있는 M6 의 소스 노드에 연결된 저주파 소신호 저항 R_{i6} 값이 M1 과 M4 의 병렬 연결로 인해 $(r_{o1} \| r_{o4})$ 로 줄어든 것을 보상하고 또한 PMOS 의 r_o 및 $g_m r_o$ 값들이 NMOS 에 비해 상대적으로 작기 때문에 PMOS 쪽에 만 능동 캐스코드 회로를 부착하여 저주파 소신호 출력저항 값을 증가시켰다.

M16, M17, M18 은 CMFB 동작을 위해 추가한 트랜지스터들로서 모두 triode 영역 에서 동작한다. V_o^+ 노드와 ground 노드 사이의 저주파 소신호 출력저항 R_o 값은

$$R_o = \{g_{m9}r_{o9} \cdot r_{o11} \cdot (0.5 \cdot g_{m11}r_{o18} + 1)\} \| \{g_{m7}r_{o7} \cdot g_{m13}(r_{o13} \| r_{o15}) \cdot (r_{o2} \| r_{o5})\} \quad (10.1.16)$$

로 주어진다. M18 은 triode 영역에서 동작하기 때문에 다른 트랜지스터들에 비해 매 우 작은 r_o 값을 가진다. 차동모드 전압이득 A_{vd} 의 GBW 값은 g_{m1}/C_L 이고 CMFB 루프이득의 GBW 값은 대체로 g_{m18}/C_L 이 된다. Active 공통모드 입력전압 범위와 선형 출력전압 범위는 둘 다 최소값 쪽에서 M16, M17, M18 의 V_{DS} 값만큼 줄어든다. M16 은 정상 동작 상태에서 M3, M10, M11 의 DC 동작점 V_{GS} 값이 서로 같아져서 이들 트랜지스터에 흐르는 DC 동작점 바이어스 전류값이 W/L 비율에 의 해서만 정해지도록 하기 위해 추가되었다.

10.1.4 차동증폭단을 이용한 CMFB 회로 3 (*)

그림 10.1.11 에 차동증폭단을 이용한 또 다른 방식의 CMFB 회로가 부착된 완전 차동증폭기 회로를 보였다. M6 - M13 의 트랜지스터들로 구성된 CMFB 회로에 의해 V_{CMFB} 전압이 조정되어 $I_{B3} = I_{B4} + I_{B5}$ 인 조건을 만족시키고 공통모드 출력전압 $0.5 \cdot (V_o^+ + V_o^-)$ 값은 공통모드 기준(common mode reference) 전압인 V_{CMREF} 값과 같 아지게 된다.

그림 10.1.11 의 회로에서는 M3 의 게이트에 DC bias 전압을 인가하고 M4 와 M5 의 게이트에 CMFB 회로의 출력전압인 V_{CMFB} 를 인가하였는데, 반대로 M4 와 M5 의 게이트에 DC 바이어스 전압을 인가하고 M3 의 게이트에 V_{CMFB} 를 인가할 수도 있 다. 그러나 이 경우에는 차동모드 전압이득에 비해 공통모드 전압이득이 지나치게 더 커지게 되어 CMFB 루프가 불안정하게 되므로 그림 10.1.11 에서 같이 M4 와

M5 의 게이트에 V_{CMFB} 를 인가한다. M6, M7, M8, M9 가 서로 정합된(matched) 트랜지스터라고 가정하고 V_{CMFB} 의 저주파 소신호 전압은 다음 과정으로 계산된다. M6 과 M7 에 흐르는 소신호 전류 i_{67} 과 M9 와 M8 에 흐르는 소신호 전류 i_{98} 은 모든 트랜지스터들이 saturation 영역에서 동작하여 $r_o \gg 1/g_m$ 이라고 가정하면 각각 다음 식으로 주어진다.

$$i_{67} = \frac{1}{2} g_{m6} \cdot \left(V_o^+ - V_{CMREF} \right) \tag{10.1.17}$$

$$i_{98} = \frac{1}{2} g_{m6} \cdot \left(V_o^- - V_{CMREF} \right) \tag{10.1.18}$$

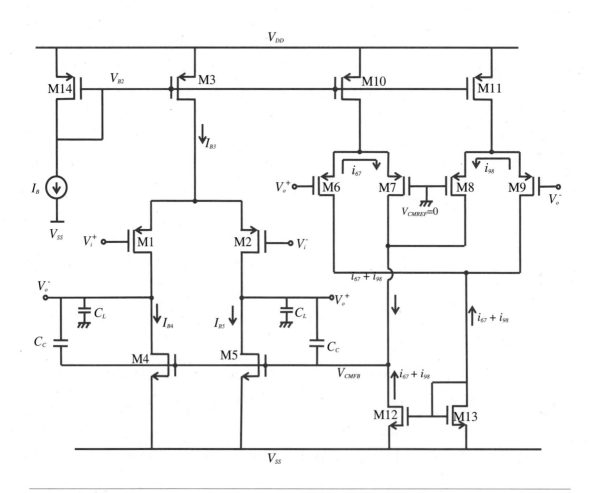

그림 **10.1.11** 차동증폭단 CMFB 회로 3 을 이용한 완전차동 OP 앰프

M4 와 M5 의 공통 게이트에 연결된 V_{CMFB} 노드에 흘러 들어오는 소신호 전류는 그림 10.1.11 에 표시된 대로 $2 \cdot (i_{67} + i_{98})$ 이 된다. V_{CMFB} 노드의 저주파 소신호 출력저항은 $r_{o7} \| r_{o8} \| r_{o12}$ 가 되는데 이는 $(0.5 \cdot r_{o6}) \| r_{o12}$ 와 같다. 따라서 저주파 소신호 V_{CMFB} 값은 다음 식으로 표시된다.

$$V_{CMFB} = 2 \cdot g_{m6} \cdot \left(\frac{r_{o6}}{2} \| r_{o12} \right) \cdot \left(\frac{V_o^+ + V_o^-}{2} - V_{CMREF} \right) \tag{10.1.19}$$

M4 와 M5 가 정합된 트랜지스터이고 소신호 입력전압 (v_i^+, v_i^-) 값들이 0 일 때 저주파 소신호 출력전압 (v_o^+, v_o^-) 값들은 다음 식으로 표시된다.

$$v_o^+ = v_o^- = -g_{m4}(r_{o4} \| (g_{m1}r_{o1} \cdot 2r_{o3})) \cdot v_{CMFB} \approx -g_{m4}r_{o4} \cdot v_{CMFB} \tag{10.1.20}$$

따라서 소신호 공통모드 출력전압은 다음 식으로 표시된다.

$$\frac{v_o^+ + v_o^-}{2} = -g_{m4}r_{o4} \cdot v_{CMFB} \tag{10.1.21}$$

그리하여 CMFB 회로의 소신호 출력전압 v_{CMFB} 값은 식(10.1.19)에 보인 대로 소신호 공통모드 출력전압 $(0.5 \cdot (v_o^+ + v_o^-))$ 과 같은 위상을 가지게 되고, M4 와 M5 의 공통소스(common source) 증폭기들에 의해 v_{CMFB} 값이 위상이 반전되어 각각 v_o^+ 와 v_o^- 에 나타나게 되어, negative 피드백 동작이 이루어진다. 공통모드 신호 전압에 대해 negative 피드백 루프를 형성하는 CMFB 루프(loop)의 저주파 소신호 루프이득 (loop gain) 값은 식(10.1.19)와 식(10.1.20)으로부터

$$CMFB \text{ 루프이득} = 2 \cdot g_{m6} \cdot \left(0.5r_{o6} \| r_{o12} \right) \cdot g_{m4}r_{o4}$$

로 주어지는데, 이 루프이득 값이 충분히 크기만 하면

$$\text{오차(error) 전압값} = 0.5 \cdot (V_o^+ + V_o^-) - V_{CMREF}$$

은 0 에 가까워진다. 따라서 이 CMFB 루프 회로의 동작에 의해 V_{CMFB} 값이 조정되어 공통모드 출력전압 $(0.5 \cdot (V_o^+ + V_o^-))$ 값이 공통모드 기준전압 V_{CMREF} 과 같아지게 된다.

M12 와 M13 은 전류거울 회로로서 능동부하(active load)로 동작하는데, M12 와 M13 을 각각의 분리된 MOS diode 회로로 구성할 수도 있으나, CMFB 회로의 전압이득을 높이기 위해 M12 와 M13 을 전류거울 형태의 능동부하로 설계하였다. M12 와 M13 을 두 개의 분리된 MOS diode 회로로 설계할 경우 CMFB 회로의 전압이득인

$$9\,\partial\,V_{CMFB}\,\big/\,\partial\,\Big\{\!\big(V_o^+ + V_o^-\big)\!\big/2\Big\} = v_{CMFB}\big/\Big\{\!\big(v_o^+ + v_o^-\big)\!\big/2\Big\}$$

값이 작아져서 $I_{B3} = I_{B4} + I_{B5}$ 의 조건을 충족시키는 V_{CMFB} 값을 생성시키기 위해서는 $(V_o^+ + V_o^-)/2 - V_{CMREF}$ 값이 비교적 큰 non-zero 값(V_{OC})을 가져야 한다. 이경우, DC 전달 함수가 그림의 10.1.12(a) 혹은 (c)와 같이 비대칭적으로 되어 출력전압 범위가 줄어들게 된다.

그림 10.1.12 에서 $V_{CMREF} = 0$ 으로 가정하였고, main 앰프와 CMFB 회로의 차동 증폭단의 입력 offset 전압값도 0 으로 가정하였다. 그림 10.1.12(a), (c)에서 V_{OC} 값은 $I_{B3} = I_{B4} + I_{B5}$ 인 조건을 충족시키기 위한 CMFB 회로의 입력전압인 공통모드 출력전압 $0.5\,(V_o^+ + V_o^-)$ 값이다. V_{OC} 는 CMFB 회로에서 일종의 입력 offset 전압에 해당하는데, $I_{B3} = I_{B4} + I_{B5}$ 인 조건을 만족시키기 위해 필요한 V_{CMFB} 값과 CMFB 회로의 입력전압인 공통모드 출력전압 $0.5\,(V_o^+ + V_o^-)$ 가 V_{CMREF} 과 같을 때의 V_{CMFB} 값과의 차이를 CMFB 회로의 전압이득으로 나눈 값이므로 다음 식으로 표시된다.

$$V_{OC} = \frac{(\text{필요한}\quad V_{CMFB}) - \Big(0.5(V_o^+ + V_o^-) = V_{CMREF}\ \text{일 때의}\quad V_{CMFB}\Big)}{CMFB\ \text{회로의}\quad \text{소신호}\quad \text{전압이득}} \qquad (10.1.22)$$

NMOS 의 문턱전압(threshold voltage)은 모두 서로 같고 PMOS 의 문턱전압도 모두 서로 같다고 가정하고 또 channel length modulation 현상을 무시하고, 다음의 조건을 만족시켜 systematic 입력 offset 전압값을 0 으로 만들면, CMFB 회로의 전압이득

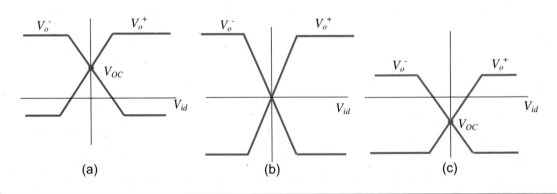

그림 **10.1.12** 그림 10.1.11 회로의 CMFB 회로의 전압이득에 따른 DC 전달 함수 $(V_{id} = V_i^+ - V_i^-)$ (a)와 (c): CMFB 전압이득이 작은 경우 (b) CMFB 전압이득이 큰 경우

값이 작더라도 V_{OC} 값을 0으로 만들 수 있다.

$$\frac{(W/L)_3}{(W/L)_{10}} = 2 \cdot \frac{(W/L)_4}{(W/L)_{12}} \tag{10.1.23}$$

여기서 $(W/L)_4 = (W/L)_5$, $(W/L)_{10} = (W/L)_{11}$, $(W/L)_{12} = (W/L)_{13}$ 이라고 가정하였다. 그런데 식(10.1.23)의 조건을 지켜서 설계할 경우에도 문턱전압과 W/L 값의 공정상의 부정합(mismatch) 또는 channel length modulation 현상으로 인해 V_{OC} 값을 정확하게 0으로 만드는 것은 불가능하다. 그리하여 M12 와 M13 을 분리된 두 개의 MOS diode 회로로 구성할 경우 CMFB 회로의 전압이득이 작아서 V_{OC} 값은 random 하게 큰 값을 가지게 되어 DC 전달 함수는 그림 10.1.12 의 (a)와 (c)에서처럼 된다. 그런데 그림 10.1.11 에서와 같이 M12 와 M13 을 전류거울 형태의 능동부하 회로로 대체하면 CMFB 회로의 전압이득 값이 증가하여 소자 간의 부정합이 발생하더라도 식(10.1.22)에서 보인 바와 같이 V_{OC} 값을 거의 0으로 감소시켜 그림 10.1.12(b)와 같은 대칭적인 DC 전달 함수를 얻을 수 있다. 그림 10.1.11 의 회로에서 CMFB 루프는 두 개의 증폭단을 가지는 2 단 증폭기(2-stage 앰프)로, 두 번째 증폭단의 입력 단자 (V_{CMFB}) 와 출력 단자들 (V_o^+, V_o^-) 사이에 주파수 보상용 커패시터(frequency compensation capacitor) C_C 를 연결하여 pole-splitting 주파수 보상을 행한다.

소신호 공통모드 전압이득

그림 10.1.11 회로의 공통모드 신호에 대한 소신호 회로를 그림 10.1.13 에 보였다. 그림 10.1.13 에서 $v_{i.cm} = 0$ 으로 두고 노드 X 에서 CMFB 루프를 자르고 CMFB 루프이득을 계산하면 다음 식으로 유도된다.

$$(CMFB\ 루프이득) = \frac{2g_{m6} \cdot \left(\dfrac{r_{o6}}{2} \,\middle\|\, r_{o13}\right) \cdot g_{m4}r_{o4}}{1 + s \cdot 2C_C \cdot \left(\dfrac{r_{o6}}{2} \,\middle\|\, r_{o13}\right) \cdot g_{m4}r_{o4}} \tag{10.1.24}$$

여기서 $0.5 \cdot r_{o4} << g_{m1}r_{o1} \cdot r_{o3}$ 의 근사식을 이용하였다.

공통모드 전압이득 $(v_{o.cm}/v_{i.cm})$ 식을 구하기 위해, 그림 10.1.13 의 (2×M1) 트랜지

스터의 드레인 노드에서 $v_{o.cm}$ 노드 쪽으로 바라본 impedance $Z_{o1}(s)$ 의 식을 먼저 구한다. 노드 X 에서 CMFB 루프를 자르고 피드백을 제거했을 때의 $Z_{o1}(s)$ 식은 $v_{CMFB} = 0$ 이 되므로 다음 식으로 주어진다.

$$Z_{o1}(no\ feedback) = \frac{0.5 \cdot r_{o4}}{1 + s \cdot r_{o4} \cdot (C_L + C_C)} \tag{10.1.25}$$

그림 10.1.13 회로는 $v_{o.cm}$ 노드에서 전압을 mixing 하는 shunt 피드백 형태이므로 식(10.1.24)에 주어진 CMFB 루프이득 식을 이용하면 최종 $Z_{o1}(s)$ 는 다음 식으로 주어진다.

$$Z_{o1}(s) = \frac{Z_{o1}(no\ feedback)}{1 + (CMFB\ loop\ gain)} \approx \frac{Z_{o1}(no\ feedback)}{(CMFB\ loop\ gain)}$$

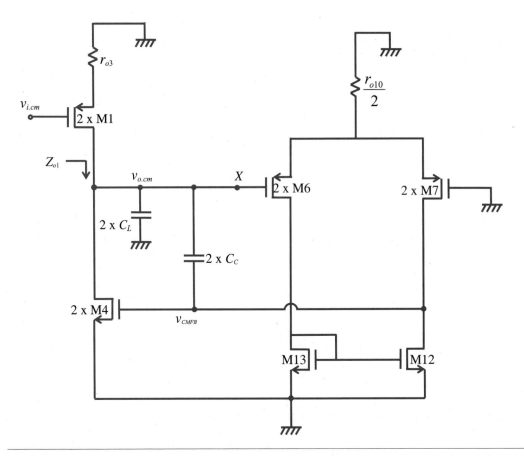

그림 **10.1.13** 그림 10.1.11 회로의 공통모드 소신호 회로

$$= \frac{1}{4 \cdot g_{m6} \cdot (0.5r_{o6} \| r_{o13}) \cdot g_{m4}} \cdot \frac{1 + s \cdot 2C_C \cdot (0.5r_{o6} \| r_{o13}) \cdot g_{m4}r_{o4}}{1 + s \cdot r_{o4} \cdot (C_L + C_C)} \quad (10.1.26)$$

CMFB 회로에 의해 공통모드 신호에 대한 $Z_{o1}(s)$ 값이 CMFB 루프이득만큼 감소되었다. 그리하여 소신호 공통모드 전압이득 $A_{vc}(s)$ 는 다음 식으로 주어진다.

$$A_{vc}(s) \triangleq \frac{v_{o.cm}}{v_{i.cm}} = -\frac{Z_{o1}(s) \| (g_{m1}r_{o1} \cdot r_{o3})}{0.5 \cdot r_{s1} + r_{o3}} \approx -\frac{Z_{o1}(s)}{r_{o3}}$$

$$= -\frac{1}{4 \cdot g_{m6} \cdot ((0.5r_{o6}) \| r_{o13}) \cdot g_{m4}r_{o3}} \cdot \frac{1 + s \cdot 2C_C \cdot ((0.5r_{o6}) \| r_{o13}) \cdot g_{m4}r_{o4}}{1 + s \cdot r_{o4} \cdot (C_L + C_C)} \quad (10.1.27)$$

CMFB 루프의 동작에 의해 $Z_{o1}(s)$ 값이 CMFB 루프이득만큼 감소되었기 때문에 $A_{vc}(s)$ 값도 CMFB 회로가 없는 경우에 비해 CMFB 루프이득만큼 감소되었다. 따라서 CMFB 회로는 소자의 부정합 등에 무관하게 균형잡힌(balanced) DC 바이어스 전압을 공급해 줄 뿐만 아니라, 소신호 공통모드 전압이득을 감소시켜 CMRR 값을 증가시키는 중요한 역할을 수행한다.

공급 전압 (V_{DD}, V_{SS}) 의 노이즈(noise)로 인해 출력전압 (V_o^+, V_o^-) 에 나타나는 노이즈 성분은 회로의 대칭성에 의해 공통모드로 작용하므로 CMFB 회로에 의해 CMFB 루프이득만큼 그 영향이 감쇄된다. 따라서 CMFB 회로를 사용하는 완전차동 (fully differential) OP 앰프 회로는 single-ended OP 앰프 회로에 비해 CMRR(common mode rejection ratio)과 PSRR(power supply rejection ratio) 값이 매우 크다.

소신호 차동모드 전압이득

소신호 차동모드 전압이득 A_{vd} 의 식은 그림 10.1.14 에 보인 소신호 차동모드 half circuit 을 이용하여 계산할 수 있다. 차동모드 입력신호($v_i^+ = 0.5 \cdot v_{id}$, $v_i^- = -0.5 \cdot v_{id}$)가 인가된 경우 소신호 출력전압들 (v_o^+, v_o^-) 은 각각 $v_o^+ = 0.5 \cdot v_{od}$, $v_o^- = -0.5 \cdot v_{od}$ 로 표시되므로 식(10.1.19)로부터 소신호 $v_{CMFB} = 0$ 이 되고, M1 의 소스 노드는 회로의 대칭성에 의해 AC $0V$ 가 된다는 사실을 이용하였다. 그림 10.1.14 회로로부터 소신호 차동모드 전압이득 $A_{vd}(s)$ 는

$$A_{vd}(s) = \frac{v_{od}}{v_{id}} = \frac{-g_{m1} \cdot (r_{o1} \| r_{o4})}{1 + s \cdot (r_{o1} \| r_{o4}) \cdot (C_L + C_C)} \tag{10.1.28}$$

로 주어지는데, A_{vd} 와 CMFB 루프이득의 GBW(gain-bandwidth 곱) 값은 식(10.1.28) 과 식(10.1.24)로부터 각각 다음 식들로 주어진다.

$$GBW(A_{vd}) = \frac{g_{m1}}{C_L + C_C}$$

$$GBW(CMFB \text{ 루프이득}) = \frac{g_{m6}}{C_C}$$

그런데 아래에 보인 대로 g_{m6} 은 g_{m1} 에 비해 크게 할 수 없고 보통 C_L 과 C_C 는 거의 같은 차수(order)의 크기를 가지므로, CMFB 루프이득의 GBW 값은 A_{vd} 의 GBW 값보다 작게 된다. 따라서 그림 10.1.11 에 보인 CMFB 회로는 보통 전체 OP 앰프 동작에서 speed bottleneck 을 형성한다. g_{m6} 값을 크게 하지 못하는 이유는, M6-M7, M8-M9 로 구성된 두 차동증폭단(differential pair) 회로의 선형 동작 차동모드 입력전압 범위는 대체로 $\left| \sqrt{2} \cdot (V_{GS6} - V_{THp}) \right|$ 로 주어지는데, 이 값이 커야 전체 OP 앰프 출력전압 (V_o^+, V_o^-) 의 swing 폭이 커지므로, CMFB 회로의 전력소모를 지나치게 증가시키지 않는 한 $g_{m6} = 2 \cdot I_{D6} / \left| V_{GS6} - V_{THp} \right|$ 로 주어지는 g_{m6} 값을 크게 하기가 어렵기 때문이다.

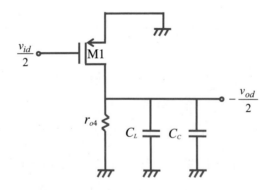

그림 **10.1.14** 그림 10.1.12 회로의 소신호 차동모드 half circuit

전체 OP 앰프의 선형 출력전압 범위

그림 10.1.11 회로에서 $(V_{CMFB} - V_{SS})$가 작은 값을 가지게 설계하면 CMFB 회로에 의해 전체 OP 앰프의 active 공통모드 입력전압 범위는 별로 감소하지 않는다. 그러나 전체 OP 앰프의 선형 출력전압 범위는, CMFB 회로 자체의 active 공통모드 입력전압 범위와 선형 차동모드 입력전압 범위의 제약에 의해 많이 줄어들게 되는데, 이 점이 이 CMFB 회로의 제일 큰 단점이다.

먼저 CMFB 회로 자체의 active 공통모드 입력전압 범위의 제약에 의해 전체 OP 앰프의 선형 출력전압 (V_o^+, V_o^-) 범위가 감소되는 현상을 분석한다. CMFB 회로가 없고 M3, M4, M5 의 게이트에 balanced DC 바이어스 전압들이 인가될 경우, 모든 트랜지스터들이 saturation 영역에서 동작하여 큰 전압이득을 보장하는 전체 OP 앰프의 선형 출력전압 (V_o^+, V_o^-) 범위는 다음과 같다.

V_o 의 최대값 $: \min\left[\left\{(V_i^+ \ or \ V_i^-) + |V_{THp}|\right\}, \left\{V_{DD} - |V_{DSAT\,3}| - |V_{DSAT\,1}|\right\}\right]$ (10.1.29.a)

V_o 의 최소값 $: V_{SS} + V_{DSAT\,4}$ (10.1.29.b)

이 선형 출력전압 범위는 최대값에서 비교적 큰 제약을 받아 V_{DD} 쪽보다 V_{SS} 쪽으로 약간 치우쳐 있다. 그런데 CMFB 회로를 사용할 경우에는 전체 OP 앰프의 선형 출력전압 (V_o^+, V_o^-) 범위가 위에서 주어진 것보다 훨씬 줄어드는 경우가 많다. 이는, CMFB 회로가 공통모드 출력전압 $0.5(V_o^+ + V_o^-)$에 선형적으로 변하는 V_{CMFB} 값을 생성하기 위해서는, CMFB 회로를 구성하는 M6 - M13 의 트랜지스터들이 모두 saturation 영역에서 동작해야 한다는 제약이 추가되기 때문이다. 이와 같이 CMFB 회로가 선형 동작을 하기 위해서는, CMFB 회로의 입력전압으로 인가되는 V_o^+ 와 V_o^- 전압들이 CMFB 회로 차동 입력단(M6-M7, M8-M9)의 active 공통모드 입력전압 범위 및 선형 차동모드 입력전압 범위 내에 놓여야 한다. CMFB 회로 차동 입력단의 active 공통모드 입력전압 범위는 다음과 같이 주어지는데, CMFB 회로의 선형 동작을 위해서 V_o^+, V_o^- 와 V_{CMREF} 전압들이 모두 이 범위 내에 들어가야 한다.

V_o 와 V_{CMREF} 의 최대값$: V_{DD} - |V_{DSAT\,10}| - |V_{GS\,6}| = V_{DD} - |V_{THp}| - |V_{DSAT\,10}| - |V_{DSAT\,6}|$

V_o 와 V_{CMREF} 의 최소값$: V_{SS} + V_{GS\,13} - |V_{THp}| = V_{SS} + V_{DSAT\,13} + V_{THn} - |V_{THp}|$ (10.1.30)

여기서 V_{THn} 과 V_{THp} 는 각각 NMOS 와 PMOS 트랜지스터의 문턱전압이다. 위의 active 공통모드 입력전압 범위에서 최소값은 V_{SS} 에 가깝지만 최대값은 V_{DD} 에서 많이 감소되었음을 알 수 있다.

다음에 CMFB 회로 자체의 선형 차동모드 입력전압 범위의 제약에 의해 전체 OP 앰프 회로의 선형 출력전압 범위가 감소하는 현상을 분석한다. CMFB 회로의 차동 입력단의 선형 차동모드 입력전압 범위는 다음과 같이 주어지는데, CMFB 회로의 선형 동작을 위해서 $(V_o^+ - V_{CMREF})$ 과 $(V_o^- - V_{CMREF})$ 가 모두 이 범위 내에 들어가야 한다.

$$V_o - V_{CMREF} \text{ 의 최대값}: +\sqrt{2} \cdot \left| V_{DSAT\,6} \right| \tag{10.1.31.a}$$

$$V_o - V_{CMREF} \text{ 의 최소값}: -\sqrt{2} \cdot \left| V_{DSAT\,6} \right| \tag{10.1.31.b}$$

여기서 M6, M7, M8, M9 는 정합된(matched) 트랜지스터들이라고 가정하였다. 위 범위를 V_o^+ 와 V_o^- 에 대해 다시 쓰면 다음과 같이 된다.

$$V_o \text{ 의 최대값}: V_{CMREF} + \sqrt{2} \cdot \left| V_{DSAT\,6} \right| \tag{10.1.32.a}$$

$$V_o \text{ 의 최소값}: V_{CMREF} - \sqrt{2} \cdot \left| V_{DSAT\,6} \right|. \tag{10.1.32.b}$$

$\left| V_{DSAT\,6} \right|$ 값이 증가하면, 식(10.1.32)에 주어진 선형 차동모드 입력전압 범위의 최대값은 증가하지만 식(10.1.30)에 주어진 active 공통모드 입력전압 범위의 최대값은 감소하게 된다. 따라서 V_o^+ 와 V_o^- 의 선형 동작 범위를 최대로 하기 위한 최적 $\left| V_{DSAT\,6} \right|$ 값이 존재함을 알 수 있다. $\left| V_{DSAT\,10} \right|$ 과 $V_{DSAT\,13}$ 값들이 주어졌을 경우에 식(10.1.30)과 식(10.1.32)를 이용하여 V_o^+ 와 V_o^- 의 선형 동작 범위를 $\left| V_{DSAT\,6} \right|$ 에 대해 도시하면 그림 10.1.15 와 같게 된다. 그림 10.1.15 에서 $V_{THn} = \left| V_{THp} \right|$ 로 가정하였다. 그림 10.1.15 에서 A, B, C 점에서의 $\left| V_{DSAT\,6} \right|$ 값들은 각각 다음 식으로 주어진다.

$$\left| V_{DSAT\,6} \right|(A) = \frac{V_{DD} - \left| V_{DSAT\,10} \right| - V_{CMREF}}{\sqrt{2}+1} \tag{10.1.33.a}$$

$$\left| V_{DSAT\,6} \right|(B) = \frac{-V_{SS} + V_{CMREF} - V_{DSAT\,13}}{\sqrt{2}} \tag{10.1.33.b}$$

$$\left| V_{DSAT\,6} \right|(C) = V_{DD} - V_{SS} - \left| V_{DSAT\,10} \right| - V_{DSAT\,13} - \left| V_{THp} \right| \tag{10.1.33.c}$$

$V_{DD} = -V_{SS}$ 라고 가정할 때 V_{CMREF}, $\left| V_{DSAT\,10} \right|$, $V_{DSAT\,13}$ 값에 따라 $\left| V_{DSAT\,6} \right|(A)$

값이 $\left|V_{DSAT\,6}\right|(B)$ 값보다 커질 수도 있고 그 반대가 될 수도 있다. 그런데 V_o^+ 와 V_o^- 의 선형전압 범위의 최대값($V_{o.\max}$)과 최소값($V_{o.\min}$)은 V_{CMREF} 에 대해 서로 대칭인 것이 바람직하다. 즉,

$$V_{o.\max} - V_{CMREF} = V_{CMREF} - V_{o.\min}$$

의 조건이 만족되는 것이 바람직하다. 그림 10.1.16 에 $V_{o.\max} - V_{CMREF}$ 과 $V_{CMREF} - V_{o.\min}$ 을 $\left|V_{DSAT\,6}\right|$ 에 대해 도시하였는데, 대칭적인 최대 선형 출력전압 범위를 얻기 위해서는

$$\left|V_{DSAT\,6}\right|(A) = \left|V_{DSAT\,6}\right|(B) \tag{10.1.34}$$

인 조건이 성립해야 함을 알 수 있다. 이 경우, 그림 10.1.16 의 점 A 와 두 개의 점 B 는 한 점으로 겹치게 된다. 따라서 식(10.1.33.a)와 식(10.1.33.b)를 식(10.1.34)에 대입하면 최적 V_{CMREF} 값은 다음 식으로 주어짐을 알 수 있다.

$$최적 \ V_{CMREF} = \frac{\sqrt{2}\cdot\left(V_{DD} - \left|V_{DSAT\,10}\right|\right) + \left(\sqrt{2}+1\right)\cdot\left(V_{SS} + V_{DSAT\,13}\right)}{2\cdot\sqrt{2}+1} \tag{10.1.35}$$

$V_{DD} = -V_{SS}$ 일 때, 위 식에 주어진 최적 V_{CMREF} 은

$$최적 \ V_{CMREF} = \frac{-(V_{DD} - V_{DSAT\,13}) + \sqrt{2}\cdot\left(V_{DSAT\,13} - \left|V_{DSAT\,10}\right|\right)}{2\cdot\sqrt{2}+1}$$

으로 주어져서 $V_{DSAT\,13} = \left|V_{DSAT\,10}\right|$ 일 때, 최적 V_{CMREF} 는 음($-$)의 값을 가지게 된다. 이 경우, 최적 $V_{DSAT\,6}$ 은 식(10.1.33.a) 혹은 식(10.1.33.b)로부터

$$최적 \ V_{DSAT\,6} = 0.52\cdot(V_{DD} - V_{DSAT\,13})$$

으로 주어지고, 최적 $V_{o.\max} - V_{CMREF}$ 과 최적 $V_{CMREF} - V_{o.\min}$ 은 다음 식으로 주어진다.

$$최적 \ V_{o.\max} - V_{CMREF} = 최적 \ V_{CMREF} - V_{o.\min} = \sqrt{2} \times \ 최적 \ V_{DSAT\,6}$$
$$= \ 0.74\cdot(V_{DD} - V_{DSAT\,13})$$

그리하여 전체 OP 앰프의 선형 출력전압 범위가 CMFB 회로에 의하여 크게 제약됨을 알 수 있다.

결론적으로, 이 방식의 CMFB 회로는 CMFB 회로에 요구되는 기능 중에서 ①번과 ②번의 조건을 잘 충족시키지 못하여, CMFB 회로 자체의 동작 속도가 느려서 전체 OP 앰프의 동작 속도를 느리게 하고 전체 OP 앰프의 선형 출력전압 범위를 크게 제약시키는 단점이 있다.

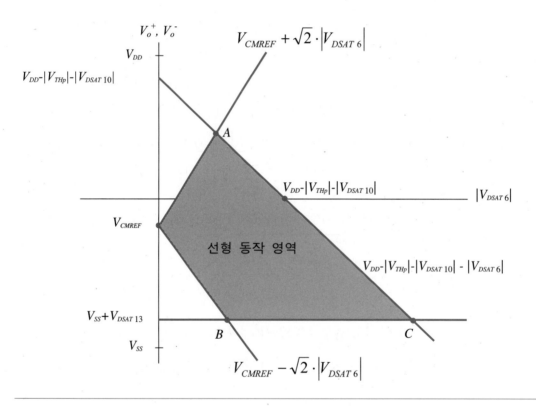

그림 **10.1.15** 그림 10.1.11 회로의 V_o^+와 V_o^-의 선형 동작 범위

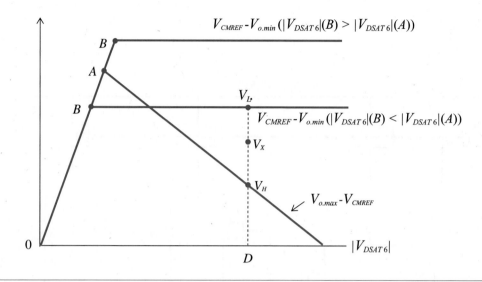

그림 **10.1.16** $(V_{o.\max} - V_{CMREF})$ 과 $(V_{CMREF} - V_{o.\min})$

설 계 예

앞에서 유도된 전체 OP 앰프의 선형 출력전압 (V_o^+, V_o^-) 범위를 최대로 하기 위한 식들을 이용하여 설계한 회로와 SPICE netlist 를 각각 그림 10.1.17 과 그림 10.1.18 에 보였다. 그림 10.1.17 회로의 SPICE simulation 결과를 그림 10.1.19 에 보였다. 그림 10.1.19(a)의 DC 전달함수는 $V_i^- = 0$ 으로 두고 V_i^+ 변화에 대한 V_o^+ 와 V_o^- 의 변화를 보인 것이고, 그림 10.1.19 의 (b)와 (c)는 식(10.1.28)에 보인 소신호 차동모드 전압이득 $A_{dv}(j\omega)$ 와 식(10.1.27)의 소신호 공통모드 전압이득 $A_{cv}(j\omega)$ 의 SPICE simulation 결과이다.

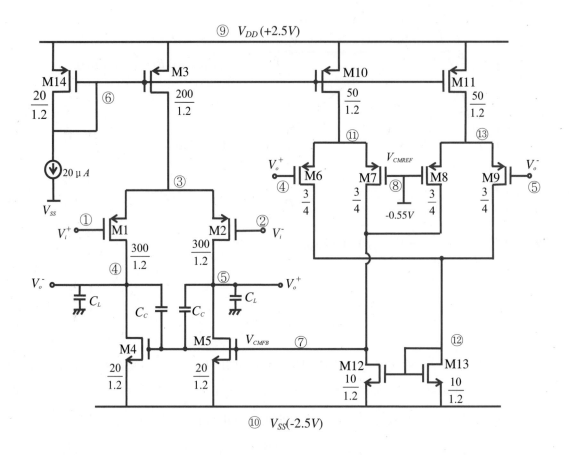

그림 **10.1.17** 그림 10.1.11 회로의 설계 예

Fully differential CMOS amplifier with diff.pair CMFB ckt.

```
    *    main diff amp
    *

    m1   4   1   3   9    pmos   w=300u   l=1.2u   ad=1080p   as=1080p   pd=307u   ps=307u
    m2   5   2   3   9    pmos   w=300u   l=1.2u   ad=1080p   as=1080p   pd=307u   ps=307u
    m3   3   6   9   9    pmos   w=200u   l=1.2u   as=720p    as=720p    pd=207u   ps=207u
    m4   4   7   10  10   nmos   w=20u    l=1.2u   ad=72p     as=72p     pd=27u    ps=27u
    m5   5   7   10  10   nmos   w=20u    l=1.2u   ad=72p     as=72p     pd=27u    ps=27u
    *

    *    CMFB ckt.
    *

    m6   12  4   11  9    pmos   w=3u     l=4. 0u   ad=11p    pd=10u    as=11p    ps=10u
    m7   7   8   11  9    pmos   w=3u     l=4. 0u   ad=11p    pd=10u    as=11p    ps=10u
    m8   7   8   13  9    pmos   w=3u     l=4. 0u   ad=11p    pd=10u    as=11p    ps=10u
    m9   12  5   13  9    pmos   w=3u     l=4. 0u   ad=11p    pd=10u    as=11p    ps=10u
    *

    *    current sources for CMFB
    *

    m10  11  6   9   9    pmos   w=50u    l=1.2u   ad=180p    pd=57u    as=180p   pd=57u
    m11  13  6   9   9    pmos   w=50u    l=1.2u   ad=180p    pd=57u    as=180p   pd=57u
    * high gain for CMFB ckt.
    *

    m12   7   12  10  10   nmos   w=10u    l=1.2u   ad=36p    pd=17u    as=36p    ps=17u
    *

    *    low gain for CMFB ckt.
    *

    *m12  7   7   10  10   nmos   w=10u    l=1.2u   ad=36p    pd=17u    as=36p    ps=17u
    m13  12  12  10  10   nmos   w=10u    l=1.2u   ad=36p    pd=17u    as=36p    ps=17u
    *

    *    bias ckt
    *

    m14  6   6   9   9    pmos   w=20u    l=1.2u   ad=72p    as=72p    pd=27u    ps=27u
    idd  6   10  dc  20u
    *

    *    bias voltages
    *

    vcmref  8   0   dc   -0.55
    vi1  1   0   dc   0   ac   0.5
    vi2  2   0   dc   0   ac   -0.5
```

```
*
*   supply voltages
*
vdd    9   0   dc   2.5
vss   10   0   dc   -2.5
*
*   load capacitors
*
cl1   4   0   10p
cl2   5   0   10p
*
** compensation capacitor
*
cc1   7   4   1p
cc2   7   5   1p
.op
*.dc   vi1   -2.5   2.5   .01
.dc   vi1   -50m   50m   0.1m
.probe   v(5)   v(40)   v(11)   v(7)   v(12)   v(6)   v(3)   v(13)
.print   dc   v(4)
.print   dc   v(5)
.ac   dec   10   1 gig
.print   ac   vdb(5)
.print   ac   vp(5)
*.tran   0.01   10
*.print   tran   v(4)
*.print   tran   v(5)
.model   nmos   nmos   tox=200e-10   uo=500   vto=0.8   gamma=0.0
+   lambda=0.08   cgdo=300p   cgso=300p   cj=2.75e-4   cjsw=1.9e-10
+   ld=0.2u   level=1   af=1   kf=5e-26
.model   pmos   pmos   tox=200e-10   uo=200   vot=-0.8   gamma=0.0
+   lambda=0.1   cgdo=300p   cgso=300p   cj=2.75e-4   cjsw=1.9e-10
+   ld=0.2u   level=1   af=1   kf=1e-26
.end
```

그림 **10.1.18**   그림 10.1.17 회로에 대한 SPICE netlist

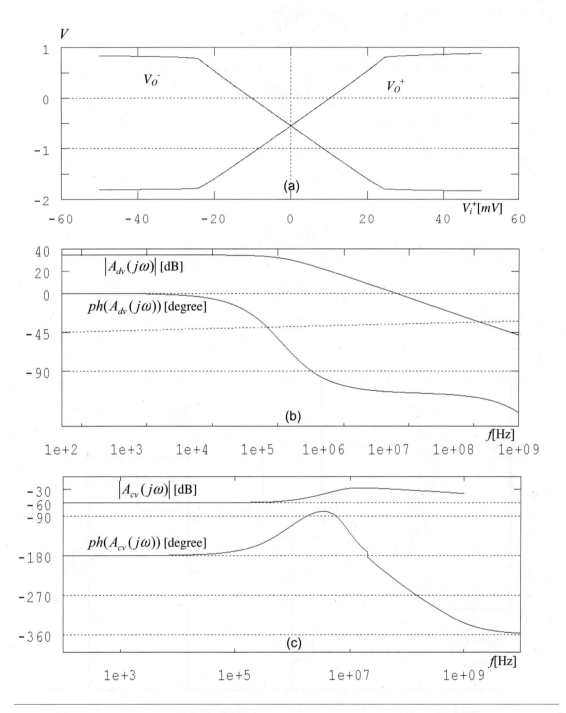

그림 **10.1.19** 그림 10.1.17 회로의 SPICE simulation 결과 (a) DC 전달 함수
(b) 차동모드 전압이득 $A_{dv}(j\omega)$ (c) 공통모드 전압이득 $A_{cv}(j\omega)$

10.1.5 Source follower 를 이용한 CMFB 회로 (*)

완전차동(fully differential) 증폭기에 source follower(공통드레인) 형태의 CMFB 회로를 부착한 예를 그림 10.1.20 에 보였다. 출력전압 V_o^+ 와 V_o^- 가 source follower M6 과 M7 을 거친 다음 저항 divider 에 의해 그 평균 전압에서 $|V_{GS6}|$ 값을 더한 전압 값($(V_o^+ + V_o^-)/2 + |V_{GS6}|$)이 V_{C1} 에 나타나게 된다. $|V_{GS6}|$ 값은 M8 과 M6 의 W/L 값의 비율과 바이어스 전압 V_{B2} 에 의해 정해지는데 대체로 시간에 대해 변하지 않는 DC 전압 값을 가진다. 저항 divider 동작이 정확하게 수행되기 위해서는 저항 R 값이 r_{o6}, r_{o7}, r_{o8}, r_{o9} 값들보다 훨씬 작아야 한다. r_{o6}, r_{o7}, r_{o8}, r_{o9} 가 대체로 수 백 $K\Omega$ 정도의 값을 가지므로 R 은 대체로 수 십 $K\Omega$ 이하의 값을 가져야 한다. 그런데 R 값은 너무 줄일 수 없는데, 이는 M6, M7, M8, M9 트랜지스터들이 모두 saturation 영역에서 동작하면서, V_o^+ 와 V_o^- 가 각각 최대값과 최소값을 가질 때,

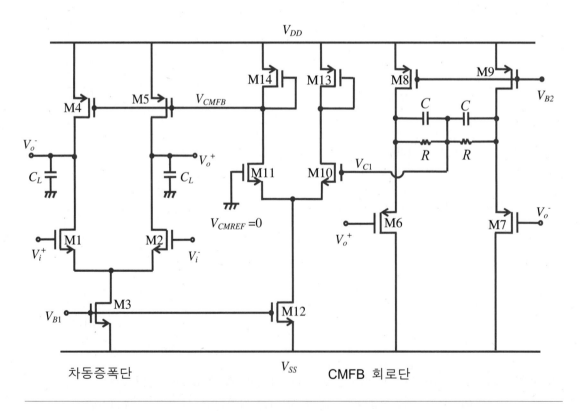

그림 **10.1.20** Source follower 형태의 CMFB 회로를 이용한 완전차동 증폭기

channel length modulation 현상에 의해서만 저항 $2R$ 에 $\max\left|V_o^+ - V_o^-\right|/(2R)$ 의 전류를 흘려야 하기 때문이다. 예를 들어 $\max\left|V_o^+ - V_o^-\right| = 4V$, $R = 20K\Omega$, 트랜지스터의 channel length modulation factor $\lambda = 0.05V^{-1}$ 라고 가정하면, 저항 $2R$ 에 흐르는 최대 전류값 $\max\left|V_o^+ - V_o^-\right|/(2R)$ 은 한 개의 트랜지스터가 channel length modulation 현상으로 변화시킬 수 있는 최대 전류값 $I_{D6} \cdot \lambda \cdot \max\left|V_o^+ - V_o^-\right|$ 와 같아야 한다. 따라서 I_{D6} 은 다음 식으로 주어진다.

$$I_{D6} = \frac{1}{\lambda \cdot 2R} \tag{10.1.36}$$

위에서 주어진 파라미터 값들을 식(10.1.36)에 대입하면 $I_{D6} = 0.5mA$ 가 되어 상당히 큰 전류가 흘러야 됨을 알 수 있다. 또한 유한한 $\left|V_{GS6}\right|$ 값 때문에 출력전압 (V_o^+, V_o^-) 의 최대값이 제약을 받게 되는데 이를 방지하기 위해 주어진 DC 전류 조건에서 $\left|V_{GS6} - V_{THp}\right|$ 값을 최소로 하기 위해 M6 과 M7 의 (W/L) 값을 매우 크게 해야 한다. CMFB 회로가 인식할 수 있는 출력전압 (V_o^+, V_o^-) 의 최대값은

$$V_{DD} - \left|V_{DSAT8}\right| - \left|V_{GS6}\right| = V_{DD} - \left|V_{DSAT8}\right| - \left|V_{DSAT6}\right| - \left|V_{THp}\right|$$

로 주어지는데, $\left|V_{DSAT}\right|$ 값들은 트랜지스터의 W/L 값을 증가시켜 감소시킬 수 있지만 문턱전압 $\left|V_{THp}\right|$ 값은 공정 파라미터이므로 W/L 값에 무관하게 약 $0.6V$ 내지 $1V$ 정도의 값을 가진다. 따라서 공급전압 $(V_{DD} - V_{SS})$ 값이 $5V$ 미만인 회로에서는 source follower 의 전압 강하 $\left(\left|V_{GS6}\right|\right)$ 때문에 이 방식의 CMFB 회로를 사용하기가 어렵다. M10-M14 로 나타낸 차동증폭단의 입력전압 V_{C1} 은 $V_o^+ + \left|V_{GS6}\right|$ 과 $V_o^- + \left|V_{GS6}\right|$ 사이 값을 가져서 비교적 큰 값이 되고 이 차동증폭단(M10-M14)은 NMOS 입력 차동증폭단이므로, 이 차동증폭단의 선형 입력 공통모드 전압 범위에 의한 제약은 별로 문제가 되지 않는다. 그러나 이 차동증폭단의 선형 차동모드 입력전압 범위 $(\sqrt{2} \cdot (V_{GS10} - V_{THn}))$ 에 의해서는 전체 증폭기 출력전압 (V_o^+, V_o^-) 의 선형 동작 범위가 제약되므로, M10 과 M11 의 $V_{GS} - V_{THn}$ 값을 증가시켜야 한다. 따라서 이 방식의 CMFB 회로는 source follower 구조로 인해 10.1.1 절에 주어진 CMFB 회로에 요구되는 기능 중에서 특히 선형 차동모드 출력전압에 관한 ②번 조건을 충족시키지 못하여 전체 OP 앰프의 출력전압을 너무 지나치게 제약하는 단점이 있다.

이 방식의 CMFB 회로를 완전차동 폴디드 캐스코드 회로에 적용한 예를 그림 10.1.21 에 보였다[3]. CMFB 회로의 source follower 트랜지스터들의 *W/L* 값들이 증폭기의 입력 트랜지스터 *W/L* 값보다 훨씬 크게 설계되었다.

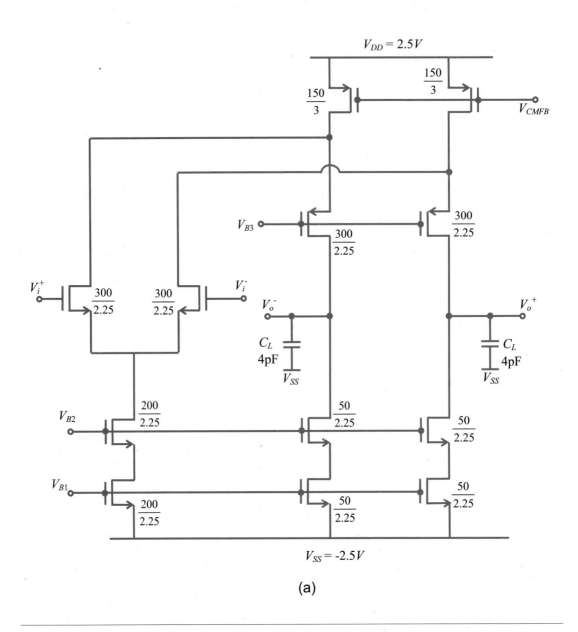

(a)

그림 **10.1.21** Source follower 구조의 CMFB 회로를 이용한 완전차동 folded cascode OP 앰프 (a) OP 앰프 회로도 (b) CMFB 회로(다음 페이지)

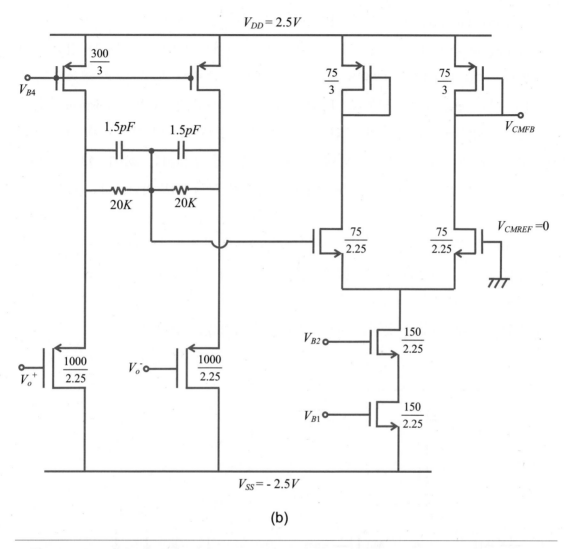

(b)

그림 **10.1.21** Source follower 구조의 CMFB 회로를 이용한 완전차동 folded
cascode OP 앰프   (a) OP 앰프 회로도(앞 페이지)   (b) CMFB 회로

10.1.6 스위치드 커패시터(switched-capacitor) CMFB 회로 (*)

지금까지 네 가지 유형의 continuous time CMFB 회로를 보였는데 공통적으로 전
체 OP 앰프의 선형 출력전압 범위를 크게 제약하는 단점이 있다. 스위치드 커패시
터 CMFB 회로는 이 선형 출력전압 범위의 제약 문제를 완전 해결하였다. 다만 스

위치의 charge injection 등에 의해 과도 상태 노이즈가 증가될 수 있는 단점이 있다. 그림 10.1.22 에 완전차동증폭단 회로에 스위치드 커패시터 CMFB 회로를 결합한 예를 보였다. 그림 10.1.22 의 CMFB 회로의 입력 신호 중에서 V_{CMREF} 은 공통모드 출력전압의 기준(reference) 전압이고, V_{B2} 는 M1-M5 의 트랜지스터들이 mismatch 가 없는 상황에서 $I_{B3} = I_{B4} + I_{B5}$ 인 조건을 충족시키기 위해 M3 의 게이트에 인가해 주어야 하는 M3 의 기준 게이트 전압이다. CMFB 회로에 입력되는 $\phi1$과 $\phi2$는 스위치 on 시간이 서로 겹치지 않는 non-overlapping 디지털 클락 입력이다. $\phi1$, $\phi2$의 클락 주파수는 입력 신호(V_i^+, V_i^-)의 대역폭(bandwidth)보다 훨씬 높아야 한다.

그림 10.1.22 에 사용된 스위치드 커패시터 CMFB 회로를 그림 10.1.23 에 보였다. V_B 는 M4, M5 의 기준 게이트 전압값으로 V_{SS} 에 가깝기 때문에 V_B branch 들에는 NMOS 트랜지스터들을 사용하였다. V_{CMREF} 은 대체로 $0.5 \cdot (V_{DD} + V_{SS})$ 값을 가지므로 스위치의 on 저항을 줄이기 위해 CMOS 스위치를 사용하였다.

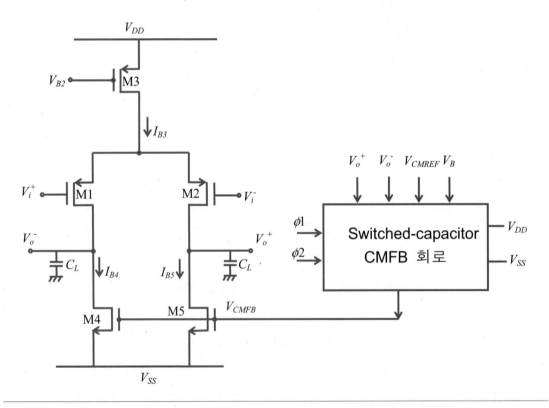

그림 **10.1.22** 스위치드 커패시터 CMFB 회로를 사용한 완전차동증폭단

스위치드 커패시터 CMFB 회로에서, $\phi1$과 $\phi2$가 변할 때 나타나는 과도 응답 시간을 제외한 정상 상태(steady-state)에서 V_{CMFB}는 다음 식으로 표시된다.

$$V_{CMFB} = V_B + \left(\frac{V_o^+ + V_o^-}{2} - V_{CMREF} \right) \tag{10.1.37}$$

따라서 CMFB 회로의 소신호 전압이득은 +1 이 되어 공통모드 신호에 대한 주파수 보상용 커패시터를 필요로 하지 않는다. 그림 10.1.23 에 보인 CMFB 회로의 동작 속도는 스위치의 on 저항과 커패시턴스 값들의 곱으로 정해지는데, 이 속도는 클락 ($\phi1, \phi2$) 주파수보다 빠르고 또 클락 주파수는 입력 신호의 최대 변화율에 비례하는 대역폭(bandwidth)보다 훨씬 크기 때문에, 스위치드 커패시터 CMFB 회로를 사용할 경우에는 CMFB 루프이득(loop gain)의 GBW 값(g_{m4}/C_L)이 차동모드 전압이득 A_{vd} 의 GBW 값(g_{m1}/C_L)보다 커지도록 설계하기가 용이하다. CMFB 회로의 동작 속도의 증가는 공통모드 신호에 대한 주파수 보상용 커패시터를 필요로 하지 않기 때문이다. 그리하여 일반적으로 스위치드 커패시터 CMFB 회로는 전체 OP 앰프 동작의 speed bottleneck 을 형성하지 않는다. 따라서 앞에서 열거된 CMFB 회로에 비해 스위치드 커패시터 CMFB 회로는 전체 OP 앰프의 동작 속도를 빠르게 한다.

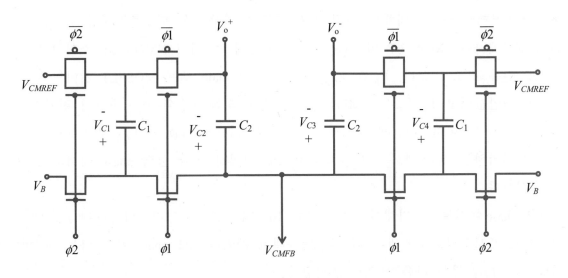

그림 **10.1.23**   그림 10.1.23 회로에 사용된 스위치드 커패시터(switched-capacitor) CMFB 회로

또한 CMFB 회로에 의해 입력전압 (V_i^+, V_i^-) 의 active 공통모드 범위나 출력전압 (V_o^+, V_o^-) 의 선형 동작 범위가 감소하는 일이 발생하지 않는다. 그리하여 클락 switching 을 이용한다는 점과 클락 switching 직후의 얼마간의 시간 동안 부정확한 출력 값이 나타나는 점 이외에는, 이 스위치드 커패시터 CMFB 회로는 CMFB 회로에 요구되는 모든 조건을 다 만족시킨다.

또한 CMOS OP 앰프는 스위치드 커패시터 필터 등의 switching 을 하는 아날로그 (analog) 회로 시스템에 많이 사용되고 있는데, 이러한 응용 분야에서는 switching 이 필요한 점과 switching 에 의한 과도시간 구간의 부정확한 출력 파형 특성은 문제되지 않는다.

스위치드 커패시터(switched-capacitor) CMFB 회로의 동작

그림 10.1.23 에 보인 스위치드 커패시터 CMFB 회로의 동작을 분석하면 다음과 같다. C2 와 C3 은 커패시터(capacitor)로 동작하여 전압을 평균하는 역할을 하고, C1 과 C4 는 DC 입력전압인 $(V_B - V_{CMREF})$을 C2 와 C3 에 전달하는 역할을 한다. 따라서 그림 10.1.23 회로는 대체로 DC 전압을 입력으로 하는 low pass 필터로 동작한다. 네 개의 커패시터들은 대체로 각각 $1pF$ 정도의 값을 가진다. 출력전압 V_{CMFB} 는 main 앰프에 있는 MOSFET 의 gate 에 연결되는데 두 개의 NMOS $\phi1$ 스위치 외에는 DC 전류 경로가 없다. V_B 는 V_{CMFB} 가 연결될 main 앰프 MOSFET 게이트의 기준 DC 전압값이고 V_{CMREF} 은 CMFB 회로 동작에 의해 V_o^+ 와 V_o^- 전압의 평균값이 지향하는 전압값이다. $V_{C1}(\phi1)$ 을 $\phi1$ phase 가 끝나는 시각($\phi1$ 이 V_{DD} 에서 0 으로 떨어지기 시작하는 시각)에서의 V_{C1} 전압값으로 정의하고 각 클락 phase 에서의 동작을 분석한다.

$\phi2$ phase 에서는 각 커패시터들이 그림 10.1.24 와 같이 연결된다. On 된 스위치는 저항으로 표시하였고 off 된 스위치는 나타내지 않았다. $\phi2$ phase 가 끝나는 시각에서 V_{C1}과 V_{C4} 값은 다음 식으로 표시된다.

$$V_{C1}(\phi2) = V_{C4}(\phi2) = V_B - V_{CMREF} \tag{10.1.38}$$

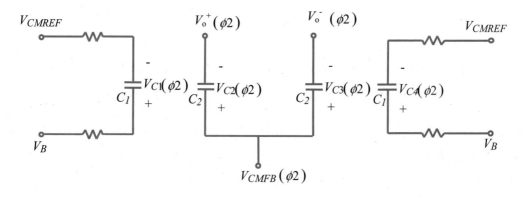

그림 **10.1.24** 스위치드 커패시터 CMFB 회로의 $\phi2$ phase 에서의 스위치 연결

커패시터 전압은 시간에 대해 연속이므로 $\phi2$ phase 가 시작할 시각에서의 V_{C2} 와 V_{C3} 은 각각 $V_{C2}(\phi1)$ 과 $V_{C3}(\phi1)$ 과 같은 값을 가진다. $\phi2$ phase 동안 V_{CMFB} 노드 (node)는 다른 노드들과 DC path 가 없이 격리되므로 $\phi2$ phase 동안 V_{CMFB} 노드에 모인 전하량은 보존되므로 다음 식이 성립한다.

$$C_2 \cdot V_{C2}(\phi1) + C_2 \cdot V_{C3}(\phi1) = C_2 \cdot V_{C2}(\phi2) + C_2 \cdot V_{C3}(\phi2) \tag{10.1.39}$$

회로연결로 인해 $V_{C2}(t)$ 과 $V_{C3}(t)$ 는 항상 다음 관계식이 성립하므로

$$V_{C2}(t) = V_{CMFB}(t) - V_o^+(t) \tag{10.1.40.a}$$

$$V_{C3}(t) = V_{CMFB}(t) - V_o^-(t) \tag{10.1.40.b}$$

식(10.1.39)는 다음 식으로 변환된다.

$$2 \cdot V_{CMFB}(\phi2) - V_o^+(\phi2) - V_o^-(\phi2) = 2 \cdot V_{CMFB}(\phi1) - V_o^+(\phi1) - V_o^-(\phi1) \tag{10.1.41}$$

여기서 $V_{CMFB}(\phi1)$ 는 $V_{CMFB}(\phi2)$ 에 비해 $0.5T$ 앞 선 시각의 값이다(T 는 클락 $\phi1$ 과 $\phi2$ 의 주기).

$\phi2$ phase 가 끝난 후 $\phi1$ phase 가 되면 스위치들은 그림 10.1.25 와 같이 연결된다. $\phi1$ phase 에서는 네 개의 커패시터들이 모두 V_{CMFB} 노드에 연결되는데, V_{CMFB} 노드는 DC 적으로 다른 노드들로부터 격리되어 있으므로 $\phi1$ phase 동안 V_{CMFB} 노드에 모인 전하량은 보존된다. $\phi1$ phase 가 시작하는 시각에서의 V_{C1}, V_{C2}, V_{C3}, V_{C4} 값들은 각각 $V_{C1}(\phi2)$, $V_{C2}(\phi2)$, $V_{C3}(\phi2)$, $V_{C4}(\phi2)$와 같고, $\phi1$ phase 가 끝나는 시각에서의 V_{C1}, V_{C2}, V_{C3}, V_{C4} 값들은 각각 $V_{C1}(\phi1)$, $V_{C2}(\phi1)$, $V_{C3}(\phi1)$,

$V_{C4}(\phi1)$ 이고, $\phi1$ phase 동안에는 V_{CMFB} 노드에 모인 전하량이 보존되므로 다음 관계식이 성립한다.

$$C_1 \cdot V_{C1}(\phi2) + C_2 \cdot V_{C2}(\phi2) + C_2 \cdot V_{C3}(\phi2) + C_1 \cdot V_{C4}(\phi2)$$
$$= C_1 \cdot V_{C1}(\phi1) + C_2 \cdot V_{C2}(\phi1) + C_2 \cdot V_{C3}(\phi1) + C_1 \cdot V_{C4}(\phi1) \qquad (10.1.42)$$

그림 10.1.25 에서 알 수 있듯이 $V_{C1}(\phi1) = V_{C2}(\phi1) = V_{CMFB}(\phi1) - V_O^+(\phi1)$, $V_{C3}(\phi1) = V_{C4}(\phi1) = V_{CMFB}(\phi1) - V_O^-(\phi1)$ 이고 식(10.1.38)과 식(10.1.40)을 식(10.1.42)의 오른쪽 항에 적용하면 다음 식을 구할 수 있다.

$$(C_1 + C_2) \cdot \left\{ 2 \cdot V_{CMFB}(\phi1) - V_O^+(\phi1) - V_O^-(\phi1) \right\} =$$

$$C_2 \cdot \left\{ 2 \cdot V_{CMFB}(\phi2) - V_O^+(\phi2) - V_O^-(\phi2) \right\} + 2C_1 \cdot (V_B - V_{CMREF}) \qquad (10.1.43)$$

이 식에서 $V_{CMFB}(\phi2)$ 는 $V_{CMFB}(\phi1)$ 에 비해 $0.5T$ 앞 선 시각의 값이다. 또 이 식의 $V_{CMFB}(\phi1)$ 은 식(10.1.41)의 $V_{CMFB}(\phi1)$ 과는 같지 않고 이보다 T 시간 이후의 값이다. 그런데 클락($\phi1$, $\phi2$) 주파수가 OP 앰프 대역폭보다 훨씬 빠르므로, 클락의 한 주기 시간(T) 동안 $V_O^+(t)$ 와 $V_O^-(t)$ 전압이 조금밖에 변하지 못한다고 가정하면, 식(10.1.41)과 식(10.1.43)의 $V_O^+(\phi1)$ 값이 서로 같다고 가정할 수 있다. 마찬가지로 하여, 식(10.1.41)과 식(10.1.43)의 $V_O^-(\phi1)$ 값도 서로 같고, $V_O^+(\phi2)$, $V_O^-(\phi2)$, $V_{CMFB}(\phi1)$ 과 $V_{CMFB}(\phi2)$ 도 각각 서로 같다고 가정할 수 있다. 이 가정을 사용하고, 식(10.1.41)을 식(10.1.43)에 대입하면 $V_{CMFB}(\phi1)$ 식을 구할 수 있다.

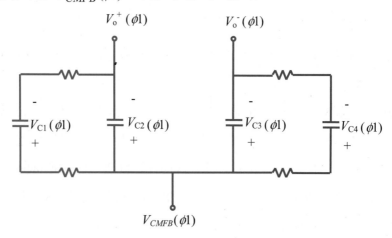

그림 **10.1.25** 스위치드 커패시터 CMFB 회로의 $\phi1$ phase 에서의 스위치 연결

$$V_{CMFB}(\phi1) = V_B - V_{CMREF} + \frac{1}{2} \cdot \left\{ V_o^+(\phi1) + V_o^-(\phi1) \right\} \qquad (10.1.44)$$

마찬가지로 식(10.1.43)을 식(10.1.41)에 대입하면 $V_{CMFB}(\phi2)$ 식을 구할 수 있다.

$$V_{CMFB}(\phi2) = V_B - V_{CMREF} + \frac{1}{2} \cdot \left\{ V_o^+(\phi2) + V_o^-(\phi2) \right\} \qquad (10.1.45)$$

따라서 정상 상태(steady state)에 도달한 시각인, $\phi1$ 과 $\phi2$ 가 끝나는 시각 t 에서의 V_{CMFB} 는 두 경우에 모두 다음 관계식을 만족한다.

$$V_{CMFB}(t) = V_B - V_{CMREF} + \frac{1}{2} \cdot \left\{ V_o^+(t) + V_o^-(t) \right\} \qquad (10.1.46)$$

그리하여 정상 상태(steady state)에 도달한 시각에는 V_{CMFB} 값은 공통모드 출력전압
인 $0.5 \cdot (V_o^+ + V_o^-)$ 에 대해 선형적으로 변하고 CMFB 회로의 소신호 전압이득인
$\partial V_{CMFB} / \partial \{ 0.5 \cdot (V_o^+ + V_o^-) \}$ 는 $+1$ 이 되어 공통모드 피드백(CMFB) 회로로 동작
함을 알 수 있다.

참고로 두 개의 C_2 커패시터 전압의 합(저장된 전하의 합)은 두 phase 가 끝나는
시각에 각각 다음과 같이 구해진다.

$$V_{C2}(\phi1) + V_{C3}(\phi1) = 2 \cdot (V_B - V_{CMREF})$$
$$V_{C2}(\phi2) + V_{C3}(\phi2) = 2 \cdot (V_B - V_{CMREF})$$

두 개의 C_1 커패시터가 스위치드 커패시터로 작용하여, $\phi2$ phase 에서 C_1 에 샘플
되는 전압값($V_B - V_{CMREF}$)이 RC low pass filter 동작에 의해 C_2 커패시터에 전달되어
C_2 커패시터의 평균전압이 $V_B - V_{CMREF}$ 이 됨을 확인할 수 있다.

그림 10.1.23 회로에서, C_1 과 C_2 의 값은 같게 해도 되는데, $\phi1$ phase 에서의 OP
앰프 loading 을 줄이기 위해 C_1 의 값을 C_2 값의 1/10~1/4 정도로 할 수 있다.

앞에서 언급된 대로 스위치드 커패시터 CMFB 회로는 CMFB 회로에 요구되는
사항을 모두 만족시키므로, 보편적으로 널리 쓰이고 있다. 앞 절(10.1.2 절부터 10.1.5
절 까지)에서 설명된 continuous time CMFB 회로들은 전체 OP 앰프의 선형 출력전압
범위를 제약하는 단점이 있다.

지금까지 설명한 네 종류의 CMFB 회로(차동증폭기, triode, source follower, SCF)를
폴디드캐스코드 OP 앰프에 적용한 예를 연습문제 10.3 과 그 정답에 보였다.

10.1.7 Replica 회로를 이용한 완전차동 OP 앰프의 바이어스 회로 (*)

완전차동 OP 앰프에 바이어스 전압을 인가하는 방법으로 앞에서 설명된 CMFB 회로 외에 replica 회로를 이용하는 방법이 있다. 이 방법은 아날로그 회로보다는 공통모드 제거(common mode rejection) 기능이 덜 중요한 디지털 비교기(comparator) 등에 주로 사용된다. 완전차동 구조를 사용하는 디지털 비교기 등에서, 완전차동 OP 앰프와 똑같은 회로(replica circuit)에 V_{IH} (input high level)와 V_{IL} (input low level) 전압을 입력단에 인가하고 single-ended output OP 앰프를 이용하여 negative 피드백 회로를 구성하고 DC 공통모드 피드백 전압(V_{CMFB})을 생성시켜 여러 개의 완전차동 OP 앰프에 동시에 인가하면 출력전압(V_o^+, V_o^-) swing 범위를 V_{IL} 과 V_{IH} 로 되게 조정할 수 있다.

그림 10.1.26 은 replica 회로를 이용한 완전차동 OP 앰프 회로의 개념적인 구성도이다. 그림 10.1.26 에서 큰 삼각형으로 표시한 세 개의 완전차동 OP 앰프들은 똑같은 내부 회로를 가진다. 그림 10.1.26 의 제일 왼쪽에 보인 replica OP 앰프 (replica fully differential OP 앰프)의 동작에 의해 replica OP 앰프의 공통모드 출력전압 ($(V_o^+ + V_o^-)/2$) 은 V_{CMFB} 에 대해 음수인 소신호 전압이득을 가지므로 negative 피드백 회로를 구성하기 위해서 replica OP 앰프의 + 출력전압인 V_o^+ 를 single-ended OP 앰프의 + 입력 단자에 연결하였다. 그리하여 이 negative 피드백 루프(loop)의 동작에 의해 replica OP 앰프의 + 출력전압인 V_o^+ 는 V_{IH} 와 같아지게 된다. 그리하여 replica OP 앰프에 의해 생성된 V_{CMFB} 전압이 공급된 모든 완전차동 OP 앰프에서 입력전압 값들이 V_{IL} 과 V_{IH} 사이에 놓일 때 출력전압(V_o^+, V_o^-)의 최대값은 V_{IH} 로 정해진다. 출력전압의 최대값 대신 최소값을 제한하고 싶은 회로에서는 그림 10.1.26 에서 전압원 V_{IH} 와 V_{IL} 의 위치를 서로 바꾸면 된다.

이 replica 회로를 이용한 완전차동 OP 앰프를 아날로그 회로에 적용할 경우에, 두 입력전압이 모두 0 일 때 두 출력전압을 모두 0 으로 하기 위해서는 그림 10.1.27 에서 V_{IH} 와 V_{IL} 자리에 모두 $0V$ 를 인가한다.

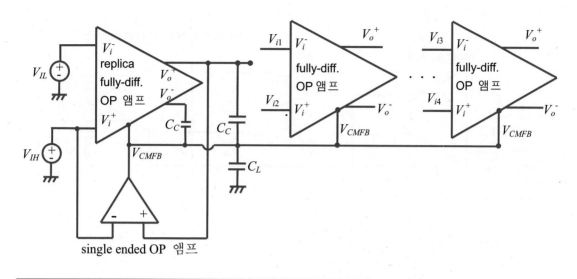

그림 10.1.26 Replica 회로를 이용한 완전차동(fully differential) OP 앰프

그런데 입력 offset 전압이 너무 커서 (출력전압 swing) ÷ (차동모드 전압이득)보다 클 때는 아날로그 회로에서는 그림 10.1.26 에 보인 방식은 동작하지 않는다.

그림 10.1.26 의 V_{CMFB} 값은 입력전압 ($V_{i1}, V_{i2}, V_{i3}, V_{i4}$) 값들에 무관한 DC 전압이므로 그림 10.1.26 의 오른쪽 두 개의 완전차동 OP 앰프에서는 공통모드 피드백 동작이 이루어지지 않아서 공통모드 제거율이 그다지 크지 않다. 이는 아날로그 회로에서는 큰 단점으로 작용한다. 따라서 replica 회로를 사용하는 완전차동 OP 앰프는 공통모드 전압이득이 비교적 크고 공통모드 rejection ratio(CMRR) 값이 작아서 고정밀 아날로그(high-precision analog) 회로에 적용하기가 어렵다.

Replica 회로를 사용하는 완전차동 OP 앰프를 비교기(comparator)로 사용한 회로를 그림 10.1.27 에 보였다. 출력 high level V_{IH} 를 +0.8V 로 제한하고 두 입력 단자에 각각 −2.5V 에서 +0.8V 로 변하는 pulse 전압과 +0.8V 에서 −2.5V 로 변하는 pulse 전압을 인가하였다. 완전차동 OP 앰프로는 PMOS 입력 차동증폭기를 사용하였고, 입력 offset 전압을 main 앰프는 –5mV, replica 앰프는 +5mV, single-ended 증폭기는 +10 mV 로 하여 입력 offset 전압에 무관하게 동작함을 보였다. 공급전압은 V_{DD} = 2.5V, V_{SS} = −2.5V 로 하였다.

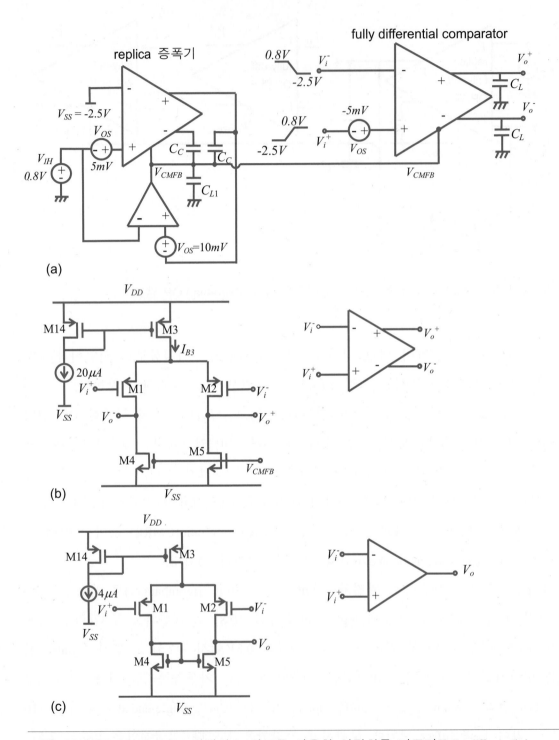

그림 **10.1.27** (a) Replica 바이어스 회로를 이용한 완전차동 비교기(fully differential comparator) (b) 완전차동 OP 앰프 회로 (c) single-ended output 증폭기 회로

SPICE netlist 와 출력전압 파형을 각각 그림 10.1.28 과 그림 10.1.29 에 보였다. 완전차동 OP 앰프로 사용한 PMOS 입력 차동증폭기 회로는 출력 high 전압 V_{OH} 값이 $+0.8V$ 이상이 될 수 있지만 replica 바이어스 회로의 동작으로 V_{OH} 값이 $+0.8$ V 로 제한됨을 관찰할 수 있다.

```
fully differential CMOS comparator with replica ckt
.subckt fulldiff 1 2 5 4 7 9 10
m1 4 1 3 9 pmos w=300u l=1.2u ad=1080p as=1080p pd=307u ps=307u
m2 5 2 3 9 pmos w=300u l=1.2u ad=1080p as=1080p pd=307u ps=307u
m3 3 6 9 9 pmos w=200u l=1.2u ad=720p as=720p pd=207u ps=207u
m4 4 7 10 10 nmos w=20u l=1.2u ad=72p as=72p pd=27u ps=27u
m5 5 7 10 10 nmos w=20u l=1.2u ad=72p as=72p pd=27u ps=27u
* bias ckt
m14 6 6 9 9 pmos w=20u l=1.2u ad=72p as=72p pd=27u ps=27u
idd 6 10 dc 20u
.ends fulldiff
*
.subckt actload 1 2 5 9 10
m1 4 1 3 9 pmos w=60u l=1.2u ad=1080p as=1080p pd=307u ps=307u
m2 5 2 3 9 pmos w=60u l=1.2u ad=1080p as=1080p pd=307u ps=307u
m3 3 6 9 9 pmos w=50u l=1.2u ad=720p as=720p pd=207u ps=207u
m4 4 7 10 10 nmos w=4u l=1.2u ad=72p as=72p pd=27u ps=27u
m5 5 7 10 10 nmos w=4u l=1.2u ad=72p as=72p pd=27u ps=27u
vshort 4 7 dc 0
* bias ckt
m14 6 6 9 9 pmos w=4u l=1.2u ad=72p as=72p pd=27u ps=27u
idd 6 10 dc 4u
.ends actload
* replica amplifier
x2 191 102 105 104 7 9 10 fulldiff
* input offset voltage
v191 191 101 dc 5m
*
* single ended amplifier for replica bias
x3 195 101 7 9 10 actload
* input offset voltage
```

```
v195 195 105 dc 10m
* main fully diff. amp.
x1 19 2 5 4 7 9 10 fulldiff
* input offset voltage
v19 19 1 dc -5m
*
* load capacitors
cl1 4 0 1p
cl2 5 0 1p
* load capacitor for replica amp.
cl7 7 0 1p
* compensation capacitor
cc1 7 104 1p
cc2 7 105 1p
v101 101 0 dc   0.8
v102 102 0 dc -2.5
* bias voltages
vi1 1 0 dc 0 pwl 0 -2.5 50n -2.5 150n 0.8 1 0.8
vi2 2 0 dc 0 pwl 0 0.8 50n 0.8 150n -2.5 1 -2.5
* supply voltages
vdd   9 0 dc   2.5
vss 10 0 dc -2.5
.probe v(5) v(4) v(7)    v(101) v(102) v(105) v(1) v(2)
.tran 5n 500n
.print tran v(1)
.print tran v(2)
.print tran v(5)
.print tran v(4)
.model nmos nmos tox=200e-10 uo=500 vto=0.8 gamma=0.0
+ lambda=0.08 cgdo=300p cgso=300p cj=2.75e-4 cjsw=1.9e-10
+ ld=0.2u level=1 af=1 kf=5e-26
.model pmos pmos tox=200e-10 uo=200 vto=-0.8 gamma=0.0
+ lambda=0.1 cgdo=300p cgso=300p cj=2.75e-4 cjsw=1.9e-10
+ ld=0.2u level=1 af=1 kf=1e-26
.end
```

그림 **10.1.28**   Replica bias 회로를 사용하는 완전차동 비교기
(fully differential comparator)의 SPICE netlist

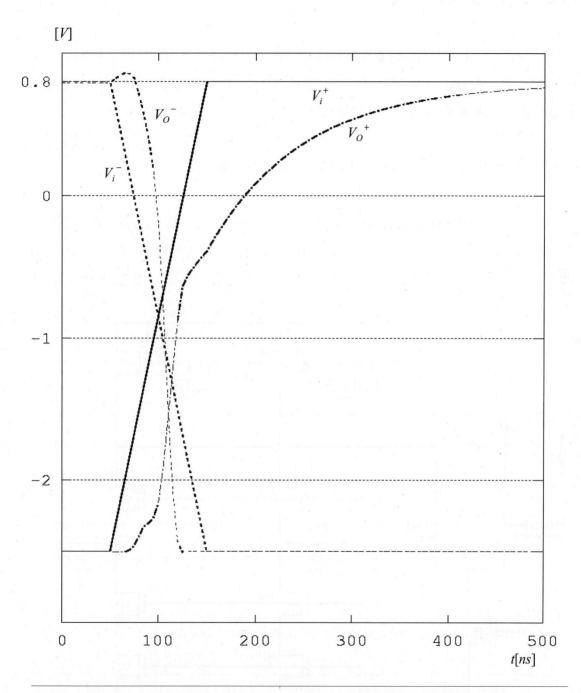

그림 **10.1.29** 그림 10.1.28 에 보인 회로의 과도 응답 SPICE simulation 결과

10.2 완전차동 OP 앰프

많이 쓰이는 완전차동(fully differential) OP 앰프의 구조로는 폴디드 캐스코드 구조, 전류거울 구조와 class AB 입력단 구조 등이 있다. 다음에 이들 세 구조의 완전차동 OP 앰프의 동작에 대해 각각 설명한다.

10.2.1 NMOS 입력 완전차동 폴디드 캐스코드 OP 앰프

폴디드 캐스코드(folded cascode) OP 앰프는 증폭단이 한 개인 single stage 증폭기이지만, 소신호 출력저항을 증가시킴으로써 상당히 큰 전압이득을 내고 부하 커패시터의 크기를 증가시키기만 함으로써 주파수 보상을 할 수 있는 장점 때문에 많이

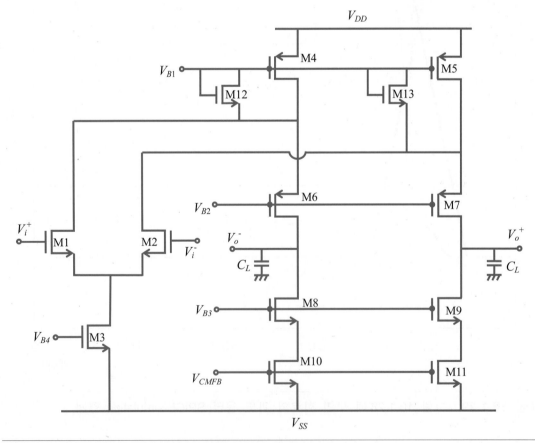

그림 **10.2.1** 완전차동(fully differential) folded cascode OP 앰프 회로

사용되고 있다. 그림 10.1.10 과 그림 10.1.21(a)에서 완전차동 폴디드 캐스코드 OP 앰프의 예를 보였는데, 그림 10.2.1 에 다른 형태의 NMOS 입력 완전차동 폴디드 캐스코드 OP 앰프의 예를 보였다. 그림 10.2.1 회로에서 M12 와 M13 은 slew rate 를 증가시키기 위해 추가된 소자들이다. 그런데 이 회로에서는 slew 기간 동안 V_O^+ 혹은 V_O^- 가 + 방향으로 갈 때의 slew rate 인 positive slew rate 는 M12 와 M13 에 의해 크게 증가하지만, − 방향으로 갈 때의 slew rate 인 negative slew rate 는 M10 과 M11 의 바이어스 전류에 의해 제약된다. 이는 V_{CMFB} 값은 slew 기간 중에도 정상 상태에서와 거의 같은 DC 전압값을 유지하게 되어 일정한 바이어스 전류를 흘리게 되므로 negative slew rate 를 제약하기 때문이다. 이와 같이 + 혹은 − 방향 중에서 한쪽 방향의 slew rate 가 감소되는 현상은 완전차동 OP 앰프의 일반적인 현상인데, 이를 개선하기 위해 완전차동 폴디드 캐스코드 OP 앰프에서는 single-ended 폴디드 캐스코드와는 달리 출력단(M10, M11)의 바이어스 전류값을 증가시켜 보통 입력단(M1, M2)의 바이어스 전류와 같은 값을 가지게 한다.

그림 10.2.1 회로에서는 입력단 트랜지스터로 NMOS 트랜지스터(M1, M2)를 사용하였는데, 입력단 트랜지스터로 PMOS 트랜지스터를 사용한 폴디드 캐스코드 OP 앰프에 비해, 일반적으로 transconductance g_m 값이 증가하여 $(g_m = g_{m1})$ 저주파 소신호 전압이득이 크고 등가입력 thermal noise 전압이 작은 장점이 있는 반면에, M4-M7 의 PMOS 트랜지스터의 채널폭(W)이 커져서 접합 커패시턴스(junction capacitance) 값인 C_J 가 증가하여 non-dominant pole 주파수 (g_{m6}/C_J) 값이 감소하므로 bandwidth 가 줄어드는 단점이 있다. Unity-gain 피드백에서 45° 이상의 phase margin 을 확보하려면 gain-bandwidth 곱인 $\omega_T (= g_{m1}/C_L)$ 는 non-dominant pole 주파수보다 작아야 한다.

10.2.2 Rail-to-rail 완전차동 폴디드 캐스코드 OP 앰프 (*)

그림 10.2.2 회로는 active 공통모드 입력전압 범위(active input common mode range) 가 V_{SS} 로부터 V_{DD} 까지의 모든 영역을 포함하도록 하기 위해, 폴디드 캐스코드 OP 앰프에 NMOS 입력 차동증폭단과 PMOS 입력 차동증폭단을 같이 병렬로 사용한 회

로이다. NMOS 트랜지스터들의 V_{DSAT} 값이 Δ_N 으로 모두 같고 PMOS 트랜지스터들의 $\left|V_{DSAT}\right|$ 값이 Δ_P 로 모두 같다고 가정하고

$$V_{B1} = V_{DD} - \left|V_{THp}\right| - \Delta_P$$

$$V_{B4} = V_{CMFB} = V_{SS} + V_{THn} + \Delta_N$$

으로 주어졌다고 가정하면, NMOS 입력 차동증폭단의 active 공통모드 입력전압 범위는,

최소값 : $V_{SS} + V_{THn} + 2 \cdot \Delta_N$

최대값 : $V_{DD} + V_{THn} - \Delta_P \;>\; V_{DD}$

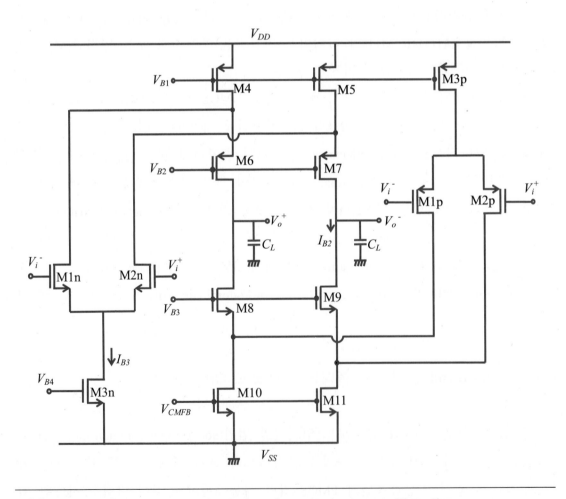

그림 10.2.2 Rail-to-rail 완전차동 폴디드 캐스코드 CMOS OP 앰프 회로

가 되어, V_{SS} 쪽으로 많은 제약을 받지만 V_{DD} 쪽으로는 제약이 없어서 V_{DD} 쪽으로 치우치게 된다. PMOS 입력 차동증폭단의 active 공통모드 입력전압 범위는,

$$\text{최소값} : V_{SS} - |V_{THp}| + \Delta_N < V_{SS}$$
$$\text{최대값} : V_{DD} - |V_{THp}| - 2 \cdot \Delta_P$$

가 되어, V_{SS} 쪽으로 치우치게 된다.

따라서 입력 공통모드 전압이 V_{SS} 에서 $V_{SS} + V_{THn} + 2 \cdot \Delta_N$ 사이에 놓이게 되면 NMOS 입력 차동증폭기는 off 되어 동작하지 않고 PMOS 입력 차동증폭기만 동작하여 소신호 차동모드 전압이득 A_{vd} 는 $A_{vd} = g_{m1p} \cdot R_o$ 가 된다. 공통모드 입력전압이 $V_{SS} + V_{THn} + 2 \cdot \Delta_N$ 에서 $V_{DD} - |V_{THp}| - 2 \cdot \Delta_P$ 사이에 놓이게 되면 두 증폭기가 함께 동작하여 $A_{vd} = (g_{m1n} + g_{m1p}) \cdot R_o$ 가 된다. 여기서 g_{m1n} 과 g_{m1p} 는 각각 NMOS 와 PMOS 입력 트랜지스터의 transconductance 값들이다. 입력 공통모드 전압이 $V_{DD} - |V_{THp}| - 2 \cdot \Delta_P$ 에서 V_{DD} 사이에 놓이게 되면 PMOS 입력 차동증폭기는 off 되어 동작하지 않고 NMOS 입력 차동증폭기만 동작하여 $A_{vd} = g_{m1n} \cdot R_o$ 가 된다. 이를 정리하면 표 10.2.1 과 같다.

표 **10.2.1** 그림 10.2.2 에 보인 rail-to-rail 완전차동 폴디드 캐스코드 OP 앰프 회로의 동작 특성 ($V_{sn} = V_{SS} + V_{THn} + 2 \cdot \Delta_N$, $V_{sp} = V_{DD} - |V_{THp}| - 2 \cdot \Delta_P$)

공통모드 입력전압 범위	NMOS 차동증폭단	PMOS 차동증폭단	저주파 차동모드 전압이득 A_{vd}
$V_{SS} \sim V_{sn}$	off	on	$g_{m1p} \cdot R_o$
$V_{sn} \sim V_{sp}$	on	on	$(g_{m1n} + g_{m1p}) \cdot R_o$
$V_{sp} \sim V_{DD}$	on	off	$g_{m1n} \cdot R_o$

따라서 소신호 전압이득 A_{vd} 는 입력 공통모드 전압값에 따라 그 값이 달라져서 비선형적인 특성을 가지지만, negative 피드백 회로에 사용할 경우 A_{vd} 값이 모든 영역에서 충분히 크기만 하면 비선형 특성이 선형으로 바뀌므로 큰 문제가 되지 않는다. 보다 중요한 사실은, 그림 10.2.2 에 보인 OP 앰프는 입력 공통모드 전압 범위

가 V_{SS} 에서 V_{DD} 까지의 모든 영역에서 동작하므로 이 점이 이 회로의 큰 장점이다. 이 동작을 V_{SS} rail 에서 V_{DD} rail 까지 동작한다는 뜻에서 rail-to-rail 동작이라고 부른다.

그림 10.2.2 의 rail-to-rail fully differential OP 앰프를 rail-to-rail single-ended OP 앰프로 바꾸려면, CMFB 회로를 제거하고 V_{CMFB} 노드를 V_o^+ 혹은 V_o^- 의 두 노드 중 하나에 연결하고, 이 두 노드 중에 V_{CMFB} 가 연결되지 않은 노드를 출력 노드로 사용하면 된다.

소신호 출력저항 R_o 계산

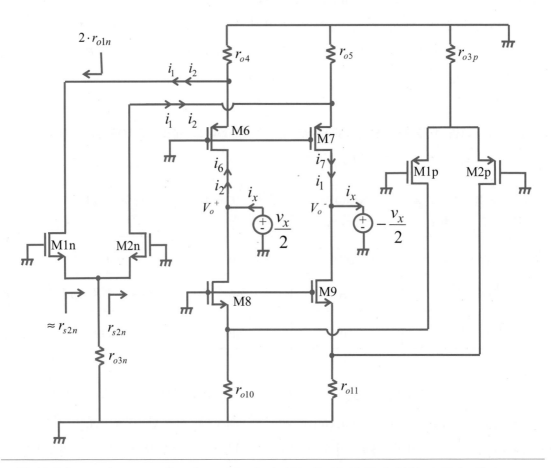

그림 **10.2.3** 그림 10.2.2 회로의 소신호 출력저항 R_o 를 구하기 위한 소신호 회로

그림 10.2.2 회로의 소신호 출력저항 R_o 를 계산하기 위한 소신호 회로를 그림 10.2.3 에 보였다. V_o^+ 노드와 ground 사이에 소신호 전압 $v_x / 2$ 를 인가하였고, V_o^- 노드와 ground 사이에 소신호 전압 $-v_x / 2$ 를 인가하였다. 이 경우 V_{CMFB} 는 DC 전압이므로 M10 과 M11 을 각각 r_{o10} 과 r_{o11} 로 대체하였다.

먼저 M6, M7, M1n, M2n 에 의한 i_x 성분을 계산하는 과정을 다음에 보였다. M2n 의 소스 노드에서 M2n 쪽으로 바라본 소신호 저항은 r_{s2n} 이므로 M1n 의 소스 노드에서 M2n 쪽으로 바라본 소신호 저항은 $r_{s2n} \| r_{o3n} \approx r_{s2n}$ 이 된다. $r_{s1n} = r_{s2n}$ 이므로 M1n 의 드레인 노드에서 M1n 쪽으로 바라본 소신호 저항은 식(4.8.2)를 이용하면

$$g_{m1n}r_{o1n} \cdot r_{s2n} + r_{o1n} + r_{s2n} \approx 2 \cdot r_{o1n}$$

이 된다. 따라서 M6 의 드레인 노드에서 M6 쪽으로 바라본 소신호 저항은 대체로

$$g_{m6}r_{o6} \cdot (r_{o4} \| 2r_{o1n})$$

이 되므로 M6 에 흐르는 소신호 전류 i_6 은

$$i_6 = \frac{0.5 \cdot v_x}{g_{m6}r_{o6} \cdot (r_{o4} \| 2r_{o1n})}$$

가 된다. 그런데 i_6 전류 성분 중에서 일부가 M1n 으로 흘러 들어가는데 이 전류를 i_1 이라고 하면 i_1 은

$$i_1 = \frac{r_{o4}}{r_{o4} + 2r_{o1n}} \cdot i_6$$

이 된다. 이 i_1 전류 성분은 거의 대부분이 M2n 과 M7 을 거쳐 V_o^- 노드로 흘러 들어가게 된다. i_1 중에서 M7 에 흐르는 전류 성분은 다음 식에 보인 대로 i_1 과 거의 같게 된다.

$$i_1 \cdot \frac{r_{o3n}}{r_{s2n} + r_{o3n}} \cdot \frac{r_{o5}}{r_{s7} + r_{o5}} \approx i_1$$

V_o^- 노드와 ground 사이에 인가된 $-v_x / 2$ 전압원에 의해 M7 에 유기되는 소신호 전류 i_7 은 i_6 과 같고 방향은 반대가 된다. i_7 중에서 일부가 M2n, M1n, M6 을 거쳐 V_o^+ 노드로 흐르게 되는 전류 성분인 i_2 는 i_1 과 크기가 같게 된다. 이는 M1n 과 M2n, M6 과 M7 은 정합된(matched) 트랜지스터이고 $r_{o4} = r_{o5}$ 이기 때문이다. 따라서 M6, M7, M1n, M2n 트랜지스터들로 인한 i_x 성분인 i_{x1} 은 다음 식으로 표시된다.

$$i_{x1} \quad = \quad i_6 \quad + \quad i_2 \quad = \quad i_6 \quad + \quad i_1 \quad = \quad i_6 \cdot \left(1 + \frac{r_{o4}}{r_{o4} + 2r_{o1n}} \right)$$

$$= \quad \frac{0.5 \cdot v_x}{g_{m6}r_{o6} \cdot (r_{o4} \parallel 2r_{o1n})} \cdot \left(1 + \frac{r_{o4}}{r_{o4} + 2r_{o1n}} \right) \quad = \quad \frac{0.5 \cdot v_x}{g_{m6}r_{o6} \cdot (r_{o4} \parallel r_{o1n})}$$

마찬가지 방법으로 하여 M8, M9, M1p 와 M2p 로 인한 i_x 성분인 i_{x2} 는 다음 식으로 계산된다.

$$i_{x2} \quad = \quad \frac{0.5 \cdot v_x}{g_{m8}r_{o8} \cdot (r_{o10} \parallel r_{o1p})}$$

따라서 i_x 는 다음 식으로 표시된다.

$$i_x = i_{x1} + i_{x2} \quad = \quad \frac{0.5 \cdot v_x}{g_{m6}r_{o6} \cdot (r_{o4} \parallel r_{o1n})} \quad + \quad \frac{0.5 \cdot v_x}{g_{m8}r_{o8} \cdot (r_{o10} \parallel r_{o1p})}$$

그리하여 V_o^+ 노드와 V_o^- 노드 사이의 소신호 출력저항 R_O 는 다음 식으로 주어진다.

$$R_O \quad \triangleq \quad \frac{v_x}{i_x} \; = \; 2 \cdot \left[\{ g_{m6}r_{o6} \cdot (r_{o4} \parallel r_{o1n}) \} \parallel \{ g_{m8}r_{o8} \cdot (r_{o10} \parallel r_{o1p}) \} \right] \quad (10.2.1)$$

Slew rate 계산

그림 10.2.4 에 그림 10.2.2 회로의 slew rate 계산 과정을 보였다. 그림 10.2.2 에 보인 OP 앰프 회로에서 V_i^+ 와 V_i^- 입력 노드 전압들이 $t < 0$ 일때 둘 다 $0V$ 에 있다가 V_i^+ 노드 전압만이 $t = 0$ 인 시각에 순간적으로 $2V$ 로 변했다고 가정한다. 보통 차동증폭기의 선형 차동 입력전압 범위 $\left(\sqrt{2} \cdot |V_{GS} - V_{TH}| \right)$는 $2V$ 보다 작으므로 M1n 과 M2p 가 둘 다 off 되어 전류를 흘리지 않게 된다. 출력 노드 V_o^+ 와 V_o^- 에 각각 같은 값의 부하 커패시터 C_L 이 연결되어 있다고 가정하고, 각각의 C_L 에 흘러 들어가는 전류를 I_{o1} 과 I_{o2} 라고 하면 이 전류들은 각각 다음 식으로 주어진다.

$$I_{o1} = I_{B1} - I_{B2} + I_{B4} \quad\quad\quad\quad (10.2.2.a)$$

$$I_{o2} = I_{B1} - I_{B2} - I_{B3} \qquad (10.2.2.\text{b})$$

그런데 $2 \cdot I_{B1} + I_{B4} = I_{B3} + 2 \cdot I_{B2}$ 인 관계식이 성립하므로

$$(I_{B1} - I_{B2}) = (I_{B3} - I_{B4})/2$$

가 되는데, 이를 식(10.2.2.a)와 식(10.2.2.b)에 각각 대입하면 I_{o1}과 I_{o2}는 각각 다음 식으로 표시된다.

$$I_{o1} = (I_{B3} + I_{B4})/2 \qquad (10.2.3.\text{a})$$

$$I_{o2} = -(I_{B3} + I_{B4})/2 \qquad (10.2.3.\text{b})$$

$t = 0^+$ 시각에서의 V_o^+와 V_o^- 전압이 각각 $0V$라고 가정하면

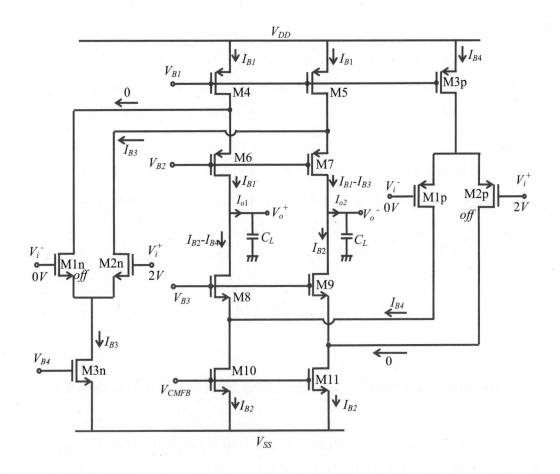

그림 **10.2.4** 그림 10.2.2 회로의 slew rate 계산

$$V_o^+(t) = \frac{I_{B3} + I_{B4}}{2C_L} \cdot t \qquad (10.2.4.a)$$

$$V_o^-(t) = -\frac{I_{B3} + I_{B4}}{2C_L} \cdot t \qquad (10.2.4.b)$$

가 된다. 그리하여 차동 출력전압$(V_o^+ - V_o^-)$의 slew rate SR 은 다음 식으로 주어진다.

$$SR \; \triangleq \; \left.\frac{d(V_o^+ - V_o^-)}{dt}\right|_{\max} = \frac{I_{B3} + I_{B4}}{C_L} \qquad (10.2.5)$$

따라서 slew rate 는 두 개의 tail current source 의 합 $(I_{B3} + I_{B4})$와 부하 커패시터 C_L 의 비율로 주어진다. 위 식들의 유도 과정에서 $I_{B2} \geq I_{B4}$, $I_{B1} \geq I_{B3}$인 사실을 이용하였다.

만일 $I_{B2} < I_{B4}$, $I_{B1} < I_{B3}$이면, slew rate 는 식(10.2.5)에 주어진 값과는 달라지게 된다. 이 경우에는 그림 10.2.4 에서 M3p 는 triode 영역에서 동작하고 M1p 와 M3p 에 흐르는 전류는 I_{B2}로 제약된다. 따라서 M8 에 흐르는 전류는 0 이 되고

$$I_{o1} = I_{B1}$$

이 된다. 마찬가지로 M3n 은 triode 영역에서 동작하게 되고 M3n 과 M2n 에 흐르는 전류는 I_{B1}으로 제약된다. 따라서 M7 에 흐르는 전류는 0 으로 제한되고

$$I_{o2} = -I_{B2}$$

가 된다. 그리하여 차동 출력전압 $(V_o^+ - V_o^-)$의 slew rate SR 은 다음 식으로 주어진다.

$$SR = \frac{I_{B1} + I_{B2}}{C_L} \qquad (10.2.6)$$

Constant-g$_m$ rail-to-rail 입력 완전차동 폴디드 캐스코드 OP 앰프

표 10.2.5 에 보인 대로 그림 10.2.2 에 보인 rail-to-rail 입력 완전차동 OP 앰프는 공통모드 입력전압 범위에 따라 소신호 차동모드 전압이득 A_{vd} 가 달라지는 비선형 특성을 가진다. 이러한 A_{vd} 의 비선형성을 없애고 가능한 한 모든 공통모드 입력전

압 범위에서 같은 전압이득을 가지게 한 회로를 그림 10.2.5 에 보였다. 이를 constant-g_m rail-to-rail 입력 완전차동 OP 앰프라고 부른다. 먼저 NMOS 입력 차동 증폭단과 PMOS 입력 차동증폭단에서 입력 트랜지스터의 W/L과 바이어스 전류값들을 조절하여 그 transconductance 값들인 g_{m1n} 과 g_{m1p} 를 서로 같게 하고, V_{sp} 와 V_{sn} 에 각각 DC 바이어스 전압값을 각 차동증폭단의 active 공통모드 입력전압 범위의 극단 값인

$$V_{sp} = V_{DD} - |V_{THp}| - 2 \cdot \Delta_P \quad \text{(PMOS 입력 차동증폭단 active 공통모드 전압의 최대값)}$$

$$V_{sn} = V_{SS} + V_{THn} + 2 \cdot \Delta_N \quad \text{(NMOS 입력 차동증폭단 active 공통모드 전압의 최소값)}$$

으로 인가한다. 공통모드 입력전압이 V_{sn} 보다 클 경우 M1n 과 M2n 의 소스 노드

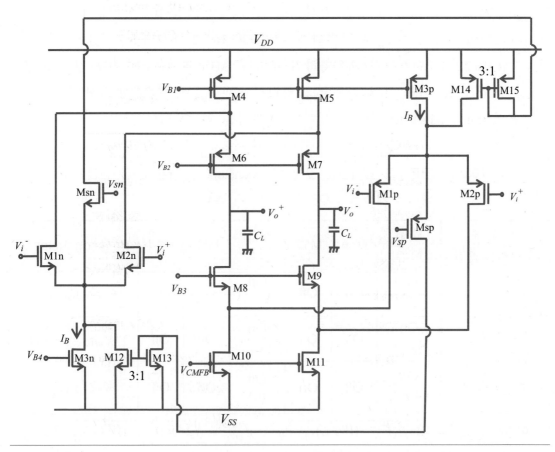

그림 **10.2.5** Constant-g_m rail-to-rail 입력 완전차동 폴디드 캐스코드 OP 앰프 회로

전압이 (공통모드 입력전압 값 $-V_{THn} - \Delta_N$)이 되어 $V_{GS}(\text{Msn}) < V_{THn}$이 되므로 Msn 트랜지스터는 off 되어 동작에 영향을 미치지 않는다. 반대로 공통모드 입력전압이 V_{sn}보다 작을 경우 M1n 과 M2n 은 off 되어 NMOS 차동증폭단은 동작하지 않고 PMOS 차동증폭단만 동작하게 되는데, 이때 Msn 은 on 되어 전류원 M3n 에 흐르는 바이어스 전류들은 모두 Msn 에 흐르게 된다. Msn 에 흐르는 전류는 M14 와 M15 의 전류거울 회로에 의해 M3p 에 흐르는 바이어스 전류의 3 배 값으로 증폭되어 PMOS 차동증폭단의 바이어스 전류값을 정상 상태의 4 배로 증가시킨다. 차동증폭단의 transconductance 값은 바이어스 전류값의 제곱근(square root)에 비례하므로, PMOS 차동증폭단의 transconductance 값이 2 배로 증가하여 NMOS 차동증폭단이 동작하지 않아도 정상 상태에서와 같은 차동모드 전압이득을 얻는다. Msp 도 공통모드 입력전압이 V_{sp}보다 클 경우 Msn 과 같은 방식으로 동작한다. 그림 10.2.5 회로에서 M3n 과 M3p 의 바이어스 전류는 I_B로 동일하게 한다. 표 10.2.2 에 공통모드 입력전압 값에 따른 그림 10.2.5 회로의 동작을 요약하여 보였다. M1n 과 M1p 의 *W/L* 값을 조절하여 $g_{m1n} = g_{m1p}$로 되게 하면 공통모드 입력전압이 V_{sp} 에서 V_{sn}까지 변할 때 전체 OP 앰프의 transconductance 값이 일정하게 유지됨을 알 수 있다.

표 **10.2.2** 공통모드 입력전압 값에 따른 constant-g_m rail-to-rail 완전차동 폴디드 캐스코드 OP 앰프 회로의 동작

공통모드 입력전압범위	M1n M2n	Msn	M12	M1p M2p	Msp	M14	transconductance
$V_{SS} \sim V_{sn}$	Off (0)	On	Off	On ($4\,I_B$)	Off	On	$2 \cdot g_{m1p}$
$V_{sn} \sim V_{sp}$	On (I_B)	Off	Off	On (I_B)	Off	Off	$(g_{m1n} + g_{m1p})$
$V_{sp} \sim V_{DD}$	On ($4\,I_B$)	Off	On	Off (0)	On	Off	$2 \cdot g_{m1n}$

(여기서 $g_{m1n} = \sqrt{2 \cdot \mu_n C_{ox} \cdot (W/L)_{1n} \cdot I_B}$, $g_{m1p} = \sqrt{2 \cdot \mu_p C_{ox} \cdot (W/L)_{1p} \cdot I_B}$)

10.2.3 완전차동 전류거울 OP 앰프 (*)

9.4.1 절에 설명한 대로 전류거울(current mirror) OP 앰프는 slew rate 와 gain-bandwidth 곱이 큰 장점을 가지고 있다. 그림 10.2.6 에 완전차동 전류거울(fully differential current mirror) OP 앰프의 회로를 보였다. 이 OP 앰프의 소신호 차동모드 전압이득 A_{vd} 는

$$A_{vd} \triangleq \frac{\partial(V_o^+ - V_o^-)}{\partial(V_i^+ - V_i^-)} = K \cdot \frac{g_{m1}}{2} R_o$$

로 주어지고, 저주파 소신호 출력저항 R_o 는

$$R_o = 2 \cdot \left\{ (g_{m10} r_{o10} \cdot r_{o8}) \| (g_{m12} r_{o12} \cdot r_{o14}) \right\}$$

로 주어진다. K 는 보통 2 정도로 정한다.

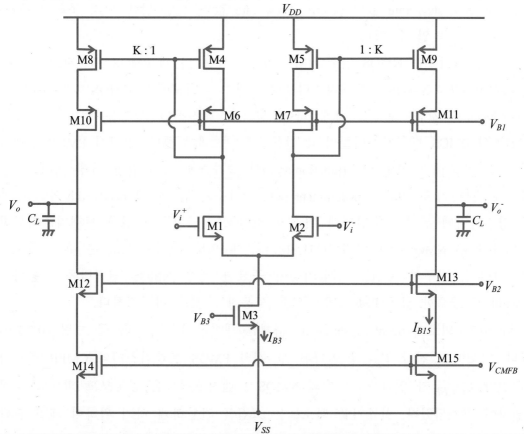

그림 **10.2.6** 완전차동 전류거울(fully differential current mirror) OP 앰프

또 gain-bandwidth 곱 ω_T 는

$$\omega_T = K \cdot g_{m1}/C_L$$

로 주어진다.

Slew rate 는 positive slew 일 경우(V_o^+ 혹은 V_o^- 가 V_{DD} 쪽으로 변함)와 negative slew 일 경우(V_o^+ 혹은 V_o^- 가 V_{SS} 쪽으로 변함) 서로 다른 값을 가지게 된다. Positive slew rate SR^+ 와 Negative slew rate SR^- 는 각각 다음 식으로 주어진다.

$$SR^+ = \frac{K \cdot I_{B3}}{C_L}$$

$$SR^- = \frac{I_{B15}}{C_L}$$

여기서 I_{B15} 는 M14 와 M15 에 흐르는 바이어스 전류값으로

$$I_{B15} = 0.5 \cdot K \cdot I_{B3}$$

이므로 negative slew rate 값이 positive slew rate 값의 절반 밖에 되지 못하여 speed bottleneck 이 됨을 알 수 있다.

그림 10.2.6 회로는 NMOS 입력단(M1, M2)을 사용하는데 PMOS 트랜지스터의 이동도(mobility)가 NMOS 트랜지스터보다 작기 때문에, NMOS 와 PMOS transconductance 값을 대체로 같게 하여 상하로 대칭적인 특성을 얻기 위해서는 M4-M11 의 PMOS 트랜지스터들의 W 값들을 크게 해야 한다. 따라서 PMOS 트랜지스터의 소스, 드레인 접합 면적(junction area)이 증가하게 되어 접합 커패시턴스 값이 증가하게 된다. 이로 인해 non-dominant pole 주파수가 감소하여 bandwidth 와 동작속도를 감소시키게 된다. 그 반면에 저주파 소신호 전압이득은 입력 트랜지스터들인 이동도가 높은 NMOS 트랜지스터(M1, M2) 들에 의해 결정되므로, 큰 값을 가지게 된다. 따라서, 저주파 소신호 전압이득이 중요한 경우 NMOS 입력단을 사용하고 bandwidth 가 중요한 경우 PMOS 입력단을 사용하는 것이 바람직하다.

그림 10.2.6 회로의 negative slew rate 문제를 개선하기 위한 회로를 그림 10.2.7 에 보였다. 바이어스 전압 V_{B2} 가 인가된 두 개의 PMOS 트랜지스터와 CMFB 회로의 출력 전압 V_{CMFB} 가 인가된 두 개의 NMOS 트랜지스터들은 공통모드 피드백 동작을 위하여 추가되었다. 전류거울 회로들은 그림을 간단하게 하기 위하여 제일 간단한 전류거울 회로로 그렸는데, 그림 10.2.6 에 M4, M6, M8, M10 으로 보인 방식의 전

류거울 회로로 대체하면 출력저항 R_o 값을 증가시켜 전압이득을 증가시킬 수 있다. 그림 10.2.7 회로의 slew rate SR 은 positive slew 와 negative slew 모두

$$SR = K \cdot I_{B3}/C_L$$

으로 주어져서 그림 10.2.6 회로에 비해 개선됨을 알 수 있다. 이 회로의 소신호 차동모드 전압이득 A_{vd} 와 gain-bandwidth 곱 ω_T 는 각각

$$A_{vd} = K \cdot g_{m1} \cdot R_o$$

$$\omega_T = \frac{K \cdot g_{m1}}{C_L}$$

로 주어진다. 그런데 추가된 전류거울 회로의 기생 커패시턴스(parasitic capacitance)로 인해 non-dominant pole 주파수가 낮아져서 bandwidth 를 감소시켜 소신호 주파수 특성을 느리게 하는 단점이 있다.

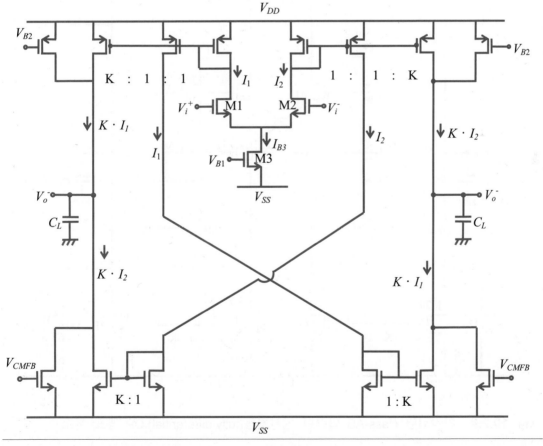

그림 10.2.7   양방향 구동 완전차동 전류거울(fully differential current mirror) OP 앰프 회로

10.2.4 Class-AB 입력단 완전차동 OP 앰프 (*)

Slew rate 를 크게 증가시키기 위해서 class-AB 입력단을 OP 앰프회로에 사용할 수 있다. Single-ended class-AB 입력단 OP 앰프회로의 동작은 9.3.1 절에서 이미 설명하였다. 그림 10.2.8 에 완전차동 class-AB 입력단 OP 앰프의 회로를 보였다. 그림을 간단하게 하기 위해 캐스코드 전류거울 회로 대신에 제일 간단한 전류거울 회로를 사용하였다.

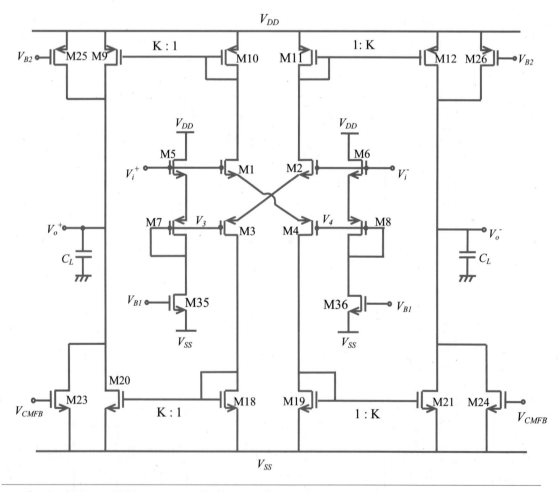

그림 **10.2.8** 간략화된 class-AB 입력단 완전차동(fully differential) OP 앰프 회로

해석의 편의를 위해 M1-M8 의 8 개의 트랜지스터들의 W/L 값들이 모두 같다고 가정하면 V_3 과 V_4 전압값들은 정상 상태와 slew 기간 중 모두

$$V_3 = V_i^+ - V_{THn} - |V_{THp}| - \Delta_N - \Delta_P \qquad (10.2.7)$$

$$V_4 = V_i^- - V_{THn} - |V_{THp}| - \Delta_N - \Delta_P \qquad (10.2.8)$$

로 주어진다. 여기서 Δ_N 과 Δ_P 는 각각 NMOS 와 PMOS 의 V_{DSAT} 값을 나타낸다.

예를 들어 $V_i^+ \gg V_i^-$ 인 slew 기간 중에는, M1 과 M4 에는 정상 상태에서 흐르는 전류보다 훨씬 더 큰 값의 전류가 흐르게 되고 M2 와 M3 은 off 되어 전류를 흘리지 않게 된다. M1 과 M4 에 흐르는 이 큰 값의 전류는 M9 와 M10, M19 와 M21 의 두 개의 전류거울 회로에 의해 K 배로 증폭되어 부하 커패시터 C_L 에 흐르게 되어, positive slew 와 negative slew 의 경우에 대해 모두 큰 값의 slew rate 를 얻게 된다. Class-AB 입력단의 slew rate 에 관한 보다 상세한 설명은 9.3.1 절에 보였다.

M23-M26 의 네 개의 트랜지스터들은 공통모드 피드백을 위하여 추가하였다. 전류거울 회로의 증폭율 K 는 보통 4 이하의 수인데, 주로 2 로 둔다. 동작속도를 빨리 하고자 하는 경우 $K=1$ 로 두기도 한다. 정상 상태에서의 소신호 차동모드 전압이득 A_{vd} 와 gain-bandwidth 곱 ω_T 는 각각 다음 식으로 주어진다.

$$A_{vd} = g_{m.eff} \cdot R_o \qquad (10.2.9)$$

$$\omega_T = \frac{g_{m.eff}}{C_L} \qquad (10.2.10)$$

$$g_{m.eff} = \frac{1}{\dfrac{1}{g_{m1}} + \dfrac{1}{g_{m4}}} \qquad (10.2.11)$$

그런데 이 class-AB 입력단 OP 앰프의 단점으로는 active 공통모드 입력전압 범위 (active common mode input voltage range)가 너무 제약되어 공급전압이 작을 경우 사용하기가 어렵고, 입력단에 추가된 트랜지스터들(M5-M8)로 인해 등가 입력 노이즈 전압값이 증가되는 점이다.

그림 10.2.8 의 M5, M7, M35 로 이루어진 회로에서 보면, active 공통모드 입력전압 범위의 최소값은 M5, M7, M35 경로 또는 M1, M4, M19 의 경로에 따라

$$\text{Active 공통모드 입력전압의 최소값} : V_{SS} + V_{THn} + |V_{THp}| + 2 \cdot \Delta_N + \Delta_P \ \text{또는}$$

$$V_{SS} + 2 \cdot V_{THn} + 2 \cdot \Delta_N + \Delta_P$$

로 주어져서 상당히 큰 제약이 됨을 알 수 있다. 또, M10, M1, M4, M9 로 구성된 branch 회로에서 살펴보면 공급전압$(V_{DD} - V_{SS})$의 최소값은

$$\text{공급 전압의 최소값} : V_{THn} + |V_{THp}| + 2 \cdot \Delta_N + 2 \cdot \Delta_P$$

가 되어 $V_{THn} = V_{THp} = 0.8V$ 일 경우에는 공급전압이 $3.3V$ 혹은 그 이하에서는 이 회로를 사용하기가 거의 불가능하다는 것을 알 수 있다.

설 계 예

Class AB 입력단을 이용하여 slew rate 가 큰 완전차동 OP 앰프의 설계 예를 그림 10.2.9 에 보였다. 기본 회로는 그림 10.2.8 의 회로와 같은데, 전압이득을 증가시키기 위해 출력단에 네 개의 캐스코드 트랜지스터들(M13, M14, M15, M16)을 추가시킨 점이 서로 다르다. 그림 10.2.9 의 회로에서 사용된 트랜지스터들의 채널길이(L)는 모두 $0.8\mu m$ 이고 채널폭(W)은 그림 10.2.9 에서 각 트랜지스터에 대해 μm 단위로 표시하였다. $V_{DD} = 2.5V$, $V_{SS} = -2.5V$, $C_L = 4pF$ 일 때 약 $300V/\mu s$ 의 slew rate 를 달성하였다[5]. M13, M14, M15, M16 의 게이트에는, DC 바이어스 전압을 인가하여도 무관하나 입력단의 전류를 전류거울 회로로 취하여 각각 두 개의 트랜지스터들을 이용하여 바이어스 전압을 인가하였다. M13 의 경우를 보면, M1 과 M4 에 흐르는 입력단 전류가 M19 와 M28 의 전류거울 회로를 거쳐 M27 에 흐르게 된다. 모든 트랜지스터들이 saturation 영역에서 동작하는 정상 상태에서는 M27-M28 회로가 소신호 전압이득에 거의 영향을 미치지 못하지만, slew 기간 동안의 과도 상태에서 예를 들어 V_i^+ 전압이 V_i^- 전압보다 훨씬 커졌을 경우, M13 의 게이트 전압을 낮추게 되어 M9 에 흐르는 전류가 증가하여 M9 의 $|V_{GS}|$ 값이 커지더라도 M9 가 triode 영역에

들어가지 않고 saturation 영역에서 동작하여 M9 의 전류 공급 능력을 saturation 영역 값인 최대값으로 유지시켜 slew rate 를 빠르게 한다. 그 반면에 정상 상태에서는 M13 의 게이트 전압을 높게 되도록 하여 출력전압(V_o^+, V_o^-)의 선형 동작 범위를 최대로 되게 한다.

모든 트랜지스터들이 정합(matching)된 경우, 정상상태에서는 M9, M17, M12, M20 에는 같은 값의 전류가 흐르는데, 게이트에 DC 바이어스 전압 V_{B1}이 연결된 M25 와 M26 을 추가한 것은 입력단 회로와는 무관하게 공통모드 피드백(CMFB) 회로를 설계할 수 있도록 하기 위함이다. 즉, 그림 10.2.9(b)에 보인 CMFB 회로의 V_{B2} 값은 main OP 앰프 회로와는 무관하게 V_{B1} 과 M23, M24, M25, M26 의 W/L 값에 의해서만 정해진다. 즉, $V_{CMFB} = V_{B2}$ 일 때의 M23 에 흐르는 전류가 M25 에 흐르는 전류와 같게 되도록 V_{B1}, V_{B2} 와 M23, M25 의 W/L 값을 정한다. 이 경우, V_{CMFB} 는 V_{B2}를 중심으로 + 혹은 − 방향으로 변하여 트랜지스터 부정합(transistor mismatch)이나 channel length modulation(채널길이 변조) 현상들을 극복하고 항상 M13 과 M15 에 흐르는 전류를 같게 하여 공통모드 피드백 동작을 수행한다. M25 와 M26 이 없는 경우에는 V_{CMFB} 의 동작 범위가 지나치게 제약되어 CMFB 동작을 제대로 수행하지 못한다.

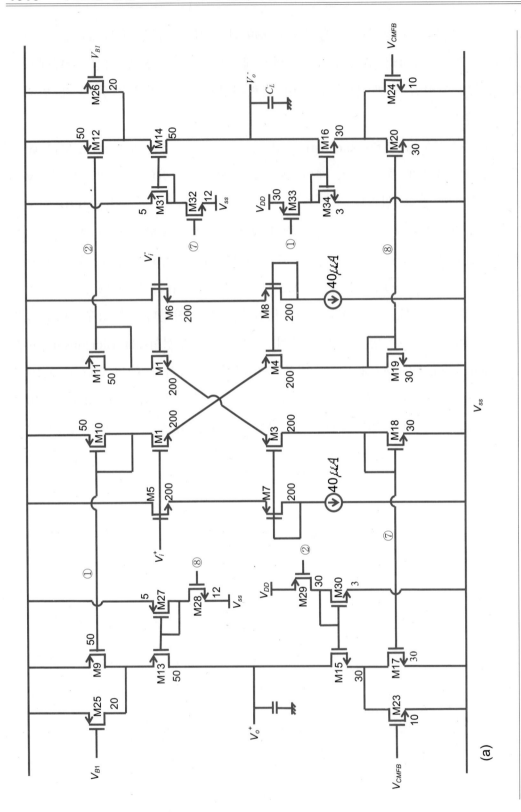

그림 **10.2.9** (a) Class - AB 입력단 fully differential OP 앰프 회로 (b) (a)회로와 같이 사용된 switched capacitor CMFB 회로

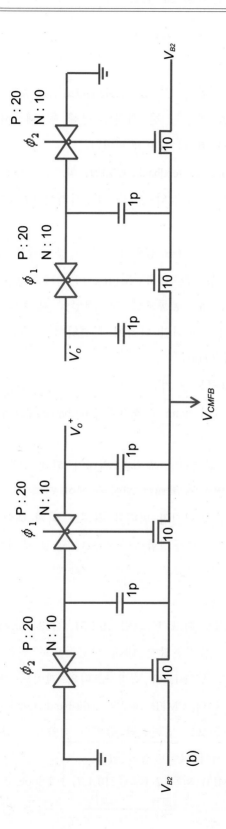

그림 **10.2.9** (a) Class - AB 입력단 fully differential OP 앰프 회로 (b) (a)회로와 같이 사용된 switched capacitor CMFB 회로

요 약

(1) 완전차동(fully differential) OP 앰프 : 입력 단자는 single-ended OP 앰프와 마찬가지로 두 개이고, 출력 단자는 single-ended OP 앰프는 한 개인데 반해 두 개로서, 출력전압을 두 출력 단자 사이의 차동모드 전압으로 취하는 OP 앰프이다.

 ① 특징 : 공통모드 피드백(common mode feedback : CMFB) 회로를 필요로 한다.

 ② 장점 : PSRR˙이 크고, 특히 공통모드 전압이득을 감소시켜서 CMRR 값을 크게 향상 시킨다.

(2) 공통모드 피드백(CMFB) 회로 : 완전차동 OP 앰프에서 소자 부정합(device mismatch)이나 온도와 공정 변화 등에 무관하게 공통모드 출력전압($(V_O^+ + V_O^-)/2$) 값을 어떤 기준 전압 값(V_{CMREF})과 같아지도록 하는 회로로, 공통모드 출력전압에 대해 선형적으로 변하는 전압을 생성시킨 후 이를 어떤 바이어스 전압 단자에 연결하여 공통모드 출력전압에 대한 negative 피드백 회로로 구성되어 있다.

(3) 공통모드 피드백 (CMFB) 회로에 요구되는 기능

 ① CMFB 회로의 gain-bandwidth 곱이 main 증폭기의 gain-bandwidth 곱보다 작지 않게 해야 한다.

 ② CMFB 회로의 active 공통모드 입력전압 범위가 최대가 되게 함으로써 전체 OP 앰프의 선형 차동모드 출력전압 범위가 최대가 되도록 해야 한다.

 ③ 전체 OP 앰프의 active 공통모드 입력전압 범위를 최대로 되게 해야 한다.

 ④ CMFB 회로의 DC 출력전압이 소자 부정합이나 온도나 공정 변화에 무관하게 일정한 값을 가지도록 해야 한다.

(4) 여러 가지 CMFB 회로와 그 특징

 ① MOS 차동증폭단을 이용한 CMFB 회로 1 (그림 10.1.3) : Tail current source 가 없는 MOS 차동증폭단으로 공통모드 출력전압에 대해 선형적으로 변하는 V_{CMFB} 전압을 생성시킨 후, 이를 main 증폭기 부하(load) 트랜지스터의 게이트 바이어스 전압으로 사용하여 CMFB 동작을 수행하는데, CMFB 회로의 gain-bandwidth 곱(GBW)은 충분히 크지만 CMFB 회로의 active 공통모드 입력전압 범위의 제약으로 전체 OP 앰프의 선형 출력전압 범위가 지나치게 제약되는 단점이 있다.

 ② MOS 차동증폭단을 이용한 CMFB 회로 2 (그림 10.1.7) : Triode 영역에서 동작하는

트랜지스터를 통한 negative 피드백을 이용하여 CMFB 동작을 수행하는데, CMFB 회로의 GBW 값이 작아서 전체 OP 앰프의 동작 속도를 제약하고 CMFB 회로의 active 공통모드 입력전압 범위의 제약으로 전체 OP 앰프의 선형 출력전압 범위가 지나치게 제약되는 단점이 있다.

③ MOS 차동증폭단을 이용한 CMFB 회로 3 (그림 10.1.12) : Tail current source 가 부착된 두 개의 MOS 차동증폭단을 이용하여 공통모드 출력전압과 기준전압(V_{CMREF})의 차이 값에 대해 선형적으로 변하는 V_{CMFB} 전압을 생성시킨 후, 이 전압을 main 증폭기 부하 트랜지스터의 게이트 전압으로 사용함으로써 negative 피드백에 의한 CMFB 동작을 수행하는데, 앞의 두 회로에 비해 V_{CMFB} 전압의 기준 전압(V_{CMREF})을 임의로 정할 수 있어서 공통모드 출력전압($(V_o^+ + V_o^-)/2$) 값을 임의의 V_{CMREF} 값으로 되게 할 수 있는 장점이 있다. 그런데 CMFB 회로의 GBW 값이 작아서 전체 OP 앰프의 동작 속도를 느리게 하고, CMFB 회로의 active 공통모드 입력전압 범위의 제약으로 전체 OP 앰프의 선형 출력전압 범위를 지나치게 제약하는 단점이 있다.

④ Source follower 를 이용한 CMFB 회로(그림 10.1.21 회로) : Source follower 와 R, C 부하를 이용하여 공통모드 출력전압에 비례하는 V_{CMFB} 전압을 생성시킨 후, 이 전압을 main 증폭기 부하 트랜지스터의 게이트 전압으로 사용함으로써 CMFB 동작을 수행하는데, CMFB 회로에 사용되는 source follower 트랜지스터의 W/L 값이 지나치게 크게 되어 칩 면적과 전력소모가 증가되는 단점이 있다. 그 외에도 source follower 트랜지스터의 $|V_{GS}|$ 전압 강하로 인해 CMFB 회로의 active 공통모드 입력전압 범위가 제약됨으로 말미암아 전체 OP 앰프의 선형 출력전압 범위가 지나치게 제약되는 단점이 있다. 따라서 이 방식의 CMFB 회로는 공급 전압($V_{DD} - V_{SS}$)이 작을 경우에는 사용하기가 어렵다.

⑤ 스위치드 커패시터(switched capacitor) CMFB 회로(그림 10.1.23, 그림 10.1.24): 스위치드 커패시터를 이용하여 공통모드 출력전압에 대해 선형적으로 변하는 V_{CMFB} 전압을 생성시킨 후, 이 전압을 main 증폭기 부하 트랜지스터의 게이트 바이어스 전압으로 사용함으로써 CMFB 동작을 수행하는데, 공통모드 출력전압($(V_o^+ + V_o^-)/2$)에 대한 V_{CMFB} 전압의 소신호 공통모드 전압이득이 +1 이고 CMFB 회로의 동작 속도는 스위치드 커패시터 회로의 스위치 on 저항과 커패시턴스의 곱의 역수($1/R_{on}C$)에 비례하므로 매우 빨라서, CMFB 회로의 GBW 값이 main 증폭기의 GBW 값보다 훨씬 크게 된다. 또 CMFB 회로에 CMOS 스위치를 사용함으로써 CMFB 회로의 active 공

통모드 입력전압 범위가 V_{SS}에서 V_{DD}까지의 모든 범위를 다 포함하게 되어 CMFB 회로가 전체 OP 앰프의 선형 출력전압 범위에 전혀 제약을 주지 않는 장점이 있다. 그런데 이 CMFB 회로는 스위치드 커패시터 회로이므로 스위치드 커패시터 회로에서는 사용하기가 용이하지만 클락 신호를 사용하지 않는 continuous time 회로에서는 사용하기가 어렵다.

(5) Replica 회로를 사용하는 완전차동 OP 앰프 (그림 10.1.27) : CMRR 값이 크지 않아도 되는 디지털 완전차동 비교기(fully differential comparator) 등에서 사용할 완전차동 비교기와 똑같은 회로(replica circuit)를 만들고, 여기에 single-ended OP 앰프를 추가하여, single ended OP 앰프의 (+) 입력 단자는 V_o^+ 혹은 V_o^- 단자에 연결하고 (−) 입력 단자는 V_i^+ 혹은 V_i^-에 연결한다. V_i^+와 V_i^- 단자에 출력전압(V_o^+, V_o^-)의 최대값(V_{IH})과 최소값(V_{IL}) 을 인가하면, negative 피드백 작용에 의해 single-ended OP 앰프의 출력전압인 V_{CMFB}는 V_o^+와 V_o^-가 둘 다 인가된 V_{IL}과 V_{IH} 사이에 놓이도록 조정된다. 이 V_{CMFB} 전압을 사용할 완전차동 비교기들에 인가하면 이 비교기들의 모든 V_o^+와 V_o^-들이 V_{IL}과 V_{IH} 사이에 놓이게 된다. 그런데 사용할 완전차동 비교기에서는 공통모드 피드백 동작이 이루어지지 않으므로 CMFB 회로에 의한 CMRR에 대한 개선 효과는 없다.

(6) 여러 가지 완전차동 OP 앰프

앞에서 언급된 다섯 가지 CMFB 회로를 다음에 보인 여러 가지 완전차동 OP 앰프 회로에 사용할 수 있다.

① Rail-to-rail 완전차동 폴디드 캐스코드 OP 앰프(그림 10.2.2) : NMOS 입력단과 PMOS 입력단을 같이 사용하여 active 공통모드 입력전압 범위가 V_{SS}에서 V_{DD}까지의 모든 영역을 다 포함하는 회로로, active 공통모드 입력전압이 V_{SS}에 가까울 때는 PMOS 입력단만 동작하고, V_{DD}에 가까울 때는 NMOS 입력단만 동작하고, 가운데 전압 범위에서는 PMOS 입력단과 NMOS 입력단이 둘 다 동작하여 공통모드 입력 전압값에 따라 소신호 전압이득이 달라진다.

② Constant-g_m rail-to-rail 완전차동 폴디드 캐스코드 OP 앰프 (그림 10.2.5) : 모든 공통모드 전압값에 대해, transconductance g_m 값이 일정하게 유지되도록 하여 전압이득이 같게 되도록 한 회로이다. 공통모드 입력전압이 V_{SS}와 V_{DD}의 가운데 영역에서 NMOS 입력단의 transconductance g_{m1n}과 PMOS 입력단의 transconductance g_{m1p}과 서로 같게 되도록 설계한다. 공통모드 입력전압이 V_{DD} 혹은 V_{SS}에 가까워서 NMOS 입력단 혹은 PMOS 입력단만이 동작할 때는 동작하는 입력단의 바이어스

전류값을 정상상태의 4 배로 되게 함으로써 그 transconductance 값이 정상 상태의 2 배로 되게 하여, 모든 공통모드 입력전압 범위에서 transconductance 값이 일정하게 유지되도록 한다.

③ 완전차동 전류거울 OP 앰프(그림 10.2.6) : 입력단 차동증폭기의 전류를 전류거울 회로로 K 배 만큼 ($K>1$, 보통 $K=2$) 증폭시켜 출력단에 보냄으로써 slew rate 와 gain-bandwidth 곱을 K 배 만큼 증가시킨다. 소신호 전압이득을 크게 하기 위해서는 NMOS 입력단이 유리하고, bandwidth 를 증가시키기 위해서는 PMOS 입력단이 유리하다. 이는 입력단 트랜지스터와 부하(load) 트랜지스터가 g_m 값이 서로 같아야 공통모드 입력전압 범위 등의 성능이 향상되므로, NMOS 입력단의 경우 부하로 사용되는 PMOS 트랜지스터의 W/L 값이 증가하여 PMOS 소스와 드레인 접합 커패시턴스 값이 크게 되어, 이로 인해 non-dominant pole 값이 감소하여 bandwidth 를 감소시키기 때문이다. 또 NMOS 입력단의 경우, 입력단 NMOS 트랜지스터의 g_m 값이 크므로 소신호 전압이득은 증가하게 된다.

④ Class-AB 입력단 완전차동 OP 앰프(그림 10.2.8) : Slew rate 를 증가시키기 위해 두 입력전압(V_i^+, V_i^-)의 차이가 크게 나는 slew 기간 중에만 입력단 바이어스 전류를 정상 상태에서보다 크게 증가시킨다.

참 고 문 헌

[1] P.R.Gray, P.J.Hurst, S.H.Lewis, R.G.Meyer, *Analysis and Design of Analog Integrated Circuits*, 4th Edition, John Wiley and Sons, 2001.

[2] K.Laker, W.Sansen, Design of Analog Integrated Circuits and Systems, pp.601-608, McGraw-Hill, 1994.

[3] M.Banu, J.Khoury, Y.Tsividis, "Fully differential operational amplifiers with accurate output balancing", IEEE JSSC, pp.203-208, March 1991.

[4] R.Hogervorst, R.Wiegerink, P.de Jong, J.Fonderie, R.Wassenaar, J.Huijsing, "CMOS low voltage operational amplifiers with constant-g_m rail-to-rail input stage", Proc. ISCAS, 1992, pp.2876-2879.

[5] B.Boser, "Design and implementation of over-sampled analog-to digital converters", Oct. 1998, Ph D. Thesis Stanford Univ.

연 습 문 제

10.1 다음 물음에 답하시오.

(1) NMOS 입력 differential pair 를 사용하는 완전차동 CMOS 폴디드 캐스코드 OP 앰프의 회로를 그리시오. 단, 11 개의 MOSFET 을 사용하고 V_{CC}, V_{SS}, 세 개의 DC bias 전압, 1 개의 공통모드 피드백 바이어스 전압(VCMFB)을 사용하시오.

(2) 선형 영역에서 동작할 active 공통모드 입력전압 범위와 선형 출력전압 범위(output voltage range)를 각 바이어스 값들로 쓰시오.

(3) 소신호 전압이득 $\dfrac{v_o^+ - v_o^-}{v_i^+ - v_i^-}$ 값을 각 MOSFET 의 g_m, r_o 값들로 표시하시오.

(4) m 번째 MOSFET 의 *rms* drain noise 전류를 $\overline{i_{nm}}$ 이라고 할 때 output short circuit rms noise current $\overline{i_{no}}$ 의 식을 쓰시오.

(5) (4)의 결과를 이용하고 flicker noise 는 무시하고 thermal noise 만 고려했을 때 이 OP 앰프의 등가 입력 노이즈 저항(equivalent input noise resistance) R_N 값을 각 MOSFET 의 g_m 값으로 표시하시오. 단, 모든 MOSFET 들은 strong inversion saturation 영역에서 동작한다고 가정한다.

(6) (5)의 결과로부터 noise 를 줄이기 위해 *W/L* 값을 어떻게 정해야 될 것인지 밝히시오.

10.2 다음은 CMFB 회로를 사용하지 않는 완전차동 OP 앰프 회로이다. M3, M4, M5, M6 의 *W/L* 값은 모두 같다. 또 body effect(g_{mb})는 무시하시오.

(1) 저주파 소신호 차동모드 전압이득 값 $((v_o^+ - v_o^-)/(v_i^+ - v_i^-))$을 구하시오.

(2) 저주파 소신호 공통모드 전압이득 값을 구하시오.

(3) 0.35 μm 공정 파라미터 표를 사용하여 차동모드 전압이득이 40dB 이고 *GBW* 값이 100MHZ 되게 설계하시오. 단, $C_L = 2PF$, $V_{DD} = 3.3V$, 전력소모, ICMR, OVR 을 구하시오. 또 thermal noise 에 대한 등가입력 노이즈 전압을 [$V/\sqrt{Hz}$] 단위로 구하시오.

(4) 시그마 스파이스를 이용하여 구한 값과 (3)의 결과를 비교하시오.

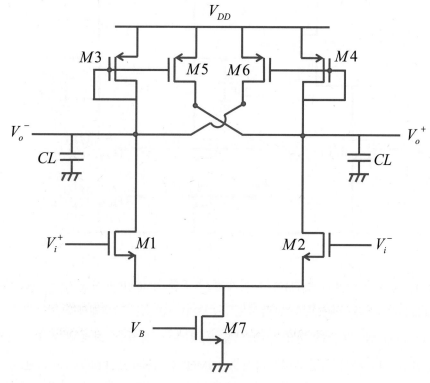

10.3 다음은 완전차동 폴디드 캐스코드 OP 앰프 회로이다.

(1) 0.35um 공정을 이용하여 다음 목표스펙을 만족하는 완전차동 폴디드 캐스코드 회로를 설계하시오. 단, 모든 스펙은 single-ended 기준이고, hand analysis 를 위해서는 표 2.5.1 에 주어진 레벨 1 모델 파라미터를 사용하시오. L=0.5um 이 아닌 경우는 LAMBDA 값만 L 에 반비례하게 조정하시오.

목표 spec: $ICMR \geq 1.5V$, $OVR \geq 1.5V$, $DC\,Voltage\,gain \geq 2000$,

$GBW \geq 100MHz$, $C_L = 2pF$, $PM > 60°$, $\lambda = \Delta L / L$

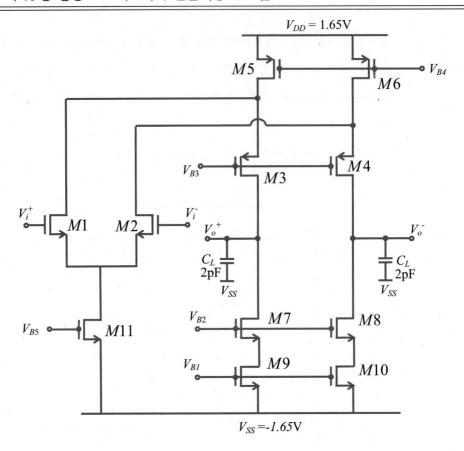

(2) Sigma Spice 를 이용하여 (1)에서 설계된 회로를 simulation 하고 목표 spec 의 계산치와 simulation 값을 표로 비교하시오. CMFB 회로는 아래에 보인대로 두 개의 VCVS(Exxx)와 한 개의 DC 전압원을 사용한 이상적인 회로를 사용하시오. BSIM4 Model 을 사용하여 시뮬레이션하시오. (NMOS 는 level 55, PMOS 는 level 56 사용).

$$\text{E01}\quad \text{cmfb}\quad \text{nx1}\quad \text{nvop}\quad 0\quad +0.5$$

$$\text{E02}\quad \text{nx1}\quad \text{nx2}\quad \text{nvom}\quad 0\quad +0.5$$

$$\text{V03}\quad \text{nx2}\quad 0\qquad \text{DC}\qquad \text{VGG\_value}$$

여기서 nvop 와 nvom 은 각각 OP 앰프 출력 노드를 나타낸다. 따라서 V_{CMFB} $= 0.5(V_o^+ + V_o^-) + V_{GG\_value}$ 가 되는데, **VGG_value** 값은 원하는 V_{CMFB} 바이어스 전압값과 원하는 공통모드 기준전압값($0.5(V_o^+ + V_o^-)$)으로부터 계산하시오. 두 개의 DC 전달함수 특성(하나는 Vi+가 −1.65V 에서 +1.65V 까지 변할 때 Vi-도 +1.65V 에서 −1.65V 까지 변하는 경우이고(차동모드 DC 특성), 다른 하나는 Vi+와 Vi-가 함께 −1.65V 에서 +1.65V 까지 같이 변하는 경우임(공통모드 DC 특성), 두 개의 주파수 특성 Bode plot(하나는 차동모드, 다른 하나는 공통모드)과 과도특성(Vi-

를 Vo+와 연결하고 Vi+에 0.1V step 입력을 인가했을 때 출력파형 및 0.1% settling time 제시) 시뮬레이션 결과를 제시하시오.

(3) (2)에서 사용한 이상적인 CMFB 회로를 switched capacitor CMFB 회로로 바꾸어 설계하고 시그마-스파이스로 시뮬레이션하시오. (2)에서 언급된 시뮬레이션 결과를 제시하시오. 또, 전류소모, ICMR, OVR, PM, 차동모드 GBW, DC gain 등을 이상적인 CMFB 회로 경우(2)와 비교하는 표를 작성하시오.

(4) 10.1.4 절에 설명한 차동증폭기를 이용한 CMFB 회로를 위 회로에 연결할 CMFB 회로로 설계하고 (3)을 반복하시오.

(5) 10.1.5 절에 설명한 source follower를 이용한 CMFB 회로를 위 회로에 연결할 CMFB회로로 설계하고 (3)을 반복하시오.

(6) 위 회로를 10.1.3 절에 보인 triode 영역에서 동작하는 CMFB 회로(아래그림)를 채택한 회로로 설계하고 (3)을 반복하시오.

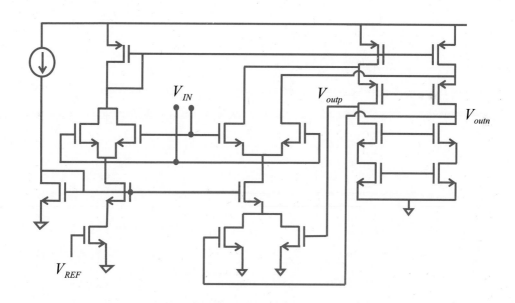

(7) (2), (3), (4), (5), (6)의 시뮬레이션 결과(전류소모, ICMR, OVR, PM, 차동모드 GBW, DC gain 등)를 한 개의 표에 정리하고 각 항목마다 제일 우수한 성능을 나타내는 CMFB 방식을 표시하시오.

제11장

스위치드 커패시터 필터
(Switched capacitor filter)

제 11 장   스위치드 커패시터 필터

스위치드 커패시터 필터(switched capacitor filter: SCF)는 1970 년대에 발명된 후 현재까지 집적화된(on-chip) 아날로그(analog) 신호처리 장치로 널리 사용되고 있다. 스위치드 커패시터 필터는 OP amp 와 R, C 소자를 이용하는 active RC 필터에 비해 집적화가 유리하고 필터 bandwidth 값이 훨씬 더 정확하게 결정되는 장점을 가진다.

11.1 스위치드 커패시터 필터의 장점, 구성 및 동작 원리

11.1.1 스위치드 커패시터 필터의 장점

스위치드 커패시터 필터(SCF)의 장점을 알아보기 위해 각각 passive RC low-pass 필터, active RC 적분기와 스위치드 커패시터 적분기(switched capacitor integrator)의 구현 예를 그림 11.1.1 에 보였다. 그림 11.1.1(a)에 보인 passive RC 필터는 부하 Z_L 값에 따라 주파수 특성이 달라지는 단점이 있는 반면에, 그림 11.1.1(b)에 보인 active RC 필터는 OP amp 자체의 출력저항 값이 작고 출력 단자에서의 shunt 피드백으로 인해 피드백 loop gain 만큼 출력저항 값이 더 작아지므로, 부하 Z_L 값에 무관한 주파수 특성을 가지는 장점이 있다. 또 passive 필터에서 필터의 Q 값을 증가 시키기 위해 큰 값의 인덕터(inductor)를 사용하는 경우가 많은데 이 큰 값의 인덕터는 집적회로에 집적화시키기가 불가능하다.

Active RC 필터에서는 집적회로에 집적 가능한 OP amp 와 R, C 만으로 인덕터 동작을 구현할 수 있어서 이들 세 가지 소자(OP amp, R, C)만으로도 high-Q 필터를 제작할 수 있다. 그러나 active RC 필터의 단점으로는 큰 저항 값을 집적회로로 구현하려면 칩 면적을 지나치게 많이 소모하는 단점이 있다. 또 active RC 필터의 –3dB bandwidth ω_{-3dB} 는

$$\omega_{-3dB} \;=\; 1/(R_1 C_2)$$

로 주어지므로 ω_{-3dB} 는 저항과 커패시터의 절대값에 의해 결정된다. 보통 집적회로

에서 저항의 절대값은 대략 ±20% 정도의 오차를 가지고 커패시터의 절대값은 대략 ±10% 정도의 오차를 가진다. 따라서 ω_{-3dB} 는 대략 ±30% 정도의 큰 오차를 가지게 된다.

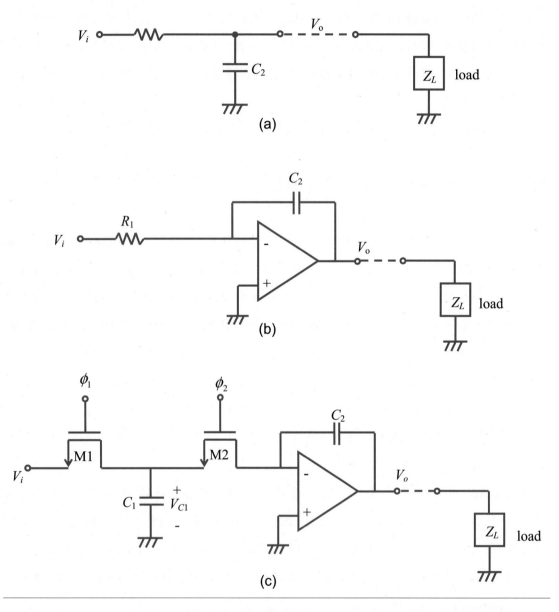

그림 **11.1.1** 여러 가지 필터 회로 (a) passive RC low-pass 필터 (b) active RC 적분기
(c) 스위치드 커패시터 적분기(switched capacitor integrator)

스위치드 커패시터 필터(switched capacitor filter)에서는 active RC 필터의 이 두 가지 단점을 모두 개선시켰다. 그림 11.1.1(c)에서 보인 스위치드 커패시터 회로에서 클락 ϕ_1과 ϕ_2는 high 인 구간이 서로 겹쳐지지 않는 non-overlapping 클락이다. ϕ_1이 high 일 때 ϕ_2는 low 이므로 스위치 M1 이 on 되고 스위치 M2 는 off 되어 커패시터 C_1은 입력전압원 V_i에 연결되므로 $V_{C1} = V_i$가 된다. 반대로 ϕ_2가 high 일 때 스위치 M2 가 on 되고 스위치 M1 은 off 되므로 커패시터 C_1은 OP amp 의 (−) 입력 단자에 연결되는데, 커패시터 C_2가 negative 피드백 loop 를 형성하므로 steady state(정상 상태)에 도달하면 OP amp 의 (−) 입력 단자는 virtual ground 가 되어 $V_{C1} = 0$이 된다. C_1과 같이 한 클락 phase(여기서는 ϕ_2) 동안 입력 신호 값에 관계없이 $0V$로 방전되어 저장했던 에너지 $(C_1 V_{C1}^2/2)$를 완전히 소모(dissipation)하는 커패시터를 스위치드 커패시터(switched capacitor)라고 부른다. 이 스위치드 커패시터는 클락 주파수보다 훨씬 낮은 주파수의 입력 신호에 대해서는 등가적으로

$$R_{1.eq} = T_c/C_1$$

값을 가지는 저항으로 작용한다. 여기서 T_c는 클락 ϕ_1, ϕ_2의 주기이다. 따라서 집적회로에서 비교적 칩 면적을 작게 소모하는 커패시터와 MOS 스위치를 이용하여 큰 값의 등가저항을 구현할 수 있다. 스위치드 커패시터의 bandwidth ω_{-3dB}는

$$\omega_{-3dB} = 1/(R_{1.eq}C_2) = f_c \cdot (C_1/C_2)$$

로 주어져서, 클락 주파수 $f_c(=1/T_c)$와 두 커패시턴스 값의 비율에 의해 결정된다. 크리스탈 발진기(crystal oscillator)를 사용하면 클락 주파수 f_c의 오차는 매우 작고, 집적회로에서 커패시턴스 비율은 대략 $\pm 0.2\%$ 정도의 오차를 가지므로, 스위치드 커패시터 필터에서의 ω_{-3dB}는 active RC 필터에 비해 그 오차가 매우 작게 된다. 또 스위치드 커패시터 필터의 ω_{-3dB}는 클락 주파수 f_c에 비례하므로 f_c를 바꾸기만 하면 bandwidth 값을 바꿀 수가 있어서 사용하기에 특히 편리하다. 변동 가능한 f_c의 최대값은 OP amp 의 slew rate 와 settling time 등에 의해 결정된다. 또 f_c는 aliasing 효과를 피하기 위해 입력 신호 V_i bandwidth 의 2 배(Nyquist rate) 이상이 되어야 한다. 그리하여 스위치드 커패시터 필터는 active RC 필터에 비해, 저항을 스위치드 커패시터로 대체하여 집적회로에서의 칩 면적을 줄이고, bandwidth 오차를 대략 100 배 정도 향상시키며, 클락 주파수를 바꿈으로써 필터의 bandwidth 를 조정할

수 있는 장점을 가진다. 또 active RC 필터에서 신호 전압의 극성을 바꾸기 위해서는 한 개의 OP amp 와 서로 같은 값을 가지는 두 개의 저항을 이용한 반전 증폭기를 추가하여야 하는데, 스위치드 커패시터 회로에서는 스위치에 인가되는 클락의 위상을 바꾸기만 하면 OP amp 를 추가하지 않고도 반전 특성을 얻을 수 있다.

11.1.2 스위치드 커패시터 필터의 회로 구성

그림 11.1.2 는 스위치드 커패시터 필터(switched capacitor filter)의 사용 예를 블록 다이어그램으로 나타낸 것이다. 그림 11.1.2 에서 anti-aliasing 필터는 입력 신호 (V_i)의 bandwidth 를 $f_c/2$ 보다 작게 제한함으로써 aliasing 현상을 막기 위한 low pass 필터로서, 보통 비교적 간단한 1 차 혹은 2 차 continuous time low-pass 필터를 사용하는데, 몇 클락 동안씩 적분하여 출력하는 decimation 형태의 스위치드 커패시터를 사용할 수도 있다[1]. Smoothing 필터는 switching 작용에 의해 발생한 고주파 노이즈를 제거하기 위한 것으로, anti-aliasing 필터로 사용한 것과 같은 low-pass 필터를 사용한다. 스위치드 커패시터 필터 동작에는 sample-hold 동작이 포함되어 주파수 특성에 sample-hold 동작의 주파수 특성인 $sinc$ function($sin(f)/f$)이 곱해져서 입력 신호 주파수 대역 내에서 주파수 f 가 증가함에 따라 진폭이 감소하는(droop) 현상이 나타나는데, 이를 보상하여 평탄한 주파수 특성을 얻기 위하여 droop correction 필터를 사용한다. 따라서 droop correction 필터의 주파수 특성은 $sinc$ function 의 역수

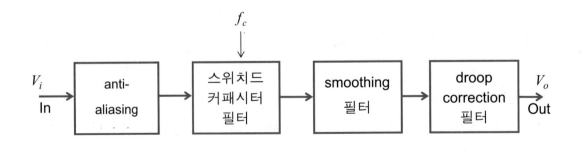

그림 **11.1.2** 스위치드 커패시터 필터(switched capacitor filter)의 사용 예

인 $f / sin(f)$의 특성을 가진다.

11.1.3 스위치드 커패시터(switched capacitor)와 저항의 등가성

입력 신호 bandwidth 의 두 배보다 큰 주파수를 가지는 non-overlapping 클락을 이용하여 두 클락 phase 중 한 클락 phase 동안에는 커패시터가 완전히 방전되어 커패시터 전압이 0 이 되게 함으로써 커패시터에 저장된 에너지를 소모(dissipation)시키는 커패시터를 스위치드 커패시터라고 부른다. 또 스위치드 커패시터와 MOS 스위치를 포함하는 회로를 스위치드 커패시터(switched capacitor) 회로라고 한다. Bandwidth 가 클락 주파수의 절반보다 훨씬 작은 입력 신호에 대해서는 이 스위치드 커패시터는 등가저항으로 작용한다. 그림 11.1.3 에 스위치드 커패시터 회로의 동작을 보였다. 그림 11.1.3(a)에서 B 점은 스위치드 커패시터 회로에서 거의 대부분 OP amp 의 virtual ground 입력 노드에 연결되므로 직접 ground 로 연결시켰다.

$0 < t < T_c$ 인 시간 구간에 대해 그림 11.1.3 회로의 동작을 살펴본다. 먼저 $0 < t < t_1$ 인 시간 구간에서는 M1 스위치가 on 되고 M2 스위치는 off 되므로 $V_A(t_1) = V_{in}(t_1)$ 이 된다. $t = 0$ 인 시각에서의 커패시터 전압 $V_A(0) = 0$ 이므로 $0 < t < t_1$ 인 시간 구간 동안 V_{in} 에서 C 로 흘러 들어간 전하량은

$$C \cdot V_A(t_1) \;=\; C \cdot V_{in}(t_1)$$

이 된다. 따라서

$$\int_0^{t_1} I_{in}(t) \, dt \;=\; C \cdot V_{in}(t_1) \qquad (11.1.1)$$

이 된다. $t_1 < t < t_2$ 인 시간 구간에서는 두 스위치가 모두 off 되어 커패시터 C 에는 전류 출입이 없으므로 $V_A(t) = V_A(t_1) = V_{in}(t_1)$ 으로 일정하게 유지된다. $t_2 < t < t_3$ 인 시간 구간에는 M2 스위치가 on 되고 M1 스위치는 off 되므로 커패시터 전압 V_A 는 이 시간 구간 동안 $V_{in}(t_1)$ 에서 0 으로 방전된다. $t_3 < t < T_c$ 인 시간 구간에서는 모든 스위치가 off 되어 커패시터 C 에 전류 출입이 없으므로 V_A 값은 0 으로 유지된다.

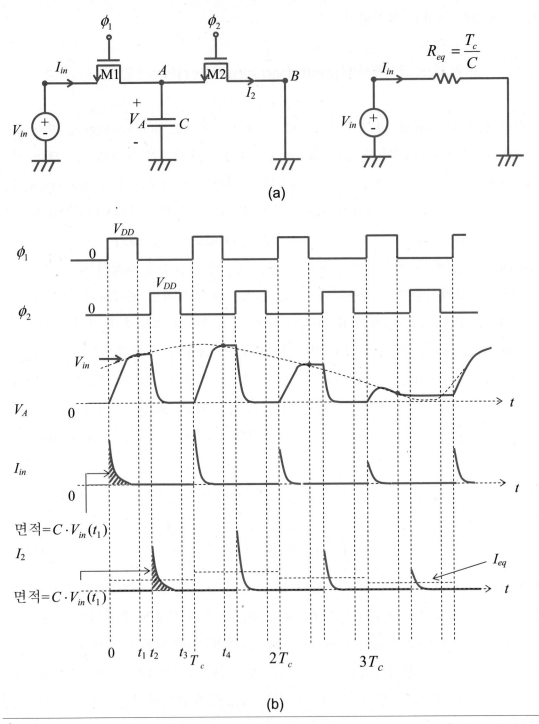

(a)

(b)

그림 **11.1.3** 스위치드 커패시터 회로의 동작 **(a)** 스위치드 커패시터와 저항의 등가성
(b) non-overlapping 클락과 전압 및 전류 파형

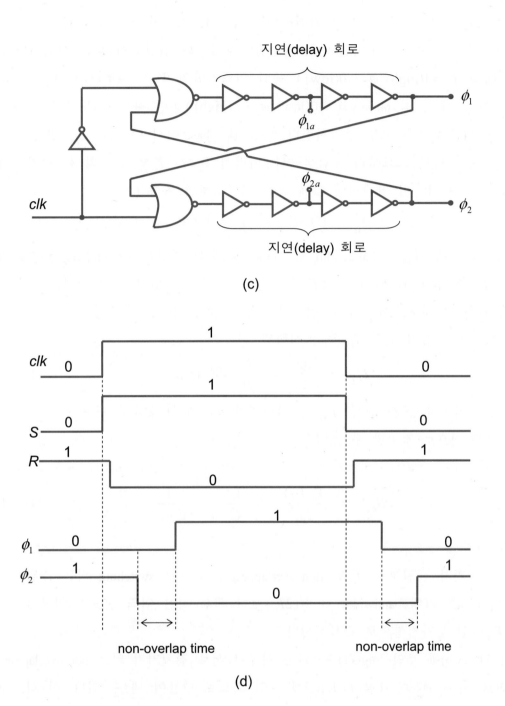

그림 **11.1.3** 스위치드 커패시터 회로의 동작 (c) non-overlapping 클락 생성 회로
(d) (c) 회로의 각 단자 파형 (계속)

$T_c < t < t_4$ 인 시간 구간에서는 커패시터 C 는 M1 스위치를 통하여 V_{in} 으로부터 $C \cdot V_{in}(t_4)$ 만큼의 전하를 받아들인다. 입력전압원 V_{in} 의 입장에서 보면 커패시터 C 는 ϕ_1 phase ($\phi_1 = 1$(high), $\phi_2 = 0$(low)) 동안 입력전압원 V_{in} 으로부터 $C \cdot V_{in}$ 만큼의 전하를 받아들이고, ϕ_2 phase ($\phi_1 = 0$(low), $\phi_2 = 1$(high)) 동안 다른 쪽(노드 B 쪽)으로 축적된 전하($C \cdot V_{in}$)를 모두 방전시킨다. 다음 ϕ_1 phase 에서 다시 $C \cdot V_{in}$ 만큼의 전하를 입력전압원 V_{in} 으로부터 공급받는다. 따라서 $0 < t < T_c$ 인 클락의 한 주기(T_c) 동안 입력전압원 V_{in} 이 커패시터 C 에 공급하는 전하의 총량 Q 는

$$Q = \int_0^{T_c} I_{in}(t) \, dt = \int_0^{t_1} I_{in}(t) \, dt = C \cdot V_{in}(t_1) \qquad (11.1.2)$$

이 된다. 입력전압 V_{in} 의 bandwidth 는 클락 주파수의 절반($f_c/2 = 1/(2T_c)$)보다 작으므로, 입력전압 $V_{in}(t)$ 의 $0 < t < T_c$ 인 시간 구간에서의 변화 값이 작다고 가정하면 공급한 Q 는 대체로 V_{in} 값에 비례하게 된다. 이를 $0 < t < T_c$ 인 시간 구간 동안 균일하게 흐르는 등가 전류 I_{eq} 로 표시하면

$$I_{eq} = \frac{Q}{T_c} = \frac{C}{T_c} \cdot V_{in}(t_1) \qquad (11.1.3)$$

이 된다. 그리하여 등가 전류 I_{eq} 는 입력전압 V_{in} 에 비례하게 되므로, 등가저항 R_{eq} 를 다음 식으로 정의할 수 있다.

$$R_{eq} = \frac{V_{in}(t_1)}{I_{eq}} = \frac{T_c}{C} = \frac{1}{C \cdot f_c} \qquad (11.1.4)$$

그리하여 주기가 균일하게 T_c 인 non-overlapping 클락으로 switching 되는 스위치드 커패시터 C 는, 최대 bandwidth 가 $1/(2T_c)$ 보다 훨씬 작은 입력 신호의 입장에서는 $R_{eq} = T_c/C$ 인 등가저항으로 근사화된다.

그림 11.1.3(b)에 보인 'high(1)'가 되는 시간이 서로 겹쳐지지 않는 non-overlapping 클락 신호 ϕ_1 과 ϕ_2 는 그림 11.1.3(c)에 보인 회로로 만들어 낼 수 있다. 이 회로는 기본적으로 *SR* latch 회로의 *S*(set) 입력 단자에 클락 신호 *clk* 를 인가하고 *R*(reset) 입력 단자에는 클락 신호의 역상인 $\overline{clk}$ 를 인가한 형태이다. *clk* = 1 로 유지될 때는 $R = 0$, $S = 1$ 이 되어 $\phi_1 = 1$, $\phi_2 = 0$ 상태로 set 된다. 역으로 *clk* = 0 으로 유지될 때

는 $R=1$, $S=0$ 이 되어 $\phi_1=0$, $\phi_2=1$ 상태로 reset 된다. 그림 11.1.3(d)에 clk, $R, S,$ ϕ_1, ϕ_2의 파형을 보였다. clk 신호가 0 에서 1 로 변하면 R 과 S 신호는 거의 clk 와 동시에 각각 0 과 1 로 변하지만

$$\phi_1 = \text{delayed version of } \overline{(R \ OR \ \phi_2)}$$

$$\phi_2 = \text{delayed version of } \overline{(S \ OR \ \phi_1)}$$

이므로, S 가 1 로 되었기 때문에 ϕ_2는 clk 이 변한 시각으로부터 4 개의 inverter 와 1 개의 NOR gate 의 지연시간 후에 1 에서 0 으로 변한다. 또 ϕ_1은 $R=0$, $\phi_2=0$ 이 되었기 때문에 ϕ_2가 변한 시각으로부터 다시 4 개의 inverter 와 1 개의 NOR gate 의 지연시간 후에 0 에서 1 로 변한다. 그리하여 ϕ_1, ϕ_2가 둘 다 0 이 되는 non-overlap time 은 4 개의 inverter 와 한 개의 NOR gate 의 지연(delay) 시간과 같게 된다. 클락 신호 clk 가 1 에서 0 으로 변할 때도 같은 방식으로 생각하면 그림 11.1.3(d)에 표시 된 대로 됨을 확인할 수 있다.

11.1.4 Stray-insensitive 스위치드 커패시터 회로

Active RC 필터에서와 마찬가지로 스위치드 커패시터 필터(switched capacitor filter) 에서도 적분기는 필터 회로의 중요한 구성 요소이다. 그림 11.1.3(a)에 보인 스위치 드 커패시터를 이용한 스위치드 커패시터 적분기(switched capacitor integrator) 회로를 그림 11.1.1(c)에 미리 보였는데 기생 커패시턴스(stray capacitance) 성분의 영향을 알 아보기 위해 그림 11.1.4(a)에 다시 보였다. 그림 11.1.4(a)에서 기생 커패시턴스 C_{st1} 과 C_{st2} 는 주로 M1, M2 트랜지스터의 소스 혹은 드레인 영역과 실리콘 기판 (substrate) 사이에 존재하는 접합 커패시턴스(junction capacitance) 성분을 나타낸다. 이 경우의 등가저항 R_{eq} 는

$$R_{eq} \quad = \quad \frac{T_c}{C_1 + C_{st1} + C_{st2}} \tag{11.1.5}$$

가 되어 기생 커패시턴스로 인해 R_{eq} 값이 설계된 값(T_c / C_1)과 달라지게 된다. 이 는 ω_{-3dB} 에서의 오차를 발생시키고, 또 접합 커패시턴스는 인가된 전압 값에 따라 값이 달라지므로 신호전압 크기에 따라 전달특성이 달라져서 왜곡을 일으킨다.

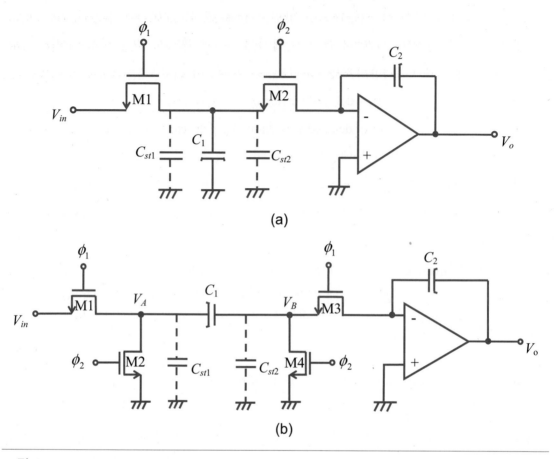

(a)

(b)

그림 **11.1.4** (a) Stray-sensitive 스위치드 커패시터 적분기 회로

(b) Stray-insensitive 스위치드 커패시터 적분기 회로

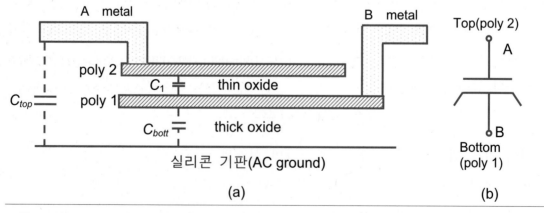

그림 **11.1.5** (a) Double poly 공정에서의 커패시터 단면 (b) 등가회로

이러한 기생 커패시턴스 의존성을 없애기 위해 MOS 스위치 개수를 2개에서 4개로 증가시킨 회로를 그림 11.1.4(b)에 보였다. 그림 11.1.4(b)의 기생 커패시턴스 C_{st1} 과 C_{st2} 는 MOS 트랜지스터의 소스, 드레인 접합 커패시턴스와 C_1 의 bottom plate 커패시턴스(C_{bott}) 등의 합으로 되어 있다. 커패시턴스 C_1 은 double-poly 공정에서 그림 11.1.5(a)에 보인 대로 poly1 과 poly2 를 전극으로 하여 제작하는데, thick oxide 두께와 thin oxide 의 두께 비율이 보통 10:1 또는 5:1 정도이므로 bottom 기생 커패시턴스 C_{bott} 값이 C_1 값의 10~20% 정도가 된다. Top 기생 커패시턴스 C_{top} 값은 보통 C_1 값의 1~5% 정도이다.

그림 11.1.5(b)에 보인 대로 top plate 전극은 짧은 직선으로 표시하고 bottom plate 전극은 세 개의 직선을 연결하여 길게 표시하였다. $C_{bott} \gg C_{top}$ 이므로, 스위치드 커패시터 회로에서는 그림 11.1.4(a), (b)에 보인 대로 bottom plate 전극을 출력 임피던스 값이 작은 노드들인 ground 나 전압원 혹은 OP amp 출력 노드쪽으로 향하게 하고 top plate 전극을 OP amp summing node ((−) 입력 단자) 쪽으로 향하게 한다.

본론으로 돌아가서, 그림 11.1.4(b) 회로에서, ϕ_2 phase 동안에는 $V_A = V_B = 0\,V$ 가 되어 C_{st1} 과 C_{st2} 의 전압 값들이 모두 방전되어 $0V$ 가 된다. ϕ_1 phase 동안에는 $V_A = V_{in}$ 이 되고, V_B 는 C_2 와 OP amp 의 negative 피드백 작용에 의해 virtual ground 가 되어 $V_B = 0$ 이 된다. ϕ_1 phase 동안의 동작을 그림 11.1.6 에 보였는데 on 된 MOS 스위치를 저항으로 표시하였다.

ϕ_1 phase 가 끝나는 시각에 각 커패시터 C_1, C_{st1}, C_{st2} 에 저장된 전하량을 각각 Q_1, Q_{st1}, Q_{st2} 라고 하면,

$$Q_1 \;=\; C_1 \cdot V_{in}, \qquad Q_{st1} \;=\; C_{st1} \cdot V_{in}, \qquad Q_{st2} \;=\; 0$$

이 된다. ϕ_2 phase 가 끝나는 시각에

$$Q_1 \;=\; Q_{st1} \;=\; Q_{st2} \;=\; 0$$

이므로, ϕ_1 phase 동안 입력전압원 V_{in} 이 C_1 에 $Q_1 = +C_1 \cdot V_{in}$ 만큼의 전하를 공급하였고, C_{st1} 에는 $+C_{st1} \cdot V_{in}$ 만큼의 전하를 공급하였다. C_1 의 왼쪽 전극에 $Q_1 = +C_1 \cdot V_{in}$ 의 전하가 저장되어 있으므로 C_1 의 오른쪽 전극에는 $-Q_1 = -C_1 \cdot V_{in}$ 의 전하가 존재해야 한다. 그런데 C_{st2} 의 양단 전압은 ϕ_1 phase 의 시작 시각과 끝

시각에 둘 다 $0V$ 이므로, ϕ_1 phase 동안 C_{st2}로는 net 전하 이동이 없다. OP amp 입력 노드는 MOS 트랜지스터의 게이트에 연결되어 있어 전류를 흘리지 못하므로 OP amp (−) 입력 노드로도 net 전하 이동이 없다. 따라서 C_1의 오른쪽 전극에 모인 전하 $-C_1 \cdot V_{in}$은 C_2로부터 공급되어야 한다. C_2에서 $-C_1 \cdot V_{in}$의 전하를 C_1에 공급하는 것은, 역으로 C_1에서 $+C_1 \cdot V_{in}$의 전하를 C_2에 공급하는 것과 같다. 그리하여 C_2의 왼쪽 전극에 $+C_1 \cdot V_{in}$ 만큼의 전하가 추가되었으므로 C_2의 오른쪽 전극에 $-C_1 \cdot V_{in}$ 만큼의 전하가 추가되어야 한다. 이는 C_2의 오른쪽 전극에 $+C_1 \cdot V_{in}$ 만큼의 전하가 감소되어야 한다는 것과 같다. 이 감소된 $+C_1 \cdot V_{in}$ 만큼의 전하는 OP amp의 출력 노드 V_o를 통하여 OP amp로 흘러 들어간다. 그림 11.1.6 에서 점선과 화살표로 이 전하 이동 경로를 표시하였다. 결국 V_{in}에서 $+C_1 \cdot V_{in}$ 만큼의 전하가 공급되어 이 전하가 C_1과 C_2를 거쳐 OP amp로 흘러 들어간다. 그리하여 C_2로 흘러 들어가는 전하량($-\Delta Q_2$)은 기생 커패시턴스 C_{st1}과 C_{st2} 값에 무관하게 $C_1 \cdot V_{in}$으로 정해진다. 출력전압 V_o는 그림 11.1.6 에서 알 수 있는 바와 같이 C_2의 전하량 Q_2는 $Q_2 = C_2 \cdot V_o$의 관계식에 의해 정해지므로, 출력전압 V_o는 기생 커패시턴스 C_{st1}, C_{st2} 값에 무관하게 되어, 그림 11.1.4(b) 회로는 stray insensitive 회로가 된다. 한 클락 주기(T_c) 동안 V_{in}으로부터 C_2에 흘러 들어가는 전하량은 $C_1 \cdot V_{in}$이므로, 이를 한 주기 동안 균일하게 흐르는 등가 전류 I_{eq}로 표시하면

$$I_{eq} \;=\; C_1 \cdot V_{in} / T_c$$

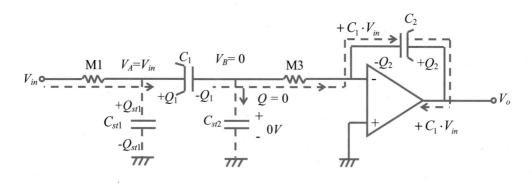

그림 **11.1.6** 그림 11.1.4(b) 회로의 ϕ_1 phase 에서의 동작

이 되어 그림 11.1.7에 보인 회로와 같이 양(+)의 등가저항

$$R_{eq} \; = \; V_{in}/I_{eq} \; = \; T_c/C_1$$

로 나타낼 수 있다. V_{in}으로부터 C_{st1}에도 전류가 흘러 들어가지만 이 전류는 V_o에 영향을 주지 않으므로 그림 11.1.7에서는 표시하지 않았다.

그림 11.1.7 회로의 전달 함수는

$$\frac{V_o(s)}{V_{in}(s)} \; = \; -\frac{1}{sR_{eq}C_2} \; = \; -\frac{1}{s} \cdot f_c \cdot \frac{C_1}{C_2} \qquad (11.1.6)$$

이 되어 반전 적분기로 동작함을 확인할 수 있다. 여기서 $f_c = 1/T_c$로 클락 ϕ_1과 ϕ_2의 주파수이다.

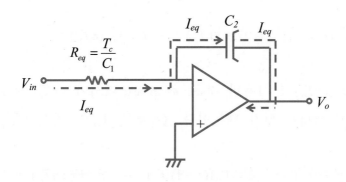

그림 **11.1.7** 그림 11.1.4(b) 회로의 근사화 회로

Z-영역(Z-domain) 해석

스위치드 커패시터 회로는 discrete time system이므로, 그 동작을 정확하게 표시하기 위해서는 차등 방정식(difference equation)을 사용해야 한다. 미분 방정식(differential equation)을 산술 방정식으로 바꾸어 보다 간단한 방법으로 풀기 위해서 Laplace 변환을 사용하는 것과 마찬가지로, 차등 방정식을 보다 간단하게 풀기 위해 Z-변환(Z-transform)을 사용한다[2].

그림 11.1.4(b)에 보인 stray-insensitive 스위치드 커패시터 적분기(switched capacitor integrator) 회로에 대해 정확한 동작 특성을 분석하기 위해 먼저 차등 방정식을 만

들고 Z-변환을 이용하여 Z-영역 전달함수를 구하는 과정을 다음에 보였다.

Steady state(정상 상태)에서는 C_2에 의한 negative 피드백 동작으로 인하여 OP amp 의 inverting 입력 단자는 virtual ground 가 되므로, steady state 의 C_2 양단 전압은 클락 phase 에 무관하게 V_o 로 주어진다. ϕ_2 phase 동안에는 그림 11.1.4(b) 회로에 보인 대로 M3 이 off 되어 C_2에 전류가 흐르지 않으므로 C_2에 저장된 전하 Q_2와 전압 V_o 는 변하지 않는다. C_2 는 선형 커패시터이므로 $Q_2 = C_2 \cdot V_o$ 인 선형 관계식이 성립한다. ϕ_1 phase 동안에는 그림 11.1.6 에 보인 대로 Q_2 는 $C_1 \cdot V_{in}$ 만큼 감소되었다. ϕ_1 phase 가 끝나는 시각에 출력 V_o 를 sample 한다고 가정하여, 그림 11.1.8 에 보인 대로 ϕ_1 phase 가 끝나는 시각을 nT_c 라고 정한다. 따라서 시각 $t = (n-1)T_c$ 와 $t = nT_c$ 에서의 Q_2 값들은 다음 관계식으로 표시된다.

$$Q_2(nT_c) \;\; = \;\; Q_2((n-1)T_c) \;\; - \;\; C_1 \cdot V_{in}(nT_c) \tag{11.1.7}$$

여기서 V_{in} 값으로 $V_{in}(nT_c)$ 를 사용한 것은, ϕ_1 phase 에서 $t = nT_c$ 시각에서의 V_{in} 값($V_{in}(nT_c)$)이 Q_2 에 sample 되기 때문이다. $Q_2 = C_2 \cdot V_o$ 인 관계식을 식(11.1.7)에 대입하면

$$C_2 \cdot V_o(nT_c) \;\; = \;\; C_2 \cdot V_o((n-1)T_c) \;\; - \;\; C_1 \cdot V_{in}(nT_c) \tag{11.1.8}$$

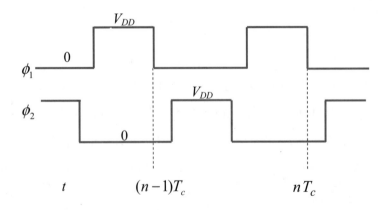

그림 **11.1.8**   클락 타이밍(clock timing)

가 되어 차등 방정식이 완성된다.

식(11.1.8)을 다음 절(11.2 절)에서 상세하게 설명할 Z-변환으로 변환하면

$$C_2 \cdot \hat{V}_o(z) = C_2 \cdot \hat{V}_o(z) \cdot z^{-1} - C_1 \cdot \hat{V}_{in}(z) \qquad (11.1.9)$$

가 된다. 여기서

$$\hat{V}_o(z) \triangleq Z\{V_o(nT_c)\}$$

$$Z\{V_o((n-1)T_c)\} = z^{-1} \cdot \hat{V}_o(z)$$

인 사실을 이용하였다. 따라서 Z-영역 전달 함수 $H(z)$는 다음 식으로 구해진다.

$$H(z) = \frac{\hat{V}_o(z)}{\hat{V}_{in}(z)} = -\frac{C_1}{C_2} \cdot \frac{1}{1 - z^{-1}} \qquad (11.1.10)$$

Z-영역에서 $1/(1 - z^{-1})$는 적분 기능을 나타내므로, 그림 11.1.4(a) 회로는 반전 적분기(inverting integrator)로 동작함을 확인할 수 있다. Z-영역 전달 함수와 s-영역 전달 함수의 관계는 다음 절(11.2 절)에서 상세히 설명한다.

11.1.5 Stray-insensitive 비반전 적분기 회로

그림 11.1.4(b)에 보인 stray-insensitive 반전 적분기(inverting integrator) 회로에서 M1 과 M2 의 게이트에 인가되는 클락 신호를 서로 바꾸면, stray-insensitive 비반전 적분기(non-inverting integrator) 회로가 된다. 이 회로를 그림 11.1.9(a)에 보였다. ϕ_2 phase 동안에는 4 개의 MOS 스위치 중에서 M1 과 M4 스위치가 on 되어, 그림 11.1.9(b)에 보인 대로 ϕ_2 phase 가 끝나는 시각에 $V_A = V_{in}$, $V_B = 0$ 이 되고 C_1 과 C_{st1} 은 각각 $C_1 \cdot V_{in}$ 과 $C_{st1} \cdot V_{in}$ 의 전하량으로 충전되고, C_{st2} 는 방전되어 전하량이 0 이 된다. ϕ_2 phase 가 끝난 후 ϕ_1 phase 에 들어가면, M2 와 M3 이 on 되어 그림 11.1.9(c)에 보인 대로, ϕ_1 phase 동안 C_1 과 C_{st1} 이 방전되어 ϕ_1 phase 가 끝나는 시

각에 $V_A = 0V$, $V_B = 0V$ 가 되고 C_1 과 C_{st1} 의 전하량은 0 이 된다 ($Q_1 = 0$). ϕ_1 phase 가 시작하는 시각에 C_1 은 $C_1 \cdot V_{in}$ 의 전하량 ($Q_1 = C_1 \cdot V_{in}$) 을 가지고 있었는데 ϕ_1 phase 가 끝나는 시각에 C_1 이 가지고 있는 전하량은 0 이 되므로 ($Q_1 = 0$), ϕ_1 phase 시간 구간 동안 그림 11.1.9(c)에서 점선과 화살표로 표시한 대로 OP amp 는 출력 노드 V_o 와 C_2 를 거쳐 C_1 에 $C_1 \cdot V_{in}$ 만큼의 전하를 공급한다. C_{st1} 도 ϕ_1 phase 동안 $C_{st1} \cdot V_{in}$ 만큼의 전하를 M2 를 통하여 ground 로 방전하는데 이 전하는 C_2 로 흘러 들어오지 않기 때문에 V_o 에는 영향을 주지 않는다. C_{st2} 에 관해서는, ϕ_1 phase 가 시작하는 시각에 $V_B = 0$ 이므로 C_{st2} 의 전하량은 0 이 되고, ϕ_1 phase 가 끝나는 시각에서도 $V_B = 0$ 이므로 C_{st2} 의 전하량은 0 이 되어, ϕ_1 phase 시간 구간 동안 C_{st2} 를 통해 흐르는 net 전하량은 0 이 된다.

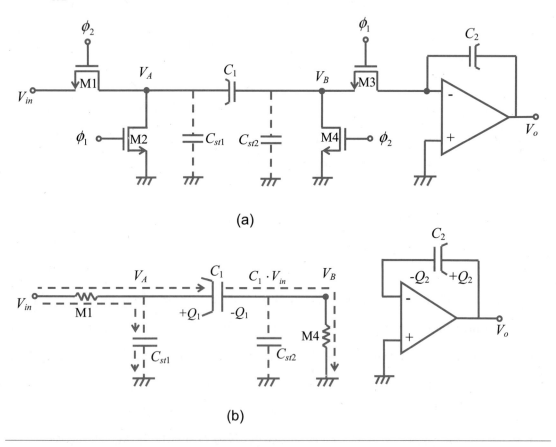

(a)

(b)

그림 **11.1.9** Stray-insensitive 비반전 적분기

(a) 회로도 (b) ϕ_2 phase 에서의 동작

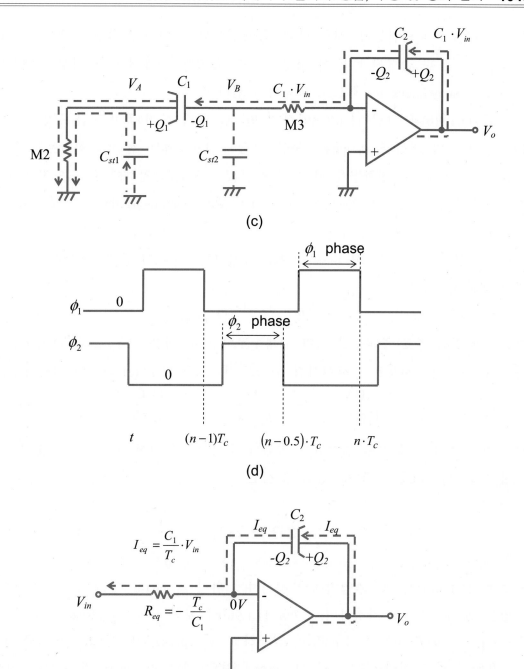

그림 11.1.9 Stray-insensitive 비반전 적분기 회로와 그 동작

(c) ϕ_1 phase 에서의 동작 (d) 클락 타이밍 (e) continuous time 근사화 회로
(계속)

따라서 C_{st2}는 출력전압 V_o에 영향을 주지 않는다. 그리하여 기생 커패시턴스 C_{st1} 과 C_{st2}는 둘 다 출력전압 V_o에 영향을 주지 않으므로 이 회로는 기생 커패시턴스 에 무관한 stray insensitive 회로로 동작하게 된다.

그림 11.1.9(b)와 그림 11.1.9(c)에서 보면, 한 클락 주기 (T_c) 시간 동안 C_2에는 $C_1 \cdot V_{in}$ 만큼의 전하가 ϕ_1 phase 동안 그림 11.1.9(c)에서 점선과 화살표로 표시한 방향으로 흐른다. 이 전하량을 한 주기 시간 (T_c) 동안 균일하게 흐르는 전류 I_{eq} 로 표시하면 $I_{eq} = C_1 \cdot V_{in}/T_c$ 가 되어 그림 11.1.9(e)의 continuous time 근사화 회로에서 화살표 방향으로 전류 I_{eq} 가 흐르게 된다. 이 현상을 V_{in} 과 virtual ground 노드(OP amp $(-)$ 입력 노드) 사이에 다음 식으로 표시되는 음$(-)$의 등가저항 R_{eq} 를 둠으로 써 모델할 수 있다.

$$R_{eq} = -\left(T_c/C_1\right)$$

그리하여 입력 신호 주파수가 클락 주파수보다 매우 작을 경우, 그림 11.1.9(a) 회로 는 그림 11.1.9(e) 회로로 근사화시킬 수 있는데, 그림 11.1.9(e) 회로의 전달함수는

$$\frac{V_o(s)}{V_i(s)} = -\frac{1}{s \cdot R_{eq} \cdot C_2} = +\frac{1}{s} \cdot \frac{C_1}{C_2} \cdot f_c \tag{11.1.11}$$

가 되어 비반전 적분기로 동작함을 확인할 수 있다. 여기서 f_c 는 클락 ϕ_1 과 ϕ_2 의 주파수로서 $f_c = 1/T_c$ 의 관계식으로 표시된다.

Z-영역 해석

그림 11.1.9(a) 회로를 Z-영역에서 해석하기 위해 ϕ_1 phase 가 끝나는 시각에 출력 전압을 sample 한다고 가정하여, 그림 11.1.9(d)에 보인 대로 ϕ_1 phase 가 끝나는 시 각을 $t = n \cdot T_c$ (n 은 정수)라고 정의하고 ϕ_2 phase 가 끝나는 시각을 $t = (n-0.5) \cdot T_c$ 라고 정의한다. 그림 11.1.9(b)에 보인 대로 ϕ_2 phase 가 끝나는 시각인 $t = (n-0.5) \cdot T_c$ 에 C_1 에 sample 되는 전하는 $C_1 \cdot V_{in}\left((n-0.5) \cdot T_c\right)$가 된다. ϕ_2 phase 동안 C_2 로는 전류가 흐르지 않기 때문에 C_2 에 저장된 전하량 $(Q_2(t) = C_2 \cdot V_o(t))$ 은 변하지 않으므로 출력전압 V_o 값도 변하지 않는다. 즉,

$$C_2 \cdot V_o\big((n-0.5)\cdot T_c\big) \;=\; C_2 \cdot V_o\big((n-1)\cdot T_c\big) \tag{11.1.12}$$

가 된다. ϕ_2 phase 가 끝나고 ϕ_1 phase 가 되면 C_1 에 sample 되어 있던 전하는 방전되어 C_2 쪽으로 이동하게 된다. 그림 11.1.9(c)에 보인 대로 C_2 의 전하량 Q_2 가 $+\, C_1 \cdot V_{in}\big((n-0.5)\cdot T_c\big)$ 만큼 증가하게 된다. 즉,

$$C_2 \cdot V_o(n\cdot T_c) \;-\; C_2 \cdot V_o\big((n-0.5)\cdot T_c\big) \;=\; +\, C_1 \cdot V_{in}\big((n-0.5)\cdot T_c\big) \tag{11.1.13}$$

가 된다. 식(11.1.12)에 보인 대로 $V_o\big((n-0.5)\cdot T_c\big) \;=\; V_o\big((n-1)\cdot T_c\big)$ 이므로 이를 식 (11.1.13)에 대입하면 다음 식으로 된다.

$$C_2 \cdot V_o(n\cdot T_c) - C_2 \cdot V_o\big((n-1)\cdot T_c\big) \;=\; C_1 \cdot V_{in}\big((n-0.5)\cdot T_c\big) \tag{11.1.14}$$

이 식의 양변을 Z-변환을 이용하여 변환하고 Z-영역 전달함수를 구하면

$$\frac{\hat{V}_o(z)}{\hat{V}_{in}(z)} \;=\; +\,\frac{C_1}{C_2}\cdot\frac{z^{-0.5}}{1-z^{-1}} \tag{11.1.15}$$

이 된다. 식(11.1.15)의 분자 항 $z^{-0.5}$ 는 출력 값이 입력 값에 비해 반 주기 $(T_c/2)$ 만큼 지연되어 나타나는 효과만 준다. 즉, $t=n\cdot T_c$ 에서의 출력전압 값 $V_o(nT_c)$ 는 $t=(n-0.5)\cdot T_c$ 에서의 입력전압 값 $V_{in}\big((n-0.5)\cdot T_c\big)$ 의 영향을 받는다는 사실을 표시한다. 분모의 $(1-z^{-1})$ 항은 Z-영역에서 적분 동작을 나타내기 때문에, 이 회로는 비반전 적분기로 동작함을 확인할 수 있다.

11.2 Discrete time 신호, sample-hold 와 Z-변환 (*)

스위치드 커패시터 필터(switched capacitor filter)에서는 시간에 대해 연속인 신호 (continuous time signal)를 시간에 대해 불연속인 신호(discrete time signal)로 바꾼 후 신호 처리를 한다. Continuous time 신호를 discrete time 신호로 바꾸는 일은 스위치드 커패시터 필터 회로의 sample-hold 기능에 의해 수행된다. 스위치드 커패시터 필터 의 동작은 식(11.1.8)과 같은 차등 방정식(difference equation)으로 표시된다. 스위치드 커패시터 필터 회로에서는, 해석을 쉽게 하기 위해 이 차등 방정식을 산술 방정식 (algebraic equation)으로 바꾸는데 이 과정에서 Z-변환을 사용한다. 이 절에서는, continuous time 신호에 대한 discrete time 신호의 특징과 주파수 스펙트럼, sample-hold 기능과 Z-변환(Z-transform)에 대해 설명한다.

11.2.1 Discrete time 신호와 sample-hold 동작 (*)

Discrete time 신호는 continuous time 신호로부터, 그림 11.2.1(a)에 간략화시켜 보인 sample-hold 회로에 의해 생성된다. 그림 11.2.1(b)는 그림 11.2.1(a) 회로의 등가 모델 로, MOS 스위치를 스위치 on 저항 값 R 과 on 저항이 0 인 이상적인 스위치의 직렬 연결로 대체하였다. 그림 11.2.1(c)에 스위치에 인가되는 클락 파형을 보였는데, T_s 는 스위치가 on 되어 sampling 되는 시간이고 T_h 는 스위치가 off 되어 sample 된 신 호 전압이 커패시터에 hold 되는 시간이다. T_c 는 클락 ϕ 의 주기로 클락 주파수 f_c 의 역수 $(1/f_c)$ 와 같다. 보통 sampling time T_s 는 주기 T_c 보다 매우 작은 값을 가진 다 $(T_s \ll T_c)$. 그림 11.2.1(d)는 그림 11.2.1(a)와 (b)에 보인 sample-hold 회로의 기능 을 각 단계로 구분하여 보인 등가 기능 블록 다이어그램이다. 해석을 간단하게 하 기 위해, sampling time $T_s \approx 0$ (instant sampling), 그림 11.2.1(b) 회로의 스위치 on 저항 $R = 0$ 이라고 가정한다. 따라서 $G(f) = 1$ 이 되고 $v_b(t) = v_i(t)$ 가 된다. 그림 11.2.2 에 continuous time 신호 전압 $v_i(t)$ 와 discrete time 신호 전압 $v^*(t)$, hold 된 신호 전압 $v_h(t)$ 의 시간에 대한 전압 파형과 각각의 주파수 스펙트럼 $V_i(f)$, $V^*(f)$ 와 $V_h(f)$ 를 보였다.

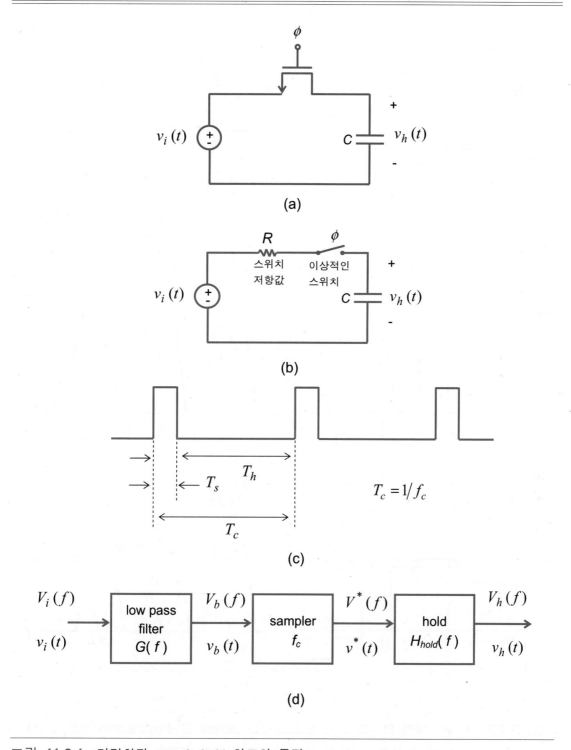

그림 **11.2.1** 간략화된 sample-hold 회로와 동작

(a) sample-hold 회로 (b) 모델 (c) clock ϕ의 파형 (d) 등가 기능 블록도

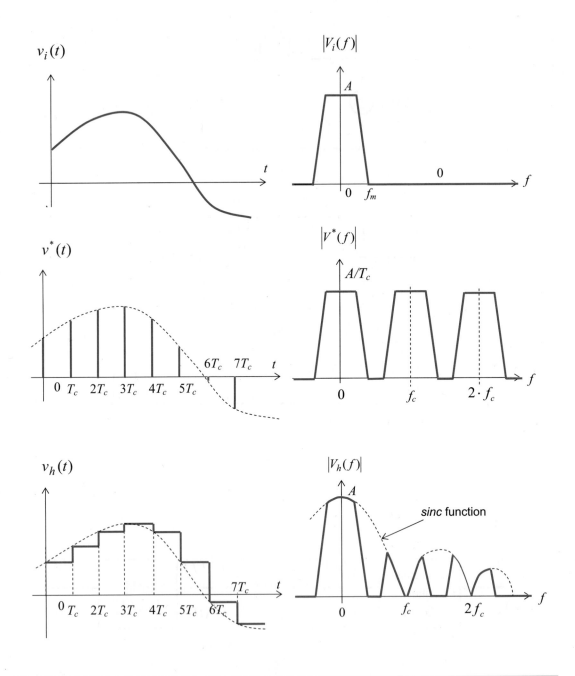

그림 **11.2.2** 시간에 대해 연속인 입력 신호 $v_i(t)$, sample 된 discrete time 신호 $v^*(t)$ 와 hold 된 신호 $v_h(t)$ 의 전압 파형과 각각의 주파수 스펙트럼의 예

Sample 된 discrete time 신호 $v^*(t)$ 는 $t = m \cdot T_c$ (m 은 정수)에서만 0 이 아니고 그 외의 시각, 예를 들어 $t = 0.5T_c$, $t = 1.2T_c$ 등에서는 0 의 값을 가진다. 이는 unit impulse function $(\delta(t))$ 이 면적이 1 이고 $t = 0$ 인 시각에서만 0 이 아니고 그 외의 시각에서는 0 의 값을 가지는 것과 유사하다. Discrete time 신호 $v^*(t)$ 의 식은

$$v^*(t) = \sum_{n=-\infty}^{\infty} v_i(nT_c) \cdot \delta(t - nT_c) \tag{11.2.1}$$

로 표시된다. Hold 된 전압 $v_h(t)$ 는 $t = n \cdot T_c$ (n 은 정수)인 시각에 sample 된 신호 전압 $v_i(nT_c)$ 값이 $n \cdot T_c < t < (n+1) \cdot T_c$ 인 한 주기 (T_c) 동안 유지되는 값을 나타낸다.

$v_h(t)$ 는 unit step function $u(t)$ 를 이용하여 표시할 수 있는데, $u(t)$ 는 $t > 0$ 일 때만 1 의 값을 가지고 $t < 0$ 일 때는 0 인 값을 가진다. 그리하여 $v_h(t)$ 는 다음 식으로 표시된다.

$$v_h(t) = \sum_{n=-\infty}^{\infty} v_i(nT_c) \cdot \left\{ u(t - nT_c) - u(t - (n+1)T_c) \right\} \tag{11.2.2}$$

시간에 대해 연속인 신호 $v_i(t)$ 를 최대 주파수가 f_m 인 band-limited 신호로 가정하였는데, sampling 클락 주파수 f_c 값을 Nyquist rate 인 $2 \cdot f_m$ 보다 크게 해야 한다. 실제로는 f_c 값을 Nyquist rate 의 3 배 내지 5 배 정도($6 \cdot f_m$ 내지 $10 \cdot f_m$ 정도) 되게 한다. Sample 된 후의 신호인 discrete time 신호 전압 $v^*(t)$ 의 주파수 스펙트럼 $V^*(f)$ 는 그림 11.2.2 에 보인 대로 $v_i(t)$ 의 주파수 스펙트럼 $|V_i(f)|$ 가 매 f_c 마다 반복되어 있다.

이를 식으로 확인하기 위해 먼저 그림 11.2.1(d)에 보인 sampler 를 그림 11.2.3 회로로 표시해도 같은 $v^*(t)$ 를 얻을 수 있음을 알 수 있다. Impulse train 은 $t = n \cdot T_c$ (n 은 정수)인 시각에서만 0 이 아니고 그 외의 시각에서는 0 이 되는 주기가 T_c 인 주기 함수이다. 어떤 함수가 주기 함수이기만 하면 푸리에 급수(Fourier series)로 표시할 수 있으므로, impulse train 을 다음 식과 같이 Fourier exponential series 로 표시한다.

$$\sum_{m=-\infty}^{\infty} \delta(t-mT_c) = \sum_{n=-\infty}^{\infty} C_n \cdot e^{jn2\pi f_c t} \tag{11.2.3}$$

위 식의 계수(coefficient) C_n 은 다음과 같이 계산된다.

$$
\begin{aligned}
C_n &= \frac{1}{T_c} \cdot \int_{-0.5T_c}^{0.5T_c} \left\{ \sum_{m=-\infty}^{\infty} \delta(t-mT_c) \right\} \cdot e^{-jn2\pi f_c t} dt \\
&= \frac{1}{T_c} \cdot \int_{-0.5T_c}^{0.5T_c} \delta(t) \cdot e^{-jn2\pi f_c t} dt \\
&= \frac{1}{T_c} \tag{11.2.4}
\end{aligned}
$$

위 식의 유도 과정에서 $-(T_c/2) < t < (T_c/2)$ 인 시간 구간에서 impulse train 은 $t=0$ 인 시각에서만 0 이 아니므로 exponential 항에 $t=0$ 를 대입하고 $\delta(t)$ 의 면적이 1 이라는 사실을 이용하였다. 이 C_n 값을 식(11.2.3)에 대입하면, impulse train 은 다음 식으로 표시된다.

$$\sum_{m=-\infty}^{\infty} \delta(t-mT_c) = \frac{1}{T_c} \cdot \sum_{n=-\infty}^{\infty} e^{jn2\pi f_c t} \tag{11.2.5}$$

그림 11.2.3 에서 sample 된 discrete time 신호 $v^*(t)$ 는

$$v^*(t) = v_i(t) \cdot \sum_{m=-\infty}^{\infty} \delta(t-mT_c) \tag{11.2.6}$$

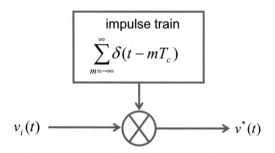

그림 **11.2.3** Sampler 의 동작 기능(입력전압 $v_i(t)$ 가 impulse train 과 곱해져서 출력됨)

로 표시되므로, 식(11.2.5)를 식(11.2.6)에 대입하면, $v^*(t)$ 는

$$v^*(t) \;=\; v_i(t) \cdot \frac{1}{T_c} \cdot \sum_{n=-\infty}^{\infty} e^{jn2\pi f_c t} \;=\; \frac{1}{T_c} \cdot \sum_{n=-\infty}^{\infty} \left\{ v_i(t) \cdot e^{jn2\pi f_c t} \right\} \tag{11.2.7}$$

로 된다. 식(11.2.7)의 양변에 Laplace 변환을 취하면 다음 식이 구해진다.

$$\hat{V}^*(s) \;=\; \frac{1}{T_c} \sum_{n=-\infty}^{\infty} \hat{V}_i(s - jn2\pi f_c) \tag{11.2.8}$$

여기서 $\hat{V}^*(s)$ 와 $\hat{V}_i(s)$ 는 각각 $v^*(t)$ 와 $v_i(t)$ 의 Laplace 변환이다. 식(11.2.8)에 $s = j2\pi f$ 를 대입하고

$$V^*(f) \quad \triangleq \quad \hat{V}^*(j2\pi f) \tag{11.2.9.a}$$

$$V_i(f) \quad \triangleq \quad \hat{V}_i(j2\pi f) \tag{11.2.9.b}$$

라고 정의하면

$$V^*(f) \;=\; \frac{1}{T_c} \cdot \sum_{n=-\infty}^{\infty} V_i(f - n \cdot f_c) \tag{11.2.10}$$

가 유도되어, discrete time 신호 $v^*(t)$ 의 주파수 스펙트럼 $V^*(f)$ 는 시간에 대한 연속 신호 $v_i(t)$ 의 주파수 스펙트럼 $V_i(f)$ 가 매 f_c 마다 반복되어 있다는 것을 확인할 수 있다.

Hold 된 신호 $v_h(t)$ 의 주파수 스펙트럼 식 $V_h(f)$ 를 구하기 위해, 먼저 식(11.2.2)의 양변에 Laplace 변환을 취하면 다음과 같이 된다.

$$\hat{V}_h(s) \;=\; \sum_{n=-\infty}^{\infty} v_i(nT_c) \cdot \frac{1}{s} \cdot (e^{-snT_c} - e^{-s(n+1)T_c})$$

$$=\; \frac{1 - e^{-sT_c}}{s} \cdot \sum_{n=-\infty}^{\infty} v_i(nT_c) \cdot e^{-snT_c} \tag{11.2.11}$$

식(11.2.1)의 양변에 Laplace 변환을 취하면

$$\hat{V}^*(s) \;=\; \sum_{n=-\infty}^{\infty} v_i(nT_c) \cdot e^{-snT_c} \tag{11.2.12.a}$$

가 되므로, 식(11.2.12.a)를 식(11.2.11)에 대입하면

$$\hat{V}_h(s) \;=\; \frac{1-e^{-sT_c}}{s} \cdot \hat{V}^*(s) \tag{11.2.12.b}$$

가 된다. 따라서 hold 회로의 전달함수는

$$\hat{H}_{hold}(s) \;=\; \frac{1-e^{-sT_c}}{s} \tag{11.2.13}$$

로 주어진다. $V_h(f) \triangleq \hat{V}_h(j2\pi f)$ 라고 정의하고, 식(11.2.9)와 $s = j2\pi f$ 를 이용하면 식(11.2.12.b)는

$$
\begin{aligned}
V_h(f) \;&=\; \frac{1-e^{-j2\pi f T_c}}{j2\pi f} \cdot V^*(f) \\[2mm]
&=\; e^{-j\pi f T_c} \cdot T_c \cdot \frac{\sin(\pi f T_c)}{\pi f T_c} \cdot V^*(f) \\[2mm]
&=\; e^{-j\pi f T_c} \cdot T_c \cdot sinc(\pi f T_c) \cdot V^*(f)
\end{aligned}
\tag{11.2.14}
$$

가 된다. 여기서 $sinc$ function 은 $sinc(x) = \sin(x)/x$ 로 정의되는데 $x = 0$ 에서 1 인 값을 가진다. 그리하여 hold 회로의 전달함수 $H_{hold}(f)$ 는

$$H_{hold}(f) \;=\; e^{-j\pi f T_c} \cdot T_c \cdot sinc(\pi f T_c) \tag{11.2.15}$$

로 주어진다. 여기서 $H_{hold}(f) = \hat{H}_{hold}(j2\pi f)$ 이다. 주파수 스펙트럼의 절대값을 구하기 위해 식(11.2.14)의 양변에 절대값을 취하면

$$\left| V_h(f) \right| \;=\; T_c \cdot \left| sinc(\pi f T_c) \right| \cdot \left| V^*(f) \right| \tag{11.2.16}$$

가 되어 그림 11.2.2 에 보인 대로 hold 된 신호의 주파수 스펙트럼 $\left| V_h(f) \right|$ 는 discrete time 신호의 주파수 스펙트럼 $\left| V^*(f) \right|$ 에 $sinc$ function 이 곱해진 형태로 되어

있음을 알 수 있다. 여기서 주기 $T_c = 1/f_c$ 이다. 이 hold 된 신호가 스위치드 커패시터 필터에 입력된 후 신호처리 과정을 거친 후 smoothing low-pass 필터를 통하여 $-f_c/2$ 에서 $f_c/2$ 까지의 baseband 주파수 대역만 취해져서 출력되는데, hold 회로의 전달 함수 중에서 이 *sinc* function 의 작용에 의해 baseband 내에서 주파수가 증가함에 따라 진폭 특성이 조금 감소하는(drooping) 왜곡이 일어나므로, 그림 11.1.2 에 보인 대로 스위치드 커패시터 필터의 최종 단에 baseband 내에서 전달함수가 $1/sinc(\pi f T_c)$ 인 droop correction 필터를 달아서 이를 보상한다.

11.2.2 **Sampling theorem** 과 **aliasing** 현상 (*)

Sampling theorem 이란, 최대 주파수가 f_m 으로 band-limit 된 시간에 대해 연속인 (continuous time) 입력 신호를, 그림 11.2.4 에 보인 대로 Nyquist rate$(2 \cdot f_m)$ 보다 큰 클락 주파수 f_c 로 sample 하여$(f_c > 2 \cdot f_m)$ discrete time 신호를 얻은 후, 이 discrete time 신호를 통과대역이 $-f_c/2$ 에서 $f_c/2$ 인 이상적인 low-pass 필터를 통과시키면, low-pass 필터 출력 신호는 원래의 시간에 대해 연속인 입력 신호와 정확하게 일치한다는 것이다. 즉, $f_c > 2 \cdot f_m$ 일 경우 sample 된 discrete time 신호로부터 원래의 입력 신호를 정확하게 복구할 수 있다는 것이다.

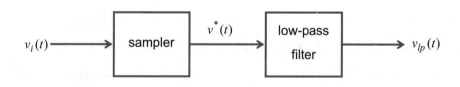

그림 **11.2.4** Sampling theorem

앞 절에서와 마찬가지로, 원래의 시간에 대해 연속인 입력 신호를 $v_i(t)$ 라고 할 때, sample 된 discrete time 신호 $v^*(t)$ 는 식(11.2.6)으로 주어진다. $v^*(t)$ 는 $t = n \cdot T_c (n$ 은 정수)인 시각에서만 0 이 아니고 그 외의 시각에서는 0 이므로, $v^*(t)$ 를 그림 11.2.5 에 보인 이상적인 특성을 가지는 low-pass 필터를 통과시키면,

low-pass 필터 출력전압 $v_{lp}(t)$ 는 다음과 같이 convolution 식으로 주어지는데 이는 정확하게 $v_i(t)$ 와 같게 된다. 이 식의 유도 과정은 다음에 오는 식(11.2.21)에서 보인다.

$$v_{lp}(t) \;=\; \sum_{n=-\infty}^{\infty} v_i(nT_c) \cdot sinc \; (\pi\, f_c \cdot (t - nT_c)) \;=\; v_i(t) \qquad (11.2.17)$$

식(11.2.17)을 유도할 때, 그림 11.2.4 에 보인 대로 hold 기능은 포함시키지 않았고 low pass 필터의 phase 특성은 0 이라고 $(ph(\hat{H}_{lp}(j2\pi f)) = 0)$ 가정하였다. $f_c \cdot T_c = 1$ 이고, $sinc\,(x)$는 $x = 0$일 때 1 이고 m 이 0 이 아닌 정수일 때 $x = m\pi$ 에서 0 이 되므로, $t = kT_c$ (k 는 정수)인 시각에서의 $v_{lp}(t)$ 값인 $v_{lp}(kT_c) = v_i(kT_c)$ (k 는 정수)가 되어 다른 시각에서 sample 된 값들($v_i(mT_c)$, m 은 k 가 아닌 정수)의 영향을 받지 않음을 알 수 있다. 즉, inter-symbol interference 가 존재하지 않는다. 이는 sampling 속도 f_c 를 $2 \cdot f_m$ 보다 크게 했기 때문에 가능한데 이를 over-sampling 이라고 부른다.

$f_c < 2 \cdot f_m$ 일 경우(under-sampling), 그림 11.2.6 에 보인 대로 $f = m \cdot f_c$ (m 은 정수)을 중심으로 하는 $\left| V^*(f) \right|$ 의 각각의 주파수 스펙트럼이 서로 분리되지 못하고 서로 겹쳐져 aliasing 현상이 일어나, sample 된 discrete time 신호로부터 원래의 신호를 복구하기가 불가능해진다.

Over-sampling 인 경우($f_c > 2 \cdot f_m$), 식(11.2.17)을 유도하는 과정을 다음에 보였다. 그림 11.2.2 에 보인 $\left| V^*(f) \right|$ 의 주파수 스펙트럼을 그림 11.2.5 에 보인 특성 $(H_{lp}(j2\pi f))$ 을 가지는 이상적인 low pass 필터를 통과시키면 $\left| V_i(f) \right|/T_c$ 가 출력됨을 알 수 있다. 이는 식(11.2.10)에서도 확인할 수 있다. 따라서

$$V_i(f) \;=\; T_c \cdot H_{lp}(f) \cdot V^*(f) \qquad (11.2.18)$$

가 된다. 여기서 $H_{lp}(f) \underset{\Delta}{=} \hat{H}_{lp}(j2\pi f)$ 로 정의하였다. 식(11.2.12.a)에 $s = j2\pi f$ 를 대입하고, 식(11.2.9.a)의 정의식을 이용하면

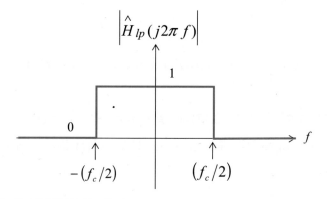

그림 **11.2.5** 이상적인 low-pass 필터

$$V^*(f) \;=\; \sum_{n=-\infty}^{\infty} v_i(nT_c) \cdot e^{-j2\pi f n T_c} \tag{11.2.19}$$

가 된다. 식(11.2.19)를 식(11.2.18)에 대입하면

$$V_i(f) \;=\; T_c \cdot H_{lp}(f) \cdot \sum_{n=-\infty}^{\infty} v_i(nT_c) \cdot e^{-j2\pi f n T_c} \tag{11.2.20}$$

가 되는데, 이 식에 역 푸리에 변환(inverse Fourier transform)을 적용하면 $V_i(f)$ 의 역 푸리에 변환은 $v_i(t)$ 가 되고, 식(11.2.20) 오른쪽 항의 역 푸리에 변환은 다음 식으로 계산된다.

$$\int_{-\infty}^{\infty} T_c \cdot H_{lp}(f) \cdot \sum_{n=-\infty}^{\infty} v_i(nT_c) \cdot e^{-j2\pi f n T_c} \cdot e^{j2\pi f t} \; df$$

$$= \int_{-0.5f_c}^{0.5f_c} T_c \cdot 1 \cdot \sum_{n=-\infty}^{\infty} v_i(nT_c) \cdot e^{j2\pi f \cdot (t-nT_c)} \; df$$

$$= T_c \cdot \sum_{n=-\infty}^{\infty} v_i(nT_c) \cdot \int_{-0.5f_c}^{0.5f_c} e^{j2\pi f \cdot (t-nT_c)} \; df$$

$$\doteq \sum_{n=-\infty}^{\infty} v_i(nT_c) \cdot \frac{\sin(\pi f_c \cdot (t-nT_c))}{\pi f_c \cdot (t-nT_c)} \tag{11.2.21}$$

따라서

$$v_i(t) \;=\; \sum_{n=-\infty}^{\infty} v_i(nT_c) \cdot sinc(\pi f_c \cdot (t - nT_c)) \tag{11.2.22}$$

가 되어 앞에서 주어진 식(11.2.17)과 일치함을 알 수 있다. 따라서 식(11.2.6)과 식 (11.2.7)에 주어진 sample 된 discrete time 신호 $v^*(t)$ 를 low-pass 필터를 통과시키면 원래의 시간에 대해 연속인 아날로그 신호 $v_i(t)$ 를 복구할 수 있다는 사실을 재확인할 수 있다.

Sampling 주파수 f_c 가 Nyquist rate $2f_m$ 보다 작을 경우(under-sampling), sample 된 discrete time 신호의 주파수 스펙트럼 $\left| V^*(f) \right|$ 는 그림 11.2.6 에 굵은 실선과 점선으로 보인 대로, $f = m \cdot f_c$ (m 은 정수)를 중심으로 하는 각각의 주파수 스펙트럼들이 서로 겹쳐져서 low-pass 필터를 통과시켜도 원래 신호를 복원할 수 없다. 이런 현상을 aliasing 이라고 부른다.

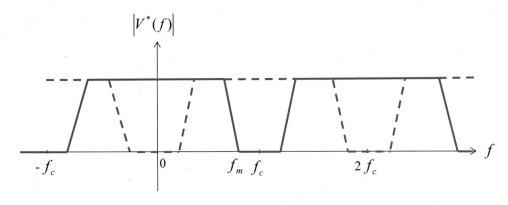

그림 **11.2.6** Under-sampling $(f_c < 2f_m)$ 경우의 discrete time 신호 $v^*(t)$ 의 주파수 스펙트럼

Aliasing 효과를 보다 정성적으로 설명하기 위해, 입력전압 $v_i(t)$ 가 순수 sine wave 일 때의 over-sampling 과 under-sampling 경우를 살펴본다[2]. $1Hz$ 의 sine wave 인 $v_{i1}(t)$ 와 $5Hz$ 의 sine wave 인 $v_{i2}(t)$ 에 대해 sampling 클락 주파수 f_c 를 둘 다 $4Hz$ 로 한 경우, 입력 신호 $v_{i1}(t)$, $v_{i2}(t)$ 와 sample 된 discrete time 신호 $v_1^*(t)$, $v_2^*(t)$ 와 $-f_c/2$ 에서 $f_c/2$ 까지의 주파수 대역만 통과시키는 low-pass 필터를 통한 후의 복구된 신호 파형 $v_1(t)$, $v_2(t)$ 를 그림 11.2.7 에 보였다. 그림 11.2.7 에서 입력 신호 주

파수는 $v_{i1}(t)$ 와 $v_{i2}(t)$ 가 각각 $1Hz$ 와 $5Hz$ 이지만 sample 된 discrete 신호 $v_1^*(t)$ 와 $v_2^*(t)$ 는 서로 동일함을 관찰할 수 있다. 복구된 신호 $v_1(t)$ 와 $v_2(t)$ 는 둘 다 $1Hz$ 의 sine wave 가 되어, over-sampling 경우는 입력전압이 정확하게 복구되지만 under-sampling 인 경우 복구된 신호가 입력 신호와 다르게 됨을 알 수 있다.

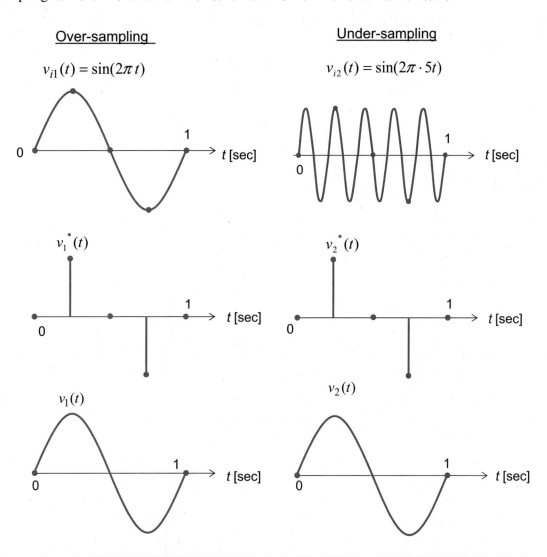

그림 **11.2.7** 순수 sine wave 입력 ($v_{i1}(t)$, $v_{i2}(t)$)에 대한 over-sampling ($v_{i1}(t)$) 과
under-sampling ($v_{i2}(t)$) 경우의 sampled discrete time 신호($v_1^*(t)$, $v_2^*(t)$)
와 통과 대역이 $-2Hz$ 에서 $+2Hz$ 인 low pass 필터를 통과한 신호
($v_1(t), v_2(t)$)의 파형 (단, 두 경우에 모두 $f_c = 4Hz$)

이를 주파수 영역(domain)에서 살펴보기 위해, 그림 11.2.7 에 보인 각 신호 파형의 주파수 스펙트럼을 그림 11.2.8 에 보였다. 식(11.2.10)을 이용하여 $|V_{i1}(f)|$ 와 $|V_{i2}(f)|$ 로부터 sample 된 discrete time 신호들의 주파수 스펙트럼 $|V_1^*(f)|$ 와 $|V_2^*(f)|$ 를 구하면 그림 11.2.8 에 보인 대로 $|V_1^*(f)|$ 와 $|V_2^*(f)|$는 완전히 일치함을 알 수 있다. 이는 입력 신호 주파수 $f_{i2}(5Hz)$ 가 $f_{i1}(1Hz)$ 과 $f_{i2} = f_{i1} + f_c$ 라는 관계가 성립하기 때문이다.

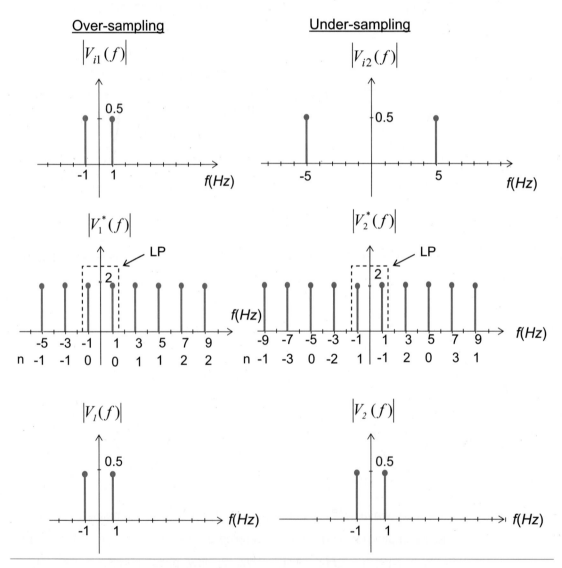

그림 **11.2.8** 그림 11.2.7 회로에 보인 각 신호 전압 파형에 대한 주파수 스펙트럼
(두 경우 모두 sampling 주파수 $f_c = 4Hz$)

일반적으로, sampling clock 주파수가 f_c일 때 다음 식으로 주어진 $f_{overlap}$에 해당하는

$$f_{overlap} = f_{i1} + m \cdot f_c \quad (m \text{ 은 자연수)} \tag{11.2.23}$$

주파수들을 가지는 입력 신호는 sampling 한 후의 discrete time 신호가 m 값에 무관하게 서로 완전히 일치하여 구분하기가 불가능하다. 여기서 $f_{i1} < f_c/2$ 이다. 이 주파수 값들을 가지는 sine wave 에 대한 discrete time 신호들을 통과 대역이 $-f_c/2$ 에서 $f_c/2$ 까지인 low-pass 필터를 통과시키면, m 값에 무관하게 f_{i1} 의 주파수를 가지는 신호 전압만 출력된다. 이를 수식으로 표시하면 m 이 자연수일 때 주파수가 $f_{i1} + m \cdot f_c$ 인 입력 신호는 $-(f_{i1} + m \cdot f_c)$ 주파수 성분도 가지고 있는데, 이 입력 신호 $v_i(t)$ 를

$$v_i(t) = a \cdot e^{j2\pi(f_{i1} + m \cdot f_c) \cdot t} + a^* \cdot e^{-j2\pi(f_{i1} + m \cdot f_c) \cdot t} \tag{11.2.24}$$

로 표시할 수 있다. 여기서 $f_{i1} < f_c/2$ 이고 a 는 상수이고 a^* 는 a 의 complex conjugate 이다. $v_i(t)$ 를 sample 한 후의 discrete time 신호 $v^*(t)$ 의 주파수들을 보기 위해 식(11.2.24)를 식(11.2.7)에 대입하면

$$v^*(t) = \frac{1}{T_c} \sum_{n=-\infty}^{\infty} \left\{ a \cdot e^{j2\pi(f_{i1} + (m+n)f_c) \cdot t} + a^* \cdot e^{j2\pi(-f_{i1} + (-m+n)f_c) \cdot t} \right\}$$

$$= \frac{1}{T_c} \sum_{n=-\infty}^{\infty} \left\{ a \cdot e^{j2\pi(f_{i1} + nf_c) \cdot t} + a^* \cdot e^{-j2\pi(f_{i1} + nf_c) \cdot t} \right\} \tag{11.2.25}$$

가 된다. 위 식의 유도 과정에서 a 와 a^* 는 m, n 에 무관한 상수이고 n 이 $-\infty$ 에서 $+\infty$ 까지 변하므로 유한한 자연수 m 을 n 에 더하거나 빼어도 같은 결과를 가져온다는 사실을 이용하였다. 따라서 식(11.2.24)에 주어진 주파수가 $f_{i1} + m \cdot f_c$ (m 은 어떤 한 자연수)인 입력 신호를 sample 할 경우, 식(11.2.25)에 주어진 대로 m 값에 무관하게 똑같은 주파수 성분들($f_{i1} + n \cdot f_c$: n 은 $-\infty$ 에 $+\infty$ 까지의 모든 정수)이 생겨난다. 이는 스위치드 커패시터 필터를 포함한 sampling 을 이용하는 모든 시스템에 공통적으로 적용된다.

11.2.3 Thermal noise folding (*)

저항의 thermal noise(열 잡음)는 white noise 로서 저항 값이 R 일 때 thermal noise 전압의 power spectral density $\left|V_{in}(f)\right|^2$ 은 그림 11.2.9(a)에 보인 대로 주파수 값에 무관하게 $4kTR$ 로 주어지는데 단위는 $[V^2/Hz]$이다. 이는 DC 와 양(+)의 주파수 대역에만 정의된 것으로, one-sided thermal noise power spectral density 라고 부른다. 전체 noise power energy 는 같게 유지하면서 음(−)의 주파수 대역까지 확장하면 noise power spectral density 는 그림 11.2.9(b)에 보인 대로 $2kTR$ 로 주어진다. 여기서 T 는 절대 온도를 나타낸다. 이 장에서는 보다 일반적인 그림 11.2.9(b)에 보인 two-sided thermal noise power spectral density 를 사용한다.

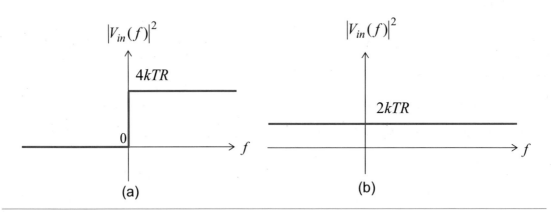

그림 **11.2.9** 저항 R 의 noise power spectral density (a) one-sided (b) two-sided

그림 11.2.9 에 보인 저항 R 의 thermal noise 를 continuous time RC low-pass 필터를 통과시켰을 때의 출력 noise 전압의 power spectral density($\left|V_{on}(f)\right|^2$)를 구하기 위해 그림 11.2.10(a)에 보인 회로를 사용한다. 이 회로에서 입력 및 출력 노이즈 전압의 power spectral density $\left|V_{in}(f)\right|^2$ 과 $\left|V_{on}(f)\right|^2$ 은 각각 다음 식으로 표시된다.

$$\left|V_{in}(f)\right|^2 \;=\; 2kTR \tag{11.2.26}$$

$$\left|V_{on}(f)\right|^2 \;=\; \frac{1}{1+(2\pi f\,RC)^2}\cdot\left|V_{in}(f)\right|^2 \;=\; \frac{2kTR}{1+(2\pi f\,RC)^2} \tag{11.2.27}$$

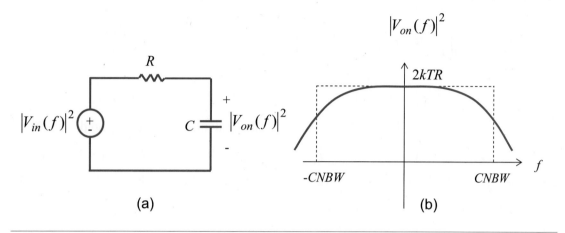

그림 **11.2.10** Thermal noise 가 continuous time low-pass 필터를 통과했을 경우
(a) 회로 (b) 출력 power 스펙트럼

출력 노이즈 전압의 power spectral density $|V_{on}(f)|^2$에 대한 $CNBW$(continuous time noise bandwidth)를 다음 식으로 정의한다.

$$2 \cdot CNBW = \frac{\int_{-\infty}^{\infty} |V_{on}(f)|^2 \, df}{|V_{on}(0)|^2} = \int_{-\infty}^{\infty} \frac{1}{1 + (2\pi f \, RC)^2} \cdot df$$

$$= 2 \cdot \int_{0}^{\infty} \frac{1}{1 + (2\pi f \, RC)^2} \cdot df = \frac{2}{2\pi RC} \cdot \int_{0}^{0.5\pi} d\theta$$

$$= \frac{1}{2 \cdot RC} \tag{11.2.28}$$

위 식의 유도 과정에서 continuous time low-pass 필터의 전달함수 $1/(1 + (2\pi f RC)^2)$은 $f = 0$에 대해 좌우 대칭이라는 성질을 이용하였고, $2\pi f RC = \tan\theta$로 치환하였다. 따라서,

$$CNBW = \frac{1}{4 \cdot RC} \tag{11.2.29}$$

로 유도되는데, 이는 보통 1 차 RC low-pass 필터에서 –3dB 주파수로 정의하는 $1/(2\pi RC)$보다 57 % 정도 큰 값을 가진다. 그림 11.2.10(a)에 보인 R 은 MOS 스위치의 on 저항으로 $1\,k\Omega$이라고 가정하면 $C = 1pF$일 때, $CNBW = 250MHz$가 된다.

그림 11.2.10(a) 회로에서 시간 영역 출력 노이즈 전압의 rms 값은

$$\overline{v_{on}(t)} = \sqrt{\int_{-\infty}^{\infty} |V_{on}(f)|^2 \, df} = \sqrt{\int_{-\infty}^{\infty} \frac{2kTR}{1+(2\pi fRC)^2} \, df} = \sqrt{\frac{kT}{C}} \tag{11.2.30}$$

로 주어지는데, 단위는 *Volt* 이다.

그림 11.2.9 에 그 주파수 스펙트럼을 보인 thermal noise 를 sample-hold 회로에 입력시키면, 보통 sampling 클락 주파수 f_c 는 *CNBW* 보다 매우 작으므로 under-sampling 경우가 되어 aliasing 현상에 의해 고주파 영역에 있던 노이즈 스펙트럼이 저주파 쪽으로 겹쳐져서 저주파 영역의 노이즈 스펙트럼 값이 증가하게 된다.

그림 11.2.1 의 (b)와 (d)에 보인 sample-hold 회로를 thermal noise 가 입력된 경우에 대해 설명하기 위해 그림 11.2.11 에 다시 보였다. 이때 instantaneous sampling 을 가정하여 sampling 시간 $T_s \approx 0$, hold 시간 $T_h \approx T_c$ 라고 둔다. 그림 11.2.11(a) 회로는 스위치가 on 될 때는 low-pass 필터로 동작하면서 sampling 을 하고, 스위치가 off 될 때는 hold 회로로 동작한다. 이 동작들을 세 단계로 나누어 그림 11.2.11(b)에 표시하였다.

Low-pass 필터의 전달함수 $G(f)$ 는 continuous time 경우에서와 마찬가지로 다음 식으로 표시된다.

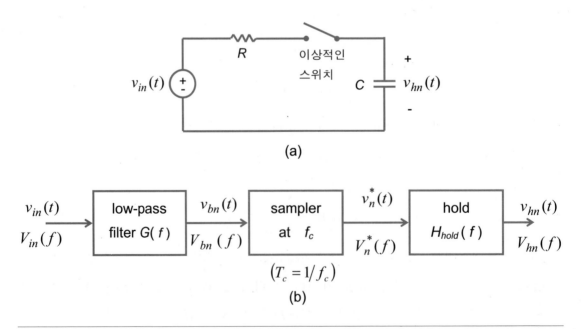

(a)

(b)

그림 **11.2.11** Thermal noise 입력에 대한 sample-hold 동작

$$|G(f)|^2 \;=\; \frac{1}{1+(2\pi f\,RC)^2} \tag{11.2.31}$$

따라서 low-pass 필터 출력 noise 전압인 $v_{bn}(t)$ 의 power spectral density 는 다음 식으로 주어져서 continuous time 경우의 출력 노이즈 전압 $v_{on}(t)$ 의 power spectral density 와 같아짐을 알 수 있다.

$$|V_{bn}(f)|^2 \;=\; |G(f)|^2 \cdot |V_{in}(f)|^2 \;=\; \frac{2kTR}{1+(2\pi f\,RC)^2} \tag{11.2.32}$$

여기서 $|V_{in}(f)|^2$ 는 입력 노이즈 전압 $v_{in}(t)$ 의 power spectral density 로서 식(11.2.26)에 주어진 대로 $2kTR$ 과 같다. Sampling 한 후의 노이즈 전압 $v_n^*(t)$ 의 power spectral density 는 식(11.2.10)을 이용하면 다음 식으로 주어진다.

$$|V_n^*(f)|^2 \;=\; \frac{1}{T_c^2}\cdot\sum_{n=-\infty}^{\infty}|V_{bn}(f-nf_c)|^2 \;=\; \frac{2kTR}{T_c^2}\cdot\sum_{n=-\infty}^{\infty}\frac{1}{1+\{2\pi RC\cdot(f-nf_c)\}^2}$$

$$\tag{11.2.33}$$

여기서 각각의 값에 해당하는 노이즈 전압의 주파수 성분들은 통계적으로 서로 독립적인 random process 이므로 서로 다른 주파수 성분들끼리 곱하여 적분하면 0 이 되어 노이즈의 전체 power spectral density 는 각 주파수 성분의 power spectral density 의 합과 같다는 사실을 이용하였다.

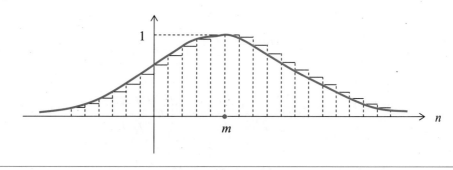

그림 **11.2.12**   식(11.2.33)의 n 에 대한 합계 항의 근사화. 임의로 $f = m \cdot f_c$ (m 은 주어진 정수)로 가정하였다.

식(11.2.33)에서 n 에 대한 합계(Σ) 항은 다음에 주어진 근사화 과정을 사용하여 간략화시킬 수 있다. 한 주어진 주파수 f 에 대해 식(11.2.33)의 n 에 대한 합계 항은 그림 11.2.12 에 n 을 가로축으로 하여 실선으로 그린 사각기둥 그래프의 면적과 같다. 또 사각기둥들의 면적의 합은 점선으로 표시된 곡선의 면적과 거의 같다고 근사화시킬 수 있다. 따라서 다음 관계식이 구해진다.

$$\sum_{n=-\infty}^{\infty} \frac{1}{1+\{2\pi RC \cdot (f-n f_c)\}^2} \approx \int_{-\infty}^{\infty} \frac{1}{1+\{2\pi RC f_c \cdot (n-m)\}^2} \, dn$$

$$= \int_{-\infty}^{\infty} \frac{1}{1+(2\pi RC f_c \cdot n)^2} \, dn = \frac{1}{2RC \cdot f_c} \quad (11.2.34)$$

위 식의 유도 과정에서 식(11.2.28)의 유도 과정에서와 마찬가지로 $2\pi RC f_c \cdot n = \tan\theta$ 라는 치환식을 사용하였다. 따라서 식(11.2.34)를 식(11.2.33)에 대입하면

$$\left|V_n^*(f)\right|^2 = \frac{kT}{C} \cdot f_c = \frac{1}{T_c^2} \cdot 2kTR \cdot \frac{1}{2RC \cdot f_c} = \frac{1}{T_c^2} \cdot 2kTR \cdot \frac{2 \cdot CNBW}{f_c} \quad (11.2.35)$$

가 되어 sampling 한 후의 노이즈 전압 $v_n^*(t)$ 도 white noise 가 됨을 알 수 있다. 그런데 $v_n^*(t)$ 와 $V_n^*(f)$ 는 실제 측정할 수 있는 신호는 아니고 sampling 개념을 설명하기 위해 설정된 가상적인 변수이다. Hold 회로에서 출력되는 노이즈 전압 $v_{hn}(t)$ 의 power spectral density 는 식(11.2.15)와 식(11.2.16)을 이용하면 다음과 같이 구해진다.

$$\left|V_{hn}(f)\right|^2 = \left|H_{hold}(f)\right|^2 \cdot \left|V_n^*(f)\right|^2$$

$$= T_c^2 \cdot sinc^2(\pi f T_c) \cdot \frac{kT}{C} \cdot f_c = \frac{kT}{C} \cdot \frac{1}{f_c} \cdot sinc^2\left(\pi \cdot \frac{f}{f_c}\right)$$

$$= 2kTR \cdot \frac{1}{2RC \cdot f_c} \cdot sinc^2\left(\pi \cdot \frac{f}{f_c}\right)$$

$$= 2kTR \cdot \frac{2CNBW}{f_c} \cdot sinc^2\left(\pi \cdot \frac{f}{f_c}\right) \quad (11.2.36)$$

$\int_{-\infty}^{\infty} sinc^2 (x)\, dx = \pi$ 이므로 $v_{hn}(t)$ 의 rms 값은

$$\overline{v_{hn}(t)} = \sqrt{\int_{-\infty}^{\infty} |V_{hn}(f)|^2\, df} = \sqrt{\frac{kT}{C}} \qquad (11.2.37)$$

로 주어져서 식(11.2.30)과 비교하면 sample-hold 동작에 의해 신호의 rms 값은 변화되지 않았음을 알 수 있다. 그런데 식(11.2.27)과 식(11.2.36)을 그림 11.2.13 에 보인 대로 같은 그래프에 그리면 주파수 스펙트럼 상에서 sample-hold 한 후의 노이즈 전압 $v_{hn}(t)$ 가 continuous time low-pass 필터 출력 노이즈 전압 $v_{on}(t)$ 에 비해 저주파 쪽에 노이즈 power 가 집중되어 있음을 알 수 있다. 이는 noise bandwidth $CNBW$ 에 비해 sampling 클락 주파수 f_c 값이 작아서 under-sampling 경우가 되어 aliasing 에 의해 고주파 노이즈 성분이 저주파 대역으로 folding 되었기 때문이다. 실제로, $f = 0$ (DC)일 때 두 경우의 노이즈 전압 power spectral density 의 비를 구하면

$$\frac{|V_{hn}(0)|^2}{|V_{on}(0)|^2} = \frac{1}{2RC \cdot f_c} = \frac{2 \cdot CNBW}{f_c} \qquad (11.2.38)$$

가 되어, 노이즈 신호에 대한 Nyquist rate(2 배의 신호 bandwidth $= 2CNBW$)와 f_c 의 비율과 같게 된다.

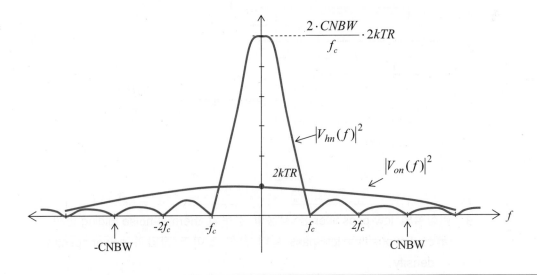

그림 **11.2.13** Sample-hold 회로($V_{hn}(f)$)와 continuous time low-pass 필터 회로에서의 thermal noise power spectral density ($CNBW = 3 \cdot f_c$ 로 가정함)

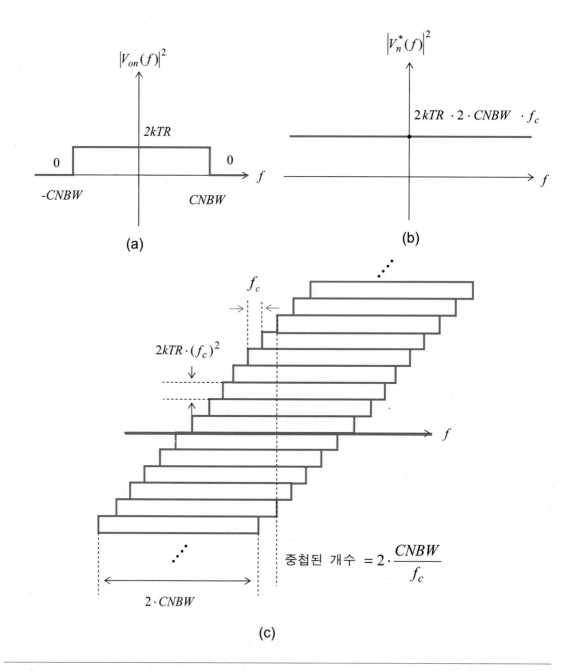

그림 **11.2.14**   이상적인 low-pass filter 를 사용할 경우의 thermal-noise folding 현상

      (a) continuous time low-pass 필터 출력 노이즈 전압의 power spectral density

      (b) sampling 된 후 thermal noise 신호의 power spectral density

      (c) sampling 에 의한 thermal noise folding(중첩)

이 비율($2 \cdot CNBW/f_c$)을 thermal noise 에 대한 under-sampling ratio 라고 정의하면, sample-hold 회로에서 저주파 thermal noise power spectral density 는 continuous time 경우에 비해 under-sampling ratio 만큼 증가하게 된다.

이 현상을 보다 정성적으로 설명하면 다음과 같다. 먼저, 그림 11.2.10(a)에 보인 *RC* low-pass 필터를, $f = -CNBW$ 에서 $f = CNBW$ 까지의 주파수 대역에서는 이득이 1 이고 그 밖의 주파수 대역에서는 이득이 0 인 이상적인 low-pass 필터라고 가정한다. 이 경우, continuous time 경우의 low-pass 필터 출력 노이즈 전압 ($v_{on}(t)$) 의 power spectral density $|V_{on}(f)|^2$ 은 그림 11.2.14(a)와 같은데, 모든 주파수에 대해 적분하면 $2kTR \cdot 2 \cdot CNBW = kT/C$ 가 되어 식(11.2.30)에 보인 대로 전체 에너지는 *RC* low-pass 필터를 사용한 경우와 같아짐을 알 수 있다. 여기서 $CNBW = 1/(4RC)$ 인 관계식(식(11.2.29))을 이용하였다.

그림 11.2.14(a)에 보인 이상적인 low-pass 필터를 통과한 thermal noise 신호에 대해, f_c 의 주파수로 sample 하면, 그 sample 된 신호의 주파수 스펙트럼은 식(11.2.10)에 보인 대로 그림 11.2.14(a)에 보인 power spectral density 에 f_c^2 이 곱해진 후 매 f_c 마다 반복되는 형태가 된다. 이를 그림 11.2.14(c)에 보였다. 한 주어진 주파수 f 에 대해서 $2 \cdot CNBW/f_c$ 개 만큼의 중첩이 일어나므로

$$\left|V_n^*(f)\right|^2 \;=\; \left(2 \cdot CNBW/f_c\right) \cdot 2kTR \cdot \left(f_c\right)^2 = 2 \cdot CNBW \cdot f_c \cdot 2kTR$$

이 되어 $CNBW = 1/(4RC)$ 를 위 식에 대입하면 그 결과 식이 식(11.2.35)와 일치함을 확인할 수 있다. 이를 그림 11.2.14(b)에 보였다. Hold 기능을 나타내는 식(11.2.15)에 주어진 $|H_{hold}(f)|^2$ 을 그림 11.2.14(b)의 power spectral density 인 $|V_n^*(f)|^2$ 에 곱하면, hold 된 thermal noise 전압의 power spectral density 인 $|V_{hn}(f)|^2$ 은 그림 11.2.13 에서 보인 대로 구해진다는 것을 확인할 수 있다.

위에서 설명된 대로 thermal noise 는 white noise 로서 스위치 on 저항과 커패시터로 구성된 low-pass 필터를 통과한 후에도 등가 노이즈 bandwidth(*CNBW*) 값이 보통 sampling 클락 주파수 f_c 보다 훨씬 크기 때문에, under-sampling 으로 인한 aliasing 현상에 의해 저주파 노이즈가 증가한다. 그런데 flicker noise(1/*f* noise)는 보통 $100KHz$ 또는 $1MHz$ 미만의 저주파 대역에만 존재하기 때문에, 이 주파수는 보통 sampling

주파수 f_c 보다 훨씬 작아서 over-sampling 이 되므로 aliasing 에 의한 noise folding 현상이 일어나지 않는다. 따라서 스위치드 커패시터 필터 회로에서는 flicker noise 보다는 thermal noise 가 감소되도록 회로를 설계해야 한다. 이를 위해 스위치드 커패시터 필터에 사용되는 OP amp 는 두 입력 트랜지스터들의 transconductance g_m 값을 가능한 크게 하여 등가 입력 thermal noise 전압이 감소되게 설계한다. 따라서 NMOS 입력단 OP amp 를 사용하는 것이 바람직하다.

11.2.4 Z-변환(Z-transform)의 정의식과 주파수 특성 (**)

Continuous time 회로의 동작은 미분 방정식으로 표시되는데, 이 미분 방정식을 풀 때 Laplace 변환을 이용하여 미분 operator d/dt 를 s 로 치환하면 미분 방정식이 s 에 대한 대수 방정식(algebraic equation: 예를 들어 $(s^2 + a \cdot s + b) \cdot Y(s) = X(s)$, a, b 는 상수)형태로 변환되어 비교적 쉽게 풀 수 있다. 그런데 스위치드 커패시터 필터와 같은 sample-hold 기능을 내장하여 discrete time 신호를 취급하는 회로는 그 동작이 미분 방정식이 아닌 차등 방정식(difference equation)으로 기술된다. 예를 들어, 식 (11.1.8)에 보인 비반전 적분기의 동작을 표시하는 차등 방정식을 다음 식에 다시 보였다.

$$C_2 \cdot V_o(nT_c) \;=\; C_2 \cdot V_o((n-1)T_c) \;-\; C_1 \cdot V_{in}(nT_c) \tag{11.2.39}$$

위 식에 Laplace 변환을 적용하면 대체로 $C_2(1 - e^{-sT_c})$ 와 같은 s 에 대한 지수함수 항이 나타나서 s 에 대한 산술 방정식이 되지 못하여 쉽게 풀 수가 없다. 따라서 식 (11.2.39)와 같은 차등 방정식(difference equation)을 산술 방정식으로 바꾸어 쉽게 풀기 위해서는 Z-변환(Z-transform)을 이용한다. $V_o(nT_c)$ 의 Z-변환을 $V_o(z)$ 라고 정의하면, $V_o(nT_c)$ 를 한 클락 주기 (T_c) 만큼 지연(delay)시킨 값인 $V_o((n-1)T_c)$ 의 Z-변환은 $z^{-1} \cdot V_o(z)$ 가 된다. 식 (11.2.39)에 Z-변환을 적용하면

$$C_2 \cdot (1 - z^{-1}) \cdot V_o(z) \;=\; - \, C_1 \cdot V_{in}(z) \tag{11.2.40}$$

가 되어 z에 대한 대수 방정식이 되므로 해석이 비교적 쉬워진다.

위에서 보인 대로 Z-변환에서의 z^{-1} operator 는 한 클락 주기(T_c)만큼 신호를 지연시키는 작용을 하는데, 이는 Laplace 변환에서의 e^{-sT_c} 에 해당한다. 따라서 Z-변환과 Laplace 변환 사이에 다음 관계식이 성립한다.

$$z \equiv e^{sT_c} \tag{11.2.41}$$

다음에 Z-변환 식을 구하는 과정을 설명한다. 어떤 discrete time 신호 $v^*(t)$ 는 식 (11.2.1)로 표시되는데 편의상 이 식을 다시 쓰면 다음과 같다.

$$v^*(t) = \sum_{k=-\infty}^{\infty} v_i(kT_c) \cdot \delta(t - kT_c) \tag{11.2.42}$$

위 식의 양 변에 Laplace 변환을 취하면, Laplace 변환의 선형 성질에 의해

$$L\big(v^*(t)\big) = \sum_{k=-\infty}^{\infty} v_i(kT_c) \cdot e^{-k \cdot sT_c} \tag{11.2.43}$$

가 된다. 식(11.2.41)에 주어진 관계식을 이용하고, $v^*(t)$ 의 Z-변환을 $V^*(z)$ 로 정의하면 식(11.2.43)은 다음 식으로 변형된다.

$$V^*(z) = \sum_{k=-\infty}^{\infty} v_i(kT_c) \cdot z^{-k} \tag{11.2.44}$$

따라서 discrete time 신호 $v^*(t)$ 의 Z-변환 $V^*(z)$ 는 $t = kT_c$ (k 는 정수)에서의 continuous time 신호 값들인 $v_i(kT_c)$ 와 z 의 식으로 표시된다. 식(11.2.44)는 Z-변환의 정의식이다. 몇 가지 discrete time 신호 전압 $v^*(kT_c)$ 에 대한 Z-변환 식들을 표 11.2.1 에 보였다. k 가 0 또는 양(+)의 정수에서만 $v^*(kT_c)$ 가 0 이 아닌 값으로 정의되고 k 가 음($-$)의 정수일 때는 $v^*(kT_c) = 0$ 으로 가정하였다. 표 11.2.1 에서 ROC 는 region of convergence 를 나타낸다.

이 중에서 unit ramp($v^*(kT_c) = kT_c$)의 Z-변환인 $V^*(z)$를 계산하는 과정을 다음에 보인다.

$$V^*(z) \;=\; \sum_{k=0}^{\infty} kT_c \cdot z^{-k} \;=\; T_c \cdot (0 + z^{-1} + 2 \cdot z^{-2} + 3 \cdot z^{-3} + 4 \cdot z^{-4} + \cdots)$$

$$= \; T_c \cdot \left(\sum_{k=1}^{\infty} z^{-k} + \sum_{k=2}^{\infty} z^{-k} + \sum_{k=3}^{\infty} z^{-k} + \sum_{k=4}^{\infty} z^{-k} + \cdots \right) \quad (11.2.45)$$

표 **11.2.1** Z-변환 예 [2]

명 칭	$v^*(kT_c), k \geq 0$	$V(z)$	ROC
1. Unit pulse	$\delta(kT_c)$	1	all
2. Unit step	$u(kT_c)$	$\dfrac{z}{z-1}$	$\lvert z \rvert > 1$
3. Unit ramp	kT_c	$\dfrac{T_c \cdot z}{(z-1)^2}$	$\lvert z \rvert > 1$
4. Exponential	e^{-akT_c}	$\dfrac{z}{z - e^{-aT_c}}$	$\lvert z \rvert > e^{-aT_c}$
5. Power	a^k	$\dfrac{z}{z-a}$	$\lvert z \rvert > \lvert a \rvert$
6. Sinusoid	$\sin \omega_0 kT_c$	$\dfrac{z \cdot \sin \omega_0 T_c}{z^2 - 2z \cdot \cos \omega_0 T_c + 1}$	$\lvert z \rvert > 1$
7. Cosinusoid	$\cos \omega_0 kT_c$	$\dfrac{z \cdot (z - \cos \omega_0 T_c)}{z^2 - 2z \cdot \cos \omega_0 T_c + 1}$	$\lvert z \rvert > 1$
8. Damped sinusoid	$e^{-akT_c} \cdot \sin \omega_0 kT_c$	$\dfrac{z \cdot e^{-aT_c} \cdot \sin \omega_0 T_c}{z^2 - 2z \cdot e^{-aT_c} \cos \omega_0 T_c + e^{-2aT_c}}$	$\lvert z \rvert > e^{-aT_c}$
9. Damped cosinusoid	$e^{-akT_c} \cdot \cos \omega_0 kT_c$	$\dfrac{z^2 - z \cdot e^{-aT_c} \cdot \cos \omega_0 T_c}{z^2 - 2z \cdot e^{-aT_c} \cdot \cos \omega_0 T_c + e^{-2aT_c}}$	$\lvert z \rvert > e^{-aT_c}$

식(11.2.45)의 오른쪽 첫째 항에 대해 $k' = k - 1$로 치환하면

$$\sum_{k=1}^{\infty} z^{-k} = z^{-1} \cdot \sum_{k'=0}^{\infty} z^{-k'}$$

이 된다. 다른 항들에 대해서도 각각 $k' = k - 2$, $k' = k - 3$, $k' = k - 4$로 치환하면

$$
\begin{aligned}
V^*(z) &= T_c \cdot (z^{-1} + z^{-2} + z^{-3} + z^{-4} + \cdots) \cdot \sum_{k'=0}^{\infty} z^{-k'} \\
&= T_c \cdot \frac{z^{-1}}{1 - z^{-1}} \cdot \frac{1}{1 - z^{-1}} \\
&= \frac{z \cdot T_c}{(z-1)^2}
\end{aligned}
\tag{11.2.46}
$$

가 되어 표 11.2.1 에 보인 결과와 일치함을 알 수 있다. 위 식의 유도 과정에서 무한급수의 공비 z^{-1} 의 절대값은 1 보다 작다고 가정하였다. 따라서 식(11.2.46)는 $|z| > 1$인 영역에서 성립한다. 이 $|z| > 1$인 영역을 식(11.2.46)의 region of convergence (ROC)라고 부른다.

또, damped sinusoid $(v^*(kT) = e^{-akT_c} \cdot \sin(\omega_0 kT_c))$ 의 Z-변환을 구하는 과정을 다음에 보였다.

$$
\begin{aligned}
V^*(z) &= \sum_{k=0}^{\infty} e^{-akT_c} \cdot \sin(\omega_0 kT_c) \cdot z^{-k} \\
&= \frac{1}{j2} \cdot \sum_{k=0}^{\infty} e^{-akT_c} \cdot (e^{j\omega_0 kT_c} - e^{-j\omega_0 kT_c}) \cdot z^{-k} \\
&= \frac{1}{j2} \cdot \sum_{k=0}^{\infty} \left\{ (e^{-aT_c + j\omega_0 T_c} \cdot z^{-1})^k - (e^{-aT_c - j\omega_0 T_c} \cdot z^{-1})^k \right\} \\
&= \frac{1}{j2} \cdot \left(\frac{1}{1 - e^{-aT_c + j\omega_0 T_c} \cdot z^{-1}} - \frac{1}{1 - e^{-aT_c - j\omega_0 T_c} \cdot z^{-1}} \right)
\end{aligned}
$$

$$= \frac{z \cdot e^{-aT_c} \cdot \sin(\omega_0 T_c)}{z^2 - 2 \cdot z \cdot e^{-aT_c} \cdot \cos \omega_0 T_c + e^{-2aT_c}} \qquad (11.2.47)$$

가 되어 표 11.2.1 의 결과와 일치함을 확인할 수 있다. 위 식의 region of convergence (ROC)는 $|z| > e^{-aT_c}$ 이다.

Z-변환과 Laplace 변환의 관계는 식(11.2.41)에서 보인 대로 $z = e^{sT_c}$ 식으로 주어진다. 이 식에 $s = \sigma + j\omega$ 를 대입하면 $z = e^{\sigma T_c} \cdot e^{j\omega T_c}$ 가 되는데, s-plane 의 왼쪽 절반 (left-hand side half plane)은, $\sigma < 0$ 이므로 $(e^{\sigma} < 1)$ $|z| < 1$이 되어, z-plane 상에서 원점을 중심으로 하고 반경이 1 인 원 내부에 해당한다는 것을 알 수 있다. 이를 그림 11.2.15 에 보였다. s-plane 의 $j\omega$ 축 $(\sigma = 0)$ 은 z-plane 에서 $|z| = 1$인 원주에 해당한다. 주파수 $f = 0$인 A 점은 s-plane 에서는 원점이지만 z-plane 에서는 $(1, 0)$인 점에 대응한다. $f = f_c/2$인 B 점과 $f = -f_c/2$인 C 점은 둘 다 z-plane 의 같은 점 $(-1, 0)$에 대응된다.

일반적으로 s-plane 의 $j\omega$ 축에 있는 $f = f_1$인 점과 $f = f_1 + m \cdot f_c$ (m은 정수)인 점들은 z-plane 상에서 한 점에 대응된다. 이는 그림 11.2.7 과 그림 11.2.8 에 보인 대로 주파수가 각각 f_1과 $f_1 + f_c$인 sine wave 입력전압을 sample 한 후의 신호들은

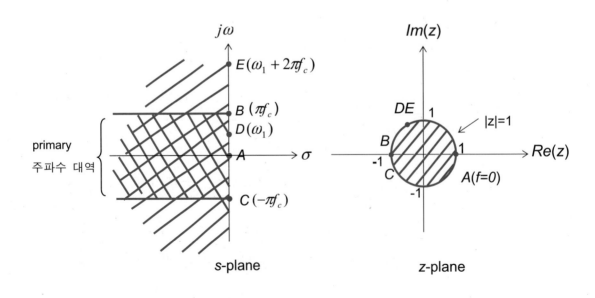

그림 **11.2.15** s-plane 과 z-plane 의 관계

완전히 일치하여 구분하기가 불가능하다는 사실과 일치한다. 그리하여 f_c 의 주파수로 동작하는 sampler 를 이용하여 생성된 discrete time 신호에 대해서 Z-영역 전달함수를 적용할 때, 원래 신호의 주파수 스펙트럼은 $-f_c/2$ 와 $f_c/2$ 사이의 주파수 대역 내에만 존재한다고 가정한다. 이를 그림 11.2.15 의 s-plane 에서 primary 주파수 대역으로 표시하였다. 실제로 Z-영역 전달함수의 주파수 특성은 매 f_c 마다 똑같은 특성이 반복되어, 주파수 f_1 에서의 진폭 및 위상특성은 $f_1 + m \cdot f_c (m$ 은 정수) 에서의 진폭 및 위상 특성과 완전히 일치한다.

지금까지는 sampling 은 하되 hold 회로는 사용하지 않는다고 가정하였는데, hold 회로를 거친 후에는 hold 회로의 전달함수

$$|H_{hold}(f)| \;=\; T_c \cdot |sinc(\pi\, f\, T_c)|$$

특성에 의해 $f = f_1$ 과 $f = f_1 + m \cdot f_c$ 신호들에는 $|H_{hold}(f)|$ 에 의해 달라지는 만큼의 서로 다른 전달함수 특성이 곱해지게 된다.

Z-영역 전달함수의 주파수 특성을 조사하기 위해, 식(11.1.10)에 보인 반전 적분기의 전달함수에 대한 주파수 특성을 다음에 보였다. 식(11.1.10)에 주어진 전달함수를 $H(z)$ 라 하고 여기에 $z = e^{j\omega T_c}$ 를 대입하면

$$H(z = e^{j\omega T_c}) \;=\; -\frac{C_1}{C_2} \cdot \frac{1}{1 - e^{-j\omega T_c}} = \frac{C_1}{2C_2} \cdot \frac{1}{\sin\!\left(\dfrac{\omega T_c}{2}\right)} \cdot e^{\,j\left(\dfrac{\omega T_c}{2} + \dfrac{\pi}{2}\right)} \tag{11.2.48}$$

가 된다. 여기서 $\omega = 2\pi f$ 를 대입하고 진폭 특성(mag)과 위상 특성(ph)을 구분하면

$$mag(f) \;=\; \frac{C_1}{2C_2} \cdot \frac{1}{|\sin\!\left(\pi \cdot \dfrac{f}{f_c}\right)|} \tag{11.2.49.a}$$

$$ph(f) = \pi \cdot \left(\frac{f}{f_c} + \frac{1}{2}\right) \tag{11.2.49.b}$$

이 된다. 여기서 $T_c = 1/f_c$ 인 관계식을 이용하였다. 그림 11.2.16 에 식(11.2.49.a)와 식(11.2.49.b)에 각각 보인 진폭과 위상(phase) 특성을 보였다. $f/f_c \ll 1$ 일 경우

$$\sin(\pi \cdot f/f_c) \;\approx\; \pi \cdot f/f_c$$

가 되어 식(11.2.48)은

$$H(z = e^{j\omega T_c}) \quad \approx \quad -f_c \cdot C_1/(j2\pi f \cdot C_2)$$

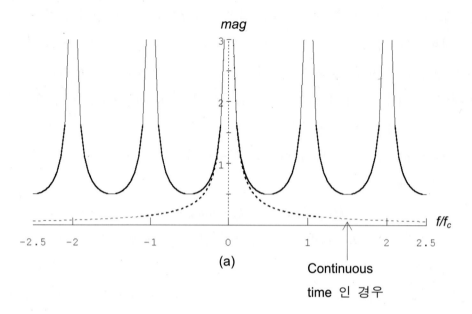

(a)

Continuous

time 인 경우

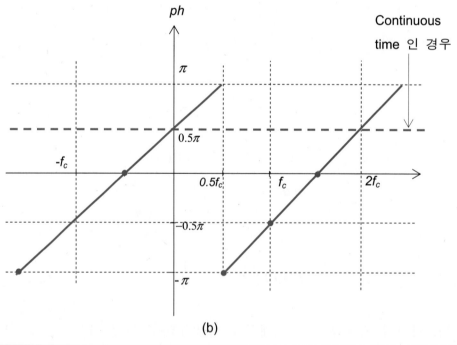

(b)

그림 **11.2.16** 식(11.1.10)에 주어진 반전 적분기 스위치드 커패시터 필터 전달함수

(a) 진폭 특성 (b) 위상 특성

가 되어 식(11.1.6)에 주어진 continuous time 근사식과 일치함을 알 수 있다. 그림 11.2.16 에 continuous time 근사식인 식(11.1.6)의 결과를 점선으로 함께 표시하였다.

$f \ll f_c$ 일 때는 continuous time 근사식과 Z-영역 전달함수 특성이 서로 일치하지 만 그 외의 주파수 대역에서는 서로 달라짐을 알 수 있다. 또 Z-영역 전달함수의 진폭 특성은 매 f_c 마다 그 특성이 정확하게 반복되고 있음을 알 수 있다. 위상 (phase) 특성은 매 $2 \cdot f_c$ 마다 그 특성이 반복되고 있는데, 특기할 사항은 위상 특성이 주파수에 대해 선형적으로 변한다는 사실이다. 이는 각각의 주파수 성분의 group delay $(d(ph)/d\omega)$ 값이 주파수 값에 무관하게 일정하게 되어, 진폭 특성을 주파수에 대해 일정한 값으로 유지하기만 하면 입력 신호 전압을 왜곡(distortion) 없이 출력 시킬 수 있게 된다. 이와 같이 위상 특성이 주파수에 대해 선형적으로 변하는 성질 은 모든 스위치드 커패시터 필터와 디지털 필터에 공통되는 성질로, continuous time 필터에 비해 큰 장점이다.

11.2.5 Z-변환의 성질 (**)

식(11.2.44)에 주어진 Z-변환의 정의식을 이용하여 discrete time 신호 $f(kT_c)$ (k 는 정수)의 Z-변환인 $F(z)$ 의 정의식을 다음과 같이 다시 쓸 수 있다.

$$F(z) \;=\; Z\{f(kT_c)\} \;=\; \sum_{k=-\infty}^{\infty} f(kT_c) \cdot z^{-k} \qquad (11.2.50)$$

여기서 $Z\{\ \}$ 는 Z-변환 operator 를 나타내는데, $k = -\infty$ 에서 $k = \infty$ 까지의 모든 정 수들에 대하여 적용되며 이를 two-sided Z-변환이라고 부른다. 그런데 impulse response 등에서 causal system 의 경우 k 가 음($-$)의 정수일 때는 $f(kT_c) = 0$ 이 되는 데, 이런 경우에 적용하기 위해 다음 식과 같이 새로운 Z-변환 operator $Z_1\{\ \}$ 를 정의한다.

$$F_1(z) \;=\; Z_1\{f(kT_c)\} \;=\; \sum_{k=0}^{\infty} f(kT_c) \cdot z^{-k} \qquad (11.2.51)$$

위 식에서는 k가 0 또는 양($+$)의 정수(자연수)에서만 적용되는데 이 $Z_1\{\ \ \}$를 one-sided Z-변환이라 부른다. 식(11.2.50)에 보인 two-sided Z-변환에 적용되는 성질들은 $k < 0$일 때 $f(kT_c) = 0$으로 두면 one-sided Z-변환에도 그대로 적용된다. One-sided Z-변환에만 적용되는 성질들은 operator에 아래 첨자(subscript) 1을 붙여서 구분하였다.

다음에 Z-변환의 성질들과 증명 과정을 보였다. 식(11.2.50)에 대입하여 간단하게 증명되는 것들은 증명 과정을 생략하였다[2].

(1) 선형성

$$Z\{A \cdot f_1(kT_c) + B \cdot f_2(kT_c)\} \ = \ A \cdot Z\{f_1(kT_c)\} + B \cdot Z\{f_2(kT_c)\} \qquad (11.2.52)$$

여기서 A와 B는 상수이다.

(2) 시간 축 이동(two-sided transform)

$$Z\{f((k-m) \cdot T_c)\} \ = \ z^{-m} \cdot Z\{f(kT_c)\} \qquad (11.2.53)$$

$$\text{증명} : \quad Z\{f((k-m) \cdot T_c)\} \ = \ \sum_{k=-\infty}^{\infty} f((k-m) \cdot T_c) \cdot z^{-k}$$

$$= \ z^{-m} \cdot \sum_{k=-\infty}^{\infty} f((k-m) \cdot T_c) \cdot z^{-(k-m)}$$

$$= \ z^{-m} \cdot \sum_{k'=-\infty}^{\infty} f(k' \cdot T_c) \cdot z^{-k'}$$

$$= \ z^{-m} \cdot Z\{f(kT_c)\}$$

(3) 시간 축 이동(one-sided transform) (m은 0 또는 양의 정수)

$$Z_1\{f(k-m) \cdot T_c\} \ = \ z^{-m} \cdot [Z_1\{f(kT_c)\} + \sum_{p=1}^{m} f(-pT_c) \cdot z^p] \qquad (11.2.54)$$

$$Z_1\{f(k+m)\cdot T_c\} \;=\; z^m \cdot [\, Z_1\{f(kT_c)\} \;-\; \sum_{p=0}^{m-1} f(pT_c)\cdot z^{-p}\,] \qquad (11.2.55)$$

위 두 식들은 증명 과정이 유사하여 식(11.2.55)의 증명 과정만 다음에 보였다.

증명 :
$$Z_1\{f((k+m)\cdot T_c)\} \;=\; \sum_{k=0}^{\infty}\{f((k+m)\cdot T_c)\cdot z^{-k}\}$$

$$=\; z^m \cdot \sum_{k=0}^{\infty}\{(f((k+m)\cdot T_c)\cdot z^{-(k+m)}\}$$

$$=\; z^m \cdot \sum_{k'=m}^{\infty}\{f(k'\, T_c)\cdot z^{-k'}\}$$

$$=\; z^m \cdot [\, Z_1\{f(kT_c)\} \;-\; \sum_{p=0}^{m-1} f(pT_c)\cdot z^{-p}\,]$$

(4) $f(kT_c)$에 a^k을 곱한 경우

$$Z\{a^k f(kT_c)\} \;=\; F(a^{-1}z) \qquad (11.2.56)$$

증명:
$$\sum_{k=-\infty}^{\infty} a^k f(kT_c)\cdot z^{-k} \;=\; \sum_{k=-\infty}^{\infty} f(kT_c)\cdot (a^{-1}z)^{-k}$$

(5) time reversal

$$Z\{f(-kT_c)\} \;=\; F(z^{-1}) \qquad (11.2.57)$$

증명:
$$Z\{f(-kT_c)\} \;=\; \sum_{k=-\infty}^{\infty} f(-kT_c)\cdot z^{-k}$$

$$= \sum_{k'=\infty}^{-\infty} f(k'T_c) \cdot z^{k'}$$

$$= \sum_{k'=\infty}^{-\infty} f(k'T_c) \cdot (z^{-1})^{-k'}$$

$$= \sum_{k'=-\infty}^{\infty} f(k'T_c) \cdot (z^{-1})^{-k'}$$

$$= F(z^{-1})$$

(6) $k \cdot f(kT_c)$ 의 Z-변환

$$Z\{k \cdot f(kT_c)\} = -z \cdot \frac{dF(z)}{dz} \tag{11.2.58}$$

증명 :
$$-z \cdot \frac{dF(z)}{dz} = -z \cdot \frac{d}{dz}\{\sum_{k=-\infty}^{\infty} f(kT_c) \cdot z^{-k}\}$$

$$= -z \cdot \sum_{k=-\infty}^{\infty} \{f(kT_c) \cdot \frac{d}{dz}(z^{-k})\}$$

$$= \sum_{k=-\infty}^{\infty} \{k \cdot f(kT_c) \cdot z^{-k}\}$$

$$= Z\{k \cdot f(kT_c)\}$$

(7) Convolution 정리

$F(z) \equiv Z\{f(kT_c)\}$, $G(z) \equiv Z\{g(kT_c)\}$ 일 때 $f(kT_c)$ 와 $g(kT_c)$ 의 convolution 인 $f(kT_c) \oplus g(kT_c)$ 의 Z-변환은 각각의 Z-변환의 곱과 같다. 즉,

$$Z\{f(kT_c) \oplus g(kT_c)\} = F(z) \cdot G(z) \tag{11.2.59}$$

$$증명 : \quad Z\{f(kT_c) \oplus g(kT_c)\} \;=\; Z\{\sum_{n=-\infty}^{\infty} f(nT_c) \cdot g((k-n) \cdot T_c)\}$$

$$=\; \sum_{k=-\infty}^{\infty} \{ \sum_{n=-\infty}^{\infty} f(nT_c) \cdot g((k-n) \cdot T_c)\} \cdot z^{-k}$$

$$=\; \sum_{n=-\infty}^{\infty} f(nT_c) \cdot \{ \sum_{k=-\infty}^{\infty} g((k-n) \cdot T_c) \cdot z^{-k}\}$$

$$=\; \sum_{n=-\infty}^{\infty} \{f(nT_c) \cdot \sum_{k'=-\infty}^{\infty} g((k') \cdot T_c) \cdot z^{-k'-n}\}$$

$$=\; \sum_{n=-\infty}^{\infty} \{f(nT_c) \cdot z^{-n} \cdot G(z)\}$$

$$=\; F(z) \cdot G(z)$$

(8) 초기값 정리

이는 식(11.2.51)에 보인 one-sided Z-변환에서, $F_1(z)$ 의 region of convergence 가 $|z| > 1$ 일 때 성립한다.

$$f(0) \;=\; \lim_{z \to \infty} F_1(z) \tag{11.2.60}$$

$$증명 : \quad \lim_{z \to \infty} Z_1\{f(kT_c)\} \;=\; \lim_{z \to \infty} \{ \sum_{k=0}^{\infty} f(kT_c) \cdot z^{-k}\}$$

$$=\; \lim_{z \to \infty} \{f(0) + f(T_c) \cdot z^{-1} + f(2T_c) \cdot z^{-2} + \cdots\}$$

$$=\; f(0)$$

(9) 최종값 정리

이 정리도 one-sided Z-변환에 성립하는 것으로서, $F_1(z)$ 의 region of convergence 가

$|z| > 1$인 영역을 모두 포함하고, $(z-1) \cdot F_1(z)$ 가 $|z| \geq 1$인 영역에 pole 을 가지지 않을 때 다음 식이 성립한다.

$$f(\infty) = \lim_{z \to 1} (z-1) \cdot F_1(z) \tag{11.2.61}$$

이 식은 Z-변환 식에서 steady state 값을 구하기 위해 많이 사용된다.

증명:

$$Z_1\{f((k+1) \cdot T_c)\} - Z_1\{f(kT_c)\} = \lim_{n \to \infty} \sum_{k=0}^{n} \{f((k+1) \cdot T_c) - f(kT_c)\} \cdot z^{-k}$$

위 식에 식(11.2.55)를 적용하면

$$Z_1\{f((k+1) \cdot T_c)\} = z \cdot (F_1(z) - f(0))$$

이 된다. 따라서

$$(z-1) \cdot F_1(z) - z \cdot f(0) = \lim_{n \to \infty} \sum_{k=0}^{n} \{f((k+1)T_c) - f(kT_c)\} \cdot z^{-k}$$

가 되는데, 위 식의 양변에서 z 를 1 에 접근시키면 z^{-k} 는 k 값에 무관하게 1 에 접근한다. 따라서

$$\lim_{z \to 1} (z-1) \cdot F_1(z) - \lim_{z \to 1} z \cdot f(0) = \lim_{n \to \infty} f((n+1)T_c) - f(0)$$

가 되므로, 위 식의 양변에서 $f(0)$ 항을 소거하면 식(11.2.61)이 구해진다.

Z-영역 전달함수의 주파수 안정도

분모와 분자가 둘 다 z 에 대한 산술 방정식으로 표시되는 Z-영역 전달함수 $H(z)$ 는 z 에 대한 1 차식들로 분리될 수 있다.

$$H(z) = \frac{b_m \cdot z^m + b_{m-1} \cdot z^{m-1} + \cdots\cdots b_1 \cdot z + b_0}{z^n + a_{n-1} \cdot z^{n-1} + \cdots\cdots a_1 \cdot z + a_0} \tag{11.2.62}$$

위 식에서 m 과 n 은 정수들로서 $m \leq n$ 이라고 가정하였다. 식(11.2.62)를 summation

기호(Σ)를 이용하여 다시 쓰면

$$H(z) \;=\; \sum_{i=1}^{n} \frac{c_i \cdot z}{z - p_i} \tag{11.2.63}$$

가 된다. 여기서 p_1, p_2, $\cdots$, p_n 들은 z- plane 상에서의 pole 들인데, $c_1, c_2, \cdots, c_n$ 들과 함께 실수 혹은 복소수 값을 가지는 상수들이다. 전달함수 $H(z)$의 역(inverse) Z-변환 $h(kT_c)$ 를 impulse response 라고 부르는데, 입력 신호 $x(kT_c)$ 와 출력 신호 $y(kT_c)$ 의 Z-변환을 각각 $X(z)$와 $Y(z)$로 표시할 때,

$$Y(z) \;=\; H(z) \cdot X(z) \tag{11.2.64}$$

$$y(kT_c) \;=\; h(kT_c) \oplus x(kT_c)$$

$$=\; \sum_{m=-\infty}^{\infty} h(mT_c) \cdot x((k-m) \cdot T_c)$$

$$=\; \sum_{m=0}^{k} h(mT_c) \cdot x((k-m) \cdot T_c) \tag{11.2.65}$$

가 된다. 위 식에서 causal system 을 가정하여 $k < 0$ 일 때 $h(kT_c)$ 와 $x(kT_c)$ 는 0 인 사실을 이용하였다. Impulse response $h(kT_c)$ 를 구하기 위해 표 11.2.1 을 이용하여 식 (11.2.63)에 역(inverse) Z-변환을 취하면

$$h(kT_c) \;=\; Z^{-1}\{H(z)\} \;=\; \sum_{i=1}^{n} c_i \cdot p_i^{k} \;=\; \sum_{i=1}^{n} \left| c_i \right| \cdot \left| p_i \right|^{k} \cdot e^{j \cdot \{k \cdot ph(p_i) + ph(c_i)\}} \tag{11.2.66}$$

가 유도된다. 어떤 discrete time system 이 발진 현상 없이 stable 한 response 를 얻기 위해서는 다음 식에 보인 대로 impulse response 의 절대값의 합이 유한해야 한다는 사실이 알려져 있다[2].

$$\sum_{k=0}^{\infty} \left| h(kT_c) \right| \;<\; \infty \tag{11.2.67}$$

위 식이 성립하기 위한 필요 조건은 다음과 같다.

$$\lim_{k \to \infty} \left| h(kT_c) \right| = 0 \tag{11.2.68}$$

이 식을 충족시키기 위해서는 식(11.2.66)의 모든 i 에 대해

$$\left| p_i \right| < 1 \tag{11.2.69}$$

인 조건이 성립해야 한다. 즉, 어떤 discrete time system 이 stable 하려면, 그 Z-영역 전달함수의 모든 pole 들이 $|z|<1$인 원 내부에 위치해야 한다.

식(11.2.62)에 보인 전달함수를 분모항 없이 z^{-l} 에 대한 다항식으로 전개하면 무한 급수가 된다. 즉,

$$H_{IIR}(z) = \sum_{l=0}^{\infty} \alpha_l \cdot z^{-l} \tag{11.2.70}$$

이 되는데, 이는 피드백을 사용하는 경우에 해당한다. 이 경우 전달함수 $H_{IIR}(z)$ 는 pole 값을 가지게 되어 무한 개의 급수로 전개된다. 위 식에 역(inverse) Z-변환을 적용하여 impulse response 를 구하면 z^{-l} 은 $l \cdot T_c$ 만큼의 시간 지연을 나타내므로, impulse 입력은 $t = 0$ 인 시각에 가해지지만, 그 response 는 시간이 경과함에 따라 줄어들기는 하나, 무한대 시간까지 나타나게 된다. 그리하여 이러한 종류의 필터를 IIR(infinite impulse response) 필터라고 부른다.

이와는 대조적으로 Z-영역 전달함수가 z 에 대해 유한한 개수의 다항식으로 전개되는 경우를 FIR(finite impulse response) 필터라고 부르는데, 이 경우 impulse response 가 무한대의 시간까지 나타나지 않고, 유한한 시간 내 $(m \cdot T_c)$에만 지속된다. 그리하여 FIR 필터의 전달함수는 다음 식에 보인 대로 유한 급수가 된다.

$$H_{FIR}(f) = \sum_{l=0}^{m} \alpha_l \cdot z^{-l} \tag{11.2.71}$$

FIR 필터에서는 $z=0$ 을 제외하고는 pole 이 존재하지 않기 때문에 무조건적으로 안정된(unconditionally stable) 특성을 가진다. FIR 필터에서는 피드백을 사용하지 않고 지연시간을 달리한 신호들을 합하기만 한다.

11.3 스위치드 커패시터 필터 회로

스위치드 커패시터 필터(switched capacitor filter)의 주요한 구성 회로 가운데 하나인 스위치드 커패시터 적분기(switched capacitor integrator) 회로를 11.1.3 과 11.1.4 에서 설명하였다. 이 절에서 스위치드 커패시터 필터를 구성하는 그 외의 구성 회로들과 스위치드 커패시터 biquad 회로들의 동작을 설명한다.

11.3.1 Low-pass 필터

1 차 반전(inverting) low-pass 필터에 대해 continuous time 회로와 스위치드 커패시터 회로를 각각 그림 11.3.1(a)와 그림 11.3.1(b)에 보였다. 그림 11.3.1(a)에 보인 회로의 전달함수는 다음 식으로 주어진다.

$$\frac{V_o(s)}{V_i(s)} = -\frac{R_3}{R_1} \cdot \frac{1}{1 + sR_3C_2} \tag{11.3.1}$$

그림 11.3.1(a)에 보인 저항 R_1 과 R_3 를 양(+)의 등가저항 값을 가지는 stray-insensitive 스위치드 커패시터들로 바꾸면 그림 11.3.1(b)에 보인 회로가 된다.

그림 11.3.1(b) 회로에서, ϕ_2 phase(ϕ_1 = '0' (*low*) , ϕ_2 = '1' (*high*))에서는 스위치드 커패시터인 C_1 과 C_3 이 완전히 방전되어 $0V$ 로 되고, C_2 전하는 그대로 유지되므로 v_o 값은 변하지 않는다. 따라서 그림 11.3.1(d)의 timing 도에 따르면

$$v_o((n-0.5)\cdot T_c) = v_o((n-1)\cdot T_c) \tag{11.3.2}$$

가 된다.

ϕ_1 phase(ϕ_1 = '1' (*high*) , ϕ_2 = '0' (*low*))에서의 그림 11.3.1(b) 회로의 동작을 그림 11.3.1(c)에 보였다. 저항으로 표시한 것은 NMOS 스위치의 on 저항을 나타낸다. ϕ_1 phase 동안($(n-0.5)\cdot T_c < t < n\cdot T_c$), Q_1, Q_2, Q_3 의 전하량 변화는 표 11.3.1 과 같다. 그림 11.3.1(c)에 보인 대로 ϕ_1 phase 동안에는 OP amp summing node(node X)에는 DC 전류 경로(path)가 없으므로, 이 phase 의 시간 구간 동안 OP amp summing node 의 총 전하량은 변하지 않는다.

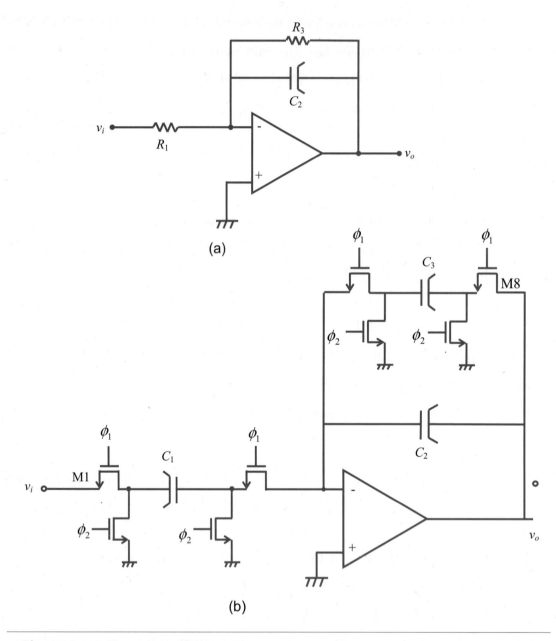

그림 **11.3.1** 1 차 low pass 필터

(a) continuous time 회로 (b) 스위치드 커패시터 회로

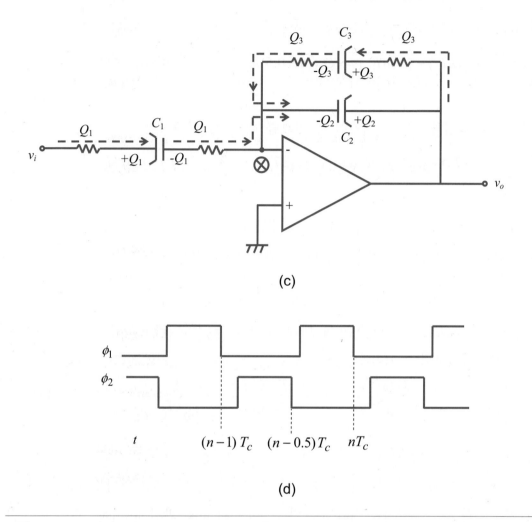

(c)

(d)

그림 **11.3.1** 1차 low-pass 필터

(c) ϕ_1 phase 에서 (b) 회로의 동작 (d) ϕ_1, ϕ_2 클락 신호 (계속)

표 **11.3.1** ϕ_1 phase 동안의 전하량 변화

	$t = (n-0.5) \cdot T_c$	$t = n \cdot T_c$
Q_1	0	$C_1 \cdot v_i(nT_c)$
Q_2	$C_2 \cdot v_o((n-0.5) \cdot T_c)$	$C_2 \cdot v_o(nT_c)$
Q_3	0	$C_3 \cdot v_o(nT_c)$

따라서

$$-Q_1(nT_c) - Q_2(nT_c) - Q_3(nT_c) = -Q_1((n-0.5)T_c) - Q_2((n-0.5)T_c) - Q_3((n-0.5)T_c)$$

$$(11.3.3)$$

의 관계식이 성립하는데, 표 11.3.1 의 결과를 위 식에 대입하면

$$
\begin{aligned}
C_1 \cdot v_i(nT_c) + C_2 \cdot v_o(nT_c) + C_3 \cdot v_o(nT_c) &= C_2 \cdot v_o((n-0.5) \cdot T_c) \\
&= C_2 \cdot v_o((n-1) \cdot T_c) \qquad (11.3.4)
\end{aligned}
$$

가 된다. 여기서 식(11.3.2)의 결과를 이용하였다. 차등 방정식인 식(11.3.4)에 Z-변환 (Z-transform)을 적용하면 Z-영역(Z-domain) 전달함수는

$$\frac{V_o(z)}{V_i(z)} = -\frac{C_1}{(C_2 + C_3) - C_2 \cdot z^{-1}} \qquad (11.3.5)$$

이 된다. $\omega T_c \ll 1$ 인 저주파 신호에 대해 $z = e^{sT_c} = e^{j\omega T_c} \approx 1 + j\omega T_c$ 라는 근사식을 식(11.3.5)에 대입하면

$$\frac{V_o(e^{j\omega T_c})}{V_i(e^{j\omega T_c})} \approx -\frac{(T_c/C_3)}{(T_c/C_1)} \cdot \frac{1}{1 + j\omega \cdot \dfrac{T_c}{C_3} \cdot C_2} \qquad (11.3.6)$$

이 되어 스위치드 커패시터의 등가저항 값 $R_1 = T_c/C_1$, $R_3 = T_c/C_3$ 을 식(11.3.1)에 대입하여 구한 결과와 일치한다. 따라서 $\omega T_c \ll 1$ 인 입력 신호 주파수 대역에서 그림 11.3.1(b) 회로는 그림 11.3.1(a)에 보인 continuous time 반전 low-pass 필터로 동작함을 확인할 수 있다. Continuous time 회로와 스위치드 커패시터 회로의 DC gain 을 서로 비교하면, $\omega = 0$ 은 $z = e^{j\omega T_c}$ 의 관계식에 의해 $z = 1$ 이 되므로, 이를 식(11.3.5)의 Z-영역 전달함수에 대입하면 DC gain 이 $-C_1/C_3$ 이 되는데, 이는 식(11.3.1)에 보인 continuous time 회로의 DC gain 과 일치한다.

다음에 식(11.3.1)과 식(11.3.5)의 pole 값과 impulse response 를 서로 비교하여 이 결과를 표 11.3.2 에 보였다. $z = e^{sT}$ 인 관계식을 사용하여도 두 개의 pole 값이 서로 차이가 나고, impulse response 도 시간 축에 대해 유사한 모양을 가지지만, 서로 차이 가 난다는 사실을 알 수 있다.

표 **11.3.2** Continuous time 및 스위치드 커패시터 1 차 low-pass 필터의 pole, impulse 및 step response 비교

	Continuous time 회로	스위치드 커패시터 회로
Pole	$-\dfrac{1}{R_3 C_2} < 0$	$\dfrac{C_2}{C_2 + C_3} < 1$
주파수 안정도	unconditionally stable	unconditionally stable
Impulse response	$-\dfrac{1}{R_1 C_2} \cdot e^{-\frac{t}{R_3 C_2}} \cdot u(t)$	$-\dfrac{C_1}{C_2 + C_3} \cdot \left(\dfrac{C_2}{C_2 + C_3}\right)^k \cdot u(t)$ at $t = k \cdot T_c$ (k 는 0 또는 양의 정수)
step response	$v_o(t) = -\dfrac{R_3}{R_1} \cdot \left(1 - e^{-\frac{t}{R_3 C_2}}\right) \cdot u(t)$	$v_o(kT_c) =$ $-\dfrac{C_1}{C_3} \cdot \left\{ 1 - \left(\dfrac{C_2}{C_2 + C_3}\right)^k \right\}$

11.3.2 NMOS 스위치와 CMOS 스위치

그림 11.3.1(b) 회로에서 M1 과 M8 을 제외한 모든 NMOS 스위치들은 on 되었을 때 소스와 드레인 전위가 모두 ground 전위와 같게 된다. Ground 전위는 보통 V_{DD} 와 V_{SS} 의 중간 전위 값$((V_{DD} + V_{SS})/2)$ 과 같다. 따라서 이런 NMOS 스위치들의 on 저항값은 $1/\{\mu_n C_{ox} \cdot (W/L) \cdot (V_{DD} - 0 - V_{THn})\}$ 으로 비교적 작은 값을 가지게 되어 스위치로 잘 동작한다. 그런데 M1 과 M8 의 NMOS 스위치에서는 입력전압 V_i 혹은 출력전압 V_o 가 V_{DD} 쪽으로 가까워지면 이 트랜지스터들의 V_{GS} 값이 줄어들어 저항 값이 커지고, V_i 혹은 V_o 전압 값이 $V_{DD} - V_{THn}$ 보다 크게 되면 $V_{GS} < V_{THn}$ 이 되어 스위치가 off 되어 제대로 동작하지 않는다. M1 스위치의 on 저항 값은

$$1/\{\mu_n C_{ox} \cdot (W/L) \cdot (V_{DD} - V_i - V_{THn})\}$$

으로 주어져서 V_i 값이 증가함에 따라 저항 값이 증가함을 알 수 있다.

　스위치드 커패시터 필터에서, 소스와 드레인 단자 중 하나가 ground 또는 OP amp virtual ground 단자에 연결된 MOS 스위치는 NMOSFET 한 개로 된 스위치를 사용하여도 무방하다. 그러나 그림 11.3.1(b) 회로의 M1 및 M8 과 같이 소스 혹은 드레인 단자가 입력전압원 또는 OP amp 출력단자에 연결된 스위치는 on 되었을 때의 소스와 드레인 전위가 각각 입력전압 V_i 혹은 OP amp 출력전압 V_o 에 따라 변하므로, 이 전위 값이 V_{DD} 쪽에 가까워질 경우 on 저항 값이 매우 커지거나 스위치가 아예 on 되지 못하는 경우가 발생하므로, 이와 같은 스위치들은 NMOS 와 PMOS 를 병렬로 연결한 CMOS 스위치로 대체하는 것이 좋다.

　게이트 단자에 V_{SS} 전위가 연결된 PMOS 스위치는 소스와 드레인 단자의 전위 값이 V_{DD} 에 가까워지면 $|V_{GS}|$ 값이 증가하여 스위치 on 저항 값이 줄어들고, 소스와 드레인 단자의 전위 값이 V_{SS} 에 가까워지면 $|V_{GS}|$ 값이 감소하여 스위치 on 저항 값이 증가하거나 스위치가 on 되지 못하게 된다. NMOS 스위치의 on 저항 값은 소스와 드레인 전위 값이 V_{SS} 에 가까울수록 줄어들고 V_{DD} 에 가까울수록 증가한다. 그리하여 NMOS 스위치와 PMOS 스위치를 병렬로 연결한 CMOS 스위치에서는 소스와 드레인 전위 값이 V_{SS} 에서 V_{DD} 까지의 모든 영역에서 스위치 on 저항이 작은 값으로 유지된다. 그림 11.3.2(a)에 CMOS 스위치의 회로를 보였다. NMOS 스위치의 on conductance(저항의 역수)를 g_N 이라 하고, PMOS 스위치의 on-conductance 를 g_P 라고 할 때 g_N 과 g_P 는 각각 다음 식으로 표시된다.

$$g_N = \begin{cases} \mu_n C_{ox}\left(\dfrac{W}{L}\right)_n \cdot (V_{DD} - V_{THn} - V_i) & (V_i < V_{DD} - V_{THn} \text{ 일 때}) \\ 0 & (V_i \geq V_{DD} - V_{THn} \text{ 일 때}) \end{cases}$$

$$g_P = \begin{cases} \mu_p C_{ox}\left(\dfrac{W}{L}\right)_p \cdot (V_i - V_{SS} - |V_{THp}|) & (V_i > V_{SS} + |V_{THp}| \text{ 일 때}) \\ 0 & (V_i \leq V_{SS} + |V_{THp}| \text{ 일 때}) \end{cases}$$

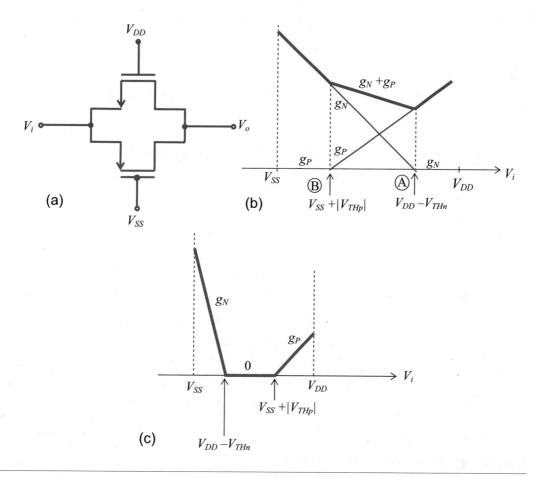

그림 **11.3.2** CMOS 스위치 (a) 회로, (b) $V_{DD} - V_{SS} > V_{THn} + |V_{THp}|$ 일 때의 on-conductance

(c) $V_{DD} - V_{SS} < V_{THn} + |V_{THp}|$ 일 때의 on-conductance

그림 11.3.2(a) 회로에서 CMOS 스위치의 on-conductance 는 $g_N + g_P$ 가 된다. 이를 그림 11.3.2(b)에 보였다. 입력전압 V_i 의 모든 영역에 대해서 스위치의 on-conductance $g_N + g_P$ 값이 충분히 커서 스위치로 잘 동작함을 알 수 있다. 그런데 이는 $V_{DD} - V_{SS} > V_{THn} + |V_{THp}|$ 인 경우에서만 성립한다. 이 조건은 그림 11.3.1(b) 회로에서 A 점이 B 점보다 오른쪽에 위치해야 하므로 $V_{DD} - V_{THn} > V_{SS} + |V_{THp}|$ 인 조건에서 구해진다. 공급전압 $V_{DD} - V_{SS}$ 값이 작은 저전압 회로에서는 그림 11.3.2(c)에 보인 대로 $V_{DD} - V_{SS} < V_{THn} + |V_{THp}|$ 일 경우 V_i 가 V_{DD} 와 V_{SS} 의 중간

정도에 위치하는 경우 on-conductance $g_N + g_P$ 값이 0 이 되어 스위치가 on 되지 못함을 알 수 있다.

11.3.3 일반적인 1 차 스위치드 커패시터 회로와 스위치 공유 회로

1 개의 OP amp 를 사용하는 일반적인 1 차 continuous time 회로와 스위치드 커패시터 회로를 그림 11.3.3 에 보였다. 표 11.3.3 에 그림 11.3.3 의 일반적인 1 차 회로의 각 기능별 소자 값들을 보였다.

High-pass 필터와 gain-stage(증폭단)로 동작할 때, continuous time 회로에서는 C_4 가 없어도 R_2 에 의해 항상 negative 피드백 회로를 구성하고 있는데 반해, 스위치드 커패시터 회로에서는 C_4 가 없으면 ϕ_2 phase 동안 OP amp 는 open-loop 상태가 되어 출력전압 v_o 는 V_{DD} 혹은 V_{SS} 쪽으로 치우치게 되어, ϕ_1 phase 가 되었을 때 slew 시간 등에 의해 정상 상태로 되돌아 올 때까지 많은 시간이 소요된다. 따라서 스위치드 커패시터 방식의 high-pass 필터에서는 작은 값의 C_4 를 연결하여 ϕ_2 phase 에서도 negative 피드백 회로가 되게 구성하고, 스위치드 커패시터 방식의 gain-stage 에서는 $C_4/C_3 = C_2/C_1$ 의 비율을 가지는 C_4 값을 연결하여 ϕ_2 phase 에서도 negative 피드백 회로가 되게 구성한다.

표 **11.3.3** 그림 **11.3.3** 회로의 각 기능별 소자 값

기능	continuous time	스위치드 커패시터
low-pass 필터	$C_3 = 0$	$C_3 = 0$
high-pass 필터	$R_1 = \infty$ $C_4 = 0$	$C_1 = 0$
gain stage	$C_3 = 0$ $C_4 = 0$	$C_1, C_2, C_3, C_4 :$ all non-zero $(C_1/C_2 = C_3/C_4)$
적분기	$R_2 = \infty$ $C_3 = 0$	$C_2 = 0$ $C_3 = 0$

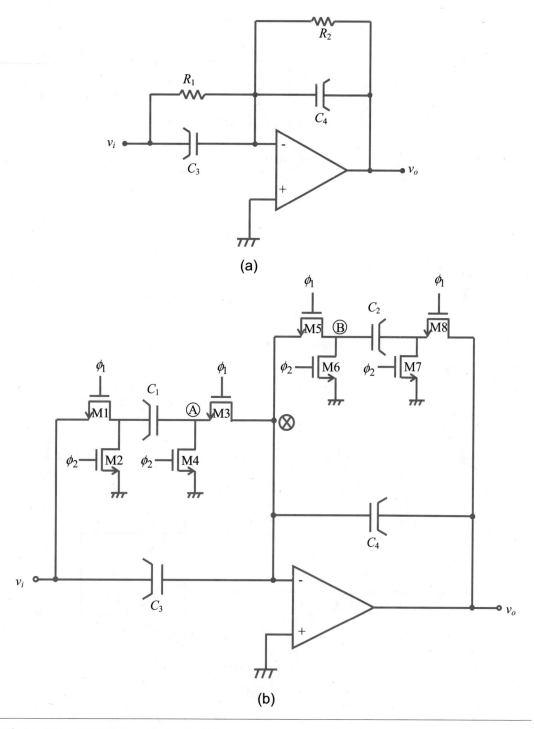

그림 11.3.3 일반적인 1차 필터 회로

　　(a) continuous time 회로　 (b) 스위치드 커패시터 회로

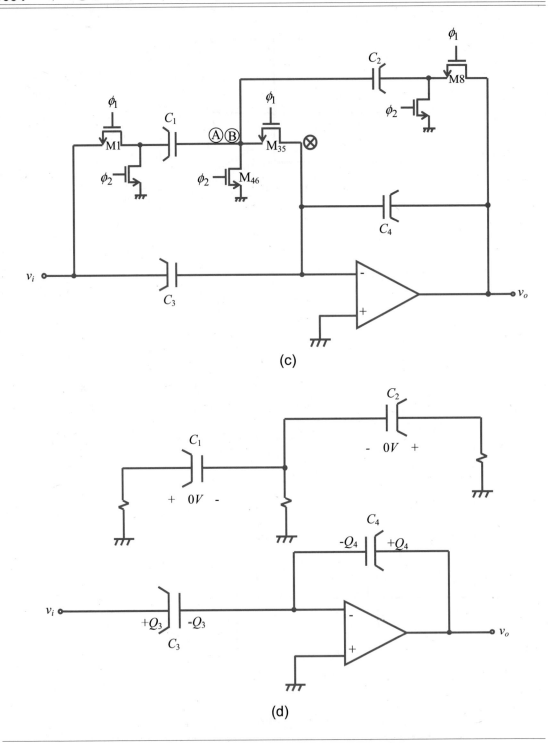

그림 **11.3.3** 일반적인 1차 필터 회로 (c) 스위치를 공유하는 스위치드 커패시터 회로
(d) ϕ_2 phase 에서의 (c) 회로의 동작 (계속)

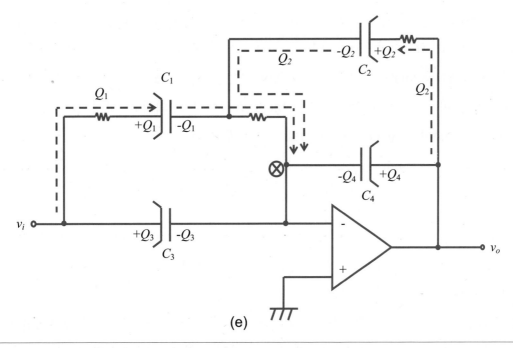

그림 11.3.3 일반적인 1차 스위치드 커패시터 필터 회로
(e) (c) 회로의 ϕ_1 phase 에서의 동작 (계속)

이는 스위치드 커패시터 회로에 일반적으로 적용되는 것으로, 스위치드 커패시터 회로에서 ϕ_1 혹은 ϕ_2 의 어느 한 phase 동안 negative 피드백 소자가 연결되지 않아 OP amp 가 open-loop 상태가 되는 것을 막기 위해 OP amp 의 summing 노드인 (−) 입력 단자와 OP amp 출력 노드 사이에 커패시터를 연결해야 한다.

스위치 공유

그림 11.3.3(b) 회로에서 노드 A 와 노드 B 는 둘 다, ϕ_1 phase 에서는 OP amp summing 노드 ⊗에 연결되고 ϕ_2 phase 에서는 ground 에 연결되므로, 그림 11.3.3(c) 에 보인 대로 노드 A 와 노드 B 를 직접 연결하고 M3-M6 의 네 개의 스위치를 M35 와 M46 의 두 개의 스위치로 줄여도 같은 동작을 함을 알 수 있다. 단지 ϕ_1 과 ϕ_2 가 모두 0 일 때 그림 11.3.3(b) 회로에서는 C_1 과 C_2 가 완전히 격리되는데 반해,

그림 11.3.3(c) 회로에서는 C_1과 C_2가 직렬로 연결된 상태로 다른 회로들로부터 격리된다는 점이 서로 다른데, 회로의 기본 동작에는 영향을 주지 않는다. 그림 11.3.3(b)와 (c)의 NMOS 스위치 M1 과 M8 의 소스와 드레인 단자에는 V_{DD}에 가까운 높은 전압이 인가될 수 있으므로 CMOS 스위치로 대체하는 것이 좋다.

그림 11.3.3(a)의 continuous time 회로의 전달함수는

$$\frac{V_o(s)}{V_i(s)} \;=\; -\,\frac{R_2}{R_1}\cdot\frac{1+sR_1C_3}{1+sR_2C_4} \tag{11.3.7}$$

로 주어져서, 한 개의 pole 과 한 개의 zero 를 가지게 된다.

그림 11.3.3(c) 회로의 동작은 다음과 같다. 먼저 그림 11.3.1(d)에 보인 바와 같이 ϕ_1 phase 가 끝나는 시각을 각각 $t = (n-1)\cdot T_c$와 $n\cdot T_c$로 하고, ϕ_2 phase 가 끝나는 시각을 $t = (n-0.5)\cdot T_c$라고 한다.

$(n-1)\cdot T_c < t < (n-0.5)\cdot T_c$의 구간인 ϕ_2 phase 에서의 동작을 그림 11.3.3(d)에 보였다. 이 phase 시간 구간 동안 C_1과 C_2는 완전히 방전되어 $0V$ 가 된다. C_3은 입력전압 값 v_i로 충전되고 v_o 값은 C_3과 C_4의 charge sharing 에 의해 정해진다. ϕ_2 phase 동안 OP amp summing 노드인 노드 $\otimes$ 에는 DC 전류 경로가 연결되지 않으므로 이 phase 동안 노드 $\otimes$ 의 총 전하량 $(-(Q_3 \cdot Q_4))$은 보존된다. 또 $Q_3 = C_3 \cdot v_i$, $Q_4 = C_4 \cdot v_o$ 이므로 다음 관계식이 성립한다.

$$C_3 \cdot v_i((n-0.5)T_c) + C_4 \cdot v_o((n-0.5)T_c)$$
$$= C_3 \cdot v_i((n-1)T_c) + C_4 \cdot v_o((n-1)T_c) \tag{11.3.8}$$

ϕ_1 phase 에서의 동작을 그림 11.3.3(e)에 보였다. ϕ_2 phase 동안 $0V$ 로 방전되었던 C_1과 C_2 커패시터들이 ϕ_1 phase 동안 각각 v_i 와 v_o 의 전압으로 충전되는데, 이 충전되는 전하들이 노드 $\otimes$ 로 흘러 들어가 C_3과 C_4로 나뉘어 흘러 들어가게 된다. ϕ_1 phase 에서도 OP amp summing 노드(노드 $\otimes$)에는 DC 전류 경로가 연결되지 않으므로 이 phase 동안 노드 $\otimes$ 의 총 전하량 $(-(Q_1 + Q_2 + Q_3 + Q_4))$은 보존된다. 따라서 다음 관계식이 구해진다.

$$C_1 \cdot v_i(nT_c) + C_2 \cdot v_o(nT_c) + C_3 \cdot v_i(nT_c) + C_4 \cdot v_o(nT_c)$$
$$= 0 + 0 + C_3 \cdot v_i((n-0.5)T_c) + C_4 \cdot v_o((n-0.5)T_c)$$
$$= C_3 \cdot v_i((n-1)T_c) + C_4 \cdot v_o((n-1)T_c) \tag{11.3.9}$$

위 식의 유도 과정에서 식(11.3.8)을 이용하였다. 식(11.3.9)의 양변을 Z-변환(Z-transform)을 이용하여 변환한 후 정리하면

$$\frac{V_o(z)}{V_i(z)} = -\frac{C_1 + C_3 - C_3 \cdot z^{-1}}{C_2 + C_4 - C_4 \cdot z^{-1}} \tag{11.3.10}$$

이 된다. DC gain 은 위 식에

$$z = e^{j\omega T_c}\Big|_{\omega=0} = 1$$

을 대입하면 $-C_1/C_2$ 이 되는데, 스위치드 커패시터의 등가저항 $R_1 = T_c/C_1$, $R_2 = T_c/C_2$ 값을 식(11.3.7)에 대입하면 서로 같아짐을 확인할 수 있다. 또 $\omega T_c \ll 1$ 인 입력 신호 주파수 대역에서 $z = e^{j\omega T_c} \approx 1 + j\omega T_c$ 이므로 이를 식 (11.3.10)에 대입하면

$$\frac{V_o(e^{j\omega T_c})}{V_i(e^{j\omega T_c})} \approx -\frac{C_1}{C_2} \cdot \frac{1 + j\omega \cdot \dfrac{T_c}{C_1} \cdot C_3}{1 + j\omega \cdot \dfrac{T_c}{C_2} \cdot C_4} \tag{11.3.11}$$

가 되어, $\omega T_c \ll 1$ 일 때 식(11.3.11)은 식(11.3.7)과 일치한다.

모든 대역의 신호 주파수 ω 값에서 성립하는 전달함수의 주파수 특성을 구하기 위해서 식(11.3.10)을 다음과 같이 변형하고 $z = e^{j\omega T_c}$ 를 대입하면

$$\frac{V_o(e^{j\omega T_c})}{V_i(e^{j\omega T_c})} \approx -\frac{C_1 \cdot z^{0.5} + C_3 \cdot (z^{0.5} - z^{-0.5})}{C_2 \cdot z^{0.5} + C_4 \cdot (z^{0.5} - z^{-0.5})}\Bigg|_{z=e^{j\omega T_c}}$$

$$= -\frac{C_1 \cdot \cos\left(\dfrac{\omega T_c}{2}\right) + j \cdot (C_1 + 2C_3) \cdot \sin\left(\dfrac{\omega T_c}{2}\right)}{C_2 \cdot \cos\left(\dfrac{\omega T_c}{2}\right) + j \cdot (C_2 + 2C_4) \cdot \sin\left(\dfrac{\omega T_c}{2}\right)} \tag{11.3.12}$$

가 된다. Gain stage 의 경우 $C_1/C_2 = C_3/C_4$ 이므로 식(11.3.10)과 식(11.3.12)에서 전달함수는 신호 주파수 ω 값에 무관하게 $-C_1/C_2$ 로 일정하게 됨을 확인할 수 있다.

11.3.4 스위치드 커패시터 **biquad** 회로 (*)

차수가 높은 스위치드 커패시터 필터를 설계할 때는, 사다리 형(ladder type) 또는 직렬 연결 형태를 사용한다. 사다리 형 스위치드 커패시터 필터는 소자 값 변화에 대한 sensitivity 가 작은 장점이 있는 반면에 설계하기가 어렵다[3]. 따라서 주로 설계가 용이한 직렬 연결 형태의 회로를 많이 사용한다. 이 직렬 연결 형태의 스위치드 커패시터 필터는 단위 블록의 스위치드 커패시터 회로를 여러 개 직렬로(in cascade) 연결하여 전체 필터 회로의 차수를 높이게 된다. 단위 블록인 스위치드 커패시터 회로로는 2 차 스위치드 커패시터 회로인 스위치드 커패시터 biquad 회로를 주로 사용한다.

Continuous time Tow-Thomas biquad

스위치드 커패시터 biquad 회로를 설명하기 전에 먼저 continuous time biquad 회로를 설명한다. Continuous time biquad 회로로는 KHN biquad 와 Tow-Thomas biquad 가 있는데, 둘 다 세 개의 OP amp 를 이용하여 구현한다. Tow-Thomas biquad 회로는 세 개의 OP amp (+) 입력 단자가 모두 ground 에 연결되어 있어서 OP amp (−) 입력 단자가 virtual ground 가 되어 기생(parasitic) 커패시턴스와 active 공통모드 입력전압 범위 측면에서 유리하다. KHN biquad 회로는 세 개의 OP amp 중 한 개의 OP amp (+) 입력 단자가 ground 에 연결되지 않아서, 신호 전압이 변함에 따라 OP amp (−) 입력 단자의 전위가 변하게 되므로 이 단자에 관련된 기생 커패시턴스의 영향이 커지고 OP amp active 공통모드 입력전압 범위의 제약을 받게 되는 단점이 있다[4].

스위치드 커패시터 필터에서는 기생 커패시턴스의 영향을 줄이는 것이 매우 중요하므로 Tow-Thomas biquad 방식을 사용한다. 먼저 다음 식으로 주어지는 일반적인 2 차 전달함수를 continuous time Tow-Thomas biquad 회로로 구현하는 방법을 설명하고 이를 스위치드 커패시터 Tow-Thomas 회로로 변형하는 방법을 설명한다[5].

$$\frac{V_o(s)}{V_i(s)} = -\frac{k_2 \cdot s^2 + k_1 \cdot s + k_0}{s^2 + \dfrac{\omega_o}{Q} \cdot s + \omega_o^2} \tag{11.3.13}$$

여기서 k_0, k_1, k_2 는 양(+)의 상수로서 이 전달함수의 기능을 규정한다. 위 전달함수를, 적분기와 gain stage(증폭 단)의 조합으로 구현하기 위해서

$$\{-(1/s) \times (\text{양의 상수}) \times \text{변수}\} + \{(\text{음의 상수}) \times \text{변수}\}$$

형태로 변환한다. 이 식의 첫째 항은 반전 적분기로 구현할 수 있고, 둘째 항은 반전 증폭기로 구현할 수 있다. 그리하여 식(11.3.13)은 다음과 같이 변환된다.

$$V_o(s) = -\left(\frac{1}{s} \cdot \frac{\omega_o}{Q} + \frac{\omega_o^2}{s^2}\right) \cdot V_o(s) - \left(k_2 + \frac{1}{s} \cdot k_1 + \frac{1}{s^2} \cdot k_0\right) \cdot V_i(s)$$

$$= -\frac{1}{s} \cdot \left[\left\{(k_1 + k_2 \cdot s) \cdot V_i(s) + \frac{\omega_o}{Q} \cdot V_o(s)\right\} + \frac{1}{s} \cdot \left\{\omega_o^2 \cdot V_o(s) + k_0 \cdot V_i(s)\right\}\right] \tag{11.3.14}$$

위 식을 구현 가능한 회로 전달함수 형태로 표시하면 다음과 같다.

$$V_o(s) = -\frac{1}{s} \cdot \left\{(k_1 + k_2 \cdot s) \cdot V_i(s) + \frac{\omega_o}{Q} \cdot V_o(s) + \omega_o \cdot V_4(s)\right\} \tag{11.3.15.a}$$

$$V_4(s) = -V_3(s) \tag{11.3.15.b}$$

$$V_3(s) = -\frac{1}{s} \cdot \left\{\omega_o \cdot V_o(s) + \frac{k_0 \cdot V_i(s)}{\omega_o}\right\} \tag{11.3.15.c}$$

식(11.3.15)에 보인 전달함수는 그림 11.3.4 의 회로로 구현된다. 그림 11.3.4 에서 두 개의 r 로 표시된 저항들은 신호 전압의 극성만 바꾸기 위해 사용된 것으로 전달함수의 크기에는 영향을 주지 않는다. 그 외의 저항 값들은 모두 커패시턴스 C 에 반비례하여, C 값을 m 배 증가시킬 경우 이 저항 값들을 $1/m$ 배로 되게 하면 전달함수 $V_o(s)/V_i(s)$ 는 변하지 않음을 알 수 있다.

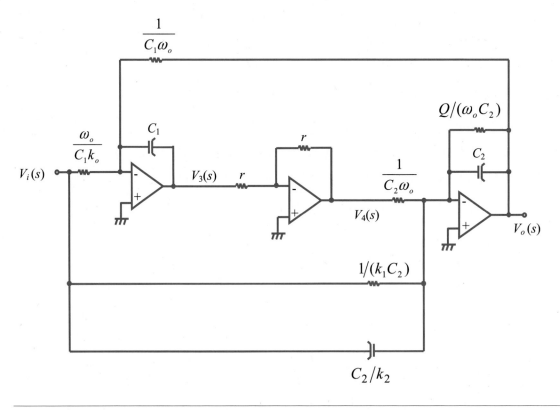

그림 **11.3.4** Continuous time Tow-Thomas biquad 회로로 식(11.3.13)의 전달함수를 구현한 예

스위치드 커패시터 **Tow-Thomas biquad**

그림 11.3.4 에 보인 continuous time Tow-Thomas biquad 회로를 스위치드 커패시터 Tow-Thomas biquad 회로로 변형하는 과정을 다음에 보였다. 그림 11.3.4 에서 출력 단자가 $V_4(s)$인 OP amp 와 $V_4(s)$에 연결된 저항 $1/(C_2\omega_o)$은 그림 11.1.9(a)에 보인 음(−)의 등가저항 값을 가지는 한 개의 스위치드 커패시터로 대체할 수 있다. 그리하여 스위치드 커패시터 Tow-Thomas biquad 회로는 두 개의 OP amp 만으로 구현 가능하다. 일반적으로, continuous time 회로에서는 신호 전압의 극성을 바꾸기 위해서 한 개의 OP amp 를 추가로 필요로 하는 반면에, 스위치드 커패시터 회로에서는, 스위치의 극성만 바꿈으로써 신호 전압의 극성을 바꿀 수 있으므로, 신호의 극성을

바꾸는데 추가 OP amp 를 필요로 하지 않는다.

스위치드 커패시터 Tow-Thomas biquad 회로를 그림 11.3.5 에 보였다. C_1, C_2, b_3C_2 를 제외한 모든 커패시터들은 스위치드 커패시터로, 공유 가능한 모든 스위치들을 공유시켰다. (*)로 표시한 세 개의 NMOS 스위치는, 그 소스와 드레인 단자 전압이 V_{DD} 에 가까운 높은 전압이 될 수 있으므로, CMOS 스위치로 대체하는 것이 좋다. 출력전압 $V_o(z)$ 는 ϕ_1 phase 가 끝나는 시각($t = n \cdot T_c$)에 sample 하게 된다.

그림 11.3.5 회로의 Z-영역(Z-domain) 전달함수는 다음과 같이 구해진다. ϕ_2 phase 가 끝나는 시각($t = (n - 0.5) \cdot T_c$)에 b_1C_1, b_2C_2, b_4C_1, b_6C_2 커패시터들은 모두 $0V$ 로 방전되고 C_1 과 b_5C_2 커패시터들의 전압 및 전하는 각각 다음 식으로 표시된다.

$$v_3((n-0.5)T_c) \;=\; v_3((n-1)T_c) \tag{11.3.16.a}$$

$$Q_{b_5C_2}((n-0.5)T_c) \;=\; b_5C_2 \cdot v_3((n-0.5) \cdot T_c)$$

$$=\; b_5C_2 \cdot v_3((n-1)T_c) \tag{11.3.16.b}$$

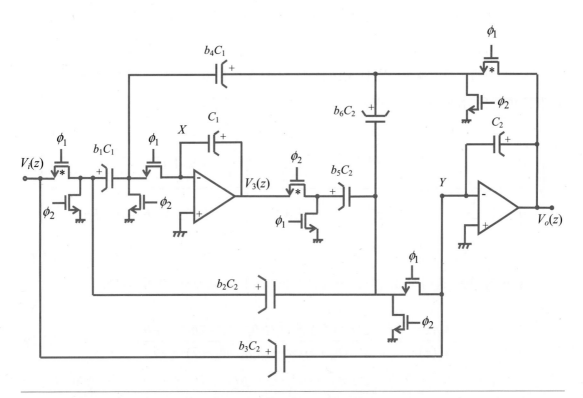

그림 **11.3.5** 스위치드 커패시터 Tow-Thomas biquad 회로

ϕ_2 phase 동안 노드 Y 의 총 전하량은 보존되므로 다음 식이 성립한다.

$$C_2 \cdot v_o((n-0.5) \cdot T_c) + b_3 C_2 \cdot v_i((n-0.5) \cdot T_c) = C_2 \cdot v_o((n-1) \cdot T_c) + b_3 C_2 \cdot v_i((n-1) \cdot T_c)$$

$$(11.3.16.c)$$

전하 극성은 그림 11.3.5 에서 (+) 기호로 표시하였다. ϕ_1 phase 에서 OP amp summing 노드들인 노드 X 와 노드 Y 에서의 총 전하량은 각각 보존되므로 다음 식들을 구할 수 있다.

$$
\begin{aligned}
C_1 \cdot v_3(nT_c) + b_1 C_1 \cdot v_i(nT_c) + b_4 C_1 \cdot v_o(nT_c) \;&=\; C_1 \cdot v_3((n-0.5) \cdot T_c) \\
&=\; C_1 \cdot v_3((n-1) \cdot T_c) \qquad (11.3.17.a)
\end{aligned}
$$

$$
\begin{aligned}
C_2 \cdot v_o(nT_c) &+ b_2 C_2 \cdot v_i(nT_c) + b_3 C_2 \cdot v_i(nT_c) + b_6 C_2 \cdot v_o(nT_c) \\
&=\; C_2 \cdot v_o((n-0.5)T_c) + b_3 C_2 \cdot v_i((n-0.5)T_c) + b_5 C_2 \cdot v_3((n-0.5)T_c) \\
&=\; C_2 \cdot v_o((n-1)T_c) + b_3 C_2 \cdot v_i((n-1)T_c) + b_5 C_2 \cdot v_3((n-1)T_c) \qquad (11.3.17.b)
\end{aligned}
$$

위 식들의 유도 과정에서 식(11.3.16.a)와 식(11.3.16.b)의 결과를 이용하였다. 위 두 식에 Z-변환을 취한 후 매트릭스 형태로 표시하면 다음과 같다.

$$
\left[
\begin{array}{c:c}
b_4 & 1 - z^{-1} \\
\hdashline
b_6 + 1 - z^{-1} & -b_5 \cdot z^{-1}
\end{array}
\right]
\cdot
\left[
\begin{array}{c}
V_o(z) \\
\hline
V_3(z)
\end{array}
\right]
=
\left[
\begin{array}{c}
-b_1 \cdot V_i(z) \\
\hline
(b_3 \cdot z^{-1} - b_2 - b_3) \cdot V_i(z)
\end{array}
\right]
$$

$$(11.3.18)$$

이 연립 방정식을 풀어서 Z-영역 전달함수를 구하면 다음과 같이 된다.

$$\frac{V_o(z)}{V_i(z)} = -\frac{(b_2 + b_3) \cdot z^2 + (b_1 b_5 - b_2 - 2b_3) \cdot z + b_3}{(b_6 + 1) \cdot z^2 + (b_4 b_5 - b_6 - 2) \cdot z + 1} \qquad (11.3.19)$$

이 전달함수의 주파수 특성을 구하기 위해, 이 식의 분모와 분자를 z 로 나눈 후 각각을 $(z^{0.5} - z^{-0.5})$ 와 $z^{0.5}$ 의 항들로 전개하고 $z = e^{j\omega T_c}$ 를 대입하면 다음과 같이 된다.

$$\frac{V_o(e^{j\omega T_c})}{V_i(e^{j\omega T_c})} = - \left. \frac{b_3 \cdot (z^{0.5} - z^{-0.5})^2 + b_2 \cdot z^{0.5} \cdot (z^{0.5} - z^{-0.5}) + b_1 b_5}{(z^{0.5} - z^{-0.5})^2 + b_6 \cdot z^{0.5} \cdot (z^{0.5} - z^{-0.5}) + b_4 b_5} \right|_{z = e^{j\omega T_c}}$$

$$= - \frac{b_1 b_5 - (2b_2 + 4b_3) \cdot \sin^2\left(\dfrac{\omega T_c}{2}\right) + j \cdot b_2 \cdot \sin(\omega T_c)}{b_4 b_5 - (2b_6 + 4) \cdot \sin^2\left(\dfrac{\omega T_c}{2}\right) + j \cdot b_6 \cdot \sin(\omega T_c)} \quad (11.3.20)$$

$R_{eq} = T_c / C$ 인 관계식을 이용하여 그림 11.3.4 와 그림 11.3.5 를 비교하면, 두 회로가 클락 주파수인 f_c 보다 훨씬 작은 주파수를 가지는 입력 신호에 대해 같은 전달함수 특성을 가지기 위해서는 다음 관계식이 성립해야 함을 알 수 있다.

$$b_1 = \frac{k_o T_c}{\omega_o} \quad b_2 = k_1 T_c \quad b_3 = \frac{1}{k_2}$$

$$b_4 = \omega_o T_c \quad b_5 = \omega_o T_c \quad b_6 = \frac{\omega_o T_c}{Q}$$

11.3.5 완전 차동 스위치드 커패시터 회로 (*)

지금까지는 single-ended 스위치드 커패시터 회로에 대해 다루었는데, 완전 차동 OP amp 를 사용하는 완전 차동 스위치드 커패시터(fully differential switched capacitor) 회로는 커패시터와 스위치의 개수가 두 배로 증가하는 반면에 공통모드(common mode) 노이즈를 감소시켜, 특히 고주파에서의 PSRR(power supply rejection ratio) 값을 증가시켜, 공급전압(power supply) noise 의 영향을 감소시키고 even order harmonic distortion $(v^2, v^4, v^6, \cdots)$ 을 제거하는 장점이 있다.

그림 11.3.3(c)에 보인 single-ended 1 차 스위치드 커패시터 회로를 완전 차동 회로로 바꾼 예를 그림 11.3.6 에 보였다. Single-ended 경우에 비해 커패시터와 스위치의 개수가 두 배로 증가되었음을 알 수 있다. 그런데 11.2.3 절에서 보인 대로 사용

된 커패시턴스 값이 C 인 스위치드 커패시터 회로에서 노이즈 power 는 kT/C 에 비례하므로, 완전 차동 회로에서는 single-ended 경우에 비해 신호(signal) 진폭이 2 배가 되므로 신호 전력(signal power)은 4 배가 된다. 또 스위치 개수가 2 배로 됨에 따라 노이즈 source 의 개수가 두 배로 되므로 노이즈 power 는 single-ended 회로보다 2 배가 된다. 그리하여 완전 차동 회로에서 single-ended 회로와 같은 값의 커패시턴스를 사용할 경우 SNR(signal to noise ratio)은 single-ended 회로에 비해 2 배가 된다. 따라서 완전 차동 회로에서는 커패시턴스 값을 single-ended 회로에 비해 반으로 줄여도 single ended 회로에서와 같은 값의 SNR 을 얻을 수 있고, 커패시턴스 값이 줄어듦에 따라 스위치 크기도 줄일 수 있다. 따라서 완전 차동 회로는 single-ended 회로에 비해 스위치와 커패시터 개수는 두 배가 되지만 커패시턴스 값을 절반으로 줄일 수 있어 layout 면적은 single-ended 회로보다 약간만 증가된다. 완전 차동 회로의 최대 장점인 공통모드 노이즈 제거(common mode noise rejection) 효과를 최대로 살리려면 layout 을 대칭이 되게(symmetric layout) 해야 한다.

완전 차동 회로의 또 다른 장점은 차동 출력전압에서 even order harmonic distortion 을 제거하는 것이다. 공통모드 입력전압이 0 일 때 스위치드 커패시터 회로의 두 입력 단자 전압 v_i^+ 와 v_i^- 는 각각 $v_i^+ = +v$, $v_i^- = -v$ 로 쓸 수 있다. 이 두 단자 전압이 서로 동일한 비선형 특성을 가지는 회로를 통과하여 각각 v_o^+ 와 v_o^- 로 출력된다고 가정하면, v_o^+, v_o^- 와 차동 출력전압 $v_o^+ - v_o^-$ 는 각각 다음과 같이 구해진다.

$$v_o^+ = a_1 \cdot v + a_2 v^2 + a_3 v^3 + a_4 v^4 + a_5 v^5 + \cdots \tag{11.3.21.a}$$

$$v_o^- = a_1 \cdot (-v) + a_2 (-v)^2 + a_3 (-v)^3 + a_4 (-v)^4 + a_5 (-v)^5 + \cdots \tag{11.3.21.b}$$

$$v_o^+ - v_o^- = 2a_1 \cdot v + 2a_3 v^3 + 2a_5 v^5 + \cdots \tag{11.3.21.c}$$

따라서 차동 출력전압 $v_o^+ - v_o^-$ 에는 even order harmonic distortion 항들 (v^2, v^4 v^6, $\cdots$ 등)이 제거되고 보통 $|a_3| \ll |a_1|$ 이므로 완전 차동 회로에서는 single ended 회로에 비해 distortion 특성이 크게 개선됨을 알 수 있다.

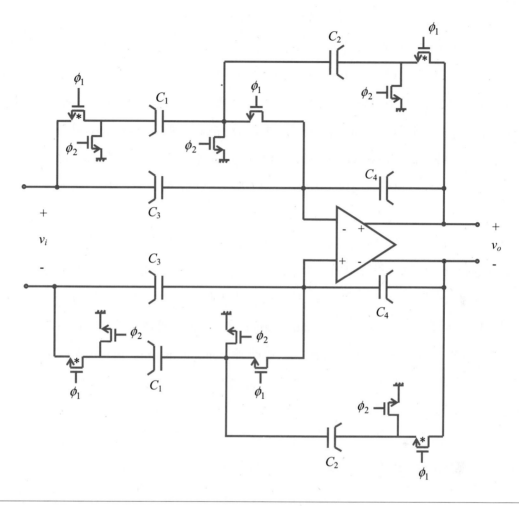

그림 **11.3.6** 완전 차동(fully differential) 구조의 일반적인 1차 스위치드 커패시터
필터(switched capacitor filter) 회로 (* : CMOS 스위치)

11.4 Auto-zeroed 스위치드 커패시터 회로

앞 절(11.3)에서 보인 스위치드 커패시터 회로들은 두 클락 phase 중 한 클락 phase(보통 ϕ_2)에서 커패시터를 완전히 방전시켜 $0V$ 로 되게 했는데, 회로를 조금 수정하여 이 phase 동안 OP amp DC 입력 offset 전압을 커패시터에 sample 하여 두었

다가 다른 phase 에서 이 값을 빼게 하면 출력전압에서 OP amp 입력 offset 전압의 영향을 제거할 수 있다. 이러한 회로를 auto-zero 회로라고 부른다.

Auto-zero 회로 다음에 sample-hold 회로를 추가한 회로를 correlated double sampling(CDS) 방식 회로라고 부른다. 이 방식에서는, 예를 들어 ϕ_2 phase 에서 입력 offset 전압을 커패시터에 sample 했을 경우 ϕ_1 phase 에서 auto-zero 회로의 출력전압을 sample 한다. Auto-zero 회로에서는 OP amp 입력 offset 전압의 영향이 출력전압에서 제거되는 것 이외에도 $100KHz$ 또는 $1MHz$ 미만의 낮은 주파수 대역에만 나타나는 $1/f$ 노이즈의 영향도 함께 감소된다.

이 절에서는 먼저 low-pass 필터 회로에서 종래의 스위치드 커패시터 회로를 auto-zeroed 스위치드 커패시터 회로로 변환하는 과정을 보이고 OP amp DC 입력 offset 전압 영향의 제거와 저주파 주파수 대역에서 $1/f$ 노이즈가 감소되는 동작을 설명한다. 다음에 몇 가지 1 차 auto-zeroed 스위치드 커패시터 필터 회로의 동작을 설명한다. 또 correlated double sampling 방식과 continuous time 회로에서 OP amp 의 입력 offset 전압과 $1/f$ noise 의 영향을 감소시키기 위해 사용하는 쵸퍼 안정화 기법에 대해 설명한다.

11.4.1   Auto-zeroed 스위치드 커패시터 low-pass 필터

그림 11.4.1 에 반전(inverting) 스위치드 커패시터 low-pass 필터 회로를 보였다. 그림 11.4.1(a) 회로는 auto-zero 를 사용하지 않은 종래의 회로이고, 그림 11.4.1(b) 회로는 auto-zero 방식의 회로이다. 그림 11.4.1(a) 회로에서 스위치드 커패시터 C_1 과 C_3 이 OP amp summing 노드에 연결되는 부분에서 스위치(M3, M4)를 공유(sharing)하였다.

그림 11.4.1(a), (b)에서 e_{on} 은 OP amp 의 DC 입력 offset 전압과 $1/f$ 노이즈 전압을 합한 전압을 나타낸다. 그림 11.4.1(a), (b) 회로는 둘 다 ϕ_1 이 끝나는 시각 $(t = n \cdot T_c)$ 에 출력전압 v_o 를 sample 한다.

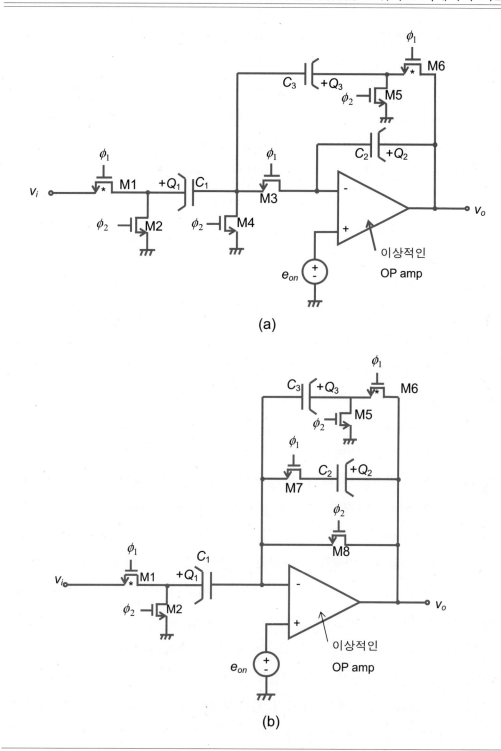

그림 **11.4.1**   반전 스위치드 커패시터(inverting switched capacitor) low-pass 필터
(* : CMOS 스위치)   (a) 종래 회로   (b) auto-zero 회로

　　종래의 스위치드 커패시터 회로를 auto-zeroed 스위치드 커패시터 회로로 바꾸기 위하여, 다음의 세 가지 변환을 한다.

① 출력전압이 sample 되지 않는 phase(그림 11.4.1 회로에서는 ϕ_2 phase)에 on 되는 NMOS 스위치(그림 11.4.1(b)의 M8)를 OP amp summing 노드((−) 입력 노드)와 출력 노드(v_o) 사이에 연결한다. 이는 출력전압이 sample 되지 않는 phase(ϕ_2)에서도 negative 피드백 회로를 구성하여 OP amp summing 노드 전압이 e_{on} 값과 같게 되도록 함으로써, 이 phase(ϕ_2)에서 스위치드 커패시터들 (C_1, C_3) 에 e_{on} 값이 sample 되도록 하기 위함이다.

② OP amp summing 노드에 연결되는 스위치드 커패시터가 아닌 보통 피드백 커패시터(그림 11.4.1(b)의 C_2)들은 이 커패시터들과 OP amp summing 노드 사이에 NMOS 스위치(M7)를 추가하여, 출력전압이 sample 되는 phase(ϕ_1)에서만 이 커패시터들이 OP amp summing 노드에 연결되게 한다. 이는 ϕ_2 phase 동안 스위치드 커패시터들(C_1, C_3)이 OP amp summing 노드에 직접 연결되기 때문에 M7 스위치를 이용하여 이 phase 동안 피드백 커패시터 C_2를 OP amp summing 노드로부터 격리시켜 한 주기 전의 ϕ_1 phase 가 끝나는 시각$(t = (n-1)T_c)$에 sample 된 C_2 전하를 ϕ_2 phase 동안 변화됨이 없이 보존하여 신호에 대한 적분 기능을 수행하기 위함이다. 이 경우 M8 스위치가 없으면 ϕ_2 phase 동안 OP amp 는 open loop 로 동작하여 OP amp summing 노드의 전압 값이 e_{on} 이 되지 못한다. 따라서 M8 스위치를 추가하여 ϕ_2 phase 동안에도 negative 피드백 동작이 이루어져서 OP amp summing 노드 전압 값이 e_{on} 과 같게 되도록 하였다. M7 스위치를 OP amp summing 노드 쪽이 아닌 OP amp 출력 노드 쪽에 옮겨 달아도 기본적인 동작은 같지만, C_2 의 bottom plate(구부러진 긴 선 표시) 기생(parasitic) 커패시턴스 값이 top plate(짧은 직선 표시) 기생 커패시턴스 값보다 훨씬 크기 때문에, 이 기생 커패시턴스로 인한 coupling 효과를 줄이기 위하여 M7 을 기생 커패시턴스 값이 작은 C_2 의 top plate 와 OP amp summing 사이에 붙였다. 그리하여 스위치드 커패시터들인 C_1, C_3 에는 e_{on} 값이 두 클락 phase(ϕ_1, ϕ_2)에서 모두 sample 되지만 보통의 피드백 커패시터인 C_2 에는 출력전압이 sample 되는 phase(ϕ_1)에서만 e_{on} 값이

sample 된다.

③ 종래 회로에서 OP amp summing 노드에 연결된 스위치들(그림 11.4.1(a)의 M3, M4)을 제거한다. 종래 회로에서는, 출력전압이 sample 되지 않는 phase(ϕ_2)에서 스위치드 커패시터들이 완전히 방전되어 $0V$ 가 되고, 출력전압이 sample 되는 phase(ϕ_1)에서만 스위치드 커패시터들에 e_{on} 전압이 sample 되어 출력전압에 e_{on} 의 영향이 나타난다. Auto-zero 회로에서는, 이 스위치들(M3, M4)을 제거하여 ϕ_1 과 ϕ_2 의 두 클락 phase 에서 공통으로 스위치드 커패시터들에 e_{on} 전압이 sample 되게 하여, 두 클락 phase 에서 sample 된 e_{on} 의 영향이 서로 상쇄되어 출력전압에 e_{on} 의 영향이 나타나지 않게 된다.

ϕ_1 phase 가 끝나는 시각을 $t = (n-1) \cdot T_c$ 와 $t = n \cdot T_c$, ϕ_2 phase 가 끝나는 시각을 $t = (n-0.5) \cdot T_c$ 라 하여, 그림 11.4.1(a)와 (b) 회로의 Z-영역 전달함수를 구하는 과정을 다음에 보였다. 그림 11.4.1(a) 회로에서, ϕ_2 phase 동안 C_1 과 C_3 의 스위치드 커패시터들은 완전히 방전되어 ϕ_2 phase 가 끝나는 시각에 $Q_1 = Q_3 = 0$ 이 된다. 피드백 커패시터 C_2 는 ϕ_1 과 ϕ_2 phase 에 무관하게 항상 OP amp summing 노드와 출력노드 사이에 연결되어 negative 피드백 회로를 구성하므로, OP amp summing 노드 전압은 ϕ_1 과 ϕ_2 phase 가 끝나는 시각에 모두 e_{on} 이 된다. ϕ_2 phase 동안 OP amp summing 노드에 C_2 외의 다른 전류 경로가 없어서 C_2 에 저장된 전하 Q_2 는 이 phase 동안 변하지 않으므로 다음 관계식이 성립한다.

$$Q_2((n-0.5) \cdot T_c) = Q_2((n-1) \cdot T_c) = C_2 \cdot \{ v_o((n-1)T_c) - e_{on}((n-1)T_c) \} \quad (11.4.1)$$

그림 11.4.1(a) 회로에서 ϕ_1 phase $((n-0.5)T_c < t < n \cdot T_c)$ 동안의 전하량 Q_1, Q_2, Q_3 의 변화를 표 11.4.1 에 보였다. ϕ_1 phase 동안 OP amp summing 노드에는 DC 전류 경로가 없으므로 이 phase 동안 OP amp summing 노드 전하량의 합은 보존된다. 따라서 다음 관계식이 성립한다.

$$Q_1(nT_c) + Q_2(nT_c) + Q_3(nT_c) = Q_1((n-0.5)T_c) + Q_2((n-0.5)T_c) + Q_3((n-0.5)T_c)$$

$$(11.4.2)$$

표 **11.4.1** 그림 11.4.1(a) 회로의 ϕ_1 phase 동안의 전하량 변화

t	$(n-0.5)\cdot T_c$	$n\cdot T_c$
Q_1	0	$C_1 \cdot \{v_i(nT_c) - e_{on}(nT_c)\}$
Q_2	$C_2 \cdot \{v_o((n-1)T_c) - e_{on}((n-1)T_c)\}$	$C_2 \cdot \{v_o(nT_c) - e_{on}(nT_c)\}$
Q_3	0	$C_3 \cdot \{v_o(nT_c) - e_{on}(nT_c)\}$

표 11.4.1 에 보인 값들을 위 식에 대입하고 정리하면 다음 관계식을 얻을 수 있다.

$$(C_2 + C_3)\cdot v_o(nT_c) - C_2 \cdot v_o((n-1)T_c)$$
$$= -C_1 \cdot v_i(nT_c) + (C_1 + C_2 + C_3)\cdot e_{on}(nT_c) - C_2 \cdot e_{on}((n-1)T_c) \qquad (11.4.3)$$

위 식의 양변에 Z-변환을 취하면

$$V_o(z) = -\frac{C_1}{C_2 + C_3 - C_2 \cdot z^{-1}}\cdot V_i(z) + \frac{C_1 + C_2 + C_3 - C_2 \cdot z^{-1}}{C_2 + C_3 - C_2 \cdot z^{-1}}\cdot E_{on}(z) \qquad (11.4.4)$$

가 된다. $\omega = 0$ (DC)은 $z = e^{j\omega T_c}$ 의 관계식에 의해 $z = 1$ 에 해당하므로 OP amp 의 DC 입력 offset 전압 값과 DC 노이즈 전압의 합은 $E_{on}(1)$ 이 된다. $z = 1$ 을 식 (11.4.4)에 대입하면 DC 입력 offset 전압 값은 $(C_1 + C_3)/C_3$ 만큼 증폭되어 출력전압에 나타남을 알 수 있다. 이 이득 값은 스위치드 커패시터 C_1 과 C_3 을 등가저항 R_1 과 R_3 으로 대체한 회로에서 비반전 증폭기의 DC 전압 이득인 $(R_1 + R_3)/R_1$ 과 같다. 여기서 $R_1 = T_c/C_1$, $R_3 = T_c/C_3$ 인 관계식을 이용하였다. OP amp 의 DC 입력 offset 전압 값이 스위치드 커패시터 C_1 과 C_3 만의 비율에 의해 정해지는 양으로 증폭되어 출력에 나타나고, 스위치드 커패시터가 아닌 피드백 커패시터 C_2 는 입력 offset 전압이 출력전압으로 나타내는 현상에 관여하지 않는다는 사실을 알 수 있다. C_1 , C_3 과 C_2 가 서로 다른 점은, C_2 는 ϕ_1 과 ϕ_2 phase 에서 모두 공통으로 한쪽 단자가 e_{on} 의 전압 값을 가지는 OP amp summing 노드에 연결되어 있는 반면에, C_1 과 C_3 의 스위치드 커패시터들은 OP amp summing 노드 쪽 단자가 ϕ_2 phase 동안에는 $0V$ 에 연결되어 있고 ϕ_1 phase 동안에만 e_{on} 전압에 연결되어 있다는 점이다. 따라

서 스위치드 커패시터 C_1과 C_3에 의해 OP amp 의 입력 offset 전압이 출력전압에 증폭되어 나타나는 현상을 막기 위해서는, 이 스위치드 커패시터들도 ϕ_1과 ϕ_2 클락 phase 에서 공통으로 OP amp summing 노드 쪽 단자들이 e_{on} 전압에 연결되게 해야 한다. 그림 11.4.1(b) 회로에서, 이 스위치드 커패시터들(C_1, C_3)과 OP amp summing 노드 사이에 위치한 스위치들(그림 11.4.1(a) 회로의 M3, M4)을 제거하여 이 목적을 달성하였다.

그림 11.4.1(b)회로의 동작을 해석하기 위해 먼저 각 시각에서의 전하량을 표 11.4.2 에 보였다.

표 **11.4.2**   그림 11.4.1(b) 회로의 각 커패시터의 ϕ_1 phase 에서의 전하량 변화

t	$(n-0.5) \cdot T_c$	$n \cdot T_c$
Q_1	$-C_1 \cdot e_{on}((n-0.5)T_c)$	$C_1 \cdot \{ v_i(nT_c) - e_{on}(nT_c) \}$
Q_2	$C_2 \cdot \{ v_o((n-1)T_c) - e_{on}((n-1)T_c) \}$	$C_2 \cdot \{ v_o(nT_c) - e_{on}(nT_c) \}$
Q_3	$-C_3 \cdot e_{on}((n-0.5)T_c)$	$C_3 \cdot \{ v_o(nT_c) - e_{on}(nT_c) \}$

ϕ_1 phase 동안 그림 11.4.1(b) 회로에서 OP amp summing 노드($(-)$ 입력 노드)에는 DC 전류 경로가 없으므로 이 phase 동안 OP amp summing 노드의 전하량의 총량은 보존된다. 따라서, 식(11.4.2)가 이 경우에도 성립하는데, 이 식과 표 11.4.2 의 결과를 이용하면 다음 관계식이 구해진다.

$$(C_2 + C_3) \cdot v_o(nT_c) - C_2 v_o((n-1)T_c) = -C_1 \cdot v_i(nT_c) + (C_1 + C_2 + C_3) \cdot e_{on}(nT_c)$$
$$- (C_1 + C_3) \cdot e_{on}((n-0.5)T_c) - C_2 \cdot e_{on}((n-1)T_c)$$

$$(11.4.5)$$

식(11.4.5)의 양변에 Z-변환을 취하면

$$V_o(z) = -\frac{C_1}{C_2 + C_3 - C_2 \cdot z^{-1}} \cdot V_i(z) + \frac{(C_1 + C_3) \cdot (1 - z^{-0.5}) + C_2 \cdot (1 - z^{-1})}{C_2 + C_3 - C_2 \cdot z^{-1}} \cdot E_{on}(z)$$

$$(11.4.6)$$

의 관계식이 구해진다. OP amp 의 DC 입력 offset 전압의 영향을 알아보기 위해 $z=1$ 을 식(11.4.6)에 대입하면, DC 출력전압 $V_o(1)$ 은 $E_{on}(1)$ 에 무관하게 되어 이 회로의 출력전압은 OP amp DC 입력 offset 전압의 영향을 받지 않음을 알 수 있다. 또 $V_o(z)$ 의 $E_{on}(z)$ 에 대한 전달함수는 $z=1\,(\omega=0)$ 인 zero 를 가지므로 DC 입력 offset 전압뿐만 아니라 저주파 $1/f$ 노이즈도 함께 감소시킨다. 이 low-pass 필터의 pass band 이내의 저주파 대역에서는, $E_{on}(z)$ 에 곱해지는 $(1-z^{-0.5})$ 와 $(1-z^{-1})$ 항은 각각 $\sin(\omega T_c/4)$ 와 $\sin(\omega T_c/2)$ 에 비례하여 $\omega=0$ (DC)에서는 둘 다 0 이고 $\omega T_c \ll 1$ 인 주파수 대역에서 작은 값을 가지게 되어, 저주파 $1/f$ 노이즈 성분이 감소하게 된다.

그림 11.4.1(a), (b)에 보인 반전(inverting) low-pass 필터 회로를 비반전(non-inverting) low-pass 필터 회로로 바꾸기 위해서는 M1 과 M2 의 클락 phase 를 서로 바꾸기만 하면 된다. 즉, 그림 11.4.1(a), (b) 회로에서 M1 의 게이트에 ϕ_2 를 연결하고 M2 의 게이트에 ϕ_1 을 연결하면 비반전 low-pass 필터 회로가 된다.

11.4.2 Auto-zeroed 스위치드 커패시터 gain-stage 회로 (*)

그림 11.4.2 에 1 차 auto-zeroed 스위치드 커패시터 반전 증폭단(inverting gain-stage) 회로의 예를 보였는데, 출력전압은 ϕ_1 phase 가 끝나는 시각 $(t=nT_c)$ 에 sample 된다. 이 회로의 Z-영역 전달특성을 구하기 위해 ϕ_1 phase 동안 $((n-0.5)\cdot T_c) < t < nT_c)$ 의 전하량 Q_1 과 Q_3 의 변화를 표 11.4.3 에 보였다. ϕ_1 phase 동안 OP amp summing 노드의 총 전하량 $(-(Q_1+Q_3))$ 은 변하지 않는다는 사실에서

$$Q_1(nT_c) + Q_3(nT_c) \;\; = \;\; Q_1((n-0.5)\cdot T_c) + Q_3((n-0.5)T_c) \tag{11.4.7}$$

인 관계식이 성립하므로 표 11.4.3 의 결과를 이용하면 auto-zeroed gain stage 출력전압 $V_o(z)$ 는 다음 관계식으로 표시된다.

$$V_o(z) \;\; = \;\; -\,\frac{C_1}{C_3}\cdot V_i(z) \;\; + \;\; \frac{C_1+C_3}{C_3}\cdot(1-z^{-0.5})\cdot E_{on}(z) \tag{11.4.8}$$

DC $(\omega = 0, z = 1)$ 에서는 식(11.4.8)에서 $E_{on}(z)$ 에 곱해지는 항이 0 이 되므로 OP amp 의 DC 입력 offset 전압은 출력전압에 나타나지 않게 됨을 알 수 있다. $z = e^{j\omega T_c}$ 를 식(11.4.8)에 대입하면 다음에 보인 주파수 영역 식을 구할 수 있다.

$$V_o(e^{j\omega T_c}) = -\frac{C_1}{C_3} \cdot V_i(e^{j\omega T_c}) + \frac{C_1 + C_3}{C_3} \cdot j2 \cdot e^{-j\frac{\omega T_c}{4}} \cdot \sin\frac{\omega T_c}{4} \cdot E_{on}(e^{j\omega T_c})$$

$$(11.4.9)$$

표 **11.4.3** Auto-zeroed gain stage(그림 11.4.2)의 ϕ_1 phase 에서의 전하량 변화

t	$(n-0.5) \cdot T_c$	nT_c
Q_1	$-C_1 \cdot e_{on}((n-0.5) \cdot T_c)$	$C_1 \cdot \{v_i(nT_c) - e_{on}(nT_c)\}$
Q_3	$-C_3 \cdot e_{on}((n-0.5) \cdot T_c)$	$C_3 \cdot \{v_o(nT_c) - e_{on}(nT_c)\}$

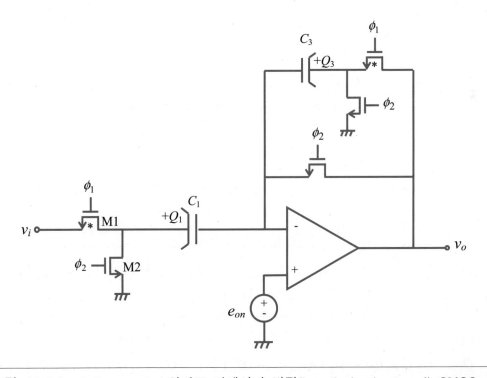

그림 **11.4.2** Auto-zeroed 스위치드 커패시터 반전(inverting) gain-stage (*: CMOS 스위치)

노이즈 성분 E_{on} 에 $\sin(\omega T_c/4)$ 가 곱해지므로 저주파 대역에 존재하는 $1/f$ 노이즈도 크기가 감소되어 출력전압에 나타나게 됨을 알 수 있다.

그림 11.4.2 회로에서 M1 과 M2 의 클락 phase 를 서로 바꾸면, 즉 M1 의 게이트에 ϕ_2 를 연결하고 M2 의 게이트에 ϕ_1 을 연결하면 비반전(non-inverting) auto-zeroed gain-stage 회로가 된다. 이와 같이 변형된 회로에 대해 같은 방식으로 $V_o(z)$ 를 구하면

$$V_o(\dot{z}) \;=\; +\; \frac{C_1}{C_3}\cdot V_i(z)\cdot z^{-0.5} \;+\; \frac{C_1+C_3}{C_3}\cdot(1-z^{-0.5})\cdot E_{on}(\dot{z}) \qquad (11.4.10)$$

가 되어, $V_i(z)$ 항에서 부호가 (+)로 바뀌고 $z^{-0.5}$ 항이 추가된 점만이 반전(inverting) gain-stage 와 다르다. 따라서 변형된 회로는 입력 신호와 출력 신호 사이에 $T_c/2$ 만큼의 지연시간을 가지는 비반전(non-inverting) gain stage 로 동작하게 되고 저주파 노이즈 특성은 반전 gain stage 회로와 같다.

11.4.3 **Auto-zeroed** 스위치드 커패시터 적분기 회로 (*)

그림 11.4.3 에 종래 방식과 auto-zero 방식의 스위치드 커패시터 반전 적분기(inverting integrator) 회로를 보였는데, ϕ_1 phase 가 끝나는 시각 $(t=nT_c)$ 에 출력전압 v_o 가 sample 된다. Z-영역 전달특성을 구하기 위해 ϕ_1 phase 동안의 $((n-0.5)\cdot T_c < t < nT_c)$ 전하량 Q_1 과 Q_2 의 변화를 표 11.4.4 에 보였다.

표 **11.4.4** 반전 적분기(inverting integrator, 그림 11.4.3)의 ϕ_1 phase 에서의 전하량 변화

		$(n-0.5)\cdot T_c$	$n\cdot T_c$
종래 회로	Q_1	0	$C_1\cdot\{\,v_i(nT_c)-e_{on}(nT_c)\,\}$
	Q_2	$C_2\cdot\{\,v_o((n-1)T_c)-e_{on}((n-1)T_c)\,\}$	$C_2\cdot\{\,v_o(nT_c)-e_{on}(nT_c)\,\}$
auto-zero	Q_1	$-C_1\cdot e_{on}((n-0.5)T_c)$	$C_1\cdot\{\,v_i(nT_c)-e_{on}(nT_c)\,\}$
	Q_2	$C_2\cdot\{\,v_o((n-1)T_c)-e_{on}((n-1)T_c)\,\}$	$C_2\cdot\{\,v_o(nT_c)-e_{on}(nT_c)\,\}$

ϕ_1 phase 동안 OP amp summing 노드((−)입력 노드)에서의 총 전하량($-(Q_1 + Q_2)$)은 변하지 않으므로, 다음 관계식이 성립한다.

$$Q_1(nT_c) + Q_2(nT_c) \quad = \quad Q_1((n-0.5)\cdot T_c) + Q_2((n-0.5)T_c) \qquad (11.4.11)$$

표 11.4.4 의 결과를 식 (11.4.11)에 대입하고 Z-변환을 취하면 표 11.4.5 에 보인 전달 특성 식을 구할 수 있다.

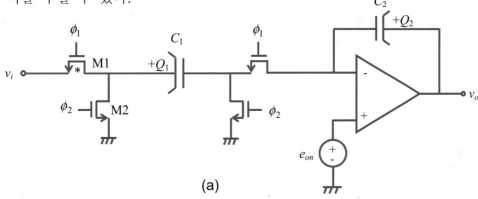

(a)

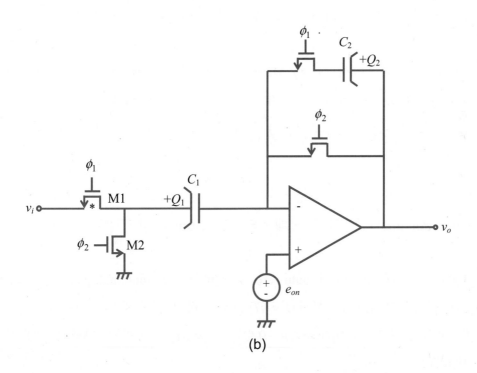

(b)

그림 **11.4.3**　스위치드 커패시터 반전 적분기(switched-capacitor inverting integrator)

　　　(a) 종래 회로　　　　(b) auto-zero 회로　　　　(* : CMOS 스위치)

표 **11.4.5**　반전 적분기(inverting integrator, 그림 11.4.3)의 Z-영역 전달특성 식

종래 회로	$V_o(z) = -\dfrac{C_1}{C_2} \cdot \dfrac{1}{1-z^{-1}} \cdot V_i(z) + \left(1 + \dfrac{C_1}{C_2} \cdot \dfrac{1}{1-z^{-1}}\right) \cdot E_{on}(z)$
auto-zero	$V_o(z) = -\dfrac{C_1}{C_2} \cdot \dfrac{1}{1-z^{-1}} \cdot V_i(z) + \left(1 + \dfrac{C_1}{C_2} \cdot \dfrac{1}{1+z^{-0.5}}\right) \cdot E_{on}(z)$

OP amp DC 입력 offset 전압이 출력전압에 주는 영향을 알아보기 위해 표 11.4.5 의 식들에 $z=1$ 을 대입하면, auto-zero 방식이 아닌 종래 회로에서는 E_{on} 에 곱해지 는 항이 무한대가 되지만 auto-zero 회로에서는 이 항이 $1 + (C_1/2C_2)$ 의 유한한 값 이 된다. 따라서 적분기 회로에서는 auto-zero 회로를 사용하여 OP amp DC 입력 offset 전압의 영향이 완전히 제거되지는 않지만, 종래 회로에 비해 매우 큰 비율로 개선됨을 알 수 있다.

그림 11.4.3(a), (b) 회로에서 M1 과 M2 스위치의 클락 phase 를 서로 바꾸면 비 반 전 적분기(non-inverting integrator) 회로가 된다. 이 경우 표 11.4.5 에 보인 전달특성 식에서 노이즈 항은 변하지 않고 $V_i(z)$ 에 곱해지는 항의 극성이 (+)로 바뀌고 이 항에 $z^{-0.5}$ 가 곱해진다.

11.4.4　**Auto-zeroed** 스위치드 커패시터 **high-pass** 필터 (*)

그림 11.4.4 에 종래 방식(a)과 auto-zero 방식(b)의 inverting high-pass 필터 회로를 보였는데, ϕ_1 phase 가 끝나는 시각 $(t = nT_c)$ 에 출력전압 v_o 를 sample 한다. Z-영역 전달특성을 구하기 위해 ϕ_1 phase $((n-0.5)T_c < t < nT_c)$ 동안의 전하량 변화를 표 11.4.6 에 보였다.

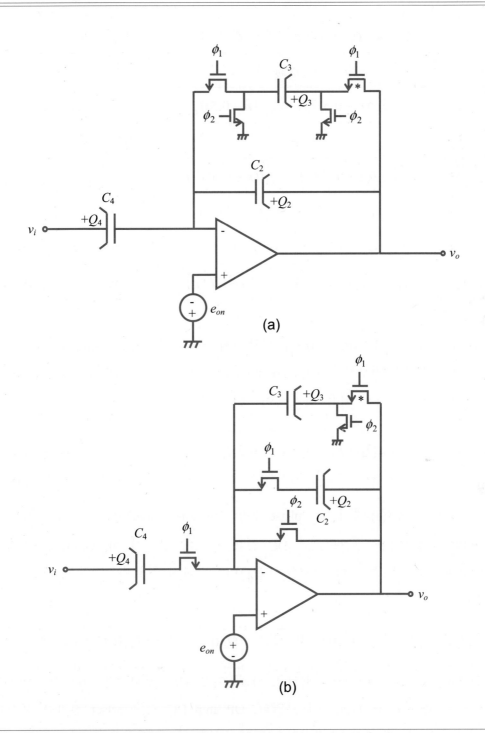

그림 **11.4.4** 스위치드 커패시터 반전(inverting) high-pass 필터 (* : CMOS 스위치)

(a) 종래 회로 (b) auto-zero 회로

표 **11.4.6** ϕ_1 phase에서의 그림 11.4.4 회로의 전하량 변화

		$t = (n-0.5)\cdot T_c$	$t = n\cdot T_c$
종래 (a)	Q_2	$C_2\cdot\{v_o((n-0.5)T_c)-e_{on}((n-0.5)T_c)\}$	$C_2\cdot\{v_o(nT_c)-e_{on}(nT_c)\}$
	Q_3	0	$C_3\cdot\{v_o(nT_c)-e_{on}(nT_c)\}$
	Q_4	$C_4\cdot\{v_i((n-0.5)T_c)-e_{on}((n-0.5)T_c)\}$	$C_4\cdot\{v_i(nT_c)-e_{on}(nT_c)\}$
auto zero (b)	Q_2	$C_2\cdot\{v_o((n-1)T_c)-e_{on}((n-1)T_c)\}$	$C_2\cdot\{v_o(nT_c)-e_{on}(nT_c)\}$
	Q_3	$C_3\cdot\{-e_{on}((n-0.5)T_c)\}$	$C_3\cdot\{v_o(nT_c)-e_{on}(nT_c)\}$
	Q_4	$C_4\cdot\{v_i((n-1)\cdot T_c)-e_{on}((n-1)T_c)\}$	$C_4\cdot\{v_i(nT_c)-e_{on}(nT_c)\}$

ϕ_1 phase 동안, 그림 11.4.4(a)와 (b)의 회로에서 둘 다 OP amp summing 노드에 DC 전류 경로가 연결되지 않으므로, OP amp summing 노드의 총 전하량 $(-(Q_2+Q_3+Q_4))$ 은 변하지 않는다. 따라서 다음 관계식이 성립한다.

$$Q_2(nT_c)+Q_3(nT_c)+Q_4(nT_c)=Q_2((n-0.5)T_c)+Q_3((n-0.5)T_c)+Q_4((n-0.5)T_c)$$

$$(11.4.12)$$

종래 회로(그림 11.4.4(a))에서, ϕ_2 phase 동안 OP amp summing 노드에는 C_2와 C_4 의 두 개의 커패시터만 연결되므로 DC 전류 경로가 없어서 이 phase 동안에도 OP amp summing 노드의 총 전하량$(-(Q_2+Q_4))$은 변하지 않는다. 따라서 다음 관계식 이 성립한다.

$$Q_2((n-0.5)T_c)+Q_4((n-0.5)T_c)=Q_2((n-1)T_c)+Q_4((n-1)T_c) \qquad (11.4.13)$$

표 11.4.6 과 식(11.4.12)와 식(11.4.13)을 이용하여 구한 각 회로의 Z-영역(Z-domain) 전달 특성을 표 11.4.7 에 보였다. OP amp DC 입력 offset 전압을 포함하는 DC 노이즈 $E_{on}(1)$ 이 DC 출력전압 $V_o(1)$ 값에 주는 영향을 조사하기 위해 표 11.4.7 의 결과에 $z=1$을 대입하면, auto-zero 회로에서는 $E_{on}(1)$ 에 곱해지는 항이 0

이 되어 DC 노이즈가 출력전압에 나타나지 않음을 알 수 있고, 종래의 회로에서는 $E_{on}(1)$ 에 곱해지는 항이 1 이 되어 DC 노이즈 전압이 그대로 출력전압에 나타남을 알 수 있다.

표 **11.4.7** 스위치드 커패시터 high-pass 필터(그림 11.4.4 회로)의 Z-영역 전달 특성

종래 회로 (a)	$V_o(z) = -\dfrac{C_4 \cdot (1-z^{-1})}{C_2 + C_3 - C_2 \cdot z^{-1}} \cdot V_i(z) + \dfrac{(C_2 + C_4) \cdot (1-z^{-1}) + C_3}{C_2 + C_3 - C_2 \cdot z^{-1}} \cdot E_{on}(z)$
auto-zero 회로 (b)	$V_o(z) = -\dfrac{C_4 \cdot (1-z^{-1})}{C_2 + C_3 - C_2 \cdot z^{-1}} \cdot V_i(z)$ $+ \dfrac{(C_2 + C_4) \cdot (1-z^{-1}) + C_3 \cdot (1-z^{-0.5})}{C_2 + C_3 - C_2 \cdot z^{-1}} \cdot E_{on}(z)$

11.4.5 유한한 **OP amp gain** 을 보상한 스위치드 커패시터 회로와 **correlated double sampling** 방식 (**)

일반적인 **auto-zeroed** 스위치드 커패시터 회로의 문제점

지금까지의 스위치드 커패시터 회로 해석에서는 OP amp 전압이득(voltage gain)을 무한대로 가정하였다. OP amp 전압이득이 유한한 값을 가질 때 OP amp 전압이득이 회로 전달특성에 주는 영향을 고려하기 위해, 그림 11.4.2 에 보인 auto-zeroed 스위치드 커패시터 gain stage 회로를 그림 11.4.5(a) 회로에 다시 보였다.

유한한 OP amp 전압이득을 A 라고 할 때($A > 0$), OP amp 의 선형 영역 동작 식은 다음과 같이 주어진다.

$$v_o = -A \cdot (v_x - e_{on}) \tag{11.4.14}$$

여기서 v_x 는 그림 11.4.5(a)에 표시된 대로 OP amp summing 노드 전압이다.

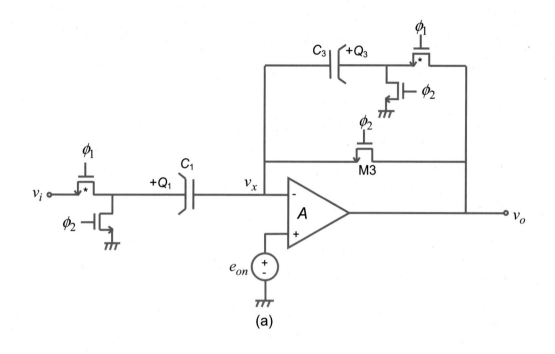

(a)

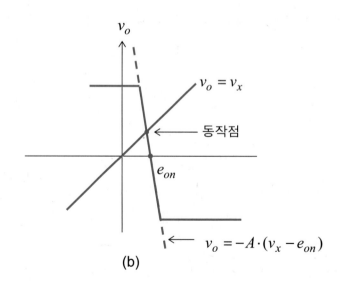

(b)

그림 **11.4.5**　Auto-zeroed 스위치드 커패시터 gain stage (* : CMOS 스위치)

　　(a) 회로(OP amp gain A : 유한)　　(b) ϕ_2 phase 에서의 동작점

ϕ_2 phase 에서는 그림 11.4.5(a)의 M3 스위치가 on 되어 $v_o = v_x$ 가 되므로 이를 식(11.4.14)에 대입하면, ϕ_2 phase 가 끝나는 시각 $t = ((n-0.5) \cdot T_c)$ 에서의 v_x 값은

$$v_x(n-0.5) \;=\; \frac{A}{A+1} \cdot e_{on}(n-0.5) \tag{11.4.15}$$

로 주어진다. 이 과정을 그림 11.4.5(b)에 보였다. 여기서 $v_x(n-0.5)$ 와 $e_{on}(n-0.5)$ 는 각각 $v_x((n-0.5)T_c)$ 와 $e_{on}((n-0.5)T_c)$ 를 나타내는데, 표시를 간략화시키기 위해 T_c 를 생략하였다.

ϕ_1 phase 에서는 C_3 에 의한 negative 피드백 작용으로 식(11.4.14)의 관계식이 성립하므로 $v_x(n)$ 은 다음 식으로 구해진다.

$$v_x(n) \;=\; e_{on}(n) - \frac{v_o(n)}{A} \tag{11.4.16}$$

식(11.4.15)와 식(11.4.16)을 이용하여 유한한 OP amp 전압이득(A) 효과를 포함하는 Z-영역 전달특성 식을 구하기 위해 ϕ_1 phase 동안 $((n-0.5)T_c < t < nT_c)$ 의 각 커패시터들의 전하량 변화를 표 11.4.8 에 보였다.

ϕ_1 phase 동안 OP amp summing 노드(v_x 노드)에 DC 전류 경로가 연결되지 않으므로, 이 phase 동안 OP amp summing 노드의 총 전하량($-(Q_1 + Q_3)$)은 변하지 않는다. 따라서 다음 관계식이 성립한다.

$$Q_1(n) + Q_3(n) \;=\; Q_1(n-0.5) + Q_3(n-0.5) \tag{11.4.17}$$

표 11.4.8 의 결과를 식(11.4.17)에 대입한 후 결과식에 Z-변환(Z-transform)을 취하

표 **11.4.8** ϕ_1 phase 동안의 그림 11.4.5(a) 회로의 전하량 변화

	$t = (n-0.5) \cdot T_c$	$t = n \cdot T_c$
Q_1	$-C_1 \cdot \dfrac{A}{A+1} \cdot e_{on}(n-0.5)$	$C_1 \cdot \{v_i(n) - e_{on}(n) + \dfrac{1}{A} \cdot v_o(n)\}$
Q_3	$-C_3 \cdot \dfrac{A}{A+1} \cdot e_{on}(n-0.5)$	$C_3 \cdot \{v_o(n) - e_{on}(n) + \dfrac{1}{A} \cdot v_o(n)\}$

면 다음과 같은 Z-영역 전달 특성을 얻을 수 있다.

$$V_o(z) = -\frac{C_1}{C_3} \cdot \frac{1}{1 + \frac{1}{A} \cdot \frac{C_1 + C_3}{C_3}} \cdot V_i(z)$$

$$+ \frac{C_1 + C_3}{C_3} \cdot (1 - \frac{A}{A+1} \cdot z^{-0.5}) \cdot \frac{1}{1 + \frac{1}{A} \cdot \frac{C_1 + C_3}{C_3}} \cdot E_{on}(z) \qquad (11.4.18)$$

위 식을 OP amp gain 을 무한대로 가정하고 구한 식인 식(11.4.8)과 비교하면, 이 회로의 전달함수는 $(C_1 + C_3)/(A \cdot C_3)$ 만큼의 gain error 를 가지게 되고, DC($\omega = 0$)에 해당하는 $z = 1$ 을 대입하면, OP amp DC 입력 offset 전압을 포함하는 DC 노이즈 $E_{on}(1)$ 은 완전히 제거되지 못하고 작은 값이지만 대략 $(C_1 + C_3)/(A \cdot C_3)$ 만큼 곱해져서 DC 출력전압 $V_o(1)$에 나타나게 된다.

그림 11.4.5(a)에 보인 auto-zeroed 스위치드 커패시터 gain 회로는 위에서 언급된 gain error 문제 외에도 다음과 같은 slew 현상에 의한 동작 속도 저하 문제가 있다. 즉, OP amp 출력전압 v_o 가 ϕ_2 phase 동안은 대략 DC 입력 offset 전압 e_{on} 과 같아져서 0 에 가까운 작은 값이 되고, ϕ_1 phase 동안에는 입력전압 v_i 에 비례하는 큰 전압이 될 수 있다. 이 경우, 클락 phase 가 ϕ_1 에서 ϕ_2 로, ϕ_2 에서 ϕ_1 으로 바뀌는 시간 구간에서의 slew 현상으로 인하여 settling time 을 증가시켜 회로의 동작 속도가 느리게 된다.

Correlated double sampling(CDS) 방식

그림 11.4.5 회로의 단섬인 gain error 와 slew 현상에 의한 동작 속도 저하 현상을 개선한 스위치드 커패시터 gain-stage 회로를 그림 11.4.6(a)에 보였다. 이 회로에서는, ϕ_2 phase 에서의 출력전압 값을 ϕ_1 phase 에서의 출력전압 값과 거의 같게 되도록 유지함으로써 클락 phase 가 바뀌는 시간 구간에서의 slew 현상을 없애고, 동시에 auto-zero 기능과 gain error 보상 기능을 가진다. 그런데 이 회로에서는 입력 신호의 bandwidth 와 sampling 속도에 대한 제약 조건이 따른다. 즉, 입력 신호의 최대 주파

수를 f_m 이라고 할 때 sampling 속도(f_c)를 Nyquist rate$(2f_m)$ 보다 훨씬 크게 하여 (over sampling), 연속된 두 개의 클락 주기 시간$(2T_c)$ 동안 입력 및 sample 된 출력 전압들이 거의 변하지 않아야 한다. 다시 말하면 $v_o(n) \approx v_o(n-1)$, $v_i(n) \approx v_i(n-1)$ 등의 조건이 성립해야만, 이 회로에서 gain error 가 1 차적으로 보상된다[5].

그림 11.4.6(a) 회로는 auto-zero 회로 다음에 M1 스위치를 연결하여 ϕ_1 phase 에서 출력전압 v_o 를 sample 한다. 이와 같이 auto-zero 회로 다음에 sampler 를 추가한 회로 방식을 correlated double sampling(CDS) 방식이라고 하는데, 이 경우 노이즈 항인 $E_{on}(z)$ 는 $(1-z^{-0.5})$ 항이 곱해져서 출력전압 $V_o(z)$ 에 나타난다. $(1-z^{-0.5})$ 항은 주파수 영역에서 $\sin(\omega T_c/4) = \sin(0.5\pi \cdot f/f_c)$ 에 비례하므로, DC $(f=0)$ 와 $f=2mf_c(m$ 은 정수)인 주파수를 가지는 노이즈 성분은 출력에 나타나지 않는다.

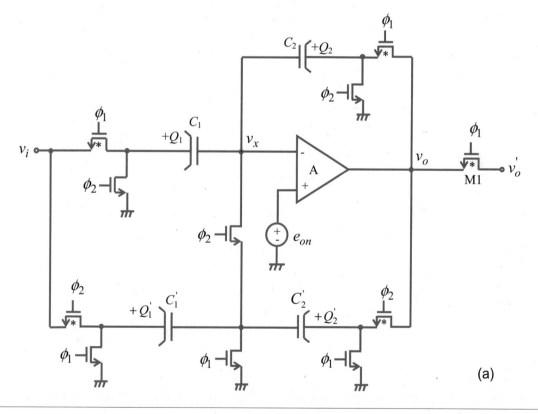

그림 **11.4.6** 유한한 OP amp 전압이득(A) 까지 보상한 auto-zeroed switched 커패시터 gain stage 회로 (* CMOS 스위치)　　(a) 회로

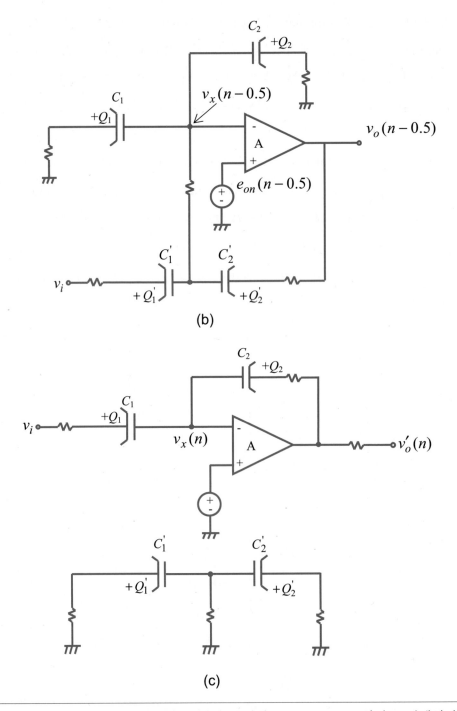

(b)

(c)

그림 **11.4.6** 유한한 OP amp 전압이득(*A*)까지 보상한 auto-zeroed 스위치드 커패시터 gain stage 회로 (* : CMOS 스위치)　(b) ϕ_2 phase 에서의 (a) 회로의 연결 상태, (c) ϕ_1 phase 에서의 (a) 회로의 연결 상태 (계속)

OP amp 입력 offset 전압은 DC 성분($f=0$, $z=1$)이므로 출력전압에 그 영향이 나타나지 않고, $1/f$ 노이즈는 클락 주파수보다 훨씬 낮은 주파수 대역에 주로 분포하므로, 전달함수 $\sin(0.5\pi \cdot f/f_c)$ 와 곱해져서 그 영향이 감소되어 출력전압에 나타난다.

그림 11.4.6(a) 회로에서 $C_1{}'$ 과 C_1은 같은 값을 가지고($C_1{}'=C_1$), $C_2{}'$과 C_2는 같은 값을 가진다($C_2{}'=C_2$).

ϕ_2 phase 에서는 스위치드 커패시터 $C_1{}'$과 $C_2{}'$이 동작하여 OP amp DC 입력 offset 전압과 gain error 가 있는 전압 값 v_o를 출력시키는데, 이때 OP amp DC 입력 offset 전압과 gain error 가 C_1과 C_2에 sample 된다. 이어서 ϕ_1 phase 가 되면 스위치드 커패시터 C_1과 C_2가 동작하여 OP amp DC 입력 offset 전압과 gain error 의 영향이 없는 전압 값이 v_o로 출력된다. 이를 정량적으로 보이기 위해 각 시각에서의 전하량을 표 11.4.9 에 보였다. 여기서 식(11.4.14)의 변형식인 $v_x = e_{on} - v_o/A$ 인 관계식과 그림 11.4.6(b)와 그림 11.4.6(c)를 이용하였다.

그림 11.4.6(b)에 ϕ_2 phase ($(n-1)T_c < t < (n-0.5)T_c$) 에서의 그림 11.4.6(a) 회로의 연결 상태를 보였는데, 이 phase 동안 OP amp summing 노드(v_x 노드)에는 DC 전류 경로가 연결되지 않으므로, OP amp summing 노드의 총 전하량 ($-(Q_1 + Q_2 + Q_1{}' + Q_2{}')$)은 변하지 않는다. 따라서 다음 관계식이 성립한다.

$$Q_1(n-1) + Q_2(n-1) + Q_1{}'(n-1) + Q_2{}'(n-1)$$
$$= Q_1(n-0.5) + Q_2(n-0.5) + Q_1{}'(n-0.5) + Q_2{}'(n-0.5) \tag{11.4.19}$$

표 11.4.9 의 결과를 식(11.4.19)에 대입하면 다음 관계식을 구할 수 있다.

$$v_o(n-0.5) = \frac{C_2 + \dfrac{1}{A}(C_1+C_2)}{C_2 + \dfrac{2}{A}(C_1+C_2)} \cdot v_o(n-1) + \frac{-C_1 \cdot v_i(n-0.5) + C_1 \cdot v_i(n-1)}{C_2 + \dfrac{2}{A} \cdot (C_1+C_2)}$$

$$+ \frac{C_1 + C_2}{C_2 + \dfrac{2}{A}(C_1+C_2)} \cdot \{2 \cdot e_{on}(n-0.5) - e_{on}(n-1)\} \tag{11.4.20}$$

여기서 $C_1{}'=C_1$, $C_2{}'=C_2$ 인 관계식을 이용하였다.

표 **11.4.9** 그림 11.4.6(a) 회로의 각 시각에서의 전하량

	$t=(n-1)\cdot T_c$	$t=(n-0.5)\cdot T_c$	$t=n\cdot T_c$
Q_1	$C_1\cdot\left\{\begin{array}{l}v_i(n-1)+\dfrac{v_o(n-1)}{A}\\-e_{on}(n-1)\end{array}\right\}$	$C_1\cdot\left\{-e_{on}(n-0.5)+\dfrac{v_o(n-0.5)}{A}\right\}$	$C_1\cdot\left\{\begin{array}{l}v_i(n)+\dfrac{v_o(n)}{A}\\-e_{on}(n)\end{array}\right\}$
Q_2	$C_2\cdot\left\{\begin{array}{l}\left(1+\dfrac{1}{A}\cdot\right)v_o(n-1)\\-e_{on}(n-1)\end{array}\right\}$	$C_2\cdot\left\{-e_{on}(n-0.5)+\dfrac{v_o(n-0.5)}{A}\right\}$	$C_2\cdot\left\{\begin{array}{l}\left(1+\dfrac{1}{A}\right)\cdot v_o(n)\\-e_{on}(n)\end{array}\right\}$
Q_1'	0	$C_1'\cdot\left\{\begin{array}{l}v_i(n-0.5)-e_{on}(n-0.5)\\+\dfrac{v_o(n-0.5)}{A}\end{array}\right\}$	0
Q_2'	0	$C_2'\cdot\left\{\begin{array}{l}\left(1+\dfrac{1}{A}\right)\cdot v_o(n-0.5)\\-e_{on}(n-0.5)\end{array}\right\}$	0

그림 11.4.6(c)에 ϕ_1 phase $((n-0.5)\cdot T_c<t<n\cdot T_c)$ 에서의 그림 11.4.6(a) 회로의 연결 상태를 보였는데, 이 phase 동안에도 OP amp summing 노드(v_x 노드)에는 DC 전류 경로가 없으므로, OP amp summing 노드의 총 전하량$(-(Q_1+Q_2))$은 변하지 않는다. 따라서 다음 관계식이 성립한다.

$$Q_1(n-0.5)+Q_2(n-0.5)\ =\ Q_1(n)+Q_2(n)\tag{11.4.21}$$

위에서와 마찬가지로 표 11.4.9 의 결과를 식(11.4.21)에 대입하면 다음 관계식을 구할 수 있다.

$$v_o(n)=-\frac{C_1}{C_2+\dfrac{1}{A}(C_1+C_2)}\cdot v_i(n)+\frac{\dfrac{1}{A}(C_1+C_2)}{C_2+\dfrac{1}{A}(C_1+C_2)}\cdot v_o(n-0.5)$$

$$+ \frac{(C_1 + C_2)}{C_2 + \frac{1}{A}(C_1 + C_2)} \cdot \{e_{on}(n) - e_{on}(n - 0.5)\} \qquad (11.4.22)$$

식(11.4.20)을 식(11.4.22)에 대입하면 다음 관계식이 구해진다.

$$v_o(n) = -\frac{C_1}{C_2} \cdot v_i(n) \cdot \frac{1}{1 + \frac{1}{A} \cdot \frac{C_1 + C_2}{C_2}} + \frac{1}{A} \cdot \frac{C_1 + C_2}{C_2} \cdot \frac{1}{1 + \frac{2}{A} \cdot \frac{C_1 + C_2}{C_2}} \cdot v_o(n-1)$$

$$+ \frac{1}{A} \cdot \left(\frac{C_1 + C_2}{C_2}\right)^2 \cdot \frac{2 \cdot e_{on}(n-0.5) - e_{on}(n-1)}{\left\{1 + \frac{1}{A} \cdot \frac{C_1 + C_2}{C_2}\right\} \cdot \left\{1 + \frac{2}{A} \cdot \frac{C_1 + C_2}{C_2}\right\}}$$

$$+ \frac{C_1 + C_2}{C_2} \cdot \frac{1}{1 + \frac{1}{A} \cdot \frac{C_1 + C_2}{C_2}} \cdot \{e_{on}(n) - e_{on}(n-0.5)\}$$

$$+ \frac{1}{A} \cdot \frac{C_1 + C_2}{C_2} \cdot \frac{C_1}{C_2} \cdot \frac{-v_i(n-0.5) + v_i(n-1)}{\left\{1 + \frac{1}{A} \cdot \frac{C_1 + C_2}{C_2}\right\} \cdot \left\{1 + \frac{2}{A} \cdot \frac{C_1 + C_2}{C_2}\right\}} \qquad (11.4.23)$$

이 절의 앞 부분에서 언급한 대로, 그림 11.4.6(a) 회로는 gain error 보상을 위해 sampling 주파수(f_c)를 입력 신호 최대 주파수(f_m)의 2 배인 Nyquist rate 보다 훨씬 크게 하여, 연속된 두 개의 클락 시각($t = (n-1) \cdot T_c$와 $t = n \cdot T_c$)에서 입력 신호 v_i 및 출력 신호 v_o가 거의 변하지 않게 한다. 따라서

$$v_i(n - 0.5) \approx v_i(n - 1)$$
$$e_{on}(n - 0.5) \approx e_{on}(n - 1) \approx e_{on}(n)$$
$$v_o(n - 1) \approx v_o(n)$$

이라고 가정하면 식(11.4.23)은 다음과 같이 간략화된다.

$$v_o(n) \approx -\frac{C_1}{C_2} \cdot \frac{1 + \frac{2}{A} \cdot \frac{C_1 + C_2}{C_2}}{\left(1 + \frac{1}{A} \cdot \frac{C_1 + C_2}{C_2}\right)^2} \cdot v_i(n) + \frac{1}{A} \cdot \left(\frac{C_1 + C_2}{C_2}\right)^2 \cdot \frac{1}{\left(1 + \frac{1}{A} \cdot \frac{C_1 + C_2}{C_2}\right)^2} \cdot e_{on}(n)$$

$$\approx - \frac{C_1}{C_2} \cdot v_i(n) \cdot \frac{1}{1 + \frac{1}{A^2}\left(\frac{C_1 + C_2}{C_2}\right)^2} + \frac{1}{A} \cdot \left(\frac{C_1 + C_2}{C_2}\right)^2 \cdot \left(1 - \frac{2}{A} \cdot \frac{C_1 + C_2}{C_2}\right) \cdot e_{on}(n)$$

$$(11.4.24)$$

위 식의 유도과정에서 $|x| \ll 1$ 일 때 $1/(1+x) \approx 1-x$ 인 근사식을 이용하였다. 식 (11.4.24)를 종래의 auto-zero gain stage 의 결과식인 식(11.4.18)과 비교하면, gain error 는 종래의 $(1 + (C_1/C_2)) \cdot (1/A)$ 에서 $(1 + (C_1/C_2))^2 \cdot (1/A^2)$ 으로 감소되고, OP amp DC 입력 offset 전압의 출력에 대한 영향은 종래 회로는 $(1 + (C_1/C_2)) \cdot (1/A)$ 인데 비해 그림 11.4.6(a) 회로는 $(1 + (C_1/C_2))^2 \cdot (1/A)$ 이 되어 종래 회로에 비해 약간 나빠지지만 큰 문제가 되지는 않는다.

따라서 그림 11.4.6(a)와 같은 회로에서 종래 회로에서와 같은 gain error 를 얻기 위해서는, 종래 회로에 비해 OP amp 전압이득(A)이 훨씬 작아도 된다. 그리하여 그림 11.4.6(a)와 같은 회로에서는 전압이득(A)이 작지만 동작속도가 빠른 single-stage OP amp 를 사용할 수 있다. 이와 같이 gain 보상이 된 auto-zero 회로 방식은 적분기 회로에도 적용할 수 있다 [6] [7].

11.4.6 Continuous time 회로의 쵸퍼 안정화(chopper stabilization) 방식(*)

앞에서 설명된 대로, 스위치드 커패시터 회로와 같은 sampled-data 회로에서는 auto-zero 방식을 사용하면 출력전압에 나타나는 OP amp 의 DC 입력 offset 전압의 영향을 제거하고 $1/f$ 노이즈의 영향을 감소시킬 수 있는데, continuous time 회로에서는 쵸퍼 안정화(chopper stabilization) 방식을 사용하면 이 목적을 달성할 수 있다. 쵸퍼 안정화 방식은 일종의 변조(modulation) 방식으로 OP amp 의 DC 입력 offset 전압과 $1/f$ 노이즈를 주파수 영역에서 고주파 대역으로 이동시킨다. 그리하여 출력단에 low-pass 필터를 달면 이들의 영향이 출력전압에 나타나지 않는다. 그림 11.4.7 에 쵸퍼 안정화 방식의 원리를 보였다.

그림 11.4.7(a) 회로에서, modulation function $f_s(t)$ 는 주파수가 $f_c (f_c = 1/T_c)$ 인 구

형파(square wave)로 1 혹은 −1 의 값을 가진다. f_c 는 입력 신호의 최대 주파수(f_m) 의 두 배인 Nyquist rate$(2f_m)$ 보다 커야 한다.

$f_s(t) = 1$ 일 때 $v_{o1}(t) = A_1 \cdot (v_i(t) + v_n(t))$ 가 되므로

$$v_o(t)\big|_{f_s(t)=1} \;=\; A_1 \cdot A_2 \cdot \{v_i(t) + v_n(t)\} \tag{11.4.25}$$

가 된다. $f_s(t) = -1$ 일 때 $v_{o1}(t) = A_1 \cdot (-v_i(t) + v_n(t))$ 이므로

$$v_o(t)\big|_{f_s(t)=-1} \;=\; A_1 \cdot A_2 \cdot \{v_i(t) - v_n(t)\} \tag{11.4.26}$$

가 된다. 따라서 $v_i(t)$ 는 $f_s(t)$ 값에 무관하게 두 증폭기 이득의 곱인 $A_1 \cdot A_2$ 가 곱해져서 출력전압$(v_{o2}(t))$ 에 나타난다.

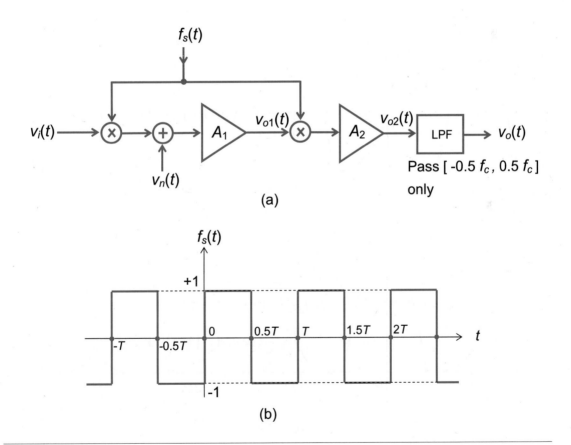

그림 **11.4.7** 쵸퍼 안정화 방식의 동작 원리
   (a) 개념도 (b) $f_s(t)$ 파형 ($T=1/fc$)

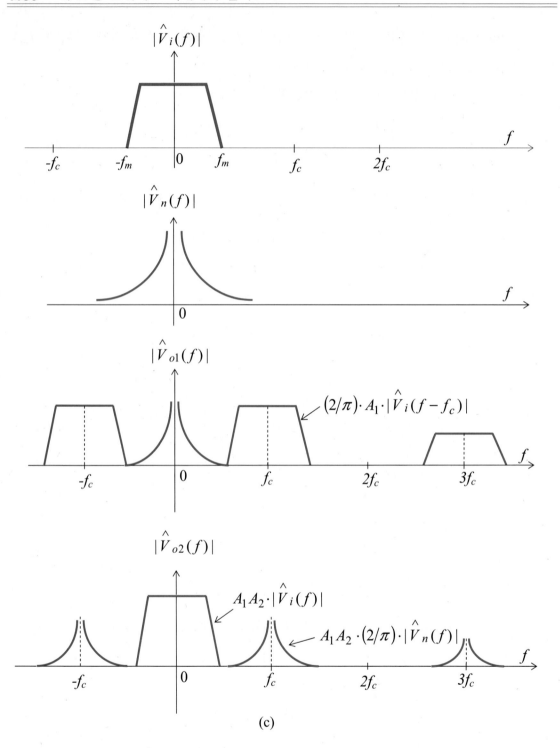

그림 **11.4.7** 쵸퍼 안정화 방식의 동작 원리
(c) 주파수 스펙트럼 (계속)

그 반면에, 초단 증폭기의 등가 입력 노이즈 전압인 $v_n(t)$ 는 $f_s(t) = 1$ 일 경우는 $+ A_1 A_2$ 가 곱해지고 $f_s(t) = -1$ 일 때는 $- A_1 A_2$ 가 곱해져서 출력전압($v_{o2}(t)$)에 나타난다. $v_n(t)$ 가 DC 노이즈 전압으로 시간에 대해 일정한 값을 가진다고 가정하면, $v_n(t)$ 는 주파수가 f_c 인 square wave 가 되어 출력전압에 나타난다. $f_s(t)$ 는 주파수 스펙트럼이 $f = \pm f_c$, $\pm 3 f_c$, $\pm 5 f_c$, $\cdots$ 의 (홀수 정수)$\times f_c$ 에서만 0 이 아니므로, 통과 대역이 f_c 보다 작은 low-pass 필터를 통과시키면, $v_n(t)$ 의 영향은 최종 출력전압 $v_o(t)$ 에 나타나지 않는다.

반면에 입력 신호 $v_i(t)$ 는 $f_s(t)$ 값에 무관하게 $+ A_1 \cdot A_2$ 가 곱해져서 $v_{o2}(t)$ 에 나타난다. 따라서 $v_{o2}(t)$ 의 주파수 대역은 입력 신호 $v_i(t)$ 의 주파수 대역과 같아서 통과 대역이 $f = 0$ 에서 $f = f_c/2$ 인 low-pass 필터를 그대로 통과하므로, $v_i(t)$ 는 $+ A_1 \cdot A_2$ 가 곱해져서 $v_o(t)$ 에 나타난다.

그리하여 주파수 대역이 $f_c/2$ 이내로 제한된(band-limited) 입력 신호 $v_i(t)$ 는 그림 11.4.7(a) 회로를 그대로 통과하여 출력전압에 나타나지만, OP amp DC 입력 offset 전압과 $1/f$ 노이즈를 포함하는 초단 OP amp 의 등가 입력 노이즈 전압인 $v_n(t)$ 는 그 주파수 스펙트럼이 DC 및 저주파 영역에 주로 분포하므로 이 쵸퍼 안정화 방식에 의해 출력전압에서는 그 영향이 거의 제거된다.

그림 11.4.7(a) 회로에서 $f_s(t)$ 가 곱해지는 동작을 sampling 이 아닌 modulation 이라고 하였는데, sampling 과 modulation 의 차이점은 다음과 같다. Sampling 동작은 어떤 시각에서의 신호의 순간 값을 취하여 한 클락 주기 동안 변하지 않게 유지(hold)시켜 신호 처리를 하는데 반해, modulation 방식에서는 한 클락 주기 내에서도 신호 전압이 변하면 출력전압도 따라 변하게 된다. 따라서 그림 11.4.7(a) 회로에서는 $v_{o1}(t) = v_i(t) \cdot f_s(t) + v_n(t)$ 로 주어져서 한 클락 주기 내에서도 $v_i(t)$ 가 변함에 따라 $v_{o1}(t)$ 도 따라 변함으로 이는 sampling 이 아닌 modulation 동작에 해당한다.

Sampling 회로에서는 thermal noise 가 folding 되어 출력의 저주파 주파수 대역에서는 thermal noise power 가 식(11.2.38)에 보인 대로 under-sampling 비율 만큼 증폭되어 나타나는데 반해, 그림 11.4.7(a) 회로는 sampling 이 아닌 modulation 방식을 사용하므로 다음에 보인 대로 thermal noise folding 현상이 없다. 따라서 쵸퍼 안정화 방식은 이러한 노이즈 장점 때문에 continuous time 회로에 사용할 수 있다.

그림 11.4.7(a) 회로의 동작을 식으로 표시하면 다음과 같다. 먼저 $f_s(t)$는 주기가 T_c인 주기 함수이므로 다음과 같이 푸리에 급수(Fourier series)로 표시할 수 있다.

$$f_s(t) \;=\; \sum_{n=-\infty}^{\infty} a_n \cdot e^{j 2\pi n f_c t} \tag{11.4.27}$$

여기서 $f_c = 1/T_c$ 이고 계수(coefficient) a_n 은

$$
\begin{aligned}
a_n &= \frac{1}{T_c} \cdot \int_0^{T_c} f_s(t) \cdot e^{-j 2\pi n f_c t} \; dt \\
&= \frac{1}{T_c} \cdot \left\{ \int_0^{0.5 T_c} e^{-j 2\pi n f_c t} \; dt \;-\; \int_{0.5 T_c}^{T_c} e^{-j 2\pi n f_c t} \; dt \right\} \\
&= \frac{1}{jn\pi} \cdot (1 - e^{-jn\pi})
\end{aligned}
$$

로 주어진다. 이를 짝수($n = 2m$)와 홀수($n = 2m+1$)로 구분하면 다음과 같이 된다.

$$a_{2m} = 0 \tag{11.4.28.a}$$

$$a_{2m+1} = \frac{2}{j(2m+1)\pi} \tag{11.4.28.b}$$

그리하여 $f_s(t)$는 다음 식으로 표시된다.

$$f_s(t) = \sum_{m=-\infty}^{\infty} \frac{2}{j(2m+1)\pi} \cdot e^{j 2\pi (2m+1) \cdot f_c t} \tag{11.4.29}$$

식(11.4.29)의 $f_s(t)$ 식을 이용하면 첫 번째 증폭기의 출력전압 $v_{o1}(t)$는 다음 식으로 주어진다.

$$
\begin{aligned}
v_{o1}(t) &= A_1 \cdot \{ v_i(t) \cdot f_s(t) + v_n(t) \} \\
&= A_1 \cdot \left[\sum_{m=-\infty}^{\infty} \left\{ \frac{2}{j(2m+1)\pi} \cdot v_i(t) \cdot e^{j 2\pi (2m+1) \cdot f_c t} \right\} + v_n(t) \right] \tag{11.4.30}
\end{aligned}
$$

주파수 스펙트럼을 알아보기 위해 식(11.4.30)의 양변에 푸리에 변환(Fourier transform)을 취하면 $v_{o1}(t)$의 푸리에 변환인 $\hat{V}_{o1}(f)$는 다음 식으로 표시된다.

$$\hat{V}_{o1}(f) = A_1 \cdot \left[\sum_{m=-\infty}^{\infty} \left\{ \frac{2}{j(2m+1)\pi} \cdot \hat{V}_i(f+(2m+1)f_c) \right\} + \hat{V}_n(f) \right] \quad (11.4.31)$$

따라서 그림 11.4.7(c)에 보인 대로 노이즈 주파수 스펙트럼 $\hat{V}_n(f)$ 는 그대로 $\hat{V}_{o1}(f)$ 에 나타나고 입력 신호의 주파수 스펙트럼 $\hat{V}_i(f)$ 는 매 f_c 의 홀수 배 되는 주파수($f = \pm f_c, \pm 3f_c, \pm 5f_c, \cdots$) 마다 반복되어 $\hat{V}_{o1}(f)$ 에 나타난다. 두 번째 증폭기의 출력전압 $v_{o2}(t)$ 는 다음 식으로 표시된다.

$$\begin{aligned}
v_{o2}(t) &= A_2 v_{o1}(t) \cdot f_s(t) \\
&= A_1 A_2 \cdot \{ v_i(t) \cdot f_s(t) + v_n(t) \} \cdot f_s(t) \\
&= A_1 A_2 \cdot \left[\left\{ \sum_{m=-\infty}^{\infty} \frac{2}{j(2m+1)\pi} \cdot v_i(t) \cdot e^{j2\pi(2m+1) \cdot f_c t} \right\} + v_n(t) \right] \\
&\qquad\qquad\qquad\qquad \cdot \sum_{l=-\infty}^{\infty} \frac{2}{j(2l+1)\pi} \cdot e^{j2\pi(2l+1) \cdot f_c t} \\
&= A_1 A_2 \cdot \left[\sum_{m=-\infty}^{\infty} \sum_{l=-\infty}^{\infty} \left\{ \frac{-4}{(2m+1) \cdot (2l+1) \cdot \pi^2} \right\} \cdot v_i(t) \cdot e^{j2\pi(2m+2l+2) \cdot f_c t} \right. \\
&\qquad\qquad\qquad\qquad \left. + \sum_{l=-\infty}^{\infty} \frac{2}{j(2l+1)\pi} \cdot v_n(t) \cdot e^{j2\pi(2l+1) \cdot f_c t} \right] \\
&= A_1 A_2 \cdot \sum_{k=-\infty}^{\infty} \left[b_{2k} \cdot v_i(t) \cdot e^{j2\pi \cdot 2k \cdot f_c t} + \frac{2}{j(2k+1)\pi} \cdot v_n(t) \cdot e^{j2\pi \cdot (2k+1) \cdot f_c t} \right]
\end{aligned}$$

$$(11.4.32)$$

여기서 b_{2k} 는 다음 식으로 주어진다.

$$b_{2k} = \left(-\frac{4}{\pi^2} \right) \cdot \sum_{m=-\infty}^{\infty} \frac{1}{(2m+1)(2k-2m-1)} \quad (11.4.33)$$

여기서 b_o 은 다음과 같이 주어진다[8].

$$b_o = \frac{4}{\pi^2} \sum_{m=-\infty}^{\infty} \frac{1}{(2m+1)^2} = \frac{8}{\pi^2} \sum_{m=0}^{\infty} \frac{1}{(2m+1)^2} = 1 \quad (11.4.34)$$

k 가 0 이 아닐 때는 b_{2k} 는 다음에 보인 대로 모두 0 이 된다.

$$b_{2k} = -\frac{4}{\pi^2} \cdot \sum_{m=-\infty}^{\infty} \left\{ \frac{1}{2k} \cdot \left(\frac{1}{2m+1} + \frac{1}{2k-2m-1} \right) \right\}$$

$$= -\frac{4}{2k \cdot \pi^2} \cdot \left(\sum_{m=-\infty}^{\infty} \frac{1}{2m+1} + \sum_{m=-\infty}^{\infty} \frac{1}{2k-2m-1} \right)$$

$$= 0 \qquad (\text{for} \quad k \neq 0) \tag{11.4.35}$$

위 식의 유도 과정에서 m 이 $-\infty$ 에서 $+\infty$ 까지의 모든 홀수 정수의 역수의 합인 $\sum_{m} 1/(2m+1)$ 은 $1+(-1)+(1/3)+(-1/3)+(1/5)+(-1/5)+\cdots$ 로 표시되는데 양수와 음수가 서로 상쇄되어 0 이 됨을 알 수 있다. 또한 $\sum_{m} 1/(2k-2m-1)$ 도 m 축에 대해 $+k$ 만큼 평행이동 된 것 외에는 $\sum_{m} 1/(2m+1)$ 과 같으므로 마찬가지로 0 이 된다. 식(11.4.34)와 식(11.4.35)를 식(11.4.32)에 대입하면 $v_{o2}(t)$ 는 다음 식으로 표시된다.

$$v_{o2}(t) = A_1 A_2 \cdot \left[v_i(t) + \sum_{k=-\infty}^{\infty} \left\{ \frac{2}{j \cdot (2k+1) \cdot \pi} \cdot v_n(t) \cdot e^{j \cdot 2\pi \cdot (2k+1) \cdot f_c t} \right\} \right] \tag{11.4.36}$$

식(11.4.36)의 양변에 푸리에 변환(Fourier transform)을 취하면 $v_{o2}(t)$ 의 주파수 스펙트럼 $\hat{V}_{o2}(f)$ 는 다음 식으로 표시된다.

$$\hat{V}_{o2}(f) = A_1 A_2 \cdot \left[\hat{V}_i(f) + \sum_{k=-\infty}^{\infty} \left\{ \frac{2}{j \cdot (2k+1) \cdot \pi} \cdot \hat{V}_n(f + (2k+1)f_c) \right\} \right] \tag{11.4.37}$$

따라서 입력전압 주파수 스펙트럼 $\hat{V}_i(f)$ 는 $\hat{V}_{o2}(f)$ 에 그대로 나타나게 되고 초단 OP amp 의 등가 입력 노이즈 전압 주파수 스펙트럼 $\hat{V}_n(f)$ 는 f_c 의 매 홀수 배 주파수($f = \pm f_c, \pm 3f_c, \pm 5f_c, \cdots$)로 평행이동(translation)되어 나타나게 된다.

따라서 $v_{o2}(t)$를 $-f_c/2$에서 $f_c/2$까지의 주파수 대역을 통과시키는 low-pass 필터를 통과시키면, 초단 OP amp DC 입력 offset 전압과 $1/f$ 노이즈를 포함하는 DC 및 $f_c/2$보다 작은 주파수 대역의 저주파 노이즈를 제거할 수 있다.

그림 11.4.7(a)에서 둘째 단 증폭기(전압이득 A_2)의 등가 입력 노이즈 전압 효과는 고려하지 않았는데, 이는 초단 증폭기(전압이득 A_1)와 둘째 단 증폭기(A_2)는 둘 다 비슷한 값의 등가 입력 노이즈 전압 값을 가지는데 초단 증폭기의 등가 입력 노이즈 전압은 $A_1 \cdot A_2$가 곱해져서 $v_o(t)$에 나타나는데 반해 둘째 단 증폭기의 등가 입력 노이즈 전압은 A_2만 곱해져서 $v_o(t)$에 나타나므로, 둘째 단 증폭기의 등가 입력 노이즈 전압이 $v_o(t)$에 주는 영향이 초단 증폭기의 등가 입력 노이즈 전압이 $v_o(t)$에 주는 영향보다 훨씬 작기 때문이다. 또 보통 $|A_1| > |A_2|$되게 설계하므로 두 등가 입력 노이즈의 $v_o(t)$에 대한 영향이 더 차이가 나게 된다.

쵸퍼 안정화 방식은 continuous time 회로에서만 사용해야 하는데, 그림 11.4.8에 쵸퍼 안정화 방식을 이용한 회로 예를 보였다. 여기서 클락신호인 ϕ와 $\overline{\phi}$는 non-overlapping 클락이 아닌 보통의 서로 역상인 클락들이다. 그림 11.4.8(a) 회로에서는, $\phi = $ '1'일 때는 A_1과 A_2는 모두 반전 증폭기로 동작하여 $v_{o1} = -99 \cdot v_i$가 되고 $v_o = -(100/99) \cdot v_{o1} = +100 \cdot v_i$가 된다. $\phi = $ '0'일 때는 A_1은 비반전 증폭기로 동작하여 $v_{o1} = +100 \cdot v_i$가 되고 $v_o = v_{o1} = +100 \cdot v_i$가 되어, ϕ 값에 무관하게 $v_o = +100 \cdot v_i$의 관계식이 성립한다. 스위치 on 저항 값은 R_1보다 매우 작도록 설계해야 한다. 그림 11.4.8(b) 회로는 OP 앰프 내부에 MOS 스위치 쵸퍼를 사용한 쵸퍼 안정화 OP 앰프의 개념도이다[10]. 여기서 A_1과 A_2는 각각 1st gain stage 와 2nd gain stage 를 나타내는데, A_1에 의한 저주파 노이즈를 제거하는 것이 목적이다.

위에서 보인 대로 쵸퍼 안정화 기법은 continuous time 회로에서 OP amp 의 DC 입력 offset 전압 값과 $1/f$ 노이즈의 영향이 출력전압에 나타나지 않도록 하는데, 스위치드 커패시터 등의 sampled-data system 에서의 auto-zero 회로도 이와 같은 목적으로 사용된다. Auto-zero 방식과 쵸퍼 안정화 방식의 특성 비교를 표 11.4.10에 보였다.

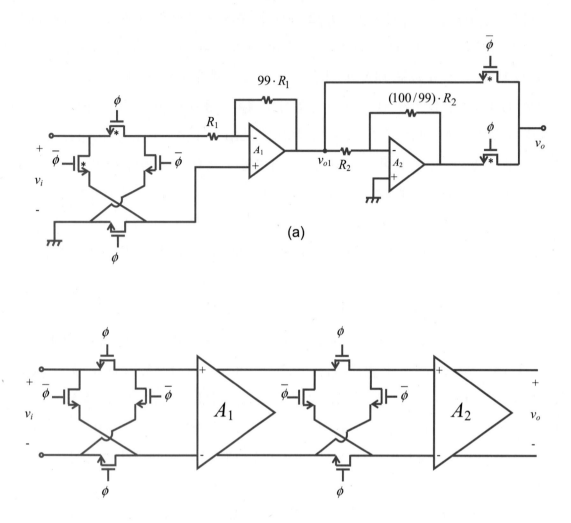

(a)

그림 **11.4.8** 쵸퍼 안정화 방식을 이용한 증폭기 회로 예 (* : CMOS 스위치)

표 **11.4.10**   Auto-zero 방식과 쵸퍼 안정화 방식의 특성 비교 [10]

	Auto-zero	쵸퍼 안정화(chopper-stabilization)
①	Sampling 기법	Modulation 기법
②	OP amp DC 입력 offset 전압 및 $1/f$ 노이즈를 제거 또는 감소시킴 (전달함수 : $\sin(0.5\pi f / f_c)$)	OP amp DC 입력 offset 전압 및 $1/f$ 노이즈를 주파수 영역에서 고주파 쪽으로 이동시킴
③	thermal noise 를 under-sampling 비율 $\left(2\,CNBW/f_c\right)$만큼 증가시킴 (식 11.2.38 참조)	thermal noise 가 증가되지 않고 그대로 유지됨
④	스위치의 charge injection 으로 인한 잔여(residual) offset 이 존재함	스위치의 charge injection 으로 인한 잔여(residual) offset 이 존재함
⑤	보통 slew 현상이 존재하므로 high slew rate OP amp 를 사용함	$f = f_c$ 근방의 주파수 영역만 증폭시키는 tuned amp 가 사용됨
⑥	클락 주파수 $f_c \geq 2f_m$ (f_m: 입력 신호의 최대 주파수)	클락 주파수 $f_c \geq 2f_m$
⑦	Sampled-data 회로에만 사용됨	Continuous-time 회로에만 사용됨

요 약

(1) 스위치드 커패시터 필터의 장점

① Bandwidth 가 클락 주파수와 커패시턴스 비율만으로 결정되므로 보다 정확한 값을 가진다. 이에 비해 active RC 필터의 bandwidth 는 $1/(RC)$로 결정되므로 공정 변화에 따른 변화가 크다.

② Bandwidth 는 클락 주파수에 비례하므로, 클락 주파수를 바꾸어 bandwidth 를 바꿀 수 있다.

③ 칩 면적이 작게 소요되는 비교적 작은 값의 커패시턴스로 칩 면적이 많이 소요되는 큰 값의 저항을 구현할 수 있으므로 active RC 필터에 비해 칩 면적이 줄어든다.

④ 신호의 부호(polarity)를 바꾸고자 할 때, active RC 필터에서는 한 개의 OP amp 와 두 개의 저항을 필요로 하는데 반해, 스위치드 커패시터 필터에서는 클락 신호들만 바꾸면 된다.

(2) 스위치드 커패시터와 저항의 등가성

① 스위치드 커패시터: 클락 사이클의 반주기 동안은 입력 또는 출력 신호에 비례하는 전압으로 충전되었다가 클락 사이클의 다른 반주기 동안에는 $0V$ 로 방전되는 커패시터. 스위치드 커패시터를 auto-zero 회로에 사용할 경우에는 방전될 때 커패시터 전압이 완전히 $0V$ 로 되지 않고 OP amp 의 입력 offset 전압 값으로 된다.

② 스위치드 커패시터는, 매 클락 사이클마다 어떤 전압 값으로 충전되었다가 이를 ground 로 방전시키는 동작을 계속하여 에너지를 소모하므로, 클락 주파수 ($f_c = 1/T_c$)보다 훨씬 낮은 주파수의 입력 신호에 대해서는 등가저항 R_{eq} 로 모델된다.

$$R_{eq} = \frac{T_c}{C} = \frac{1}{C \cdot f_c}$$

여기서 C 는 스위치드 커패시터의 커패시턴스 값이다.

(3) Stray-insensitive 스위치드 커패시터 회로

① 기생 커패시턴스 값에 무관한 특성을 가지는 스위치드 커패시터 회로.

② 적분기: stray-sensitive 스위치드 커패시터 적분기 회로는 두 개의 스위치, 두 개의 커패시터와 한 개의 OP amp 로 구현된다(그림 11.1.4(a)). 그 반면에

반면에 stray-insensitive 스위치드 커패시터 적분기 회로는 네 개의 스위치, 두 개의 커패시터와 한 개의 OP amp 로 구현된다(그림 11.1.4(b)).

① 적분기 외에도 모든 스위치드 커패시터 회로에 이 방식을 적용시킬 수 있다.

② Stray-insensitive 스위치드 커패시터 회로에서는 스위치의 클락 신호를($\phi_1 \leftrightarrow \phi_2$) 바꾸기만 하면 반전(inverting) 회로가 비반전(non-inverting) 회로로 변환된다(그림 11.1.4(b)와 그림 11.1.9).

③ 거의 모든 스위치드 커패시터 회로는 stray-insensitive 구조로 구현된다.

(4) Sample – hold 동작

① Sampling 동작: continuous time 신호 $v_i(t)$ 를 순간적으로 sample(instantaneous sampling) 하여 discrete time 신호로 바꾸는 동작(그림 11.2.3).

② Discrete time 신호 $v^*(t)$: sample 된 후의 신호로 $t=nT_c$ (n 은 정수)에서만 정의되고 그 외의 시간 구간에서는 정의되지 않음.

$$v^*(t) = \sum_{n=-\infty}^{\infty} v_i(nT_c) \cdot \delta(t-nT_c) = \frac{1}{T_c} \cdot \sum_{n=-\infty}^{\infty} \left\{ v_i(t) \cdot e^{jn2\pi f_c t} \right\}$$

$$\hat{V}^*(s) = \frac{1}{T_c} \sum_{n=-\infty}^{\infty} \hat{V}_i(s - jn2\pi f_c)$$

$$V^*(f) = \frac{1}{T_c} \cdot \sum_{n=-\infty}^{\infty} V_i(f - n \cdot f_c)$$

여기서 T_c 와 f_c 는 각각 sampling 클락의 주기[sec]와 주파수[Hz]로서

$f_c = 1/T_c$ 이고, $V^*(f) \triangleq \hat{V}^*(j2\pi f)$ 로 정의된다.

③ Hold 동작: sample 된 신호 $v_i(nT_c)$ 값을 sampling 클락의 한 주기(T_c) 동안 유지시키는 동작.

④ Hold 된 신호 $v_h(t)$ 와 hold 기능의 전달함수 $\hat{H}_{hold}(s)$:

$$v_h(t) = \sum_{n=-\infty}^{\infty} v_i(nT_c) \cdot \left\{ u(t-nT_c) - u(t-(n+1)T_c) \right\}$$

$$\hat{V}_h(s) = \frac{1-e^{-sT_c}}{s} \cdot \hat{V}^*(s)$$

$$V_h(f) \;=\; e^{-j\pi f T_c} \cdot T_c \cdot sinc\,(\pi\,f\,T_c)\cdot V^*(f)$$

$$\hat{H}_{hold}(s) \;=\; \frac{1-e^{-sT_c}}{s}$$

$$H_{hold}(f) \;=\; e^{-j\pi f T_c}\cdot T_c \cdot sinc\,(\pi\,f\,T_c)$$

⑤ 실제 회로에서는 sampling 동작과 hold 동작을 서로 구분할 수 없고, 이 두 동작이 한 회로에서 이루어진다.

(5) Sampling 정리와 aliasing 현상

① Sampling 정리: 최대 주파수 성분이 f_m 으로 band-limited 된 시간에 대해 연속인 입력 신호를 Nyquist rate($2f_m$)보다 큰 주파수 f_c 를 가지는 클락 신호로 sampling(over-sampling: $f_c > 2f_m$) 한 후, 이 sample 된 신호를 통과 대역이 $-f_c/2$ 에서 $f_c/2$ 인 이상적인 low-pass 필터를 통과시키면 원래의 시간에 대해 연속인 신호가 정확하게 복원된다. Sampling 만 된 신호를 이상적인 low-pass 필터를 통과시킨 후의 신호인 $v_{lp}(t)$ 는 다음 식에 보인 $v_i(t)$ 와 정확하게 일치한다 (식(11.2.17)의 증명과정 참조).

$$v_{lp}(t) \;=\; \sum_{n=-\infty}^{\infty} v_i(nT_c)\cdot sinc\;(\pi f_c\cdot(t-nT_c)) \;=\; v_i(t)$$

단, 위에서 hold 기능은 언급되지 않았는데 hold 기능이 포함될 경우, low-pass 필터를 통과한 후의 신호 주파수 스펙트럼은 원래 입력 신호의 주파수 스펙트럼에 $H_{hold}(f)$ 가 곱해져서, 정확하게 복구되지 못하고 진폭 및 위상이 조금 달라지는 왜곡(distortion) 현상이 발생한다.

② Aliasing 현상: 입력 신호의 최대 주파수인 f_m 의 2 배(Nyquist rate)보다 낮은 주파수 클락으로 sampling 할 경우(under-sampling: $f_c < 2f_m$), 이 sample 된 신호를 low-pass 필터를 통과시켜도 원래 입력 신호를 복원할 수 없는 현상.

(6) kT/C 노이즈와 thermal noise folding:

① kT/C 노이즈: 저항 R 과 커패시터 C 로 구성된 회로에서 저항 R 의 thermal noise 로 인해 커패시터 C 양단에 나타나는 노이즈 전압 $v_{on}(t)$ 의 rms 값은 $\sqrt{kT/C}$ [V]로 주어진다.

$$\overline{v_{on}(t)} \;=\; \sqrt{\int_{-\infty}^{\infty}\left|V_{on}(f)\right|^2 df} \;=\; \sqrt{\int_{-\infty}^{\infty}\frac{2kTR}{1+(2\pi fRC)^2}\,df} \;=\; \sqrt{\frac{kT}{C}}$$

② CNBW(continuous time noise bandwidth): 노이즈 power 는 같게 유지하면서, 모든 주파수에서의 $V_n(f)$를 DC 에서의 값인 $V_n(0)$ 으로 두었을 때의 등가 bandwidth 로 다음 식으로 정의된다.

$$2 \cdot CNBW(two-sided\ spectrum) \quad = \quad \frac{\int_{-\infty}^{\infty} |V_{on}(f)|^2\ df}{|V_{on}(0)|^2}$$

$$2 \cdot CNBW(one-sided\ spectrum) \quad = \quad \frac{\int_{0}^{\infty} |V_{on}(f)|^2\ df}{|V_{on}(0)|^2}$$

여기서 two-sided spectrum 이라 함은 신호의 주파수 대역이 $-\infty$ 에서 $+\infty$ 까지의 주파수 범위에 대해 정의되는 경우이고, one-sided spectrum 이라 함은 신호 power 는 같게 유지하면서 신호의 주파수 대역이 0 에서 $+\infty$ 까지의 주파수 범위에 대해 정의되는 경우이다. White noise(백색 잡음)를 1 차 RC low-pass 필터를 통과시킨 후의 신호에 대한 CNBW 값은 one-sided 나 two-sided spectrum 모두에 대해 $1/(4RC)$ [Hz]로 주어지는데 이는 –3dB 주파수인 $1/(2\pi RC)$보다 약 57% 정도 큰 값을 가진다.

③ Thermal noise folding: White noise 인 thermal noise 를 on 저항이 R 인 스위치와 sampling 커패시터를 이용하여 클락 주파수 f_c 로 sampling 할 경우, sampling 된 후의 노이즈 신호의 CNBW 값은 $1/(4RC)$이 되는데 이는 클락 주파수 f_c 보다 훨씬 큰 값을 가진다. 따라서 under-sampling 경우가 되어 고주파 영역의 노이즈 신호가 aliasing 되어 저주파 영역의 노이즈 스펙트럼 값을 증가시키게 되는데, 이를 thermal noise folding 현상이라고 부른다.

입력 white noise 의 power spectral density 를 $|V_{on}(f)|^2$ 이라고 하고 sample-hold 회로를 거친 후의 신호의 power spectral density 를 $|V_{hn}(f)|^2$ 이라고 하면, hold 된 후의 DC 노이즈 power spectral density $|V_{on}(0)|^2$ 은 다음 식에 보인 대로 under-sampling ratio 만큼 증가한다(그림 11.2.13).

$$\frac{|V_{hn}(0)|^2}{|V_{on}(0)|^2} \quad = \quad \text{(under-sampling ratio)} \quad = \quad \frac{\text{노이즈의 } Nyquist\ rate}{f_c} \quad = \quad \frac{2 \cdot CNBW}{f_c}$$

입력 white noise 에는 스위치의 on 저항 R 의 thermal noise 도 포함된다.

(7) Z-변환(transform)

① 용도: discrete time 회로의 동작은 차등 방정식(difference equation)으로 표시되는데, z-변환을 사용하면 이 차등 방정식을 대수 방정식(algebraic equation)으로 바꾸어 비교적 쉽게 discrete time 회로를 해석할 수 있다.

② 정의식: $v_i(kT_c)$ (k 는 정수)로 주어지는 discrete time 신호 $v^*(t)$ 의 Z-변환 $V^*(z)$ 는 다음 식으로 정의된다(식(11.2.44)).

$$V^*(z) = \sum_{k=-\infty}^{\infty} v_i(kT_c) \cdot z^{-k}$$

$$v^*(t) = \sum_{k=-\infty}^{\infty} v_i(kT_c) \cdot \delta(t - kT_c)$$

③ Z-변환 예: 표 11.2.1 참조

④ ROC(region of convergence): Z-변환 식이 유효한 복소수 z 의 범위

⑤ Z-변환 operator z 의 특성: Z-변환 operator z 의 역수 z^{-1} 은 한 클락 지연(delay)시키는 동작을 나타낸다. 예를 들어, $f(t)$ 의 Z-변환이 $F(z)$ 일 때 $f(t)$ 를 한 클락 지연시킨 신호인 $f(t-T_c)$ 의 Z-변환은 $z^{-1}F(z)$ 가 된다. Laplace 변환에서 한 클락 지연시키는 작용은 e^{-sT_c} 로 나타나므로 다음의 관련식이 성립한다.

$$z = e^{sT_c} = e^{j\omega T_c}$$

입력 신호 주파수 $\omega(=2\pi f)$ 값이 클락 주파수 f_c 에 비해 매우 작을 때는 $z \approx 1 + j\omega T_c$ 로 근사화된다.

⑥ Discrete time 회로의 주파수 특성: 입력 신호 주파수 f 가 클락 주파수 f_c 보다 매우 작을 경우($\omega T_c = 2\pi f T_c \ll 1$)에는, discrete time 회로의 주파수 특성은 스위치드 커패시터 C 를 T_c/C 의 저항 값을 가지는 등가저항으로 대체한 continuous time 회로의 주파수 특성과 일치한다. 진폭 특성은 매 f_c 마다 반복되고 위상 특성은 대체로 매 $2f_c$ 마다 반복된다(그림 11.2.16). 특히 주파수 특성은 주파수 f 에 비례하는 특성을 가지는데, 이는 스위치드 커패시터 필터와 디지털 필터의 공통된 특성이다. 그런데 이는 출력전압을 sampling 만 한 경우의 특성이고, 출력전압을 hold 까지 한 경우에는 그림 11.2.16 의 주파수 특성에 $H_{hold}(f)$ 가 곱해져서 고주파에서의 진폭 특성이 감소한다.

⑦ Z-변환의 성질

- 선형성: $Z\{A \cdot f_1(kT_c) + B \cdot f_2(kT_c)\} \;=\; A \cdot Z\{f_1(kT_c)\} + B \cdot Z\{f_2(kT_c)\}$

- 시간축 이동: $Z\{f((k-m) \cdot T_c\} \;=\; z^{-m} \cdot Z\{f(kT_c)\}$

$$Z_1\{f(k-m) \cdot T_c\} \;=\; z^{-m} \cdot [Z_1\{f(kT_c)\} + \sum_{p=1}^{m} f(-pT_c) \cdot z^p]$$

$$Z_1\{f(k+m) \cdot T_c\} \;=\; z^{m} \cdot [Z_1\{f(kT_c)\} - \sum_{p=0}^{m-1} f(pT_c) \cdot z^{-p}]$$

여기서 $Z_1\{f(kT_c)\} = \sum_{k=0}^{\infty} f(kT_c) \cdot z^{-k}$ 이고 m 은 자연수다.

- $Z\{a^k f(kT_c)\} \;=\; F(a^{-1}z)$

- time reversal: $Z\{f(-kT_c)\} \;=\; F(z^{-1})$ 여기서 $F(z) = Z\{f(kT_c)\}$

- $Z\{k \cdot f(kT_c)\} \;=\; -z \cdot \dfrac{dF(z)}{dz}$

- convolution: $Z\{f(kT_c) \oplus g(kT_c)\} \;=\; F(z) \cdot G(z)$

- 초기값 정리: $f(0) \;=\; \lim\limits_{z \to \infty} F_1(z)$

$$여기서 \; F_1(z) = Z_1\{f(kT_c)\} = \sum_{k=0}^{\infty} f(kT_c) \cdot z^{-k}$$

- 최종값 정리: $f(\infty) \;=\; \lim\limits_{z \to 1} (z-1) \cdot F_1(z)$

⑧ Discrete-time 회로의 주파수 안정도: 어떤 discrete-time 시스템이 발진하지 않는 안정된 동작을 얻기 위해서는 그 impulse response $h(kT_c)$ 의 절대 값의 합이 유한해야 한다. 즉, $\sum\limits_{k=0}^{\infty} |h(kT_c)| < \infty$ 이어야 하는데, 이를 충족시키기 위한 필요 조건은 $\lim\limits_{k \to 0} h(kT_c) = 0$ 이다. $\lim\limits_{k \to 0} h(kT_c) = 0$ 이 되기 위해서는 Z-영역 전달함수 $H(z)$ 의 모든 pole 들이 $|z| < 1$ 인 반경 1 인 원 내부에 위치해야 한다.

(8) 스위치드 커패시터 필터 회로

① 1 차 low-pass 필터(그림 11.3.1(b)): 한 phase(ϕ_1 혹은 ϕ_2) 동안에, OP amp summing 노드(− 입력 노드)에는 DC 전류 경로가 없으므로, OP amp summing 노드 전하량의 합은 일정한 값으로 유지된다는 사실을 이용하여 다음에 보인 Z-영역 전달함수를 구한다.

$$\frac{V_o(z)}{V_i(z)} = -\frac{C_1}{(C_2 + C_3) - C_2 \cdot z^{-1}}$$

② NMOS 스위치와 CMOS 스위치: 스위치드 커패시터 회로에서, OP amp summing 노드(− 입력 노드)에 연결되는 스위치는 NMOS 스위치로 하고 입력 전압원이나 OP amp 출력 노드에 연결되는 스위치는 CMOS 스위치로 한다. 이는 steady state 에서 OP amp summing 노드 전압은 V_{DD}와 V_{SS}의 중간 값인 ground 전위와 같아지지만, 입력 전압원이나 OP amp 출력 노드 전압은 V_{DD}에 가까운 높은 전압 값을 가질 수 있기 때문이다.

③ 일반적인 1 차 스위치드 커패시터 필터 회로(그림 11.3.3): 커패시턴스 값을 조절하여 low-pass 필터, high-pass 필터, gain-stage 와 적분기 등을 구현할 수 있다. 이 회로의 전달함수 $H(z)$는 다음 식으로 주어진다.

$$H(z) = \frac{V_o(z)}{V_i(z)} = -\frac{C_1 + C_3 - C_3 z^{-1}}{C_2 + C_4 - C_4 z^{-1}}$$

④ Z-영역 전달함수 $H(z)$의 DC 이득 $= H(1)$: $z = e^{sT_c}$ 관계식에 의해 DC($s=0$)는 $z=1$에 대응된다.

⑤ 직렬 연결 스위치드 커패시터 회로: 차수가 높은 스위치드 커패시터 필터를 설계할 때는, 소자 값 변화에 대한 sensitivity 가 작은 사다리 형태로도 할 수 있지만, 보통 설계하기가 용이한 직렬 형태로 많이 한다. 직렬 형태 스위치드 커패시터 필터에서는 2 차인 biquad 회로를 여러 개 직렬로 연결하여 전체 필터 회로의 차수를 높인다.

⑥ Two-Thomas 스위치드 커패시터 biquad 회로(그림 11.3.5): Two-Thomas biquad 회로에 사용되는 OP amp 는 모두 그 (+) 입력 단자가 ground($0.5(V_{DD} + V_{SS})$)에 연결되어 있으므로 OP amp 의 공통모드 입력전압 범위가 ground 를 포함하기만 하면 되므로 (+) 입력 단자 전압이 신호 값에 따라 변하여 OP amp 의 공통모드 입력전압

범위가 커야 하는 KHN biquad 회로에 비해 널리 사용되고 있다.

(9) Auto-zeroed 스위치드 커패시터 필터와 관련 회로

　① Auto-zeroed 스위치드 커패시터 회로: 두 클락 phase 중에서 한 클락 phase 동안 스위치드 커패시터의 한 쪽 단자를 ground 에 직접 연결하는 대신에, + 단자가 ground 에 연결된 OP amp 의 (−) 입력 단자에 연결 함으로써, 스위치드 커패시터 필　터의 출력전압에 OP amp 입력 offset 전압의 영향이 나타나지 않게 한 회로로 $1/f$ 등의 저주파 노이즈의 출력전압에 대한 영향도 감소 시킨다.

　　• 반전 gain-stage: 그림 11.4.2　　• 반전 적분기: 그림 11.4.3

　　• 반전 high-pass 필터: 그림 11.4.4　• OP amp 이득 보상 gain-stage: 그림 11.4.6

　② Correlated double sampling 방식: auto-zeroed 회로 다음에 sampler 를 추가한 방식

　③ 쵸퍼 안정화(chopper stabilization) 방식: 이는 discrete time 회로가 아닌 continuous time 회로에 적용되는 방식으로, 그림 11.4.7 에 보인 대로, 두 개의 증폭기 A_1, A_2 를 직렬로 연결하고 A_1 과 A_2 의 입력단에 각각 쵸퍼 회로를 두고 A_2 의 출력단에 low-pass 필터를 연결하면, 신호 성분은 $A_1 \cdot A_2$ 배로 증폭되어 출력에 나타나지만 증폭기 입력 offset 전압과 저주파 노이즈 성분은 제거되어 출력에 나타나지 않는다.

참 고 문 헌

[1] M.Rebeschini, "Practical Consideration in SC Circuit Design", Workshop on Practical Aspect in Analog and Mixed ICs, EPEL , Lausanne , Switzerland , July 4-8, 1994.

[2] E.Cunningham, *Digital Filtering: an Introduction* , Houghton Mifflin Co,1992 .

[3] H.Baher, *Microelectronic Switched-Capacitor Filters*, John Wiley & Sons, 1996.

[4] A.Sedra, K. Smith, *Microelectronic Circuits*, Saunders Publishing, 4-th Ed., 1998, pp.923.

[5] D.Johns, K. Martin, *Analog Integrated Circuit Design*, John Wiley and Sons, 1997.

[6] K.Nagaraj, J.Vlach, T.Viswanathan, K.Singhal, "Switched-capacitor integrator with reduced sensitivity to amplifier gain", Electronics Letter, vol.22, pp.1103-1105, 1986.

[7] G.Temes, "Correlation techniques", Workshop on Practical Aspects in Analog and Mixed ICs, EPFL, Lausanne, Switzerland, July 4-8, 1994.

[8] M.Abramowitz, L.Stegun Eds., *Handbook of Mathematical Function*, US National Bureau of

Standards, 1982, pp.807.

[9] C.Enz, "Noise Analysis Techniques for Continuous Time and Sampled Data ICs" Workshop on Practical Aspects in Analog and Mixed ICs. EPFL, Lausanne, Switzerland, July 4-8, 1994.

[10] K.C.Hsieh, P.R.Gray, D.Senderowicz, and D.G.Messerschmitt, "A low-noise chopper-stabilized differential switched-capacitor filtering technique", IEEE JSSC, vol. SC-16, no.6, Dec. 1981, pp.708-715.

연 습 문 제

11.1

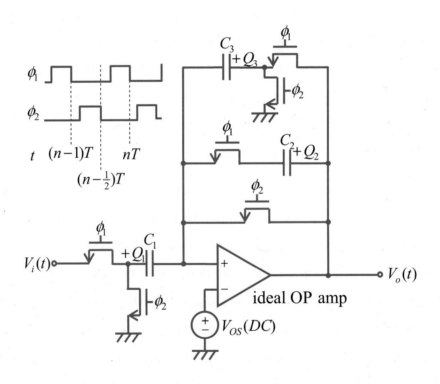

(1) C_1, C_2, C_3 중에서 스위치드 커패시터를 모두 고르시오.

(2) $V_2((n-1)T)$, $V_2((n-0.5)T)$, $V_2(nT)$ 값을 각각 쓰시오.

(3) $V_i((n-1)T)$, $V_i(nT)$, $V_o((n-1)T)$, $V_o(nT)$를 이용하여 다음 표를 완성하시오.

t	$(n-1)T$	$(n-0.5)T$	nT
Q1			
Q2			
Q3			

(4) (3)의 결과를 이용하여 $V_o(nT)$를 $V_o((n-1)T)$와 $V_i(nT)$ 등의 식으로 쓰시오.

(5) (3)의 차등 방정식(difference equation)에 Z-변환을 적용하여 Z-영역 전달함수 $H(z) \equiv \hat{V}_o(z)/\hat{V}_i(z)$ 식을 구하시오.

(6) DC(ω=0, s=0)에 해당하는 z 값을 쓰시오. 또 이를 이용하여 (5)에서 구한 전달함수 $H(z)$의 DC 이득을 구하시오.

(7) 입력 신호 $V_i(t)$의 bandwidth 가 클락 주파수($1/T$)보다 매우 작을 때 (5)에서 구한 전달함수 $H(z)$로부터 continuous time 전달함수 $F(s)$를 구하시오.

(8) (5)에서 구한 전달함수 $H(z)$에서 Z-영역 pole 값을 구하고 stability 를 조사하시오.

(9) (5)에서 구한 전달함수 $H(z)$의 입력 신호 각 주파수 ω에 대한 진폭 특성식과 위상 특성식을 각각 구하시오.

(10) $-2\pi/T \leq \omega \leq 2\pi/T$ 의 각 주파수 구간에 대해 (9)에서 구한 진폭 특성과 위상 특성을 스케치하고 (7)에서 구한 $|F(j\omega)|$와 $ph\{F(j\omega)\}$를 각각 같은 그래프에 같이 그리시오. 단, $C_1 = C_3 = 0.1C_2$ 이다.

11.2 다음은 sampled data system 의 모형도이다.

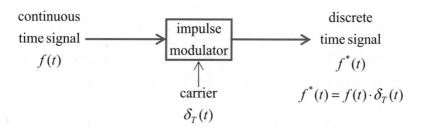

(1) Sampling 정리(theorem)를 간략하게 설명하시오.

(2) $\delta_T(t) = \sum\limits_{k=-\infty}^{\infty} \delta(t-kT)$ 인 점을 이용하여 $f^*(t)$ 의 Laplace 변환 $F^*(s)$ 를 $f(kT)$ 와 k,

T, s 의 식으로 쓰시오.

(3) $\delta_T(t) = \dfrac{1}{T} \sum\limits_{n=-\infty}^{\infty} e^{jn\omega_s t}$ 인 점을 이용하여 (여기서 $\omega_s = \dfrac{1}{T}$) $f^*(t)$ 의 Laplace 변환

$F^*(s)$ 를 $F(s)$ 와 n, ω_s의 식으로 표시하시오.

(4) (2)의 결과를 이용하여 $f^*(t)$ 의 z-변환 $f(z)$ 의 식을 $f(kT)$ 와 z 의 식으로 쓰시오. 또 Z-변환에서의 z^{-1} 항이 Laplace 변환과 time 영역에서 각각 무엇에 해당하는지 밝히시오.

(5) (3)의 결과를 이용하여 aliasing 현상을 간략하게 그래프로 설명하고 aliasing 이 일어날 조건을 밝히시오.

11.3 다음의 sample-hold 회로에서 V_{cn} 의 noise spectral density 를 계산하려고 한다.

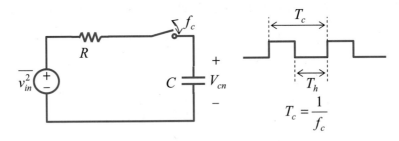

$$\frac{d\overline{v_{in}^2}}{df} = 2kTR \quad \text{(2-sided 주파수 스펙트럼 사용)}$$

(1) Continuous time case (no sampling, switch always on)일 때 $\overline{v_{cn}^2}$ 의 power spectral density $d\overline{V_{cn}^2}/df$ 의 식을 f, R, C 등의 함수로 유도하고 등가 noise bandwidth 를 Hz 단위로 계산하시오.

(2) Impulse sampling 인 경우$(T_h = T_c)$ $\overline{v_{cn}^2}$ 의 power spectral density 식을 유도하시오. 먼저 $T_h < T_c$ 인 일반적인 경우의 식을 다음 관계식들을 이용하여 구하고 $T_h = T_c$ 로 대체하시오.

RC low pass   : $G(f) = \dfrac{1}{1 + j2\pi f \cdot RC}$

sampling function　：　$V_{ib}^*(f) = f_c \cdot \displaystyle\sum_{n=-\infty}^{\infty} V_{ib}(f + nf_c)$

hold function　　　：　$H(f) = T_h \cdot \text{sinc}(\pi f T_h) \cdot e^{-j\pi f T_h}$

(3) (1)과 (2)에서 구한 power spectral density $\overline{dV_{cn}^2}/df$ 를 같은 그래프에 f를 수평축으로 하여 겹쳐 그리시오. 또 $f = 0$ 에서의 (1), (2) 경우의 power spectral density 의 비를 구하고 (1)에서 구한 continuous time noise bandwidth 와 f_c의 비율과 비교하시오. 또 이 경우는 over-sampling 에 해당하는지 under-sampling 에 해당하는지 밝히시오.

11.4 다음은 스위치드 커패시터 필터의 기본 block 회로들이다. OP amp 의 전압이득을 무한대로 가정하여 다음 물음에 답하시오. 출력전압은 ϕ_2　phase 끝시각에 취한다고 가정한다.

(1) Z-영역 전달함수 $V_o(z)/V_i(z)$의 식을 유도하시오.

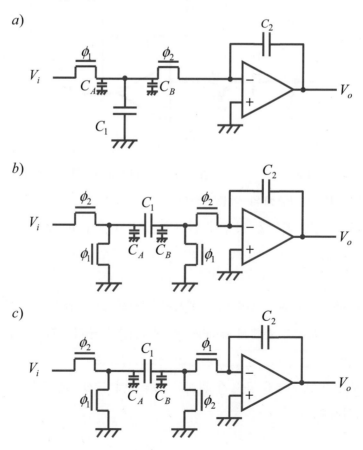

(2) ϕ_1, ϕ_2의 clock frequency가 입력 신호 변화보다 훨씬 빠를 때 위의 세 회로에 대해 frequency response $V_o(s)/V_i(s)$의 식을 clock 주기 T와 C_1, C_2, C_A, C_B 등의 식으로 나타내시오.

11.5 다음의 Z-영역 전달함수가 integrator, low pass, high pass, gain stage 중에서 어떤 기능을 나타내는지 밝히시오.

$$(1) - \frac{4}{1-z^{-1}} \quad (2) \frac{4 \cdot z^{-1/2}}{1-z^{-1}} \quad (3)\, 4 \cdot z^{-1/2} \quad (5) - \frac{4 \cdot z^{-1/2}}{2-z^{-1}} \quad (5) - \frac{2(1-z^{-1})}{1-0.5z^{-1}}$$

11.6 다음은 어떤 first order 스위치드 커패시터 필터의 회로이다.

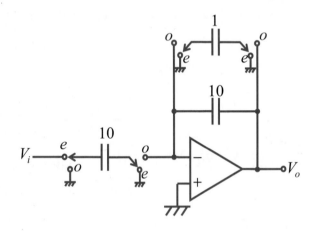

(1) OP amp가 ideal 하고 출력전압 V_o를 odd phase의 끝에서 sample 할 때 Z-영역 전달함수 $V_o(z)/V_i(z)$의 식을 쓰시오.

(2) 이 회로는 어떤 기능을 하는지 밝히고, $\omega = 0$에서 $\omega = \pi/T$까지의 영역에 대해서 frequency response $|V_o/V_i|$를 스케치하시오. 단, T는 clock 주기이다.

11.7 다음은 어떤 first order 스위치드 커패시터 필터의 회로이다.

(1) V_o를 odd phase의 끝에서 sample 할 때 $V_o(z)$를 구하시오. 단, ε_{os}는 DC input offset voltage 이다.

(2) 이 회로는 어떤 기능을 하는지 밝히고 $\omega = 0$에서 $\omega = \pi/T$까지 frequency response를 스케치하시오.

(3) 스위치드 커패시터들을 등가 R 로 변환하여 continuous time 등가 회로를 그리고 전달함수 $V_o(s)/V_i(s)$ 를 구하시오.

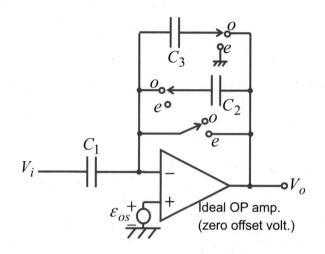

11.8 다음은 chopper stabilization(CDS: correlated double sampling) amp 회로의 개념도이다.

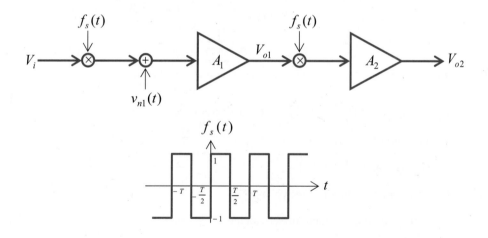

$f_s(t)$ 를 Fourier series 로 표시하면 $f_s(t) = \sum_{m=-\infty}^{\infty} a_{2m+1} \cdot e^{j(2m+1) \cdot \frac{2\pi}{T} \cdot t}$ 이다. 그리고

여기서 $a_{2m+1} = \dfrac{4}{j \cdot (2m+1)\pi}$ 가 된다.

$v_{n1}(t)$: equivalent input noise vtg. of OP amp 1

(1) 첫째 단 출력전압 $V_{o1}(t)$는 $V_{o1}(t) = A_1 \cdot (v_i(t) \cdot f_s(t) + v_{n1}(t))$이고 입력 신호 $v_i(t)$는 band limited 저주파 신호이고 노이즈 전압 $v_{n1}(t)$는 $1/f$ 노이즈로 가정했을 때 $V_{o1}(t)$의 frequency spectrum 을 $f = 0$ 에서 $f = 4/T$ 까지 스케치하시오.

(2) $V_{o2}(t)$에 대해서 (1)과 같이 하시오.

(3) 위 결과로부터 chopper stabilization amp 가 저주파 노이즈를 어떻게 제거하는지를 간략하게 설명하시오.

11.9 다음은 auxiliary amp 를 부착한 스위치드 커패시터 증폭기 회로이다.

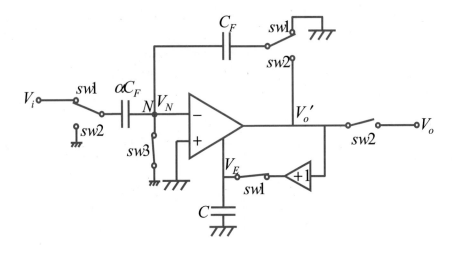

$$V_o' = -A_i \cdot (V_N - V_{\varepsilon i}) - A_c \cdot (V_E - V_{\varepsilon c})$$

A_i : main amp 의 전압이득

A_c : auxiliary amp 의 전압이득

$V_{\varepsilon i}$: main amp 의 input offset voltage

$V_{\varepsilon c}$: auxiliary amp 의 input offset voltage

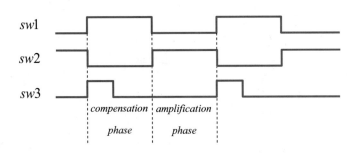

(1) compensation phase 중에서 switch *sw3* 이 off 되면서 charge injection 에 의해 V_N 전압이 ΔV_N 만큼 변했다고 가정하자. 이 경우 compensation phase 가 끝날 때에는 OP amp 가 완전히 settle 된다고 가정하고 이때 V_E 값의 식을 쓰시오.

(2) amplification phase 에 들어가면서 커패시터 C 에 연결된 switch *sw1* 이 off 되면서 charge injection 에 의해 V_E 전압을 ΔV_E 만큼 변화시켰을 때 OP amp 가 settle 된 amplification phase 끝 순간에서의 출력전압 V_o 의 식을 쓰시오.

(3) (2)의 결과식에서 offset 전압 $V_{\varepsilon i}$, $V_{\varepsilon c}$ 및 charge injection 에 의한 error ΔV_E, ΔV_N 을 상쇄시킬 수 있는 조건을 쓰시오.

11.10 다음은 어떤 스위치드 커패시터 필터의 회로이다.

ϕ_1 과 ϕ_2 는 주기가 T 인 non-overlapping clock 이다.

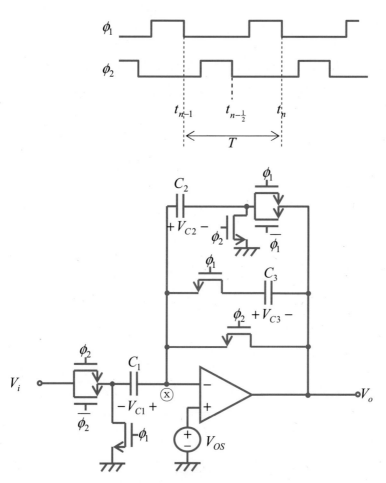

V_{OS} : OP amp의 input offset voltage

(1) $t = t_{n-1}$ 에서의 각 커패시터의 전압 값 $V_{C1}(t_{n-1})$, $V_{C2}(t_{n-1})$, $V_{C3}(t_{n-1})$ 값들을 각각 V_{OS}와 $V_o(t_{n-1})$의 식으로 표시하시오.

(2) $t = t_{n-0.5}$ 에서의 각 커패시터의 전압 값 $V_{C1}(t_{n-0.5})$, $V_{C2}(t_{n-0.5})$, $V_{C3}(t_{n-0.5})$ 값들을 각각 V_{OS}, $V_i(t_{n-0.5})$, $V_i(t_{n-1})$의 식으로 표시하시오.

(3) (1)의 결과를 이용하면 $t = t_n$ 에서의 각 커패시터의 전압 값 $V_{C1}(t_n)$, $V_{C2}(t_n)$, $V_{C3}(t_n)$ 값들을 각각 V_{OS}와 $V_o(t_n)$의 식으로 표시할 수 있다. ϕ_1 phase 동안 OP amp summing node(node X)에는 DC path 가 없으므로 전하량이 보존된다. 이 사실을 이용하여 $V_o(t_n)$과 $V_o(t_{n-1})$, $V_i(t_{n-0.5})$사이의 관계식을 구하시오.

(4) (3)의 결과를 이용하여 Z-영역 전달함수 $\hat{H}(z) = \hat{V}_o(z)/\hat{V}_i(z)$의 식을 구하시오.

(5) 입력 신호 V_i 의 각 주파수를 ω 라고 할 때, V_i 의 모든 각 주파수 ω에 대해 $\omega T << 1$ 인 관계가 성립한다고 가정하면 continuous time domain 전달함수 $V_o(s)/V_i(s)$ 의 식을 구하시오.

(6) 커패시터 C_1, C_2, C_3이 각각 등가 저항으로 작용하는지 혹은 커패시터로 작용하는지 밝히시오. 또 저항으로 작용할 경우 그 등가저항 값의 식을 쓰시오.

제12장

Phase-Locked Loop와 Delay-Locked Loop

제 12 장 Phase-Locked Loop 와 Delay-Locked Loop

Phase-Locked Loop(PLL)는 위상에 대한 negative 피드백 루프를 사용하여 입력신호와 출력신호의 위상 차이(phase difference)를 줄이거나 0 이 되게 하는 비선형 아날로그 소자이다. 두 신호의 위상 차이가 줄어들므로 두 신호의 주파수도 같아지게 된다. PLL 은 현재 통신 시스템, 고속 데이터 송수신 회로나 TV 등의 가전 제품에 널리 사용되고 있다.

PLL 은 대체로 위상검출기(phase detector: PD), 전압제어 발진기(voltage controlled oscillator: VCO)와 루프필터(loop filter)로 구성된다. 루프필터로는 보통 low-pass 필터나 적분기(integrator)를 사용한다. 위상검출기로는 아날로그 곱셈기(analog multiplier), exclusive-OR gate, flip-flop 등의 단일 출력단자를 사용하여 위상차이에 비례하는 전압을 생성하는 회로나, 위상차이뿐만 아니라 주파수의 높고 낮음까지 검출할 수 있는 PFD(phase frequency detector) 회로를 사용하고 있다. PFD 회로는 UP 과 DOWN 의 두 개의 디지털 출력단자를 사용하여 세 가지 상태(state)를 구분한다. 이 두 개의 디지털 출력을 위상차이에 비례하는 아날로그 전압으로 변환하기 위해, PFD 다음에 charge-pump 회로와 커패시터를 연결한다. 이 형태의 PLL 을 charge-pump PLL 이라고 부른다. PFD, loop filter 와 VCO 를 모두 디지털 회로로 구현한 PLL 을 all-digital PLL 이라고 부른다. 그런데 VCO 까지 디지털 회로로 구현하기가 어려우므로, 보통 VCO 는 아날로그 방식으로 구현하고 그 앞에 DAC 를 둔다. 앞에서 언급된 단일 출력단자를 사용하는 위상검출기와 low-pass 필터를 이용하는 PLL 을 선형(linear) PLL 이라 부른다.

이 장에서는 PLL 의 일반적인 기능과 용도, 선형 PLL, 전하펌프(charge pump) PLL, PLL 과 유사한 DLL(delay locked loop)과 PLL 응용회로인 CDR(clock data recovery) 회로에 대해 설명한다. PLL 과 DLL 은 입력신호와 출력신호의 위상을 같게 하는 점에서는 서로 같지만, PLL 은 출력주파수를 입력주파수보다 높게 만들 수 있는데 비해 DLL 은 입력신호를 출력주파수와 입력주파수가 항상 동일한 점이 서로 다르다. 이는 PLL 에서는 VCO 를 사용하여 출력신호를 만들지만 DLL 에서는 VCDL(voltage controlled delay line)을 사용하여 입력신호를 적당량 지연시켜서 출력신호로 내보내기 때문이다.

12.1 PLL 의 기능과 용도

12.1.1 위상(phase)의 크기 비교

PLL 은 위상신호에 대한 negative 피드백 회로이므로, PLL 설명을 시작하기 전에 위상(phase)에 대하여 먼저 설명한다. 각 주파수가 ω 인 sine wave 신호의 위상 $\phi(t)$ 는 다음 식으로 주어진다.

$$\phi(t) = \omega t + \phi_o \qquad (12.1.1)$$

여기서 주파수 ω 가 증가할수록 위상값이 증가함을 알 수 있다. sgn 함수 $(\text{sgn}(x) = 1$ $if\ x > 0,\ -1\ if\ x < 0)$을 sine wave 에 적용하여 펄스 신호로 변환하여도 이 위상값을 적용할 수 있다. 그림 12.1.1 에 주기가 동일한 두 개의 펄스 신호 $V_1(t)$ 와 $V_2(t)$ 를 보였다. $V_1(t)$ 의 위상값 $\phi_1(t)$ 가 $V_2(t)$ 의 위상값 $\phi_2(t)$ 보다 약 90° 만큼 크다는 것을 확인할 수 있다. 위상값이 크다는 것은 시간적으로 leading 한다는 것과 같다. $V_1(t)$ 와 $V_2(t)$ 을 각각 위상검출기의 +입력단자와 −입력단자에 연결할 경우 입력위상 차이 $\phi_1(t) - \phi_2(t)$ 는 약 $+90^\circ$ $(\pi/2\ rad)$로 인식된다.

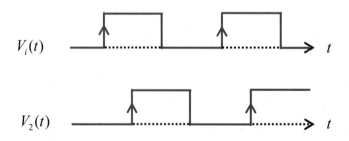

그림 **12.1.1** 위상 크기 비교, $\phi_1(t) > \phi_2(t)$

12.1.2 PLL 의 기능

PLL 의 블록 다이어그램을 그림 12.1.2 에 보였다. 그림 12.1.2 에서 ϕ_i 와 ω_i 는 각각 입력신호 v_i 의 위상(phase)과 주파수(angular frequency)이다. 예를 들어 $v_i = A_i \sin(\omega_i t + \theta)$ 일 때 $\phi_i(t) = \omega_i t + \theta$ 가 된다. 위상검출기(phase detector)는 입력신호와 출력신호의 위상 차이($\phi_i - \phi_2$)에 비례하는 전압(v_d)을 출력시킨다. 따라서

$$v_d = K_D \cdot (\phi_i - \phi_2 - \phi_o) \tag{12.1.2}$$

가 된다. ϕ_o 는 위상검출기의 종류에 따라 달라지는 상수로 0, 0.5π, 또는 π *radian* 의 값을 가진다.

루프필터(loop filter)는 경우에 따라 low-pass 필터 또는 적분기(integrator) 회로로 되어 있다. 전압제어 발진기(VCO)는 VCO 입력전압 v_f 값에 비례하는 주파수(ω_2) 를 가지는 신호 전압(v_2)을 출력시킨다. 따라서 ω_2 는 다음 식으로 표시된다.

$$\omega_2 = \omega_o + K_O \cdot (v_f - v_{VCO.REF}) \tag{12.1.3}$$

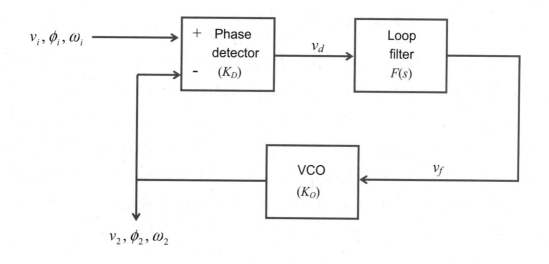

그림 **12.1.2** PLL 의 개념도

여기서 $v_{VCO.REF}$ 은 VCO 의 기준 전압(reference voltage)으로 회로 구성에 따라 달라질 수 있는데, 공급 전압의 극성이 서로 달라서 $V_{DD} = 0.5 \cdot V_{BB}$, $V_{SS} = -0.5 \cdot V_{BB}$ 일 때 보통 $v_{VCO.REF} = 0$ 으로 정한다. ω_o 는 $v_f = v_{VCO.REF}$ 일 때의 VCO 출력신호의 주파수로서 free running 주파수라고 불린다. 그런데 위상검출기는 위상 차이를 비교하므로 VCO 출력신호 v_2 에서 주파수 ω_2 보다는 위상 값 ϕ_2 가 더 중요하게 된다. 위상 값 ϕ_2 를 식으로 표시하면 다음과 같이 된다.

$$\phi_2(t) = \int_{-\infty}^{t} \omega_2(\tau)\, d\tau = \int_{-\infty}^{t} \{\omega_o + K_O \cdot (v_f(\tau) - v_{VCO.REF})\}\, d\tau \qquad (12.1.4)$$

K_D 는 위상검출기 이득(phase detector gain)으로 [V/rad]의 단위를 가지고 K_O 는 VCO 이득으로 [(rad/sec)/V]의 단위를 가진다. 여기서 K_O 는 단순한 RC 로 구성된 루프필터를 사용할 경우 v_f 의 DC 에 가까운 저주파 대역에서 양(+)의 값을 가지게 된다. 따라서 K_D 가 양(+)의 값을 가지게 하면 그림 12.1.2 의 PLL 회로는 위상 (phase) 신호에 대해 negative 피드백 루프로 동작하게 된다. 그리하여 이 피드백 루프의 동작에 의해 위상검출기 입력에서의 위상 값들인 ϕ_i 와 ϕ_2 의 차가 매우 작은 값이 된다. 이와 같은 상태를 PLL 이 lock 된 상태라고 하는데, 이 상태에서는 그림 12.1.2 회로에 선형 소신호 모델을 적용하여 Laplace 변환(transform)을 사용할 수 있다. 따라서 출력신호 위상 $\phi_2(t)$ 의 Laplace 변환인 $\Phi_2(s)$ 는 다음 식으로 표시된다.

$$\Phi_2(s) = \Phi_i(s) \cdot \frac{(Forward\ gain)}{1 + (Loop\ gain)} \qquad (12.1.5)$$

여기서 $\Phi_i(s)$ 는 입력신호 위상 $\phi_i(t)$ 의 Laplace 변환이고 루프이득(loop gain)은 $K_D K_O F(s)/s$ 이고 순방향 이득(forward gain)은 $\Phi_i(s)$ 로부터 출발하여 $\Phi_2(s)$ 에 도달할 때까지의 경로 이득으로 $K_D K_O F(s)/s$ 와 같다. 소신호 성분만 고려하므로 DC 성분인 ϕ_o, ω_o, $v_{VCO.REF}$ 은 해석 과정에 포함되지 않는다. $F(s)$ 는 루프필터의 전달함수이다. 순방향 이득과 루프이득 식들에 $1/s$ 항이 곱해진 것은 식(12.1.3)에 보인 대로 VCO 출력위상 ϕ_2 는 v_f 의 시간 적분에 비례하기 때문이다. 따라서 VCO 의 전달함수는 다음 식으로 주어져서 VCO 는 적분기로 동작함을 알 수 있다.

$$\Phi_2(s) = V_f(s) \cdot \frac{K_O}{s} \tag{12.1.6}$$

그리하여 출력신호 위상 $\phi_2(t)$의 Laplace 변환 $\Phi_2(s)$는 다음 식으로 표시된다.

$$\Phi_2(s) = \Phi_i(s) \cdot \frac{K_D K_O F(s)}{s + K_D K_O F(s)} \tag{12.1.7}$$

입력신호와 출력신호의 위상차 $\phi_e(t)$는

$$\phi_e(t) = \phi_i(t) - \phi_2(t) \tag{12.1.8}$$

로 표시되는데 $\phi_e(t)$의 Laplace 변환 $\Phi_e(s)$는 식(12.1.7)과 식(12.1.8)을 이용하면 다음식으로 구해진다.

$$\Phi_e(s) = \Phi_i(s) - \Phi_2(s) = \Phi_i(s) \cdot \frac{1}{1 + (loop\ gain)} = \Phi_i(s) \cdot \frac{s}{s + K_D K_O F(s)} \tag{12.1.9}$$

입력위상 스텝(step)에 대한 응답 특성

위 결과식을 이용하여 그림 12.1.3에 보인 입력신호의 $t = 0$ 시각에서 위상 스텝 변화($\phi_i(t) = \Delta\phi \cdot u(t)$)에 대해 시간이 충분히 경과한 후($t = \infty$)의 위상오차 값 $\phi_e(t)$을 구한다.

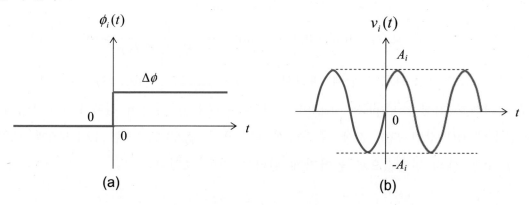

(a)

(b)

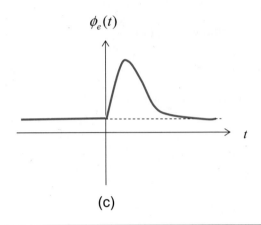

(c)

그림 **12.1.3** $t=0$ 시각에서의 입력신호 위상(phase)의 스텝(step) 변화

      (a) 입력위상   (b) 입력전압   (c) 위상오차

$t<0$ 일 때 $v_i(t) = A_i \sin(\omega_i t)$ 이고 $t > 0$ 일 때 $v_i(t) = A_i \sin(\omega_i t + \Delta\phi)$ 이다. 따라서 입력신호의 위상 $\phi_i(t)$ 는

$$\phi_i(t) = \Delta\phi \cdot u(t) \tag{12.1.10}$$

로 표시된다. $\phi_i(t)$ 의 Laplace 변환 $\Phi_i(s)$ 는

$$\Phi_i(s) = \frac{\Delta\phi}{s} \tag{12.1.11}$$

로 주어지므로 이를 식(12.1.9) 에 대입하면 위상오차 $\phi_e(t)$ 의 Laplace 변환 $\Phi_e(s)$ 는

$$\Phi_e(s) = \frac{\Delta\phi}{s + K_D K_O F(s)} \tag{12.1.12}$$

로 주어진다. Laplace 변환의 최종값 정리(final value theorem)를 적용하면

$$\lim_{t\to\infty} \phi_e(t) = \lim_{s\to 0} s\Phi_e(s) = \lim_{s\to 0} \frac{s \cdot \Delta\phi}{s + K_D K_O F(s)} = 0 \tag{12.1.13}$$

이 된다. 지금까지 소신호 모델에 대해서 고려하였으므로, 식(12.1.13)는 $t = 0$ 인 시각에 입력신호 위상 스텝(phase step)이 인가된 후 충분한 시간이 경과하면 루프필터 전달함수의 DC 값인 $F(0)$ 값에 무관하게 위상오차 $\phi_e(t)$ 는 그림 12.1.3(c)에 보인 대로 $t < 0$ 일 때의 원래값으로 돌아가게 된다는 것을 보인다.

입력주파수 스텝에 대한 응답 특성

그림 12.1.4 에 $t = 0$ 시각에 입력신호의 주파수 스텝($\Delta\omega \cdot u(t)$)이 인가된 경우를 보였다. 즉 $t < 0$ 일 때는 $v_i(t) = A_i \sin(\omega_i t)$ 이고 $t > 0$ 일 때는 $v_i(t) = A_i \sin((\omega_i + \Delta\omega)t)$ 이다. 이 경우 입력신호의 위상 $\phi_i(t)$ 는 그림 12.1.4(a)에 보인 대로 시간에 대한 ramp 파형이 되어

$$\phi_i(t) = \Delta\omega \cdot t \cdot u(t) \tag{12.1.14}$$

로 주어진다. $\phi_i(t)$ 의 Laplace 변환 $\Phi_i(s)$ 는 다음 식으로 주어진다.

$$\Phi_i(s) = \frac{\Delta\omega}{s^2} \tag{12.1.15}$$

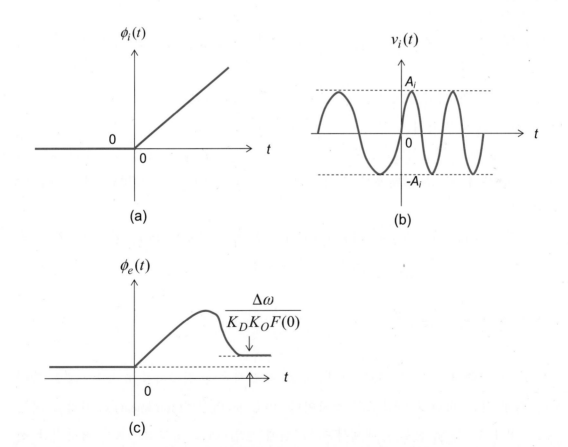

그림 **12.1.4** $t = 0$ 인 시각에 입력신호에 주파수 스텝이 주어진 경우

입력신호에 주파수 스텝이 인가되고 시간이 충분히 경과한 후의 위상오차 $\phi_e(t)$ 값을 입력위상 스텝 해석에서와 같은 과정으로 구하면 다음과 같이 된다.

$$\Phi_e(s) = \frac{\Delta\omega}{s \cdot (s + K_D K_O F(s))} \tag{12.1.16}$$

$$\lim_{t\to\infty} \phi_e(t) = \lim_{s\to 0} s\,\Phi_e(s) = \frac{\Delta\omega}{K_D K_O F(0)} \tag{12.1.17}$$

즉, 입력주파수 스텝이 인가되고 나서 시간이 충분히 경과한 후의 위상오차 $\phi_e(t)$ 는 $t < 0$ 일 때의 값에서 $\Delta\omega/\{K_D K_O F(0)\}$ 만큼 추가된다. $F(0)$ 는 DC $(s=0, \omega=0)$ 에서의 루프필터의 전달함수 값으로 R 과 C 로만 구성된 low-pass 필터나 active lag 필터를 루프필터로 사용할 경우 $F(0)$ 은 1 또는 1 이하의 값이 되어 추가되는 위상 오차는 유한한 값이 되고 active PI 필터를 루프필터로 사용한 경우 $F(0)$ 은 ∞가 되어 추가 위상오차를 0 이 되게 한다.

　PLL 루프이득은 실제로는 $K_D K_O F(s)/s$ 이지만, 보통 $K_D K_O F(s)$ 를 PLL 루프이득 값이라고 부른다.

　그림 12.1.3 와 그림 12.1.4 에 보인 두 예제에서는 위상 스텝 값 $\Delta\phi$ 와 주파수 스텝 값 $\Delta\omega$ 값이 비교적 작아서 이 스텝 변화들이 일어난 후에도 PLL 이 lock 된 상태에 머무른다고 가정하였다. 그런데 이 스텝 변화 값들이 어떤 값들보다 커지게 되면 PLL 은 lock 된 상태에서 빠져 나오게 된다. 이에 대한 설명은 다음 절(12.2절)에 보였다.

　결론적으로 PLL 은 위상에 대한 negative 피드백 회로로서 lock 된 상태에서는 입력신호와 출력신호의 위상차가 0 또는 매우 작은 값이 되도록 하는 기능을 한다.

12.1.2　PLL 의 용도

　PLL 은 앞에서 설명된 대로 입력신호와 출력신호의 위상차를 0 또는 매우 작은 값이 되게 하는 비선형 아날로그 소자이다. PLL 을 비선형(non-linear) 소자라고 하는 이유는 PLL 은 위상 신호에 대해서는 앞 절에 보인 대로 선형적으로 동작하지만 전압 또는 전류 신호에 대해서는 비선형적으로 동작하기 때문이다. PLL 은 현재 각종 통신 장치나 텔레비전 수신기나 VLSI 칩들의 클락 신호 동기화 등의 목적으로 광범위하게 사용되고 있다. PLL 의 용도를 다음에 나열하였다[3–5].

- FM(frequency modulation) 복조(demodulation)와 변조(modulation)
- FSK(frequency shift keying) 복조와 변조
- 주파수 합성(frequency synthesis)
- 주파수 체배(frequency multiplication)
- data conditioning 과 synchronization
- 클락과 데이터 복원(clock data recovery: CDR)
- 위상 복조와 변조(phase demodulation and modulation)
- VLSI 칩의 동기화

위에서 언급된 PLL 의 용도 중에서 대표적인 용도 몇 개를 다음에 설명하였다.

FM 복조(FM demodulation)

FM(frequency modulation)이란 baseband 신호 전압 크기에 비례하여 캐리어 주파수 가 변하게 하는 변조(modulation) 방식이다. 현재 거의 모든 FM 수신기에는 PLL 칩 이 내장되어 수신된 캐리어 신호로부터 원래 신호를 복조(demodulation)해 낸다. 그 림 12.1.2 의 PLL 회로에서 입력신호 주파수 ω_i 는 baseband 신호 전압에 대해 선형 적으로 변하게 된다. PLL 이 lock 된 상태에서는 $\omega_2 = \omega_i$ 가 되므로 VCO 의 free running 주파수 ω_o 를 FM 캐리어의 평균 주파수 값과 같게 하면 VCO 입력전압 v_f 는 baseband 신호 전압에 비례하게 된다. 그리하여 v_f 값이 FM 복조된 신호가 된 다. 이를 식으로 표시하면 다음과 같다. Baseband 신호 전압을 $A_m \sin \omega_m t$ 라고 했 을 때 narrow band FM 을 가정하면 입력신호의 주파수 ω_i 는

$$\omega_i(t) = \omega_c + A_m \sin \omega_m t \qquad (12.1.18)$$

가 된다. 여기서 ω_c 는 FM 캐리어의 평균 주파수이다. VCO 출력신호의 주파수 ω_2 는

$$\omega_2(t) = \omega_o + K_O v_f(t) \qquad (12.1.19)$$

가 된다. VCO free running 주파수 ω_o 값을 조정하여 원하는 FM 방송의 캐리어 주파수 ω_c 와 같게 하면 PLL 이 lock 된 상태에서는 $\omega_2(t) = \omega_i(t)$ 이므로

$$v_f(t) = \frac{1}{K_O} \cdot A_m \sin \omega_m t \qquad (12.1.20)$$

가 되어 VCO 에 입력되는 신호 전압 $v_f(t)$ 값을 취하면 FM 복조가 된다.

FSK(frequency shift keying) 변조는 FM 변조와 동일한 방식을 사용하는데, baseband 신호로 FM 변조에서는 아날로그 신호를 사용하는데 반해 FSK 변조에서는 디지털 신호를 사용하는 점만이 다르다. 따라서 FSK 복조도 PLL 을 사용하여 FM 복조와 같은 방식으로 수행할 수 있다.

위상 변조(phase modulation)

위상 변조란 baseband 신호 전압 크기에 비례하게 캐리어 신호의 위상을 변하게 하는 변조 방식이다. 그림 12.1.5 에 PLL 을 이용한 위상 변조 방식을 보였다.

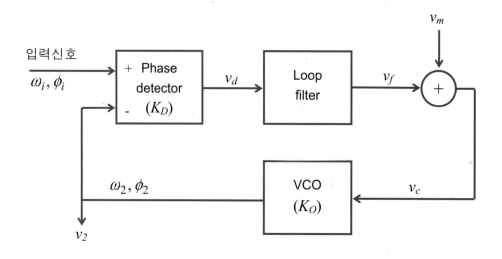

그림 **12.1.5** PLL 을 이용한 위상 변조(phase modulation) 방식

그림 12.1.5 에서 $v_m(t)$ 는 baseband 신호인데 합산 회로에 의해

$$v_c(t) = v_f(t) + v_m(t) \tag{12.1.21}$$

인 관계가 성립한다. 입력신호는 어떤 modulation 도 되지 않은 주파수 ω_i 의 순수 sine wave 캐리어 신호이다. 따라서 $\omega_i(t)$ 는 시간에 무관하게 일정한 값인 ω_i 로 유지된다. PLL 이 lock 된 상태에서는 $\omega_i \approx \omega_2(t)$ 인 관계가 성립한다. 여기서 $\omega_2(t)$ 는 $\omega_2(t) = \omega_o + K_O v_c(t)$ 의 식으로 주어진다. VCO free running 주파수 ω_o 값을 입력신호의 캐리어 주파수 ω_i 와 같아지도록 조정하면 $v_c(t) = 0$ 이 되어야 한다. 이를 식 (12.1.21)에 대입하면 $v_f(t) = -v_m(t)$ 가 되어야 하고 저주파 대역에서 루프필터의 이득이 1 이 되게 설계하면 $v_d(t) = -v_m(t)$ 가 된다. 그런데 위상검출기(phase detector) 출력전압 $v_d(t)$ 는

$$v_d(t) = K_D \cdot \{\phi_i(t) - \phi_2(t)\} \tag{12.1.22}$$

이고 $\phi_i(t) = \omega_i t$ 이고 $\phi_2(t) = \omega_o t + \phi_2'(t)$ 라고 두면 $\omega_i = \omega_o$ 이므로 이 $\phi_i(t)$ 와 $\phi_2(t)$ 식들을 식(12.1.22)에 대입하면

$$v_d(t) = -v_m(t) = -K_D \cdot \phi_2'(t) \tag{12.1.23}$$

가 되어 $v_2(t)$ 의 위상 $\omega_o t + \phi_2'(t)$ 성분 중에서 캐리어 주파수에 의한 위상 성분을 제외한 $\phi_2'(t)$ 는 baseband 신호 전압 $v_m(t)$ 에 비례하게 된다. 그리하여 그림 12.1.5 의 $v_2(t)$ 가 위상 변조된 신호가 된다. $v_2(t)$ 의 위상 $\phi_2(t)$ 는 다음 식으로 표시된다.

$$\phi_2(t) = \omega_o \cdot t + \phi_2'(t) = \omega_o \cdot t + \frac{1}{K_D} \cdot v_m(t) \tag{12.1.24}$$

위상 복조(phase demodulation)

그림 12.1.6 에 PLL 을 이용한 위상 복조 방식을 보였다. 입력신호 $v_i(t)$ 는 위상 변조된 신호로서 식(12.1.24)의 결과를 이용하면 입력신호의 위상 $\phi_i(t)$ 는

$$\phi_i(t) = \omega_i t + v_m'(t)$$

로 표시된다. 여기서 $v_m'(t)$ 는 baseband 신호 전압에 비례하는 전압이다. PLL 이 lock 된 상태에서 PLL 대역폭(bandwidth)에 해당하는 PLL 루프이득 $K_D K_O F(s)$ 값을

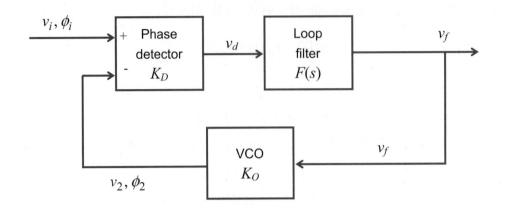

그림 **12.1.6** PLL 을 이용한 위상 복조(phase demodulation) 방식

매우 작게 하면 식(12.1.7)으로부터

$$\Phi_2(s) \approx \frac{K_D K_O F(0)}{s} \cdot \Phi_i(s) \qquad (12.1.25)$$

가 된다. 여기서 baseband 신호 $v'_m(t)$ 의 주파수 대역이 low-pass 필터인 루프필터의 bandwidth 보다 훨씬 작다고 가정하여 $F(s) \approx F(0)$ 으로 두었다. 식(12.1.25)는 적분식 이므로, $v_2(t)$ 의 추가 위상 성분은 $v_i(t)$ 의 추가 위상 성분인 $v'_m(t)$ 를 시간에 대해 적분한 양임을 알 수 있다. 즉, $v_2(t)$ 의 위상 $\phi_2(t)$ 는 다음 식으로 표시된다.

$$\phi_2(t) = \omega_o t + K_D K_O F(0) \cdot \int_0^t v'_m(\tau)\, d\tau \qquad (12.1.26)$$

그런데 VCO 의 특성식에 의해

$$\omega_2(t) = \omega_o + K_O \cdot v_f(t)$$

$$\phi_2(t) = \int_0^t \omega_2(\tau)\, d\tau = \omega_o t + K_O \cdot \int_0^t v_f(\tau) d\tau \qquad (12.1.27)$$

식(12.1.26)와 식(12.1.27)을 비교하면

$$v_f(t) = K_D \cdot F(0) \cdot v'_m(t) \qquad (12.1.28)$$

가 되어 $v_f(t)$ 가 위상 복조된 출력신호임을 알 수 있다.

주파수 체배(frequency multiplication)

그림 12.1.7 에 보인 대로 PLL 의 VCO 와 위상검출기 사이에 N 배 주파수 분주기 (frequency divider)를 삽입하고 입력신호(ω_i)와 phase detector 사이에 M 배 주파수 분주기를 삽입하면, VCO 는 입력주파수의 N/M 배의 주파수를 발생시키게 된다. VCO 출력주파수를 ω_o 라고 할 때 N 분주기의 출력주파수는 ω_o/N 이 되고 M 분주기의 출력주파수는 ω_i/M 이 된다. PLL 이 lock 된 상태에서는 위상검출기에 입력되는 두 신호의 주파수 값이 같아지므로 $\omega_i/M = \omega_o/N$ 되어 $\omega_o = (N/M)\cdot\omega_i$ 가 되어 VCO 출력주파수 ω_o 는 입력주파수 ω_i 의 N/M 배가 된다. M 과 N 값을 조정하여 ω_o 를 ω_i 보다 크게 또는 작게 조정할 수 있다. M 과 N 은 임의의 자연수 값을 가질 수 있다.

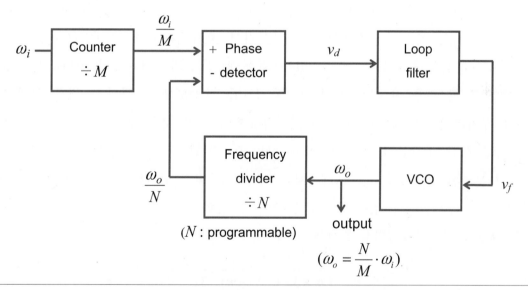

그림 **12.1.7** PLL 을 이용한 주파수 체배(frequency multiplication) 방식

주파수 합성(frequency synthesis)

PLL 의 중요한 응용 분야 가운데 하나가 주파수 합성인데 이는 주로 통신 수신 기에서 임의의 캐리어 주파수를 발생시켜 FDM(frequency division multiplexing) 방식 등에서 원하는 채널을 선택하는데 사용된다. 이를 위해 수십 종의 상용 주파수 합성 칩 및 이에 수반되는 prescaler 칩들이 개발되었다[4].

그림 12.1.8 에 비교적 간단한 주파수 합성 방식을 보였다. $\div M$ 분주기를 입력단에 사용한 이유는 crystal 발진기는 보통 $1MHz$ 이상의 주파수를 출력시키는데 반해 통신 채널을 선별하는 차이 주파수에 해당하는 f_1 (실제로는 $V \cdot f_1$) 값은 보통 $10KHz$ 정도로 작기 때문이다. $10KHz$ 로 발진하는 crystal oscillator 는 crystal 크기가 지나치게 커져서 제작하기가 거의 불가능하기 때문에, $1MHz$ 이상의 발진 주파수를 가지는 crystal oscillator 와 $\div M$ 분주기를 사용한다. Prescaler 는 별도의 칩으로 주파수 합성기 칩보다 동작 속도가 훨씬 빠르다.

그림 12.1.8 회로에서 출력주파수는 $N \cdot V \cdot f_1$ 이 되는데 programmable counter 인 $\div N$ 분주기의 N 값을 $(N+1)$ 로 증가시키면 출력주파수는 $(N+1) \cdot V \cdot f_1$ 이 된다. 따라서, 이 회로가 구분해 낼 수 있는 최소 채널 간격은 $V \cdot f_1$ 이 된다. f_1=$10KHz$, V=10 으로 할 경우 이 최소 채널 간격은 $V \cdot f_1 = 100KHz$ 가 된다. V 값을 일정한 값으로 유지하지 않고 modulus 분주기를 사용하여 어떤 시간 구간은 V 값을 32 로 하고 다른 시간 구간은 V 값을 33 으로 하면 이 주파수 간격을 f_1으로 줄일 수 있다. 즉 N 분주가 진행되는 한 cycle 시간 동안, m 번은 V=33 으로 두고 $N-m$ 번은 V=32 로 두면, prescaler 와 N 분주기를 합한 회로의 분주 개수는 $m \times 33 + (N-m) \times 32$ 로 된다. PLL 동작에 의해

$$\frac{f_{out}}{m \times 33 + (N-m) \times 32} = f_1$$

이 되므로 출력주파수 f_{out} 는 f_1 의 $(m \times 33 + (N-m) \times 32)$ 배가 된다. m 을 1 씩 변화시키면 f_{out} 의 해상도는 f_1 이 된다. 즉 GSM 휴대폰 통신에서 각 채널의 대역폭이 200KHz 이므로, f_1=200KHz 로 하고, m 값을 1 씩 증가 또는 감소시키면 인접 채널로 변경할 수 있다.

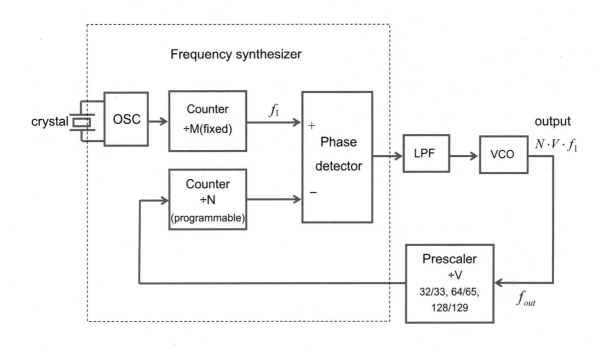

그림 **12.1.8** PLL 을 이용한 주파수 합성(frequency synthesis)

VLSI 칩 사이의 클락 동기화

여러 개의 CMOS VLSI 칩들을 PCB(printed circuit board) 상에 위치시켜 클락 edge 에 동기되어(synchronized) 동작하는 전자회로 시스템을 꾸밀 때, 외부에서는 동기된 클락 신호를 각 칩에 공급하더라도 각 칩 내부에서 클락 신호에 대한 커패시터 loading 값이 서도 달라서, 칩 내부의 클락 신호는 칩마다 timing 이 서로 달라지게 된다. 이 칩 간의 클락 스큐(clock skew)로 인해 칩과 칩간의 고속 데이터 전달 과정에서 문제가 발생하므로 이런 문제들을 피하기 위해서 클락 주파수를 감소시켜야 한다[6].

PLL 을 사용하면 칩 내부 커패시터 loading 에 무관하게 각 칩의 내부 클락을 서로 동기시킬 수 있다. 그림 12.1.9 에 PLL 을 이용하여 칩 내부 클락들을 서로 동기 (synchronization)시키는 방식을 보였다[7].

그림 12.1.9 에서 보인 칩 내부 회로에 의한 부하 커패시턴스 값인 C_{L1} 과 C_{L2} 는 칩마다 서로 다르므로, PLL 회로 없이 클락 버퍼만 사용할 경우 칩 1 과 칩 2 의 내부 클락들은 서로 edge 가 동기되지 못하여 두 칩 사이의 데이터 전송 시 스큐 (skew)가 발생하여 클락 주파수를 증가시키는데 bottleneck 으로 작용한다. 그림 12.1.9 에서 보인 대로 PLL 을 사용할 경우 C_{L1} 값에 무관하게 칩 1 의 내부 클락은 공통 외부 클락과 동기되게 된다. 마찬가지로 칩 2 의 내부 클락도 C_{L2} 값에 무관 하게 공통 외부 클락과 동기되게 된다. 따라서 칩 1 의 내부 클락과 칩 2 의 내부 클락이 서로 동기되게 된다.

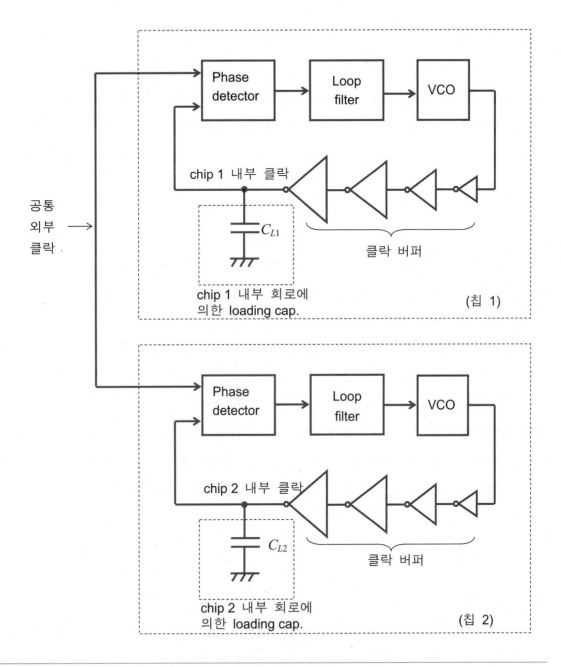

그림 **12.1.9**   PLL 을 이용한 VLSI 칩 사이의 내부 클락 동기 방식

12.2 아날로그 **PLL** 의 동작

위상검출기 중에서 그 출력신호가 입력신호의 위상값 차이에 비례하는 것을 선형 위상검출기라고 부른다. Exclusive OR 게이트, analog multiplier, 2-상태 sequential 위상검출기, 3-상태 PFD(phase frequency detector) 등이 여기에 속한다. D flip-flop 의 D (데이터) 입력과 클락 입력에 각각 한 개씩의 입력신호를 연결하여도 위상검출기로 사용할 수 있는데, 이 경우는 두 입력신호 위상의 차이값에 무관하게 어느 쪽 위상값이 큰지만 구분할 수 있다. 이러한 위상검출기를 비선형 또는 bang - bang 위상검출기라고 부른다.

초기 PLL 의 대표적인 소자로는, 바이폴라 공정으로 제작된 LM565[1]와 CMOS 공정으로 제작된 CD4046[2] 등이 있다. 주로 아날로그 소자(선형 위상검출기와 수동 (passive) 또는 능동(active) RC 루프필터)로 구성된 PLL 을 이 책에서는 아날로그 PLL 이라고 부른다. 아날로그 PLL 과 비교되는 PLL 로는 현재 많이 사용되는 전하 펌프 PLL 이 있는데, 이는 3-상태 PFD, 전하펌프(charge pump) 회로와 적분기로 구성되어 있다. 3-상태 PFD 는 UP 과 DOWN 의 두 개 디지털 출력을 내는데, 이를 위상 차이에 비례하는 한 개의 아날로그 전압으로 변환하기 위해서 PFD 다음에 두 개의 스위치(UP, DOWN) 와 두 개의 전류원으로 구성된 전하펌프 회로와 적분용 커패시터를 필요로 한다. 이 절에서는 먼저 PLL 의 기본동작을 이해하기 위해 아날로그 PLL 에 대해 설명하고, 12.5 절에서 전하펌프 PLL 에 대해 설명한다.

12.2.1 아날로그 **PLL** 의 구성 회로

아날로그 PLL 의 회로는 그림 12.1.2 에 보인 회로와 같은데 이를 그림 12.2.1 에 다시 보였다. 아날로그 PLL 은 위상검출기(phase detector)로 아날로그 곱셈기(analog multiplier)를 사용하고 VCO(voltage controlled oscillator)로는 주로 RC relaxation oscillator[8]를 사용한다. 루프필터(loop filter)로는 그림 12.2.2 에 보인 대로 간단한 RC 필터나 OP 앰프를 사용한 active 필터를 사용한다. 위상검출기로 four-quadrant

아날로그 곱셈기를 사용하므로 위상검출기 특성은 다음 식으로 표시된다.

$$v_d(t) = -A_m \cdot v_i(t) \cdot v_2(t) \tag{12.2.1}$$

여기서 A_m 은 아날로그 곱셈기 이득으로 양의 상수인데, 아날로그 곱셈기는 전체적으로 음(−)의 이득 $-A_m$ 을 가지게 된다. 아날로그 곱셈기로 구현된 위상검출기 출력전압 v_d 에는 주로 $|\omega_i - \omega_2|$ 와 $(\omega_i + \omega_2)$ 및 더 높은 주파수의 harmonic 주파수 성분들이 들어 있는데 루프필터는 주로 low-pass 필터 기능을 하여 $|\omega_i - \omega_2|$ 의 주파수 성분만 골라내어 v_f 로 출력시킨다. 또 루프필터의 low pass bandwidth 를 감소시키면 원하지 않는 신호로부터의 간섭 현상이나 노이즈의 영향을 줄일 수 있는 장점이 있다.

그림 12.2.2 에 PLL 에 사용되는 루프필터 회로들을 보였다. 그림 12.2.2(a)의 간단한 RC 루프필터 회로는 한 개의 negative real pole 만 가지는데 low pass bandwidth (ω_{-3dB}) 는 pole 값과 같은 $1/R_1C$ 이다. 이 루프필터의 입력 및 출력전압 관계는

$$V_f(j\omega) = \frac{1}{1 + j\omega R_1 C} \cdot V_d(j\omega) \ = \frac{|V_d(j\omega)|}{\sqrt{1 + (\omega R_1 C)^2}} \cdot e^{j \cdot ph\{V_d(j\omega) - \tan^{-1}(\omega R_1 C)\}} \tag{12.2.2}$$

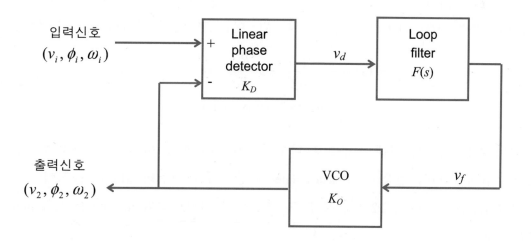

그림 **12.2.1**   아날로그 PLL 의 구성도

가 되어, phase 면에서는 루프필터가 phase 를 감소시켜 느리게(lagging) 하는 것을 알 수 있다. 이와 같이 phase 를 느리게 하는 필터를 lag 필터라고 한다.

그림 12.2.2(b) 회로는 한 개의 negative real pole($-1/\{(R_1 + R_2)C\}$) 외에 한 개의 negative real zero($-1/(R_2C)$)를 가진다. 이 회로는 bandwidth(ω_{-3dB})를 작게 했을 때, 추가된 negative real zero 로 인해 그림 12.2.2(a) 회로에 비해 주파수 안정도를 향상시키는 장점을 가진다. 이 회로에서 zero 값을 pole 값보다 훨씬 크게 하기 위해 $R_1 \gg R_2$ 가 되게 한다. 전달함수 $F_b(s)$ 를 보면 이 회로도 lag 필터로 동작함을 알 수 있다. PLL 에서 passive lag 필터를 사용하고자 할 때 거의 대부분의 경우에 주파수 안정도의 장점 때문에 그림 12.2.2(b)에 보인 회로를 사용한다.

그림 12.2.2(c) 회로는 그 전달함수가 그림 12.2.2(b) 회로와 같이 한 개의 negative pole($-1/(R_1C_1)$)과 한 개의 negative real zero($-1/(R_2C_2)$)를 가진다. zero 값을 pole 값보다 훨씬 크게 하기 위해 $R_1C_1 \gg R_2C_2$ 가 되게 한다. 따라서 이 회로도 전달함수 $F_c(s)$ 에 있는 ($-$) 부호를 고려하지 않으면 lag 필터로 동작하므로 이 회로를 active lag 필터라고 부른다. 이 회로가 그림 12.2.2(b) 회로와 다른 점은 DC 이득이 ($-C_1/C_2$)로서 DC 이득이 1 로 고정된 그림 12.2.2(b) 회로와는 달리 DC 이득 크기를 1 보다 크게 혹은 작게 조정할 수 있다는 점이다.

그림 12.2.2(d)에 보인 루프필터 회로는 active PI 필터라고 불리는데 PI 는 proportional(비례)과 integral(적분)의 약자이다. 이는 전달함수 $F_d(s)$ 를 다시 쓰면

$$F_d(s) = -\frac{1}{s \cdot R_1 C} - \frac{R_2}{R_1} \qquad (12.2.3)$$
$$\text{(Integral)} \quad \text{(Proportional)}$$

가 되어 적분 성분과 비례 성분으로 나누어지기 때문이다. 이 회로의 장점은 DC 이득이 무한대가 되어 정상 상태(steady state) 위상오차를 완전히 없앤다는 점이다.

그림 12.2.3 에 그림 12.2.2 에 보인 각 루프필터 전달함수의 magnitude Bode plot 을 보였다.

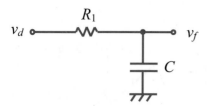

$$F_a(s) = \frac{1}{1 + sR_1C}$$

(a) passive lag 필터 1

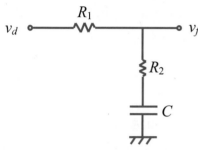

$$F_b(s) = \frac{1 + s \cdot R_2 \cdot C}{1 + s \cdot (R_1 + R_2) \cdot C}$$

$$(R_1 \gg R_2)$$

(b) passive lag 필터 2

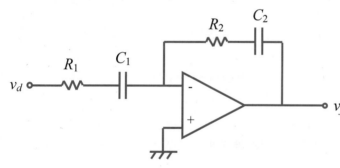

$$F_c(s) = -\frac{C_1}{C_2} \cdot \frac{1 + sR_2C_2}{1 + sR_1C_1}$$

$$(R_1C_1 \gg R_2C_2)$$

(c) active lag 필터

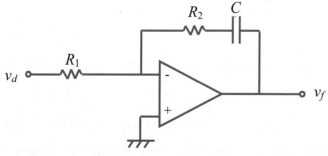

$$F_d(s) = -\frac{1 + sR_2C}{sR_1C}$$

(d) active PI 필터

그림 **12.2.2**   루프필터(loop filter) 회로

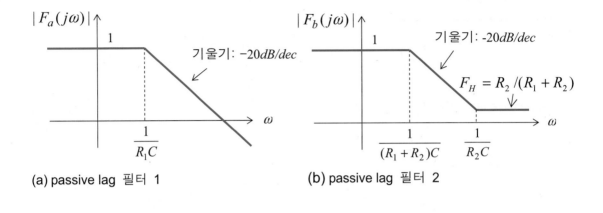

(a) passive lag 필터 1 　　　　　　　　　(b) passive lag 필터 2

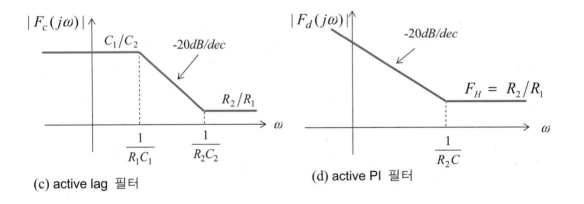

(c) active lag 필터 　　　　　　　　　(d) active PI 필터

그림 **12.2.3**　루프필터(loop filter) 전달함수의 Bode plot

12.2.2　Lock 된 상태에서 PLL 의 동작

　　아날로그 곱셈기를 위상검출기(phase detector)로 사용할 경우, 위상검출기에 입력되는 두 신호($v_i(t)$ 와 $v_2(t)$)들을 모두 진폭이 충분히 큰 구형 파(square wave)가 되게 한다[8]. 이는 위상검출기 출력전압 $v_d(t)$ 가 $v_i(t)$ 와 $v_2(t)$ 의 진폭에 무관하게 위상차에 대해서만 선형적으로 변하도록 하기 위함이다. PLL 이 lock 된 상태에서는 입력신호 주파수 ω_i 와 출력신호 주파수 ω_2 가 서로 같아지게 된다($\omega_i = \omega_2$). 그림 12.2.4 에 PLL 이 lock 된 상태에서의 입력신호 $v_i(t)$, 출력신호 $v_2(t)$, 위상검출기 출

력전압 $v_d(t)$ 의 파형과 위상검출기로 사용하는 아날로그 곱셈기 회로(그림 12.2.4(d))를 보였다. 이 회로에서 BJT 를 스위치로 동작하도록 하기 위해 $v_i(t)$ 와 $v_2(t)$ 의 진폭 (A_i, A_2) 을 thermal voltage V_T 보다 충분히 크게 해야 한다. 예를 들어 $v_i(t)$ 와 $v_2(t)$ 의 진폭이 $4 \cdot V_T$ (상온에서 $100mV$) 이상이 되면 그림 12.2.4(d) 회로의 BJT 소자들은 스위치로 동작하게 된다[8].

위상오차(phase error) ϕ_e 는 $\phi_e = \phi_i - \phi_2$ 로 정의한다. 그림 12.2.4(c)에 보인 위상검출기 출력전압 $v_d(t)$ 의 파형을 살펴보면 매 π $radian$ 마다 같은 파형이 반복됨을 알 수 있다. $v_d(t)$ 의 DC 성분인 $\overline{v_d(t)}$ 는 $\omega_i t$ 가 0 에서 π $radian$ 까지 변하는 구간을 평균하면 다음 식으로 표시된다.

$$\overline{v_d(t)} = \frac{I_{EE}R_C}{\pi}\Big[(+1)\times\phi_e + (-1)\times(\pi-\phi_e)\Big] = \frac{2I_{EE}R_C}{\pi}\cdot\left(\phi_e - \frac{\pi}{2}\right) = K_D \cdot \left(\phi_e - \frac{\pi}{2}\right)$$

$$(12.2.4)$$

그런데 $v_d(t)$ 파형에는 위 식의 DC 성분 외에도 $2\omega_i, 4\omega_i, 6\omega_i, \cdots$ 등의 고주파 harmonic 성분이 들어 있는데, 이들 고주파 성분들은 결국 루프필터에 의해 제거되어 VCO 입력전압($v_f(t)$) 으로는 나타나지 않으므로, $v_d(t)$ 를 식(12.2.4)로 표시해도 문제가 없다. 식(12.2.4)를 살펴보면 소신호 위상검출기 이득 K_D 는 다음 식으로 표시됨을 알 수 있다.

$$K_D = \frac{2 \cdot I_{EE}R_C}{\pi} \qquad \left[\frac{V}{rad}\right]$$

$$(12.2.5)$$

그림 12.2.4 에서는 위상오차 ϕ_e 값이 $0 < \phi_e < \pi$ 인 경우로서 입력전압 $v_i(t)$ 가 출력전압 $v_2(t)$ 에 대해 leading 하여 $\phi_i > \phi_2$ 가 된다. 위상오차(phase error) ϕ_e 는 앞에서 언급한 대로 $\phi_e = \phi_i - \phi_2$ 로 정의된다.

이와는 반대로 $v_i(t)$ 가 $v_2(t)$ 에 대해 lagging 하면 $\phi_i < \phi_2$ 가 되어 위상오차 $\phi_e < 0$ 가 된다. 그림 12.2.5 에 $-\pi < \phi_e < 0$ 인 경우의 각 전압 파형을 보였다. 그림 12.2.5 의 $v_d(t)$ 파형에서 $0 < \omega_i t < \pi$ 인 구간에서의 $v_d(t)$ 의 평균 전압 $\overline{v_d(t)}$ 는 다음 식으로 계산된다.

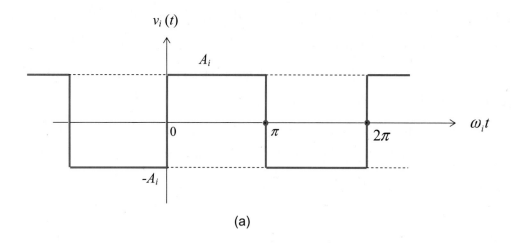

(a)

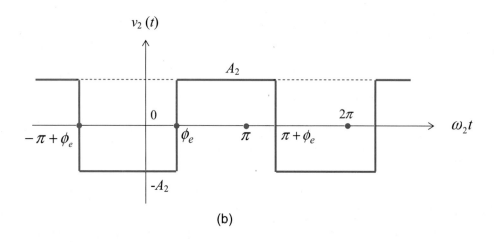

(b)

그림 **12.2.4**   (a), (b) : 아날로그 PLL 이 lock 된 상태($\omega_i = \omega_2$)의 전압 파형

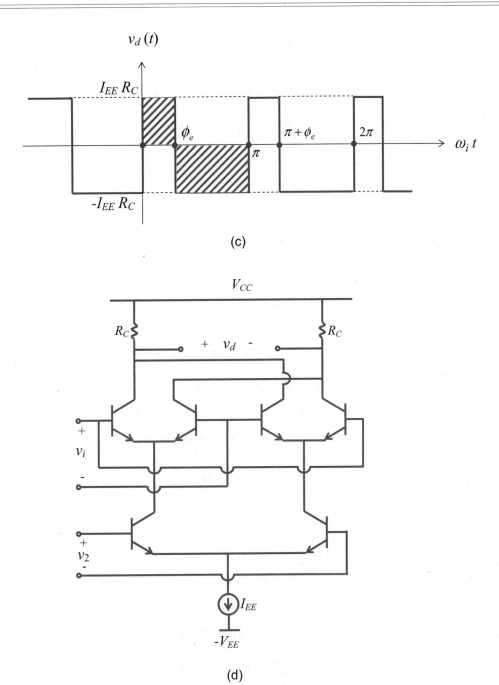

그림 **12.2.4** (c) 아날로그 PLL 이 lock 된 상태($\omega_i = \omega_2$)의 전압 파형

(d) 위상검출기 회로 (계속)

위상차 $\phi_e \triangleq \phi_i - \phi_2$ 로 여기서는 $0 < \phi_e < \pi$ 이다.

($v_i(t)$와 $v_2(t)$의 duty cycle 은 둘 다 50%임.)

$$\overline{v_d(t)} = \frac{I_{EE}R_C}{\pi} \cdot \left\{(-1)\times(\pi+\phi_e)+(+1)\times(\pi-(\pi+\phi_e)\right\}$$

$$= -\frac{2\cdot I_{EE}R_C}{\pi}\cdot\left(\phi_e+\frac{\pi}{2}\right) = -K_D\cdot\left(\phi_e+\frac{\pi}{2}\right) \tag{12.2.6}$$

$\phi_e = 2\pi$ 인 경우는 $v_d(t)$ 의 평균 전압에 관한 한 $\phi_e=0$ 인 경우와 같게 된다. 일반적으로 위상오차 $\phi_e+n\cdot2\pi$ (n 은 정수)와 ϕ_e 는 같은 $v_d(t)$ 파형을 생성시킨다. 식 (12.2.4), 식(12.2.6)과 위의 사실을 종합하여 아날로그 곱셈기로 되어 있는 위상검출기의 출력전압 $v_d(t)$ 를 위상오차 ϕ_e 에 대해 그리면 그림 12.2.6 과 같이 된다.

그림 12.2.1 에 보인 PLL 구성도에서 보면, 루프필터로 passive lag 필터 2(그림 12.2.2(b))를 사용하여 DC 이득이 +1 이고 VCO 이득 K_O 가 양(+)의 값을 가질 때, 위상검출기의 소신호 이득이 양(+)일 경우에는 PLL 회로가 negative 피드백 루프로 동작하여 안정된 동작점을 가지지만, 위상검출기의 소신호 이득이 음(−)일 때는 PLL 회로가 positive 피드백 루프로 동작하여 위상차 ϕ_e 값이 점차 증가하게 된다. 그림 12.2.6 에서 보면 $0<\phi_e<\pi$ 인 구간에서는 PLL 이 negative 피드백 회로로 동작하여 안정된 동작점을 가지는데 반해, $-\pi<\phi_e<0$ 인 구간에서는 PLL 이 positive 피드백 회로로 동작하여 위상오차가 시간이 경과함에 따라 점차 커져서 그림 12.2.6 의 A 혹은 C 점으로 빠져 나오게 된다. 따라서 위에서 언급된 PLL 회로(루프필터로 passive lag 필터 2 를 사용하고 VCO 이득 $K_O>0$)는 $2n\cdot\pi<\phi_e<(2n+1)\cdot\pi$ (n 은 정수)인 위상오차 구간에서만 안정된 동작점을 가진다. 따라서 앞으로의 PLL 해석에서 $0\leq\phi_e\leq\pi$ 인 구간만 고려하면 된다. 이는 $2\pi\leq\phi_e\leq3\pi$, $4\pi\leq\phi_e\leq5\pi$ 등의 구간은 $0\leq\phi_e\leq\pi$ 인 구간과 같은 특성을 가지기 때문이다. 그리하여 지금부터는 위상검출기의 특성식으로 식(12.2.4)만 사용한다. 그림 12.2.1 에서 보인 PLL 구성도에서 VCO 출력주파수 ω_2 는 다음 식으로 표시된다.

$$\omega_2(t) = \omega_o + K_O\cdot(v_f(t)-v_{VCO.REF}) \tag{12.2.7}$$

이 식에서 K_O 는 양(+)의 값을 가지는 VCO 이득으로 $[rad/(sec\cdot V)]$ 의 단위를 가지고 $v_{VCO.REF}$ 은 PLL 회로 구성과 VCO 특성에 의해서 정해지는 기준 전압인데 해석을 편리하게 하기 위해 보통 0 으로 둔다. ω_o 는 VCO 의 free running 주파수로 $v_f(t)=v_{VCO.REF}$ 일 때의 VCO 의 출력주파수다.

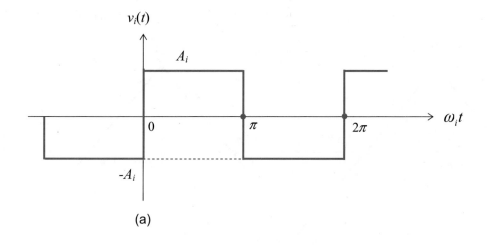

(a)

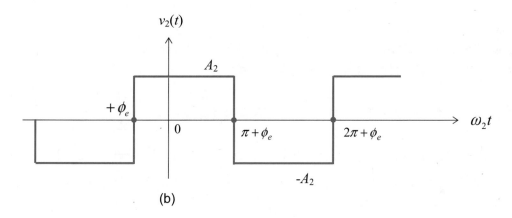

(b)

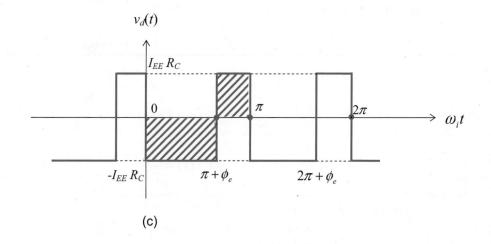

(c)

그림 **12.2.5** $-\pi < \phi_e < 0$ 인 경우의 전압 파형. 아날로그 PLL 은 lock 된 상태임

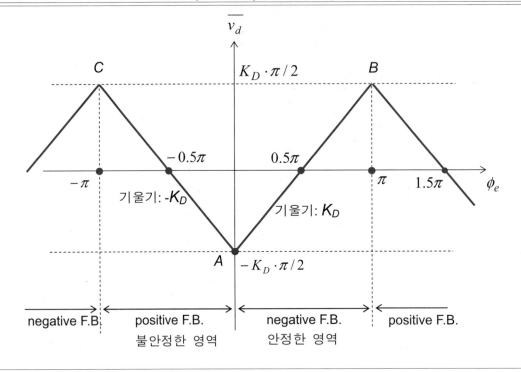

그림 **12.2.6** 위상오차 ϕ_e에 대한 위상검출기 평균 출력전압 v_d

그런데 위상검출기는 ω_2가 아닌 ϕ_2를 받아들여 ϕ_1과 비교한다. 따라서 ω_2가 아닌 ϕ_2를 v_f에 대한 식으로 표시해야 한다. 이 과정을 식(12.1.4)과 식(12.1.6)에 이미

표 **12.2.1** Lock 된 상태에서의 PLL 동작 특성식

명 칭	대신호 시간영역 식	소신호 Laplace 변환 식
위상차	$\phi_e(t) = \phi_i(t) - \phi_2(t)$	$\Phi_e(s) = \Phi_i(s) - \Phi_2(s)$
위상검출기	$v_d(t) = K_D \cdot \left(\phi_e(t) - \dfrac{\pi}{2}\right)$	$V_d(s) = K_D \cdot \Phi_e(s)$
루프필터 (passive lag2)		$V_f(s) = \dfrac{1 + s \cdot R_2 C}{1 + s \cdot (R_1 + R_2)C} \cdot V_d(s)$
VCO	$\omega_2(t) = \omega_o + K_O(v_f(t) - v_{VCO.REF})$ $\phi_2(t) = \displaystyle\int_{-\infty}^{t} \omega_2(\tau)\, d\tau$	$\Phi_2(s) = \dfrac{K_O}{s} \cdot V_f(s)$

보였다. 지금까지 구한, lock 된 상태에서의 PLL 의 동작 특성식들을 정리하면 표 12.2.1 과 같다. 식(12.1.6)와 표 12.2.1 에 보인 대로 PLL 회로에서 VCO 는 적분기 (integrator)로 동작하게 된다.

표 12.2.1 에 보인 PLL 의 lock 된 상태에서의 소신호 성분에 대한 Laplace 변환식을 이용하여 그림 12.2.1 의 PLL 회로를 다시 그리면 그림 12.2.7 과 같이 된다.

그림 12.2.7 에서의 출력전압의 소신호 위상 변화 $\Phi_2(s)$와 소신호 위상차 $\Phi_e(s)$를 소신호 위상차 $\Phi_i(s)$로 표시한 식들을 각각 식(12.1.7)과 식(12.1.9)에 이미 보였다. 식(12.1.7)과 식(12.1.9)에 그림 12.2.7 에 보인 passive lag 필터 2 의 전달함수 $F(s)$를 대입하고 각각 $\Phi_2(s)$와 $\Phi_e(s)$의 $\Phi_i(s)$에 전달함수 $H(s)$와 $H_e(s)$의 식들을 구하면 다음과 같이 된다.

$$H(s) \triangleq \frac{\Phi_2(s)}{\Phi_i(s)} = \frac{s \cdot K_D K_O \cdot R_2 C + K_D K_O}{s^2(R_1 + R_2)C + s(1 + K_D K_O R_2 C) + K_D K_O} \tag{12.2.8}$$

$$H_e(s) \triangleq \frac{\Phi_e(s)}{\Phi_i(s)} = \frac{s^2 \cdot (R_1 + R_2)C + s}{s^2 \cdot (R_1 + R_2)C + s \cdot (1 + K_D K_O R_2 C) + K_D K_O} \tag{12.2.9}$$

Passive lag 필터 2 가 아닌 그림 12.2.2 에 보인 다른 루프필터를 사용할 경우 전달함수 식이 조금씩 달라진다[4].

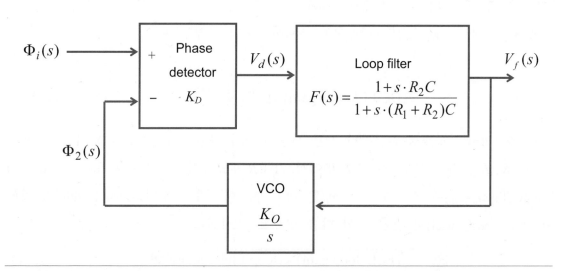

그림 **12.2.7** Lock 된 상태에서의 아날로그 PLL 회로의 소신호 동작 특성
루프필터(loop filter)로는 그림 12.2.2(b)의 passive lag filter 2 를 사용하였다.

식(12.2.8)과 식(12.2.9)에 보인 전달함수 식들은 s 에 대한 2 차식이 되어 PLL 회로는 2 차 시스템(second order system)이 되므로, 이 회로 중에 에너지 저장(energy storage) 소자가 두 개 있다는 것을 나타낸다. PLL 회로에서 에너지 저장 소자로는 루프필터에 있는 한 개의 커패시터밖에 없다. VCO 가 그 입력전압에 비례하는 출력주파수를 발생시키지만 위상검출기에서는 주파수의 시간 적분에 해당하는 위상성분만을 비교하므로, VCO 입력전압(v_f)으로부터 위상검출기 입력 위상(ϕ_2)으로 변환되기까지 적분 기능이 들어가는데 이 적분기가 나머지 하나의 에너지 저장 소자 기능을 하게 된다.

그리하여 식(12.2.8)과 식(12.2.9)에 보인 전달함수 식들을 정규 형식(canonical form)으로 바꾸기 위해 다음과 같이 natural angular frequency ω_n 과 damping factor ζ 를 정의한다.

$$\omega_n = \sqrt{\frac{K_D K_O}{(R_1 + R_2) \cdot C}} \tag{12.2.10}$$

$$\zeta = \frac{1}{2} \cdot \omega_n \cdot \left(R_2 C + \frac{1}{K_D K_O} \right) \tag{12.2.11}$$

그림 12.2.7 에서 PLL 의 루프이득(loop gain)은 $K_D K_O F(s)/s$ 인데 일반적으로 다음 식에 보인 대로 $K_D K_O F(s)$ 를 PLL 루프이득이라고 부른다.

$$\text{(DC PLL loop gain)} \triangleq K_D K_O F(0) \tag{12.2.12}$$

그림 12.2.2(b)의 passive lag 필터 2 를 사용할 경우 $F(0)=1$ 이 되어 DC PLL 루프이득은 $K_D K_O$ 가 된다. 식(12.2.10)에서 $1/\{(R_1 + R_2)C\}$ 는 루프필터(loop filter)의 bandwidth(ω_{-3dB})에 해당하므로, ω_n 은 PLL 루프이득과 루프필터 bandwidth 의 기하 평균(geometric mean)과 같게 되어 다음 식으로 표시된다.

$$\omega_n = \sqrt{\text{(PLL loop gain)} \times \text{(loop filter bandwidth)}} \tag{12.2.13}$$

표 **12.2.2** 2차 시스템(2nd order system)에서 damping factor ζ 와 quality factor Q 의 관계

ζ	Q	damping	poles
0.1	5	under-damped	2 complex conjugate
0.5	1	under-damped	2 complex conjugate
$\dfrac{1}{\sqrt{2}}$	$\dfrac{1}{\sqrt{2}}$	under-damped (maximally flat frequency response)	2 complex conjugate
1	0.5	critically-damped	1 double negative real
2	0.25	overdamped	2 negative real
10	0.05	overdamped	2 negative real

Damping factor ζ 는 필터 해석에 사용되는 quality factor Q 와 다음 관계식으로 맺어진다.

$$2\zeta = \frac{1}{Q} \tag{12.2.14}$$

ζ 와 Q 의 관계를 표 12.2.2 에 보였다.

$\zeta < 1$ 이고 $Q > 0.5$ 인 under-damping 경우에는 과도(transient) 특성에서 응답 시간(response time)은 빠르지만 초기에 발진(oscillation) 현상이 나타나서 settling time(안정화 시간)이 느려진다. $\zeta > 1$ 이고 $Q < 0.5$ 인 over-damping 경우에는 과도 특성에서 발진 현상은 없지만 응답 시간이 느려져서 settling time 이 느려진다. PLL 회로에서는 ζ 값을 보통 $1/\sqrt{2} = 0.707$ 로 잡는다. 이때 Q 값도 0.707 이 된다.

거의 대부분의 PLL 에서 식(12.2.12)에 주어진 PLL 루프이득 값이 루프필터 bandwidth 인 $1/\{(R_1 + R_2)C\}$ 보다 훨씬 큰 값을 가지게 설계하는데 이 이유는 다음과 같다. PLL 이 lock 을 유지할 수 있는 주파수 범위인 hold range($\Delta \omega_H$)는 PLL 루프이득에 비례하므로 이를 최대한으로 크게 해야 한다. 입력신호의 위상 노이즈가 출력신호의 위상 노이즈로 나타나는 율은 ω_n 값에 비례하므로 입력 위상 노이즈의 출력 위상에 대한 영향을 최소화하기 위해 PLL 회로의 natural angular frequency ω_n

값을 가능한 최소로 되게 해야 한다. 식(12.2.13)에서 살펴보면, hold range 를 증가시키기 위해 PLL 루프이득은 최대로 하되 위상 노이즈를 감소시키기 위해 ω_n 값을 최소로 하기 위해서는, 루프필터 bandwidth(ω_{-3dB})를 가능한 최소로 해야 한다는 것을 알 수 있다. 그리하여 거의 대부분의 PLL 회로에서

$$(\text{DC PLL loop gain}) \gg (\text{natural angular freq}) \gg (\text{loop filter bandwidth}) \qquad (12.2.15.\text{a})$$

$$K_D K_O F(0) \quad \gg \quad \omega_n \quad \gg \quad \frac{1}{(R_1 + R_2)C} \qquad (12.2.15.\text{b})$$

인 관계가 성립한다. 신호 주파수 ω 중에서 과도 현상에 중요하게 관련되는 영역은 대체로 ω_n 부근인데, 식(12.2.9) 전달함수의 분자 항을 살펴보면 식(12.2.15.b)에 보인 대로 $\omega_n \gg 1/\{(R_1 + R_2)C\}$ 이므로 $\omega_n^2 (R_1 + R_2)C \gg \omega_n$ 이 된다. 따라서 식(12.2.9)의 분자항 s 는 $s^2 (R_1 + R_2)C$ 항에 비해 과도 특성에 중요한 영향을 미치는 주파수 대역인 $\omega = \omega_n$ 부근의 주파수 대역에서 그 크기가 매우 작으므로 과도 현상 해석에서 분자의 s 항을 무시할 수 있다. 그리하여 식(12.2.9)의 전달함수 $H_e(s)$ 는 다음 식으로 근사화 시킬수 있는데, 이는 high pass 필터 특성을 나타낸다.

$$H_e(s) \triangleq \frac{\Phi_e(s)}{\Phi_i(s)} \approx \frac{s^2 \cdot (R_1 + R_2)C}{s^2 \cdot (R_1 + R_2)C + s \cdot (1 + K_D K_O R_2 C) + K_D K_O} \qquad (12.2.16)$$

식(12.2.10)과 식(12.2.11)에 주어진 ω_n 과 ζ 를 이용하여 식(12.2.16)을 다시 쓰면 다음 식으로 된다.

$$H_e(s) = \frac{\Phi_e(s)}{\Phi_i(s)} \approx \frac{s^2}{s^2 + 2\zeta \omega_n \cdot s + \omega_n^2} \qquad (12.2.17)$$

전달함수 $H_e(s)$ 가 식(12.2.17)로 주어졌으므로 전달함수 $H(s)$ 는 다음 식으로 주어진다.

$$H(s) = \frac{\Phi_2(s)}{\Phi_i(s)} \quad = 1 - H_e(s) = \frac{2\zeta\omega_n s + \omega_n^2}{s^2 + 2\zeta\omega_n s + \omega_n^2} \qquad (12.2.18)$$

그림 12.2.2(d)에 보인 active PI 필터를 루프필터로 사용한 경우 근사화(approximation) 하지 않고도 $H_e(s)$ 와 $H(s)$ 는 각각 식(12.2.17)과 식(12.2.18)로 주어진다[4].

그런데 그림 12.2.2(b)에 보인 passive lag 필터 2 를 루프필터로 사용했을 때 입력 위상 신호 주파수 $\omega = \omega_n$ 부근에서 $\omega_n^2(R_1 + R_2)C \gg \omega_n$ 이라고 가정하여, 식 (12.2.8)과 식(12.2.9)를 각각 식(12.2.18)과 식(12.2.17)로 근사화시켰다. 이는 과도응답 에 큰 영향을 주는 $\omega = \omega_n$ 부근의 입력 위상 신호 주파수 부근에서는 두 식이 서 로 일치하여, 근사화시킨 식으로 구한 과도응답(transient response) 특성이 과도 현상 이 나타나는 초기 시간 구간에서는 실제 결과와 잘 일치하지만 최종 값($t = \infty$ 에서 의 값) 계산에서는 생략된 분자의 s 항 때문에 큰 오차를 주게 된다. 따라서 본 해 석에서는 근사식인 식(12.2.18)과 식(12.2.17)을 사용하지 않고 원래의 식인 식(12.2.8) 과 식(12.2.9)를 사용한다.

식(12.2.9)에 주어진 $H_e(s)$ 를 ω_n 과 ζ 등으로 표시하면 다음 식이 된다.

$$H_e(s) \triangleq \frac{\Phi_e(s)}{\Phi_i(s)} = \frac{s^2 + \dfrac{\omega_n^2}{K_D K_O} \cdot s}{s^2 + 2\zeta\omega_n s + \omega_n^2} \tag{12.2.19}$$

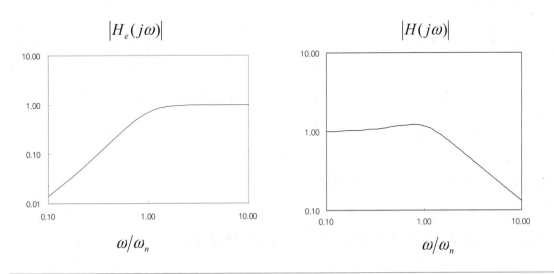

그림 **12.2.8** lock 된 아날로그 PLL 의 전달함수 $H_e(j\omega)$ (식 12.2.19)와 $H(j\omega)$ (식 12.2.20)의 magnitude Bode plot(루프필터: passive lag 필터, $\zeta = 1/\sqrt{2}$, $K_D K_O = 10 \cdot \omega_n$)

또 $H(s)$ 는 다음 식으로 주어진다.

$$H(s) \triangleq \frac{\Phi_2(s)}{\Phi_i(s)} = \frac{\left(2\zeta - \dfrac{\omega_n}{K_D K_O}\right) \cdot \omega_n \cdot s + \omega_n^2}{s^2 + 2\zeta\omega_n \cdot s + \omega_n^2} \tag{12.2.20}$$

해석을 간단하게 하기 위해 식(12.2.15.b)에 주어진 관계를 이용하여 앞으로의 예는 DC PLL 루프이득 $K_D K_O$ 값을 다음 식으로 가정한다. 여기서 루프필터의 DC 이득 $F(0) = 1$ 인 사실을 이용하였다.

$$K_D K_O = 10\,\omega_n \quad (\text{가정}) \tag{12.2.21}$$

식(12.2.21)에 주어진 가정식을 이용하고 $\zeta = 1/\sqrt{2}$ 로 정했을 때의 식(12.2.19)와 식(12.2.20)에 주어진 전달함수 $H_e(j\omega)$ 와 $H(j\omega)$ 의 magnitude Bode plot 을 그림 12.2.8 에 보였다. 그림 12.2.8 에서 $|H_e(j\omega)|$ 는 maximally flat 특성에 가까운 high-pass 필터 특성을 가짐을 알 수 있고, $|H(j\omega)|$ 는 약 $2.5dB$ 정도의 overshoot 를 가지는 low-pass 필터 특성을 가짐을 알 수 있다.

$\omega_i(t) = \omega_o$ 로 입력신호의 주파수 $\omega_i(t)$ 가 VCO 의 free running 주파수 ω_o 와 같게 유지되는 perfect lock 상태에서는 그림 12.2.1 에 보인 PLL 회로에서 negative 피드백 루프의 동작에 의해 VCO 입력전압 $v_f(t) = 0$ 이 된다. DC 에서 루프필터로 passive lag 필터 2 를 사용하여 루프필터의 DC 이득이 1 이므로 위상검출기(phase detector) 출력전압 $v_d(t)$ 도 0 이 된다. 그림 12.2.6 에 보인 위상검출기 특성 곡선에서 $0 < \phi_e < \pi$ 인 영역에서 $v_d = 0$ 이 되기 위해서는 $\phi_e = 0.5\pi$ 가 되어야 한다.

그리하여 $\omega_i(t) = \omega_o$ 로 유지되는 perfect lock 상태에서는 입력신호 $v_i(t)$ 와 출력 신호 $v_2(t)$ 의 위상차가 90°(0.5 π radian)로 유지된다. 즉 이 상태에서는 $v_i(t)$ 가 $v_2(t)$ 를 90° 위상차로 lead 하게 된다.

12.2.3 Lock 된 상태에서 PLL 의 과도응답 특성 (*)

앞에서 그림 12.2.2(b)의 passive lag 필터 2 를 루프필터로 사용하는 PLL 의 lock 된 상태에서의 전달함수 $H_e(s)$ 와 $H(s)$ 는 각각 식(12.2.19)와 식(12.2.20)로 표시됨을 보였다. 여기서는 passive lag 필터 2 를 루프필터로 사용하는 PLL 이 lock 된 상태에 있을 때, 입력 위상 스텝(그림 12.1.3), 입력주파수 스텝(그림 12.1.4)과 입력주파수 ramp 에 대한 과도응답(transiet response) 특성을 설명한다.

입력 위상 스텝(step)에 대한 과도응답(transient response)

먼저 그림 12.1.3 에 보인 대로 입력신호의 위상 $\phi_i(t)$ 가 $t = 0$ 인 시각에 0 에서 $\Delta\phi$ 로 변한 후 $t > 0$ 인 시간에는 $\Delta\phi$ 로 유지되는 스텝 변화를 할 경우에는, $\phi_i(t)$ 와 $\Phi_i(s)$ 는 각각 식(12.1.10)와 식(12.1.11)으로 표시된다. 따라서 $\Phi_e(s)$ 는 식(12.2.19)를 이용하면 다음 식으로 주어진다.

$$\Phi_e(s) = H_e(s) \cdot \Phi_i(s) = \frac{\Delta\phi \cdot \left(s + \dfrac{\omega_n^2}{K_D K_O}\right)}{s^2 + 2\zeta\omega_n s + \omega_n^2} \tag{12.2.22}$$

$\phi_e(t)$ 를 구하기 위해서는 식(12.2.22)에 역(inverse) Laplace 변환을 적용해야 하는데 이 과정을 다음에 보였다.

$$\Phi_e(s) = \frac{\Delta\phi \cdot \left(s + \dfrac{\omega_n^2}{K_D K_O}\right)}{(s + \zeta\omega_n)^2 + \omega_n^2 \cdot (1-\zeta^2)} = \frac{\Delta\phi \cdot (s + \zeta\omega_n) - \Delta\phi \cdot \omega_n \cdot \left(\zeta - \dfrac{\omega_n}{K_D K_O}\right)}{(s + \zeta\omega_n)^2 + \omega_n^2 \cdot (1-\zeta^2)}$$

$$\phi_e(t) = u(t) \cdot \Delta\phi \cdot e^{-\zeta\omega_n t} \cdot \left\{ \cos\left(\omega_n\sqrt{1-\zeta^2} \cdot t\right) - \frac{\zeta - \dfrac{\omega_n}{K_D K_O}}{\sqrt{1-\zeta^2}} \cdot \sin\left(\omega_n\sqrt{1-\zeta^2} \cdot t\right) \right\}$$

$$= u(t) \cdot \frac{\Delta\phi}{\cos\theta} \cdot e^{-\zeta\omega_n t} \cdot \cos\left\{\omega_n\sqrt{1-\zeta^2} \cdot t + \theta\right\} \tag{12.2.23}$$

$$\theta = \tan^{-1}\left(\frac{\xi - \dfrac{\omega_n}{K_D K_O}}{\sqrt{1-\xi^2}} \right) \tag{12.2.24}$$

위 식의 유도 과정에 $\zeta < 1$ 이라고 가정하였다. $\zeta = 1$ 일 때와 $\zeta > 1$ 일 때의 경우까지 포함한 $\phi_e(t)$ 식을 표 12.2.3 에 보였다.

그림 12.2.9 에 $\zeta = 0.3$, $\zeta = 1/\sqrt{2}$ 과 $\zeta = 2$ 인 경우에 대한 위상오차 $\phi_e(t)$ 의 파형을 보였다.

표 12.2.3 과 그림 12.2.9 에서 살펴보면 $\phi_e(t)$ 의 최종 값($t = \infty$ 에서의 값)은 모든 ζ 값에 대해 모두 0 이 됨을 알 수 있다. 이는 식(12.1.13)에서 Laplace 변환의 final value theorem 을 이용하여 보인 결과와 일치한다.

지금까지의 해석에서 $t < 0$ 인 시간 구간에 대한 소신호 해석을 하였으므로 이 해석에서 구한 $\phi_e(t)$ 의 최종 값은 실제로는 $t < 0$ 인 시간 영역에서의 ϕ_e 값으로부터 변화한 양만 나타낸다. 그리하여 최종 상태($t = \infty$)에서는, 위상오차 변화 $\phi_e = 0$ 이 되므로 위상검출기 출력전압 변화 v_d 도 0 이 되고 루프필터로 사용된 passive lag 필터 2(그림 12.2.2(b))의 DC 이득이 1 이므로 루프필터 출력전압 변화 v_f 값도 0 이 되어 전체 v_f 값은 $t < 0$ 인 시간 구간에서의 값을 그대로 유지하므로 VCO 출력주파수 ω_2 는 $t < 0$ 인 영역에서의 입력신호 주파수인 ω_{i0} 로 유지된다.

위의 해석 과정에서 PLL 은 항상 lock 된 상태를 유지한다고 가정하였는데, 항상 lock 되기 위해서는 입력 위상 스텝 값 $\Delta\phi$ 가 어떤 값보다 작아야 한다. 예를 들어, 입력신호 주파수 ω_i 가 항상 VCO free running 주파수 ω_o 와 같을 경우, 입력 위상 스텝 값 $\Delta\phi$ 가 $t < 0$ 일 때의 DC 동작점 값인 $\phi_e = 0.5\pi$ 보다 크게 되면 순간 위상 오차 $\phi_e(t)$ 값(DC 동작점 값 + $\Delta\phi$)이 그림 12.2.6 의 위상검출기 특성 곡선에서 안정된 동작 영역인 0 에서 π $radian$ 까지의 범위를 벗어나게 된다. 이 경우 PLL 을 lock 상태로 유지하기 위해 필요한 위상검출기 출력전압 $v_d(t)$ 값은 출력 가능한 최대값인 $K_D \cdot \pi/2$ 보다 크게 되는데, 실제 $v_d(t)$ 값은 이보다 작으므로 PLL 은 lock 된 상태에서 빠져나오게 된다. 따라서 $\omega_i = \omega_o$ 인 경우에 PLL 이 lock 을 유지할 수 있는 최대 허용 입력 위상 스텝 값은 0.5π $radian$ 이다.

표 **12.2.3** 입력신호의 위상 스텝($\phi_i(t) = \Delta\phi \cdot u(t)$)에 대한 lock 된 PLL 의 위상오차 $\phi_e(t)$ 식

ζ	$\phi_e(t)$
$\zeta < 1$	$u(t) \cdot \dfrac{\Delta\phi}{\cos\theta} \cdot e^{-\zeta\omega_n t} \cdot \cos\left\{\omega_n\sqrt{1-\zeta^2} \cdot t + \theta\right\}$ $\theta = \tan^{-1}\left(\left(\zeta - \dfrac{\omega_n}{K_D K_O}\right)\bigg/\sqrt{1-\zeta^2}\right)$
$\zeta = 1$	$u(t) \cdot \Delta\phi \cdot e^{-\omega_n t} \cdot \left\{1 - \left(1 - \dfrac{\omega_n}{K_D K_O}\right) \cdot \omega_n t\right\}$
$\zeta > 1$	$u(t) \cdot \dfrac{\Delta\phi}{2} \cdot \left\{\left(\dfrac{\zeta - \dfrac{\omega_n}{K_D K_O}}{\sqrt{\zeta^2-1}} + 1\right) \cdot e^{-\omega_n\left(\zeta + \sqrt{\zeta^2-1}\right) \cdot t} - \left(\dfrac{\zeta - \dfrac{\omega_n}{K_D K_O}}{\sqrt{\zeta^2-1}} - 1\right) \cdot e^{-\omega_n\left(\zeta - \sqrt{\zeta^2-1}\right) \cdot t}\right\}$

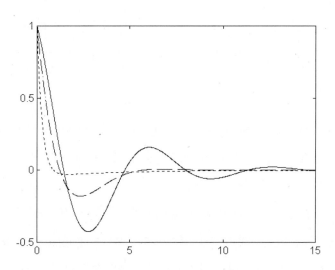

그림 **12.2.9** 입력신호 위상 스텝($\phi_i(t) = \Delta\phi \cdot u(t)$)에 대한 위상오차 $\phi_e(t)$ 파형

$\zeta = 0.3(\text{—})$ $\zeta = 1/\sqrt{2}(--)$ $\zeta = 2(\cdots)$

(가로축 : $\omega_n t$, 세로축 : $\phi_e(t)/\Delta\phi$)

입력주파수 스텝(step)에 대한 과도응답

입력신호에 그림 12.1.4 에 보인 대로 주파수 스텝이 주어진 경우의 과도응답 (transient response)에 대한 해석을 다음에 보였다. 입력신호 주파수 $\omega_i(t)$ 는 다음 식 으로 주어진다.

$$\omega_i(t) = \omega_{i0} + \Delta\omega \cdot u(t) \tag{12.2.25}$$

해석을 간단하게 하기 위해 시간에 대해 변하지 않는 DC 성분인 ω_{i0} 는 빼고 시간 에 대해 변하는 소신호 성분인 $\Delta\omega \cdot u(t)$ 만 고려한다. 이 경우 입력신호 위상 $\phi_i(t)$ 와 그 Laplace 변환 $\Phi_i(s)$ 는 각각 식(12.1.14)과 식(12.1.15)로 주어진다. 앞에서 보인 입력신호 위상 스텝의 경우와 마찬가지 방법으로 하여 위상오차 $\phi_e(t)$ 를 구하는 과 정을 다음에 보였다.

$$\Phi_e(s) = H_e(s) \cdot \Phi_i(s) = \frac{\Delta\omega \cdot \left(s + \dfrac{\omega_n^2}{K_D K_O}\right)}{s(s^2 + 2\zeta\omega_n s + \omega_n^2.)}$$

$$= \frac{\Delta\omega}{\omega_n} \cdot \frac{\omega_n}{K_D K_O} \cdot \left\{ \frac{1}{s} - \frac{s + \left(2\zeta - \dfrac{K_D K_O}{\omega_n}\right) \cdot \omega_n}{s^2 + 2\zeta\omega_n s + \omega_n^2} \right\} \tag{12.2.26}$$

위 식에 역(inverse) Laplace 변환을 취하면 $\phi_e(t)$ 식을 구할 수 있는데 ζ 값의 범위 에 따른 $\phi_e(t)$ 식을 표 12.2.4 에 보였다. 그림 12.2.10 에 입력신호의 주파수 스텝에 대한 $\phi_e(t)$ 의 파형을 보였다.

표 12.2.4 의 $\phi_e(t)$ 식에서 살펴보면 $\phi_e(t)$ 의 최종 값은 모든 경우의 ζ 에 대해 $\Delta\omega/(K_D K_O)$ 로 주어진다는 것을 알 수 있다. 이는 Laplace 변환의 최종값 정리 (final value theorem)을 통해서도 다음과 같이 확인할 수 있다.

$$\lim_{t \to \infty} \phi_e(t) = \lim_{s \to 0} s\Phi_e(s) = \lim_{s \to 0} \frac{\Delta\omega \cdot \left(s + \dfrac{\omega_n^2}{K_D K_O}\right)}{s^2 + 2\zeta\omega_n s + \omega_n^2} = \frac{\Delta\omega}{K_D K_O} \tag{12.2.27}$$

식(12.2.27)의 결과는 식(12.1.17)에서 $F(0) = 1$로 둔 결과와 일치한다. 그리하여 $t = 0$ 인 시각에 $\Delta\omega$ 의 주파수 스텝 입력이 주어진 후 충분한 시간이 경과한 후 위상오 차 ϕ_e 값은 $t < 0$ 일 때의 값에서 $\Delta\omega/(K_D K_O)$ 만큼 변한다. 따라서 위상검출기 출 력 값 v_d 와 루프필터 출력 값 v_f 값은 각각 $t < 0$ 일 때의 값에서 $\Delta\omega/K_O$ 와 $\Delta\omega/K_O$ 만큼 변하게 된다. 여기서 v_d 와 v_f 의 최종 변화 값이 서로 같은 것은 루 프필터로 사용한 passive lag 필터 2 의 DC 이득 $F(0)$ 은 1 이기 때문이다. VCO 출력 주파수 ω_2 값도 $t < 0$ 일 때의 값(ω_{i0})에서 $\Delta\omega$ 만큼 변하게 되어 $\omega_2 = \omega_{i0} + \Delta\omega$ 가 되므로 최종 상태에서 $\omega_2(t) = \omega_i(t)$ 가 되어 PLL 은 lock 상태를 유지하게 된다.

루프필터 종류에 따른 입력주파수 스텝에 대한 과도응답 특성 변화

위에서 보인 해석에서는 루프필터로 passive lag 필터 2(그림 12.2.2(b))를 사용하였 는데, active lag 필터(그림 12.2.2(c))를 루프필터로 사용할 경우에도 같은 특성을 얻게 된다. 이 경우 단지 루프필터의 DC 이득 $F(0)$ 이 1 대신 C_1/C_2 로 바뀌므로 표 12.2.4 의 $\phi_e(t)$ 식들에서 $K_D K_O$ 항을 $K_D K_O \cdot C_1/C_2$ 로 바꾸면 된다. Active PI 필터 (그림 12.2.2(d))를 루프필터로 사용할 경우 루프필터의 DC 이득 $F(0)$ 이 무한대가 되므로 이 경우 표 12.2.4 의 $\phi_e(t)$ 식들에서 $K_D K_O$ 항을 무한대로 바꾸어야 하고, $\phi_e(t)$ 의 최종 값이 0 이 된다. 따라서 표 12.2.4 의 $\phi_e(t)$ 식들과 식(12.2.27)에 나타나 는 $K_D K_O$ 항은 $K_D K_O F(0)$ 를 나타냄을 알 수 있다.

위에서 언급된 active PI 필터를 루프필터로 사용할 경우, 그림 12.2.2(d)에 보인 대로 DC 에 가까운 저주파에서는 루프필터 전달함수 $F(s)$ 값이 음수($-$)가 되고 VCO 이득 K_O 는 양수(+)이므로, 그림 12.2.6 에서 보면 $0 < \phi_e < \pi$ 일 때는 소신 호 K_D 값이 양수(+)가 되어 PLL 회로는 positive 피드백 루프 회로로 동작하게 되 어 위상오차 값이 점차 증가하여 동작점이 A 혹은 B 점으로 빠져 나오게 된다. 그 림 12.2.6 의 B 점은 C 점과 동일하므로, 결국 $-\pi < \phi_e < 0$ 인 C 와 A 사이의 영역에 서 동작점이 정해지게 된다. 이 영역에서는 소신호 K_D 값이 음수($-$)가 되어 PLL 회로는 위상에 대해 negative 피드백 회로로 동작하여 안정된 동작점을 가지게 된다.

표 **12.2.4** 입력신호의 주파수 스텝에 대한 lock 된 PLL 의 위상오차 $\phi_e(t)$ 식

ζ	$\phi_e(t)$
$\zeta < 1$	$u(t) \cdot \dfrac{\Delta\omega}{\omega_n} \cdot \dfrac{\omega_n}{K_D K_O} \cdot \left\{ 1 - e^{-\zeta\omega_n t} \cdot \dfrac{\cos(\omega_n\sqrt{1-\zeta^2} \cdot t + \theta)}{\cos\theta} \right\}$ $\left(\theta = \tan^{-1}\left(\dfrac{K_D K_O}{\omega_n} - \zeta \right) \right)$
$\zeta = 1$	$u(t) \cdot \dfrac{\Delta\omega}{\omega_n} \cdot \dfrac{\omega_n}{K_D K_O} \cdot \left[1 - e^{-\omega_n t} \cdot \left\{ 1 - \left(\dfrac{K_D K_O}{\omega_n} - 1 \right) \cdot \omega_n t \right\} \right]$
$\zeta > 1$	$u(t) \cdot \dfrac{\Delta\omega}{\omega_n} \cdot \dfrac{\omega_n}{K_D K_O} \cdot \left[1 + \left(\dfrac{\frac{K_D K_O}{\omega_n} - \zeta}{2\sqrt{\zeta^2-1}} - 0.5 \right) \cdot e^{-\left(\zeta - \sqrt{\zeta^2-1}\right) \cdot \omega_n t} \right.$ $\left. - \left(\dfrac{\frac{K_D K_O}{\omega_n} - \zeta}{2\sqrt{\zeta^2-1}} + 0.5 \right) \cdot e^{-\left(\zeta + \sqrt{\zeta^2-1}\right) \cdot \omega_n t} \right]$

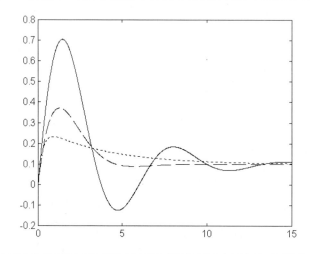

그림 **12.2.10** 입력신호의 주파수 스텝에 대한 lock 된 아날로그 PLL 의 위상오차 $\phi_e(t)$ 파형 ($\omega_n = 0.1 \cdot K_D K_O$ 로 가정함. 가로축 : $\omega_n t$, 세로축 : $\phi_e(t)\big/(\Delta\omega / \omega_n)$) $\zeta = 0.3(-)$ $\zeta = 1/\sqrt{2}(---)$ $\zeta = 2(\cdots)$

그리하여 $t < 0$ 인 시간에는 입력신호 주파수 ω_{i0} 가 VCO free running 주파수 ω_o 와 같지 않아도, 전체 동작점 ϕ_e 값은 $-\pi/2$ $radian$ 이 된다. 즉, 입력신호 $v_i(t)$ 는 출력신호 $v_o(t)$ 를 $90°$ 위상차로 lagging 한다. 이때 위상검출기 출력전압 $v_d = 0$ 이 지만 루프필터의 DC 이득 $F(0)$ 이 무한대이므로 루프필터의 출력전압 v_f 는 유한 한 값인 $(\omega_{i0} - \omega_o)/K_D$ 가 된다. 따라서 VCO 출력신호 $v_2(t)$ 의 주파수 ω_2 는 입력 신호 $v_i(t)$ 의 주파수 ω_{i0} 와 같아지게 되고, $v_2(t)$ 는 $v_i(t)$ 를 위상차 $90°$ 로 lead 하게 된다. $t = 0$ 인 시각에 입력신호 주파수 스텝 $\Delta\omega$ 가 인가된 후 충분한 시간이 경과 하여 과도 현상이 소멸한 후 정상 상태(steady state)에 도달한 때에도 $t < 0$ 일 때와 유사하게 동작한다. 이 경우 앞에서 보인 대로 $\phi_e(t)$ 의 최종 값은 0 이 되므로 전체 ϕ_e 값은 $t < 0$ 일 때의 ϕ_e 값인 $-\pi/2$ $radian$ 과 같아지게 된다. 따라서 $v_d = 0$ 이 되고

$$v_f = (\omega_{i0} - \omega_o)/K_O + \Delta\omega/K_O = (\omega_{i0} + \Delta\omega - \omega_o)/K_O$$

가 되므로 VCO 출력신호 $v_2(t)$ 의 주파수 ω_2 는 $\omega_2 = \omega_{i0} + \Delta\omega$ 가 되어 $\omega_2 = \omega_i$ 가 된다.

위의 해석 과정에서 PLL 은 항상 lock 된 상태를 유지한다고 가정하였다. 따라서 입력신호 주파수 스텝 $\Delta\omega$ 값은 어떤 값(pull-out range)보다 작도록 유지해야 PLL 은 lock 된 상태를 유지하게 된다. Pull-out range 는 이 절의 뒷부분(12.2.4 절)에서 설명 한다.

입력주파수 ramp 에 대한 과도응답

입력신호 주파수 $\omega_i(t)$ 값이 $t < 0$ 인 시간 구간에서는 ω_{i0} 의 DC 값을 유지하다 가 $t > 0$ 인 시간 구간에서는 선형적으로 증가하는 입력주파수 ramp 에 대한 위상오 차 $\phi_e(t)$ 의 과도응답 특성에 대해 알아본다. $\omega_i(t)$ 는

$$\omega_i(t) = \omega_{i0} + a\,t \cdot u(t) \tag{12.2.28}$$

로 표시된다. 여기서 a 는 입력신호 주파수의 ramp 율로서 $[rad/sec^2]$의 단위를 가진 다. 해석을 비교적 간단하게 하기 위해 식(12.2.28)에서 DC 항은 제외하고 시간에

대해 변하는 성분 $at \cdot u(t)$ 만 취하면 입력신호 위상 $\phi_i(t)$ 와 그 Laplace 변환 $\Phi_i(s)$ 는 다음 식들로 주어진다.

$$\phi_i(t) = \frac{1}{2} a t^2 \cdot u(t) \tag{12.2.29}$$

$$\Phi_i(s) = \frac{a}{s^3} \tag{12.2.30}$$

따라서 위상오차 $\Phi_e(s)$ 는 다음 식으로 주어진다.

$$
\begin{aligned}
\Phi_e(s) = H_e(s) \cdot \Phi_i(s) &= \frac{a \cdot \left(s + \dfrac{\omega_n^2}{K_D K_O} \right)}{s^2 \cdot (s^2 + 2\zeta\omega_n s + \omega_n^2)} \\[2em]
&= \frac{1}{K_D K_O} \cdot \left\{ \frac{1}{s^2} + \frac{K_D K_O}{\omega_n^2} \cdot \left(1 - 2\zeta \cdot \frac{\omega_n}{K_D K_O} \right) \cdot \frac{1}{s} \right. \\[2em]
&\left. - \frac{\dfrac{K_D K_O}{\omega_n^2} \cdot \left(1 - 2\zeta \cdot \dfrac{\omega_n}{K_D K_O} \right) \cdot s + 2\zeta \cdot \dfrac{K_D K_O}{\omega_n} + 1 - 4\zeta^2}{s^2 + 2\zeta\omega_n s + \omega_n^2} \right\} \tag{12.2.31}
\end{aligned}
$$

위 식에 역(inverse) Laplace 변환을 적용하면 $\phi_e(t)$ 는 대체로 다음과 같이 주어진다.

$$\phi_e(t) = u(t) \cdot a \cdot \left\{ \frac{1}{K_D K_O} \cdot t + \frac{1}{\omega_n^2} \cdot \left(1 - 2\zeta \cdot \frac{\omega_n}{K_D K_O} \right) + (decaying \ term) \right\} \tag{12.2.32}$$

위 식에서 시간 t 가 ∞ 로 되면 *decaying term* 은 0 이 되므로, 위상오차 $\phi_e(t)$ 의 최종 값은 다음과 같이 주어진다.

$$\lim_{t \to \infty} \phi_e(t) = \lim_{t \to \infty} \frac{a}{K_D K_O} \cdot t + \frac{a}{\omega_n^2} \cdot \left(1 - 2\zeta \cdot \frac{\omega_n}{K_D K_O} \right) \tag{12.2.33}$$

그리하여 *decaying term* 이 0 이 되어 정상상태(steady state)에 도달한 후에도 $t < 0$ 인 시간 영역 값으로부터의 변화량에 해당하는 위상오차 $\phi_e(t)$ 는 시간에 대해 선형적으로 증가하게 되는데 이 위상오차 값이 대체로 $\pi / 2 \ radian(90°)$ 를 넘어서게 되

는 시각에 PLL 은 lock 을 유지하지 못하고 lock 상태에서 빠져나오게 된다. 이는 다음과 같은 이유 때문이다. 전체 위상오차 값($t < 0$ 인 시간의 DC ϕ_e 값 + 식 (12.2.32)의 $\phi_e(t)$ 값)이 0 에서 $\pi\ radian$ 까지의 위상검출기의 선형동작 범위를 벗어나게 될 경우 PLL 이 lock 을 유지하기 위해서는 위상검출기 출력전압은 $K_D \cdot (\pi/2)$ 보다 더 커져야 한다. 그림 12.2.6 에 보인 대로 위상검출기의 출력전압은 최대값이 $K_D \cdot (\pi/2)$ 로 제한되어 있어서 위상검출기는 $K_D \cdot (\pi/2)$ 보다 더 큰 값의 전압을 공급할 수 없으므로 이 경우에 PLL 은 더 이상 lock 상태를 유지하지 못하게 된다.

PLL 이 lock 을 유지하기 위해서는 VCO 의 선형동작 범위에 의해서도 제약을 받는데 주로 VCO 선형동작 범위 한계에 도달하기 전에 위상검출기의 선형동작 범위에 의해 먼저 제약을 받기 때문에 lock 조건을 따질 때 위상검출기의 선형동작 범위만 고려한다.

Damping factor ζ 값을 크게 하여 식(12.2.32)의 decaying term 이 빠른 시간 내에 없어졌다고 가정하면, 그 후 $\phi_e(t)$, $v_d(t)$, $v_f(t)$, $\omega_2(t)$ 는 모두 시간에 대해 선형적으로 증가하다가 먼저 $v_d(t)$ 값이 $K_D \cdot (\pi/2)$ 에 도달하면 PLL 은 lock 을 잃어버리게 된다.

Active PI 필터를 사용한 경우의 주파수 ramp 입력에 대한 과도응답

위에서 보인 대로 루프필터의 DC 이득 $F(0)$ 이 유한할 경우, 입력주파수 ramp 에 대해 PLL 은 결국 lock 을 잃어버리게 되는데, $F(0)$ 값이 무한대인 active PI 필터 등을 루프필터로 사용할 경우에는 어떤 제약 조건 내에서 PLL 은 앞에서 언급된 모든 경우에 대해 lock 을 유지할 수 있게 된다.

Active PI 필터는 저주파 영역에서는 그림 12.2.2(d)에 보인 대로 전달함수 $F(s) \approx -1/(sR_1C)$ 로 되어 반전 적분기로 동작한다. 주파수 ramp 입력에 대해서 과도 현상이 사라진 후 정상 상태(steady state)에 도달하면 VCO 출력주파수 $\omega_2(t)$ 를 식(12.2.28)에 주어진 $\omega_i(t)$ 값과 같아지도록 하기 위해 VCO 입력전압 $v_f(t)$ 는

$v_f(t) = (a/K_O) \cdot t$ 로 시간에 대해 선형적으로 증가하게 된다. 이 $v_f(t)$ 파형을 생성시키기 위해 $v_d(t)$ 는 루프필터의 전달 특성에 의해 $-a \cdot R_1C/K_O$ 의 DC 전압을 가지게 된다. 따라서 위상오차 ϕ_e 는 DC 동작점 값인 $-\pi/2$ $radian$ 에 $a \cdot R_1C/(K_O \cdot K_D)$ 가 더해진 값이 된다. 위상오차 값인 $a \cdot R_1C/(K_O \cdot K_D)$ 값이 $\pi/2$ $radian$ 보다 작기만 하면 위상검출기는 그림 12.2.6 의 A 와 C 사이의 구간에 동작점을 가지게 되어 PLL 의 lock 을 유지시킨다. 단지 입력주파수 $\omega_i(t) = \omega_{i0} + at \cdot u(t)$ 값이 VCO 자체의 출력주파수 한계를 넘게 되면 PLL 은 lock 을 잃어버리게 된다. 이를 정량적으로 해석하는 과정을 다음에 보였다. 여기서 $\omega_n = \sqrt{K_O K_D/(R_1 C)}$, $\zeta = 0.5 \cdot \omega_n \cdot R_2 C$ 이다.

$$\Phi_e(s) = H_e(s) \cdot \Phi_i(s) = \frac{a}{s \cdot (s^2 + 2\zeta\omega_n s + \omega_n^2)}$$

$$= \frac{a}{\omega_n^2} \cdot \left\{ \frac{1}{s} - \frac{s + 2\zeta\omega_n}{s^2 + 2\zeta\omega_n s + \omega_n^2} \right\} = \frac{a}{\omega_n^2} \cdot \left\{ \frac{1}{s} - \frac{(s + \zeta\omega_n) + \zeta\omega_n}{(s + \zeta\omega_n)^2 + \omega_n^2 \cdot (1 - \zeta^2)} \right\} \quad (12.2.34)$$

위 식에 역(inverse) Laplace 변환을 적용하면 $\phi_e(t)$ 의 식을 구할 수 있는데, ζ 값의 범위에 따른 $\phi_e(t)$ 식을 표 12.2.5 에 보였다. 그림 12.2.11 에 입력신호의 주파수 ramp 에 대한 $\phi_e(t)$ 의 파형을 보였다.

표 12.2.5 의 식들과 그림 12.2.11 에서 보면 위상오차 $\phi_e(t)$ 의 최종 값은 0 이 되지 못하고 a/ω_n^2 으로 주어짐을 알 수 있다. 이는 다음과 같이 식(12.2.34)에 Laplace 변환의 최종값 정리(final value theorem)를 적용하여 확인할 수 있다.

$$\lim_{t \to \infty} \phi_e(t) = \lim_{s \to 0} s \cdot \Phi_e(s) = \frac{a}{\omega_n^2} \quad (12.2.35)$$

위 식들의 유도 과정에서 PLL 은 항상 lock 된 상태에 머무른다고 가정하였는데 PLL 이 lock 된 상태에 머무르기 위해서는 최종 위상오차 ϕ_e 값인 a/ω_n^2 이 $\pi/2$ 보다 작아서 위상검출기의 선형동작 범위에 놓여야 한다. 따라서 입력주파수 ramp 율 a 는 다음 조건을 충족시켜야 PLL 이 lock 상태를 유지한다.

$$a < \frac{\pi}{2} \cdot \omega_n^2 \qquad (12.2.36)$$

Noise 가 있을 경우를 대비해 보통 a 를 위 식에 주어진 값의 절반 이하로 둔다. 이

표 **12.2.5**　입력주파수 ramp(식(12.2.28))에 대한 lock 된 PLL 의 위상오차 $\phi_e(t)$ 의 식
(루프필터로 active PI 필터를 사용한 경우)

ζ	$\phi_e(t)$
$\zeta < 1$	$u(t) \cdot \dfrac{a}{\omega_n^2} \cdot \left[1 - \dfrac{1}{\cos\theta} \cdot e^{-\zeta\omega_n t} \cdot \cos\left\{ \omega_n \sqrt{1-\zeta^2} \cdot t - \theta \right\} \right]$ $\theta = \tan^{-1}\left(\zeta / \sqrt{1-\zeta^2} \right)$
$\zeta = 1$	$u(t) \cdot \dfrac{a}{\omega_n^2} \cdot \left\{ 1 - e^{-\omega_n t} \cdot (1 - \omega_n t) \right\}$
$\zeta > 1$	$u(t) \cdot \dfrac{a}{\omega_n^2} \cdot \left[1 - \dfrac{1}{2} \left\{ \left(1 + \dfrac{\zeta}{\sqrt{\zeta^2-1}} \right) \cdot e^{-\omega_n \cdot (\zeta - \sqrt{\zeta^2-1}) \cdot t} + \left(1 - \dfrac{\zeta}{\sqrt{\zeta^2-1}} \right) \cdot e^{-\omega_n \cdot (\zeta + \sqrt{\zeta^2-1}) \cdot t} \right\} \right]$

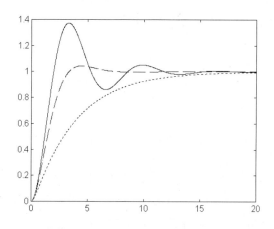

그림 **12.2.11**　Active PI 필터를 루프필터로 사용한 경우의 입력신호 주파수 ramp 에 대한 lock 된 PLL 의 위상오차 $\phi_e(t)$ 파형. (가로축 : $\omega_n t$, 세로축 : $\phi_e(t) / (a/\omega_n^2)$) 　$\zeta = 0.3(-)$　$\zeta = 1/\sqrt{2}(---)$　$\zeta = 2(\cdots)$

조건의 유도 과정에서 VCO 의 입력전압(v_f)은 출력주파수(ω_2)가 시간에 대해 선형적으로 증가하지만 여전히 선형동작 범위 내에서 동작한다고 가정하였다.

12.2.4 PLL 의 주요 파라미터 (*)

아날로그 PLL 과 디지털 PLL 을 통틀어 lock 현상과 관련된 네 개의 주파수 범위들을 나타내는 파라미터들이 있다. 이들은 hold range($\Delta\omega_H$), lock-in range($\Delta\omega_L$), pull-in range($\Delta\omega_P$), pull-out range($\Delta\omega_{PO}$)로서 각각에 대해 아래에 설명한다[5, 8, 9].

일반 아날로그 회로 설계에 관련된 교재(text)에서는 PLL 파라미터로 주로 두 개의 주파수 범위(lock range 와 capture range)만 언급하는데 반해, PLL 전문 교재[3, 4, 10]에서는 PLL 파라미터로 주로 네 개의 주파수 범위를 명시한다. 이 책에서는 PLL 전문 교재 방식에 따라 위에서 언급된 네 개의 주파수 범위를 다 설명한다. 아날로그 회로 설계 교재에 나오는 lock range 는 이 책의 hold range($\Delta\omega_H$)에 해당하고 capture range 는 경우에 따라 이 책의 pull-in range($\Delta\omega_P$) 또는 lock-in range($\Delta\omega_L$)에 해당한다[10].

Hold range ($\Delta\omega_H$)

Hold range $\Delta\omega_H$ 는, 입력주파수 값(ω_i)을 VCO free running 주파수 값(ω_o)과 같게 유지시켜 PLL 을 lock 시킨 후 입력주파수 값을 VCO free running 주파수에서 출발하여 아주 천천히 DC 에 가깝게 한쪽 방향으로 단조증가 혹은 단조감소시켰을 때, PLL 이 lock 을 유지하는 최대 입력주파수 변화 값($\Delta\omega_i$)을 말한다.

Hold range 는 DC(static) 현상이므로 hold range 를 구할 때 루프필터 이득은 DC 이득인 $F(0)$ 으로 둔다. 그림 12.2.1 의 PLL 회로에서, PLL 이 perfect lock($\omega_i = \omega_o$)에서 출발하여 ω_i 값을 아주 천천히 증가시키면 PLL 의 negative 피드백 동작에 의해 ω_2 값도 증가하여 $\omega_2 = \omega_i$ 인 상태를 유지한다. 따라서 v_d 값은

$$v_d = \frac{v_f}{F(0)} = \frac{\omega_i - \omega_o}{K_O \cdot F(0)} \tag{12.2.37}$$

의 관계식에 따라 증가하게 되고 v_f 값도

$$v_f = \frac{\omega_i - \omega_o}{K_O} \tag{12.2.38}$$

의 관계식에 따라 증가하게 된다. 이 v_d 값을 생성시키기 위해 위상차 ϕ_e 도 다음 관계식에 따라 증가해야 한다.

$$\phi_e = \frac{\pi}{2} + \frac{v_d}{K_D} = \frac{\pi}{2} + \frac{\omega_i - \omega_o}{K_D K_O F(0)} \tag{12.2.39}$$

여기서 perfect lock($\omega_i = \omega_o$) 상태에서 $\phi_e = \pi/2$ 로 둔 것은, 아날로그 곱셈기를 위상 검출기로 사용하는 아날로그 PLL 회로에서 passive lag 필터 등의 비반전(non-inverting) 루프필터를 사용했다고 가정하였기 때문이다. Active lag 필터나 active PI 필터 등의 DC 에서 반전(inverting)되는 루프필터를 사용할 경우 앞 절에서 설명한 대로 perfect lock 상태에서 $\phi_e = -\pi/2$ 가 된다.

　그런데 식(12.2.39)에서 계산된 ϕ_e 값이 0 혹은 π $radian$ 에 도달할 경우 그림 12.2.6 에 보인 대로 위상검출기 출력전압은 더 이상 증가하지 못하게 된다. $\phi_e = \pi$ 가 되게 하는 ω_i 값은 식(12.2.39)로부터 $\omega_o + K_D K_O F(0) \cdot (\pi/2)$ 로 주어진다. ω_i 값이 이 값보다 더 크게 되면 위상검출기는 lock 을 유지하기 위해 VCO 가 필요로 하는 전압을 공급하지 못하게 되므로 PLL 은 lock 을 잃어버리게 된다. PLL 이 lock 을 유지하는 최대 입력주파수 ω_i 값과 VCO free running 주파수 ω_o 값의 차를 hold range $\Delta\omega_H$ 로 정의한다. 따라서 $\Delta\omega_H$ 는 다음 식으로 표시된다.

$$\Delta\omega_H = \frac{\pi}{2} \cdot K_D K_O \cdot F(0) \tag{12.2.40}$$

Passive lag 필터 2 를 루프필터로 사용할 경우 DC 루프이득 $F(0) = 1$ 이므로 hold range $\Delta\omega_H$ 는 $\Delta\omega_H = K_D K_O \cdot (\pi/2)$ 로 주어진다. Active PI 필터를 루프필터로 사용할 경우 $F(0)$ 은 무한대이므로 $\Delta\omega_H$ 도 무한대가 되는데, 이는 $\Delta\omega_H$ 값이 VCO 의

출력주파수 범위에 의해서만 제한됨을 나타낸다.

Hold range($\Delta\omega_H$)는 PLL 의 최대로 가능한 입력주파수 변화 값으로, 어떤 경우에서든 입력주파수 값(ω_i) 변화가 hold range 보다 크게 되면 PLL 은 결코 lock 을 할 수 없다.

Lock-in range($\Delta\omega_L$)

아날로그 PLL 에서 입력신호 주파수 ω_i 가 VCO 의 free running 주파수 ω_o 보다 훨씬 커서 PLL 이 lock 되지 않은 상태에서는 루프필터 출력전압 v_f 는 0 이 되므로 VCO 출력주파수 ω_2 는 ω_o 와 같아지게 된다. 이 상태에서 위상검출기 출력전압 $v_d(t)$ 는 입력신호 $v_i(t)$ 와 출력신호 $v_2(t)$ 의 곱에 비례하므로 $v_d(t)$ 에는 $\omega_i - \omega_o$ 와 $\omega_i + \omega_o$ 와 그 외의 고주파 harmonic 성분들이 포함되어 있다. $\omega_i >> \omega_o$ 인 경우에는 $v_d(t)$ 의 모든 주파수 성분들이 루프필터에 의해 제거되어 $v_f(t)$ 는 여전히 0 이 되어 VCO 출력주파수 ω_2 는 계속해서 ω_o 와 같게 유지된다.

ω_i 를 ω_o 에 점차 가까워지게 하면 $v_d(t)$ 의 주파수 성분 중에서 합 주파수 $\omega_i + \omega_o$ 와 그 외의 고주파 성분들은 루프필터에 의해 거의 완전히 제거되지만 차 주파수 $\omega_i - \omega_o$ 성분은 루프필터의 전달함수 $F(\omega_i - \omega_o)$ 에 의해 곱해져서 크기가 작지만 0 이 아닌 전압이 되어 $v_f(t)$ 로 나타나기 시작한다. 이 경우 출력주파수 ω_2 는 $\omega_2 = \omega_o + K_O \cdot v_f(t)$ 로 주어지는데 $|v_f(t)| << \omega_o / K_O$ 이면 여전히 $\omega_2 \approx \omega_o$ 가 된다. 이때 위상차는 $\phi_e(t) = (\omega_i - \omega_o) \cdot t$ 로 주어져서 시간에 비례하여 증가하게 된다. 이 $\phi_e(t)$ 를 그림 12.2.6 에 보인 위상검출기 특성 곡선에 적용시키면, 위상검출기 출력전압 $v_d(t)$ 는 그림 12.2.12 에 보인 대로 주파수가 $\omega_i - \omega_o$ 인 삼각 파형이 된다. $v_d(t)$ 의 $\omega_i + \omega_o$ 성분과 그 외의 고주파 성분들은 결국 루프필터에 의해 제거될 것이므로 그림 12.2.12 의 $v_d(t)$ 파형에 포함시키지 않았다.

그림 12.2.12 에 보인 삼각 파형에 비례하고 주기가 2π 이고 진폭이 1 인 시간에 대해 주기적인 삼각 파형을 $s(t)$ 라고 정의하면 $v_d(t)$ 는 다음 식으로 표시된다.

$$v_d(t) = K_D \cdot \frac{\pi}{2} \cdot s(\Delta\omega t) \tag{12.2.41}$$

여기서 $\Delta\omega = \omega_i - \omega_o$ 이다. 이 경우 $v_f(t)$ 는 위상 성분을 제외하면 다음 식으로 표시된다.

$$v_f(t) = |F(j\Delta\omega)| \cdot v_d(t) = |F(j\Delta\omega)| \cdot K_D \cdot \frac{\pi}{2} \cdot s(\Delta\omega t) \tag{12.2.42}$$

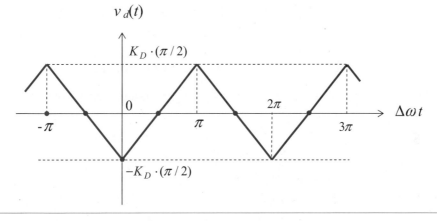

그림 12.2.12 Unlocked 아날로그 PLL 의 위상검출기 출력전압 파형 $(\Delta\omega = \omega_i - \omega_o)$

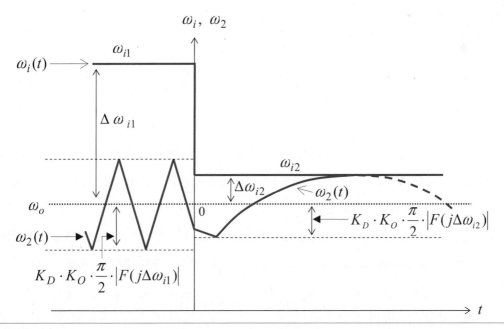

그림 12.2.13 아날로그 PLL 의 lock-in 과정 $(\Delta\omega_{i1} = \omega_{i1} - \omega_o,\ \Delta\omega_{i2} = \omega_{i2} - \omega_o)$

이 경우 출력주파수 $\omega_2(t)$ 는 다음 식으로 표시된다.

$$\omega_2(t) = \omega_o + K_O \cdot v_f(t) = \omega_o + \frac{\pi}{2} \cdot K_O K_D \cdot |F(j\Delta\omega)| \cdot s(\Delta\omega t) \qquad (12.2.43)$$

따라서 $\omega_2(t)$ 도 삼각 파형이 된다.

그림 12.2.13 에, $t < 0$ 일 때는 $\omega_i = \omega_{i1}$ 으로 $\Delta\omega = \Delta\omega_{i1} = \omega_{i1} - \omega_o$ 값이 매우 커서 PLL 은 lock 되지 못하다가 $t = 0$ 인 시각에 ω_i 를 ω_{i2} 로 스텝 변화시켜 $t > 0$ 인 시간 구간 동안 ω_i 를 ω_{i2} 로 유지시켜 $\Delta\omega = \Delta\omega_{i2} = \omega_{i2} - \omega_o$ 값을 충분히 작게 함으로써 PLL 이 lock 되는 경우를 보였다. $t > 0$ 일 때 식(12.2.43)에 보인 VCO 출력 주파수 ω_2 의 변화 폭이 입력신호 주파수와 VCO free running 주파수의 차이값인 $\Delta\omega_{i2}$ 보다 크게 되면, PLL 은 삼각 파형의 한 주기(single beat note) 이내에 lock 되게 된다. 이 조건을 다음 식에 보였다.

$$K_O \cdot K_D \cdot \frac{\pi}{2} \cdot |F(j\Delta\omega_{i2})| \geq \Delta\omega_{i2} \qquad (12.2.44)$$

위 식에서 등호가 성립되는 $\Delta\omega_{i2}$ 값을 lock-in range $\Delta\omega_L$ 이라고 부른다.

그림 12.2.2(b)의 passive lag 필터 2 를 루프필터로 사용하고 $\Delta\omega_L > 1/(R_2 C)$ 라고 가정하면 $\Delta\omega = \Delta\omega_L$ 인 주파수에서는 $|F(j\Delta\omega)| = R_2/(R_1 + R_2)$ 이 된다. 그리하여 lock-in range $\Delta\omega_L$ 은 다음 식으로 주어진다.

$$\Delta\omega_L = \frac{\pi}{2} \cdot K_D K_O \cdot \frac{R_2}{R_1 + R_2} = \frac{\pi}{2} \cdot 2\zeta \cdot \omega_n \qquad (12.2.45)$$

위 식의 유도 과정에서 식(12.2.10)과 식(12.2.11)에 주어진 식을 이용하고 PLL 루프 이득 $K_D K_O \gg 1/(R_2 C)$ 라고 가정하였다. 식(12.2.45)에서 $\Delta\omega_L$ 은 PLL 의 natural 주파수 ω_n 과 유사한 값을 가짐을 알 수 있다.

그림 12.2.13 에서 보였듯이 lock in 과정은 $\Delta\omega_L$ 의 한 주기 $(2\pi/\Delta\omega_L)$ 이내에서 일어나고 PLL 의 damping factor $\zeta = 1/\sqrt{2}$ 로 할 경우 과도 현상 시의 발진도 보통 ω_n 의 한 주기$(2\pi/\omega_n)$ 시간 이내에 없어지므로 lock-in time T_L 은 대체로 다음 식으로 근사화시킬 수 있다.

$$T_L \approx \frac{2\pi}{\omega_n} \tag{12.2.46}$$

Pull-in range($\Delta\omega_P$)

앞에서 $\Delta\omega = \omega_i - \omega_o$ 값을 lock-in range $\Delta\omega_L$ 보다 작게 하면 PLL 은 $2\pi / \omega_n$ 이하의 매우 빠른 시간 이내에 lock 됨을 보였다. 그런데 $\Delta\omega$ 값을 $\Delta\omega_L$ 보다는 크지만 어떤 값($\Delta\omega_P$)보다 작게 하면 PLL 은 비선형 dynamics 에 의해 그림 12.2.12 에 보인 삼각파의 여러 주기에 해당하는 비교적 오랜 시간이 경과한 후 lock 상태에 들어가게 된다. 이 과정을 pull-in 과정이라 부르고 pull-in 이 가능한 최대 $\Delta\omega$ 값을 pull-in range $\Delta\omega_P$ 라고 부른다. Pull-in 과정의 상세한 동작에 대해서는 다음 절(12.2.5 절)에서 설명한다.

Pull-out range($\Delta\omega_{PO}$)

Lock 된 PLL 에 입력신호 주파수 스텝 $\Delta\omega$ 를 인가했을 때 PLL 이 lock 을 잃어버리는 최소 $\Delta\omega$ 값을 pull-out range($\Delta\omega_{PO}$)라고 정의한다. Passive lag 필터 2 를 루프 필터로 사용하는 PLL 에서 $\Delta\omega_{PO}$ 는 simulation 으로 구한 다음 식으로 주어진다.

$$\Delta\omega_{PO} \approx 1.8\,\omega_n \cdot (\zeta + 1) \tag{12.2.47}$$

$\Delta\omega_H$, $\Delta\omega_L$, $\Delta\omega_P$, $\Delta\omega_{PO}$의 크기 비교 및 정리

Hold range $\Delta\omega_H$, lock-in range $\Delta\omega_L$, pull-in range $\Delta\omega_P$ 와 pull-out range $\Delta\omega_{PO}$ 사이에는 일반적으로 다음 식으로 주어진 크기 관계가 성립한다.

$$\Delta\omega_H > \Delta\omega_P > \Delta\omega_{PO} > \Delta\omega_L \tag{12.2.48}$$

지금까지 보인 PLL 관련 파라미터들을 정리하면 표 12.2.6 과 같다. Active PI 필터 파라미터 식은 $\Delta\omega_P$ 와 T_P 를 제외한 모든 항에서 passive lag 필터 2 의 식에서 $K_O K_D$ 대신 $K_O K_D \cdot (C_1 / C_2)$ 를 대입하면 된다[4].

표 **12.2.6** PLL 관련 파라미터 [4]

기호	명 칭	루프필터 종류	
		Passive lag 필터 2	Active PI 필터
ω_n	natural frequency	$\sqrt{\dfrac{K_D K_O}{(R_1 + R_2)C}}$	$\sqrt{\dfrac{K_D K_O}{R_1 C}}$
ζ	damping factor	$\dfrac{\omega_n}{2} \cdot \left(R_2 C + \dfrac{1}{K_D K_O} \right)$	$\dfrac{\omega_n R_2 C}{2}$
$\Delta\omega_H$	hold range	$\dfrac{\omega_n}{2} \cdot K_D K_O$	∞
$\Delta\omega_L$	lock-in range	$\approx \pi \zeta \omega_n$	$\approx \pi \zeta \omega_n$
T_L	lock-in time	$\approx 2\pi / \omega_n$	$\approx 2\pi / \omega_n$
$\Delta\omega_P$	pull-in range	$\dfrac{\pi}{2} \cdot \sqrt{2 \zeta \omega_n K_D K_O}$	∞
T_P	pull-in time	$\dfrac{4}{\pi^2} \cdot \dfrac{(\Delta\omega_{i0})^2}{\zeta \, \omega_n^3}$	$\dfrac{4}{\pi^2} \cdot \dfrac{(\Delta\omega_{i0})^2}{\zeta \, \omega_n^3}$
$\Delta\omega_{PO}$	pull-out range	$\approx 1.8 \, \omega_n \cdot (\zeta + 1)$	

12.2.5 PLL 의 Pull-in 과정 (**)

앞 절(12.2.4)의 pull-in range($\Delta\omega_P$) 설명에서 보였듯이 $\Delta\omega = \omega_i - \omega_o$ 값을 lock-in range($\Delta\omega_L$)보다는 크고 pull-in range($\Delta\omega_P$)보다는 작게 하면 PLL 은 비교적 긴 시간 이 경과한 후 lock 되게 된다. 이를 pull-in 과정이라고 하는데 이 과정의 동작은 비 선형 2 차 미분 방정식으로 표시된다[3, 4]. 여기서는 비선형 미분 방정식을 풀지 않 고 비교적 간략하게 passive lag 필터 2 를 루프필터로 사용하는 PLL 에 대해 pull-in 과정을 정성적으로 설명한다.

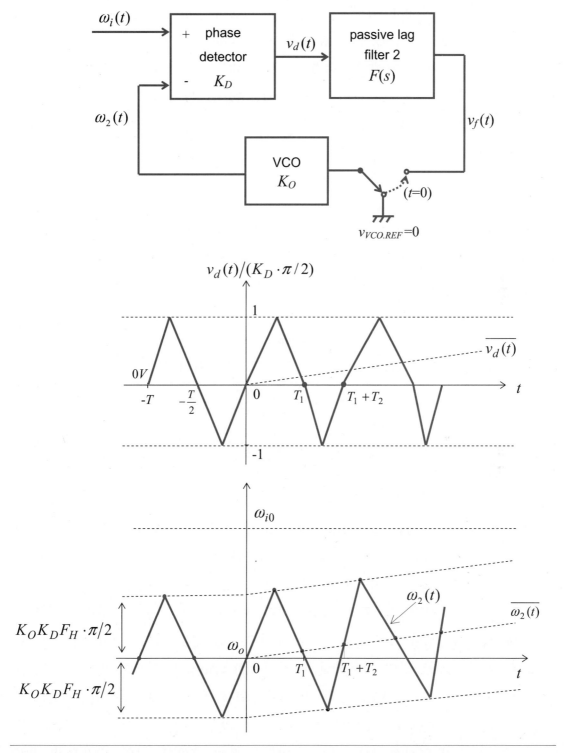

그림 **12.2.14** PLL 의 pull-in 과정

그림 12.2.14 에 보인 PLL 회로에서 입력신호 주파수 $\omega_i(t)$ 값을 VCO free running 주파수 ω_o 보다 큰 값인 ω_{i0} 로 고정하여, $\Delta\omega_{i0} = \omega_{i0} - \omega_o$ 값을 $\Delta\omega_L < \Delta\omega_{i0} < \Delta\omega_P$ 가 되게 한다. 이 회로에서 $t < 0$ 일 때는, VCO 입력전압 v_{f1} 을 0 으로 두어 PLL 회로를 동작하지 않도록 하여 항상 $\omega_2(t) = \omega_o$ 가 되게 하고 $t = 0$ 인 시각에 v_{f1} 을 루프필터 출력전압 v_f 와 같아지도록 연결하여 PLL 회로를 동작시켜 pull-in 과정이 시작되게 한다.

$t < 0$ 인 시간 구간에서는 $\omega_i(t) = \omega_{i0}$ 이고 $\omega_2(t) = \omega_o$ 이므로 위상오차 $\phi_e(t)$ 는

$$\phi_e(t) = (\omega_{i0} - \omega_o) \cdot t = \Delta\omega_{i0}\, t$$

가 되어 시간 t 에 비례하게 된다. 따라서 위상검출기 출력전압 $v_d(t)$ 는 그림 12.2.12 와 식(12.2.41)에 보인 대로 일정한 주기 T_o 를 가지고 진폭이 $K_D \cdot \pi/2$ 인 삼각 파형이 된다. 주기 T_o 는

$$T_o = \frac{2\pi}{\Delta\omega_{i0}} \tag{12.2.49}$$

로 표시된다. $\Delta\omega_{i0} > 1/(R_2 C)$ 라고 가정하면 다음 관계식이 성립한다.

$$F(j\Delta\omega_{i0}) = F_H = \frac{R_2}{R_1 + R_2} \ll 1$$

또 $\omega_2(t) = \omega_o + K_O \cdot |F(j\Delta\omega_{i0})| \cdot v_d(t)$ 이므로 $\omega_2(t)$ 의 진폭은 그림 12.2.14 에 보인 대로 $K_O K_D F_H \cdot (\pi/2)$ 가 된다.

$t = 0$ 인 시각에 스위치 연결을 바꾸어 $v_{f1} = v_f$ 가 되게 함으로써 PLL 회로를 동작하게 하여 pull-in 과정을 시작시켜도 lock-in 과정과는 달리 PLL 은 당장은 lock 되지 못하고 그림 12.2.14 에 보인 $v_d(t)$ 와 $\omega_2(t)$ 파형을 발생시킨다.

그림 12.2.14 에서 $0 < t < T_1$ 인 시간에 $v_d(t)$ 는 양(+)의 전압을 가지게 되는데 여기서 T_1 은 반주기 시간으로 $T_1 = \pi/\Delta\omega_{i0}$ 이다. 이 시간 구간 동안 $v_d(t)$ 가 양(+)이므로 $\omega_2(t)$ 는 ω_o 보다 커지게 되어 입력주파수 ω_{i0} 값에 가까워진다. 이 경우 평균 $\Delta\omega(t) = \omega_i - \omega_2(t)$ 값이 감소하여 평균 $\Delta\omega(t) < \Delta\omega_{i0}$ 가 되므로 반 주기 T_1 값이 원래의 반 주기 값($\pi/\Delta\omega_{i0}$)보다 증가하게 된다. 반대로 $T_1 < t < (T_1 + T_2)$ 인 시간에서는 $v_d(t)$ 가 음($-$)의 전압을 가지게 되어 $\omega_2(t)$ 값은 감소하여 입력주파수 ω_{i0} 값으로부터 멀어지게 된다. 이 경우에는 평균 $\Delta\omega(t)$ 값이 증가하여 평균

$\Delta\omega(t) > \Delta\omega_{i0}$ 가 되므로 이 시간 구간의 반주기 T_2 는 원래 반주기 값($\pi / \Delta\omega_{i0}$)보다 작게 된다.

그리하여 $0 < t < (T_1 + T_2)$ 인 구간에서의 $v_d(t)$ 의 평균 전압 $\overline{v_d(t)}$ 는 다음 식으로 표시된다.

$$\overline{v_d(t)} = \frac{\pi}{2} \cdot K_D \cdot \frac{\left\{ (+1) \times \dfrac{T_1}{2} + (-1) \times \dfrac{T_2}{2} \right\}}{T_1 + T_2} = \frac{\pi}{4} \cdot K_D \cdot \frac{T_1 - T_2}{T_1 + T_2} \qquad (12.2.50)$$

위 식의 유도 과정에서, 간단하게 하기 위해 $t > 0$ 일 때의 $v_d(t)$ 파형도 삼각파라고 가정하였다. $T_1 > T_2$ 이므로 식(12.2.50)에서 $\overline{v_d(t)} > 0$ 가 됨을 알 수 있다. $\omega_2(t)$ 의 평균값 $\overline{\omega_2(t)}$ 는 다음 식으로 표시된다.

$$\overline{\omega_2(t)} = \omega_o + K_O \cdot F_H \cdot \overline{v_d(t)} = \omega_o + K_O K_D F_H \cdot \frac{\pi}{4} \cdot \frac{T_1 - T_2}{T_1 + T_2} \qquad (12.2.51)$$

따라서 $0 < t < (T_1 + T_2)$ 인 시간 구간에서 출력주파수 평균값인 $\overline{\omega_2(t)}$ 가 ω_{i0} 에 가깝게 됨을 알 수 있다. Pull-in 과정의 초기인 $t > 0$ 인 구간에서도 여전히

$$\Delta\omega(t) = \omega_i(t) - \overline{\omega_2(t)} > 1/(R_2 C)$$

라고 가정하여 루프필터 이득 값을

$$\left| F(j\Delta\omega(t)) \right| = F_H = R_2 / (R_1 + R_2)$$

로 둔다. 출력주파수 평균값 $\overline{\omega_2(t)}$ 가 ω_{i0} 에 점차 가까워짐에 따라, $v_d(t) > 0$ 로서 $\omega_2(t) > \overline{\omega_2(t)}$ 일 때의 $\Delta\omega(t)$ 값과 $v_d(t) < 0$ 로서 $\omega_2(t) < \overline{\omega_2(t)}$ 일 때의 $\Delta\omega(t)$ 값의 비율은 더 증가하게 되어, $v_d(t) > 0$ 인 시간 구간과 $v_d(t) < 0$ 인 시간 구간과의 비율 차이는 점차 커지게 된다. 따라서 식(12.2.50)에 보인대로 $\overline{v_d(t)}$ 값은 더 큰 양의 값이 되고 $\overline{\omega_2(t)}$ 값도 더 증가하여 ω_{i0} 에 더 가까워지게 된다. 그리하여 어떤 조건에 도달하면 위에서 설명된 과정이 positive 피드백 회로와 마찬가지로 regenerative 하게 진행되어 $\overline{\omega_2(t)} = \omega_{i0}$ 에 도달함으로써 PLL 은 lock 상태로 들어가게 된다.

보다 정량적인 설명은 참고문헌 [51]에 보였다.

12.2.6 입력 및 VCO 노이즈 전압에 대한 lock 된 PLL 의 응답 특성 (*)

PLL 의 입력신호 전압에는 보통 노이즈 전압이 추가되는데, 이 추가된 노이즈 전압은 입력신호 전압의 진폭 노이즈와 위상 노이즈를 유기시킨다.

앞에서 설명한 대로 입력신호 전압 (v_i) 과 출력신호 전압 (v_2) 은 둘 다 구형파 (square wave)이므로, 입력신호 전압의 진폭 노이즈는 PLL 특성에 영향을 미치지 못하고, 입력신호 전압의 위상 노이즈만이 PLL 의 출력신호 전압의 위상 노이즈로 검출된다. 이 경우 출력신호 전압의 위상 노이즈는 PLL 동작에 의해 입력신호 전압의 위상 노이즈보다 훨씬 더 작게 된다.

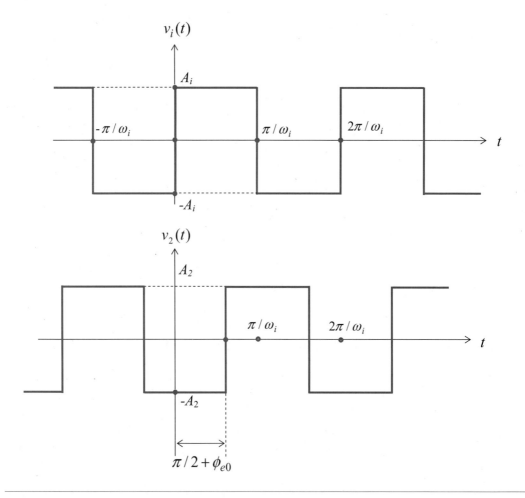

그림 **12.2.15** Lock 된 PLL 의 입력전압 $v_i(t)$와 출력전압 $v_2(t)$의 파형

입력 및 출력신호전압이 둘 다 구형파(square wave)로서 각각 주파수 ω_i 와 ω_2 의 모든 홀수 배 주파수 성분들을 다 가지지만, 이 절에서는 해석을 간단하게 하기 위해 입력과 출력을 각각의 기본 주파수(fundamental frequency) 성분인 ω_i 와 ω_2 만의 sine wave 로 근사화시킨다. 이 근사화 과정을 다음에 보였다.

그림 12.2.15 에 PLL 이 lock 된 상태에서의 입력신호전압 $v_i(t)$ 와 출력신호 $v_2(t)$ 의 파형을 보였는데, 이 들은 각각 다음 식으로 표시된다.

$$v_i(t) = A_i \cdot \text{sgn}\{\sin(\omega_i t)\} \tag{12.2.52.a}$$

$$v_2(t) = A_2 \cdot \text{sgn}\left\{\sin\left(\omega_2 t - \frac{\pi}{2} - \phi_{e0}\right)\right\} \tag{12.2.52.b}$$

여기서 signum 함수인 $\text{sgn}(x)$ 는 $x > 0$ 일 때 $+1$ 이고 $x < 0$ 일 때 -1 인 값을 가진다. 그림 12.2.15 에서 PLL 은 lock 된 상태에 있으므로 $\omega_i = \omega_2$ 가 된다. PLL 의 위상검출기로는 아날로그 곱셈기(analog multiplier)를 사용하고, 루프필터로는 passive lag 필터 2 를 사용한다고 가정하였다. $\phi_{e0} = (\omega_i - \omega_o)/(K_D K_O F(0))$ 이다. 위의 $v_2(t)$ 식의 $\pi/2$ radian 위상차는 perfect lock 상태 $(\omega_i = \omega_o)$ 에서 아날로그 곱셈기를 위상검출기로 사용할 경우 $v_i(t)$ 와 $v_2(t)$ 사이의 위상차를 나타낸다. 그림 12.2.15 와 식 (12.2.52.a)와 식(12.2.52.b)에 보인 $v_i(t)$ 와 $v_2(t)$ 는 시간 t 에 대한 주기함수이므로 이들을 다음과 같이 Fourier sine 급수(series)로 표시할 수 있다.

$$v_i(t) = \frac{4}{\pi} A_i \sum_{m=1}^{\infty} \frac{1}{2m+1} \cdot \sin\{(2m+1) \cdot \omega_i t\}$$

$$= \frac{4}{\pi} A_i \left\{\sin(\omega_i t) + \frac{1}{3} \cdot \sin(3\omega_i t) + \frac{1}{5} \cdot \sin(5\omega_i t) + \cdots\cdots\right\} \tag{12.2.53.a}$$

$$v_2(t) = \frac{4}{\pi} A_2 \sum_{m=1}^{\infty} \frac{1}{2m+1} \cdot \sin\left\{(2m+1) \cdot (\omega_i t - \frac{\pi}{2} - \phi_{e0})\right\}$$

$$= \frac{4}{\pi} A_2 \left\{\sin(\omega_i t - \frac{\pi}{2} - \phi_{e0}) + \frac{1}{3} \cdot \sin\{3(\omega_i t - \frac{\pi}{2} - \phi_{e0})\} + \cdots\cdots\right\} \tag{12.2.53.b}$$

해석을 간단하게 하기 위해, 식(12.2.53.a)의 $v_i(t)$ 식에서 기본 주파수(fundamental frequency)인 ω_i 성분만 취하여 $v_i(t)$ 를 다음 식으로 근사화시킨다.

$$v_i(t) \approx A_{i0} \sin(\omega_i t) \tag{12.2.54}$$

여기서 $A_{i0} = (4/\pi) \cdot A_i$ 이다.

노이즈의 **power spectral density**

어떤 노이즈 전압 파형이 $v_n(t)$ 이고 그 푸리에 변환(Fourier transform)이 $V_n(j\omega)$ 일 때, root mean square(*rms*) 노이즈 전압 분산(variance) $\overline{v_n(t)^2}$ 은 다음 식으로 주어진다 [3].

$$\overline{v_n(t)^2} \quad \triangleq \quad \lim_{T \to \infty} \frac{1}{T} \int_0^T |v_n(t)|^2 dt \tag{12.2.55.a}$$

$$= \frac{1}{2\pi} \int_0^\infty |V_n(j\omega)|^2 d\omega \tag{12.2.55.b}$$

여기서 $|V_n(j\omega)|^2$ 를 노이즈 power spectral density 라고 부른다. 이 절에서는 해석의 편의상 one-sided 주파수 spectrum 을 가정한다. 즉, $\omega < 0$ 인 영역에서는 주파수 spectrum 이 0 이 된다. one-sided 주파수 spectrum 에서는 two-sided 주파수 spectrum 에 비해 power spectral density 값이 두 배가 된다.

노이즈 **bandwidth** B_i

이 절에서 power spectral density 가 주파수 ω 에 무관하게 일정한 white noise 만을 고려하는데, 어떤 신호가 PLL 에 입력되기 전에 band-pass 필터나 low-pass 필터 등을 거치기 때문에, noise 의 power spectral density 의 bandwidth(대역폭)는 유한한 값을 가지게 된다. 이러한 필터들을 통과시키지 않더라도 noise power spectral density 의 bandwidth 는 비교적 크지만 유한한 값을 가지게 되는데, 이는 이상적인 white noise 의 경우에서와 같이 이 bandwidth 값이 무한대가 되면 식(12.2.55)에 보인 대로 전체 노이즈 power 가 무한대가 되어 실제와는 일치하지 않기 때문이다.

노이즈 power spectral density 가 $N_O[V^2/(rad/\sec)]$인 어떤 white noise 전압을 전달 함수가 $H_{LP}(s) = \omega_{3dB}/(s + \omega_{3dB})$ 로 bandwidth 가 ω_{3dB} 인 1 차 low-pass 필터를 통과시킨 후의 rms(root mean square) 노이즈 전압 분산 $\overline{v_n^2}\,[V^2]$은 다음 식으로 계산된다.

$$\overline{v_n^2} = \frac{1}{2\pi} \cdot \int_0^\infty N_O \cdot \frac{(\omega_{3dB})^2}{\omega^2 + (\omega_{3dB})^2} \cdot d\omega = \frac{1}{2\pi} \cdot N_O \cdot \left(\frac{\pi}{2} \cdot \omega_{3dB}\right) \tag{12.2.56}$$

따라서 1 차 low-pass 필터를 통과시킨 후의 노이즈 power spectral density 의 등가 bandwidth $B_i[rad/\sec]$는 다음 식으로 주어진다.

$$B_i = \frac{\pi}{2} \cdot \omega_{3dB} \tag{12.2.57}$$

이 과정을 그림 12.2.16 에 보였는데, $\omega < 0$ 인 주파수 영역에서의 power spectral density 를 0 으로 둔 것은 이 장에서는 one-sided 주파수 spectrum 을 사용하기 때문이다. 식(12.2.56)에서 살펴보면, 그림 12.2.16(b)와 그림 12.2.16(c)의 노이즈 power spectral density 를 ω 에 대해 적분한 양은 서로 같게 되어 두 경우의 전체 노이즈 power 인 rms noise 전압 분산$(\overline{v_n^2})$은 서로 같게 유지됨을 알 수 있다. 따라서 어떤 노이즈 신호의 noise power spectral density 가 $\left|V_n(j\omega)\right|^2$ 으로 주어질 때 노이즈 bandwidth B_i 는 다음 식으로 정의된다.

$$B_i \triangleq \frac{\int_0^\infty \left|V_n(j\omega)\right|^2 d\omega}{\max\{|V_n(j\omega)|^2\}} = \frac{\int_0^\infty |H_{LP}(j\omega)|^2\,d\omega}{\max\{|H_{LP}(j\omega)|^2\}} \tag{12.2.58}$$

위에서 설명한 low-pass 필터의 경우

$$\max\left\{\left|V_n(j\omega)\right|^2\right\} = \left|V_n(0)\right|^2 = N_O$$

로 주어진다.

PLL 의 경우, 입력신호를 보통 VCO free running 주파수 ω_o가 통과 대역에 포함된 band-pass 필터를 통과시킨 후 PLL 에 입력시킨다. 원래의 white noise 가 band-pass 필터를 통과한 후의 노이즈 bandwidth B_i 를 계산하는 과정을 다음에 보였다. 먼저 band-pass 필터의 전달함수 $H_{BP}(s)$는 2 차 필터를 가정하여 다음과 같이 주어진다.

$$H_{BP}(s) = \frac{\omega_{3dB} \, s}{s^2 + \omega_{3dB} \, s + (\omega_{n.BP})^2} \tag{12.2.59}$$

그림 12.2.17 에 이 경우의 각각의 노이즈 power spectral density 를 보였다. 이 경우의 B_i 는 다음 식으로 주어진다[3].

$$B_i = \frac{\pi}{2} \, \omega_{3dB} \tag{12.2.60}$$

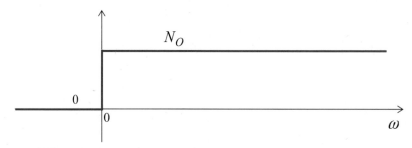

(a) 입력 white noise 의 power spectral density

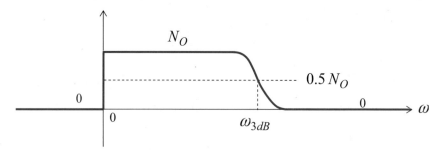

(b) 1 차 low-pass filter 를 통과시킨 후의 noise power spectral density

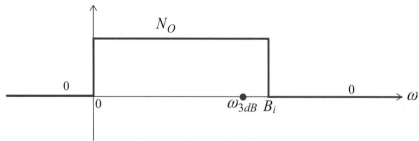

(c) 노이즈 bandwidth B_i 를 이용한 근사화

그림 **12.2.16** White noise 를 low-pass filter 를 통과시킨 후의 노이즈 bandwidth B_i

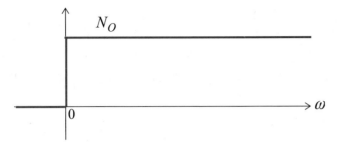

(a) 입력 white noise power spectral density

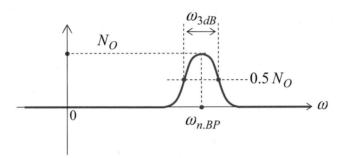

(b) band-pass filter 를 통과한 후의 noise power spectral density

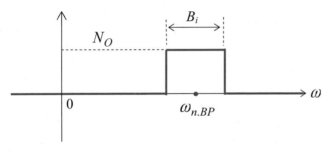

(c) 노이즈 bandwidth B_i를 이용한 근사화

그림 **12.2.17**   White noise 를 band-pass filter 를 통과시킨 후의 노이즈 bandwidth B_i

입력 노이즈 전압에 의한 입력위상 노이즈 발생

그림 12.2.18 에 보인 대로 입력전압 $v_i(t)$에 white noise 전압 $v_n(t)$가 추가된 경우, 위상검출기(phase detector)에 입력되는 $v_{i1}(t)$는 $v_n(t)$의 영향으로 진폭 노이즈 및 위상 노이즈를 가지게 된다. 위상검출기에 입력되는 두 신호전압($v_{i1}(t)$와 $v_{i2}(t)$)들은

구형파(square wave)로서 진폭이 어느 정도 값 이상이기만 하면 위상검출기의 출력전압은 입력신호전압의 진폭에 무관하게 되므로, $v_{i1}(t)$ 의 진폭 노이즈는 PLL 동작에 영향을 주지 않는다. $v_{i1}(t)$ 의 위상 노이즈는 위상검출기에 의해 인식되어 PLL 동작에 영향을 주게 된다.

PLL 은 식(12.2.18)에 주어진 전달함수

$$H(s) = \Phi_2(s)/\Phi_i(s) = \frac{2\zeta\omega_n s + \omega_n^2}{s^2 + 2\zeta\omega_n s + \omega_n^2}$$

식에서 알 수 있는 바와 같이, 위상 신호에 대해 low-pass 필터 기능을 한다. 따라서 이 low-pass 통과 대역을 줄임으로써 출력위상 노이즈 값을 입력위상 노이즈 값보다 작게 할 수 있다. 이를 정량적으로 설명하기 위해 먼저 입력 노이즈 $v_n(t)$ 에 의해 $v_{i1}(t)$ 의 위상 노이즈를 유기하는 과정을 다음에 보였다[3].

PLL 의 입력신호전압 $v_i(t)$ 는 식(12.2.54)에 주어진 대로 $v_i(t) = A_{i0}\sin(\omega_i t)$ 인 sine wave 로 가정하고, 또 해석을 간단하게 하기 위해 입력신호 주파수 ω_i 는 그림 12.2.18 의 band-pass 필터의 중심 주파수 $\omega_{n.BP}$ 와 같다고 가정하면, $v_i(t)$ 는 band-pass 필터를 이득 1 로 통과한다.

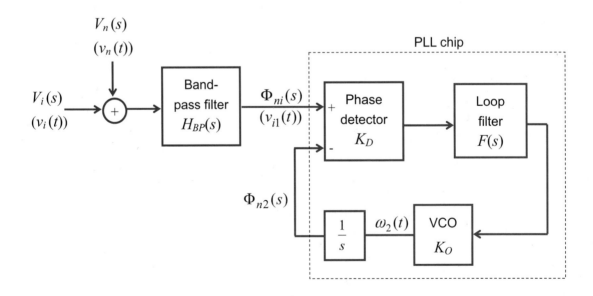

그림 **12.2.18** Lock 된 PLL 에 white noise ($V_n(s)$, $v_n(t)$)가 인가된 경우의 소신호 블록도

White noise 전압 $v_n(t)$ 는 band-pass 필터를 통과한 후 그림 12.2.19 에 보인 대로 power spectral density 값은 그대로 N_O 로 유지되지만, 노이즈 bandwidth 는 B_i 로 제한된다.

Band-pass 필터를 통과한 후의 노이즈 전압을 $v_{n1}(t)$ 라고 하면 $v_{n1}(t)$ 는 다음과 같이 $\sin(\omega_i t)$ 와 $\cos(\omega_i t)$ 의 식으로 표시할 수 있다.

$$v_{n1}(t) = s_n(t) \cdot \sin(\omega_i t) + c_n(t) \cdot \cos(\omega_i t) \tag{12.2.61}$$

이는 $\sin(\omega_i t)$ 와 $\cos(\omega_i t)$ 는 서로 orthogonal function(직교 함수)이므로 어떤 함수라도 위의 식으로 표시 가능하기 때문이다. 그리하여 band-pass 필터를 통과한 후의 전체 입력신호 $v_{i1}(t)$ 는 다음 식으로 표시된다.

$$v_{i1}(t) = v_i(t) + v_{n1}(t) = \{A_{i0} + s_n(t)\} \cdot \sin(\omega_i t) + c_n(t) \cdot \cos(\omega_i t) \tag{12.2.62.a}$$

$$v_{i1}(t) = \sqrt{\{A_{i0} + s_n(t)\}^2 + \{c_n(t)\}^2} \cdot \sin(\omega_i t + \phi_{ni}(t)) \tag{12.2.62.b}$$

식(12.2.61)에 보인 $v_{n1}(t)$ 의 분산(variance: mean square value) $\overline{v_{n1}(t)^2}$ 은 식(12.2.55)의 정의식에 따라 다음과 같이 표시된다.

$$\overline{v_{n1}(t)^2} = \lim_{T \to \infty} \frac{1}{T} \int_0^T \{ s_n(t) \cdot \sin(\omega_i t) + c_n(t) \cdot \cos(\omega_i t) \}^2 dt$$

$$= \lim_{T \to \infty} \frac{1}{T} \int_0^T \frac{1}{2} \cdot \left[\{s_n(t)\}^2 + \{c_n(t)\}^2 \right] + \frac{1}{2} \cdot \left[\{c_n(t)\}^2 - \{s_n(t)\}^2 \right] \cdot \cos(2\omega_i t)$$

$$+ s_n(t) \cdot c_n(t) \cdot \sin(2\omega_i t) \quad dt$$

$$\approx \lim_{T \to \infty} \frac{1}{T} \int_0^T \frac{1}{2} \left[\{s_n(t)\}^2 + \{c_n(t)\}^2 \right] dt$$

$$= \frac{1}{2} \left\{ \overline{s_n(t)^2} + \overline{c_n(t)^2} \right\} \tag{12.2.63}$$

위 식의 유도과정에서 $s_n(t)$ 와 $c_n(t)$ 는 그 주파수 대역이 0 에서 $B_i / 2$ 까지의 DC 에 가까운 저주파 대역에 속하므로, 적분 주기 T 가 충분히 클 때 $\sin(2\omega_i t)$ 혹은 $\cos(2\omega_i t)$ 와 곱해져서 시간에 대해 적분하면 0 이 된다는 사실을 이용하였다. 그림 12.2.19(a)에서

$$v_{n1}(t) = s_n(t) \cdot \sin(\omega_i t) + c_n(t) \cdot \cos(\omega_i t)$$

의 주파수 대역이 $\omega_i - (B_i / 2)$ 에서 $\omega_i + (B_i / 2)$ 까지이므로, $s_n(t)$ 과 $c_n(t)$ 의 각각의

주파수 대역은 $-(B_i/2)$ 에서 $+(B_i/2)$ 임을 알 수 있고, 이를 one-sided spectrum 으로 바꾸면 0 에서 $+(B_i/2)$ 임을 알 수 있다. $s_n(t)$ 와 $c_n(t)$ 는 서로 통계적으로 독립적인 랜덤 프로세스(statistically independent random process)이므로,

$$\overline{s_n(t)^2} = \overline{c_n(t)^2} \tag{12.2.64}$$

가 되고

$$\overline{v_{n1}(t)^2} = \frac{1}{2\pi} \int_0^\infty |V_{n1}(j\omega)|^2 \, d\omega = \frac{1}{2\pi} \cdot N_O \cdot B_i \tag{12.2.65}$$

가 된다.

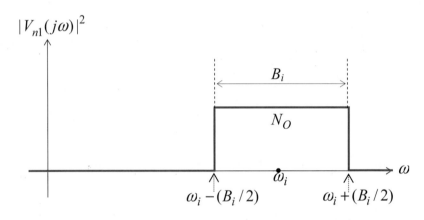

(a) band-pass filter 를 통과한 후의 노이즈 power spectral density

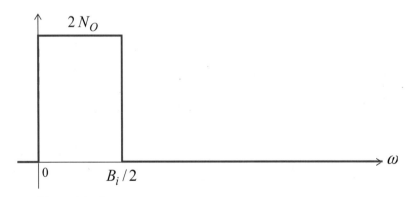

(b) $s_n(t), c_n(t)$ 의 power spectral density

그림 **12.2.19** $v_{n1}(t)$ 와 $s_n(t), c_n(t)$ 의 power spectral density

식(12.2.63), 식(12.2.64)과 식(12.2.65)를 결합하면 다음 관계식이 구해진다.

$$\overline{s_n(t)^2} = \overline{c_n(t)^2} = \frac{1}{2\pi} N_O B_i \tag{12.2.66}$$

그리하여 $s_n(t)$ 와 $c_n(t)$ 는 서로 같은 power spectral density 를 가지게 된다. 즉, 둘 다 power spectral density 값이 0 에서 $B_i/2$ 까지의 주파수 대역에서만 $2 \cdot N_O$ 가 되고, 그 외의 주파수 영역에서는 0 이 된다. 이를 그림 12.2.19(b)에 보였다.

식(12.2.62.b)에서 위상검출기에 입력되는 전체 전압 $v_{i1}(t)$ 의 식을 보였는데, 원래 의 신호 진폭인 A_{i0} 가 충분히 크기만 하면 $s_n(t)$ 와 $c_n(t)$ 에 의한 진폭 노이즈 는 PLL 동작에 영향을 주지 않는다. 그런데 위상 오차 $\phi_{ni}(t)$ 는 PLL 동작에 영향을 주어 출력신호의 위상 $\phi_2(t)$ 를 변화시킨다. 위상 오차를 위상 jitter 라고 부르기도 한다. $s_n(t)$ 와 $c_n(t)$ 는 노이즈 진폭이므로, 일반적으로 다음에 보인 대로 신호 진폭 A_{i0} 보다는 매우 작다.

$$|s_n(t)| \ll A_{i0}, \qquad |c_n(t)| \ll A_{i0} \tag{12.2.67}$$

다음에 위상 노이즈 $\phi_{ni}(t)$ 를 $s_n(t)$, $c_n(t)$, A_{i0} 등의 식으로 표시하는 법을 보였다. 먼저 페이저 다이어그램(phasor diagram)을 그리기 위해 식(12.2.62.a)를 다음 식으로 변형한다.

$$v_{i1}(t) = \text{Im}\left\{ A_{i0} \cdot e^{j\omega_i t} + s_n(t) \cdot e^{j\omega_i t} + j \cdot c_n(t) \cdot e^{j\omega_i t} \right\}$$

$$= \text{Im}\left\{ \left[A_{i0} + s_n(t) + j \cdot c_n(t) \right] \cdot e^{j\omega_i t} \right\} \tag{12.2.68}$$

여기서 A_{i0}, $s_n(t)$ 와 $c_n(t)$ 는 모두 실수(real number)이다. 페이저 다이어그램이란 복소수(complex number)인 페이저(phasor)의 실수값과 허수값을 각각 가로 좌표와 세로 좌표로 하여 그린 것으로, 식(12.2.68)의 페이저 항인 $\{ A_{i0} + s_n(t) + j \cdot c_n(t) \}$ 에 대한 페이저 다이어그램을 그림 12.2.20 에 보였다.

그림 12.2.20 에서 입력위상 노이즈 $\phi_{ni}(t)$ 는 다음 식으로 표시된다.

$$\phi_{ni}(t) = \tan^{-1}\left\{ \frac{c_n(t)}{A_{i0} + s_n(t)} \right\} \approx \tan^{-1}\left\{ \frac{c_n(t)}{A_{i0}} \right\} \approx \frac{c_n(t)}{A_{i0}} \tag{12.2.69}$$

그리하여 입력위상 노이즈 $\phi_{ni}(t)$의 mean square(variance) 값은

$$\overline{\phi_{ni}(t)^2} \approx \frac{\overline{c_n(t)^2}}{A_{i0}^2} = \frac{1}{2\pi} \cdot \frac{N_O \cdot B_i}{A_{i0}^2} \tag{12.2.70}$$

로 주어지고, $\phi_{ni}(t)$의 power spectral density $|\Phi_{ni}(j\omega)|^2$은 그림 12.2.19(b)의 power spectral density 와 식(12.2.69)으로부터 그림 12.2.21 에 보인 대로 다음 식으로 주어진다.

$$|\Phi_{ni}(j\omega)|^2 = \frac{|C_n(j\omega)|^2}{A_{i0}^2} = \begin{cases} \dfrac{2N_O}{A_{i0}^2} & for \quad 0 \le \omega \le \dfrac{B_i}{2} \\[3mm] 0 & for \quad \omega \ge \dfrac{B_i}{2} \end{cases} \tag{12.2.71}$$

식(12.2.70)에 주어진 입력위상 노이즈의 mean square 값을 입력신호 power P_{Si}와 입력 노이즈 power P_{Ni}의 비율로 표시하면 다음과 같다. 먼저 입력신호전압 $v_i(t)$는 $v_i(t) = A_{i0} \cdot \sin(\omega_i t)$ 인데, mean square 값 $\overline{v_i(t)^2}$는 $A_{i0}^2/2$로 주어진다. 따라서 PLL 회로의 입력저항 값이 $R_{in.PLL}$일 때, 입력신호 power P_{Si}식은 다음과 같다.

$$P_{Si} = \frac{\overline{v_i(t)^2}}{R_{in.PLL}} = \frac{A_{i0}^2}{2\,R_{in.PLL}} \tag{12.2.72.a}$$

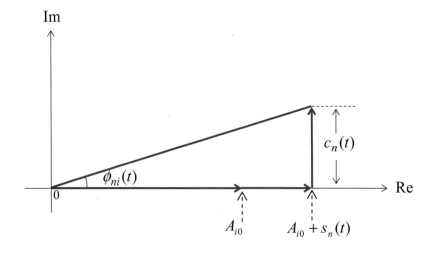

그림 **12.2.20** 식(12.2.68)의 페이저 다이어그램(phasor diagram)

입력 노이즈 power P_{Ni} 는 다음 식으로 계산된다.

$$P_{Ni} = \frac{\overline{v_{n1}(t)^2}}{R_{in.PLL}} = \frac{N_O\, B_i}{2\pi\, R_{in.PLL}} \tag{12.2.72.b}$$

여기서 식(12.2.65)의 결과를 이용하였다. 식(12.2.72.a)과 식(12.2.72.b)의 식을 이용하여 식(12.2.70)을 다시 쓰면, 입력위상 노이즈의 mean square 값은

$$\overline{\phi_{ni}(t)^2} = \frac{P_{Ni}}{2\, P_{Si}} = \frac{1}{2\, SNR_i} \tag{12.2.73}$$

로 주어진다. 여기서 $SNR_i = P_{Si} / P_{Ni}$ 로 입력신호 $v_i(t)$ 의 신호 대 잡음비(signal-to-noise ratio)를 나타낸다.

입력위상 노이즈로 인한 **PLL** 의 출력위상 노이즈

앞에서 입력위상 노이즈 mean square 값 $\overline{\phi_{ni}(t)^2}$ 과 power spectral density $|\Phi_{ni}(j\omega)|^2$ 를 구하여 각각 식(12.2.73)과 그림 12.2.21 에 보였다. Lock 된 PLL 에서 입력위상 노이즈 $\Phi_{ni}(s)$ 에 대한 출력위상 노이즈 $\Phi_{n2}(s)$ 를 구하기 위해 그림 12.2.18 을 이용한다. $\Phi_{n2}(s)$ 는 식(12.2.8)에 주어진 대로

$$\Phi_{n2}(s) = H(s) \cdot \Phi_{ni}(s) \tag{12.2.74}$$

로 표시된다. PLL 의 natural frequency ω_n 값이 루프필터 bandwidth $1/((R_1 + R_2)C)$ 보다 훨씬 크다고 가정하여 식(12.2.18)에 주어진 $H(s)$ 식을 이용한다. 그리하여 출력위상 노이즈의 power spectral density $|\Phi_{n2}(j\omega)|^2$ 은 다음 식으로 주어진다.

$$|\Phi_{n2}(j\omega)|^2 = |\Phi_{ni}(j\omega)|^2 \cdot |H(j\omega)|^2 \tag{12.2.75}$$

출력위상 노이즈의 mean square value $\overline{\phi_{n2}(t)^2}$ 은 식(12.2.71)에 주어진 $|\Phi_{ni}(j\omega)|^2$ 식을 이용하여 다음과 같이 계산된다.

$$\overline{\phi_{n2}(t)^2} = \frac{1}{2\pi} \cdot \int_0^\infty |\Phi_{n2}(j\omega)|^2\, d\omega$$

$$= \frac{1}{2\pi} \cdot \int_0^\infty |\Phi_{ni}(j\omega)|^2 \cdot |H(j\omega)|^2 \, d\omega$$

$$= \frac{1}{2\pi} \cdot \frac{2N_O}{A_{i0}{}^2} \cdot \int_0^{B_i/2} |H(j\omega)|^2 \, d\omega \tag{12.2.76}$$

위 식의 유도 과정에서 PLL 위상 전달함수 $H(s)$ 는 식(12.2.18)에 보인 대로 low-pass 필터로서 그 통과 대역(대체로 ω_n 부근의 값임)이 입력 노이즈 bandwidth 의 절반인 $B_i/2$ 보다 작다고 가정한다. 이 경우 식(12.2.76)은 다음 식으로 표시된다[3, 4].

$$\overline{\phi_{n2}(t)^2} \approx \frac{1}{2\pi} \cdot \frac{2N_O}{A_{i0}{}^2} \cdot \int_0^\infty |H(j\omega)|^2 \, d\omega = \frac{1}{2\pi} \cdot \frac{2N_O}{A_{i0}{}^2} \cdot B_L \tag{12.2.77}$$

$$B_L \triangleq \int_0^\infty |H(j\omega)|^2 \, d\omega = \frac{\omega_n}{2} \cdot \left(\zeta + \frac{1}{4\zeta} \right) \tag{12.2.78}$$

B_L 은 PLL noise bandwidth 라고 불리는데, PLL natural frequency ω_n 과 damping factor ζ 만의 함수로 주어진다. B_L 은 $\zeta = 0.5$ 일 때 최소값인 $0.5\,\omega_n$ 이 되고 보통 사용하는 ζ 값인 $\zeta = 1/\sqrt{2}$ 일 때 $0.53\,\omega_n$ 이 된다. 따라서 대체로 $\omega_n < B_i/2$ 이면 식(12.2.77)의 유도 과정에서 사용된 가정을 만족시킨다.

식(12.2.70)과 식(12.2.73)을 식(12.2.77)에 적용하면 다음과 같다.

$$\overline{\phi_{n2}(t)^2} = 2 \cdot \frac{B_L}{B_i} \cdot \overline{\phi_{ni}(t)^2} = \frac{B_L}{B_i} \cdot \frac{1}{SNR_i} \tag{12.2.79}$$

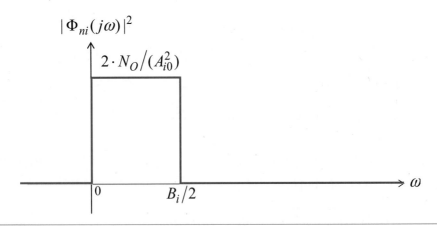

그림 **12.2.21** 입력위상 노이즈 $\phi_{ni}(t)$ 의 power spectral density $|\Phi_{ni}(j\omega)|^2$

그리하여 출력위상 노이즈의 mean square 값(rms 값의 제곱임)은 입력위상 노이즈의 mean square 값에다 $2B_L / B_i$ 가 곱해진 값이 된다. 따라서 입력위상 노이즈가 클 경우에 출력위상 노이즈를 줄이려면 식(12.2.78)에 정의된 PLL noise bandwidth B_L 값을 입력 노이즈 bandwidth B_i 보다 매우 작게 해야 한다(1/10 내지 1/20 배). 그런데 B_L 값을 너무 작게 하면 PLL lock time 이 증가한다. 식(12.2.73)에서 위상 노이즈, 즉 위상 jitter 의 rms(root mean square) 값은 다음 식으로 표시됨을 알 수 있다.

$$(rms\ \text{위상 jitter}) = \frac{1}{\sqrt{2\,SNR_i}} \tag{12.2.80}$$

PLL 출력에서의 SNR 값인 SNR_L 을 식(12.2.73)과 같은 방식으로 정의하면 다음 식으로 된다.

$$SNR_L = \frac{1}{2} \cdot \frac{1}{\overline{\phi_{n2}(t)^2}} = \frac{B_i}{2\,B_L} \cdot SNR_i \tag{12.2.81}$$

식(12.2.81)에서 살펴보면, PLL 에서 $B_i \gg (2B_L)$ 인 조건이 성립하면 출력신호의 SNR 값 (SNR_L) 은 입력신호의 SNR 값 (SNR_i) 보다 훨씬 커져서, 입력신호에는 위상 jitter 가 크더라도 출력신호는 위상 jitter 가 매우 작은 깨끗한 파형이 됨을 알 수 있다. 따라서 입력위상 노이즈로 인한 출력위상 노이즈를 줄이기 위해 보통 PLL bandwidth B_L 을 입력신호 주파수 ω_i 의 1/10 내지 1/20 정도로 잡는다.

VCO 노이즈에 의한 출력위상 노이즈

PLL 에 사용되는 전압제어 발진기(voltage controlled oscillator: VCO)는 크게 relaxation oscillator 와 tuned oscillator 로 구분할 수 있는데, relaxation oscillator 로는 ring oscillator 와 RC phase-shift oscillator 가 있고, tuned oscillator 로는 LC tuned oscillator 와 crystal-based tuned oscillator 가 있다[11].

Tuned oscillator 는 비교적 노이즈가 작지만, relaxation oscillator 에서는 power supply noise coupling 등으로 인하여 큰 노이즈가 발생되어 출력신호에 비교적 큰 위상 노이즈, 즉 위상 jitter 를 발생시킨다[12]. VCO 동작에 관해서는 12.4 절에서 설명한다.

그림 12.2.22 에 lock 된 PLL 에서 VCO 로 인한 위상 노이즈(위상 jitter)가 추가된 경우의 PLL 소신호 모델을 보였다. VCO 위상 노이즈는 그림 12.2.22 에서 $\Phi_{n.VCO}(s)$ 로 표시하였다.

그림 12.2.22 에서 VCO 노이즈만의 영향을 고려하기 위해 입력신호는 위상 노이즈가 없이 입력주파수 $\omega_i(t) = \omega_o$(VCO free running 주파수)로서 시간에 대해 변하지 않는다고 가정하였다. 따라서 $\Phi_i(s) = 0$ 이 되고, 위상 오차 $\Phi_e(s)$ 는 다음 식으로 표시된다.

$$\Phi_e(s) \underset{=}{\Delta} \ \Phi_i(s) - \Phi_{n2}(s) = -\Phi_{n2}(s) \tag{12.2.82}$$

여기서 $\Phi_{n2}(s)$ 는 출력위상 오차(위상 jitter)이다.

그림 12.2.22 에서 노이즈 전달함수 $H_{2n}(s)$ 는 다음 식으로 표시된다.

$$H_{2n}(s) \underset{=}{\Delta} \ \frac{\Phi_{n2}(s)}{\Phi_{n.VCO}(s)} = \frac{\text{(forward gain)}}{1 + \text{(loop gain)}} \tag{12.2.83}$$

여기서 forward gain(순방향 이득)은 $\Phi_{n.VCO}(s)$ 로부터 $\Phi_{n2}(s)$ 에 이르는 경로 이득으로 1 이 되고, 루프이득(loop gain)은 $-K_D F(s) K_O / s$ 이므로, $H_{2n}(s)$ 는 다음과 같다.

$$H_{2n}(s) = \frac{1}{1 - \dfrac{K_D F(s) K_O}{s}} \tag{12.2.84}$$

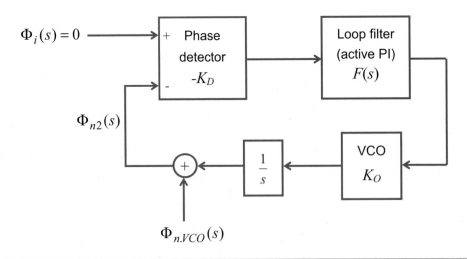

그림 **12.2.22** Lock 된 PLL 에서 VCO 위상 노이즈($\Phi_{n.VCO}(s)$)가 인가된 경우에 대한 PLL 회로의 소신호 모델

전달함수 특성을 비교적 간단하게 하기 위해 active PI 필터(그림 12.2.2(d))를 루프필
터로 사용하였다. 이 경우 DC 에 가까운 저주파 대역에서 루프이득 값이 음수(−)가
되므로, 동작점은 그림 12.2.6 에 보인 위상검출기 특성에서 소신호 위상검출기 이득
이 $-K_D$ 인 점 A 와 점 C 사이의 구간에서 동작점이 정해진다. 그림 12.2.2(d)에 보
인 active PI 필터의 전달함수 $F(s)$ 를 식(12.2.84)에 대입하면, $H_{2n}(s)$ 는

$$H_{2n}(s) = \frac{s^2 \cdot R_1 C}{s^2 \cdot R_1 C + s \cdot K_D K_O \cdot R_2 C + K_D K_O} \tag{12.2.85}$$

가 되어 high-pass 특성을 보인다. 표 12.2.6 에 보인 active PI 필터의 ω_n 과 ζ 값을
이용하여 식(12.2.85)를 다시 쓰면 다음 식으로 된다.

$$H_{2n}(s) = \frac{s^2}{s^2 + 2\zeta\omega_n s + \omega_n^2} \tag{12.2.86}$$

이는 high pass 필터의 전달함수로 $\omega = \omega_n$ 일 때 $|H_{2n}(j\omega_n)| = 1/(2 \cdot \zeta)$ 가 된다. 보통
사용하는 ζ 값인 $\zeta = 1/\sqrt{2}$ 일 때 $|H_{2n}(j\omega_n)| = 1/\sqrt{2}$ 가 되어 $\omega_{3dB} = \omega_n$ 이 됨을 알
수 있다.

출력위상 오차 $\Phi_{n2}(s)$ 의 power spectral density $|\Phi_{n2}(j\omega)|^2$ 는

$$|\Phi_{n2}(j\omega)|^2 = |H_{2n}(j\omega)|^2 \cdot |\Phi_{n.VCO}(j\omega)|^2 \tag{12.2.87}$$

으로 주어진다.

그림 12.2.23 에 위 식과 관련된 power spectral density 들을 보였다. VCO 위상 노이
즈(위상 jitter)인 $|\Phi_{n.VCO}(j\omega)|^2$ 의 주파수 특성은 DC 로부터 $B_{i.VCO}/2$ 까지만 0 이
아닌 값을 가지는 band-limit 된 spectrum 으로 가정하였다.

그리하여 출력위상 노이즈(위상 jitter)의 mean square 값인 $\overline{\phi_{n2}(t)^2}$ 은

$$\overline{\phi_{n2}(t)^2} = \begin{cases} N_O \cdot \left(\dfrac{B_{i.VCO}}{2} - B_L \right) & \left(\dfrac{B_{i.VCO}}{2} \geq B_L \text{ 일 때} \right) \\[3mm] 0 & \left(\dfrac{B_{i.VCO}}{2} < B_L \text{ 일 때} \right) \end{cases} \tag{12.2.88}$$

따라서 VCO 위상 노이즈로 인한 출력위상 jitter($\overline{\phi_{n2}(t)}$)를 감소시키기 위해서는 PLL natural frequency ω_n 값을 가능한 노이즈 bandwidth 의 절반인 $B_{i,VCO}/2$ 보다 크게 해야 한다.

그런데 PLL 입력신호의 노이즈로 인한 출력위상 jitter 를 감소시키기 위해서는 식 (12.2.77)과 식(12.2.78)에 보인 대로 ω_n 값을 되도록 감소시켜야 한다. 따라서 VCO 노이즈의 경우와 PLL 입력신호 노이즈의 경우에 ω_n 값에 대한 조건이 서로 상충되게 된다.

그리하여 크리스탈 발진기(crystal oscillator) 출력을 PLL 입력신호로 이용할 경우에는 PLL 입력 노이즈가 매우 작으므로 VCO 노이즈의 영향을 줄이기 위해 ω_n 값을 증가시켜야 하고, LC tuned oscillator 를 이용한 VCO 의 경우에는 VCO 노이즈가 작으므로, 입력 노이즈의 영향을 줄이기 위해 ω_n 값을 감소시켜야 한다.

일반적으로 출력신호의 SNR 인 SNR_L 이 3 dB(약 $\sqrt{2}$)보다는 커야 실제 응용에서 PLL 을 사용하는데 문제가 없다. 이 경우, 출력위상 노이즈(위상 jitter)의 표준편차에 해당하는 rms 위상 노이즈 값인 $\overline{\phi_{n2}(t)}$ 는 식(12.2.81)로부터

$$\overline{\phi_{n2}(t)} = \sqrt{\overline{\phi_{n2}(t)^2}} = \frac{1}{2\,SNR_L} < \frac{1}{2\sqrt{2}} = 0.353\ radian\ (20.2°)$$

가 된다. 따라서 SNR_L 이 3 dB(약 $\sqrt{2}$)보다 크게 되면, Gaussian 분포를 가지는 출력위상 노이즈 값 $|\phi_{n2}(t)|$ 가 표준 편차($\overline{\phi_{n2}(t)}$)의 4.5 배인 $\pi/2\ radian$(90°) 보다 커지는 확률이 작아져서 단위 시간당 PLL 이 lock out 되는 횟수가 줄어들게 된다.

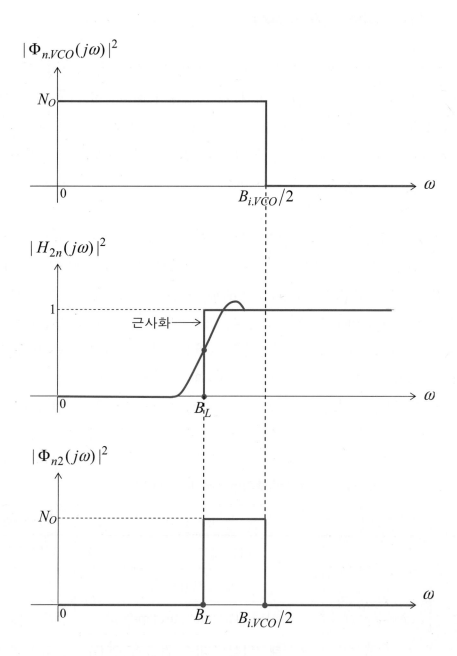

그림 **12.2.23** 식(12.2.87)에 보인 변수들의 power spectral density

12.3 위상검출기(phase detector)

위상검출기는 PLL 의 가장 중요한 소자로 두 입력신호의 위상 차이에 비례하는 전압 또는 전류를 출력시키는 소자로 여러 가지 형태의 회로들이 사용되고 있다.

위상검출기를 그 특징별로 분류하면 표 12.3.1 과 같은데, 크게 스위치 형태와 sequential 형태로 구분된다[1]. 스위치 형태 위상검출기로는 아날로그 곱셈기(analog multiplier)와 exclusive OR gate 가 있고, sequential 형태 위상검출기는 latch 나 flip-flop 등의 기억 소자를 사용하는 것으로서 2-상태와 3-상태로 세분된다. 또 상태(state) 수를 3 개보다 많게 하는 sequential 형태 위상검출기도 있다[2]. 상태 수가 3 개 또는 그 이상인 sequential 형태 위상검출기는 두 입력신호의 위상 차이뿐만 아니라 주파수 차이도 검출하므로 위상/주파수 검출기(phase frequency detector: PFD)라고도 불린다. 스위치 형태와 sequential 형태의 위상검출기는 그 출력이 위상 차이에 비례하는 선형 위상검출기이다. D flip-flop 은 두 신호의 위상값이 상대적으로 큰지 작은지 만을 구분하여 '0' 또는 '1'을 출력시켜 입력신호의 한 주기 시간 동안 그 출력값을 유지한다. 이를 크다 작다 만을 구분한다는 뜻으로 'bang bang(뱅뱅)' 위상검출기라고 부른다.

표 **12.3.1** 위상검출기(phase detector)의 분류

	형 태	분 류	회로 구분
선 형	스위치 형태	아날로그 곱셈기	아날로그
		EX-OR gate	디지털
	sequential 형태	2-상태 (RS latch, JK flip-flop)	디지털
		3-상태 (위상/주파수 검출기: PFD)	디지털
비선형	Bang-bang	D flip-flop	디지털

이에 비해 sequential 형태의 선형 위상검출기는 뱅뱅 위상검출기와 같이 '0' 또는 '1'을 출력하지만, 두 신호의 위상차이에 비례하는 시간 동안만 그 값을 유지하는 점이 뱅뱅 위상검출기와 다르다.

앞 절(12.2 절)에서는 아날로그 곱셈기를 위상검출기로 사용하는 아날로그 PLL 회로에 대해서 그 성질 및 특징을 설명하였다. 이 절에서는 표 12.3.1 에서 보인 위상검출기들 중에서 아날로그 곱셈기를 제외한 나머지 위상검출기들에 대해 그 동작과 특징을 설명한다.

12.3.1 Exclusive-OR gate 위상검출기의 성질

Exclusive-OR gate 를 사용하는 위상검출기는 스위치 형태 위상검출기의 일종으로 아날로그 곱셈기를 사용하는 위상검출기와 거의 같은 성질을 가진다. 그림 12.3.1 에 Exclusive-OR gate 를 사용하는 위상검출기의 회로 기호, 각 전압 파형과 동작 특성을 보였다.

그림 12.3.1 에서 보인 입력신호 $v_i(t)$ 와 출력신호 $v_2(t)$ 는 둘 다 구형파(square wave)인 0 과 V_{DD} 의 두 가지 전압 레벨만을 가지는 binary 디지털 신호로서 입력신호 주파수 ω_i 와 출력신호 주파수 ω_2 는 서로 같고, $v_i(t)$ 와 $v_2(t)$ 는 둘 다 duty cycle 값이 50%라야 한다.

그림 12.3.1(b)와 (c)에서 위상검출기 출력전압 $v_d(t)$ 는 DC 성분과 $2\omega_i$ 및 $2\omega_i$ 이상의 주파수 값을 가지는 harmonics 로 되어 있음을 알 수 있다. $2\omega_i$ 와 그 이상의 주파수 성분은 결국 루프필터(loop filter)에 의해 제거되고 DC 성분만 루프필터를 통과 하므로, PLL 해석에서 위상검출기 출력전압 $v_d(t)$ 를 DC 성분에 해당하는 $v_d(t)$ 의 평균 전압 $\overline{v_d(t)}$ 와 같다고 해도 무방하다.

12.3.2 절과 12.3.3 절에 설명할 sequential 형태 위상검출기의 경우는 $v_d(t)$ 가 DC 성분과 ω_i 및 그 이상의 고주파 성분을 가지는데 반해, exclusive-OR gate 나 analog multiplier 등의 스위치 형태 위상검출기의 경우는 $v_d(t)$ 가 DC 성분과 $2\omega_i$ 및 그 이상의 고주파 성분을 가지므로 루프필터에 의해 제거하기가 훨씬 용이하다.

(a) Exclusive-OR gate 를 사용한 위상검출기의 회로 기호

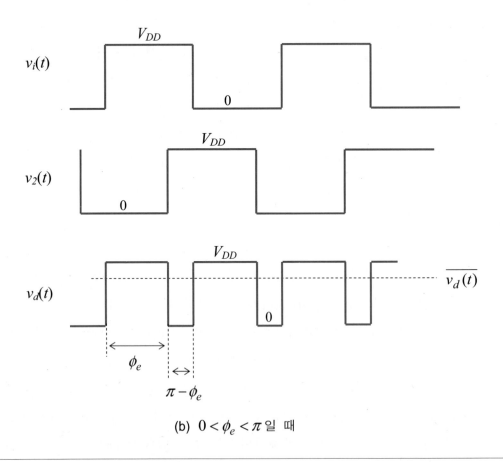

(b) $0 < \phi_e < \pi$ 일 때

그림 **12.3.1** Exclusive-OR gate 를 사용한 스위치 형태 위상검출기의 동작 특성

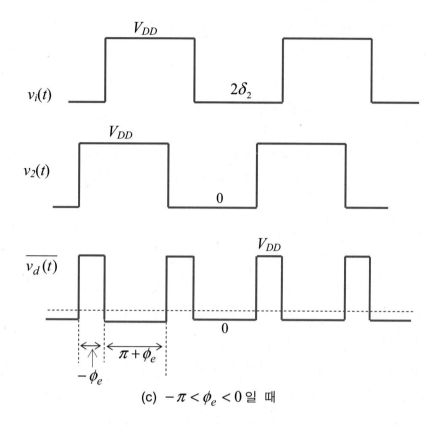

(c) $-\pi < \phi_e < 0$ 일 때

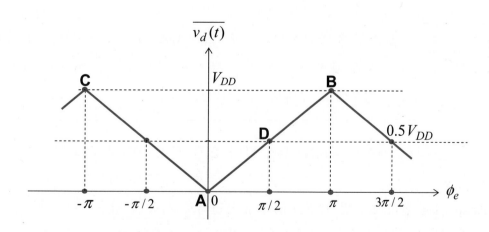

(d) 위상검출기 평균 출력전압 $\overline{v_d(t)}$ 와 위상오차 ϕ_e 와의 관계

그림 **12.3.1** Exclusive-OR gate 를 사용한 스위치 형태 위상검출기의 동작 특성 (계속)

그림 12.3.1(b)에 위상오차 $\phi_e = \phi_i - \phi_2$ 값이 0 과 π $radian$ 사이에 놓이는 경우를 보였다. 여기서 ϕ_i 는 입력신호 v_i 의 위상이고 ϕ_2 는 출력신호 v_2 의 위상이다. 이 경우 $v_d(t)$ 의 평균 전압인 $\overline{v_d(t)}$ 는

$$\overline{v_d(t)} = \frac{V_{DD} \cdot \phi_e + 0 \cdot (\pi - \phi_e)}{\pi} = \frac{V_{DD}}{\pi} \cdot \phi_e \qquad (12.3.1.a)$$

로 주어진다. 그림 12.3.1(c)에 보인 $-\pi < \phi_e < 0$ 인 경우의 $\overline{v_d(t)}$ 는

$$\overline{v_d(t)} = \frac{V_{DD} \cdot (-\phi_e) + 0 \cdot (\pi + \phi_e)}{\pi} = -\frac{V_{DD}}{\pi} \cdot \phi_e \qquad (12.3.1.b)$$

로 주어진다. 이 두 경우를 종합한 위상검출기 특성을 그림 12.3.1(d)에 보였다. 이를 그림 12.2.6 에 보인 아날로그 곱셈기를 사용한 위상검출기 회로의 특성과 비교하면 기준 전압이 0 에서 $V_{DD}/2$ 로 바뀐 것 이외에는 완전히 일치함을 알 수 있다. 그림 12.2.6 과 그림 12.3.1(d)에 보인 위상검출기 특성은 스위치 형태 위상검출기의 공통된 특성이다.

Exclusive–OR gate 에서 기준 전압이 0 대신 $V_{DD}/2$ 가 되었기 때문에 VCO free running 주파수 ω_o 를 발생시키는 VCO 입력의 기준 전압인 $v_{VCO.REF}$ 도 0 대신 $V_{DD}/2$ 가 되어야 한다. $v_{VCO.REF}$ 을 포함하는 VCO 특성식을 식(12.1.3)에 보였다. 그런데 이 $v_{VCO.REF}$ 값이 0 에서 $V_{DD}/2$ 로 변한 것은 DC 특성만 변화시키고 소신호 특성에는 영향을 주지 않기 때문에 앞 절(12.2)에서 보인 아날로그 곱셈기를 이용한 위상검출기 경우에 대해 확립한 모든 소신호 해석 식들은 exclusive-OR gate 를 사용한 위상검출기 경우에도 그대로 적용된다.

동작점 계산: Passive lag 필터 2 를 루프필터로 사용한 경우

Passive lag 필터 2(그림 12.2.2(b))를 루프필터로 사용할 경우 루프필터의 DC 또는 저주파에서의 소신호 이득은 양수(+)가 된다. 또 소신호 VCO 이득 K_O 는 보통 양수(+)이므로 위상검출기의 소신호 이득 K_D 가 양수(+)인 영역에서만 negative 피드백 동작이 이루어져서 안정된 동작점이 형성된다. 따라서 이 경우 그림 12.3.1(d)의 점 A 와 점 B 사이의 위상오차(ϕ_e) 영역에서 위상검출기의 동작점이 결정된다. 입력

주파수 ω_i 가 VCO free running 주파수 ω_o 와 같은 perfect lock 상태에서는 $\omega_2 = \omega_i = \omega_o$ 인 관계식이 성립하므로 식(12.1.3)에 주어진 VCO 특성식인

$$\omega_2 = \omega_o + K_O \cdot (v_f - v_{VCO.REF})$$

에 의해, VCO 입력전압 v_f 는 $v_{VCO.REF}$ 인 $V_{DD}/2$ 와 같아져야 하고 passive lag 루프 필터의 소신호 DC 이득은 +1 이므로 위상검출기 출력전압 $\overline{v_d(t)}$ 도 $V_{DD}/2$ 가 되어야 한다. 따라서 perfect lock 경우에는 동작점이 그림 12.3.1(d)의 D 점으로 되어 위상 오차(ϕ_e) 값은 $\pi/2\ radian\,(90^\circ)$ 이 된다.

그리하여 passive lag 필터 2 를 루프필터로 사용하는 PLL 에서 $\omega_i = \omega_o$ 인 perfect lock 상태에서의 동작점 변수들은 다음과 같다.

$$v_f \quad = \quad v_{VCO.REF} \quad = \frac{V_{DD}}{2}$$

$$\overline{v}_d \quad = \quad \frac{V_{DD}}{2}$$

$$\phi_e \quad = \quad \frac{\pi}{2}$$

$\omega_i \neq \omega_o$ 인 상태에서 PLL 이 lock 된 경우에는 동작점이 다음과 같이 계산된다. PLL 이 lock 되어 있으므로 $\omega_2 = \omega_i$ 가 된다. 식(12.1.3)에 주어진 VCO 특성식을 이용하면 VCO 입력전압 v_f 의 값은 perfect lock 상태의 동작점 값인 $v_{VCO.REF}$ 으로부터 다음과 같이 변하게 된다.

$$v_f \quad = \quad v_{VCO.REF} \quad + \quad \frac{\omega_i - \omega_o}{K_O} = \quad \frac{V_{DD}}{2} \quad + \quad \frac{\omega_i - \omega_o}{K_O} \qquad (12.3.2.\text{a})$$

루프필터의 소신호 DC 이득은 $F(0)$ 이므로, 위상검출기 평균 출력전압 $\overline{v}_d$ 는 perfect lock 상태의 동작점 값인 $V_{DD}/2$ 로부터 다음과 같이 변하게 된다.

$$\overline{v}_d \quad = \quad \frac{V_{DD}}{2} \quad + \quad \frac{\omega_i - \omega_o}{K_O F(0)} \qquad (12.3.2.\text{b})$$

위에서 설명된 대로 passive 필터 2 를 루프필터로 사용하였으므로, 위상검출기의 동작점은 그림 12.3.1(d)의 점 A 와 점 B 사이에서 결정된다. 이 구간의 위상검출기 특성 식은 식(12.3.1.a)로 표시되므로, 위상오차 ϕ_e 는 perfect lock 상태의 동작점 값인

$\pi/2$ 로부터 다음과 같이 구해진다.

$$\phi_e = \frac{\pi}{2} + \frac{\omega_i - \omega_o}{K_D K_O F(0)} \tag{12.3.3}$$

여기서 K_D 는 소신호 위상검출기 이득으로 그림 12.3.1(d)와 식(12.3.1.a)로부터

$$K_D = \frac{V_{DD}}{\pi} \tag{12.3.4}$$

로 주어진다. Passive lag 필터 2 의 DC 이득 $F(0)$은 1 이므로 식(12.3.3)에 $F(0)=1$ 을 대입하면 ϕ_e 값이 계산된다.

위상오차 ϕ_e 값이 $-\pi$ 와 0 사이에 놓이게 되어 그림 12.3.1(d)의 점 C 와 점 A 사이에 오게 되면, 전체 PLL 회로는 위상에 대한 positive 피드백 회로가 되어 안정된 동작점이 결정되지 못하고 결국 점 A 혹은 점 C 쪽으로 빠져 나간 후 점 A 와 점 B 사이의 영역에서 안정된 동작점이 결정되게 된다. 그림 12.3.1(d)에서 점 B 와 점 C 는 위상오차가 2π 만큼 차이가 나므로 서로 같은 점이 된다. 그리하여 그림 12.3.1 (d)에서의 점 A 와 점 C 사이의 영역은 불안정한 영역으로 과도 상태에서 안정된 동작점을 찾아 가기까지의 중간 경로 역할을 하는데 이 불안정한 영역의 위상오차 구간이 길수록 안정된 동작점을 찾아 갈 때 까지의 시간이 길어지게 된다. 12.3.2 절과 12.3.3 절에 설명할 sequential 형태 위상검출기에서는 이 불안정한 영역의 위상오차 구간이 거의 0 이 되어 매우 짧은데, 스위치 형태 위상검출기에서는 이 불안정한 영역(그림 12.3.1(d)의 점 A 와 점 C 사이의 영역)이 안정된 영역(점 A 와 점 B 사이의 영역)과 같은 위상오차 크기를 가지므로 과도 현상에서 안정된 동작점을 찾아 갈 때까지 비교적 긴 시간이 요구되는 단점이 있다.

동작점 계산: Active PI 필터를 루프필터로 사용할 경우

위에서는 소신호 DC 이득($F(0)$)이 +1 인 passive lag 필터 2 를 루프필터로 사용하는 경우에 대해 설명하였는데, 다음에 소신호 DC 이득($F(0)$)이 무한대인 active PI 필터(그림 12.2.2(d))를 루프필터로 사용하는 경우에 대해 설명한다. 이 경우 루프필터의 저주파 소신호 이득은 음수($-$)가 되므로 그림 12.3.1(d)에 보인 exclusive-OR gate 위상검출기의 특성에서 위상검출기의 소신호 이득이 음수(−)가 되는 점 C 와 점 A 사이의 영역인 $-\pi < \phi_e < 0$ 인 구간에서 안정된 동작점이 형성된다. 이 경우 위상오차(ϕ_e) 값이 점 A 와 점 B 사이의 영역에 놓이게 되면 위상검출기의 소신호 이득은 양수(+)가 되어 전체 PLL 회로는 위상에 대한 positive 피드백 회로가 되어 불안정한 동작점이 된다. 그리하여 루프필터로 active PI 필터를 사용할 경우에는 passive lag 필터 2 를 사용하는 경우에 비해 위상검출기의 안정 동작 영역과 불안정 동작 영역이 서로 뒤바뀌게 된다.

따라서 active PI 필터를 루프필터로 사용하는 PLL 에서, $\omega_i = \omega_o$ 인 perfect lock 상태의 동작점 변수들은 다음과 같이 주어진다.

$$v_f = v_{VCO.REF} = \frac{V_{DD}}{2}$$

$$\bar{v}_d = \frac{V_{DD}}{2}$$

$$\phi_e = -\frac{\pi}{2}$$

$\omega_i \neq \omega_o$ 인 상태에서 PLL 이 lock 되게 되면, 동작점은 위에 주어진 perfect lock 상태의 동작점으로부터 다음과 같이 변하게 된다.

$$v_f = v_{VCO.REF} + \frac{\omega_i - \omega_o}{2} = \frac{V_{DD}}{2} + \frac{\omega_i - \omega_o}{2} \tag{12.3.5.a}$$

$$\bar{v}_d = \frac{V_{DD}}{2} + \frac{\omega_i - \omega_o}{K_O F(0)} = \frac{V_{DD}}{2} \tag{12.3.5.b}$$

$$\phi_e = -\frac{\pi}{2} - \frac{\omega_i - \omega_o}{K_D K_O F(0)} = -\frac{\pi}{2} \tag{12.3.5.c}$$

여기서 active PI 필터의 소신호 이득 $F(0)$은 $-\infty$ 인 사실을 이용하였고, 위 식의 K_D 는 식(12.3.4)에 주어진 양(+)의 값이다.

Duty cycle 이 50%가 아닌 경우

Exclusive-OR gate 와 아날로그 곱셈기 등의 스위치 형태 위상검출기에서는 입력신호 $v_i(t)$ 와 출력신호 $v_2(t)$ 의 duty cycle 이 둘 다 50%라야 제대로 동작하여 각각 그림 12.3.1(d)와 그림 12.2.6 에 보인 특성을 준다. 만일 $v_i(t)$ 와 $v_2(t)$ 중에서 하나라도 이 조건을 만족하지 못하면 위상검출기 특성은 크게 왜곡되어 전체 PLL 회로의 특성을 저하시키게 된다[3].

그림 12.3.2 에 $v_i(t)$ 의 duty cycle 은 50%이고 $v_2(t)$ 의 duty cycle 은 δ_2 로서 50%가 되지 못하는 경우를 보였다. 그림 12.3.2(a)와 (b)에서 위상오차 ϕ_e 값이 각각 0과 $(1-2\delta_2)\cdot\pi$ 인 경우를 보였다. 여기서 δ_2 는 0.5 보다 작은 값을 가진다. 앞에서와 같은 방법으로 위상오차에 대해 0 에서 2π 까지 적분하면, 위상검출기 출력전압의 평균값인 $\overline{v_d(t)}$ 는 $\phi_e = 0$ 일 때

$$\overline{v_d(t)} = (0.5-\delta_2)\cdot V_{DD}$$

가 된다. $\phi_e = (1-2\delta_2)\cdot\pi$ 일 때도

$$\overline{v_d(t)} = (0.5-\delta_2)\cdot V_{DD}$$

가 되어 $\phi_e = 0$ 일 때와 같은 $\overline{v_d(t)}$ 값을 가지게 된다. 실제로 위상오차 ϕ_e 가 $-(1-2\delta_2)\pi < \phi_e < (1-2\delta_2)\pi$ 의 범위에서는 $\overline{v_d(t)} = (0.5-\delta_2)\cdot V_{DD}$ 로 ϕ_e 값에 무관하게 일정한 값으로 유지된다.

또, $2\delta_2\ \pi < \phi_e < (2-2\delta_2)\pi$ 인 위상오차(ϕ_e) 범위에서도

$$\overline{v_d(t)} = (0.5+\delta_2)\cdot V_{DD}$$

로 ϕ_e 값에 무관하게 일정한 값으로 유지된다. 그림 12.3.2(c)에 이 특성을 보였다.

그리하여 $v_i(t)$ 와 $v_2(t)$ 중에서 하나라도 duty cycle 이 50%가 되지 못하면 exclusive OR gate 위상검출기의 선형 동작 범위가 크게 제약되어 hold range $\Delta\omega_L$ 등의 값이 크게 줄어들어 전체 PLL 회로의 성능을 저하시킨다. 이는 아날로그 곱셈기 위상검출기를 포함한 스위치 형태 위상검출기의 공통된 성질이다.

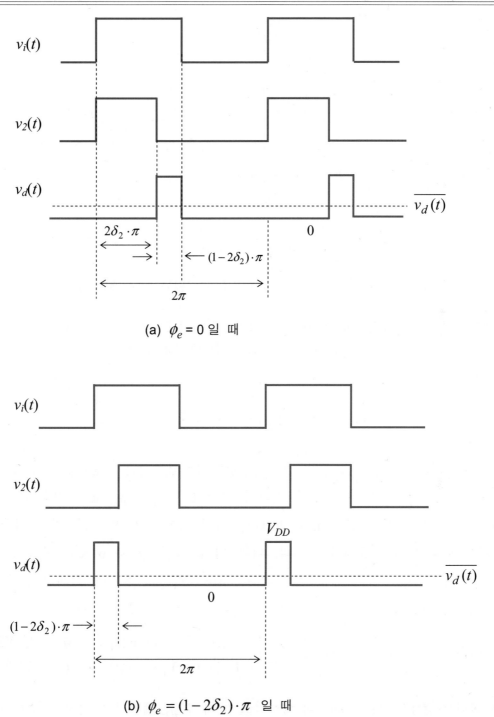

(a) $\phi_e = 0$ 일 때

(b) $\phi_e = (1 - 2\delta_2) \cdot \pi$ 일 때

그림 **12.3.2** $v_2(t)$ 의 duty cycle (δ_2) 이 50 %가 아닐 경우의 exclusive OR gate 위상
검출기 특성 ($\delta_2 < 50$ % 이고, $v_i(t)$ 의 duty cycle 은 50 % 임)

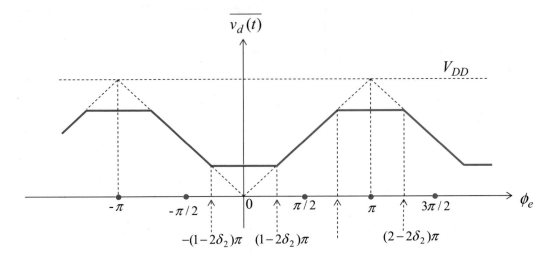

(c) 위상 오차 ϕ_e 에 대한 위상검출기의 평균 출력 전압

그림 **12.3.2** $v_2(t)$ 의 duty cycle (δ_2) 이 50 %가 아닐 경우의 exclusive OR gate 위상 검출기 특성 ($\delta_2 <$ 50 % 이고, $v_i(t)$ 의 duty cycle 은 50 % 임) (계속)

입력 missing code 에 대한 응답 특성

그런데 exclusive-OR gate 등의 스위치 형태 위상검출기를 사용하는 PLL 에서는, 입력신호 $v_i(t)$ 가 상당 기간 동안 변하지 않고 0 혹은 V_{DD} 값이 지속되는 missing code 가 발생할 경우에도 PLL 이 lock-out 되지 않고 다시 입력신호가 들어 오면 계속하여 lock 상태를 유지하게 된다. 이는 입력신호 $v_i(t)$ 가 0 또는 V_{DD} 로 시간에 대해 변하지 않을 경우, 위상검출기의 exclusive–OR gate 동작에 의해 위상검출기 출력전압 $v_d(t)$ 는

$$v_d(t) = v_i(t) \oplus v_2(t) = \begin{cases} v_2(t) & (\ v_i(t) = 0 \quad \text{일 때} \ ) \\ V_{DD} - v_2(t) & (\ v_i(t) = V_{DD} \quad \text{일 때} \ ) \end{cases}$$

가 된다. $v_2(t)$ 는 duty cycle 이 50%이고 0 과 V_{DD} 레벨만을 가지는 구형파(square wave)이므로, $v_i(t)$ 가 계속해서 0 으로 유지되는 경우와 $v_i(t)$ 가 계속해서 V_{DD} 로 유지되는 두 가지 경우에 대해 모두 $v_d(t)$ 의 평균 전압 $\overline{v_d(t)}$ 는 $V_{DD}/2$ 가 되어

$v_{VCO.REF}$ 과 같아지므로 VCO 출력전압 $v_2(t)$ 의 주파수 ω_2 는 VCO free running 주파수 ω_o 와 같아진다. 이 상태는 $\overline{v_d(t)}$, $v_f(t)$, ω_2, $v_2(t)$ 에 관한 한 perfect lock 상태와 같으므로, 입력신호 $v_i(t)$ 에 missing code 가 발생하여도 PLL 은 lock 상태를 유지한다. 그 후에 입력신호 $v_i(t)$ 의 pulse 입력이 재개될 경우 VCO 출력주파수 ω_2 는 빠른 시간 내에 입력주파수 ω_i 로 변함으로써, PLL 이 lock-out 되는 일이 없이 계속하여 lock 상태를 유지하게 된다.

이는 스위치 형태 위상검출기를 사용하는 PLL 의 공통된 성질로, 스위치 형태 위상검출기의 일종인 아날로그 곱셈기를 위상검출기로 사용하는 PLL 에도 적용된다. 이에 반해 sequential 형태 위상검출기를 사용하는 PLL 에서는 입력 missing code 가 발생할 경우 PLL 은 보통 lock-out 된다.

12.3.2 2-상태 sequential 형태 위상검출기 (*)

앞에서 설명한 아날로그 곱셈기와 exclusive-OR gate 등의 스위치 형태 위상검출기는 memory 기능이 없는데 반해, sequential 형태 위상검출기는 latch 나 flip-flop 등의 memory 소자를 사용함으로써 memory 기능을 가지게 된다. Sequential 형태 위상검출기를 세분하면 2-상태, 3-상태와 n-상태($n > 3$) 위상검출기들로 구분할 수 있다[3]. 여기서 상태(state)라고 하는 것은 디지털 memory 회로에서의 memory 된 상태를 말하는데 2-상태 회로에서는 상태가 '0' 혹은 '1'로서 latch 나 flip flop 등의 적어도 한 개의 memory 소자를 필요로 하고 3-상태 회로에서는 적어도 두 개의 memory 소자를 필요로 한다.

여기서는 먼저 2-상태 sequential 형태 위상검출기의 동작과 특징에 대해 설명한다. 그림 12.3.3 에 2-상태 sequential 형태 위상검출기들의 회로를 보였다.

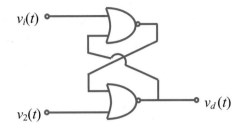

(a) SR latch[11]

$v_i(t)$	$v_2(t)$	$v_d(t)$
0	0	과거상태 유지
0	V_{DD}	0
V_{DD}	0	V_{DD}
V_{DD}	V_{DD}	0

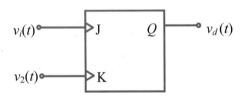

(b) Positive edge triggered JK flip-flop[4]

$v_i(t)$	$v_2(t)$	$v_d(t)$
⌐↑	과거상태 유지	V_{DD}
과거상태 유지	⌐↑	0

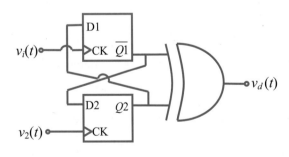

(c) Cross coupled positive edge triggered D flip-flop 과 exclusive-OR gate [3]

$v_i(t)$	$v_2(t)$	$v_d(t)$
⌐↑	과거상태 유지	V_{DD}
과거상태 유지	⌐↑	0

그림 **12.3.3** 2-상태 sequential 형태 위상검출기 회로

SR latch 위상검출기

그림 12.3.3(a)에 보인 SR latch 위상검출기의 동작을 그림 12.3.4 에 보였다.

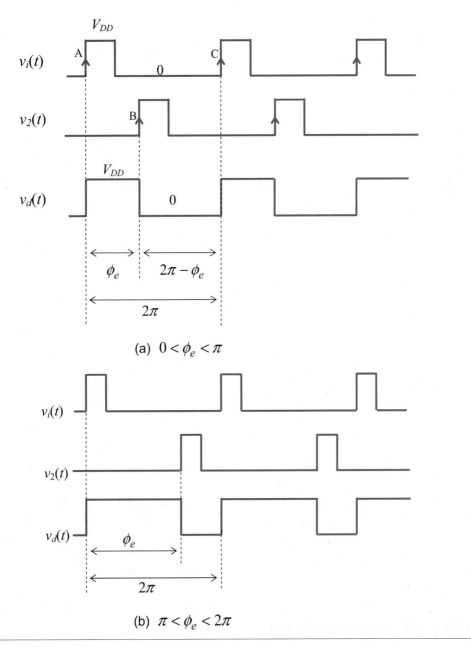

(a) $0 < \phi_e < \pi$

(b) $\pi < \phi_e < 2\pi$

그림 **12.3.4** SR latch 위상검출기의 동작

그림 12.3.4(a)에서 위상오차 ϕ_e 가 $0 < \phi_e < \pi$ 인 범위에 놓인 경우, 위상검출기의 평균 출력전압인 $\overline{v_d(t)}$ 는

$$\overline{v_d(t)} = \frac{\phi_e \cdot V_{DD} + 0 \cdot (2\pi - \phi_e)}{2\pi} = \frac{V_{DD}}{2\pi} \cdot \phi_e \tag{12.3.6}$$

로 주어진다. 그림 12.3.4(b)에 $\pi < \phi_e < 2\pi$ 인 경우를 보였는데, 이 경우도 위상검출기의 평균 출력전압은 그림 12.2.4(a)의 $0 < \phi_e < \pi$ 인 경우와 동일하게 식 (12.3.6)으로 주어짐을 알 수 있다.

위상오차 ϕ_e 는 $\phi_e = \phi_i - \phi_2$ 로 주어지는데, 그림 12.3.4(a)에 보인 ϕ_e 는 v_i 의 rising edge A 와 v_2 의 rising edge B 를 서로 비교한 것인데, 만일 v_i 의 rising edge C 와 v_2 의 rising edge B 를 서로 비교하면 이 경우의 위상오차는 음수(−)로 $\phi_e - 2\pi$ 가 된다. 여기서 ϕ_e 는 그림 12.3.4(a)에 보인 양수(+)인 ϕ_e 값이다. 따라서 위상오차가 ϕ_e 일 때와 $\phi_e - 2\pi$ 일 때는 $v_i(t)$ 와 $v_2(t)$ 의 파형이 동일하므로, 이 두 경우의 위상검출기 평균 전압값 $\overline{v_d(t)}$ 는 서로 같게 된다. 일반적으로 위상오차가 ϕ_e 일 때와 $\phi_e + 2m \cdot \pi$ (m 은 정수)일 때는 서로 같은 $v_d(t)$ 파형을 출력시켜 평균값 $\overline{v_d(t)}$ 가 서로 같다. 이들을 종합하여, 위상검출기 평균 출력전압 $\overline{v_d(t)}$ 를 위상오차 ϕ_e 에 대해 그리면 그림 12.3.5 와 같게 된다.

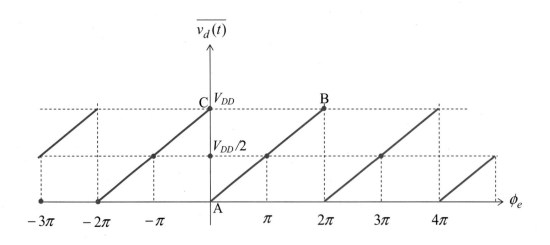

그림 **12.3.5** SR latch 위상검출기 특성

(2-상태 sequential 형태 위상검출기에 공통으로 적용되는 특성임)

그리하여 SR latch 는 일종의 메모리 소자로서 '0'와 '1'의 두 가지 상태를 가지는 2-상태 sequential 형태 위상검출기로 동작한다. 그런데 그림 12.3.5 에 보인 특성은 입력신호 $v_i(t)$와 출력신호 $v_2(t)$의 duty cycle 이 매우 작을 때 성립하고, 이 두 신호의 duty cycle δ 가 커서 그림 12.3.6 에 보인 대로 $\phi_e + \delta \cdot 2\pi > 2\pi$ 가 되면, 즉 $\delta > 1 - (\phi_e/(2\pi))$ 가 되면 위상검출기의 평균 출력전압인 $\overline{v_d(t)}$ 는

$$\overline{v_d(t)} = (1-\delta) \cdot V_{DD}$$

가 된다. 다시 말하면, duty cycle δ 값이 주어진 경우, $\phi_e > (1-\delta) \cdot 2\pi$ 인 영역에서는 위상검출기 평균 출력전압 $\overline{v_d(t)}$ 는 ϕ_e 값에 무관하게 일정한 값$((1-\delta) \cdot V_{DD})$이 된다.

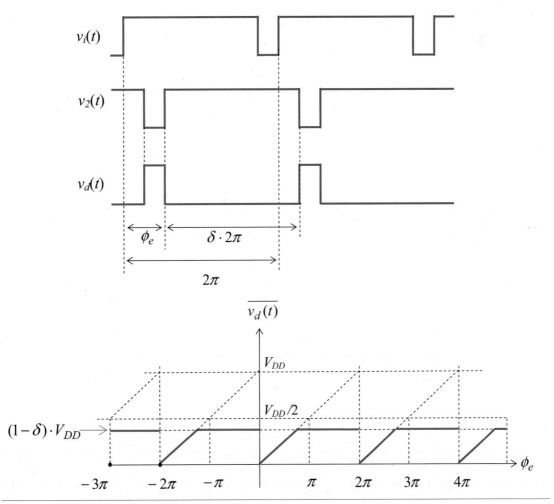

그림 **12.3.6** Duty cycle $\delta > 1 - \phi_e/(2\pi)$ 인 경우의 SR latch 위상검출기 특성 (0< δ <0.5)

Edge triggered 2-상태 sequential 형태 위상검출기

앞에서 설명한 SR latch 위상검출기는, 신호의 duty cycle 이 매우 작을 때에는 2-상태 sequental 형태 위상검출기로 잘 동작하지만, duty cycle 이 증가하면 위상검출기 평균 출력전압 범위가 크게 제한된다. Positive edge triggered flip-flop 을 이용한 그림 12.3.3(b)와 (c)에 보인 회로에서는 신호의 상승 edge 에 의해서만 동작하므로 duty cycle 에 무관한 특성을 가지게 된다.

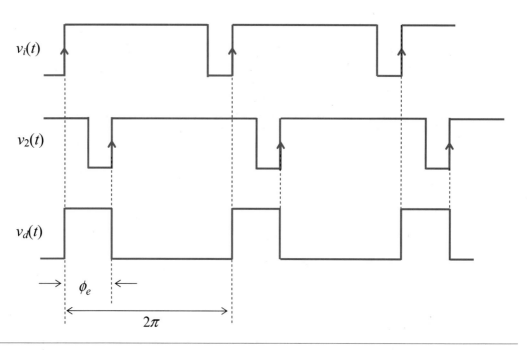

그림 **12.3.7**　그림 12.3.6 의 입력신호 $v_i(t)$ 와 $v_2(t)$ 파형에 대한 positive edge triggered 2-상태 sequential 형태 위상검출기(그림 12.3.3(b)와 (c))의 출력 파형 $v_d(t)$

그림 12.3.3(b)에 보인 회로에서는 JK flip flop 의 동작에 의해 $v_i(t)$ 의 상승 edge 에서 $v_d(t)$ 는 V_{DD} 가 되고 $v_2(t)$ 의 상승 edge 에서 $v_d(t)$ 는 0 이 된다. 그림 12.3.3(c)에 보인 회로는 두 개의 positive edge triggered D flip-flop 과 한 개의 exclusive-OR gate

로 구성되어 있는데, 이 회로에서는 $v_i(t)$ 의 상승 edge 에서 Q1 은 Q2 와 같게 되므로 $\overline{Q1}$ 는 Q2 와 다른 값을 가지게 되어 exclusive-OR gate 의 출력인 $v_d(t)$ 는 1 이 된다. $v_2(t)$ 의 상승 edge 에서는 Q2 는 $\overline{Q1}$ 와 같아지므로 exclusive-OR 게이트의 동작에 비해 $v_d(t)$ 는 0 이 된다. 그리하여 그림 12.3.3(b)와 (c) 회로는 서로 같은 동작을 하게 된다. 위 두 회로가 신호의 duty cycle 에 무관하게 동작함을 보이기 위해 SR latch 위상검출기로는 제대로 동작하지 않았던 그림 12.3.6 의 입력신호 파형에 대한 위 두 회로(그림 12.3.3(b)와 (c))의 동작을 그림 12.3.7 에 보였다. $v_i(t)$ 와 $v_2(t)$ 의 상승 edge 만 위상검출기 출력에 영향을 주므로 duty cycle 에 무관하게 정확한 평균 출력전압 $\overline{v_d(t)} = (V_{DD}/2\pi) \cdot \phi_e$ 를 출력시킴을 확인할 수 있다.

그리하여 positive edge triggered flip-flop 회로를 사용한 위상검출기들(그림 12.3.3(b)와 (c))은 신호의 duty cycle 에 무관하게 그림 12.3.5 에 보인 정확한 출력 특성을 준다는 것을 알 수 있다.

2-상태 sequential 형태 위상검출기의 공통 특징

그림 12.3.5 에 보인 위상검출기 특성은 그림 12.3.3 에 보인 모든 2-상태 sequential 형태 위상검출기의 공통된 특성이다. 그림 12.3.5 에서 소신호 위상검출기 이득 K_D 는

$$K_D = \frac{V_{DD}}{2\pi}$$

로 주어진다. VCO 출력주파수 $\omega_2(t)$ 는 식(12.2.7)에 보인 대로

$$\omega_2(t) = \omega_o + K_O \cdot (v_f(t) - v_{VCO.REF})$$

로 주어진다. 그림 12.3.5 에 보인 2-상태 sequential 형태 위상검출기의 경우 $v_{VCO.REF} = V_{DD}/2$ 로 잡는다. 그리하여 입력주파수 ω_i 가 VCO free running 주파수 ω_o 와 같은 perfect lock 상태에서는 $v_f(t)$ 가 $v_{VCO.REF}$ 인 $V_{DD}/2$ 와 같아야 하므로, 이때의 ϕ_e 값은 그림 12.3.5 로부터 $\pi\ radian$ (180°)이 되어야 함을 알 수 있다. 즉 perfect lock 상태에서의 ϕ_e 는 180° 가 된다. Lock 된 PLL 에서 임의의 입력주파수

$\omega_i(t)$ 에 대해서는 $v_f(t)$ 와 $\phi_e(t)$ 는 다음 식에 보인 대로 각각 perfect lock 상태 ($\omega_i = \omega_o$)의 값인 $V_{DD}/2$ 와 π 로부터 $\omega_i(t) - \omega_o$ 에 비례하는 값 만큼씩 변하게 된다.

$$v_f(t) = \frac{V_{DD}}{2} + \frac{\omega_i(t) - \omega_o}{K_O} \qquad (12.3.7.a)$$

$$\phi_e(t) = \pi + \frac{\omega_i(t) - \omega_o}{K_D \cdot K_O \cdot F(0)} \qquad (12.3.7.b)$$

여기서 $F(0)$은 루프필터의 소신호 DC 이득 값으로, active PI 필터의 경우 $F(0)$은 무한대가 되므로 PLL 이 lock 되기만 하면 위상오차 ϕ_e 값은 입력주파수 $\omega_i(t)$ 값에 무관하게 항상 π 로 유지된다.

그림 12.3.5 에 보인 2-상태 sequential 형태 위상검출기 특성에서 소신호 위상검출기 이득은 항상 양(+)의 값을 가지게 되므로 보통 VCO 이득 K_O 는 양(+)이므로 루프필터의 DC 또는 저주파 소신호 이득은 양(+)의 값을 가져야만 전체 PLL 회로는 위상에 대한 negative 피드백 루프로 동작하여 안정된 동작점을 가지게 된다. 따라서 그림 12.2.2 에 보인 루프필터 중에서 passive lag 필터는 DC 이득이 +1 이므로 그냥 사용할 수 있지만 active lag 필터와 active PI 필터는 DC 와 저주파 소신호 이득이 음수(−)이므로 전압 극성을 바꾸어 주기 위해 inversion 회로를 추가로 필요로 한다. 그리하여 그림 12.3.5 의 점 A 와 점 B 사이의 영역에서 안정된 동작점이 결정되고 positive 피드백 루프를 형성하는 점 A 와 점 C 사이의 영역은 위상오차 ϕ_e 의 간격이 0 이므로 과도 현상에서 비교적 빠른 시간내에 이 불안정한 영역(점 A 와 점 C 사이)을 통과하여 안정된 영역(점 A 와 점 B 사이)으로 들어오게 된다. 이는 그림 12.3.1 에 보인 스위치 형태 위상검출기의 공통된 특성 곡선에서는 이 불안정한 영역이 넓어서 과도 현상에서 안정된 영역으로 들어오기까지 비교적 긴 시간이 소요되는 것과 대조된다.

2-상태 sequential 형태 위상검출기를 사용하는 PLL 의 hold range $\Delta\omega_H$ 는 식 (12.2.40)의 유도 과정에서와 마찬가지로 하여

$$\Delta\omega_H = \pi \cdot K_D K_O F(0) \qquad (12.3.8)$$

로 주어진다. 여기서 $F(0)$는 사용된 루프필터의 소신호 DC 이득이다.

Lock-in range $\Delta\omega_L$ 은 식(12.2.45)의 유도 과정과 같은 방식을 사용하면 다음 식으

로 유도된다.

$$\Delta\omega_L = \pi \cdot K_D K_O F_H \tag{12.3.9}$$

위 식의 유도 과정에서 $\Delta\omega_L \gg 1/(R_2 C)$ 라고 가정하였는데 $1/(R_2 C)$ 는 루프필터의 zero 주파수이다. F_H 는 $\omega > 1/(R_2 C)$ 일 때의 소신호 루프필터 이득으로 passive lag 필터 2 의 경우 $F_H = R_2/(R_1+R_2)$ 이고 active PI 필터의 경우 $F_H = R_2/R_1$ 으로, 두 경우 모두 F_H 는 1 보다 매우 작은 양이다. DC PLL 루프이득 $K_O K_D F(0)$ 가 $1/(R_2 C)$ 보다 훨씬 크다고 가정하고 표 12.2.6 에 보인 ω_n 와 ζ 를 이용하면, 식 (12.3.9)의 lock-in range $\Delta\omega_L$ 은 두 경우의 루프필터에 공통으로

$$\Delta\omega_L \approx 2\pi \cdot \zeta \cdot \omega_n \tag{12.3.10}$$

이 된다. Lock-in time T_L 은 아날로그 곱셈기 위상검출기의 경우와 동일하게 표 12.2.6 에 보인 결과와 같다.

그 밖에 pull-in range $\Delta\omega_P$, pull-in time T_P 와 pull-out range $\Delta\omega_{PO}$ 는 아날로그 곱셈기 위상검출기의 경우와 조금 차이가 나는데 이를 표 12.3.4 에 비교하였다(p.1282).

2-상태 sequential 형태 위상검출기의 단점

2-상태 와 3-상태를 포함한 sequential 형태 위상검출기는 스위치 형태 위상검출기에 비해 입력신호(v_i)의 노이즈에 민감한 단점을 가진다. 이는 exclusive-OR gate 등의 스위치 형태 위상검출기는 신호의 전체 파형에서 평균 출력전압($\overline{v_d}$)을 구하는데 반해, sequential 형태 위상검출기에서는 신호의 상승 edge 로부터 평균 출력전압을 구하므로, 입력신호에 노이즈가 인가된 경우 이 노이즈 성분을 신호의 상승 edge 로 간주하여 위상오차를 줄이려고 노력하기 때문이다.

이와 관련된 것으로, sequential 형태 위상검출기는, 비교적 오랜 시간 동안 입력신호가 변하지 않고 0 또는 V_{DD} 로 고정되는 입력 missing code 현상이 발생할 때, 주로 PLL 이 lock out 되었다가 입력신호가 다시 들어왔을 때 다시 pull-in 과정을 거쳐 lock 되기까지 많은 시간이 소요되는 단점이 있다. Exclusive-OR gate 등의 스위치 형태 위상검출기는 앞 절(12.3.1 절)에서 설명한 대로, 입력 missing code 현상이 일어날

때도 PLL 이 perfect lock 상태와 같은 출력주파수를 발생시키게 함으로써 ($\omega_2 = \omega_o$) 입력신호가 재개되었을 때 PLL 이 빠른 시간 내에 lock 되게 된다.

그림 12.3.8 에 입력 missing code 가 발생한 경우에 스위치 형태인 exclusive-OR gate 위상검출기와 sequential 형태인 positive edge triggered 2-상태 위상검출기의 출력전압 (v_d) 파형을 보였다.

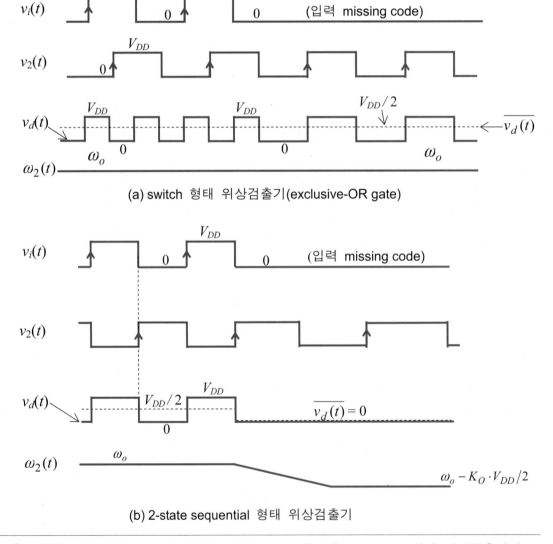

(a) switch 형태 위상검출기(exclusive-OR gate)

(b) 2-state sequential 형태 위상검출기

그림 **12.3.8** 입력 missing code 발생 시의 switch 형태와 sequential 형태 위상검출기의 응답 특성

그림 12.3.8 에서 입력 missing code 가 발생하기 전에 입력신호 주파수 ω_i 는 VCO free running 주파수 ω_o 와 같아서 PLL 은 perfect lock 상태를 유지한다고 가정한다. 입력 missing code 가 발생하여 입력신호 전압 $v_i(t)$ 가 0 V 를 유지할 경우, 스위치 형태인 exclusive-OR gate 위상검출기의 경우는 그림 12.3.8(a)에 보인 대로 위상검출기 평균 출력전압 $\overline{v_d(t)}$ 는 $V_{DD}/2$ 가 되어 VCO 출력주파수 ω_2 는 free running 주파수 값인 ω_o 로 유지된다. 그 반면에 2-상태 sequential 형태 위상검출기의 경우는 평균 전압 $\overline{v_d(t)}$ 는 $0V$ 가 되므로 VCO 출력주파수 ω_2 는 $\omega_o - K_O \cdot V_{DD}/2$ 로 낮아져서 PLL 은 lock 을 잃어버리게 된다. 입력신호가 임의의 주파수 ω_i 로 재개되었을 경우 스위치 형태 위상검출기는 $\Delta\omega_{i0} = \omega_i - \omega_o$ 값이 비교적 작아서 비교적 빠른 시간 내에 다시 lock 상태로 들어가지만 sequential 형태 위상검출기는 보통 $\Delta\omega_{i0} = \omega_i - (\omega_o - K_O \cdot V_{DD}/2)$ 값이 크게 되어 pull-in 과정을 거쳐 비교적 오랜 시간이 경과한 후에 lock 상태에 도달하게 된다. 표 12.2.6 에서 보인 대로 스위치 형태 위상검출기의 pull-in time T_P 는 $(\Delta\omega_{i0})^2$ 에 비례하게 되는데 이는 sequential 형태 위상검출기에도 적용된다.

스위치 형태 위상검출기에 대한 sequential 형태 위상검출기의 또 다른 단점은 그림 12.3.8 에서 입력 missing code 가 발생하기 전의 정상 동작 상태에서 알 수 있는 바와 같이 위상검출기 출력전압 $v_d(t)$ 의 고주파 성분 주파수가 스위치 형태의 경우 $2\omega_i$ 인데 비해 sequential 형태인 경우 ω_i 가 된다. 따라서 sequential 형태의 경우가 이 고주파 성분을 루프필터를 통해 필터링(filtering)하기가 상대적으로 어려우므로 고주파 전압에 의한 VCO 의 위상 변조 잡음이 더 크게 된다.

12.3.3 3-상태 sequential 형태 위상검출기

앞에서 설명한 위상검출기들은 모두 두 입력신호의 위상 차이만 검출하지만, 3-상태 sequential 형태 위상검출기는 두 입력신호의 위상 차이뿐만 아니라 주파수 차이도 검출하므로 위상/주파수 검출기(phase frequency detector: PFD)라고도 불린다. 그림 12.3.9 에 3-상태 sequential 형태 위상검출기 회로를 보였는데, 이 회로는 두 개의 positive edge triggered D flip-flop 과 부수 회로들로 구성되어 있다. 이 회로의 동작은 다음과 같다. $v_i(t)$ 의 상승(rising) edge 에서 $U =$ '1'이 되고, $v_2(t)$ 의 상승 edge 에서 $D =$ '1'이 된다. U 와 D 가 둘 다 '1'이면 AND gate 에 의해 두 개의 D flip-flop 이 reset 되어 U 와 D 는 둘 다 '0'이 된다. 이를 표 12.3.2 에 정리하였다.

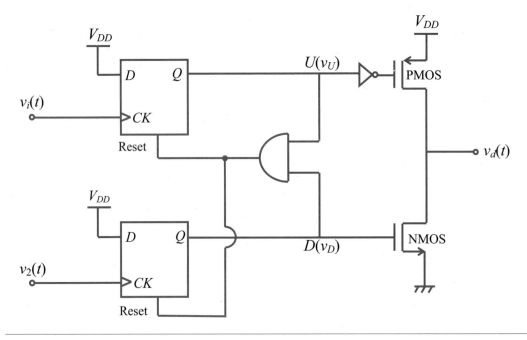

그림 **12.3.9** 3-상태 sequential 형태 위상검출기 회로

표 **12.3.2** 3-상태 sequential 형태 위상검출기의 상태(state)

U	D	NMOS	PMOS	$v_d(t)$	상태 (state)
'0'	'0'	off	off	high impedance 상태	0
'1'	'0'	off	on	V_{DD}	+1
'0'	'1'	on	off	0	−1
'1'	'1'			Reset='1'이 되어 다음의 상태(state)로 바뀐다.	
		off	off	high impedance 상태	0

표 12.3.2 에 보인 대로 3-상태 위상검출기는 0, +1, −1 의 세 가지 상태를 출력하는데, $v_d(t)$ 가 high-impedance 상태가 되는 상태 0 으로 인해 그림 12.3.9 의 3-상태 위상검출기는 위상검출(phase detection) 기능뿐만 아니라 추후 설명할 주파수 검출 (frequency detection) 기능까지 가지게 된다. 그리하여 이 회로를, 앞에서 언급한 대로, 위상/주파수 검출기(phase frequency detector: PFD)라고도 부른다. 그림 12.3.10 에 이 회로의 상태도(state diagram)를 보였다.

그림 12.3.10 의 상태도(state diagram)에서, 입력신호 v_i 의 상승 edge 가 계속될 경우에는 상태 숫자가 1 씩 증가하다가 +1 상태에 도달하면 계속하여 +1 상태에 머물게 된다. VCO 출력신호 v_2 의 상승 edge 가 계속될 경우에는 상태 숫자가 1 씩 감소하다가 −1 상태에 도달하면 이 상태에 머물게 된다.

그림 12.3.9 에 보인 위상검출기의 동작 특성을 조사하기 위해 이 위상검출기를 PLL 회로에 연결하지 않고 $v_i(t)$ 와 $v_2(t)$ 에 주파수가 각각 ω_i 와 ω_2 인 구형파 (square wave) 전압원을 연결한다. 입력신호 $v_i(t)$ 의 주파수 ω_i 를 ω_2 보다 크게 한 경우($\omega_i > \omega_2$)와 ω_i 를 ω_2 보다 작게 한 경우($\omega_i < \omega_2$)에 대해서, $v_i(t)$, $v_2(t)$ 와 (U-D)의 파형을 그림 12.3.11 에 보였다. 이 경우 위상차 $\phi_e(t)$ 는 $\phi_e(t) = (\omega_i - \omega_o)\cdot t$ 가 되어 시간에 대해 비례적으로 증가하거나 감소하게 된다. 이 회로도 edge-triggered 2-상태 위상검출기와 마찬가지로 신호의 duty cycle 에는 무관하게 동작한다.

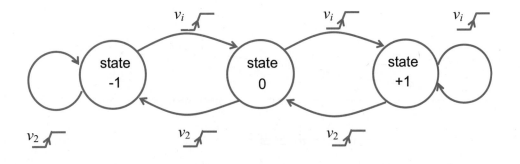

그림 **12.3.10**　그림 12.3.9 회로의 state diagram(상태도)

그림 12.3.11 에서 U 와 D 는 각각 logic 값인 0 혹은 1 을 가지는데, U-D 의 평균 값으로부터 위상검출기의 평균 출력전압 $\overline{v_d(t)}$ 를 구하는 과정을 다음에 보였다. U-D 의 평균값(dashed line)이 1 이 되면 $\overline{v_d(t)}$ 는 V_{DD} 가 되고, U-D 의 평균값이 −1 이 되면 $\overline{v_d(t)}$ 는 0 이 되고, U-D 의 평균값이 0 이 되면 그림 12.3.9 에서 NMOS 와 PMOS 둘 다 off 되어 $\overline{v_d(t)}$ 는 high impedance 상태가 되어 과거의 DC 전압을 유지 하게 된다. U-D 의 평균값이 0 이 되는 경우는 이 절의 후반부에서 설명한다.

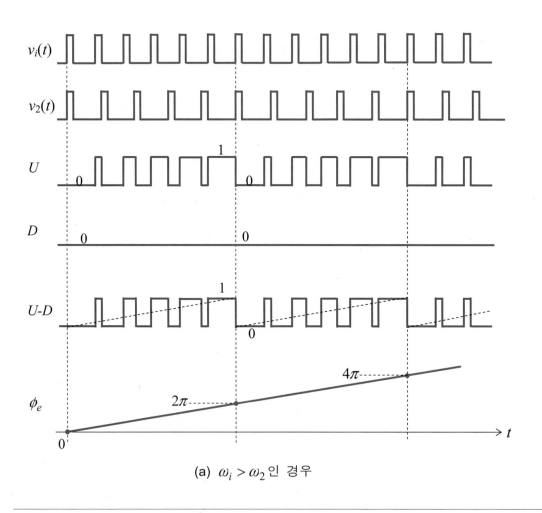

(a) $\omega_i > \omega_2$ 인 경우

그림 **12.3.11** 그림 12.3.9 에 보인 3-상태 위상검출기의 동작 특성

그림 12.3.11(a)와 (b)에서 *U-D* 의 평균값(dashed line)에 대한 결과를 종합하면 위상오차 $\phi_e(t)$ 가 0에서 시작할 경우의 3-상태 위상검출기의 특성은 그림 12.3.12(a)와 같게 된다. 이 그림에서 위상검출기의 평균 출력전압 $\overline{v_d(t)}$ 의 과거 DC 전압이 $V_{DD}/2$ 라고 가정하여 $t=0$ 인 시각에서의 $\overline{v_d(t)}$ 를 $V_{DD}/2$ 로 두었다. 여기서 위상오차 $\phi_e(t)$ 는 단조 증가(그림 12.3.11(a)) 혹은 단조 감소(그림 12.3.11(b))하게 된다. $\omega_i > \omega_2$ 로서 $\phi_e(t)$ 가 단조 증가할 경우에는 $\phi_e(t) > 0$ 이므로 점 O 에서 출발하여 점 A 를 거쳐 화살표로 표시된 대로 계속하여 오른쪽으로 진행하게 되고, $\omega_i < \omega_2$ 로서 $\phi_e(t)$ 가 단조 감소할 경우에는 $\phi_e(t) < 0$ 이므로, 점 O 에서 출발하여 점 B 를 거쳐 화살표로 표시된 대로 계속하여 왼쪽으로 진행하게 된다.

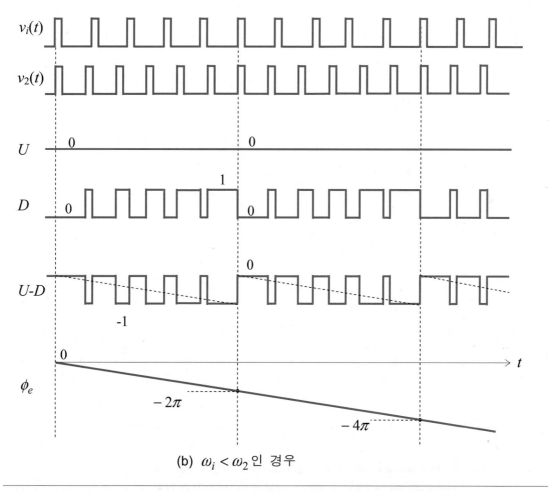

(b) $\omega_i < \omega_2$ 인 경우

그림 **12.3.11**   그림 12.3.9에 보인 3-상태 위상검출기의 동작 특성 (계속)

그런데 $\phi_e(t)$ 가 증가와 감소를 같이 할 경우, 예를 들어 $\phi_e(t)$ 가 점 O 에서 시작한 경우 $\pi\ radian$ 까지 단조 증가하였다가 다시 $-\pi\ radian$ 까지 단조 감소하였다가 점 O 로 되돌아오는 경우는, 이 과정 동안 위상검출기 특성은 그림 12.3.12(a)의 점 A 와 점 B 를 연결하는 직선 특성식을 따르게 된다.

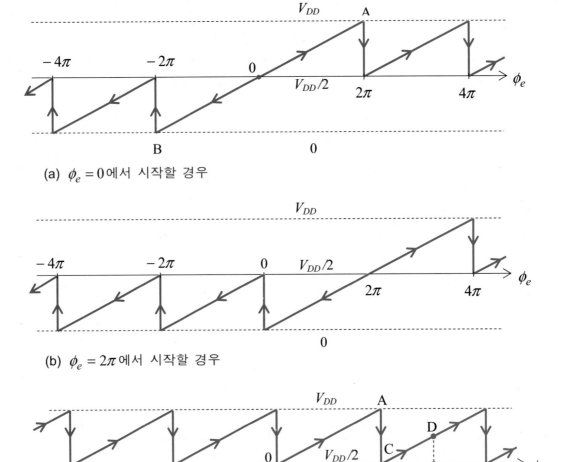

(a) $\phi_e = 0$ 에서 시작할 경우

(b) $\phi_e = 2\pi$ 에서 시작할 경우

(c) 일반적인 경우

그림 **12.3.12** 3-state sequential 형태 위상검출기의 동작 특성
가로축은 위상오차 ϕ_e 이고, 세로축은 위상검출기의 평균 출력전압인 $\overline{v_d(t)}$ 이다.

일반적으로 $\phi_e(t)$가 0 에서 시작한 후 $\phi_e(t)$ 값이 -2π *radian* 에서 $+2\pi$ *radian* 사이의 범위를 벗어나지 않는 한 위상검출기는 그림 12.3.12(a)의 점 A 와 점 B 를 연결하는 직선 특성식을 따라 동작한다. 이 영역($-2\pi < \phi_e < 2\pi$)에서의 소신호 위상검출기 이득 K_D 는

$$K_D = \frac{V_{DD}}{4\pi} \tag{12.3.11}$$

로 주어지고, 위상검출기의 평균 출력전압 $\overline{v_d(t)}$ 는

$$\overline{v_d(t)} = K_D \cdot \phi_e(t) \;\; + \;\; \frac{V_{DD}}{2} \tag{12.3.12.a}$$

로 주어진다. 그림 12.3.11(a)와 (b)에서 알 수 있듯이 $-2\pi < \phi_e < 2\pi$ 인 영역에서 $U(t) - D(t)$ 의 평균값 $\overline{U(t) - D(t)}$ 는 위상오차 $\phi_e(t)$ 에 비례하여 다음 식으로 표시된다.

$$\overline{U(t) - D(t)} \;\; = \;\; \frac{1}{2\pi} \cdot \phi_e(t) \tag{12.3.12.b}$$

이를 식(12.3.12.a)에 적용하면 $\overline{v_d(t)}$ 는 다음과 같이 $\overline{U(t) - D(t)}$ 의 식으로 표시된다.

$$\overline{v_d(t)} \;\; = \;\; 2\pi \cdot K_D \cdot \overline{U(t) - D(t)} + \frac{V_{DD}}{2} \;\; = \;\; \frac{V_{DD}}{2} \cdot \overline{U(t) - D(t)} + \frac{V_{DD}}{2} \tag{12.3.12.c}$$

3-상태 위상검출기를 사용한 PLL 에서는 perfect lock 상태($\omega_i = \omega_o$)에서 $\phi_e = 0$ 이 된다. Perfect lock 상태의 PLL 동작 설명은 다음 페이지에 보인다. 그리하여 과도 현상도 그림 12.3.12(a)에 보인 대로 $t = 0$ 인 시각에 $\phi_e = 0$ 에서 시작하지만, 과도 현상 도중에 예를 들어 $\phi_e = 0$ 에서 시작하여 $\phi_e = 2\pi$ 를 조금 넘어서는 값까지 단조 증가한 후 다시 $\phi_e = 2\pi$ 가 되었다가 ϕ_e 값이 다시 단조 감소하는 경우가 발생할 수 있다. 이 경우 $\phi_e = 2\pi$ 에서 시작하는 셈이 되는데 $\phi_e = 2\pi$ 는 기본적으로 $\phi_e = 0$ 과 같으므로, 이때의 위상검출기 특성 곡선은 그림 12.3.12(b)에 보인 대로 그림 12.3.12(a)에 보인 $\phi_e = 0$ 에서 출발하는 특성 곡선을 오른쪽으로 2π 만큼 평행 이동시킨 것이 된다. 일반적으로 $\phi_e = m \cdot 2\pi$ (m 은 정수)에서 시작할 때의 위상검출기 특성식은 $\phi_e = 0$ 에서 출발하는 특성 곡선을 가로 축으로 $m \cdot 2\pi$ 만큼 평행 이동시킨 것이 되는데, 이들을 중첩 시키면 그림 12.3.12(c)에 보인 특성 곡선이 된다. 여기서 일종의 히스테리시스(hysterisis) 특성을 보게 되는데 이는 3-상태 sequential 형태 위상검출기가 memory 소자를 내장하고 있어서 위상오차(ϕ_e)의 과거 경로를 기억하

고 있기 때문이다.

그림 12.3.12(c)에 보인 3-상태 위상검출기의 동작 특성을 구체적으로 알아보기 위해 다음 예에 대한 동작점 이동을 살펴본다. ϕ_e 가 0 에서 시작하여 3π 까지 단조 증가한 후 다시 단조 감소하여 0 으로 되는 경우의 동작점 이동은 다음과 같다.

$$\phi_e \qquad 0 \rightarrow 2\pi \rightarrow 3\pi \rightarrow 2\pi \rightarrow 0$$

$$\text{동작점:} \quad O \rightarrow A \rightarrow C \rightarrow D \rightarrow C \rightarrow E \rightarrow O$$

여기서 $A \rightarrow C$ 와 $E \rightarrow O$ 구간은 positive 피드백으로 인한 불안정한 동작 구간이고 이 구간의 위상오차(ϕ_e) 값 차이는 0 이므로, 이 불안정한 동작 영역을 통과하는 시간이 매우 짧아지게 되어 PLL 이 lock 되는데 소요되는 시간을 감소시키게 된다. 이는 sequential 형태 위상검출기에 일반적으로 적용되는 성질로 스위치 형태 위상검출기에 비해 유리한 점이다.

Perfect lock 상태

입력신호 주파수 ω_i 가 VCO 의 free running 주파수 ω_o 와 같게 유지될 때 PLL 은 항상 lock 되는데, 이 상태를 perfect lock 상태라고 한다. 이 상태에서는 출력주파수 ω_2 도 ω_o 와 같아지므로, 식 12.2.7 에서 주어진 VCO 특성식인

$$\omega_2(t) = \omega_o + K_O \cdot (v_f(t) - v_{VCO.REF})$$

에 의해 VCO 에 입력되는 전압인 v_f 값은

$$v_f(t) = v_{VCO.REF} = \frac{V_{DD}}{2}$$

가 되어야 한다. $v_f(t)$ 의 DC 값은

$$v_f(t) \text{ DC 값} = (\overline{v_d(t)} \text{의 동작점 값}) + F(0) \times \{ \overline{v_d(t)} - (\overline{v_d(t)} \text{의 동작점 값}) \}$$
$$= V_{DD}/2 + F(0) \times \{ \overline{v_d(t)} - V_{DD}/2 \}$$

로 주어지는데, $\overline{v_d(t)}$ 의 동작점 값은 $V_{DD}/2$ 이다. 따라서 $v_f(t)$ 의 DC 값이 $V_{DD}/2$ 가 되기 위해서는 위상검출기 평균 출력전압 $\overline{v_d(t)}$ 값은 루프필터의 소신호 DC 이득인 $F(0)$ 값에 무관하게 $V_{DD}/2$ 가 되어야 한다. 그림 12.3.12(a)에서 보인 3-상태 sequential 형태 위상검출기의 특성 곡선에서 $\overline{v_d(t)} = V_{DD}/2$ 가 되려면 위상

오차 ϕ_e 값은 0 이 되어야 한다. 다시 말하면, perfect lock 상태($\omega_i = \omega_o$)에서 입력신호와 출력신호의 위상은 정확하게 일치하게 된다. 이는 3-상태 sequential 형태 위상검출기의 장점으로, 입력신호와 출력신호의 위상이 정확하게 일치해야 하는 VLSI 칩 간의 클락 동기화 등을 위해서는, 스위치 형태나 2-상태 sequential 형태의 위상검출기는 사용할 수 없고 3-상태 sequential 형태 위상검출기만을 사용할 수 있다.

루프필터(loop filter)

3-상태 sequential 형태 위상검출기의 루프필터로 그림 12.3.13(a)에 보인 passive RC lag 필터를 사용할 수 있다. 그림 12.3.9 에서는 NMOS 와 PMOS 트랜지스터의 공통 드레인 노드 전압을 $v_d(t)$라고 정의하였는데, 이는 개념적인 값으로 그림 12.3.13(b) 의 루프필터 모델에서 실제 노드가 아닌 모델의 내부 노드 전압에 해당한다. 그림

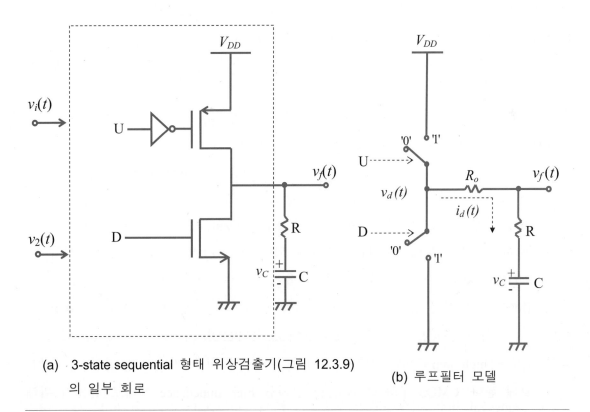

(a) 3-state sequential 형태 위상검출기(그림 12.3.9)
의 일부 회로

(b) 루프필터 모델

그림 **12.3.13** 3-상태 sequential 형태 위상검출기와 같이 사용되는 루프필터 회로

12.3.13(b)의 루프필터 모델에서는 NMOS 와 PMOS 트랜지스터들을 각각 이상적인 스위치와 on 저항 R_o 로 모델하였다. 그림 12.3.13(b)에 보인 두 개의 스위치는 제어 신호 U 와 D 가 각각 1 일 때 on 되고 0 일 때 off 된다. 그림 12.3.13(b)의 모델에서 (U,D) 가 (1,0)일 때는 루프필터의 출력전압 $v_f(t)$ 는 V_{DD} 를 향하여 증가하게 되고, (U,D) 가 (0,1)일 때는 $v_f(t)$ 는 0 을 향하여 감소하게 된다. (U,D) 가 (0,0)일 때는 두 스위치가 다 off 되어(high-impedance 상태) R 과 C 의 직렬 연결에는 전류가 흐르지 않으므로 $v_f(t)$ 는 스위치가 off 되기 직전의 커패시터 전압값(v_C)을 그대로 유지하여 시간에 대해 변하지 않게 된다. 따라서 (U,D) 가 (0,0)인 상태에서는, 즉 $U-D=0$ 으로 입력이 0 일 때 출력전압이 변하지 않으므로, 이 루프필터는 적분기와 같은 동작을 하게 된다. 그리하여 이 루프필터의 유효 DC 이득 $F(0)$ 은 무한대가 된다.

그림 12.3.13(a)에서 보인 대로 한 개의 R 과 한 개의 C 의 직렬 연결만으로도 소신호 DC 이득 $F(0)$ 값이 무한대가 되는 루프필터를 구현할 수 있는 이유는, 3-상태 위상검출기의 세 개의 상태 중 하나인 high-impedance 상태 때문이다. 이 이유는 다음과 같다. 입력신호 주파수 $\omega_i(t)$ 가 VCO free running 주파수 ω_o 와 다른 상태에서 PLL 이 lock 되었을 경우에, $\omega_2 = \omega_i$ 가 되므로 VCO 특성식으로부터 다음 관계식이 구해진다.

$$\omega_2 = \omega_i = \omega_o + K_O \cdot (v_f - v_{VCO.REF})$$

따라서 v_f 는 다음 식으로 주어진다.

$$v_f = v_{VCO.REF} + \frac{\omega_i - \omega_o}{K_O} = \frac{V_{DD}}{2} + \frac{\omega_i - \omega_o}{K_O} \tag{12.3.13}$$

여기서 DC 현상만을 고려하기 때문에 시간 항(argument) t 는 표시하지 않았다.

ω_i 가 ω_o 와 다른 상태에서 PLL 이 lock 되어 $\omega_2 = \omega_i$ 인 상태를 유지하려면, v_f 값은 식(12.3.13)에 주어진 값을 계속 유지하여야 한다. 이를 위해서는 그림 12.3.13(b)에 보인 전류 i_d 값이 0 이 되어야 한다. 즉, 그림 12.3.13(a)의 NMOS 와 PMOS 로 구성된 CMOS 구동 회로에서 NMOS 와 PMOS 가 둘 다 모두 off 되어 이 출력 노드는 high impedance 상태가 되어야 한다. 이 경우 커패시터 전압 v_C 값은 v_f 와 같게 된다. CMOS 구동 회로 출력 단자를 high impedance 상태로 만들기 위해서는 U 와 D 는 모두 0 이 되어야 한다. U 와 D 가 모두 0 이 되기 위해서는 위상오

차 ϕ_e 값이 0 이 되어야 한다. 따라서 개념적인 위상검출기 출력전압인 v_d 의 소신호 성분인 $v_d - (V_{DD}/2)$ 는

$$v_d - \frac{V_{DD}}{2} \;=\; K_D \, \phi_e \;=\; 0$$

이 된다. 여기서 식(12.3.12.a)를 이용하였다. 그리하여 루프필터의 소신호 DC 입력전압 $(v_d - V_{DD}/2)$ 은 0 이지만, 루프필터의 소신호 DC 출력전압 $(v_f - V_{DD}/2)$ 은 식(12.3.13)에 주어진 대로

$$v_f - \frac{V_{DD}}{2} \;=\; \frac{\omega_i - \omega_o}{K_O}$$

가 되어 0 이 아닌 값이 된다. 따라서 루프필터의 소신호 DC 전압 이득 $F(0)$ 은 무한대가 되어 이 루프필터는 적분기로 동작하게 된다. 위에서도 언급했듯이 이를 가능하게 한 것은 3-상태 위상검출기에서의 high impedance 상태가 존재하기 때문이다.

루프필터의 비대칭 커패시터 전압으로 인한 위상검출기의 비선형 특성

위에서 설명했듯이, ω_i 가 ω_o 와 다른 상태에서 PLL 이 lock 될 경우, 그림 12.3.13 의 커패시터 DC 전압 v_C 는 $V_{DD}/2$ 가 아닌 다른 값이 된다. 동작점이 이 상태로 정해진 후 입력신호 주파수 ω_i 가 시간에 대해 변할 경우, 위상오차 $\phi_e(t)$ 에 대한 $\overline{v_f(t)}$ 의 특성은 비선형이 된다. 이는 U=1, D=0 일 때 저항 R 에 흐르는 전류 $i_d(t)$ 값은 $(V_{DD} - v_C)/R$ 이 되고, U=0, D=1 일 때 저항 R 에 흐르는 전류값은 v_C/R 이 되어 커패시터 전압 v_C 가 $V_{DD}/2$ 가 아닌 경우에는 이 둘의 전류값이 서로 다르게 된다. 여기서 스위치 트랜지스터들의 on 저항인 R_o 는 필터 저항 R 보다 매우 작아서 $R_o \ll R$ 이라고 가정하였다. 이 두 경우의 전류가 달라짐으로 말미암아 시간에 대한 커패시터 전압 변화율 dv_C/dt 가 위 두 경우에 서로 달라지게 된다. 따라서 $\phi_e > 0$ (U=1, D=0)일 때와, $\phi_e < 0$ (U=0, D=1)일 때의 커패시터 전압 v_C 의 ϕ_e 에 대한 기울기가 서로 달라져서, 위상검출기와 루프필터를 합친 회로는 비선형 특성을 가지게 된다[3]. 즉, 커패시터 DC 전압 v_C 값이 $V_{DD}/2$ 보다 클 경우, (U,D)=(1,0)일 때의 PFD 의 소신호 이득 K_D 값은 (U,D)=(0,1)일 경우의 K_D 값보다 작게 된다. 이

는 3-상태 위상검출기를 주파수 변조, 위상 변조 등의 아날로그 용으로 사용할 때 큰 제약 요인이 된다.

Hold range, lock-in range 와 pull-in range

3-상태 sequential 형태 위상검출기와 그림 12.3.13(a)에 보인 루프필터를 사용한 PLL 회로에 대한 주요 파라미터 값들을 다음에 보였다.

Hold range $\Delta\omega_H$ 는, perfect lock 상태($\omega_i = \omega_o$)에서 출발하여 ω_i 값을 매우 느리게 변화시켰을 때, PLL 이 lock 을 유지할 수 있는 최대 입력주파수 변화($\omega_i - \omega_o$) 값에 해당한다. 이는, 식(12.2.40)에 표시된 대로, 위상오차(ϕ_e)가 0 인 perfect lock 상태로부터 위상검출기의 선형동작 영역 내에서 변동 가능한 최대 위상오차(ϕ_e) 값에 DC PLL 루프이득($K_D K_O F(0)$)을 곱한 값과 같다. 3-상태 sequential 형태 위상검출기의 경우에 위상오차의 최대 선형동작 범위는 그림 12.3.12 에 보인 대로 $\pm 2\pi$ 이므로 hold range $\Delta\omega_H$ 는 다음 식으로 주어진다.

$$\Delta\omega_H = 2\pi \cdot K_D K_O F(0) \tag{12.3.14}$$

3-상태 sequential 형태 위상검출기를 사용하는 PLL 에서는 루프필터의 DC 소신호 이득인 $F(0)$ 이 무한대이므로 $\Delta\omega_H$ 도 무한대가 된다. 즉, 입력주파수를 아주 천천히 변화시킬 때 이 입력주파수 값이 VCO 가 출력 가능한 주파수 범위 내에 있기만 하면 PLL 은 lock 상태를 유지한다.

Lock-in range $\Delta\omega_L$ 은 식(12.2.45)에 유도된 대로 perfect lock 상태로부터 위상오차의 선형동작 영역 내에서 변동 가능한 최대 위상오차 변화 값에 $2\zeta\omega_n$ 을 곱하면 되므로, $\Delta\omega_L$ 은

$$\Delta\omega_L = 4\pi\,\zeta \cdot \omega_n$$

이 된다.

Pull-in range $\Delta\omega_P$ 는, 다음 식으로 주어진다[50].

$$\Delta\omega_P = 2\pi \cdot \sqrt{2\zeta\omega_n \cdot K_O K_D F(0)}$$

여기서 루프필터 DC 게인 $F(0)$ 이 무한대이므로 $\Delta\omega_P$ 도 무한대가 된다.

그 외의 PLL 파라미터들은 12.3.5 절의 표 12.3.4 에 보였다(p.1282).

3-상태 sequential 형태 위상검출기 회로들

3-상태 sequential 형태 위상검출기 회로들의 기본 구조는 모두 그림 12.3.9 와 같고 세부 구현 방법은 각각 다를 수 있다.

그림 12.3.14 회로는 CD4046 CMOS PLL 에 사용된 후 널리 사용되는 PFD(위상/주파수 검출기: phase frequency detector) 회로이다. 이 회로는 네 개의 SR latch 를 사용한 sequential 회로로서 위 부분과 아래 부분이 대칭 구조로 되어 있다. 각 점에서의 logic level 은 다음 식으로 표시된다.

$$U1 = \overline{\overline{v_i} \cdot \overline{U}} = v_i + U$$
$$\overline{U} = \overline{U1 \cdot U2 \cdot X}$$
$$U2 = \overline{U1 \cdot U3}$$
$$U3 = \overline{U2 \cdot X}$$
$$X = \overline{U1 \cdot U2 \cdot D1 \cdot D2}$$
$$D1 = \overline{\overline{v_2} \cdot \overline{D}} = v_2 + D$$
$$\overline{D} = \overline{D1 \cdot D2 \cdot X}$$
$$D2 = \overline{D1 \cdot D3}$$
$$D3 = \overline{D2 \cdot X}$$

위 식들에서도 그림 12.3.14 회로의 위 반쪽 회로와 아래 반쪽 회로가 같은 동작을 함을 확인할 수 있다.

해석을 간단하게 하기 위해 그림 12.3.14 회로의 위 반쪽 회로를 그림 12.3.15(a)에 보였다. 여기서 $(U1, \overline{U}, U2, U3)$을 상태 변수로 정하고 (v_i, X)를 입력신호로 한 경우의 상태변화도(state transition diagram)를 그림 12.3.15(b)에 보였다. $\overline{reset}$ 신호인 X 는 $U1$ 과 $U2$ 가 모두 1 일 때만 0 이 되므로 1010 상태에서만 $X=0$ 인 입력을 포함시키고, 나머지 세 개의 상태에서는 $X=1$ 로 고정시켰다.

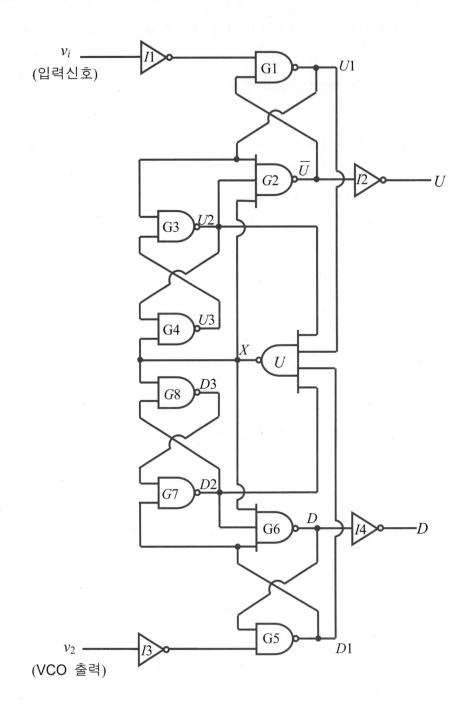

그림 **12.3.14** 3-상태 sequential 형태 위상검출기 회로 1

　　그림 12.3.15(b)의 상태도(state diagram)에서 살펴보면 dashed line 을 경계로 하여 위 쪽 세 개의 상태에서는 $U=0$ 이 되고 아래 쪽의 1010 상태에서는 $U=1$ 이 됨을 알 수 있다. 위 세 개의 상태(1101, 0110, 0111)에 있을 경우는 입력신호 v_i 가 0 이 되면 모두 0110 상태로 가게 됨을 알 수 있다. $U = 0$ 인 위 세 개의 상태로부터 $U = 1$ 인 1010 상태로 변하기 위해서는, 0110 상태에서 입력신호 v_i 가 1 이 되거나 또는 0111 상태에서 입력신호 v_i 가 1 이 되어야 한다. 그림 12.3.15(b)에서 살펴보면, 이전 상태가 0110 상태에 있기 위해서는 이전 입력신호 v_i 가 0 이 되어야 한다. 또 이전 상태가 0111 상태에 있기 위해서도 이전 입력신호 v_i 가 0 이 되어야 함을 알 수 있다. 따라서 입력신호 v_i 가 0 에서 1 로 변할 때만 상태가 1010 으로 바뀌어 $U = 1$ 이 된다. 이를 정리하여 간략화된 상태도로 나타내면 U 를 상태로 하여 그림 12.3.15(c)와 같이 된다. 즉, 입력신호 v_i 가 0 에서 1 로 상승(rising)할 경우에만 U 가 1 이 되고, v_i 가 0 혹은 1 인 상태를 유지하거나 1 에서 0 으로 하강(falling)하는 경우에는 U 는 변하지 않고 이전 상태를 유지한다.

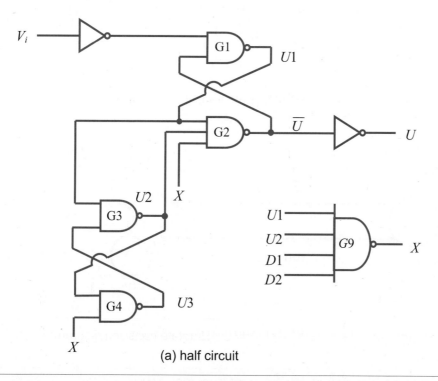

(a) half circuit

그림 **12.3.15**　그림 12.3.14 의 위 반쪽(upper) 회로와 상태도

상태(state) 표시: $U1\ \bar{U}\ U2\ U3$

입력 표시: $(v_i\ X)$

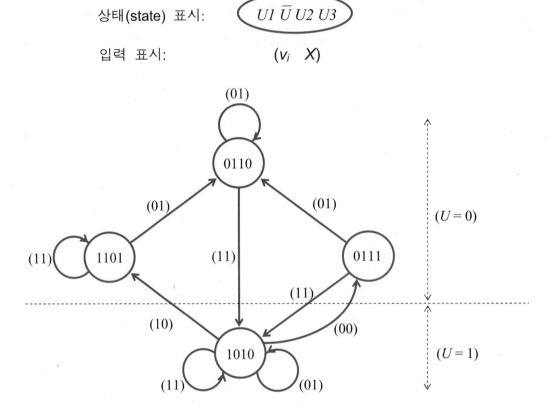

(b) (a) 회로의 상태변화도(state transition diagram)

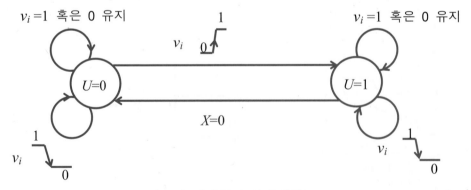

(c) (a) 회로의 간략화된 상태변화도(state transition diagram)

그림 **12.3.15** 그림 12.3.14 회로의 위(upper) 반쪽 회로와 상태도 (계속)

원래 회로인 그림 12.3.14 회로에서, $\overline{reset}$ 신호인 X 는 거의 대부분의 상태에서는 1 로 유지되다가 $U1$, $U2$, $D1$, $D2$ 가 모두 1 이 되면 X 는 0 이 된다. X 가 0 이 되면 그림 12.3.15(b)에 보인 대로 $(U1,U2)$ 는 (1,0) 또는 (0,1) 상태로 바뀌므로 X 는 다시 1 이 된다. X 가 0 이 되면 $(D1,D2)$도 (1,0) 또는 (0,1) 상태로 바뀐다. 그림 12.3.15(b)에서 보면 $U1$ 과 $U2$ 가 모두 1 이 되는 상태인 1010 상태에서는 $\overline{U}$ = 0 이 므로 $U = 1$ 이 됨을 알 수 있다. 회로의 대칭성에 의해 $D1$ 과 $D2$ 가 모두 1 이 되는 상태에서는 $D = 1$ 이 된다. 따라서 $(U,D)=(1,1)$이 되면 X 가 0 이 된다. X 가 0 이 되면, 그림 12.3.15(b)에 보인 대로, 입력신호 v_i 값에 따라 1101 또는 0111 상태로 바뀌어 U 는 0 으로 되고, 이때 $U1$ 과 $U2$ 중에서 하나는 0 이 되므로 X 는 다시 1 로 바뀌게 된다. 회로의 대칭성에 의해 X 가 0 이 될 때 D 도 0 으로 된다.

그리하여 (U,D)가 (1,1)이 되기만 하면 X 에 짧은 시간 동안만 0 이 되는 pulse 가 발생하여 (U,D)는 다시 (0,0)으로 되므로, (U,D)가 (1,1)인 상태에 머무는 시간은 매우 짧게 된다.

따라서 그림 12.3.14 회로의 상태도를 그릴 때, (U,D) = (1,1)인 상태를 제외하고 (U,D) =(0,1), (0,0), (1,0) 의 세 가지 상태만 고려한다. 이를 그림 12.3.16 에 보였다. 입력신호 v_i 의 상승 edge 가 계속하여 발생할 경우 상태가 단계적으로 오른쪽으로 바뀌게 된다. (U,D) = (1,0)인 상태에서는 v_i 의 상승 edge 가 계속 발생하여도 이 상태(state)에 계속하여 머무르게 된다.

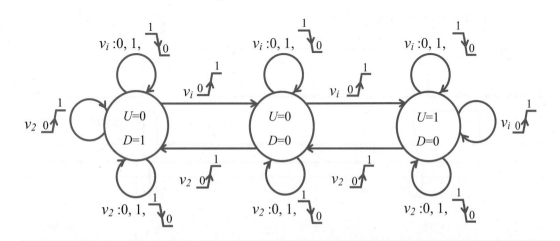

그림 **12.3.16** 그림 12.3.15 에 보인 PFD 회로의 상태변화도(state transition diagram)

VCO 출력신호 v_2 의 상승 edge 가 계속하여 발생할 경우에는 상태가 단계적으로 왼쪽으로 바뀌게 되는데, $(U,D)=(0,1)$ 상태에서는 v_2 의 상승 edge 가 계속 발생하여도 이 상태에 계속하여 머무르게 된다. 그 외 v_i 나 v_2 가 0 또는 1 인 상태로 유지되거나 하강 edge 가 발생할 경우에는 (U,D)는 상태를 바꾸지 않고 이전 상태에 머무르게 된다.

그런데 그림 12.3.14 회로는 게이트 지연시간으로 인해 그림 12.3.17 에 보인 대로 U 혹은 D 신호 파형에 glitch 가 나타난다. 예를 들어, $(U,D)=(0,1)$ 상태에서 $t = t1$ 인 시각에 v_i 가 1 로 변하면 U 는 이 시각으로부터 $I1, G1, G2, I2$ 게이트들의 지연시간이 경과한 후에 1 로 변하게 된다. U 와 D 가 모두 1 이므로 $\overline{reset}$ 신호 X 는 0 이 되어 $G9, G2, I2$ 게이트들의 지연시간 후에 U 와 D 가 모두 0 으로 된다. 이 reset 동작은 v_i 가 0 에서 1 로 변한 후, $I1, G1, G9, G2, I2$ 게이트들의 지연시간 후에 U 에 전달되어 U 가 다시 0 으로 된다. 그리하여 U 는 $U1$ 이 1 이 된 후 다시 0 으로 reset 될 때까지 소요되는 시간인 $G9$ 와 $G2$ 게이트의 지연시간만큼 1 로 유지되는 glitch 파형을 가지게 된다. 이 glitch 파형은 PFD 동작에 불필요한 것으로 가능한 줄이는 것이 좋다. 이를 위해 $U1$ 과 $G2$ 의 입력 단자 사이에 두 개의 inverter 를 달기도 하지만, 이렇게 하여도 glitch 가 제대로 제거되지 않는다.

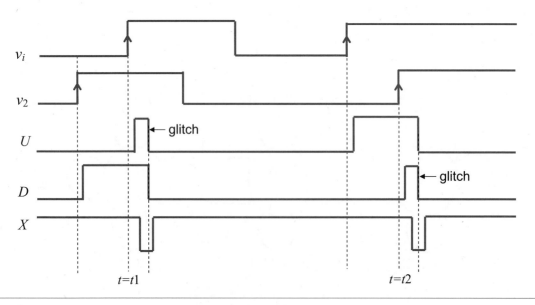

그림 **12.3.17** 그림 12.3.14 회로에서 U 와 D 의 glitch 발생 현상

그리하여 이 PFD 회로는 glitch 지속 시간보다 짧은 입력신호 v_i 와 VCO 출력신호 v_2 의 edge 시각 차이는 구분해 낼 수 없으므로 그림 12.3.18 에 보인 대로 PFD 특성에서 glitch 지속 시간에 비례하는 dead zone 을 가지게 된다. 따라서 이 PFD 회로를 사용한 PLL 을 VLSI 칩 사이의 클락 동기화 등을 위해 사용할 때, 입력 클락 edge 와 출력 클락 edge 사이의 random 한 시각 차이인 clock jitter 를 그림 12.3.17 에 보인 glitch 지속 시간보다는 작아지게 할 수 없다.

기본적으로 그림 12.3.14 에 보인 PFD 회로는, 위에서 설명된 glitch 지속 시간이 비교적 커서 CD4046 PLL 칩과 같은 동작 주파수가 10 *MHz* 이하로서 즉 주기가 100*ns* 이상인 저속 동작에는 사용할 수 있지만, 동작 주파수가 100 *MHz* 인 고속 동작에는 사용하기가 어렵다.

그런데 그림 12.3.18 에 보인 PFD 의 glitch 출력으로 인한 dead zone 이 그림 12.3.14 에서 보인 4-input NAND gate G9 의 각 신호 입력에 대한 비 대칭적인 구조로 인해 생겨난다고 생각하여, 4-input NAND gate 를 그림 12.3.19 에 보인 각 신호 입력에 대한 대칭적인 회로로 대체하여 PFD 를 만들고 이를 이용한 PLL 에서 *rms* jitter 값이 1.4*ps* 를 얻었다는 연구 보고도 있다[13]. 이 밖에도 dynamic latch 회로를 이용한 간단한 회로로서 dead zone 을 감소시킨 PFD 회로들도 발표되었다[14].

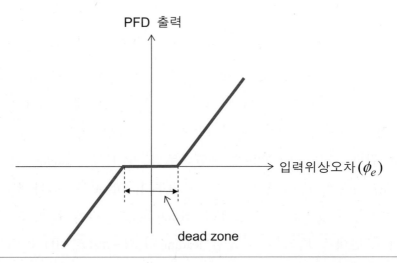

그림 **12.3.18**   그림 12.3.17 에 보인 glitch 를 출력시키는 PFD 의 입출력 특성. PFD 출력은 (*U-D*) 의 평균값이고 dead zone 은 $2\pi \times$ (glitch 지속 시간) $\div$ (입력신호 주기) *radian* 으로 계산된다.

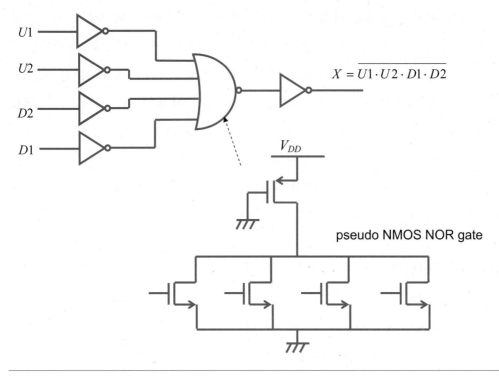

$$X = \overline{U1 \cdot U2 \cdot D1 \cdot D2}$$

pseudo NMOS NOR gate

그림 **12.3.19** 각 신호의 지연시간이 동일한 4-input NAND gate

12.3.4 D flip-flop 위상검출기

데이터 샘플링에 사용되는 D 플립플롭을 위상검출기로 사용할 수 있다. 그림 12.3.20 에 보인대로, D 플립플롭의 데이터 입력 단자(D)와 클락 입력 단자(CK)에 각각 V_i 와 V_2 의 신호를 인가하면, V_i 와 V_2 의 위상차이(ϕ_e)에 따라 UP 과 DN 신호가 각각 Q 와 QB 단자에 출력된다. V_i 와 V_2 는 서로 주파수가 같고 duty cycle 도 둘 다 50%로 서로 같다. 그림 12.3.20(b)에 보인대로 V_i 가 V_2 를 leading 하면 ($\phi_e > 0$), V_2 의 rising edge 시각에 V_i 는 항상 1 이므로 UP=1, DN=0 이 된다. 그런데 위상차이 (ϕ_e)가 더 증가하여 $\phi_e > \pi$ 가 되면, V_i 의 rising edge 시각에 V_2 는 0 이 되어, UP=0, DN=1 이 된다. 반대로 V_2 가 V_i 를 조금 leading 하면($-\pi < \phi_e < 0$) V_2 의 rising edge 시각에 V_i=0 이므로 UP=0, DN=1 이 된다. 이 UP 과 DN 값은 V_2 의 다음 rising edge 시각까지의 한 주기 시간 동안 같은 값으로 유지된다. 그리하여 이 D 플립플롭 위상

검출기는 위상차이(ϕ_e)의 극성(polarity + 혹은 −)에 따라 출력이 달라지지만 위상차이의 크기는 구분하지 못한다. 이러한 위상검출기를 bang-bang(뱅뱅) 위상검출기라고 부른다.

그림 12.3.20(a) 회로를 살펴보면, 이 D 플립플롭이 위상검출기로 잘 동작하려면 V_i 변화가 출력(Q, QB)에 나타나는 지연 시간과 V_2 변화가 출력에 나타나는 지연시간이 서로 같아야 함을 알 수 있다. 따라서 ASIC cell library 에 주로 사용되는 inverter 형태 latch 두 개를 직렬로 연결하는 D 플립플롭은, 비대칭 회로구조로 인해 (D 는 inverter 입력단자에 연결되고 클락은 CMOS transmission gate 구동) clock-to-Q 지연시간과 data-to-Q 지연시간이 서로 달라서, 위상검출기로 사용하기 어렵다. 따라서 보다 대칭적인 형태의 D 플립플롭(그림 12.3.21) 또는 setup/hold time 이 작은 sense-amp 형태의 D 플립플롭을 위상검출기로 주로 사용한다.

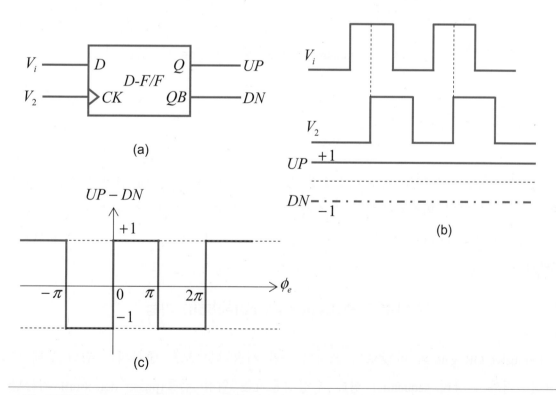

그림 **12.3.20** D 플립플롭 (뱅뱅)위상검출기

(a) 회로 (b) 타이밍도 (c) UP-DN versus 위상차이

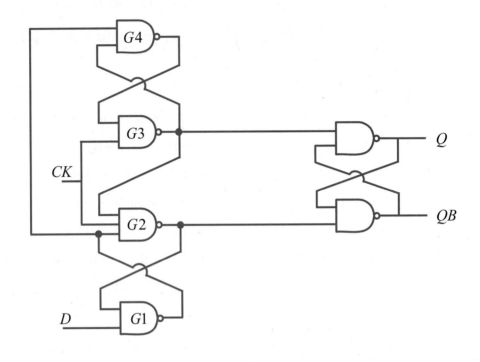

그림 **12.3.21** TTL 형태(7474)의 positive edge triggered D-type 플립플롭

12.3.5 위상검출기의 성능 비교 (*)

지금까지 보인 스위치 형태 위상검출기, 2-상태 sequential 형태 위상검출기와 3-상태 sequential 형태 위상검출기의 성질을 서로 비교해 본다. 먼저 주파수 검출 기능과 odd harmonic locking 현상에 대해 설명하고 각 위상검출기들의 특성을 표로 비교하였다.

주파수 검출(frequency detection) 기능

Exclusive-OR gate 와 아날로그 곱셈기 등을 사용하는 모든 종류의 스위치 형태 위상검출기와 2-상태 sequential 형태 위상검출기는 위상 검출(phase detection) 기능만 있고, 주파수 검출(frequency detection) 기능은 없다. 이에 반해 3-상태 sequential 형태 위상검출기는 위상 검출 기능과 주파수 검출 기능을 둘 다 가지고 있다. 이는 새로이 추가된 high-impedance 상태 (표 12.3.1 의 상태 0) 때문에 가능해진다.

　주파수 검출 기능을 보이기 위해 PLL 회로에 연결되지 않은 위상검출기만으로된 회로에 $v_2(t)$ 를 주파수가 VCO free running 주파수 ω_o 와 같은 구형파(square wave) 신호원에 연결한다. $t = 0$ 인 시각에서부터 ω_o 보다 큰 주파수 ω_i 를 가지는입력신호를 인가할 경우 위상오차 $\phi_e(t)$ 는

$$\phi_e(t) = (\omega_i - \omega_o) \cdot t$$

가 되어 시간 t 에 비례하여 증가하게 된다. 따라서 그림 12.3.12(a)에 보인 3-상태 sequential 형태 위상검출기의 특성 곡선에서, 가로축 ϕ_e 는 시간에 비례하므로, 이위상검출기의 평균 출력전압 $\overline{v_d(t)}$ 는 그림 12.3.12(a)와 같은 톱니 파형을 가지게된다. 즉, $t > 0$ 일 때 $\overline{v_d(t)}$ 의 파형은 $\phi_e > 0$ 일 때의 그림 12.3.12(a)의 파형에 비례하게 된다. 이를 그림 12.3.22(a)에 보였다. 여기서 $t = 0$ 시각에서의 초기 위상오차 $\phi_e(0) = 0$ 으로 가정하여 $\overline{v_d(0)} = V_{DD}/2$ 로 두었다. 이 경우 $\overline{v_d(t)}$ 의 평균값은 $0.75 \cdot V_{DD}$ 로 $0.5 \cdot V_{DD}$ 보다 높게 되어 입력신호 $v_i(t)$ 의 주파수 ω_i 값이 $v_2(t)$ 의 주파수 ω_2 (여기서는 ω_o)보다 크다는 사실을 나타낸다. 이를 주파수 검출(frequency detection) 기능이라고 부른다. 이 $\overline{v_d(t)}$ 파형을 루프필터에 인가하면 루프필터 출력전압은 $\overline{v_d(t)}$ 의 평균전압인 DC 전압$(0.75 V_{DD})$이 된다. 그리하여 이 위상검출기 회로를 PLL 회로에 연결하면 출력주파수 ω_2 값이 점차 증가하여 얼마간의 시간(pull-in time)이 경과한 후 PLL 은 lock 된다. 그리하여 입력주파수 ω_i 값이 크게 달라져도이 값이 VCO 출력주파수 범위 내에 있기만 하면, 3-상태 sequential 형태 위상검출기는 위에 설명된 주파수 검출 기능을 수행하여 PLL 을 lock 시키게 된다. 따라서 3-상태 sequential 형태 위상검출기의 pull-in range $\Delta\omega_P$ 는 무한대가 된다.

　그런데 스위치 형태인 exclusive-OR 형태 위상검출기와 sequential 형태 중에서 2-상태 위상검출기는, 입력신호 주파수 ω_i 와 VCO free running 주파수 ω_o 의 차이가어떤 유한한 주파수 범위($\Delta\omega_P$: pull-in range)보다 더 커지게 되면, 위에서 언급된 주파수 검출 기능이 없어서, 이들 위상검출기 회로를 사용하는 PLL 은 lock 되지 못하게 된다.

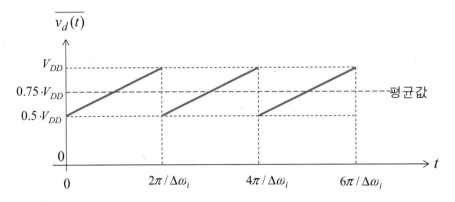

(a) 3-상태 sequential 형태 위상검출기

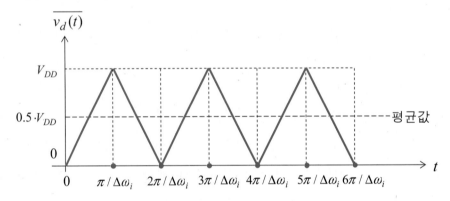

(b) Exclusive-OR 게이트 스위치 형태 위상검출기

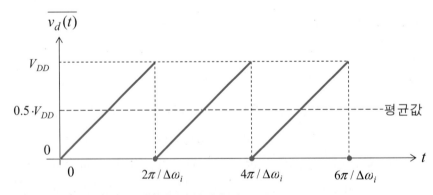

(c) 2-상태 sequential 형태 위상검출기

그림 **12.3.22** $\omega_i - \omega_o$ 값이 비교적 큰 차이를 가질 경우의 위상검출기 자체만의 특성 $(v_f(t) = 0)$에 의한 평균 출력전압 파형. 여기서 위상검출기의 두 입력신호인 $v_i(t)$와 $v_2(t)$는 둘 다 구형파(square wave)로서 그 주파수는 각각 ω_i 와 ω_o 이고 $\Delta\omega_i = \omega_i - \omega_o$ 이다.

그림 12.3.22(b)에 $v_2(t)$ 단자를 주파수가 ω_o 인 구형파 신호원에 연결하고 $v_i(t)$ 의 주파수 ω_i 값이 ω_o 값과 크게 차이가 나는 경우의 exclusive-OR gate 위상검출기의 평균 출력전압 $\overline{v_d(t)}$ 의 파형을 보였다. 앞의 경우와 마찬가지로, $\phi_e(t) = (\omega_i - \omega_o) \cdot t$ 로서 $\phi_e(t)$ 는 시간 t 에 비례하므로 $t > 0$ 인 영역의 $\overline{v_d(t)}$ 는 그림 12.3.1(b)에 보인 exclusive-OR gate 위상검출기 특성 곡선의 $\phi_e(t) > 0$ 인 영역의 특성 곡선과 같은 모양을 가지게 된다. 그림 12.3.22(b)에 보인 대로 $\overline{v_d(t)}$ 의 평균값은 $0.5 \cdot V_{DD}$ 가 되어 루프필터 출력전압($v_f(t)$)은 $\overline{v_d(t)}$ 의 평균값인 DC 전압 $0.5 \cdot V_{DD}$ 가 된다. 따라서 이 위상검출기를 PLL 회로에 연결하더라도, VCO 는 계속하여 free running 주파수 ω_o 부근의 주파수만 출력시키게 되어, $\omega_i - \omega_o$ 의 평균값은 줄어들지 않게 된다. 또 이 평균값은 입력신호 주파수 ω_i 값이 ω_o 보다 클 경우나 작을 경우 모두 $V_{DD}/2$ 로 주어지므로, 이 위상검출기는 주파수 검출 기능을 가지지 않는다는 것을 알 수 있다. 따라서 $\omega_i - \omega_o > \Delta\omega_P$ (pull-in range)인 입력신호가 인가된 경우 exclusive-OR gate 를 위상검출기로 사용하는 PLL 은 lock 되지 않는다. 그런데 $\omega_i = \omega_o / (2m+1)(m$ 은 자연수)인 관계식이 성립하는 경우에는, 뒤에서 설명할 sub-harmonic 또는 harmonic locking 에 의해 PLL 이 lock 될 수 있다. 따라서 그림 12.3.22(b)에 보인 예에서는 위의 sub-harmonic 또는 harmonic 관계식을 만족시키지 않도록 ω_i 와 ω_o 값을 선택하였다.

그림 12.3.22(c)에 위와 같은 $v_i(t)$ 와 $v_2(t)$ 에 대한 2-상태 sequential 형태 위상검출기의 평균 출력전압 $\overline{v_d(t)}$ 의 파형을 보였다. 이 과정에서 그림 12.3.5 에 보인 특성 곡선을 이용하였다. 이 경우에도 위상검출기 출력전압의 평균 값은 $V_{DD}/2$ 이므로, 이 위상검출기도 exclusive-OR gate 위상검출기와 마찬가지로 주파수 검출 기능을 가지지 않는다. 따라서 이 위상검출기를 PLL 회로에 사용하게 되면 $\omega_i - \omega_o > \Delta\omega_P$ 가 되면 PLL 은 lock 되지 않는다.

상태(state) 수를 3 개보다 많게 하는 위상검출기들도 개발되었는데[3], 이들도 모두 위상 검출 기능뿐만 아니라, 주파수 검출 기능을 가진다. 3-상태 sequential 형태 위상검출기의 위상오차 선형동작 범위는 그림 12.3.12(a)에 보인 대로 점 A 와 점 B 사이의 영역인 4π *radian* 인데, 상태 수가 증가할수록 위상오차 선형동작 범위가 상태 수에 대해 선형적으로 증가하여 위상 변조(phase modulation)와 위상 복조(phase demodulation) 등의 응용에 유용하게 사용할 수 있다.

Odd harmonic locking

Exclusive-OR gate 나 아날로그 곱셈기 등을 사용하는 스위치 형태 위상검출기는 기본적으로 두 개의 구형파(square wave) 입력 $v_i(t)$ 와 $v_2(t)$ 의 곱(multiplication)에 비례하는 전압인 $v_d(t)$ 를 출력시킨다. 구형파에는 DC 와 기본 주파수 성분 외에 기본 주파수의 홀수 배 주파수 성분인 harmonic 성분들이 함께 포함되어 있다. 이로 인해 입력신호 전압 $v_i(t)$ 의 주파수 ω_i 와 VCO 출력전압인 $v_2(t)$ 의 주파수 ω_2 사이에 $\omega_i = \omega_2$ 인 관계식이 성립하지 않더라도,

$$\omega_i = (2m+1) \cdot \omega_2 \quad \text{혹은} \quad \omega_2 = (2m+1) \cdot \omega_i \quad (m \text{ 은 자연수}) \quad (12.3.15)$$

$$\text{(odd sub-harmonic locking)} \quad \text{(odd harmonic locking)}$$

인 관계가 성립하면 PLL 이 lock 되게 된다. ω_2 를 기준으로 하여, 위 식의 첫번째 경우는 $\omega_2 < \omega_i$ 이므로 odd sub-harmonic locking 이라고 부르고, 두 번째 경우는 $\omega_2 > \omega_i$ 이므로 odd harmonic locking 이라고 부른다.

스위치 형태 위상검출기의 odd harmonic locking 또는 odd sub-harmonic locking 현상에 대한 정량적인 설명을 다음에 보였다. 먼저 그림 12.3.23(a)에 보인 주기가 2π 인 구형파(square wave) 주기함수 $f(x)$ 는

$$f(x) = \text{sgn}\{\sin(x)\} = \begin{cases} 1 & if \quad \sin(x) > 0 \\ -1 & if \quad \sin(x) < 0 \end{cases} \quad (12.3.16)$$

로 주어진다. $\text{sgn}(y)$ 는 $y > 0$ 일 때 +1 이 되고 $y < 0$ 일 때 –1 이 된다. $f(x)$ 는 그림 12.3.23(a)에 보인 대로 odd function($f(-x) = -f(x)$)이고 주기함수이므로 다음 식과 같이 푸리에 사인 급수(Fourier sine series)로 표시할 수 있다.

$$f(x) = \frac{4}{\pi} \cdot \sum_{m=0}^{\infty} \frac{1}{2m+1} \cdot \sin\{(2m+1) \cdot x\}$$

$$= \frac{4}{\pi} \left\{ \sin(x) + \frac{1}{3} \cdot \sin(3x) + \frac{1}{5} \cdot \sin(5x) \cdots \right\} \quad (12.3.17)$$

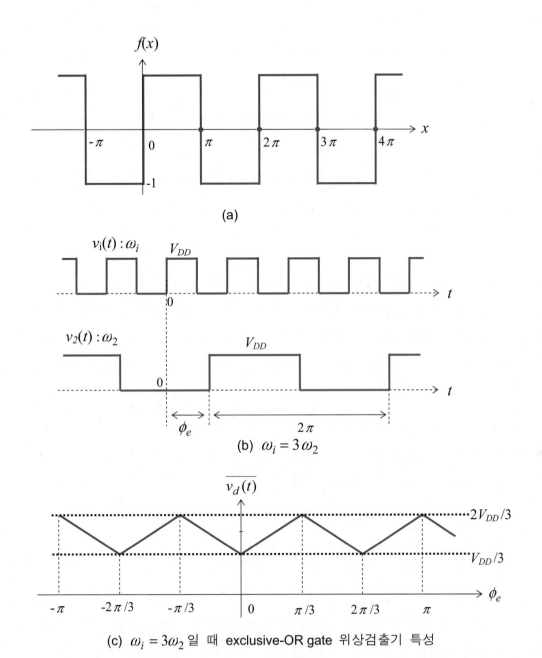

(a)

(b) $\omega_i = 3\omega_2$

(c) $\omega_i = 3\omega_2$ 일 때 exclusive-OR gate 위상검출기 특성

그림 **12.3.23** 스위치 형태인 EX-OR gate 위상검출기의 odd sub-harmonic locking 현상

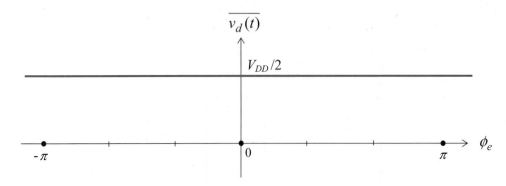

(d) $\omega_i \neq (2m+1) \cdot \omega_2$ 일 때의 exclusive-OR gate 위상검출기 특성

그림 **12.3.23** 스위치 형태인 EX-OR gate 위상검출기의 odd sub-harmonic locking 현상 (계속)

그림 12.3.23(b)에 odd sub-harmonic locking 현상을 설명하기 위해 $\omega_i = 3\omega_2$ 인 관계를 가지는 입력신호 $v_i(t)$ 와 출력신호 $v_2(t)$ 의 파형을 보였다. 위상오차 ϕ_e 값은 $v_i(t)$ 와 $v_2(t)$ 의 상승 edge 사이의 시각 차이 Δt 를 ω_2 를 기준으로 하여 표시하였다. 다시 말하면 $\phi_e = \omega_2 \cdot \Delta t$ 로 표시된다. $v_i(t)$ 와 $v_2(t)$ 를 식(12.3.17)에 주어진 $f(x)$ 를 이용하여 표시하면 다음과 같다.

$$v_i(t) = \frac{V_{DD}}{2} + \frac{V_{DD}}{2} \cdot f(\omega_i t) = \frac{V_{DD}}{2} + \frac{V_{DD}}{2} \cdot f(3\omega_2 t)$$

$$= \frac{V_{DD}}{2} + \frac{2V_{DD}}{\pi} \cdot \left\{ \sin(3\omega_2 t) + \frac{1}{3}\sin(9\omega_2 t) + \frac{1}{5}\sin(15\omega_2 t) + \cdots \right\} \qquad (12.3.18)$$

$$v_2(t) = \frac{V_{DD}}{2} + \frac{V_{DD}}{2} \cdot f(\omega_2 t - \phi_e)$$

$$= \frac{V_{DD}}{2} + \frac{2V_{DD}}{\pi} \cdot \left\{ \sin(\omega_2 t - \phi_e) + \frac{1}{3}\sin(3\omega_2 t - 3\phi_e) + \frac{1}{5}\sin(5\omega_2 t - 5\phi_e) + \cdots \right\}$$

$$(12.3.19)$$

위상검출기 출력전압의 평균값 $\overline{v_d(t)}$ 를 구하기 위해 식(12.3.18)과 식(12.3.19)에 주어진 $v_i(t)$ 와 $v_2(t)$ 식을 서로 곱한 값을 $t = 0$ 에서 $t = 2\pi / \omega_2$ 까지 적분하여 평균값을 구한 후 $V_{DD} / 2$ 로 나누면,

$$\overline{v_d(t)} = \frac{V_{DD}}{2} - \frac{4V_{DD}}{\pi^2} \cdot \left\{ \frac{1}{3}\cos(3\phi_e) + \frac{1}{27}\cos(9\phi_e) + \frac{1}{75}\cos(15\phi_e) + \cdots \right\}$$

로 표시된다. 앞의 $\overline{v_d(t)}$ 식에서 $\cos(3\phi_e)$ 항은 $v_i(t)$ 의 기본 주파수 성분인

$\sin(3\omega_2 t)$ 성분과 $v_2(t)$의 첫 번째 odd harmonic 인 $\sin(3\omega_2 t - 3\phi_e)/3$의 곱에서 추출된다. 앞의 $\overline{v_d(t)}$ 식은 그림 12.3.23(c)에 보인 톱니파(sawtooth wave) 특성과 같게 된다. 그리하여 $\overline{v_d(t)}$의 변동 범위는 기본 주파수 locking 경우에 비해 1/3 로 줄어들지만, 소신호 위상검출기 이득($\Delta\overline{v_d(t)}$ / $\Delta\phi_e$) 값은 0 이 아닌 유한한 값 ($\pm V_{DD}/\pi$)이 되므로 PLL 은 lock 되어 안정된 동작점을 가지게 된다. 그림 12.3.23(b)의 경우 $\phi_e = \pi/6\ radian$ 에서 lock 된다.

$\omega_i = (2m+1)\cdot\omega_2$ (m 은 정수)가 아닌 경우에는, 위상검출기의 평균 출력전압 $\overline{v_d(t)}$는 그림 12.3.23(d)에 보인 대로 ϕ_e 값에 무관하게 $V_{DD}/2$ 가 된다. 따라서 소신호 위상검출기 이득($\Delta\overline{v_d(t)}$ / $\Delta\phi_e$)이 0 이 된다. 그리하여 PLL 루프이득이 0 이 되어 PLL 동작이 이루어지지 않으므로, 이 경우 PLL 은 lock 되지 못한다. 예를 들어 $\omega_i = 2\omega_2$ 일 때 $v_i(t)$는 식(12.3.18)과 유사하게 다음 식으로 표시된다.

$$v_i(t) \;=\; \frac{V_{DD}}{2} + \frac{2V_{DD}}{\pi}\cdot\left\{\sin(2\omega_2 t) + \frac{1}{3}\cdot\sin(6\omega_2 t) + \frac{1}{5}\sin(10\omega_2 t) + \cdots\right\} \quad (12.3.20)$$

식(12.3.20)에 보인 $v_i(t)$의 sine 항들의 주파수는 모두 ω_2의 짝수 배인데 반해 식(12.3.19)에 보인 $v_2(t)$의 sine 항들의 주파수는 모두 ω_2의 홀수 배가 되므로 이 두 sine 항들을 서로 곱하여 평균을 취해도 DC 항이 생겨나지 않으므로 $\overline{v_d(t)}$는 ϕ_e 값에 무관하게 $V_{DD}/2$ 가 된다. 따라서 소신호 위상검출기 이득이 0 이므로 PLL 은 lock 되지 않는다.

위에서 exclusive-OR gate 등을 사용하는 스위치 형태 위상검출기들의 odd sub-harmonic locking 현상에 대해 설명하였다. $\omega_2 = (2m+1)\cdot\omega_i$ (m 은 정수)인 경우에도 위에서와 마찬가지로 하여 PLL 이 lock 되는 것을 보일 수 있다. 이를 odd harmonic locking 현상이라고 부른다. 스위치 형태 위상검출기에서 이와 같은 harmonic 혹은 sub-harmonic locking 현상이 나타나는 것은, 스위치 형태 위상검출기는 두 개의 구형파(square wave) 입력전압의 곱에 비례하는 전압을 출력시키고, 또 구형파는 기본 주파수와 그 홀수 배 주파수 성분들을 포함하고 있기 때문이다.

이에 반해 sequential 형태 위상검출기는 두 개의 구형파 입력신호의 상승(rising) 또는 하강(falling) edge 만을 검출하기 때문에 harmonic locking 을 일으키지 않는다.

3-상태 sequential 형태 위상검출기에 그림 12.3.23(b)에 보인 $v_i(t)$와 $v_2(t)$ 파형을

입력시킬 경우, 위상검출기의 출력전압 평균값인 $\overline{v_d(t)}$ 는 항상 $V_{DD}/2$ 와 V_{DD} 사이에 놓이게 되어 $\overline{v_d(t)}$ 의 평균값이 $V_{DD}/2$ 보다 크게 되어 VCO 출력주파수 ω_2 를 증가시켜 얼마간의 시간이 경과한 후에는 결국 ω_2 값이 원래의 ω_i 값과 같아지게 된다. 즉, harmonic locking 은 일어나지 않고 이 위상검출기의 주파수 검출기능에 의해 $\omega_2 = \omega_i$ 가 되어 PLL 이 lock 되게 된다.

Lock 된 상태에서의 위상오차 값

ω_i(입력신호 주파수) $= \omega_o$(VCO free running 주파수)인 perfect lock 상태에서는

$$\overline{v_f(t)} = v_{VCO.REF} = V_{DD}/2$$

가 된다. 따라서 위상검출기의 평균 출력전압 $\overline{v_d(t)}$ 도 $V_{DD}/2 (= v_{VCO.REF})$가 된다. 이때의 위상오차 ϕ_e 값은 위상검출기의 특성 곡선으로부터 구할 수 있다.

그림 12.3.1(d), 그림 12.3.5 와 그림 12.3.12 에 각각 보인 스위치 형태인 exclusive-OR(exclusive OR) gate, 2-상태 및 3-상태 sequential 형태 위상검출기들의 특성 곡선으로부터, 이 위상검출기들을 사용한 PLL 의 prefect lock 상태의 ϕ_e 값은 각각 $\pi/2$, π 및 0 이 된다는 것을 알 수 있다.

$\omega_i \neq \omega_o$ 인 상태에서 PLL 이 lock 된 경우는 $\omega_2(t) = \omega_i(t)$인 관계식이 성립하므로

$$\omega_2(t) = \omega_o + K_O \cdot \left\{ v_f(t) - v_{VCO.REF} \right\} = \omega_o + K_O \cdot \left\{ v_f(t) - \frac{V_{DD}}{2} \right\} = \omega_i(t)$$

$$(12.3.21)$$

가 되어

$$v_f(t) = \frac{V_{DD}}{2} + \frac{\omega_i(t) - \omega_o}{K_O} \qquad (12.3.22)$$

인 관계식이 성립한다. 입력신호 주파수 $\omega_i(t)$ 의 시간에 대한 변화가 충분히 느려서 DC 에 가깝다고 가정하면, 위상검출기의 평균 출력전압 $\overline{v_d(t)}$ 는

$$\overline{v_d(t)} \approx \frac{V_{DD}}{2} + \frac{\omega_i(t) - \omega_o}{K_O \cdot F(0)} \qquad (12.3.23)$$

가 된다. 여기서 $F(0)$은 루프필터의 소신호 DC 이득이다. 따라서 이 경우의 위상오차 값 $\phi_e(t)$ 는 다음 식으로 구해진다.

$$\phi_e(t) \approx \{\text{perfect lock 상태}(\omega_i = \omega_o)\text{에서의} \ \phi_e(t) \ \text{값}\} + \frac{\omega_i(t) - \omega_o}{K_D K_O \cdot F(0)} \qquad (12.3.24)$$

$\omega_i(t)$ 가 시간에 대해 변하지 않는 DC 값일 경우 식(12.3.23)과 식(12.3.24)는 근사식 대신 등식이 된다.

입력신호 주파수가 $\omega_i(t) = \omega_o + \Delta\omega_{i0} \cdot u(t)$ 인 step 변화를 할 경우 앞에 언급된 위상검출기(phase detector: PD)들에 대해 PLL 이 lock 된 상태의 최종 ϕ_e 값을 정리하면 표 12.3.3 과 같다.

표 **12.3.3** 입력주파수 step 에 대한 PLL 이 lock 된 상태에서의 최종 위상오차(ϕ_e) 값

	Passive lag 루프필터	Active PI 루프필터
루프필터 DC 이득 $F(0)$	1	∞
Exclusive-OR gate PD	$\dfrac{\pi}{2} + \dfrac{\Delta\omega_{i0}}{K_D K_O}$	$\dfrac{\pi}{2}$
2-상태 sequential 형태 PD	$\pi + \dfrac{\Delta\omega_{i0}}{K_D K_O}$	π
3-상태 sequential 형태 PD	$0 \quad (F(0) = \infty)$	$0 \quad (F(0) = \infty)$

위상검출기의 특성비교

그림 12.3.1(a)에 보인 스위치 형태인 exclusive-OR gate 위상검출기와 그림 12.3.3 의 (b)와 (c)에 보인 2-상태 sequential 형태 위상검출기와 그림 12.3.9 에 보인 3-상태 sequential 형태 위상검출기에 대해, 지금까지 설명한 특성들을 종합하여 표 12.3.4 에 보였다. 이 표에서 $F(0)$은 루프필터의 소신호 DC 이득으로 3-상태 sequential 형태 위상검출기의 경우 $F(0)$은 루프필터의 종류에 무관하게 무한대이다.

표 **12.3.4** 위상검출기의 특성 비교

PD 형태	EX-OR gate	2-상태 sequential	3-상태 sequential
선형동작 위상오차 범위	$0 < \phi_e < \pi$	$0 < \phi_e < 2\pi$	$-2\pi < \phi_e < 2\pi$
perfect lock 상태($\omega_i = \omega_o$)	$\phi_e = \pi/2$	$\phi_e = \pi$	$\phi_e = 0$
Lock 상태 ($\omega_i \neq \omega_o$)의 위상오차	$\phi_e = \dfrac{\pi}{2} + \dfrac{\omega_i - \omega_o}{K_D K_O F(0)}$	$\phi_e = \pi + \dfrac{\omega_i - \omega_o}{K_D K_O F(0)}$	$\phi_e = 0$
PD 의 소신호 이득 K_D	V_{DD}/π	$V_{DD}/(2\pi)$	$V_{DD}/(4\pi)$
PD 출력전압 고주파 성분	$\geq 2\omega_i$ (filtering 용이)	$\geq \omega_i$	$\geq \omega_i$
duty cycle	50% 라야 함 (이와 달라지면 성능저하) 그림 12.3.2(c) 참조	duty cycle 에 무관하게 동작	duty cycle 에 무관하게 동작
주파수 검출기능	×	×	O ($\Delta\omega_P$: 무한대)
odd harmonic locking	O (fake(가짜) locking)	×	×
positive 피드백 위상오차 구간	π (과도반응 시간이 길다)	0 (과도반응 시간이 짧다)	0 (과도반응 시간이 짧다)
입력 code missing 경우	lock 유지 ($\omega_i = \omega_o$ 로 됨)	보통 lock 을 잃음	보통 lock 을 잃음
hold range $\Delta\omega_H$	$\dfrac{\pi}{2} \cdot K_O K_D F(0)$	$\pi \cdot K_O K_D F(0)$	$2\pi \cdot K_O K_D F(0) = \infty$
lock-in range $\Delta\omega_L$	$\pi \cdot \zeta\omega_n$	$2\pi \cdot \zeta\omega_n$	$4\pi \cdot \zeta\omega_n$
lock-in time T_L	$\dfrac{2\pi}{\omega_n}$	$\dfrac{2\pi}{\omega_n}$	$\dfrac{2\pi}{\omega_n}$
pull-in range $\Delta\omega_P$	$\dfrac{\pi}{2} \cdot \sqrt{2\zeta\omega_n K_O K_D F(0)}$	$\pi \cdot \sqrt{2\zeta\omega_n K_O K_D F(0)}$	$\dfrac{1}{2\pi} \cdot \sqrt{2\zeta\omega_n K_O K_D F(0)} = \infty$
pull-in time T_P	$\dfrac{4}{\pi^2} \cdot \dfrac{(\Delta\omega_{i0})^2}{\zeta \cdot \omega_n^3}$	$\dfrac{1}{\pi^2} \cdot \dfrac{(\Delta\omega_{i0})^2}{\zeta \cdot \omega_n^3}$	$2 \cdot R_1 C \cdot \ln\left(\dfrac{K_O V_{DD}/2}{K_O V_{DD}/2 - \Delta\omega_{i0}}\right)$ [4]

12.4 전압제어 발진기(voltage controlled oscillator: VCO)

전압제어 발진기(VCO)는 입력전압(v_f) 변화에 대해 대체로 선형적으로 변하는 출력주파수(ω_2)를 발생시키는 소자로, 크게 사인파(sine wave)를 출력시키는 발진기와 구형파(square wave)를 출력시키는 발진기로 구분된다. 사인파를 출력시키는 발진기는 피드백 루프 내에 주파수에 대해 선택적으로(frequency-selective) 동작하는 RC, LC 혹은 crystal 등의 소자를 사용한다. 구형파(square wave)를 출력시키는 발진기로는 링 발진기(ring oscillator)와 relaxation 발진기가 있다. 여기서는 구형파를 출력시키는 발진기들에 대해서만 설명한다.

12.4.1 링 발진기(ring oscillator) VCO

링 발진기는 그림 12.4.1 에 보인 대로 홀수 개(3 개 또는 그 이상)의 반전(inverting) 증폭기를 루프 형태로 연결한 회로이다. 반전 증폭기 중에서 가장 간단한 회로는 CMOS 인버터(inverter)이다.

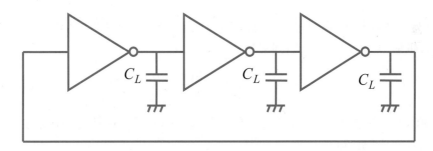

12.4.1　링 발진기(ring oscillator)

링 발진기(ring oscillator)의 동작

그림 12.4.1 에 보인 링 발진기 회로에서 각 반전 증폭기 부하 커패시터 C_L 로 인해 입력신호와 출력신호 사이에 위상 차(phase difference)가 발생한다. 이 위상차는 신호 주파수에 따라 달라지게 되는데, 루프를 한 바퀴 돌았을 때의 위상차가 180°

가 되는 주파수에서 링 발진기는 발진하게 된다. 또 발진이 이루어지려면 발진 주 파수에서의 루프이득(loop gain) 크기가 1 또는 그 이상의 값을 가져야 한다.

위상차는 아날로그 회로 해석에서 사용되는 용어인데 이는 디지털 회로 해석의 게이트 지연시간에 비례하는 양이다. 그림 12.4.1 에 보인 링 발진기에서 한 개의 반 전(inverting) 증폭기의 지연시간을 t_D 라고 하고, 링 발진기에 사용된 반전 증폭기의 개수를 $N(N$ 은 홀수)이라고 하면, 링 발진기가 발진하려면 루프를 한 바퀴 돌았을 때의 지연시간인 루프 지연시간 값$(N \cdot t_D)$ 이 발진 주기(T)의 절반 값과 같게 되어 다음 관계식이 성립한다[9].

$$N \cdot t_D = \frac{T}{2} \tag{12.4.1.a}$$

발진 주파수 f_{osc} 는 발진 주기(T)의 역수와 같으므로 f_{osc} 는 다음 식으로 표시된다.

$$f_{osc} = \frac{1}{2 \ N \ t_D} \tag{12.4.1.b}$$

그리하여 반전 증폭기의 지연시간 t_D 를 어떤 제어(control) 전압값에 따라 변하게 하면 링 발진기의 발진 주파수(f_{osc})를 바꿀 수 있으므로, 링 발진기를 VCO 로 사 용할 수 있다. CMOS 인버터를 반전증폭기로 사용할 경우 그 지연시간 t_D 는 $R_{ON}C_L$ 에 비례한다. 여기서 R_{ON} 은 NMOS 와 PMOS 트랜지스터 on 저항의 평균값 으로 $1/(V_{DD} - V_{TH})$ 에 비례한다. 이 관계식을 식(12.4.1.b)에 대입하면 f_{osc} 는 다음 식에 보인대로 $V_{DD} - V_{TH}$ 에 비례한다.

$$f_{osc} \propto \frac{V_{DD} - V_{TH}}{N \cdot C_L} \tag{12.4.1.c}$$

V_{DD} 를 VCO 입력전압으로 사용할 경우 VCO gain $K_O \ (= \partial f_{osc} / \partial V_{DD})$ 는 V_{DD} 에 무 관하게 일정한 값이 된다.

링 발진기(ring oscillator)의 소신호 해석[15]

그림 12.4.2(a)에 보인 대로 반전 증폭기 한 개의 입력 단자와 출력 단자를 연결한 $N = 1$ 인 경우에는 그림 12.4.2(a)의 전달함수 특성에서 보인 대로 항상 안정된 동작 점인 $V_I = V_O = V_{LT}$ 에 머무르게 된다. 여기서 V_{LT} 를 logic threshold 전압이라고 부 른다. 소신호 주파수 특성으로 N=1 인 경우는, 인버터의 180° 위상 반전과 커패시터

로 인한 최대 90° 위상 변동을 합쳐도 최대 위상 변동이 270° 을 넘지 못한다. 따라서 발진(oscillation)에 필요한 360° 위상 변화에 도달하지 못하므로 $N=1$ 인 경우는 발진하지 않는다. $N=2$ 경우는 전압이득이 가장 큰 DC 에서 360° 위상 변화를 하므로 '0' 혹은 '1'로 latch 되어 더 이상 변하지 않아서, 이 경우도 발진하지 않는다.

N 이 3 또는 그 이상의 홀수인 링 발진기의 경우에는 증폭기의 모든 입력전압과 출력전압이 V_{LT} 인 동작점을 가질 수도 있으나, 이 동작점은 매우 불안정한 동작점으로 작은 노이즈가 유기되어도 이 동작점에서 벗어나게 된다. 그림 12.4.2(b)에 보인 N 단(stage) 링 발진기에서 각 노드의 소신호 전압 $v_1, v_2, \cdots, v_N$ 은 각 노드의 전체 전압인 $V_1, V_2, \cdots, V_N$ 값에서 logic threshold 전압 V_{LT} 를 뺀 값이다. 그림 12.4.2(b)의 소신호 등가 회로에서 루프이득 $T(j\omega)$ 를 구하면 다음 식으로 표시된다.

$$T(j\omega) = \left[\frac{-g_m r_o}{1 + j\omega \cdot r_o \cdot C}\right]^N \tag{12.4.2}$$

$\omega = \omega_{osc}$ 에서 발진이 되기 위해서는 다음의 Barkhausen 조건이 충족되어야 한다 [16].

$$ph\{T(j\omega_{osc})\} = 2\pi \cdot k \qquad (k \text{ 는 정수}) \tag{12.4.3.a}$$

$$|T(j\omega_{osc})| \geq 1 \tag{12.4.3.b}$$

N 이 홀수이므로 $(-1)^N = -1$ 인 사실을 이용하고 식(12.4.2)를 식(12.4.3.a)와 식(12.4.3.b)에 각각 대입하면 발진 조건(oscillation condition)식들은 다음과 같이 구해진다.

$$\tan^{-1}(\omega_{osc} \cdot r_o C) = \frac{\pi \cdot (2k-1)}{N} \tag{12.4.4.a}$$

$$\omega_{osc} \leq \frac{g_m}{C} \cdot \sqrt{1 - \frac{1}{(g_m r_o)^2}} \approx \frac{g_m}{C} \tag{12.4.4.b}$$

식(12.4.4.b)에서 반전 증폭기의 소신호 DC 이득인 $g_m r_o$ 는 1 보다 훨씬 크다는 사실을 이용하였다. g_m/C 는 단일 pole 증폭기에서 unity-gain 주파수 또는 gain-bandwidth 곱이라고 불리는데, 신호 주파수 ω 가 g_m/C 보다 작게 되면 단일 반전 증폭기의 소신호 전압 이득 값은 1 보다 크게 되므로 이들의 곱인 루프이득(loop gain)의 크기도 1 보다 크게 되어 발진 조건을 충족시키게 된다.

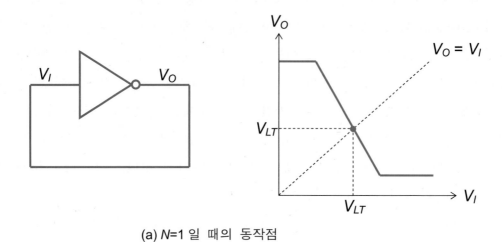

(a) $N=1$ 일 때의 동작점

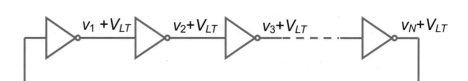

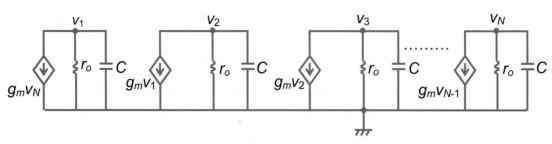

(b) N 단 링 발진기(N-stage ring oscillator)와 소신호 등가 회로

그림 **12.4.2** 링 발진기(ring oscillator)의 소신호 해석

식(12.4.3.a)에서, 링 발진기는 거의 항상 $k = 1$인 경우의 발진을 하게 된다. 즉, 루프를 한 바퀴 돌았을 때의 위상 변화 값인 루프이득의 phase 값 $ph\{T(j\omega)\}$가 2π radian 일 때 발진하게 된다. 이는 식(12.4.2)에서 알 수 있는 대로, $k = 2, 3$에 해당하는 신호 주파수 ω 값에서는 $ph\{T(j\omega)\}$ 값이 각각 4π, 6π radian 이 되는데, 이러한 신호 주파수 ω 값들은 $k = 1$일 때의 ω 값보다 크게 된다. 따라서 $k = 2, 3$에 해당하는 신호 주파수 ω 값에서는, 루프이득 크기($|T(j\omega)|$)가 $k = 1$인 경우에 비해 상대적으로 감소하므로 발진 조건식 가운데 하나인 식(12.4.3.b)의 조건을 충족시키기 어려워져, $k = 1$인 경우에 비해 발진하기가 더 어렵게 되기 때문이다.

식(12.4.4.a)에 $k = 1$을 대입하고 양 변에 *tangent* 함수를 취하면 다음 식이 구해진다.

$$\omega_{osc} \cdot r_o C = \tan\left(\frac{\pi}{N}\right) \tag{12.4.5}$$

여기서 N 은 3 보다 큰 홀수인데, $N \gg 1$인 경우에 $\pi/N \ll 1$ 이므로 $\tan(\pi/N) \approx \pi/N$ 으로 근사화된다. 따라서 $N \gg 1$인 경우의 발진 주파수 ω_{osc} 는 다음 식으로 표시된다.

$$\omega_{osc} = \frac{\pi}{N \cdot r_o C} \tag{12.4.6}$$

그리하여 $N \gg 1$일 경우의 단일 반전 증폭기의 위상 변화는

$$\text{단일 증폭기 위상 변화} = \tan^{-1}(\omega_{osc} \cdot r_o C) = \tan^{-1}\left(\frac{\pi}{N}\right) \approx \frac{\pi}{N} \tag{12.4.7}$$

이 되는데, 이를 단일 반전 증폭기의 지연시간(propagation delay time) t_D로 표시하면 $\omega = \omega_{osc}$인 사인파(sine wave)에 대한 단일 반전 증폭기의 위상 변화는 $\omega_{osc} \cdot t_D$가 된다. 이를 식(12.4.7)에 대입하면, $N \gg 1$인 경우에 ω_{osc}의 주파수로 발진하기 위한 단일 반전 증폭기의 지연시간(propagation delay time) t_D는 다음 식으로 표시되어 식(12.4.1.a)와 일치하게 된다.

$$t_D = \frac{\pi}{\omega_{osc} N} = \frac{T}{2N} \tag{12.4.8}$$

여기서 발진 주파수 ω_{osc} 와 발진 주기 T 사이의 $\omega_{osc} = 2\pi/T$ 인 관계식을 이용하였다. 그런데 식(12.4.6)에 주어진 $N \gg 1$인 경우의 발진 주파수 ω_{osc}를 식(12.4.2)에 대입하면 루프이득 $|T(j\omega_{osc})|$ 는 다음 식으로 표시된다.

$$\left| T(j\omega_{osc}) \right| = \left[\frac{(g_m r_o)^2}{1 + \left(\dfrac{\pi}{N} \right)^2} \right]^{\frac{N}{2}}$$

여기서 단위 반전 증폭기의 소신호 DC 이득 $g_m r_o \gg 1$이므로

$$\frac{(g_m r_o)^2}{1 + \left(\dfrac{\pi}{N} \right)^2} \gg 1$$

인 관계가 성립한다. 따라서

$$\left| T(j\omega_{osc}) \right| \gg 1 \tag{12.4.9}$$

가 되므로 발진 진폭은 시간이 경과함에 따라 점차 증가하게 된다. 그리하여 발진 전압이 비반전 증폭기의 이득 영역에 있는 한, 식(12.4.9)가 성립하여 발진 진폭이 점차 증가하므로 링 발진기의 출력전압이 V_{DD} 혹은 V_{SS} 에 도달하게 되어, 링 발진기는 구형파(square wave) 전압 발진을 일으키게 된다.

링 발진기(ring oscillator) VCO 회로

그림 12.4.3 에 CMOS 인버터(inverter)를 이용한 VCO 회로를 보였다. VCO 입력전압 v_f 값이 증가하면 CMOS 인버터에 흐르는 전류값이 증가하게 되고, 이 전류값의 증가로 인해 반전 증폭기의 소신호 출력저항 r_o 값이 감소하여 식(12.4.6)에 보인 대로 VCO 발진 주파수 ω_{osc} 값이 증가하게 된다. 그리하여 이 VCO 회로는 CMOS 인버터에 흐르는 전류량에 의해 VCO 발진 주파수가 결정되고, 특히 발진 주파수 ω_{osc} 값을 감소시키기 위해서는 CMOS 인버터에 흐르는 전류량을 감소시키므로, 이 회로를 current starved VCO 회로라고 부른다.

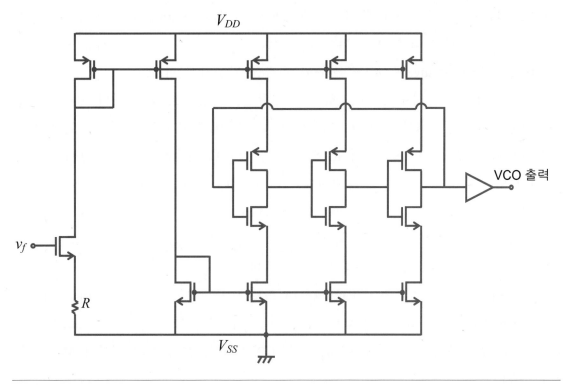

그림 **12.4.3**   CMOS 인버터를 이용한 current starved VCO 회로

그림 12.4.3 에서는 V_{DD} 와 V_{SS} 쪽 전류원으로 간단한 전류거울 회로를 사용하였는데, V_{DD} 와 V_{SS} 노이즈가 링 발진기에 유기되는 것을 막기 위해서는 전류거울 회로를 캐스코드 전류원 회로로 대체해야 한다. 이 경우 CMOS 인버터의 출력전압 swing 을 최대로 하기 위해 캐스코드 전류원 회로를 그림 7.1.8 에 보인 wide swing 캐스코드 구조로 하는 것이 좋다. 그림 12.4.3 회로에서 저항 R 에 흐르는 전류는 $(v_f - V_{GS})/R$ 로 주어지는데 V_{GS} 는 v_f 값에 거의 무관하게 일정한 값을 가지므로, 저항 R 에 흐르는 전류는 VCO 입력전압 v_f 에 대해 대체로 선형적으로 변하게 된다. 이 전류는 각각 NMOS 와 PMOS 전류거울 회로를 통하여 CMOS 인버터에 공급된다.

그림 12.4.4 에 VCO 발진 주파수를 높이기 위해 전류 모드(current mode) 링 발진기를 사용한 VCO 회로를 보였다. 그림 12.4.4 에서 M1 과 M2 는 V_{GS} 값이 서로 같고 saturation 영역에서 동작하므로, 저항 R 에 흐르는 전류가 M1 과 M2 의 W/L 값

비율에 따라 나누어져서 M1 과 M2 에 흐르게 된다. ML 은 triode 영역에서 동작하여 그 V_{DS} 값이 비교적 작은 Δ 가 되어 V_{B2} 값을 $V_{DD} - |V_{THp}| - |V_{DSATp}| - \Delta$ 로 되게 함으로써 wide-swing 캐스코드 전류원 동작을 가능하게 한다.

그림 12.4.4 에서 저항 R 에 흐르는 전류는, 그림 12.4.3 에서와 마찬가지로 $(v_f - V_{GS1})/R$ 로 주어져서, VCO 입력전압 v_f 에 대해 대체로 선형적으로 변하게 된다. M2 에 흐르는 전류는 저항 R 에 흐르는 전류에 비례하므로, v_f 값이 증가함에 따라 M2 에 흐르는 전류도 증가한다. 이 경우 $V_{DD} - V_{B1}$ 값이 증가하여 MP 의 드레인 전압이 V_{DD} 쪽에 가까울 때, MP 는 saturation 영역을 벗어나서 triode 영역에 들어가기 쉽다. 그런데 그림 12.4.4 회로에서는 이 경우 $V_{DD} - V_{B2}$ 값도 함께 증가하므로 MP 는 항상 saturation 영역에서 동작하게 된다.

M3 과 M4 는 전류 스위치(current switch) 회로로 동작하는데, V_3 전압이 증가하여 V_1 전압이 V_{THn} 보다 작아지면 M4 는 off 되어 전류 I 는 모두 M3 으로 흐르게 되고, V_3 전압이 감소하여 V_1 전압이 V_{THn} 보다 커지면 전류 I 는 거의 대부분 M4 로 흐르게 된다.

이 링 발진기에서 발진이 일어나려면, 식(12.4.3.b)에 보인 대로, 발진 주파수 (ω_{osc})에서 루프이득 크기($|T(j\omega_{osc})|$)가 1 보다 커야 한다. 이 조건을 충족시키기 위한 필요 조건으로, M3 과 M4 에 흐르는 전류값의 크기가 서로 같은 경계 점에서 DC 소신호 전압 이득$(\partial V_1 / \partial V_3)$ 크기가 1 보다 훨씬 더 커야 한다. 따라서 발진 조건은 다음과 같이 유도된다.

$$\frac{\partial V_1}{\partial V_3} = -\frac{g_{m3}}{g_{m4}} = -\sqrt{\frac{(W/L)_3}{(W/L)_4}}$$

발진 조건 : $(W/L)_3 \gg (W/L)_4$

그런데 위 식에서 DC 소신호 루프이득 크기를 1 보다 크게 하기 위해서는 $(W/L)_3 > (W/L)_4$ 인 조건만 성립하면 되는데, 발진 조건이 $(W/L)_3 \gg (W/L)_4$ 가 되는 이유는 실제 발진이 일어나는 주파수 ω_{osc} 에서는 커패시턴스 효과로 인해 소신호 전압이득 크기가 DC 에서의 값보다 훨씬 작아지기 때문이다.

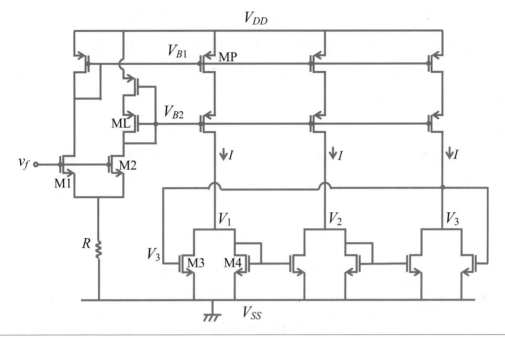

그림 **12.4.4** 전류 모드 링 발진기(current mode ring oscillator)를 사용한 VCO 회로 [17]

12.4.2 완전차동 링 발진기 VCO

앞의 12.2.6 절의 식(12.2.88)에 보인 대로, 특히 PLL bandwidth ω_n 값이 작을 경우 VCO 노이즈로 인한 출력 jitter 값이 크게 된다.

최근 디지털 VLSI 칩에 널리 사용되고 있는, 클락의 상승 또는 하강 edge 에 맞추어 모든 신호들을 동기시키는, 디지털 동기 회로(digital synchronous circuit)에서 확실한 동작을 보장하기 위해서는 클락 jitter 가 클락의 한 주기 시간인 T 보다 훨씬 더 작아야 한다. 보통 클락 jitter 가 클락 주기 T 의 10 % 이내가 되게 한다. 최근 클락 주파수가 증가하여 클락 주기 T 가 감소함에 따라, 클락 jitter 도 매우 작은 값으로 유지되어야 한다. 이를 위해서 VCO 노이즈를 감소시켜야 하는데, VCO 노이즈는 주로 공급 전압 (V_{DD}, V_{SS}) 선으로부터 유기된다. 이러한 공급 전압 선으로부터 유기되는 VCO 노이즈를 감소시키기 위해, 최근에는 거의 대부분의 VCO 설계에 완전차동 (fully differential) 방식을 사용하여 공급 전압 선으로부터 유기되는 공통모드 노이즈의 영향을 제거한다.

그림 12.4.5 에 완전차동(fully differential) VCO 의 개념도를 보였다. 앞의 12.4.1 절의 그림 12.4.1 에서 보인 단일 출력(single-ended) 반전 증폭기를 이용한 링 발진기 VCO 에서는 홀수 개의 증폭기를 필요로 하는데 비해, 완전차동(fully differential) VCO 에서는 보통 quadrature(90°) 위상차 신호를 얻기 위해 짝수 개의 증폭기를 이용하고 그림 12.4.5(a)의 제일 오른쪽에 있는 마지막 단 증폭기의 두 개의 출력 단자를 제일 왼쪽에 있는 초단 증폭기의 입력에 연결할 때 서로 어긋나게 연결함으로써 홀수 개 증폭단과 같은 효과를 얻는다.

또 완전차동 VCO 에서는 증폭단 개수가 짝수 개이므로 네 개의 차동 출력전압 V_{o1}, V_{o2}, V_{o3}, V_{o4} 와 인버터를 거친 반전 출력전압 $-V_{o1}$, $-V_{o2}$, $-V_{o3}$, $-V_{o4}$ 를 이용하면 그림 12.4.5(b)에 보인 대로 상승 edge 가 $2\pi/(2N)$ *radian* 씩 서로 균일하게 떨어진 $2N$ 개의 신호를 얻을 수 있어서 PLL 응용 회로에서 유용하게 사용할 수 있다. 여기서 N 은 증폭단의 개수로 짝수인데, 그림 12.4.5(b) 회로에서는 $N=4$ 이다. 완전차동(fully differential)이 아닌 단일 출력(single-ended) 증폭기를 사용한 링 발진기에서는 N 이 홀수이므로 정확한 quadrature 위상 차(90° 위상 차) 신호들을 생성시킬 수 없다.

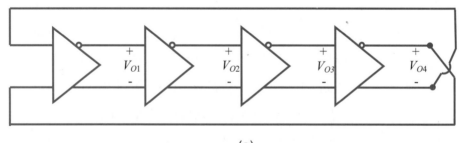

(a)

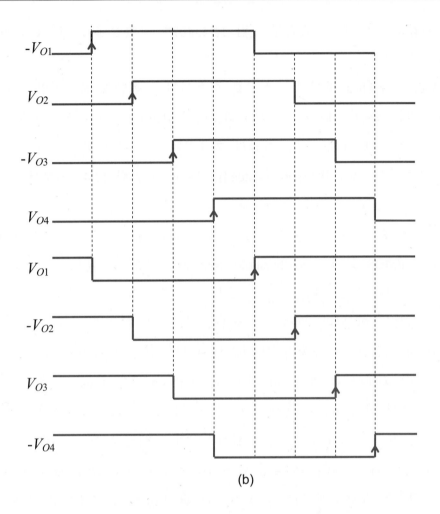

(b)

그림 **12.4.5** 완전차동(fully differential) VCO   (a) 회로   (b) 출력파형

완전차동 링 발진기 VCO 회로 예

그림 12.4.6 에 링 발진기(ring oscillator)를 이용한 완전차동(fully differential) VCO 의 회로 예를 보였다. 그림 12.4.6(a)에 보인 반전 증폭기 회로에서 M3 과 M4 는 triode 영역에서 동작하여 근사적으로 선형 저항 역할을 한다. 이 저항의 선형동작 전압 범위를 증가시키기 위해, 게이트와 드레인 단자 둘 다 M3 의 드레인 단자에 연결된 NMOS 다이오드를 M3 과 병렬로 추가하는 경우도 있다[19].

그림 12.4.6(a)의 전류원 회로(I)를 그림 12.4.6(b)에 보였는데 I 는 VCO 입력전압 v_f 에 비례하게 된다.

그림 12.4.6(c)는 replica 바이어스 회로를 이용하여 증폭단의 출력전압 swing 범위를 0(V_{SS})과 V_{HI} 사이로 제한하는 VCO 회로이다. Replica 바이어스 회로는 반전 증폭단과 똑같은 회로에 원하는 출력전압의 최대값과 최소값인 V_{HI} 와 0 을 각각 입력전압으로 인가하고 단일 출력(single-ended) OP amp 를 그림 12.4.6(c)에서와 같이 연결한 회로이다. OP amp 와 M3r 의 negative 피드백 작용으로 V_{CTRL} 값이 조정되어 V_{O1} 이 V_{HI} 와 같아지게 된다. 이때 M1r 이 saturation 영역에서 동작하도록 하기 위해서는 V_{HI} 는 PMOS 문턱 전압(threshold voltage) 크기인 $|V_{THp}|$ 보다 크지 않아야 한다. 또 V_{HI} 는 보통 $\sqrt{2} \cdot |V_{DSAT.M1r}|$ 보다 크게 하여 M2r 이 완전히 off 되게 한다. 따라서 V_{O2} 는 0 이 된다. 그리하여 replica 바이어스 회로에 의해 생성된 V_{CTRL} 전압을 VCO 의 모든 반전 증폭기 회로에 인가하면, 반전 증폭기의 두 개의 PMOS 입력 트랜지스터 중에서 한 개는 off 되고 한 개만 on 되어서 on 된 쪽으로 전류 I 가 전부 다 흐르게 되어, on 된 입력 트랜지스터의 드레인 노드에 해당하는 단자의 출력전압은 V_{HI} 가 되고 off 된 입력 트랜지스터의 드레인 노드에 해당하는 단자의 출력전압은 0 이 된다. 따라서 VCO 링 발진기에 사용된 모든 반전 증폭기의 출력전압은 발진 주파수에 무관하게 최소값 0 과 최대값 V_{HI} 로 일정하게 유지되어, VCO 발진 주파수 ω_{osc} 의 VCO 입력전압 v_f 에 대한 선형성을 좋게 한다. 그림 12.4.6(c) 회로에서 전류 I 가 증가하면 replica 바이어스 회로의 동작에 의해 Vctrl 값이 증가하게 된다. 따라서 Vctrl 에 게이트 단자가 연결된 반전 증폭기의 NMOS 부하 트랜지스터의 등가저항(r_o)이 감소하므로 식 (12.4.6)에 보인 대로 VCO 발진 주파수 ω_{osc} 는 증가하게 된다.

반전 증폭기 출력전압의 최대값인 V_{HI} 는 보통, VCO 발진 주파수의 최대값을 높이기 위해, 비교적 작은 값으로 제한하는데, 앞에서 설명한 대로 다음 범위 내에 놓여야 한다.

$$\sqrt{2} \cdot \left| V_{DSAT,M1r} \right|_{\max} \leqq V_{HI} \leq \left| V_{THp} \right|$$

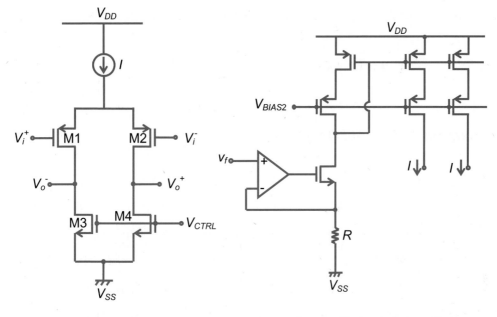

(a) 반전 증폭기 회로

(b) 전류 바이어스 회로

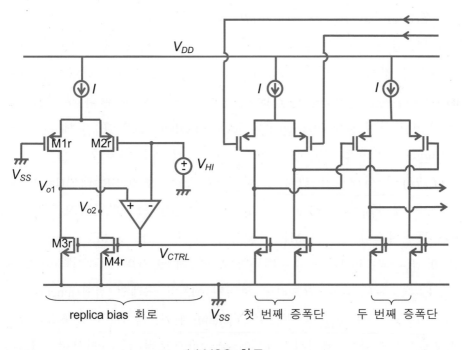

(c) VCO 회로

그림 **12.4.6** 출력전압 swing 값을 일정하게 유지한 VCO 회로 [14]

$\left| V_{DSAT.M1r} \right|$ 값을 전류 I 로 표시하면 V_{HI} 의 범위는 다음 식으로 주어진다.

$$\sqrt{\frac{2I}{\mu_p \cdot (W/L)_{M1r}}} \leq V_{HI} \leq \left| V_{THp} \right| \tag{12.4.10}$$

12.4.3 Relaxation 발진기 VCO (*)

그림 12.4.7(a)에 CD4046 CMOS PLL 칩에 사용된 CMOS relaxation 발진기 회로를 보였다. 전류원 전류 I 는 VCO 입력전압 v_f 에 비례하는 양이다. 커패시터 C 는 칩 외부에 연결하는 off-chip 커패시터이다. Schmitt trigger 와 SR 래치(latch)의 동작을 각 각 그림 12.4.7(b)와 (c)에 보였다. 그림 12.4.7(a)의 D1 과 D2 는 각각 NMOS 트랜지 스터 M1 과 M2 의 드레인-기판(substrate) 사이의 PN 접합(junction) 다이오드를 나타 낸다. M3 과 M4 의 드레인-V_{DD} (n-well) 사이의 PN 접합(junction) 다이오드는 그림에 서는 표시하지 않았다.

먼저 V_{O1} 이 L(low)이고 V_{O2} 가 H(high)일 경우에는, 네 개의 트랜지스터(M1-M4) 중에서 M2 와 M3 만 on 되므로 V_{C2} 가 0 이 되고 커패시터 C 에 흐르는 전류 I_C 는 $+I$ 가 된다. 따라서 커패시터 양단 전압 V_C 값이 점차 증가하게 된다. $V_{C2} = 0$ 이고 $V_{C1} = V_C + V_{C2} = V_C$ 가 되므로, V_{C1} 값은 시간이 경과함에 따라 증가하게 된다. V_{C1} 값이 점차 증가하여 Schmitt trigger 의 logic threshold 값인 V_{LTH} 에 도달하게 되 면, Schmitt trigger 출력전압 V_{T1} 과 V_{T2} 는 원래의 $(V_{T1}, V_{T2}) = (H, H)$ 인 상태에서 $(V_{T1}, V_{T2}) = (L, H)$ 인 상태로 바뀐다. 그림 12.4.7(c)에 보인 SR 래치(latch)의 동작 표를 참조하면, 이때 V_{O1} 과 V_{O2} 는 각각 H 와 L 인 상태로 반전되게 된다. 따라서 네 개의 MOS 트랜지스터 중에서 M1 과 M4 만 on 되고 M2 와 M3 은 off 된다. 그리 하여 V_{C1} 은 0, $V_{C2} = -V_C + V_{C1} = -V_C$ 가 되고 이 순간의 커패시터 전압 V_C 는 V_{LTH} 이므로, V_{C2} 는 $-V_{LTH}$ 로 변하려고 하지만 M2 의 드레인 접합(junction) 다이오 드 D2 에 의해 V_{C2} 는 $-V_{BE.ON} = -0.7V$ 로 clamp 된다. 즉 D2 다이오드가 on 되어 거의 순간적으로 큰 전류를 커패시터 C 에 공급함으로써 V_{C2} 전압이 $-V_{BE.ON}$ 이 된다.

그 후 전류원 전류 I 는 M4, 커패시터 C 와 M1 을 통하여 흐르게 되므로 $I_C = -I$

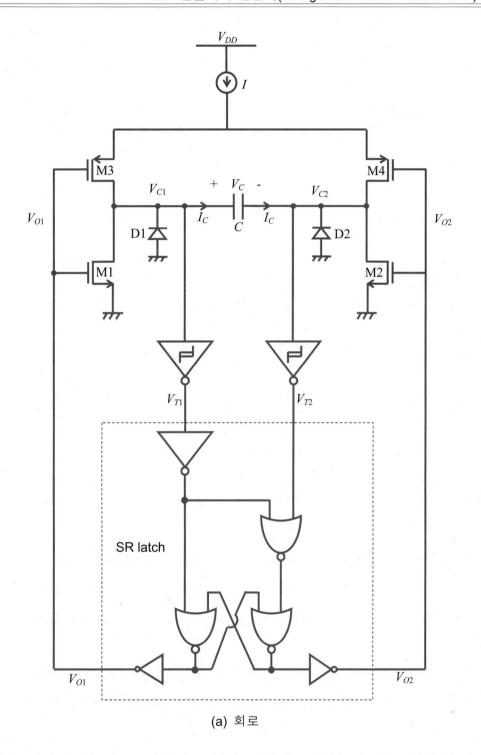

(a) 회로

그림 **12.4.7** CMOS relaxation 발진기

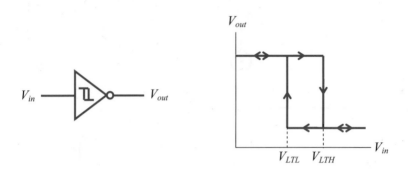

(b) Schmitt trigger 와 그 동작 특성

V_{LT1}	V_{LT2}	V_{O1}	V_{O2}
L	L	H	L
L	H	H	L
H	L	L	H
H	H	과거상태 유지	과거상태 유지

(c) SR latch 의 동작 (H : high, L : low)

그림 **12.4.7** CMOS relaxation 발진기 (계속)

가 되고 $V_{C1} = 0$ 인 상태에서 V_{C2} 전압이 $-V_{BE.ON}$ 에서 시작하여 점차 증가하게 되므로 D2 다이오드는 off 된다. 이 경우 V_{C1} 과 V_{C2} 는 모두 V_{LTH} 보다 작으므로 V_{T1} 과 V_{T2} 는 둘 다 H(high) 상태가 되어 V_{O1} 과 V_{O2} 는 $(V_{O1}, V_{O2}) = (H, L)$ 인 상태를 유지한다.

V_{C2} 값이 계속 증가하여 V_{LTH} 에 도달하면 $(V_{T1}, V_{T2}) = (H, L)$ 가 되고 V_{O1} 과 V_{O2} 의 상태가 반전되어 $(V_{O1}, V_{O2}) = (L, H)$ 가 되어 위에서와 같은 과정이 반복된다.

그림 12.4.8(a)에 위에서 설명한 과정의 파형을 보였다. 그림 12.4.8(b)에 $t = T/2$ 부근의 V_{C1} 과 V_{T1} 의 시간 축이 확대된 상세 파형과 $t = T$ 부근의 V_{C2} 와 V_{T2} 의

상세 파형을 보였다.

그림 12.4.8(a)에 보인 CMOS relaxation 발진기의 발진 주기 T를 구하는 과정을 다음에 보였다. $T/2$ 시간 동안 커패시터 전압 V_C ($=V_{C1}-V_{C2}$)는 대체로 $-V_{BE.ON}$에서 V_{LTH}까지 변하고, 또 커패시터 C에 흐르는 전류는 I로 일정하므로 다음 관계식이 성립한다.

$$C \cdot (V_{LTH} - (-V_{BE.ON})) = I \cdot \frac{T}{2}$$

따라서 발진 주파수 f_{osc}는 다음 식으로 주어진다.

$$f_{osc} = \frac{1}{T} = \frac{I}{2\,C \cdot (V_{LTH} + V_{BE.ON})} \tag{12.4.11}$$

전류원 전류 I는 VCO 입력전압 v_f에 비례하므로 발진 주파수 f_{osc}도 v_f에 비례하게 된다.

CMOS relaxation 발진기를 사용한 VCO 회로는, 링 발진기를 사용한 VCO 회로에 비해 그 동작 주파수(f_{osc})가 훨씬 작지만, 공급전압 노이즈에 비교적 둔감한 장점이 있다.

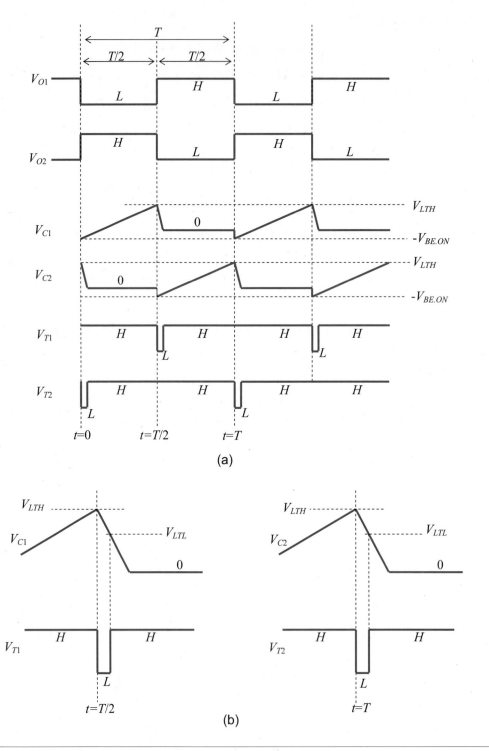

그림 **12.4.8** 그림 12.4.7 에 보인 CMOS relaxation 발진기의 동작 파형

12.5   전하펌프(charge-pump) PLL

12.5.1 전하펌프 **PLL** 회로의 구성

전하펌프 PLL 은 그림 12.5.1(a)에 보인 대로 전하펌프 위상/주파수 검출기(phase-frequency detector: PFD), VCO 와 RC 루프필터(loop filter)로 구성된다[20, 21].

위상/주파수 검출기로는 앞 절(12.3 절)에서 설명한 3-상태 sequential 형태 위상검출기를 사용하는데, 이는 위상 검출(phase detection) 기능뿐만 아니라 주파수 검출(frequency detection) 기능도 가진다.

12.3 절에서 설명한 위상검출기는 전압을 출력시키는데 반해, 전하펌프(charge-pump) 위상검출기는 전류를 출력시킨다. 전압 출력위상검출기는, 그림 12.3.9 와 그림 12.3.14 에 보인 대로 각각 한 개씩인 NMOS 와 PMOS 스위치를 이용하여 출력 노드를 전압원인 V_{DD} 혹은 V_{SS} 로 연결시킴으로써 전압($v_d(t)$)을 출력시킨다. 전하펌프(charge-pump) 위상검출기는, 그림 12.5.1(a)에 보인 대로 전류($i_d(t)$)를 출력시키는데, 이것은 그림 12.5.1(b)에 보인 대로 NMOS 와 PMOS 스위치와 직렬로 각각 한 개의 전류원(I_P)을 연결시킴으로써 구현된다. 그리하여 PMOS 와 NMOS 가 각각 on 되는 시간을 t_P 라고 할 때, $+I_P t_P$ 혹은 $-I_P t_P$ 의 전하(charge)를 루프필터 회로에 펌핑(pumping)하므로 이 회로를 전하펌프(charge-pump) PLL 이라고 부른다. 두 개의 전류원(I_P)과 루프필터에서의 C_P 를 제외하고는 이 회로는 앞에서 설명된 그림 12.3.9 와 그림 12.3.13 에 각각 보인 전압 출력 PFD 를 이용한 PLL 회로와 동일하다. C_P 는 루프필터 출력전압 $v_f(t)$ 의 glitch 를 감소시키기 위해 사용한 것으로 보통 C_P 는 C 의 1/10 정도로서 PLL 주요 동작 특성에는 거의 영향을 주지 않으므로, PLL 동작 해석 시에 고려하지 않아도 된다.

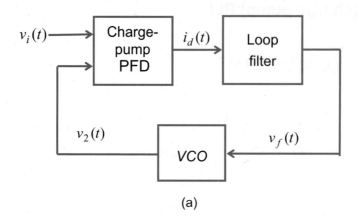

(a)

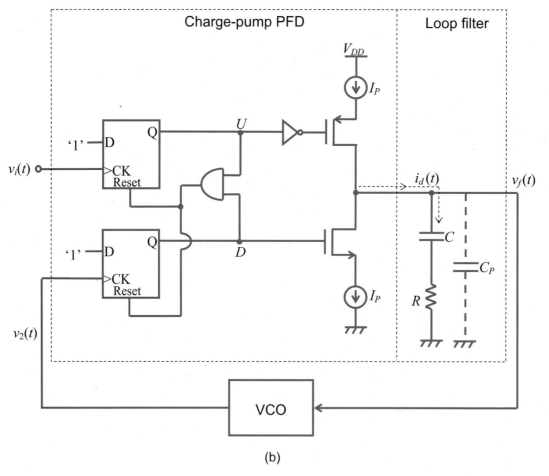

(b)

그림 **12.5.1** 전하펌프(charge pump) PLL   (a) 구성도   (b) 회로

12.5.2 전하펌프 **PLL** 의 동작

전하펌프 PLL 의 동작을 설명하기 위해 그림 12.5.1(b)에 보인 회로를 간략화시켜 그림 12.5.2 에 보였다. $\phi_i(t)$ 와 $\phi_2(t)$ 는 각각 입력신호 $v_i(t)$ 와 출력신호 $v_2(t)$ 의 위상을 나타내고, $\phi_e(t)$ 는 $\phi_e(t) = \phi_i(t) - \phi_2(t)$ 로 위상오차를 나타낸다. $U(t)$ 와 $D(t)$ 는 각각 0 혹은 1 의 값을 가진다.

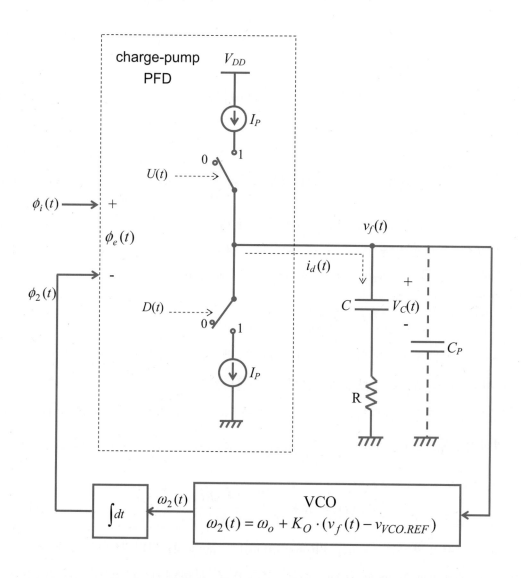

그림 **12.5.2** 전하펌프(charge-pump) PLL 의 간략화된 모델

전하펌프 PFD(phase-frequency detector) 회로는 전류원 I_P 를 제외하고는 앞 절(12.3
절)에서 설명한 전압 출력 PFD(그림 12.3.9에 보인 3-상태 sequential 형태 위상검출
기) 회로와 동일하므로, 앞 절(12.3절)에서 유도된 PFD 관련 식들을 그대로 사용할
수 있다. 앞에서 언급된 대로 이 절에서는 3-상태 sequential 형태 위상검출기를
PFD(phase-frequency detector)라고 부른다.

그림 12.3.11과 식(12.3.12.b)에 보인 대로 $U(t) - D(t)$ 의 평균값인 $\overline{U(t) - D(t)}$ 는

$$\overline{U(t) - D(t)} = \frac{1}{2\pi} \cdot \phi_e(t)$$

로 표시된다. 전하펌프 PFD의 출력전류 $i_d(t)$ 는

$$i_d(t) = I_P \cdot \left\{ U(t) - D(t) \right\} \tag{12.5.1.a}$$

로 표시되고, 평균 출력전류 $\overline{i_d(t)}$ 는

$$\overline{i_d(t)} = I_P \cdot \left\{ \overline{U(t) - D(t)} \right\} = \frac{I_P}{2\pi} \cdot \phi_e(t) \tag{12.5.1.b}$$

로 된다. 전압 출력 PFD의 소신호 gain K_D 를 앞 절(12.3절)에서는 평균 출력전압
$\overline{v_d(t)}$ 에 대해 정의했지만, 전류를 출력시키는 전하펌프 PFD에 대해서는 이 절에서
평균 출력전류 $\overline{i_d(t)}$ 에 대해 정의하면 K_D 는 다음 식으로 표시된다.

$$K_D \triangleq \frac{\overline{i_d(t)}}{\phi_e(t)} = \frac{I_P}{2\pi} \tag{12.5.2}$$

그리하여 앞 절(12.3절)에서의 K_D 는 [V/rad]의 단위를 가지지만, 식(12.5.2)로 정의된
이 절에서 사용될 K_D 는 [A/rad]의 단위를 가진다.

루프필터의 전달함수(이득)를 평균 출력전압 $\overline{v_f(t)}$ 와 평균 입력전류 $\overline{i_d(t)}$ 에 대
해 정의하여, 루프필터의 소신호 이득(gain)을 $Z_F(s)$ 로 두고 C_P 를 0 으로 하면,
$Z_F(s)$ 는

$$Z_F(s) = R + \frac{1}{sC} = \frac{1 + sRC}{sC} \tag{12.5.3}$$

로 주어져서, 루프필터는 passive PI(proportional + integral) 필터로 동작하게 된다. 그
리하여 이 루프필터의 소신호 DC 이득 $Z_F(0)$ 은 무한대가 된다. 입력신호 주파수
$\omega_i(t)$ 가 시간에 대해 변하지 않는 DC 일 경우에 PLL 이 lock 되면, DC 위상오차 ϕ_e

는 식(12.3.24)의 유도과정과 마찬가지로 하여 다음 식으로 유도된다.

$$\phi_e = \{ perfect \; lock \; \text{상태} \, (\omega_i = \omega_o) \text{에서의} \; \phi_e \; \text{값} \} + \frac{\omega_i - \omega_o}{K_D K_O \cdot Z_F(0)} = 0 \qquad (12.5.4)$$

즉, 입력신호 주파수 ω_i 값이 DC이기만 하면(ω_i 값이 시간에 대해 변하지 않으면) 위상오차 값은 정확하게 0이 된다. 이는 위상검출기가 PFD이기만 하면, 루프필터의 종류에 무관하게 그림 12.3.9에 보인 전압 펌핑(voltage pumping) 방식이든 그림 12.5.1과 그림 12.5.2에 보인 전하 펌핑(charge pumping) 방식이든, 다 성립하는 성질이다. 그림 12.5.2의 VCO는 앞 절(12.3절)에서와 같은 특성을 가진다.

과도 특성(transient response)

지금까지 전하펌프 PLL 에 사용되는 각 소자들의 특성을 설명하였는데, 이를 이용하여 전하펌프 PLL 의 시간 영역 과도 특성(transient response)을 다음에 설명한다. 그림 12.5.3 에 입력신호 $v_i(t)$ 가 출력신호 $v_2(t)$ 를 leading 하는 경우 ($\phi_e > 0$) 와 lagging 하는 경우 ($\phi_e < 0$) 에 대해 각각의 파형을 보였다. 그림 12.5.3(a)에서 보면, $t = t_0$ 인 시각에 $v_i(t)$ 가 상승하고 $t = t_0 + t_P$ 인 시각에 $v_2(t)$ 가 상승하여 위상오차 ϕ_e 는 양(+)이 된다. 여기서 t_P 는 위상오차 ϕ_e 에 대응되는 시간이다. 따라서 $t_0 < t < t_0 + t_P$ 인 시간 구간에서만 $U(t)$ 는 1 이 되고 $i_d(t)$ 는 $+I_P$ 가 되어 $v_f(t)$ 가 증가하게 된다. 입력신호 $v_i(t)$ 의 주파수(ω_i)를 기준으로 하여 위상오차 값 ϕ_e 를 정의하면 t_P 는 다음과 같이 ϕ_e 식으로 표시된다.

$$t_P = \frac{\phi_e}{\omega_i} \qquad (12.5.5)$$

가 된다. $t_0 < t < t_0 + t_P$ 의 시간 구간에서 $i_d(t) = +I_P$ 이므로 $v_f(t)$ 는 이 시간 구간에서 다음 식으로 표시된다.

$$v_f(t) = v_f(t_0) + I_P \cdot R + \frac{1}{C} \int_{t_0}^{t} I_P \, dt$$

$$= v_f(t_0) + I_P \cdot R + \frac{I_P}{C}(t - t_0) \qquad (12.5.6)$$

$t_0 + t_P < t < t_0 + (2\pi / \omega_i)$ 인 시간 구간에서는 $U(t)$ 와 $D(t)$ 가 모두 0 이 되어

$i_d(t) = 0$ 이 되므로, $v_f(t)$ 는 시간에 대해 변하지 않고 다음 식에 보인 대로 $t = t_0 + t_P$ 인 시각에서의 커패시터 전압값($v_C(t_0 + t_P)$)을 그대로 유지하게 된다.

$$v_f(t) = v_C(t_0 + t_P) = v_f(t_0) + \frac{I_P}{C} \cdot t_P \tag{12.5.7}$$

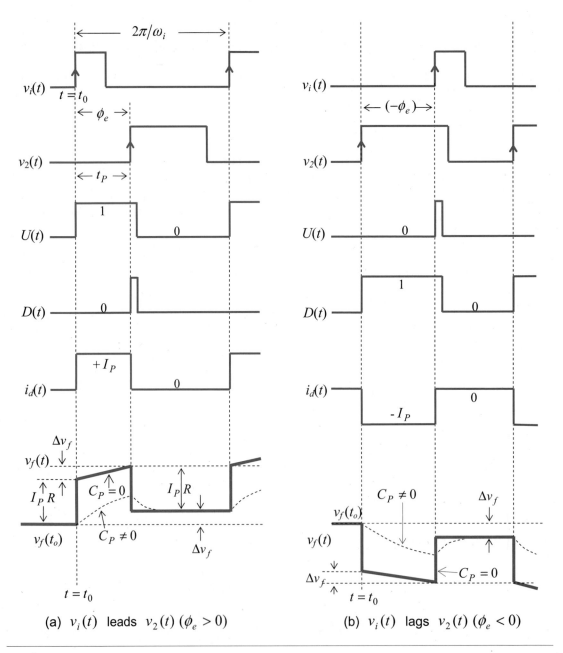

(a) $v_i(t)$ leads $v_2(t)$ $(\phi_e > 0)$ (b) $v_i(t)$ lags $v_2(t)$ $(\phi_e < 0)$

그림 **12.5.3** 전하펌프(charge-pump) PLL 의 동작

그리하여 $v_f(t)$ 는 $v_i(t)$ 의 한 주기 $(T = 2\pi / \omega_i)$ 시간 동안 평균적으로

$$\Delta v_f = \frac{I_P}{C} \cdot t_P$$

만큼 증가한다. 이를 전하(charge)량으로 표현하면, $v_i(t)$ 의 한 주기 시간 $(2\pi / \omega_i)$ 동안 $I_P \cdot t_P$ 만큼의 전하량이 커패시터 C 로 펌핑(pumping) 된다. $v_f(t)$ 값이 평균적으로 증가하므로, VCO 출력주파수 $\omega_2(t)$ 는 점차 증가하여 위상차 ϕ_e 값을 줄이는 방향으로 전체 PLL 회로가 동작하여 얼마간의 시간이 경과한 후에 PLL 은 lock 되게 된다.

그런데 $t = t_0$ 인 시각에 $i_d(t)$ 가 0 에서 $+I_P$ 로 step 변화를 하였을 때 그림 12.5.2 의 RC 루프필터에서 커패시터 C 의 양단 전압은 시간에 대해 연속이지만 저항 R 의 양단 전압은 0 에서 $+I_P R$ 로 step 변화를 하게 된다. 따라서 $v_f(t)$ 도 $t = t_0$ 인 시각에 $v_f(t_0^-)$ 에서 $v_f(t_0^-) + I_P R$ 로 step 변화를 하게 되는데, 이로 인해 VCO 출력주파수 $\omega_2(t)$ 는 $K_O \cdot I_P \cdot R$ 의 큰 step 변화를 하게 된다. 특히 $\omega_i < K_O I_P R$ 이고 그림 12.5.3(b)에 보인 $\phi_e < 0$ 인 경우에서 $t = t_0^+$ 인 시각에서는

$$\omega_2(t) = \omega_i - K_O I_P R < 0$$

가 되어 VCO 동작 범위를 벗어나게 되어 보통 PLL 이 정지하게 된다. 여기서 $t < t_0$ 인 시간 구간에서는 PLL 이 lock 을 유지한다고 가정하여 $\omega_2(t) = \omega_i$ 라고 둔다. 위의 현상을 VCO overloading 현상이라고 부른다. 그리하여 VCO overloading 현상을 피하기 위해서는

$$K_O I_P R < \omega_i \tag{12.5.8}$$

인 조건이 성립해야 한다. 이러한 VCO overloading 현상을 감소시키기 위한 다른 방법으로 비교적 작은 값의 커패시터 C_P 를 저항 R 과 병렬로 연결한다. C_P 값은 보통 C 값의 1/8 배 내지 1/10 배 정도로 잡는다[9]. 이 경우 $v_f(t)$ 의 파형을 그림 12.5.3 에서 dashed line 으로 그렸는데, C_P 로 인해 $v_f(t)$ 의 glitch 파형 크기가 감소된다. 이와 같이 C_P 를 연결할 경우 PLL 회로는 3 차 system 이 되어 stability 조건이 $C_P = 0$ 인 2 차 system 의 경우보다 더 제약을 받게 된다[20].

전하펌프 회로

전하펌프(charge pump) 회로는 PFD 출력(UP, DN)을 받아서 VCO control 전압(V_f)를 생성하는 역할을 하는데, 그림 12.5.4(a)와 같이 구현할 수 있다. 간략화시키기 위해서 smoothing 커패시터 C_P (그림 12.5.2)는 생략하였다.

PLL 이 lock 되면 PFD 는 폭이 매우 짧은 UP 펄스와 DN 펄스를 발생시킨다. 이 시간 폭은 reset 회로의 loop delay 값과 같다. 이상적인 경우 UP 펄스와 DN 펄스는 그 폭과 지속시간이 서로 같아야 한다(그림 12.5.4(b)). 그런데 UP 에 연결된 인버터의 지연시간 때문에, DN 에 연결된 NMOS 스위치가 UP bar 에 연결된 PMOS 스위치보다 먼저 on 되어, C 에 입력되는 전류(I)는 시간 경과에 따라 $-I_p, 0, +I_p$ 순서로 흐르게 된다. 루프필터 출력전압(V_f) 파형에서 저항 양단 전압인 $+I_p R$ 과 $-I_p R$ 은 둘 다 그 지속시간이 인버터 지연시간과 같으므로 PLL 출력에 주는 영향은 서로 상쇄되어 약간의 phase ripple 만 발생시킨다. 따라서 $I_p R$ 에 의한 step 전압 파형을 빼고

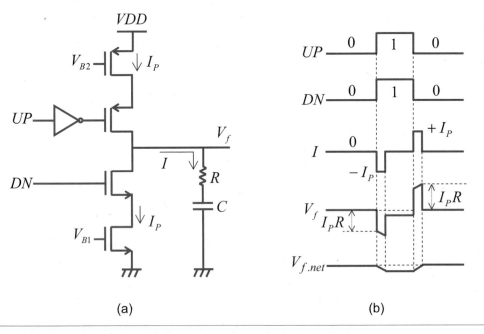

(a)   (b)

그림 **12.5.4** Lock 된 전하펌프 PLL 에서 지연시간 차이 문제

(a) charge pump (전하펌프 회로)   (b) UP, DN 펄스폭이 같은 경우

V_f 의 net 파형($V_f.net$)을 그리면 negative 전압 리플이 되는데, 이로 인해 최종 PLL 출력주파수는 변하지 않지만 최종 PLL 출력위상은 감소하게 된다. 그리하여 이 출력위상 감소를 보상하기 위해, PLL 이 lock 된 경우에는 UP 펄스 폭이 DN 펄스 폭보다 조금 커지게 되고 PLL 출력위상에 리플이 조금 발생하게 된다. 이것이 전하 펌프 PLL 의 첫 번째 문제이다. 이 문제를 해결하기 위해, 그림 12.5.4(a) 회로에서 PFD 의 DN 출력노드와 NMOS 스위치 사이에 항상 on 되어 있는 CMOS 트랜스미션 게이트를 추가한다. (그림 12.5.5(a))

전하펌프 PLL 의 두 번째 문제는 두 전류값 (I_{PU}, I_{PD})이 차이가 나면 V_f 에 리플 전압이 발생하여 PLL 출력위상에 리플이 발생하는 점이다. $I_{PU} > I_{PD}$ 인 경우에 PLL 이 lock 되면, DN 펄스폭이 UP 펄스폭보다 약간 커지게 되어 이 전류 mismatch 효과를 보상한다. 이로 인해 V_f 에 리플이 발생하고 PLL 출력신호의 위상 리플을 발생시킨다. 전류 mismatch 효과를 감소시키기 위해서는 캐스코드 전류원을 사용하거나 전류거울 회로에 사용되는 트랜지스터의 W 값과 L 값을 크게 해야 한다.

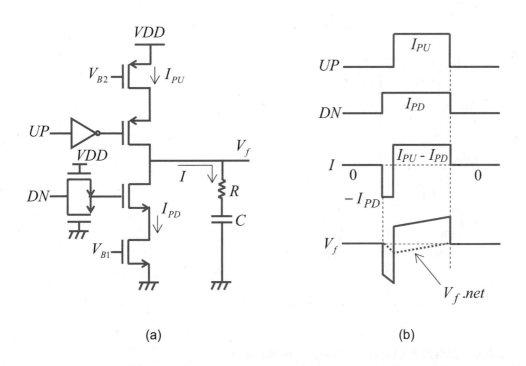

(a)   (b)

그림 **12.5.5** 전하펌프 PLL 에서 전류 mismatch 문제 (a) 회로 (b) $I_{PU} > I_{PD}$ 인 경우

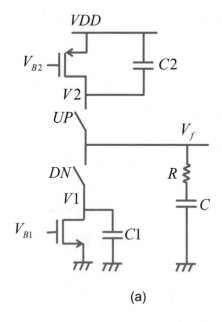

(a)

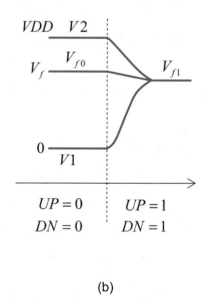

(b)

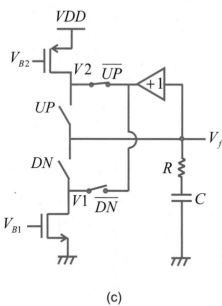

(c)

그림 **12.5.6** 전하펌프 PLL 에서 charge sharing 문제

(a) UP=0, DN=0 일 때의 회로 (b) 전압 파형 (c) 보정 회로

전하펌프 PLL 의 세 번째 문제는, PLL 이 lock 되어 UP=0, DN=0 인 경우에서 UP=1, DN=1 인 경우로 바뀌는 경우에 커패시턴스 사이의 charge sharing 현상 때문에 루프필터 전압(V_f) 값이 변하게 된다. 그림 12.5.6(a) 회로 (UP=0, DN=0)에서 $V1$ 과 $V2$ 는 각각 0, VDD 가 되는데, UP=1, DN=1 로 바뀌면 루프필터 전압(V_f)은 V_{f0} 에서 V_{f1} 로 바뀌게 된다. 그리하여

$$V_{f1} = \frac{C \cdot V_{f0} + C2 \times VDD}{C + C1 + C2}$$

PLL 이 lock 상태($V_f = V_{f0}$)에서 벗어나서 다시 lock 되는 과정을 반복하게 된다. 이 charge sharing 문제를 해결하기 위해, UP 또는 DN 이 0 일 때 unity-gain 버퍼를 사용하여 $V2$ 또는 $V1$ 노드 전압(V_f)을 V_{f0} 로 유지하는 회로(그림 12.5.6(c))를 주로 사용한다.

그림 12.5.7 에 앞에서 지적한 첫 번째와 세 번째 문제를 해결한 전하펌프 회로를 보였다. 두 전류값의 mismatch 정도를 줄이기 위해서는 V_{B1} 과 V_{B2} 에 연결된 두 전류원을 캐스코드 전류원으로 바꾸면 된다.

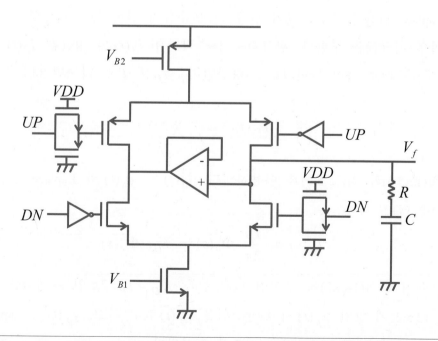

그림 **12.5.7** 지연시간 차이와 charge sharing 문제를 해결한 전하펌프 회로

12.5.3 Continuous time 해석

PLL 의 상태가 입력신호 $v_i(t)$ 의 한 주기 $(T = 2\pi / \omega_i)$ 시간 동안 조금밖에 변하지 않는다고 가정하면, 신호의 평균값들에 대해서 이들을 continuous time 신호라고 가정하여 Laplace 변환을 적용하여 PLL 동작을 해석할 수 있다. 그림 12.5.2 에서 보인 charge-pump PLL 은 2 차(second order) 시스템이므로, 이 회로에서 PLL 의 상태 변수(state variable)로는 루프필터의 커패시터 전압 $v_C(t)$ 와 출력신호 위상 $\phi_2(t)$ 가 있다. 따라서 위의 가정은 다음 식과 같이 표시된다.

$$\left| v_C(t+T) - v_C(t) \right| \ll V_{DD}$$

$$\left| \phi_2(t+T) - \phi_2(t) \right| \ll 2\pi$$

여기서 T 는 입력신호 $v_i(t)$ 의 주기로

$$T = \frac{2\pi}{\omega_i} \tag{12.5.9}$$

로 표시된다. 위의 가정은 PLL loop bandwidth $(\approx \omega_n)$ 값이 입력신호 주파수 ω_i 값보다 매우 작다는 가정과 같다.

먼저 Laplace 변환을 적용시키기 위해 각 변수들의 입력신호 $v_i(t)$ 의 한 주기 (T) 시간 동안의 평균값을 구한다. 위상검출기 출력전류 $i_d(t)$ 의 평균값 $\overline{i_d(t)}$ 는 T 시간 동안 루프필터로 흘러 들어가는 전하량인 $I_P \cdot t_P$ 를 T 로 나누면 다음과 같이 구해진다.

$$\overline{i_d(t)} = \frac{I_P \cdot t_P}{T} = I_P \cdot \frac{\phi_e(t)}{2\pi} \tag{12.5.10}$$

여기서 식(12.5.5)와 식(12.5.9)를 이용하였다. $\overline{i_d(t)}$ 와 $\phi_e(t)$ 의 Laplace 변환을 각각 $I_d(s)$ 와 $\Phi_e(s)$ 로 두면,

$$I_d(s) = \frac{I_P}{2\pi} \cdot \Phi_e(s) = K_D \cdot \Phi_e(s) \tag{12.5.11}$$

가 된다. 여기서 식(12.5.2)에 주어진 PFD 이득 $K_D = I_P / 2\pi$ 인 관계식을 이용하였다. 그림 12.5.2 에 보인 $v_f(t)$ 의 평균전압을 $\overline{v_f(t)}$ 라고 하고, $\overline{v_f(t)}$ 의 Laplace 변환을 $V_f(s)$ 라고 하면, $V_f(s)$ 는 다음 식으로 표시된다.

$$V_f(s) = Z_F(s) \cdot I_d(s) \tag{12.5.12}$$

그림 12.5.2 에 보인 VCO 특성식에서 DC 항들은 제외하고 소신호 성분들만 취한 후 Laplace 변환을 적용하면 출력신호 위상 $\phi_2(t)$ 의 Laplace 변환 $\Phi_2(s)$ 는 다음 식 으로 표시된다.

$$\Phi_2(s) = \frac{1}{s} \cdot K_O \cdot V_f(s) \;=\; \frac{1}{s} \cdot K_O \cdot Z_F(s) \cdot I_d(s) \;=\; \frac{1}{s} \cdot K_O \cdot Z_F(s) \cdot K_D \cdot \Phi_e(s)$$

$$\tag{12.5.13}$$

여기서 식(12.5.11)과 식(12.5.12)를 이용하였다. 위상오차 $\phi_e(t)$ 는

$$\phi_e(t) = \phi_i(t) - \phi_2(t)$$

로 정의되므로, 입력신호의 위상 $\phi_i(t)$ 의 Laplace 변환을 $\Phi_i(s)$ 라고 하면 위 식은 다음과 같이 된다.

$$\Phi_e(s) = \Phi_i(s) - \Phi_2(s) \tag{12.5.14}$$

식(12.5.14)를 식(12.5.13)에 대입하면 $\Phi_2(s)$ 는

$$\Phi_2(s) = \frac{\dfrac{1}{s} \cdot K_O \cdot Z_F(s) \cdot K_D}{1 + \dfrac{1}{s} \cdot K_O \cdot Z_F(s) \cdot K_D} \cdot \Phi_i(s) \;=\; \frac{K_O \cdot Z_F(s) \cdot K_D}{s + K_O \cdot Z_F(s) \cdot K_D} \cdot \Phi_i(s) \tag{12.5.15}$$

로 유도된다. 식(12.5.15)를 식(12.5.14)에 대입하면 위상오차 $\phi_e(t)$ 의 Laplace 변환 $\Phi_e(s)$ 는 다음 식으로 주어진다.

$$\Phi_e(s) = \frac{s}{s + K_O \cdot Z_F(s) \cdot K_D} \cdot \Phi_i(s) \tag{12.5.16}$$

위에서 Laplace 변환을 적용할 때 선형관계식들을 사용하였는데, PLL 이 lock 된 상 태에서만 이러한 선형관계식들이 성립된다. 특히 위상/주파수 검출기(phase-frequency detector: PFD) 특성은 그림 12.3.12 에 보인 대로 PLL 이 lock 되지 않은 일반적인 경 우에는 비선형 특성을 가지게 되고, PLL 이 lock 된 경우에만 그림 12.3.12(a)의 점 A 와 점 B 사이의 선형 영역에서 동작하게 된다. 따라서 위에서 Laplace 변환을 이용 하여 유도된 결과는 PLL 이 lock 을 유지할 때만 적용된다.

그림 12.5.8 에 lock 된 PLL 의 소신호 전달 특성을 나타내는 블록도(block diagram)

를 보였다. 그림으로부터 식(12.5.15)와 식(12.5.16)의 식들을 보다 간편하게 구할 수 있다.

입력신호 주파수 $\omega_i(t)$ 가 $t < 0$ 인 시간 구간에서는 ω_{i0} 로 일정한 값을 유지하다가 $t = 0$ 인 시각에 $\Delta\omega_{i0}$ 의 주파수 step 변화를 할 경우 ($\omega_i(t)$ 가 다음 식으로 표시될 경우)를 고려한다.

$$\omega_i(t) = \omega_{i0} + \Delta\omega_{i0} \cdot u(t)$$

DC 성분은 제거하고 시간에 대해 변하는 성분에 대해서만 Laplace 변환을 취하면 입력신호 위상 $\phi_i(t)$ 의 Laplace 변환 $\Phi_i(s)$ 는

$$\Phi_i(s) = \frac{\Delta\omega_{i0}}{s^2}$$

가 된다. 여기서 $\phi_i(t)$ 는 $\omega_i(t)$ 를 t 에 대해 적분한 것이라는 사실을 이용하였다. 위의 $\Phi_i(s)$ 식을 식(12.5.16)에 대입하면 위상오차 $\phi_e(t)$ 의 Laplace 변환 $\Phi_e(s)$ 는 다음 식으로 구해진다.

$$\Phi_e(s) = \frac{s}{s + K_O \cdot Z_F(s) \cdot K_D} \cdot \Phi_i(s) = \frac{\Delta\omega_{i0}}{s \cdot (s + K_O \cdot Z_F(s) \cdot K_D)}$$

이 경우 위상오차 $\phi_e(t)$ 의 최종값은 Laplace 변환의 최종값 정리(final value theorem)

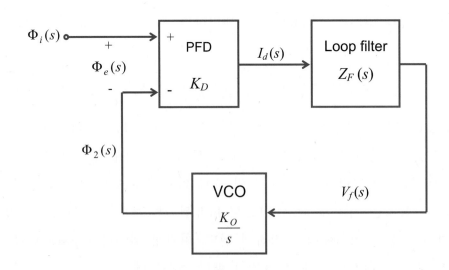

그림 **12.5.8** Lock 된 전하펌프(charge-pump) PLL 의 소신호 전달 특성

를 적용하여 다음과 같이 구할 수 있다.

$$\lim_{t \to \infty} \phi_e(t) = \lim_{s \to 0} s \cdot \Phi_e(s) = \frac{\Delta \omega_{i0}}{K_O \cdot Z_F(0) \cdot K_D} = 0$$

여기서 루프필터의 소신호 DC gain $Z_F(0)$ 은 무한대라는 사실을 이용하였다.

그리하여 lock 된 상태에 있는 전하펌프 PLL 에 입력주파수 step 이 인가된 경우 위상오차 $\phi_e(t)$ 는 최종적으로는 0 이 된다. 식(12.5.3)에 주어진 $Z_F(s)$ 식을 식 (12.5.16)에 대입하면 전달함수 $H_e(s)$ 는 다음 식으로 주어진다.

$$H_e(s) \triangleq \frac{\Phi_e(s)}{\Phi_i(s)} = \frac{s^2}{s^2 + s \cdot RC \cdot \dfrac{K_O K_D}{C} + \dfrac{K_O K_D}{C}}$$

$$= \frac{s^2}{s^2 + 2\zeta \omega_n \cdot s + \omega_n{}^2} \tag{12.5.17.a}$$

$$\omega_n = \sqrt{\frac{K_O K_D}{C}} \tag{12.5.17.b}$$

$$\zeta = \frac{1}{2} RC \omega_n \tag{12.5.17.c}$$

식(12.5.17.a)에서 전달함수 $H_e(s)$ 는 high-pass 필터 특성을 가짐을 알 수 있다. 식 (12.5.17.b)에서 보면 C 값을 증가시킬수록 ω_n 값이 감소되어 PLL loop bandwidth 값 이 감소된다. 식(12.5.17.c)에서 보면 ω_n 과 C 값이 주어졌을 때 R 값을 증가시킬수 록 damping factor ζ 는 증가하게 된다. 일반적으로 PLL 에서 VCO 이득 K_O 와 위상 검출기 이득 K_D 는 주어져 있고, 응용 분야에 따라 ω_n 값과 ζ 값이 정해지게 된 다. 이 경우 루프필터의 C 값은 식(12.5.17.b)에 의해 정해지고 R 값은 식(12.5.17.c) 에 의해 결정된다. 그런데 glitch 를 감소시키기 위해 그림 12.5.2 에 보인 커패시터 C_P 를 추가하면 damping factor ζ 가 조금 감소하므로 저항값 R 을 식(12.5.17.c)에서 정해진 값보다 조금 크게 해야 한다. 식(12.5.15)에 식(12.5.3)의 식을 대입하고 식

(12.5.17.b)와 식(12.5.17.c)의 관계식을 적용하면, 다음 전달함수 식을 구할 수 있다.

$$H(s) \underset{=}{\Delta} \frac{\Phi_2(s)}{\Phi_i(s)} = \frac{2\zeta\,\omega_n s + \omega_n^2}{s^2 + 2\zeta\,\omega_n s + \omega_n^2} \qquad (12.5.18)$$

이는 PLL 입력신호 위상 $\Phi_i(s)$ 에 대한 PLL 출력신호 위상 $\Phi_2(s)$ 의 전달함수이므로 PLL 전달함수라고 부른다. 이 전달함수는 low-pass 필터 특성을 가지는데, 그 bandwidth (-3dB 각주파수) BW_{PLL} 은 다음 식으로 주어진다.

$$BW_{PLL} = \omega_n \cdot \sqrt{1 + 2\zeta^2 + \sqrt{(1+2\zeta^2)^2 + 1}} \qquad (12.5.19)$$

Damping factor ζ 가 1 보다 매우 클 경우는 BW_{PLL} 은 다음 식으로 간략화된다.

$$BW_{PLL} \approx 2\zeta \cdot \omega_n (for\ \zeta \gg 1) \qquad (12.5.20)$$

12.5.4 Discrete-time 해석 (*)

앞 절 (12.5.3)에서는 입력신호 주파수 ω_i 의 값이 PLL loop bandwidth($\approx \omega_n$)보다 훨씬 크다고 가정하여(continuous time approximation) 입력신호의 한 주기 ($T = 2\pi/\omega_i$) 시간 동안 상태 변수(state variable: 출력신호의 위상 $\phi_2(t)$ 와 커패시터 전압 $v_C(t)$) 값들이 크게 변하지 않는다는 사실을 이용하여 Laplace 변환을 적용하여 PLL 동작을 해석하였다.

그런데 PLL 의 응용 분야에 따라 PLL loop bandwidth ω_n 값이 입력신호 주파수 ω_i 값의 10% 또는 그 이상이 될 수가 있다. 이러한 경우 Laplace 변환을 이용한 continuous time 해석은 부정확한 결과를 주므로 Z-변환(Z-transform)을 이용한 discrete time 해석이 필요하다. 또한 전하펌프(charge-pump) PLL 에 사용되는 스위치 동작으로 인하여 stability 조건이 더 제약을 받게 되어, stability 해석을 위해서는 discrete time 해석이 필수적이다. 실제로 continuous time 2 차 시스템은 항상 stable (unconditionally stable)하지만 discrete time 2 차 시스템은 루프이득(loop gain) 값이 어떤 값보다 크면 unstable 해져서 발진하게 된다. 이는 일반적인 현상으로 switching 동작이 추가되면 stability 가 나빠지게 된다[20].

Discrete time 해석을 위해서 먼저 U 혹은 D 신호가 시작되는 시각에서의 상태 변수 값들을 취한 후 이들을 신호의 한 주기 시간 후의 상태 변수 값들과 관련시켜 차동방정식(difference equation)을 만든다. 그림 12.5.2 의 전하펌프 PLL 회로에서 상태 변수들로는 위에서 언급된 대로 루프필터의 커패시터 양단 전압 $v_C(t)$ 와 출력신호의 위상 $\phi_2(t)$ 의 두 개가 있다. 따라서 2 차 시스템의 상태 변수는 두 개이어야 하는 조건을 충족시킨다. $v_C(t)$ 를 상태 변수로 취하는 이유는 커패시터가 에너지 저장 소자로서 그 양단 전압이 시간에 대해 연속적으로 변하기 때문이다. $\phi_2(t)$ 를 상태 변수로 취하는 이유는 VCO 는 입력전압인 $v_f(t)$ 에 대해 선형적으로 변하는 주파수($\omega_2(t)$)를 출력시키지만 위상검출기는 입력으로 위상 값($\phi_2(t)$)을 취하기 때문에 VCO 출력을 위상검출기의 입력으로 연결할 경우 적분 기능이 수행되어 $\phi_2(t)$ 도 시간에 대해 연속적으로 변하기 때문이다. VCO 출력 변수와 위상검출기 입력 변수가 서로 종류가 다르기 때문에 발생하는 이 적분 기능을 그림 12.5.2 에서 적분기로 표시하였다.

ϕ_2 와 ϕ_i 사이의 전달함수를 구하기 위한 첫 번째 과정은 상태 변수들을 이용한 차동 방정식(difference equation)을 만드는 일이다. 이를 위해, 그림 12.5.9 에 입력신호 $v_i(t)$ 가 출력신호 $v_2(t)$ 를 ϕ_e 만큼의 위상차로 lead 하는 경우($\phi_e > 0$)를 보였다. 그리하여 $v_i(t)$ 의 상승 시각으로부터 $v_2(t)$ 의 상승 시각까지의 시간 구간에서만 PFD 출력전류 $i_d(t)$ 는 $+I_p$ 가 되어 루프필터에 전하 펌핑(charge-pumping)이 지속된다. 이 전하 펌핑이 시작되는 시각을 $t = nT$ (n 은 정수)로 두고 다음 번 전하 펌핑이 시작되는 시각을 $t = (n+1) \cdot T$ 로 둔다. 여기서 T 는 전하 펌핑의 주기로 이 경우에는 입력신호의 상승 시각과 전하 펌핑의 시작 시각이 서로 일치하므로 출력신호 $v_2(t)$ 가 아닌 입력신호 $v_i(t)$ 의 주파수 ω_i 를 주기 T 의 기준으로 삼았다.

그리하여 주기 T 는 continuous time 해석에서와 마찬가지로 다음 식으로 주어진다.

$$T = \frac{2\pi}{\omega_i}$$

$t = nT$ 인 시각에서의 상태 변수(state variable) 값들을 각각 $\phi_2(nT)$ 와 $v_C(nT)$ 로 둔다. PLL 출력신호 주파수 $\omega_2(t)$ 는

$$\omega_2(t) - \omega_o = K_O \cdot (v_f(t) - v_{VCO.REF})$$

인 관계식으로 표시되는데, VCO free running 주파수 ω_o 와 $v_{VCO.REF}$ 은 DC 값이므로 시간에 대해 변하는 값만 고려하기 위해 다음에 보이는 해석 과정에서 생략하였다. 그리하여 위 식은 다음과 같이 간략화된다.

$$\omega_2(t) = K_O \cdot v_f(t) \tag{12.5.21}$$

다른 변수들에 대해서도 DC 항은 제거하는 변환 과정을 표 12.5.1 에 보였다. 예를 들어 이 절의 해석을 통하여 $v_C(t)$ 를 구했을 경우 실제 $v_C(t)$ 값은 해석을 통해 구한 $v_C(t)$ 에다 $v_{VCO.REF}$ 을 더한 값이 된다.

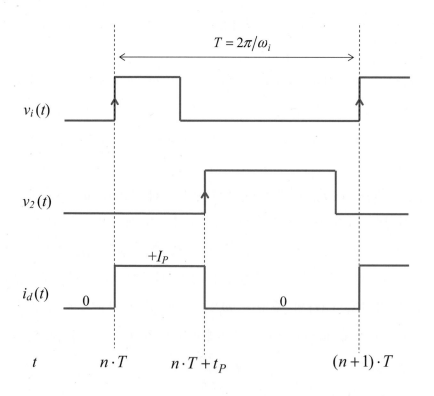

그림 **12.5.9** 전하펌프 PLL 의 차동방정식(difference equation)을 만들기 위한 timing 도

표 **12.5.1** 시간에 대해 변하는 성분만 고려하기 위해 각 변수들의 DC 항을
제거하는 변환 과정

이 절의 해석에서 사용하는 변수	$\Leftarrow$	실제 변수 값
$\omega_i(t)$	$\Leftarrow$	$\omega_i(t) - \omega_o$
$\omega_2(t)$	$\Leftarrow$	$\omega_2(t) - \omega_o$
$\phi_i(t)$	$\Leftarrow$	$\phi_i(t) - \omega_i t$
$\phi_2(t)$	$\Leftarrow$	$\phi_2(t) - \omega_o t$
$v_f(t)$	$\Leftarrow$	$v_f(t) - v_{VCO.REF}$
$v_C(t)$	$\Leftarrow$	$v_C(t) - v_{VCO.REF}$

출력신호 위상 ϕ_2 를 입력신호 위상 ϕ_i 로 표시하는 것이 목표이므로 먼저 $nT < t < (n+1)T$ 인 시간 영역에서의 $\phi_2(t)$ 를 구하면 다음 식으로 표시된다.

$$\phi_2(t) = \phi_2(nT) + \int_{nT}^{t} \omega_2(\tau)\, d\tau \qquad (12.5.22.\text{a})$$

식(12.5.21)을 위 식에 대입하면 $\phi_2(t)$ 는

$$\phi_2(t) = \phi_2(nT) + K_O \cdot \int_{nT}^{t} v_f(\tau)\, d\tau \qquad (12.5.22.\text{b})$$

가 된다. 루프필터 출력전압 $v_f(t)$ 는

$$v_f(t) = R \cdot i_d(t) + v_C(t) \qquad (12.5.23)$$

이고 커패시터 양단 전압 $v_C(t)$ 는

$$v_C(t) = v_C(nT) + \frac{1}{C} \cdot \int_{nT}^{t} i_d(\tau)\, d\tau \qquad (12.5.24)$$

로 표시된다. 식(12.5.24)을 식(12.5.23)에 대입하면 $v_f(t)$ 는

$$v_f(t) = R \cdot i_d(t) + v_C(nT) + \frac{1}{C} \cdot \int_{nT}^{t} i_d(\tau)\, d\tau$$

가 되고 위 식을 식(12.5.22.b)에 대입하면 $\phi_2(t)$ 는

$$\phi_2(t) = \phi_2(nT) + K_O \cdot v_C(nT) \cdot (t - nT)$$

$$+ K_O \cdot R \cdot \int_{nT}^{t} i_d(\tau) d\tau + \frac{K_O}{C} \cdot \int_{nT}^{t} \left\{ \int_{nT}^{\tau} i_d(u) \, du \right\} \cdot d\tau \qquad (12.5.25)$$

가 된다. 그리하여 식(12.5.24)과 식(12.5.25)에 의해 상태 변수인 $v_C(t)$ 와 $\phi_2(t)$ 는 모두 PFD 출력전류 $i_d(t)$ 의 식으로 표시되었다. 그런데 $i_d(t)$ 는

$$i_d(t) = \begin{cases} I_P \cdot \text{sgn}\{ \phi_e(nT) \} & for \quad nT < t < (nT + t_P) \\ 0 & for \quad (nT + t_P) < t < (n+1)T \end{cases} \qquad (12.5.26)$$

으로 표시되는데, $\text{sgn}(x)$ 는 극성(polarity, sign)을 표시하는 함수로 $x > 0$ 일 때 $+1$ 이 되고 $x < 0$ 일때 -1 이 된다. 따라서 $nT < t < (nT + t_P)$ 인 구간에서, 입력신호 $v_i(t)$ 가 출력신호 $v_2(t)$ 를 lead 할 때는 $\phi_e(nT) > 0$ 가 되어 $(U, D) = (1, 0)$ 이 되므로 $i_d(t) = +I_P$ 가 되고, $v_i(t)$ 가 $v_2(t)$ 를 lag 할 때는 $\phi_e(nT) < 0$ 가 되어 $(U, D) = (0, 1)$ 이 되므로 $i_d(t) = -I_P$ 가 된다. 식(12.5.26)에서의 t_P 는 전하 펌핑 지속 시간을 나타내는데, 식(12.5.5)와 유사하게

$$t_P \approx \frac{|\phi_e(nT)|}{\omega_i} \qquad (12.5.27)$$

로 표시된다. 여기서 입력신호 $v_i(t)$ 의 한 주기 시간인 $nT < t < (n+1)T$ 의 시간 구간에서는 위상오차 $\phi_e(t)$ 가 $t = nT$ 에서의 위상오차 값인 $\phi_e(nT)$ 와 같다고 근사화시켰다. 위 식에서 $\phi_e(nT)$ 에 절대값을 취한 것은 t_P 가 항상 양(+)의 값이 되도록 하기 위함이다.

식(12.5.24)과 식(12.5.25)를 이용하여 $v_C((n+1)T)$ 와 $\phi_2((n+1)T)$ 를 구하는 것이 목표이므로, 이를 위해 이 두 식에 있는 $i_d(t)$ 의 시간에 대한 한 번 적분식과 두 번 적분식을 식(12.5.26)을 이용하여 다음과 같이 구한다.

$$\int_{nT}^{t} i_d(\tau) \, d\tau = \begin{cases} \text{sgn}\{ \phi_e(nT)\} \cdot I_P \cdot (t - nT) & for \quad nT < t < (nT + t_P) \\ \text{sgn}\{ \phi_e(nT)\} \cdot I_P t_P & for \quad (nT + t_P) < t < (n+1)T \end{cases}$$

$$\int_{nT}^{t} \cdot \int_{nT}^{\tau} i_d(u)\,du \cdot d\tau = \begin{cases} \mathrm{sgn}\{\,\phi_e(nT)\} \cdot \dfrac{1}{2} \cdot I_P \cdot (t-nT)^2 & for \quad nT < t < (nT+t_P) \\[3mm] \mathrm{sgn}\{\,\phi_e(nT)\} \cdot I_P t_P \cdot \left(t-nT-\dfrac{1}{2}t_P\right) & for \quad (nT+t_P) < t < (n+1)T \end{cases}$$

식(12.5.2)와 식(12.5.27)를 이용하면

$$\mathrm{sgn}\{\,\phi_e(nT)\} \cdot I_P\,t_P = \mathrm{sgn}\{\,\phi_e(nT)\} \cdot 2\pi \cdot K_D\,t_P = \mathrm{sgn}\{\,\phi_e(nT)\} \cdot \frac{2\pi}{\omega_i} \cdot K_D \cdot |\phi_e(nT)|$$

$$= K_D\,T \cdot \mathrm{sgn}\{\phi_e(nT)\} \cdot |\phi_e(nT)| = K_D\,T \cdot \phi_e(nT)$$

가 되어 $I_P\,t_P$ 항이 PFD 이득 K_D 와 $\phi_e(nT)$ 의 식으로 표시된다. 위 식들을 식 (12.5.24)과 식(12.5.25)에 대입하면 $v_C((n+1)T)$ 와 $\phi_2((n+1)T)$ 는 각각 다음 식들로 구해진다.

$$v_C((n+1)T) = v_C(nT) + \frac{K_D T}{C} \cdot \phi_e(nT) \tag{12.5.28}$$

$$\phi_2((n+1)T) = \phi_2(nT) + K_O \cdot T \cdot v_C(nT) + K_D K_O T \left\{ R + \frac{T}{C} \cdot \left(1 - \frac{t_P}{2T}\right) \right\} \cdot \phi_e(nT)$$

$$\approx \phi_2(nT) + K_O \cdot T \cdot v_C(nT) + K_D K_O T \cdot \left(R + \frac{T}{C}\right) \cdot \phi_e(nT) \tag{12.5.29}$$

식(12.5.29)의 근사화 과정에서 $(t_P/2) \ll T$ 라고 가정하여 t_P 항을 제거하였다. 식 (12.5.28)와 식(12.5.29)의 두 식들에서 커패시터 전압 v_C 를 소거하여 출력신호 위상 ϕ_2 를 위상오차 ϕ_e 만의 식으로 표시하기 위해 이 두 식들에 Z-변환을 적용한다. $v_C(nT)$, $\phi_2(nT)$ 와 $\phi_e(nT)$ 의 Z-변환을 각각 $V_C(z)$, $\Phi_2(z)$ 와 $\Phi_e(z)$ 라고 두면 식 (12.5.28)와 식(12.5.29)은 각각 다음 식들로 변환된다.

$$z \cdot V_C(z) = V_C(z) + \frac{K_D T}{C} \cdot \Phi_e(z) \tag{12.5.30.a}$$

$$z \cdot \Phi_2(z) = \Phi_2(z) + K_O T \cdot V_C(z) + K_D K_O T \cdot \left(R + \frac{T}{C}\right) \cdot \Phi_e(z) \tag{12.5.30.b}$$

여기서 $v_C\{(n+1)T\}$ 의 Z-변환은 $v_C(nT)$ 의 Z-변환에 z 를 곱한 값이 된다는 사실을 이용하였다. Z-변환에 대한 설명은 앞 장의 11.2.4, 11.2.5 절과 11.2.6 절에서 보였다.

식(12.5.30.a)에서 $V_C(z)$ 를 $\Phi_e(z)$ 의 식으로 표시하면

$$V_C(z) = \frac{1}{z-1} \cdot \frac{K_D T}{C} \cdot \Phi_e(z)$$

가 되는데 이를 식(12.5.30.b)에 대입하면 $\Phi_2(z)$ 는

$$z \cdot \Phi_2(z) = \Phi_2(z) + \left\{ K_D K_O T \cdot \left(R + \frac{T}{C} \right) + \frac{1}{z-1} \cdot \frac{K_D K_O T^2}{C} \right\} \cdot \Phi_e(z) \quad (12.5.31)$$

로 표시된다. 위상오차 $\phi_e(t)$ 는

$$\phi_e(t) \triangleq \phi_i(t) - \phi_2(t)$$

로 정의되므로, 입력위상 $\phi_e(t)$ 의 Z-변환을 $\Phi_e(z)$ 라고 하면

$$\Phi_e(z) = \Phi_i(z) - \Phi_2(z) \quad (12.5.32)$$

로 표시된다. 이 식을 식(12.5.31)에 대입하면 $\Phi_i(z)$ 의 $\Phi_2(z)$ 에 대한 Z-영역 (domain) 전달함수 $H(z)$ 는 다음 식으로 표시된다.

$$H(z) \triangleq \frac{\Phi_2(z)}{\Phi_i(z)} = \frac{K_D K_O T \cdot \left(R + \frac{T}{C} \right) \cdot (z-1) + K_D K_O T \cdot \frac{T}{C}}{(z-1)^2 + K_D K_O T \cdot \left(R + \frac{T}{C} \right) \cdot (z-1) + K_D K_O T \cdot \frac{T}{C}}$$

$$(12.5.33)$$

식(12.5.33)으로부터 위상오차 $\Phi_e(z)$ 의 입력위상 변화 $\Phi_i(z)$ 에 대한 Z-영역 전달함수 $H_e(z)$ 를 구하면 다음 식으로 표시된다.

$$H_e(z) \triangleq \frac{\Phi_e(z)}{\Phi_i(z)} = 1 - H(z) = \frac{(z-1)^2}{(z-1)^2 + K_D K_O T \cdot \left(R + \frac{T}{C} \right) \cdot (z-1) + K_D K_O T \cdot \frac{T}{C}}$$

$$(12.5.34)$$

Continuous time 해석과의 관련성

식(12.5.34)에 주어진 위상오차 $\Phi_e(z)$ 의 전달함수 $H_e(z)$ 식을 앞 절(12.5.3 절)의 continuous time 전달함수와 관련시키기 위해, 이 식의 계수들을 식(12.5.17.b)와 식(12.5.17.c)에서 주어진 ω_n 과 ζ 로 표시하면 다음과 같이 된다.

$$H_e(z) = \frac{(z-1)^2}{(z-1)^2 + 2\zeta\omega_n T \cdot \left(1 + \dfrac{T}{RC}\right) \cdot (z-1) + (\omega_n T)^2} \tag{12.5.35}$$

Z-변환 operator z 는, 한 클럭 앞서는 동작을 나타내는데, 앞 장(제11장)의 식(11.2.41)에 주어진 대로 Laplace 변환 operator s 와는 $z = e^{sT}$ 의 관계식을 가진다. 여기서 $sT = j\omega T$ 로서 ω 는 입력신호 위상 $\phi_i(t)$ 의 주파수이다.

$\omega T \ll 1$ 이면 $|sT| \ll 1$ 이 되는데, 이 경우는 입력신호 위상 $\phi_i(t)$ 의 주파수 ω 가 입력신호 $v_i(t)$ 의 주파수 $\omega_i / 2\pi$ 보다 매우 작다. 따라서

$$z = e^{sT} = 1 + sT + \frac{1}{2}(sT)^2 + \frac{1}{6}(sT)^3 + \cdots \approx 1 + sT$$

인 관계가 성립한다. 그리하여 $z - 1 \approx sT$ 가 되므로 식(12.5.35)는 다음 식으로 근사화 된다.

$$H_e(z)\big|_{|sT| \ll 1} \Rightarrow \frac{s^2}{s^2 + 2\zeta\omega_n \cdot \left(1 + \dfrac{T}{RC}\right) \cdot s + \omega_n^2}$$

이면, 즉 입력신호 $v_i(t)$ 의 주파수 $\omega_i(= 2\pi/T)$ 가 루프필터의 zero 주파수(1/(RC))보다 훨씬 더 크기만 하면, $H_e(z)$ 의 근사화된 전달함수 식은 continuous time 해석에서의 전달함수 식(식(12.5.17.a))과 같게 된다.

따라서 입력신호 전압($v_i(t)$)의 주파수 ω_i 가 입력신호 전압 위상($\phi_i(t)$)의 변화 주파수 ω 보다 훨씬 크고, 또 ω_i 가 루프필터의 zero 주파수(1/(RC))보다 훨씬 크면, 앞 절(12.5.3)의 Laplace 변환을 이용한 continuous time 해석 결과와 이 절의 Z-변환을 이용한 discrete time 해석 결과가 서로 일치하게 된다.

그런데 위의 두 조건이 충족되지 않으면 continuous time 해석에 의한 근사화(approximation)된 결과식은 discrete time 해석에 의한 정확한 결과식과 상당한 차이가

나게 된다. 그리하여 입력신호 위상($\phi_i(t)$)의 주파수 ω 가 증가하여 입력신호 주파수 ω_i 에 가까워지거나 루프필터 zero 주파수($1/(RC)$)가 증가하여 ω_i 에 가까워질 경우에는, 보다 정확한 해석을 위해서 continuous time 해석 대신 Z-변환을 이용한 discrete time 해석을 수행해야 한다.

Z-영역 등가 회로

Lock 된 PLL 에 대해서, 앞 절(12.5.3)의 continuous time 해석에서는 그림 12.5.8 에 보인 s-영역(s-domain) 소신호 등가 회로를 이용하여 해석을 간편하게 할 수 있었다. 이와 같이 discrete time 해석에서도 Z-영역 소신호 등가 회로를 사용하면 해석을 간 편하게 할 수 있는데, 전하펌프(charge-pump) PLL 의 Z-영역 소신호 등가 회로를 만드는 과정을 다음에 보였다.

이를 위해 먼저 식(12.5.33)에 보인 $\Phi_i(z)$ 에 대한 $\Phi_2(z)$ 의 전달함수 $H(z)$ 를 다음과 같은 형태로 변환한다.

$$H(z) = \frac{(\textit{Foward gain})}{1+(\textit{Loop gain})} = \frac{K_D K_O \cdot \left(R + \dfrac{T}{C} \cdot \dfrac{z}{z-1} \right) \cdot \dfrac{T}{z-1}}{1 + K_D K_O \cdot \left(R + \dfrac{T}{C} \cdot \dfrac{z}{z-1} \right) \cdot \dfrac{T}{z-1}} \tag{12.5.36}$$

위 식에서 순방향 이득(forward gain)과 루프이득(loop gain)은 서로 같다.

먼저 위 식에 나오는 $z/(z-1)$ 항을 다시 쓰면

$$\frac{z}{z-1} = \frac{1}{1-z^{-1}}$$

이 되므로, 이는 그림 12.5.10(a)에 보인 대로 순방향 이득이 1 이고 루프이득이 z^{-1} 인 postive 피드백 회로의 전달함수가 된다. Z-변환에서 z^{-1} 은 한 클락 지연시키는 operator 이다. 따라서 $1/(1-z^{-1})$ 은 한 클락 이전의 출력과 현재 입력을 합하여 현재 출력을 만들어 내는 전달함수이므로 Z-영역에서 적분기 operator 가 된다.

또 $1/(z-1)$ 은

$$\frac{1}{z-1} = \frac{z^{-1}}{1-z^{-1}} = z^{-1} \cdot \frac{1}{1-z^{-1}} = \frac{1}{1-z^{-1}} \cdot z^{-1}$$

(a) $\dfrac{1}{1-z^{-1}}$: 적분기

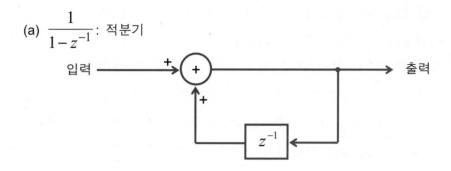

(b) $\dfrac{z^{-1}}{1-z^{-1}} = z^{-1} \cdot \dfrac{1}{1-z^{-1}} = \dfrac{1}{1-z^{-1}} \cdot z^{-1}$

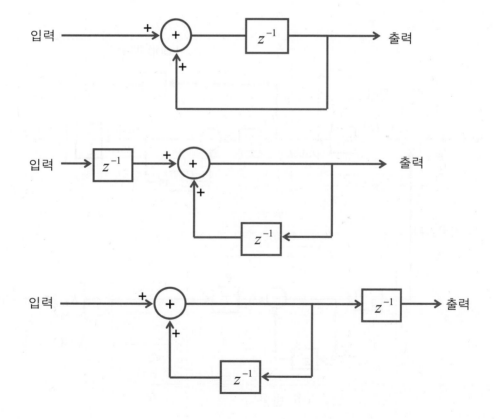

그림 **12.5.10**　전하펌프(charge-pump) PLL 의 Z-영역 등가 회로에 사용되는 적분기

로 표시되므로 그림 12.5.10(b)에 보인 대로 세 가지 방식으로 나타낼 수 있다. 이는 순방향 이득(forward gain)과 루프이득(loop gain)이 둘 다 z^{-1}인 positive 피드백 회로의 전달함수로 앞의 적분기 $(z/(1-z))$의 입력 또는 출력을 한 클락 지연시킨 회로의 전달함수가 되어, 이 또한 Z-영역 적분기의 전달함수를 나타낸다.

식(12.5.36)에 주어진 $\Phi_i(z)$에 대한 $\Phi_2(z)$의 전달함수의 순방향 이득과 루프이득으로부터 전하펌프(charge-pump) PLL 의 소신호 등가회로를 그리면 그림 12.5.11 과 같이 된다. 이 그림에서 $I_d(z)$, $V_f(z)$와 $\Omega_2(z)$는 각각 $i_d(t)$, $v_f(t)$와 $\omega_2(t)$의 Z-변환이고 $Q_C(z)$는 커패시터 전하량 $q_C(t) = C \cdot v_C(t)$의 Z-변환이다. 그림 12.5.11 로부터 루프필터의 전달함수 $Z_F(z)$는 다음 식으로 구해진다.

$$Z_F(z) = R + \frac{T}{C} \cdot \frac{1}{1-z^{-1}} \tag{12.5.37}$$

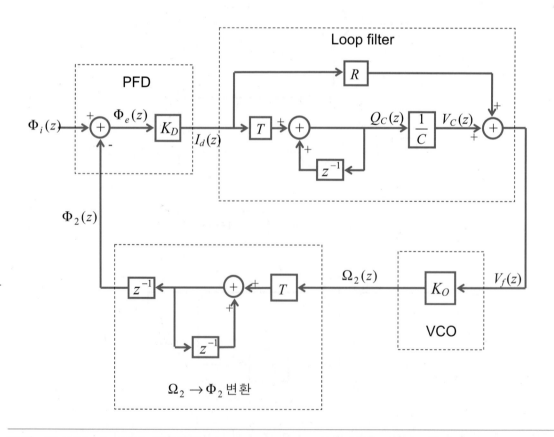

그림 **12.5.11** Lock 된 전하펌프(charge-pump) PLL 의 Z-영역 소신호 등가회로

Continuous time 해석에서 루프필터의 전달함수 $Z_F(s)$ 는

$$Z_F(s) = R + \frac{1}{sC}$$

가 되므로 위 두 식을 비교하면

$$s = \frac{1 - z^{-1}}{T} \tag{12.5.38}$$

가 되어 bilinear 변환(transform) 식인

$$s = \frac{1}{2T} \cdot \frac{1 - z^{-1}}{1 + z^{-1}}$$

와는 다르게 된다. 이 bilinear 변환을 $Z_F(s)$ 에 적용하면 그림 12.5.11 에 사용된 적분기 대신에 그림 12.5.10(a)와 (b)에 보인 두 개의 적분기를 병렬로 연결하고 이 두 결과를 합한 후에 2 로 나누는 회로가 된다. 식(12.5.38)에 보인 변환이나 bilinear 변환이나 적분 기능을 수행하는 것은 서로 같다.

12.5.5 주파수 안정도(frequency stability) (*)

2 차(second order) continuous time 회로

Discrete time 회로인 전하펌프(charge-pump) PLL 의 안정도(stability)를 설명하기 위해 먼저 continuous time PLL 회로의 안정도를 설명한다.

2 차(second order) continuous time 회로는 항상 stable(unconditionally stable)하다. 즉, 어떤 값의 루프이득에 대해서도 pole 은 항상 $\text{Re}(s) < 0$ 인 s-평면의 왼쪽 반면 (left-hand side s-plane)에 놓이게 되어 과도 현상은 시간이 경과함에 따라 그 크기가 줄어들어 결국 0 이 된다. 이를 정량적으로 표시하면 다음과 같다. 어떤 2 차 continuous time 전달함수 $H(s)$ 를 두 개의 1 차 항들의 합으로 분리하면 다음 식과 같이 표시할 수 있다.

$$H(s) = \sum_{j=1}^{2} \frac{b_j}{s - p_j} \tag{12.5.39.a}$$

$$p_j = \sigma_j + j\omega_j \ \ (\sigma_j, \ \omega_j: \text{실수}) \tag{12.5.39.b}$$

이 2 차 continuous time 회로에 impulse 입력($\delta(t)$)을 인가했을 경우의 출력인 impulse response $h(t)$는 $H(s)$의 역(inverse) Laplace 변환이 된다. 따라서

$$h(t) = \sum_{j=1}^{2} b_j \cdot e^{p_j \cdot t} = \sum_{j=1}^{2} b_j \cdot e^{\sigma_j \cdot t} \cdot e^{j\omega_j \cdot t} \tag{12.5.40}$$

그리하여 $\text{Re}(\sigma_j) < 0$이면, 즉 pole 이 s-평면의 왼쪽 반면에 놓이기만 하면 과도 현상은 시간이 경과할수록 감쇠되어 결국 0 이 되므로 이 회로는 안정된(stable) 동작을 하게 된다.

식(12.5.17.a)에 보인 continuous time 전달함수 $H_e(s)$ 의 pole 들인 p_1, p_2 는 다음 식으로 구해진다.

$$p_1, p_2 = \omega_n \cdot \left(-\zeta \pm \sqrt{\zeta^2 - 1} \right) \tag{12.5.41}$$

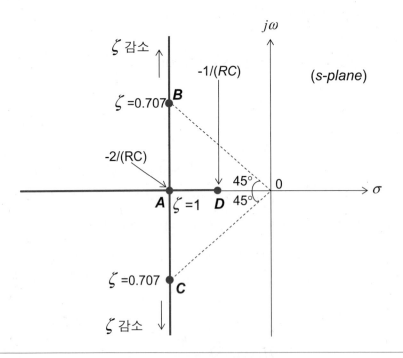

그림 **12.5.12** 2 차 continuous time 회로의 $\zeta\,\omega_n$ 값이 고정된 상태에서 damping factor ζ 값의 변화에 따른 pole 의 위치 변화

식(12.5.41)에서 damping factor $\zeta > 1$이면 p_1과 p_2는 음($-$)의 실수가 되고, $\zeta < 1$이 되면 p_1과 p_2는 실수값이 $-\zeta\omega_n(= -K_D K_O R/2)$으로 음($-$)인 complex conjugate pole이 된다. 특히

$$\zeta = 1/\sqrt{2} = 0.707 \text{ (maximally flat frequency response)}$$

일 때 pole은 음($-$)의 실수 축에서 $45°$ 떨어진 위치에 놓이게 된다.

$\zeta\omega_n(= K_D K_O R/2)$ 값을 고정시킨 상태에서 ζ 값의 변화에 따른 pole의 위치를 그림 12.5.12에 보였다. 여기서 어떤 ζ 값에서도 pole은 항상 s-평면의 왼쪽 반면에 놓이게 되어 unconditionally stable 하게 된다.

지금까지는 damping factor ζ의 변화에 따른 pole의 궤적(locus)을 살펴보았는데 PLL DC 루프이득 값 $K_O K_D R$의 변화에 따른 pole의 변화를 다음에 보였다. 식 (12.5.41)에 주어진 pole 식을, ζ와 ω_n 대신에 식(12.5.17.b)와 식(12.5.17.c)를 이용하여 PLL DC 루프이득 $K_O K_D R$ 등의 식으로 표시하면 다음과 같이 된다.

$$p_1, p_2 = -\frac{1}{2}\cdot K_D K_O R \pm \sqrt{\frac{1}{4}(K_D K_O R)^2 - \frac{K_D K_O}{C}}$$

$$= -\frac{1}{2}\cdot K_D K_O R \cdot \left\{ -1 \pm \sqrt{1 - \frac{4}{K_D K_O R \cdot RC}} \right\} \tag{12.5.42}$$

여기서 PLL DC 루프이득 $K_O K_D R$은 $2\zeta\omega_n$과 같아지는데, 식(12.5.20)에 보인대로 이는 $\zeta \gg 1$인 경우의 PLL 대역폭(bandwith)과 같다.

$$K_O K_D R = 2\zeta\omega_n \tag{12.5.43.a}$$

식(12.5.17.b)와 식(12.5.17.c)를 이용하여 ω_n, ζ와 $\zeta\omega_n$을 PLL DC 루프이득 $K_D K_O R$과 RC의 식으로 표시하면 다음과 같다.

$$\omega_n = \frac{\sqrt{K_D K_O R}}{\sqrt{RC}} \tag{12.5.43.b}$$

$$\zeta = \sqrt{K_D K_O R}\cdot\frac{\sqrt{RC}}{2} \tag{12.5.43.c}$$

위 식들에서 보면 RC 값이 고정된 상태에서 PLL DC 루프이득 $K_D K_O R$ 값이

표 **12.5.2** RC 값을 고정시킨 상태에서 PLL DC 루프이득 $K_D K_O R$의 변화에 따른 ζ, ω_n과 pole (p_1, p_2: 식(12.5.42)) 값들의 변화

$K_D K_O R$	ζ	ω_n	pole (p_1, p_2)
0	0	0	둘 다 0
$0 < K_D K_O R$ $< 4/(RC)$	$0 < \zeta < 1$	$0 < \omega_n < \dfrac{2}{RC}$	s-평면의 left-hand side 에서 중심 $(-1/RC, 0)$, 반경 $1/RC$ 인 원 상에 놓임
$\dfrac{2}{RC}$	$\dfrac{1}{\sqrt{2}}$	$\dfrac{\sqrt{2}}{RC}$	$\dfrac{1}{RC}(-1 \pm j)$ (점 B, 점 C)
$\dfrac{4}{RC}$	1	$\dfrac{2}{RC}$	둘 다 $-\dfrac{2}{RC}$ (점 A)
$K_D K_O R > \dfrac{4}{RC}$	> 1	$> \dfrac{2}{RC}$	음(−)의 실수 (점 A 와 점 D 사이와 점 A의 왼쪽 실수 축)
∞	∞	∞	$-\infty$, $-\dfrac{1}{RC}$ (점 D)

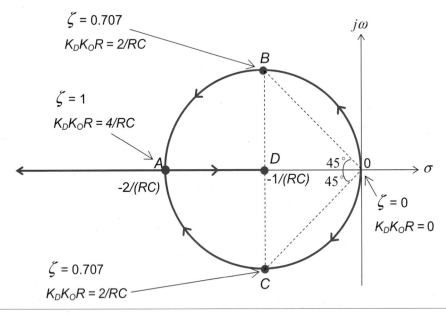

그림 **12.5.13** RC 값이 고정된 상태에서 DC PLL 루프이득(loop gain $K_D K_O R$)의 증가에 따른 pole 위치 변화

증가하면 ω_n, ζ 와 $\zeta\omega_n$ 값도 따라서 증가한다. 표 12.5.2 에 RC 값이 고정된 상태에서 $K_D K_O R$ 값의 변화에 대한 ζ 와 ω_n 값의 변화와 pole 값들의 s-평면 상에서의 변화를 보였다.

그림 12.5.13 에 RC 값이 고정된 상태에서 PLL DC 루프이득 $K_D K_O R$ 값을 변화시켰을 때의 pole 위치 변화를 보였다. $K_D K_O R$ 값이 증가하면 damping factor ζ 값도 증가하여 더욱더 overdamping 되므로 2 차 continuous time 시스템인 전체 PLL 회로는 더 안정되게 된다.

루프게인 (continuous time 회로)

피드백 회로에서 주파수 안정도를 조사할 때, 보통 루프게인(loop gain) $L(s)$ 를 분석한다. 어떤 피드백 회로에서 입력($X_I(s)$)과 출력($X_O(s)$) 변수가 정해졌을 때 그 전달함수 $H(s)$ 는 다음 식으로 주어진다.

$$H(s) = \frac{X_O(s)}{X_I(s)} = \frac{Forward\ Gain}{1 + L(s)}$$

Forward Gain 은 입력변수에서 출발하여 출력변수에 도달할 때까지의 경로 gain 을 나타내고, loop gain $L(s)$ 는 한 변수에서 출발하여 피드백 루프를 한 바퀴 돌아 그 출발한 변수까지 되돌아 왔을 때의 경로 gain 을 말한다. 보통 negative 피드백을 가정하여 계산된 loop gain 에 -1 을 곱하여 $L(s)$ 로 정한다. 신호주파수 ω 가 DC($\omega = 0$)에서 출발하여 점차 증가함에 따라 loop gain $L(j\omega)$ 의 위상값이 $0°$ 에서 출발하여 $-90°$ 를 거쳐 $-180°$ 를 넘어서게 된다(지연시간이 t_D 일 경우 위상값은 $-\omega t_D$ 임). $L(j\omega)$ 의 위상이 $-180°$ 가 되는 주파수($\omega_{-180°}$)에서는, negative 피드백 회로로 설계한 회로가 positive 피드백 회로로 동작하고 이 주파수에서의 루프게인 크기($|L(j\omega_{-180°})|$)가 1 이상이 되면 이 주파수($\omega_{-180°}$)에서 발진한다. 피드백 회로가 발진하지 않고 안정되게 동작하려면 다음 두 가지 조건을 만족시켜야 한다.

$$\left| L(j\omega_{-180°}) \right| < 1$$

$$ph\left\{ L(j\omega_{0dB}) \right\} > -180°$$

ω_{0dB} 는 $|L(j\omega)|=1$ 이 되는 ω 값이다. 앞 두 부등식의 경계값과의 차이를 각각 다음 식과 같이 gain margin(GM)과 phase margin(PM)으로 정의한다.

$$GM = 20 \log_{10} \frac{1}{\left|L(j\omega_{-180°})\right|}$$

$$PM = ph\left\{L(j\omega_{0dB})\right\}-(-180°)$$

GM 과 PM 은 둘 다 양(+)의 값을 가져야 피드백 회로가 발진하지 않고 안정되게 동작한다. 그림 12.5.8 의 전하펌프 PLL 회로에서, 루프게인 $L(s)$ 는 다음 식으로 주어진다.

$$L(s)=K_D \cdot Z_F(s) \cdot \frac{K_O}{s}=\frac{K_D K_O}{s^2 C} \cdot (1+sRC)$$

여기서 루프필터는 R 과 C 의 직렬 연결 회로이다. $L(s)$ 는 s=0(DC)에 두 개의 pole 과 한 개의 음(−)의 실수 제로(−1/(RC))를 가진다. C 에 의해 한 개의 pole 이 생겨나고 VCO 와 phase detector 동작에 의해 다른 한 개의 pole 이 생겨난다. R 과 C 의 직렬 연결로 인해 음(−)의 실수 제로가 생겨나는데, 이는 위상여유(phase margin: PM)를 증가시키고 주파수 안정도를 증가시킨다.

그림 12.5.14 에 R 이 없는 경우(R=0, 그림 12.5.14(a))와 R 이 있는 경우 (그림 12.5.14(b))의 루프게인 $L(j\omega)$ 의 Bode plot 을 보였다. R=0 인 경우는 PM=0° 인데 비해 R 이 0 이 아닌 경우는 PM≈+90° 가까이로 주파수 안정도가 크게 향상된다. 또 R 을 증가시키면 damping factor ζ 값이 증가된다($\zeta=0.5R \cdot \sqrt{K_D K_O C}$).

과도(transient) 현상에서는, R=0 인 경우는 PLL 이 발진하여 입력신호에 무관하게 $\omega=\sqrt{K_D K_O / C}$ 인 sine 파형을 출력하므로 PLL 로 사용할 수 없고, R 이 있는 경우는 PLL 이 안정되게 동작하여 입력신호와 주파수가 같고 위상이 일치된 파형을 출력한다.

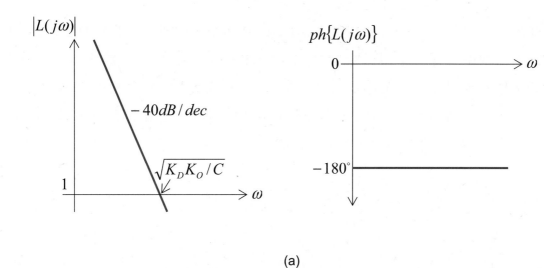

(a)

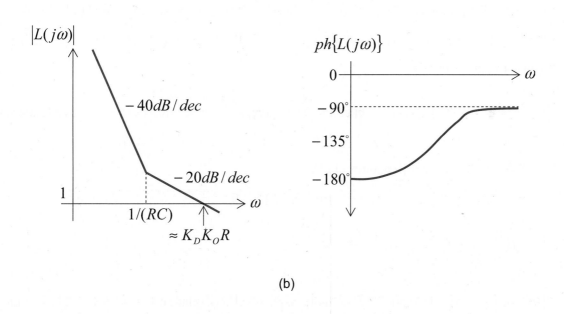

(b)

그림 **12.5.14** PLL 루프게인(loop gain) $L(j\omega)$ 의 Bode plot
(a) R=0 인 경우 (b) R≠0 인 경우

2 차(second order) discrete time 회로

일반적인 Z-영역 전달함수의 안정도(stability)에 대한 설명은 앞 장의 11.2.6 절에서 보였다. 주파수 안정도를 가지기 위해서는 식(11.2.69)에 보인 대로 Z-영역 pole 들이 모두 Z-평면 상에서 반지름이 1 인 원 내부에 놓여야 한다. 이에 대한 보다 정량적인 설명을 아래에 보였다. 어떤 2 차(second order) Z-영역 전달함수 $H(z)$는 다음과 같이 z에 대한 두 개의 1 차 항의 합으로 표시할 수 있다.

$$H(z) = \sum_{j=1}^{2}\left\{b_j \cdot \frac{z}{z-p_j}\right\} = \sum_{j=1}^{2}\left\{b_j \cdot \frac{1}{1-p_j \cdot z^{-1}}\right\}$$

$$= \sum_{j=1}^{2}\left\{b_j \cdot \sum_{k=0}^{\infty}\left\{(p_j)^k \cdot z^{-k}\right\}\right\} = \sum_{k=0}^{\infty}\left[\left\{\sum_{j=1}^{2}b_j \cdot (p_j)^k\right\} \cdot z^{-k}\right] \quad (12.5.44)$$

이 2 차 회로에 impulse 입력을 인가한 경우의 출력인 impulse response $h(kT)$는 Z-영역 전달함수 $H(z)$의 역(inverse) Z-변환이 된다. 위의 식(12.5.41)에 보인 $H(z)$의 impulse response $h(kT)$는

$$h(kT) = \sum_{j=1}^{2}b_j \cdot (p_j)^k \quad (12.5.45)$$

가 된다. 이 회로가 안정(stable) 하려면

$$\lim_{k \to \infty} h(kT) = 0$$

이 되어야 하므로 각 pole 의 절대값 $|p_i|$는

$$|p_i| < 1 \quad (12.5.46)$$

이어야 한다. 즉, 전달함수의 모든 pole 들이 Z-평면(Z-plane)에서 반지름이 1 인 unit circle ($|z| = 1$) 내부에 존재해야 이 전달함수로 표시되는 회로가 안정되게 동작한다.

식(12.5.33)에 보인 전달함수 $H(z)$의 pole 값은 이 전달함수의 분모를 0 이 되게 하는 z 값이므로, pole p_1과 p_2는 다음 식으로 표시된다.

$$p_1, p_2 = 1 - \frac{1}{2} \cdot K_D K_O R \cdot T \cdot \left\{ \left(1 + \frac{T}{RC}\right) \pm \sqrt{\left(1 + \frac{T}{RC}\right)^2 - \frac{4}{K_D K_O R \cdot RC}} \right\} \quad (12.5.47)$$

$\omega_i (= 2\pi / T)$ 와 RC 값을 고정시킨 상태에서 PLL DC 루프이득 $K_D K_O R$ 을 파라미터로 하여 위 식으로 주어진 pole 값의 변화를 조사하고자 한다. $K_D K_O R$ 을 식 (12.5.17.b,c)에 주어진 continuous time 해석에서의 ω_n 과 ζ 값으로 표시하면

$$K_D K_O R = 2 \zeta \omega_n$$

이 된다. 각각의 $K_D K_O R$ 값에 대한 Z-영역 pole p_1, p_2 값을 표 12.5.3 에 보였는데, 각각 입력신호 $v_i(t)$ 의 주기 T 와 주파수 ω_i 로 표시하였다. $\omega_i (= 2\pi / T)$ 와 RC 값을 고정시킨 상태에서 $K_D K_O R$ 값을 0 에서부터 무한대까지 변화시킬 경우의 pole 들(p_1 과 p_2)의 궤적을 그림 12.5.15 에 보였다.

표 12.5.3 과 그림 12.5.15 에서 보면 2 차(second order) 시스템인데도 불구하고,

$$K_D K_O R > \frac{4 \cdot RC}{T \cdot (T + 2RC)} = \frac{\omega_i^2}{\pi \cdot \left(\omega_i + \dfrac{\pi}{RC}\right)} \quad (12.5.48)$$

인 조건이 성립하면, pole 의 궤적은 그림 12.5.15 에서 점 D 의 왼쪽에 실수 축과 점 C 와 점 E 사이의 실수 축에 놓이게 되어 한 pole 값(p_1)의 절대값이 1 보다 크게 된다. p_1 은 절대값이 1 보다 큰 음(−)의 실수이고 p_2 는 절대값이 1 보다 작은 양(+)의 실수인 전달함수의 impulse response $h(kT)$ 는 다음 식이 된다(식(12.5.45)).

$$h(kT) = b_1 \cdot (p_1)^k + b_2 \cdot (p_2)^k \qquad (k \geq 0)$$

여기서 $b_2 \cdot (p_2)^k$ 항은 k 값이 증가함에 따라 점차 줄어들어 0 으로 수렴하지만 $b_1 \cdot (p_1)^k$ 항은 k 값이 증가함에 따라 양(+)과 음(−)의 값을 번갈아 가면서 점차 크기가 증가하므로, 전체적으로 $h(kT)$ 는 발진하게 된다. 그리하여 PLL DC 루프이득 $K_D K_O R$ 값이 식(12.5.48)에 주어진 값보다 더 커지게 되면 2 차(second order) discrete time 회로인 전하펌프(charge-pump) PLL 은 불안정(unstable)해진다. 이는 앞에서 설명된 2 차 continuous time 회로에서는 그림 12.5.13 에 보인 대로 PLL DC 루프이득 $K_D K_O R$ 값이 증가함에 따라 damping factor ζ 값도 점차 증가하여 전체 회로 동작은 더 안정된다는 사실과 크게 다른 성질이다.

표 **12.5.3** $K_D K_O R$ 값의 변화에 따른 pole (p_1, p_2) 값의 변화

($T = 2\pi / \omega_i$ 이고 점 A, B, C, D 는 그림 12.5.15 상의 점을 나타냄)

$K_D K_O R$ (T로 표시)	p_1, p_2 (T로 표시)	$K_D K_O R$ (ω_i로 표시)	p_1, p_2 (ω_i로 표시)
0	둘 다 1(점A)	0	둘 다 1 (점A)
$0 < K_D K_O R < \dfrac{4 \cdot RC}{(T+RC)^2}$	$z = 1 - T/(T+RC)$ (점 E를 중심으로 하고 반경이 $T/(T+RC)$ 인 원 상에 놓임(복소수 값)	$0 < K_D K_O R < \dfrac{4}{RC} \cdot \dfrac{\omega_i^2}{\left(\omega_i + \dfrac{2\pi}{RC}\right)^2}$	$1 - 2\pi/(\omega_i \cdot RC + 2\pi)$ (점 E 를 중심으로 하고 반경이 $2\pi/(\omega_i \cdot RC + 2\pi)$ 인 원 상에 놓임(복소수 값)
$\dfrac{4 \cdot RC}{(T+RC)^2}$	둘 다 $1 - \dfrac{2T}{T+RC}$ (점B)	$\dfrac{4}{RC} \cdot \dfrac{\omega_i^2}{\left(\omega_i + \dfrac{2\pi}{RC}\right)^2}$	둘 다 $1 - \dfrac{4\pi}{\omega_i \cdot RC + 2\pi}$ (점 B)
$\dfrac{4 \cdot RC}{(T+RC)^2} < K_D K_O R < \dfrac{4 \cdot RC}{T \cdot (T+2 \cdot RC)}$	점 B와 점 C 사이 구간의 실수값과 점 B와 점 D 사이 구간의 실수값	$\dfrac{4}{RC} \cdot \dfrac{\omega_i^2}{\left(\omega_i + \dfrac{2\pi}{RC}\right)^2} < K_D K_O R < \dfrac{\omega_i^2}{\pi \cdot \left(\omega_i + \dfrac{\pi}{RC}\right)}$	점 B와 점 C 사이 구간의 실수값과 점 B와 점 D사이 구간의 실수값
$\dfrac{4 \cdot RC}{T \cdot (T+2 \cdot RC)}$ **stability limit**	-1 (점 D), $1 - \dfrac{2T}{T+2 \cdot RC}$ (점 C)	$\dfrac{\omega_i^2}{\pi \cdot \left(\omega_i + \dfrac{\pi}{RC}\right)}$ **stability limit**	-1 (점 D), $1 - \dfrac{2\pi}{RC} \cdot \dfrac{1}{\omega_i + \dfrac{\pi}{RC}}$ (점 C)
$K_D K_O R > \dfrac{4 \cdot RC}{T \cdot (T+2 \cdot RC)}$	$z < -1$ 인 실수값, 점 C와 점 E 사이의 실수값	$K_D K_O R > \dfrac{\omega_i^2}{\pi \cdot \left(\omega_i + \dfrac{\pi}{RC}\right)}$	$z < -1$ 인 실수값, 점 C와 점 E 사이의 실수값
∞	$-\infty$, $1 - \dfrac{T}{T+RC}$ (점 E)	∞	$-\infty$, $1 - \dfrac{2\pi}{RC \cdot \left(\omega_i + \dfrac{2\pi}{RC}\right)}$ (점 E)

식(12.5.48)에 주어진 stability limit 에 대해 PLL DC 루프이득 $K_D K_O R$ 을 입력신호 주파수 ω_i 에 대해 그리면 그림 12.5.16 과 같다. 굵은 실선으로 표시한 그래프를 경계로 하여 위 쪽의 ($K_D K_O R$, ω_i) 조합은 불안정한 동작 영역이고 아래 쪽의 ($K_D K_O R$, ω_i) 조합은 안정한 영역이다. 즉, 입력신호 $v_i(t)$ 의 주파수 ω_i 가 한 값으로 주어져 있을 경우, PLL DC 루프이득 $K_D K_O R$ 값을 얼마 이상이 되게 하면 PLL 은 불안정하게 된다. 입력신호 주파수 ω_i 값을 증가시키면 $K_D K_O R$ 값의 stability limit 도 따라서 증가하게 된다.

식(12.5.20)과 식(12.5.43.a)에 보인대로, ζ 가 1 보다 훨씬 크면, PLL 대역폭(bandwidth)은 $2\zeta\omega_n = K_D K_O R$ 이 된다. 따라서 PLL 을 안정되게 동작시키려면 PLL 대역폭 값($K_D K_O R$)를 비교적 작은 값으로 유지해야 한다.

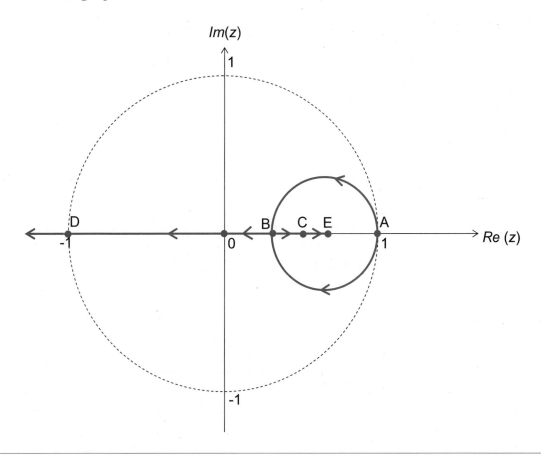

그림 **12.5.15**   2 차 Z-영역 전달함수(식(12.5.30))에서의 pole 궤적($K_D K_O R$ 값을 증가시킴에 따른 변화)

보통 PLL 대역폭($K_D K_O R$) 값을 PLL 입력주파수의 10% 값($0.1\,\omega_i$) 이하로 유지하는데, 이 경우 ω_i가 $0.458/RC$ 보다 크기만 하면 PLL이 항상 안정되게 동작한다.

전하펌프 PLL 설계에서 주파수 안정도를 확보하면서 PLL 대역폭(bandwidth)과 입력신호 주파수의 비율 등을 원하는 값으로 맞추기 위해서는, PLL 파라미터 값들(VCO gain, 전하펌프 전류, 루프 필터의 R C 값 등)을 잘 정해야 한다. 앞에서 구한 analytic 식들을 사용해도 되지만 보통 3 차 시스템인 PLL 의 동작을 analytic 식만으로는 정확하게 구하기 어렵다. 이를 위해 SPICE 시뮬레이션을 수행할 수 있는데 여러 파라미터 조합에 대해 SPICE 로 트랜지스터 회로에 대해 시뮬레이션하려면 시간이 많이 걸린다. 따라서 전하펌프 PLL 의 동작을 C 언어로 모델하고 이를 이용하여 파라미터 값들을 정하는 방식이 많이 사용되고 있다[9]. 부록 3 에 behavior-level 전하펌프 PLL 시뮬레이션 코드와 그 사용법을 보였다[51,52].

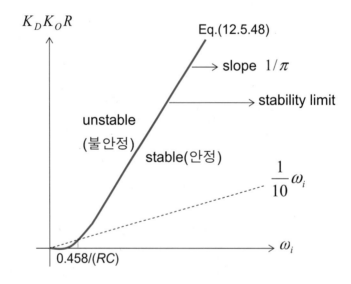

그림 **12.5.16** 전하펌프(charge-pump) PLL 의 stability limit (굵은 실선: 식(12.5.48))

12.5.6 적응대역(adaptive bandwidth) 전하펌프 PLL

앞 절에서 보인대로 PLL 은 위상신호에 대한 2 차 또는 3 차의 negative 피드백 회로로서, PLL 대역폭(bandwidth)과 입력신호 주파수의 비율이 얼마 이상이 되면 루프 동작이 불안정해진다. 따라서 보통 PLL 대역폭($K_D K_O R$) 값을 입력주파수 ω_i 의 10% 또는 5% 정도로 유지한다. 그런데 PLL 이 동작하는 중간에 입력주파수(ω_i)가 변하거나 주파수 분주값(N)이 변하면, PLL 대역폭 ($K_D K_O R / N$)와 입력주파수(ω_i)의 비율이 달라지게 된다. 이 경우 PLL 의 주파수 안정도가 나빠지거나 위상여유(phase margin)가 줄어 들 가능성이 있다. 이런 현상을 방지하기 위해, PLL 입력주파수(ω_i) 와 주파수 분주값(N)이 변하여도, PLL 대역폭과 입력주파수의 비율 및 damping factor(ζ) 값을 일정하게 유지하도록 설계한 PLL 을 적응대역(adaptive bandwidth) PLL 이라고 부른다.

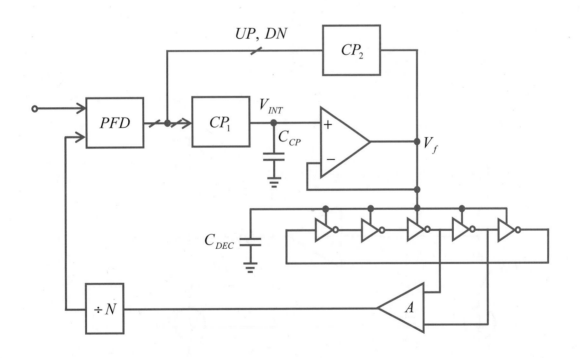

그림 **12.5.17** 적응대역(adaptive bandwidth) PLL [25]

그림 12.5.17 에 입력주파수(ω_i)가 변해도 PLL 대역폭과 ω_i 의 비율 및 damping factor(ζ)가 일정하게 유지되는 적응대역 PLL 의 블록도를 보였다[25]. 기존 PLL 에서는 VCO 의 공급전압을 일정한 전압을 출력하는 voltage regulator 를 통하여 공급하는데, 그림 12.5.17 의 적응대역 PLL 에서도 voltage regulator 를 사용하지만 일정한 전압이 아니고 전하펌프 출력에 따라 달라지는 전압을 출력하는 voltage regulator 를 사용한다. 이 voltage regulator 에는 한 개의 전하펌프 회로(CP_1)를 통한 적분경로 (integral path)가 입력노드에 연결되고 다른 한 개의 전하펌프 회로 CP_2 를 통한

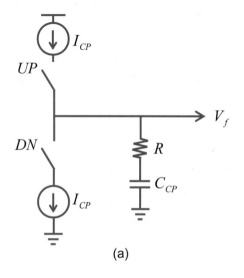

(a)

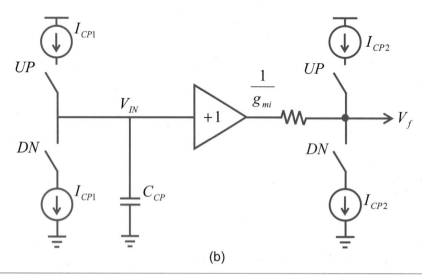

(b)

그림 **12.5.18** 루프필터 회로 (a) 기존 PLL (b) 적응대역(Adaptive BW) PLL

비례경로(proportional path)가 출력노드에 연결된다. 그리하여 이 두 개의 전하펌프 회로, 루프필터 커패시터 C_{CP} 와 voltage regulator 가 PLL 의 루프필터 역할을 수행한다. 그림 12.5.18(a)와 (b)에 각각 기존 PLL 과 적응대역 PLL 의 루프필터 회로를 보였다.

적응대역 PLL 의 루프필터 회로(그림 12.5.18(b))에서 $1/g_m$ 은 unity-gain 피드백 증폭기의 소신호 출력저항으로 차동증폭기 입력 트랜지스터 transconductance 의 역수와 같다. UP 과 DN 신호는 두 개의 전하펌프회로 CP_1 과 CP_2 에서 서로 같으므로, 루프필터 출력전압 V_f 는 integral 값(C_{CP} 전압)과 proportional 값($1/g_{mi}$ 저항에 인가되는 전압)의 합으로 표시된다. 따라서 $R = 1/g_{mi}$ 이고 $I_{CP} = I_{CP1} = I_{CP2}$ 이면 그림 12.5.18(a)와 (b)의 두 루프필터 출력전압값 V_f 는 서로 같게 된다.

그림 12.5.19 에 그림 12.5.17 에 사용된 unity-gain 피드백 형태의 voltage regulator 회로를 보였다(0.18 μm 공정 사용). 입력전압(V_{IN})을 차동증폭기 입력단자 뿐만 아

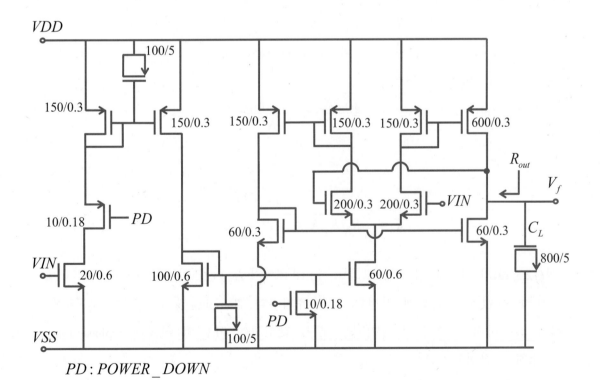

그림 12.5.19 적응대역(Adaptive BW) PLL 의 voltage regulator 회로(unity-gain 피드백)

니라 바이어스 회로의 게이트 단자에도 연결하였다. 따라서 그림 12.5.19 회로의 모든 바이어스 전류값은 $(V_{IN} - V_{TH})^2$에 비례한다. 따라서 차동증폭기 입력 트랜지스터의 g_{mi} 값은 $(V_{IN} - V_{TH})$에 비례한다. 출력전압 V_f가 VCO ring oscillator 의 공급전압으로 사용되므로, 식(12.4.1.c)에 보인대로 VCO 출력주파수는 $(V_{IN} - V_{TH})$에 비례한다. PLL 입력주파수 ω_i는 VCO 출력주파수 (ω_{VCO})에 주파수 분주비율(N)을 나눈 값이므로 다음 비례식이 성립된다.

$$\omega_i \propto \frac{V_{IN} - V_{TH}}{N}$$

다음에 PLL 대역폭 $K_D K_O R$의 V_{IN} 의존성을 조사하기 위해 K_D, K_O, R 각각의 V_{IN} 의존성을 알아본다. 앞에서 보인대로 $R = 1/g_{mi}$는 $1/(V_{IN} - V_{TH})$에 비례한다. *VCO gain* $K_O (= \partial \omega_{VCO} / \partial V_{IN})$는 V_{IN} 또는 N 값에 무관하게 일정한 값을 가진다. 위상검출기 게인(phase detector gain) K_D는 식(12.5.2)에 보인대로 $I_{CP} / 2\pi$로 주어지는데, 전하펌프전류 I_{CP}는 그림 12.5.19 의 바이어스 전류를 전류거울 회로로 복사하여 사용한다. 따라서 $I_{CP} \propto (V_{IN} - V_{TH})^2$의 관계식이 성립한다. 그리하여 PLL 대역폭 $K_D K_O R / N$, *PLL* 입력주파수 ω_i와 damping factor ζ (식(12.5.17))의 V_{IN} 와 분주비율(N) 의존성은 다음과 같다.

$$\frac{K_D K_O R}{N} \propto \frac{V_{IN} - V_{TH}}{N} \tag{12.5.49.a}$$

$$\omega_i \propto \frac{V_{IN} - V_{TH}}{N} \tag{12.5.49.b}$$

$$\zeta = \frac{1}{2} R \sqrt{K_D K_O C_L / N} \propto \frac{1}{\sqrt{N}} \tag{12.5.49.c}$$

식(12.5.49)의 세 개 식을 비교하면, PLL 대역폭과 PLL 입력주파수 ω_i의 비율은 V_{IN} 또는 N 값에 무관하게 일정한 값을 유지한다. Damping factor ζ는 V_{IN} 값에 무관하게 일정하지만, N 값이 증가하면 ζ가 감소하여 PLL 의 위상여유(phase margin)가 감소하는 단점이 있다.

12.6   Delay-locked loop (DLL)

출력클락 신호의 위상을 입력클락 신호의 위상과 맞추는 회로로는 PLL 뿐만 아니라 DLL(delay locked loop)도 있다. PLL 에서는 발진기(voltage controlled oscillator: VCO)를 사용하여 출력신호를 만들어 내지만, DLL 에서는 delay 회로를 사용하여 출력신호를 만들어 낸다. DLL 의 delay 회로는 보통 VCDL(voltage controlled delay line)을 사용하는데, 이는 인가된 control 전압에 따라 지연시간이 달라진다. DLL 은 PLL 에 비해, 일반적으로 출력 jitter 가 작고 lock time 이 빠르고 어느 경우에나 주파수 안정도가 보장되므로 PLL 보다 더 많이 사용된다. 그러나 DLL 에는 발진기(VCO)가 없고 delay 회로(VCDL)만 있으므로, 출력신호 주파수는 항상 입력신호 주파수와 동일하다. 따라서 출력주파수가 입력주파수와 다른 주파수 체배등의 응용에서는 DLL 을 사용할 수 없고 PLL 을 사용해야 한다. PLL 출력은 항상 주기가 균일한(uniform) 클락신호인데 비해, DLL 출력은 입력을 delay 시킨 신호이므로 시간에 따라 주기가 달라지는 신호도 간헐적으로 출력할 수 있다(clock stretch 기능).

PLL 에서는 VCO 를 구성하는 ring oscillator 루프에 jitter 노이즈가 accumulation 될 수 있다. 즉, 전원공급 도선 등을 통하여 한 번 VCO 루프에 들어온 jitter 노이즈는 PLL 루프동작(high-pass 필터)에 의해 제거되지 않는 한, 계속하여 VCO 루프 내에 머무르게 된다. 그리하여 PLL 을 장시간 동작시킬 경우, 간헐적으로 들어온 jitter 노이즈가 VCO 루프 내에 여러 클락 주기 시간에 걸쳐 계속 쌓이게 되어(accumulation) PLL 출력 jitter 가 증가한다. PLL 대역폭(bandwidth)이 감소할수록 jitter accumulation 효과는 증가한다. DLL 은 VCO 대신 피드백 루프 없이 인버터를 직렬로 연결한(inverter-chain) VCDL 을 사용하므로 jitter accumulation 현상이 없는 장점을 가진다.

이 절에서는 DLL 의 기본개념, VCDL, harmonic locking 문제, 전하펌프 DLL 의 동작, 디지털 DLL, dual loop DLL 에 대해 설명한다.

12.6.1 DLL 의 기본 개념

먼저 delay-chain 을 이용한 DLL 의 동작을 PLL 과 비교하여 설명하기 위해, PLL 과 DLL 의 블록도를 그림 12.6.1 에 보였다[21]. PLL 과 DLL 은 모두 위상(phase)에 대한 negative 피드백 회로인데, PLL 에서는 VCO(voltage controlled oscillator)가 사용되는 반면에 DLL 에서는 VCDL(voltage controlled delay line)이 사용된다. VCDL 은 delay-chain 으로 몇 개(보통 짝수 개)의 인버터를 직렬로 연결한 회로인데, 루프필터 출력 전압 v_f 값에 따라 입력신호 v_i 가 출력신호 v_2 로 나타날 때까지의 지연시간(delay time)이 달라진다.

PLL 에서는 공급전압 노이즈가 증가하면 jitter accumulation 현상 때문에 VCO 위상 노이즈가 증가하여 출력신호의 위상 노이즈가 증가하는 단점이 있는데 반해, DLL 에서는 VCO 대신 VCDL 을 사용하므로 jitter accumulation 이 없어서 공급전압 노이즈가 증가해도 출력신호의 위상 노이즈가 크게 증가하지 않는 장점이 있다[22].

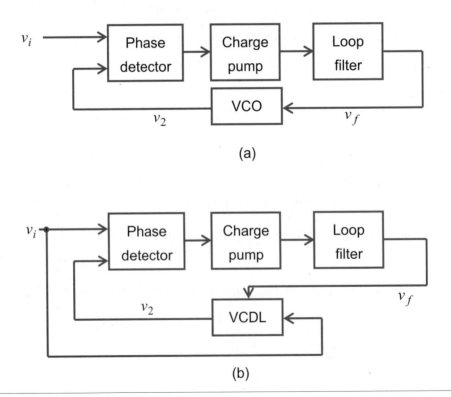

(a)

(b)

그림 **12.6.1** 블록도 (a) PLL(phase locked loop) (b) DLL(delay locked loop)

이는 공급전압 노이즈가 인가되면, PLL 의 경우는 positive 피드백 회로로 구성된 발진기(oscillator)인 VCO 의 발진 주기(oscillation period)는 비교적 크게 영향을 받지만 (jitter accumulation), DLL 의 경우는 인버터 chain 으로 구성되어 피드백 회로가 아닌 VCDL 의 지연시간(delay time)은 큰 영향을 받지 않기 때문이다.

그 외에 DLL 이 PLL 과 다른 점은, PLL 에서는 출력신호 주파수를 입력신호 주파수보다 더 크게 증가시킬 수 있지만, DLL 에서는 출력신호 주파수는 항상 입력신호 주파수와 같게 되는 제약이 있다. 이는 그림 12.6.1(a)에 보인 PLL 회로에서는 VCO 출력 단자와 위상검출기 입력 단자 사이에 주파수 분주기(frequency divider)를 넣으면 VCO 입력전압 v_f 값이 조정되어 VCO 출력신호(v_2) 주파수가 입력신호(v_i) 주파수보다 크게 될 수 있는 반면에, 그림 12.6.1(b)에 보인 DLL 회로에서는 VCDL 의 입력신호는 전체 DLL 입력신호(v_i)와 동일하므로 출력신호 주파수는 항상 입력신호 주파수와 같다.

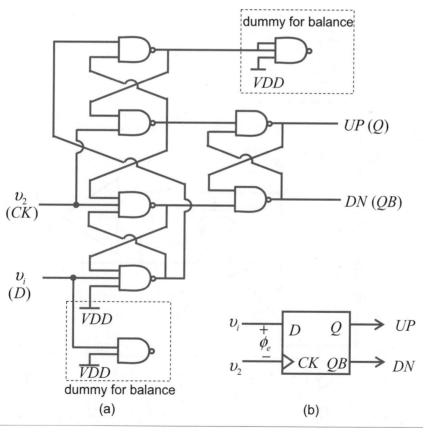

그림 **12.6.2**   DLL 에 사용되는 D 플립플롭 위상검출기[21]   (a) 회로 (b) 간략화된 기호

따라서 DLL 은 주파수검출을 할 필요가 없으므로 위상검출기로 phase frequency detector 를 사용하지 않고 간단한 D 플립플롭을 사용하여 위상차이만 검출한다. 전하펌프(charge pump) 회로는 PLL 과 같은 회로를 사용하고, 루프필터로는 직렬저항 없이 커패시터 한 개만을 사용한다[21]. DLL 에 사용되는 D 플립플롭 위상검출기는 (그림 12.6.2(a)) setup time 과 hold time 을 같게 하기 위해 D 와 CK 입력 노드와 모든 중간노드에 대해서도 load balance 가 되도록 dummy 회로를 추가하였다. 그림 12.6.2(a)의 D 플립플롭 회로의 동작을 살펴보면, CK= 0 일때는 UP 과 DN 이 이전 값을 유지하고, CK 가 0 에서 1 로 변하는 순간의 D 값이 UP 으로 전달되고 DN 은 그 반대값이 된다. 그 후 CK=1 로 유지될 때는 UP 과 DN 이 이전 값을 유지한다.

DLL 에 사용되는 전하펌프와 루프필터 회로를 그림 12.6.3 에 보였다[21]. 커패시터 한 개로 루프필터를 구성하였고 charge sharing 현상을 방지하기 위하여 PLL 에서와 같이 unity-gain buffer 를 사용하였다.

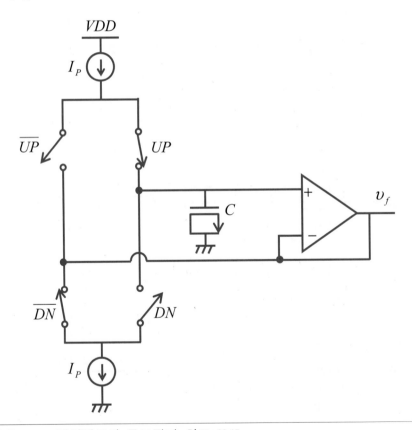

그림 **12.6.3** DLL 전하펌프와 루프필터 회로 [21]

12.6.2 VCDL 회로 (voltage controlled delay line)

VCDL 은 몇 개의 인버터가 직렬로 연결된 인버터 chain 으로 control 전압 v_f 값에 따라 인버터 chain 의 지연시간(delay time)이 달라진다. 그림 12.6.4 에 두 종류의 VCDL 회로를 보였다.

그림 12.6.4(a)에 보인 current-starved 형태의 VCDL 회로에서는, v_f 값이 증가하면 v_{ctrl} 값이 증가하여 인버터에 흐르는 전류값이 증가하게 된다. 인버터에 흐르는 전류값이 증가하면 인버터의 지연시간(delay time)이 감소하게 된다. 마찬가지로 하여, v_f 값이 감소하면 인버터의 지연시간이 증가하게 된다.

그림 12.6.4(b)에 보인 shunt 커패시터 형태의 VCDL 회로에서는, v_{ctrl} 값이 증가하면 NMOS 스위치 트랜지스터의 저항이 감소하여 인버터의 등가 loading 커패시턴스 값이 증가하므로 인버터의 지연시간이 증가한다. v_{ctrl} 값이 감소하면 NMOS 스위치 트랜지스터의 저항이 증가하여 인버터의 등가 loading 커패시턴스 값이 감소하므로 인버터의 지연시간이 감소한다. VCDL 에 사용되는 인버터의 개수는 보통 짝수 개인데, 이는 인버터의 상승 지연시간과 하강 지연시간이 서로 다른 경우에 VCDL 전체 지연시간이 이 두 지연시간의 평균 값에 비례하도록 하기 위함이다.

v_{ctrl} 값에 따른 두 VCDL 회로(그림 12.6.4(a),(b))의 지연시간을 그림 12.6.5 에 보였다. 이 그림에서 VCDL 은 모두 12 개의 인버터로 구성되었고, 채널 길이는 2 μm 이고 게이트 산화막 두께는 400Å인 공정을 사용하였다[21].

Current-starved 형태의 VCDL 은 v_{ctrl} 값이 NMOS 문턱전압(threshold voltage) 값에 가까워지면, CMOS 인버터를 구성하는 두 개의 트랜지스터는 거의 subthreshold 영역에서 동작하므로 인버터의 지연시간이 매우 커지게 된다. 이 경우 인버터의 입력과 출력 노드들은 high-impedance 상태에 가까워져서 노이즈가 쉽게 유기되고, v_{ctrl} 값에 대한 지연시간의 민감도(이득)가 커져서 v_{ctrl} 선에 유기되는 노이즈가 증폭되어 출력전압 v_2 에 나타난다. 또 v_{ctrl} 값이 문턱전압에 가까운 영역에서 DLL 이 lock 되었을 경우에, VCDL 의 전체 지연시간이 입력신호 v_i 의 한 주기(T)보다 길게 되는 수가 있는데 이때는 v_{ctrl} 값이 문턱전압 부근에서 조금만 변하여도 입력신호

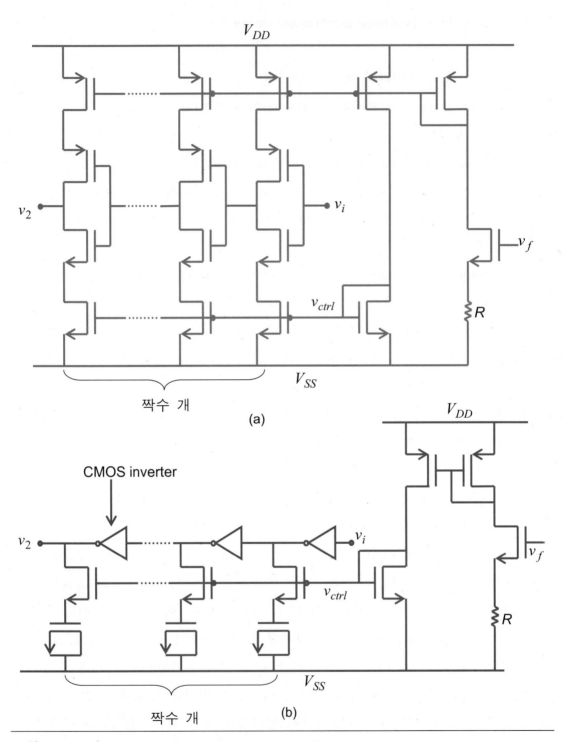

그림 **12.6.4** VCDL(voltage-controlled delay line) 회로

(a) current-starved 형태   (b) shunt 커패시터 형태

v_i 의 주기(T) 변화를 lock 시킬 수 있다. 즉 VCDL 의 지연시간이 입력신호 v_i 의 주기(T)보다 크므로, 전체 DLL 루프의 지연시간이 $2T$, $3T$, ⋯⋯ 등이 되는 동작점에서 DLL 이 lock 될 수 있다.(Harmonic locking) 이런 동작점은 v_{ctrl} 에 대한 VCDL 지연시간의 이득이 너무 커서 노이즈에 민감한 동작점이므로, v_{ctrl} 값이 문턱전압보다 훨씬 크게 되어 VCDL 의 지연시간이 T 보다 작고 전체 DLL 루프의 지연시간이 T 와 같게 되는 동작점에서 DLL 이 lock 되는 것이 바람직하다. 일단, v_{ctrl} 값이 문턱전압에 가까운 동작점에서 DLL 이 한 번 lock 되면, v_{ctrl} 값은 항상 문턱전압에 가까운 아주 작은 범위에 머무르게 된다. 이는 위 동작점에서는 v_{ctrl} 값이 조금만 변해도 큰 값의 지연시간 차이를 얻을 수 있기 때문이다.

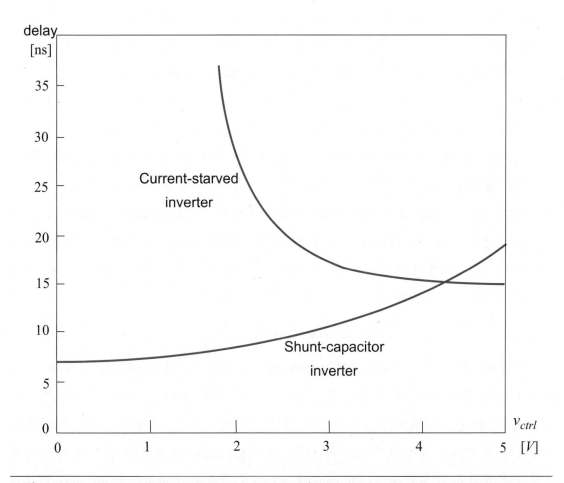

그림 **12.6.5** Control 전압 v_{ctrl} 값에 따른 그림 12.6.4 에 보인 VCDL 회로의 지연시간

앞에서 설명한 대로 v_{ctrl} 값이 문턱전압에 가까운 동작점은 노이즈에 민감하므로, current-starved 형태의 VCDL 을 사용하는 DLL 에서는 VCDL 의 전체 지연시간이 입력신호 v_i 의 한 주기 T 보다 작은 동작점에서 lock 되도록 하기 위해 lock 을 시작할 때 v_{ctrl} 값이 V_{DD} 에서 출발하도록 하는 회로를 추가해야 한다.

위에서 설명된 current-starved 형태 VCDL 회로의 문제점(지연시간 대 v_{ctrl} 의 이득이 지나치게 커짐) 때문에, DLL 에서는 보통 그림 12.6.4(b)에 보인 shunt-capacitor 형태의 VCDL 회로를 주로 사용한다.

12.6.3 Harmonic locking 문제

그림 12.6.1(b)의 DLL 회로에서 두 클락신호(v_i, v_2)의 위상이 서로 같아지려면, VCDL 의 지연시간이 클락신호 주기(T)의 정수 배($1 \cdot T, 2 \cdot T, 3 \cdot T, 4 \cdot T, \cdots$)이어야 한다. 그런데 VCDL 지연시간은 그림 12.6.5 에 보인대로, 지연시간이 클수록 gain(지연시간 대 v_{ctrl} 의 기울기)이 커져서 노이즈 민감도가 증가하고 같은 비율의 노이즈 전압 입력에 대해서 VCDL 지연시간 변동이 비례적으로 커지는 단점이 있다. 따라서 DLL 에서는 VCDL 지연시간을 $1 \cdot T$ 로 유지하도록 회로를 설계한다. 그림 12.6.6 에 DLL 에 사용되는 D 플립플롭 위상검출기의 특성을 보였다. VCDL 회로로는 그림 12.6.4(a)의 current starved 인버터 형태 회로를 사용하여 VCDL gain 이 음($-$)의 값을 가진다고 가정한다(그림 12.6.5). 그림 12.6.6 에서 위상오차(ϕ_e)는, DLL 입력신호(v_i)와 DLL 출력신호(v_2)의 위상차이로서, 두 신호의 주파수(ω)가 같으므로 두 신호 사이의 지연시간(t_D)에 비례한다. 따라서 ϕ_e 는 다음 식으로 표시된다.

$$\phi_e = \omega \cdot t_D$$

D 플립플롭 위상검출기 특성(그림 12.6.6(b))을 살펴보면, 위상오차 영역 중에서 그 gain(기울기) 값이 양(+)인 영역과 음($-$)인 영역이 있다. DLL 은 피드백 회로이므로(그림 12.6.1(b)), 위상오차(ϕ_e)의 이 두 영역 중에서 하나는 positive 피드백 동작이 일어나서 동작점이 형성되지 못하고, 다른 하나는 negative 피드백 동작이 일어나서 안정된 동작점을 형성한다. VCDL gain 이 음($-$)일 경우(current starved inverter) 안정된

동작점은 위상오차(ϕ_e)가 $0, 2\pi, 4\pi, \cdots\cdots$radian 등에서 형성된다. 예를 들어, ϕ_e의 초기값이 0 과 π radian 사이에 있다고 가정하면, D 플립플롭 위상검출기 출력은 그림 12.2.6 에 보인대로 UP=1, DN=0 이 된다. 따라서 전하펌프 회로는 루프필터 커패시터 전압을 증가시키고 이로 인해 VCDL 지연시간이 감소하여 DLL 출력신호(v_2)의 지연시간(t_D)이 감소하므로(v_2의 위상값인 ϕ_2 가 증가), 위상오차 ϕ_e 값(ωt_D)이 감소한다. 따라서 그림 12.6.6(b)의 화살표와 같이 ϕ_e 값이 0 을 향하여 이동하게 된다. ϕ_e의 초기값이 π 와 2π radian 사이에 놓이게 되면, UP=0, DN=1 이 되어 전하펌프회로는 루프필터 커패시터 전압을 감소시켜 VCDL 지연시간을 증가시킨다. 이로 인해 ϕ_2 값이 감소하므로 위상오차 ϕ_e 값이 증가하여 2π radian 을 향하여 이동하게 된다. 마찬가지로 ϕ_e의 초기값이 2π 와 3π radian 사이에 놓이면, UP=1, DN=0 이 되어 VCDL 지연시간이 감소하여 ϕ_2 가 증가하므로 ϕ_e 는 감소하여 2π 를 향하여 이동하게 된다. 그리하여 current starved 인버터 형태의 VCDL 회로를 사용하면 DLL 동작에 의하여 ϕ_e 는 $0, 2\pi, 4\pi, \cdots$ 등을 향하여 이동하게 된다. 그런데 ϕ_e = 0 인 동작점은 VCDL 지연시간이 0 이 되어야만 도달할 수 있는 동작점으로, 실제로 zero-delay VCDL 회로는 구현할 수 없으므로 ϕ_e = 0 인 동작점은 도달할 수 없는 동작점이다.

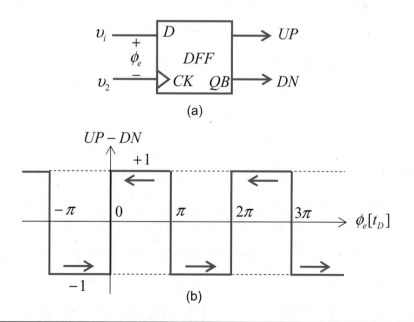

그림 **12.6.6**   DLL 의 harmonic locking 문제

만약, ϕ_e 의 초기 조건이 $-\pi$ 와 $+\pi$ radian 사이에 놓이게 되면, DLL 동작에 의해 ϕ_e 는 0 을 향하여 움직이게 된다. 그런데 VCDL 지연시간이 최소값에 도달하게 되면 루프필터 커패시터 전압이 변동하여도 VCDL 지연시간은 여전히 최소값에서 더 이상 감소하지 못하여 ϕ_e 값은 0 이 되지 못하고 유한한 값에 머무르게 된다. 따라서 이 경우에 DLL 은 입력신호(v_i)와 출력신호(v_2)의 지연시간 차이가 VCDL 지연시간의 최소값에 머무르게 되어, 결코 lock 상태에 도달하지 못한다. DLL 이 $\phi_e = 4\pi, 6\pi,$ $8\pi, \cdots$ (VCDL delay$= 2 \cdot T, 3 \cdot T, 4 \cdot T, \cdots$) 등에서 lock 하게 되면 harmonic locking 이 되는데, 이 경우 VCDL 의 gain 증가로 noise sensitivity(민감도)가 증가하는 것 외에도, VCDL 지연시간 자체가 커져서 조금만 노이즈가 인가되어도 곱해지는 전체 지연시간 값이 커서, 노이즈 민감도가 작아도 지연시간 변동 폭(jitter)이 크게 증가한다. 이와 같은 harmonic locking 과 $\phi_e = 0$ 에 lock 되는 경우를 피하고, 항상 $\phi_e = 2\pi$(VCDL delay $= T$) 에서 DLL 이 lock 되도록 하기 위해서는 ϕ_e 의 초기 값을 π 와 3π 사이 ($0.5 \cdot T <$ 초기 VCDL delay $< 1.5 \cdot T$)에 놓이도록 해야 한다. 이를 위해서는 DLL 에서 VCDL delay 의 초기조건을 맞추는 회로를 추가해야 한다. PFD 를 위상검출기로 사용하는 PLL 에서는 이러한 초기조건 회로를 필요로 하지 않는데 비해, D 플립플롭을 위상검출기로 사용하는 DLL 에서는 이러한 초기조건 회로가 추가되어야 한다.

12.6.4 전하펌프 DLL 의 동작

전하펌프 PLL 은 그림 12.5.1 에 보인대로, 3 차 시스템으로 2 개의 커패시터와 한 개의 저항으로 루프필터를 구성한다. 이에 비해 전하펌프 DLL 은 1 차 시스템으로 1 개의 커패시터만으로 루프필터를 구성한다. DLL 이 1 차 시스템인 이유는 VCDL delay(t_D)가 control 전압(v_f)에 비례하는데, VCDL 출력신호(v_2)의 위상(ϕ_2)이 $-\omega t_D$ 로 주어져서 결국 ϕ_2 가 v_f 에 비례하기 때문이다(그림 12.6.1(b)). 여기서 ω 는 DLL 입력신호(v_i)와 출력신호(v_2)의 주파수로서 일정한 값을 가진다.

위상오차 값($\phi_e = \phi_i - \phi_2$)을 보다 정량적으로 표시하기 위해, DLL 입력에 주파수가 ω 로 일정한 클락신호가 인가된다고 가정한다. 어떤 신호의 위상 $\phi(t)$ 는 순간 주파수 $\omega(t)$ 를 시간에 대해 적분한 값이므로 다음 식으로 표시된다.

$$\phi(t) = \int_{-\infty}^{t} \omega(\tau) d\tau$$

어떤 두 개의 위상신호를 비교할 때 위상값이 큰 쪽이 작은 쪽을 시간 축에서 leading 한다(앞선다). DLL 에서는 입력신호의 주파수가 ω 로 일정하면, 출력신호의 주파수는 DLL 동작에 무관하게 항상 ω 로 일정하다. 따라서 DLL 에서 입력신호 위상은 $\phi_i(t) = \omega t$ 이고 출력신호 위상은 $\phi_2(t) = \omega(t - t_D)$ 이므로, 위상오차는 $\phi_e(t) = \phi_i(t) - \phi_2(t) = \omega t_D$ 로 주어진다. 여기서 t_D 는 VCDL 회로의 지연(delay) 시간이다. DLL 회로에서 harmonic locking 을 방지하는 회로를 추가하여 t_D 의 초기값이 $[0.5 \cdot T, 1.5 \cdot T]$ 범위에 들어간다고 가정하면, VCDL 지연시간 t_D 가 입력신호 주기 (T) 보다 클 경우에는($T < t_D < 1.5T$) D 플립플롭 위상검출기가 UP 신호를 발생시켜 전하펌프 회로가 전류 I_p 를 루프필터 커패시터(C)에 sourcing 한다. 따라서 루프필터 커패시터 전압 V_f 가 증가하고 t_D 값이 감소하여 T 에 가까워진다. t_D 가 T 보다 작으면($0.5T < t_D < T$) 전하펌프 회로가 전류 I_p 를 루프필터 커패시터로부터 sinking 한다. 따라서 V_f 가 감소하고 t_D 값이 증가하여 T 에 가까워진다. 여기서 VCDL 은 current starved 인버터 회로(그림 12.6.4(a))를 사용한다고 가정하였다.

이 D 플립플롭 위상검출기의 CK 단자에는 DLL 출력신호(υ_2)가 연결되어 있으므로, 출력신호의 rising edge 시각마다 UP 혹은 DN 신호가 변할 수 있다. 여기서 D 플립플롭 위상검출기는 $t_D - T$ 의 차이값 크기에는 무관하고 단지 t_D 가 T 보다 큰지 혹은 작은지에 따라 UP 혹은 DN 신호를 균일하게 한 주기(T) 시간 동안 1 로 유지한다. 이와 같이 위상차이(ϕ_e)의 크기($|t_D - T|$)에는 무관하고 단지 극성 ($\mathrm{sgn}(t_D - T)$)에 따라서만 출력이 정해지는 위상검출기를 bang-bang PD 라고 부른다. 이에 반해, PFD 와 같이 위상검출기 출력이 ϕ_e 의 극성뿐만 아니라 크기에 따라서 UP 혹은 DN 신호의 지속시간이 달라져서 위상차이 값 크기를 구분하는 위상검출기를 선형 PD 라고 부른다. 일반적으로 뱅뱅 위상검출기(bang-bang PD)의 설계가 더용이하고 고속동작에도 유리하다.

뱅뱅 위상검출기를 사용하는 DLL 은 lock 된 이후에 dithering(디더링) 현상에 의해 출력 지터(jitter)가 선형 위상검출기를 사용하는 DLL 에 비해 커지는 단점이 있다. 이는 뱅뱅 위상검출기를 구성하는 D 플립플롭의 성질 때문이다. 즉, D 플립플롭은 주어진 시각에 *UP* 과 *DN* 중에서 하나는 1 이고 다른 하나는 0 이고 또 한 주기 시간(*T*) 동안은 이 값이 그대로 유지되므로, DLL 이 lock 된 이후에도 한 주기 시간 (*T*) 동안에는 *UP*=1, *DN*=0 이고 다음 주기에는 *UP*=0, *DN*=1 이 되는 dithering 과정을 반복한다. 그리하여 DLL 이 lock 된 이후에, 루프필터 커패시터(*C*)에 한 주기 시간 동안에는 $I_p \cdot T$ 의 전하가 더해지고 다음 한 주기 시간 동안에는 $I_p \cdot T$ 의 전하가 빼진다. 따라서 루프필터 커패시터 전압은 한 주기 시간 동안은 $I \cdot_p T/C$ 만큼 증가했다가 다음 한 주기 시간 동안은 같은 양만큼 감소하는 과정을 반복한다. 이와 같은 현상을 dithering 현상이라고 부르는데, 뱅뱅 위상검출기를 사용하는 DLL 에서는 이 현상 때문에 DLL 이 lock 된 이후에도 루프필터 전압의 ripple 값이 $I_p T/C$ 이하로 줄어들지 않아서 출력신호의 최소 jitter 값도 일정 값 이하로 줄이지 못한다.

그림 12.6.7 에 DLL 의 루프필터 출력전압 v_f 의 파형을 보였다. PLL 은 3 차 시스템이어서 bandwidth / ω_i 비율을 어떤 값(예 $1/\pi$) 이상으로 하면 시스템이 불안정하여 발진하게 되는데 비해(그림 12.5.16), DLL 은 1 차 시스템이어서 어떤 조건하에서도 항상 안정되게 동작한다. 따라서 일반적으로 PLL 설계보다 DLL 설계가 더 쉽다.

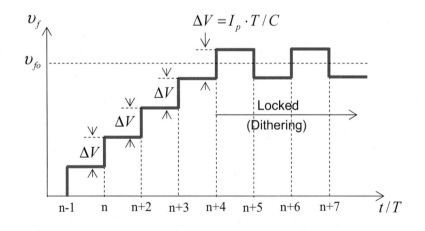

그림 12.6.7 DLL 의 루프필터 전압(v_f) 파형 [21]

그림 12.6.7 의 v_f 파형에서 전압 step ΔV 가 공급전압 V_{DD} 보다 매우 작아서 이 전압 step 을 무시하면($\Delta V \approx 0$), v_f 파형은 lock 될 때까지 시간에 대해 선형적으로 변하다가 lock 된 이후에는 일정한 값을 유지하게 된다.

초기에(initially) VCDL 지연시간(t_D)이 $0.5T$ 와 T 사이에 놓이게 된 경우에는(그림 12.6.6 에서 $0.5\pi < \phi_e < \pi$), DLL 이 lock 될 때까지 D 플립플롭® 위상검출기는 $UP=0$, $DN=1$ 을 계속 출력하여 루프필터 전압 v_f 는 시간에 대해 선형적으로 계속 감소하여 VCDL 지연시간(t_D)을 증가시킨다. t_D 가 T 에 도달하면 DLL 은 lock 되고 v_f 는 시간에 대해 더 이상 변하지 않고 v_{fo} 로 유지된다. 여기서 current-starved 인버터(그림 12.6.4(a))를 VCDL 로 사용한다고 가정하였다. 이와 같이 전하펌프 DLL 에서는 D 플립플롭 위상검출기의 bang-bang 성질 때문에 과도 특성이 모두 lock 될때까지 시간에 대해 선형적으로 단조증가 또는 단조감소한다. 따라서 DLL 은 PLL 과는 달리 항상 안정되게 lock 된다.

12.6.5 디지털 DLL (*)

아날로그 신호를 사용하지 않고 디지털 신호만을 사용하여 동작하는 DLL 을 디지털 DLL 또는 register controlled DLL 이라고 한다[22, 24]. 아날로그 신호는 노이즈에 민감하지만 디지털 신호는 노이즈 면역성(noise immunity)이 좋으므로, 디지털 DLL 은 공급전압선 등으로부터 유기되는 노이즈에 둔감한(insensitive) 특성을 가진다. 디지털 DLL 은 기존 DLL(그림 12.6.1(b))의 위상검출기(phase detector), 루프필터와 VCDL 대신에 간단한 위상 비교기(phase comparator), shift register 와 delay line 을 사용한다. 따라서 디지털 DLL 은 모든 회로가 static CMOS 로직회로로 구성되므로, DC 전류를 필요로 하는 VCO 를 사용하는 PLL 이나 VCDL 을 사용하는 DLL 에 비해, standby 전력 소모가 매우 작은 장점을 가진다.

그런데 디지털 DLL 은 루프필터를 사용하는 기존 DLL 에 비해 시간 해상도(클락 edge 의 해상도)가 나쁜 단점이 있다. 이는 디지털 DLL 에서 지연시간(delay time)의 해상도는 delay line 의 단위 지연 소자(unit delay element)의 지연시간과 같기 때문인데, delay line 의 단위 지연 소자의 지연시간은 공급전압이 정해지면 일정한 값을 가진다.

그림 12.6.8 에 디지털 DLL 의 블록도와 shift register 와 delay line 의 블록도를 보였다. 디지털 DLL 에 사용되는 delay line 은 DCDL(digitally controlled delay line)이라고 부른다.

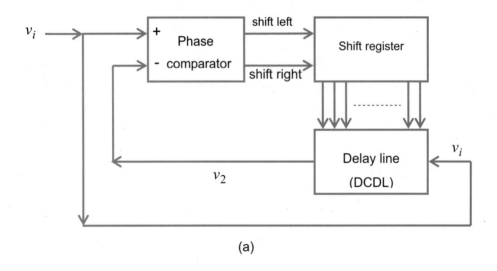

(a)

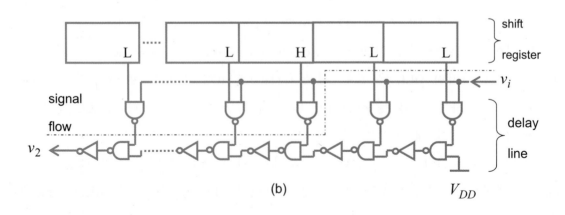

(b)

그림 **12.6.8** 디지털 DLL (a) 블록도 (b) delay line 회로

12.6.6 다른 형태의 디지털 DLL : SMD(synchronous mirror delay) (**)

PLL 과 DLL 은 그림 12.6.1 에 보인 대로 위상에 대한 negative 피드백을 이용하여 입력신호와 출력신호의 위상을 일치시켜 두 신호를 동기시키는데, 이 회로들은 피드백을 이용하기 때문에 입력클락 신호가 멈추어 DC 값을 유지하고 있다가 어느 순간에 클락신호를 재개했을 때 출력신호와 입력신호가 동기되어 클락 스큐가 최소화 될 때까지 보통 수 백 주기의 클락 사이클이 소요된다. SMD(synchronous mirror delay) 회로는 피드백을 사용하지 않고, 단 두 클락 사이클 만에 입력신호와 출력신호를 동기시킬 수 있는 장점이 있다[23].

그림 12.6.9 에 PLL 과 SMD 회로의 블록도를 보였다. 그림 12.6.9(a)에 보인 PLL 회로는 입력 buffer 와 clock buffer 의 지연시간 영향까지 고려하여 외부 클락신호인 v_{ext} 와 칩 내부클락인 v_{int} 의 위상을 일치시켜 두 클락신호를 서로 동기시킨다. 이를 위해 VCO 와 위상검출기(phase detector) 사이에 delay line 을 추가하였는데, 이 delay line 의 지연시간은 input buffer 와 clock buffer 지연시간의 합($d_1 + d_2$)과 같게 된다. PLL 루프의 동작에 의해 $v_i(t)$ 와 $v_2(t)$ 는 서로 동기된다. 이를 간략화시켜 다음 식으로 표시한다.

$$v_i(t) = v_2(t)$$

외부 클락신호 $v_{ext}(t)$ 는 $v_i(t)$ 보다 d_1 만큼 앞서므로

$$v_{ext}(t) = v_i(t + d_1)$$

로 표시된다. 또 VCO 출력 $v_3(t)$ 는 $v_2(t)$ 보다 $d_1 + d_2$ 만큼 앞서므로

$$v_3(t) = v_2(t + d_1 + d_2)$$

로 표시된다. 칩 내부 클락신호 $v_{int}(t)$ 는 $v_3(t)$ 보다 d_2 만큼 지연되므로 $v_{int}(t) = v_3(t - d_2) = v_2(t + d_1)$ 이 되므로 $v_{ext}(t) = v_{int}(t)$ 가 됨을 확인 할 수 있다. 즉 외부 클락신호 $v_{ext}(t)$ 와 칩 내부클락 $v_{int}(t)$ 가 서로 동기된다. 위 식들의 유도 과정에서 주기(T)의 정수 배의 지연시간을 가지는 클락신호들은 서로 동일한 신호로 가정하였다.

그림 12.6.9(b)에 보인 SMD 회로에서는 피드백 루프가 없다. 외부클락 v_{ext} 는 지

연시간이 d_1 인 입력 buffer 와 지연시간이 d_1+d_2 인 delay line 을 거쳐 FDL(forward delay line)에 입력된다. 따라서 FDL 입력신호 $v_3(t)$ 는 다음 식으로 표시된다.

$$v_3(t) = v_{ext}(t-d_1-d_1-d_2)$$

입력 buffer 출력신호 $v_i(t)$ 는 delay line 과 제어회로에 동시에 입력된다.

제어회로는 $v_i(t)$ 와 FDL 을 통하여 지연된 신호가 서로 동기되는 FDL 의 n 번째 unit 에서의 신호인 $v_{f.n}(t)$ 를 BDL(backward delay line)로 연결시켜 준다. BDL 에 입력된 신호는 FDL 에서와는 반대 방향으로 전파되어 $v_2(t)$ 로 출력된다. 이때 $v_3(t)$ 에서 $v_{f.n}(t)$ 까지의 지연시간과 $v_{f.n}(t)$ 에서 BDL 을 거쳐 $v_2(t)$ 까지의 지연시간이 서로 일치되게 한다.

FDL 의 n 번째 unit 신호 $v_{f.n}(t)$ 와 $v_i(t)$ 는 서로 동기된 신호이므로, $v_i(t)$ 에서 $v_3(t)$ 까지의 지연시간과 $v_3(t)$ 에서 $v_{f.n}(t)$ 까지의 지연시간의 합은 클락신호 $v_{ext}(t)$ 의 주기인 T 와 같다. $v_3(t)$ 에서 $v_{f.n}(t)$ 까지의 지연시간은 $T-(d_1+d_2)$ 와 같게 되므로, $v_{f.n}(t)$ 는 다음 식으로 표시된다.

$$v_{f.n}(t) = v_3(t-T+d_1+d_2) = v_{ext}(t-T-d_1)$$

$v_{f.n}(t)$ 에서 $v_2(t)$ 까지의 지연시간은 $v_3(t)$ 에서 $v_{f.n}(t)$ 까지의 지연시간인 $T-(d_1+d_2)$ 와 같다. 따라서 $v_2(t)$ 는 다음 식으로 표시된다.

$$v_2(t) = v_{f.n}(t-T+d_1+d_2) = v_{ext}(t-2T+d_2)$$

$v_2(t)$ 에서 칩 내부클락 $v_{int}(t)$ 까지의 지연시간은 clock buffer 지연시간인 d_2 와 같으므로, $v_{int}(t)$ 는 다음 식으로 표시된다.

$$v_{int}(t) = v_2(t-d_2) = v_{ext}(t-2T)$$

그리하여 칩 내부클락 $v_{int}(t)$ 는 인가된 외부클락 $v_{ext}(t)$ 와 두 주기($2T$)의 지연시간을 가지면서 서로 동기(synchronized)된다.

그림 12.6.9(b)의 delay line 은 입력 buffer 와 clock buffer 의 지연시간의 합과 같은 지연시간을 가지게 하는데, 이는 그림 12.6.10 에 보인 replica 회로를 이용하여 구현할 수 있다. FDL, BDL 과 제어회로의 상세 동작을 설명하기 위해 그림 12.6.11(a)에 그림 12.6.9 의 v_3 과 v_2 쪽에 가까운 FDL, BDL 과 제어회로의 첫 다섯 unit 의 회로

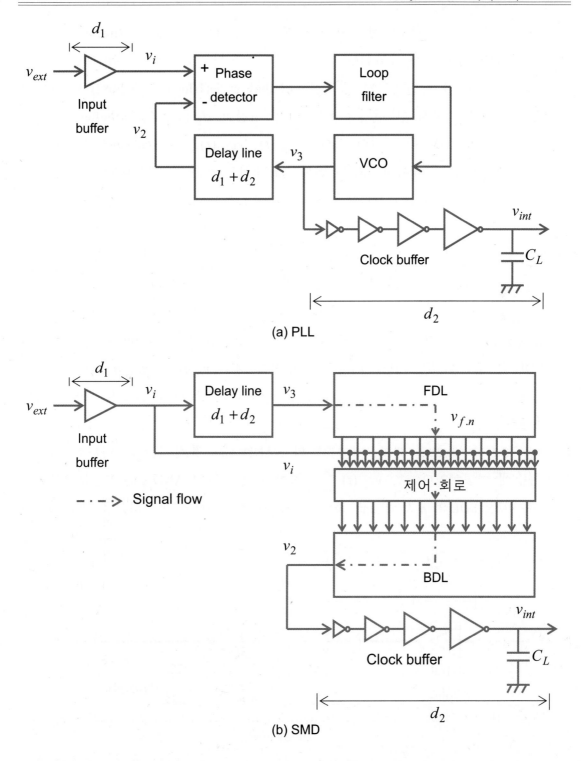

(a) PLL

(b) SMD

그림 **12.6.9** PLL 과 SMD 회로의 블록도

를 보였다. 실제 SMD 회로에서는 이 unit 의 개수가 100 개 정도이다(n=100)[23].

그림 12.6.11(b)에 그림 12.6.11(a) 회로의 각 노드 파형을 보였다. 이 그림에 보인 SMD 회로가 동작하기 위해서는, 클락신호의 duty cycle(1(logic high level)이 되는 시간 비율)이 매우 작아서 한 주기당 1 이 되는 시간이 $d_1 + d_2$ (입력 buffer 와 clock buffer 지연시간의 합)보다 작아야 한다. $v_{f.m}(t)$, $v_{b.m}(t)$, $v_{c.m}(t)$ $(m = 1, 2, 3, 4, \cdots)$ 는 각각 FDL, BDL 과 제어회로의 m 번째 unit 에서의 신호를 나타낸다. FDL 의 n 번째 unit 신호인 $v_{f.n}(t)$ 가 $v_i(t)$ 와 동기될 경우에 대해 각 신호 파형들은 다음과 같다. 먼저, $v_{f.1}(t)$, $v_{f.2}(t)$, $\cdots$, $v_{f.n}(t)$ 와 $v_{f.n+1}(t)$ 신호들은 $v_3(t)$ 가 지연된 형태의 파형을 가지고, $v_{f.m}(t)$ $(m \geq n+2)$ 파형들은 모두 시간에 무관하게 0 이 되어 FDL 을 통하여 $v_3(t)$ 가 더 이상 오른쪽으로 전파되지 않는다. 또 $v_{c.n}(t)$ 를 제외한 $v_{c.m}(t)$ $(m \neq n)$ 파형들은 모두 시간에 무관하게 1 이 된다. $v_{c.n}(t)$ 는 $v_{f.n}(t)$ 가 NAND gate 의 지연시간만큼 지연된 신호로서 $v_{f.n}(t)$ 가 반전(inversion)된 형태이다. BDL 의 오른쪽 끝 입력을 V_{DD} 로 고정시킬 경우 $v_{b.m}(t)$ $(m \geq n)$ 신호들은 모두 시간에 무관하게 1 이 되고, $v_{b.m}(t)(1 \leq m < n)$ 신호들은 $v_{c.n}(t)$ 가 지연된 형태의 파형을 가진다.

그림 12.6.11 에 보인 대로, 제어회로의 NAND gate 출력 단자를 하나씩 건너서 FDL unit 에 연결하였다. 즉, $v_{c.n}(t)$ 를 출력이 $v_{f.n+2}(t)$ 인 AND gate 의 입력에 연결하였다. 이는, FDL 의 n 번째 unit 출력인 $v_{f.n}(t)$ 가 $v_i(t)$ 와 동기되었을 때 $v_3(t)$ 가

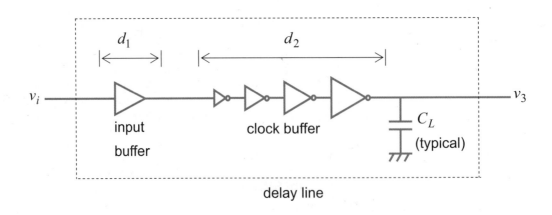

그림 **12.6.10** 그림 12.6.9(b)의 delay line 회로

FDL 을 따라 $(n+1)$ 번째 unit 의 오른쪽으로 더 이상 전파되지 않도록 하기 위함이
다. $v_{f.n}(t)$ 가 $v_i(t)$ 와 동기되었을 때, 즉 $v_{f.n}(t)=v_i(t)$ 일 때, 제어회로 출력전압은
다음 식들로 표시된다.

$$v_{c.n}(t) \;=\; \overline{v_i(t-t_{cF})}$$
$$v_{c.m}(t) \;=\; 1 \quad (\text{for } m \neq n)$$

여기서 t_{cF} 는 제어회로 unit 인 2-입력 NAND gate 한 개의 단위 지연시간(unit
delay time)을 나타낸다. 이 경우 FDL 전압들인 $v_{f.m}(t)\,(m>n)$ 는 다음 식으로 주어
진다.

$$v_{f.n+1}(t) \;=\; v_{f.n}(t-t_{dF}) \;=\; v_i(t-t_{dF})$$
$$v_{f.n+2}(t) \;=\; v_{f.n+1}(t-t_{dF})\cdot v_{c.n}(t-t_{dF}) \;=\; v_i(t-2t_{dF})\cdot\overline{v_i(t-t_{dF}-t_{cF})} \;=\; 0$$
$$v_{f.n+3}(t) \;=\; v_{f.n+2}(t-t_{dF})\cdot v_{c.n+1}(t-t_{dF}) \;=\; 0$$
$$\vdots$$

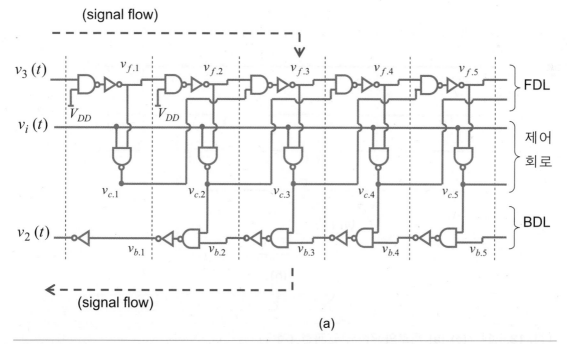

(a)

그림 **12.6.11**　(a) FDL(forward delay line), BDL(backward delay line)과 제어 회로

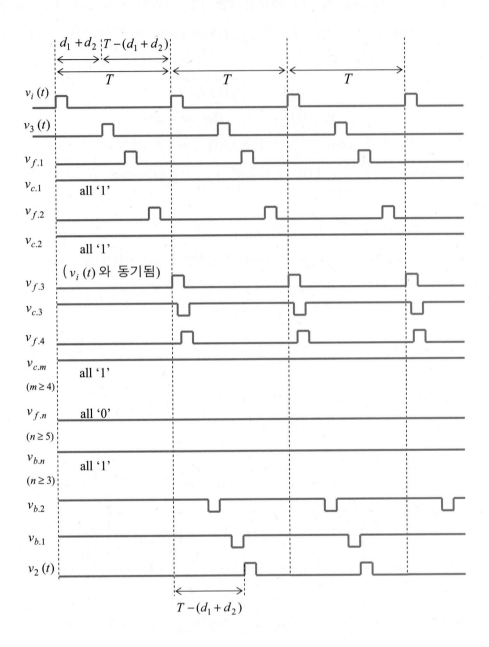

(b)

그림 **12.6.11** (b) (a) 회로의 각 노드 파형 (계속)

그리하여 $v_{f.m}(t)$ 는 $m \geq n+2$ 일 경우 모두 시간에 무관하게 0 이 되어, $v_3(t)$ 가 FDL 의 $n+2$ 번째 unit 오른쪽으로는 전파되지 않는다. 위 식들에서 t_{dF} 는 FDL unit 의 단위 지연시간으로 2-입력 NAND gate 한 개와 인버터 한 개 지연시간의 합이다. 위 식 중에서 $v_{f.n+2}(t) = 0$ 이 됨을 보일 때 다음 사실을 이용하였다. t_{dF} 는 t_{cF} 보다 인버터 한 개의 지연시간만큼 크지만, 이 차이는 t_{dF} 보다 작으므로 이로 인해 발생하는 glitch 는 지연시간이 t_{dF} 인 FDL unit 를 통과한 출력에는 나타나지 않는다. 그림 12.6.11 에서는 $v_{f.n}(t)$ 와 $v_i(t)$ 가 서로 동기되는 FDL unit 번호 n 을 3 으로 두었다($n=3$).

그림 12.6.11(b)에서 클락신호 $v_i(t)$ 가 시작된 후 한 클락 사이클(T) 후에 $v_{f.3}(t)$ 가 $v_3(t)$ 와 동기되고, 두 클락 사이클($2T$) 후에 $v_i(t)$ 와 $2T-(d_1+d_2)$ 의 시간 지연을 가지는 $v_2(t)$ 가 출력됨을 확인할 수 있다.

FDL 과 BDL 의 단위 지연시간을 같게 하기 위해, 그림 12.6.11(a)의 BDL unit 출력 노드인 $v_{b.m}(t)$ $(m=1,2,\cdots,N)$ 에 2-입력 NAND gate 의 한 입력 단자를 연결하여 FDL unit 과 BDL unit 의 부하 커패시턴스 값을 같게 한다[23]. 이 dummy NAND gate 는 그림 12.6.11(a)에는 표시하지 않았다. 그림 12.6.9(b)에서, FDL 의 n 번째 unit 출력인 $v_{f.n}(t)$ 와 $v_i(t)$ 가 동기된 경우, 즉

$$v_{f.n}(t) = v_i(t-T) = v_i(t)$$

일 경우, 입력 buffer 와 출력 buffer 지연시간의 합인 d_1+d_2 와 $v_3(t)$ 에서 $v_{f.n}(t)$ 까지의 지연시간인 $n \cdot t_{dF}$ 를 합하면, 인가된 외부 클락신호의 주기 T 와 같으므로 다음 관계식이 성립한다.

$$T = d_1 + d_2 + n \cdot t_{dF} \tag{12.6.1}$$

FDL unit 의 개수를 N 이라고 하면 $1 \leq n \leq m$ 이므로, SMD 회로로 lock 시킬 수 있는 클락 주기 T 의 범위는 다음 식으로 주어진다.

$$d_1 + d_2 + t_{dF} \leq T \leq d_1 + d_2 + n \cdot t_{dF} \tag{12.6.2}$$

$N=100$, $d_1+d_2 = 2\sim3\ ns$, $t_{dF} = 0.2\sim0.3\ ns$ 라고 하면(0.25 μm CMOS 공정[23]),

$$2.2\sim3.3\ ns \ \leq T \leq 22\sim33\ ns$$

가 되므로 이 SMD 회로로 lock 시킬 수 있는 클락 주파수 f_{clk} 은 다음 범위로 주어

진다.

$$30\text{~}45\,\text{M}Hz \le f_{clk} \le 300\text{~}450\,\text{M}Hz$$

따라서 클락 주파수의 최대값은 주로 입력 buffer 와 clock buffer 지연시간의 합 $(d_1 + d_2)$에 의하여 결정되고, 최소값은 FDL unit 의 단위 지연시간(t_{dF})과 FDL unit 개수(N)에 의하여 결정된다.

SMD 회로는 PLL 이나 DLL 과는 달리 피드백 회로를 사용하지 않음으로써 두 클락 사이클만에 외부클락을 내부클락에 동기시킬 수 있는 장점이 있는 반면에, 그림 12.6.11(b)에 보인 대로 클락 duty cycle 이 비교적 작아야 하는 제약이 있다. PLL 에서는 sequential 형태 위상검출기를 사용하면 클락 duty cycle 에 무관한 특성을 얻을 수 있다.

12.6.7 무한 위상변동 DLL (Infinite phase-shift DLL) (*)

DLL 에서 D 플립플롭 위상검출기와 VCDL 을 사용할 경우, 12.6.3 절에 보인대로 VCDL 지연시간의 초기값이 $[0.5T, 1.5T]$ 범위에 들어가야 harmonic locking 이 발생하지 않고 VCDL 지연시간이 T 에서 DLL 이 lock 된다. 또 이로 인해 DLL 이 lock 할 수 있는 입력주파수 범위가 크게 제약된다. DLL 에서 위상검출기로 D 플립플롭을 사용하지만 VCDL 대신 quadrature 신호생성기와 phase mixer 을 사용하면 위에서 언급된 제약조건을 없앨 수 있다[29].

VCDL 에서 harmonic locking 이 문제가 된 이유는, VCDL 지연시간이 $2T$, $3T$, $4T$,…등에서 DLL 이 lock 하면, VCDL 의 작은 노이즈로 인해 비교적 작은 비율로 지연시간이 변동하여도 VCDL 지연시간 자체가 큰 값을 가지므로 VCDL 지연시간의 전체 변동 값은 커지게 된다. 또 VCDL 지연시간의 초기값이 $[0, 0.5T]$ 구간에 놓이게 되어 VCDL 지연시간이 0 으로 향하여 변할 경우 VCDL 의 최소 지연시간에 막혀서 DLL 이 lock 되지 못하는 문제점이 있다. 그림 12.6.12 에 보인대로, VCDL 을 phase mixer 로 대체하면 이 두 문제를 다 해결할 수 있다. 먼저 in-phase 및 quadrature 클락신호(I, Q)를 만들고 이 두 신호를 mixing(interpolation) 시키면, 이 두 신호 사이([0°, 90°] 범위)에 위치한 어떠한 신호도 만들 수 있다. 또 Q 와 IB(inverse of I) 신호를 이용하면 [90°, 180°] 범위의 신호를 생성할 수 있고, IB 와 QB, QB 와 I 를 이용하면 각각 [180°, 270°] 범위와 [270°, 360°] 범위의 신호를 생성할 수 있다. 이와 같이 quadrature 신호의 적절한 조합을 취하면, 임의의 위상값을 가지는 클락신 호를 다 만들 수 있다. 그리하여 위상이 증가하든 감소하든 무한대의 위상변동 (infinite phase shift)이 가능한 DLL 을 만들 수 있다.

그림 12.6.12 에서 주파수 분주기($\div 2$)를 사용한 것은 quadrature 신호를 보다 쉽게 만들기 위함이다. 즉, 입력 클락주파수보다 절반의 주파수 신호에 대해 in-phase(0°) 와 quadrature-phase(+90°) 신호를 만들고 전하펌프 출력전압인 V_C 값에 따라 phase mixer 가 이 두 phase 사이에 위치하는 신호(J, R)를 만든다. 두 개의 phase mixer 는 입력 값을 I, IB, Q, QB 중에서 적절하게 선택하여 그 출력들(J, R)이 서로 quadrature(+90°) 위상관계를 유지하게 한다. Phase mixer 출력인 J 와 R 은 입력신호 (DLLin)에 비해 주파수가 절반인데, 이 J 와 R 을 EXOR 게이트를 통과시키면, EXOR 게이트와 Amp 를 거친 출력(DLLout)은 입력신호와 주파수 값은 같고 위상은 루프필터 출력(V_C)에 의해 정해지는 신호가 된다.

그림 12.6.12 의 전하펌프/루프필터의 간략화된 회로를 그림 12.6.13 에 보였다. 공 급전압 노이즈나 기판(substrate) 노이즈의 영향을 줄이기 위해 [29]에서는 모든 회로 는 차동(differential)모드 구조로 설계하였다. 이 회로(그림 12.6.13)는 차동모드 적분 기로서 공통모드 이득을 감소시킴으로써 CMFB 회로를 필요로 하지 않는다. 이를 위해 PMOS 다이오드와 negative 저항회로(cross couple 된 두 개의 PMOS 트랜지스 터)를 병렬로 연결하여 load 로 사용하였다. 따라서 V_{C+} 와 V_{C-} 사이에서 들여다 본 PMOS load 의 차동모드 소신호 저항은 r_{op} 로 매우 크고 공통모드 소신호 저항은 $2/g_{mp}$ 로 매우 작아서 공통모드 전압이득이 작게 된다. 그리하여 차동모드 신호에 대해서는 이 회로(그림 12.6.13)를 적분기로 사용할 수 있다(연습문제 10.2 참조).

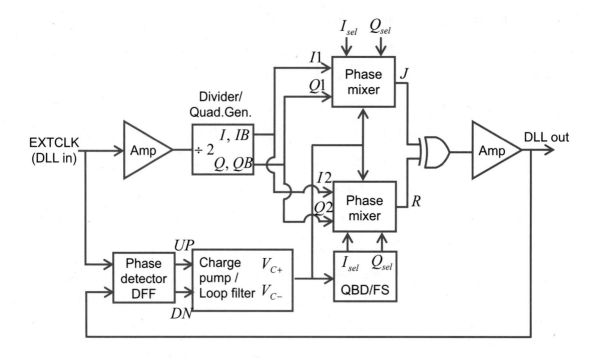

그림 **12.6.12**   Infinite phase-shift DLL [29] (quadrant boundary detector: QBD)

Phase mixer 의 동작

phase mixer 가 [0°, 90°] 범위뿐만 아니라, 90° 이상과 0° 이하의 모든 위상신호를 다 만들어 내기 위해서(infinite phase-shift), 전하펌프/루프필터 회로의 차동출력전압 $(V_{C+} - V_{C-})$에 대해 최소값$(V_{\min})$과 최대값$(V_{\max})$을 설정한다. 차동출력전압이 최소값이 되면, 그림 12.6.14(a)의 phase mixer 회로에서 M1 은 off 되어 전류를 흘리지 않고 M2 는 I_N을 모두 흘린다. I_N을 I_P보다 크게 하면, $IQ=0$ 이 되고 $II=I_P$ 가 된다. 따라서 phase mixer 출력(J, JB) 신호는 in-phase 입력신호(II, $I1B$)와 같아진다. 반대로 전하펌프/루프필터 차동출력전압($V_{C+} - V_{C-}$) 이 최대값이 되면, phase-mixer 출력(J, JB)은 quadrature-phase 입력신호($Q1$, $Q1B$)와 같아진다.

따라서 $V_{C+} - V_{C-}$ 값이 최소값과 최대값 사이에 놓이면, phase-mixer 는 in-phase 입력(II, $I1B$)과 quadrature-phase 입력($Q1$, $Q1B$)의 사이에 있는 phase 값을 가지는 신호를

출력한다. 출력단자(J, JB)에 연결된 load는 M3-M6의 네 개 NMOS 트랜지스터와 저항 R로 구성되어 있다. 다이오드(M3, M4)와 positive 피드백에 의한 negative 저항 (M5, M6) 회로를 병렬로 연결함으로써, 출력(J 와 JB) 노드에서 NMOS 트랜지스터 쪽으로 들여다 본 소신호 공통모드 저항값은 $1/4g_m$으로 매우 작고 소신호 차동모드 저항값은 r_o로 매우 크게 하였다. 이로써 그림 12.6.13의 전하펌프 회로의 PMOS load와 같이, CMFB 회로 없이도 공통모드 동작점을 안정되게 잡으면서 차동모드 신호의 mixing(interpolation) 동작에는 영향을 주지 않는다.

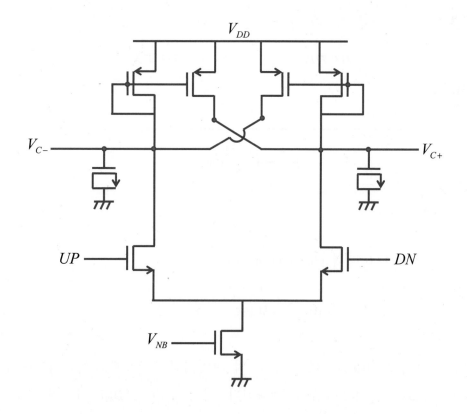

그림 **12.6.13**   그림 12.6.12의 전하펌프/루프필터 회로(Charge-pump / Loop-filter circuit)

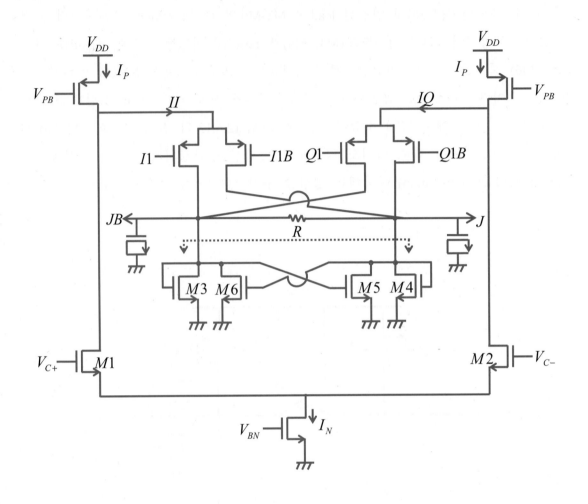

그림 **12.6.14** 그림 12.6.12 의 phase mixer 회로

Infinite phase-shift 기능

기존 DLL(그림 12.6.1(b))에서는 VCDL 의 지연시간 제약 때문에 그 phase-shift 능력이 $[\omega \cdot t_{D.\min},\, \omega \cdot t_{D.\max}]$의 범위로 제약된다. 여기서 ω 는 DLL 입력신호의 주파수이고, $t_{D.\min}$ 과 $t_{D.\max}$ 는 control 전압(v_f) 변동에 따른 VCDL 의 최소 및 최대 지연시간이다. 그런데 VCDL 대신 phase mixer 를 사용하는 DLL(그림 12.6.12)은, 그 phase-shift 범위가 무한대로서 phase 값이 계속하여 증가하거나 감소할 수 있다.

PLL 의 VCO 는 그 출력주파수 값을 바꿀수 있으므로 phase-shift 능력이 무한대이다. Mixer 방식의 DLL 에서는, 두 개의 기준 클락신호(예 : in-phase 와 quadrature-phase 신호)를 생성하고 이를 mixing(interpolation)하여 control 전압값(v_f)에 따라 이 두 기준 신호 사이에 위치하는 임의의 위상값을 가지는 신호를 모두 출력할 수 있다. 필요한 출력신호의 위상값이 두 기준신호의 위상값 범위를 벗어나게 되면, 두 기준신호 가운데 하나를 인접한 다른 기준신호로 바꾸어 필요한 출력신호의 위상값이 새로 설정한 두 기준신호의 위상값 범위 안에 들어오도록 한다. 이와 같이 mixer 방식의 DLL 에서는 [0°, 360°] 위상범위를 모두 포함하는 몇 개의 기준신호를 생성하고 주어진 시각에서는 이 중에서 두 개의 기준신호를 선택하고 이를 mixing (interpolation) 하고 필요하면 인접한 두 개의 기준신호 쌍으로 이동하면, 출력신호의 위상을 무한대로 증가시키거나 감소시키는 일이 가능하다.

그림 12.6.15 에 DLL 출력신호 위상이 입력신호 위상보다 느린(위상값이 작은) 경우의 출력위상과 관련 신호를 보였다. DLL 의 출력위상값이 입력위상값보다 작으므

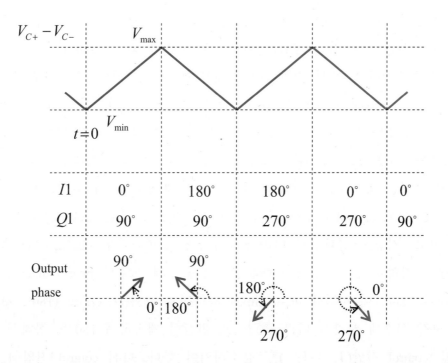

그림 **12.6.15** Infinite phase-shift operation

로 위상검출기는 UP=1, DN=0 을 출력한다. 이 DLL 의 phase mixer 에 입력할 기준신호로는 그 위상값이 각각 $0°, 90°, 180°, 270°$의 네 개 신호를 사용한다. 한 주어진 시각에 사용하는 두 개 기준신호 조합($I1$, $Q1$)으로는 ($0°$, $90°$), ($180°$, $90°$), ($180°$, $270°$), ($0°$, $270°$)의 네 개 가운데 하나를 사용한다. 여기서 $I1$ 과 $Q1$ 은 각각 phase mixer(그림 12.6.14)의 in-phase 와 quadrature-phase 입력단자를 나타낸다. ($0°$, $90°$) 다음에 오는 ($I1$, $Q1$) 조합을 ($90°$, $180°$)로 하지않고 ($180°$, $90°$)로 한 것은 한번에 한 개 입력만을 변하게 하여 기준신호가 변하는 순간의 출력 jitter 를 없애기 위함이다(seamless switching). 이 기준신호가 변화는 시각에, 즉 ($I1$, $Q1$) 입력 조합이 ($0°$, $90°$)에서 ($180°$, $90°$)로 변하는 시각에, 변화하는 입력신호(이 경우 $I1$)는 출력신호에 영향을 주지 못한다. 즉 이 시각에서는 루프필터 차동출력($V_{C+} - V_{C-}$) 값이 최대값($V_{C.max}$)을 가지므로, 출력신호는 $Q1$ 입력신호에 의해서만 정해진다.(즉, 출력신호는 $Q1$ 과 같은 위상을 가진다.) 따라서 이 시각에 $I1$ 입력신호를 $0°$에서 $180°$ 기준신호로 바꾸어도 출력신호에 jitter 를 유발하지 않으므로 seamless(바느질 자국없는) switching 이 가능하다.

초기(t=0)에 DLL 출력신호 위상이 $0°$에서 출발한다고 가정한다. 아직도 출력위상이 입력위상보다 작으면(느리면) 출력위상은 시간이 진행함에 따라 계속 증가해야 한다. 따라서 처음 기준신호 조합($I1$, $Q1$)은 ($0°$, $90°$)가 되고 control 전압($V_{C+} - V_{C-}$)이 t=0 에서 최소값(V_{min})에서 출발하여 최대값(V_{max})을 향하여 증가하게 된다. 그림 12.6.14(a)에 보인 mixer 회로에서 control 전압($V_{C+} - V_{C-}$)이, 최소값(V_{min})이 되면 ($II = I_P$, $IQ = 0$) 출력신호(J, JB)는 in-phase 입력신호($I1$, $I1B$)를 따르고, 최대값(V_{max})이 되면 ($II = 0$, $IQ = I_P$) 출력신호가 quadrature-phase 입력신호($Q1$, $Q1B$)를 따른다. 위상검출기 출력은 항상 UP=1, DN=0 이므로, t=0 에서 phase mixer 입력신호조합($I1$, $Q1$)은 ($0°$, $90°$)이고 control 전압($V_{C+} - V_{C-}$)이 V_{min} 이므로 phase mixer 출력신호(J, JB) 위상은 $0°$이고, 시간이 경과함에 따라 conrol 전압이 증가하면 phase mixer 출력신호 위상도 $90°$를 향하여 증가하고, control 전압이 V_{max} 에 이르면 phase mixer 출력신호 위상도 $90°$가 된다. 이 시각에 phase mixer 입력신호 조합($I1$, $Q1$)이 ($180°$, $90°$)로 바뀐다. 이 시각 이후에 시간에 따라 출력신호 위상이 계속하여 $180°$를 향하여 증가하게 하려면, control 전압($V_{C+} - V_{C-}$)을 감소시켜야 한다. 다시 control 전압이 V_{min} 에

도달하면 (*I1*, *Q1*)을 (180°, 270°)로 바꾸고 시간이 진행함에 따라 control 전압을 증가시킨다. Control 전압이 V_{max} 에 도달하면 (*I1*, *Q1*)을 (0°, 270°)로 바꾸고 control 전압을 감소시킨다. 다시 control 전압이 V_{min} 에 도달하면 (*I1*, *Q1*)을 (0°, 90°)로 바꾸고 control 전압을 증가시킨다. 이와 같이 계속하면 phase mixer 출력신호 위상을 제한없이 무한정 증가시킬 수 있다.

그림 12.6.16 에 간략화된 전하펌프/루프필터 회로를 보였다. 이는 그림 12.6.13 회로에 일부 회로를 추가하여 *UP* 과 *DN* 신호는 변하지 않아도 *EVEN* 과 *ODD* 신호만 변화시켜 출력전압($V_{C+} - V_{C-}$)을 증가시키다가 감소시킬 수 있도록 한 회로이다. 즉, phase mixer 입력신호 조합(*I1*, *Q1*)에 따라 *EVEN*, *ODD* 신호를 사용하여 control 전압의 증감 방향을 바꾸는 회로로서, (*I1*, *Q1*) 조합이 (0°, 90°)와 (180°, 270°) 인 경우는 *ODD*=1, *EVEN*=0 이 되어 *UP*=1, *DN*=0 일 때 control 전압($V_{C+} - V_{C-}$)이 증가하고, (*I1*, *Q1*) 조합이 (180°, 90°)와 (0°, 270°)인 경우는 *ODD*=0, *EVEN*=1 이 되어 *UP*=1, *DN*=0 일 때 control 전압이 감소한다.

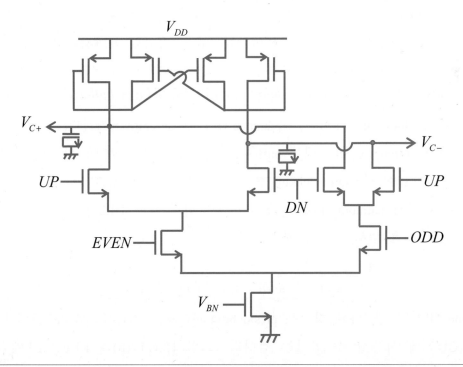

그림 **12.6.16** 그림 **12.6.12** 의 전하펌프/루프필터 회로 (Even odd control 추가)

12.6.8 Dual loop DLL

12.6.7 절에서는 DLL 에서 VCDL 을 phase mixer 로 대체함으로써 phase shift 범위를 무한대로 증가시켰다. 그런데 phase mixer 를 사용하기 위해서는 quadrature(+90°) 기준신호 생성기를 필요로 한다. 이 quadrature 기준신호 생성기 대신에 VCDL 을 사용하는 기존 DLL 루프(reference DLL)를 사용하면, 인접한 두 기준신호의 위상차이가 90° 보다 작은 보다 세밀한 기준신호를 생성할 수 있다. 이 경우 한 개의 DLL 에 reference DLL 루프와 phase mixer 루프의 두 개의 루프가 존재하므로, 이를 dual loop DLL 이라고 부른다[26, 27].

그림 12.6.17 에 VCDL 을 사용하는 기존 DLL 과 dual loop DLL 을 보였다. 기존 DLL 에서 harmonic locking 을 방지하여 입력클럭(EXTCLK)이 T(클럭주기)만 지연되어 출력클럭(DLL out)에 나타나게 하기 위해서는 VCDL 지연시간과 buffer delay 의 합이 T 가 되어야 한다. 여기서 buffer 를 추가한 것은 DLL 출력신호가 클럭 분배 회로에 연결된 매우 큰 값의 on-chip 커패시터를 구동하기 위함이다. 일반적으로 buffer delay 가 VCDL 지연시간에 비해 상대적으로 크기 때문에, harmonic locking 이 발생하지 않는 DLL 입력 주파수는 다음의 매우 좁은 범위로 제약된다.

$$\left[\frac{1}{\max VCDL\ delay + buffer\ delay}, \frac{1}{\min VCDL\ delay + buffer\ delay} \right]$$

이에 비해 dual loop DLL 에서는, reference DLL 이 on-chip 커패시터(C_L)를 구동할 필요가 없으므로 reference DLL 에는 buffer 를 사용하지 않고 VCDL 만 사용한다. 따라서 reference DLL 이 harmonic locking 을 하지 않으려면 VCDL 지연시간 값이 T 가 되어야 한다. 따라서 harmonic locking 현상이 발생하지 않는 DLL 입력주파수는 다음과 같이 상당히 넓은 범위의 값을 가지게 된다.

$$\left[\frac{1}{\max VCDL\ delay}, \frac{1}{\min VCDL\ delay} \right]$$

Dual loop DLL 의 또 다른 장점은 plesiochronous(유사동기) 시스템의 클럭 데이터 복원회로(CDR)에 사용할 수 있다는 점이다. 그림 12.6.17(b)의 REFCLK 에 DLL in(EXTCLK)을 연결하여도 DLL 은 잘 동작하지만, REFCLK 에 EXTCLK(송신단에서

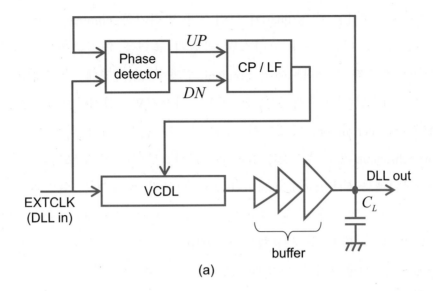

(a)

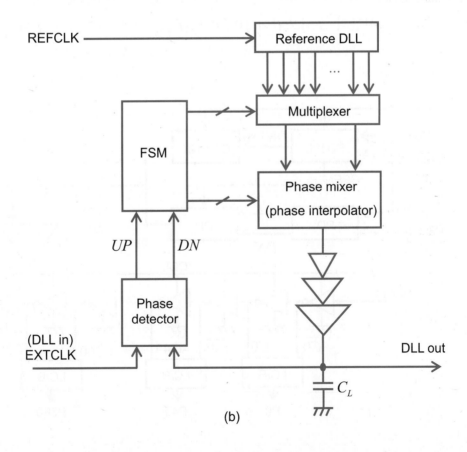

(b)

그림 **12.6.17**   (a) 기존 DLL (VDCL 사용) (b) Dual loop DLL

보내오는 클럭) 생성용 수정(quartz) 크리스탈 발진기와 nominal 주파수는 같지만 실제 주파수는 조금 다른 수정 크리스탈 발진기 출력을 연결하여도 잘 동작한다. 이와 같이 송신회로와 수신회로에서 nominal 주파수 값(사양에 나온 값)이 같은 두 개의 수정 크리스탈(주파수생성용)을 따로 사용하면 실제 주파수 값은 100ppm (1ppm=10^{-6}, parts per millon) 이내에서 서로 차이가 난다. 이와 같은 디지털 통신 시스템을 plesiochronous(거의 동기된, 유사동기) 시스템이라고 부르는데, 이러한 통신시스템의 수신기에는 CDR(clock data recovery) 회로가 필요하다. 입력과 출력신호 사이에 약간의 주파수 차이가 있기 때문에, 이 CDR 회로는 그 phase shift 범위가 무한대이어야 한다. 보통 PLL 을 사용하여 이 CDR 회로를 구현하는데, 그림 12.6.17(b)의 dual loop DLL 을 사용하여도 이 CDR 기능을 수행할 수 있다.

Dual loop DLL(그림 12.6.17(b))에서도 reference DLL 은 harmonic locking 을 방지하기 위해 VCDL 지연시간의 초기조건이 $[0.5T, 1.5T]$ 구간에 들어가야 한다.

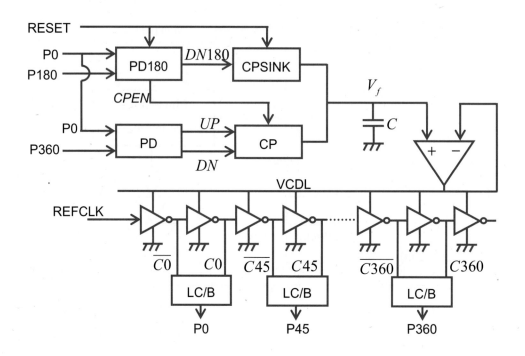

(a)

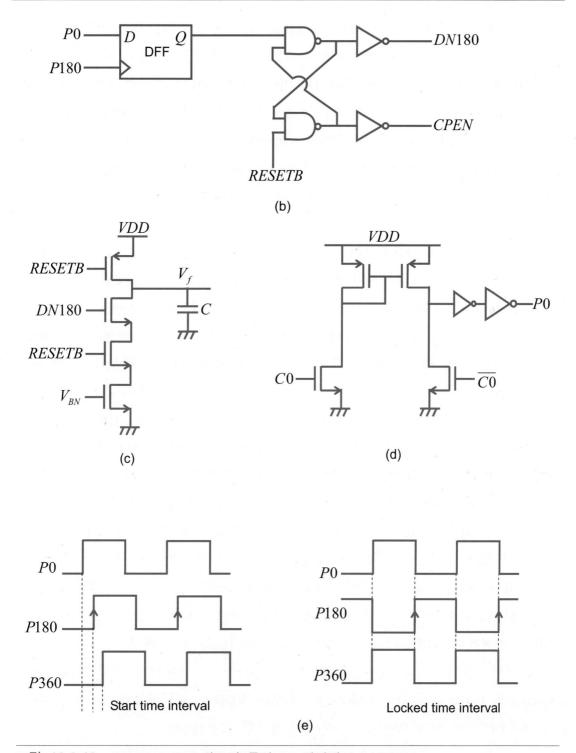

그림 **12.6.18** Reference DLL 회로와 동작 (a) 전체회로 (b) PD180

(c) CPSINK (d) Level converter / buffer(LC/B) (e) PD180 과 CPSINK 의 동작

Reference DLL 회로의 예를 그림 12.6.18(a)에 보였는데, 여기서 추가된 PD180 / CPSINK 회로가 이 초기 조건을 맞추는 역할을 수행한다[27]. DLL 이 처음 켜졌을 때 *RESETB* 신호가 0 으로 유지되는데, 이로 인해 PD180 출력인 *CPEN*(전하펌프 enable 신호)은 0 이 되고 루프필터 커패시터(C) 전압(V_f)은 *VDD* 로 충전되어 VCDL 지연시간 값이 최소가 된다. 이때 reference DLL 의 전하펌프(CP) 는 동작하지 않는다.(disabled) 그 후 RESETB 신호가 1 이 되면, VCDL 지연시간 값이 아직 작아서 *P180* 의 rising edge 시각에 *P0* 값이 1 이므로(그림 12.6.18(e)의 start 구간) *Q* 값이 1 로 유지되고 *DN180* 이 0 에서 1 로 바뀌고 *CPEN* 은 여전히 0 으로 유지된다. 따라서 루프필터 전압(V_f)이 시간에 따라 감소하고 VCDL 지연시간이 증가하기 시작한다. VCDL 지연시간이 점차 증가하여 *P180* 의 rising edge 시각에 *P0* 값이 0 이 되면(그림 12.6.18(e)의 Lock) *Q* 값이 0 으로 유지되고 *DN180* 은 1 에서 0 으로 바뀌고 *CPEN* 은 0 에서 1 로 바뀐다. 따라서 *CPSINK* 의 동작이 disable 되고 전하펌프(CP)가 enable 된다. 이때 *P180* 이 *P0* 과 180°위상차이가 나고 *P360* 은 *P0* 와 360°위상차가 나므로 reference DLL 에서 VCDL 지연시간의 초기조건이 1T 로 설정된 것이다. 그런데 정확하게 1T 는 되지 못하고 대체로 1T 에 가까운 값이 되므로 PD, CP 와 VCDL 에 의한 DLL 동작으로 정확하게 1T 가 되게 맞추어진다. 그리하여 VCDL 지연시간의 초기 조건 요구사항인 [0.5T, 1.5T] 범위 안에 들어오게 함으로써 DLL 의 주파수 동작범위를 [1 / (max VCDL delay), 1 / (min VCDL delay)] 의 큰 범위로 증가시켰다.

그림 12.6.18(b), (c), (d)에 보인 PD180, *CPSINK* 와 level converter 회로의 동작은 다음과 같다. DLL 이 처음 켜졌을 때 *RESETB* 신호가 0 으로 유지된다. 이때 PD180 회로(그림 12.6.18(b))의 동작에 의해 *CPEN*(전하펌프 enable 신호)은 0 이 되고, *CPSINK* 회로(그림 12.6.18(c))의 동작에 의해 루프필터 커패시터의 전압(V_f)은 최대값인 VDD 로 충전된다. VCDL 의 공급전압이 unity-gain buffer 에 의해 V_f 와 같게 되므로, VCDL 지연시간이 최소가 된다. VCDL 을 구성하는 각 인버터의 출력전압은 level-converter 와 buffer 를 통하여 CMOS 전압레벨(0, VDD)로 출력되는데, 그 출력신호는 각각 *P0, P45, P90, P135, P180, ..., P360* 이다(그림 12.6.18(a)).

12.7 클락 데이터 복원회로(CDR)

  광통신이나 칩과 칩 사이의 고속 데이터 전송에서, 전송 케이블 숫자를 줄이기 위해 데이터 신호선과 클락신호선을 둘 다 사용하는 대신에 데이터 신호선만 사용하고 수신된 데이터 신호로부터 클락신호를 복원하고(clock recovery) 이 복원된 클락신호로 수신된 데이터 신호를 샘플하여 데이터 값을 복원하는(data recovery) CDR(clock data recovery) 방식이 많이 사용된다. 이 CDR 은 PLL 의 한 응용회로이다. 여기서는 CDR 의 기본동작, PLL 방식의 CDR 회로, CDR 용 위상검출기(PD), 다른 방식의 CDR 과 크리스탈 발진기를 사용하지 않는 referenceless CDR 에 대해 설명한다.

12.7.1 CDR 의 기본동작

  CDR 은 몇 가지 다른 방식으로 구현할 수 있는데, 그 중에서 PLL 방식의 CDR 이 현재 가장 많이 사용되고 있다[30]. CDR 기본회로는 그림 12.7.1 에서와 같이 PLL 에 data sampler(DFF)가 추가된 구조를 가진다. PLL 과 다른 점은 루프 대역폭(loop bandwidth)이 PLL 보다 매우 작고, PFD 는 사용할 수 없고 특별한 위상검출기(phase detector PD)만 사용할 수 있다. 보통 PLL 에서는 안정된 동작을 위해 PLL 루프 대역폭을 입력신호 주파수의 5% 내지 10% 정도로 정한다. 그런데 CDR 에서는 루프 대역폭을 입력 데이터 전송속도(data rate)의 1% 이하(어떤 광통신 경우는 10^{-5}=0.001%)로 정한다. 이는 PLL 에서는 규칙적인 클락신호가 입력되는데 비해, CDR 에서는 임의의(random) 데이터가 입력되므로 상당한 기간(여러 사이클) 동안 입력 데이터 값이 변하지 않아도 VCO 출력주파수를 일정한 값으로 유지하기 위함이다.

  CDR 에는, 클락이 아닌 임의의 데이터가 입력되므로, 기존 PLL 에 사용하는 PFD 나 D 플립플롭 PD 를 사용할 수 없고, 특별한 형태의 PD 를 사용해야 한다. 이는, PFD 나 D 플립플롭 PD 를 CDR 에 사용하면 데이터 입력이 없는 경우(missimg data) 계속하여 *UP* 또는 *DN*(DOWN) 신호 중에서 한 가지만 지속적으로 출력되어 결국 CDR 루프가 lock 을 잃기 때문이다. CDR 에 사용하는 PD 의 대표적인 예가 Hogge(하지) PD 와 Alexander PD 이다. [31,32] 이러한 PD 는 임의의 데이터 입력과 클락신호(VCO

출력)를 비교하여 위상차이를 검출하는데, 주파수 검출 기능은 없다. 또 단순 DLL
은 CDR 에 사용할 수 없는데, 이는 DLL 은 입력신호를 시간지연만 시켜서 그대로
출력하므로 임의의 데이터(random data) 입력으로부터 클락신호를 추출하기가 불가능
하기 때문이다. 다만 dual loop DLL 은 CDR 에 사용할 수 있다.(12.6.8 절) 그리하여
CDR 기본회로(그림 12.7.1)는 위상검출기만 사용하고 그 루프 대역폭(bandwidth)이 매
우 작아서, 입력주파수 범위(pull-in range)가 매우 작다. 따라서 이 기본회로에 주파
수 획득(acquisition) 회로를 추가하여야 실제 CDR 로 사용할 수 있다.

12.7.2 PLL 기반 CDR 회로

앞에서 설명한 대로 CDR 에 사용되는 위상검출기인 Hogge PD 나 Alexander PD 에
는 주파수 검출 기능이 없으므로, 그림 12.7.1 의 기본회로(phase loop)에 주파수 루프
(phase/frequency loop)가 추가된 CDR 회로를 그림 12.7.2 에 보였다. 이 그림에서 아래
쪽의 phase loop 는 random data(*Din*)을 입력으로 받는 CDR 기본 회로고, 위쪽의
frequency loop 는 크리스탈 발진기 출력인 외부 클락신호(*RefClk*)를 입력으로 받는
기존 PLL 과 같은 회로이다. *RefClk* 의 주파수는 그 nominal 값이 입력(*Din*) 데이터
전송속도(data rate)와 같다(데이터 전송속도가 1Gbps 인 경우 *RefClk* 주파수는 1GHz).
PFD 를 주파수검출기(frequency detector)로 교체하면 *RefClk* 대신 *Din* 을 입력으로 연
결하여도 동작하는데(Referenceless CDR, 그림 12.7.3), 단지 PFD 와 외부 클락입력

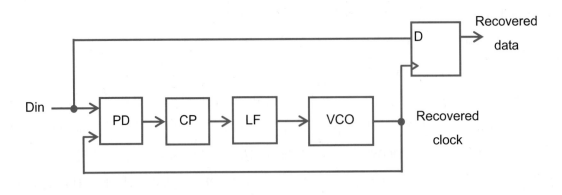

그림 **12.7.1** CDR 기본 회로(PLL 기반)

(*RefClk*)을 사용하는 경우에 비해 frequency lock 시간이 길어지는 단점이 있다. 두 개의 루프(phase loop, frequency loop)가 VCO 와 루프필터는 공유하고 전하펌프는 별도의 서로 독립된 회로를 사용한다. 각각의 전하펌프 전류를 조정하면 각 루프의 대역폭(bandwidth)을 다르게 할 수 있다. 보통 phase/frequency loop 의 대역폭은 입력 데이터 전송속도의 5% 정도로 하고 phase loop 의 대역폭은 입력 데이터 전송속도의 0.5% 정도로 한다. Power 가 켜진 직후에는 phase loop 는 동작하지 않고 phase/frequency loop 만 동작한다. 일단 phase/frequency loop 가 lock 되면 lock detector 에 의해 이 loop 는 끊어지고 phase loop 만 동작하여 CDR 복원동작을 시작한다. 위상검출기로는 Hogge(하지) 또는 Alexander PD 를 사용하는데, 복원된(recovered) 데이터가 PD 출력에 나타난다.

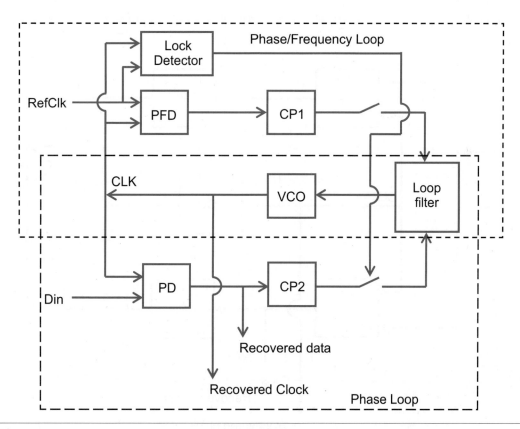

그림 **12.7.2**　PLL 기반 CDR 회로

외부 클락(*RefClk*)을 사용하지 않는 CDR 회로를 그림 12.7.3 에 보였다. 그림 12.7.2
의 PFD 를 frequency detector(FD)로 대체하고 두 개의 루프에 모두 random data 입력
을 인가한 CDR 회로를 그림 12.7.3 에 보였다. 이러한 CDR 을 외부 reference 클락(크
리스탈 발진기 출력)을 사용하지 않는다는 뜻에서 referenceless CDR 이라고 부른다.

　랜덤 데이터 입력신호의 edge timing 은, 전송채널의 대역폭 제한 때문에 발생하는
ISI(inter symbol interference) 등에 위해 불규칙해진다.(jitter 증가) 이에 비해 클락신호
는 규칙적인 신호이므로 ISI 에 의해 지터(jitter)가 발생하지 않는다. Referenceless
CDR 에서는, 불규칙(random)하고 지터가 많은 입력 데이터 신호로부터 클락을 추출
해야 하므로, 두 개의 루프(phase loop, frequency loop)를 항상 같이 동작시켜야 한다.
그런데 두 개의 루프가 서로 독립적인 명령(전하펌프 전류)을 공통의 루프필터로
보내므로, 이 두 루프가 서로 경쟁하여 전체 CDR 동작이 불안정해질 가능성이 있
다. 이러한 현상을 방지하기 위해 두 루프의 대역폭(bandwidth) 값을 크게 차이나게

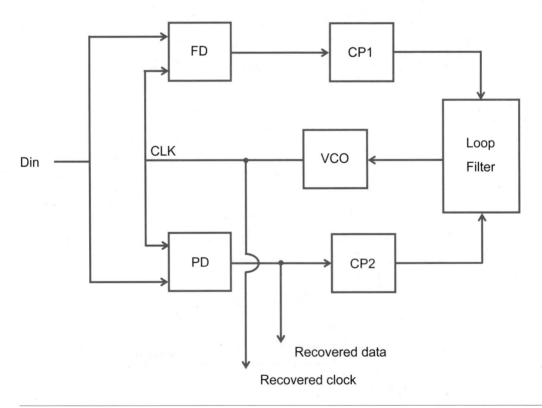

그림 **12.7.3** Referenceless CDR 회로 (외부 reference 클락 입력 사용 안 함)

한다. 즉, 한 루프의 대역폭을 다른 루프보다 훨씬 더 크게 함으로써, 대역폭이 큰 루프가 dominant 루프가 되어 두 루프가 서로 반대되는 명령을 보낼 경우에도 dominant 루프가 전체 CDR 동작을 결정하게 한다. Phase 루프를 dominant 루프로 정하는데, 이를 위해 phase 루프 대역폭을 입력 데이터 전송속도의 0.5% 정도로 하고 phase/frequency 루프 대역폭은 입력 데이터 전송속도의 0.05% 정도로 한다.

12.7.3 CDR 용 위상검출기

CDR 에 사용하는 위상검출기(PD)는 랜덤 입력 데이터 신호와 VCO 출력인 클락 신호를 비교하여 위상관계를 검출해야 하므로, 두 개의 규칙적인 클락신호를 비교하는 기존 PLL 이나 기존 DLL 에 사용하는 PFD 나 D 플립플롭 위상검출기를 사용할 수 없다. 이 기존 PFD 나 D 플립플롭 PD 를 CDR 에 사용하면 입력 데이터 값이 변하지 않는 (missing data) 시간 구간에서 PFD 혹은 PD 출력이 한 값(UP 혹은 DOWN)으로 고정되어 이런 시간 구간이 오래 지속되면 CDR 이 lock 을 잃게 된다. CDR 에서 사용하는 PD 는, 데이터 입력신호가 변하지 않는 시간구간에서는 UP 과 DN 을 모두 0 으로 출력해야 한다. 이러한 PD 로 Hogge(하지) PD 와 Alexander PD 가 있는데, Hogge PD 는 출력되는 UP 펄스폭과 DN 펄스폭의 차이가 입력 위상차이에 비례하는 선형(linear) PD 이고, Alexander 는 입력 위상차이의 극성(polarity)에 따라서 UP 혹은 DN 펄스 중 하나가 입력신호의 한 주기 시간동안 지속된다. 따라서 Alexander PD 는 비선형 PD 로서 일종의 뱅뱅(bang-bang) PD 라고 불리는데, 이는 입력 위상차이에 대한 출력(UP-DN) 특성이 입력 위상차이 0 부근에서 디지털적으로 급격하게 변한다는 사실 때문에 붙여진 이름이다.

Hogge(하지) PD

Hogge PD(그림 12.7.4)는 CDR 에 사용되는 선형 PD 로서, 두 개의 D 플립플롭과 두 개의 EXOR 게이트로 구성되어 있다[31]. 랜덤 데이터 입력(Din)과 VCO 출력인 클락신호 입력(CLK)을 비교하여 그 위상 관계를 UP 과 DN 신호로 출력한다. 그림

12.7.4 에서 첫 번째(왼쪽) D 플립플롭은 클락의 rising edge 시각에 Din 값을 샘플하여 Q1 으로 출력하고, 두 번째(오른쪽) D 플립플롭은 클락의 falling edge 시각에 Din 값을 샘플하여 Q2 로 출력한다. 입력 데이터(Din) 값이 변하지 않을 경우는, 클락입력(CLK)은 계속 변하므로 Din, Q1, Q2 값이 모두 같아지게 되어 EXOR 게이트 출력인 UP 과 DN 은 둘 다 0 이 된다. 먼저 Din 의 주기(T)와 CLK 의 주기가 거의 같다고 가정한다. Din 이 한 번 변하면(0→1 혹은 1→0) UP 은 Din 과 CLK 의 위상차이에 따라 폭이 0 에서 T 까지 달라지는 한 개의 1 펄스가 되고 DN 은 항상 0.5T 동안만 1 이 된다.

CDR 이 lock 되면, Din 의 edge(변하는 시각, rising 또는 falling) 시각이 CLK 의 falling edge 시각과 일치하고, CLK 의 rising edge 시각은 Din data interval 의 center 시각과 일치하여 Q1 에 recovered data 가 나타난다.

Din 의 edge 시각이 CLK 의 falling edge 시각보다 느리면(그림 12.7.5(a), Din edge 시각이 CLK 가 0 인 구간에 위치), early clock 의 경우로 Q1 은 Din 의 rising edge 다음에 나오는 CLK 의 rising edge 로 부터 1 이 되고, Q2 는 그 다음에 나오는 CLK 의 falling edge 로 부터 1 이 된다. 따라서 UP 은 Din 의 rising edge 부터 그 다음에 오는 CLK 의 rising edge 까지 1 이 되고, DN 은 이 CLK 의 rising edge 부터 뒤따르는 CLK 의 falling edge 까지 1 이 된다. 그리하여 UP 펄스폭은 0.5T 보다 작고 DN 펄스폭은 0.5T 이다. 이와 같이, early clock 경우에는 DN 펄스폭이 UP 펄스폭보다 크므로 VCO control 전압이 감소하여 VCO 출력주파수가 감소하므로 CLK edge 가 늦어져서(CLK 의 위상 값이 감소) 점차 Din edge 에 가까워진다.

반대로 Din edge 가 CLK falling edge 보다 빠르면(그림 12.7.5(b), Din edge 가 CLK 가 1 인 구간에 위치), late clock 경우로 UP 펄스폭이 DN 펄스폭(0.5T) 보다 크게 된다. 따라서, VCO control 전압 이 증가하고 VCO 출력주파수가 증가하여 CLK edge 가 빨라지므로(CLK 의 위상값이 증가), 점차 CLK falling edge 가 Din edge 에 가까워진다.

Din edge 가 CLK falling edge 와 일치할 경우에는(그림 12.7.5(c), UP 펄스폭과 DN 펄스폭이 둘 다 0.5T 로 동일하여 VCO control 전압은 ripple 은 생기지만 같은 값으로 유지되므로 두 edge 가 계속하여 일치하게 된다.(locked state) 그런데 early clock 경우

(그림 12.7.5(a))에 *Din* edge 가 *CLK* rising edge 에 매우 가까워지면 *UP* 펄스폭이 매우 작아진다. 이 작은 *UP* 펄스폭을 충실하게 VCO 에 전달하려면 Hogge PD 를 상당한 고속동작 회로로 구성해야 한다. 또 Hogge PD 는 Alexander PD 와 마찬가지로 clock 주파수 값(Hz)이 데이터 전송속도값(bps)과 동일한 full-rate PD 이다.

그림 12.7.5 에서는 *Din* 의 rising edge 경우만 보였는데, *Din* 의 falling edge 경우도 *UP* 과 *DN* 의 파형은 rising edge 경우와 같다. 즉, *Din* 의 edge 시각에서 바로 다음에 오는 *CLK* 의 rising edge 시각까지 *UP* 신호가 1 이 되고, *CLK* 의 이 rising edge 시각부터 바로 다음에 오는 *CLK* 의 falling edge 시각까지 *DN* 신호가 1 이 된다. *Din* 의 edge 가 여러 개 발생하는 경우는 각 *Din* edge 에 대해 그림 12.7.5 의 각 경우에 발생하는 *UP* 과 *DN* 파형을 중첩(superposition)하면 전체 *UP* 과 *DN* 파형을 구할 수 있다.

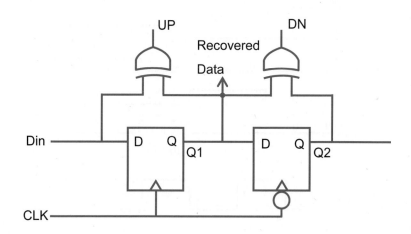

그림 **12.7.4**   Hogge(하지) PD [31]

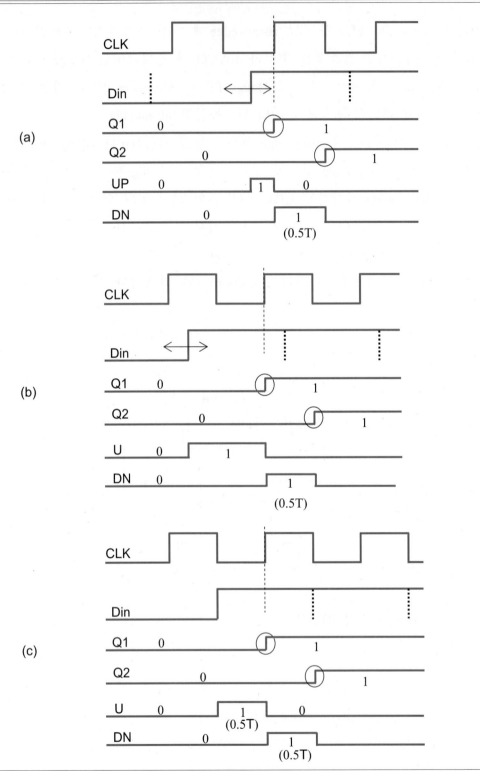

그림 **12.7.5** Hogge PD 의 동작 (a) Early clock (b) Late clock (c) Locked clock

Alexander PD

Alexander PD(그림 12.7.6)는 Hogge PD(그림 12.7.4)와 마찬가지로 데이터(*Din*) 입력 edge 와 VCO 출력인 *CLK* edge 를 비교하여 *UP* 과 *DN* 신호를 출력한다. Hogge PD 는 두 개의 D 플립플롭을 사용하는데 비해 Alexander PD 는 네 개의 D 플립플롭을 사용한다[32]. 클락(*CLK*) 주파수와 데이터(*Din*) 전송속도(rate)가 같은 경우에는(예: *CLK* 주파수 1GHz, 데이터 전송속도 1Gbps), *Din* 의 edge 가 *CLK* 의 falling edge 보다 빠른지 느린지 여부를 판단하여 *UP* 혹은 *DN* 신호 중에서 하나를 1 로 유지한다. 데이터 입력 *Din* 이 변하면(edge 가 발생하면), 이 *Din* edge 시각 바로 다음에 나오는 *CLK* 의 rising edge 시각부터 *CLK* 의 그 다음 rising edge 시각까지의 1*T* 시간 동안 *UP* 혹은 *DN* 신호 중에 하나를 1 로 유지한다. 이와 같이 *Din* edge 와 *CLK* falling edge 사이의 시간 차이값에는 무관하고 단지 어느 edge 가 빠른지에 따라서 *UP* 혹은 *DN* 신호 중에 하나가 일정한 시간(1*T*) 동안 1 로 유지된다. 그리하여 Hogge PD 는 선형 PD(Linear PD)인데 비해, Alexander PD 는 비선형 PD(bang bang PD)이다.

그림 12.7.6 에서 살펴보면, c 신호는 a 신호보다 한 주기(1*T*) 만큼 지연된 신호이고, d 신호는 b 신호보다 반 주기(0.5*T*) 지연된 신호임을 알 수 있다. a 와 b 는 *Din*

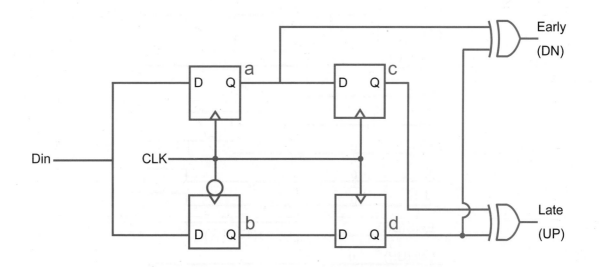

그림 **12.7.6** Alexander PD [32]

의 edge 와 *CLK* 의 falling edge 중에서 어느 것이 빠르냐에 따라, 먼저 변하는 신호가 정해진다. Early clock 의 경우(그림 12.7.7(a), *Din* edge 가 *CLK* 가 0 인 시간 구간에 위치하여 *CLK* falling edge 가 *Din* edge 보다 빠름), *Din* edge 다음에 *CLK* rising edge 가 *CLK* falling edge 보다 먼저 오므로 a 가 먼저 *CLK* rising edge 에서 변하고 그보다 0.5*T* 이후에 *CLK* falling edge 에서 b 가 변한다. 그 다음에 오는 *CLK* rising edge 에서 c 와 d 가 동시에 변한다. 따라서 *Early(DN)* 신호(a⊕d)는 *Din* edge 바로 다음에 오는 *CLK* rising edge 시각부터 1*T* 시간 동안 1 로 유지되고, *Late(UP)* 신호(c⊕d)는 항상 0 이다. 따라서 VCO control 전압이 감소하여 VCO 출력(*CLK*) 주파수를 감소시켜 *CLK* edge 를 느리게 하므로(*CLK* 위상값이 감소), *CLK* falling edge 가 *Din* edge 에 가까워진다.

Late clock 의 경우(그림 12.7.7(b), *Din* edge 가 *CLK* 가 1 인 시간 구간에 위치하여 *CLK* falling edge 가 *Din* edge 보다 느림), *Din* edge 다음에 *CLK* falling edge 가 먼저 오므로 이 *CLK* falling edge 에서 b 가 변하고 다음에 오는 *CLK* rising edge 에서 a 와 d 가 동시에 변하고 그 다음에 오는 *CLK* rising edge 에서 c 가 변한다. 따라서 *Early(DN)* 신호는 항상 0 이고 *Late(UP)* 신호는 *Din* edge 다음에 나오는 *CLK* rising edge 부터 1*T* 시간 동안 1 로 유지된다. 그리하여 VCO control 전압이 증가하여 VCO

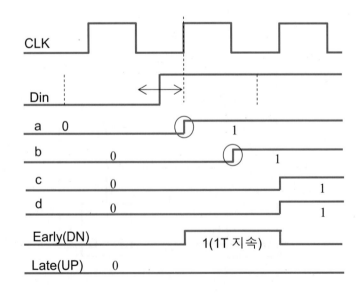

(a)

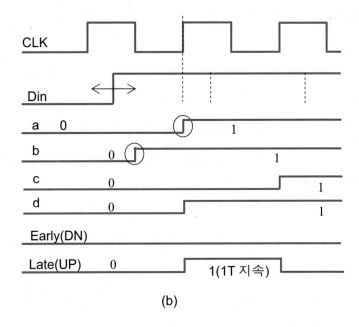

(b)

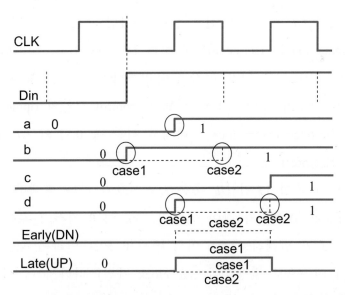

(case1:slightly late clock, case2 : slightly early clock)

(c)

그림 **12.7.7**   Alexander PD 의 동작 (a) Early clock (b) Late clock (c) Locked clock

출력(CLK) 주파수가 증가하므로 CLK edge 가 빨라져서(위상 값이 증가) CLK falling edge 가 Din edge 가까이로 변한다. Locked clock 의 경우(그림 12.7.7(c), Din edge 가 CLK falling edge 와 일치), a 는 항상 Din edge 다음에 오는 CLK rising edge 에서 변하고 c 는 그 한 주기 뒤의 CLK rising edge 에서 변한다. CLK falling edge 가 Din edge 보다 약간 느려지면 b 는 Din edge(CLK falling edge) 시각에 변하고(case 1), CLK falling edge 가 Din edge 보다 약간 빨라지면 b 는 그 한 주기 뒤인 CLK falling edge 시각에 변한다(case 2). Case 1 에서는 UP 신호만 $1T$ 시간 동안 1 로 유지되어 VCO 출력 (CLK) 주파수를 증가시켜 CLK falling edge 를 빠르게 하여 다음 Din edge 에서는 case 2 가 발생하게 한다. 마찬가지로 case 2 가 발생하면 $1T$ 시간 동안 DN 신호만 1 로 유지된다. 따라서 CLK falling edge 를 약간 느리게 하여 다음 Din edge 에서는 case 1 이 발생하게 한다. 그리하여 locked clock 경우에는 UP 신호와 DN 신호가 번갈아 발생하여(dithering) CDR 이 lock 상태를 유지한다.

여기서는 Din 의 rising edge 경우만 보였는데, Din 의 falling edge 경우에도 UP 과 DN 신호 파형은 Din 의 rising edge 경우와 같다. 즉, Din 의 edge 바로 다음에 오는 CLK rising edge 에서 UP 혹은 DN 신호 중에 하나만이 $1T$ 시간 동안 1 로 유지된다. 이와 같이 Alexander PD 는 Hogge PD 에 비해 UP, DN 신호 폭이 짧은 경우가 없고 항상 $1T$ 로 일정하므로 고속 회로 동작에 유리하다. 그런데 lock 된 상태에서 $1T$ 동안 UP 신호와 DN 신호가 교대로 1 로 되므로, control 전압의 ripple 전압값은 Hogge PD 경우보다 크다(Hogge PD 는 lock 상태에서 시간 폭 $0.5T$ 의 UP, DN 신호를 교대로 출력함, 그림 12.7.5(c)).

Din edge 하나마다 폭이 $1T$ 인 UP 혹은 DN 신호가 하나 발생하므로, 만일 디지털 데이터(Din) 입력값이 '00100' 와 같이 변하면, Din 이 0 에서 1 로 변하는 edge 에서 폭이 $1T$ 인 UP 신호가 발생하고 Din 이 1 에서 0 으로 변하는 edge 에서 다시 폭이 $1T$ 인 UP 신호가 연속으로 발생한다(Late clock 가정). 따라서 이 경우에는 UP 신호 의 폭이 $2T$ 가 되고 DN 신호는 계속하여 0 으로 유지된다.

병렬 **Alexander PD**

앞에서 설명한 Hogge PD 와 Alexander PD 는 모두 full rate clock 을 사용한다. 즉, 데이터 전송속도(rate)와 클락주파수가 같아야 한다. 예를 들어 데이터 전송속도가 1 Gbps 이면 클락주파수는 1 GHz 이어야 한다. CDR 에서 추출된(recovered) 데이터가 후속 디지털 회로에서 buffer 에 저장되어 신호처리를 하게 되는데, 이 과정에서는 데이터 전송속도보다 훨씬 느린 저주파 클락을 사용해야 한다. 따라서 고주파 클락으로 CDR 을 동작시킬 경우 CDR 다음에 직렬 데이터를 병렬 데이터로 바꾸는 deserializer 가 추가되어야 한다. 저주파 multi-phase clock 을 인가하는 병렬(multi-bit) Alexander PD(그림 12.7.8)를 사용하면, 클락주파수를 8 분의 1 또는 그 이하로 줄이

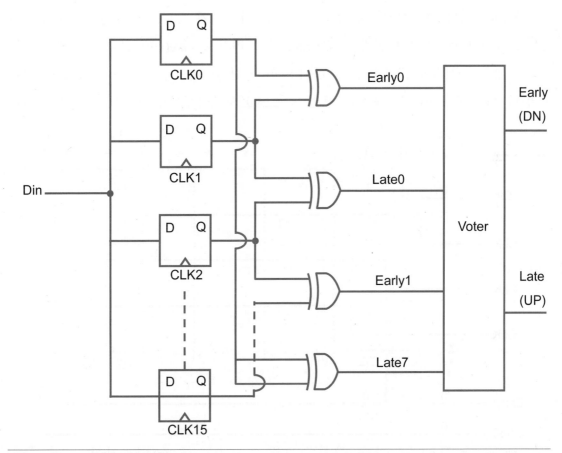

그림 **12.7.8** 병렬 Alexander PD (8 분의 1 주파수의 클락 사용)

므로 CDR 내부에 deserializer 기능이 추가되어 별도의 deserializer 회로를 필요로 하지 않는다. Multi-phase 클락은 지연시간 차이가 균일한 클락신호들을 여러 개 배열하여 그 rising edge 시각들이 이 클락의 한 주기 시간을 다 포함할 수 있도록 만든 클락신호 조합을 말한다. 예를 들어, 클락주파수를 데이터 전송속도의 1/8 로 할 경우 16 phase 클락을 사용한다. 이 16 개의 클락 중에서, 짝수 번째 클락신호들(*CLK0*, *CLK2*, *CLK4*, ... , *CLK14*)은 CDR 동작에 의해 그 edge 들이 데이터 신호 edge 와 일치하게 조정되고, 홀수 번째 클락들(*CLK1*, *CLK3*, ... , *CLK15*)은 데이터 시간구간(interval)의 정 가운데(center point)에 놓이도록 조정된다. 여기서 rising edge 가 인접한 두 개의 클락인 *CLK0* 과 *CLK1* 를 고려하면, 그 주기는 둘 다 8*T* 이고 두 클락의 rising edge 간격은 0.5*T* 이다. 데이터 edge 를 *CLK0*, *CLK2*, *CLK4*,... 등의 rising edge 와 일치시켜야 하므로, 데이터 edge 가 *CLK0* 과 *CLK1* edge 사이에 위치하면 클락 edge(*CLK0*)가 데이터 edge 보다 빠르므로 *Early(DN)* 신호를 발생시키고, 데이터 edge 가 *CLK1* 과 *CLK2* edge 사이에 놓이면 클락 edge(*CLK2*)가 느리므로 *Late(UP)* 신호를 발생시킨다.

그림 12.7.9 에 데이터 전송속도보다 1/8 배 느린 16 개의 multi-phase clock 을 이용한 병렬 Alexander PD 의 동작을 보였다. *CLK0* 의 한 주기인 8*T* 시간 동안 데이터

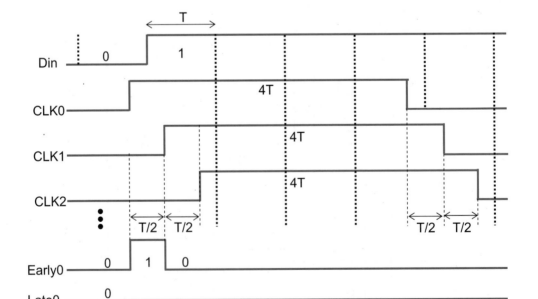

All other Early & Late signals remain to be 0   (a) Early clock

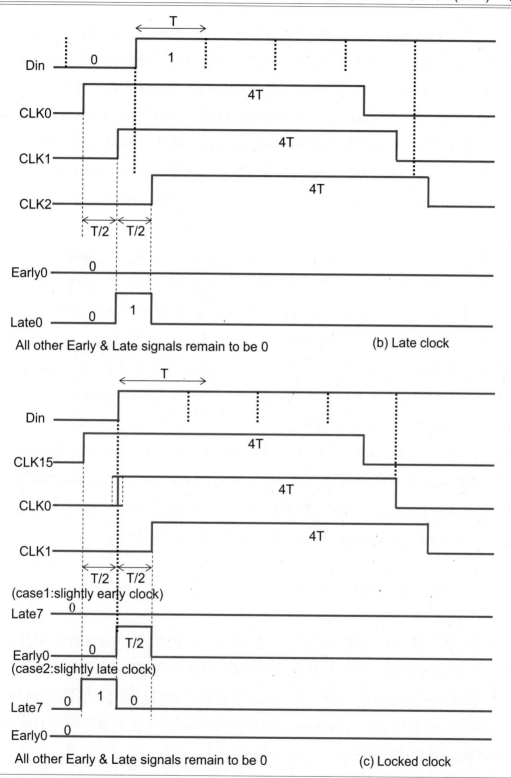

그림 **12.7.9** 병렬 Alexander PD 의 동작

입력에는 한 개의 edge 만 발생한다고 가정하였다. 한 개의 데이터(Din) edge 가 $CLK0$ 의 rising edge 와 $CLK1$ 의 rising edge 사이에서 발생하면(그림 12.7.9(a)), $Early0$ 신호가 $0.5T$ 시간 동안($CLK0$ 의 rising edge 부터 $CLK1$ 의 rising edge 까지) 1 이 된다. 여기서 T 는 데이터 주기(data period)를 나타낸다. 이 경우 다른 $Early$ 또는 $Late$ 신호들은 모두 0 으로 유지된다. 따라서 뒤따르는 Voter 동작에 의해 $Early(DN)$ 신호가 $0.5T$ 시간 동안 1 이 되고 $Late(UP)$ 신호는 0 으로 유지된다. 이로 인해, VCO 주파수가 감소하여 multi-phase 클락 edge 들을 모두 느리게 한다. 그리하여 $CLK0$ 의 rising edge 가 Din edge 가까이로 이동하게 된다.

이와 유사하게, 데이터 edge 가 $CLK1$ 의 rising edge 와 $CLK2$ 의 rising edge 사이에 발생하면(그림 12.7.9(b)), $Late0$ 신호가 1 이 되고 Voter 에 의해 $Late(UP)$ 신호가 $0.5T$ 시간 동안 1 이 되므로, 모든 multi-phase 클락 edge 들이 빨라져서 $CLK2$ 의 rising edge 가 Din edge 에 가까워진다. CDR 이 lock 된 경우는(그림 12.7.9(c)), Din edge 가 짝수 번 째 클락들($CLK0$, $CLK2$, ..., $CLK14$)의 rising edge 와 일치하고, 매 Din edge 마다 UP 과 DN 신호가 교대로 1 이 된다(dithering). 그리하여 VCO control 전압은 약간의 ripple 만 가지고 일정한 값으로 유지된다.

$CLK0$ 의 한 주기시간($8T$) 동안 여러 개의 데이터 edge 가 발생하는 경우에는, 그림 12.7.8 의 Voter 동작에 의해 8 개의 $Early$ 신호($Early0$, $Early1$, ..., $Early7$)와 8 개의 $Late$ 신호($Late0$, $Late1$, ..., $Late7$) 중에서 1 의 개수가 많은 쪽을 찾아서 전체 출력조합($Early(DN)$, $Late(UP)$)을 $(1,0)$, $(0,1)$, $(0,0)$ 중에서 하나로 출력한다.

12.7.4 다른 종류의 CDR 회로

앞에서는 PLL 방식의 CDR 회로를 보였는데, 기존 PLL 을 사용하므로 해석이 용이하여 현재 가장 많이 쓰이고 있는 방식이다. 그런데 응용 분야에 따라서는 다른 종류의 CDR 을 사용하는 것이 더 유리한 경우도 있다. 여기서는 인터폴레이션(interpolation) 방식, 버스트 모드(burst mode) 방식, 블라인드 오버샘플링 방식의 CDR 회로에 대해 각각 설명한다.

인터폴레이션 방식 CDR

인터폴레이션(interpolation) 방식 CDR 은 그림 12.7.10 에 보인대로 두 개의 루프 (dual loop)로 구성된다[33]. 첫 번째 루프(Loop A)는 크리스탈 출력클락(*RefClk*)을 받 아들이는 PLL 루프이고, 두 번째 루프(Loop B)는 데이터 입력(*Din*)을 받아들이는 데 이터 루프이다. 루프 B 의 Filter/FSM 출력에 따라 VCO 의 multiphase 출력 클락 중 에서 두 개의 클락을 선택하고 이 두 개 클락을 인터폴레이션하여 Recovered 클락 을 뽑아낸다. 인터폴레이터(Interpolator)의 동작에 의해 인터폴레이터 출력은 무한 위 상변이(infinite phase shift)가 가능하므로, 루프 A 를 PLL 대신 DLL 로 대체할 수 있 다[26, 27]. 단 DLL 일 경우는 주파수 분주기($\div N$)는 사용할 수 없다. Dual loop 의 장 점은, 두 루프의 대역폭(bandwidth)을 독립적으로 조절할 수 있는 점이다. 즉, 루프

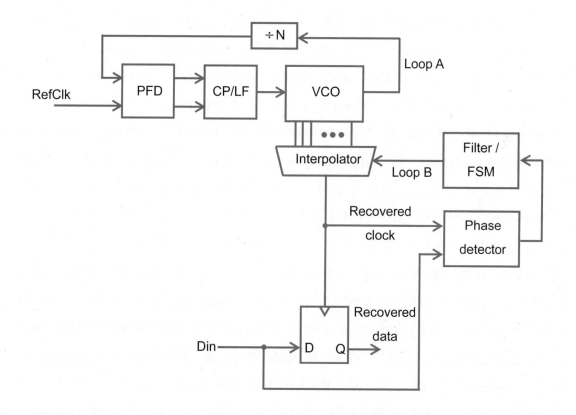

그림 **12.7.10** 인터폴레이션(Interpolation) 방식의 CDR

A 는 깨끗한 클락($RefClk$)을 받아들이므로(입력 지터가 매우 작음), 입력 지터 영향은 고려하지 않고 VCO 에 인가되는 노이즈에 의한 지터(jitter) accumulation 영향만을 줄이기 위해 루프 대역폭을 크게 증가시킬 수 있다. 단, PLL 의 주파수 안정도를 위해 대체로 PLL 대역폭 $K_D K_O R / N < 0.1 \times f_{RefClk}$ 의 조건은 충족시켜야 한다(식 12.5.48). 루프 B 는 지터가 매우 많은 데이터 입력(Din)을 받아들이고 또 입력지터 전달 특성이 low pass 필터이므로 루프 대역폭을 매우 작은 값으로 유지해야 한다. Dual 루프를 사용하므로 이 두 가지 조건을 동시에 만족시킬 수 있다. 그림 12.7.10 회로는 feed-forward 구조의 dual 루프인데, 인터폴레이터를 루프 A 안에 내장하는 피드백(feedback) 구조의 dual loop 도 있다[33].

버스트 모드 방식 CDR

세 개의 matched gated VCO 를 사용하여 데이터 입력(Din)에 edge 가 발생하자마자 바로 lock 되게 하는 CDR 을 버스트 모드(burst mode) CDR 이라고 부른다(그림 12.7.11(a))[34, 35]. Gated VCO 회로(그림 12.7.11(b))는 게이트 신호인 ENB 가 1 이면 ring 발진기가 차단되어 출력(out)이 0 으로 유지된다. ENB 가 0 으로 바뀌면 out 은 바로 1 이 되면서 ring 발진기가 동작하여 발진(oscillation)이 시작되어 출력(out)에 클락 파형이 나타난다. 각 gated VCO 의 발진주파수는 크리스탈 발진기 출력인 $RefClk$ 주파수와 같도록 조정되어 있다. 즉, PLL 에 내장된 Gated VCO 3 이 control 전압 Vctrl 값을 만들어서 gated VCO 1 과 2 에 공급하므로 세 개의 gated VCO 출력주파수가 $RefClk$ 주파수와 같게 되는 것이다. 버스트 모드 CDR 의 동작을 그림 12.7.11(c)에 보였는데, 먼저 입력 데이터(Din)를 2 분주한 신호($Din/2$)가 0 이면 gated VCO 1 이 동작하여 $CLK1$ 에 클락신호가 출력되고 gated VCO 2 는 동작하지 않아서 $CLK2$ 는 0 으로 유지된다. $Din/2$ 가 1 이 되면 $CLK1$ 은 0 으로 유지되고 $CLK2$ 에는 클락신호가 출력된다. $CLK1$ 과 $CLK2$ 가 NOR 게이트를 거치면 Din 과 quadrature 관계인 Recovered 클락이 된다. 즉, Recovered 클락의 rising edge 는 데이터 구간(interval)의 센터 시각에 맞추어진다. 따라서 Recovered 클락이 입력 데이터(Din)를 sample 하여 정확하게 데이터(Recovered data)를 복원할 수 있다.

이 버스트 모드 CDR 은 피드백이 없는 open-loop 회로로서(memory-less) 그 동작이 매우 빠르다(CDR Lock time 0, instantaneous locking). 또 한 개의 gated VCO 가 발진을 계속하는 동안은 *Din* 과 *RefClk* 의 주파수 차이나 노이즈 등에 의한 위상 오차(phase error)가 누적되지만(accumulated), 일단 이 gated VCO 가 발진을 멈추면 지금까지 누적된 모든 위상 오차는 다 없어진다. 이때 발진을 시작하는 다른 gated VCO 는 *Din* edge 에 맞추어 발진을 시작하므로, 위상 오차가 다시 0 에서 출발하기 때문이다. 그런데 버스트 모드 CDR 에서는 데이터 입력(*Din*) 지터는 전혀 감쇠되지 않고 그대로 Recovered 클락에 나타나는 단점이 있다.

Din 과 *RefClk* 의 주파수가 거의 정확하게 같을 경우, 세 개의 gated VCO 사이의 matching(정합)은 0.9um 공정에서 99.8%로 보고되었고[35], *Din* 이 64 개의 연속된 1 과 64 개의 연속된 0 이 반복되는 경우에도 정상 동작하였다고 보고되었다. 이 경우 한 개의 gated VCO 는 128 개 데이터 주기(T) 시간 동안 쉬지 않고 발진한다. 이 시간 동안 gated VCO 출력위상이 0.25 T 이상 차이가 나지 않으려면 gated VCO 사이의 matching 이 $1 - (1/128)/4 = 0.998$ 이상이어야 한다. 또 *Din* 과 *RefClk* 의 주파수 차이가 $\pm 0.35\%$ 이내인 경우에 정상 동작했다고 보고되었다[35].

블라인드 오버샘플링 방식 **CDR**

블라인드 오버샘플링(blind oversampling) 방식 CDR 은 완전 디지털 방식의 CDR 로서, 지금까지 설명한 아날로그 방식 CDR 에서는 Recovered 클락의 rising edge 를 데이터 입력(*Din*)의 센터 시각에 맞추는데 비해, 블라인드 오버샘플링 CDR 에서는 클락 edge 를 맞추지 않고 *Din* 보다 빠른 주파수의 클락으로 *Din* 을 균일한 시간간격으로 샘플하여 *Din* 1 비트에 대해 여러 개의 값을 샘플한다(그림 12.7.12(a))[36]. 클락은 보통 PLL 이나 DLL 로 만든 multi-phase 클락을 사용한다. 이 샘플된 데이터 값을 모두 메모리(FIFO)에 저장하고 그 중에서 데이터 edge(boundary)가 있는 클락 phase 를 찾아내고 이로부터 recovered 데이터 값을 선택한다. 그림 12.7.12(b)에 *RefClk* 의 주파수는 데이터(*Din*) rate 와 같고 세 개의 multi-phase 클락(P[0], P[1], P[2])을 이용한 3x 오버샘플링 CDR 의 동작을 보였다. FIFO 에 저장된 3x 오버샘플된 데

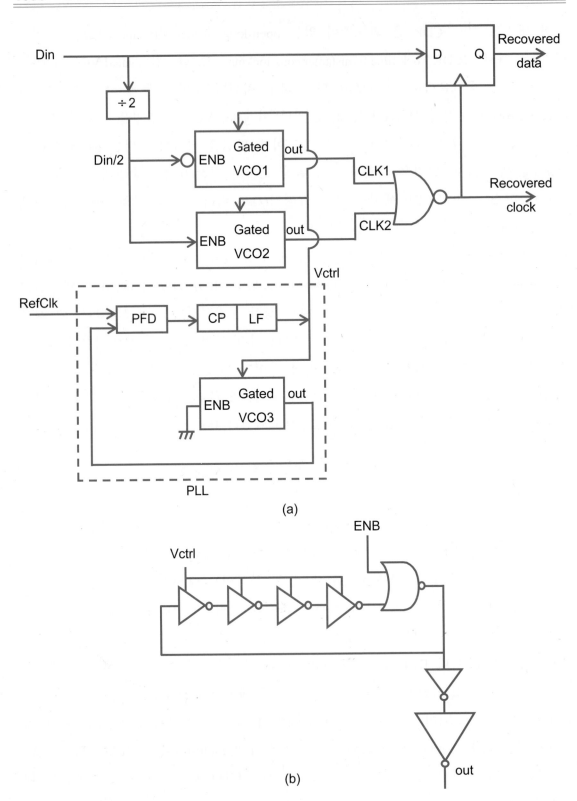

(a)

(b)

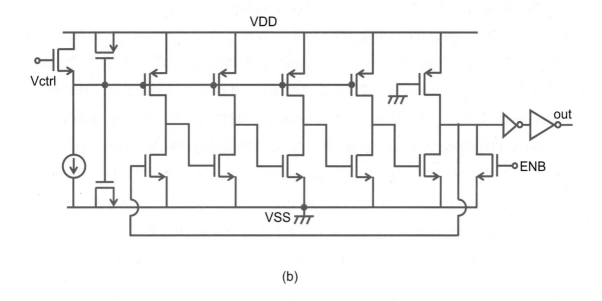

(b)

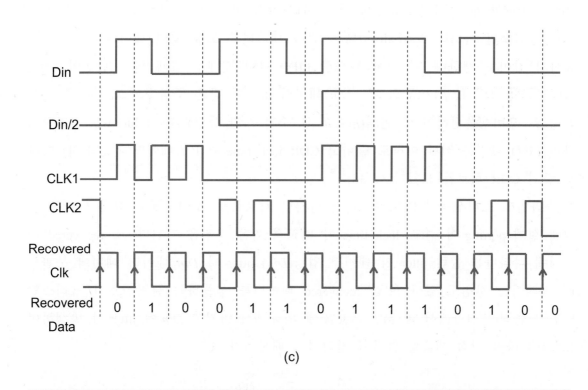

(c)

그림 **12.7.11** 버스트 모드(Burst mode) CDR   (a) CDR 회로 (b) gated VCO 회로 (c) 동작

이터(sampled data) 값으로부터 EX-OR 게이트와 majority voter 등의 회로를 이용하여 데이터 edge(bit boundary)가 P[0]과 P[1] 사이에 있다는 것을 알아 낼 수 있다. 따라서 P[2] 클락의 rising edge 가 데이터 center timing 에 가깝다는 것을 알 수 있으므로, P[2]에서 샘플된 값을 recovered 데이터로 출력한다. 블라인드 오버샘플링 CDR 에서는 recovered 클락은 추출하지 않고 recovered 데이터를 또 하나의 FIFO(그림 12.7.13(a)의 FIFO2)에 넣고 크리스탈 발진기 출력인 *RefClk* 에 동기시켜 사용한다. 이 *RefClk* 는 오버샘플링을 하기 위한 multi-phase 클락들을 생성하기 위해 입력으로 사용한 클락신호이다. 이와 같이 블라인드 오버샘플링 CDR 에서는 샘플링 클락 중에 어느 하나의 rising edge 를 데이터 센터 시각과 동기(align)시키는 일을 하지 않고, 샘플된 값으로부터 데이터 센터 timing 에 가장 가까운 클락 phase 를 찾아내기만 하면 된다.

그림 12.7.13(a)는 *RefClk* 의 주파수가 데이터(*Din*) 전송속도보다 8 배 느린 블라인드 오버샘플링 CDR 회로를 보였다. 24 phase 클락을 사용하여 *Din* 을 3x 오버샘플함으로써 *RefClk* 한 주기에 *Din* 8 bit 의 데이터 값을 한 번에 처리한다. 이로써 오버샘플링 동작뿐만 아니라 deserializer(빠른 직렬 데이터를 느린 병렬 데이터로 변환) 기능까지 같이 수행한다. 이 경우 필요한 FIFO 크기가 매우 크게 되는 단점이 있다. 이에 비해, 그림 12.7.13(b) 회로는 *Din* 데이터 rate 와 같은 주파수의 *RefClk* 를 사용하여 5x 오버샘플링하여 한 번에(*RefClk* 한 주기 시간 동안) *Din* 1 bit 씩만 처리하게 하여 FIFO 크기를 절반 이하로 줄이고 CDR lock time 을 1 *T*(데이터 전송주기) 이하로 줄인 CDR 회로를 보였다[37, 38].

블라인드 오버샘플링 CDR 은 완전 디지털 회로로서, 노이즈에 둔감하고 다른 공정에 설계 porting 이 쉽고, lock time 이 비교적 짧은 장점을 가진다. 또 recovered 데이터에 나타나는 출력 jitter 가 데이터 입력(*Din*) jitter 나 *Din* 데이터 패턴에 무관하게 정해지는 장점도 있다. 이는 recovered 데이터를 샘플하는 클락신호가 크리스탈 발진기 출력(수신단에서 공급)인 *RefClk* 에 의해 만들어지고 *Din* 에 jitter 가 발생하여도 그에 따라 최적 샘플링 클락이 정해지기 때문이다.

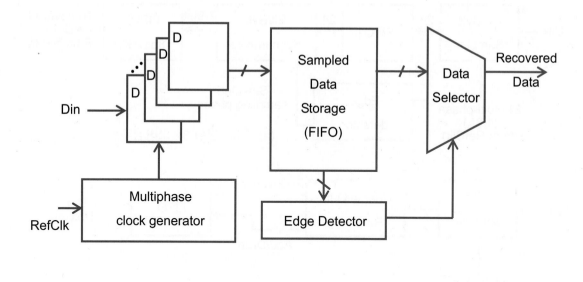

(a)

(b)

그림 **12.7.12** Blind oversampling CDR (a) 회로 (b) 동작(3×오버샘플링)

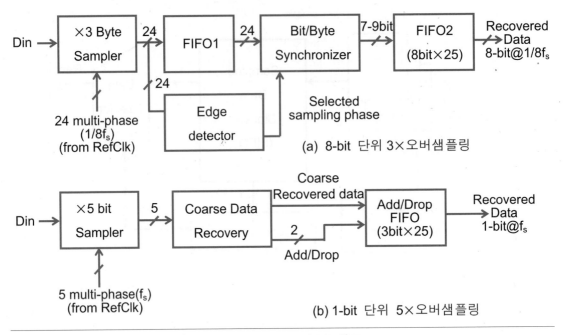

(a) 8-bit 단위 3×오버샘플링

(b) 1-bit 단위 5×오버샘플링

그림 **12.7.13** 보다 구체적인 blind oversampling CDR 회로

12.7.5 기준클락 없는 CDR (Referenceless CDR)

PLL 기반 CDR 에서 lock time 을 빠르게 하기 위해 주로 외부에서 인가하는 reference 클락(크리스탈 발진기 출력)을 사용한다. 어떤 용도의 CDR 에서는 외부에서 인가하는 reference 클락 없이 수신된 입력 데이터만을 이용하여 클락을 추출한다(그림 12.7.3). 이러한 종류의 CDR 을 referenceless CDR(기준클락 없는 CDR)이라고 부른다.

Referenceless CDR 은 그림 12.7.3 에 보인대로 주파수루프와 위상루프가 서로 합쳐져서 동시에 동작하므로, 전체 CDR 회로가 안정되게 동작하기 위해서는 두 개의 루프 중에서 한 개의 루프가 dominant(주도적) 루프로서 전체 회로의 동작을 주도해야한다. 이를 위해 위상루프의 대역폭을 주파수루프의 대역폭보다 훨씬 더 크게 한다. (예:입력데이터 전송속도의 1/200 과 1/2000) 수신단에 referenceless CDR 을 사용하면, 송신단에서 데이터 전송속도(rate)를 어떤 범위 내에서 임의의 값으로 바꾼 경우에도 수신단 CDR 이 이 데이터 전송속도를 찾아내어 정상적으로 데이터를 복원할 수 있다. 즉 referenceless CDR 은 어떤 연속된 범위 내에 있는 임의의 데이터 전송속도에서도 잘 동작하는 장점을 가진다. 또 referenceless CDR 은 수신단에 크리스탈을 사용하지 않으므로 비용을 줄이는 장점이 있다. 그런데 referenceless CDR 의 최대 단점은 harmonic locking 문제이다. 그림 12.7.14 에 보인 데이터 입력(*Din*) 패턴에 대해 referenceless CDR 은 출력 1 과 출력 2 중에서 어느 것이 맞는 답인지 알 수가 없다. 이 현상을 harmonic locking 이라고 부르는데, 이는 reference 클락이 없기 때문에 생기는 현상이다. 따라서 referenceless CDR 에서는 랜덤 데이터 입력(*Din*)이 주어졌을 때 이 데이터를 만들어 내는 최소주파수의 복원클락을 찾아야 harmonic locking 을 방지할 수 있다.

Referenceless CDR 은 초기에 광통신 수신기에 많이 사용되었다[39-46]. 가장 간단하게 클락신호를 복원하는 방법은 수신된 랜덤 데이터 입력을 미분하고 이를 완전 정류(full-wave rectifier) 회로를 통과시킨 다음에 대역폭이 매우 작은 band-pass SAW 필터를 통과시켜 클락신호를 복원하는 방법이다[40]. SAW(surface acoustic wave) 필터는 표면탄성파 필터로서 기계에너지(탄성파)와 전기에너지가 서로 변환 가능한 물질($LiNbO_3$ 등) 위에 제작되어 그 Q 값이 매우 크다(예 : 400). 그런데 SAW 필터는 크기가 크고 가격이 비싸므로 이를 대역폭이 매우 작은 PLL 로 대체할 수 있다(그림 12.7.15). PLL 대역폭을 매우 작게하는 것은 입력 데이터가 아주 가끔씩만 변하더라도 PLL 출력주파수를 일정한 값으로 유지하기 위함이다. 이 PLL 의 대역폭은 보통 입력 데이터 전송속도의 0.1%(10^{-3}) 정도이다. 이 CDR 이 받아들일 수 있는 입력 데이터 전송속도범위는 PLL 대역폭 정도이므로 매우 작다(식 12.2.45).

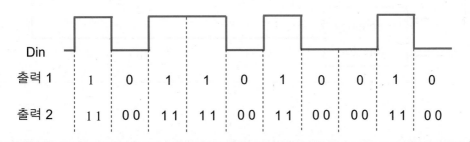

그림 **12.7.14** Referenceless CDR 의 harmonic locking 문제

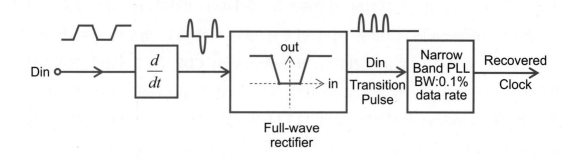

그림 **12.7.15** 전통적인 클락 복원 회로 [40]

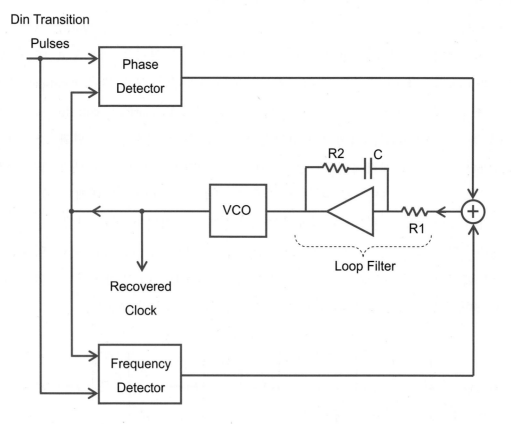

그림 **12.7.16** PLL for referenceless CDR

따라서 그림 12.7.15 와 같은 클락 복원 회로에서, 데이터 입력이 시간에 대해 아주 가끔씩만 변해도 PLL 출력(복원된 클락) 신호 주파수를 일정한 값으로 유지하는 동시에 복원 가능한 입력 데이터 전송속도 범위를 ±20% 정도로 증가시키기 위해서는, 기존 PLL(phase loop)에 주파수루프를 추가해야 한다(그림 12.7.16). 여기서 입력신호(Din Transition Pulses)는 입력 데이터(Din)를 그림 12.7.15 의 미분회로와 완전 정류회로를 통과시켜 생성된 회로이다. 주파수검출기(frequency detector)는 아날로그 방식의 quadri-correlator 또는 디지털 방식의 RFD(rotational frequency detector)를 사용하여 구현할 수 있다.

Quadri-correlator

Referencelss CDR 에 사용되는 주파수검출기를 quadri-corrleator 를 이용하여 구현할 수 있다. 그림 12.7.17 에 아날로그 방식의 quadri-correlator 회로를 보였는데, 이는 주파수검출기 출력(FDout)뿐만 아니라 위상검출기 출력(PDout)까지 동시에 제공한다 [42,43].

Quadri-correlator 의 위상검출기(PD)는 아날로그 곱셈기와 low-pass 필터(LPF)로 구현하였다(12.2.2 절). 이 위상검출기 출력(v_2)은 $\sin(\omega_I - \omega_o)t$ 형태를 가지는데, ω_I 는 입력 데이터(Din) 전송속도이다. 주파수 검출을 위해 VCO quadrature(90° 차이) 출력신호($\cos \omega_o t$)를 Din Transition Pulse 와 아날로그 곱셈기로 곱하고, LPF 를 통과하면 그 출력(v_3)은 $\cos(\omega_I - \omega_o)t$ 가 된다. 이 v_3 신호를 quantizer 와 미분기 (differentiator)를 통과시킨 출력(v_5)은 주파수 차이($|\omega_I - \omega_o|$)가 클수록 단위 시간당 펄스 개수가 많아진다. 이 v_5 와 v_4 를 아날로그 곱셈기로 곱하고 LPF 를 통과시키면 주파수 차이에 비례하는 저주파 전압출력(v_6)를 얻을 수 있다. 따라서 v_6 을 LPF 를 통과시키면 주파수검출기 출력(FDout)이 된다. 그림 12.7.18 에 각 파형을 보였다. $v_I(t)$ 는 Din Trnasition Pulse 파형을 나타내는데, 입력 데이터를 scramble 하여 랜덤 데이터에 가까워지면 $v_I(t)$ 는 Din 데이터 전송속도(ω_I)를 중심으로 비교적 좁은 주파수 대역폭(bandwidth)에 분포하게 된다. 여기서 scramble 은 송신단에서 입력 데이터(Din)를 PRBS(pseudo random binary sequence) 생성기 출력과 EXOR 시켜서 Din

을 보다 랜덤 데이터에 가깝게 만드는 과정이다. 수신단에서도 같은 PRBS 생성기 회로를 이용하면 scramble 되기 이전의 원래 데이터(Din)를 복원할 수 있다. 단 수신 단에서는 입력되는 신호가 어느 시점부터 scramble 되었는지 scramble 시작 시각을 알 수 있어야 한다. 그리하여 $v_I(t)$는 다음 식과 같이 저주파 대역의 주파수 성분 을 가지는 $D(t)$와 $\cos(\omega_I t + \phi)$의 곱으로 표시할 수 있다.

$$v_I(t) = D(t) \cdot \cos(\omega_I t + \phi)$$

따라서 위상검출기(PD) 출력인 $v_2(t)$와 주파수검출기(FD) 출력을 생성하는데 사용 되는 $v_3(t)$는 다음과 같이 표시된다.

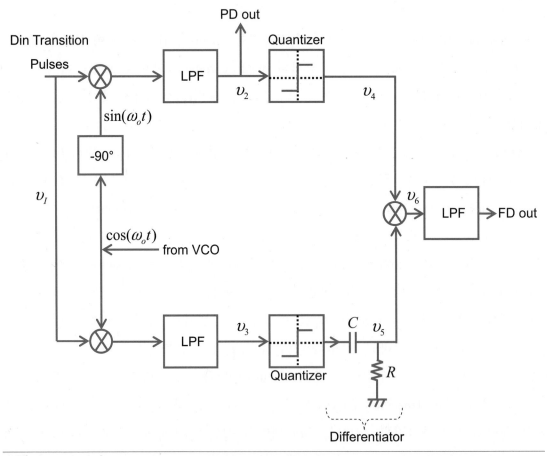

그림 **12.7.17** Quadri-correlator to implement both phase detector(PD) and frequency detector(FD)[42,43]

$$v_2(t) = \frac{1}{2}D(t) \cdot \sin\{(\omega_o - \omega_I)t - \phi\}$$

$$v_3(t) = \frac{1}{2}D(t) \cdot \cos\{(\omega_o - \omega_I)t - \phi\}$$

여기서 위상검출기 출력 $v_2(t)$는 $\omega_o = \omega_I$일 경우(frequency lock) $\sin\phi$에 비례하여 위상차 ϕ만의 함수가 되므로, 위상검출기능을 가진다. v_4는 quantizer 동작 때문에 펄스 파형이 되고 v_5는 펄스를 미분한 파형이 된다. 그림 12.7.18에 $\omega_o > \omega_I$인 경우의 각 파형을 보였다.

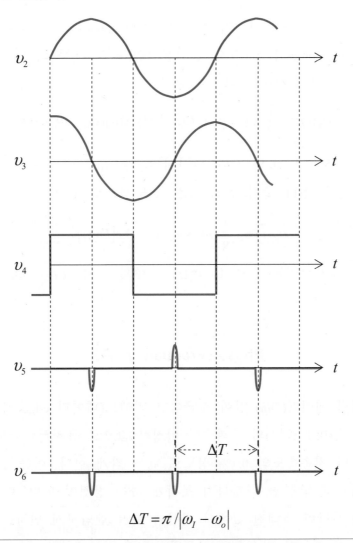

$$\Delta T = \pi / |\omega_I - \omega_o|$$

그림 **12.7.18**　Quadri-correlator (그림 12.7.17)의 동작파형

그림 12.7.17 의 오른쪽에 보인 아날로그 곱셈기는 full-wave rectifier 역할을 하므로 v_6 은 음($-$)의 짧은 펄스 파형만 가지는데, 그 주기 ΔT 는 $\pi/|\omega_I - \omega_o|$ 로 주어지므로 주파수 차이가 클수록 단위 시간당 펄스 개수가 증가한다. 따라서 v_6 을 LPF 를 통과시켜 구해지는 주파수검출기 출력전압(FDout $\overline{v_6(t)}$)은 더 음($-$)의 값으로 된다. $\omega_o < \omega_I$ 인 경우는 그림 12.7.18 에서 v_3 의 극성(polarity)이 반대가 되어 v_6 에 양(+)의 짧은 펄스가 생겨난다. 따라서 주파수검출기(FD) 출력전압은 $-(\omega_o - \omega_I)$ 에 비례한다. 그러나 주파수 차이가 어떤 값보다 커지면 FD 출력이 $\omega_o - \omega_I$ 의 비선형 함수가 되고 주파수검출 기능을 수행하지 못한다[41].

v_4 와 v_5 가 펄스 파형을 가지기 때문에, 기본(fundamental) 주파수 성분 외에 많은 고주파 성분(harmonics)을 가지지만, 기본적인 정성적 동작을 이해하기 위해 v_5 의 기본주파수 성분만 표시하면 다음과 같다.

$$v_5(t) = -\frac{1}{2}(\omega_o - \omega_I) \cdot RC \cdot D(t) \cdot \sin\{(\omega_o - \omega_I)t - \phi\}$$

v_4 의 기본주파수 성분은 v_2 와 같다. 따라서 v_4 와 v_5 를 아날로그 곱셈기로 곱한 후에 LPF 로 평균한 값(FD 출력, $\overline{v_6(t)}$)은 다음 식으로 구해진다.

$$\overline{v_6(t)} = -\frac{1}{8}(\omega_o - \omega_I) \cdot RC \cdot \{D(t)\}^2$$

여기서 주파수검출기 출력(FD 출력) $\overline{v_6(t)}$ 은 주파수 차이($\omega_o - \omega_I$)에 비례함을 확인할 수 있다

Phase / Frequency 루프

CDR 에서 입력 데이터(Din) 값이 가끔씩만 변해도(데이터 edge 가 가끔씩만 발생해도) 복구된 클락(PLL 출력)의 주파수를 일정한 값으로 유지하기 위해 PLL 의 대역폭을 입력 데이터 전송속도의 0.1% 정도로 매우 작게 한다. 이는 입력 데이터(Din) 지터(jitter)가 PLL 출력에 잘 나타나지 못하게 하는 장점이 있다. 여기서 지터는 입력 데이터 edge 시각이 정해진 값에서 시간에 따라 랜덤하게 변하는 정도를 나타낸다. 그런데 Din 의 데이터 전송속도 허용범위(PLL lock-in range)가 PLL 대역폭 정도

이므로 이 값이 지나치게 좁은 범위로 제한된다. PLL 의 지터 특성을 좋게 하면서도 입력 데이터(Din) 전송속도 허용범위를 ±20% 정도로 증가시키기 위해, 주파수루프를 위상루프와 같이 연결한 dual-loop PLL 을 사용한다[44, 45]. 그림 12.7.16 의 dual loop PLL 은 위상루프와 주파수루프에 대해 동일한 루프필터(proportional + integral)를 사용하였다. 위상루프는 2 차 또는 3 차 시스템이므로 음(−)의 실수 제로를 추가하기 위해, 루프필터에 proportional(비례) 경로와 integral(적분) 경로를 둘 다 필요로 하지만, 주파수루프는 1 차 시스템이므로 음(−)의 실수 제로를 필요로 하지 않아서 루프필터에 적분 경로만 있으면 된다. 주파수루프에 비례 경로가 추가될 경우 주파수루프의 시정수(time constant) 를 증가시켜 입력주파수의 시간 변화에 대해 출력주파수 시간 변화가 느려지는 단점이 있다[42]. 그림 12.7.19 에 주파수루프에는 적분경로(μ_2 / s)만 연결하고 위상루프에는 비례경로(μ_1)와 적분경로(μ_2 / s)를 둘 다 연결한 dual(phase/frequency) loop PLL 을 보였다.

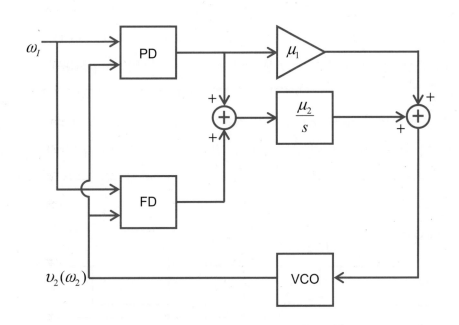

그림 **12.7.19** CDR 에 사용되는 dual(phase/frequency) loop PLL [42]

회전방식 주파수검출기(Rotational frequency detector)

그림 12.7.17 에 referenceless CDR 용 주파수검출기를 quadri-correlator 회로로 구현한 예를 보였는데, 이 회로는 아날로그 곱셈기, low-pass 필터, 미분회로의 아날로그 소자를 많이 필요로 하므로 디지털 회로에 비해 집적회로 구현이 어렵다. Quadri-correlator 의 아날로그 곱셈기는 double edge triggered 플립플롭(rising edge 와 falling edge 시각에 모두 데이터를 샘플함)을 사용하여 그와 유사한 기능을 구현할 수 있으나 미분회로와 LPF 는 디지털로 구현하기가 어렵다. 집적회로로 구현하기 쉬운 디지털 회로로만 구성된 주파수검출기로 회전방식(rotational) 주파수검출기가 있다 [41,42,43]. 이 RFD(rotatinal frequency detector)는 입력 데이터(Din) 전송속도 f_1 와 VCO 출력(복원된 클락) 주파수 f_2 를 비교하여 어느 것이 더 큰지를 알려 준다. 데이터 입력 패턴 중에서 1 또는 0 의 값이 연속으로 2 개 이상 나오는 경우는 제외하고 101 또는 010 패턴과 같이 데이터 edge 가 연속으로 나오는 경우에 대해서, 이 연속된 두 edge 사이의 시간과 VCO 출력신호 주기를 비교하여 두 주파수(f_1, f_2)의 크고 작음을 판단한다. VCO 출력파형을 그림 12.7.20 에 보였는데, VCO 출력파형의 한 주기를 A,B,C,D 의 네 구간으로 구분하였다. 이 네 구간은 in-phase(0°)와 quadrature-phase(+90°) 클락의 조합으로 구분할 수 있다. PLL 이 lock 된 경우 데이터 edge 는 모두 VCO 출력파형의 rising edge 와 일치하는 경우를 고려한다. 따라서 PLL 이 lock 된 경우는 데이터(Din) edge 가 [D0, A1] 구간, [D1, A2] 구간과 [D2, A3] 구간에서만 발생한다. PLL 이 lock 되지 않아도 주파수만 서로 같으면($f_1 = f_2$, phase

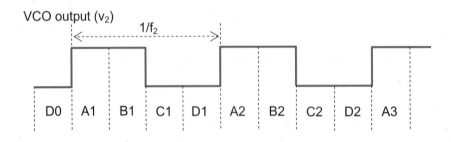

그림 **12.7.20** VCO 출력(복원 클락) 파형

lock 은 되지 않아도 frequency lock 은 된 상태), 연속된 두 개의 데이터 edge 중에서 첫번째 edge 가 B1 구간에서 발생하면 다음 edge 는 B2 구간에서 발생한다.

Frequency lock 도 되지 않아 f_1 와 f_2 가 서로 다른 경우에, 주파수 크기를 비교하여 RFD 출력(fUP, fDN)을 발생시키기 위해, 입력(Din)데이터 패턴 중에서 매우 제한적인 경우만 사용한다. 즉 시간적으로 연속된 두 개의 데이터 edge 가 발생하는 경우 (010 또는 101 패턴)에 한해서 두 edge 의 발생시각이 B1→C2 또는 C1→B2 인 조합에 대해서만 RFD 출력을 발생시킨다. 첫 번째 조합(B1→C2)은 데이터 주기가 VCO 클락 주기보다 크므로 VCO 클락 주파수(f_2)를 감소시켜 그 주기를 증가시키기 위해 fUP=0, fDN=1 을 출력한다. 두 번째 조합 (C1→B2)은 데이터 주기가 VCO 클락 주기보다 짧으므로, VCO 클락 주기를 줄이기 위해 f_2 를 증가시켜야 한다. 따라서 fUP=1, fDN=0 으로 한다. 시간적으로 연속된 두 개의 데이터 edge 가 발생하더라도 위의 두 가지 조합을 제외한 경우에는 모두 fUP=0, fDN=0 을 출력한다.

RFD 회로를 그림 12.7.21 에 보였다. VCO 출력신호들로부터 in-phase(0°) 신호 CKI 와 quadrature-phase(90°) 신호 CKQ 를 만든다. CKI 와 CKQ 로부터 B 구간에서만 1 이 되는 신호 ϕ_B 와 C 구간에서만 1 이 되는 신호 ϕ_C 를 만든다. B1 구간에서 데이터 edge 가 발생하면 QB 가 1 이 되어 다음 데이터 edge 시각까지 1 로 유지된다. QB 가 1 로 유지되는 동안 CKI 의 rising edge 시각(D1, A2 경계)에 QB2 가 1 이 되고 CKI 의 그 다음 rising edge 시각(D2, A3 경계)에 QB1 이 1 이 된다. 두 개의 AND 게이트를 통하여 데이터 edge 시각의 조합이 C1→B2 일때 fUP=1 이 되고 B1→C2 일때 fDN=1 이 되어 각각 VCO 클락의 한 주기 시간 동안 그 값을 유지한다. 표 12.7.1 에 그림 12.7.21 의 RFD 회로 동작을 정리해 보았다.

앞에서 설명한 대로 상기 주파수검출기(그림 12.7.21)는 데이터 변동 edge 가 연속적으로 나타나는 경우에만 출력(fUP, fDN)이 1 로 될 수 있다. 주파수검출기(FD) 다음에 적분기가 연결되므로(그림 12.7.19) FD 출력의 평균값이 VCO 입력으로 전달된다. 따라서 FD 출력 μ_{FD} 를 다음 식으로 정의한다[42].

$$\mu_{FD} = \text{Probability } (fUP=1) - \text{Probability } (fDN=1)$$

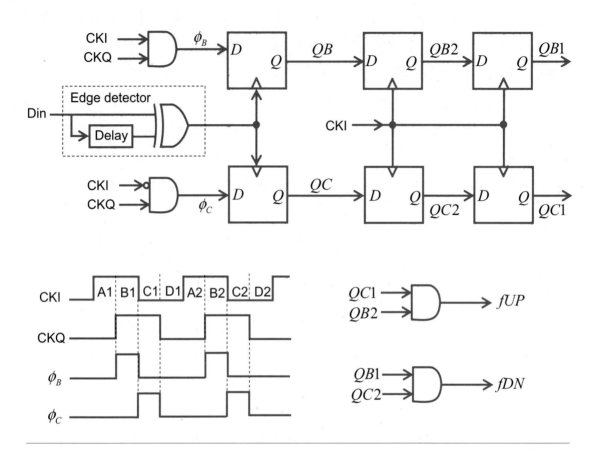

그림 **12.7.21** 회전방식 주파수검출기(Rotatinal frequency detector)[42,43]

표 **12.7.1** RFD(그림 12.7.21)의 동작

Data Edge Position		fUP	fDN
Previous	Current		
A1, D1	X	0	0
B1	C2	0	1
B1	A2, B2, D2	0	0
C1	B2	1	0
C1	A2, C2, D2	0	0

그림 12.7.21 에 보인 FD 의 특성 곡선(μ_{FD} 대 주파수 차이)을 그림 12.7.22 에 보였다. 먼저 입력변수인 주파수 차이($\omega_I - \omega_2$)를 위상차이($\Delta\phi$)로 나타내기 위해, 입력(Din) 신호의 한 주기(T) 동안 입력(Din) 신호와 VCO 출력(v_2) 신호의 위상차이($\Delta\phi$)를 다음 식으로 표시한다.

$$\Delta\phi = \omega_I T - \omega_2 T = 2\pi \cdot \left(1 - \frac{\omega_2}{\omega_I}\right)$$

여기서 ω_I 와 ω_2 는 입력데이터(Din)와 VCO 출력신호의 주파수이고 T 는 Din 의 주기이다. ($T = 2\pi / \omega_I$) FD 의 선형출력 범위는 $\Delta\phi$ 가 $[-0.5\pi, +0.5\pi]$인 구간이지만, FD 출력이 적분기로 연결되므로(그림 12.7.19) 적분결과가 단조 증가(monotonic increase) 특성을 가지는 $\Delta\phi$ 구간은 $[-\pi, +\pi]$이다. 따라서 FD 의 입력주파수 동작 범위는 다음에 보인대로 $\pm 50\%$ 이다.

$$|\omega_I - \omega_2| \leq 0.5\omega_I$$

RFD(rotational frequency detector)는 비교적 동작 속도가 느리므로 고속 주파수검출기를 개발하기 위한 연구가 진행되고 있다[46-49].

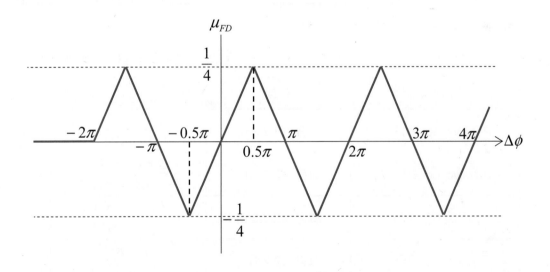

그림 **12.7.22** 회전방식 주파수검출기(RFD) 의 동작 특성
(μ_{FD}:평균출력, $\Delta\phi$:주파수 차이($2\pi(1 - \omega_2 / \omega_I)$))

요 약

(1) PLL(phase-locked loop)

① PLL 은 입력 신호와 출력 신호의 위상 차이를 줄이거나 0 이 되게 하는 비선형 아날로그 소자로, 위상검출기(phase detector), 루프필터(loop filter)와 전압 제어 발진기 (voltage controlled oscillato: VOD)를 negative 피드백 루프가 되도록 연결한 회로이다 (그림 12.1.1).

② 입력 신호의 위상 step 에 대한 출력 신호의 최종 위상 오차는 0 이 된다.

③ 입력 신호의 주파수 step 에 대한 출력 신호의 최종 위상 오차는 $\Delta\omega / \{K_D K_O F(0)\}$ 이다. 여기서 $\Delta\omega$ 는 입력 신호의 위상 step 값이고 K_D, K_O 와 $F(0)$ 은 각각 위상 검출기 이득, VCO 이득과 루프필터의 DC 이득이다.

④ PLL 의 용도 : FM 과 FSK 의 변조 및 복조, 위상 변조 및 복조, 클락 복구, 주파수 체배, 주파수 합성, VLSI 칩 사이의 클락 동기화

(2) 아날로그 PLL

① 위상검출기(phase detector)로 아날로그 곱셈기를 사용하는 PLL 을 아날로그 PLL 이라 부르고, 위상검출기로 exclusive-OR gate, 플립 플롭 등의 디지털 회로를 사용하는 PLL 을 디지털 PLL 이라고 부른다.

② 루프필터는 low-pass 필터인데 그 종류 및 소신호 전달함수 $F(s)$ 는 다음과 같다.

루프필터의 종류	회로	$F(s)$
Passive lag 필터 1	그림 12.2.2(a)	$\dfrac{1}{1 + sR_1C}$
Passive lag 필터 2	그림 12.2.2(b)	$\dfrac{1 + s \cdot R_2 \cdot C}{1 + s \cdot (R_1 + R_2) \cdot C}$
Active lag 필터	그림 12.2.2(c)	$-\dfrac{C_1}{C_2} \cdot \dfrac{1 + sR_2C_2}{1 + sR_1C_1}$
Active PI 필터	그림 12.2.2(d)	$-\dfrac{1 + sR_2C}{sR_1C}$

②   위상검출기(phase detector)의 특성 : PLL 에서 위상검출기 다음에는 항상 low-pass

필터인 루프필터가 연결되므로, 위상검출기 출력은 결국에는 평균되어 루프필터 출력에 나타난다. 위상 오차 ϕ_e를 가지고 진폭이 큰 두 개의 구형파(square) 전압 신호가 아날로그 곱셈기로 된 위상검출기에 인가될 경우, 이 위상검출기의 출력이 루프필터까지 통과한 후의 신호는 위상 오차 ϕ_e에 대해 주기가 2π인 톱니(sawtooth) 모양의 주기함수가 된다(그림 12.2.6). DC 이득 $F(0)$이 +1 인 passive lag 필터를 루프필터로 사용할 경우, 위상검출기의 동작점은 위상검출기의 소신호 이득 K_D가 양이 되어 전체 PLL 회로가 negative 피드백 루프를 형성하는 $0<\phi_e<\pi$인 위상 오차 구간에 놓인다. DC 이득이 음($-$)인 active PI 필터를 루프필터로 사용할 경우, 위상검출기의 동작점은 $-\pi<\phi_e<0$인 위상 오차 구간에 놓인다.

④ PLL 이 lock 되면 위상(phase)에 대한 선형 회로로 동작한다. 입력 신호 소신호 위상의 Laplace 변환을 $\Phi_i(s)$, 출력 신호 소신호 위상의 Laplace 변환을 $\Phi_2(s)$라고 할 때, 소신호 위상 오차의 Laplace 변환 $\Phi_e(s)$는 $\Phi_e(s)=\Phi_i(s)-\Phi_2(s)$가 된다.

⑤ Lock 된 PLL 의 위상에 대한 소신호 특성(passive lag 필터 2 사용)

$$H(s) \triangleq \frac{\Phi_2(s)}{\Phi_i(s)} = \frac{\left(2\zeta - \dfrac{\omega_n}{K_DK_O}\right)\cdot\omega_n s + \omega_n^2}{s^2 + 2\zeta\omega_n s + \omega_n^2} \quad \text{(low pass)}$$

$$H_e(s) \triangleq \frac{\Phi_e(s)}{\Phi_i(s)} = \frac{s^2 + \dfrac{\omega_n^2}{K_DK_O}\cdot s}{s^2 + 2\zeta\omega_n s + \omega_n^2} \quad \text{(high pass)}$$

여기서 $\omega_n = \sqrt{\dfrac{K_DK_O}{(R_1+R_2)\cdot C}}$ $\zeta = \dfrac{1}{2}\cdot\omega_n\cdot\left(R_2 C + \dfrac{1}{K_DK_O}\right)$ 인데, ζ 는 damping factor 로서 quality factor Q 와는 $\zeta=1/(2Q)$인 관계를 가진다. 또 PLL 의 DC 루프이득을 $K_D K_O F(0)$으로 정의하면 natural frequency ω_n 은 다음 식으로 주어진다.

$$\omega_n = \sqrt{(\text{PLL의 DC 루프 이득})\times(\text{루프 필터 bandwidth})}$$

(루프필터 bandwidth: $\dfrac{1}{(R_1+R_2)C}$) $<< \omega_n <<$ (PLL 의 DC 루프이득 : $K_D K_O F(0)$)

⑥ Lock 된 PLL 의 위상에 대한 과도 응답 특성(passive lag 필터 2($F(0)=1$) 사용)
· 입력 위상 step($\phi_i(t)=\phi_{i0}+\Delta\phi\cdot u(t)$) : 최종 위상 오차($\lim_{t\to\infty}\phi_e(t)$)=0 (표 12.2.3)
· 입력주파수 step($\omega_i(t)=\omega_{i0}+\Delta\omega\cdot u(t)$): 최종 위상 오차 $=\Delta\omega/\{K_D K_O F(0)\}$

· 입력주파수 ramp($\omega_i(t) = \omega_{i0} + at \cdot u(t)$) : 최종 위상 오차 $\approx \lim\limits_{t \to \infty} \dfrac{a}{K_D K_O F(0)} t$

⑦ Lock 된 PLL 의 위상에 대한 과도 응답 특성(active PI 필터($F(0) = \infty$) 사용)

· 입력 위상 step : 최종 위상 오차 $= 0$

· 입력주파수 step : 최종 위상 오차 $= 0$

· 입력주파수 ramp : 최종 위상 오차 $= \dfrac{a}{\omega_n^2}$

(1) 주요 PLL 파라미터

① Hold range $\Delta\omega_H$: 입력 신호의 주파수 ω_i 를 VCO free running 주파수 ω_o 와 같게 한 후 ω_i 를 ω_o 에서 출발하여 DC 에 가깝게 아주 천천히 한쪽 방향으로 변화시켰을 때 PLL 이 lock 을 유지하는 최대 주파수 변화 값($|\omega_i - \omega_o|$).

② Lock-in range $\Delta\omega_L$: $|\omega_i - \omega_o|$ 값이 커서 PLL 이 lock 되지 않은 상태로 있다가 ω_i 값을 ω_o 에 가깝게 했을 빠른 시간(lock-in time T_L)이내에 lock 이 되는 $|\omega_i - \omega_o|$ 값.

③ Pull-in range $\Delta\omega_P$: $|\Delta\omega_i| = |\omega_i - \omega_o|$ 값이 $\Delta\omega_L$ 보다는 크지만 어떤 값보다 작게 하면 비교적 오랜 시간이 경과한 후 PLL 이 lock 되게 되는데, PLL 이 lock 될 수 있는 최대 $|\Delta\omega_i|$ 값을 $\Delta\omega_P$ 라고 한다. 또 $|\Delta\omega_i| = \Delta\omega_P$ 값이 인가된 후 PLL 이 lock 될 때 까지의 시간을 pull-in time T_P 라고 한다.

④ Pull-out range $\Delta\omega_{PO}$: lock 된 PLL 에서 입력 신호 주파수 step $\Delta\omega$ 를 인가했을 때 PLL 이 lock 을 잃어버리는 최소 $|\Delta\omega|$ 값.

⑤ 상대적인 크기 비교

$$\Delta\omega_H > \Delta\omega_P > \Delta\omega_{PO} > \Delta\omega_L$$

$$T_P \gg T_L$$

⑥ 위상검출기 종류에 따른 파라미터 값의 변화

위상검출기 종류	아날로그 곱셈기 혹은 EX-OR gate PD	2-상태 sequential 형태	3-상태 sequential 형태
$\Delta\omega_H$	$\dfrac{\pi}{2} \cdot K_O K_D F(0)$	$\pi \cdot K_O K_D F(0)$	$2\pi \cdot K_O K_D F(0) = \infty$
$\Delta\omega_L$	$\pi\zeta \cdot \omega_n$	$2\pi\zeta \cdot \omega_n$	$4\pi\zeta \cdot \omega_n$
T_L	$\dfrac{2\pi}{\omega_n}$	$\dfrac{2\pi}{\omega_n}$	$\dfrac{2\pi}{\omega_n}$

$\Delta\omega_P$	$\dfrac{\pi}{2}\cdot\sqrt{2\zeta\omega_n K_O K_D F(0)}$	$\pi\cdot\sqrt{2\zeta\omega_n K_O K_D F(0)}$	$\dfrac{1}{2\pi}\cdot\sqrt{2\zeta\omega_n K_O K_D F(0)}=\infty$
T_P	$\dfrac{4}{\pi^2}\cdot\dfrac{(\Delta\omega_{i0})^2}{\zeta\cdot\omega_n^{\,3}}$	$\dfrac{1}{\pi^2}\cdot\dfrac{(\Delta\omega_{i0})^2}{\zeta\cdot\omega_n^{\,3}}$	$2\cdot R_1 C\cdot\ln\!\left(\dfrac{K_O V_{DD}/2}{K_O V_{DD}/2-\Delta\omega_{i0}}\right)$
$\Delta\omega_{PO}$	$\approx 1.8\cdot\omega_n\cdot(\zeta+1)$ passive lag 필터 2 를 루프필터로 사용한 경우		

⑦ 루프필터 종류에 따른 ω_n 과 ζ 값

	Passive lag 필터 2	Active PI 필터
ω_n	$\sqrt{\dfrac{K_D K_O}{(R_1+R_2)C}}$	$\sqrt{\dfrac{K_D K_O}{R_1 C}}$
ζ	$\dfrac{\omega_n}{2}\cdot\left(R_2 C+\dfrac{1}{K_D K_O}\right)$	$\dfrac{\omega_n R_2 C}{2}$

(2) PLL 의 위상 노이즈 특성

① PLL 의 입력 신호는 진폭이 충분히 큰 구형파(square wave)이고 PLL 의 위상검출기는 위상 성분만을 인식하므로, PLL 입력 신호의 진폭 노이즈는 PLL 출력 신호에 영향을 주지 못하고 입력 신호의 위상 노이즈만이 PLL 출력 신호에 영향을 준다.

② PLL 은 위상에 대한 negative 피드백 회로이므로, 출력 신호의 위상 노이즈는 입력 신호의 위상 노이즈보다 감소된다.

③ 노이즈 전압 분산(variance) $\overline{v_n(t)^2}$ 과 노이즈 전압의 주파수 스펙트럼 $V_n(j\omega)$ 의 관계식

$$\overline{v_n(t)^2}=\frac{1}{2\pi}\int_0^\infty \left|V_n(j\omega)\right|^2 d\omega$$

여기서 $\omega>0$ 인 주파수 영역에서만 스펙트럼을 사용하였고, $\left|V_n(j\omega)\right|^2$ 를 노이즈 power spectral density 라고 부른다. 위 식은 노이즈뿐만 아니라 모든 신호에 대해서도 성립한다.

④ 등가 노이즈 bandwidth B_i : 노이즈 계산을 간단하게 하기 위해, 노이즈 전압 분산

값은 같도록 유지하면서 노이즈 power spectral density 값을 어떤 기준 주파수(ω_{ref})의 원래의 노이즈 power spectral density 값과 같도록 했을 때의 bandwidth 를 등가 노이즈 bandwidth B_i 로 정의한다. 즉

$$B_i = \frac{\int_0^\infty |V_n(j\omega)|^2 \, d\omega}{|V_n(j\omega)|^2}$$

-3dB bandwidth 가 ω_{3dB} 인 1 차 low-pass 필터를 통과한 white noise 의 등가 노이즈 bandwidth B_i [$rad/\sec$]는 DC(ω_{ref}=0) 노이즈 power spectral density 를 기준으로 하면 다음 식으로 주어진다.

$$B_i = \frac{\pi}{2}\omega_{3dB} \approx 1.57\,\omega_{3dB}$$

-3dB bandwidth 가 ω_{3dB} 인 2 차 band-pass 필터를 통과한 white noise 의 등가 노이즈 bandwidth B_i 도 위 식과 같이 주어진다.

⑤ 입력 노이즈 전압에 의한 PLL 의 출력 위상 노이즈

PLL 은 보통 입력단에 center 주파수가 VCO free running 주파수 ω_o 인 band-pass 필터를 부착한다. 입력단 band-pass 필터를 통과한 후 위상검출기에 입력되는 신호 $v_{i1}(t)$ 는 다음 식으로 주어진다.

$$v_{i1}(t) = v_i(t) + v_{n1}(t)$$
$$= A_{i0} \cdot \sin\omega_i t + s_n(t) \cdot \sin\omega_i t + c_n(t) \cdot \cos\omega_i t \approx A_{i0} \cdot \sin(\omega_i t + \phi_{ni}(t))$$
$$\phi_{ni}(t) \approx \frac{c_n(t)}{A_{i0}}$$

여기서 band-pass 필터를 통과한 후의 입력 신호 $v_i(t)$ 는 $v_i(t) = A_{i0}\sin\omega_i t$ 로 가정하였고, band-pass 필터를 통과한 후의 노이즈 $v_{n1}(t)$ 는

$$v_{n1}(t) = s_n(t) \cdot \sin\omega_i t + c_n(t) \cdot \cos\omega_i t$$

로 주어지는데 in-phase 성분 $s_n(t)$ 와 out-of-phase 성분 $c_n(t)$ 는 그 주파수 대역이 0(DC)에서 $B_i/2$ 까지인 저주파 성분이다. 위 식의 근사화 과정에서, 노이즈 성분 $s_n(t)$ 와 $c_n(t)$ 는 입력 신호 진폭 A_{i0} 보다 매우 작다는 사실을 이용하였다. 위상 노이즈 $\phi_{ni}(t)$ 의 mean square(variance) 값 $\overline{\phi_{ni}(t)^2}$ 과 power spectral density $|\Phi_{ni}(j\omega)|^2$ 은 다음과 같다.

$$\overline{\phi_{ni}(t)^2} \approx \frac{\overline{c_n(t)^2}}{A_{i0}{}^2} = \frac{1}{2\pi} \cdot \frac{N_O \cdot B_i}{A_{i0}{}^2}$$

$$|\Phi_{ni}(j\omega)|^2 = \begin{cases} \dfrac{2 \cdot N_O}{A_{i0}^2} & 0 \le \omega < \dfrac{B_i}{2} \ 일 \ 때 \\ \\ 0 & \omega \ge \dfrac{B_i}{2} \ 일 \ 때 \end{cases}$$

여기서 N_O 는 입력 white noise 의 power spectral density 이고 B_i 는 PLL 입력 단에 부착된 band-pass 필터의 등가 노이즈 대역폭이다.

PLL 출력 신호의 위상 노이즈(위상 jitter) $\phi_{n2}(t)$ 의 variance $\overline{\phi_{n2}(t)^2}$ 과 power spectral density $|\Phi_{n2}(j\omega)|^2$ 은 다음과 같다.

$$\overline{\phi_{n2}(t)^2} = \frac{1}{2\pi} \cdot \frac{2N_O}{A_{i0}{}^2} \cdot B_L$$

$$|\Phi_{n2}(j\omega)|^2 = \begin{cases} \dfrac{2 \cdot N_O}{A_{i0}^2} & 0 \le \omega < B_L \ 일 \ 때 \\ \\ 0 & \omega \ge B_L \ 일 \ 때 \end{cases}$$

여기서 B_L 은 PLL 노이즈 대역폭이라고 불리는데 2 차 PLL 에서는 다음과 같이 PLL natural frequency ω_n 과 damping factor ζ 의 식으로 주어진다. 위 식의 유도 과정에서 $B_L < B_i / 2$ 라고 가정하였다.

$$B_L \triangleq \int_0^\infty |H(j\omega)|^2 \, d\omega = \frac{\omega_n}{2} \cdot \left(\zeta + \frac{1}{4\zeta} \right)$$

여기서 $H(j\omega)$ 는 PLL 의 위상 전달함수로 $H(j\omega) \triangleq \Phi_2(j\omega) / \Phi_i(j\omega)$ 로 정의된다.

출력 신호의 위상 노이즈 분산(variance) $\overline{\phi_{n2}(t)^2}$ 은 위상검출기 입력단에서의 signal-to-noise ratio SNR_i 의 식으로도 표시할 수 있다. 즉,

$$\overline{\phi_{n2}(t)^2} = \frac{B_L}{B_i} \cdot \frac{1}{SNR_i}$$

⑥ VCO 노이즈에 의한 출력 위상 노이즈

VCO 위상 노이즈 $\Phi_{n.VCO}(t)$ 의 power spectral density $|\Phi_{n.VCO}(j\omega)|^2$ 은 DC(0)로부터 $B_{i.VCO} / 2$ 까지만 N_O 이고 그 외의 주파수 영역에서는 0 으로 되어 있다고 가정하면,

VCO 노이즈로 인한 출력 신호의 위상 노이즈 분산 $\overline{\phi_{n2}(t)^2}$ 은 다음 식으로 주어진다.

$$\overline{\phi_{n2}(t)^2} = \begin{cases} N_O \cdot \left(\dfrac{B_{i,VCO}}{2} - \omega_n \right) & \left(\dfrac{B_{i,VCO}}{2} \geq \omega_n \text{ 일 때} \right) \\ 0 & \left(\dfrac{B_{i,VCO}}{2} < \omega_n \text{ 일 때} \right) \end{cases}$$

⑦ PLL natural frequency ω_n 이 출력 위상 노이즈에 미치는 영향 :

$\omega_n = \sqrt{(\text{PLL의 DC 루프이득}) \times (\text{루프필터 bandwidth})}$ 로 주어지는데 주로 루프필터 대역폭을 조정하여 ω_n 값을 바꿀 수 있다. ω_n 값을 증가시켜 PLL 응답 속도를 빠르게 하면, PLL 노이즈 대역폭 B_L 값이 증가하여 PLL 입력 노이즈로 인한 출력 위상 노이즈는 증가하고, VCO 노이즈로 인한 출력 위상 노이즈는 감소한다. 반면에 ω_n 값을 감소시켜 PLL 응답 속도를 느리게 하면, PLL 입력 노이즈로 인한 출력 위상 노이즈는 감소하고, VCO 노이즈로 인한 출력 위상 노이즈는 증가한다.

⑧ 출력 신호의 위상 노이즈(위상 jitter)를 최소로 하기 위한 ω_n 값

· Crystal 발진기 출력을 PLL 입력 신호로 사용할 경우 : ω_n 값을 증가시킴

· LC tuned 발진기를 VCO 로 사용할 경우 : ω_n 값을 감소시킴

⑨ 출력 SNR 값 SNR_L 이 $SNR_L = \dfrac{1}{2} \cdot \dfrac{1}{\overline{\phi_{n2}(t)^2}} = \dfrac{B_i}{2\,B_L} \cdot SNR_i > \dfrac{1}{\sqrt{2}}$ $(-3\,dB)$ 되게 해야 위상 노이즈의 표준 편차 $\overline{\phi_{n2}(t)} < 20°$ 가 되어 PLL 을 실제 응용에 사용할 수 있다.

(3) 위상검출기(phase detector)

① 기능 : 입력된 두 신호의 위상 차이에 따라 달라지는 전압 혹은 전류를 출력시킨다.

② 종류

$$\begin{cases} \text{스위치 형태} \begin{cases} \text{아날로그 곱셈기} \\ \text{Exclusive-OR gate} \end{cases} \\ \text{Sequential 형태 : 플립 플롭 등의 기억 소자 사용으로 이전 상태를 기억함.} \end{cases}$$

$$\begin{cases} \text{2-상태} \\ \text{3-상태 : 위상- 주파수검출기(PFD: phase-frequency detector)} \end{cases}$$

③ 위상검출기 종류에 따른 특성 비교 : 표 12.3.3 참조

(4) VCO(전압 제어 발진기 : voltage-controlled oscillator)

① VCO 의 기능 : 여러 개의 반전(inverting) 증폭기가 루프 형태로 연결된 링 발진기 (ring oscillator) 또는 relaxation 발진기를 이용하여, 출력 신호의 주파수가 인가된 입력전압에 대해 선형적으로 변하게 한다.

② 완전 차동 VCO 회로 : 공급 전압선으로부터 유기되는 공통모드 노이즈를 크게 감소시키는 회로는, 짝수 개(N)의 증폭기를 사용하므로 한 개의 PLL 로 위상 차이가 균일한 N 개의 신호를 출력시킬 수 있다.

(5) 전하 펌프(charge-pump) PLL

① 구조 : 위상검출기가 전압을 출력시키는 대신에 전류를 출력시켜 이를 루프필터에 전하 펌프(charge-pump) 형태로 공급하면, 루프필터에서는 커패시터를 이용하여 펌핑된 전하를 적분하여 전압을 출력시켜 VCO 로 보낸다.

② 특징 : 그림 12.3.13 에 보인 전압을 출력시키는 위상검출기에서는 출력전압(v_f) 값에 따라(즉 커패시터 전압값에 따라), R 양단 전압이 달라지므로 커패시터에 흐르는 전류값이 달라져서, 위상검출기 이득이 달라지는 비선형 성질이 있다. 전하 펌프 PLL 에서는 그림 12.5.2 에 보인 대로 위상검출기 출력 단자가 스위치를 통하여 전류원에 연결되므로 출력 단자 전압(v_f) 값에 무관하게 루프필터에 일정한 값의 전류를 흘려 v_f와 위상 오차 사이에 선형적인 관계가 이루어진다.

③ Continuous time 해석 : PLL 의 상태가 입력 신호의 한 주기(T_c) 동안 조금밖에 변하지 않는다고 가정하여, lock 된 상태의 PLL 동작을 Laplace 변환을 이용하여 해석하는 근사적인 방법으로, 주파수 안정도(frequency stability) 해석에서는 부정확한 결과를 준다.

$$H_e(s) \triangleq \frac{\Phi_e(s)}{\Phi_i(s)} = \frac{s^2}{s^2 + 2\zeta\omega_n \cdot s + \omega_n^2}$$

여기서 $\omega_n = \sqrt{\dfrac{K_O K_D}{C}}$, $\zeta = \dfrac{1}{2} RC\omega_n$

입력주파수 step 에 대한 최종 위상 오차 값

$$\lim_{t \to \infty} \phi_e(t) = \lim_{s \to 0} s \cdot \Phi_e(s) = \lim_{s \to 0} s \cdot H_e(s) \cdot \frac{\Delta \omega_{i0}}{s^2} = 0$$

전하 펌프 PLL 에서는, 루프필터의 trans-impedance $Z_F(s)$ 값이 DC 에서 무한대가 되므로($Z_F(0) = \infty$), R 과 C 의 passive 소자로만 구성된 루프필터로 OP amp 를 사용하는 active PI 필터와 같은 특성을 얻는다.

④ Discrete-time 해석 : discrete-time 회로인 전하 펌프 PLL 의 동작은, Z-변환을 사용하면 discrete-time 해석 기법을 사용하면, 정확하게 해석할 수 있다.

$$H_e(z) = \frac{(z-1)^2}{(z-1)^2 + K_D K_O T \cdot \left(R + \dfrac{T}{C} \right) \cdot (z-1) + K_D K_O T \cdot \dfrac{T}{C}}$$

여기서 T 는 입력 신호의 주기이다.

⑤ 전하 펌프 PLL 의 Z-영역 등가 회로 : 그림 12.5.11 참조

⑥ 주파수 안정도(frequency stability)

continuous-time 해석을 사용하면 전달함수의 s-영역 pole 들이 모두 s-평면의 왼쪽 반면에 놓이게 되어 무조건적으로 안정(unconditionally stable)하다는 잘못된 결과를 주지만, discrete-time 해석을 사용하면

$$\text{PLL 의 DC 루프이득} = K_O K_D R > \frac{4RC}{T \cdot (T + 2RC)} = \frac{\omega_i^2}{\pi \cdot \left(\omega_i + \dfrac{\pi}{RC} \right)}$$

가 되면 Z-영역 pole 의 크기($|z|$)가 1 보다 크게 되어 전하 펌프 PLL 이 발진한다는 정확한 결과를 준다. 위 식에서 T 와 ω_i 는 각각 입력 신호의 주기와 주파수를 나타낸다.

(8) DLL(delay locked loop)

PLL 의 VCO 대신에 VCDL(voltage-controlled delay line)을 사용하면, PLL 에서와 같은 주파수 체배(frequency multiplication) 기능은 없지만, positive 피드백 회로인 VCO 에서는 공급전압 노이즈가 크게 증폭되어 VCO 노이즈가 크지만 VCDL 은 피드백 회로가 아니므로 인가된 전압에 따라 지연시간(delay time)만 달라지게 되어 노이즈 증폭 현상이 없어서 전체 PLL 의 출력 위상 노이즈가 작게 된다.

(9) SMD(synchronous mirror delay) 회로(다른 형태의 디지털 DLL 회로)

PLL 이나 DLL 과 마찬가지로 두 클락신호를 동기시키는 목적으로 사용되는데, PLL 이나 DLL 은 전체 회로가 위상에 관한 피드백 형태로 되어 있어서 입력 클락이 새로 인가된 경우에 lock 되기까지 수 백 cycle 이 소요되는데 반해, SMD 회로는 피드백을 사용하지 않으므로 두 cycle 만에 lock 된다. SMD 회로에서는 두 클락 신호를 동기시키기 위해 구동할 회로와 지연시간이 같도록 조정된 replica 회로를 사용한다.

참 고 문 헌

[1] http ://www.national.com/pf/LM/LM565.html

[2] http://www.fairchildsemi.com/pf/74/74VHC4046.html

[3] D.H.Wolaver, *Phase-Locked Loop Circuit Design*, Prentice Hall, 1991.

[4] R.E.Best, *Phase-Locked Loops: Theory, Design, and Applications*, 2nd-ed., McGraw Hill, 1993.

[5] A.B.Grebene, *Bipolar and MOS Analog Integrated Circuit Design*, John Wiley and Sons, 1991.

[6] H.B.Bakoglu, *Circuits, Interconnections and Packaging for VLSI*, Addison Wesley, 1990.

[7] 정덕균, G.Borriello, D.Hodges, R.Katz, "Design of PLL-based Clock Generation Circuits", IEEE JSSC, vol. SC-22, no.2, pp.255-261, April 1987.

[8] R.Gray, R.G.Meyer, *Analysis and Design of Analog Integrated Circuits*, 3rd ed., John Wiley and Sons, 1993.

[9] D.A.Johns, K. Martin, *Analog Integrated Circuit Design*, John Wiley and Sons, 1997.

[10] Stensby, *Phase Locked Loops : Theory and Applications*, CRC Press LLC, 1997.

[11] T.H.Lee, *The Design of CMOS Radio-Frequency Integrated Circuits*, Cambridge University Press, 1998.

[12] 김범섭, T.C.Weigandt, P.R.Gray, "PLL/DLL System Noise Analysis for Low Jitter Clock Synchronizer Design", ISCAS, pp.31-33, 1994.

[13] M.Soyuer, J.Ewen, H.Chuang, " A Fully Monolithic 1.25 GHz CMOS Frequency Synthesizer",, Symposium VLSI circuits, pp.127-128, 1994.

[14] 김성준, 이경호, 문용삼, 정덕균, 최윤호, 임형규, "A 960-Mb/s/pin Interface for Skew-

Tolerant Bus Using Low Jitter PLL", IEEE JSSC, vol.32, no.5, pp 691-700, May 1997.

[15] M.Shoji, *CMOS Digital Circuit Technology*, Prentice Hall, 1988.

[16] R. Jaeger, *Microelectronic Circuit Design*, McGraw Hill, 1997.

[17] H.Yang, L.Lee, R.Co, "A Low Jitter 0.3~165MHz CMOS Frequency Synthesizer for 3V/5V Operation", IEEE JSSC, vol. 32, pp.582-586, April 1997.

[18] 김범섭, D.Helman, P.Gray, "A 30-MHz Hybrid Analog-Digital Clock Recovery Circuit in 2-μm CMOS", IEEE JSSC, vol. 25, no.6, pp.1385-1394, Dec. 1990.

[19] J.Maneatis, "Low-Jitter Process-Independent DLL and PLL Based on Self Biased Techniques", IEEE, JSSC, vol.31, no.11, Nov. 1996, pp.1723-1732.

[20] F.Gardner, "Charge-Pump Phase-Locked Loops", IEEE Trans. Communications, vol.com-28, no.11, pp.1849-1858, Nov. 1980.

[21] M.Johnson, E.Hudson, "A Variable Delay Line PLL for CPU-Coprocessor Synchronization", IEEE JSSC vol.23, no.5, Oct. 1998, pp.1218-1233.

[22] A.Hatakeyama et.al, "A 256-M6 SDRAM Using a Register Controlled Digital DLL", IEEE JSCC, vol.32, no.11, Nov.1997, pp.1728-1734.

[23] T.Saeki et.al., "A 2.5ns Clock Access, 250-MHz, 256-M6 SDRAM with Synchronous Mirror Delay", IEEE JSSC, vol.31, no.11, Nov. 1996, pp.1656-1668.

[24] Y.Okajima et.al, "Digital Delay Locked Loop and Design Technique for High-Speed Synchronous Interface", IEICE Trans. Electronics, vol. E79 E79-C(6), June 1996, pp.798-807.

[25] S.Sidiropoulos, D.Liu, J.Kim, G.Wei, and M.Horowitz, "Adaptive bandwidth DLLs and PLLs using regulated supply CMOS buffers," *IEEE Symp. VLSI Circuits Dig. Tech. Papers*, June 2000, pp. 124-127.

[26] S.Sidiropoulos, M.A.Horowitz, "A semidigital dual delay-locked loop", IEEE JSSC, vol.32, no.11, Nov.1997, pp.1683-1692.

[27] 배승준, 지형준, 손영수, 박홍준, "A VCDL-based 60-760MHz dual-loop DLL with infinite phase-shift capability and adaptive-bandwidth scheme", IEEE JSSC, vol.40, no.5, May 2005, pp.1119-1129.

[28] 배준현, 서진호, 여환석, 김재휘, 심재윤, 박홍준, "An all-digital 90-degree phase-shift DLL with loop-embedded DCC for 1.6Gbps DDR interface ", IEEE CICC 2007.

[29] T.H.Lee, K.S.Donnelly, J.T.C.Ho, J.Zerbe, M.G.Johnson, T.Ishikawa, "A 2.5V CMOS Delay-Locked Loop for an 18 Mbit, 500 Megabyte/s DRAM", IEEE JSSC, vol.29, no.12, Dec.1994, pp.1491-1496.

[30] B.Razavi, editor, *Monolithic Phase-locked Loops and Clock Recovery Circuits:Theory and Design* , IEEE Press, NY, 1996.

[31] C.R.Hogge, "A Self-Correcting Clock Recovery Circuits ", IEEE J. Lightwave Tech., vol.3, Dec.1995, pp.1312-1314.

[32] J.D.H.Alexander, "Clock Recovery from Random Binary Data", Electronics Letter, vol.11, Oct.1975, pp.541-542.

[33] P.Larsson, "A 2-1600 MHz 1.2-2.5V CMOS clock-recovery PLL with feedback phase-selection and averaging phase-interpolation for jitter reduction," ISSCC 1999, pp.356-357.

[34] M.Banu, A.E.Dunlop, "Clock recovery circuits with instantaneous locking" Electronics Letters, Vol. 28, no. 23, 5 Nov. 1992, pp.2127-2130.

[35] M.Banu, A.E.Dunlop, "A 660 Mb/s CMOS clock recovery circuit with instantaneous locking for NRZ data and burst-mode transmission", ISSCC 1993, pp.102-103.

[36] 이경호, 김성준, 안기정, 정덕균, "A CMOS serial link for fully duplexed data communication, " IEEE J. Solid-State Circuits, vol. 30, no 4, pp.353-364, April 1995.

[37] 박상훈, 최광희, 신정범, 심재윤, 박홍준, "A Single-Data-Bit Blind Oversampling Data-Recovery Circuit With an Add-Drop FIFO for USB 2.0 High-Speed Interface", IEEE Transactions on Circuits and systems-II, Vol.55, No.2, pp.156-160, Feb.2008 .

[38] 박상훈, "Lock time 1-bit 미만인 180~720Mbps 의 CMOS 0.18um Blind Over-sampling 데이터 원회로", 박사학위 논문, 포항공과대학교 전자컴퓨터공학부, 2007 년 12 월 10 일.

[39] J.A.Bellisio, "A new phase-locked timing recovery method for digital regenerators", IEEE Int. Comm. vol.1 pp.10-17 to 10-20, June 1976, in "Monolithic Phase-locked Loops and Clock Recovery Circuits: Theory and Design", B.Razavi, editor, IEEE Press, NY, 1996.

[40] G.E.Andrews, D.C.Farley, S.H.Kravitz, A.W.Schelling, "A 300 Mb/s clock recovery and data

retiming system", IEEE ISSCC, pp.188-189, 1989.

[41] B.Stilling, "Bit rate and protocol independent clock and data recovery", Electronics Letters, 27 April 2000, vol.36, no.9, pp.824-825.

[42] D.G Messerschmitt, "Frequency detectors for PLL acquisition in timing and carrier recovery", IEEE Trans. Communications, vol.COM-27, no.9, Sept.1979, pp.1288-1295.

[43] R.R.Cordell, J.B.Forney, W.N.Dunn, W.G.Garrett, "A 50MHz phase and frequency-locked loop", IEEE ISSCC 1979, pp.234-235.

[44] L.Devito, J.Newton, R.Croughwell, J.Bulzacchelli, F.Benkley, "A 52MHz and 155MHz clock-recovery PLL", IEEE ISSCC 1991, pp.142-143.

[45] L.Devito, "A versatile clock recovery architecture and monolithic implementation", in *Monolithic Phase-locked Loops and Clock Recovery Circuits: Theory and Design,* B.Razavi, editor, IEEE Press, NY, 1996, pp.405-420.

[46] 이성섭, 강진구, "레퍼런스 클록이 없는 3.125Gbps 4×오버샘플링 클록/데이터 복원회로", 대한전자공학회 논문지 제 43 권 SD 편 제 10 호, 2006 년 10 월, pp.631-636.

[47] D.Dalton, K.Chai, E.Evans,M.Ferriss, D.Hitchcox, P.Murray, S.Selvanayagam, P.Shepherd, L.DeVito, "A 12.5Mb/s to 2.7Gb/s continuous-rate CDR with automatic frequency acquisition and data-rate readback", IEEE JSSC, vol.40, no.12, Dec.2005, pp.2713-2725.

[48] R.J.Yang, K.H.Chao, S.I.Liu, "A 200Mbps-2Gbps continuous-rate clock and data recovery circuits", IEEE Trans. Circuits and Systems, Part-I, vol.53, pp.842-847, April 2006.

[49] 이선규, 김영상, 하현수, 서영훈, 박홍준, 심재윤, "A 650Mb/s-to-8Gb/s referenceless CDR circuits with automatic acquisition of data rate", IEEE ISSCC Feb. 2009, pp.184-185.

[50] 박홍준, *CMOS 아날로그 집적회로 설계(하)*, 시그마프레스, 1999 년.

[51] 손영수, 박상훈, 박홍준, "Charge Pump PLL 을 위한 Behavior-Level Simulator", 한국프로그램심의조정위원회, 등록번호: 2003-01-12-2489, 2003 년 5 월 12 일.

[52] 김호영, 박홍준 "Charge-pump PLL 을 위한 타임스텝 제어방식의 고속 Behavioral Simulator", 한국컴퓨터프로그램보호위원회 등록번호: 2006-01-121-002721, 2006 년 05 월 26 일.

연 습 문 제

12.1 Lock 된 상태에 있는 PLL 에 대해 다음 물음에 답하시오.

단, phase detector 의 소신호 gain 은 K_D 이고 loop filter 의 전달함수는 $F(s)$ 이고 VCO 의 소신호 gain 은 K_O 이다.

(1) 소신호 등가회로를 블록 다이어그램으로 그리시오.

(2) 입력 신호 위상 $\phi_i(t)$, 출력 신호 위상 $\phi_2(t)$, 위상 오차 $\phi_e(t) = \phi_i(t) - \phi_2(t)$의 Laplace 변환을 각각 $\Phi_i(s)$, $\Phi_2(s)$, $\Phi_e(s)$라고 할 때 전달함수 $H_e(s) = \Phi_e(s) / \Phi_i(s)$의 식을 구하시오. 유도 과정을 보이시오.

(3) Active PI filter 를 loop filter 로 사용할 경우의 $F(s)$ 식을 쓰시오.

(4) Active PI filter 를 loop filter 로 사용할 경우의 전달함수 $H_e(s)$의 식을 쓰시오. 또 damping factor ζ 와 natural frequency ω_n의 식을 쓰시오.

(5) 위상 step 입력 ($\phi_i(t) = \Delta\phi \cdot u(t)$)에 대한 최종 위상 오차 $\lim_{t\to\infty} \phi_e(t)$ 값을 구하시오.

(6) 주파수 step 입력 ($\omega_i(t) = \Delta\omega \cdot u(t)$)에 대한 최종 위상 오차 $\lim_{t\to\infty} \phi_e(t)$ 값을 구하시오.

(7) 입력 위상 노이즈의 영향을 줄이기 위한 방안과 VCO 위상 노이즈의 영향을 줄이기 위한 방안을 각각 쓰시오.

12.2 Charge pump PLL 에 대해 다음 물음에 답하시오.

(1) 2 개의 positive edge triggered D flip-flop 을 이용한 3-state sequential phase detector 와 charge-pump loop filter 가 결합된 회로를 그리시오.

(2) 3-state sequential phase detector 의 특성($\overline{U - D}$ vs ϕ_e)을 $-3\pi \leq \phi_e \leq 3\pi$ 의 범위에 대해 그리시오.

(3) (1)회로에서 phase detector 소신호 gain K_D를 [A/rad]단위로 표시하시오.

(4) (1)회로에서 loop filter gain $Z_F(s)$를 [V/A]단위로 표시하시오.

(5) 위 PLL 의 동작을 continuous time 해석 방법으로 해석할 수 있는 경우의 조건을 쓰시오.

(6) (5)의 조건이 성립할 때 전달함수 $H_e(s) = \Phi_e(s) / \Phi_i(s)$ 를 K_D, K_O, R, C 등의 식으로 쓰시오.

(7) (5)의 조건이 성립할 때 주파수 ramp 입력 ($\omega_i(t) = \Delta\omega \cdot t$)에 대한 최종 위상 오차 $\lim_{t\to\infty} \phi_e(t)$ 값을 K_O, K_D, C 등의 식으로 쓰시오.

12.3 문제 12.2 의 charge pump PLL 에 대해 다음 문제에 답하시오.

(1) Charge pump PLL 의 z-domain 전달함수는

$$\hat{H}_e(z) = \frac{\hat{\Phi}_e(z)}{\hat{\Phi}_i(z)} = \frac{(z-1)^2}{(z-1)^2 + K_D K_O T \cdot \left(R + \dfrac{T}{C}\right) \cdot (z-1) + K_D K_O T \cdot \dfrac{T}{C}}$$

로 주어지는데, z-domain pole 식을 구하시오.

(2) (1)에서 $K_D K_O R$ 값을 0 에서 무한대까지 증가시켰을 때의 pole 의 궤적을 그리시오.

(3) (1)에서 stable 하기 위한 $K_D K_O R$ 의 범위를 입력 신호 각 주파수 ω_i 와 R, C 등의 식으로 쓰시오.

12.4 다음은 비교적 동작속도가 낮은 전하펌프 회로 두 개를 보였다. 각 입력노드((a),$\cdots$,(f)) 에 연결할 신호를 $UP, \overline{UP}, DN, \overline{DN}$ 중에서 표시하시오.

(1) [26]

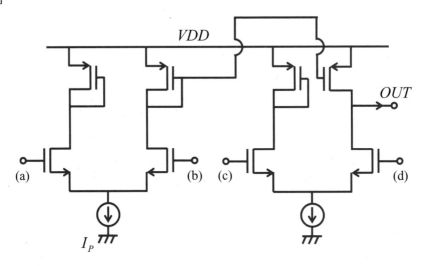

(2) [27]

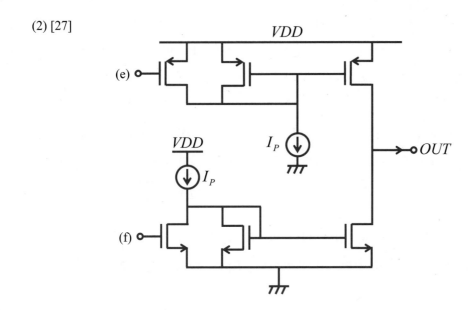

12.5 다음은 DLL 의 초기조건(0.5T<VCDL delay<1.5T)을 2 배로 확장하는 회로이다. 입력 클럭신호(PH0)를 inverter chain 에 입력하여 edge time internal 이 균일한 PH360 신호를 생성하고, 초기에 RESET 신호가 1 로 유지되다가 0 으로 변한다. (TFF:toggle F/F) [28]

(1) UP_DNB 신호를 y 축으로 하고 ϕ_A 를 x 축으로 그래프를 그리시오. ($-\pi<\phi_A<5\pi$)

(2) UP_DNB 신호를 y 축으로 하고 ϕ_B 를 x 축으로 그래프를 그리시오. ($-\pi<\phi_B<5\pi$)

(3) $\phi_A = 0, 4\pi$ 일 때 ϕ_B 값을 각각 구하시오.

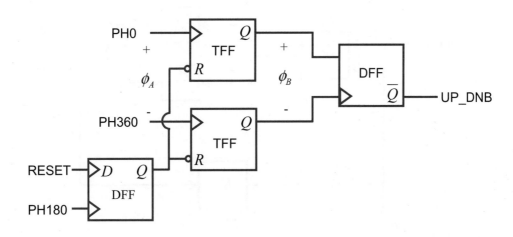

12.6 그림 12.6.12 회로에 사용된 quadrature clock 생성회로를 구현하시오. 입력으로 differential clock(CK, CKB)을 사용하고 출력으로는 I, Q, IB, QB 가 있다. D 플립플롭을 사용하시오[29].

12.7 (1) Damping factor $\xi \gg 1$ 일 때의 PLL 의 최대 위상오차 $\phi_{\varepsilon \max}$ (PLL)과 DLL 의 최대 위상오차 $\phi_{e.\max}$ (DLL)은 각각 다음 식으로 유도되는 것을 밝히시오.

$$\phi_{e.\max}(PLL) \approx \frac{\Delta \omega_i}{\omega_{BW.PLL}} \qquad\qquad \phi_{e.\max}(DLL) \approx \frac{2\pi \Delta T_D}{T_D}$$

여기서 $\Delta \omega_i$ 와 ΔT_D 는 공급전압 등의 노이즈로 인해 생겨난 PLL VCO 의 최대 주파수 오차와 DLL VCDL 의 전체 지연시간 오차이다. T_D 는 입력클락신호의 주기이고, PLL 이 주파수 분주비율은 1 이다.[29]

(2) $\omega_i = 2\pi /(2T_D)$ 의 관계식을 이용하고, (VCO delay line 과 VCDL 이 동일하다고 가정) $\omega_{BW.PLL} / \omega_i = 1/50$ 일 경우, $\phi_{e.\max}(PLL)$ 과 $\phi_{e.\max}(DLL)$ 의 비율을 계산하시오.

12.8 다음 두 개의 주파수 루프에서 lock 된 상태에서 입력주파수 step 변화 ($\omega_I(t) = \omega_1 \cdot u(t)$)에 대해 주파수 차이 ($\omega_I(t) - \omega_2(t)$)의 식을 구하시오[42]. 단, K_F, K_V, μ_1, μ_2 는 모두 양(+)의 실수이다.

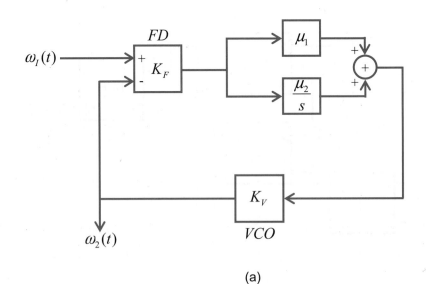

(a)

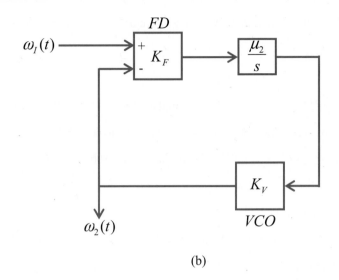

(b)

12.9 다음은 5 개의 latch 를 이용한 CDR 에 사용되는 위상검출기이다[44, 45].

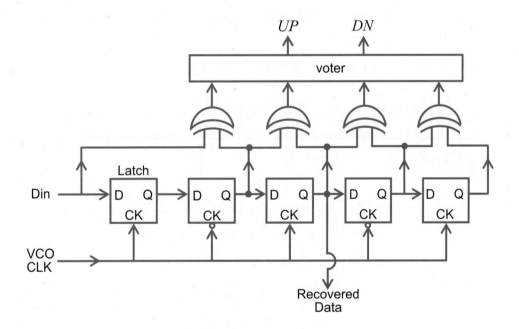

(a) 파형을 이용하여 이 위상검출기의 동작을 설명하시오.

(b) Hogge PD 와 비교하여 장점을 설명하시오.

12.10 그림 12.7.22 에 보인 rotational frequency detector 의 특성곡선식을 유도하시오. 각 위상 구간에 대해 정량적 관계식을 구하시오

12.11 C 코드로 작성된 전하펌프 PLL simulator 를 이용하여 다음 문제에 답하시오. (http://analog.postech.ac.kr ➔ Books) 식(12.5.43.a)에 보인대로 $K_D K_O R$ 을 PLL bandwidth 로 가정하시오. 입력주파수($\omega_i / 2\pi$)는 100MHz 로 하고, damping factor 는 1.0, 전하펌프 전류는 100uA 로 하고, VCO 출력주파수의 최소값과 최대값을 각각 50MHz 와 250MHz, Vctrl 의 최소값과 최대값을 각각 0.5V 와 2.5V 로 하시오. 상단의 왼쪽 화살표 버튼을 눌러서 Cs, Rs, Cp, Ipump 값이 자동으로 계산되게 하시오. 또 frequency divider ratio 는 1 로 하시오.

(1) 식(12.5.48)(p.1335)과 그림 12.5.16(p.1338)을 이용하여 주파수 안정도를 유지하는 $K_D K_O R$ 의 최대값($(K_D K_O R)_{MAX}$)을 구하시오.

(2) $K_D K_O R$ 값이 (1)에서 구한 $(K_D K_O R)_{MAX}$ 보다 클 경우 Vctrl 값이 수렴하는지 발진하는지 보이시오.

(3) $K_D K_O R$ 값이 다음과 같을 때 표를 완성하시오.

$\dfrac{K_D K_O R}{(K_D K_O R)_{MAX}}$	0.1	0.2	0.4	0.8
Lock time				

(4) 입력주파수($\omega_i / 2\pi$)가 200MHz 일 때 (3)을 반복하시오.

(5) (3)과 (4)의 결과로부터 lock time 의 $\Delta\omega_{i0}$ 와 ω_n 의존성을 구하시오. 단, 다음에 보인 표 12.2.6(p.1208)의 pullin time 식을 이용하시오.

$$T_P = \frac{4}{\pi^2} \cdot \frac{(\Delta\omega_{i0})^2}{\zeta \, \omega_n^3}$$

3. 전하펌프 PLL의 behavior level 시뮬레이션

부록 3. 전하펌프 **PLL**의 **behavior level** 시뮬레이션

포항공과대학교 전자전기공학과   권혜정, 김호영, 손영수

본 behavior level PLL simulator는 전하펌프 PLL의 동작을 Visual C를 이용하여 behavior level 로 modeling함으로써 실제 PLL 동작과 동일한 기능을 수행하는 simulator이다. Behavior level 로 PLL의 동작을 검증하기 때문에 시뮬레이션 시간이 SPICE에 비해 1000배 이상 빨라 PLL 파라미터 값(VCO gain, 전하펌프 전류, 루프필터의 R, C 값)을 정하는 데에 매우 편리하다. 또 timestep control 알고리듬을 적용하여 non-uniform timestep을 사용함으로써 uniform timestep 경우(정확도는 같음)와 비교하여 시뮬레이션 시간이 대략 30배 정도 빠르다. C 기반의 GUI(graphical user interface)로 제작되어 사용자가 손쉽게 사용할 수 있다.

A3.1 프로그램 구조

본 PLL simulator는 12.5절의 전하펌프 PLL을 기반으로 하여 그림 A3.1의 회로를 C 언어로 구현하였다. 전하펌프 PLL의 sub block은 C 언어에서 각각 함수(function)로 구현되었다. Main 루틴의 주요 block code를 그림 A3.2에 보였다.

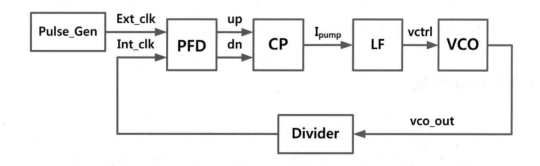

그림 **A3.1** Behavior level 전하 펌프 PLL 의 block diagram

```
while (Time <= EndTime) {
        PFD (int_clk, ext_clk, &up, &down);
        Ipump = CHGPUMP (up, down, &breakpoint)
        IntegMethod = INTEG_SELECT(Time, breakpoint);
        TimeStep = TIME_STEP_CTRL (TimeStep, Iter_Time, IntegMethod, LF);
        vctrl = LOOPFILTER (IntegMethod, Ipump, TimeStep, &LF);
        vco_out = VCO (vctrl, TimeStep);
        int_clk = DIV_N (vco_out);
        ext_clk = PULSE_GEN (Time, ext_half_period);
        Time += TimeStep;
}
```

그림 **A3.2** Main 루틴의 주요 block code

그림 A3.2에서 변수 'ext_half_period'는 PLL 입력신호인 외부클락(ext_clk)의 반 주기 값이며, 'LF'는 루프필터 변수의 데이터 구조체(data structure)이다.

A3.2 각 기능 block의 동작

A3.2.1 PFD / Charge-pump (전하펌프 위상검출기)

위상/ 주파수검출기(PFD: phase frequency detector)는 12.3 절에 언급된 3-상태 sequential 형태 위상검출기를 사용하였는데, 그 세부 회로는 그림 12.5.1 에 보였다

A3.2.2 Loop filter

루프필터는 그림 A3.3 에 보인대로 두 개의 커패시터(C_S, C_P)를 사용하는 2nd order 시스템으로, 전하펌프 전류인 I_{PUMP} 가 주어졌을 때 SPICE 에서와 같은 방법으로 회로방정식을 풀어서 node1 과 node2 의 전압을 계산한다[3,4]. 루프필터의 회로방정식은 그림 A3.3 의

node1 과 node2 에 KCL 을 적용하여 두 개의 미분방정식(식(A3.1), 식(A3.2))으로 나타낼 수 있다.

KCL @ node 1:
$$\frac{1}{R_S}\left(V_{CS} - V_{CTRL}\right) + C_S \frac{dV_{CS}}{dt} = 0 \qquad (A3.1)$$

KCL @ node 2:
$$\frac{1}{R_S}\left(V_{CTRL} - V_{CS}\right) + C_P \frac{dV_{CTRL}}{dt} = I_{PUMP}(t) \qquad (A3.2)$$

이 연립미분방정식을 풀기위해, 먼저 미분식을 적분식으로 바꾼다. 이를 위해 numerical integration 과정이 필요한데, Backward Euler 방법과 Trapezoidal 방법을 사용한다.

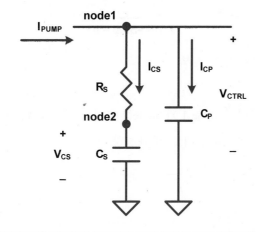

그림 **A3.3** 루프필터

Backward Euler 적분방법

적분과정은 식(A3.3)의 미분식을 식(A3.4)의 적분식으로 바꾸는 과정이다. 여기서 x 는 state 변수로서 에너지 저장소자(커패시터, 인덕터)의 변수값(커패시터 전압, 인덕터 전류)을 나타낸다. Backward Euler 적분방법은 그림 A3.4 로 표현되는데, 적분과정에서 식(A3.3)의 $f(x,t)$ 값으로 새로 계산해야 할 time point(t_{n+1})에서의 값($f(x_{n+1},t_{n+1})$)을 사용한다.

$$\frac{dx}{dt} = f(x,t) \qquad (A3.3)$$

$$x_{n+1} - x_n = \int_{t_n}^{t_{n+1}} f(x,t)\,dt \approx f(x_{n+1}, t_{n+1}) \cdot h \qquad \text{(A3.4)}$$

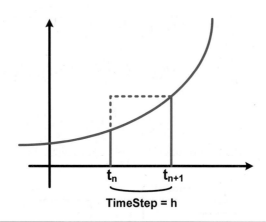

그림 **A3.4** Backward Euler 적분 방법

식(A3.4)를 이용하여 루프필터의 node 1 과 node 2 에서 얻은 식(A3.1)과 식(A3.2)에 나오는 미분 항을 각각 식(A3.5)와 식(A3.6) 형태로 변환한다.

Node1 :

$$I_{CS} = C_S \frac{dV_{CS}}{dt}$$

$$I_{CS,n+1} = \frac{C_S}{h_n}(V_{CS,n+1} - V_{CS,n}) \qquad \text{(A3.5)}$$

Node2 :

$$I_{CP} = C_P \frac{dV_{CTRL}}{dt}$$

$$I_{CP,n+1} = \frac{C_P}{h_n}(V_{CTRL,n+1} - V_{CTRL,n}) \qquad \text{(A3.6)}$$

Trapezoidal 적분방법

Trapezoidal 적분방법은 위의 그림 A3.5 로 표현되는데, 적분과정에서 미분식(A3.3)의 $f(x,t)$

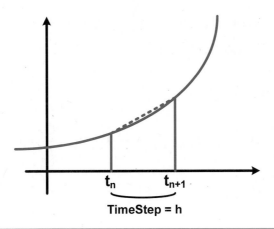

그림 **A3.5** Trapezoidal 적분방법

값으로 새로 계산해야 할 time point(t_{n+1})에서의 값과 이미 계산한 time point(t_n)에서의 값의 평균값을 사용한다. 그리하여 Trapezoidal 방법을 사용하면 식(A3.3)의 미분식이 식(A3.7)의 적분식으로 변환된다.

$$x_{n+1} = x_n + \int_{t_n}^{t_{n+1}} f(x,t)\,dt \approx x_n + \frac{h}{2}\left[f(x_n,t_n) + f(x_{n+1},t_{n+1})\right] \tag{A3.7}$$

위 식을 이용하여, 루프필터의 node 1과 node 2에서 식(A3.1)과 식(A3.2)에 나오는 미분 항을 각각 식(A3.8)과 (A3.9) 형태로 변환한다.

Node1 :

$$I_{CS} = C_S \frac{dV_{CS}}{dt}$$

$$I_{CS,n+1} = \frac{2C_S}{h_n}V_{CS,n+1} - \left(I_{CS,n} + \frac{2C_S}{h_n}V_{CS,n}\right) \tag{A3.8}$$

Node2 :

$$I_{CP} = C_P \frac{dV_{CTRL}}{dt}$$

$$I_{CP,n+1} = \frac{2C_P}{h_n}V_{CTRL,n+1} - \left(I_{CP,n} + \frac{2C_P}{h_n}V_{CTRL,n}\right) \tag{A3.9}$$

위 두 가지 적분방법에 따라 식(A3.1)과 식(A3.2)는 아래 과정을 거쳐 각각 2x2 matrix 식으로 나타낼 수 있다. 이 matrix 식을 이용하면 전하펌프 전류 I_{PUMP} 가 주어졌을 때, 전압값 V_{CTRL} 과 V_{CS} 값을 반복과정(iteration)을 거쳐 구할 수 있다.

Backward Euler 적분방법

Node 1: $\quad \dfrac{1}{R_S}(V_{CS,n+1} - V_{CTRL,n+1}) + \dfrac{C_S}{h_n}V_{CS,n+1} - \dfrac{C_S}{h_n}V_{CS,n} = 0$

Node 2: $\quad \dfrac{1}{R_S}(V_{CTRL,n+1} - V_{CS,n+1}) + \dfrac{C_P}{h_n}V_{CTRL,n+1} - \dfrac{C_P}{h_n}V_{CTRL,n} = I_{PUMP}$

Matrix 식:

$$\begin{bmatrix} 1/R_S + C_S/h_n & -1/R_S \\ -1/R_S & 1/R_S + C_P/h_n \end{bmatrix}\begin{bmatrix} V_{CS,n+1} \\ V_{CTRL,n+1} \end{bmatrix} = \begin{bmatrix} C_S V_{CS,n}/h_n \\ I_{PUMP} + C_P V_{CTRL,n}/h_n \end{bmatrix} \qquad (A3.10)$$

Trapezoidal 적분방법

Node 1: $\quad \dfrac{1}{R_S}(V_{CS,n+1} - V_{CTRL,n+1}) + \dfrac{2C_S}{h_n}V_{CS,n+1} = I_{CS,n} + \dfrac{2C_S}{h_n}V_{CS,n}$

Node 2: $\quad \dfrac{1}{R_S}(V_{CTRL,n+1} - V_{CS,n+1}) + \dfrac{2C_P}{h_n}V_{CTRL,n+1} = I_{CP,n} + \dfrac{2C_P}{h_n}V_{CTRL,n} + I_{PUMP}$

Matrix 식:

$$\begin{bmatrix} 1/R_S + 2C_S/h_n & -1/R_S \\ -1/R_S & 1/R_S + 2C_P/h_n \end{bmatrix}\begin{bmatrix} V_{CS,n+1} \\ V_{CTRL,n+1} \end{bmatrix} = \begin{bmatrix} I_{CS,n} + 2C_S V_{CS,n}/h_n \\ I_{CP,n} + 2C_P V_{CTRL,n}/h_n + I_{PUMP} \end{bmatrix}$$

$$(A3.11)$$

A3.2.3 Time step control

시뮬레이션에 걸리는 시간을 줄이기 위해서는, 모든 시간에 대해 time step 을 균일하게 하는 대신에 state 변수(커패시터 전압, 인덕터 전류)의 변화가 작은 시간구간에서는 time step 을 증가시켜야 한다. 두 가지 적분방법 중에서 Trapezoidal 적분방법이 오차(Local Truncation Error: LTE)가 작은데, 전하펌프 전류값(pumping current)의 시간에 대한 기울기가 불연속적으로 변하는 시점(break **point**) 직후에만 Backward Euler 적분방법을 사용하고 나머지 시점에는 Trapezoidal 적분방법을 사용한다. 전하펌프 전류는 UP 혹은 DN 신호가 발생하는 시간구간에서 구형파(square wave) 펄스형태로 나타나므로, 이 펄스파형의 시작 시각과 끝나는 시각이 break point 가 된다. time step 변화량(h)은 Local Truncation Error(LTE) 값을 계산하여 조절하는데, 시뮬레이션 시간을 감소시키면서도 동시에 정확도가 높은 timestep control 알고리듬을 구현하였다.

Local Truncation Error(LTE)

위에서 보인 바와 같이, numerical 적분방법은 실제 값과의 오차를 포함하는데 이 오차는 timestep 과 관련이 있으므로, 먼저 LTE 를 수치적인 방법으로(numerically) 계산하고 계산된 LTE 값으로부터 timestep 값을 계산한다. LTE 는 Backward Euler(BE) 적분방법과 Trapezoidal (TZ) 적분방법에 대해 각각 식(A3.12)에 보인대로 time step(h)과 state 변수(x) 시간미분값의 함수로 구해진다[6].

$$LTE(BE) = -\frac{h^2}{2} x''(\tau) \qquad LTE(TZ) = -\frac{h^3}{12} x'''(\tau) \qquad \text{for } t_n < \tau < t_{n+1} \qquad \text{(A3.12)}$$

회로 시뮬레이션이 수렴하기 위해서는 LTE 값이 정해진 tolerance(Tol) 보다 작아야 하는데, 이 tolerance 값은 SPICE 에서와 같이 주어지는 tolerance 파라미터(ABS_TOL, REL_TOL, CHG_TOL, TR_TOL)와 state 변수인 커패시터 전하와 커패시터 전류값으로부터 다음과 같이 계산된다. 이 Tol 값은 각 커패시터에 대해 한 개씩 정해진다. n 과 $n-1$ 은 iteration 횟수를 나타낸다.

$$Tol = MIN \begin{bmatrix} \text{ABS\_TOL} + \text{REL\_TOL} * \text{MIN}(I_{n-1}, I_n), \\ \text{REL\_TOL} * \dfrac{\text{MIN}\{\text{CHG\_TOL}, \text{MAX}(Q_{n-1}, Q_n)\}}{h} \end{bmatrix} \qquad \text{(A3.13)}$$

각 커패시터(C_S, C_P)에 대해 LTE 값이 이 tolerance(Tol) 값과 같게 되도록 time step(h)을 결정한다(식(A3.14), 식(A3.15)). 그리하여 C_S 에 의한 time step 값과 C_P 에 의한 time step 값이 따로 결정되는데, 이 두 개의 time step 중에서 작은 값을 최종 time step 으로 정한다.

$$h(BE) = \sqrt{\frac{TR\_TOL * Tol}{MAX\left\{ ABS\_TOL, \ \dfrac{1}{2C}\dfrac{d^2Q}{dt^2} \right\}}} \tag{A3.14}$$

$$h(TZ) = \sqrt[3]{\frac{TR\_TOL * Tol}{MAX\left\{ ABS\_TOL, \ \dfrac{1}{12C}\dfrac{d^3Q}{dt^3} \right\}}} \tag{A3.15}$$

여기서 커패시터 전하(Q)의 2차 미분과 3차 미분값은, simulator 에서 각 time point 에서 계산된 전하값과 time step 값을 메모리에 저장했다가 이를 이용하여 numerical 하게 계산한다.

A3.2.4 Pulse generator

PLL 입력신호로 사용할 시간에 대해 규칙적으로 변하는 펄스 클락신호를 생성하기 위해 pulse generator 루틴을 사용한다. Duty cycle 이 50% 정도인 square wave 펄스를 생성하기 위하여 시뮬레이션 time 이 원하는 펄스 주기의 절반 이상으로 변할 때 출력 펄스의 값이 변하게 한다. 또한 uniform random jitter 가 포함된 입력 신호를 생성할 수도 있다.

A3.3 Behavior level PLL simulator 사용방법

POSTECH PLL SIMULATOR VER 4.0 의 main 창은 다음과 같다. 루프필터 값을 주어진 bandwidth ratio, damping factor, 그리고 pumping current 로부터 계산해 주는 기능과, 주어진 루프필터 값으로부터 bandwidth ratio 와 damping factor 를 계산해 주는 기능이 있어 파라미터 값의 변화에 따른 PLL 동작을 쉽고 빠르게 확인할 수 있다. 이 시뮬레이터의 윈도우 XP 용 실행코드는 인터넷으로 다운로드 가능하다[7].

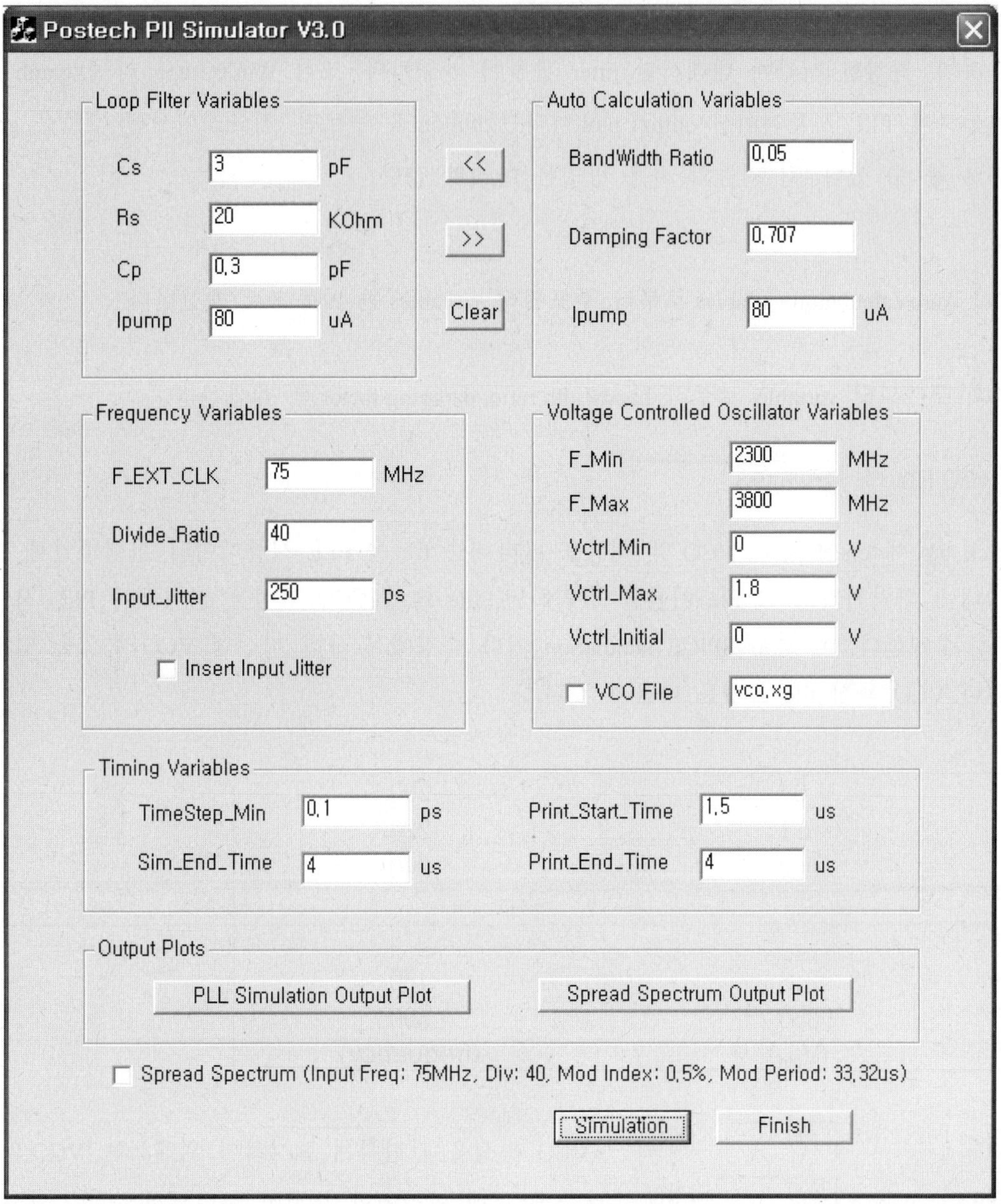

그림 **A3.6**　Behavior level PLL simulator GUI main

또한 VCO(voltage controlled oscillator) 동작을 선형적으로 근사화하는 방법 외에도, 정확한 시뮬레이션을 위해, VCO 의 control 전압과 주파수의 값들이 기록된 파일로부터 값을 찾을 수 있는 기능도 사용할 수 있다. 이 기능을 사용하면 VCO 의 SPICE simulation 결과나 측정된

VCO 특성데이터를 입력할 수 있다. Jitter 관찰을 위한 클락의 print 시간구간을 입력할 수 있도록 하여, 특정한 시간에 대해서만 jitter 관찰이 가능하다. 또한 WinXGraph 라는 graph tool 과 연동하여, PLL 시뮬레이션 output plot 이라는 button 을 누르면, 시뮬레이션된 값들을 graph 로 바로 볼 수 있다. 각 기능의 사용 방법은 아래와 같다.

`<<` : Auto calculation variables 로부터 루프필터 variables 를 자동으로 계산한다.

`>>` : 루프필터 variables 로부터 bandwidth ratio, damping factor 를 계산한다.

□ VCO File   `vco.xg`

: Check box 에 check 하고, VCO 의 특성을 나타내는 file 을 PLL 시뮬레이터 실행파일과 같은 폴더 내에 위치시키고 그 file 이름을 입력하면, file 에서 VCO 특성을 읽어들여 PLL 시뮬레이션을 수행한다. 이 경우 SPICE simulation 이나 측정에서 구한 비선형 VCO 특성을 입력할 수 있다. VCO 특성 file 포맷은 다음과 같다.

0	200
0.1	220
0.2	240
.	.
.	.
2.8	480
3.0	500
(V_{ctrl})	(frequency)

F_Min	2300	MHz
F_Max	3800	MHz
Vctrl_Min	0	V
Vctrl_Max	1.8	V
Vctrl_Initial	0	V

: VCO 특성을 간단하게 표시하기 위해서는, VCO 의 출력주파수 대 입력전압 특성이 선형특성을 가진다고 가정하고, 각 항목 값들을 입력하면 VCO 특성이 정해진다.

F_EXT_CLK	75	MHz
Divide_Ratio	40	
Input_Jitter	250	ps
☐ Insert Input Jitter		

: External clock frequency, divide ratio 를 입력으로 받으며 입력클락의 jitter 범위도 지정할 수 있다.

| TimeStep_Min | 0.1 | ps | Print_Start_Time | 1.5 | us |
| Sim_End_Time | 4 | us | Print_End_Time | 4 | us |

: PLL 시뮬레이션에 필요한 timing 변수들을 입력할 수 있고, 이 값들을 바탕으로 PLL 시뮬레이션을 수행한다. 또한 jitter 입력 시, external clock 및 internal clock 을 graph 로 plot 하기 위한 data file print duration 또한 설정할 수 있다.

PLL Simulation Output Plot

: 시뮬레이션 종료 후, 시뮬레이션 결과를 WinXGraph 라는 Tool 을 사용하여 graph 로 볼 수 있다.

Spread Spectrum Output Plot

: spread spectrum 시뮬레이션 결과도 WinXGraph 를 통하여 볼 수 있다.

☐ Spread Spectrum (Input Freq: 75MHz, Div: 40, Mod Index: 0.5%, Mod Period: 33.32us)

: Spread spectrum 의 파형을 관찰하고 싶을 경우 시뮬레이션을 수행하기에 앞서, check box 에 check 를 해야 한다. 그런데 현재는 괄호 안에 지정된 조건에만 맞추어져 있다.

Simulation

: 시뮬레이션을 위한 모든 값들을 입력한 후, 이 버튼을 누르면 시뮬레이션을 시작한다.

Finish : Simulator 종료(termination) 버튼

시뮬레이션이 끝나면, 다음과 같은 pop-up 창이 나오는데 확인을 누르면 된다. 그 후에 PLL Simulation output plot 이라는 button 을 눌러서 출력 파형을 관찰한다.

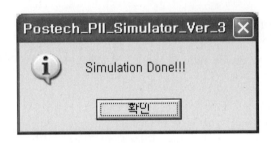

그림 **A3.7** 시뮬레이션 종료 창

시뮬레이션 결과를 graph 로 확인하기 위해서, WinXGraph.exe file 이 PLL simulator 실행코드와 같은 폴더 내에 위치해야 한다.

Simulation 이 완료되고, PLL Simulation Output Plot button 을 누르면 다음과 같이 WinXGraph 창이 생겨난다.

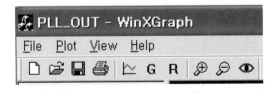

그림 **A3.8** WinXGraph 창의 왼쪽 상단 부분

이 중에서 버튼을 클릭하면 Plot 하고 싶은 data 들을 선택할 수 있는 창이 그림 A3.9 와 같이 생기며, 원하는 data 를 double click 하면 그 데이터가 그래프로 출력된다. VCO control 전압 VCTRL 을 출력하는 경우를 그림 A3.9 과 A3.10 에 보였다(그림 A3.6 의 파라미터 사용). 그림 A3.11 에는 PLL 입력클락(EXT_CLK), 분주된 PLL 출력클락(INT_CLK), PFD 출력신호 (PFD_UP, PFD_DN)의 파형을 보였다.

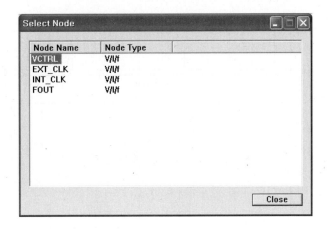

그림 **A3.9** WinXGraph 선택

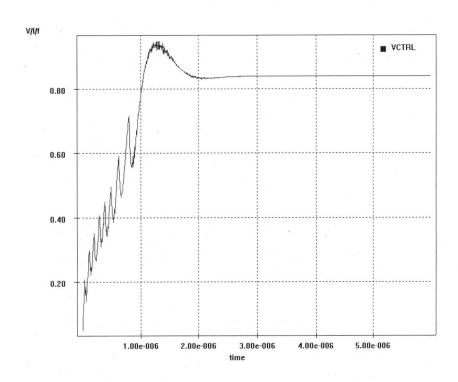

그림 **A3.10** Vctrl 출력

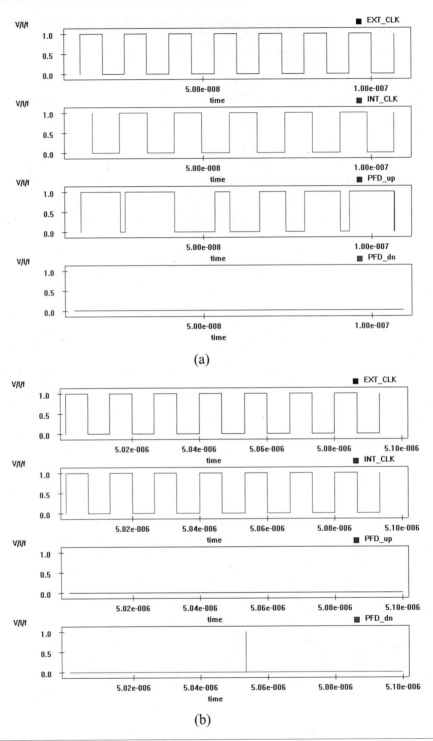

그림 **A3.11** PLL 의 ext_clk, int_clk 와 PFD UP, DN 신호 출력

(a) Lock 되기 이전 (b) Lock 된 이후

⚫: Jitter 를 관찰하기 위해, eye-pattern 을 plot 할 수 있으며, 이 button 을 누르면, 그림 A3.12 와 같은 창이 뜨고, 원하는 data 이름 및 주기 등을 입력하면 eye-pattern 이 생성된다.

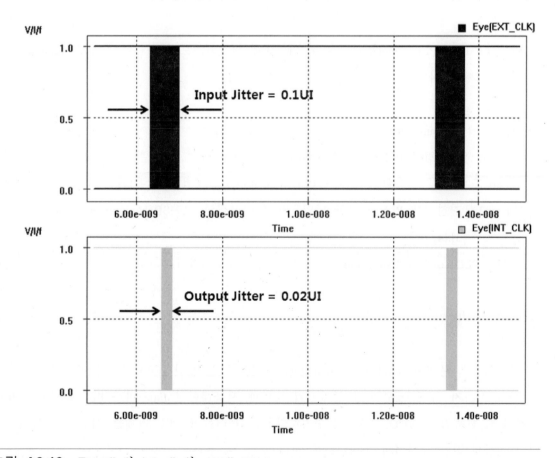

그림 **A3.12** WinXGraph eyediagram menu

그림 **A3.13** Ext_clk 와 Int_clk 의 eyediagram
(BW ratio: 1/100, jitter: ext_clk=0.1UI, int_clk=0.02UI)

그림 A3.13 은 PLL 입력클락에 uniform random jitter 를 인가했을 때 PLL 입력클락과 출력클락의 eye diagram 이다. PLL bandwidth ratio(Ratio of PLL BW to PLL input frequency)를 0.01 로 맞추었을 때 입력클락에 0.1UI 의 jitter(peak-to-peak)를 인가하면 PLL 에서 복원된 클락에는 0.02UI 의 jitter(peak-to-peak)가 발생하였다. 입력 jitter 를 0.5UI 로 증가시켰을 경우 출력에서는 0.17UI 의 jitter 가 발생한다(PLL bandwidth ratio: 0.01).

복수의 data 를 plot 할 경우, overlay mode 와 stacked mode 를 선택할 수 있다. 이는 WinXGraph 의 화면상에 마우스를 대고 마우스 오른쪽 button 을 click 하면, scroll 창이 뜨고, 창 하단에, stacked mode (혹은 overlay mode)를 click 하면 원하는 방식으로 graph 를 볼 수 있다.

A3.4 Behavior level PLL simulator의 C source code

Behavior level PLL simulator는 총 4회에 걸쳐 제작되었으며 최근에 수정한 version4의 C code를 아래에 제시하였다.

Behavior level PLL simulator

Version1 : "전하펌프 PLL을 위한 Behavior-Level Simulator" , 박상훈, 손영수[1]

Version2 : "GUI를 이용한 전하펌프 PLL Simulator" , 신정범, 박상훈[2]

Version3 : "전하펌프 PLL을 위한 타임스텝 제어방식의 고속 Behavioral Simulator", 김호영 [3],[4]

본 code는 PLL based CDR simulator [5] 에 확장하여 사용되었다.

A3.4.1 Main code

기본적으로 본 behavioral model simulator는 시뮬레이션 시간을 0에서부터 지정된 시뮬레이션 종료 시까지 'time step' 만큼 증가시키면서 매 시뮬레이션 time 마다 PLL sub-block(PFD, 루프필터, 전하펌프, VCO, 주파수분주기) 함수를 불러들여 PLL 전체를 기능이 수행되도록 하고 이들의 값을 저장하여 출력하도록 한다.

```
void Pll_Main (DATA D){
      fp[0] = fopen ("PLL_OUT.xg", "wt");                    //결과 data 저장 파일 open
      if (Vco_File == 1) {                                   //VCO 외부 입력 option
          fp[1] = fopen (vco_file_name, "r");
          while (fscanf (fp[1], "%lf %lf",&temp_vctrl,&temp_frequency) != EOF) {
                  INSERT (&Head_Vco, &Tail_Vco, temp_vctrl, temp_frequency);}
                  fclose (fp[1]);}
      while (Time <= EndTime)          {
          // Initialization: 시뮬레이션 time 이 0 일 때 system reset
          if (Time == 0) {
                  SYS_RESET = 1;  int_clk = 0;          ext_clk = 0;
                  up = 0;               down = 0;                    }
          else      SYS_RESET = 0;

          //PLL main: PFD, CP, LF, VCO, divider 로 구성된 PLL 동작 시작
          PFD (int_clk, ext_clk, &up, &down);                        //PFD
          current = CHGPUMP (up, down, &breakpoint);                 //CP
          IntegMethod = INTEG_SELECT (Time, breakpoint);             //LF
          TimeStep = TIME_STEP_CTRL (TimeStep, Iter_Time, IntegMethod, LF);
          vctrl = LOOPFILTER (IntegMethod, current, TimeStep, &LF);
          // VCO 외부 data 사용 option                                //VCO
          if (Vco_File == 1)
                  vco_out = VCO_FILE (&Head_Vco, &Tail_Vco, vctrl, TimeStep);
          else               vco_out = VCO (vctrl, TimeStep);
          // Divider ratio 에 따른 int_clk 생성
          if (NDIV == 1)     int_clk = vco_out;                      //Divier
          else               int_clk = DIV_N (vco_out);
          //Ext_clk: input reference clock 에 jitter 삽입 option
          if (Insert_Jitter == 1)
                  ext_clk = PULSE_GEN_JITTER (Time, ext_half_period);
          else      ext_clk = PULSE_GEN (Time, ext_half_period);
          count_print++;

          // Print 할 결과값 저장
          if (count_print >= print_interval) {
                  INSERT (&Head_Vctrl, &Tail_Vctrl, Time, vctrl);
                  INSERT (&Head_Fout, &Tail_Fout, Time, fout);
                  count_print = 0;      }
          if ((Time >= Print_Start_Time) && (Time <= Print_End_Time)) {
                  if (prev_ext_clk != ext_clk) {
                          INSERT (&Head_EXT_CLK, &Tail_EXT_CLK,
                                                  Time, prev_ext_clk);
                          INSERT (&Head_EXT_CLK, &Tail_EXT_CLK,
                                                  Time, ext_clk);}
                  if (prev_int_clk != int_clk) {
                          INSERT (&Head_INT_CLK, &Tail_INT_CLK,
                                                  Time, prev_int_clk);
                          INSERT (&Head_INT_CLK, &Tail_INT_CLK,
```

```
                                                        Time, int_clk);}
        }
      Time += TimeStep;                              //시뮬레이션 time 증가
      Iter_Time++;
       prev_ext_clk = ext_clk;
       prev_int_clk = int_clk;                        //이전 data 저장
    }
//시뮬레이션 time 종료 시에 결과값 출력
PRINT_TO_FILE (Head_Vctrl, Tail_Vctrl, fp[0], "VCTRL");
PRINT_TO_FILE (Head_EXT_CLK, Tail_EXT_CLK, fp[0], "EXT_CLK");
PRINT_TO_FILE (Head_INT_CLK, Tail_INT_CLK, fp[0], "INT_CLK");
PRINT_TO_FILE (Head_Fout, Tail_Fout, fp[0], "FOUT");

//Spread spectrum 입력
if (Spread_Spectrum) {
    fp[2] = fopen ("SS_PLL_OUT.xg", "wt");
    while (Time <= EndTime){
            // Initialization: 시뮬레이션 time 이 0 일 때  system reset
            if (Time == 0) {
                    SYS_RESET = 1;  int_clk = 0;        ext_clk = 0;
                    up = 0;                 down = 0;          div_ctrl = 0;}
            else      SYS_RESET = 0;

            //PLL main: PFD, CP, LF, VCO, divider 로 구성된 PLL 동작 시작
            PFD (int_clk, ext_clk, &up, &down);                        //PFD
            current = CHGPUMP (up, down, &breakpoint);                  //CP
            IntegMethod = INTEG_SELECT (Time, breakpoint);             //LF
            TimeStep = TIME_STEP_CTRL (TimeStep, Iter_Time, IntegMethod, LF);
            vctrl = LOOPFILTER (IntegMethod, current, TimeStep, &LF);
            vco_out = VCO (vctrl, TimeStep);                           //VCO
            clk_119 = DIV_119 (int_clk);
            clk_udc = UDC_10 (clk_119);
            div_ctrl = DIV_CTRL (int_clk, clk_119, clk_udc);
            int_clk = DIV_MAIN (vco_out, div_ctrl);
            ext_clk = PULSE_GEN (Time, ext_half_period);
            // Print 할 결과값 저장
            if (div_ctrl != prev_div_ctrl)
                    INSERT (&Head_Tx_DIVctrl, &Tail_Tx_DIVctrl,
                                            Time, div_ctrl);

                if (fout != prev_fout) {
                        INSERT (&Head_Tx_Vctrl, &Tail_Tx_Vctrl,
                                                Time, vctrl);
                        INSERT (&Head_Tx_Fout, &Tail_Tx_Fout,
                                                Time, fout);}
            Time += TimeStep;               //시뮬레이션 time 증가
            Iter_Time++;
            prev_vctrl = vctrl;                 //이전 data 저장
            prev_div_ctrl = div_ctrl;
            prev_fout = fout;
```

```
        }
        //시뮬레이션 time 종료 시에 결과값 출력
        PRINT_TO_FILE (Head_Tx_DIVctrl, Tail_Tx_DIVctrl, fp[2], "SS_DIV_CTRL");
        PRINT_TO_FILE (Head_Tx_Vctrl, Tail_Tx_Vctrl, fp[2], "SS_VCTRL");
        PRINT_TO_FILE (Head_Tx_Fout, Tail_Tx_Fout, fp[2], "SS_FOUT");
        fclose (fp[2]);
    }
    fclose (fp[0]);
}
```

A3.4.2 Sub block function

PFD (phase frequency detector)

```
void PFD (int int_clk, int ext_clk, int *up, int *down){
    if (SYS_RESET) {                                          //system reset
        prev_int_clk = 0;   prev_ext_clk = 0;   prev_up = 0;
        prev_down = 0;      *up = 0;            *down = 0;}
    else {
        //Ext_clk, Int_clk 비교 및 UP, DN 발생
        if (!prev_int_clk && int_clk)   *down = 1;
        else                            *down = prev_down;
        if (!prev_ext_clk && ext_clk) *up = 1;
        else                          *up = prev_up;
        // Eliminates the case of both up and down pulses are high
        if (*up && *down) {*up = 0;              *down = 0;}
        // 이전 값 저장
        prev_int_clk = int_clk;       prev_ext_clk = ext_clk;
        prev_up = *up;                prev_down = *down;}
}
```

CP (charge pump 회로)

PFD 의 UP, DN 신호를 받아 UP 일 경우 LF 로 charge 공급, DN 일 경우 charge 제거한다.

```
double CHGPUMP (int up, int down, int *breakpoint){
    //UP, DN 신호에 따른 charge 공급 결정
    if (up && !down)        current = Ipump;
    else if (!up && down)   current = -Ipump;
    else                    current = 0;
    //Breaking point: CP current 가 변화 지점에서 breaking point, Integration 선택
    if (prev_current == current)    *breakpoint = 0;
    else                            *breakpoint = 1;
```

```
    prev_current = current;  return current;              //이전값 저장
}
```

LF (loop filter)

```
int INTEG_SELECT (double Time, int breakpoint){
    //전류값 변화에 따른 적분 방법 선택
    if ((Time == 0) || breakpoint)        return BW_EULER;
    else                                  return TRAPEZOIDAL;
}
double LOOPFILTER (int IntegMethod, double Ipump_in, double TimeStep, LoopFilter *LF){
    if (SYS_RESET) {                                         //system reset
        V1 = prev_V1 = VCTRL_INI;        V2 = prev_V2 = VCTRL_INI;
        I1 = prev_I1 = 0;                I2 = prev_I2 = 0;
        QCs = prev_QCs = Cs * V1;        QCp = prev_QCp = Cp * V2;
        INIT (LF, QCs, QCp, I1, I2, TMIN);}                 }
    else {
        // 적분 방법에 따른 Vctrl 계산
        switch (IntegMethod) {
            case BW_EULER:                        // Backward Euler method (A3.10)
                mat1_11 = (1 / Rs) + (Cs / TimeStep);       // 2x2 matrix values
                mat1_12 = mat1_21 = -(1 / Rs);
                mat1_22 = (1 / Rs) + (Cp / TimeStep);
                mat2_11 = (Cs / TimeStep) * prev_V1;        // 2x1 matrix values
                mat2_21 = ((Cp / TimeStep) * prev_V2) + Ipump_in;
                V1 = (1 / ((mat1_11 * mat1_22) - (mat1_12 * mat1_21)))
                                * ((mat1_22 * mat2_11) - (mat1_12 * mat2_21));
                V2 = (1 / ((mat1_11 * mat1_22) - (mat1_12 * mat1_21)))
                                * (-(mat1_21 * mat2_11) + (mat1_11 * mat2_21));
                I1 = (Cs / TimeStep) * (V1 - prev_V1);
                I2 = (Cp / TimeStep) * (V2 - prev_V2);
                QCs = Cs * V1;
                QCp = Cp * V2;
                break;
            case TRAPEZOIDAL:                     // Trapezoidal method (A3.11)
                mat1_11 = (1 / Rs) + ((2 * Cs) / TimeStep);   // 2x2 matrix values
                mat1_12 = mat1_21 = -(1 / Rs);
                mat1_22 = (1 / Rs) + ((2 * Cp) / TimeStep);
                mat2_11=prev_I1+((2*Cs)/TimeStep)*prev_V1;//2x1 matrix values
                mat2_21 = prev_I2 + (((2 * Cp) / TimeStep) * prev_V2) + Ipump_in;
                V1 = (1 / ((mat1_11 * mat1_22) - (mat1_12 * mat1_21)))
                                * ((mat1_22 * mat2_11) - (mat1_12 * mat2_21));
                V2 = (1 / ((mat1_11 * mat1_22) - (mat1_12 * mat1_21)))
                                * (-(mat1_21 * mat2_11) + (mat1_11 * mat2_21));
                I1 = (2 * Cs / TimeStep) * (V1 - prev_V1) - prev_I1;
                I2 = (2 * Cp / TimeStep) * (V2 - prev_V2) - prev_I2;
                QCs = Cs * V1;
```

```
                        QCp = Cp * V2;
                        break;
                }
                //LF 파라미터 update
                UPDATE (LF, QCs, QCp, I1, I2, TimeStep);
                //이전값 저장
                prev_V1 = V1;           prev_V2 = V2;
                prev_I1 = I1;           prev_I2 = I2;
                prev_QCs = QCs;         prev_QCp = QCp;
        }return V2;
}
int INTEG_SELECT (double Time, int breakpoint){
        //integration method 선택 : breaking point 에서 Backward Euler
        if ((Time == 0) || breakpoint)          return BW_EULER;
        else                            return TRAPEZOIDAL;
}
void INIT (LoopFilter *LF, double QCs, double QCp, double I1, double I2, double tstep) {
        //LF 의 initial state 값 설정
        for (i = 0; i <= 3; i++) {
                LF->CS.charge[i] = QCs;      LF->CS.current[i] = I1;
                LF->CP.charge[i] = QCp;      LF->CP.current[i] = I2;
                LF->step[i] = tstep; }
}

void UPDATE (LoopFilter *LF, double QCs, double QCp, double I1, double I2, double tstep){
        //LF value update
        for (i = 3; i >= 0; i--) {
            if (i == 0) {
                LF->CS.charge[i] = QCs;      LF->CS.current[i] = I1;
                LF->CP.charge[i] = QCp;      LF->CP.current[i] = I2;
                LF->step[i] = tstep;}
            else {
                LF->CS.charge[i] = LF->CS.charge[i-1];
                LF->CS.current[i] = LF->CS.current[i-1];
                LF->CP.charge[i] = LF->CP.charge[i-1];
                LF->CP.current[i] = LF->CP.current[i-1];
                LF->step[i] = LF->step[i-1];}
        }
}
```

Time step control 함수

```
double TIME_STEP_CTRL (double TimeStep, double Iter_Time, int IntegMethod,
                                                    LoopFilter LF){
        if (Iter_Time < 5)          Time_Step_Cal = TMIN ;           //초기값 설정
            else {
```

```
                    //Cs, Cp 각각에 대한 timestep 계산
                    timetemp1 = TIME_CAL_CAP (TimeStep, IntegMethod, LF.CP, LF.step, Cp);
                    timetemp2 = TIME_CAL_CAP (TimeStep, IntegMethod, LF.CS, LF.step, Cs);
                    //Minimum   time step   선택
                    Time_Step_Cal = MIN (timetemp1, timetemp2);
                    if (Time_Step_Cal < TMIN)              Time_Step_Cal = TMIN;
                    else if (Time_Step_Cal > TMAX)         Time_Step_Cal = TMAX;
            }return Time_Step_Cal;
}
double TIME_CAL_CAP (double timestep, int IntegMethod, CAP cap, double *step,
                                                        double Cap_Value)

    // A3.2.3 의 tolerance 값 계산
    tol_1 = CKT_ABS_TOL + CKT_REL_TOL * MIN (fabs (cap.current[0]), //전류 tolerance
                                              fabs (cap.current[1]));
    tol_2 = MAX (fabs (cap.charge[0]), fabs (cap.charge[1]));       //charge tolerance
    tol_2 = CKT_REL_TOL * MIN (tol_2, CKT_CHG_TOL) / step[0];
    tolerance = MIN (tol_1, tol_2); //전류 tolerance 와 charge tolerance 중 최소값 선택

    for (i = 0; i <= IntegMethod + 2; i++)         diff[i] = cap.charge[i];
    for (i = 0; i <= IntegMethod + 1; i++)         deltatemp[i] = step[i+1];
    j = IntegMethod + 1;
    // Calculate d2Q/dt2 or d3Q/dt3 numerically
    while (1) {
        for (i = 0; i <= j; i++)        diff[i] = (diff[i] - diff[i+1]) / deltatemp[i];
        if (--j < 0) break;
        for (i = 0; i <= j; i++)             deltatemp[i] += deltatemp[i+1];}
    switch (IntegMethod) {
    case BW_EULER :    {factor = LTE_BW_EULER;   break;}
    case TRAPEZOIDAL:  {factor = LTE_TRAPEZOIDAL; break;}}
    //적분 방법에 따라 앞에서 구해진 tolerance 를 바탕으로 timestep 계산(A3.14) (A3.15)
    delta = CKT_TR_TOL * tolerance / MAX (CKT_ABS_TOL,
                                          (factor * fabs (diff[0]) / Cap_Value));
    if (IntegMethod == BW_EULER)           delta = sqrt (delta);
    else                                   delta = exp (log (delta) / 3);
    //이전 timestep*2 와 비교하여 최소값을 timestep 으로 결정
    return MIN (2*timestep, delta);
}
```

VCO (voltage controlled oscillator)

LF(루프필터) 출력인 Vctrl 전압에 따라 선형적으로 변하는 주파수의 pulse 신호를 출력한다.

```c
int VCO (double vctrl, double TimeStep){
    if (SYS_RESET) { count_vco = 0; out_vco = 0;        //system reset}
    else {
            //VCO 출력 범위 지정
            if (vctrl < VCTRL_MIN)              half_period = HPERIOD_MAX;
            else if (vctrl > VCTRL_MAX)         half_period = HPERIOD_MIN;

            //Oscillation 주기 계산
            else     half_period = 0.5 / (KO_VCO * (vctrl - VCTRL_MIN) + FOUT_MIN);

            count_vco += TimeStep;
            //출력 pulse 생성
            if (count_vco >= half_period) {
                    count_vco = count_vco - half_period;
                    out_vco = !(out_vco);}
    }return out_vco;
}
//외부 입력 VCO option 선택 시
int VCO_FILE (NODE **header, NODE **tail, double vctrl, double TimeStep){
    NODE *temp1 = (*header);
    NODE *temp2 = (*header)->pointer;
    NODE *temp3;
    if (SYS_RESET) {count_vco = 0;  out_vco = 0;}        //system reset
    else {
            if (vctrl <= (*header)->x)      fout = (*header)->y;     //VCO 출력 범위 지정
            else if (vctrl >= (*tail)->x)   fout = (*tail)->y;
            else {
                while (!stop) {                             //VCO 파일 read
                        if (temp1->x == vctrl)          fout = temp1->y;
                        else if (temp2->x == vctrl)     fout = temp2->y;
                        else if ((temp1->x < vctrl) && (temp2->x > vctrl)) {
                            //Oscillation 주기 계산
                            slope = (temp2->y - temp1->y) / (temp2->x - temp1->x);
                            fout = (slope * (vctrl - temp1->x) + temp1->y);}
                        temp3 = temp2->pointer;
                        temp1 = temp2;
                        temp2 = temp3;
                        if (temp2 == NULL)stop = 1;}
                }
            half_period = 0.5 / fout;
            count_vco += TimeStep;
            //출력 pulse 생성
            if (count_vco >= half_period) {
                    count_vco = count_vco - half_period;
                    out_vco = !(out_vco);}
    }return out_vco;
}
```

Frequency Divider

VCO 의 출력 신호를 분주하여 int_clk 을 생성한다.

```
int DIV_N (int div_in){
    if (SYS_RESET){                                    //system reset
        out_div = 0;         count_div = 0;       previn_div = 0;}
    else{
        if (!previn_div && div_in)      count_div += 1;
        //출력 pulse 생성
        if (out_div) {if (count_div >= HNDIV1) {count_div = 0;      out_div = 0;}}
        else {if (count_div >= HNDIV0) {count_div = 0;   out_div = 1;}}
        previn_div = div_in;
    } return out_div;
}
```

PLL 입력신호(Ext_clk) 생성

```
int PULSE_GEN (double Time, double half_period){
    if (SYS_RESET) {                             //system reset
        out_pulsegen = 0;  count_pulse = 0.0;}
    else if (Time > half_period * count_pulse) {  //ext_clk 의 half_period 이후 값 반전
        out_pulsegen = !(out_pulsegen);
        count_pulse++;}
    return out_pulsegen;
}
int PULSE_GEN_JITTER (double Time, double half_period){
    if (SYS_RESET) {                             //system reset
        out_pulsegen = 0;  count_pulse = 0.0; offset_period = 0.0;}
    else if (Time > half_period * count_pulse + offset_period) {
        out_pulsegen = !(out_pulsegen);     //ext_clk 의 half_period 이후 값 반전
        count_pulse++;
        //half_period 에 offset 으로 random jitter 추가
        offset_period = ((double) (rand ()) / 32767.0 - 0.5)
                                        * PEAK_TO_PEAK_RANDOM_JITTER;
    }return out_pulsegen;
}
```

결과값 출력

INSERT 함수로 결과값을 linked list 에 저장하고, PRINT_TO_FILE 함수로 결과값 파일에 출력한다.

```c
void INSERT (NODE **Head, NODE **Tail, double x_data, double y_data){
    NODE *temp = (NODE *) malloc (sizeof (NODE));            //저장 공간 확보
    temp->x = x_data;
    temp->y = y_data;
    temp->pointer = NULL;

    if ((*Head) == NULL) {(*Head) = temp;              (*Tail) = temp;}
    else {(*Tail)->pointer = temp;       (*Tail) = temp;}      //pointer 이동,
}
void PRINT_TO_FILE (NODE *Head, NODE *Tail, FILE *fp, char *FileName){
    NODE *temp;
    int stop = 0;
    while (!stop) {
        if (Head->pointer == NULL)            stop = 1;
        temp = Head;
        fprintf (fp, "%15.7e %15.7e\n", temp->x, temp->y);   //파일에 x,y 출력
        temp = Head->pointer;
        free (Head);
        Head = temp;
    }fprintf (fp, "\"%s\n", FileName);                    //파일에 node 정보 출력
}
```

Spread spectrum 파형 출력

출력 주파수가 시간에 대해 톱니파 형태인 Spread spectrum 클락을 출력한다(입력 주파수 75MHz, 주파수 분주비 40, spread spectrum 주기 33.32us, 최대 modulation index 0.5%).

```c
int DIV_119 (int div_in){
    if (SYS_RESET == 1){                                    //system reset
        out_div=0;          count_div = 0;    prev_div_in = 0;}
    else{
        //if rising edge detected, increment count_div
        if ( prev_div_in == 0 && div_in == 1 ) count_div ++;
        if (out_div == 1){ if (count_div >= 60){count_div = 0;   out_div = 0;}}
        else{ if (count_div >= 59){count_div = 0;   out_div = 1;}}
        prev_div_in = div_in;
```

```
      }return (out_div);
}
// UP DN counter (for spread spectrum)
int UDC_10 (int in){
    if (SYS_RESET == 1) {up = 1;     prev_in = 0;}          //system reset
    else{
            // if rising edge detected, increment or decrement out
        if (prev_in == 0 && in == 1 ){
                    if (up == 1) { out ++;   if ( out == 10 ) up = 0;}}
                    else         {out --;    if ( out == 0 ) up = 1;}
        }
            prev_in = in;
    }return out;
}
int DIV_CTRL (int int_clk, int clk_119, int clk_udc){
    if (SYS_RESET == 1)   {                      //system reset
            prev_int_clk = 0;    prev_clk_119 = 0;          prev_clk_udc = 0;
            div_ctrl = 0;        count_n = 0;}
    else {
            if (((clk_119 == 1) && (prev_clk_119 == 0)) || (count_n > 119))     count_n = 0;
            if ((int_clk == 1) && (prev_int_clk == 0))                          count_n ++;
            switch (clk_udc) {
                    case 0:   div_ctrl = 0;           break;
                    case 1:   switch (count_n) { case 119: div_ctrl = 1;          break;
                                        default:            div_ctrl = 0;}
                              break;
                    case 2:   switch (count_n) {case 55:
                                                case 119:  div_ctrl = 1;          break;
                                        default:            div_ctrl = 0;}
                              break;
                    case 3:   switch (count_n) {
                                                case 31:   case 63:
                                        case 95:            div_ctrl = 1;         break;
                                        default:            div_ctrl = 0;}
                              break;
                    case 4:   switch (count_n) {
                                        case 23:            case 55:              case 87:
                                        case 119:           div_ctrl = 1;         break;
                                        default:            div_ctrl = 0;}
                              break;
                    case 5:   switch (count_n) {  case 31:  case 47:
                                        case 63:            case 95:
                                        case 111:           div_ctrl = 1;         break;
                                        default:            div_ctrl = 0;}
                                        break;
                    case 6:   switch (count_n) {  case 23:  case 39:
                                        case 55:            case 87:              case 103:
                                        case 119:           div_ctrl = 1;         break;
                                        default:            div_ctrl = 0;}
                                        break;
```

```
            case 7:   switch (count_n) {
                            case 15:        case 31:        case 47:
                            case 63:        case 79:        case 95:
                            case 111:       div_ctrl = 1;   break;
                            default:        div_ctrl = 0;}
                            break;
            case 8:   switch (count_n) {  case 7:   case 23:
                            case 39:        case 55:        case 71:
                            case 87:        case 103:
                            case 119:       div_ctrl = 1;   break;
                             default:       div_ctrl = 0;}
                            break;
            case 9:   switch (count_n) {  case 15:  case 31:
                            case 47:        case 55:        case 63:
                            case 79:        case 95:        case 111:
                            case 119:       div_ctrl = 1;   break;
                            default:        div_ctrl = 0;}
                            break;
            case 10:  switch (count_n) {
                            case 7:         case 23:        case 39:
                            case 47:        case 55:        case 71:
                            case 87:        case 103:       case 111:
                            case 119:       div_ctrl = 1;   break;
                            default:        div_ctrl = 0;}
                            break;
            default:        div_ctrl = 0;
        }
        prev_int_clk = int_clk;
        prev_clk_119 = clk_119;
        prev_clk_udc = clk_udc;
    }return div_ctrl;
}
// Frequency divider (for spread spectrum)
int DIV_MAIN (int div_in, int div_ctrl){
    if (SYS_RESET == 1) {                       //system reset
        out_div=0;          count_div = 0;   prev_div_in = 0;}
    else
    {//   if rising edge detected, increment count_div
        if (prev_div_in == 0 && div_in == 1)    count_div ++;
        if (div_ctrl == 1) { HND1 = HNDIV1m1;HND0 = HNDIV0m1;}
        else { HND1 = HNDIV1;      HND0 = HNDIV0; }
        if (out_div == 1){
                if (count_div >= HND1){      count_div = 0;   out_div = 0;}}
        else{
                if (count_div >= HND0){      count_div = 0;      out_div = 1;}}
        prev_div_in = div_in;
    }return out_div;
}
```

참 고 문 헌

[1] 박홍준, 박상훈, 손영수, "전하펌프 PLL 을 위한 Behavior-Level Simulator", 등록번호: 2003-01-12-2489, 창작 년월일: 2003 년 5 월 1 일, 등록 년월일: 2003 년 5 월 12 일, 프로그램심의조정위원회.

[2] 박홍준, 신정범, 박상훈, 송승현, "GUI 를 이용한 전하펌프 PLL Simulator", 등록번호: 2004-01-12-399, 창작 년월일: 2004 년 1 월 16 일, 등록 연월일: 2004 년 2 월 2 일, 프로그램심의조정위원회.

[3] 박홍준, 김호영, "전하펌프 PLL 을 위한 타임스텝 제어방식의 고속 Behavioral Simulator", 등록번호: 2006-01-121-002721, 창작 년월일: 2006 년 05 월 19 일, 등록 연월일: 2006 년 05 월 26 일, 프로그램심의조정위원회.

[4] 김호영, "Nano CMOS 아날로그 회로 시뮬레이션", 석사학위 논문, 포항공과대학교 전자컴퓨터공학부, 2007 년 6 월 28 일.

[5] 박홍준, 권혜정, "PLL Based CDR Behavioral Simulator Using Time step Control Algorithm", 등록번호: 2008-01-121-003128, 창작 년월일: 2008 년 04 월 28 일, 등록 연월일: 2008 년 06 월 23 일, 컴퓨터프로그램보호위원회.

[6] Leon O. Chua, Pen-Min Lin, "Computer Aided Analysis of Electronic Circuits: Algorithms and Computational Techniques", Prentice-Hall, 1975.

[7] http://analog.postech.ac.kr ➔ Books ➔ Books

연습문제 정답

연습문제 정답 (하권)

제 9 장 **CMOS OP amp.**

9.1 (1) slew rate = $\left. \dfrac{dV_o}{dt} \right|_{max}$

발생원인 : slew 시간 구간 동안 first stage differential amp 의 bias 전류가 제한되어 있어서 이 전류가 second stage 의 주파수 보상용 커패시터(frequency compensation capacitor)를 충전시키는데 시간이 걸리기 때문

줄이기 위한 방법 : $SR = \dfrac{I_{xm}}{C_C} = \dfrac{I_{xm}}{g_{m1}} \cdot \omega_T$ (45° phase margin)

① input stage transconductance g_{m1} 을 줄인다. (series 저항 삽입 또는 FET 등의 low g_m 소자 사용)

② slew 현상이 일어날 때만 input stage 의 bias 전류를 특별히 많이 흘려주는 회로 부착(class AB input stage)

(2) Miller 커패시턴스를 이용하여 두 개의 pole 간격을 벌려서 phase margin 을 좋게 하는 기법

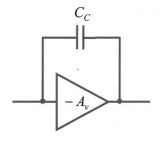

9.2

(1) let $C_1 = C_2 = 0$

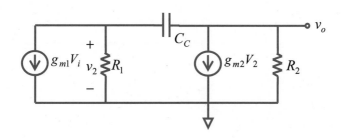

$$g_{m1}V_i + \frac{V_2}{R_1} + sC_C(V_2 - V_o) = 0 \quad \dots \text{①} \qquad g_{m2}V_2 + \frac{V_o}{R_2} + sC_C(V_o - V_2) = 0 \quad \dots \text{②}$$

①, ②에서 V_2를 소거하면, $\quad \dfrac{V_o}{V_i} = \dfrac{(g_{m1}R_1)(g_{m2}R_2)\left(1 - \dfrac{sC_C}{g_{m2}}\right)}{1 + sC_C \cdot \left\{R_1 \cdot (1 + g_{m2}R_2) + R_2\right\}}$

dominant pole $\quad p_1 = -\dfrac{1}{C_C \cdot \left\{R_1 \cdot (1 + g_{m2}R_2) + R_2\right\}} \approx -\dfrac{1}{g_{m2}C_C R_1 R_2}$,

zero $\quad z = \dfrac{g_{m2}}{C_C}$

ω_1의 계산 : since $|p_1| \ll z$, V_o/V_i는 다음 식으로 approximation 된다.

$$\left|\frac{V_o}{V_i}\right| \approx \left|\frac{g_{m1}R_1 \cdot g_{m2}R_2}{1 + j\omega_1 g_{m2}R_1 R_2 C_C}\right| = 1, \quad \omega_1 = \frac{g_{m1}}{C_C}$$

(2) $\quad p_2 = -\dfrac{g_{m2}}{C_1 + C_2}$, $\quad \left|\dfrac{p_2}{\omega_1}\right| = \dfrac{g_{m2}}{g_{m1}} \cdot \dfrac{C_C}{C_1 + C_2}$, $\quad \left|\dfrac{z}{\omega_1}\right| = \dfrac{g_{m2}}{g_{m1}}$

BJT OP amp : $g_m \propto I_C$이므로 $\dfrac{g_{m2}}{g_{m1}}$을 크게 할 수 있다. 따라서 p_2, z 등이 unity gain angular frequency 보다 멀리 떨어져 있어서 phase margin 등에 영향을 주지 않는다.

MOS OP amp : $g_m \propto \sqrt{I_D}$이고 또한 input stage에서의 thermal noise 문제로 g_{m1}을 너무 줄일 수 없어서 $\dfrac{g_{m2}}{g_{m1}}$ 비율을 크게 할 수 없다. 따라서 p_2, z 등이 인접하게 되어 주파수 특성에 큰 문제가 된다.

(3) zero는 커패시터를 통한 feed-forward 현상 때문에 생겨나는 것이므로 feed-forward path를 blocking 하기 위해 다음의 두 가지 방법이 쓰인다.

　① source follower : 피드백은 되지만 feed-forward를 막는다.

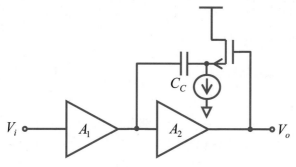

③ nulling resistor around : $\omega = \omega_1 \left(\dfrac{1}{\omega C_C} \ll R_Z \right)$

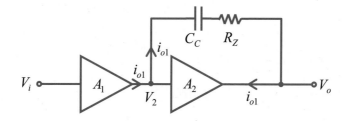

R_Z 값이 $\dfrac{1}{g_{m2}}$ 가 되면 V_2 에 나타내는 i_{o1} 성분이 V_o 에 나타나지 않게 된다. 그리하여

feed-forward path 가 막혀서 zero 가 없어진다.

9.3

(1) $V_{OS} = -\dfrac{V_5 - V_4}{g_{m1}(r_{o2} \parallel r_{o5})} = -\dfrac{1.52 - 1.35}{1 \times 10^{-3} \times 100\,k} = -1.7\,mV$

($V_4 =$ M4 의 드레인 전압 $= 2.5 - 0.8 - \sqrt{\dfrac{2 \times 50\mu}{40\mu \times 20}} = 1.35\,V$)

(2) $V_3 = 0 - V_{GS1} = -V_{TO}(NMOS) - \sqrt{\dfrac{2 \cdot I_1}{\mu_n C_{OX} \cdot \left(\dfrac{W}{L} \right)_1}} = -0.8 - \sqrt{\dfrac{2 \times 50\,\mu}{100\,\mu \times 100}} = -0.9\,V$

$V_5 = V_{DD} - V_{SG6} = V_{DD} - 0.8 - \sqrt{\dfrac{2 \times 125\,\mu}{40\,\mu \times 200}} = 1.52\,V$

$V_9 = V_{GS9} + V_{SS} = 0.8 + \sqrt{\dfrac{2 \times 25\,\mu}{100\,\mu \times 10}} - 2.5 = -1.48\,V$

(3) $g_{m1} = \sqrt{2 \times 100\mu \times 100 \times 50\mu} = 1\,mS$, $\quad g_{m4} = \sqrt{2 \times 40\mu \times 20 \times 50\mu} = 0.283\,mS$

$g_{m6} = \sqrt{2 \times 40\mu \times 200 \times 125\mu} = 1.41\,mS$,

$r_{o2} = r_{o5} = \dfrac{1}{0.1 \times 50\,\mu} = 200\,k\Omega$, $\quad r_{o6} = r_{o7} = \dfrac{1}{0.1 \times 125\,\mu} = 80\,k\Omega$

$R_{Z8} = \dfrac{1}{\mu_p C_{OX} \cdot \left(\dfrac{W}{L}\right)_8 \cdot \left(V_5 - (-2.5) - 0.8\right)} = 3.88\,k\Omega$

(4) $A_{vd} = g_{m1} \cdot (r_{o2} \| r_{o5}) \cdot g_{m6} \cdot (r_{o6} \| r_{o7}) = 5640$

$A_{vc} = \dfrac{(r_{o2} \| r_{o5})}{2 r_{o3} \cdot g_{m4}(r_{o1} \| r_{o4})} \cdot g_{m6} \cdot (r_{o6} \| r_{o7}) = \dfrac{1.41 \times 10^{-3} \times 40\,k}{2 \times 100\,k \times 0.283 \times 10^{-3}} = 0.996$

(5) $\dfrac{p_1}{2\pi} = -\dfrac{1}{2\pi} \cdot \dfrac{1}{(r_{o2} \| r_{o5}) \cdot g_{m6}(r_{o6} \| r_{o7}) \cdot C_C} = -14.1\,kHz$

$\dfrac{p_2}{2\pi} = -\dfrac{1}{2\pi} \cdot \dfrac{g_{m6}}{C_L} = -\dfrac{1}{2\pi} \times \dfrac{1.41\,m}{10\,p} = -22\,MHz$

$\dfrac{z}{2\pi} = \dfrac{1}{2\pi} \cdot \dfrac{g_{m6}}{C_C} \cdot \dfrac{1}{1 - g_{m6}R_Z} = \dfrac{1}{2\pi} \times \dfrac{1.41\,m}{2\,p} \times \dfrac{1}{1 - 1.41\,m \times 3.88\,k} = -25.1\,MHz$

(6) slew rate $= \dfrac{100\,\mu}{2\,p} = 50\,\dfrac{V}{\mu s}$

(7) gain-bandwidth product $A_{vd} \cdot \dfrac{|p_1|}{2\pi} = 79.5\,MHz$

$p_2 \approx z$ 로 서로 그 영향이 cancel 된다고 가정하면 single-pole amp 가 되어 PM = 90°

(8) $\dfrac{\partial V_5}{\partial V_{DD}} = 1$, $\dfrac{\partial V_5}{\partial V_{SS}} = \dfrac{(r_{o2} \| r_{o5})}{2 r_{o3} \cdot g_{m4}(r_{o1} \| r_{o4})} = 1.77 \times 10^{-2}$, $\dfrac{\partial V_o}{\partial V_{DD}} = \dfrac{r_{o7}}{r_{o6} + r_{o7}} = 0.5$

$\dfrac{\partial V_o}{\partial V_{SS}} = -g_{m6} \cdot (r_{o6} \| r_{o7}) \cdot \dfrac{\partial V_5}{\partial V_{SS}} + \dfrac{r_{o6}}{r_{o6} + r_{o7}} = -0.498$

(9) 최소값 : $V_9 - V_{TH}(NMOS) + V_{GS}(M1) = -1.48 - 0.8 + 0.8 + 0.1 = -1.38\,V$

최대값 : $V_{DD} - V_{SG4} + V_{TH}(NMOS) = 2.5 - (0.8 + 0.35) + 0.8 = 2.15\,V$

(10) 초단 증폭기의 소신호 gain 이 1 보다 훨씬 크므로, 초단 증폭기 회로의 random offset 만 계산하면 된다. 식(5.2.29)에서 각 트랜지스터의 ΔV_{TH} 와 $\Delta(W/L)$은 통계적으로 독립적인 random process 라는 사실을 이용하면 $V_{os.rms}$ 는 다음 식으로 계산된다.

$$V_{os.rms} = \sqrt{\left(\Delta V_{TH.rms}\right)^2 \cdot \left\{1 + \frac{\mu_p C_{OX}\left(W/L\right)_{4.5}}{\mu_n C_{OX}\left(W/L\right)_{1.2}}\right\} + \frac{I_{D1.2}}{2 \cdot \mu_n C_{OX}\left(W/L\right)_{1.2}} \cdot 2 \cdot \left\{\frac{\Delta\left(W/L\right)_{rms}}{W/L}\right\}^2}$$

$$= \sqrt{10^{-4} + 5 \times 10^{-5}} = 12.2 \, mV$$

(11) 식(6.2.36)에서 $\overline{V_{gni}^2(f)} = 8 \cdot kT/(3 \cdot g_{mi})$ 인 사실을 이용하면

$$\overline{V_{ieqn}^2(f)} = \frac{8 \cdot kT}{3} \cdot \left\{\frac{2}{g_{m1}} + \left(\frac{g_{m5}}{g_{m1}}\right)^2 \cdot \frac{2}{g_{m5}}\right\} = 2.738 \times 10^{-17} \, [V^2/Hz]$$

(12) $A_{vd}(s) = \dfrac{5640}{1 + \dfrac{s}{8.86 \times 10^4}}$

9.4

(1) $A_{vf}(s) = \dfrac{A_{vd}(s)}{1 + A_{vd}(s)} = \dfrac{5640}{5641} \times \dfrac{1}{1 + \dfrac{s}{5641 \times 8.86 \times 10^4}} \approx \dfrac{1}{1 + \dfrac{s}{5 \times 10^8}}$

(2) $V_o(s) = A_{vf}(s) \cdot V_i(s) = \dfrac{1}{1 + \dfrac{s}{5 \times 10^8}} \times \dfrac{\Delta V}{s} = \Delta V \cdot \left(\dfrac{1}{s} - \dfrac{1}{s + 5 \times 10^8}\right)$

$$v_O(t) = \Delta V \cdot (1 - e^{-5 \times 10^8 t}) \cdot u(t)$$

(3) $e^{-5 \times 10^8 t_s} = 0.001$, $\quad t_s = \dfrac{\ln(1000)}{5 \times 10^8} = 13.8 \, ns$

9.5

(1) $V_{i1} : V_i^-$, $\quad V_{i2} : V_i^+$ $\quad$ (2) $A_{vd} = g_{m1} \cdot \left(r_{o2} \| r_{o5}\right) \cdot \left(g_{m6} + g_{m7}\right) \cdot \left(r_{o6} \| r_{o7}\right)$

(3) $CMRR = 2g_{m1}r_{o3} \cdot g_{m4} \cdot \left(r_{o1} \| r_{o4}\right)$ $\quad$ (4) 최소값: $-1.3 \, V$, $\quad$ 최대값: $2.3V$

(5) $V_{OS} = \Delta V_{THn1.2} + \Delta V_{THp4.5} \cdot \dfrac{g_{m4.5}}{g_{m1.2}} + \dfrac{(V_{GS} - V_{THn})_{1.2}}{2} \cdot \left\{-\dfrac{\Delta\left(W/L\right)_{1.2}}{\left(W/L\right)_{1.2}} + \dfrac{\Delta\left(W/L\right)_{4.5}}{\left(W/L\right)_{4.5}}\right\}$

(6) M1 과 M2, M4 와 M5 가 완전히 match 된 상태에서는 $V_{DS4} = V_{DS5}$ 이므로

$$V_{o1} = V_{DD} - \left|V_{DS4}\right| = V_{DD} - \left|V_{GS4}\right| = V_{DD} - \left|V_{DSAT}\right| - \left|V_{THp}\right| = 1.5 \, V$$

(7) $V_{o1} = 0$

(8) $V_{OS} = \dfrac{0 - 1.5}{g_{m1} \cdot (r_{o2} \parallel r_{o5})}$

(9) $\overline{v_{ieqn}} = \left[\overline{v_{gn1}^2} + \overline{v_{gn2}^2} + \left(\dfrac{g_{m5}}{g_{m1}}\right)^2 \cdot \left(\overline{v_{gn4}^2} + \overline{v_{gn5}^2}\right) + \dfrac{g_{m6}^2 \overline{v_{gn6}^2} + g_{m7}^2 \overline{v_{gn7}^2}}{(g_{m6} + g_{m7})^2 \cdot \{g_{m1} \cdot (r_{o2} \parallel r_{o5})\}^2} \right]^{0.5}$

9.6

(1) $v_{o1}/v_{dd} = 1$, $\quad v_{o1}/v_{ss} = -A_{vc1}$

(2) $v_o/v_{dd} = \left(g_{m7} + \dfrac{1}{r_{o7}}\right) \cdot (r_{o6} \parallel r_{o7})$, $\quad v_o/v_{ss} = \left(g_{m6} + \dfrac{1}{r_{o6}}\right) \cdot (r_{o6} \parallel r_{o7})$

(3) $v_o/v_{dd} = \left(-g_{m6} + \dfrac{1}{r_{o7}}\right)(r_{o6} \parallel r_{o7})$

$v_o/v_{dd} = \left(-g_{m6} + \dfrac{1}{r_{o7}}\right)(r_{o6} \parallel r_{o7})$

$v_o/v_{ss} = \left\{g_{m6} \cdot (1 + A_{vc1}) + g_{m7} \cdot A_{vc1} + \dfrac{1}{r_{o6}}\right\} \cdot (r_{o6} \parallel r_{o7})$

$PSRR^+ = \dfrac{A_{vd}}{\left(-g_{m6} + \dfrac{1}{r_{o7}}\right) \cdot (r_{o6} \parallel r_{o7})}$

$PSRR^- = \dfrac{A_{vd}}{\left\{g_{m6} \cdot (1 + A_{vc1}) + g_{m7} \cdot A_{vc1} + \dfrac{1}{r_{o6}}\right\} \cdot (r_{o6} \parallel r_{o7})}$

이 회로는 그림 9.1.1 회로에 비해 $PSRR$ 이 나빠진다.

(4) $SR = I_{BIAS} / C_C$

(5) $G_{m1} = g_{m1}$, $R_{o1} = r_{o2} \parallel r_{o5}$, $G_{m2} = g_{m6} + g_{m7}$, $R_{o2} = r_{o6} \parallel r_{o7}$

(6) $p_1 = \dfrac{-1}{R_{o1} G_{m2} R_{o2} C_C}$, $\quad p_2 = \dfrac{-G_{m2}}{C_L}$, $\quad z = \dfrac{G_{m2}}{C_C} \cdot \dfrac{1}{1 - G_{m2} R_Z}$

(7) series-shunt, 입력:전압, 출력:전압, $\quad f = R_A/(R_A + R_B)$

(8) $R_i = \infty$, $\quad R_o = R_{o2} \parallel (R_A + R_B)$, $\quad A_v{'}(s) = A_{vd}(s) \cdot \dfrac{R_A + R_B}{R_{o2} + R_A + R_B}$

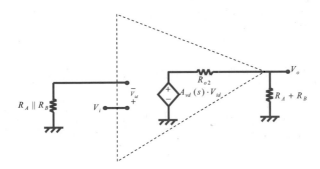

(9) $R_{if} = \infty$, $R_{of} = \dfrac{R_o}{1 + f \cdot A_v'(s)}$, $A_{vf}(s) = \dfrac{A_v'(s)}{1 + f \cdot A_v'(s)}$

(10) $A_{vo}' \equiv G_{m1} R_{o1} G_{m2} R_{o2} \cdot \dfrac{R_A + R_B}{R_{o2} + R_A + R_B}$ 라고 하면, $\omega_0 = \sqrt{(1 + fA_{vo}') \cdot p_1 p_2}$

$$Q = -\frac{\sqrt{1 + fA_{vo}'}}{\sqrt{p_1 p_2}} \cdot \left(\frac{1}{p_1} + \frac{1}{p_2} + \frac{fA_{vo}'}{z_1} \right)^{-1}$$

(11) p_1, p_2 는 negative real 이므로 z_1 이 (+)에서 (−)로 바뀌면 Q 값은 감소한다. 또 주파수 안정도는 향상된다.

9.7

(1) 45° phase margin 을 위해서는 $\omega_T = \omega_{0dB} = -p_2$ 이므로 gain-bandwidth 곱이 $-p_2$ 와 같게 된다. $G_{m1} R_{o1} G_{m2} R_{o2} \cdot (-p_1) = (-p_2)$,   bandwidth $(-p_1)$는 Miller 정리에 의해

$-p_1 = \dfrac{1}{R_{o1} \cdot G_{m2} R_{o2} \cdot C_C}$ 로 표시되므로 $C_C = \dfrac{G_{m1}}{(-p_2)}$

(2) $SR = I_{B1}/C_C$ (3) $SR = I_{B1} \cdot (-p_2)/G_{m1}$ (4) $SR = \dfrac{(-p_2)}{\sqrt{\mu_n C_{OX} (W/L)_1}} \cdot \sqrt{I_{B1}}$

(5) I_{B1} : 증가, $(W/L)_1$: 감소

9.8

(1) V_1 : (−)입력 단자, V_2 : (+)입력 단자, $V_o = B \cdot g_{m1.3} \cdot (r_{o7} \| r_{o8}) \cdot (V_2 - V_1)$

(2) dominant pole : $\dfrac{-1}{(r_{o7} \| r_{o8}) \cdot C_L}$ [rad/sec],   non-dominant poles : $\dfrac{-g_{m2}}{C_2}$, $\dfrac{-g_{m4}}{C_3}$, $\dfrac{-g_{m5}}{C_4}$

(3) $A_v(s) = \dfrac{A_{vd}(s)}{1 + \beta A_{vd}(s)}$, $A_v(s) = \dfrac{1}{s\tau_u(1 + s\tau_p) + \beta}$,   pole $p_{1,2} = -\dfrac{1}{2\tau_p}\left(1 \pm \sqrt{1 - \dfrac{4\tau_p\beta}{\tau_u}}\right)$

(4) $\beta = 1$, $\tau_p \ll \dfrac{1}{4}\tau_u$ 일 때 (원래 amp $A_{vd}(s)$의 pole 들이 멀리 떨어져 있을 때)

$p_1 = -\dfrac{1}{\tau_u}$, $p_2 = -\dfrac{1}{\tau_p}$ 이 된다. 따라서 $A_v(s) = \dfrac{1}{(1 + s\tau_p)\cdot(1 + s\tau_u)}$ 이 되어

step response 식에 대입하면

$$V_o(t) = V \cdot \left(1 - \frac{\tau_u}{\tau_u - \tau_p}\cdot e^{-t/\tau_u} + \frac{\tau_p}{\tau_u - \tau_p}\cdot e^{-t/\tau_p}\right)\cdot u(t)$$

since $\tau_u \gg \tau_p$ 이므로 $V_o(t)$가 settling 하는 시간에서는 $V_o(t) = V\cdot\left(1 - e^{-\frac{t}{\tau_u}}\right)\cdot u(t)$ 로

나타낼 수 있다. $\therefore t_{settle} = \tau_u \cdot \ln(1/\varepsilon)$

(5) $\beta = 1$, $\tau_p > \dfrac{1}{4}\tau_u$ 일 때, $p_{1,2} = -\dfrac{1}{2\tau_p}\left(1 \pm j\cdot\sqrt{\dfrac{4\tau_p}{\tau_u} - 1}\right)$

For Butterworth response, $\dfrac{4\tau_p}{\tau_u} - 1 = 1$, $\tau_p = \dfrac{1}{2}\tau_u$, $p_{1,2} = -\dfrac{1}{2\tau_p}(1 \pm j)$

앞의 step response 식에 대입하면, $V_o(t) = V\cdot\left\{1 - \sqrt{2}\cdot e^{-\frac{t}{2\tau_p}}\cdot \sin\left(\dfrac{t}{2\tau_p} - \dfrac{\pi}{4}\right)\right\}\cdot u(t)$

$\therefore t_{settle} = 2\tau_p \cdot \ln(\sqrt{2}/\varepsilon)$

(6) $R_N = R_{N1} + R_{N3} + \left(\dfrac{g_{m2}}{g_{m1}}\right)^2\cdot(R_{N2} + R_{N4})$

$\qquad + \dfrac{1}{C^2}\cdot\left\{\left(\dfrac{g_{m5}}{g_{m1}}\right)^2\cdot R_{N5} + \left(\dfrac{g_{m6}}{g_{m1}}\right)^2\cdot R_{N6}\right\} + \dfrac{1}{B^2}\cdot\left\{\left(\dfrac{g_{m7}}{g_{m1}}\right)^2\cdot R_{N7} + \left(\dfrac{g_{m8}}{g_{m1}}\right)^2\cdot R_{N8}\right\}$

(7) $\overline{V_{no}^2} = 4kT \cdot R_N \cdot \int_0^\infty |A_v(j\omega)|^2 \, d\omega = \dfrac{kT \cdot R_N \cdot \omega_1}{\beta}$

9.9

(step 1) $L_{eff} = L - 2 \cdot LD = 0.6 \mu m$ (step 2) $(W/L)_1 = (W/L)_6 = 125.63$, $W_1 = W_6 = 75.4 \mu m$

(step 3) $C_C = 2.35 pF$ (step 4) $(W/L)_3 \geq 76.4$ 이므로, $W_3 = 45.8 \mu m$,

$\quad (W/L)_4 \geq 23.2$ 이므로, $W_4 = 14 \mu m$ (step 5) $W_7 = W_3 = 45.8 \mu m$

(step 6) $(W/L)_9 = (W/L)_{12} = 7.63$ 이므로, $W_9 = W_{12} = 4.6 \mu m$

$\quad (W/L)_{10} = (W/L)_{11} = (W/L)_{13} = 4.64$ 이므로, $W_{10} = W_{11} = W_{13} = 2.8 \mu m$

$\quad (W/L)_{14} = 18.6$ 이므로, $W_{14} = 11.1 \mu m$, $R_B = 12.4 k\Omega$

$\quad (W/L)_8 = 8.05$ 이므로, $W_8 = 4.8 \mu m$

$\quad W_{15} = W_{16} = 4.6 \mu m$, $W_{17} = W_{18} = 2.5 \mu m$, $L_{17} = L_{18} = 150 \mu m$

(step 7) $OVR_{\min} = -2.25V$, $OVR_{\max} = 2.2V$; $V_{OS} = -3.17 mV$ 로 계산되는데,

$W_4 = 37.8 \mu m$ 에서 거의 0 이 되므로 W_4 의 최종 값은 $37.8 \mu m$ 으로 한다.

$\overline{v_{ieqn.th}(f)} = 4.6 nV / \sqrt{Hz}$

(step 8) $R_B = 7.6 k\Omega$, $(W/L)_8 = 13.2$ 이므로, $W_8 = 7.9 \mu m$

9.10 (1), (2), (4) 다음 표에 문제에서 요구한 값들을 정리하였다.

	계산값	SPICE simulation	Post-layout simulation
G_{md} [Siemens]	7.42×10^{-3}	8.02×10^{-3}	8.02×10^{-3}
G_{mc} [Siemens]	3.85×10^{-9}	3.44×10^{-9}	3.44×10^{-9}
R_O [Ω]	9.6×10^6	10.26×10^6	10.26×10^6
A_{vd} [V/V]	7.12×10^3 ($77.1dB$)	8.27×10^3 ($78.3dB$)	8.27×10^3 ($78.3dB$)
A_{vc} [V/V]	3.70×10^{-2} ($-28.65dB$)	3.53×10^{-2} ($-29dB$)	3.53×10^{-2} ($-29dB$)
$\dfrac{\partial V_o}{\partial V_{DD}}$ [V/V]	1.85×10^{-2}	5.50×10^{-2} (*)4.96×10^{-4}	5.50×10^{-2} (*)4.96×10^{-4}

$\dfrac{\partial V_o}{\partial V_{SS}} [V/V]$	1	0.98 (*) 1.035	0.98 (*) 1.035
CMRR	1.92×10^5 (105.69dB)	2.34×10^5 (107.38dB)	2.34×10^5 (107.38dB)
$PSRR^+$	3.85×10^5 (111.7dB)	1.50×10^5 (103.5dB)	1.50×10^5 (103.5dB)
$PSRR^-$	7.12×10^3 (77.1dB)	8.27×10^3 (78.3dB)	8.27×10^3 (78.3dB)
Slew rate $[V/\sec]$	6.0×10^6	6.6×10^6	6.6×10^6
input common mode voltage range	min:-1.3V max:2.79 V	min:-1.67 V max:2.3 V	min:-1.67 V max:2.3 V
Dominant pole freq. $[Hz]\ \left(\left\|p_1\right\|/2\pi\right)$	1.66 KHz	1.59 KHz	1.59KHz
Non-dominant pole freq. $[Hz]\left(\left\|p_2\right\|/2\pi\right)$	201 MHz	134 MHz	79.4MHz
Unity gain freq. $[Hz]\left(g_{m1}/2\pi C_L\right)$	11.8 MHz	12.6 MHz	12.6 MHz
phage margin(PM)	86.6°	82.5°	82.5°

((*): V_{DD} 와 V_{B1}, V_{DD} 와 V_{B2}, V_{DD} 와 V_{B3} 간에 각각 10^{15} *Farad* 커패시터를 연결하여 바이어스 회로가 완벽하게 동작하게 한 경우)

(2)번의 SPICE simulation 을 수행할 때, 그림 9.2.27 에 주어진 netlist 를 참조하되, 모델 파라미터와 바이어스 전류값은 문제에서 제시한 값으로 대체하여야 한다.

(3) Lay Net 을 실행할 때 문제 (1)에서 주어진 모델 파라미터를 include 시켜 추출하면 다음과 같은 netlist 를 얻을 수 있다.

```
folded cascode op amp.
*.GLOBAL 6 4 3 14 8
*.GLOBAL 1 2 11 10 5
*.GLOBAL 7 12 13 9
* Power & Ground node
VDD 10 0 dc 2.5
VSS 11 0 dc -2.5
* Input data
M1  6  13  4  10    CMOSP W=8U L=1.2U AS=22.4P PS=7.2U AD=19.2P PD=4.8U
```

```
M2   6  13   4   10     CMOSP W=8U L=1.2U AS=22.4P PS=7.2U AD=19.2P PD=4.8U
M3   6  13   4   10     CMOSP W=8U L=1.2U AS=22.4P PS=7.2U AD=19.2P PD=4.8U
M4   6  13   4   10     CMOSP W=8U L=1.2U AS=22.4P PS=7.2U AD=19.2P PD=4.8U
M5   6  13   4   10     CMOSP W=8U L=1.2U AS=22.4P PS=7.2U AD=19.2P PD=4.8U
M6   4  12  10   10     CMOSP W=8U L=1.2U AS=19.2P PS=4.8U AD=19.4667P PD=4.86667U
M7   4  12  10   10     CMOSP W=8U L=1.2U AS=19.2P PS=4.8U AD=19.4667P PD=4.86667U
M8   4  12  10   10     CMOSP W=8U L=1.2U AS=19.2P PS=4.8U AD=19.4667P PD=4.86667U
M9  10  12   5   10     CMOSP W=8U L=1.2U AS=19.4667P PS=4.86667U AD=19.2P PD=4.8U
M10 10  12   5   10     CMOSP W=8U L=1.2U AS=19.4667P PS=4.86667U AD=19.2P PD=4.8U
M11 10  12   5   10     CMOSP W=8U L=1.2U AS=19.4667P PS=4.86667U AD=19.2P PD=4.8U
M12  5  13   7   10     CMOSP W=8U L=1.2U AS=19.2P PS=4.8U AD=22.72P PD=7.28U
M13  5  13   7   10     CMOSP W=8U L=1.2U AS=19.2P PS=4.8U AD=22.72P PD=7.28U
M14  5  13   7   10     CMOSP W=8U L=1.2U AS=19.2P PS=4.8U AD=22.72P PD=7.28U
M15  5  13   7   10     CMOSP W=8U L=1.2U AS=19.2P PS=4.8U AD=22.72P PD=7.28U
M16  5  13   7   10     CMOSP W=8U L=1.2U AS=19.2P PS=4.8U AD=22.72P PD=7.28U


*-------------------------------------------------
*    # OF PMOSFETS  CMOSP      : 16           (PMOSFET: 이상 16 개)
*-------------------------------------------------
M17  6   6   8 11   CMOSN W=4U L=1.2U AS=12.2667P PS=7.46667U AD=9.6P PD=4.8U
M18  4   1   3  11  CMOSN W=15U L=1.2U AS=37.125P PS=4.95U AD=38.614P PD=8.404U
M19  6   6   8  11  CMOSN W=4U L=1.2U AS=12.2667P PS=7.46667U AD=9.6P PD=4.8U
M20  4   1   3  11  CMOSN W=15U L=1.2U AS=37.125P PS=4.95U AD=38.614P PD=8.404U
M21  6   6   8  11  CMOSN W=4U L=1.2U AS=12.2667P PS=7.46667U AD=9.6P PD=4.8U
M22  3   2   5  11  CMOSN W=15U L=1.2U AS=38.614P PS=8.40441U AD=37.5P PD=5U
M23  8   8  11  11    CMOSN W=4U L=1.2U AS=9.6P PS=4.8U AD=9.44P PD=4.72U
M24  3   2   5  11    CMOSN W=15U L=1.2U AS=38.614P PS=8.40441U AD=37.5P PD=5U
M25  3  14  11  11  CMOSN W=4U L=1.2U AS=10.297P PS=2.24118U AD=9.44P PD=4.72U
M26  4   1   3  11  CMOSN W=15U L=1.2U AS=37.125P PS=4.95U AD=38.614P PD=8.404U
M27  3  14  11  11  CMOSN W=4U L=1.2U AS=10.297P PS=2.24118U AD=9.44P PD=4.72U
M28  4   1   3  11  CMOSN W=15U L=1.2U AS=37.125P PS=4.95U AD=38.614P PD=8.404U
M29  3  14  11  11  CMOSN W=4U L=1.2U AS=10.297P PS=2.24118U AD=9.44P PD=4.72U
M30  3   2   5  11  CMOSN W=15U L=1.2U AS=38.614P PS=8.40441U AD=37.5P PD=5U
M31  3  14  11  11  CMOSN W=4U L=1.2U AS=10.297P PS=2.24118U AD=9.44P PD=4.72U
M32  3   2   5  11  CMOSN W=15U L=1.2U AS=38.614P PS=8.40441U AD=37.5P PD=5U
M33  3  14  11  11  CMOSN W=4U L=1.2U AS=10.297P PS=2.24118U AD=9.44P PD=4.72U
M34  4   1   3  11    CMOSN W=15U L=1.2U AS=37.125P PS=4.95U AD=38.614P PD=8.404U
M35  3  14  11  11  CMOSN W=4U L=1.2U AS=10.297P PS=2.24118U AD=9.44P PD=4.72U
M36  4   1   3  11 CMOSN W=15U L=1.2U AS=37.125P PS=4.95U AD=38.614P PD=8.404U
M37  3   2   5  11  CMOSN W=15U L=1.2U AS=38.614P PS=8.40441U AD=37.5P PD=5U
M38  3  14  11  11  CMOSN W=4U L=1.2U AS=10.297P PS=2.24118U AD=9.44P PD=4.72U
M39  3  14  11  11  CMOSN W=4U L=1.2U AS=10.297P PS=2.24118U AD=9.44P PD=4.72U
M40  3   2   5  11 CMOSN W=15U L=1.2U AS=38.614P PS=8.404U AD=37.5P PD=5U
M41  4   1   3  11 CMOSN W=15U L=1.2U AS=37.125P PS=4.95U AD=38.614P PD=8.404U
M42 11   8   9  11    CMOSN W=4U L=1.2U AS=9.44P PS=4.72U AD=9.6P PD=4.8U
M43  7   6   9  11    CMOSN W=4U L=1.2U AS=12.5333P PS=7.6U AD=9.6P PD=4.8U
M44  4   1   3  11  CMOSN W=15U L=1.2U AS=37.125P PS=4.95U AD=38.614P PD=8.404U
M45  3   2   5  11  CMOSN W=15U L=1.2U AS=38.614P PS=8.404U AD=37.5P PD=5U
```

```
M46  7  6  9  11   CMOSN W=4U L=1.2U AS=12.5333P PS=7.6U AD=9.6P PD=4.8U
M47  7  6  9  11   CMOSN W=4U L=1.2U AS=12.5333P PS=7.6U AD=9.6P PD=4.8U
M48  3  2  5  11   CMOSN W=15U L=1.2U AS=38.614P PS=8.40441U AD=37.5P PD=5U
```

```
*------------------------------------------------
*     # OF NMOSFETS CMOSN        : 32        (NMOSFET: 이상 32 개)
*------------------------------------------------
C1          4      1        0.00125401P
C2          9      6        0.000601922P
```

```
*------------------------------------------------
*     # OF CAPACITOR  C          : 2        (M1-poly 기생 커패시터: 이상 2 개)
*------------------------------------------------
C3          6     13        0.000537618P
C4          4      1        0.000725779P
C5          4     12        0.000282256P
C6          5      2        0.000893766P
C7          5     12        0.000282247P
C8          7     13        0.000537621P
```

```
*------------------------------------------------
*     # OF CAPACITOR  C          : 6        (M2-poly 기생 커패시터: 이상 6 개)
*------------------------------------------------
C9          6      1        0.001104P
C10         6      2        0.00105984P
C11         4      1        0.000874002P
C12         3      6        0.00265697P
C13         3      8        0.00265697P
C14         3      2        0.000839042P
C15        11      6        0.00118864P
C16        11     14        0.00384561P
C17        11      2        0.00150144P
C18        11      5        0.00118864P
C19        11      7        0.00118864P
C20        10      6        0.000699214P
C21        10      7        0.000699202P
C22        10     13        0.00293665P
C23         5     12        0.000734162P
C24         7     12        0.000734162P
```

```
*------------------------------------------------
*     # OF CAPACITOR  C          : 16        (M1-M2 기생 커패시터: 이상 16 개)
*------------------------------------------------
```

```
* ---------------
* MODEL parameter
* ---------------
.model cmosn nmos tox=225e-10 uo=450 vto=0.8 gamma=0.0
```

```
+ lambda=0.08 mj=4.35e-01 mjsw=0.344 js=1.0e-05 cgdo=310p cgso=310p cgbo=0
+ cj=5.56e-4 cjsw=3.732e-10 fc=0.5 level=1
.model cmosp pmos tox=225e-10 uo=150 vto=-0.8 gamma=0.0
+ lambda=0.08 mj=4.04e-01 mjsw=0.334 js=1.0e-05 cgdo=108p cgso=108p cgbo=0
+ cj=4.486e-4 cjsw=4.57e-10 fc=0.5 level=1
.model pdio d(is=1.0E-14 n=1 vj=1 m=0.5 eg=1.11 xti=3 af=1 fc=0.5 ibv=1.0e-3)
.model ndio d(is=1.0E-14 n=1 vj=1 m=0.5 eg=1.11 xti=3 af=1 fc=0.5 ibv=1.0e-3)
.END
```

(5) LVS 를 수행하기 전에 (2)번에서 사용한 'fold.cir' file 의 일부분을 다음과 같이 수정해 주어야 한다.

① MOSFET 의 모델을 'extract.1'에서와 같이 'cmosn' 혹은 'cmosp'로 변경시켜 준다.

② netlist 의 앞부분에 .global 명령을 사용하여 simulation 에서 사용되고 있는 노드들을 정의해 주어야 한다.

③ 바이어스 회로 부분은 레이아웃 하지 않았으므로 회로기술에서 제외한다.

또 레이아웃을 할 때, W 가 큰 트랜지스터의 경우는 병렬로 나누어 디자인했기 때문에 모두 48 개의 트랜지스터가 추출되었음을 'extract.1' file 에서 볼 수 있다. LVS 시에는 나누어진 트랜지스터들 중에서 같은 노드를 갖는 것들끼리 합쳐 주어서 디자인 할 때의 개수와 일치시켜 주어야 한다. 이 option 은 'All parallel devices will remain unsmashed'를 체크함으로써 지정된다.

```
'fold .cir ' file for LVS
folded cascode CMOS OP amp
*
.global 1 2 3 4 5 6 7 8 9 10 11 12 13 14
* opamp circuit
m1 4 1 3 11 cmosn w=120u l=1.2u ad=180p pd=50u as=180p ps=50u
m2 5 2 3 11 cmosn w=120u l=1.2u ad=180p pd=50u as=180p ps=50u
m3 3 14 11 11 cmosn w=32u l=1.2u ad=48p pd=10u as=48p ps=10u
m4 4 12 10 10 cmosp w=24u l=1.2u ad=48p pd=10u as=48p ps=10u
m5 5 12 10 10 cmosp w=24u l=1.2u ad=48p pd=10u as=48p ps=10u
m6 6 13 4 10 cmosp w=40u l=1.2u ad=48p pd=10u as=48p ps=10u
m7 7 13 5 10 cmosp w=40u l=1.2u ad=48p pd=10u as=48p ps=10u
m8 6 6 8 11 cmosn w=12u l=1.2u ad=18p pd=6u as=18p ps=6u
m9 7 6 9 11 cmosn w=12u l=1.2u ad=18p pd=6u as=18p ps=6u
m10 8 8 11 11 cmosn w=4u l=1.2u ad=12p pd=6u as=12p ps=6u
m11 9 8 11 11 cmosn w=4u l=1.2u ad=12p pd=6u as=12p ps=6u
```

LVS 결과는 'match.1' file 에 저장되며 다음에 그 중 일부를 보였다.

이 때, Lay Net 실행시 추출된 parasitic capacitor 의 경우에 대해서는 처음 디자인할 때 고려되지 않았기 때문에 오류가 발생하게 된다.

***** THE INFORMATION FOR NODES MATCHED BETWEEN SCHEMATIC AND LAYOUT *****

SCHMATIC NODE NAME   LAYOUT NODE NAME

1	1
10	10
11	11
12	12
13	13
14	14
2	2
3	3
4	4
5	5
6	6
7	7
8	8
9	9

***** THE INFORMATION FOR DEVICES MATCHED BETWEEN SCHEMATIC AND LAYOUT *****

DEV10(m2)[MOS] 5 2 3 11 cmosn : DEV1(M48)[MOS] 3 2 5 11 CMOSN
DEV2(m9)[MOS] 7 6 9 11 cmosn : DEV2(M47)[MOS] 7 6 9 11 CMOSN
DEV11(m1)[MOS] 4 1 3 11 cmosn : DEV3(M44)[MOS] 4 1 3 11 CMOSN
DEV1(m11)[MOS] 9 8 11 11 cmosn : DEV4(M42)[MOS] 11 8 9 11 CMOSN
DEV9(m3)[MOS] 3 14 11 11 cmosn : DEV5(M39)[MOS] 3 14 11 11 CMOSN
DEV3(m10)[MOS] 8 8 11 11 cmosn : DEV6(M23)[MOS] 8 8 11 11 CMOSN
DEV4(m8)[MOS] 6 6 8 11 cmosn : DEV7(M21)[MOS] 6 6 8 11 CMOSN
DEV5(m7)[MOS] 7 13 5 10 cmosp : DEV8(M16)[MOS] 5 13 7 10 CMOSP
DEV7(m5)[MOS] 5 12 10 10 cmosp : DEV9(M11)[MOS] 10 12 5 10 CMOSP
DEV8(m4)[MOS] 4 12 10 10 cmosp : DEV10(M8)[MOS] 4 12 10 10 CMOSP
DEV6(m6)[MOS] 6 13 4 10 cmosp : DEV11(M5)[MOS] 6 13 4 10 CMOSP

9.11

(a) Assume $r_o = \infty$, $G_m = 1/(1/g_{m1} - R)$

(b) $G_m = 0.5/(1/g_{m1} - 1/g_{m2})$ (c) $G_m = 0.5/(1/g_{m1} - 1/g_{m2})$

9.12 $GBW = 1/\{(1/g_{m1} - 1/g_{m2}) \cdot C_L\}$

9.13   생략

제 10 장 공통모드 피드백과 완전차동 **OP** 앰프

10.1

(1)

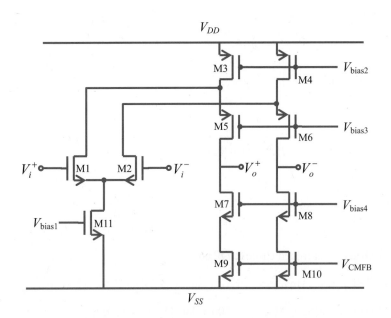

(2) input common mode range : min: $V_{SS} + V_{DSAT.11} + V_{GS(1,2)}$ max: $V_{DD} - \left| V_{DSAT(3,4)} \right| + V_{TH(1,2)}$

output voltage range : min: $V_{BIAS.4} - V_{TH(7,8)}$ max: $V_{BIAS.3} + |V_{TH(5,6)}|$

(3) $\dfrac{v_o^+ - v_o^-}{v_i^+ - v_i^-} = g_{m(1,2)} \cdot \left\{ \left(\left(r_{o(3,4)} \| r_{o(1,2)} \right) \cdot g_{m(5,6)} r_{o(5,6)} \right) \| \left(r_{o(9,10)} g_{m(7,8)} r_{o(7,8)} \right) \right\}$

(4) $\overline{i_{no}} = \sqrt{ \overline{i_{n(1,2)}^2} + \overline{i_{n(3,4)}^2} + \overline{i_{n(9,10)}^2} }$

(5) $\overline{i_{no}^2} / \Delta f = 4kT \cdot \dfrac{2}{3} \left\{ g_{m(1,2)} + g_{m(3,4)} + g_{m(9,10)} \right\} = 4kT \cdot R_N \cdot g_{m(1,2)}^2$

$R_N = \dfrac{2}{3} \cdot \dfrac{1}{g_{m(1,2)}} \cdot \left\{ 1 + \dfrac{g_{m(3,4)} + g_{m(9,10)}}{g_{m(1,2)}} \right\}$

(6) noise 를 줄이기 위해 $\dfrac{g_{m(3,4)} + g_{m(9,10)}}{g_{m(1,2)}}$ 를 최소로 해야 하므로

또 $g_m = \sqrt{2\mu C_{OX} \dfrac{W}{L} I_D}$ 이므로

$(W/L)_{(1,2)} \gg \left\{ (W/L)_{(3,4)} \ or \ (W/L)_{(9,10)} \right\}$ 이 되도록 해야 한다.

10.2

(1) $g_{m1}(r_{o1}\|r_{o3}\|r_{o5})$

(2) $-\dfrac{r_{S3}}{r_{S1}+2r_{o7}} = --\dfrac{g_{m1}}{g_{m3}(1+2g_{m1}r_{o7})}$

(3),(4) : 생략

10.3

(1) Fully Differential folded cascode OP amp:

전체 전력소모를 1mW 로 정하고 V_{DD} 가 3.3V 이므로, 각 전류를

I_D(M1, M2)=100uA, I_D(M3, M4)=50uA, I_D(M5, M6)=150uA,

I_D(M7, M8, M9, M10)=50uA, I_D(M11)=200uA 로 정한다.

$GBW = g_{m1}/C_L$ 이므로, 제시된 GBW Spec 이 100MHz 이므로, $g_{m1} = C_L \cdot GBW$ 에 의해서 $g_{m1} = 2\times 10^{-12} \cdot 2\pi \cdot 100MHz = 1.26mS$ 으로 구해진다.

$g_{m1} = 2I_D / V_{DSAT1}$ 이므로, $V_{DSAT1} = 2I_D/g_{m1} = (2\times 100u)/1.26mS = 0.16V$ 이다.

문제에서 주어진 $OVR \geq 1.5V$ 인 조건에서 $V_{DSAT5} + V_{DSAT3} + V_{DSAT7} + V_{DSAT9} \leq 1.8V$ 이어야 한다. 이 조건을 만족시키도록 $V_{DSAT8.9} = 0.25V$, $V_{DSAT5.6} = 0.6V$, $V_{DSAT3.4} = 0.4V$, $V_{DSAT7,8,9,10} = 0.25V$ 로 정한다. 단, margin 을 위해서 네 개의 합이 1.5V 가 되게 정했다.

ICMR 조건은

$$V_{SS} + V_{DSAT11} + V_{DSAT1} + V_{THn} \leq ICMR \leq V_{DD} - V_{DSAT5} + V_{THn}$$

이고 $ICMR \geq 1.5V$ 이어야 하므로 다음 조건이 만족되어야 한다.

$$V_{DD} - V_{DSAT5} - V_{DSAT11} - V_{DSAT1} \geq 1.5V$$

앞에서 GBW 와 전류소모 조건으로부터 M1 의 V_{DSAT} 값은 0.16V 로 주어졌는데

junction 커패시터 등의 영향을 고려하여 GBW margin 을 위해서 위에 계산된 값보다 약간 적은 $V_{DSAT1} = 0.12V$ 로 정하고, $V_{DSAT11} = 0.26V$ 로 정한다. 이 경우 ICMR 최소 값은 0.57+0.26+0.12 = 0.95V 이 되는데 body effect 를 고려하면 이보다 조금 크다.

위의 조건으로부터 정해진 V_{DSATn} 과 I_{DN} 을 이용하고, $(W/L)_{nl} = 2I_{Dn}/K_p \cdot V_{DSATn}^2$ 의 식에 의해서, 각 트랜지스터의 W/L 값을 다음과 같이 구할 수 있다.

TR	Current(uA)	Kp(uA/V)	V$_{DSAT}$(V)	W/L	L(um)	W(um)
M1	100	100	0.12	138.88	0.5	69.44
M2	100	100	0.12	138.88	0.5	69.44
M3	50	27	0.4	23.14	0.7	16.2
M4	50	27	0.4	23.14	0.7	16.2
M5	150	27	0.6	30.86	0.7	21.6
M6	150	27	0.6	30.86	0.7	21.6
M7	50	100	0.25	16	0.5	8
M8	50	100	0.25	16	0.5	8
M9	50	100	0.25	16	0.5	8
M10	50	100	0.25	16	0.5	8
M11	200	100	0.26	65.2	0.5	32.6

단, M1 과 M2 트랜지스터의 W 값은 GBW spec 을 만족시키기 위해 2 배로 증가시켰다 (W=138.8um). 이 경우 M1 의 VDSAT = 0.08V 가 된다.

(2) Ideal CMFB (Fully differential folded cascode OP amp with an ideal CMFB circuit)

Ideal CMFB 회로의 출력은 VB1 단자에 연결하였다. SIGMA-SPICE netlist, 회로, 시뮬레이션 결과와 출력파형을 다음에 보였다.

```
***    SIGMA-SPICE Netlist for Fully differential Folded Cascode 회로(Ideal CMFB) ****
.model nfet nmos level=55
.model pfet pmos level=56
* Model for hand analysis for L=0.5um
* (Adjust LAMBDA proportional to 1/L for different L)
*.model nfet nmos vto=0.57 kp=100e-6 gamma=0.22 lambda=0.15 phi=0.8 level=1
*.model pfet pmos vto=-0.67 kp=27u gamma=0.35 lambda=0.18 phi=0.8 level=1
********* Bias ************************
```

```
vdd vdd 0 3.3v
vss vss 0 0v
*
*vb1 vb1 0 0.79v
vb2 vb2 0 1.1v
vb3 vb3 0 1.48v
vb4 vb4 0 dc 1.99
vb5 vb5 0 0.9v
********** OVR simulation ***********************
*vinp inp 0 dc 0
*E1 tinn 0 inp 0 -1
*vinn inn tinn 3.3V
*.dc vinp 1.64 1.66 0.0001
*.dc vinp 0 3.3 0.001
*.print dc v(inp) v(inn) v(voutn) v(voutp)
********** ICMR simulation *********************
*vsin inp inn dc 0
*vsincm incm inp dc 0
*vincm incm vss DC
*.dc vincm 0.1 3.3 0.01
*.print dc v(inp) v(inn) v(voutn) v(voutp)
********** settling time simulation(Unity-gain FB) ************
vsl inn voutp dc 0v
vinp inp 0 pulse 1.65 1.75v 0 0 0
.tran 0.1n 40n 0 0.1n
**.tran 0.1n 40n
.print tran v(inp) v(voutn) v(voutp)
****************** AC analysis *************
* Avd
*vinn inn vss dc 1.65v ac 0.5 180
*vinp inp vss dc 1.65v ac 0.5
* Avc
*vinn inn vss dc 1.65v ac 1
*vinp inp vss dc 1.65v ac 1
*.ac dec 10 1k 1g
*.print ac v(voutn) v(voutp)
**+ v(inn) v(inp)
**********************************************************
.op
********** Fully Diff. Folded Cascode OP Amp *********************
* AD=AS=W*0.35um*3      PD=PS=W+0.35um*3*2
M1 ndm1 inp nsm1m2 vss nfet W=138.8u L=0.5u as=145.7p ad=145.7p
+ ps=140.9u pd=140.9u
M2 ndm2 inn nsm1m2 vss nfet W=138.8u L=0.5u as=145.7p ad=145.7p
+ ps=140.9u pd=140.9u
M11 nsm1m2 vb5 vss vss nfet W=32.6u L=0.5u as=34.2p ad=34.2p ps=34.7u pd=34.7u
M3 voutn vb3 ndm1 vdd pfet W=16.2u L=0.7u as=17.0p ad=17.0p ps=18.3u pd=18.3u
M4 voutp vb3 ndm2 vdd pfet W=16.2u L=0.7u as=17.0p ad=17.0p ps=18.3u pd=18.3u
```

M5 ndm1 vb4 vdd vdd pfet W=21.6u L=0.7u as=22.7p ad=22.7p ps=23.7u pd=23.7u
M6 ndm2 vb4 vdd vdd pfet W=21.6u L=0.7u as=22.7p ad=22.7p ps=23.7u pd=23.7u
M7 voutn vb2 nsm7 vss nfet W=8u L=0.5u as=8.4p ad=8.4p ps=10.1u pd=10.1u
M8 voutp vb2 nsm8 vss nfet W=8u L=0.5u as=8.4p ad=8.4p ps=10.1u pd=10.1u
M9 nsm7 vb1 vss vss nfet W=8u L=0.5u as=8.4p ad=8.4p ps=10.1u pd=10.1u
M10 nsm8 vb1 vss vss nfet W=8u L=0.5u as=8.4p ad=8.4p ps=10.1u pd=10.1u
CL1 voutn vss 2p
CL2 voutp vss 2p
********* Ideal CMFB connected to Vb1 (gate of M9, M10)*****************
E21 vb1 n191 voutp 0 0.5
E22 n191 n192 voutn 0 0.5
* The nominal value of output common mode voltage set to 1.65V
* with the Vb4(Vcmfb) node voltage adjusted to 1.65V-0.86V = 0.79V
V23 n192 0 dc -0.86
****
.end

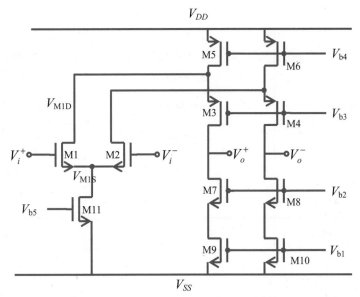

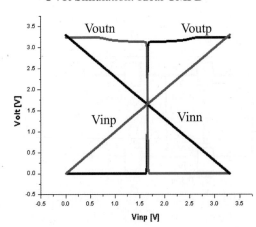

<OVR Simulation: Ideal CMFB>

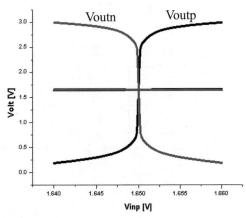

<OVR Simulation(Expanded)>

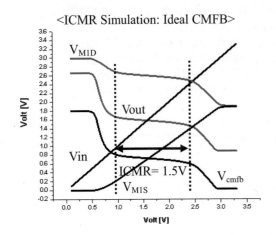

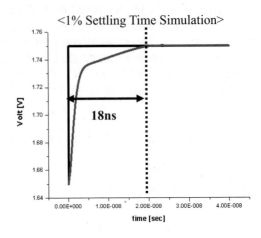

항목	목표 스팩	Simulation Results (Ideal CMFB)
Avc	≥2000V/V	3390V/V
GBW	≥100MHz	91MHz
ICMR	≥1.5V	1.5V [0.95V, 2.45V]
OVR	≥1.5V	1.7V [0.8V, 2.5V]
PM	60°	58°
1% settling time		18ns

(3) Switched capacitor CMFB

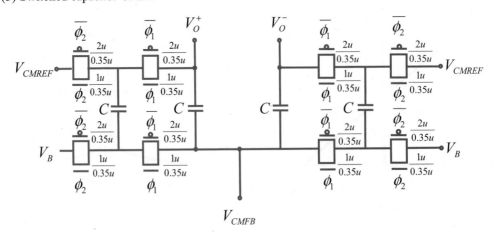

C = 0.2pF

CMFB 회로의 출력전압을 folded cascode OP 앰프의 VB1 단자에 연결하였다. 따라서 target V_{CMFB} level (VB) = 0.79 V, V_{CMREF} = target output common mode voltage level = 1.65 V 이고, ϕ_1 ϕ_2 는 4MHz non overlapping clock 을 사용하였다. 스위치드 커패시터를 사용하여 CMFB 회로를 구현하면 AC 주파수 특성도 sine wave 입력을 사용하여 transient simulation 으로 구해야 한다. 그리하여 공통모드와 차동모드 전압이득 Avc 와 Avd 의 값은 입력파형과 출력파형의 진폭비율로 구한다.(100KHz sine wave 사용)

```
** Folded cascode AMP with Switched Capacitor CMFB
vcmfbtarget vb 0 0.79
vcmref vcmref 0 1.65
**Switched Capacitor CMFB****
x11 inp inn outp outn vcmfb vb2 vb3 vb4 vb5 vdd vss Folded_Cascode
x12 outp outn vb vcmref vcmfb ph1 ph2 ph1_b ph2_b vdd vss cmfb_cap
x13 clk_in ph1 ph2 ph1_b ph2_b vdd vss clock_gen2
* 4MHz clock
vclk clk_in 0 pulse 0 3.3 0 10n 10n 115n 250n
***** analysis
.op
.print tran v(inp) v(inn) v(outp) v(outn) v(vcmfb) v(clk_in)
+ v(11:m1s) v(11:m1d)
* v(11:m1s) m1s node voltage in the subcircuit X11
*********************************
** OVR simulation using .tran
*vinn inn 0 pwl 0 3.3 50u 0
*vinp inp 0 pwl 0 0      50u 3.3
*.tran 1n 50u
***********************
** Common mode DC using .tran
*vinp inp 0 pwl 0 0 50u 3.3
*vinn inn 0 pwl 0 0 50u 3.3
*.tran 10n 50u
**+0 2n
***********************
** Settling Time of unity-gain FB amp
*vshort2 inn outp dc 0
*vinp inp 0 pulse 1.65 1.75 2u 0 0
*.tran 1n 5u 0 1n
***********************
** Slew rate of unity-gain FB amp
*vshort2 inn outp dc 0
*vinp inp 0 pulse 1.15 2.15 2u 0 0
*.tran 1n 5u 0 1n
```

```
**********************************************
** Differential mode frequency response using .tran
*vinp inp vss sin(1.65 0.0001 0.1meg 0 0)
*vinn inn vss sin(1.65 -0.0001 0.1meg 0 0)
*.tran 10n 50u
**********************************************
** Common mode frequency response using .tran
vinp inp vss sin(1.65 0.5 100k 0 0)
vinn inn vss sin(1.65 0.5 100k 0 0)
.tran 10n 50u
* Subcircuit for switched-capacitor CMFB circuit
.subckt cmfb_cap outp outn vb vcmref vcmfb ph1 ph2 ph1_b ph2_b vdd vss
cxc3 net46 net58 0.2p
cxc2 outn vcmfb 0.2p
cxc1 outp vcmfb 0.2p
cxc0 net74 net62 0.2p
CCmfb vcmfb 0 0.5p
* The bottom 4 NMOS switches(connected to VB side) are implemented by CMOS switches
* AD=AS=W*0.35um*3      PD=PS=W+0.35um*3*2
mxp7 net46 ph1_b outn vdd pch w=2u l=0.35u m=1 ad=2.1p as=2.1p pd=4.1u ps=4.1u
mxp6 vcmref ph2_b net46 vdd pch w=2u l=0.35u m=1 ad=2.1p as=2.1p pd=4.1u ps=4.1u
mxp5 vb ph2_b net58 vdd pch w=2u l=0.35u m=1 ad=2.1p as=2.1p pd=4.1u ps=4.1u
mxp4 net58 ph1_b vcmfb vdd pch w=2u l=0.35u m=1 ad=2.1p as=2.1p pd=4.1u ps=4.1u
mxp3 net62 ph2_b vb vdd pch w=2u l=0.35u m=1 ad=2.1p as=2.1p pd=4.1u ps=4.1u
mxp2 vcmfb ph1_b net62 vdd pch w=2u l=0.35u m=1 ad=2.1p as=2.1p pd=4.1u ps=4.1u
mxp1 outp ph1_b net74 vdd pch w=2u l=0.35u m=1 ad=2.1p as=2.1p pd=4.1u ps=4.1u
mxp0 net74 ph2_b vcmref vdd pch w=2u l=0.35u m=1 ad=2.1p as=2.1p pd=4.1u ps=4.1u
mxn7 outn ph1 net46 vss nch w=1u l=0.35u m=1 ad=1.05p as=1.05p pd=3.1u ps=3.1u
mxn6 net46 ph2 vcmref vss nch w=1u l=0.35u m=1 ad=1.05p as=1.05p pd=3.1u ps=3.1u
mxn5 net58 ph2 vb vss nch w=1u l=0.35u m=1 ad=1.05p as=1.05p pd=3.1u ps=3.1u
mxn4 vcmfb ph1 net58 vss nch w=1u l=0.35u m=1 ad=1.05p as=1.05p pd=3.1u ps=3.1u
mxn3 vb ph2 net62 vss nch w=1u l=0.35u m=1   ad=1.05p as=1.05p pd=3.1u ps=3.1u
mxn2 net62 ph1 vcmfb vss nch w=1u l=0.35u m=1   ad=1.05p as=1.05p pd=3.1u ps=3.1u
mxn1 net74 ph1 outp vss nch w=1u l=0.35u m=1   ad=1.05p as=1.05p pd=3.1u ps=3.1u
mxn0 vcmref ph2 net74 vss nch w=1u l=0.35u m=1   ad=1.05p as=1.05p pd=3.1u ps=3.1u
.ends
* Subcircuit for the fully differential folded cascode OP amp
.subckt Folded_Cascode inp inn voutn voutp vb1 vb2 vb3 vb4 vb5 vdd vss
m1 m1d inp m1s vss nch W=138.8u L=0.5u as=145.7p ad=145.7p ps=140.9u pd=140.9u
m2 m2d inn m1s vss nch W=138.8u L=0.5u as=145.7p ad=145.7p ps=140.9u pd=140.9u
m11 m1s vb5 vss vss nch W=32.6u L=0.5u as=34.2p ad=34.2p ps=34.7u pd=34.7u
m3 voutp vb3 m1d vdd pch W=16.2u L=0.7u as=17.0p ad=17.0p ps=18.3u pd=18.3u
m4 voutn vb3 m2d vdd pch W=16.2u L=0.7u as=17.0p ad=17.0p ps=18.3u pd=18.3u
m5 m1d vb4 vdd vdd pch W=21.6u L=0.7u as=22.7p ad=22.7p ps=23.7u pd=23.7u
m6 m2d vb4 vdd vdd pch W=21.6u L=0.7u as=22.7p ad=22.7p ps=23.7u pd=23.7u
m7 voutp vb2 nsm7 vss nch W=8u L=0.5u as=8.4p ad=8.4p ps=10.1u pd=10.1u
m8 voutn vb2 nsm8 vss nch W=8u L=0.5u as=8.4p ad=8.4p ps=10.1u pd=10.1u
m9 nsm7 vb1 vss vss nch W=8u L=0.5u as=8.4p ad=8.4p ps=10.1u pd=10.1u
```

```
m10 nsm8 vb1 vss vss nch W=8u L=0.5u as=8.4p ad=8.4p ps=10.1u pd=10.1u
cxc1 voutp vss 2p
cxc2 voutn vss 2p
.ends
*

.subckt inv1 in out vdd vss
mxn0 out in vss vss nch w=4u l=0.35u m=1 ad=4.2p as=4.2p pd=6.1u ps=6.1u
mxp0 vdd in out vdd pch w=10u l=0.35u m=1 ad=10.5p as=10.5p pd=12.1u ps=12.1u
.ends inv1
*

.subckt nor1 a b out vdd vss
mxn1 vss b out vss nch w=2u l=0.43u m=1 ad=2.1p as=2.1p pd=4.1u ps=4.1u
mxn0 out a vss vss nch w=2u l=0.43u m=1 ad=2.1p as=2.1p pd=4.1u ps=4.1u
mxp1 out b net14 vdd pch w=8u l=0.43u m=1 ad=8.4p as=8.4p pd=10.1u ps=10.1u
mxp0 vdd a net14 vdd pch w=8u l=0.43u m=1 ad=8.4p as=8.4p pd=10.1u ps=10.1u
.ends nor1
*Subcircuit for non-overlapping clock generator (the same circuit as Fig.11.1.3.(a) in the text)
.subckt clock_gen2 clk_in clk1 clk2 clk1_b clk2_b vdd vss
xi0 clk_in net9 vdd vss inv1
xi3 net62 net13 vdd vss inv1
xi5 net21 net17 vdd vss inv1
xi6 net53 net21 vdd vss inv1
xi7 net17 clk1_b vdd vss inv1
xi8 clk1_b clk1 vdd vss inv1
xi10 clk2_b clk2 vdd vss inv1
xi11 net45 clk2_b vdd vss inv1
xi12 net57 net41 vdd vss inv1
xi13 net41 net45 vdd vss inv1
xi15 net67 net49 vdd vss inv1
xi27 net13 net53 vdd vss inv1
xi28 net49 net57 vdd vss inv1
xi1 clk_in clk2 net62 vdd vss nor1
xi2 clk1 net9 net67 vdd vss nor1
.ends
*

.model pch pmos level=56
.model nch nmos level=55
***** supply voltage
vdd vdd 0 0 pwl 0 0 10p 3.3
vss vss 0 0
*vb1 vb1 0 0.79v
vb2 vb2 0 1.1v
vb3 vb3 0 1.48v
vb4 vb4 0 1.99
vb5 vb5 0 0.9v
.end
```

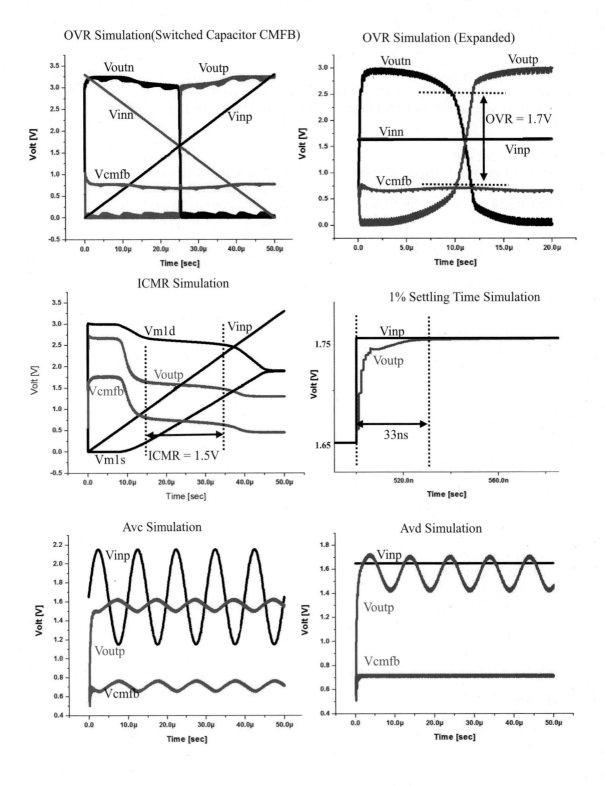

(4) Differential Pair CMFB

전체회로와 CMFB 부분 netlist 를 다음에 보였다. CMFB 출력을 VB1 단자에 연결하였다.

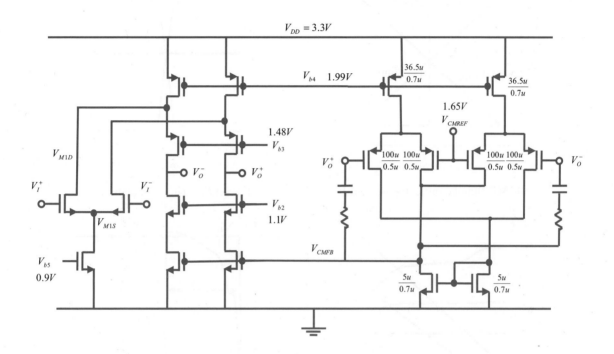

```
* Differential pair CMFB circuit *
MM12 6 Vb4 VDD VDD p W=36.5u L=0.7u as=38.3p ad=38.3p ps=38.6u pd=38.6u
MM13 7 Vb4 VDD VDD p W=36.5u L=0.7u as=38.3p ad=38.3p ps=38.6u pd=38.6u
MM15 8 Vop 6 VDD p W=100u L=0.5u as=105.0p ad=105.0p ps=102.1u pd=102.1u
MM14 Vcmfb Vcmref 6 VDD p W=100u L=0.5u as=105.0p ad=105.0p ps=102.1u pd=102.1u
MM16 Vcmfb Vcmref 7 VDD p W=100u L=0.5u as=105.0p ad=105.0p ps=102.1u pd=102.1u
MM17 8 Von 7 VDD p W=100u L=0.5u as=105.0p ad=105.0p ps=102.1u pd=102.1u
MM18 Vcmfb 8 VSS VSS n W=5u L=0.7u as=5.2p ad=5.2p ps=7.1u pd=7.1u
MM19 8 8 VSS VSS n W=5u L=0.7u as=5.2p ad=5.2p ps=7.1u pd=7.1u
*Frequency compensation for common mode signal
CC1 Von Vcmfb1 0.5p
CC2 Vop Vcmfb2 0.5p
RC1 Vcmfb1 Vcmfb 20k
RC0 Vcmfb2 Vcmfb 20k
```

<OVR Simulation: Diff pair CMFB >

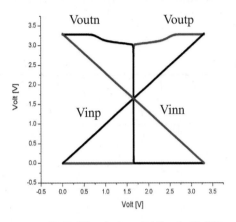

<OVR Simulation(Expanded)>

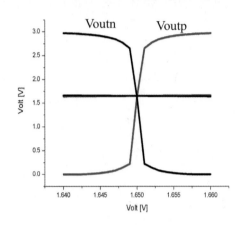

<ICMR Simulation: Diff pair CMFB>

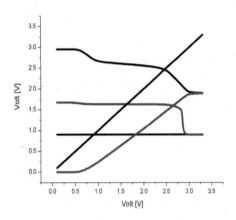

<1% Settling Time Simulation>

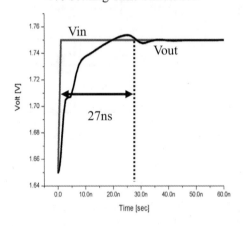

(5) Source Follower CMFB

이 방식의 CMFB 회로, netlist 와 결과파형을 다음에 보였다. OVR(output voltage range) simulation 에서 출력전압의 공통모드 값이 1V 정도로 낮은 편인데 이를 1.65V 로 증가 시키려면, 이 CMFB 회로 다음에 그림 10.1.20(p.982)에서와 같이 차동증폭기(M10-M14)를 연결하고 V_{CMREF} 을 1.65V 로 두면 된다. CMFB 출력을 VB4 단자에 연결하였다.

```
* SIGMA-SPICE netlist for the source follower CMFB circuit
M23 m23d vb6 vdd vdd pfet W=170u L=1.8u as=178.50p ad=178.50p ps=172.1u pd=172.1u
M24 m24d  vb6 vdd vdd pfet W=170u L=1.8u as=178.50p ad=178.50p ps=172.1u pd=172.1u
*Vbias vb6 0 2.4v
Vbias vb6 0 2.23v
```

* The current of M25 & M26 adjusted to be around 150uA,
* so that the voltage drop across 20K(20K x 150uA) is equal to the full output swing
M25 0 outn m24d vdd pfet W=1700u L=1.8u as=1785.0p ad=1785.0p ps=1702.1u pd=1702.1u
M26 0 outp m23d vdd pfet W=1700u L=1.8u as=1785.0p ad=1785.0p ps=1702.1u pd=1702.1u
*vss vss 0 dc 0
RR1　vb4　m24d　20k
RR0　m23d vb4　20k
CC2　vb4　m24d　0.5p
CC3　m23d vb4 0.5p

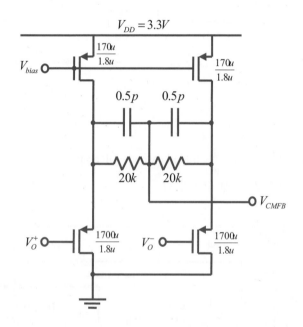

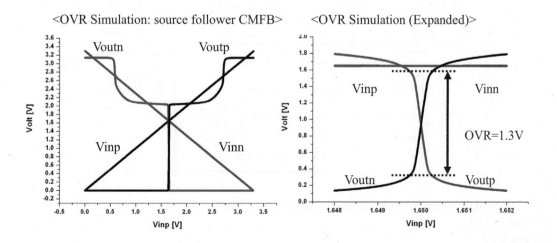

<OVR Simulation: source follower CMFB>　　<OVR Simulation (Expanded)>

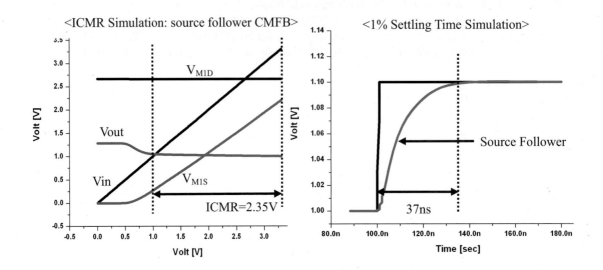

(6) Triode CMFB

   Triode CMFB 회로를 이용한 folded cascode OP amp 에 대해, 설계한 회로, SIGMA-SPICE

netlist 와 출력파형을 아래에 보였다.

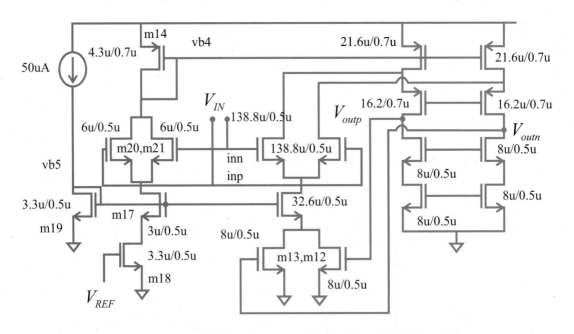

* SIGMA-SPICE netlist for Fully diferential folded cascode OP amp with triode CMFB
vdd vdd 0 3.3v
vss vss 0 0v

```
vb1 vb1 0 0.79v
vb2 vb2 0 1.1v
vb3 vb3 0 1.48v
*vb5 vb5 0 0.9v
vref ref 0 1.65v
ixi0 vdd vb5 50uA
*m14 vb4 vb4 vdd vdd pfet W=3.2u L=0.5u as=3.4p ad=3.4p ps=5.3u pd=5.3u
m14 vb4 vb4 vdd vdd pfet W=4.5u L=0.7u as=4.7p ad=4.7p ps=6.6u pd=6.6u
*m17 m18d vb5 vb4 vss nfet W=3.3u L=0.5u as=3.5p ad=3.5p ps=5.4u pd=5.4u
m20 vb4 inp m17d vss nfet w=6u l=0.5u ad=6.3p as=6.3p pd=8.1u ps=8.1u
m21 vb4 inn m17d vss nfet w=6u l=0.5u ad=6.3p as=6.3p pd=8.1u ps=8.1u
m17 m17d vb5 m18d vss nfet W=3.3u L=0.5u as=3.5p ad=3.5p ps=5.4u pd=5.4u
m18 m18d ref vss vss nfet W=3u L=0.5u as=3.2p ad=3.2p ps=5.1u pd=5.1u
m19 vss vb5 vb5 vss nfet W=3.3u L=0.5u as=3.5p ad=3.5p ps=5.4u pd=5.4u
m12 m11s outp vss vss nfet W=8u L=0.5u as=8.4p ad=8.4p ps=10.1u pd=10.1u
m13 vss outn m11s vss nfet W=8u L=0.5u as=8.4p ad=8.4p ps=10.1u pd=10.1u
m1 m1d inp m1s vss nfet W=138.8u L=0.5u as=145.7p ad=145.7p ps=140.9u pd=140.9u
m2 m1s inn m2d vss nfet W=138.8u L=0.5u as=145.7p ad=145.7p ps=140.9u pd=140.9u
m11 m1s vb5 m11s vss nfet W=32.6u L=0.5u as=34.2p ad=34.2p ps=34.7u pd=34.7u
m5 m1d vb4 vdd vdd pfet W=21.6u L=0.7u as=22.7p ad=22.7p ps=23.7u pd=23.7u
m6 vdd vb4 m2d vdd pfet W=21.6u L=0.7u as=22.7p ad=22.7p ps=23.7u pd=23.7u
m3 outn vb3 m1d vdd pfet W=16.2u L=0.7u as=17.0p ad=17.0p ps=18.3u pd=18.3u
m4 m2d vb3 outp vdd pfet W=16.2u L=0.7u as=17.0p ad=17.0p ps=18.3u pd=18.3u
m7 net109 vb2 outn vss nfet W=8u L=0.5u as=8.4p ad=8.4p ps=10.1u pd=10.1u
m8 outp vb2 net106 vss nfet W=8u L=0.5u as=8.4p ad=8.4p ps=10.1u pd=10.1u
m9 vss vb1 net109 vss nfet W=8u L=0.5u as=8.4p ad=8.4p ps=10.1u pd=10.1u
m10 net106 vb1 vss vss nfet W=8u L=0.5u as=8.4p ad=8.4p ps=10.1u pd=10.1u
CL1 outn vss 2p
CL2 outp vss 2p
```

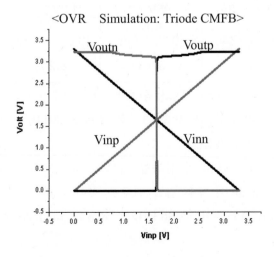

<OVR   Simulation: Triode CMFB>

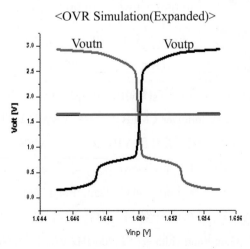

<OVR Simulation(Expanded)>

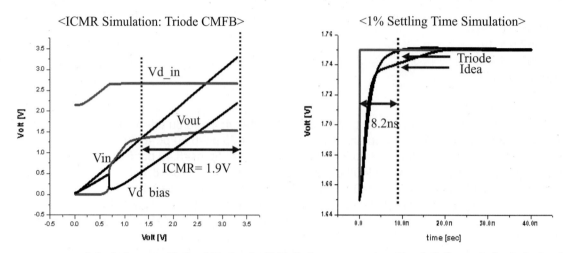

(7) (기울어진 bold 청색 값들이 각 항목에서 ideal CMFB 를 제외하고 가장 우수한 성능임)

	Ideal CMFB	S.C. CMFB (*)	Diff Pair CMFB	Source Follower CMFB (**)	Triode CMFB
전력소모	1.3mW	*1.65mW*	3.3mW	1.69mW	2.5mW
Avd	3390V/V	1400V/V	*3376V/V*	1955 V/V	2170V/V
Avc	0.09V/V	0.12V/V	0.03V/V	*0.01 V/V*	0.07V/V
GBW	91MHz	70MHz(***)	*82MHz*	22 MHz	74MHz
GM	23 dB	AC 분석불가	21dB	*36 dB*	30dB
PM	58°	AC 분석불가	63°	*81°*	71°
ICMR	1.5V [0.95V,2.45V]	1.5V [0.9V,3.3V]	1.9V [0.9V,2.8V]	*2.35V [0.95V,3.3V]*	1.9V [1.3V,3.2V]
OVR	1.7V [0.8V,2.5V]	1.7V [0.75V,2.25V]	*1.9V [0.6V,2.5V]*	1.3V [0.3V,1.6V]	1.57V [0.85V,2.42V]
T_S(1%)(*)	18ns	33ns	27ns	37ns	*8.2ns*

(*) 1% settling time(T_S(1%))은 100mV step 입력을 unity-gain feedback 회로에 인가하여 구함.

(**) Source follower CMFB 방식은 VB4 노드에 CMFB 출력단자를 연결함, Triode CMFB 를 제외한 다른 모든 방식은 VB1 노드에 CMFB 출력을 연결함.

(***) Switched Capacitor 구동 특성상 .ac 와 .dc 시뮬레이션이 불가능 하므로, .tran 으로 시뮬레이션을 수행하여야 한다. Gain Bandwidth 는 −3 dB 주파수 입력 신호를 찾아 해당 주파수 와 Avd 의 곱으로 구할 수 있다. 여기서는 −3dB 주파수가 약 50 KHz 로 Avd 가 1400 V/V 이므로 Gain Bandwidth 를 약 70 MHz 볼 수 있다.

제 **11** 장 스위치드 커패시터 필터(Switched-capacitor filter)

11.1

(1) C_1, C_3 (2) $V_2\big((n-1)T\big) = V_2\big((n-0.5)T\big) = V_2\big(nT\big) = V_{OS}$

(3)

T	$(n-1)T$	$\left(n-\frac{1}{2}\right)T$	nT
Q1	$C_1 \cdot \{V_i\big((n-1)T\big) - V_{OS}\}$	$-C_1 \cdot V_{OS}$	$C_1 \cdot \{V_i\big(nT\big) - V_{OS}\}$
Q2	$C_2 \cdot \{V_o\big((n-1)T\big) - V_{OS}\}$	$C_2 \cdot \{V_o\big((n-1)T\big) - V_{OS}\}$	$C_2 \cdot \{V_o\big(nT\big) - V_{OS}\}$
Q3	$C_3 \cdot \{V_o\big((n-1)T\big) - V_{OS}\}$	$-C_3 \cdot V_{OS}$	$C_3 \cdot \{V_o\big(nT\big) - V_{OS}\}$

(4) ϕ_1 phase($(n-0.5)T \leq t \leq nT$)동안 OP amp summing 노드의 총 전하량

$(-(Q_1 + Q_2 + Q_3))$은 불변이라는 사실로부터

$$Q_1\big((n-0.5)T\big) + Q_2\big((n-0.5)T\big) + Q_3\big((n-0.5)T\big) = Q_1\big(nT\big) + Q_2\big(nT\big) + Q_3\big(nT\big)$$

$$V_o(nT) = \frac{C_2}{C_2 + C_3} \cdot V_o\big((n-1)T\big) - \frac{C_1}{C_2 + C_3} \cdot V_i\big(nT\big)$$

(5) $H(z) = \dfrac{-C_1}{C_2 + C_3 - C_2 \cdot z^{-1}}$ (6) $z = e^{sT}$ $s = 0 \rightarrow z = 1$ $H(0) = \dfrac{-C_1}{C_3}$

(7) $z^{-1} = e^{-sT} \approx 1 - sT$, $F(s) = H(z)\big|_{z=1-sT} = \dfrac{-C_1}{C_3 + sC_2T} = -\dfrac{C_1}{C_3} \cdot \dfrac{1}{1 + sT \cdot \dfrac{C_2}{C_3}}$

(8) z-domain pole, $z = \dfrac{C_2}{C_2 + C_3}$, $|z| < 1$ 이므로 항상 stable (unconditionally stable)

(9) $H(e^{j\omega T}) = \dfrac{-C_1}{C_2 + C_3 - C_2 \cdot e^{-j\omega T}}$,   위 식의 분모, 분자에 $e^{j\omega T/2}$ 를 곱하면

$$H(e^{j\omega T}) = \frac{-C_1 \cdot e^{j\omega T/2}}{C_2 \cdot \big(e^{j\omega T/2} - e^{-j\omega T/2}\big) + C_3 \cdot e^{j\omega T/2}}$$

$$= \frac{-C_1 \cdot e^{j\omega T/2}}{j2 \cdot C_2 \cdot \sin(\omega T/2) + C_3 \cdot \cos(\omega T/2) + j \cdot C_3 \cdot \sin(\omega T/2)}$$

$$\left|H(e^{j\omega T})\right| = \frac{C_1}{\sqrt{C_3^2 + 4C_2 \cdot (C_2 + C_3) \cdot \sin^2(\omega T/2)}}$$

$$ph\left\{H(e^{j\omega T})\right\} = \pi + \frac{\omega T}{2} - \tan^{-1}\left\{\frac{2C_2 + C_3}{C_3} \cdot \tan\left(\frac{\omega T}{2}\right)\right\}$$

(10)

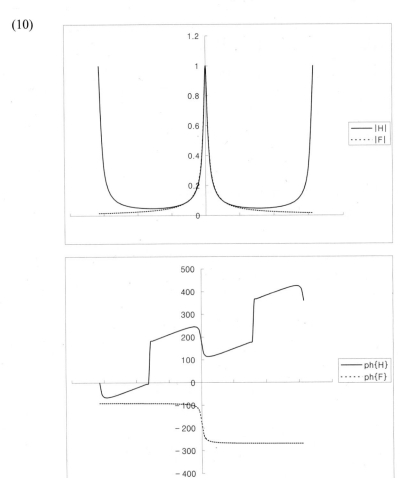

(**F**($j\omega$):continuous time 전달함수, **H**($j\omega$): discrete time 전달함수, 가로축: ωT, 위상 특성에서 저주파에서는 360° 차이가 나므로 서로 일치한다.)

11.2

(1) Sampling theorem : band limit 된 어떤 연속 신호에 대해서 Nyquist rate(이 신호 최대 주파수의 2 배인 주파수) 이상으로 sampling 하면 sample 된 discrete 신호에는 원래

연속 신호의 모든 information 이 다 들어 있어, sample 된 discrete 신호로부터 원래의
연속 신호를 복원해 낼 수 있다.

(2) $F^*(s) = \sum_{k=-\infty}^{\infty} f(kT) \cdot e^{-s \cdot kT}$ (3) $F^*(s) = \frac{1}{T} \sum_{n=-\infty}^{\infty} F(s + jn\omega_s)$ $F^*(j\omega) = \frac{1}{T} \sum_{n=-\infty}^{\infty} F(j(\omega + n\omega_s))$

(4) $f(z) = \sum_{k=-\infty}^{\infty} f(kT) \cdot z^{-k}$

z-domain	z^{-1}
Laplace Transform	e^{-sT}
Time domain	delay by one clock period

(5) Aliasing 이 일어날 조건: sampling frequency 가 Nyquist rate(연속 신호 $f(t)$의 frequency spectrum 에서의 최대 주파수의 2 배)보다 작을 경우

aliaing: $F^*(j\omega) = \frac{1}{T} \sum_{n=-\infty}^{\infty} F(j(\omega + n\omega_s))$

$F(jw) : f(t)$의 frequency spectrum

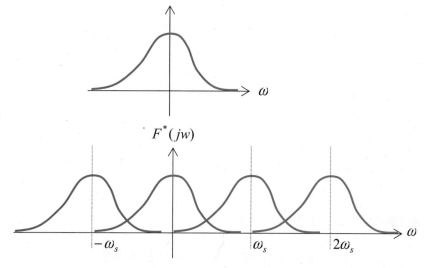

각 n 에 대한 frequency spectrum 이 서로 겹쳐져서 $f^*(t)$ 로부터 정확한 $f(t)$를 복원해
내는 일은 불가능해진다.

11.3

(1) <u>Continuous time 경우</u> : (2-sided 스펙트럼 사용)

$$\frac{d\overline{V_{cn}^2}}{df} = 2kTR \cdot |G(f)|^2 = \frac{2kTR}{1+(2\pi f \cdot RC)^2}$$

등가 noise bandwidth $= \dfrac{\displaystyle\int_0^\infty \frac{d\overline{V_{cn}^2}}{df} df}{\left.\dfrac{d\overline{V_{cn}^2}}{df}\right|_{f=0}} = \displaystyle\int_0^\infty \frac{df}{1+(2\pi f \cdot RC)^2} = \frac{1}{4RC}$

(let $2\pi fRC = \tan\theta$)

(2) <u>보통 sampling 의 경우</u>: ($T_h < T_c$)

$$\frac{d\overline{V_{cn}^2}}{df} = |H(f)|^2 \cdot f_c^2 \cdot \sum_{n=-\infty}^{\infty} |G(f+nf_c)|^2 \cdot 2kTR$$

$$= 2kTR \cdot \left(\frac{T_h}{T_c}\right)^2 \cdot sinc^2(\pi f T_h) \cdot \sum_{n=-\infty}^{\infty} \frac{1}{1+\{2\pi RC(f+nf_c)\}^2}$$

(여기서 $f_c = \dfrac{1}{T_c}$ 관계식을 이용했다.)

$$\sum_{n=-\infty}^{\infty} \frac{1}{1+\{2\pi RC(f+nf_c)\}^2} \approx \int_{-\infty}^{\infty} \frac{dn}{1+(2\pi RC \cdot f_c \cdot n)^2} \ \text{(for any } f) = \frac{1}{2f_c \cdot RC} \qquad \text{그림}$$

11.2.12 참조.

$$\therefore \frac{d\overline{V_{cn}^2}}{df} = 2kTR \cdot \frac{T_h^2}{T_c} \cdot \frac{1}{2RC} \cdot sinc^2(\pi f T_h)$$

<u>Impulse sampling 의 경우</u>: ($T_h = T_c$)

$$\therefore \frac{d\overline{V_{cn}^2}}{df} = \frac{T_h}{2RC} \cdot 2kTR \cdot sinc^2(\pi f T_h) \qquad \text{그림 11.2.13 참조}$$

(3) $f=0$ 에서의 power spectral density 의 비율 : $\dfrac{T_h}{2RC}$ 혹은 $\dfrac{T_c}{2RC}$

이는 $2 \times \dfrac{(\text{continuous time noise bandwidth})}{f_c}$ 와 같다.

undersampling

$f = 0$ 에서의 비율을 다른 각도에서 생각해보면 먼저 CNBW 를 continuous time noise bandwidth 라고 하면 hold 기능이 없는 impulse sampling 의 경우 : 그림 11.2.14(a) 참조. sampling function 의 기능

$$V_{ib}^*(f) = f_c \cdot \sum_{n=-\infty}^{\infty} V_{ib}(f + nf_c) = f_c^2 \cdot \left(2 \times \frac{CNBW}{f_c} \right) \times 2kTR = 2 \cdot f_c \cdot CNBW \cdot 2kTR$$

(그림 11.2.14(c) 참조)

한 개의 frequency point 에서 $2 \times \dfrac{CNBW}{f_c}$ 개의 frequency spectrum 이 중첩됨.

hold function 의 기능 : $H(f) = T_h \cdot sinc(\pi f T_h) \cdot e^{-j\pi f T_h}$

$$\frac{\partial \overline{V_{cn}^2}}{\partial f} = |H(f)|^2 \cdot \frac{\partial \overline{V_{ib}^*(f)^2}}{\partial f} = T_h^2 \cdot 2f_c \cdot CNBW \cdot 2kTR \cdot sinc^2(\pi f T_h)$$

impulse sampling 의 경우 $T_h = T_c = \dfrac{1}{f_c}$ 이므로 $f = 0$ 에서 sampled system 과 continuous

time system 의 비율은 $2 \times \dfrac{CNBW}{f_c}$ 가 되어 앞의 결과와 같게 된다.

11.4

(1) a) $-\dfrac{C_1 + C_A + C_B}{C_2} \cdot \dfrac{z^{-\frac{1}{2}}}{1 - z^{-1}}$ b) $-\dfrac{C_1}{C_2} \cdot \dfrac{1}{1 - z^{-1}}$ c) $+\dfrac{C_1}{C_2} \cdot \dfrac{z^{-1}}{1 - z^{-1}}$

(2)

$$\frac{V_o(s)}{V_i(s)} = -\frac{1}{sRC_2}$$

a) $R = \dfrac{T}{C_1 + C_A + C_B}$ $\dfrac{V_o(s)}{V_i(s)} = -\dfrac{C_1 + C_A + C_B}{s \cdot TC_2}$

b) $R = \dfrac{T}{C_1}$ $\qquad\qquad$ $\dfrac{V_o(s)}{V_i(s)} = -\dfrac{1}{sT} \cdot \dfrac{C_1}{C_2}$

c) $R = -\dfrac{T}{C_1}$ $\qquad\qquad$ $\dfrac{V_o(s)}{V_i(s)} = +\dfrac{1}{sT} \cdot \dfrac{C_1}{C_2}$

11.5

(1) integrator $\quad$ (2) integrator $\quad$ (3) gain stage $\quad$ (4) low pass $\quad$ (5) high pass

11.6

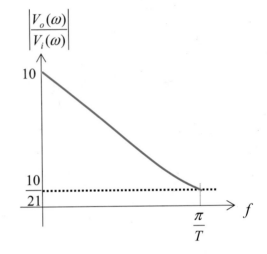

(1) $\dfrac{V_o(z)}{V_i(z)} = \dfrac{10 \cdot z^{-\frac{1}{2}}}{11 - 10 \cdot z^{-1}}$

(2) $\omega = 0 \qquad z = 1 \qquad \left|\dfrac{V_o}{V_i}\right| = 10$

$\omega = \dfrac{\pi}{T} \qquad z = -1 \qquad \left|\dfrac{V_o}{V_i}\right| = \dfrac{10}{21}$

low pass filter

11.7

(1) odd phase 동안 capacitor 값들의 변화

$C_1 : \left\{V_i\left(n - \tfrac{1}{2}\right) - \varepsilon_{OS}\right\} \quad \rightarrow \quad \left\{V_i(n) - \varepsilon_{OS}\right\}$

$C_2 : \left\{V_o(n - 1) - \varepsilon_{OS}\right\} \quad \rightarrow \quad \left\{V_o(n) - \varepsilon_{OS}\right\}$

$C_3 : \left\{-\varepsilon_{OS}\right\} \qquad\qquad \rightarrow \quad \left\{V_o(n) - \varepsilon_{OS}\right\}$

odd phase 동안 OP amp summing node (– input node)에서 $\sum \Delta Q = 0$ 이므로

$C_1 \cdot \left\{V_i\left(n - \tfrac{1}{2}\right) - V_i(n)\right\} + C_2 \left\{V_o(n - 1) - V_o(n)\right\} - C_3 \cdot V_o(n) = 0$

$\dfrac{V_o(z)}{V_i(z)} = -\dfrac{C_1 \cdot \left(1 - z^{-\frac{1}{2}}\right)}{(C_2 + C_3) - C2 \cdot z^{-1}}$

(2) $\omega = 0 (z = 1) \qquad\qquad gain = 0$

$\omega = \dfrac{\pi}{T} (z = -1) \qquad gain = \dfrac{-C_1 \cdot (1 + j)}{2 \cdot C_2 + C_3}$

→high pass filter

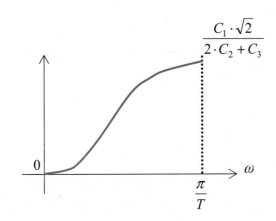

(3)

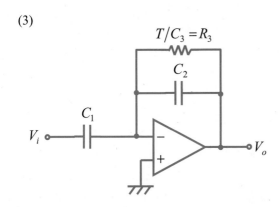

$$\frac{V_o(s)}{V_i(s)} = -\frac{sC_1 \cdot R_3}{1 + sR_3C_2} = -\frac{sT \cdot \dfrac{C_1}{C_3}}{1 + sT \cdot \dfrac{C_2}{C_3}}$$

11.8

(1) $V_{o1}(t) = A_1 \cdot \{v_i(t) \cdot f_s(t) + v_{n1}(t)\} = A_1 \cdot \left\{ v_i(t) \cdot \displaystyle\sum_{m=-\infty}^{\infty} a_{2m+1} \cdot e^{j(2m+1)\frac{2\pi}{T} \cdot t} + v_{n1}(t) \right\}$

여기서 $a_{2m+1} = \dfrac{4}{j \cdot (2m+1)\pi}$

frequency spectrum $\hat{V}_{o1}(\omega)$ 는, $\hat{V}_{o1}(\omega) = A_1 \cdot \displaystyle\sum_{m=-\infty}^{\infty} a_{2m+1} \cdot \hat{V}_i \left\{ \omega + (2m+1) \cdot \frac{2\pi}{T} \right\} + A_1 \cdot \hat{V}_{n1}(\omega)$

그림 11.4.7(c) 참조

(2) $V_{o2}(t) = V_{o1}(t) \cdot f_s(t) \cdot A_2$, $\quad \hat{V}_{o1}(\omega) = A_2 \cdot \displaystyle\sum_{m=-\infty}^{\infty} a_{2m+1} \cdot \hat{V}_{o1}(\omega)$, 그림 11.4.7(c) 참조

(3) 2 번 correlated double sampling 한 후, low pass filtering 하면 low frequency noise 의 영향이 제거된다.

11.9

(1) $V_E = V_o' = -A_i \cdot (\Delta V_N - V_{\varepsilon i}) - A_c \cdot (V_E - V_{\varepsilon c})$

$$V_E = \frac{1}{1 + A_c} \cdot \left(-A_i \cdot (\Delta V_N - V_{\varepsilon i}) + A_c V_{\varepsilon c} \right) = -\frac{A_i}{1 + A_c} \cdot \left(\Delta V_N - V_{\varepsilon i} - \frac{A_c}{A_i} \cdot V_{\varepsilon c} \right)$$

(2) amplification phase

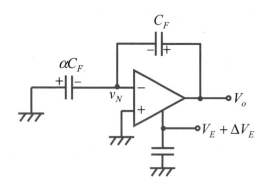

	amplification phase 직전	amplification phase 최종
αC_F	$V_i - \Delta V_N$	$-v_N$
C_F	$-\Delta V_N$	$V_o - v_N$

$\sum \Delta Q = 0$ at the v_N node.

$$\alpha C_F (V_i - \Delta V_N + v_N) + C_F (-\Delta V_N - V_o + v_N) = 0$$
$$V_o = -A_i(v_N - V_{\varepsilon i}) - A_c(V_E + \Delta V_E - V_{\varepsilon c})$$

(3) (1)과 (2)의 결과식을 이용하여 V_o 값을 다음과 같이 계산할 수 있다.

$$V_o = \alpha \cdot \frac{\dfrac{A_i}{\alpha + 1}}{1 + \dfrac{A_i}{\alpha + 1}} \cdot \left[V_i + \frac{\alpha + 1}{\alpha} \cdot \frac{\Delta V_N}{1 + A_c} + \frac{\alpha + 1}{\alpha} \cdot \frac{V_{\varepsilon i}}{1 + A_c} + \frac{\alpha + 1}{\alpha} \cdot \frac{A_c}{1 + A_c} \cdot \frac{V_{\varepsilon c}}{A_i} - \frac{\alpha + 1}{\alpha} \cdot \frac{A_c}{A_i} \cdot \Delta V_E \right]$$

증폭기 회로에서 $\alpha > 1$ 이고 $\gg 1$ 이므로, $\dfrac{A_i}{\alpha + 1} \gg 1$ 이 된다. 또 $\dfrac{\alpha + 1}{\alpha}$ 은 1 과

2 사이의 값이 된다. 따라서 $A_c \gg 1$ 되게 하면 ΔV_N 과 $V_{\varepsilon i}$ 의 영향이 없어지고,

$A_i \gg 1$ 이므로 $V_{\varepsilon c}$ 의 영향이 없어지고, $\dfrac{A_c}{A_i} \ll 1$ 되게 하면 ΔV_E 의 영향이 없어진다.

위의 세 조건이 만족되면 $V_o \approx \alpha V_i$ 가 된다.

$A_i \gg 1$ and $A_c \gg 1$ and $A_i \gg A_c$ 혹은 $A_i \gg A_c \gg 1$

11.10

(1) at $t = t_{n-1}$, $\quad V_{C1} = V_{OS}$ $\qquad V_{C2} = V_{OS} - V_o(t_{n-1})$ $\qquad V_{C3} = V_{OS} - V_o(t_{n-1})$

(2) at $t = t_{n-\frac{1}{2}}$, $\quad V_{C1} = V_{OS} - V_i(t_{n-\frac{1}{2}})$ $\quad V_{C2} = V_{OS}$ $\qquad V_{C3} = V_{OS} - V_o(t_{n-1})$

(3) at $t = t_n$, $\quad V_{C1} = V_{OS}$ $\qquad V_{C2} = V_{OS} - V_o(t_n)$ $\qquad V_{C3} = V_{OS} - V_o(t_n)$

During the ϕ_1 clock, there is no DC path to the node X

$\Rightarrow$ charge at the X node is conserved.

$$C_1 \cdot V_{C1}(t_{n-\frac{1}{2}}) + C_2 \cdot V_{C2}(t_{n-\frac{1}{2}}) + C_3 \cdot V_{C3}(t_{n-\frac{1}{2}})$$

$$= C_1 \cdot V_{C1}(t_n) + C_2 \cdot V_{C2}(t_n) + C_3 \cdot V_{C3}(t_n)$$

$$C_1 \cdot \left\{ V_{OS} - V_i(t_{n-\frac{1}{2}}) \right\} + C_2 \cdot V_{OS} + C_3 \cdot \left\{ V_{OS} - V_o(t_{n-1}) \right\}$$

$$= C_1 \cdot V_{OS} + C_2 \cdot \left\{ V_{OS} - V_o(t_n) \right\} + C_3 \cdot \left\{ V_{OS} - V_o(t_n) \right\}$$

$$V_o(t_n) = \frac{C_1}{C_2 + C_3} \cdot V_i(t_{n-\frac{1}{2}}) + \frac{C_3}{C_2 + C_3} \cdot V_o(t_{n-1})$$

(4) $\hat{H}(z) = \dfrac{\hat{V}_o(z)}{\hat{V}_i(z)} = \dfrac{\dfrac{C_1}{C_2 + C_3} \cdot z^{-\frac{1}{2}}}{1 - \dfrac{C_3}{C_2 + C_3} \cdot z^{-1}} = \dfrac{C1 \cdot z^{-\frac{1}{2}}}{(C_2 + C_3) - C_3 \cdot z^{-1}}$

(5) $z = e^{sT} \approx 1 + sT$ (for $|sT| \ll 1$), $\quad \dfrac{V_o(s)}{V_i(s)} \approx \dfrac{C_1}{C_2 + C_3 \cdot sT}$

(6) C_1 : 등가저항, $R_{eq1} = \dfrac{T}{C_1}$, $\quad C_2$: 등가저항, $R_{eq2} = \dfrac{T}{C_2}$, $\quad C_3$: capacitor

제 12 장 Phase-Locked Loop (PLL)

12.1

(1)

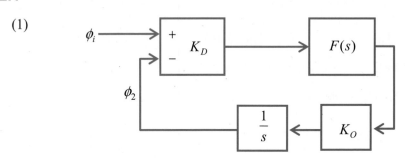

(2) $\dfrac{\Phi_2(s)}{\Phi_i(s)} = \dfrac{(forward\ gain)}{1+(loop\ gain)} = \dfrac{\dfrac{1}{s} \cdot K_D K_O F(s)}{1+\dfrac{1}{s}\cdot K_D K_O F(s)} = \dfrac{K_D K_O F(s)}{s + K_D K_O F(s)}$

$H_e(s) = \dfrac{\Phi_e(s)}{\Phi_i(s)} = \dfrac{\Phi_i(s) - \Phi_2(s)}{\Phi_i(s)} = 1 - \dfrac{\Phi_2(s)}{\Phi_i(s)} = \dfrac{s}{s + K_D K_O F(s)}$

(3) $F(s) = -\dfrac{R_2 + \dfrac{1}{sC}}{R_1} = -\dfrac{R_2}{R_1} - \dfrac{1}{sR_1 C} \quad \text{혹은} \quad -\dfrac{1 + sR_2 C}{sR_1 C}$

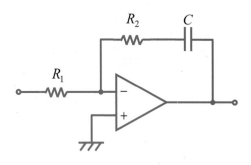

(4) $H_e(s) = \dfrac{s^2 R_1 C}{s^2 R_1 C - s K_D K_O R_2 C - K_D K_O} \qquad (K_D K_O < 0)$

$= \dfrac{s^2}{s^2 - s K_D K_O \cdot \dfrac{R_2}{R_1} - \dfrac{K_D K_O}{R_1 C}}$

$$= \frac{1}{s^2 + s \cdot 2\zeta\omega_n + \omega_n^2}$$

$$\omega_n = \sqrt{\frac{(-K_D K_O)}{R_1 C}}, \quad \xi = \frac{1}{2} \cdot \sqrt{(-K_D K_O) \cdot \frac{R_2^2 C}{R_1}}$$

(5) $\lim_{t \to \infty} \phi_e(t) = \lim_{s \to 0} s\Phi_e(s)$

$$= \lim_{s \to 0} s \cdot H_e(s) \cdot \Phi_i(s)$$

$$= \lim_{s \to 0} s \cdot \frac{s^2}{s^2 - sK_D K_O \cdot \dfrac{R_2}{R_1} - \dfrac{K_D K_O}{R_1 C}} \cdot \frac{\Delta\phi}{s} = 0$$

(6) $\Omega_i(s) = \dfrac{\Delta\omega}{s}$

$$\Phi_i(s) = \frac{\Omega_i(s)}{s} = \frac{\Delta\omega}{s^2}$$

(5)에서와 마찬가지로 하여 $\lim_{t \to \infty} \phi_e(t) = 0$

(7) 입력 위상 노이즈의 영향을 줄이기 위해서는 ω_n 값은 감소시켜야 하고, VCO 위상 노이즈의 영향을 줄이기 위해서는 ω_n 값을 증가시켜야 한다.

12.2

(1)

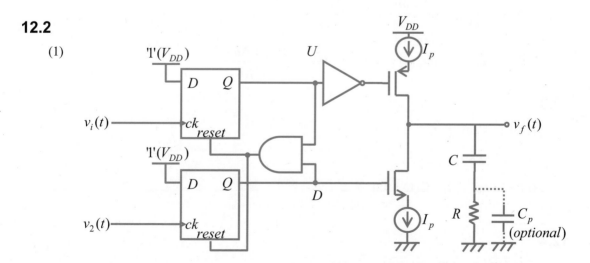

(2)

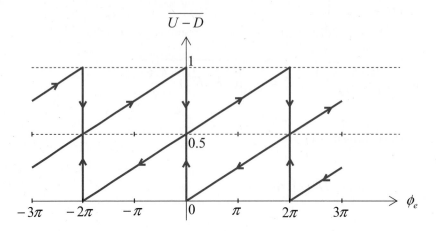

(3) $K_D = I_p \cdot \dfrac{\overline{(U-D)}}{\phi_e} = I_p \cdot \dfrac{2}{4\pi} = \dfrac{I_p}{2\pi}$

(4) $Z_F(s) = R + \dfrac{1}{sC} = \dfrac{1+sRC}{sC}$

(5) PLL 의 상태가 입력 신호 $v_i(t)$의 한주기 시간동안 조금밖에 변하지 않을 때(PLL 의 bandwidth ω_n 값이 입력신호 주파수 ω_i 값보다 매우 작을 때)

(6) $H_e(s) = \dfrac{s}{s + K_D K_O Z_F(s)} = \dfrac{s^2 C}{s^2 C + s K_D K_O RC + K_D K_O}$

(7) $\Omega_i(s) = \dfrac{\Delta\omega}{s^2}$

$\Phi_i(s) = \dfrac{1}{s} \cdot \Omega_i(s) = \dfrac{\Delta\omega}{s^3}$, $L\{t \cdot u(t)\} = \dfrac{1}{s_2}$

$\displaystyle \lim_{t\to\infty} \phi_e(t) = \lim_{s\to 0} s\Phi_e(s) = \lim_{s\to 0} s \cdot H_e(s) \cdot \dfrac{\Delta\omega}{s^3} = \dfrac{C\Delta\omega}{K_D K_O}$

12.3

(1) 식(12.5.47) 참조

(2) 그림 12.5.15 참조

(3) $T = 2\pi/\omega_i$ 대입. 식(12.5.48) 참조

12.4

(1) (a) $\overline{UP}$ (b) UP (c) $\overline{DN}$ (d) DN

(2) (e) UP (f) $\overline{DN}$

12.5

(1)

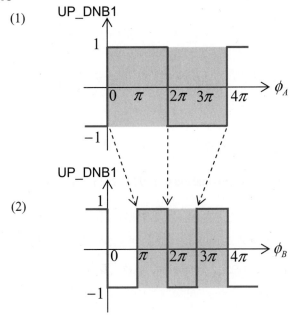

(3) $\phi_B = \pi,\ 3\pi$

12.6

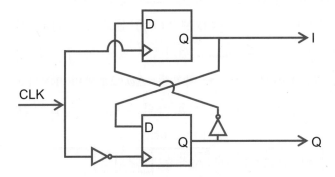

12.7   [29] 참조 (T.H.Lee et al. JSSC Dec, 1994, pp.1491)

12.8   [42] 참조 (D.G.Messerschmitt, IEEE Trans. Comm., Sept.1979)

(a) $$\omega_I(t) - \omega_2(t) = \frac{\omega_1}{1 + \mu_1 K_f K_v} \cdot e^{-\frac{t}{(\mu_1/\mu_2)+1/(\mu_2 K_f K_v)}}$$

(b) Set $\mu_1 = 0$ in Eq.(a) ➔ increases the frequency error, reduce the time constant(makes it faster)

12.9 생략. [45] 참조 (L.Devito et. al)

12.10 그림 12.7.21 과 관련된 두 입력 간의 위상 차 $\Delta\phi$ 와 FD 의 평균출력 μ_{FD} 는 아래의 식과 같다.

$$\Delta\phi = \omega_I T - \omega_2 T = 2\pi \cdot \left(1 - \omega_2/\omega_I\right) \qquad (T = 2\pi/\omega_I)$$

$$\mu_{FD} = \text{Probability }(fUP = 1) - \text{Probability }(fDN = 1)$$

$\Delta\phi$ 는 아래의 그림 P12.10(b)와 같이 VCO 출력(υ_2) 신호 위상 plane 에 표시할 수 있는데 여기서 υ_2 의 rising edge 는 0 radian 에 해당하고 falling edge 는 π radian 에 해당한다. $\Delta\phi > 0$ 일 때 Din 은 시계바늘(clockwise) 방향으로 움직이며 $\Delta\phi < 0$ 일 때 반시계바늘 (counter clockwise) 방향으로 움직인다.

$\omega_I > \omega_2$ 인 경우

A) $0 < \Delta\phi < \pi/2$

아래의 그림에서와 같이 data edge position 의 B→C 변동은 발생하지 않고, C→B 변동은 $\pi < \text{Din} < \pi + \Delta\phi$ 인 경우에 발생하게 된다. VCO 출력(υ_2) 신호 위상 plane 에서 Din(k)는 υ_2 위상 plane 에서 $[0, 2\pi]$ 구간의 임의(random) 위치에서 발생 할 수 있으므로, Din(k)가 $[\pi, \pi+\Delta\phi]$ 구간에서 발생하여 fUP=1 로 출력할 확률은 $\Delta\phi/2\pi$ 이며 fDN=1 로 출력할 확률은 0 이 된다. 따라서 FD 의 평균 출력 μ_{FD} 는 평균 출력 식으로부터 $\Delta\phi/2\pi$ 가 됨을 알 수 있다.

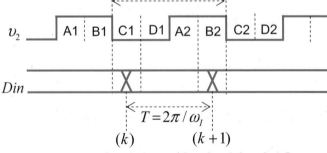

P12.20(a) $0 < \Delta\phi < \pi/2$ 인 경우 시간축 표

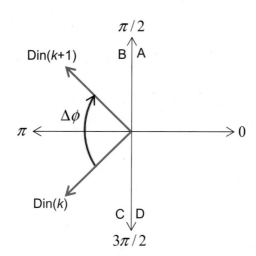

(b) $0 < \Delta\phi < \pi/2$인 경우 위상표시(VCO 출력(υ_2)신호 plane)

마찬가지 방법으로 주어진 $\Delta\phi$구간에서 FD 유효 출력이 발생 가능한 영역으로부터 μ_{FD}를 유도해 낼 수 있다.

B) $\pi/2 < \Delta\phi < \pi$

$\pi/2 < \Delta\phi < \pi$인 경우 A)와 마찬가지로 B→C 변동은 발생하지 않고, Din(k)가 $[0.5\pi + \Delta\phi$, $1.5\pi]$ 구간일 경우 Din(k)→Din(k+1) 변동이 C→B 변동이 되어 fUP=1 이 된다. Din(k)가 $[\pi$, $0.5\pi + \Delta\phi]$ 구간에 놓이면 C→A 변동이 발생하여 fUP=0 이 된다. (fDN 은 두 경우 모두 0) 따라서 FD 평균 출력은 $\mu_{FD} = (\pi - \Delta\phi)/2\pi$ 로 주어진다.

C) $\pi < \Delta\phi < 1.5\pi$

C→B 변동은 발생하지 않고 Din(k)가 $[0.5\pi$, $\Delta\phi$ -$0.5\pi]$ 구간에 놓일 경우 Din(k)→Din(k+1) 변동이 B→C 로 발생하여 fDN=1 이 된다. 따라서 이 경우 FD 평균출력은 $\mu_{FD} = (\pi - \Delta\phi)/2\pi$ 로 주어진다.

D) $1.5\pi < \Delta\phi < 2\pi$

Din(k)→Din(k+1) 변동이 C→B 변동은 발생하지 않고 Din(k)가 $[\Delta\phi - \pi, \pi]$ 구간에 놓일 때 B→C 변동이 발생하여 fDN=1 이 된다. 이 경우의 FD 평균출력은 $\mu_{FD} = (\Delta\phi - 2\pi)/2\pi$ 로 주어진다.

E) $\Delta\phi > 2\pi$

$\Delta\phi$ 가 2π 보다 커지면 $\Delta\phi - 2\pi$ 와 같게 되어 μ_{FD} 의 특성이 반복된다. 따라서

$0 < \Delta\phi < 2\pi$ 구간의 특성 곡선이 2π를 주기로 periodic 하게 나타난다.

$\omega_I < \omega_2$ 인 경우

F) $-0.5\pi < \Delta\phi < 0$

$\Delta\phi < 0$ 이므로 Din(k)→Din(k+1) 변동은 반시계바늘(counter clockwise) 방향으로 변한다. 따라서 C→B 변동은 없고 Din(k)가 $[\pi + \Delta\phi , \pi]$ 구간에 놓이면 B→C 변동이 발생하여 fDN=1 이 된다. 이 경우의 FD 평균출력은 $\mu_{FD} = -(-\Delta\phi / 2\pi) = \Delta\phi / 2\pi$ 가 된다.

G) $-\pi < \Delta\phi < -0.5\pi$

C→B 변동은 발생하지 않고 Din(k)가 $[0.5\pi, 1.5\pi + \Delta\phi]$ 구간에 놓이면 B→C 변동을 하여 fDN=1 이 된다. 따라서 FD 평균출력은 $\mu_{FD} = -(\pi + \Delta\phi)/2\pi$ 가 된다.

H) $-1.5\pi < \Delta\phi < -\pi$

B→C 변동은 발생하지 않고, Din(k)가 $[\Delta\phi +0.5\pi ,1.5\pi]$ 구간에 놓이면 C→B 변동이 발생하여 fUP=1 이 된다. 따라서 FD 평균출력은 $\mu_{FD} = -(\pi + \Delta\phi)/2\pi$ 가 된다.

I) $-2\pi < \Delta\phi < -1.5\pi$

$-1.5\pi < \Delta\phi < -\pi$ 의 경우와 마찬가지로 B→C 변동은 발생하지 않고, Din(k)가 $[\pi, \Delta\phi +3\pi]$ 구간에 놓이면 C→B 변동이 발생하여 fUP=1 이 된다. 따라서 FD 평균출력은 $\mu_{FD} = (2\pi + \Delta\phi)/2\pi$ 가 된다.

J) $\Delta\phi < -2\pi$

$\omega_I < \omega_2$ 로서 $\Delta\phi < -2\pi$ 가 되면 $\omega_I < 0.5\omega_2$ 가 된다. 이 경우 입력(Din) 데이터의 연속된 두 개 edge 사이의 시간 간격이 VCO 출력(υ_2) 주기의 2 배 보다 커지게 된다. 즉 Din 의 연속된 두 개 edge 사이에 υ_2 의 rising edge 2 개가 지나간다. 따라서 그림 12.7.21 에서 QB,QC 가 한번 변할 때 QB2, QB1, QC2, QC1 은 두 번 변하게 되어 QB2=QB1, QC2=QC1 이 되고 QB1 와 QC1 은 서로 다른 값을 가지므로 fUP=0, fDN=0 이 된다. FD 의 유효 출력이 발생하지 않으므로 $\mu_{FD} = 0$ 이고 $\Delta\phi > 2\pi$ 의 구간과 달리 $\Delta\phi < -2\pi$ 의 구간에서는 periodic 한 특성이 나타나지 않는다.

$\Delta\phi$의 각 구간별 FD 평균 출력 μ_{FD} 와 유효 출력 구간을 정리하여 다음의 표로 나타내었다.

A) $0 < \Delta\phi < \pi/2$

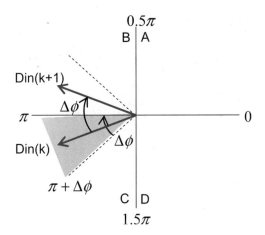

FD 유효 출력 구간 : $[\pi, \pi + \Delta\phi]$

$\mu_{FD} = \Delta\phi/2\pi$

F) $-0.5\pi < \Delta\phi < 0$

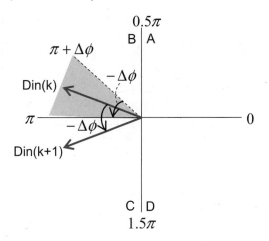

FD 유효 출력 구간 : $[\pi + \Delta\phi, \pi]$

$\mu_{FD} = -(-\Delta\phi/2\pi) = \Delta\phi/2\pi$

B) $\pi/2 < \Delta\phi < \pi$

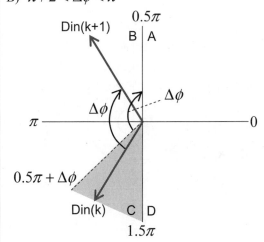

FD 유효 출력 구간 : $[0.5\pi + \Delta\phi, 1.5\pi]$

$\mu_{FD} = (\pi - \Delta\phi)/2\pi$

G) $-\pi < \Delta\phi < -0.5\pi$

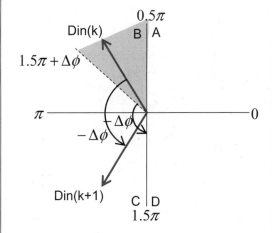

FD 유효 출력 구간 : $[0.5\pi, 1.5\pi + \Delta\phi]$

$\mu_{FD} = -(\pi + \Delta\phi)/2\pi$

C) $\pi < \Delta\phi < 1.5\pi$

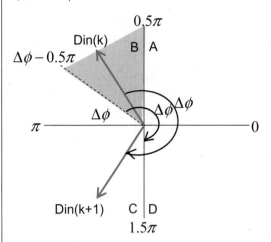

FD 유효 출력 구간 : $[0.5\pi, \Delta\phi\text{-}0.5\pi]$

$\mu_{FD} = (\pi - \Delta\phi)/2\pi$

H) $-1.5\pi < \Delta\phi < -\pi$

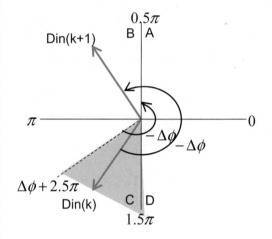

FD 유효 출력 구간 : $[\Delta\phi + 0.5\pi, 1.5\pi]$

$\mu_{FD} = -(\pi + \Delta\phi)/2\pi$

D) $1.5\pi < \Delta\phi < 2\pi$

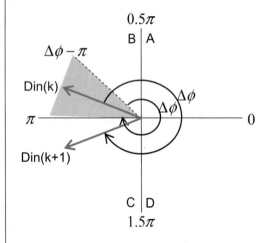

FD 유효 출력 구간 : $[\Delta\phi - \pi, \pi]$

$\mu_{FD} = (\Delta\phi - 2\pi)/2\pi$

I) $-2\pi < \Delta\phi < -1.5\pi$

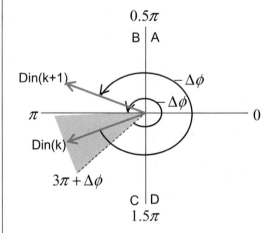

FD 유효 출력 구간 : $[\pi, \Delta\phi + \pi]$

$\mu_{FD} = (2\pi + \Delta\phi)/2\pi$

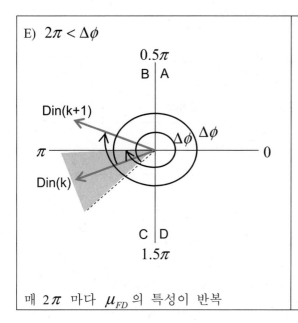

E) $2\pi < \Delta\phi$

매 2π 마다 μ_{FD} 의 특성이 반복

J) $\Delta\phi < -2\pi$

$\omega_I < 0.5\,\omega_2$: fUP=0, fDn=0

$\mu_{FD} = 0$

12.11

1) 식 (12.5.43.b)와 (12.5.43.c)대입. $(K_D K_O R)_{MAX} = 1.657 \times 10^8$ [1/sec]

2) Vctrl 전압 발진($\dfrac{K_D K_O R}{(K_D K_O R)_{MAX}} = 2$ 일 때)

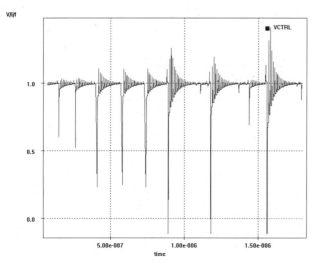

3) $(K_D K_O R)_{MAX} = 1.657 \times 10^8$, $\Delta\omega_{io} = 2\pi \times 100\,MHz$,

$\dfrac{K_D K_O R}{(K_D K_O R)_{MAX}}$	0.1	0.2	0.4	0.8
Lock time	3µs	1.2µs	0.6µs	0.4µs

4) $(K_D K_O R)_{MAX} = 3.314 \times 10^8$, $\Delta\omega_{io} = 2\pi \times 200\,MHz$

$\dfrac{K_D K_O R}{(K_D K_O R)_{MAX}}$	0.1	0.2	0.4	0.8
Lock time	1.5µs	0.6µs	0.3µs	0.2µs

5) $(K_D K_O R)_{MAX}$ 로부터 ω_n 의 값을 취해 pull in time 식에 대입하면 입력주파수가 두배로 증가할 때 T_p 는 1/2 로 감소함을 알 수 있다. 3)과 4)의 결과 역시 동일한 $K_D K_O R$ 비율에서 비교하였을 때 lock time 이 1/2 로 감소함을 확인할 수 있다. 동일한 입력 주파수의 경우 $K_D K_O R$ 의 비율이 2 배 증가하면 pull in time 은 1/8 로 줄어드는데 반해 위의 3)과 4)의 lock time 은 1/2 가량 감소함을 확인할 수 있다.

찾아보기